高 校 土 木 工 程 专 业 规 划 教 材
高校结构力学课程改革创新推荐教材

结 构 力 学

主　编　郭仁俊
副主编　陈宽德　汪　新
主　审　刘　铮

中国建筑工业出版社

图书在版编目（CIP）数据

结构力学/郭仁俊主编. —北京：中国建筑工业出版社，2007

高校土木工程专业规划教材

高校结构力学课程改革创新推荐教材

ISBN 978-7-112-09166-9

Ⅰ. 结… Ⅱ. 郭… Ⅲ. 结构力学-高等学校-教材 Ⅳ. 0342

中国版本图书馆 CIP 数据核字（2007）第 035979 号

高 校 土 木 工 程 专 业 规 划 教 材

高校结构力学课程改革创新推荐教材

结 构 力 学

主 编 郭仁俊

副主编 陈宽德 汪 新

主 审 刘 铮

*

中国建筑工业出版社出版、发行（北京西郊百万庄）

各地新华书店、建筑书店经销

北京红光制版公司制版

北京富生印刷厂印刷

*

开本：787×1092 毫米 1/16 印张：28 字数：677 千字

2007 年 7 月第一版 2012 年 7 月第六次印刷

定价：**45.00** 元（附网络下载）

ISBN 978-7-112-09166-9

（20941）

本书主要内容包括：绪论、平面体系的几何组成分析、静定结构的受力分析、结构的位移计算、力法、位移法、渐近法、影响线及其应用、矩阵位移法、结构的极限荷载、结构弹性稳定计算、结构动力学以及附录。附录内容有静定结构内力的简捷计算、结构位移计算的改进方法、超静定结构的EXCEL算法、力法计算机程序分析及附录主要内容的多媒体教学辅助软件，对教、学有良好的作用。

本书可作为土木工程、水利、隧道等专业结构力学课程的教材，也可作为土建类非结构专业的教材，还可以作为相关专业工程技术人员的参考书。

本书所附网络下载的地址为：www.cabp.com.cn/td/cabp20941.rar。

*　　*　　*

责任编辑：朱首明　吉万旺
责任设计：董建平
责任校对：孟　楠　王　爽

前　　言

结构力学是研究外因作用下结构内力、变形计算的科学，是土建、路桥、水利、隧道工程等专业重要的技术基础课。然而，结构计算繁琐、比较难学，因此需要对结构力学课程教学不断进行改革和提高。

本书第1章～第12章内容与传统结构力学相同，符合教育部审定的“结构力学课程教学基本要求”，书中符号按照国家标准《量和标准》（GB 3100～3102—93）中有关规定采用。附录Ⅰ～Ⅴ是在广东省教育科学“十五”规划项目支持下，本着“方法正确、简便实用、容易掌握、计算迅速”的原则研制的改进内容，包括从静定结构到超静定结构，从支座反力、内力到位移计算的一系列方法。考虑到人们的教学习惯和教学内容安排，将这些改进方法列入附录中。值得提出的是，上述改进方法的概念、原理与传统方法完全相同，学习时无需增加新知识。在使用本书时，应鼓励学生采用改进方法对传统方法计算结果进行校核。这样既可以使学生加深对基本知识的理解，又有助于提高学生的力学分析能力。

本书可作为土木、水利、隧道等专业结构力学课程的教材，也可以作为土建类非结构专业的教材，还可作为有关工程技术人员的参考书。

本书第1～12章编写人员有：广东工业大学郭仁俊（第1、3、5章）、汪新（第7章、9.8节）、朱江（第6、8章）、黄卷潜（第2、4、12章），华南理工大学陈宽德（9.1～9.7节、第10、11章）；附录Ⅰ～Ⅳ的研编人员有：郭仁俊（附录Ⅰ～Ⅳ理论分析、文稿编写）、陈宽德（附录Ⅰ、Ⅱ、Ⅲ多媒体教学软件编制，见附录Ⅴ）、汪新（附录Ⅱ、Ⅲ的EXCEL表及附录Ⅳ的力法程序编制，见附录Ⅴ）（见www.cabp.com.cn/td/cabp15830.rar）；郭仁俊对全书进行了统稿，任主编；陈宽德、汪新任副主编。

本书由西安建筑科技大学刘铮教授主审。

在本书编写和各种教改方法研制过程中，得到广东工业大学校长张湘伟教授及建设学院的大力支持，刘锋教授为本书的编写创造了良好的工作条件。中国矿业大学袁文伯教授、广东工贸职业技术学院姚立宁教授、西安科技大学杨更社教授、西安建筑科技大学王荫长教授等对本书提出许多宝贵意见，广东省建设职业技术学院蔡东副教授、广东工业大学郭新光、练俊同学为本书教改内容作了许多有益的工作，广东工业大学研究生梁瑞庆对书稿整理做了许多工作，在此一并表示衷心的感谢。

由于编写经验不足、水平有限、时间仓促，错误之处在所难免，尤其是附录中各种方法还有待改进和完善，敬请读者和专家惠予指正，以便今后进一步提高。

编　者

目　　录

主要符号表

A　振幅，面积
c　支座广义位移，黏滞阻尼系数
c_{cr}　临界阻尼系数
D　侧移刚度，行列式
E_P　结构总势能
f　矢高，工程频率
F_P　节点荷载向量，综合节点荷载向量
F_N　轴力
F_e　弹性力
F_{Ax}、F_{Ay}　A 支座沿 x、y 方向的反力
F_{cr}　临界荷载
F_{pu}　极限荷载
G　切变模量
I　惯性矩
k　刚度系数
$\boldsymbol{k}^e$　整体坐标系下的单元刚度矩阵
m　质量
$\boldsymbol{M}$　质量矩阵
M_u　极限弯矩
q　均布荷载集度
R　广义反力
t　时间
$\boldsymbol{T}$　坐标转换矩阵
ν　竖向位移
W　平面体系自由度，功，弯曲截面系数
Z　广义未知位移
Δ　广义位移
γ　剪力分配系数，角应变
$\boldsymbol{A}$　振幅向量
C　弯矩传递系数
d　节间距离
E　弹性模量
E_P^*　荷载势能
F_P　集中荷载
F_H　水平推力
F_I　惯性力
F_Q　剪力
F_{AH}、F_{AV}　A 处沿水平、竖向的分力
F_{pe}　欧拉临界荷载
F_R　阻尼力
i　线刚度
$\boldsymbol{I}$　单位矩阵
$\overline{\boldsymbol{k}}^e$　局部坐标系下的单元刚度矩阵
$\boldsymbol{K}$　结构刚度矩阵
M　力矩，力偶矩，弯矩
M^F　固端弯矩
p　分布荷载集度
r　单位位移引起的广义反力
S　劲度系数，截面静矩，影响线量值
T　周期，动能
u　水平位移
V　应变能
X　广义未知力
α　线膨胀系数
$\boldsymbol{\Delta}$　节点位移向量
δ　单位力引起的广义位移
ξ　阻尼比
μ　力矩分配系数
σ_s　屈服极限
φ　角位移，初相角
ω　角频率
θ　干扰力频率
σ_b　强度极限
σ_u　极限应力
$\boldsymbol{\Phi}$　振型矩阵

第1章　绪　论

1.1　结构力学的研究对象、任务及特点

在工程范畴内，由建筑材料按照合理方式组成，能够承担和传递荷载并且符合经济原则的物体或体系称为工程结构（简称结构）。在土木和水利工程中，房屋中的梁、柱、基础以及桥梁、挡土墙、闸门、水坝等等都是结构的实例。结构在建筑物或构筑物中起着支撑荷载的骨架作用，无论它是由单个构件（例如梁）还是多个构件（例如屋架）所组成，当不考虑材料的微小应变时，其本身各部分之间都不会发生相对运动，且直接或间接与地基连接，并将其上所受的荷载传到地基上。图 1-1 所示是单层工业厂房的屋架、柱、基础等结构的例子。

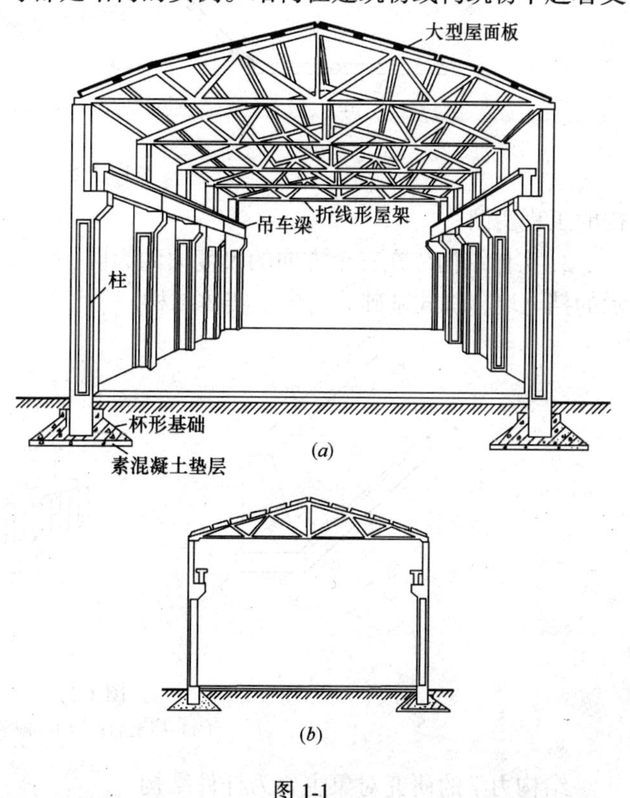

图 1-1

按照几何特征的不同，结构可分为三种类型：

1. 杆件结构（又称杆系结构）　它是由若干根长度远大于其他两个尺度（截面的宽度和高度）的杆件所组成的结构。若组成结构的所有杆件的轴线都在同一平面内，并且作用于结构的荷载也位于此同一平面，则这种结构为平面杆件结构，否则，为空间杆件结构。实际上，所有杆件结构都是空间结构，但为了简化计算，常常将某些空间特征不明显的结构分解为若干平面结构来计算。例如，图 1-1（*b*）所示的平面结构就是图 1-1（*a*）所示厂房中的一个横向承重排架。而对于某些具有明显空间特征的结构，如图 1-2 所示的圆形水池、空间桁架等，则不能分解为平面结构，而必须按空间结构考虑。

2. 薄壁结构　工程中，对于厚度远小于其他两个尺度的构件，当其为一平面板状物体时，称为薄板（图 1-3*a*）；当其具有曲面外形时，称为薄壳（图 1-3*b*）。薄壁结构是指仅由薄板或仅由薄壳或者由薄板与薄壳一起组成的结构。矩形水池、薄壳屋顶等是薄壁结

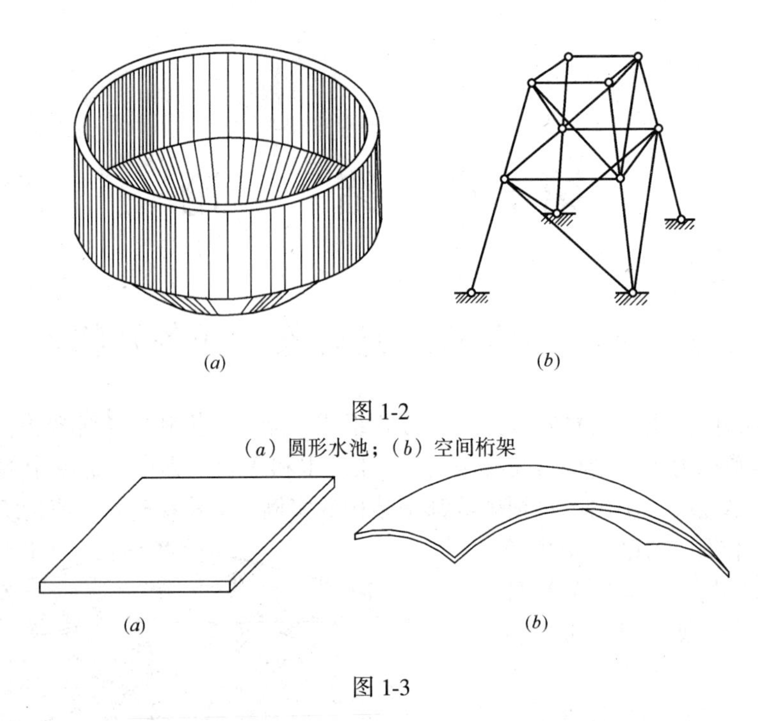

图 1-2

（*a*）圆形水池；（*b*）空间桁架

图 1-3

构的工程实例。

3. 实体结构　在三个方向的尺度大约为同一量级的结构称为实体结构，例如图 1-4 所示的挡土墙、块式基础等均属于实体结构。

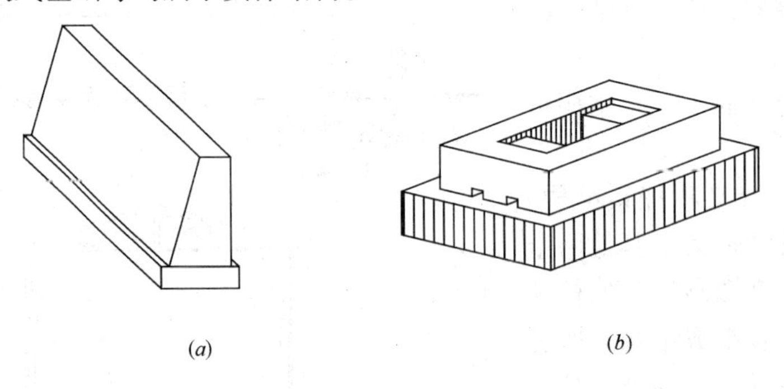

图 1-4

（*a*）挡土墙；（*b*）锤基础

结构力学的研究对象主要为杆件结构。

结构力学的任务是研究结构的组成规律和合理形式，研究结构在外因作用下的强度、刚度和稳定性的原理和计算方法。研究结构组成规律的目的是为了保证结构能够维持平衡并承担荷载；研究结构的合理形式是为了有效地利用材料，使其性能得到充分地发挥；计算强度和稳定性的目的是使结构满足经济与安全的双重要求；计算刚度的目的则是保证结构不致发生过大的变形，以满足正常使用的要求。

对结构进行强度计算时，必须先确定结构的内力，然后按照强度条件选定或验算各杆件的截面尺寸。在结构的刚度和稳定性计算中，也将涉及内力计算问题。因此，研究杆件结构在外因作用下的内力计算，便成为本课程着重讨论的内容。

结构力学与材料力学、弹性力学有着密切的联系，它们的任务都是讨论变形体系的强度、刚度和稳定性，但在研究对象上有所区别。材料力学基本上是研究单个杆件的计算，结构力学主要是研究由杆件所组成的结构，而弹性力学则研究各种薄壁结构和实体结构，同时对杆件也作更精确的分析。

结构力学是一门专业基础课，在专业学习中占有重要的地位。学好这门课要用到数学、理论力学、材料力学等已修课程的知识；另一方面又为钢筋混凝土结构、钢结构、结构抗震设计等后续专业课的学习奠定必要的力学基础。学习结构力学要"抓住重点、灵活分析、多作练习"。全书有重点，各章也有重点。例如叠加原理、静力平衡条件就是全书的重点，几何不变的组成规则则是第 2 章的重点等等。对重点内容一定要熟练掌握、真正理解；求解结构力学问题，作法往往不是唯一的。例如，静定桁架的内力计算、结构内力图的绘制、几何体系的组成分析等等，这就需要善于思考、灵活分析；掌握、消化结构力学的基本理论、基本方法需要通过一定数量的习题练习。因此，多作练习对于真正掌握、深刻理解结构分析方法以及提高力学分析能力是十分必要的。

1.2 结构的计算简图

1.2.1 计算简图的概念

为了对结构进行受力分析，需要先选定结构的计算简图。所谓计算简图，就是在对实际结构略去次要因素后得到的简化了的图形，并以此代替实际结构进行受力分析。这是因为实际结构是很复杂的，要完全按照结构的真实情况进行力学分析，将是很难办到的，同时也是不必要的。因为即使办得到，其分析方法也十分复杂，无实用价值。

选定结构计算简图应遵循下述原则：第一，应尽可能正确反映结构的实际状态，使计算结果精确可靠；第二，略去某些次要因素，使受力分析得以简化，便于计算。

1.2.2 结构简化的内容

通常对平面杆件结构的简化包括：(1) 杆件的简化；(2) 节点的简化；(3) 支座的简化；(4) 荷载的简化。

1.2.2.1 杆件的简化

组成平面杆件结构的各个杆件，其长度远大于截面的宽度和高度，尽管杆件的材料、截面形状、所受荷载、两端约束可能各有不同，但其变形都符合平截面假设，即变形前为平面的横截面，变形后仍保持为平面。这样，截面上的应力就可由截面内力按照材料力学的方法确定。于是，在受力分析时，只需要确定杆件截面的位置，而无须知道截面的形状。因此，在计算简图中，结构的杆件就可抽象地用其轴线来表示。

1.2.2.2 节点的类型及简化

在杆件结构中，各杆件相互连接的地方称为节点。确定结构的计算简图时，通常将杆件和杆件的连接区域简化为铰节点和刚节点两种理想情况。

1. 铰节点

铰节点的特征是与节点相连接的各杆件在连接处都可以绕节点自由转动。工程中，通

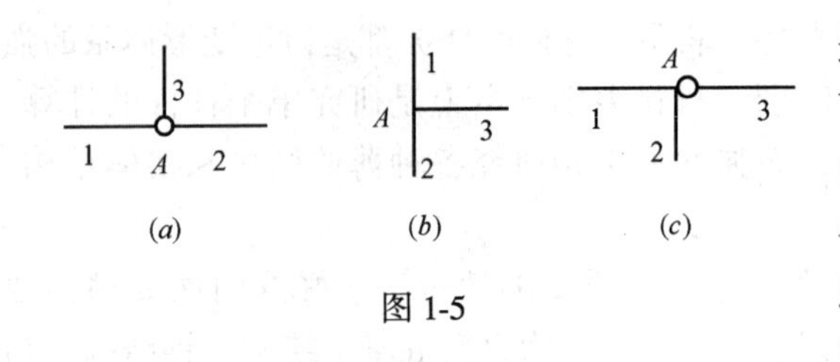

图 1-5

过螺栓、铆钉、楔头、焊接等方式连接的节点，各杆端虽不能绕节点任意转动，但由于连接不是很牢固或连接处刚性不大，各杆件之间仍有微小相对转动的可能，因此计算时常作为铰节点处理（图 1-5*a*），由此引起的误差在多数情况下是允许的。

铰节点只能传递力，不能传递力矩。

2. 刚节点

刚节点的特征是汇交于节点的各杆端之间不能发生任何相对转动。工程中，现浇钢筋混凝土梁与柱连接的节点以及其他连接方法使节点的刚度很大时，计算简图中常简化为刚节点（图 1-5*b*）。

刚节点不但能传递力，也能传递力矩。

有时还会遇到在结构同一个节点处部分杆件之间刚接，部分杆件之间铰接的组合节点。例如图 1-5（*c*）所示节点 A，节点处 1、2 杆为刚性连接，3 杆与 1、2 杆则由铰连接。

1.2.2.3 支座的类型及简化

工程中，将构件与基础、墙、柱等支承物联系起来，以固定结构位置的装置叫做支座。在计算简图中，平面杆件结构的支座通常归纳为以下四种类型：

1. 活动铰支座

图 1-6（*a*）是活动铰支座的构造简图，它容许结构在支承处绕圆柱铰 *A* 转动和沿平行于支承平面 *m* － *n* 的方向移动，但不能沿垂直于支承平面的方向移动。根据这一约束特点，在计算简图中，可以用一根垂直于支承平面的链杆 *AB* 来表示（图 1-6*b*）。因为与链杆 *AB* 相连的结构可以绕铰 *A* 转动，链杆又可以绕铰 *B* 转动，当转动很微小时，*A* 点的移动方向可看成与 *AB* 垂直。显然，链杆 *AB* 对构件的约束与活动铰支座完全相同。活动铰支座的受力特点是：当不考虑支承平面上的摩擦力时，支座反力 F_A将通过铰 *A* 中心并与支承平面垂直。

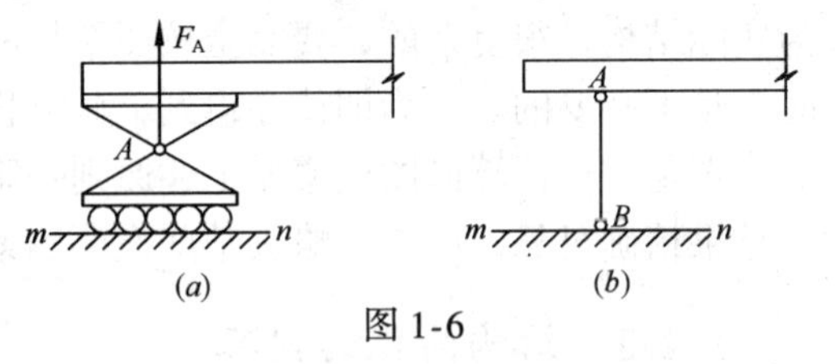

图 1-6

2. 固定铰支座

图 1-7（*a*）是固定铰支座的构造简图，它容许结构在支承处绕铰 *A* 转动，但不能有水平和竖直方向的移动。因此，固定铰支座的受力特点是：支座反力通过铰 *A* 的中心，但力的大小和方向未知。在计算简图中，这种支座可以用相交于 A 点的两根支承链杆来表示（图 1-7*b*、*c*）。

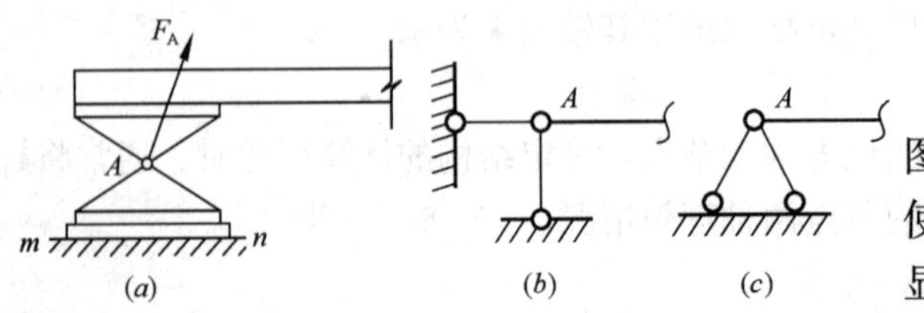

图 1-7

3. 固定支座

图 1-8（*a*）是固定支座的构造简图，它是将杆件一端嵌固在支承物中，使其在此端不能产生任何转动和移动。显然，这种支座的反力可以用水平反力、竖向反力和反力偶矩来表示（图

1-8b）。由于有三个未知量，所以固定支座反力的大小、方向和作用点都是未知的。

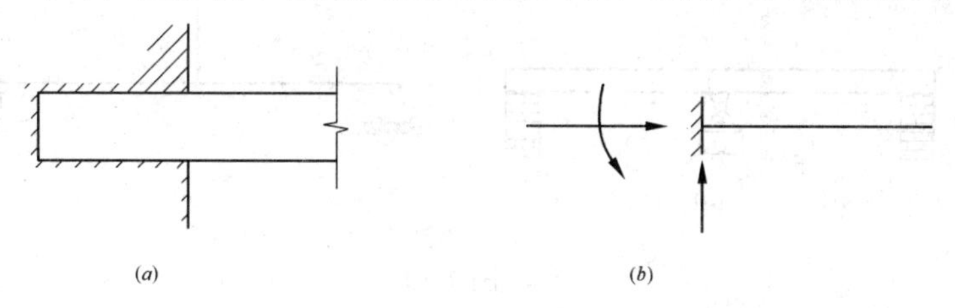

图 1-8

4. 定向支座

定向支座（又称滑动支座）的构造简图如图 1-9（a）所示，它是将杆件端部的上、下面用辊轴夹着并嵌入支承物中，使结构在支承处不允许有转动和垂直于支承面的移动，但可以沿杆轴方向有不大的位移。在计算简图中，可用垂直于支承面的两根平行链杆表示（图 1-9b）。这种支座的反力为一个垂直于支承面的力和一个力偶矩，可见定向支座与支承面垂直的反力和反力偶矩的大小未知。

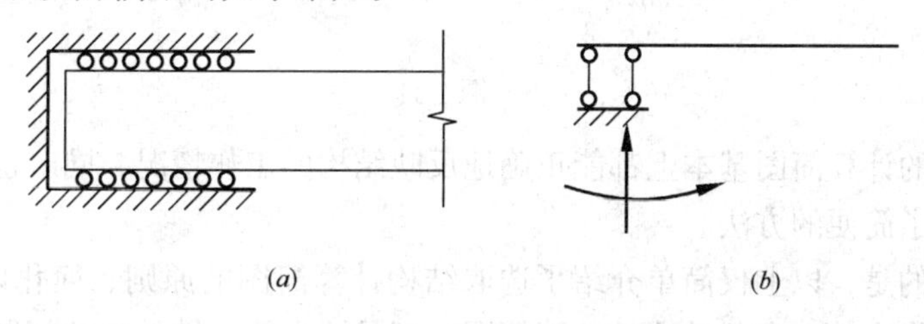

图 1-9

1.2.2.4　荷载的简化

作用于结构杆件上的荷载总是分布在一定范围（某一部分面积或体积）内的。而在计算简图中，杆件是用轴线表示的。因此，荷载也要简化为作用于杆轴上的力。当荷载作用范围与结构本身相比很小时，可以简化为集中力，例如悬挂在梁上的重物，梁作用于柱或墙上的力等。当荷载作用范围较大时，则可简化为沿杆轴方向分布的线荷载，如杆件自重、楼板作用于梁的力等。

1.2.3　结构简化示例

图 1-10（a）为一根中间悬吊有重物，两端搁置在砖墙上的横梁。若要按照实际情况进行分析，首先无法确定梁两端的反力，因为反力沿墙宽的分布规律难以知道。根据上述结构简化作法，将梁用其轴线代替；考虑到由于支撑面的摩擦，梁不能自由移动，但受热膨胀时仍可伸长，故将一端简化为固定铰支座，另一端为活动铰支座；由于墙宽比梁的长度小很多，因此，支座反力用集中力表示；忽略悬挂重物绳索的宽度，将重物视作梁上的集中荷载。于是，图 1-10（a）所示的实际结构便抽象和简化为图 1-10（b）所示的计算简图。

图 1-11（a）是一个现浇式钢筋混凝土厂房屋架。施工时，先浇筑基础部分，再浇筑柱和梁，最后使全部屋架形成一个整体。确定结构计算简图时，梁、柱各用其轴线代替，

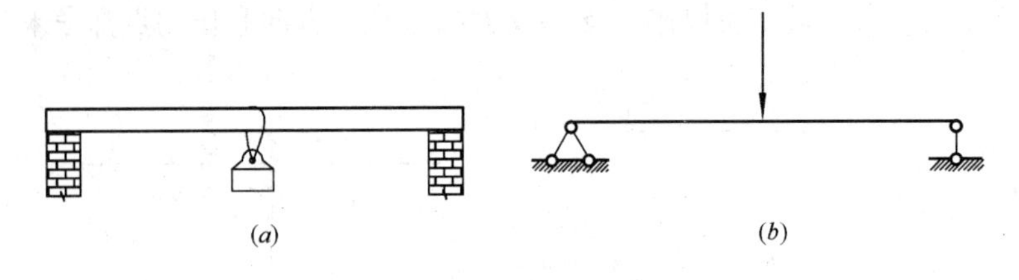

图 1-10

梁与柱连接处用刚节点表示，柱与基础的连接为固定支座。于是可得图 1-11（b）所示的屋架计算简图。

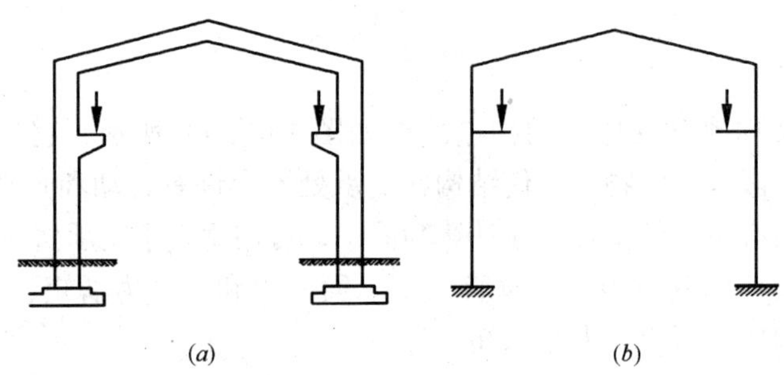

图 1-11

以上两例的计算简图基本上都能正确地反映结构的工作情况，同时也为结构反力、内力的计算提供了简便的方法。

需要指出的是，以上仅简单介绍了选取结构计算简图的原则、简化内容和简化过程。然而要恰当地作出某一实际结构的计算简图，则是一个综合性较强的问题，这需要有丰富的结构计算经验，同时要有对结构的整体和各部分构造、受力情况的正确判断和了解。对一些比较复杂的新型结构，往往要通过反复地模型实验或现场实测，才能获得较合理的计算简图。不过，对于常用的结构形式，初学者可以直接利用前人已积累的经验，采用已有的计算简图。

1.3 平面杆件结构的分类

平面杆件结构是本书研究的主要对象，按其组成特征和受力特点，它可分为以下几种类型：

1. 梁　梁是一种受弯构件，其轴线通常为直线，可以是单跨的或多跨的，计算简图如图 1-12 所示。

2. 刚架　刚架是由若干杆件主要用刚节点连接的结构，刚架各杆承受弯矩、剪力、轴力。图 1-13 是其计算简图。

3. 桁架　桁架是由若干根直杆在两端用理想铰连接而成的结构，当桁架只受节点荷载时，各杆只产生轴力。图 1-14 所示是桁架的计算简图。

4. 拱　拱是由轴线为曲线的杆件组成且在竖向荷载作用下支座处会产生水平反力（又称水平推力）的结构。杆件内力一般有弯矩、剪力和轴力，但因水平推力的存在，使

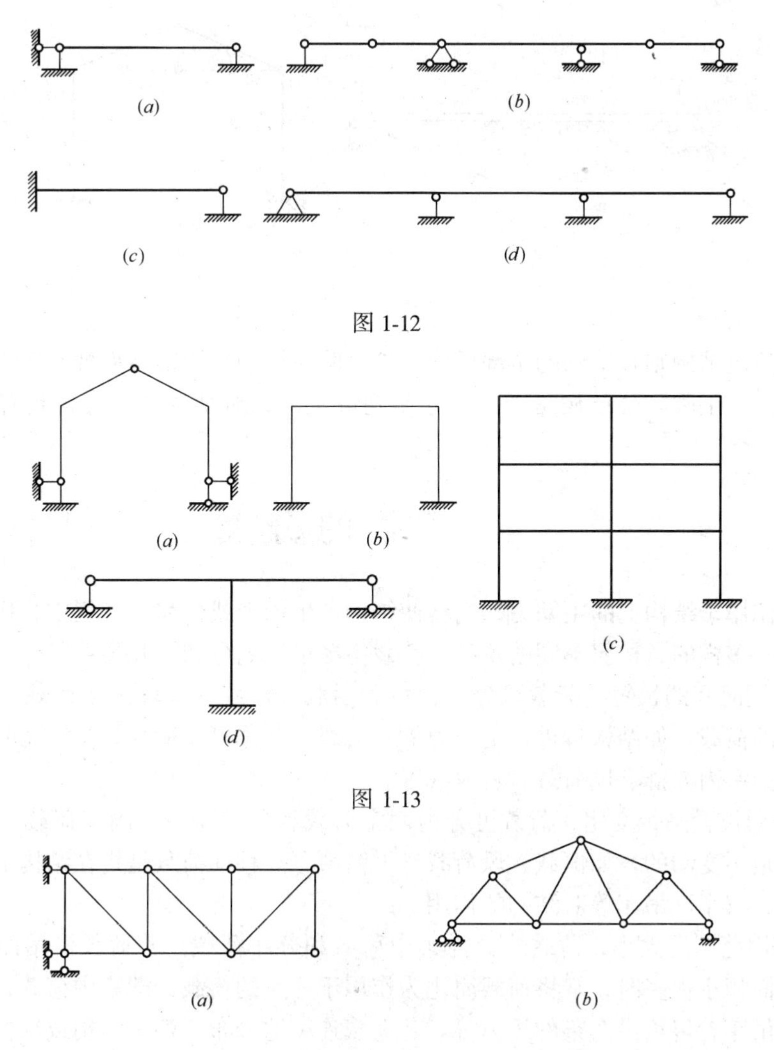

图 1-12

图 1-13

图 1-14

得拱内弯矩比同跨度、同荷载的梁的弯矩小很多。图 1-15 是这种结构的计算简图。

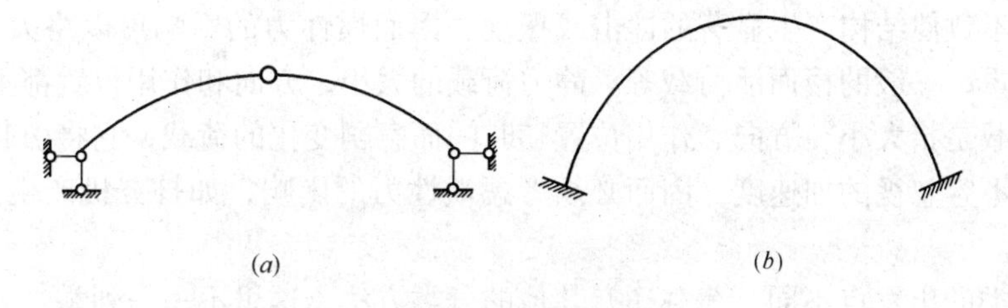

图 1-15

5. 组合结构　组合结构是由桁架和梁或桁架与刚架组合在一起的结构，计算简图如图 1-16 所示。组合结构中有些杆件只承受轴力，另一些杆件则同时承受弯矩、剪力和轴力。

按照计算方法的不同，平面杆件结构又可分为静定结构和超静定结构。静定结构是指在任意荷载作用下，结构的全部反力和任一截面的内力都可以由静力平衡条件求得唯一确

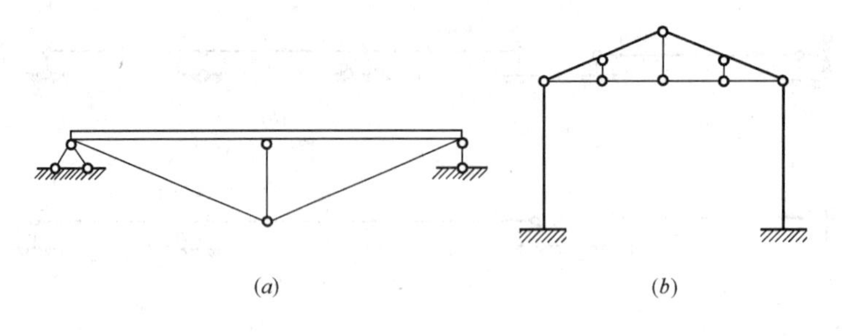

图 1-16

定的值。超静定结构则是结构的全部反力和内力除应用静力平衡条件外，还必须考虑变形条件才能求得。正确区分结构是静定的还是超静定的，对结构受力分析具有重要的实用意义。

1.4 荷载的分类

荷载是作用于结构上的主动力，它将使结构产生内力或位移。工程中，作用于结构上的荷载是多种多样的，按照不同的角度，荷载主要可以划分如下几类：

1. 按作用时间的长短，荷载可分为恒载和活载。恒载（又称永久荷载）是指长期作用在结构上的荷载，如结构自重、土压力等。活载（又称可变荷载）是指暂时作用在结构上的荷载，如室内人群、风荷载、雪荷载等。

2. 按作用位置是否变化，荷载可分为固定荷载和移动荷载。固定荷载是指在结构上的作用位置是不变动的，如恒载、风荷载、雪荷载等。移动荷载是指在结构上可移动的活载，如列车、汽车、吊车等对结构的作用。

3. 按作用范围的大小，荷载可分为集中荷载和分布荷载。若荷载作用面积比结构可承受荷载的面积小很多时，常将荷载简化为作用于一点的荷载，即集中荷载，如次梁对主梁的压力、吊车轮传给吊车梁的压力等。若荷载连续地分布在整个结构或结构某一部分上(不能看成集中荷载时)，则为分布荷载，如屋面雪荷载、梁的自重、风荷载等。

4. 按作用性质的不同，荷载可分为静力荷载和动力荷载。静力荷载是指缓慢地作用到结构上，不致使结构产生显著的冲击或振动，因而惯性力的影响可以略去不计的荷载，如构件的自重、一般的楼面活荷载等。静力荷载的大小、方向和作用位置都不随时间而变化。动力荷载是指大小、方向、作用位置随时间而急剧变化的荷载，它将引起结构的显著振动，产生不容忽视的加速度，因而必须考虑惯性力的影响，如打夯机产生的冲击荷载、地震作用等。

基于分类的出发点不同，荷载还有其他的分类方法，这里不一一列举。

应该指出，除荷载外结构还会因其他因素，例如温度改变、支座移动、制造误差、材料收缩等而产生内力或变形。

第2章　平面体系的几何组成分析

2.1　概　　述

杆件结构通常是由若干杆件相互连接而组成的体系。工程中，结构必须是各部分之间不致发生相对运动的体系，这样才能承受任意荷载并维持平衡。如图2-1（a）所示体系，当受到任意荷载作用时，若不考虑材料的微小变形，其几何形状与位置均能保持不变，这样的体系称为几何不变体系。而如图2-1（b）所示体系，即使在很小的荷载作用下，也将发生机械运动而不能保持原有的几何形状与位置，这样的体系称为几何可变体系。显然，几何可变体系是不能用来作为结构的。因此，在设计结构和选取其计算简图时，必须首先判别它是否几何不变，从而决定能否采用。

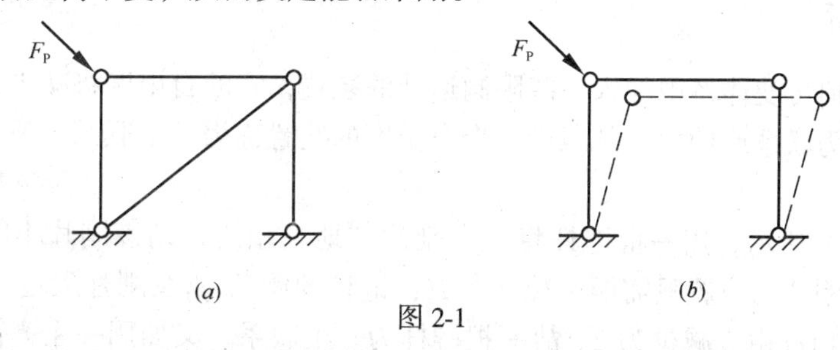

图2-1

为判别体系是否几何不变而对其几何组成进行的分析，称为几何组成分析或机动分析。对体系进行几何组成分析的目的在于：

(1) 判别体系是否几何不变，从而决定它能否作为结构；

(2) 研究几何不变体系的组成规律，以保证所设计的结构能承受荷载并维持平衡；

(3) 用于区分静定结构和超静定结构以及指导结构的内力分析。

在几何组成分析中，由于不考虑材料的变形，因此可以把一根梁、一根链杆或体系中已知是几何不变的某个部分看作一个刚体，在平面体系中又把刚体称为刚片。

本章只讨论平面体系的几何组成分析。

2.2　平面体系的自由度

由于几何不变体系的各部分之间不能产生相对运动，因此分析平面体系的几何组成时，可以从体系机械运动的自由度和所受联系两个方面来研究。

2.2.1　自由度

自由度是指体系运动时可以独立变化的几何参变量的数目，或者说确定体系位置所需要的独立坐标数目。

在平面内，确定一个点的位置需要 x 和 y 两个坐标，如图 2-2（a）所示的 A 点。所以一个点的自由度为 2。

一个刚片在平面内运动时，其位置可由它上面任一点 A 的两个坐标 x、y 和过 A 点的任一直线 AB 的倾角 φ 来确定，如图 2-2（b）所示。因此一个刚片在平面内的自由度为 3。

几何不变体系不能发生任何运动，其自由度应等于零。显然，若体系的自由度大于零，则为几何可变体系。

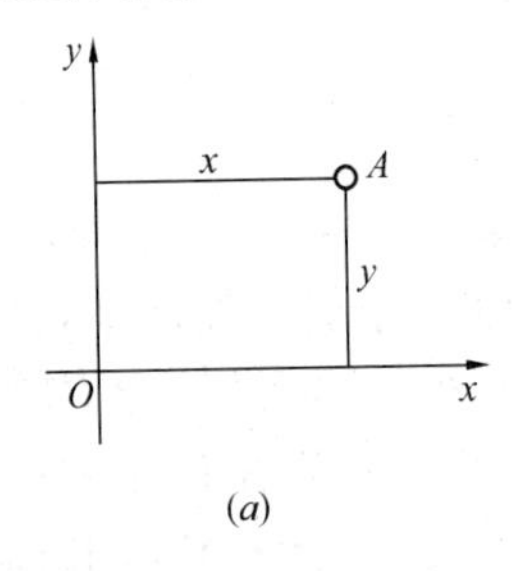

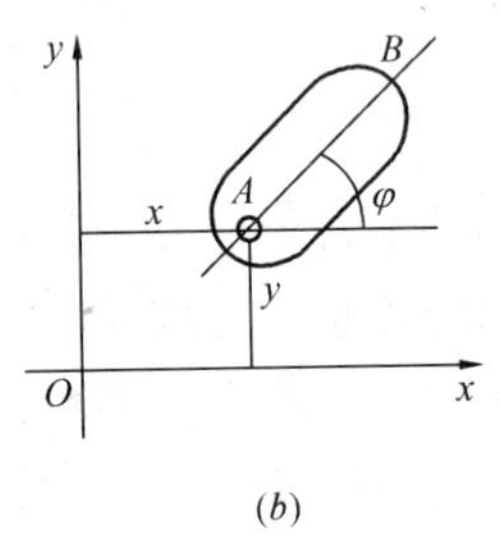

图 2-2

2.2.2 联系

若在某个几何可变体系中加入一些限制运动的装置，它的自由度将减少，这种限制体系运动的装置称为联系或约束。凡减少一个自由度的装置称为一个联系。最常见的联系是链杆和铰。

如图 2-3（a）所示，用一根链杆将一个刚片与地基相连，则该刚片不能沿链杆方向发生移动，确定刚片的位置只需两个独立参数：链杆的倾角 φ_1 及刚片上过 A 点任一直线的倾角 φ_2，其自由度由 3 减少为 2。故一根链杆为一个联系。又如用一个光滑圆柱铰把刚片Ⅰ和Ⅱ在 A 点连接起来，这种连接两个刚片的圆柱铰称为单铰，如图 2-3（b）所示。原来每一个刚片的自由度为 3，两个刚片的自由度为 6，连接后刚片Ⅰ和Ⅱ各自可绕 A 点独立转动（2 个自由度），同时还有随 A 点的移动（2 个自由度），自由度总共为 4，比原来减少了两个自由度。可见一个单铰相当于两个联系，也就是相当于两根链杆的作用。

有时用一个圆柱铰同时连接几个刚片，这种连接三个或三个以上刚片的铰称为复铰。如图2-3（c）所示，三个刚片原有 9 个自由度，用一个铰相连后，各自可绕 A 点转动（3 个自由度），再加上刚片随 A 点的移动(2 个自由度)，共 5 个自由度，从而减少 4 个自由度。

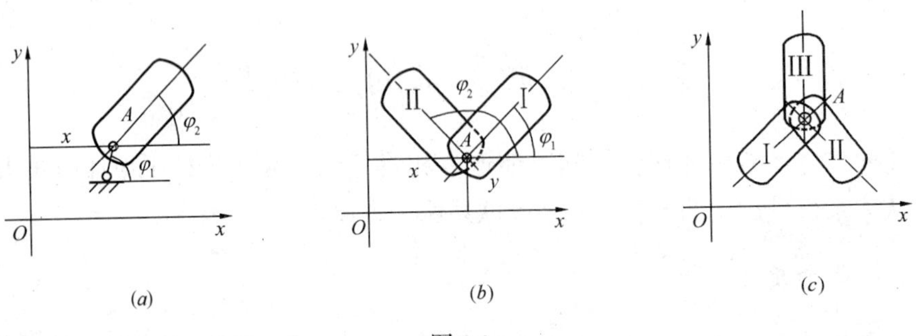

图 2-3

可见，连接三个刚片的复铰相当于两个单铰的作用。类似地，连接四个刚片的复铰相当于三个单铰的作用。一般地，连接 n 个刚片的复铰相当于（$n-1$）个单铰，其联系数为 $2(n-1)$。在图 2-4 所示的几种情况中，圆柱铰连接的刚片数依次为 4、3、2，相应的单铰数则为 3、2、1。

如果在体系中增加一个联系，而体系的自由度并不因此而减少，则此联系称为多余联系。例如，平面中的一根梁（为一个刚片），有 3 个自由度，本来用一根水平链杆和两根竖向链杆与基础相连，就可以使梁固定不动，成为几何不变体系，自由度等于零。但是在图 2-5 所示梁中，多加了一根竖向链杆，体系仍为几何不变，自由度也没有因增加竖向链杆而减少，仍然为零。因此，三根竖向链杆中有一根是多余联系（可把三根竖向链杆中的任何一根视作多余联系），将其去掉后，梁仍然为几何不变。这表明多余联系对于保持体系的几何不变性来说是不必要的，但是从改善结构的受力和使用方面考虑它又是需要的。

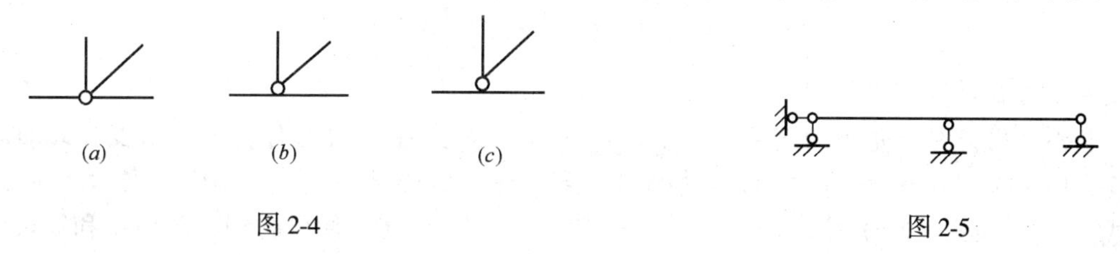

图 2-4　　　　图 2-5

2.2.3　平面体系的计算自由度

平面体系通常由若干刚片彼此用铰连接，再用支座链杆与基础相连而成。设体系的刚片数为 m，连接各刚片的单铰数为 h，支座链杆数为 r，则各刚片均不受约束时的自由度总数为 $3m$，而加入体系的联系总数为（$2h+r$），假设每个联系都使体系减少一个自由度，则可得体系的自由度为：

$$W = 3m - 2h - r \tag{2-1}$$

应用式（2-1）时，注意应将复铰化为单铰计算。此外，h 代表的单铰数目不包括刚片与支座链杆连接的铰。

以图 2-6 为例，链杆 BD、EF、FG 均可视作刚片，AED 部分是由两个直杆刚接在一起，彼此之间无任何相对运动，故可作为一个刚片，同样 CDG 部分也可作为一个刚片，刚片总数 $m=5$。节点 E、F、G 均为连接两个刚片的单铰，节点 D 为连接三个刚片的复铰，于是可知单铰数 $h=5$。体系的支座链杆数 $r=4$。由式（2-1）可得

$$W = 3\times5 - 2\times5 - 4 = 1$$

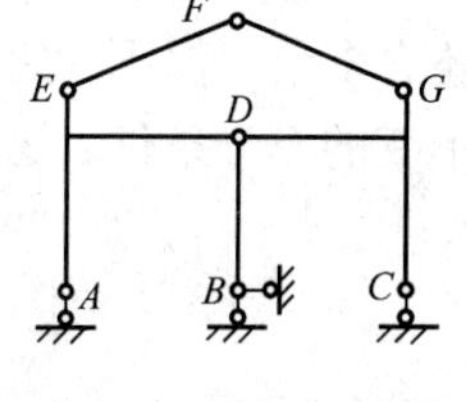

图 2-6

为几何可变体系。

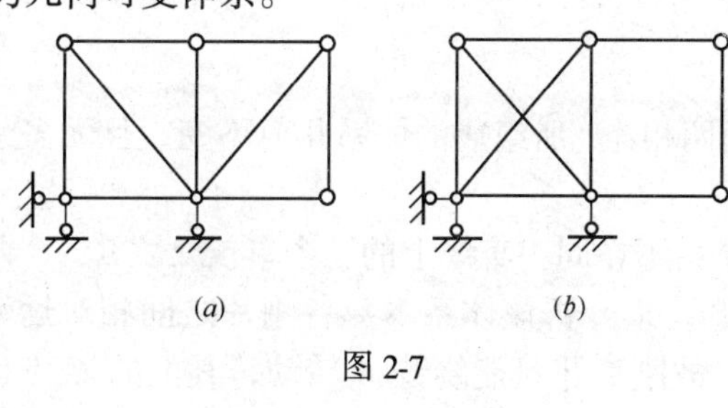

图 2-7

实际上，并不是每个约束都能使体系减少一个自由度，因为这还与体系中是否具有多余联系有关。如图 2-7（a）、（b）所示的两个体系，它们均为 $m=9$，$h=12$，$r=3$，由式（2-1）求得自由度都是 $W=0$，但图 2-7（a）为几何不变体系，

而图 2-7（b）则由于左边部分有多余联系，而右边部分又缺少联系，因而是几何可变体系。所以，W 并不一定能反映体系真实的自由度，为此把 W 称为计算自由度。尽管如此，在分析体系是否几何不变时，仍可根据 W 首先判别联系数目是否足够。

像图 2-7 所示体系那样，完全由两端用铰连接的杆件所组成的体系，称为铰接链杆体系。这类体系的计算自由度，除可用式（2-1）求出外，还可用下面更简便的公式计算：若以 j 代表体系的铰节点数，b 代表杆件数，r 代表支座链杆数，则各铰节点不受约束时的自由度数为 $2j$，由于连接节点的每根杆件都起一个联系的作用，故体系的联系总数为（$b+r$），于是可得体系的计算自由度数为：

$$W = 2j - (b + r) \tag{2-2}$$

仍以图 2-7 所示体系为例，按式（2-2）计算时，$j=6$，$b=9$，$r=3$，于是

$$W = 2 \times 6 - 9 - 3 = 0$$

可见两个公式计算结果相同。

若不考虑体系与基础的连接，即 $r=0$，则体系本身在平面内有 3 个自由度，此时只须检查体系本身各部分之间相对运动的自由度（简称为内部自由度），用 V 表示。显然，在式（2-1）和式（2-2）中，用（$V+3$）代替 W，并取 $r=0$，便可得到一般体系和铰接链杆体系内部的计算自由度分别为：

一般体系：
$$V = 3m - 2h - 3 \tag{2-3}$$

铰接链杆体系：
$$V = 2j - b - 3 \tag{2-4}$$

按式（2-1）~式（2-4）求得的平面体系的计算自由度，可有以下三种情况：

（1）W（或 V）>0，表明体系缺少足够的联系，因而可判断体系几何可变；

（2）W（或 V）$=0$，表明体系具有几何不变的最少联系，但体系仍有可能几何可变；

（3）W（或 V）<0，表明体系具有多余联系，但体系仍有可能几何可变。

需要说明的是，体系的计算自由度 W（或 V）表明的仅仅是体系各刚片都自由时的自由度总数与加入的联系数之差，并不能反映联系的布置是否适当。所以，W（或 V）$\leqslant 0$ 只是保证体系几何不变的必要条件，而非充分条件。一个体系尽管联系数目足够甚至还有多余，但不一定就是几何不变的。为了判别体系是否几何不变，还必须研究体系几何不变的充分条件，这就要作几何组成分析。

2.3 几何不变体系的基本组成规则

本节介绍平面体系几何不变的基本组成规则。

2.3.1 三刚片规则

三个刚片用不在同一直线上的三个单铰两两相连，所组成的体系几何不变，且无多余联系。

如图 2-8（a）所示，三个刚片Ⅰ、Ⅱ、Ⅲ由不在同一直线上的三个单铰 A、B、C 两两相联，假定刚片Ⅰ不动，并暂时把铰 C 拆开，来分析该体系本身各刚片之间相对运动的可能性。由于刚片Ⅱ与刚片Ⅰ用铰 A 相连，故刚片Ⅱ只能绕铰 A 转动，其上的 C 点也

只能是在以 A 为圆心，以 AC 为半径的圆弧上运动；类似地，刚片Ⅲ与刚片Ⅰ用铰 B 相连，其上的 C 点也只能是在以 B 为圆心，以 BC 为半径的圆弧上运动。而实际上刚片Ⅱ、Ⅲ是用铰 C 连接在一起的，即 C 点既是刚片Ⅱ上的点，也是刚片Ⅲ上的点，它不可能同时沿两个方向不同的圆弧运动，而只能在两个圆弧的交点处不动。于是各刚片之间不可能发生任何相对运动，故该体系是几何不变的，且无多余联系。

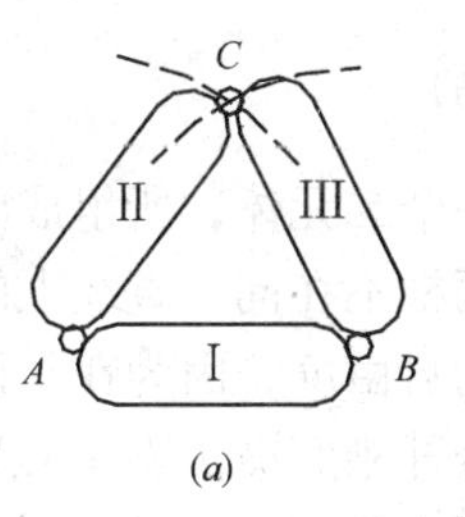

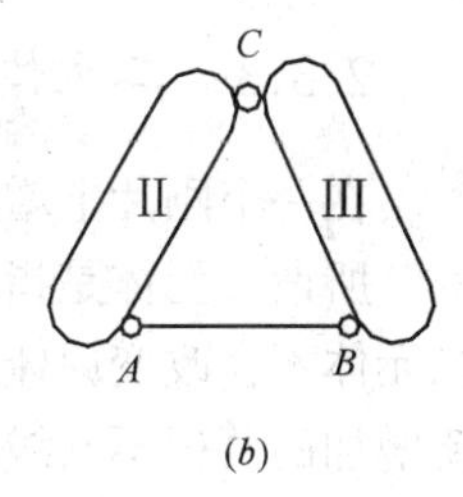

图 2-8

2.3.2 两刚片规则

两个刚片用一个单铰及一根不通过该单铰的链杆相连，所组成的体系几何不变，且无多余联系；或者两个刚片用三根既不全平行也不相交于一点的链杆相连，所组成的体系几何不变，且无多余联系。

两刚片规则的第一种情形的正确性是容易证明的。如图 2-8（b）所示，刚片Ⅱ、Ⅲ用铰 C 和不过 C 点的链杆 AB 相连，若将链杆视作刚片，就得到与图 2-8（a）相同的情况，显然体系是几何不变的，且无多余联系。

为了证明两刚片规则的第二种情形的正确性，先介绍虚铰的概念。

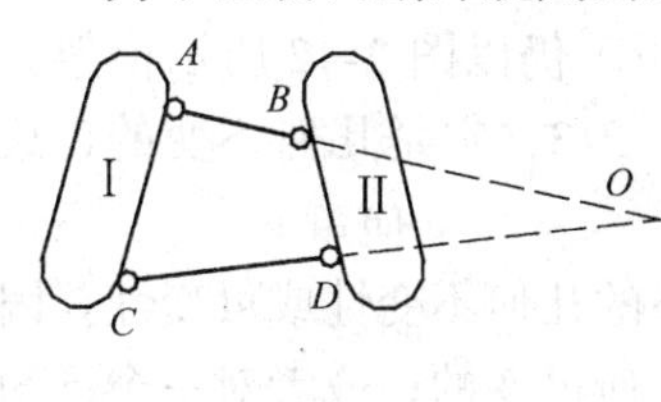

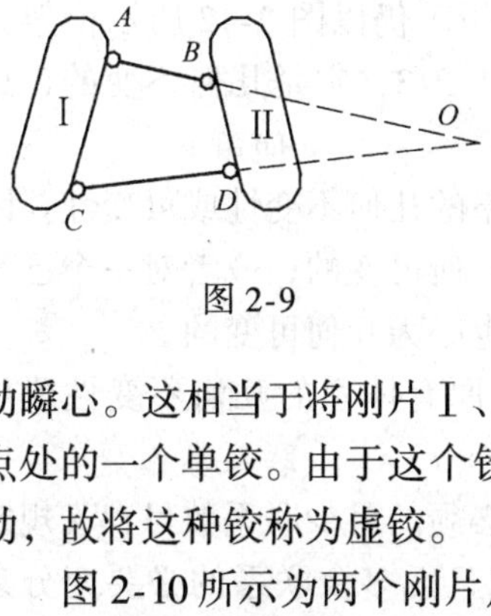

图 2-9

如图 2-9 所示，假定刚片Ⅰ不动，则刚片Ⅱ在运动时，链杆 AB 将绕 A 点转动，于是 B 点将沿与 AB 杆垂直的方向运动，同时链杆 CD 将绕 C 点转动，D 点也将沿着与 CD 杆垂直的方向运动。由此可知，整个刚片Ⅱ将绕 AB 杆与 CD 杆延长线的交点 O 转动，不过这种转动是瞬时的，不同的时刻，O 点的位置将不同，O 点称为刚片Ⅰ、Ⅱ的相对转动瞬心。这相当于将刚片Ⅰ、Ⅱ在 O 点用一个铰相连一样，其作用相当于在两根链杆交点处的一个单铰。由于这个铰的位置在两杆轴线的延长线上，而且随着链杆的运动而变动，故将这种铰称为虚铰。

图 2-10 所示为两个刚片用三根既不全平行也不相交于一点的链杆相连的几种情况。由于三根链杆不全平行，因此其中必有两根链杆（图 2-10 中的 1、2 杆）相交于一点，相当于一个单铰（或虚铰），三根链杆又不全相交一点，因此剩下的一根链杆（图 2-10 中的 3 杆）也不会过该交点，这就与两刚片规则中的第一种情形相同。因此，所组成的体系几何不变，且无多余联系。

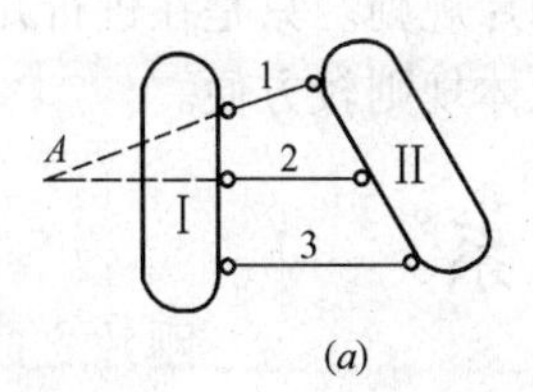

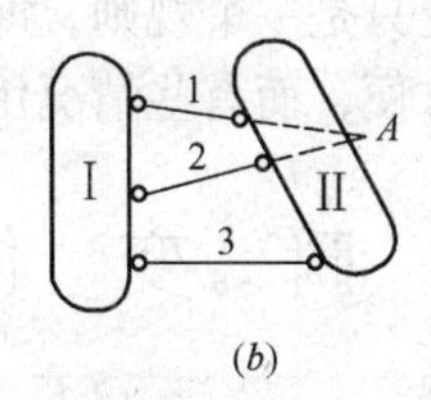

(c)

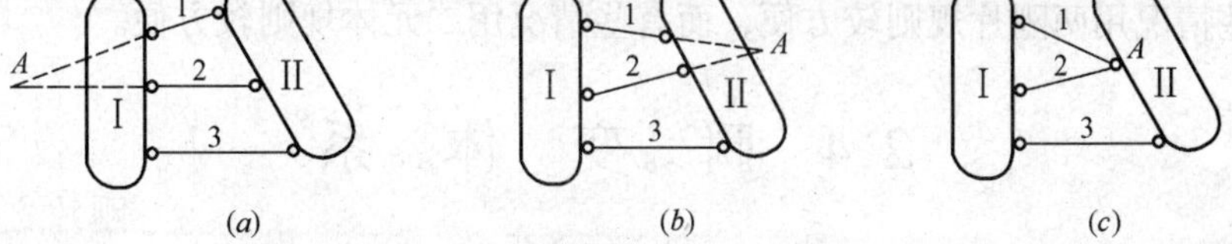

图 2-10

2.3.3　二元体规则

在一个刚片上增加一个二元体，所组成的体系几何不变，且无多余联系。

所谓二元体是指由两根不在同一直线上的链杆连接一个新节点的装置。这种新增加的二元体不会改变原体系的自由度，因为在平面内新增加一个节点就会增加两个自由度，而新增加的两根不共线的链杆刚好减少新节点的两个自由度。如图 2-11 所示，在刚片上增加了一个二元体，刚片原为几何不变的，增加二元体后，若将链杆 1、2 也视作刚片，就得到图 2-8（a）所示的情况，因此，体系为几何不变，且无多余联系。又如图 2-12 所示桁架，若以铰接三角形 1-2-3 为基础（由三刚片规则知，它是几何不变的，且无多余联系），增加 2-4、3-4 杆组成的二元体，得到节点 4，仍为几何不变体系；再以其为基础，依次增加二元体，得到节点 5、6…，最后组成如图 2-12 所示的桁架，该体系仍为几何不变，且无多余联系。

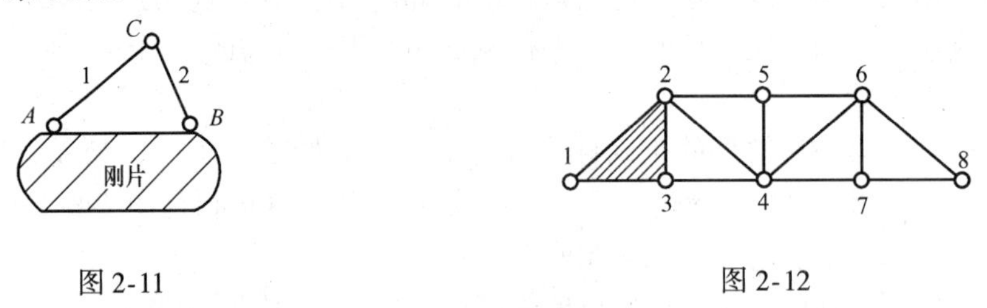

图 2-11　　　　图 2-12

同样也可以用拆除二元体的方法对一个已知体系进行分析。仍以图 2-12 所示桁架为例，从节点 8 开始，依次去掉二元体，最后剩下铰接三角形 1-2-3，它是几何不变的，故可知原体系也是几何不变的。

因为二元体不改变原体系的自由度，也就不会改变原体系的几何不变性或可变性。因此，在一个几何可变体系上，增加二元体后，所得体系仍是几何可变的；或者对一个已知体系，若去掉二元体后剩下的部分是几何可变的，则原体系也必为几何可变的。

由此可见，在一个体系上增加或去掉二元体，不会改变原有体系的几何不变性或可变性。

几何不变体系的三个组成规则，既规定了各刚片之间所必须的最少联系数目，又规定了它们之间应遵循的连接方式，因此，是满足几何不变体系且无多余联系的必要充分条件。凡是按照这些规则组成的体系，都是没有多余联系的几何不变体系，其计算自由度 W（或 V）均为零。如果体系除了符合上述组成规则外，还有另外的联系，便是具有多余联系的几何不变体系，其多余联系数目就等于这些另外的联系数目。

三个组成规则之间有其内在的联系，如图 2-11 所示的体系，符合二元体规则；若将链杆 1、2 视作刚片也符合三刚片规则；而若将链杆 1 视作刚片，它与大刚片的连接又符合两刚片规则。可见，它们实质上只是一个规则，即三刚片规则。只是在进行几何组成分析时，有些情况用两刚片规则较方便，而有些情况用二元体规则较方便。

2.4　瞬　变　体　系

上一节，在几何不变体系的几个组成规则中，都提出一些限制条件，如连接三刚片的三个铰不能在同一直线上；连接两刚片的三根链杆不能全交于一点也不能全平行；二元体的两根链杆不能共线等。下面将讨论如果体系不满足这些限制条件，结果将会如何。

如图 2-13 所示，三个刚片用共线的三个单铰 A、B、C 两两连接，若刚片Ⅲ不动，则刚片Ⅰ、Ⅱ将分别绕铰 A、B 转动，而由于铰 C 位于以 AC 和 BC 为半径的两个相切圆弧的公切线上，因此铰 C 沿此公切线可作微小运动。从运动的角度看，这是几何可变的。不过一旦发生微小运动后，A、B、C 三铰便不再共线，运动也就不会继续进行。这种原为几何可变的，在发生微小运动后变为几何不变的体系，称为瞬变体系。瞬变体系既然是瞬时可变，因此也是几何可变体系。

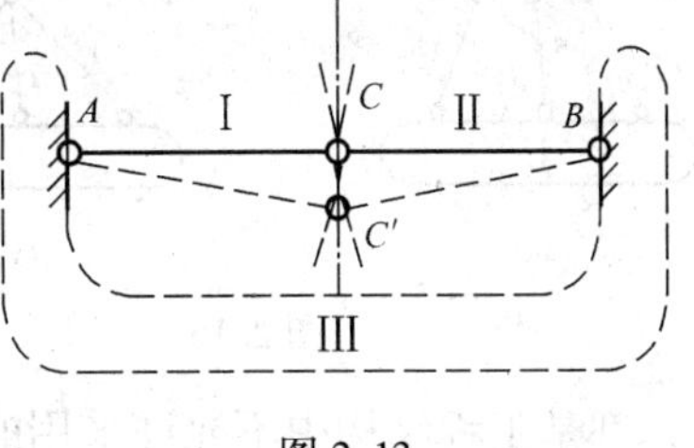

图 2-13

在工程实际中，瞬变体系是绝不能用作结构的，这可以通过图 2-14 所示情况说明。由平衡条件可知，AC 杆和 BC 杆的轴力为：

$$F_{\mathrm{N}}=\frac{F_{\mathrm{P}}}{2\sin\theta}$$

当 $\theta=0$ 时，便是瞬变体系，此时若 $F_{\mathrm{P}}\neq0$，则 $F_{\mathrm{N}}=\infty$；若 $F_{\mathrm{P}}=0$，则 F_{N} 为不定值。这表明，瞬变体系即使在很小的荷载作用下也会产生很大的内力，从而导致体系的破坏。此外，当几何不变体系的组成接近瞬变时，也将使结构产生较大的内力。由此可见，不但瞬变体系不能用作结构，而且接近瞬变的体系也应避免用作结构。

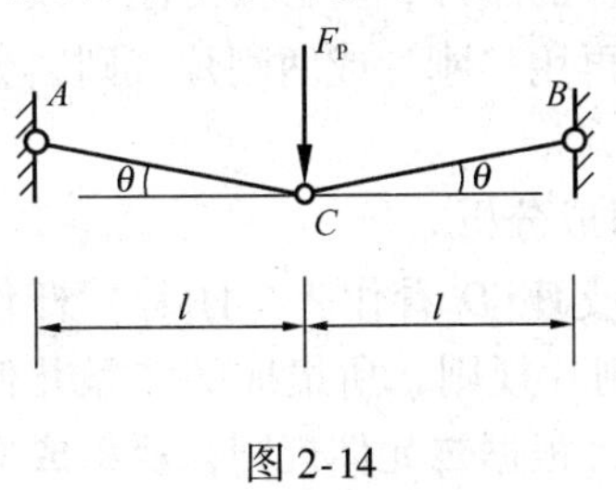

图 2-14

在图 2-13 所示体系中，如将刚片Ⅰ、Ⅱ视作链杆，就成为在刚片Ⅲ上增加由两根共线的链杆组成的二元体结构；而如果将刚片Ⅰ、Ⅲ视作由铰 A 和链杆Ⅱ联结在一起的情况，就成为两刚片用一个铰和通过此铰的一根链杆相联的体系。可见，在一个刚片上增加由两根共线的链杆组成的体系，或者两刚片用一个铰和过此铰的一根链杆相联，所组成的体系都是瞬变体系。

如图 2-15（a）所示，两个刚片用三根互相平行但不等长的链杆相联，当两刚片发生相对微小的移动后，三杆便不再全平行，其中必有两杆相交，体系此时几何不变，故原体系属于瞬变体系；若三根链杆互相平行且等长时（图 2-15b），两刚片之间的相对运动可一直继续下去，这种刚体运动能够继续发生的几何可变体系称为常变体系。必须指出，当平行且等长的三杆是从刚片异侧连出时（图 2-15c），体系仍为瞬变。

如图 2-16（a）所示为两个刚片用三根延长后交于一点的链杆相连，此时，两个刚片

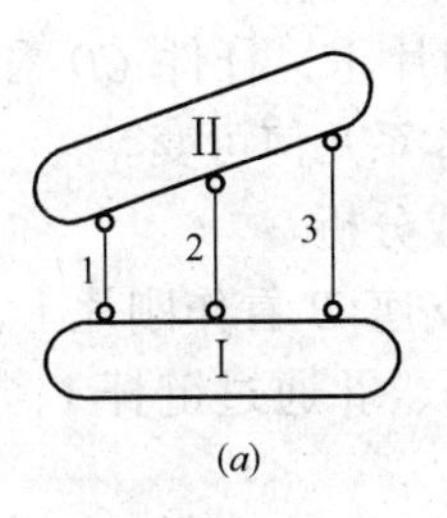

(a)

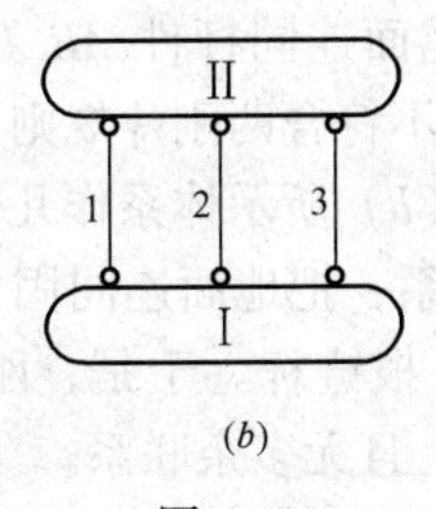

(b)

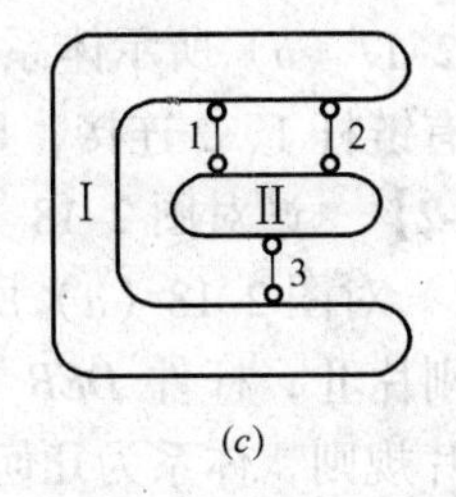

(c)

图 2-15

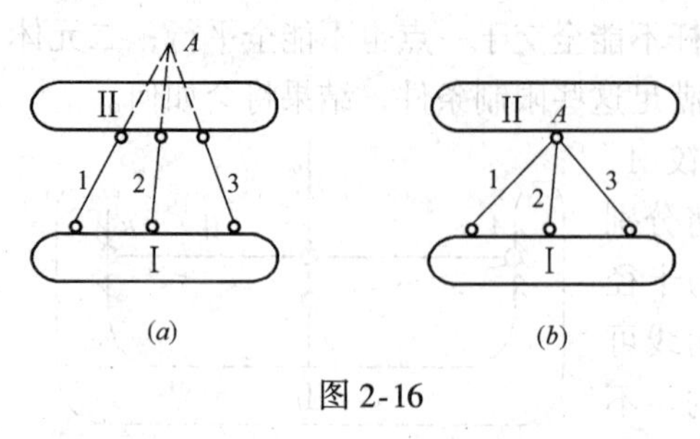

图 2-16

可以绕 A 点作相对转动，但发生微小转动后，三杆就不再全交于一点，从而不再继续发生相对转动，因此为瞬变体系；若三根链杆直接交于一点（图 2-16b），则为常变体系。

由上可知，凡是不满足三个基本组成规则限制条件的体系，不是瞬变体系就是常变体系。瞬变体系和常变体系均属于几何可变体系，都是工程结构中不允许采用的体系。

2.5 几何组成分析示例

对体系进行几何组成分析，可先确定体系的计算自由度，若 W（或 V）>0，则可判定体系为几何可变；若 W（或 V）$\leqslant 0$，再进行几何组成分析，判定体系是否几何不变。但对于不太复杂的体系也可以不去计算 W（或 V），而是直接进行几何组成分析。

进行几何组成分析时，应正确、灵活地运用三个基本组成规则。首先，确定体系中的刚片与联系，体系中的刚片、链杆、铰可以根据分析的需要而相互转化，有时可以把只用两个铰与其他部分相连的一个刚片看作一根链杆，而有时也可以把一根链杆、一个几何不变部分或者地基看成是一个刚片。其次在体系中找出基本的几何不变部分，观察其是否能按二元体或两刚片规则加以扩大；或者观察体系中有几个这样的刚片，能否按三刚片或两刚片规则分析；或者拆除二元体，使体系的组成简化，然后再用三刚片或两刚片规则去分析。下面举例加以说明。

【例 2-1】 试对如图 2-17（a）、（b）所示体系作几何组成分析。

【解】 对图 2-17（a）所示体系，把地面连同固定铰支座 D 看作一个刚片，杆件 BC 看作另一刚片，两刚片通过链杆 1、2、3 连接，根据两刚片规则，所组成的体系几何不变，可视作一扩大的刚片。再增加一个二元体得到节点 A，根据二元体规则，所组成的体系仍为几何不变。如此可判定整个体系几何不变且无多余联系。

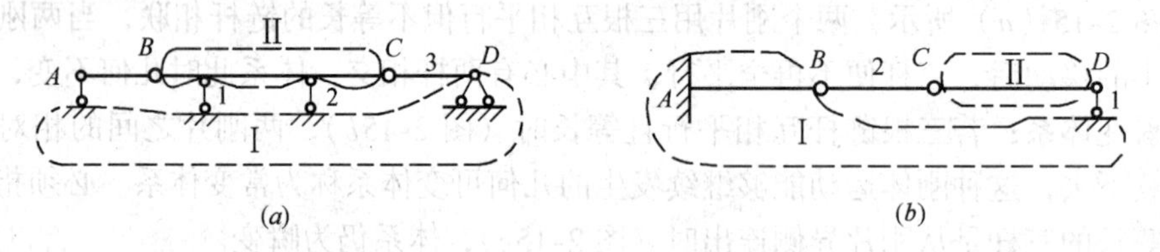

图 2-17

对图 2-17（b）所示体系，把地面连同杆件 AB 看作刚片Ⅰ，杆件 CD 看作刚片Ⅱ，两刚片只有链杆 1、2 连接，显然，不符合两刚片规则，故体系几何可变。

【例 2-2】 试对图 2-18（a）、（b）所示体系作几何组成分析。

【解】 对图 2-18（a）所示体系，把地面连同固定铰支座 B 看作刚片Ⅰ，T 形杆件 ACD 看作刚片Ⅱ，杆件 DEB 看作一根链杆。于是，刚片Ⅰ、Ⅱ通过链杆 1、2、3 联结，符合两刚片规则，体系为几何不变，且无多余联系。

对图 2-18（b）所示体系，把地面看作刚片Ⅰ，杆件 AD 和 $DEFB$ 看作刚片Ⅱ和Ⅲ，

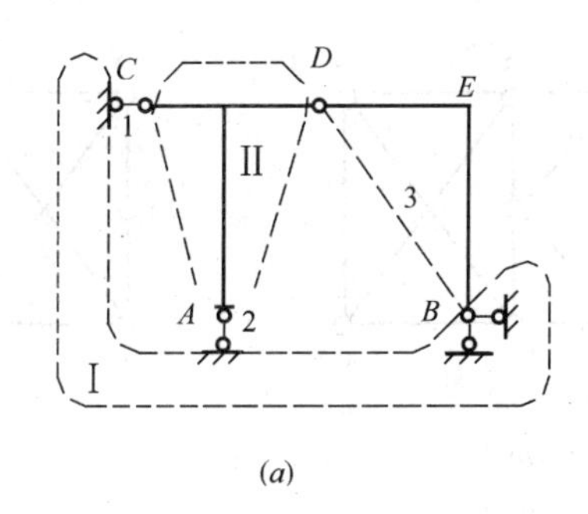

(a)

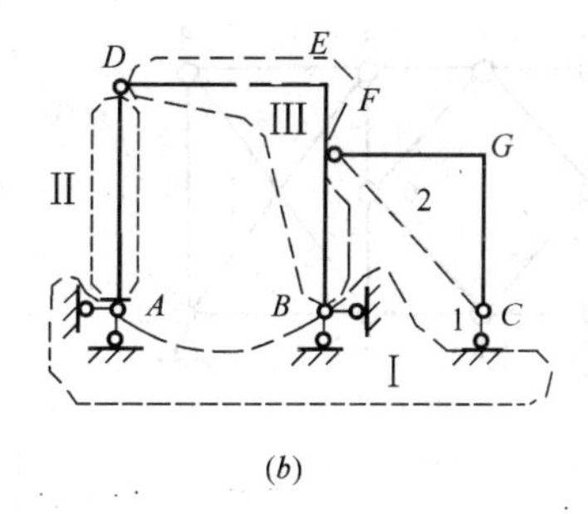

(b)

图 2-18

三个刚片由不共线的三个铰 A、B、D 两两相联，符合三刚片规则，为几何不变体系。在此基础上增加一个二元体得到节点 C，所得体系仍为几何不变，且无多余联系。

【例 2-3】 试对图 2-19（a）、（b）所示体系作几何组成分析。

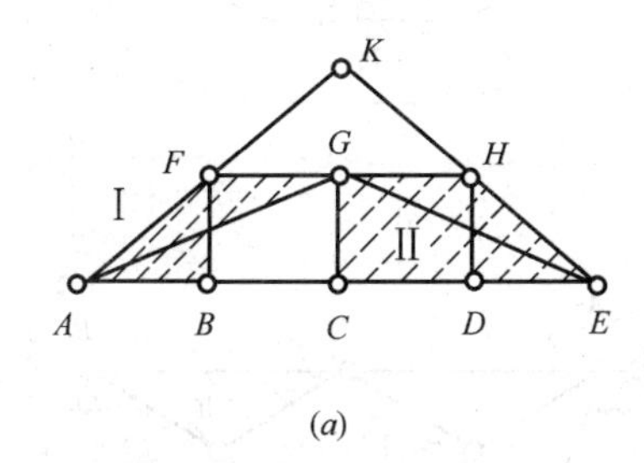

(a)

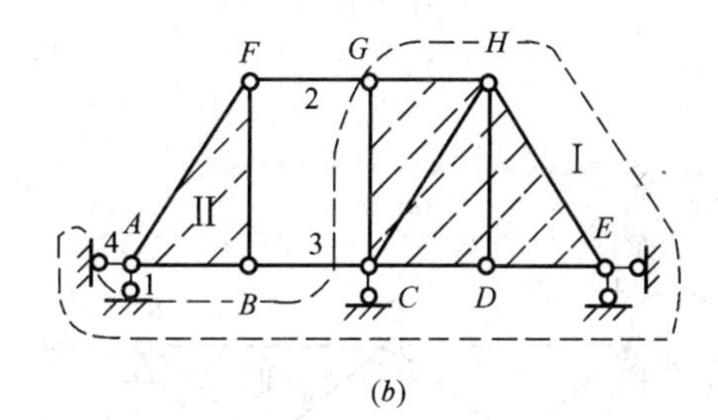

(b)

图 2-19

【解】 对图 2-19（a）所示体系，先由节点 K 拆除二元体，再对剩下的部分进行分析。以铰接三角形 ABF 为基础，增加一个二元体，得到扩大了的几何不变部分 $AFGB$，视作刚片Ⅰ；再以铰接三角形 DEH 为基础，按节点 G、C 的顺序依次增加二元体，扩大为 $CGHE$，仍为几何不变，视作刚片Ⅱ；刚片Ⅰ、Ⅱ通过铰 G 与链杆 BC 相连，符合两刚片规则，故可知原体系几何不变，且无多余联系。

对图 2-19（b）所示体系，虚线所围部分为几何不变（请读者自行分析），作为刚片Ⅰ；将铰接三角形 ABF 视作刚片Ⅱ；刚片Ⅰ、Ⅱ之间除三根既不全平行、也不全交于一点的链杆 1、2、3 相连外，还有一根链杆 4，因此体系为几何不变，有一个多余联系。

【例 2-4】 试对如图 2-20（a）所示体系作几何组成分析。

【解】 如图 2-20（a）所示铰接体系，其本身与基础符合两刚片规则，因此只需对体系内部作几何组成分析。体系本身如图 2-20（b）所示，按节点 1、7、5、2、8 的顺序依次拆除二元体，当体系剩下 4-3-6-9-10 部分时（图 2-20c），即发现组成节点 6 的二元体两杆共线。可见，原体系为几何瞬变体系。

【例 2-5】 试对如图 2-21（a）所示体系作几何组成分析。

【解】 先按式（2-2）求体系的计算自由度：

$$W = 2j - (b + r) = 2 \times 6 - (8 + 4) = 0$$

体系具有几何不变所必需的最少联系数目，为了确定体系是否几何不变，还需进行几何组成分析。

体系本身与基础不符合两刚片规则，也无二元体可拆除，于是可试以三刚片规则分

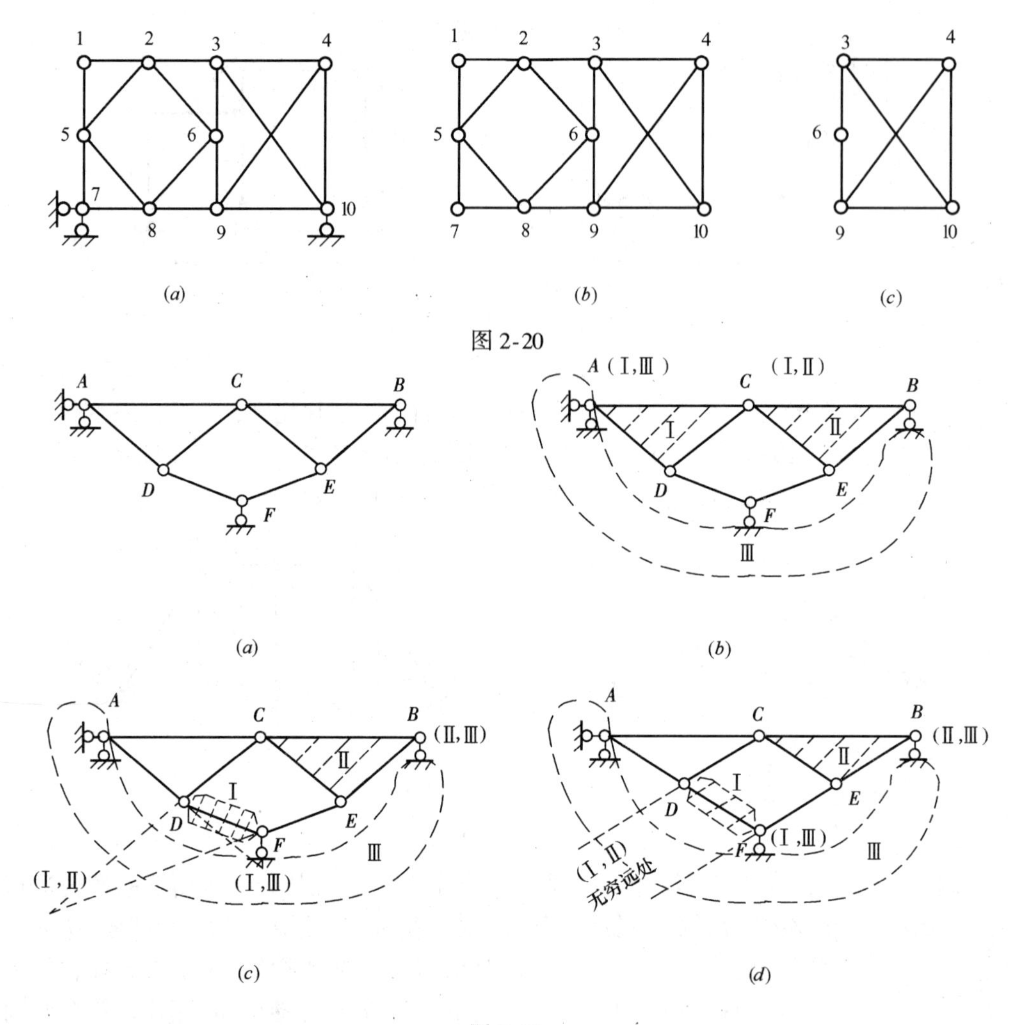

图 2-20

图 2-21

析。按习惯性思维，把铰接三角形 *ACD* 与 *CBE* 分别看作刚片Ⅰ和Ⅱ，把地面连同固定铰支座 *A* 看作刚片Ⅲ，如图 2-21（*b*）所示。但三个刚片只找到相互联系的两个铰，即连接刚片Ⅰ、Ⅱ的铰 *C* 和刚片Ⅰ、Ⅲ的铰 *A*，无法确定刚片Ⅱ、Ⅲ之间的单铰联系。为此，应另选刚片进行分析。现把杆件 *DF* 看作刚片Ⅰ，仍将铰接三角形 *CBE* 与地面看作刚片Ⅱ和Ⅲ，如图 2-21（*c*）所示。此时各刚片之间的联系情况如下：

刚片Ⅰ、Ⅲ——用链杆 *AD* 和支座链杆 *F* 联系，虚铰为 *AD* 与链杆 *F* 的交点。

刚片Ⅱ、Ⅲ——用链杆 *AC* 和支座链杆 *B* 联系，虚铰为 *AC* 与链杆 *B* 的交点 *B*。

刚片Ⅰ、Ⅱ——用链杆 *CD* 和链杆 *EF* 联系，虚铰为 *CD* 与 *EF* 的交点。

由图知，三个虚铰不在同一直线上，故体系几何不变，且无多余联系。

本例中，如果体系如图 2-21（*d*）所示那样，刚片Ⅰ、Ⅲ联系的虚铰在 *F* 点，刚片Ⅱ、Ⅲ联系的虚铰仍在 *B* 点，刚片Ⅰ、Ⅱ联系的虚铰 *O* 在无穷远处（杆 *CD* 与 *EF* 平行），且其方向与虚铰 *B*、*F* 的连线相同，可看作三个虚铰 *O*、*F*、*B* 是在同一直线上，因此体系是瞬变的。

在几何组成分析时，虚铰在无穷远的情况常会遇到。为了正确判断体系是否几何不变，现将三刚片体系中虚铰位于无穷远时的几种情况归纳如下：

1. 一个虚铰在无穷远处

如图2-22（*a*）所示为只有一个虚铰 O_{12} 在无穷远处的情况。此时，若组成无穷远虚铰的两平行杆件与另外两个铰 O_{13} 和 O_{23} 的连线不平行，则体系几何不变，否则体系几何瞬变（图2-22*b*）。

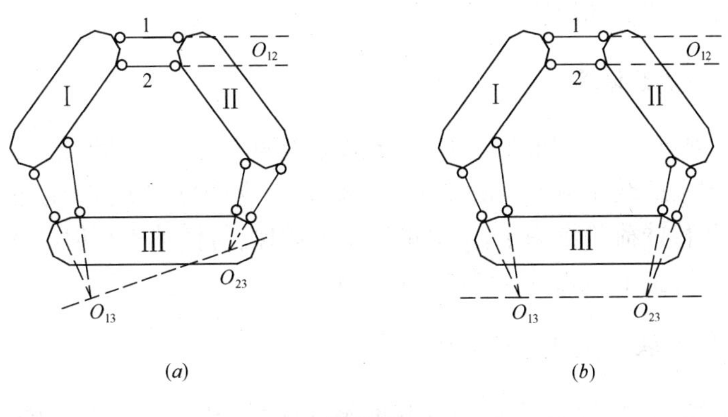

图2-22

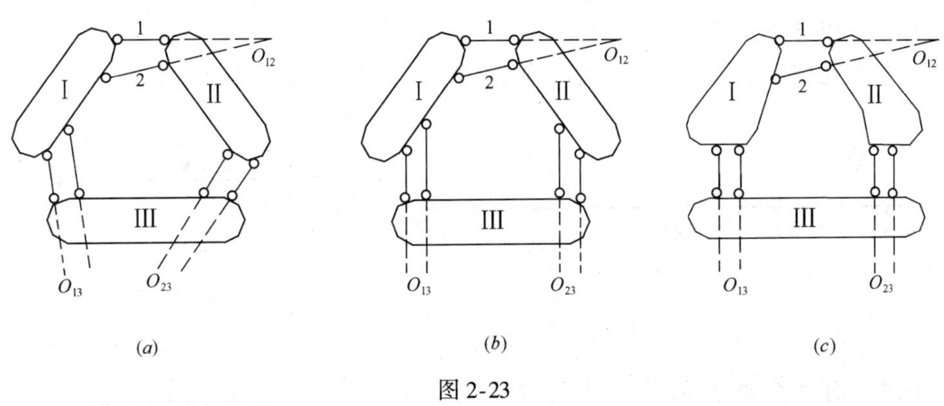

图2-23

2. 两个虚铰在无穷远处

图2-23所示为虚铰 O_{13} 和 O_{23} 在无穷远处的情况。此时，若组成无穷远虚铰的两对平行杆件互不平行，则体系几何不变（图2-23*a*）。若组成无穷远虚铰的两对平行杆件互相平行，但不全等长，则体系几何瞬变（图2-23*b*）。若组成无穷远虚铰的两对平行杆件互相平行且等长，则体系几何常变（图2-23*c*）。

3. 三个虚铰在无穷远处

三个刚片用三对平行链杆两两相连的情况，体系一般是瞬变的，但当每对平行链杆各自等长且都是从每个刚片的同一侧联出时，体系是常变的。

2.6 几何组成与静定性的关系

几何组成分析除了可以判定体系是否几何不变外，还可以判定体系是否静定。按照体系的几何组成，可分为几何不变体系和几何可变体系，其中几何不变体系包括无多余联系和有多余联系两类；几何可变体系又分为常变和瞬变。下面来讨论体系的几何组成与静力学解答之间的关系。

2.6.1 几何常变体系

对于几何常变体系，由于其在任意荷载作用下不能维持平衡而发生运动，即平衡条件不能成立。例如图 2-24（a）所示几何可变体系，在图示荷载作用下，无法列出 $\Sigma X=0$ 的平衡方程，所以无静力学解答。

2.6.2 几何瞬变体系

图 2-24（b）所示为一几何瞬变体系，在一般荷载作用下，体系的水平反力和内力为无穷大，例如在图示荷载作用下，由 $\Sigma M_A=0$ 求得 B 支座反力 F_B 为无穷大，也就是无静力学解答。在某些特殊荷载作用下，例如 F_P 的作用线与杆轴重合时，其内力为不定值，即静力学解答有无穷多个，此时问题属于超静定的。

2.6.3 无多余联系的几何不变体系

图 2-24（c）所示为一无多余联系的几何不变体系。取杆件 AB 为隔离体，外力与支座反力构成平面任意力系，于是由平面任意力系的三个平衡方程可求得三个支座反力，进而用截面法可以计算出任一截面的内力，对于确定的荷载必然有确定的解答。由此可见，无多余联系的几何不变体系有唯一的静力学解答，所以体系是静定的。

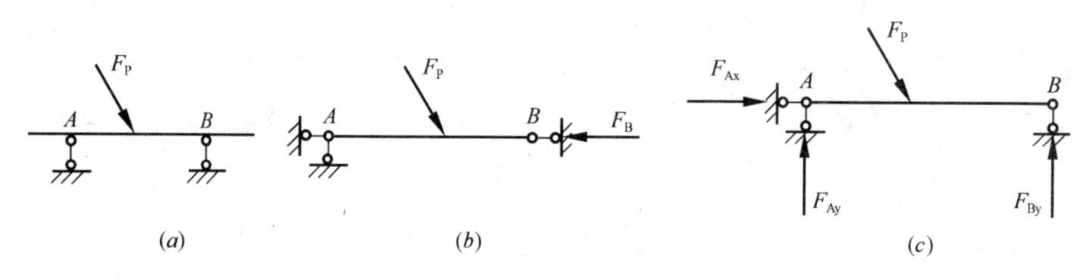

图 2-24

2.6.4 有多余联系的几何不变体系

如图 2-25（a）所示为一有多余联系的几何不变体系，有 4 个支座反力，取杆件 AB 为隔离体，外力与支座反力构成平面任意力系，所能建立的独立平衡方程只有 3 个。除了水平反力可由 $\Sigma X=0$ 确定外，其余 3 个竖向反力便无法从剩下的两个平衡方程求得，也就无法计算截面内力。假设在已知荷载作用下去掉它的一个多余联系，而以相应的力 X_1 代替，如图 2-25（b）所示，此时，由于体系仍然是几何不变的，故不论 X_1 为何值，体系都能维持平衡。所以，单就满足静力平衡条件来说，体系可有无穷多个解答。故对有多余联系的几何不变体系，单靠静力平衡方程无法求得唯一确定的解答，体系为超静定的。

由上可见，对于几何不变体系，无论其有无多余联系，均能够承受任意荷载并维持平衡。一般地，一个几何不变体系是由 m 个刚片用 h 个单铰和 r 根支座链杆连接而成，若取每个刚片为隔离体，则可建立 $3m$ 个平衡方程，每个单铰有两个约束力，每根支座链杆有一个反力，故单铰和支座链杆共有 $(2h+r)$ 个未知力。当体系为几何不变且无多余联系时，其自由度 $W=3m-(2h+r)=0$，因而有 $3m=2h+r$，即平衡方程数目等于未知力数目，此时必有一组唯一确定的解答，体系是静定的；当体系为几何不变并且有多余联系

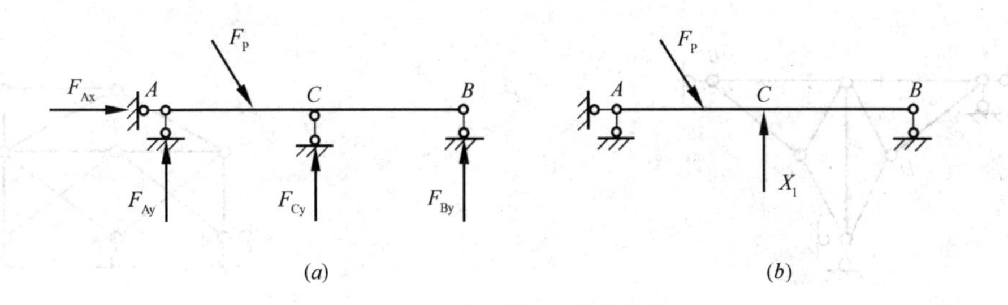

图 2-25

时，其 $W = 3m - (2h + r) < 0$，则有 $3m < 2h + r$，即平衡方程数目少于未知力数目，解答有无穷多组，此时仅靠静力平衡条件无法求得唯一确定的解答，故体系是超静定的。

综上所述，只有无多余联系的几何不变体系才有唯一确定的静力学解答，是静定的。或者说，静定结构的几何组成特征是几何不变且无多余联系。凡是按照几何不变体系的基本组成规则组成的体系，就都是静定结构，而在此基础上还有多余联系的结构，便是超静定结构。因此，可以从体系的几何组成特征来判定一个结构是静定的还是超静定的。

思 考 题

2-1 平面体系的计算自由度是什么？计算自由度小于等于零时，体系是否一定为几何不变？

2-2 试述几何不变体系的几个基本组成规则，它们之间有何联系？

2-3 为什么说几何瞬变体系不能作为结构被采用？

2-4 平面体系在静力学解答方面的特性是什么？

习 题

2-1～2-2 计算图示体系的计算自由度。

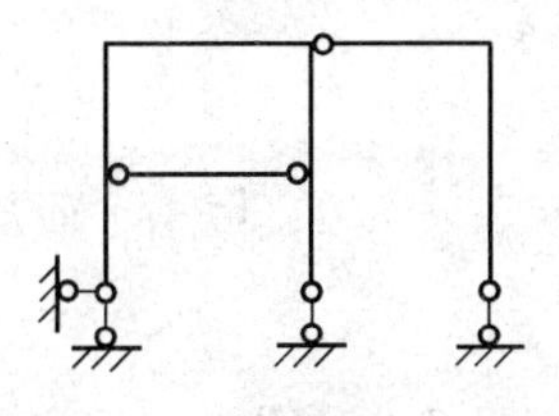

题 2-1 图

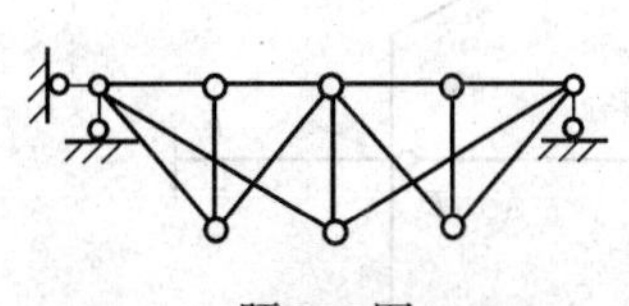

题 2-2 图

2-3～2-17 对图示体系作几何组成分析（若为几何不变体系，需指出有无多余联系及有多少多余联系；若为几何可变体系，需指出常变或瞬变）。

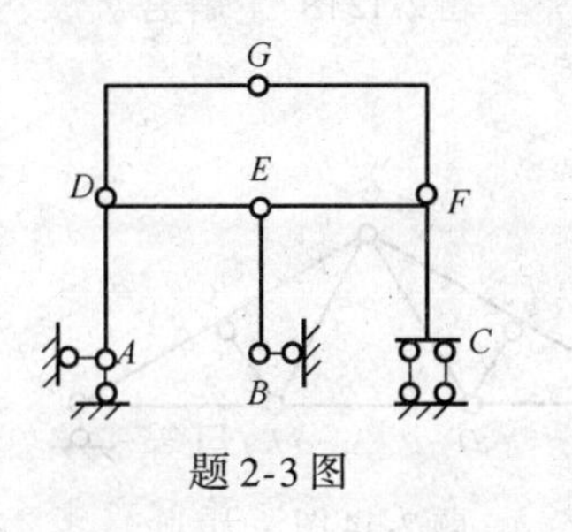

题 2-3 图

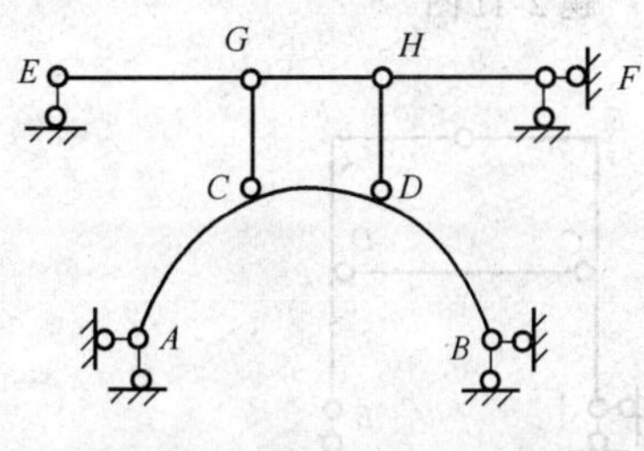

题 2-4 图

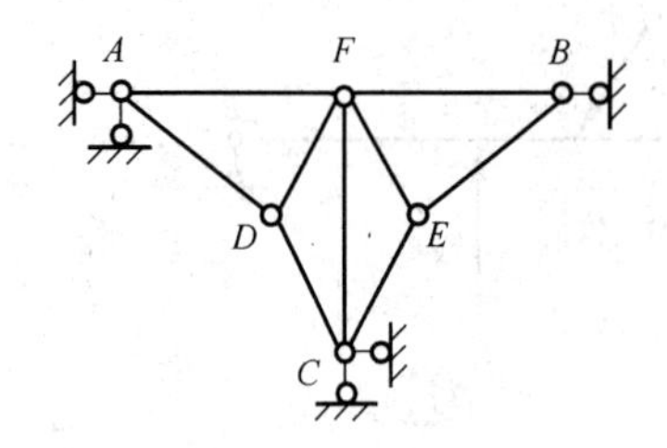

题 2-5 图

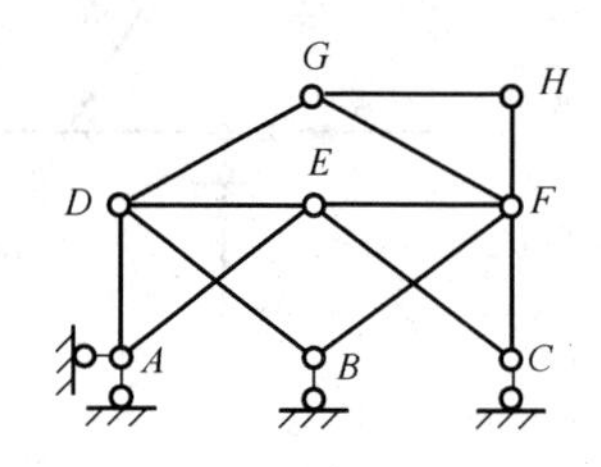

题 2-6 图

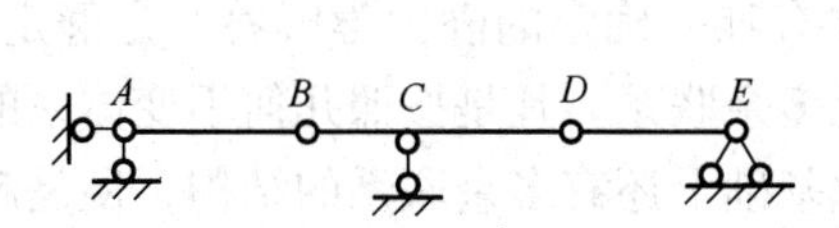

题 2-7 图

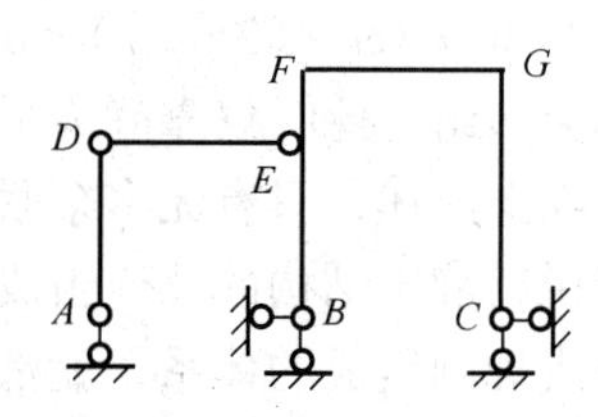

题 2-8 图

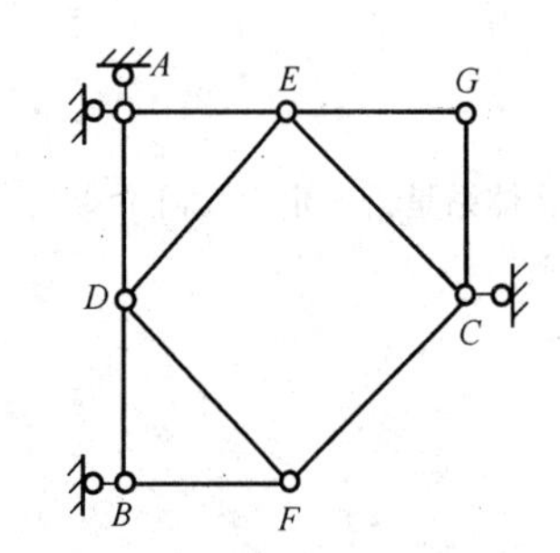

题 2-9 图

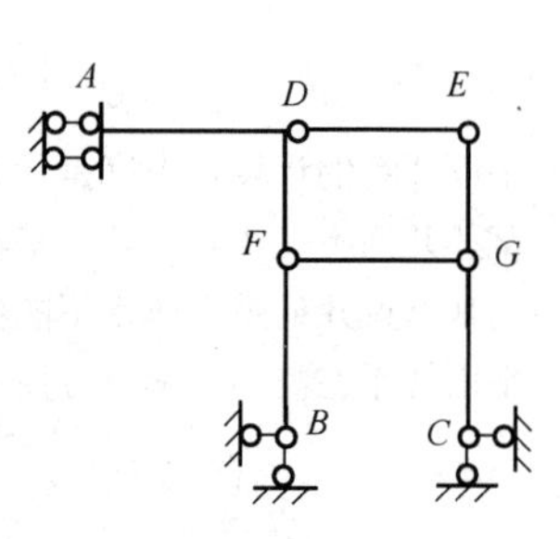

题 2-10 图

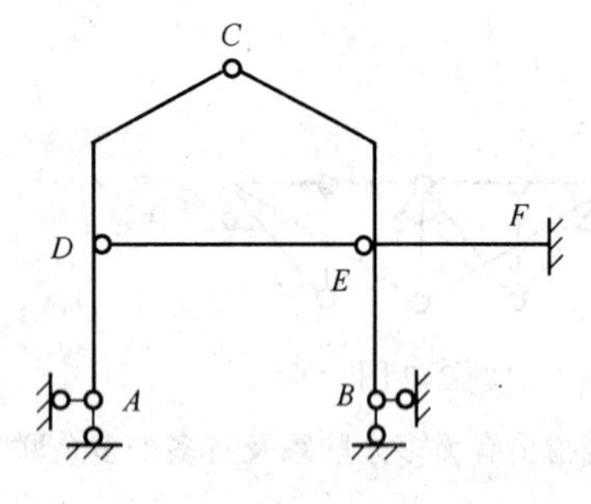

题 2-11 图

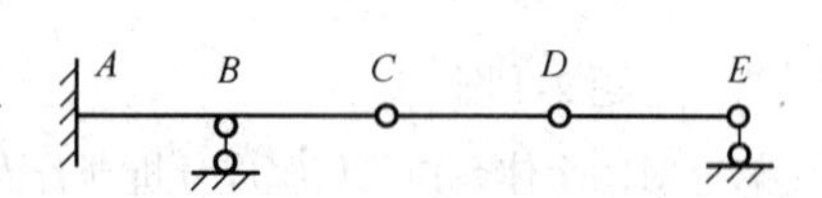

题 2-12 图

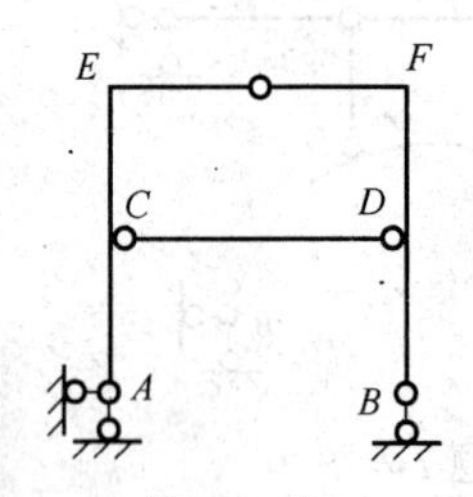

题 2-13 图

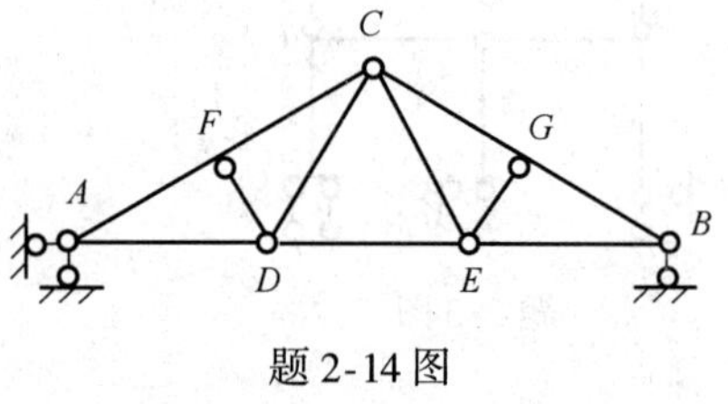

题 2-14 图

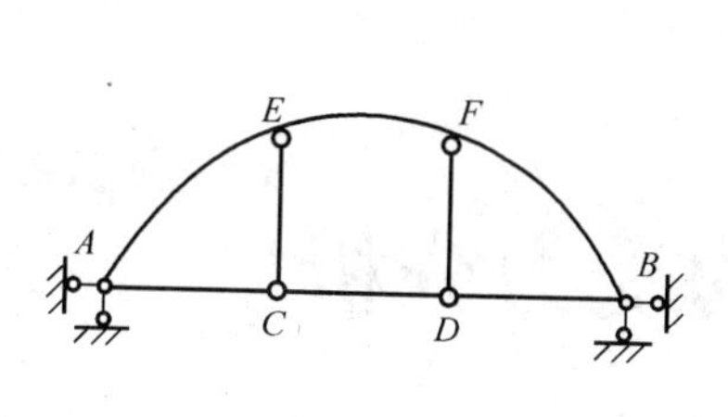

题 2-15 图

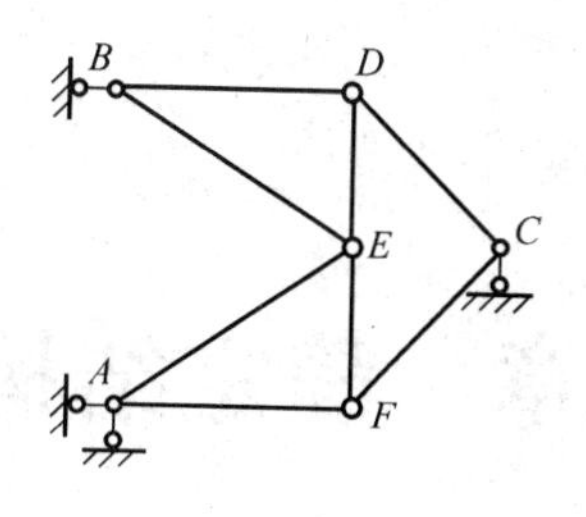

题 2-16 图

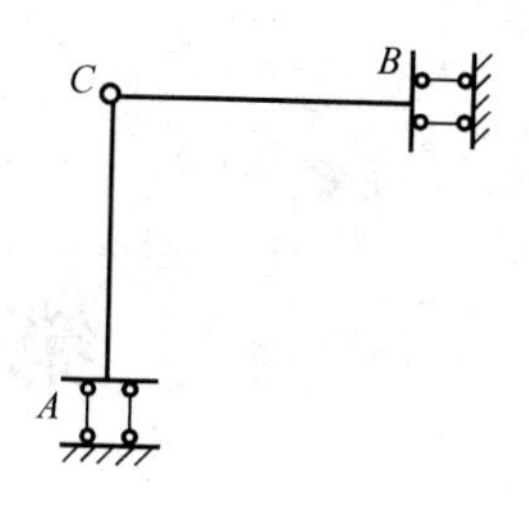

题 2-17 图

答　　案

2-1　－1；

2-2　0；

2-3　几何不变，无多余联系；

2-4　几何不变，有一个多余联系；

2-5　几何不变，有两个多余联系；

2-6　几何瞬变；

2-7　几何瞬变；

2-8　几何常变；

2-9　几何不变，无多余联系；

2-10　几何不变，无多余联系；

2-11　几何不变，有 4 个多余联系；

2-12　几何常变；

2-13　几何不变，无多余联系；

2-14　几何不变，有两个多余联系；

2-15　几何不变，有两个多余联系；

2-16　几何不变，无多余联系；

2-17　几何不变，无多余联系。

第3章　静定结构的受力分析

静定结构的受力分析是整个结构力学的基础。对结构进行受力分析，主要包括：求支座反力；计算指定截面的内力；绘制内力图；各类结构受力性能的分析。在本章各类静定结构计算中，静力平衡条件、叠加原理是最基本、最重要的知识，应做到真正掌握、熟练应用。

3.1　静定结构内力分析基础

本节结合图3-1所示的单跨静定梁（悬臂梁、简支梁和伸臂梁），对理论力学、材料力学中与静定结构受力分析紧密相关的基本知识和基本方法作一简单回顾。本节内容不仅仅是单跨静定梁的受力分析，而且也是各种静定结构受力分析的基础。

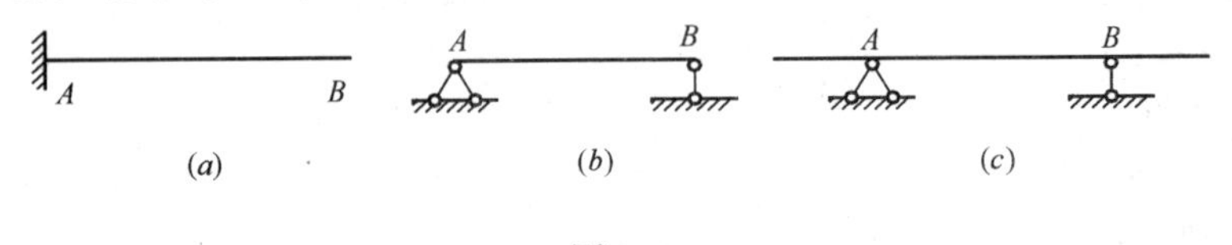

图3-1

3.1.1　求支座反力

计算静定平面结构的支座反力，属于平面一般力系问题，且所有反力均可通过静力平衡条件求解。当结构的支座反力不超过三个时，可用平面一般力系三个独立的平衡方程求出，此时，每个方程只含一个未知力；超过三个时，可通过结构整体及各组成部分的平衡条件，按一定规律求出，一般也能作到一个方程只含一个未知力（具体计算将在以下几节讨论）。单跨静定梁的支座反力都只有三个，传统作法是：取全梁为隔离体，由平衡方程$\Sigma F_x=0$，$\Sigma F_y=0$，$\Sigma M_A=0$求解，计算一般没有困难。

3.1.2　求指定截面的内力

如图3-2（*a*）所示结构，在任意荷载作用下，杆件横截面上一般有三个内力分量：轴力F_N、剪力F_Q、弯矩M（图3-2）。计算内力的基本方法是截面法，计算步骤如下：

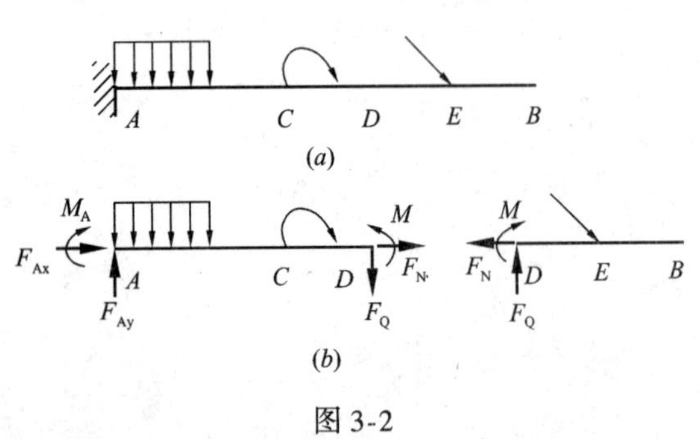

图3-2

(1) 求支座反力（求悬臂梁或伸臂梁外伸部分截面内力时可不做）；

(2) 在拟求内力处用假想的截面将杆件截开，取其任一侧为隔离体（其上外力均要已知），画出受力图；

(3) 列平衡方程，求出内力。

内力符号规定：轴力以拉力为正；剪力以绕隔离体顺时针转向为正；弯矩以使梁下侧纤维受拉为正。由截面法的运算可得结论如下：

轴力在数值上等于截面任一侧所有外力沿截面法线方向投影的代数和；

剪力在数值上等于截面任一侧所有外力沿截面方向投影的代数和；

弯矩在数值上等于截面任一侧所有外力对截面形心力矩的代数和。

3.1.3 绘制内力图

表示结构各截面内力数值的图形称为内力图。内力图通常是以与杆件轴线平行且等长的线段为基线，用垂直于基线的纵坐标表示相应截面的内力，并按一定比例绘制而成。通过内力图可以直观地表示出内力沿杆件轴线的变化规律。土建工程中，习惯上将弯矩图绘在杆件纤维受拉一侧，不必注明正负号；而对于剪力图和轴力图，则可绘在杆轴的任一侧，但要标明正负号。在水平梁上，通常把剪力或轴力的正值绘在基线的上方。

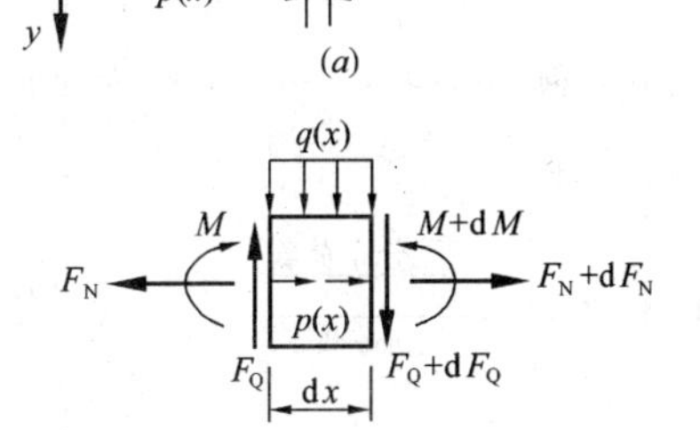

图 3-3

绘制内力图的基本方法是根据内力方程式作图。作法是：以杆件轴线为 x 轴，变量 x 表示任意截面的位置；用截面法列出所求内力与 x 之间的函数关系式；根据函数式画出内力图。但通常采用更多的是能够迅速绘图的一些简便方法，现说明如下：

1) 利用微分关系作内力图

由材料力学知，若 x 轴以向右为正，y 轴以向下为正，则由微段（图 3-3）的平衡条件可求得荷载集度与内力之间的微分关系如下：

$$\frac{\mathrm{d}F_Q(x)}{\mathrm{d}x} = -q(x); \quad \frac{\mathrm{d}M(x)}{\mathrm{d}x} = F_Q(x); \quad \frac{\mathrm{d}^2M(x)}{\mathrm{d}x^2} = -q(x) \tag{3-1a}$$

$$\frac{\mathrm{d}F_N(x)}{\mathrm{d}x} = -p(x) \tag{3-1b}$$

式（3-1）的几何意义是：剪力图在某点的切线斜率等于该点处的横向荷载集度，但符号相反；弯矩图在某点的切线斜率等于该点处的剪力；弯矩图在某点的曲率等于该点的横向荷载集度，且符号相反；轴力图在某点的切线斜率等于该点的轴向荷载集度，且符号相反。

根据上述微分关系，可以得出绘制内力图的规律如下（参看表 3-1）：

(1) 无分布荷载作用区段（$q=0$）　此时 F_Q（x）为常数，F_Q 图是一条与基线平行的直线；$M(x)$的斜率不变，即 M 图为直线图形，此直线有三种可能：

$F_Q(x)=0$，F_Q 图与基线重合，M 图为一条水平直线（—）；

$F_Q(x)>0$，F_Q 图在基线上方，M 图自左向右为一条下斜直线（＼）；

$F_Q(x)<0$，F_Q 图在基线下方，M 图自左向右为一条上斜直线（╱）。

(2) 均布荷载作用区段（$q(x)$ 为常数） 此时 $F_Q(x)$ 的斜率不变，F_Q 图是一条斜直线；$M(x)$ 是 x 的二次函数，M 图是一条二次抛物线。且当 $q(x)$ 指向上时，F_Q 图自左向右为上斜直线，M 图为向上凸的抛物线；当 $q(x)$ 指向下时，F_Q 图自左向右为下斜直线，M 图为向下凸的抛物线。

(3) 集中力（F_P）和集中力偶（m）作用处 F_P作用处，F_Q 图有突变，突变方向自左向右与 F_P的指向一致，突变量等于 F_P；M 图有转折，转折尖角与 F_P指向一致。m 作用处，F_Q 图无变化，M 图有突变，突变量等于 m；m 为逆时针转向时，M 图自左向右向上突变，反之，向下突变。

(4) 弯矩的极值 在 $F_Q(x)=0$处，$M(x)$的切线斜率为零，M 图在该处有极值，且自左向右 F_Q 由正变负时，M 有极大值，反之，有极小值。

杆件区段荷载与剪力图、弯矩图之间的关系 **表 3-1**

	荷载情况	剪力图		弯矩图
1	无分布荷载 $q(x)=0$	F_Q图为水平线 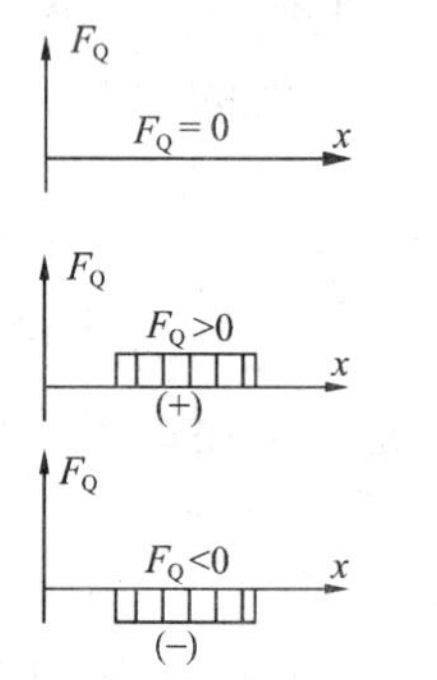	F_Q，$F_Q=0$，x	$M<0$，$M=0$，$M>0$，x，M
			F_Q，$F_Q>0$，x，(+)	x，M，下斜直线
			F_Q，$F_Q<0$，x，(−)	x，M，上斜直线
2	均布荷载向上作用 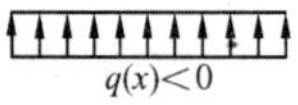 $q(x)<0$	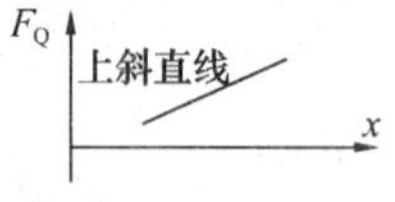 F_Q，上斜直线，x		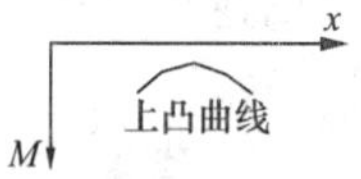 x，上凸曲线，M
3	均布荷载向下作用 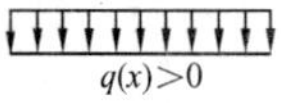 $q(x)>0$	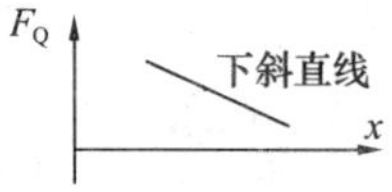 F_Q，下斜直线，x		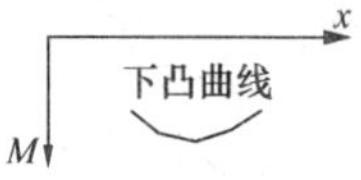 x，下凸曲线，M
4	集中力作用 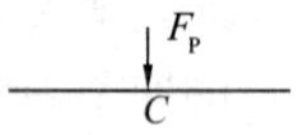 F_P，C	C 截面有突变  (+)，C，(−)，F_P		C 截面有转折 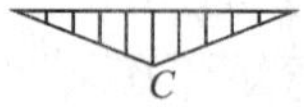 C
5	集中力偶作用 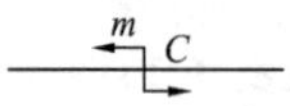 m，C	C 截面无变化		C 截面有突变 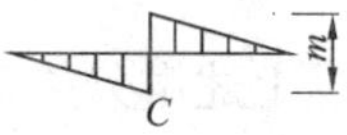 m，C
6		$F_Q=0$ 截面		M 有极值

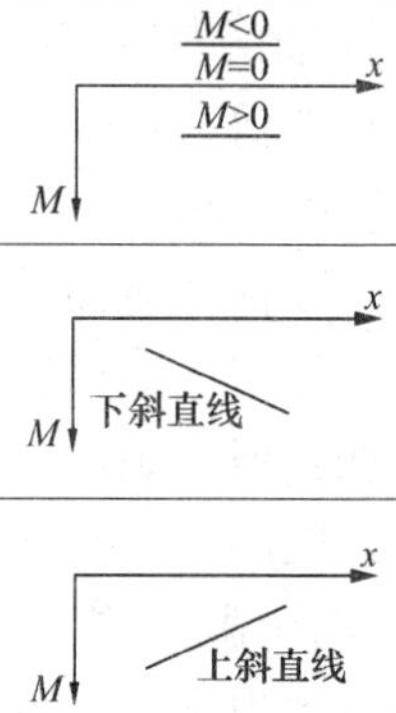

熟练掌握内力图形状的上述特征，不用列内力方程就可绘出内力图，一般作法是：

①求反力（悬臂梁可不作）；

②分段，集中力、集中力偶作用点以及均布荷载集度变化处均应作为分段点；

③定点，确定绘制各区段内力图时所需要的控制截面，区段图形为斜直线时，取两端截面，为二次抛物线时，除两端截面外，还要取一个中间截面（一般为中点）；

④求值，用截面法求出各控制截面内力值，并用纵标在基线相应处按比例画出；

⑤连线，根据各区段内力图形状，分别用直线或光滑的曲线将各控制截面内力值依次相连，即得所求内力图。

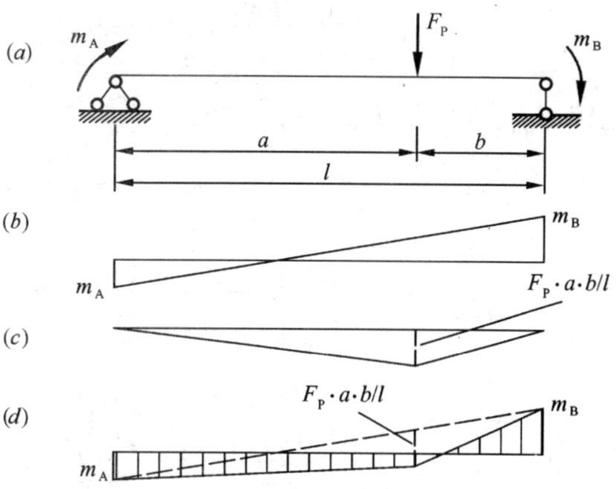

图 3-4

2）用叠加法作弯矩图

结构在几个荷载共同作用下所引起的某一量值（反力、内力、应力、变形）等于各个荷载单独作用时引起的该量值的代数和，这就是叠加原理。对于静定结构，只要满足小变形条件，由平衡方程表达的反力、内力与荷载的关系就一定是线性关系，因而可以应用叠加原理。利用叠加原理作内力图的方法称为叠加法。梁的剪力图、轴力图容易绘制，无须应用叠加法。通常只用叠加法作弯矩图。

当梁上作用有几个荷载时，可将其分成几组容易画出弯矩图的简单荷载，分别画出各简单荷载作用下的弯矩图，然后将各个截面对应的纵坐标值叠加起来，就得到原有荷载作用下的弯矩图。所谓叠加，就是将各简单荷载作用下的弯矩图中，同一截面的弯矩纵坐标线段相加（在基线同侧时）或抵消（在基线两侧时）。

下面以简支梁为例说明弯矩图的叠加。对如图 3-4（*a*）所示简支梁，先将荷载分组，以 m_A、m_B 为一组，集中力 F_P 为一组；分别绘出每组荷载作用下的弯矩图（图 3-4*b*、*c*）；然后将二图对应截面的纵坐标叠加（纵坐标线段的相加或抵消），即得全部荷载作用下的弯矩图（图 3-4*d*）。实际作图时，可不绘图 3-4（*b*）和图 3-4（*c*），而直接作出图 3-4（*d*）。作法是：先绘出两端弯矩 m_A、m_B 并以虚线相连，然后以此虚线为基线作出简支梁在 F_P 作用下的弯矩图，由此得到的最后图线与杆轴之间所围成的图形即为全部荷载作用下的弯矩图。应当注意，以虚线为基线的弯矩图各点纵坐标仍是垂直于最初的水平基线，而不是垂直于虚线，因此叠加时各纵坐标线段$\left(\text{例如 } F_P \text{ 作用处的竖标} \dfrac{F_P ab}{l}\right)$仍应沿竖向量取。

上述叠加法，可以推广到梁任一区段弯矩图的绘制。例如图 3-5（*a*）所示简支梁，设 *A*、*B* 截面的弯矩 M_A、M_B 已经求出，现欲绘制 *AB* 段梁的弯矩图。为此，可取 *AB* 段梁为隔离体，受力图如图 3-5（*b*）所示，由平衡条件可得 *A*、*B* 截面的剪力为：

$$F_{QA}=\frac{1}{l_{AB}}\left(\frac{ql_{AB}^2}{2}-M_A+M_B\right);F_{QB}=-\frac{1}{l_{AB}}\left(\frac{ql_{AB}^2}{2}+M_A-M_B\right)$$

再取长度、跨中荷载及两端弯矩均与 *AB* 段梁相同的简支梁，该简支梁称为 *AB* 段梁的相应简支梁，如图 3-5（*c*）所示。由平衡条件求得简支梁的支座反力为：

$$F_{\mathrm{Ay}} = \frac{1}{l_{\mathrm{AB}}}\left(\frac{ql_{\mathrm{AB}}^2}{2} - M_{\mathrm{A}} + M_{\mathrm{B}}\right) \qquad F_{\mathrm{By}} = \frac{1}{l_{\mathrm{AB}}}\left(\frac{ql_{\mathrm{AB}}^2}{2} + M_{\mathrm{A}} - M_{\mathrm{B}}\right)$$

比较 F_{QA}、F_{QB}与 F_{Ay}、F_{By}可知：

$$F_{\mathrm{Ay}} = F_{\mathrm{QA}} \qquad F_{\mathrm{By}} = -F_{\mathrm{QB}}$$

图 3-5

说明相应简支梁与 *AB* 段梁的外力完全相同，故二者的弯矩图也必然相同。因此，绘制 *AB* 段梁的弯矩图时，就可以先将其两端弯矩 M_{A}、M_{B} 绘出并连以虚线（图 3-5*d*），然后以此虚线为基线叠加相应简支梁在荷载 q 作用下的弯矩图。这种绘制某段梁弯矩图的方法称为区段叠加法。在作梁或刚架的弯矩图时，对两端弯矩已知或容易求出的杆段，常常用区段叠加法绘图。

悬臂梁和伸臂梁的外伸部分，由于其自由端截面的剪力、弯矩均已知，因而可以直接绘出弯矩图。

3.1.4　示例

【例 3-1】　试作图 3-6（*a*）所示简支梁的内力图。

【解】　(1) 求支座反力

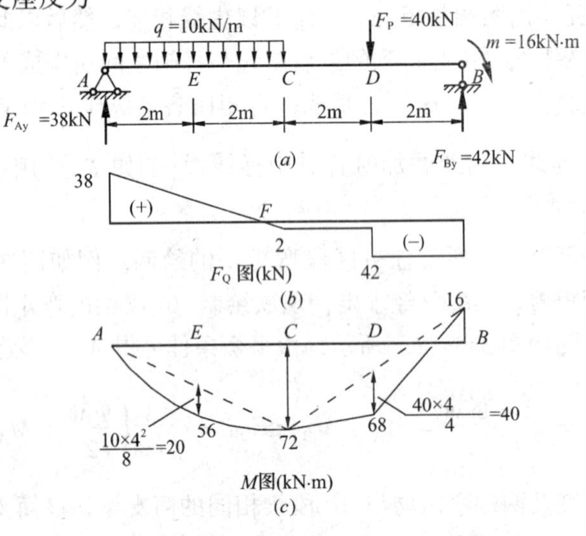

图 3-6

由 $\Sigma M_A = 0$ 和 $\Sigma F_y = 0$ 可得：

$$F_{By} = \frac{1}{8}(40 \times 6 + 10 \times 4 \times 2 + 16) = 42\text{kN}(\uparrow)$$

$$F_{Ay} = 40 + 10 \times 4 - 42 = 38\text{kN}(\uparrow)$$

(2) 作剪力图

将结构分为 AC、CD、DB 三段，由剪力与荷载的微分关系可知，AC 段 q 为常数，F_Q 图自左向右是下斜直线。CD、DB 两段 $q=0$，F_Q 图是两段水平直线；由截面法求出下列控制截面的剪力：

$$F_{QA} = 38\text{kN} \qquad F_{QC} = -2\text{kN} \qquad F_{QD}^{R} = -42\text{kN}$$

根据各控制截面的剪力值，可绘出 F_Q 图，如图 3-6（b）所示。

(3) 作弯矩图

①利用微分关系作图

选 A、C、D、B 为控制截面，弯矩值为：

$$M_A = 0; M_C = 38 \times 4 - 10 \times 4 \times 4/2 = 72\text{kN} \cdot \text{m}$$

$$M_D = 42 \times 2 - 16 = 68\text{kN} \cdot \text{m}; M_B = -16\text{kN} \cdot \text{m}$$

CD、DB 段无均布荷载，M 图为直线，由上面求出的相应各值可绘出这两段的弯矩图。AC 段有均布荷载，M 图为二次抛物线，求出 AC 段中点 E 截面的弯矩为：

$$M_E = 38 \times 2 - 10 \times 2 \times 1 = 56\text{kN} \cdot \text{m}$$

将 A、E、C 截面弯矩纵坐标顶点用光滑的曲线相连即可，如图 3-6（c）所示。

②用叠加法作图

由平衡条件求出 $M_{CA} = 72\text{kN}\cdot\text{m}$ 后，将 AC、CB 分别用区段叠加法绘图，即将区段两端弯矩顶点用虚线相连，然后以虚线为基线叠加相应简支梁在跨中荷载作用下的弯矩图。AC、CB 段虚线中点往下分别叠加 20kN·m 和 40kN·m。AC 段 M 图为抛物线，CB 段则为两直线段，如图 3-6（c）所示。

为了确定最大弯矩值 M_{max}，需要求出剪力为零的截面 F 的位置，设该截面距支座 A 为 x，则由 $F_{QF} = 38 - 10x = 0$ 得：

$$x = 3.8\text{m}$$

于是可得：

$$M_{max} = F_{Ay}x - \frac{1}{2}qx^2 = 38 \times 3.8 - \frac{1}{2} \times 10 \times 3.8^2 = 72.2\text{kN} \cdot \text{m}$$

由本例可以看出用叠加法作图比利用微分关系作图简便的多。

【例 3-2】 试作如图 3-7（a）所示伸臂梁的内力图。

【解】 (1) 求反力

由 $\Sigma M_B = 0$ 有：

$$F_{Ay} = \frac{1}{10}(20 \times 8 + 10 \times 4 \times 4 + 10) = 33\text{kN}(\uparrow)$$

由 $\Sigma F_y = 0$ 有：

$$F_{By} = 20 + 10 \times 4 - 33 = 27\text{kN}(\uparrow)$$

(2) 绘制剪力图

将梁沿外力不连续处分为 AC、CD、DE、EB、BF 五段，用截面法求出下列各控制截面的剪力值：

$$F_{QA}^{R}=F_{QC}^{L}=33\text{kN}\qquad F_{QC}^{R}=F_{QD}=33-20=13\text{kN}$$

$$F_{QE}=F_{QB}^{L}=33-20-10\times4=-27\text{kN}\quad F_{QB}^{R}=0$$

由 F_Q 与 q 的微分关系知，DE 段有均布荷载，F_Q 图从左向右为下斜直线；其余各区段 $q=0$，F_Q 图为水平直线。用各控制截面求出的剪力值可绘出 F_Q 图，如图 3-7（b）所示。

(3) 绘制弯矩图

由弯矩与荷载的微分关系知，五个区段中，除 DE 段以外，其余各段 M 图均为直线，F 截面弯矩有突变，由平衡方程求出各控制截面的弯矩值后用直线相连即可；DE 段为二次抛物线，除 D、E 截面弯矩外，再求出区段中点（K 点）的弯矩（可用叠加法求出）。各控制截面的弯矩值为：

$$M_A=0\qquad M_C=66\text{kN}\cdot\text{m}$$

$$M_D=92\text{kN}\cdot\text{m}\qquad M_K=98\text{kN}\cdot\text{m}$$

$$M_E=64\text{kN}\cdot\text{m}\qquad M_B=M_F^{L}=10\text{kN}\cdot\text{m}$$

将各区段用光滑的曲线相连即得全梁的 M 图，如图 3-7（c）所示。

(4) 求最大弯矩 M_{max}

首先确定剪力为零处（G 截面）的位置，由 $F_{QG}=F_{QD}-10x=13-10x=0$，可得：

$$x=1.3\text{m}$$

故有：$M_{max}=M_D+F_{QD}x-\dfrac{qx^2}{2}=92+13\times1.3-\dfrac{10\times1.3^2}{2}=100.45\text{kN}\cdot\text{m}$

本例求出支座反力后，若把 AD、EF 段的 D、E 端视作固定端，分别按悬臂梁绘 M

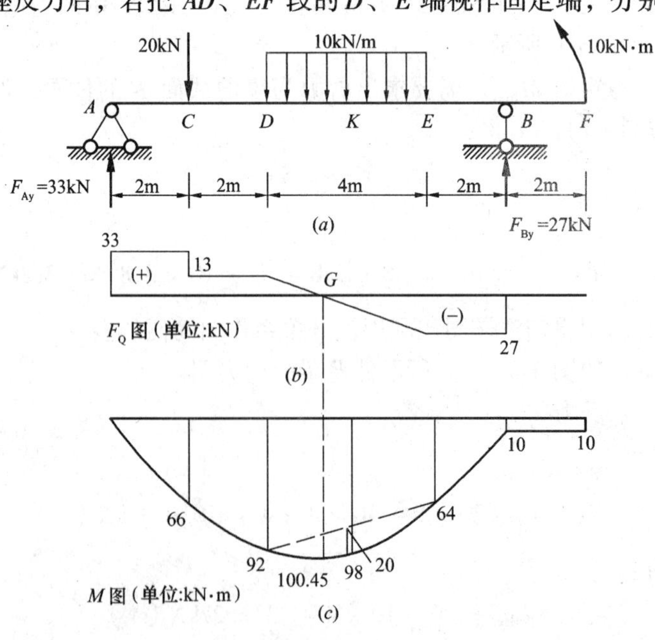

图 3-7

图（因为 A、F 处剪力、弯矩已知）；把 DE 段看作简支梁，用叠加法求出均布荷载和弯矩 M_D、M_E（由 AD、EF 部分已求出）作用下的弯矩图，计算量将大大减少。

3.2 静 定 梁

3.2.1 单跨斜梁

单跨静定梁有简支梁、悬臂梁、伸臂梁和单跨斜梁。其中前三种梁的计算上一节已作了介绍，不再赘述，下面仅讨论单跨斜梁的内力计算。

梁式楼梯的楼梯梁、雨篷中的斜杆、屋面斜梁等都是斜梁的工程实例。图 3-8（a）、（b）为楼梯梁的示意图及其计算简图。计算斜梁内力和绘制内力图的方法与一般水平梁相同，但计算时应注意斜梁的特点。

首先，由于斜梁倾角的存在，当荷载不与梁轴垂直时，使得斜梁的内力除剪力和弯矩外还有轴力。在绘制内力图时基线仍然与斜梁轴线平行，各内力纵坐标仍然与基线垂直，而不是与水平线垂直。

其次，斜梁承受的均布荷载可有以下三种：(1) 与杆轴垂直的均布荷载（图 3-9a），例如作用于屋面斜梁上的风荷载；(2) 沿水平方向分布的均布荷载（图 3-9b），例如斜梁上的可变荷载；(3) 沿斜梁轴线方向分布的均布荷载（图 3-9c），例如斜梁自重。设斜梁倾角为 α，水平投影长度为 l，三种荷载集度分别为 q_1、q_2、q_3，则它们各自合力的竖向分量依次为 q_1l、q_2l、$\dfrac{q_3l}{\cos\alpha}$，水平分量依次为 $\dfrac{q_1l\sin\alpha}{\cos\alpha}$、0、0。为了计算方便，工程中一般将第三种荷载（$q_3$）换算成第二种荷载（$q_2$）。由两种荷载的合力相等的原则有

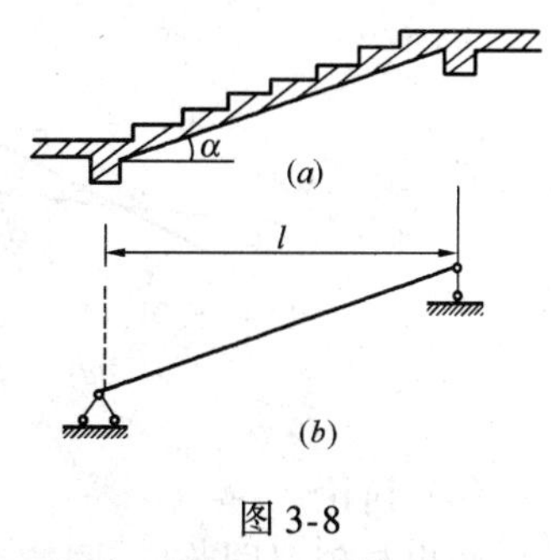

图 3-8

$$q_2 = \frac{q_3}{\cos\alpha} \tag{3-2}$$

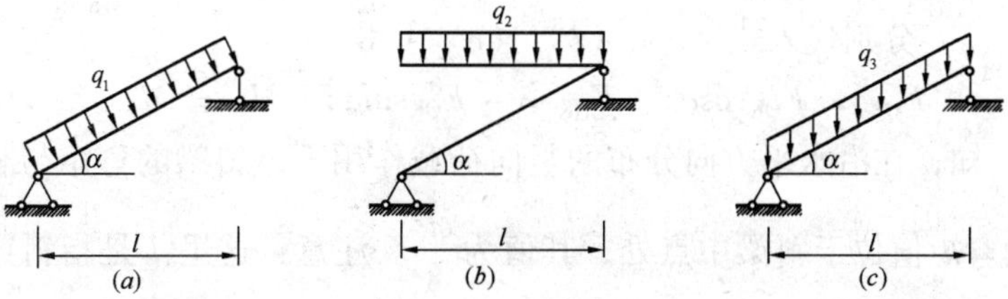

图 3-9

现以图 3-10（a）所示简支斜梁为例说明计算过程。

(1) 求反力

取梁的整体为隔离体，由三个独立的平衡方程求得：

$$F_{Ax} = 0 \qquad F_{Ay} = ql/2 \qquad F_{By} = ql/2$$

(2) 求任一截面的内力

以支座 A 为原点，x 轴水平向右，则任一截面 K 的位置可用 x 表示。取截面以左为隔离体（图 3-10b），由 $\Sigma F_\tau=0$、$\Sigma F_n=0$ 及 $\Sigma M_K=0$ 可得：

$$F_{QK}=\left(\frac{ql}{2}-qx\right)\cos\alpha \qquad (0\leqslant x\leqslant l) \tag{a}$$

$$F_{NK}=-\left(\frac{ql}{2}-qx\right)\sin\alpha \qquad (0\leqslant x\leqslant l) \tag{b}$$

$$M_K=\frac{ql}{2}x-\frac{q}{2}x^2 \qquad (0\leqslant x\leqslant l) \tag{c}$$

(3) 作内力图

根据以上三式，可分别绘出 F_N、F_Q、M 图，如图 3-10（d）、（e）、（f）所示。

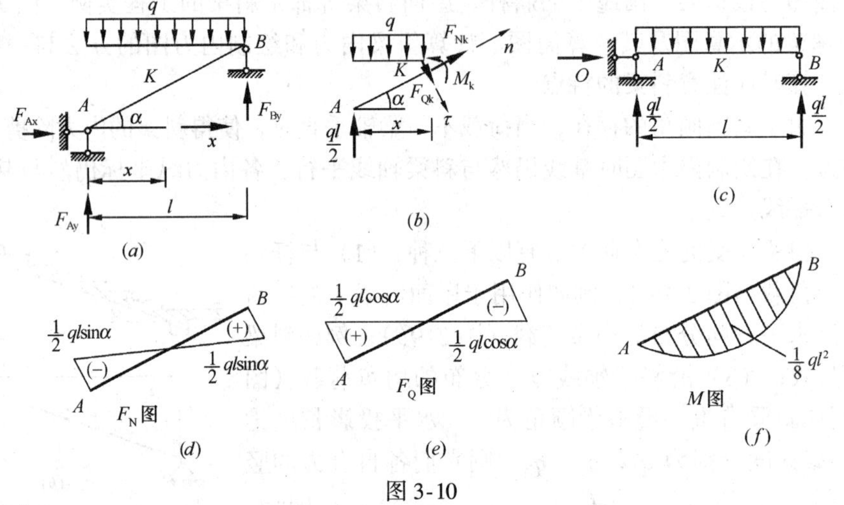

图 3-10

(4) 讨论

画出与斜梁同跨度、同荷载的相应简支梁(图 3-10c),其对应 K 截面的内力表达式为：

$$F^0_{QK}=\frac{ql}{2}-qx \tag{d}$$

$$M^0_K=\frac{ql}{2}x-\frac{q}{2}x^2 \tag{e}$$

将式（d）、（e）分别代入式（a）、（b）、（c）可得：

$$F_{QK}=F^0_{QK}\cos\alpha;\quad F_{NK}=-F^0_{QK}\sin\alpha;\quad M_K=M^0_K \tag{3-3}$$

由式（3-3）知，在沿水平方向分布的竖向荷载作用下，斜梁的弯矩与相应简支梁的弯矩相等，最大弯矩值位于斜梁中点处，其值为$\frac{ql^2}{8}$。注意：这里 l 是指斜梁的水平投影长度，不是斜梁本身长度。这一结论对竖向集中力作用的情况同样适用，读者可自行验证。

3.2.2 多跨静定梁

多跨静定梁是由若干根梁用铰相连，并用若干支座与基础相连而成的静定结构。多跨静定梁在桥梁（图 3-11a）以及屋盖中的檩条（图 3-12a）中可以见到。图 3-11（b）和图 3-12（b）分别是它们的计算简图。

在图 3-11（*b*）所示的结构中，*AC* 部分有三根支座链杆与基础相连，它不依赖其他部分的存在就能独立地保持几何不变，称之为基本部分；而 *CE*、*EF* 部分则必须依赖于其左边部分才能维持几何不变性，故称为附属部分。同样，在图 3-12（*b*）中，*AC*、*DF* 部分是基本部分，而 *CD* 部分则为附属部分。基本部分和附属部分的基本特征是：若附属部分被破坏或撤除，各基本部分仍为几何不变体；反之，若基本部分被破坏，则与其相连的附属部分必然随之倒塌。因此，从几何组成来看，多跨静定梁是由若干基本部分和附属部分组成的结构。

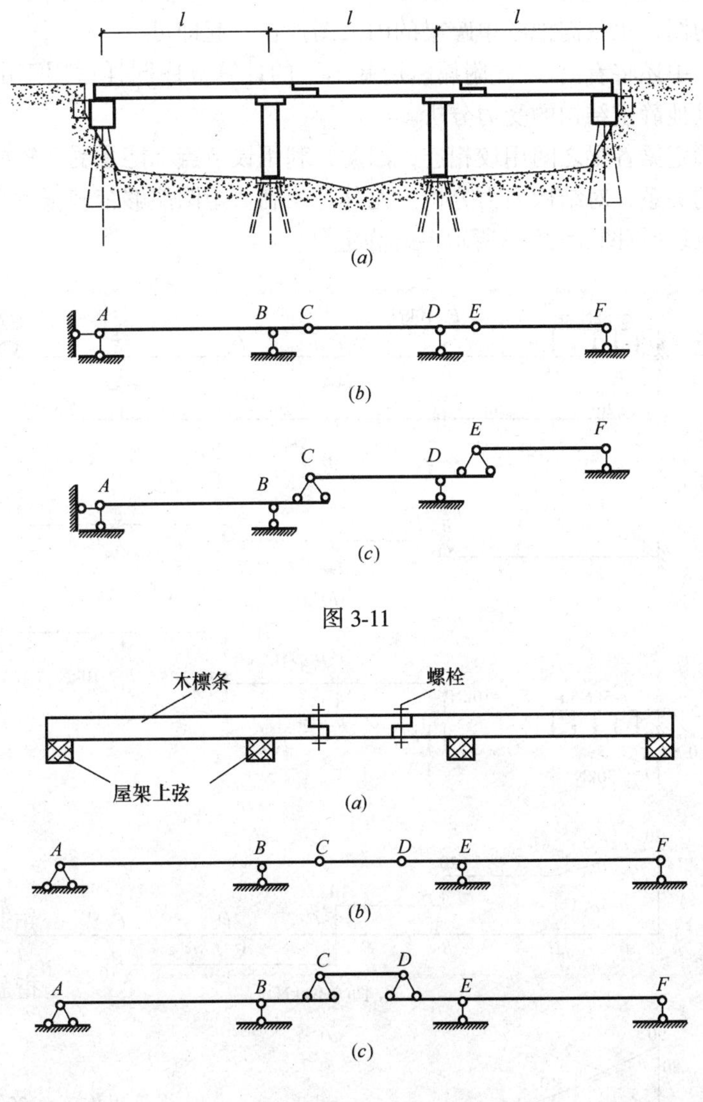

图 3-11

图 3-12

多跨静定梁的支座反力多于三个，显然，单由整体平衡条件无法确定。虽然根据铰接处弯矩为零的条件，可以建立与未知约束力数目相等的平衡方程，但需要解联立方程，比较烦琐。为了获得简便地计算方法，首先需要了解各部分之间的传力关系。若将基本部分与附属部分之间的铰用相应的链杆代替，并把基本部分画在下层，把附属部分画在上层，便可得到更清楚的杆件传力关系图，称为层叠图。图 3-11（c）和图 3-12（c）分别是图 3-11（b）和图 3-12（b）的层叠图。从层叠图可以看出，当荷载仅作用于基本部分时，只有基本部分受力并产生内力，附属部分不受影响，不产生内力；当荷载作用于附属部分时，则不仅附属部分受力和产生内力，而且还将通过铰传给与其相关的基本部分，使其也产生内力。因此，在分析多跨静定梁时，应将结构在铰接处拆开，按照先附属部分，后基本部分的顺序，从最上层附属部分开始，依次计算。根据作用力与反作用力公理，先求出的附属部分的约束力反向就是其通过铰传给与其相连部分的力。这样，就将多跨静定梁分解成若干单跨静定梁，无论求反力，还是求内力，每部分计算都与单跨静定梁相同。而多跨静定梁的内力图，也只需把各单跨梁的内力图连在一起即可。

在以后章节中还将看出，“先附属、后基本”的计算顺序同样适用于由基本部分和附属部分组成的其他静定结构的受力分析。

由于多跨静定梁各梁之间用铰相连，因此，利用铰节点不能承受弯矩的性质以及荷载与内力图形状的关系，对结构内力分析，尤其是绘制弯矩图能够带来很大方便。

【例 3-3】 试计算图 3-13(a)所示多跨静定梁。

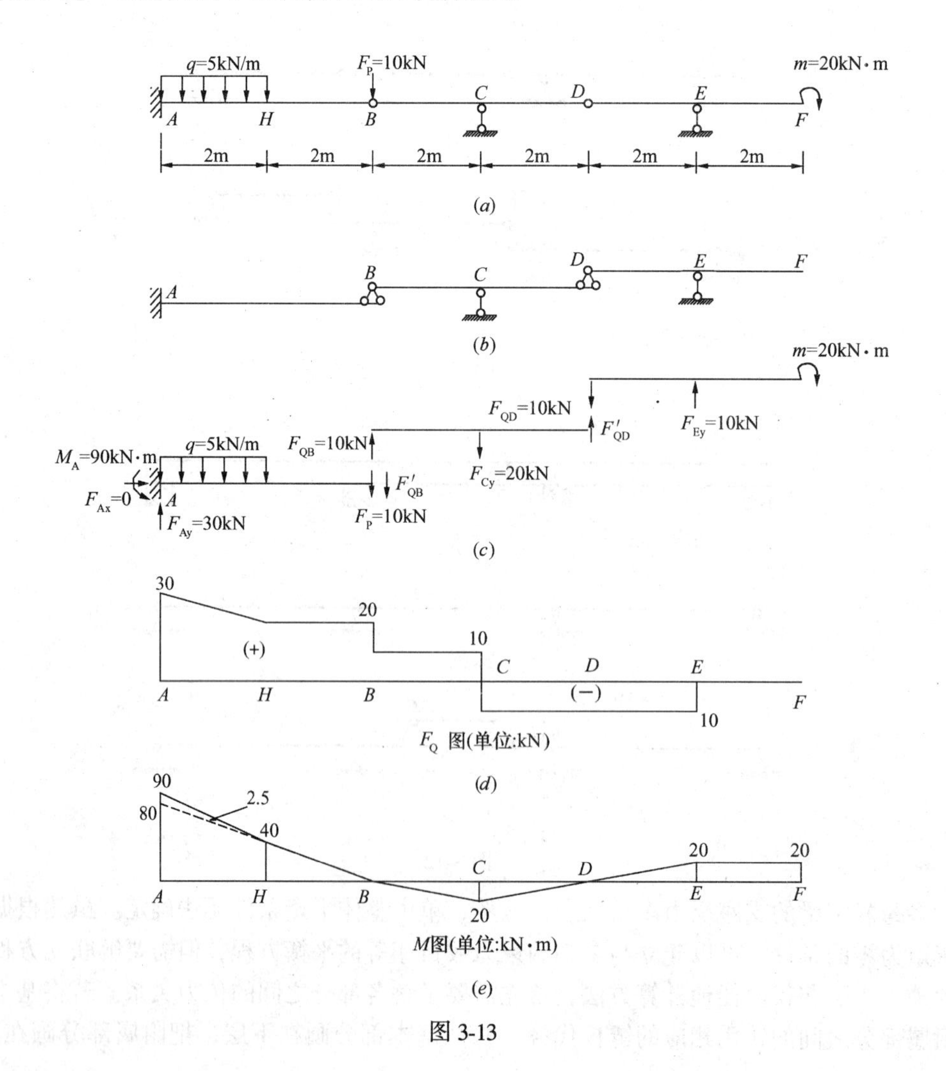

图 3-13

【解】 (1) 作层叠图

AB 部分为基本部分；*BD*、*DF* 部分均要通过铰与左边结构相连，才能维持几何不变，为附属部分。层叠图如图 3-13（*b*）所示。内力分析时，先从最上层 *DF* 部分开始，然后是 *BD* 部分，最后分析 *AB* 部分。

(2) 求反力

梁上只有竖向荷载，考虑整体及各部分的平衡，由 $\Sigma F_x = 0$ 知，F_{Ax}及各铰接处的水平约束力都为零，故梁内不产生轴力。按“先附属，后基本”的顺序，从 *DF* 部分开始，由平衡方程逐层计算各铰接处的约束力和支座反力。计算到 *AB* 部分时，应注意梁在 *B* 处除 *BD* 部分传来的 10kN（↓）外，还有直接作用的荷载 10kN（↓）。各支座反力示于图 3-13（*c*），具体计算无需赘述。

(3) 绘制 F_Q 图和 *M* 图

按照上节所述方法，对每一部分按“分段、定点、求值、连线”的步骤绘出梁的 F_Q 图。再用与绘 F_Q 图相同的步骤或叠加法绘出 *M* 图。F_Q 图和 *M* 图如图 3-13（*d*）、（*e*）所示，读者可对计算结果自行校核。

值得指出的是，对本例，也可以不求反力就能直接绘出 *M* 图，进而绘出 F_Q 图。现说明如下：

绘制 *M* 图　从 *DF* 部分开始，将 *EF* 段视作悬臂梁，直接绘出 *M* 图，并知 $M_E = -20\text{kN}\cdot\text{m}$（上侧受拉）。铰 *D* 弯矩为零，于是连接 M_E 与铰 *D* 的直线即为 *DE* 段弯矩图。

CE 段无荷载，F_Q 值不变，故 *M* 图斜率也不变，因此将 M_E 与铰 *D* 的直线延长至与过 *C* 点的竖直线相交，即得 *CD* 段 *M* 图，由比例知 $M_C = 20\text{kN}\cdot\text{m}$（下侧受拉）。铰 *B* 弯矩为零，将 *B* 点和 M_C 连以直线，可得 *BC* 段 *M* 图。

取 *BC* 段为隔离体，*B* 截面只有剪力 F_{QB}，而 $M_C = 20\text{kN}\cdot\text{m}$ 为已知，于是由 $\Sigma M_C = 0$ 得，$F_{QB} = M_C/2 = 10\text{kN}$（↑）。从而可知 *AB* 部分在 *B* 点除荷载 F_P 之外，还有 $F'_{QB} = 10\text{kN}$（↓）。用叠加法绘出悬臂梁 *AB* 在 *q*、F_P、F'_{QB}作用下的 *M* 图（先画集中力产生的 *M* 图，如图 3-13（*e*）虚线所示，再叠加 *q* 产生的 *M* 图）。

绘制 F_Q 图　由荷载与剪力图的形状关系知，*q* 作用区段（*AH* 段）F_Q 图从左向右为下斜直线，需要知道两个截面的剪力值；其余区段 F_Q 图均为水平线，只需确定一个截面剪力值。对照表 3-1 可知，*EF* 段 *M* 图为水平线，$F_Q = 0$；*CE* 段 *M* 图为上斜直线，且斜率不变，F_Q 为常量且为负值，由区段的平衡条件求得为

$$F_Q = -\frac{20+20}{4} = -10\text{kN}$$

类似地，可求得 *BC* 段 F_Q 值为 10kN；*HB* 段为 20kN；对 *AH* 段，可根据平衡条件由 *H* 截面的剪力（20kN）与均布荷载 *q* 求出 *A* 截面的剪力：

$$F_{QA} = F_{QH} + q \times 2\text{m} = 30\text{kN}$$

将各段 F_Q 图连在一起可知，*B*、*C*、*E* 处剪力有突变，其值依次为 F_P、F_{Cy}、F_{Ey}。

【例 3-4】 三跨静定梁如图 3-14(*a*)所示，各跨跨度均为 *l*，全梁承受均布荷载 *q* 作用。①试调整铰 *C*、*D* 的位置，使 *AB* 跨、*EF* 跨跨中截面正弯矩与支座 *B*、*E* 处的负弯矩绝对值相等；②计算此时全梁的最大正弯矩。

【解】 本例 *AC*、*DF* 段为基本部分，*CD* 段为附属部分。设铰 *C*、*D* 分别距支座 *B*、

E 为 x。由 CD 段平衡条件可求得 C、D 处反力为：$F_{QC}=F_{QD}=\dfrac{q(l-2x)}{2}$，如图 3-14（$b$）所示。将其反向作用于基本部分上。

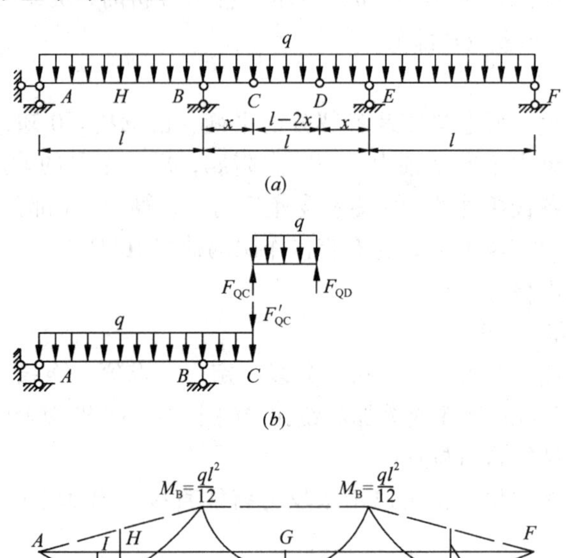

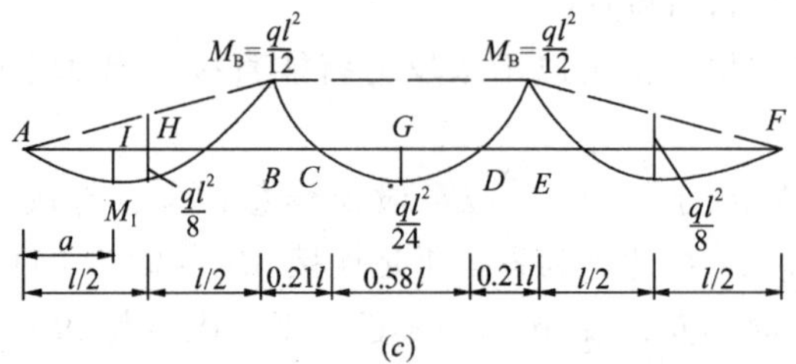

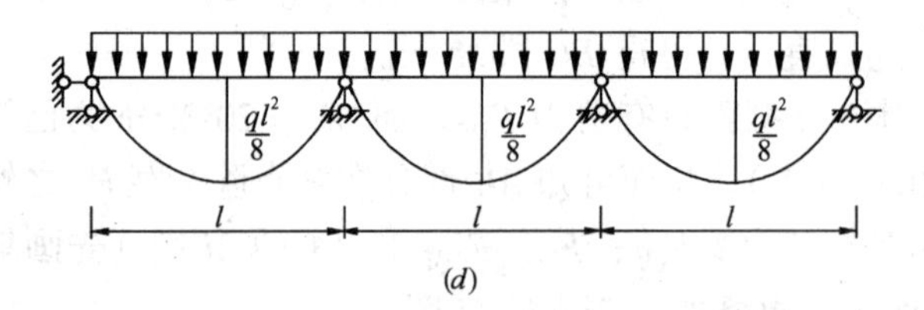

图 3-14

（1）求 x 值　　对 AC 部分，将 BC 段视作悬臂梁，由 $\Sigma M_B=0$ 可求得 B 截面负弯矩为：

$$M_B=-\frac{qx^2}{2}-\frac{q(l-2x)x}{2}=-\frac{qx(l-x)}{2}\tag{a}$$

AB 跨跨中 H 截面的正弯矩为（用叠加法求，无须求反力）：

$$M_H=\frac{ql^2}{8}-\frac{|M_B|}{2}\tag{b}$$

DF 部分受力、梁的长度及支承均与 AC 部分相同，因此对应截面的弯矩也相同。由题意①要求，应有：

$$M_H=|M_B|$$

即

$$\frac{ql^2}{8}-\frac{|M_B|}{2}=|M_B|\tag{c}$$

可求得：

$$|M_B|=\frac{ql^2}{12}\tag{d}$$

将式(a)代入式(d)可得：

$$\frac{ql^2}{12}=\frac{qx(l-x)}{2} \tag{e}$$

求解式（e）得：
$$x=\frac{3-\sqrt{3}}{6}l=0.2113l$$

求出 x 值后，即可绘出梁的 M 图，如图 3-14（c）所示。

（2）求全梁最大弯矩　由图 3-14(c)可知，CD 部分中点 G 截面的弯矩为 $M_G=\frac{ql^2}{8}-|M_B|$，而 AB 段中点 H 截面的弯矩为 $M_H=\frac{ql^2}{8}-\frac{|M_B|}{2}$，显然，$M_H>M_G$。但 M_H 并不是全梁最大正弯矩，最大正弯矩发生在 AB 跨剪力为零的截面 I 处。为此，取 AB 段研究，由 $\Sigma M_B=0$ 求得 A 支座反力为：

$$F_{Ay}=\frac{1}{l}\left(\frac{ql^2}{2}-|M_B|\right)=\frac{5ql}{12}$$

设截面 I 距 A 支座为 a，则有

$$F_{QI}=F_{Ay}-qa=0$$

$$a=\frac{5l}{12}=0.4167l$$

于是可得全梁的最大正弯矩为：

$$M_I=F_{Ay}a-qa^2/2=0.0868ql^2>M_H=ql^2/12=0.0833ql^2$$

若将 M_I 与相应三跨简支梁的最大弯矩（图 3-14d）比较，前者比后者要减少 30.6%，这是因为多跨静定梁中设置了带伸臂梁的基本部分，减小了附属部分 CD 的跨度，同时 B、E 支座处的负弯矩也部分地抵消了跨中荷载产生的正弯矩。因此，多跨静定梁要比相应多跨简支梁省材料，但构造要复杂一些。

3.3 静定平面刚架

刚架是由梁和柱组成并且具有刚节点的结构。当刚架各杆的轴线都在同一平面内且外力也可以简化到此平面内时，称为平面刚架，否则为空间刚架。在构造方面，刚节点把梁和柱刚接在一起，增大了结构的刚度，从而使刚架具有杆件较少、内部空间较大、便于使用的优点；在受力方面，刚节点能够承受和传递弯矩，结构内力分布比较均匀，峰值较小，节约材料。因此，刚架在工程中得到广泛地应用。

常见的静定平面刚架有悬臂刚架（如图 3-15 所示雨篷）、简支刚架（如图 3-16 所示渡槽）及三铰刚架（如图 3-17 所示屋架）等。

刚架是若干受弯杆件的组合，因此静定刚架的内力计算方法原则上和静定梁一样。一般作法是，先求支座反力，然后将刚架拆分为单杆，再按与梁相同的作法求内力、绘内力图。求支座反力时，对悬臂刚架、简支刚架可直接由结构整体三个平衡条件求出；对三铰刚架，支座反力有四个，除整体的三个平衡方程外，还需再取中间铰以左（或以右）部分为隔离体，建立以中间铰为矩心的力矩方程；对由基本部分与附属部分组成的刚架，应遵

循“先附属、后基本”的顺序计算支座反力。求内力、绘内力图时，应注意满足节点平衡条件。

在刚架中，杆件截面的内力有轴力、剪力、弯矩。轴力以拉力为正；剪力以绕隔离体顺时针转为正；弯矩以使水平杆、斜杆下侧纤维受拉、竖杆右侧纤维受拉时为正。绘图时，通常将弯矩图绘在杆件纤维受拉一侧，不必注明正负号；剪力图和轴力图可绘在杆件的任一侧，但必须注明正负号。为了清楚地表明各杆端截面的内力，规定在内力符号后面引用两个脚标：第一个表示内力所属截面，第二个表示该截面所属杆件的另一端。例如M_{AB}表示 AB 杆 A 端截面的弯矩，F_{QBC}表示 BC 杆 B 端截面的剪力，等等。

下面结合例题说明具体计算。

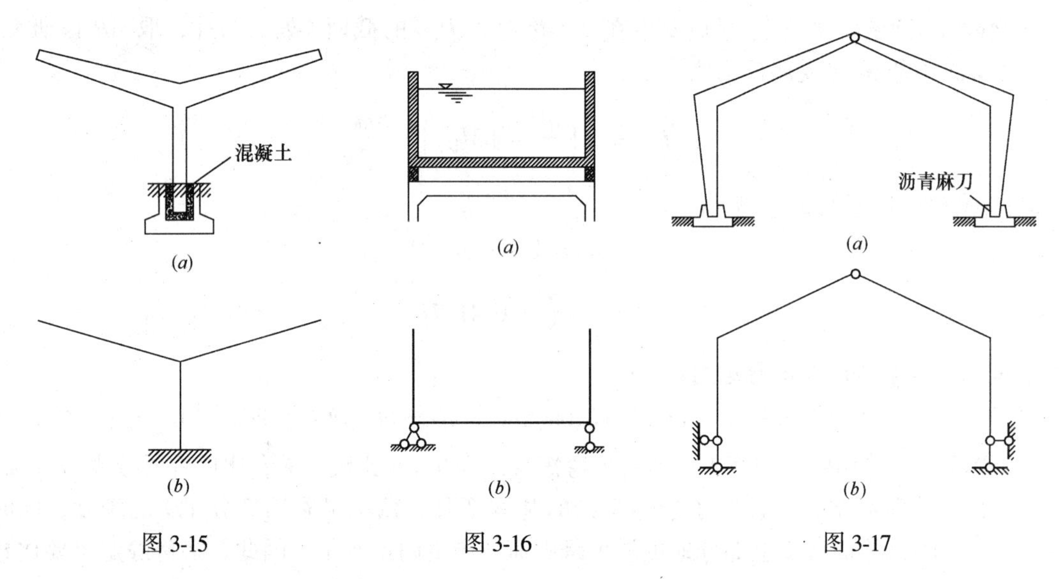

图 3-15　　图 3-16　　图 3-17

【例 3-5】 试计算图 3-18(a)所示简支刚架，绘制内力图。

【解】 (1) 求反力

本例只有三个反力，各反力假设方向如图 3-18（a）所示。取刚架整体为隔离体，由$\Sigma F_x=0$有：

$$F_{Ax}=10+5\times4 = 30\text{kN}\ (\leftarrow)$$

由 $\Sigma M_A=0$ 有：
$$F_{By}=\frac{1}{4}(10+10\times6+5\times4\times2)=27.5\text{kN}(\uparrow)$$

由 $\Sigma F_y=0$ 有：
$$F_{Ay}=-F_{By}=-27.5\ \text{kN}\ (\downarrow)$$

(2) 绘制剪力图

绘剪力图应逐杆进行，对各杆按照分段、定点、求值、连线的步骤绘图。现将结构分为 AD、DC、DB 三个杆段，由截面法求得各杆控制截面的剪力为：

AD 杆：$F_{QAD}=30\text{kN}$　　$F_{QDA}=10\text{kN}$

DC 杆：$F_{QCD}=10\text{kN}$

DB 杆：$F_{QDB}=F_{QBD}=-27.5\text{kN}$

用直线连接各控制截面剪力的纵坐标顶点即得 F_Q 图，如图 3-18（b）所示。

(3) 绘轴力图

本例 DC、DB 杆无与杆轴重合的力，轴力为零；对 AD 杆，由 $F_{Ay}=-27.5\text{kN}(\downarrow)$ 知，杆件截面受拉，F_N图为正，大小为 27.5kN，如图 3-18（c）所示。

（4）绘弯矩图

绘弯矩图仍应逐杆考虑，作法与 3.1 节所述方法相同，弯矩图也是绘在杆件纤维受拉一侧，不必注明正负号。

DC 杆：该杆可按 D 端固定的悬臂梁直接绘图，$M_{DC}=-20\text{kN·m}$（左侧受拉）。

DB 杆：DE、EB 两区段无均布荷载，各段 M 图为直线。由于支座 B 反力已知，从右向左，用截面法可依次求得控制截面的弯矩为：

$M_{BE}=0$　　　　$M_E^R=55\text{kN·m}$（下侧受拉）；

$M_E^L=45\text{kN·m}$（下侧受拉）　　$M_{DE}=100\text{kN·m}$（下侧受拉）

AD 杆：已知 $M_{AD}=0$，取 AD 杆为隔离体，由截面法求得

$$M_{DA}=80\text{kN·m}（右侧受拉）$$

将 AD 杆视作简支梁，先将两端弯矩绘出并连以直线，再叠加相应简支梁在均布荷载作用下的弯矩图。也可以将 AD 杆视作 D 端固定的悬臂梁，用叠加法绘出 F_{Ax}及均布荷载作用下的弯矩图。

整个结构的弯矩图如图 3-18（d）所示。

（5）校核

绘出内力图后应从观察和计算两方面进行校核。所谓观察就是查看剪力图、弯矩图是否满足荷载与内力之间的微分关系。例如集中力作用处 F_Q 图有无突变，M 图有无转折；均布荷载作用区段 F_Q 图是否为斜直线，M 图是否为抛物线；铰节点弯矩是否为零等等。这既可方便迅速地查出内力图中的问题，又能提高对基本知识的熟练运用。计算校核通常是对弯矩图取刚节点验算是否满足力矩平衡条件，对剪力图和轴力图取结构任一部分校核 $\Sigma F_x=0$ 及 $\Sigma F_y=0$ 是否满足。例如对本例弯矩图，取节点 D 为隔离体（图 3-18e）可求

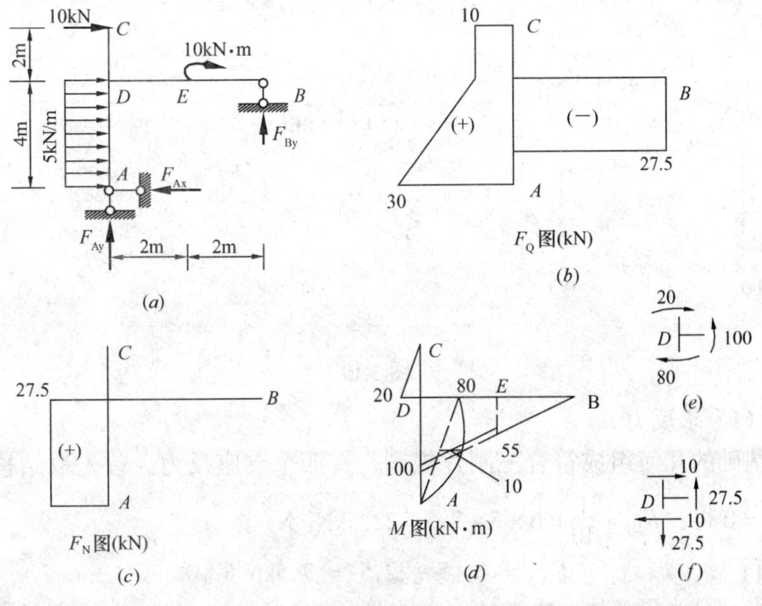

图 3-18

得：$\Sigma M_D = 100 - 80 - 20 = 0$，可见，节点 D 的平衡条件满足。又如对剪力图和轴力图，仍取节点 D 为隔离体（图 3-18f），有：

$$\Sigma F_x = 10 - 10 = 0 \qquad \Sigma F_y = 27.5 - 27.5 = 0$$

故可知此节点两个投影方程也满足。

需要说明的是，本例若仅需绘弯矩图，则无须求出全部反力。可以只求出 F_{Ax}，将 AD、DC 杆视作悬臂梁，DB 杆视作简支梁绘图；也可以只求出 F_{By}，将 DC、DB 杆视作悬臂梁，AD 杆视作简支梁绘图。请读者自行练习。

【例 3-6】 试作图 3-19(a)所示三铰刚架的内力图。

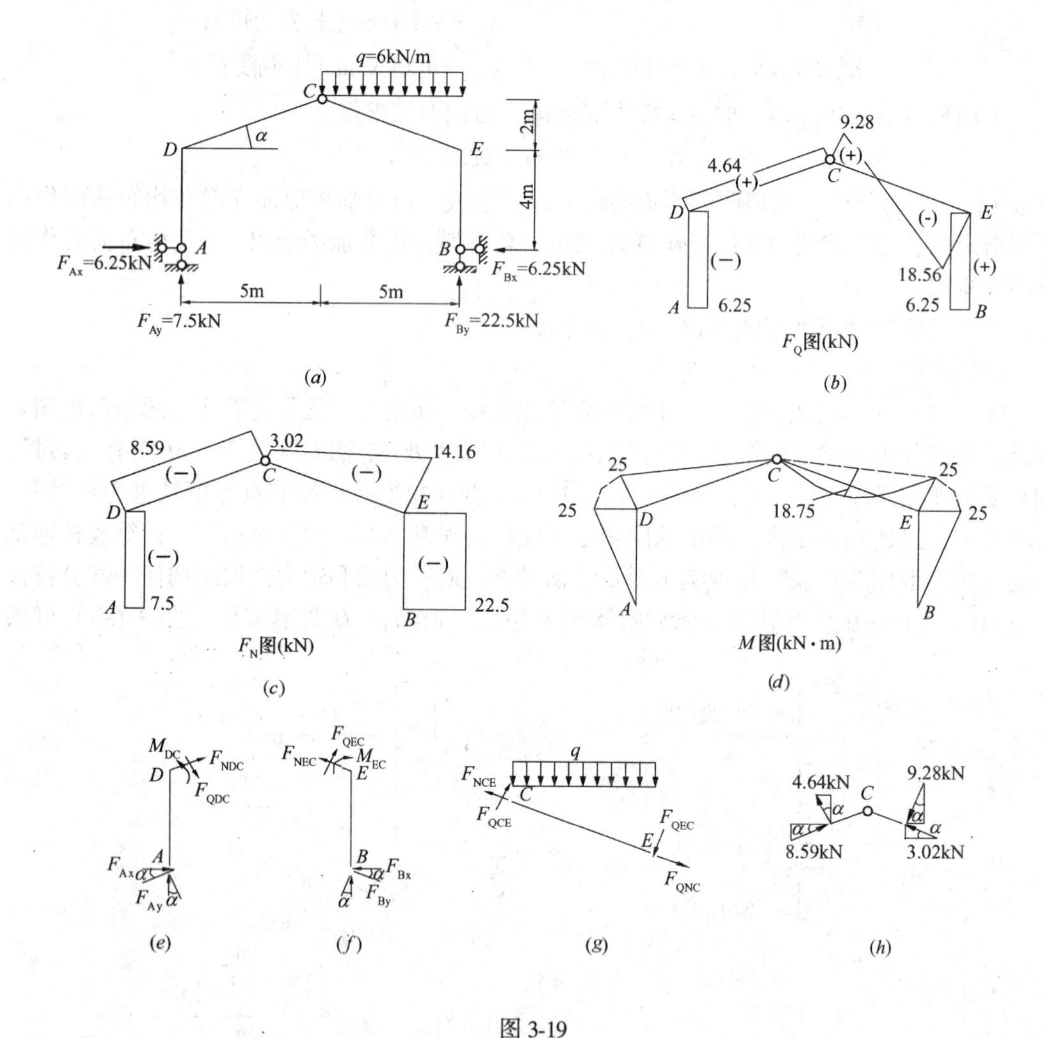

图 3-19

【解】 （1）求反力

结构与基础的几何组成符合三刚片规则，有四个支座反力。首先取结构整体为隔离体，由 $\Sigma M_A = 0$ 得：$F_{By} = \frac{1}{10} \times 6 \times 5 \times 7.5 = 22.5\text{kN}(\uparrow)$

由 $\Sigma F_y = 0$ 有：$\qquad F_{Ay} = 6 \times 5 - 22.5 = 7.5\text{kN}(\uparrow)$

再取结构左半部分为隔离体，由 $\Sigma M_C = 0$ 得：

$$F_{Ax}=\frac{1}{6}\times7.5\times5=6.25\text{kN}\ (\rightarrow)$$

考虑结构整体平衡，由 $\Sigma F_x=0$ 得：

$$F_{Bx}=6.25\text{kN}\ (\leftarrow)$$

(2) 作剪力图、轴力图

逐杆考虑，AD、BE 杆上无荷载，各截面剪力和轴力都是常数，F_Q 图、F_N 图均为与基线平行的直线。其中 AD 杆：$F_{QAD}=-6.25\text{kN}$，$F_{NAD}=-7.5\text{kN}$；BE 杆：$F_{QBE}=6.25\text{kN}$，$F_{NBE}=-22.5\text{kN}$。

对 DC 杆，绘剪力图、轴力图时，也是只需一个控制截面的内力值。取 AD 部分为隔离体（图 3-19e），注意到：

$$\sin\alpha=\frac{2}{\sqrt{2^2+5^2}}=0.371;\quad \cos\alpha=\frac{5}{\sqrt{2^2+5^2}}=0.928$$

由截面法可求得：
$$F_{QDC}=F_{Ay}\cos\alpha-F_{Ax}\sin\alpha=6.96-2.32=4.64\text{kN}$$
$$F_{NDC}=-F_{Ax}\cos\alpha-F_{Ay}\sin\alpha=-8.59\text{kN}\ (\text{受压})$$

对 CE 杆，F_Q 图、F_N 图为斜直线，需要两个控制截面的剪力值和轴力值。取 BE 部分为隔离体（图 3-19f），由平衡条件求得 F_{QEC}、F_{NEC}为：

$$F_{QEC}=-F_{By}\cos\alpha+F_{Bx}\sin\alpha=-20.88+2.32=-18.56\text{kN}$$
$$F_{NEC}=-F_{By}\sin\alpha-F_{Bx}\cos\alpha=-8.35-5.8=-14.15\text{kN}$$

再取 CE 杆为隔离体（图 3-19g），由平衡条件求得 F_{QCE}、F_{NCE}为：

$$F_{QCE}=6\times5\times\cos\alpha+F_{QEC}=27.84-18.56=9.28\text{kN}$$
$$F_{NCE}=6\times5\sin\alpha+F_{NEC}=11.13-14.15=-3.02\text{kN}$$

按以上各值绘出的剪力图、轴力图见图 3-19（b）、（c）。

(3) 作 M 图

AD、BE 杆按悬臂梁直接绘出弯矩图，并可知 $M_{DA}=-25\text{kN}\cdot\text{m}$（左侧受拉），$M_{EB}=25\text{kN}\cdot\text{m}$（右侧受拉）。$DC$ 杆视作简支梁，$M_{CD}=0$，由节点 D 的平衡有：

$$M_{DC}=M_{DA}=-25\text{kN}\cdot\text{m}\ (\text{上侧受拉})$$

连接 C 点与 M_{DC}的竖标顶点即得该杆 M 图。

CE 杆可用叠加法计算，$M_{CE}=0$，$M_{EC}=-25\text{kN}\cdot\text{m}$（上侧受拉），连接 C 点与 M_{EC}的竖标顶点，再叠加相应简支梁在 q 作用下的弯矩图，杆中点的弯矩为：

$$\frac{6\times5^2}{8}-\frac{25}{2}=6.25\ \text{kN}\cdot\text{m}\ (\text{下侧受拉})$$

整个结构的 M 图如图 3-19（d）所示。

(4) 校核

观察 M 图可知各杆段均满足弯矩与荷载的微分关系。对剪力图、轴力图可取任何部分校核，例如取节点 C 为隔离体（图 3-19h），验算 $\Sigma F_x=0$ 及 $\Sigma F_y=0$ 是否满足，建议读者自行完成。

【例 3-7】 试作图 3-20(a)所示刚架的内力图。

【解】 (1) 求反力

本例结构比较复杂，支座反力多余三个，对此可采用把力学分析和几何组成分析结合起来考虑的作法。由几何组成分析可知，中间部分的简支刚架，为几何不变体系，是基本部分；两侧均为支承于基础和中间部分之上的简支刚架，是附属部分。支座反力应按“先附属，后基本”的原则计算。对 EFG 部分，由 $\Sigma M_G=0$、$\Sigma F_x=0$ 及 $\Sigma F_y=0$ 可得：

$$F_{Ey}=6\text{kN}(\uparrow) \quad F_{GFx}=12\text{kN}(\leftarrow) \quad F_{GFy}=6\text{kN}(\downarrow)$$

同样，对 HIJ 部分，由三个平衡方程得：

$$F_{Jy}=6\text{kN}(\uparrow) \quad F_{HIy}=6\text{kN}(\uparrow) \quad F_{HIx}=0$$

将 F_{GFx}、F_{GFy}、F_{HIy}反向作用于基本部分，由基本部分隔离体的平衡条件 $\Sigma F_x=0$、$\Sigma M_A=0$ 及 $\Sigma F_y=0$ 求得：

$$F_{Ax}=-22\text{kN}(\leftarrow) \quad F_{By}=32.5\text{kN}(\uparrow) \quad F_{Ay}=-32.5\text{kN}(\downarrow)$$

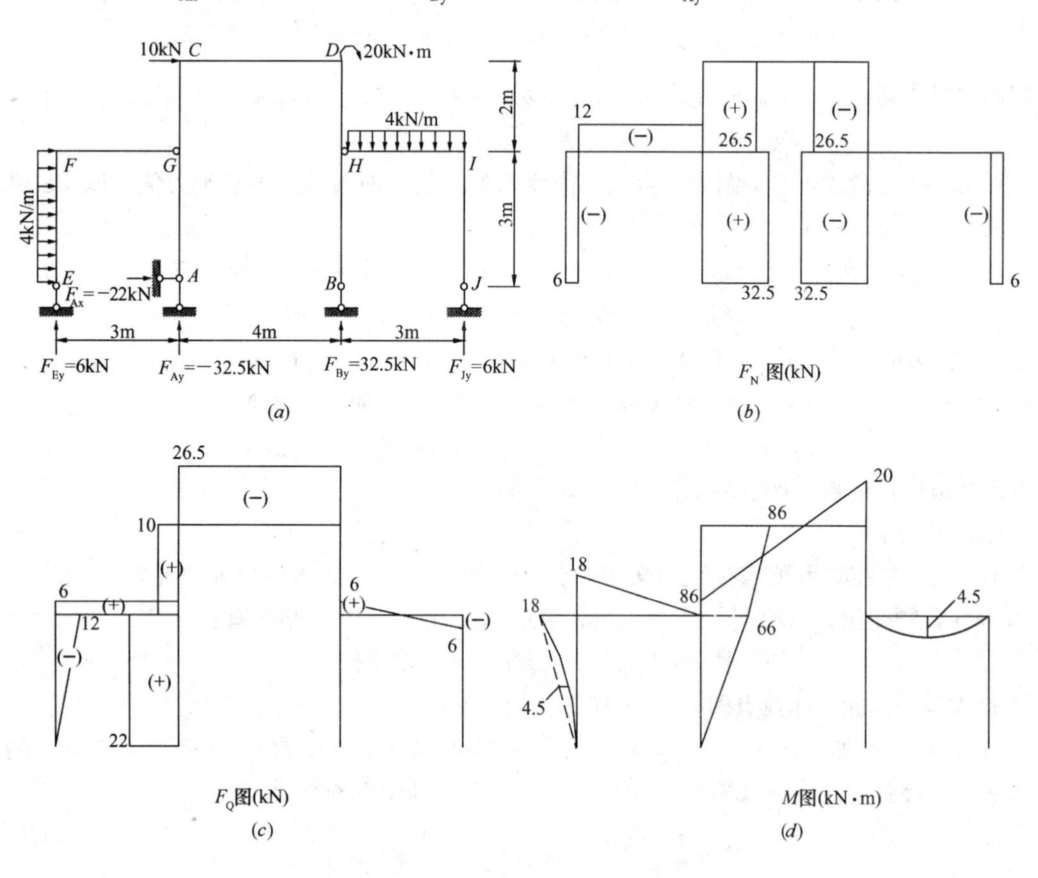

图 3-20

(2) 绘轴力图、剪力图

①绘 F_N图　附属部分 EF、FG、JI、IH 各杆轴力，由平衡方程求得如下：

$$EF、JI \text{ 杆：} F_N=-6\text{kN} \quad FG \text{ 杆：} F_N=-12\text{kN} \quad IH \text{ 杆：} F_N=0$$

基本部分中，AG、BH 杆轴力可直接由支座反力求得 $F_{NAG}=32.5\text{kN}$，$F_{NBH}=-32.5\text{kN}$；

DH 杆，取 D 截面以下部分为隔离体，可求得 $F_{NDH}=-26.5\text{kN}$；

CD 杆，D 截面以右部分无水平外力，故可知 $F_{NCD}=0$；

GC 杆，取 G、H 以上部分为隔离体，可知：$F_{NCG} = -F_{NDH} = 26.5\text{kN}$

整个结构的 F_N图如图 3-20（b）所示。

②绘 F_Q 图　与绘 F_N图的作法相似，由平衡方程求得各杆剪力如下：

EF 杆：$F_{QEF} = 0$　　$F_{QFE} = -12\text{kN}$

HI 杆：$F_{QHI} = 6\text{kN}$　　$F_{QIH} = -6\text{kN}$

其余各杆剪力图为与基线平行的直线，剪力值为

FG 杆：$F_Q = 6\text{kN}$　AG 杆：$F_Q = 22\text{kN}$

GC 杆：$F_Q = 10\text{kN}$　CD 杆：$F_Q = -26.5\text{kN}$

JI、DH、HB 各杆剪力为零。按此可绘出 F_Q图如图 3-20（c）所示。

（3）绘弯矩图　对 EFG 部分，EF 杆按悬臂梁受均布荷载作用，直接绘出 M 图，$M_{FE} = -\frac{1}{2} \times 4 \times 3^2 = -18\text{kN·m}$；$FG$ 杆，$M_{GF} = 0$，$M_{FG} = M_{FE} = -18\text{kN·m}$，据此可作出弯矩图。

对 HIJ 部分，IJ 段弯矩为零；HI 段因 $M_{HI} = M_{IH} = 0$，故按简支梁受均布荷载作用直接绘出 M 图，跨中弯矩 $M = \frac{1}{8} \times 4 \times 3^2 = 4.5\text{kN·m}$。

对 $ABCD$ 部分，AC 杆按悬臂梁受集中力 $F_{Ax} = -22$ kN（←）及 $F_{GFx} = 12\text{kN}$（→）作用，由平衡条件可求得：$M_{GA} = 66\text{kN·m}$（右侧受拉），$M_{CG} = 86\text{kN·m}$（右侧受拉）；

BD 杆只有轴力，弯矩为零；

对 CD 杆，由节点平衡知，$M_{CD} = M_{CG} = 86\text{kN·m}$（下侧受拉），$M_{DC} = -20\text{kN·m}$（上侧受拉），按简支梁绘出该段弯矩图。

整个刚架结构的 M 图如图 3-20（d）所示。

【例 3-8】 试作图 3-21(a)所示刚架的 M 图。

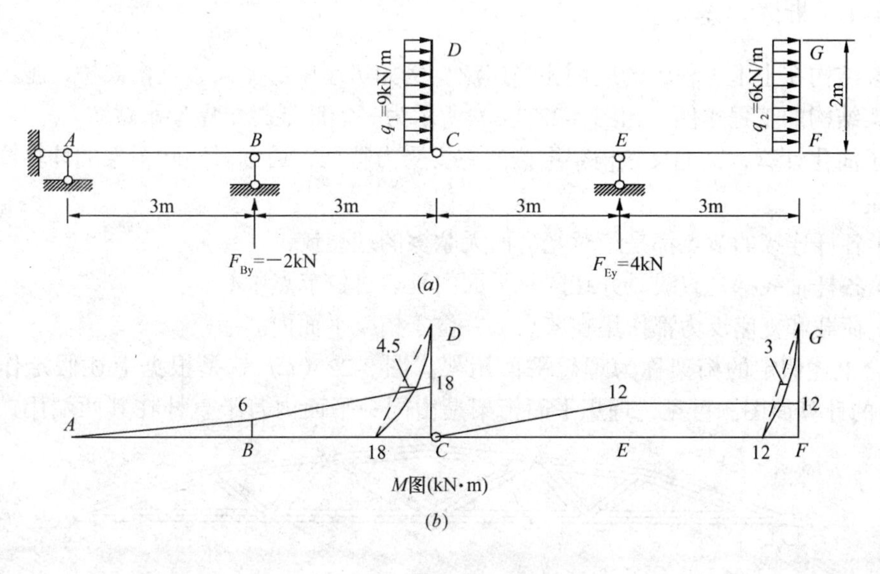

图 3-21

【解】 有些静定刚架可以不求或少求反力作出弯矩图。本例利用铰节点、刚节点和内力图的特性，不求支座反力就可绘出弯矩图。

分析刚架的几何组成可知，ACD 部分为基本部分，CFG 部分是附属部分。先从附属

部分的自由端开始，将 GF 段按悬臂梁绘出其在均布荷载作用下的 M 图，$M_{FG}=-\frac{1}{2}\times6\times2^2=-12\text{kN}\cdot\text{m}$（左侧受拉）；取 EFG 部分为隔离体，可知 EF 段剪力为零，弯矩图与基线平行，由 F 点的平衡有，$M_{FE}=M_{FG}$，据此可作出 EF 段弯矩图；C 为铰节点，弯矩为零，用直线连接 C 点与 M_{EF}竖标顶点，即得 CE 段弯矩图。

对基本部分，将 DC 段弯矩图按悬臂梁绘出，$M_{CD}=-\frac{1}{2}\times9\times2^2=-18\text{kN}\cdot\text{m}$；由 C 点的平衡有 $M_{CB}=M_{CD}$，由于 BC 段与 CE 段无竖向荷载，两段剪力相等、弯矩图直线斜率相同，故可由比例关系求出 $M_{BC}=-6\text{kN}\cdot\text{m}$（上侧受拉），用直线连接 M_{BC}与 M_{CB}竖标顶点，即得 BC 段弯矩图；最后用直线连接 A 点与 M_{BC}竖标顶点，可得 AB 段弯矩图。

整个结构的弯矩图如图 3-21（b）所示。

由以上算例可以看出，汇交于刚节点各杆端力矩和外力偶矩的代数和一定为零。利用这一特性可以做到：(1) 只有一个杆端弯矩未知时，求出该弯矩；(2) 各杆端弯矩均已知时，验算结果的正确性；(3) 对两杆汇交的刚节点且无外力偶矩作用时，两杆端弯矩必然大小相等且同侧受拉。

还可看到，利用刚节点、铰节点的受力特性，熟练掌握荷载与内力图的微分关系以及杆件区段弯矩的叠加方法，灵活正确地选取隔离体和平衡方程，对于减少反力或内力的计算，快速绘制内力图十分重要。

3.4 静定平面桁架

3.4.1 桁架的基本概念

桁架结构在土木工程中的应用相当广泛，例如房屋中的屋架、钢桁架桥、施工支架等都是桁架结构的工程实例。如图 3-22（a）所示为一钢筋混凝土屋架示意图。

为了简化计算，又能反映桁架结构的主要受力特征，通常对实际桁架的计算简图采用如下假定：

(1) 各杆连接的节点都是绝对光滑而无摩擦的理想铰；

(2) 各杆轴线都是直线，并在同一平面内且通过铰节点中心；

(3) 荷载和支座反力都作用在节点上并位于桁架平面内。

符合上述假定的桁架称为理想平面桁架。图 3-22（b）就是根据上述假定作出的图 3-22(a)的计算简图。可见，理想平面桁架是由同一平面内若干直杆在其两端用铰连接而

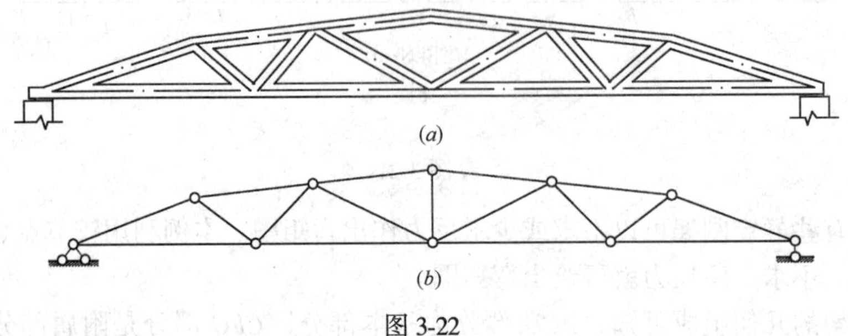

图 3-22

成的几何不变体系。

在理想桁架中，各杆均为两端铰接的直杆，在节点荷载作用下，各杆的内力只有轴力，因此截面上的应力是均匀分布的且能同时达到极限值，材料可以得到充分的利用。与截面应力不均匀的梁相比，桁架可节省用料、减轻自重，并能跨越更大的跨度，在大跨度屋盖结构和桥梁主体结构中广为应用。

实际的桁架并不能完全符合理想桁架的假定。第一，实际桁架的节点是由各杆通过铆接、焊接或螺栓等连接在一起的，具有一定的刚性，各杆之间不可能像理想铰那样毫无摩擦的自由转动；第二，各杆轴线也不可能绝对平直，在节点处也不可能完全交于一点；第三，在杆件自重、风荷载等非节点荷载作用下，杆件还会产生弯曲应力等等。种种原因，都使实际桁架各杆的内力与理想情况求得的内力有一定误差。通常，把按理想桁架求出的内力（杆件轴力）称为主内力，与之相应的应力称为主应力；而把因上述因素引起的内力（主要是弯矩）称为次内力，而与之相应的应力称为次应力。理论分析和实验表明，当杆件的长细比 $l/r>100$ 时，次应力的量值不大，可以忽略不计。对于必须考虑次应力的桁架，可将其各节点视作刚节点，与刚架一样采用矩阵位移法（见第 9 章），由计算机计算较方便。本节只讨论以理想桁架为计算简图的内力计算。

组成桁架的杆件，按照所在的位置，可分为弦杆和腹杆两类。其中，弦杆是指桁架上下边缘的杆件，上边缘为上弦杆，下边缘为下弦杆；上、下弦杆之间的杆件称为腹杆，腹杆又分为斜杆和竖杆。弦杆上相邻两节点间的区间称为节间，其间距 d 称为节间长度。两支座间的水平距离 l 称为跨度。支座连线至桁架最高点的距离 H 称为桁高，如图 3-23 所示。

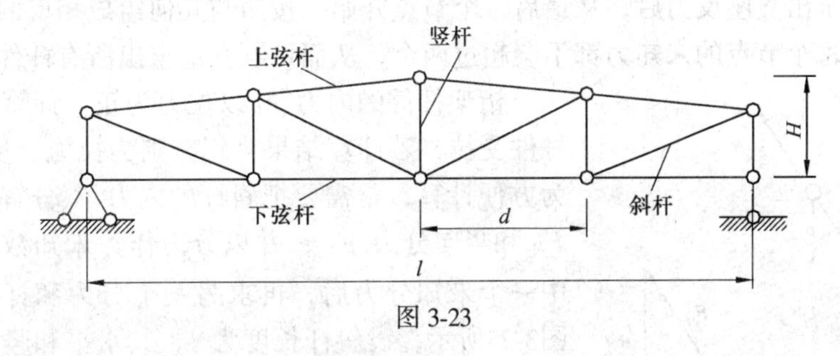

图 3-23

按照不同的特征，静定平面桁架可分类如下：

(1) 按照桁架的外形可分为平行弦桁架、折弦桁架和三角形桁架（图 3-24a、b、c）。

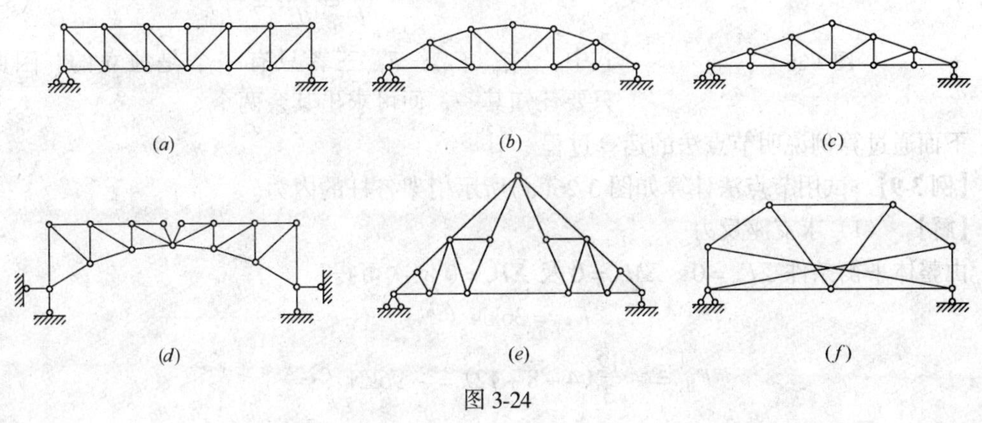

图 3-24

（2）按照在竖向荷载作用下有无水平支座反力（又称水平推力）可分为梁式桁架或无推力桁架（图 3-24a、b、c）和拱式桁架或有推力桁架（图 3-24d）。

（3）按照几何组成方式可分为：简单桁架，它是由基础或一个基本铰接三角形开始，依次增加二元体所组成的桁架（图 3-24a、b、c）；联合桁架，它是由几个简单桁架按几何不变体系的基本组成规则所联成的桁架（图 3-24d、e）；复杂桁架，它是不属于上述两类桁架的其他静定桁架（图 3-24f）。

静定平面桁架内力的计算方法主要有节点法、截面法以及这两种方法的联合应用。

3.4.2 节点法

所谓节点法就是逐次截取桁架的每个节点为隔离体，由隔离体的两个平衡条件来计算杆件内力的方法。应注意的是在节点法中所取的隔离体每次只包含一个节点。平面静定桁架在节点荷载作用下，各杆的内力只有轴力，因此取任一节点为隔离体时，作用于节点上的诸力一定是平面汇交力系。现以 j、b、r 依次表示桁架的节点数、杆件数和支座链杆数，则所需求解的各杆内力和支座反力共有（$b+r$）个。一般说来，每个节点均可列出两个平衡方程，因而可列出的独立平衡方程数为 $2j$ 个。由静定桁架的计算自由度 $W=2j-(b+r)=0$ 可知，未知力数目与独立的平衡方程数目相等。因此，任何静定桁架的内力和反力都可由节点的平衡条件求出。为了避免求解联立方程组，对于简单桁架，则可用节点法，从未知力不超过两个的节点开始，逐节点计算可求出各杆的内力。这是因为简单桁架是从一个基本铰接三角形开始，依次增加二元体所组成的，其最后一个节点只包含两个杆件，因此在求出支座反力后，从最后一个节点开始，按照与几何组成相反的顺序，逐节点倒算回去，每个节点的未知力都不会超过两个，从而可顺利地求出所有杆件的内力。

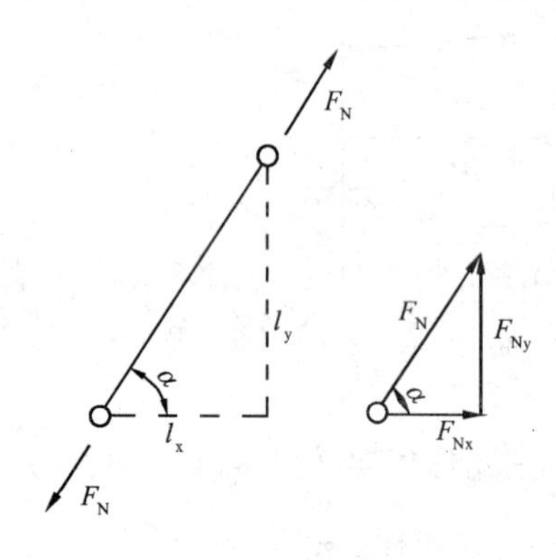

图 3-25

桁架杆件的内力 F_N以拉力为正。计算时通常假定杆件受拉，若计算结果为正，则为拉力，反之为压力。为方便计算，常需要把斜杆的内力 F_N分解为水平分力 F_{Nx}和竖向分力 F_{Ny}，并以分力作为未知数，待求出其中一个未知分力后，再求另一个分力和杆件轴力。如图3-25所示，设斜杆长度为 l，其水平和竖向投影长度分别为 l_x 和 l_y，则由相似三角形关系可有：

$$\frac{F_N}{l}=\frac{F_{Nx}}{l_x}=\frac{F_{Ny}}{l_y} \tag{3-4}$$

式中，F_N、F_{Nx}、F_{Ny}三者只有一个是独立的。因此，只要任知其一，便可求出其余两个。

下面通过算例说明节点法的运算过程。

【例 3-9】 试用节点法计算如图 3-26(a)所示桁架各杆的内力。

【解】 （1）求支座反力

由整体平衡条件 $\Sigma F_y=0$、$\Sigma M_A=0$ 及 $\Sigma F_x=0$ 依次可得：

$$F_{Ay}=36\text{kN}（\uparrow）$$

$$F_{Bx}=-\frac{12}{3}(4+8+12)=-96\text{kN}（\leftarrow）$$

$$F_{Ax}=96\text{kN}\ (\rightarrow)$$

（2）求各杆内力

先从最初遇到的只有两个未知力的节点 A 或 G 开始计算。现从节点 G 开始，然后依次取节点 E、F、D、C 为隔离体，每次都只有两个未知力，因此可用节点法求解。

节点 G：取节点 G 为隔离体，如图 3-26（b）所示。假定杆件受拉（内力的方向是背离节点的），由 $\Sigma F_y=0$ 得：

$$F_{GEy}=-12\text{kN}$$

利用式（3-4）可得：

$$F_{GEx}=-12\times\frac{4}{3}=-16\text{kN}$$

$$F_{NGE}=-12\times\frac{5}{3}=-20\text{kN}\ （压力）$$

再由 $\Sigma F_x=0$ 得：

$$F_{NGF}=-F_{GEx}=16\text{kN}\ （拉力）$$

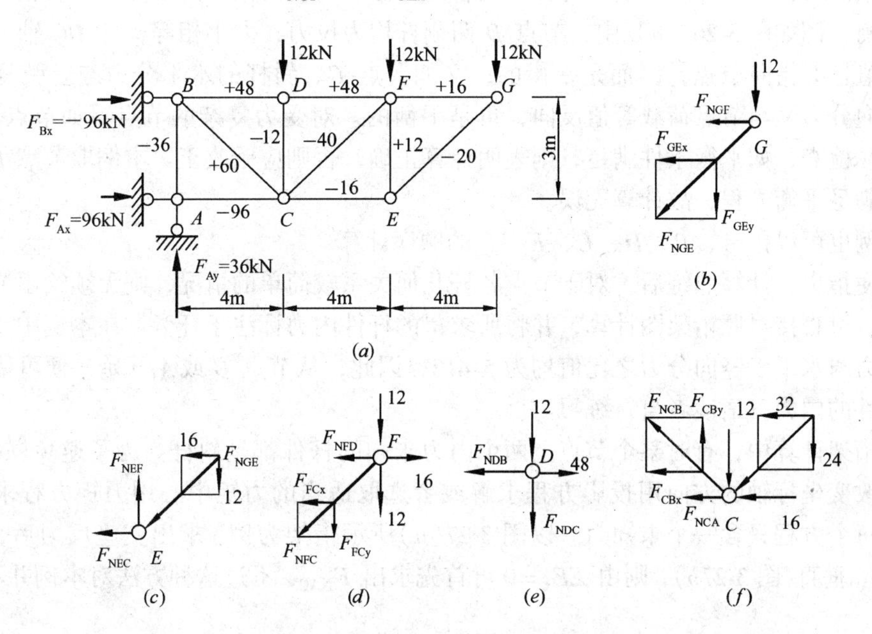

图 3-26

节点 E：节点 E 的隔离体图见图 3-26（c）。为避免混乱，图中将前面求出的 GE 杆内力按实际方向画出，不再标正负号，只标数值。若杆件内力为正（拉力），在节点受力图中，方向是背离节点的；若为负（压力），则是指向节点的。以后各点也按此作法处理已知的杆件内力。

由 $\Sigma F_x=0$ 得：

$$F_{NEC}=-16\text{kN}\ （压力）$$

由 $\Sigma F_y=0$ 得：

$$F_{NEF}=12\text{kN}\ （拉力）$$

节点 F：图 3-26（d）为节点 F 的隔离体图，由 $\sum F_y=0$ 有：

$$F_{FCy}=-24\text{kN}$$

再由式（3-4）得：

$$F_{NFC}=-40\text{kN}\ （压力）$$

$$F_{FCx}=-32\text{kN}$$

由 $\Sigma F_x=0$ 得：

$$F_{NFD}=16-F_{FCx}=48\text{kN}\text{（拉力）}$$

节点 D、C 的隔离体图分别如图 3-26（e）、（f）所示。用与以上节点相同的作法可求得杆件内力（具体过程从略）：

$$F_{NDB}=F_{NFD}=48\text{kN}\text{（拉力）}\qquad F_{NDC}=-12\text{kN}\text{（压力）}$$

$$F_{NCB}=60\text{kN}\text{（拉力）}\qquad F_{NCA}=-96\text{kN}\text{（压力）}$$

再取节点 A 为隔离体，此时只有一个未知力 F_{NBA}，由平衡条件知：

$$F_{NBA}=-36\text{kN}\text{（压力）}$$

最后到节点 B，各杆轴力都已求出。将求出的各杆轴力标在杆件旁，如图 3-26（a）所示。

（3）校核

桁架内力校核同样可用观察与计算结合的作法。对受力简单的节点，可直接观察节点是否平衡，例如图 3-26（a）中，节点 D 两侧杆均为拉力，大小相等，杆 DC 轴力与节点荷载等值且都指向节点，因而是平衡的；又如节点 G，斜杆的水平分力与上弦杆等值反向，竖向分力又与节点荷载等值反向，也是平衡的。对受力复杂的节点（如节点 C），再通过计算检查，如平衡条件满足，则表明计算正确，否则应予改正。本例取节点 B、C 验算，均满足平衡方程，故计算无误。

本例也可以按 A、B、D、C、E、F 的顺序计算。

顺便指出，计算熟练后，对于节点各杆几何关系较简单的情况，则无须绘出节点的隔离体图，可直接对照桁架图计算，并将所求得的杆件内力标注于杆旁。在本例中，由于各斜杆内力与水平、竖向分力之比值均为 5∶4∶3，因此，从节点 G 或 A 开始，便可依次求出所有杆件的内力，请读者自行练习。

在桁架计算中，有时某个节点上两个内力未知的杆件都是斜杆。为了避免联立求解，可采用改变坐标轴的方向用投影方程求解或者选取适当的力矩中心用力矩方程求解的办法，使每个方程只含一个未知力。以图 3-27（a）所示桁架为例，求出支座反力后，如取 x 轴与 F_{NAD} 垂直（图 3-27b），则由 $\Sigma F_x=0$ 可首先求出 F_{NAC}，不过这种方法对本例并不方便。

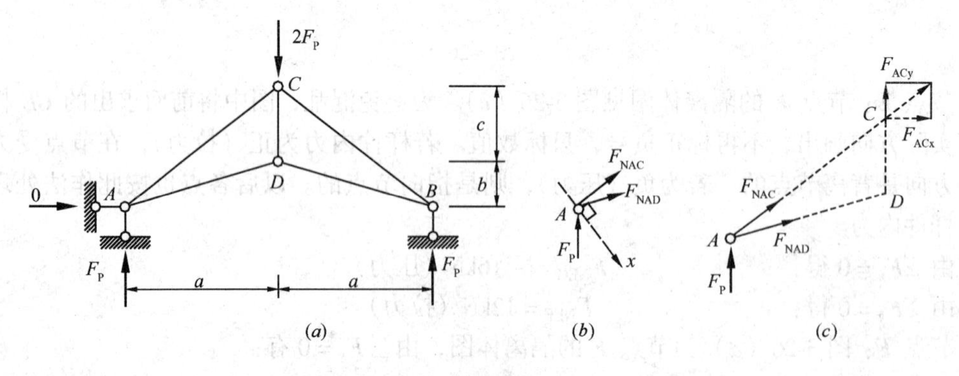

图 3-27

如取 D 点为矩心并将 F_{NAC} 在其作用线上的 C 点分解为 F_{ACx} 和 F_{ACy}（图 3-27c），这样可避免计算力臂，则由 $\Sigma M_D=0$ 可得：$F_{ACx}=-\dfrac{F_Pa}{c}$，进而可求出 F_{NAC} 和 F_{NAD}。

值得一提的是，在桁架中常常有些特殊节点，根据汇交力系的平衡条件，不必计算就可以判断出杆件内力的特征。掌握好这些特殊节点，可给计算带来很大方便。现列举如下：

(1) L形节点（两杆节点）

不共线的两杆相交的节点上无荷载时（图3-28*a*），此两杆的内力均为零。

(2) T形节点（三杆节点）

三杆汇交的节点上无荷载且其中有两杆在同一直线上（图3-28 *b*），则另一杆的内力为零，而共线的两杆的内力大小相等、性质相同（同为拉力或同为压力）。

(3) X形节点（四杆节点）

四杆汇交的节点上无荷载且四个杆件两两共线（图3-28*c*），则每一个共线的两杆内力大小相等、性质相同。

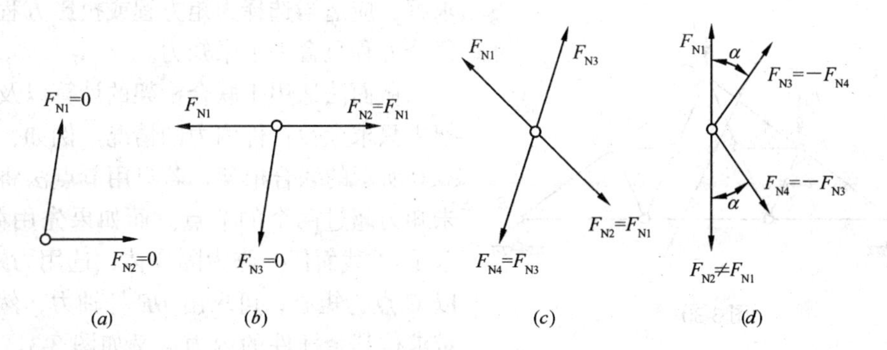

图3-28

(4) K形节点（四杆节点）

四杆汇交的节点，其中两杆共线，另两杆在直线的同一侧且与直线的夹角相等，节点上无荷载（图3-28*d*），若共线的两杆轴力相等、性质相同，则不共线的两杆内力为零；若共线的两杆轴力不等，则不共线的两杆内力大小相等、性质相反（一个拉力、一个压力）。

以上结论，均可根据适当的投影平衡方程予以证明，读者可自行验证。通常将桁架中内力为零的杆件称为零杆。在桁架内力分析时，对于某个节点的受力（包括节点荷载和杆件轴力）只要符合上述四种情形之一，不必计算就能直接判断出杆件的内力情况，使计算简便。如图3-29（*a*）所示桁架在图示荷载作用下，按T形节点可判断出标有“0”的各杆

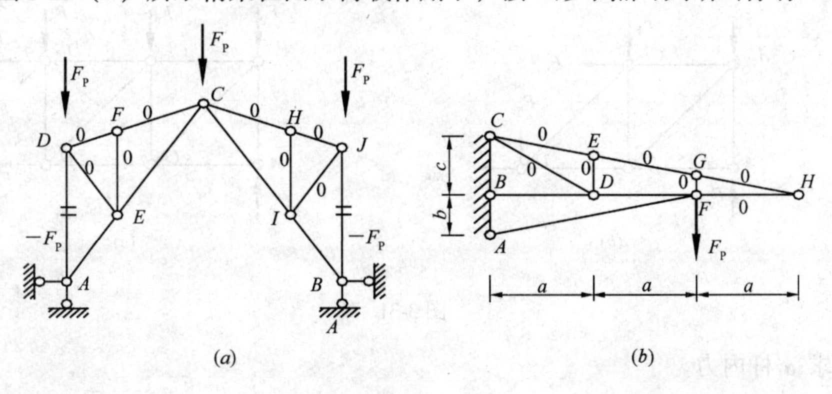

图3-29

轴力皆为零，AD、BJ 杆件均为压力，大小为 F_P；对图 3-29（b），按 L 形、T 形节点同样可得知旁边标有“0”的杆件也都是零杆。

需要说明的是，尽管静定桁架在某一指定荷载作用下，有些杆件轴力为零，但这些杆件对保证结构成为几何不变体系却必不可少。

3.4.3 截面法

截面法是用一个适当的截面（平面或曲面），截取桁架的某一部分为隔离体（隔离体上至少应有两个节点），然后利用三个平衡方程计算杆件的未知轴力。一般情况下，作用于隔离体上的各力属于平面一般力系，因此，只要所取的隔离体上未知内力的杆件不多于3个，且它们既不全汇交于一点也不全平行，就可以直接求出全部未知力。为了避免联立求解，应适当选择力矩方程或投影方程，以使每个方程只含一个未知力。

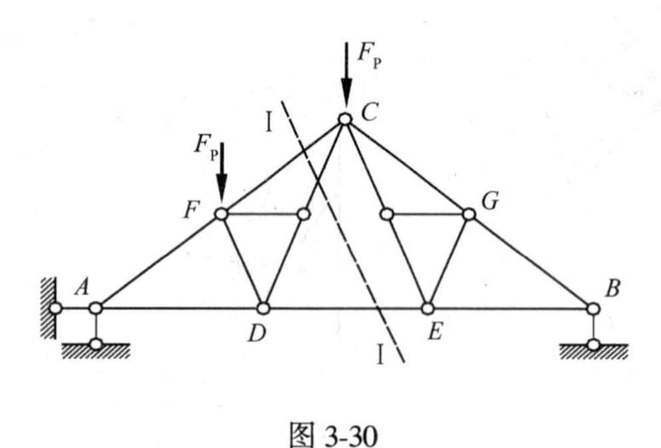

图 3-30

截面法适用于联合桁架的计算以及简单桁架中只求少数杆件内力的情况。例如，对如图 3-30 所示的联合桁架，若只用节点法将会遇到未知力超过两个的节点。而如果先用截面法，取Ⅰ-Ⅰ截面任一侧为隔离体，选用力矩方程，以 C 点为矩心，可求出 DE 杆轴力，然后便不难求得其余杆件的内力。又如图 3-31（a）所示简单桁架，只求 a、b、c 三个杆件的内力，若用节点法，至少要取 6 个节点计算，而用截面法则只需做如下计算：

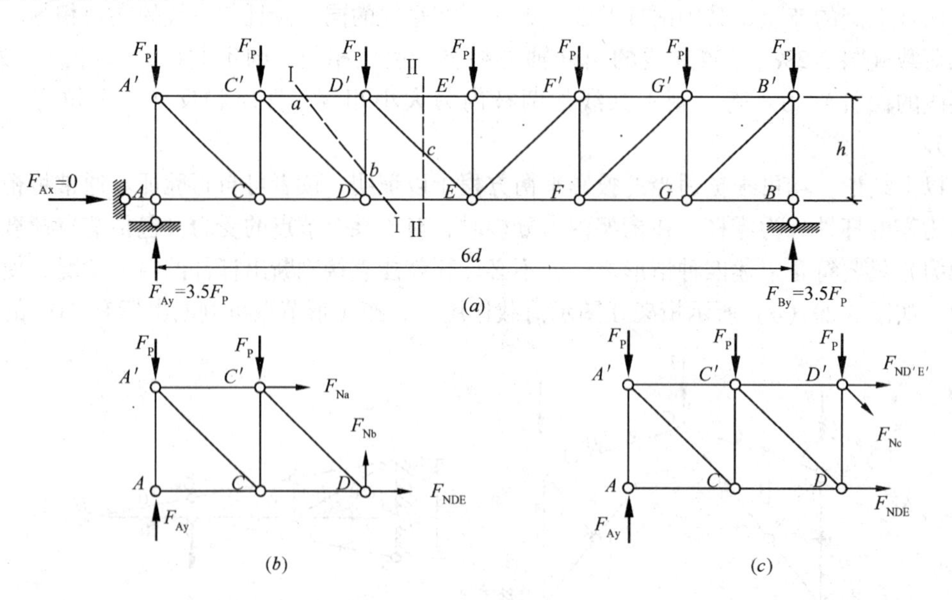

图 3-31

（1）求 a 杆内力

取Ⅰ-Ⅰ截面之左为隔离体，以 D 点为矩心，如图 3-31（b）所示。由 $\Sigma M_D=0$ 可求得

$F_{Na}=-4F_Pd/h$（压力）。

（2）求 b 杆内力

仍取Ⅰ-Ⅰ截面之左为隔离体。由于上、下弦杆平行，故选用投影方程简便。由 $\Sigma F_y=0$ 可得 $F_{Nb}=-1.5F_P$（压力）。

（3）求 c 杆内力

取Ⅱ-Ⅱ截面之左为隔离体，见图 3-31（c）。由于被截断的另两个杆件平行，因此宜选用投影方程。由 $\Sigma F_y=0$ 可求出 $F_{Ncy}=0.5F_P$，由几何关系得：

$$F_{Nc}=0.5F_P\frac{\sqrt{d^2+h^2}}{h}\text{（拉力）}$$

显然要比节点法方便。

综上所述，为了使得一个平衡方程只含一个未知力，应尽量选取适当的截面（使被截断的杆件未知力数不多于 3 个）并应合理选用力矩方程及矩心或投影方程。有时，选取的隔离体上，杆件未知力数多于 3 个，但只要除欲求未知力的杆件之外，其余各杆均汇交于一点或全平行，则该杆内力仍可先求出。例如图 3-32（a）所示桁架，截面Ⅰ-Ⅰ虽然截断 5 根杆件，但除 a 杆外，其余杆件均汇交于 C 点，则可由 $\Sigma M_C=0$ 先求出 a 杆的轴力。又如图 3-32（b），求 b 杆内力时，可作Ⅰ-Ⅰ截面（截断 4 根），取截面以上为隔离体，由 $\Sigma F_x=0$ 求之。

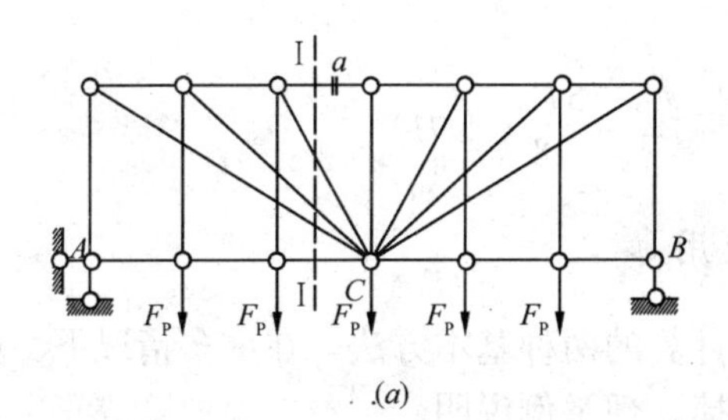

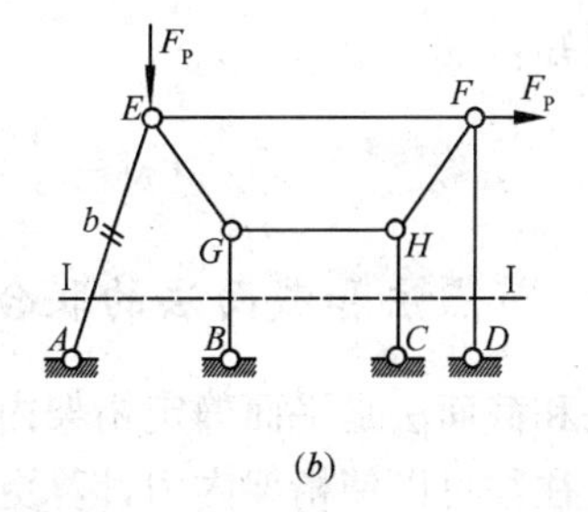

图 3-32

【例 3-10】 试用截面法计算如图 3-33(a)所示桁架指定杆件的内力。

【解】 （1）求反力

由结构的整体平衡条件求得：

$$F_{Ax}=0 \qquad F_{Ay}=8F_P/24=F_P/3\ (\uparrow)$$

$$F_{By}=2F_P/3\ (\uparrow)$$

（2）求 a 杆的内力

取截面Ⅰ-Ⅰ之左为隔离体（图 3-33b），以节点 G 为矩心，除 a 杆外其余三杆内力均通过矩心，由力矩方程可得：

$$F_{Na}=-4F_P/9\text{（压力）}$$

（3）求 b 杆的内力

取截面Ⅱ-Ⅱ之左为隔离体（图 3-33c）。由于 F_{Na}已求出，除 a、b 杆外，其余两个内力未知的杆件汇交于 C 点，若将 F_{Nb}在其作用线上的 F 点分解为水平和竖向分力，则由 $\Sigma M_C=0$ 可得：

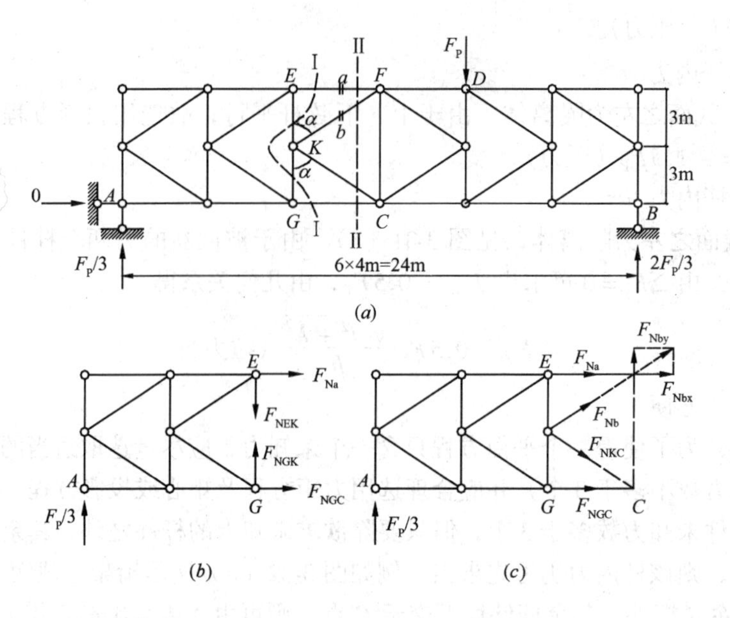

图 3-33

$$F_{\mathrm{Nbx}}=\frac{1}{6}\left(\frac{4F_{\mathrm{P}}}{9}\times 6-\frac{F_{\mathrm{P}}}{3}\times 12\right)=-\frac{2}{9}F_{\mathrm{P}}$$

由比例关系知：

$$F_{\mathrm{Nb}}=\frac{5}{4}\times F_{\mathrm{Nbx}}=-\frac{5F_{\mathrm{P}}}{18}(\text{压力})$$

3.4.4 节点法和截面法的联合应用

节点法和截面法是平面静定桁架内力计算的两种基本方法。在许多情况下，联合使用这两种方法往往可以使桁架内力计算更简捷，现举例说明。

【例 3-11】 试计算如图 3-34 所示联合桁架各杆内力。

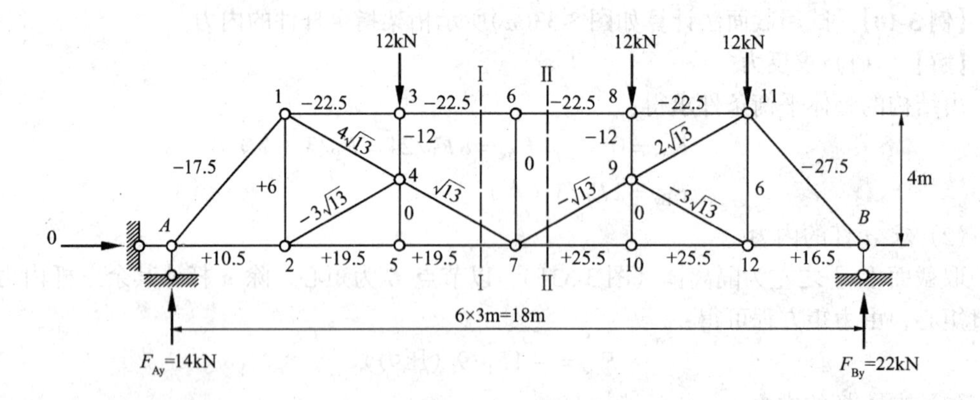

图 3-34

【解】 (1) 求反力

由整体三个平衡方程可得：

$$F_{Ax}=0 \qquad F_{Ay}=\frac{12}{18}(4\times3+2\times3+3)=14\text{kN}(\uparrow)$$

$$F_{By}=3\times12-14=22\text{kN}(\uparrow)$$

（2）先由特殊节点进行判断

节点5、6、10为T形节点，杆件4-5、6-7、9-10为零杆；节点3、8为X形节点，杆件3-4、8-9受压，大小均为12kN。

（3）用节点法　取节点A为隔离体，可求得：

$$F_{NA1}=-17.5\text{kN}（压力） \qquad F_{NA2}=10.5\text{kN}（拉力）$$

同样，由节点B的平衡可得：

$$F_{NB,11}=-27.5\text{kN}（压力） \qquad F_{NB,12}=16.5\text{kN}（拉力）$$

（4）用截面法

取Ⅰ-Ⅰ截面以左部分为隔离体，先后以节点7、节点1为矩心，由力矩方程可得：

$$F_{N3,6}=\frac{1}{4}(12\times3-14\times9)=-22.5\text{kN}（压力）$$

$$F_{N5,7}=\frac{1}{4}(12\times3+14\times3)=19.5\text{kN}（拉力）$$

由投影方程$\Sigma F_y=0$可知$F_{4,7y}=2\text{kN}$，再由比例关系得：

$$F_{N4,7}=\sqrt{13}\text{kN}（拉力）$$

取Ⅱ-Ⅱ截面之右为隔离体，节点11为矩心，由力矩方程可得：

$$F_{N7,10}=\frac{1}{4}(12\times3+22\times3)=25.5\text{kN}（拉力）$$

（5）用节点法

其余杆件的内力均可由节点法逐一求出。其中，由节点3、5、6、8、10可直接判断出：

$$F_{N1,3}=F_{N6,8}=F_{N8,11}=-22.5\text{kN}（压力）$$

$$F_{N2,5}=19.5\text{kN}（拉力） \qquad F_{N10,12}=25.5\text{kN}（拉力）$$

节点7为K形节点，由于共线的两杆5-7与7-10的轴力不等，因而可知：

$$F_{N7,9}=-F_{N4,7}=-\sqrt{13}\text{kN}（压力）$$

杆件1-2、1-4、2-4的轴力和杆件9-11、9-12、11-12的轴力可通过取节点1、2和11、12为隔离体，由投影方程求出，不再详述。

最后将各杆的内力标于杆旁，如图3-34所示。

（6）校核

以节点4为例，$F_{1,4x}+F_{2,4x}+F_{4,7x}=12-9-3=0$，$F_{1,4y}+F_{2,4y}+F_{4,7y}+F_{N3,4}=8+6-2-12=0$，满足平衡条件。

【例3-12】 试计算图3-35所示桁架a、b杆的内力。

【解】　（1）求反力

由整体平衡条件得：

$$F_{By}=0.75F_P(\uparrow)$$

$$F_{Ax}=-F_P(\leftarrow) \qquad F_{Ay}=0.75F_P(\downarrow)$$

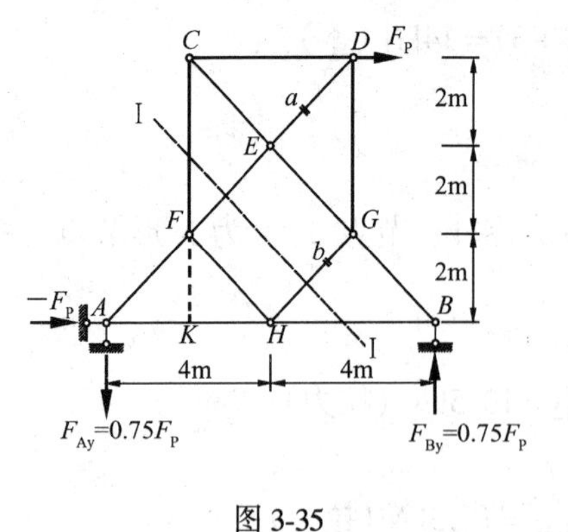

图 3-35

(2) 求杆件内力

节点 E 为 X 形节点，故有 $F_{Na}=F_{NEF}$；

取节点 B 为隔离体，由节点法求得：

$$F_{NBH}=0.75F_P \text{（拉力）}$$

取截面Ⅰ-Ⅰ之右上为隔离体，节点 F 为矩心，由 $\Sigma M_F=0$ 可得：

$$2\sqrt{2}F_{Nb}+2\times0.75F_P+4\times F_P-6\times0.75F_P=0$$

即
$$F_{Nb}=-\frac{1}{2\sqrt{2}}F_P \text{（压力）}$$

取截面Ⅰ-Ⅰ之右上为隔离体，由 $\Sigma M_k=0$ 可得：

$$\sqrt{2}F_{Na}+6\times0.75F_P-6F_P+\sqrt{2}\cdot\frac{F_P}{2\sqrt{2}}=0$$

即
$$F_{Na}=\frac{\sqrt{2}}{2}F_P \text{（拉力）}$$

3.4.5 各式桁架受力性能的比较

桁架的外形不同，对桁架的内力分布和构造有很大影响，其适用场合亦各不相同。为此，需要了解不同形式桁架的内力分布、构造及应用范围，以便设计时根据具体要求合理选用。

下面就三种常用的梁式桁架：三角形桁架、平行弦桁架、抛物线形桁架的受力性能进行比较。图 3-36（a）、（b）、（c）分别表示这三种桁架跨度均为 l、在上弦承受相同的均布荷载 $q=6/l$（图中已化为等效节点荷载）时各杆产生的内力。其中，对于弦杆的内力分布情况，可用截面法列出力矩方程得到的计算公式（3-5）来说明。

$$F_N=\pm\frac{M^0}{r} \tag{3-5}$$

式中，r 是求某一节间弦杆内力 F_N时的力臂，图 3-36（a）、（b）、（c）所示 r 为求第二节间下弦杆内力时的力臂；M^0 是相应简支梁（图 3-36d）上与求弦杆内力时的矩心对应截面的弯矩，在均布荷载作用下相应简支梁的弯矩为 $M^0(x)=\frac{q}{2}(l-x)x$，按抛物线规律变化。

在三角形桁架中（图 3-36a），弦杆所对应的内力臂由两端向中间是按直线规律递增的$\left(\text{即 } r=\frac{2h}{l}x\right)$，随着 x 的增加，力臂 r 的增加速度要比 $M^0(x)$ 快，因而弦杆的轴力就由两端向中间递减。至于腹杆的轴力，可由节点法计算，不难看出，在图示荷载作用下，是由两端向中间递增的。

在平行弦桁架中（图 3-36b），弦杆的内力臂是一常数（$r=h$），因此弦杆的轴力与 $M^0(x)$ 的变化规律相同，即两端小中间大。腹杆的轴力可由截面法列出投影方程求出。由计算知，竖杆的轴力与斜杆轴力的竖向分量各等于相应简支梁所对应节间的剪力，故它们均是由两端向中间递减。

在抛物线形桁架中（图 3-36c），下弦杆的轴力和上弦杆轴力的水平分量对其矩心的力

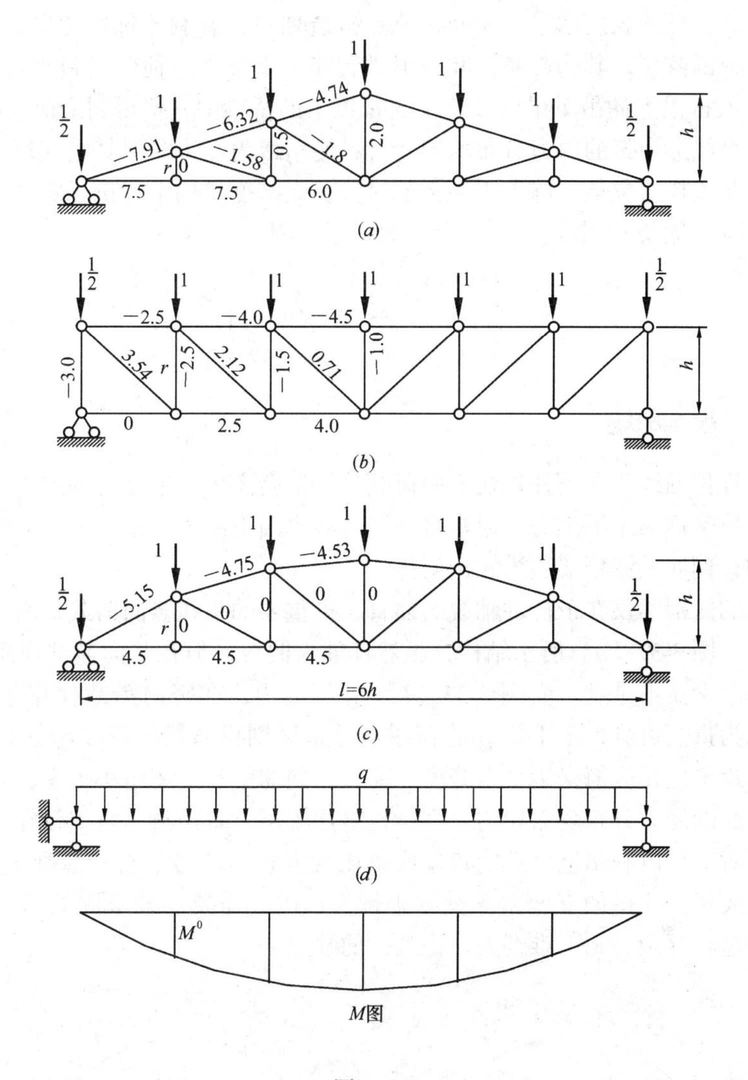

图 3-36

臂就是矩心处的竖杆长度，它与 $M^0(x)$ 一样，都是按抛物线规律变化。因此，下弦杆轴力和上弦杆轴力的水平分量大小都相等。同时因上弦杆倾斜度不大，从而上弦各杆轴力也近似相等。由于下弦杆拉力和上弦杆压力水平分量的大小相等、方向相反，由 $\Sigma F_x=0$ 可知，各斜杆的轴力均为零。竖杆的轴力在上弦节点承受荷载时为零，但在下弦节点承受荷载时等于节点荷载。

根据上述分析，可得结论如下：

(1) 三角形桁架的内力分布不均匀，弦杆内力在接近支座处最大。如采用相同的截面，则造成材料浪费；如按内力改变截面，则会增加拼接困难。同时，在端节点处杆件的夹角甚小、内力很大，使得构造复杂，制作困难。但因其两个斜面符合屋面排水的需要，故在跨度较小的屋盖结构中得到应用。

(2) 平行弦桁架的内力分布也不均匀，弦杆内力向跨中增大，若各节间改变截面，则增加拼接困难；若采用相同的截面，又浪费材料。但由于它在构造上有许多优点，如所有弦杆、竖杆和斜杆的长度都分别相同，节点构造划一，有利于标准化等。在轻型桁架中，采用截面一致的弦杆，其构件制作和施工拼装能带来很多方便，材料也不致有很大浪费，因而在厂房12m以上的吊车梁以及跨度50m以下的桥梁中，仍得到广泛应用。

（3）抛物线形桁架的内力分布均匀，材料使用最为经济。但其上弦杆在每一节间的倾角都不同，节点构造复杂，施工不便。不过，在大跨度结构中（例如跨度100～150m的桥梁和18～30m的屋架），节约材料显著，故常被采用。

3.5 三 铰 拱

3.5.1 基本概念

拱是指杆件轴线为曲线并且在竖向荷载作用下会产生水平反力的结构。这种水平反力指向结构，故又称为水平推力。通常将竖向荷载作用下能产生推力的结构统称为拱式结构或推力结构，例如三铰刚架、拱式桁架等。

拱与梁的区别不仅在于杆件轴线的曲直，更重要的是在竖向荷载作用下有无水平推力存在。例如，图3-37（*a*）所示结构，虽然杆轴为曲线，但在竖向荷载作用下并无水平推力，故称为曲梁而不是拱；而图3-37（*b*）所示结构，在竖向荷载作用下会产生水平推力，因而称为拱。可见，水平推力的存在与否是区别拱与梁的重要标志。由于有水平推力，拱的弯矩要比相应简支梁（即跨度、荷载相同的梁）的弯矩小很多，并且主要是承受压力，各截面的应力分布较为均匀。因此，拱比梁可节省用料、自重较轻，能够跨越较大的空间，同时，可以利用抗拉性能较差而抗压性能较好的砖、石、混凝土等材料来建造，这是拱的主要优点。拱的支座要承受水平推力，因此需要有较坚固的基础或支承物。此外，拱的构造较复杂、施工难度大，也是拱的缺点。

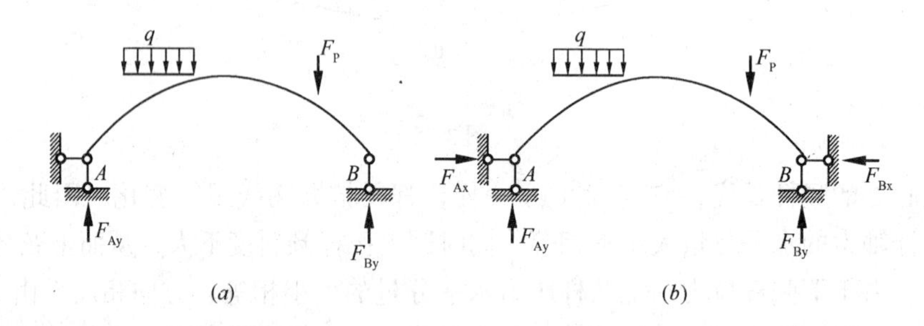

图3-37

工程中常用的单跨拱有无铰拱、两铰拱和三铰拱，如图3-38（*a*）、（*b*）、（*c*）所示。

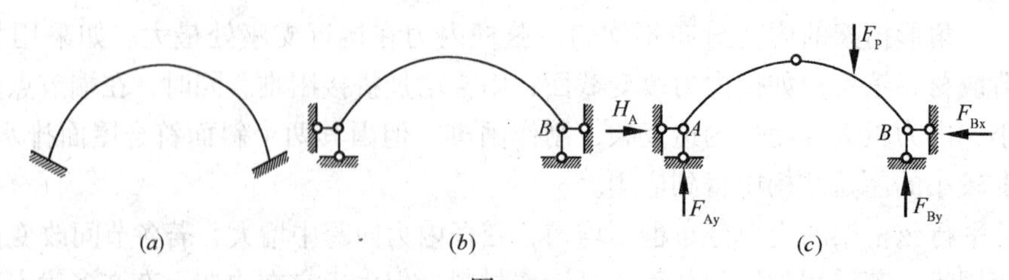

图3-38

其中，前两种为超静定拱，三铰拱是静定拱。本节只讨论静定拱的计算。

在拱结构中，有时在两支座间设置拉杆，用拉杆来承受水平推力，如图 3-39（*a*）所示。这种结构在竖向荷载作用下，支座不产生水平反力，但是结构内部的受力性能与拱并无区别，故称为带拉杆的拱，也属于静定结构。拉杆有时做成如图 3-39（*b*）所示的折线形式，可以获得较大的净空。

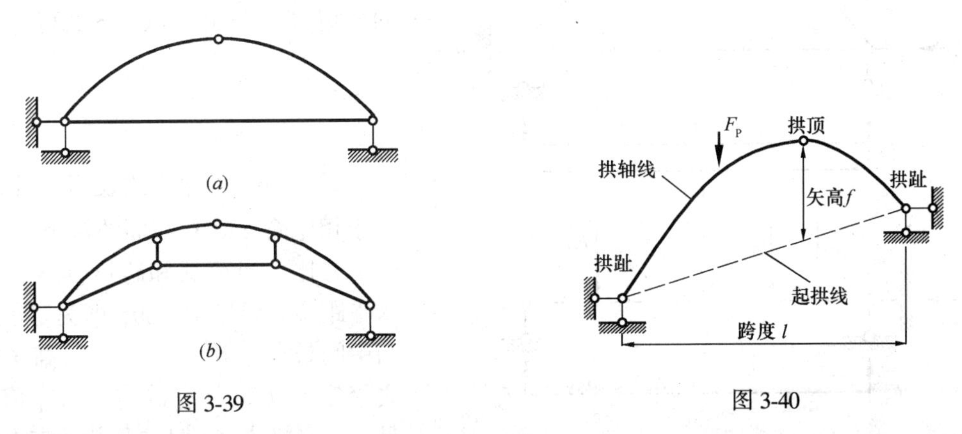

图 3-39　　图 3-40

拱的各部名称如图 3-40 所示。拱的两端支座处称为拱趾。两拱趾的连线称为起拱线。两拱趾间的水平距离称为跨度。两拱趾的连线为水平线的拱称为平拱，两拱趾连线为斜线的拱称为斜拱。拱身各截面形心的连线称为拱轴线。常用的拱轴线形式有抛物线和圆弧线，有时也采用悬链线。拱轴中最高点称为拱顶。三铰拱通常在拱顶处设置铰，称为顶铰，又称中间铰。由拱顶到起拱线的竖直距离称为矢高。矢高与跨度之比 f/l 称为高跨比，在工程结构中这个值在 0.1～1 之间。

3.5.2　三铰拱的计算

下面以图 3-41（*a*）所示竖向荷载作用下的平拱为例，讨论三铰拱的反力和内力计算方法，并将拱与梁加以比较，以说明拱的内力特性。

1. 支座反力的计算

三铰拱与基础的连接符合三刚片规则，是一个静定结构，支座反力共有四个。求反力时，除了取全拱整体为隔离体列出三个平衡方程外，还需取左（或右）半拱为隔离体，利用中间铰 C 处弯矩为零的条件，建立 $\Sigma M_C=0$ 的平衡方程。

首先考虑拱的整体平衡，由 $\Sigma M_B=0$ 及 $\Sigma M_A=0$ 可求得 A、B 支座的竖向反力：

$$F_{Ay}=\frac{\Sigma F_{Pi}b_i}{l} \qquad (a)$$

$$F_{By}=\frac{\Sigma F_{Pi}a_i}{l} \qquad (b)$$

由 $\Sigma F_x=0$ 可得：

$$F_{Ax}=F_{Bx}=F_H \qquad (c)$$

再取左半拱为隔离体，由 $\Sigma M_C=0$ 可得：

$$F_H=\frac{F_{Ay}l_1-F_{P1}(l_1-a_1)-F_{P2}(l_1-a_2)}{f} \qquad (d)$$

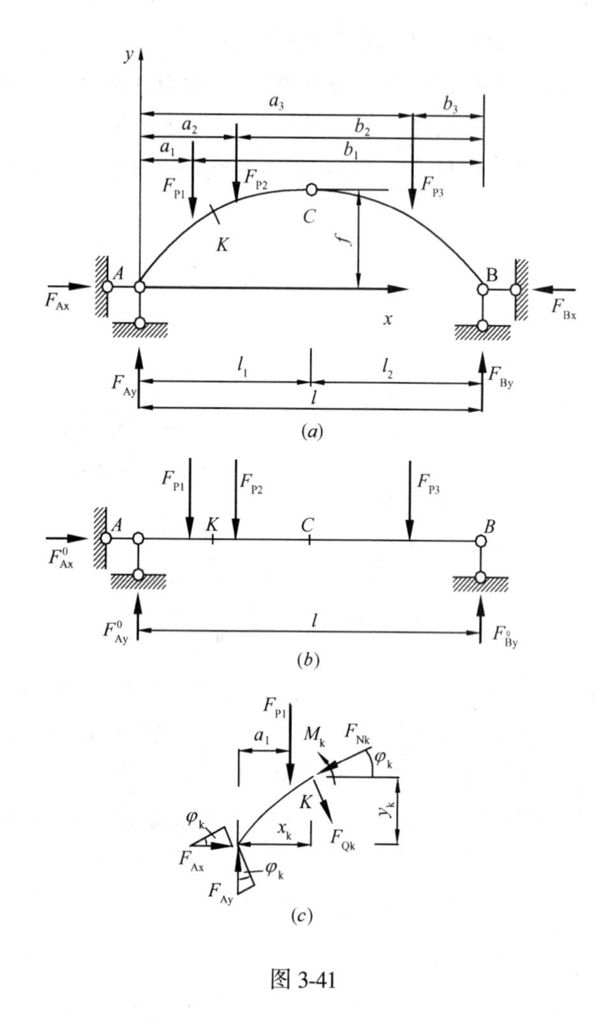

图 3-41

对比图 3-41(b)所示相应简支梁可以看出，式(a)、式(b)的右边恰好等于相应简支梁的竖向支座反力 F^0_{Ay}、F^0_{By}，而式(d)右边的分子则等于与拱的中间铰相对应的相应简支梁 C 截面的弯矩 M^0_C。因此，以上各式可写为:

$$F_{Ay}=F^0_{Ay};\qquad F_{By}=F^0_{By};\qquad F_H=\frac{M^0_C}{f} \tag{3-6}$$

式 (3-6) 的第三式表明，推力 F_H 等于相应简支梁 C 截面的弯矩 M^0_C 与拱矢 f 之比。当荷载和跨度（两拱趾的水平距离）给定时，M^0_C 即为定值，而当中间铰位置确定之后，矢高 f 亦随之给定，此时可有确定的 F_H 值。可见，水平推力 F_H 只与荷载及三个铰的位置有关，而与各铰之间的拱轴线形状无关。换言之，在一定的荷载作用下，推力 F_H只与拱的高跨比 f/l 有关。拱愈陡时，f/l 愈大 F_H愈小；反之，拱愈平坦时，f/l 愈小 F_H愈大。当 $f=0$ 时，F_H 趋于∞，此时，A、B、C 三个铰已在同一直线上，结构成为瞬变体系。

2. 内力的计算

如图 3-41 (c) 所示，拱任一横截面 K 的位置可由该截面形心的坐标 x_K、y_K 以及该处拱轴切线的倾角 φ_K 确定。截面 K 的内力：弯矩、剪力、轴力分别用 M_K、F_{QK}、F_{NK}表示（图3-41c)，通常规定弯矩以使拱内侧纤维受拉为正；剪力以绕隔离体顺时针转动为正；轴力以压力为正（因为拱以受压为主)。

计算任一横截面 K 的弯矩，可取 K 截面以左部分为隔离体，由 $\Sigma M_K=0$ 得:

$$M_K=[F_{Ay}x_K-F_{P1}(x_K-a_1)]-F_Hy_K$$

由于 $F_{Ay}=F^0_{Ay}$，可知上式方括号内之值等于相应简支梁截面 K 的弯矩 M^0_K，故上式可写为:

$$M_K=M^0_K-F_Hy_K \tag{3-7}$$

式 (3-7) 表明，拱内任一截面 K 的弯矩 M_K 等于相应简支梁对应截面的弯矩 M^0_K 减去推力引起的弯矩 F_Hy_K。可见，推力的存在使三铰拱的弯矩比相应简支梁的弯矩要小。

任一截面 K 的剪力 F_{QK}等于该截面一侧所有外力沿该截面方向投影的代数和，由图 3-41 (c)可有:

$$F_{QK}=F_{Ay}\cos\varphi_K-F_{P1}\cos\varphi_K-F_H\sin\varphi_K$$

注意到相应简支梁 K 截面的剪力 $F_{QK}^0=F_{Ay}-F_{P1}$，上式可改写为：

$$F_{QK}=F_{QK}^0\cos\varphi_K-F_H\sin\varphi_K \tag{3-8}$$

式中 φ_K 为 K 截面处拱轴切线的倾角，在左半拱时为正，右半拱时为负。

任一截面 K 的轴力 F_{NK} 等于该截面一侧所有外力沿该截面处拱轴切线方向投影的代数和，由图 3-41（c）可有

$$F_{NK}=F_{Ay}\sin\varphi_K-F_{P1}\sin\varphi_K+F_H\cos\varphi_K$$

用 $F_{QK}^0=F_{Ay}-F_{P1}$ 代入上式得

$$F_{NK}=F_{QK}^0\sin\varphi_K+F_H\cos\varphi_K \tag{3-9}$$

由三个内力表达式可知，内力是截面位置（x_K、y_K、φ_K）的函数，因而也就与拱轴线形状有关。

3. 绘制内力图

为了绘制三铰拱的内力图，可取拱轴沿水平方向的投影为基线，并将其划分为若干等份（例如 8、12、16、24 等份），然后由内力计算式算出拱上各相应截面的内力值，并在基线相应处按比例画出，最后，用光滑的曲线将各内力值的纵坐标顶点相连即可。此外，在集中力偶作用处弯矩图上有突变；在集中力作用处，剪力图、轴力图上有突变。此时，应分别计算集中力（力偶）作用处左右两侧截面的内力。

【例 3-13】 试绘制如图 3-42(a)所示三铰拱的内力图。拱轴为抛物线，其方程为 $y=\frac{4f}{l^2}x(l-x)$，跨度 $l=16\text{m}$，矢高 $f=4\text{m}$。

【解】 （1）求支座反力

由公式（3-5）得：

$$F_{Ay}=F_{Ay}^0=\frac{1}{16}(20\times8\times12+80\times4)=140\text{kN}$$

$$F_{By}=F_{By}^0=20\times8+80-140=100\ \text{kN}$$

$$F_H=\frac{M_C^0}{f}=\frac{140\times8-20\times8\times4}{4}=120\text{kN}$$

（2）内力计算

以拱跨为基线并等分为若干等份（本例取 8 等份），按公式（3-7、3-8、3-9）逐一计算各等分点对应拱轴截面的 M、F_Q、F_N。计算通常列表进行。以 $x=4\text{m}$ 对应的拱轴截面 2 为例，具体计算如下

由拱轴方程得

$$y_2=\frac{4\times4}{16\times16}\times4\times(16-4)=3\text{m}$$

$$\tan\varphi_2=\frac{dy}{dx}\bigg|_4=\frac{4f}{l}\left(1-2\frac{x}{l}\right)\bigg|_4=0.5$$

查表得：$\varphi_2=26°34'$；$\sin\varphi_2=0.447$；$\cos\varphi_2=0.894$

由公式（3-7）得：

$$M_2=M_2^0-F_Hy_2=(140\times4-20\times4\times2)-120\times3=40\text{kN}\cdot\text{m}$$

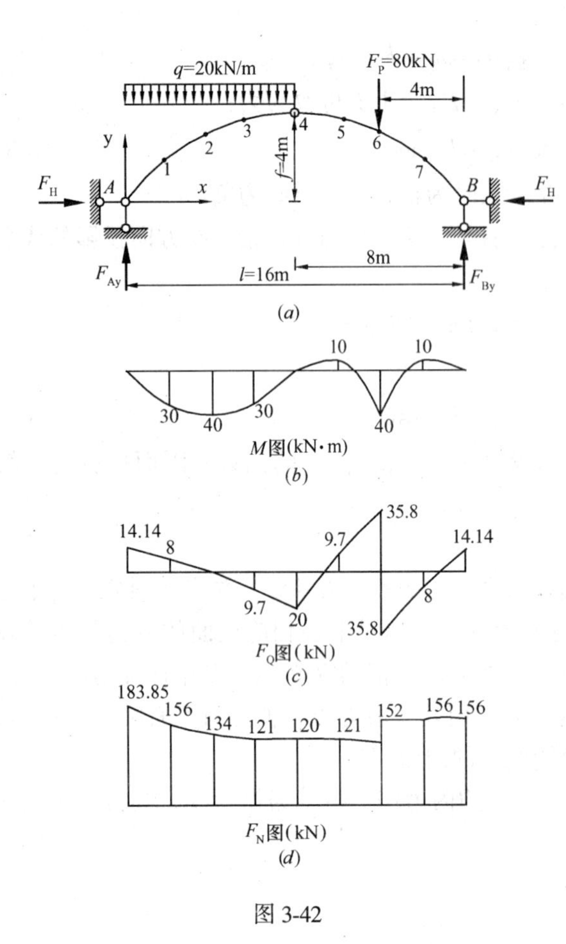

图 3-42

由公式（3-8）得：

$$F_{Q2}=F_{Q2}^{0}\cos\varphi_2-F_{H}\sin\varphi_2$$
$$=(140-20\times4)\times0.894-120\times0.447$$
$$=0$$

由公式(3-9)得：

$$F_{N2}=F_{Q2}^{0}\sin\varphi_2+F_{H}\cos\varphi_2$$
$$=(140-20\times4)\times0.447+120\times0.894$$
$$=134.164\text{kN}$$

其余各截面的内力计算结果列于表 3-2。计算截面 6 的 F_Q、F_N时应注意，由于该截面作用有 $F_P=80$ kN 的集中力，因而相应简支梁对应截面处剪力有突变，大小为 F_P，在拱轴截面 6 处剪力有 $F_P\cos\varphi_6$ 的突变量，轴力则有 $F_P\sin\varphi_6$ 的突变量。

（3）绘制内力图

将各截面求出的 M 值在基线对应点上用竖直纵距标出，连以光滑的曲线即得弯矩图（图 3-42*b*）。相同的做法可得 F_Q 图和 F_N图，如图 3-42（*b*）、（*c*）所示。绘图时，应注意截面 6 的剪力、轴力都有突变。

表 3-2

截面	y	$\tan\varphi$	φ	$\sin\varphi$	$\cos\varphi$	F_Q^0	M_0	M	F_Q	F_N
0	0.00	1.00	45.02	0.707	0.707	140.0	0.0	0.0	14.14	183.85
1	1.75	0.75	36.89	0.600	0.800	100.0	240.0	30.0	8.00	156.00
2	3.00	0.50	26.58	0.447	0.894	60.0	400.0	40.0	0.00	134.16
3	3.75	0.25	14.04	0.243	0.970	20.0	480.0	30.0	−9.70	121.27
4	4.00	0.00	0.00	0.000	1.000	−20.0	480.0	0.0	−20.00	120.00
5	3.75	−0.25	−14.04	−0.243	0.970	−20.0	440.0	−10.0	9.70	121.27
6左	3.00	−0.50	−26.579	−0.447	0.894	−20.0	400.0	40.0	35.80	116.22
6右						−100.0			−35.80	151.98
7	1.75	−0.75	−36.889	−0.600	0.800	−100.0	200.0	−10.0	−8.00	156.00
8	0.00	−1.00	−45.023	−0.707	0.707	−100.0	0.0	0.0	14.14	155.56

上述反力和内力的计算公式仅适用于在竖向荷载作用下的平拱。对于带拉杆的三铰拱（图 3-39*a*），可由整体平衡条件求出三个支座反力，然后截断拉杆、拆开顶铰，以左半拱或右半拱为隔离体，由 $\Sigma M_C=0$ 求出拉杆内力；对于斜拱（图 3-40）或非竖向荷载作用下

的平拱，四个支座反力可由整体平衡的三个方程及顶铰以左（或以右）部分对顶铰处的力矩方程求出。无论哪种情况，反力及拉杆内力求出后，即可由截面法求出拱各截面的内力，无需赘述。

3.5.3　三铰拱的合理拱轴线

三铰拱在竖向荷载作用下，各截面将有弯矩、剪力和轴力，轴力一般为压力，拱截面处于偏心受压状态，材料得不到充分利用。然而，由前述可知，尽管三铰拱的反力与各铰之间的拱轴线形状无关，但内力却与拱轴线形状有关，若能使所设计的拱轴线所有截面的弯矩处处为零（由微段平衡的力矩方程可以证明，此时剪力也为零），而只有轴力，这样各截面都将处于均匀受压，材料得以充分地利用，相应的拱截面尺寸也将是最小的，因而也是经济、合理的，这样的拱轴线称之为合理拱轴线。

设计合理拱轴线，可根据拱中弯矩处处为零的条件来确定。对于竖向荷载作用下的三铰平拱，任一截面的弯矩由式（3-7）确定，当拱轴为合理拱轴线时，则有：

$$M = M^0 - F_H y = 0$$

由此得：

$$y = \frac{M^0}{F_H} \tag{3-10}$$

式（3-10）表明，竖向荷载作用下的三铰拱，合理拱轴线的纵坐标 y 与相应简支梁的弯矩图竖标成正比。因此，当拱的三个铰的位置和拱上所受的竖向荷载已知时，只要求出相应简支梁的弯矩方程，然后除以常数 F_H，便可得到合理拱轴线方程。有时，相应简支梁的弯矩方程无法事先写出，则可根据合理拱轴弯矩处处为零的条件，写出相应的平衡微分方程并求解来获得合理拱轴线。下面给出确定合理拱轴线的三个例题。

【例 3-14】 试求图 3-43(a)所示对称三铰拱在均布荷载 q 作用下的合理拱轴线。

【解】 根据式（3-10），需先写出 M^0 及 F_H的表达式。相应简支梁（图 3-43b）的弯矩方程为：

$$M^0 = \frac{1}{2}qx(l - x)$$

由式（3-6）第三式得三铰拱的水平反力为：

$$F_H = \frac{M_c^0}{f} = \frac{ql^2}{8f}$$

将上两式代入式（3-10）得：

$$y = \frac{M^0}{F_H} = \frac{4f}{l^2}x(l - x)$$

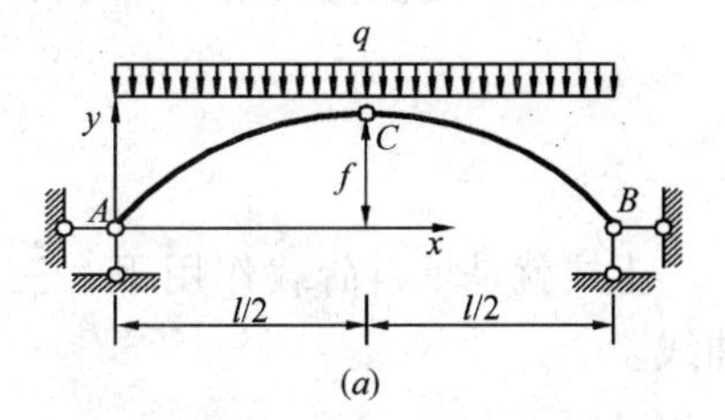

(a)

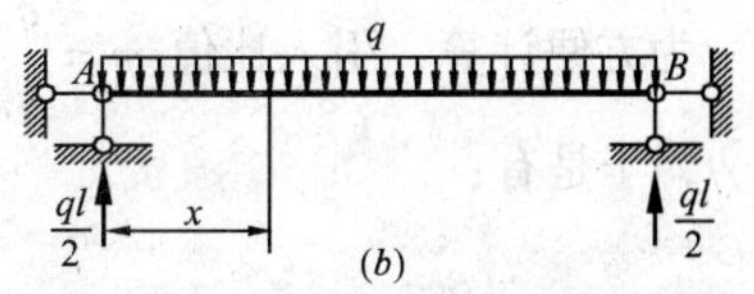

(b)

图 3-43

可见，在竖向荷载作用下，三铰拱的合理拱轴线为二次抛物线。

【例 3-15】 试求图 3-44 所示对称三铰拱的合理拱轴线方程，拱上承受填料重量的作用，分布荷载集度为 $q(x) = q_C + \gamma y$，其中 q_C 为拱顶处的荷载集度，γ 为填料重度。

【解】 本例拱轴任一点处的荷载 $q(x)$ 与拱轴方程 y 有关，但 y 未知，故无法由 $q(x)$ 写出 M^0，也就无法获得 y，但仍可根据拱轴各截面弯矩处处为零的条件，寻求合理拱轴线方程。按照这一条件，在图示坐标系下，式（3-7）可写为$M=M^0-F_H(f-y)=0$，即：

$$f-y=M^0/F_H \qquad (a)$$

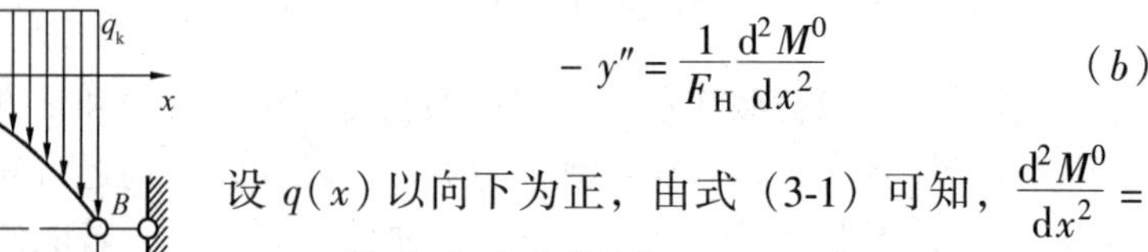

图 3-44

式（a）对 x 微分两次得：

$$-y''=\frac{1}{F_H}\frac{d^2M^0}{dx^2} \qquad (b)$$

设 $q(x)$ 以向下为正，由式（3-1）可知，$\frac{d^2M^0}{dx^2}=-q$，则式（b）可写为：

$$y''=\frac{q(x)}{F_H} \qquad (c)$$

将 $q(x)=q_C+\gamma y$ 代入式（c）得：

$$y''-\frac{\gamma}{F_H}y=\frac{q_c}{F_H} \qquad (d)$$

式（d）就是符合题意要求的合理拱轴线的微分方程。这是一个二阶常系数线性非齐次微分方程，其解可表示为：

$$y=A\text{ch}\sqrt{\frac{\gamma}{F_H}}x+B\text{sh}\sqrt{\frac{\gamma}{F_H}}x-\frac{q_c}{\gamma} \qquad (e)$$

根据边界条件，积分常数 A、B 可确定如下：

由 $x=0$，$y=0$ 得：　　　　$A=q_c/\gamma$

由 $x=0$，$y'=0$ 得：　　　　$B=0$

将 A、B 之值代入式（e）得：

$$y=\frac{q_c}{\gamma}\left(\text{ch}\sqrt{\frac{\gamma}{F_H}}x-1\right) \qquad (f)$$

上式就是填料荷载作用下，三铰拱的合理拱轴线方程，它是一条悬链线，又叫双曲线。

为方便计算，引入比值 $m=\frac{q_k}{q_c}$，这里，q_k 为拱趾处的荷载集度。由题意有：$q_k=q_C+\gamma f$，于是有：

$$m=\frac{q_c+\gamma f}{q_c} \text{或} \frac{q_c}{\gamma}=\frac{f}{m-1} \qquad (g)$$

再引入无量纲自变量 $\xi=\frac{x}{l/2}$，并令 $k=\sqrt{\frac{\gamma}{F_H}}\frac{l}{2}$，则公式（f）可写为：

$$y=\frac{f}{m-1}(\text{ch}k\xi-1) \qquad (h)$$

式（h）表示的曲线称为列格氏悬链线。式中 k 与 m 的关系可由下列条件确定：当 $\xi=1$ 时，$y=f$，由上式可得：$\text{ch}k=m$。由双曲函数的性质 $\text{sh}^2k=\text{ch}^2k-1$ 有 $\text{sh}k=\sqrt{m^2-1}$。

再由 $\text{sh}k+\text{ch}k=e^{k}$得：

$$m+\sqrt{m^{2}-1}=e^{k} \tag{i}$$

式（i）两边取对数可得：

$$k=\ln(m+\sqrt{m^{2}-1}) \tag{j}$$

可见，拱顶与拱趾荷载集度之比值 m 只要给定，则合理拱轴线方程即可由式（h）确定。

【例 3-16】 图 3-45(a)所示三铰拱全跨承受沿拱轴法线方向的均布压力(例如水平放置的拱承受水的侧压力)，试求其合理拱轴线。

【解】 本题虽不是竖向荷载，但根据合理拱轴线上弯矩处处为零的条件，可以从拱中任取长度 ds 的微段为隔离体分析。假定微段处于无弯矩状态，即微段两端横截面上弯矩、剪力均为零，在均布荷载 q 和两端截面的轴力 F_{N} 及 $F_{\mathrm{N}}+\mathrm{d}F_{\mathrm{N}}$共同作用下微段处于平衡，如图 3-45（$b$）所示。于是，由 $\Sigma M_{\mathrm{o}}=0$ 可有：

$$F_{\mathrm{N}}\rho-(F_{\mathrm{N}}+\mathrm{d}F_{\mathrm{N}})\rho=0 \tag{a}$$

式中 ρ 为微段的曲率半径。由上式得：

$$\mathrm{d}F_{\mathrm{N}}=0 \tag{b}$$

式（b）表明，$F_{\mathrm{N}}=$常数。

再列出微段各力沿 s-s 轴的投影方程可有：

$$2F_{\mathrm{N}}\sin\frac{\mathrm{d}\varphi}{2}-q\rho\mathrm{d}\varphi=0 \tag{c}$$

由于 dφ 角很小，可近似取：

$$\sin\frac{\mathrm{d}\varphi}{2}=\frac{\mathrm{d}\varphi}{2}$$

于是式（c）变为：

$$F_{\mathrm{N}}-q\rho=0$$

即：

$$\rho=F_{\mathrm{N}}/q \tag{d}$$

由于 F_{N}为常数，q 为均布压力，故知 ρ 也为常数。这说明三铰拱在沿拱轴法线方向的均布压力作用下，拱的曲率半径处处相同，其合理拱轴线为圆弧线。

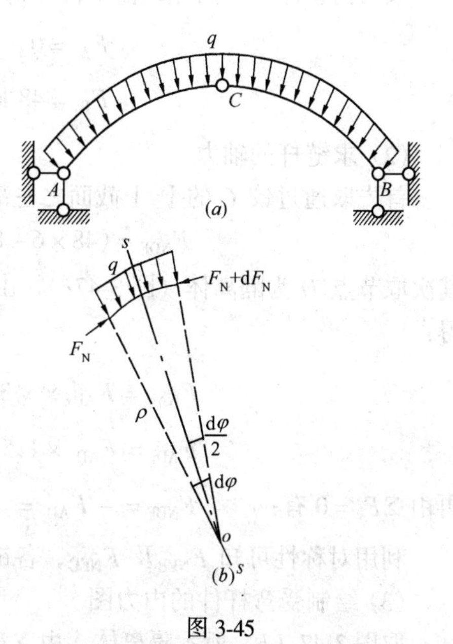

图 3-45

由以上例题可知，合理拱轴的确定与拱上的荷载有关。工程实际中，作用于拱上的荷载是变化的，因此难以获得理想化的合理拱轴，而只能是力求所选的拱轴线接近合理拱轴线。

3.6 静定组合结构

组合结构是由只承受轴力的链杆（二力杆）和承受弯矩、剪力、轴力的受弯杆件混合组成的结构。工程中组合结构常用于房屋建筑中的屋架、吊车梁以及桥梁的承重结构。图

3-46（a）、（b）所示五角形屋架和斜拉桥都是组合结构的例子。在组合结构中，由于链杆的作用，将使受弯杆件的弯矩减小，从而可以节省材料、增加刚度和跨越更大的跨度。组合结构中的链杆和受弯杆件分别用不同的材料制作时，将使结构的构造和材料性能的利用更合理。

分析静定组合结构的基本方法仍然是截面法。计算时，一般是先求支座反力，再计算各链杆（二力杆）的轴力，最后分析受弯杆件的内力。需要指出的是，在计算组合结构时，一定要分清哪些杆是只受轴力的二力杆，哪些杆是除受轴力外还受弯矩、剪力的受弯杆件。

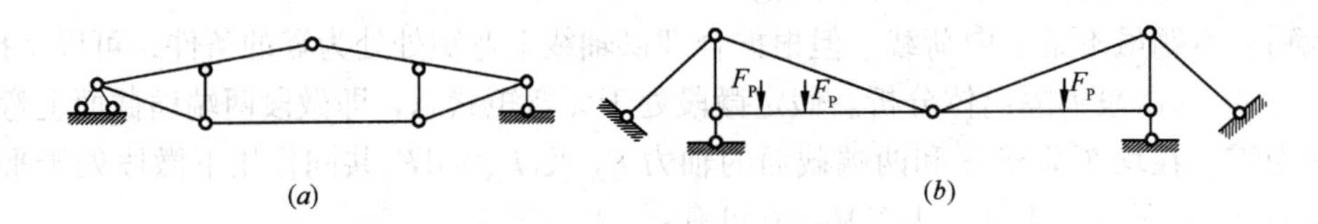

图 3-46

【例 3-17】 试计算图 3-47(a)所示组合结构的内力，绘制内力图。

【解】 (1) 求反力

取结构整体为隔离体，由平衡条件可求得：

$$F_{Ax}=0 \qquad F_{Ay}=48\ \text{kN}\ (\uparrow)$$

$$F_{By}=48\ \text{kN}\ (\uparrow)$$

(2) 求链杆的轴力

首先取通过铰 C 的Ⅰ-Ⅰ截面之左部分为隔离体（图 3-47b），由 $\Sigma M_C=0$ 有：

$$F_{NDE}=(48\times6-8\times6\times3)/1.5=96\ \text{kN}(\text{拉力})$$

其次取节点 D 为隔离体（图 3-47c），由平衡条件 $\Sigma F_x=0$ 知，$F_{ADx}=96\text{kN}$，由比例关系可得：

$$F_{NAD}=F_{ADx}\times\sqrt{3^2+1.5^2}/3=107.3\ \text{kN}\ (\text{拉力})$$

$$F_{ADy}=F_{ADx}\times1.5/3=48\text{kN}$$

再由 $\Sigma F_y=0$ 有：$\quad F_{NDF}=-F_{ADy}=\ -48\ \text{kN}\ (\text{压力})$

利用对称性可知 F_{NEB}及 F_{NEC}，各链杆的内力见图 3-47（a）。

(3) 绘制受弯杆件的内力图

取图 3-47（b）所示隔离体，由 $\Sigma F_y=0$ 及 $\Sigma F_x=0$ 有：

$$F_{Cy}=0 \qquad F_{Cx}=-96\ \text{kN}\ (\text{压力})$$

绘剪力图　已知 $F_{Cy}=0$，故从 C 点开始，分别对左右两部分绘图较简便。例如 CB 部分，可分为 CG、GB 两段。在均布荷载作用下，剪力图为斜直线。由平衡条件求得各控制截面的剪力为：

$$F_{QG}^{L}=0-8\times3=-24\text{kN}$$

$$F_{QG}^{R}=48-24=24\text{kN}$$

$$F_{QBG}=24-8\times3=0$$

然后将区段两端剪力纵坐标顶点连以直线，即得 F_Q 图。

同样的作法可绘出 CA 部分剪力图，整个结构的 F_Q 图如图 3-47（d）所示。

绘弯矩图　中间铰 C 处 F_{Cy}、M_C 均为零，可从 C 点起，分别对左右两部分绘图。例如 CA 部分，CF 段可按悬臂梁直接绘出 q 作用下的 M 图。由截面法求得：

$$M_F=-\frac{1}{2}\times8\times3^2=-36\text{kN}\cdot\text{m}$$

FA 段视作简支梁，用叠加法绘出 M_F 和 q 作用下的 M 图。

整个结构的弯矩图示于图 3-47（e）。

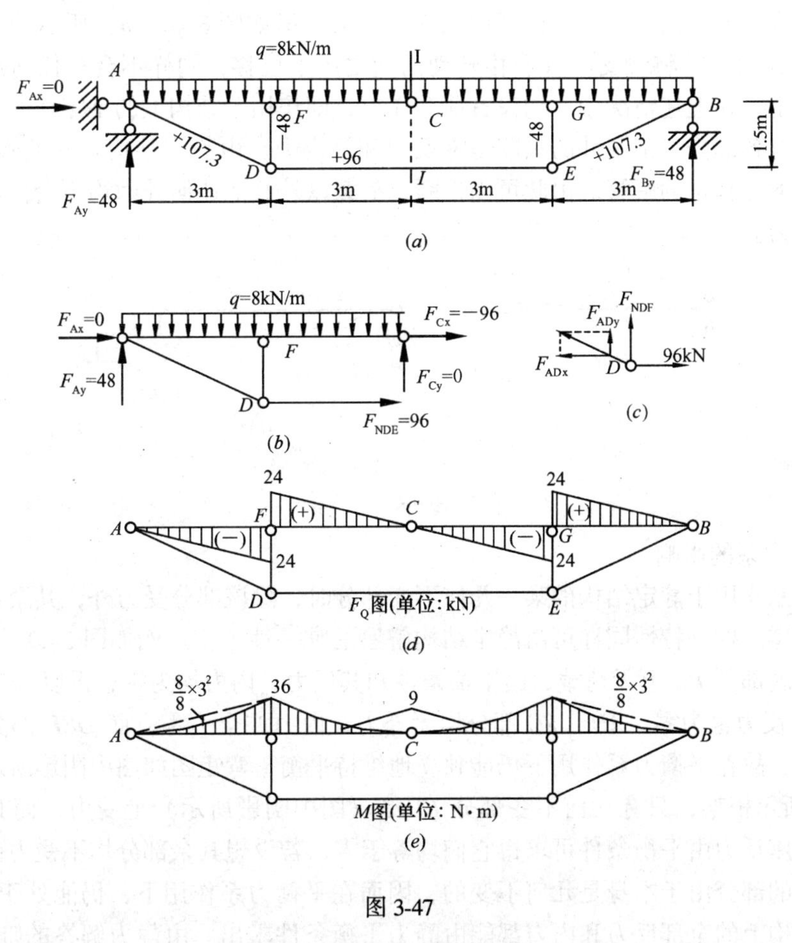

图 3-47

3.7　静定结构的静力特性

静定结构在静力学方面具有以下几个特性，掌握这些特性，对了解静定结构的性能和内力计算是有帮助的。

1. 静力解答的唯一性

根据平面体系的几何组成分析和以上各节的讨论可知，静定结构，在几何组成方面，是无多余联系的几何不变体系；在静力分析方面，对任一给定的荷载，其全部反力和内力都可以由静力平衡条件求出，而且得到的解答是唯一的有限值。这一静力特性称为静定结构解答的唯一性。根据这一特性，在静定结构中，凡是能够满足全部静力平衡条件的解答就是真正的解答，并可确信除此再无任何其他解答存在。

静定结构解答的唯一性是静定结构最基本的特性，以下介绍的几个特性都可以由此推导出。

2. 除荷载以外的其他任何原因，如温度改变、支座移动、制造误差、材料收缩等均不会引起静定结构的反力和内力

现以图 3-48 所示情况进行说明。图 3-48（*a*）所示悬臂梁，在图示温度改变时，将会自由的伸长和弯曲，因而不会产生任何反力和内力。又如图 3-48（*b*）所示简支梁，当支座 *B* 发生沉降时，梁将绕支座 *A* 自由转动而随之产生位移，同样不会有任何反力和内力产生。事实上，在上述情况中，均没有荷载作用，即作用于结构上的是零荷载，此时能够满足结构所有各部分平衡条件的只能是零反力和零内力，由静定结构解答的唯一性可知，这就是唯一的、真正的解答。由此可以推断，荷载以外其他任何外因均不会使静定结构产生反力和内力。

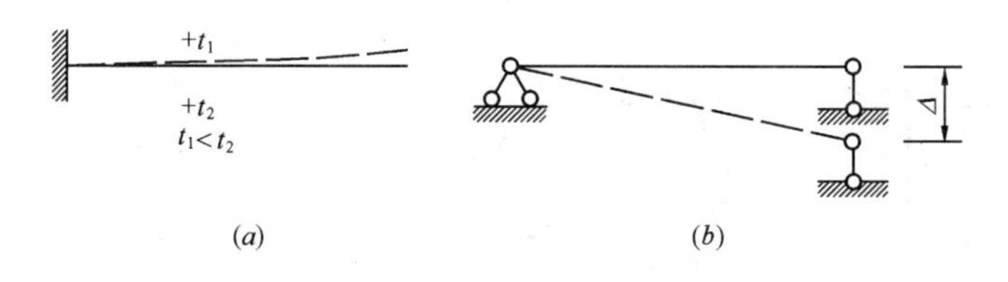

图 3-48

3. 平衡力系的影响

平衡力系作用于静定结构的某一几何不变部分时，除该部分受力外，其余部分的反力和内力均为零。这一特性同样可由静定结构解答的唯一性证实。例如图 3-49（*a*）所示刚架，由于附属部分 *BC* 上无荷载，由平衡条件知其反力、内力均为零；再以 *AC* 为隔离体，可知 *A* 支座反力也为零，*AD*、*FC* 部分均无外力，内力亦全为零；而 *DEF* 部分由于本身为几何不变，故在平衡力系作用下仍能独立地维持平衡，弯矩图如图中阴影所示。又如图 3-49（*b*）所示桁架，只有几何不变部分 *CDEF*（图中阴影所示）上受力，而其余部分各杆内力和支座反力由平衡条件可求得它们均等于零，若设想其余部分均不受力而将它们去掉，则剩下的部分由于本身是几何不变的，因而在平衡力系作用下，仍能处于平衡状态。这表明，结构上的全部反力和内力都能由静力平衡条件求出。由静力解答的唯一性可知，这样的内力状态必然是唯一正确的解答。

4. 荷载等效变换的影响

两种荷载如果合力相同（主矢及对任一点的主矩相等），则称它们为静力等效荷载。所谓荷载等效变换就是将一种荷载变换为另一种静力等效的荷载。当静定结构某一几何不变部分上的荷载作等效变换时，其余部分的内力保持不变。这一特性可通过上一个特性来说明。设在静定结构的某一几何不变部分 *AB* 上作用有两种不同但静力等效的荷载 F_{P1}、F_{P2}，其产生的内力分别为 F_1 和 F_2，如图 3-50（*a*）、（*b*）所示。现在要论证的是，在两

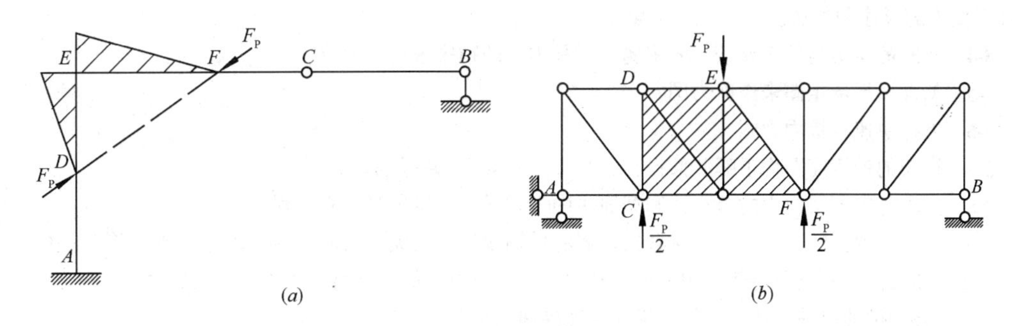

图 3-49

种情况下，除 AB 杆外，其余杆件的内力和支座反力均相同，即 $F_1=F_2$。为此，以荷载 F_{P1}和 $-F_{P2}$共同作用于结构上（图 3-50c），由叠加原理可知，其产生的内力为（F_1-F_2），由于 F_{P1}和 $-F_{P2}$为一组平衡力系，根据静定结构某一几何不变部分受平衡力系作用的特性知，除杆件 AB 以外，其余部分的内力应为$(F_1-F_2)=0$，故有 $F_1=F_2$。这就说明，若将 F_{P1}以其等效荷载 F_{P2}来代替，只影响 AB 部分的内力，而其余部分的内力和反力均不变，从而证明了这一特性的正确性。

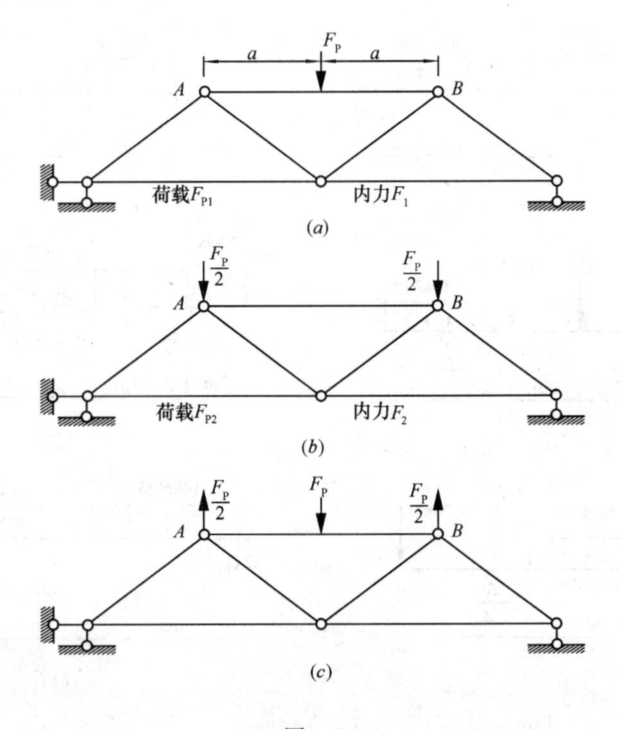

图 3-50

思 考 题

3-1 如何进行内力图的叠加？为什么是竖标的叠加，而不是图形的拼接？

3-2 简述分段、定点、求值、连线绘制内力图的作法。

3-3 试说明静定结构的几何组成（与基础按两刚片、三刚片规则组成或具有基本部分与附属部分）

与计算反力的顺序和方法。

3-4 多跨静定梁为什么要按“先附属，后基本”的顺序进行受力分析？

3-5 怎样根据弯矩图来作剪力图？

3-6 怎样快速校核内力图？

3-7 桁架的计算简图作了哪些假设？它与实际桁架有哪些差别？

3-8 在求静定桁架内力的节点法和截面法中，怎样尽量避免解联立方程？

3-9 为什么说拱的支座反力与拱各铰之间的拱轴线形状无关，而截面内力却与拱轴线形状有关？

3-10 如何计算非竖向荷载作用下三铰拱的反力和内力？如何求斜三铰拱的支座反力？

3-11 合理拱轴应满足什么条件？拱的合理拱轴线与哪些因素有关？

3-12 在图3-47（*a*）中，能否将节点 *F* 视为T形节点而将 *FD* 杆判断为零杆？又对于节点 *A*，求出 $F_{Ay}=48kN$（↑），为什么梁在 *A* 端剪力却为零？

3-13 静定结构在静力学方面有哪些特性？为什么说零荷载（没有荷载）下的反力和内力均为零？

习 题

3-1 试作图示单跨静定梁的内力图。

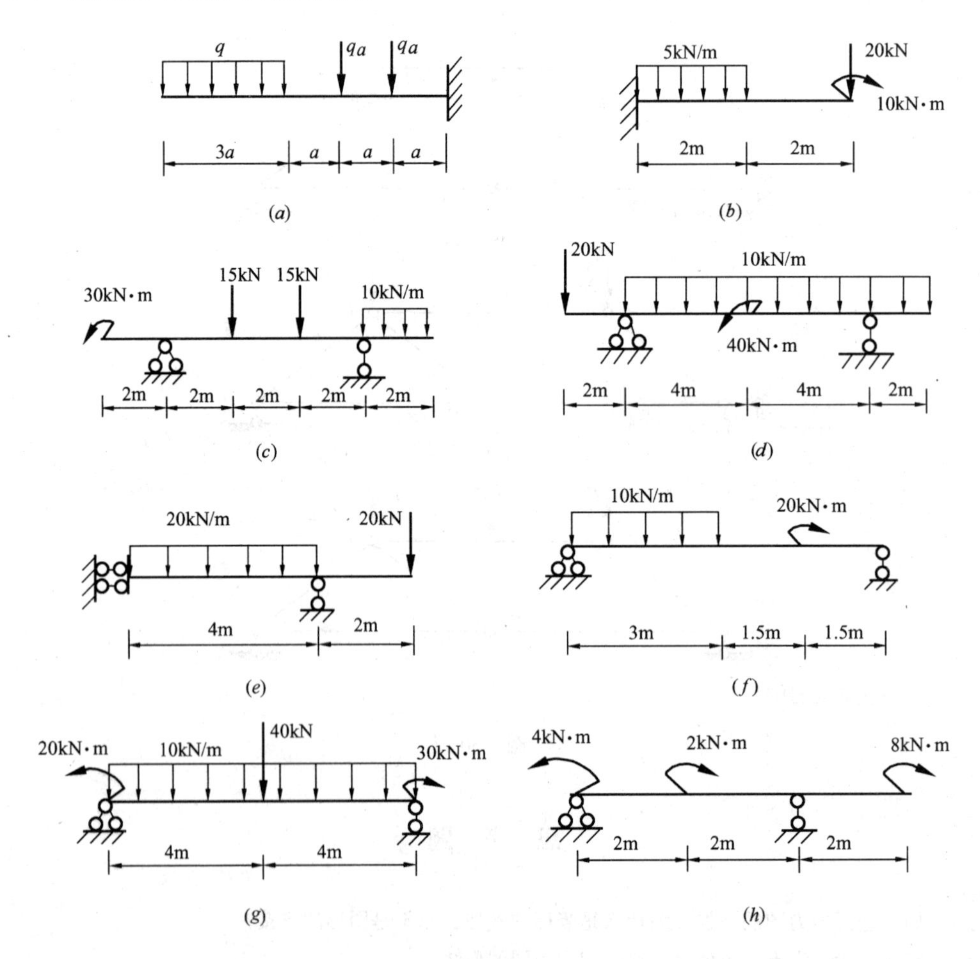

题3-1图

3-2　试作图示斜梁的内力图。

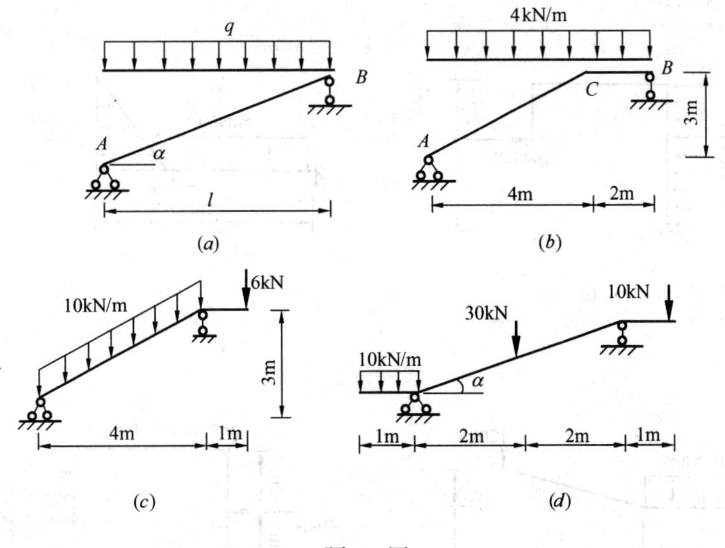

题 3-2 图

3-3　试作图示多跨静定梁的内力图。

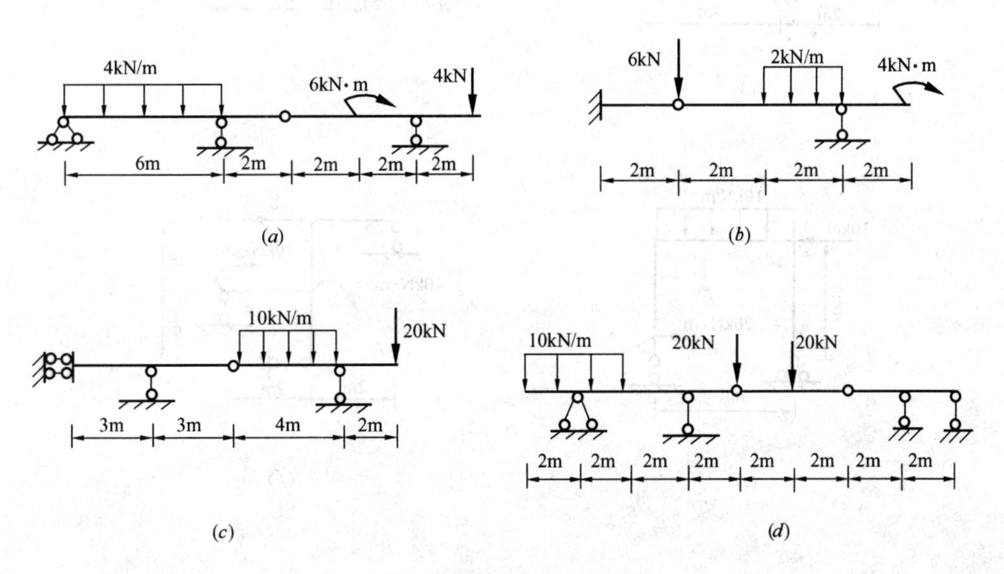

题 3-3 图

3-4　试选择铰的位置 x，使中间跨跨中正弯矩与支座负弯矩绝对值相等。

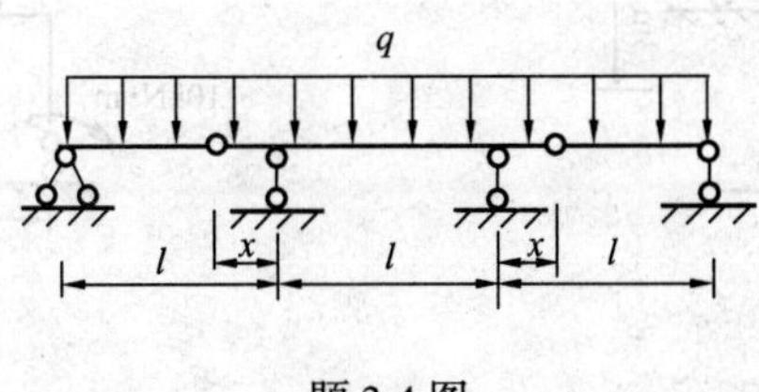

题 3-4 图

3-5 试作图示刚架的内力图。

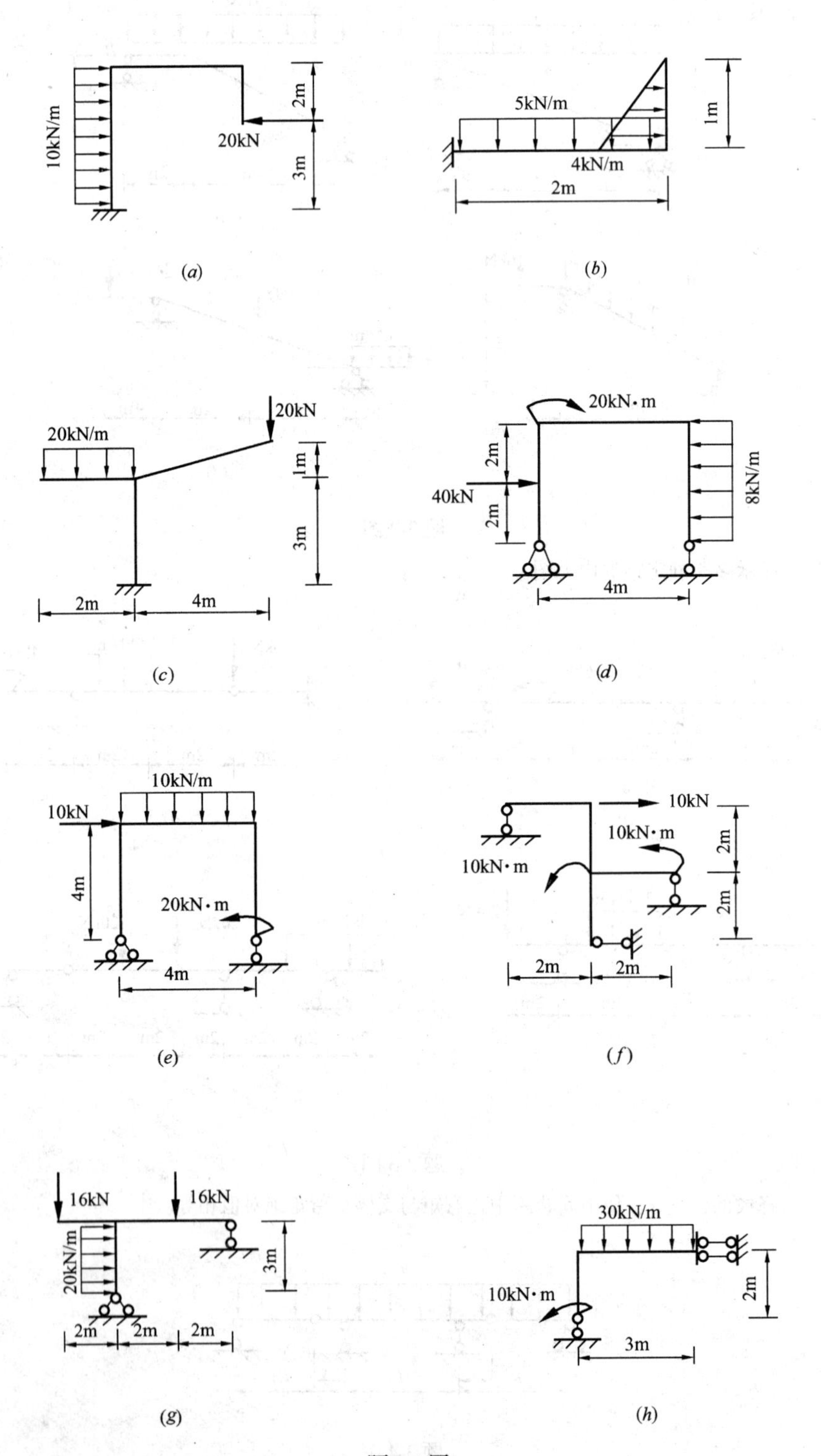

题 3-5 图

3-6　试作图示刚架的内力图。

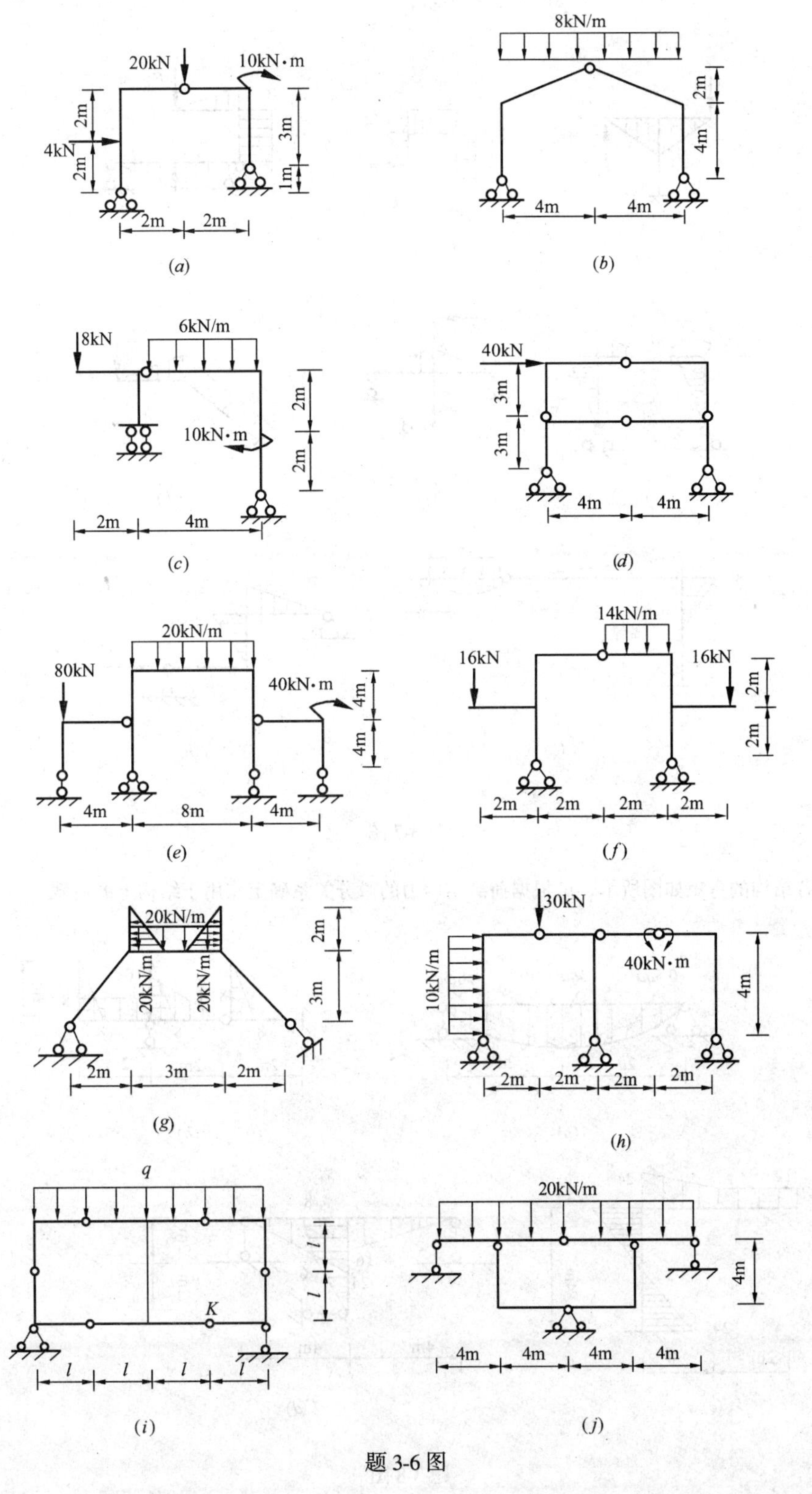

题 3-6 图

3-7　指出下列弯矩图的错误，并加以改正。

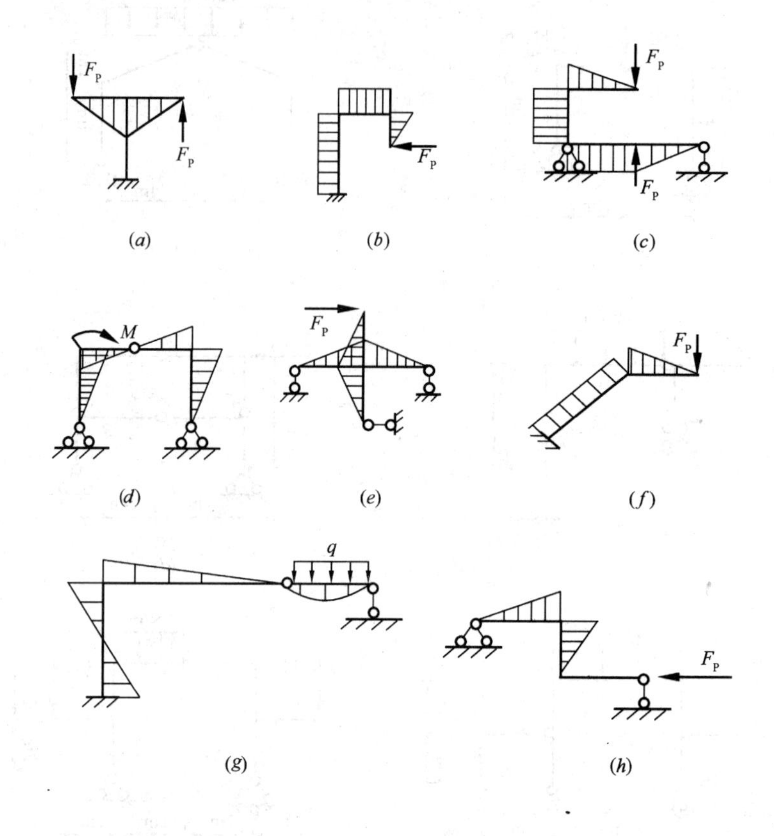

题 3-7 图

3-8　各结构的弯矩如图所示，试根据荷载与内力的微分关系确定作用于结构上的荷载。

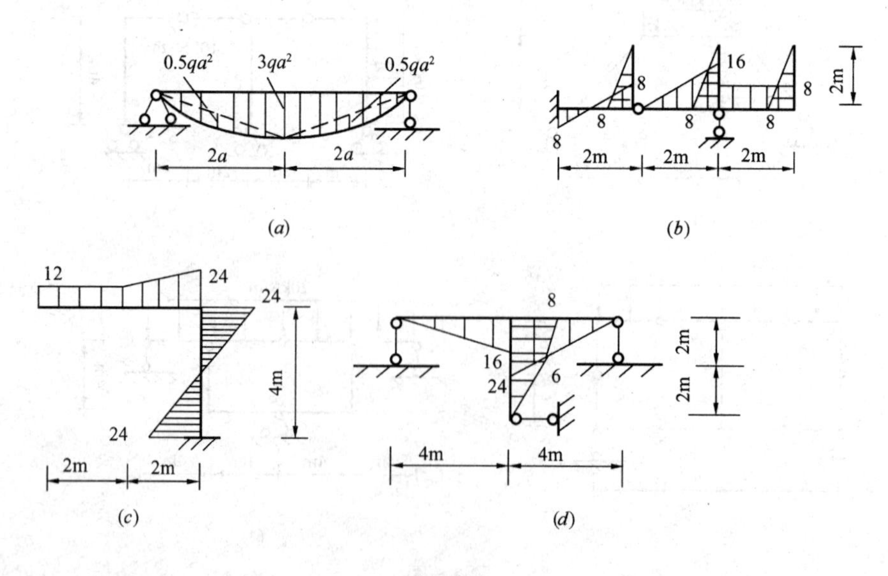

题 3-8 图

3-9 试判别图示各桁架中的零杆。

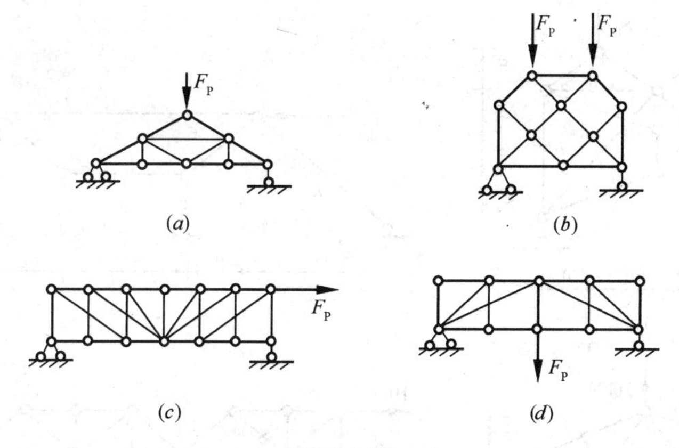

题 3-9 图

3-10 试用节点法计算图示桁架各杆的内力。

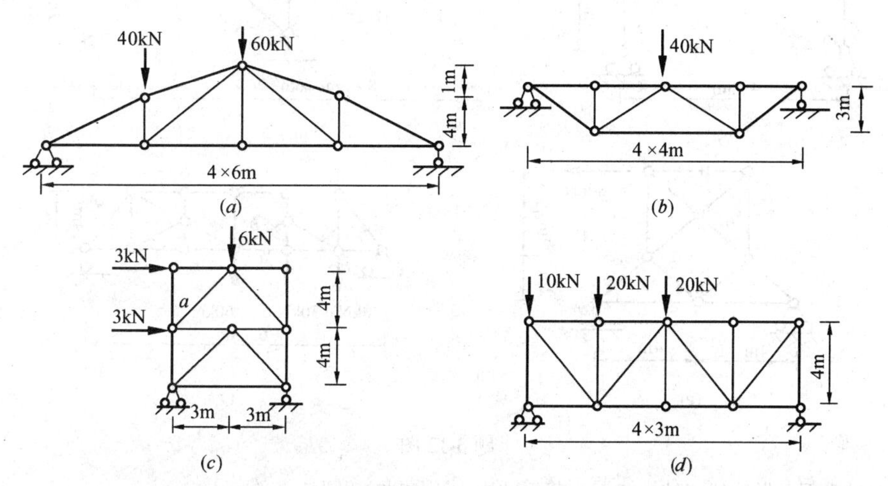

题 3-10 图

3-11 试用截面法计算图示桁架中指定杆件的内力。

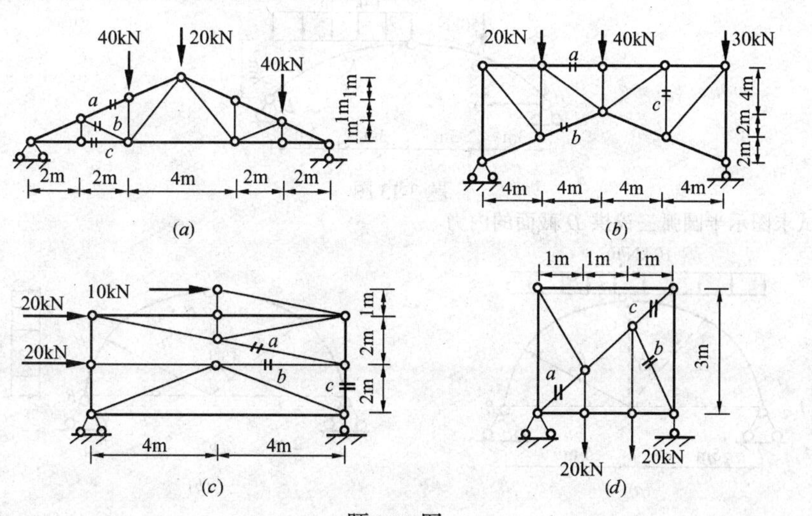

题 3-11 图

3-12　试用较简便的方法计算图示桁架指定杆件的内力。

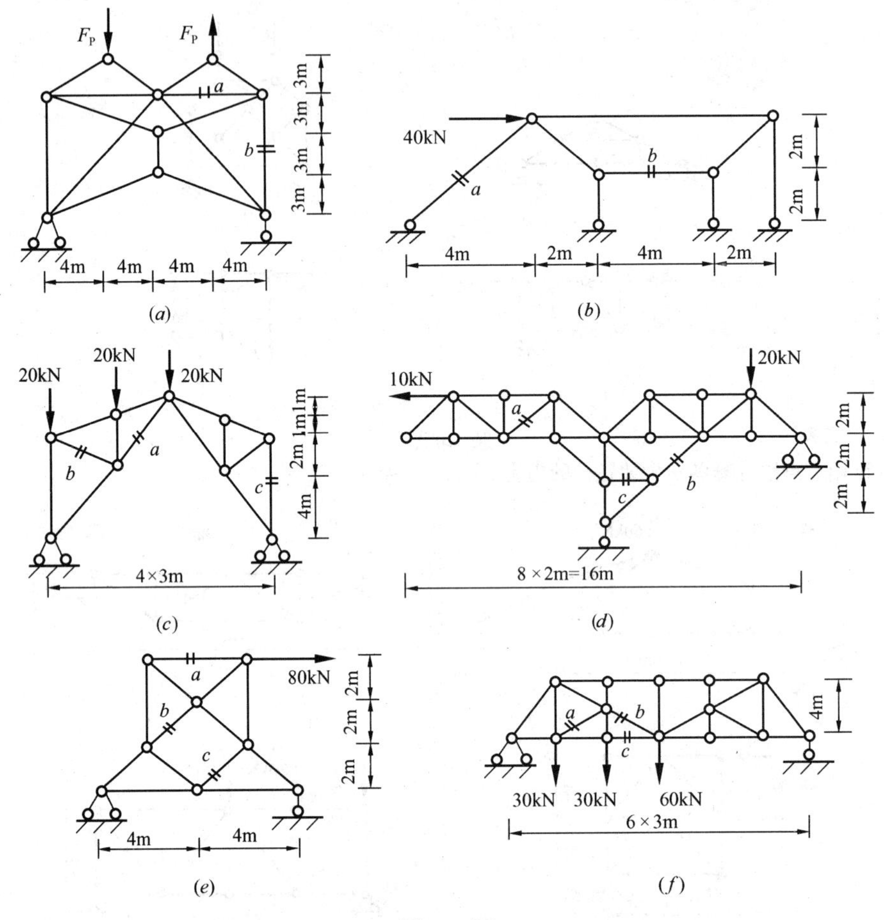

题 3-12 图

3-13　试求图示抛物线三铰拱 D、K 截面的内力，拱轴方程为 $y=\dfrac{4f}{l^2}x(l-x)$。

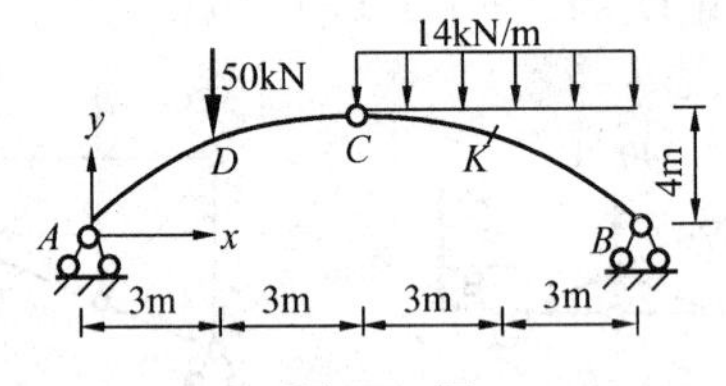

题 3-13 图

3-14　试求图示半圆弧三铰拱 D 截面的内力。

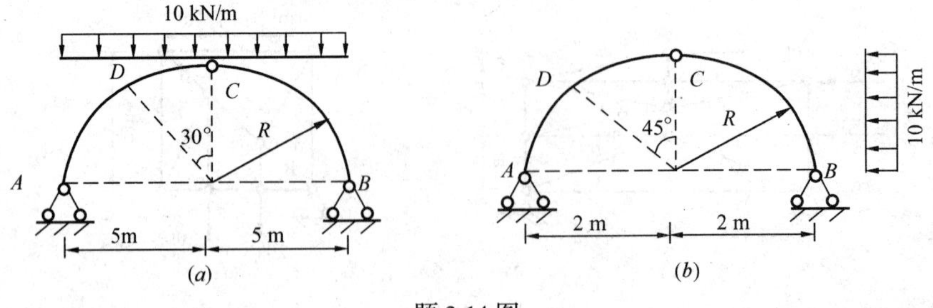

题 3-14 图

3-15　试求图示抛物线三铰拱 K 截面和各链杆的内力，拱轴方程为 $y=\frac{4f}{l^2}x(l-x)$。

3-16　试求均布荷载作用下三铰拱的合理拱轴线方程。

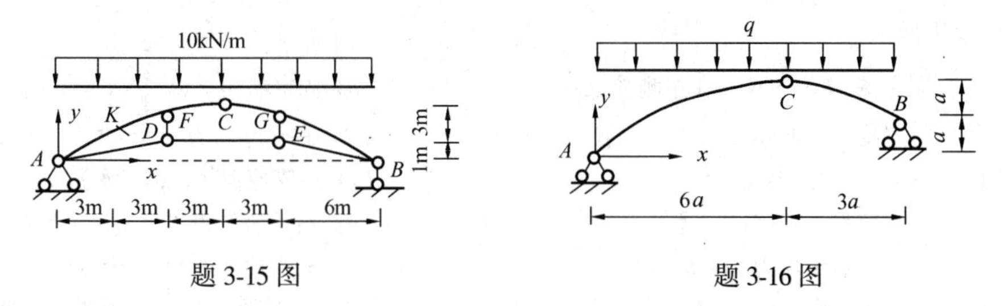

题 3-15 图　　　　题 3-16 图

3-17　试计算图示组合结构，求出各链杆轴力，并绘制梁式杆件弯矩图。

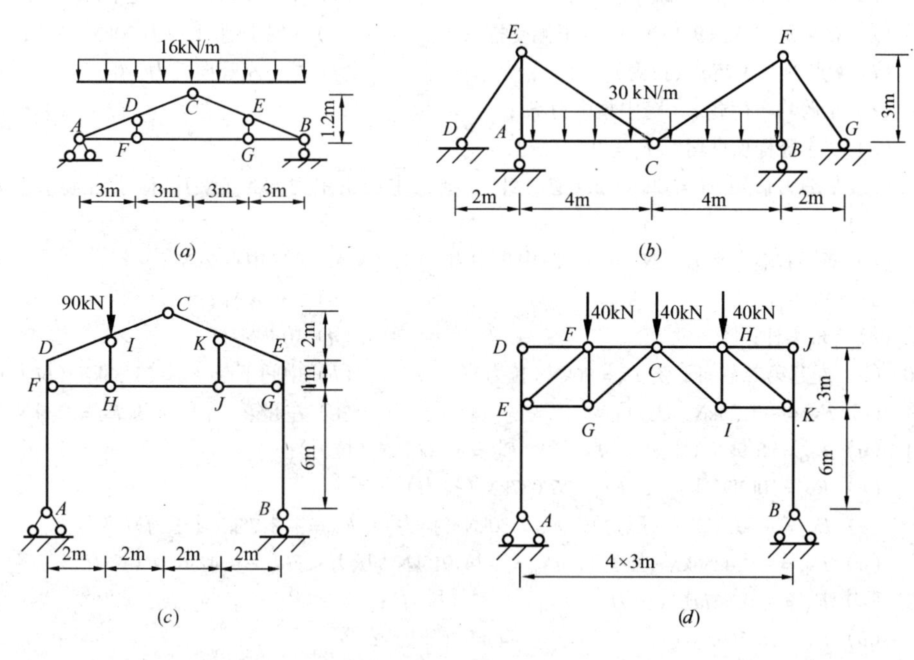

题 3-17 图

答　　案

3-1　(a) 固定端反力 $5qa$（↑），弯矩 $16.5qa^2$（上侧受拉）；

(b) 固定端反力 30kN（↑），弯矩 100kN·m（上侧受拉）；

(c) 左支座弯矩 30kN·m（上侧受拉），右支座弯矩 20kN·m（上侧受拉）；

(d) 左支座弯矩 40kN·m（上侧受拉），右支座弯矩 20kN·m（上侧受拉）；

(e) 左支座弯矩 120kN·m（下侧受拉）；

(f) 右支座反力 $\frac{65}{6}$kN（↑），左支座剪力 $\frac{115}{6}$kN（↑）；

(g) 左支座反力 58.75kN（↑）；

(h) 右支座弯矩 8kN·m（上侧受拉）

3-2　(a) 跨中弯矩 $\frac{ql^2}{8}$（下侧受拉）；　　　　(b) $M_c=16$kN·m（下侧受拉）；

(*c*) 右支座弯矩 6kN·m（上侧受拉）；
(*d*) 跨中弯矩 22.5kN·m（下侧受拉）

3-3 (*a*) 中间支座弯矩 7kN·m（下侧受拉）；
(*b*) 右支座反力 4kN（↑）；
(*c*) 中间支座反力 10kN（↑）；
(*d*) 右端支座反力 10kN（↓）

3-4 $x = 0.125l$

3-5 (*a*) 固定端 $M = 65$kN·m（左侧受拉）；
(*b*) 固定端 $M = 10\frac{2}{3}$kN·m（上侧受拉）；
(*c*) 固定端 $M = 40$kN·m（左侧受拉）；
(*d*) 右支座反力 9kN（↑）；
(*e*) 右支座反力 25kN（↑）；
(*f*) 右支座反力 5kN（↑）；
(*g*) 右支座反力 22.5kN（↑）；
(*h*) 右支座弯矩 125kN·m（下侧受拉）

3-6 (*a*) 右支座水平反力 5.43kN（←）；
(*b*) 右支座水平反力 10.667kN（←）；
(*c*) 左支座弯矩 16kN·m（右侧受拉）；
(*d*) 左支座竖向反力 30kN（↓）；
(*e*) 左支座竖向反力 80kN（↑）；
(*f*) 左支座竖向反力 23kN（↑）；
(*g*) 横梁跨中 $M = 9.167$kN·m（下侧受拉）；
(*h*) 右支座水平反力 20kN（→）；
(*i*) k 点轴力 $0.75ql$（拉力）；
(*j*) 左支座竖向反力：0

3-8 (*a*) 全跨均布荷载 q，跨中集中力 qa；
(*b*) 三个竖杆顶点均受 $F_p = 4$kN（→）；
(*c*) 左端力偶矩 $m = 12$kN·m（逆时针），横梁中点集中力 6kN（↓），横梁右端水平力 12kN（→）；
(*d*) 横梁右端水平力 1kN（→），跨中集中力 10kN（↓），竖杆中点 2kN（→）

3-9 (a) 5 根零杆；
(*b*) 8 根零杆；
(*c*) 7 根零杆；
(*d*) 10 根零杆

3-10 (*a*) 左起第二节间下弦 $F_N = 96$kN（拉力）；
(*b*) 中间下弦 $F_N = 53.33$kN（拉力）；
(c) $F_{Na} = -1.25$kN（压力）；
(*d*) 左起第二节间下弦 $F_N = 22.5$kN（拉力）

3-11 (*a*) $F_{Na} = 96.9$kN（压力），$F_{Nb} = 0$，$F_{Nc} = 86.667$kN（拉力）；
(*b*) $F_{Na} = 50$kN（压力），$F_{Nb} = 26.087$kN（拉力）；
(*c*) $F_{Na} = -30.923$kN（压力），$F_{Nb} = 30$kN（拉力），$F_{Nc} = -8.75$kN（压力）；
(*d*) $F_{Na} = -9.4286$kN（压力），$F_{Nb} = -14.915$kN（压力），$F_{Nc} = 9.4286$kN（拉力）

3-12 (*a*) $F_{Na} = -0.667F_p$（压力），$F_{Nb} = F_p/2$（拉力）；
(*b*) $F_{Na} = 56.569$kN（拉力），$F_{Nb} = -40$kN（压力）；
(*c*) $F_{Na} = -1.563$kN（压力），$F_{Nb} = 15.811$kN（拉力），$F_{Nc} = 0$；
(*d*) $F_{Na} = 0$，$F_{Nb} = 7.07$（拉力），$F_{Nc} = -10$kN（压力）；
(*e*) $F_{Na} = 40$kN（拉力），$F_{Nb} = 56.569$kN（拉力），$F_{Nc} = -28.284$kN（压力）；
(*f*) $F_{Na} = -27.043$kN（压力），$F_{Nb} = 27.042$kN（拉力），$F_{Nc} = 78.75$kN（拉力）

3-13 $F_{QD}^{L} = 20.8$kN，
$M_D = 24.7$kN·m（内侧受拉），
$M_K = 12.7$kN·m（内侧受拉）

3-14 (*a*) $M_D = 14.5$kN·m（外侧受拉）；
(*b*) $M_D = 4.14$kN·m（外侧受拉）

3-15 $M_K = 7.5$kN·m（外侧受拉），
$F_{NDE} = 135$kN

3-16 $y = \frac{x}{27}\left(21 - \frac{2x}{a}\right)$

3-17 (*a*) $F_{NFG} = 240$kN（拉力）；
(*b*) $F_{NDE} = 144.22$kN（拉力）；
(*c*) $F_{NHJ} = 30$kN（拉力）；
(*d*) 水平反力 $F_H = 26.667$kN

第4章　结构的位移计算

4.1　概　　述

4.1.1　结构的位移

结构在荷载作用下将会发生尺寸和形状的改变，这种改变称为变形，相应地结构上各点位置也将产生移动，亦即位移。例如图4-1(*a*)所示结构，在荷载作用下，其变形如图中虚线所示。其上的C点移到C'，线段CC'称为C点的线位移，记为Δ_C，此位移也可以分解为水平分量Δ_{CH}和竖向分量Δ_{CV}，分别称为C点的水平线位移和竖向线位移。同时C截面还转动了一个角度，称为截面C的角位移（又称转角），用φ_C表示。

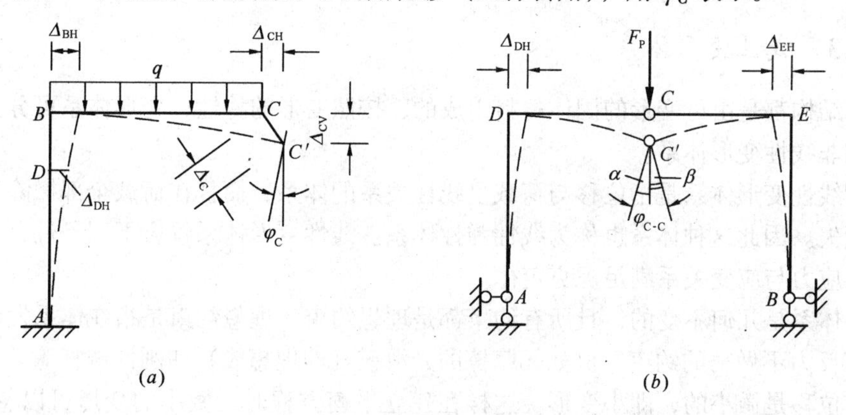

图4-1

上述线位移和角位移均对某一截面而言，称为绝对位移。此外，还有两个截面之间相对位置的改变，称为相对位移。例如在图4-1(*a*)中，B、D两点的水平线位移分别为Δ_{BH}和Δ_{DH}，这两个方向相同的水平位移之差称为B、D两点的水平相对线位移，即

$$(\Delta_{BD})_H = \Delta_{BH} - \Delta_{DH}$$

又如图4-1(*b*)所示刚架，D、E两点的水平线位移Δ_{DH}和Δ_{EH}方向相反，可将Δ_{EH}取为负值，代入上式可得：

$$(\Delta_{DE})_H = \Delta_{DH} - (-\Delta_{EH}) = \Delta_{DH} + \Delta_{EH}$$

即两点的位移方向相反时，其相对线位移等于两个绝对位移之和。同理，在图4-1(*b*)中，铰C两侧截面的相对角位移（即相对转角）则为：

$$\varphi_{C-C} = \alpha + \beta$$

除荷载作用会引起位移外，温度变化、支座移动、材料收缩、制造误差等也会使结构产生位移。

4.1.2 计算位移的目的

结构的位移计算在工程设计中具有重要的意义，概括地说，它有以下几方面的用途：

(1) 验算结构的刚度。这是因为结构的变形过大，将影响结构的正常使用。例如机器传动轴如果发生过大的变形，将影响加工精度。楼板的挠度过大，将无法正常使用。而要验算结构的刚度，就需要计算结构的位移。

(2) 为超静定结构的分析打下基础。这是因为超静定结构的未知力单靠静力平衡条件不能全部求出，还必须补充变形条件。这就需要计算结构的位移。

(3) 结构施工安装的需要。结构在制作安装过程中，常需要预先知道结构变形后的位置以便做出一定的施工措施。例如房屋建筑中的大跨度梁，在荷载作用下将发生向下的挠度，它会影响建筑物的使用和观感。为此，在施工时需要按照其挠度向上抬起（称为建筑起拱），以便施工完毕后，结构在自重作用下能接近原设计的水平位置。这就需要计算梁的位移。

(4) 在结构的动力计算和稳定计算中，也需要计算结构的位移。

4.1.3 线性变形体系

任何结构都是由可变形的固体材料组成的，按照变形的特性，变形体系可分为线性变形体系和非线性变形体系。

所谓线性变形体系是指位移与荷载呈线性关系的体系，而且在荷载全部撤除后，位移将完全消失。因此这种体系也称为线性弹性体系。线性变形体系符合下列条件：

(1) 应力与应变关系满足虎克定律。

(2) 体系是几何不变的，且所有约束都是理想约束。理想约束是指在体系发生位移过程中约束反力不做功的约束，例如无摩擦的光滑铰（即理想铰）和刚性链杆等。

(3) 位移是微小的，即小变形。这样在建立平衡方程时，微小的变形可以忽略不计，仍然应用结构变形前的原有几何尺寸。当结构同时承受荷载、温度变化和支座移动等多种因素作用时，其位移计算可应用叠加原理。

对于位移与荷载不呈线性关系的体系，称为非线性变形体系。其中，若材料的物理性质是非线性的，称为物理非线性体系；若体系变形过大，需要按变形后的几何位置进行计算时，则称为几何非线性体系。本书只讨论线性变形体系的位移计算。

结构力学中计算位移是以虚功原理为基础，由虚功方程给出结构位移计算的一般公式。本章将先介绍变形体系的虚功原理，然后讨论静定结构的位移计算。

4.2 变形体系的虚功原理

4.2.1 虚功的概念

在物理学中，将力与沿力作用方向发生的位移的乘积称为功，用 W 表示。如图 4-2

所示，在力 F_P作用下物体沿力作用方向产生了位移 Δ，这时力就作了功。这里，位移 Δ 是由 F_P自己引起的，这种力沿自身引起的位移上所作的功称为实功。如果位移不是由作功的力本身引起的，即作功的力与其相应的位移彼此独立无关，这时力所作的功称为虚

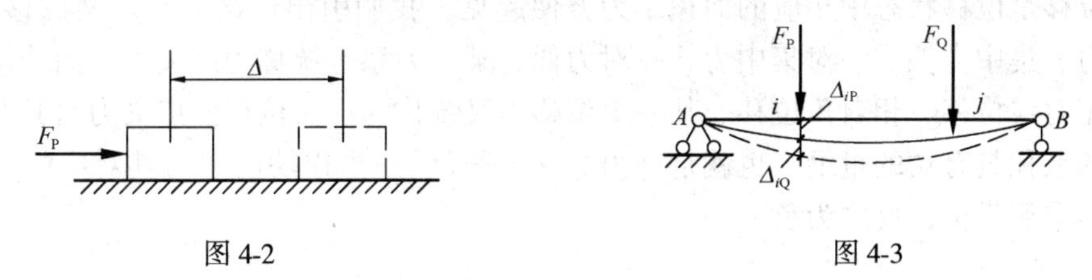

图 4-2　　　　图 4-3

功。例如图 4-3 所示简支梁，在截面 i 处施加荷载 F_P后，梁达到实曲线所示弹性平衡位置，截面 i 沿 F_P方向产生位移 Δ_{iP}，则 F_P沿 Δ_{iP}作了实功。在此之后，设在截面 j 处施加荷载 F_Q，梁继续产生微小的变形而达到虚曲线所示位置，截面 i 又产生位移 Δ_{iQ}，于是，F_P沿 Δ_{iQ}也作了功。显然 Δ_{iQ}不是 F_P引起的，它与 F_P 无关，即 F_P沿 Δ_{iQ}作了虚功。由于 F_P在作功过程中始终是数值不变的常力，因此，所作虚功为 $W = F_P\Delta_{iQ}$。又如图 4-4 所示悬臂梁，实线位置表示在 F_P作用下的

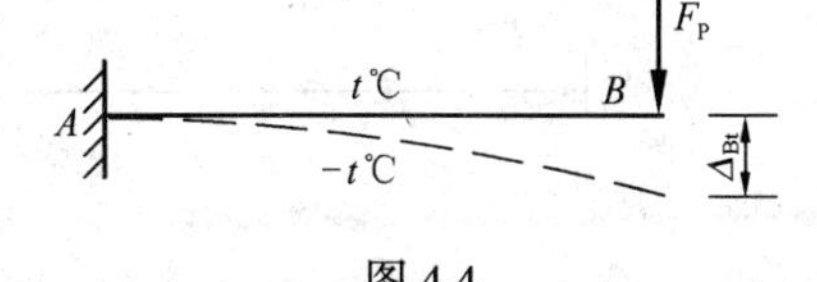

图 4-4

平衡位置，当梁上侧温度升高 t℃，下侧降低 t℃后，变形弯曲到虚曲线的位置，此时，F_P作用点沿 F_P方向下降了 Δ_{Bt}，因为 Δ_{Bt}不是 F_P自身产生的，而是因温度改变引起的，于是 F_P在这段位移上作了虚功。同样，由于作功的力在位移过程中为常力，故虚功为 $W = F_P\Delta_{Bt}$。

需要指出的是，虚功是相对于实功而言的，并不是说虚功不存在，而是强调作功的力与相应的位移彼此独立。在虚功中，由于力与位移是彼此独立的两个因素，因此可将二者看作分别属于同一体系的两种独立无关的状态，其中力系所属状态称为力状态，而位移所属状态称为位移状态。

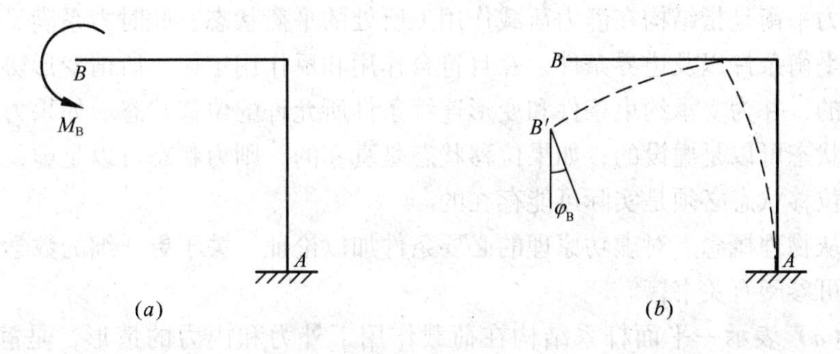

图 4-5

(a) 力状态；(b) 位移状态

虚功中力与位移是对应的，若作功的力是集中力，则对应的位移为集中力作用点沿集中力方向的线位移。除集中力之外，集中力偶、均布荷载，甚至某一力系在其对应的位移上也会作功，例如图 4-5(a)所示力偶 M_B沿图 4-5(b)所示位移状态中 B 截面角位移所作虚功为 $W = M_B\varphi_B$。又如图 4-6(a)所示，作功的力是均布荷载，则微段集中力 $q\mathrm{d}x$ 在位移状态(图 4-6b)中相应的位移 y 上所作虚功为 $\mathrm{d}W = yq\mathrm{d}x$，于是均布荷载 q 所作虚功为：

$$W = \int_o^l yq\mathrm{d}x = q\int_o^l y\mathrm{d}x = qA_q$$

其中 A_q为位移状态中相应于 q 分布范围内位移曲线所围面积。可见，均布荷载作功时，对应的位移是位移状态中相应的面积。为方便起见，我们引出广义力与广义位移的概念，即集中力、集中力偶、一对集中力、一对力偶、某一力系等统称为广义力，而线位移、角位移、相对线位移、相对角位移、某一组位移等又统称为广义位移。广义力与其对应的广义位移的乘积具有功的量纲，也就是［力］×［长度］。当作功的力与其对应的位移方向一致时，乘积为正，反之为负。

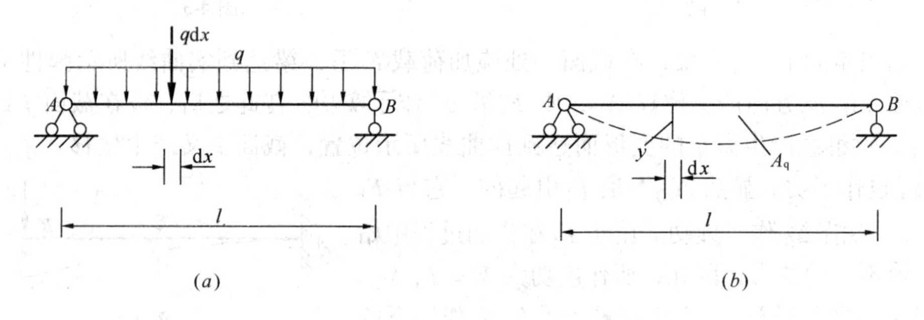

图 4-6
（a）力状态；（b）位移状态

4.2.2 变形体系的虚功原理

变形体系的虚功原理表述如下，设有一变形体系，承受力状态和位移状态两个彼此独立因素的作用，那么力状态处于静力平衡、位移状态处于变形协调的必要充分条件是：力状态中的外力在位移状态中相应的位移上所作的虚功与力状态中的内力在位移状态中相应的变形上所作的虚功相等。或者简单地说，外力虚功等于变形虚功。

所谓静力平衡是指结构在静力荷载作用下所处的平衡状态，此时力系满足结构整体和任何局部的平衡条件以及边界条件，并且符合作用和反作用定律。所谓变形协调是指位移必须是微小的，并为支承约束条件和变形连续条件所允许的位移状态。如果力状态是真实的，则位移状态可以是虚设的；如果位移状态是真实的，则力状态可以是虚设的。但虚设的力状态或位移状态必须是实际可能存在的。

下面仅从物理概念上对虚功原理的必要条件加以论证，关于更详细的数学推导及充分性的证明，可参阅有关书籍。

图 4-7（a）表示一平面杆系结构在荷载作用下外力和内力的情形，是静力平衡的，为力状态；图 4-7（b）表示该结构由于别的原因而产生的位移和微段变形的情形，满足变形协调，为位移状态。以下论证的基本思路是：任取一微段，分别按两种不同的途径计算虚功，然后把所有微段的这两种虚功总和起来，证明必要条件的正确性。

（1）按力状态的外力和内力所作的虚功计算

从图 4-7（a）的力状态中取出一个微段，其上的作用力除荷载 q 之外，还有两侧截面上的轴力、剪力和弯矩。注意，微段两侧截面上的力对整个结构而言是内力，但对微段而言则是外力。设作用于微段上的所有各力，通过图 4-7（b）位移状态中相应微段的位

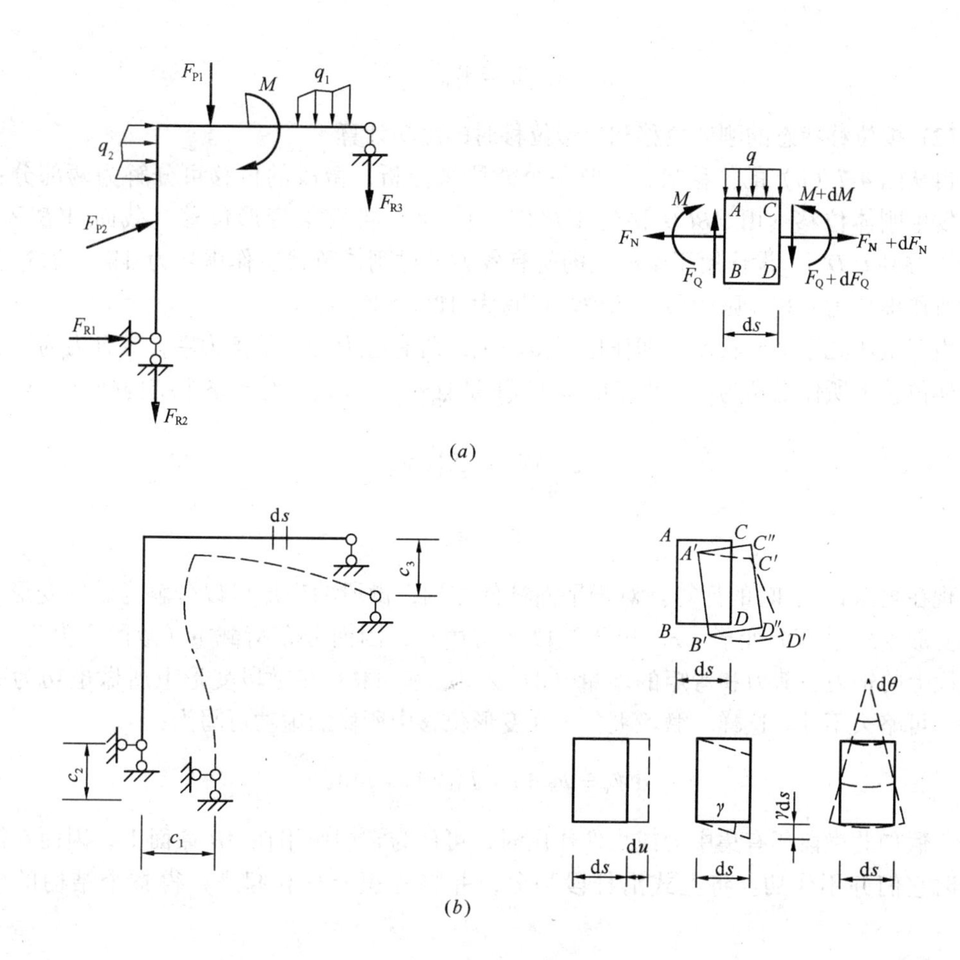

图 4-7

（a）力状态下的外力和内力；（b）位移状态下的位移和微段变形

移所作虚功总和为 dW，则可将 dW 看作由 q 所作的虚功 dW_e和两侧截面的力所作的虚功 dW_i组成，即

$$dW = dW_e + dW_i$$

将其沿杆段积分，并将各杆段积分求和，可得整个结构的总虚功为：

$$\Sigma\int dW = \Sigma\int dW_e + \Sigma\int dW_i$$

即 $$W = W_e + W_i$$

上式中，W_e就是整个结构的所有外力（包括荷载和支座反力）在位移状态的相应位移上所作虚功的总和，即上面简称的外力虚功；W_i则是所有微段两侧截面上的力在微段变形上所作虚功的总和。由于结构杆件任何两个相邻微段的相邻截面上的力就是结构的内力，它们大小相等、方向相反；而位移状态又是变形协调的，两微段相邻的截面总是紧密地贴在一起，具有相同的位移，因此每一对相邻截面上的力所作的功总是大小相等正负号相反而互相抵消。由此可知，所有微段两侧截面上的力所作虚功的总和必然为零，即 $W_i = 0$。于是整个结构的总虚功便等于外力虚功：

$$W = W_e \tag{a}$$

(2) 按位移状态的刚体位移和变形位移时的虚功计算

再从图 4-7（b）的位移状态中取一个微段来分析，微段的位移可分解为两部分：一是只发生刚体位移（由 $ABCD$ 移到 $A'B'C''D''$），然后再发生变形位移（截面 $A'B'$ 不动，$C''D''$ 再移到 $C'D'$）。设作用于微段上的所有各力通过刚体位移所作虚功为 $\mathrm{d}W_s$，通过变形位移所作虚功为 $\mathrm{d}W_v$，则微段总的虚功可写为 $\mathrm{d}W = \mathrm{d}W_s + \mathrm{d}W_v$

由于微段处于平衡状态，即作用于微段上的所有各力为一平衡力系，其合力为零，故在刚体位移上所作虚功为零，即 $\mathrm{d}W_s = 0$，于是有 $\mathrm{d}W = \mathrm{d}W_v$，对于整个结构则有：

$$\Sigma\int \mathrm{d}W = \Sigma\int \mathrm{d}W_v$$

即

$$W = W_v \tag{b}$$

现在再来讨论 W_v 的计算。对于平面杆件结构，微段的变形可以分解为轴向变形 $\mathrm{d}u$、剪切变形 $\gamma \mathrm{d}s$ 和弯曲变形 $\mathrm{d}\varphi$。由于微段非常微小，因而分布荷载 q（微段合力为 $q\mathrm{d}s$）和微段上的轴力、剪力和弯矩的增量（$\mathrm{d}F_N$、$\mathrm{d}F_Q$ 和 $\mathrm{d}M$）在微段变形上所做虚功为高阶微量，可略去不计。这样，微段上各力在变形位移中所做的虚功可写为：

$$\mathrm{d}W_v = F_N \mathrm{d}u + F_Q \gamma \mathrm{d}s + M \mathrm{d}\varphi$$

此外，假如此微段还有集中力或力偶作用时，可认为它们作用在 AB 截面上，因而在微段变形时它们并不作功。将上式沿杆段积分，并将各积分总和起来，得整个结构的虚功为：

$$W_v = \Sigma\int \mathrm{d}W_v = \Sigma\int F_N \mathrm{d}u + \Sigma\int F_Q \gamma \mathrm{d}s + \Sigma\int M \mathrm{d}\varphi$$

上式表明，W_v 是所有微段两侧截面上的力（即力状态相应截面的内力）在微段变形位移中所作虚功的总和，称为变形虚功或虚应变能。

比较 (1)、(2) 两种分析过程可知，它们计算的都是同一变形体系的力状态的外力和内力在位移状态相应的位移和变形上所作的总虚功，因而有

$$W_e = W_v \tag{c}$$

这就是我们要证明的结论。

为了书写简明，将式（a）中的外力虚功 W_e 改用 W 表示，于是式（c）可写为：

$$W = W_v \tag{4-1}$$

上式又称为变形体系的虚功方程。

上述论证虚功原理的过程中，并未涉及材料的物理性质，因此无论对线性还是非线性体系，对变形体系还是刚体体系都是适用的。对于刚体体系，由于位移状态中各微段不产生任何变形，故变形虚功 $W_v = 0$，此时，虚功方程成为：

$$W = 0 \tag{4-2}$$

式（4-2）表明：在具有理想约束的刚体体系上，如果力状态的力系满足平衡条件，位移状态的位移是约束条件所允许的微小位移，则所有外力所作的虚功总和为零。式(4-2)则称为刚体体系的虚功方程。显然，刚体体系的虚功原理是变形体系虚功原理的一个特例。

4.2.3 虚功原理的两种应用

虚功原理是结构力学中的一个普遍原理，它把结构中的力状态与位移状态联系起来，能解决许多重要问题，在具体应用时可有以下两种方式：

1. 应用虚功原理求未知力

如果所求的是某种实际状态的未知力，则可取此实际状态为力状态，再根据所求的未知力，虚设一个满足变形协调条件的位移状态，然后应用虚功方程求出力状态中的未知力，这时虚功原理又称为虚位移原理。在理论力学中，我们曾介绍过这种应用方式，在本书第 8 章用机动法作影响线时还将用到这一方法。

2. 应用虚功原理求位移

如果所求的是某种实际状态的未知位移，则可取此实际状态为位移状态，再根据所求的未知位移，虚设一个满足静力平衡条件的力状态，然后应用虚功方程求出位移状态中的未知位移，这时虚功原理又称为虚力原理。以后几节将详细讨论用这种方法计算结构的位移。

4.3 结构位移计算的一般公式

如图 4-8（a）所示平面杆件结构，设由于荷载、温度变化及支座移动等因素引起如图中虚线所示变形，现拟求截面 K 沿任一指定方向 $k-k$ 上的位移 Δ_K。

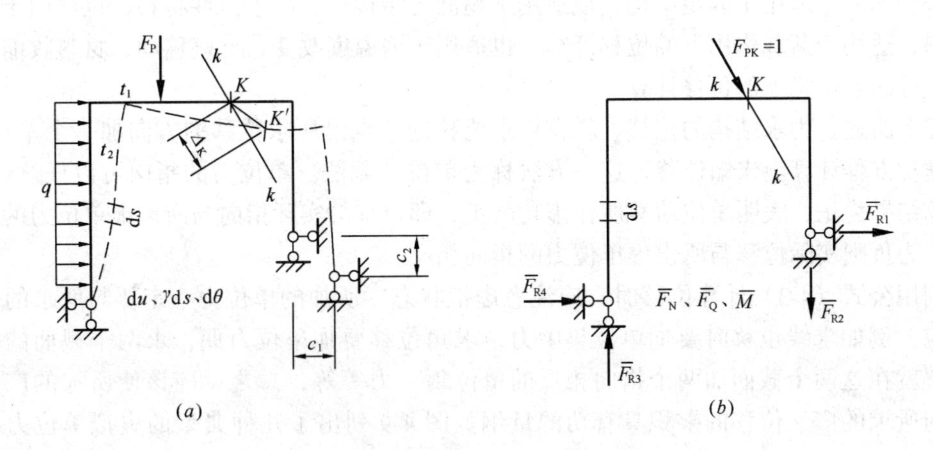

图 4-8
（a）位移状态（实际状态）；（b）力状态（虚拟状态）

为了利用虚功原理计算，就需要有两个状态：力状态和位移状态。由于拟求的位移是由荷载等确定的外因引起的，因此应以结构的这一状态为位移状态，它是结构真实的位移，故又称为实际状态。由于力状态是与位移状态独立无关的，因此完全可以根据计算的需要来虚设。现在要计算截面 K 沿 $k-k$ 方向的位移，为使虚拟力状态的外力能在实际位移状态的位移上作虚功，就需要在 K 处沿拟求位移的方向上加一个力 F_{PK}。为计算方便，令 F_{PK} 为单位力或称单位荷载，即 $F_{PK}=1$[①]。结构在单位力作用下将引起支座反力和内力，它们构成一平衡力系，是静力平衡的，并以此作为力状态，如图 4-8（b）所示。由于这一状态是虚设的并非实际原有的，故又称为虚拟状态。由虚单位力产生的反力和内力在符号上面加"—"以示与实际的区别。

设 $F_{PK}=1$ 引起的支座反力为 $\overline{F}_{R1}$、$\overline{F}_{R2}$、$\overline{F}_{R3}$、$\overline{F}_{R4}$，实际状态中相应的支座位移为 c_1、c_2、c_3、c_4，则外力虚功为：

$$W = F_{PK}\Delta_K + \overline{F}_{R1}c_1 + \overline{F}_{R2}c_2 + \overline{F}_{R3}c_3 + \overline{F}_{R4}c_4 = 1\times\Delta_K + \Sigma\overline{F}_R c \qquad (a)$$

设虚拟状态中由 $F_{PK}=1$ 引起截面上的轴力、剪力、弯矩为 $\overline{F}_N$、$\overline{F}_Q$、$\overline{M}$，实际状态中相应微段的变形为 du、γds、$d\varphi$，则变形虚功为：

$$W_v = \Sigma\int\overline{F}_N du + \Sigma\int\overline{F}_Q\gamma ds + \Sigma\int\overline{M}d\varphi \qquad (b)$$

将式（a）、（b）代入虚功方程式（4-1）可得

$$1\times\Delta_K + \Sigma\overline{F}_R c = \Sigma\int\overline{F}_N du + \Sigma\int\overline{F}_Q\gamma ds + \Sigma\int\overline{M}d\varphi$$

于是有：

$$\Delta_K = \Sigma\int\overline{F}_N du + \Sigma\int\overline{F}_Q\gamma ds + \Sigma\int\overline{M}d\varphi - \Sigma\overline{F}_R c \qquad (4\text{-}3)$$

公式（4-3）的等号左边恰好就是所要求的位移 Δ_K，因此上式称为平面杆件结构位移计算的一般公式。它适用于静定结构，也适用于超静定结构；适用于弹性材料，也适用于非弹性材料；适用于荷载作用下的位移计算，也适用于因温度改变、支座移动、材料收缩、制造误差等因素影响下的位移计算。

综上所述，为求结构的位移，就在拟求位移的地点沿所求位移的方向加一个单位力，再由虚功方程计算出未知位移，这一方法称为单位荷载法。单位力的指向可以任意假设，若计算结果为正，表明单位荷载所作虚功为正，即位移的实际指向与所设虚单位力的指向相同，为负则实际位移与所设虚单位力的指向相反。

利用公式（4-3）计算位移时，应注意虚拟状态中所加的单位力一定要与所求的位移相对应。例如求线位移时要加单位集中力，求角位移要加单位力偶，求两个截面的相对线位移就在这两个截面加两个指向相反的单位集中力等等，总之，应该使所加的广义单位力与所求的广义位移的乘积具有功的量纲。图 4-9 列出了几种典型的虚拟单位力与拟求位移之间的对应关系。其中，图 4-9（f）所示为拟求桁架杆件 AB 的角位移，由于桁架只承受节点荷载，故应将与角位移对应的虚拟单位力偶换算为等效的节点集中力，即在杆件 AB 的两端加一对集中力，方向与杆轴垂直，两力的指向相反，大小等于杆件长

① 这里，虚拟单位力 $F_{PK}=1$ 为外加荷载，它表示当采用某一力单位时，该力的数值为 1。

度 d 的倒数。

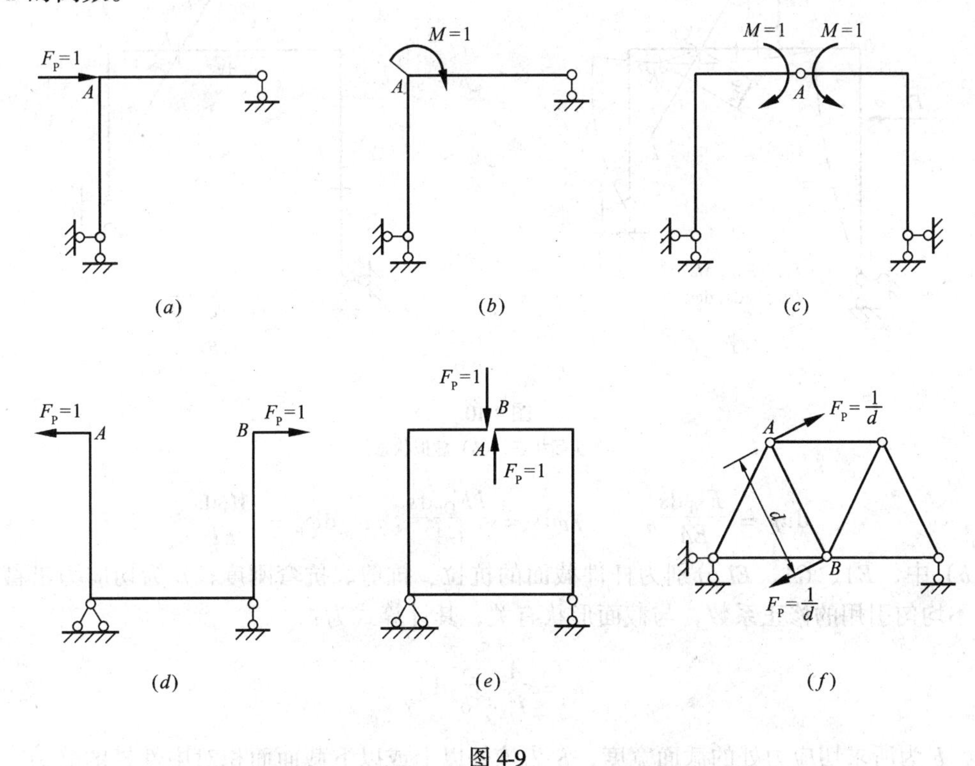

图 4-9

(a) 求 A 点水平线位移；(b) 求 A 截面转角；(c) 求铰 A 两侧截面相对转角；
(d) 求 AB 两点水平相对线位移；(e) 求 AB 两点竖向相对线位移；(f) 求 AB 杆的转角

4.4 静定结构在荷载作用下的位移计算

本节仅限于讨论线性弹性结构在荷载作用下的位移计算。在 4.1 节已指出，线性弹性结构的位移与荷载是成正比的，而且当荷载全部撤除后位移也完全消失，应力与应变关系符合虎克定律，结构的位移是微小的。这样的结构，在计算位移时荷载的影响可以叠加，结构微段的变形按照虎克定律可用截面内力计算。

首先根据公式（4-3）导出荷载作用下的位移计算公式。由于没有支座位移的影响（即 $c=0$），公式（4-3）右端最后一项 $\Sigma \overline{F}_R c$ 为零；又由于只有荷载作用，而不考虑温度改变、材料收缩等因素的影响，公式（4-3）各积分项中微段的变形也只与荷载有关。为清楚起见，公式左端的位移 Δ_K 改用 Δ_{KP} 表示，其中第一个下标 K 表示该位移的地点和方向；第二个下标 P 表示产生位移的原因。于是，结构在荷载作用下的位移计算公式可写为：

$$\Delta_{KP} = \Sigma \int \overline{F}_N du_P + \Sigma \int \overline{F}_Q \gamma_P ds + \Sigma \int \overline{M} d\varphi_P \tag{a}$$

上式中，$\overline{F}_N$、$\overline{F}_Q$、$\overline{M}$ 为虚拟状态中微段上的内力，如图 4-10（b）所示；du_P、$\gamma_P ds$、$d\varphi_P$ 为实际状态（即荷载作用下）的微段变形。设结构在荷载作用下的内力为 F_{NP}、F_{QP}、M_P，如图 4-10（a）所示，则由材料力学可知，各内力引起的微段变形为：

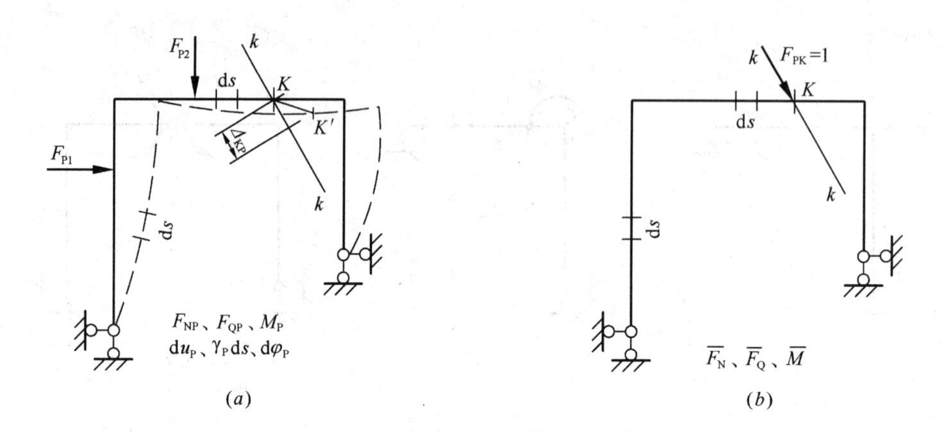

图 4-10

（a）实际状态；（b）虚拟状态

$$du_P = \frac{F_{NP}ds}{EA}, \qquad \gamma_P ds = \frac{kF_{QP}ds}{GA}, \qquad d\varphi_p = \frac{M_P ds}{EI} \tag{b}$$

式（b）中，EA、GA、EI 分别为杆件截面的抗拉、抗剪、抗弯刚度；k 为切应力沿截面分布不均匀引用的修正系数，与截面形状有关，其计算式为：

$$k = \frac{A}{I^2}\int_A \frac{S^2}{b^2}dA$$

式中，b 为所求切应力处的截面宽度，S 为该处以上或以下截面面积对中性轴的静矩。关于系数 k 的推导可参见有关书籍。对工程中常用杆件的截面，k 值为：

矩形截面：$k=1.2$；圆形截面：$k=10/9$；薄壁圆环截面：$k=2$；

工字形截面：$k=A/A_1$（A_1为腹板截面面积）。

将式（b）代入式（a）可得：

$$\Delta_{KP} = \Sigma\int\frac{\overline{F}_N F_{NP}ds}{EA} + \Sigma\int\frac{k\overline{F}_Q F_{QP}ds}{GA} + \Sigma\int\frac{\overline{M}M_P ds}{EI} \tag{4-4}$$

式（4-4）即为平面杆系结构在荷载作用下的位移计算公式。需要指出的是，式（4-4）只适用于由直杆组成的结构，对于曲杆还需考虑曲率对变形的影响，不过在常用的曲杆结构中，截面高度比曲率半径小得多，曲率的影响可忽略不计，而近似地按式（4-4）计算。

对于静定结构，虚拟状态中的$\overline{F}_N$、$\overline{F}_Q$、$\overline{M}$ 和实际状态中的 F_{NP}、F_{QP}、M_P 均可通过静力平衡条件求出。根据不同的结构形式和所考虑的各项变形影响大小，常常可以只计算式（4-4）中的一项或两项，现具体说明如下。

（1）在梁和刚架中，杆轴为直线，且轴向变形和剪切变形的影响一般都很小，可略去不计。这样，式（4-4）可简化为：

$$\Delta_{KP} = \Sigma\int\frac{\overline{M}M_P ds}{EI} \tag{4-5}$$

（2）在桁架中，各杆只有轴力，且轴力和截面沿杆长 l 不变，故式（4-4）可简化为：

$$\Delta_{KP} = \Sigma\int\frac{\overline{F}_N F_{NP}ds}{EA} = \Sigma\frac{\overline{F}_N F_{NP}}{EA}l \tag{4-6}$$

(3) 在组合结构中，以受弯为主的杆件可取弯曲变形一项，对只受轴力的杆件只取轴向变形一项，故式 (4-4) 可简化为：

$$\Delta_{KP} = \Sigma \int \frac{\overline{M} M_P ds}{EI} + \Sigma \frac{\overline{F}_N F_{NP}}{EA} l \tag{4-7}$$

(4) 在拱结构中，剪切变形的影响很小，可以略去不计，通常还可略去轴向变形的影响，只考虑弯曲变形一项已足够精确。仅在扁平拱计算水平位移或当拱轴接近合理拱轴线时，才考虑轴向变形的影响，此时

$$\Delta_{KP} = \Sigma \int \frac{\overline{M} M_P ds}{EI} + \Sigma \int \frac{\overline{F}_N F_{NP} ds}{EA} \tag{4-8}$$

【例 4-1】 试求图 4-11 (a) 所示刚架 B 点的水平位移 Δ_{BH} 和 A 截面的转角 φ_A。各杆 EI = 常数。

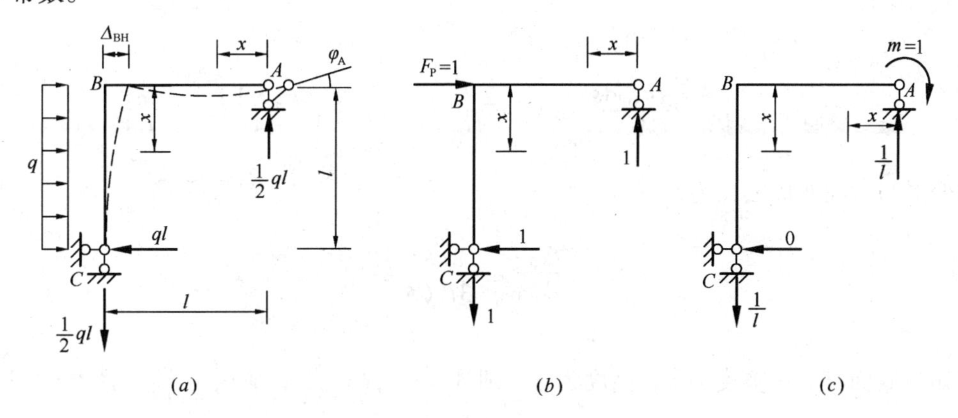

图 4-11

(a) 实际状态；(b) 虚拟状态；(c) 虚拟状态

【解】 (1) 求 Δ_{BH}

以结构在荷载作用下的状态为实际状态 (图 4-11a)，在 B 点加一水平单位力作为虚拟状态，如图 4-11 (b) 所示。选取 x 坐标轴，AB 杆以 A 点为坐标原点，BC 杆以 B 点为坐标原点，按此可列出各杆的弯矩方程如下：

实际状态：AB 杆，$M_P = \frac{1}{2} qlx$；BC 杆，$M_P = \frac{1}{2} ql^2 - \frac{1}{2} qx^2$

虚拟状态：AB 杆，$\overline{M} = x$；BC 杆，$\overline{M} = l - x$

将以上各值代入式 (4-5) 可得

$$\Delta_{BH} = \Sigma \int \frac{\overline{M} M_P ds}{EI} = \int_0^l \frac{\frac{1}{2} qlx \cdot x}{EI} dx + \int_0^l \frac{\frac{1}{2} q (l^2 - x^2)(l - x)}{EI} dx = \frac{3ql^4}{8EI} (\rightarrow)$$

所得结果为正，表明实际位移方向与虚设单位力方向相同，即 B 点的位移水平向右。

(2) 求 φ_A

在截面 A 加一单位力偶作为虚拟状态，如图 4-11(c)所示，各杆的弯矩方程如下：

AB 杆，$\overline{M} = -1 + x/l$；BC 杆，$\overline{M} = 0$

实际状态各杆弯矩同前。由式（4-5）可得

$$\varphi_A = \Sigma \int \frac{M_P \overline{M} ds}{EI} = \int_0^l \frac{\frac{1}{2} qlx \cdot \left(-1 + \frac{x}{l}\right)}{EI} dx = -\frac{ql^3}{12EI} \ (\curvearrowleft)$$

所得结果为负，表明截面角位移实际转向与虚设单位力偶转向相反，即 φ_A为逆时针。

（3）讨论

下面讨论剪切变形对 B 点水平位移的影响。设剪力引起刚架 B 点的水平位移为 Δ'_{BH}，各杆的剪力方程如下：

实际状态：AB 杆，$F_{QP} = -\frac{1}{2} ql$；BC 杆，$F_{Qp} = qx$；

虚拟状态：AB 杆，$\overline{F}_Q = -1$；BC 杆，$\overline{F}_Q = 1$

根据式（4-4）

$$\Delta'_{BH} = \Sigma \int \frac{k \overline{F}_Q F_{QP} ds}{GA} = k \int_0^l \frac{\frac{1}{2} ql \cdot 1}{GA} dx + k \int_0^l \frac{qx \cdot 1}{GA} dx = \frac{kql^2}{GA}$$

剪切变形与弯曲变形之比为：

$$\frac{\Delta'_{BH}}{\Delta_{BH}} = \frac{8kEI}{3l^2 GA}$$

对于矩形截面杆，设宽度为 b，高度为 h，则 $A = bh$，$I = \frac{bh^3}{12}$，故 $\frac{I}{A} = \frac{h^2}{12}$，且 $k = 1.2$，代入上式得

$$\frac{\Delta'_{BH}}{\Delta_{BH}} = \frac{4Eh^2}{15Gl^2}$$

若设$\frac{h}{l} = \frac{1}{10}$；$\frac{E}{G} = \frac{5}{2}$，代入上式可得：$\frac{\Delta'_{BH}}{\Delta_{BH}} = \frac{1}{150}$。

可见，剪力对位移的影响与弯矩对位移的影响相比是很小的，可略去不计。计算可知，轴力对位移的影响同样是很小的，读者可自行验证。

【例 4-2】 试求图 4-12（a）所示四分之一混凝土圆弧拱 B 截面的竖向位移 Δ_{BV}。I、A 均为常数。设拱截面为矩形，拱轴圆弧半径远大于截面高度，曲率对变形的影响可以忽略不计。

【解】 在与 OB 成θ 角的截面K上，实际状态的内力如图 4-12（b）所示，其值为：

$$M_P = -F_P r\ (1 - \cos\theta),\quad F_{QP} = F_P \sin\theta,\ F_{NP} = F_P \cos\theta$$

为求 B 截面的竖向位移，虚设单位力如图 4-12（c）所示，虚拟状态的内力为：

$$\overline{M} = -r\sin\theta,\ \overline{F}_Q = \cos\theta,\ \overline{F}_N = \sin\theta$$

注意到 $ds = r d\theta$，代入式（4-4）可得

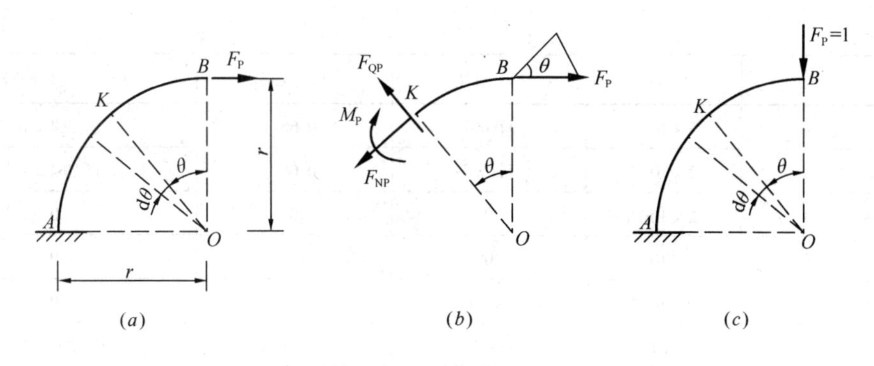

图 4-12

$$\Delta_{BV}=\Sigma\int\frac{\overline{F}_N F_{NP}\mathrm{d}s}{EA}+\Sigma\int\frac{k\overline{F}_Q F_{QP}\mathrm{d}s}{GA}+\Sigma\int\frac{\overline{M}M_P\mathrm{d}s}{EI}$$

$$=\int_0^{\frac{\pi}{2}}\frac{F_P\cos\theta\cdot(-\sin\theta)}{EA}r\mathrm{d}\theta+\int_0^{\frac{\pi}{2}}k\frac{F_P\sin\theta\cdot\cos\theta}{GA}r\mathrm{d}\theta+\int_0^{\frac{\pi}{2}}\frac{F_P r(1-\cos\theta)\cdot r\sin\theta}{EI}r\mathrm{d}\theta$$

$$=\frac{F_P r}{2}\left[-\frac{1}{EA}+\frac{k}{GA}+\frac{r^2}{EI}\right]$$

设截面宽度为 b，高度为 h，则 $A=\frac{12I}{h^2}$，$k=1.2$，取 $G=0.4E$，代入上式可得

$$\Delta_{BV}=\frac{F_P r^3}{2EI}\left[\frac{1}{6}\left(\frac{h}{r}\right)^2+1\right](\downarrow)$$

式中方括号内第一项为轴向变形和剪切变形对位移的影响。由于截面高度 h 远小于圆弧半径 r，故该项影响很小，因此一般只需计算弯曲变形一项。

【例 4-3】 试求图 4-13(a)所示桁架节点 C 的竖向位移Δ_{CV}。设①至⑤杆的横截面面积为 $A_1=2\times10^{-4}\mathrm{m}^2$，⑥、⑦杆的横截面面积为 $A_2=2.5\times10^{-4}\mathrm{m}^2$，$E=210\mathrm{GPa}$。

【解】 桁架位移按式（4-6）计算，虚拟状态如图 4-13（b）所示。实际状态和虚拟状态下各杆的轴力分别在图 4-13（a）、（b）中杆旁给出。由于桁架杆件较多，为计算方便，一般列表进行，见表 4-1。

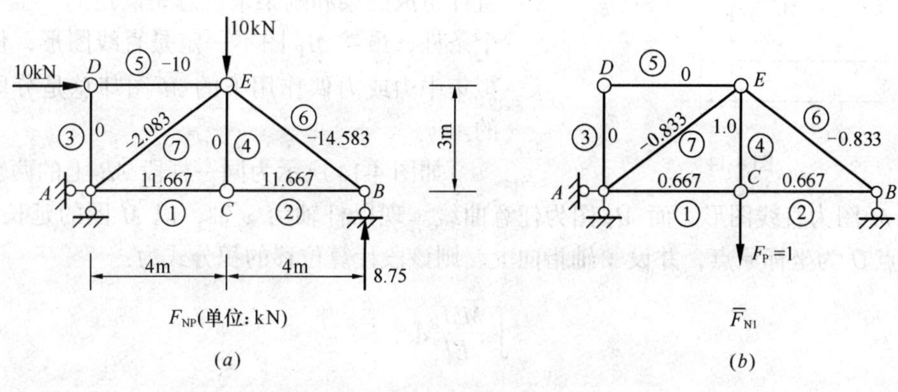

图 4-13

表 4-1

杆件	l（m）	A（m^2）	F_{NP}（kN）	$\overline{F}_N$（kN）	$F_{NP}\overline{F}_N l/A$（kN/m）
①	4	2×10^{-4}	11.667	0.667	15.564×10^4
②	4	2×10^{-4}	11.667	0.667	15.564×10^4
③	3	2×10^{-4}	0	0	0
④	3	2×10^{-4}	0	1.0	0
⑤	4	2×10^{-4}	−10	0	0
⑥	5	2.5×10^{-4}	−14.583	−0.833	24.295×10^4
⑦	5	2.5×10^{-4}	−2.083	−0.833	3.470×10^4
					$\Sigma=58.893\times10^4$

由计算可得

$$\Delta_{CV}=\Sigma\frac{\overline{F}_N F_{NP}}{EA}l=\frac{58.893\times10^4}{E}=2.80\text{mm}(\downarrow)$$

4.5 图 乘 法

由上节可知，梁和刚架的位移，可由如下积分求出：

$$\Delta_{KP}=\Sigma\int\frac{\overline{M}M_P\mathrm{d}s}{EI} \qquad (a)$$

但是在结构的杆件数目较多，荷载较为复杂的情况下，进行积分运算仍然比较麻烦。如果结构各杆段能满足以下三个条件，即：

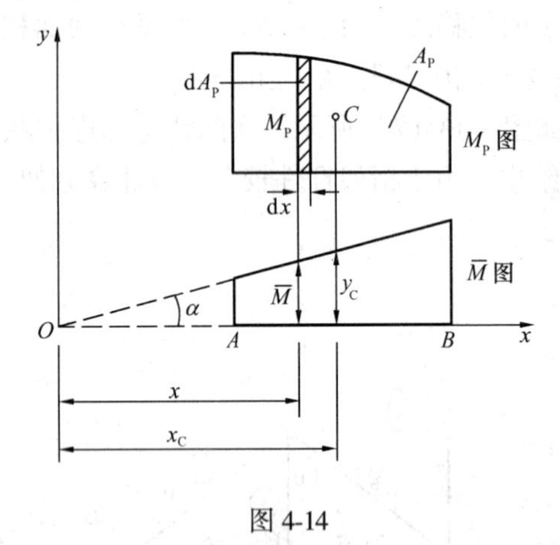

图 4-14

（1）杆轴为直线；

（2）EI 为常数；

（3）M_P 与 $\overline{M}$ 两个弯矩图中至少有一个是直线图形。则积分运算可用本节所述的图乘法代替，从而达到简化计算的目的。

上面三个条件中，前两个条件对于由等截面直杆组成的梁和刚架来说总是满足的，至于第三个条件，虽然 M_P 图不一定是直线图形，但在虚拟集中力或力偶作用下的 $\overline{M}$ 图却总是分段直线的。

如图 4-14 所示为同一杆段 AB 上的两个弯矩图，设 $\overline{M}$ 图为直线图形，而 M_P 图为任意曲线。现以杆轴为 x 轴，以 $\overline{M}$ 图的延长线与 x 轴的交点 O 为坐标原点，并设 y 轴指向上，则该段计算位移的积分式为：

$$\int\frac{\overline{M}M_P}{EI}\mathrm{d}s \qquad (b)$$

由于杆轴为直线，式(b)中微段长度 ds 可改用 dx；EI 为常数，可提到积分号外面；又由

$\overline{M}$ 图可知，$\overline{M} = x\tan\alpha$，由于直线图的斜率不变，故 $\tan\alpha$ 也是常数。于是式(b)可写为：

$$\int \frac{\overline{M}M_P}{EI}ds = \frac{\tan\alpha}{EI}\int xM_P dx = \frac{\tan\alpha}{EI}\int x dA_P \qquad (c)$$

式中，$dA_P = M_P dx$ 是 M_P 图中阴影部分的面积，而 $\int x dA_P$ 为整个 M_P 图的面积对 y 轴的静矩，它应等于 M_P 图的面积 A_P 乘以其形心 C 到 y 轴的距离 x_C，于是式（c）可写为：

$$\int \frac{\overline{M}M_P}{EI}ds = \frac{\tan\alpha}{EI}\int x dA_P = \frac{\tan\alpha}{EI}A_P x_C$$

注意到 M_P 图的形心 C 所对应的 $\overline{M}$ 图的竖标 y_C 为：$y_C = x_C\tan\alpha$，将其代入上式得：

$$\int \frac{\overline{M}M_P}{EI}ds = \frac{1}{EI}A_P y_C \qquad (4\text{-}9)$$

上式表明，积分式 $\int \frac{\overline{M}M_P}{EI}ds$ 之值等于 M_P 图的面积 A_P 乘以其形心 C 对应于 $\overline{M}$ 图的纵坐标 y_C，再除以 EI。这一方法称为图乘法。

当结构上所有杆段均可以图乘时，式(a)可写为：

$$\Delta_{KP} = \Sigma\int \frac{\overline{M}M_P ds}{EI} = \Sigma\frac{1}{EI}A_P y_C \qquad (4\text{-}10)$$

应用图乘法公式（4-10）计算位移，应注意以下几个问题：

1. 正确使用公式，对每个进行图乘的杆段应做到

（1）必须符合上述三个前提条件。

（2）y_C 一定要取自直线图形。若 M_P 与 $\overline{M}$ 均为直线图形，则 y_C 可取自其中任一个；若 y_C 所在图形为折线，则要按直线图形分段（图 4-15a）；若杆件为阶梯状变截面，则要按等截面分段计算（图 4-15b）。

（3）正负号的确定：若 A_P 与 y_C 在杆轴同一侧，则乘积为正，否则为负。

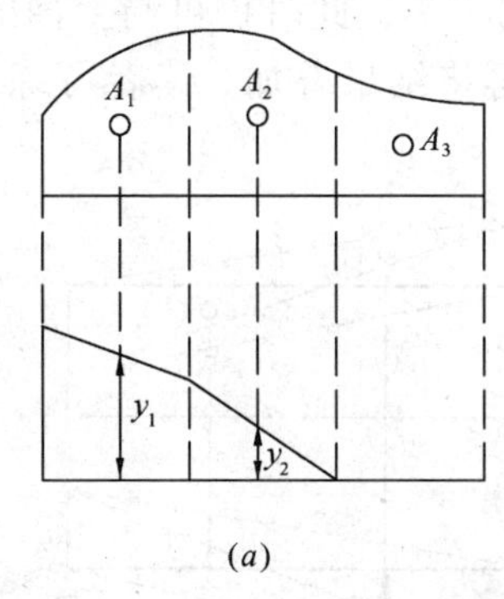

(a)

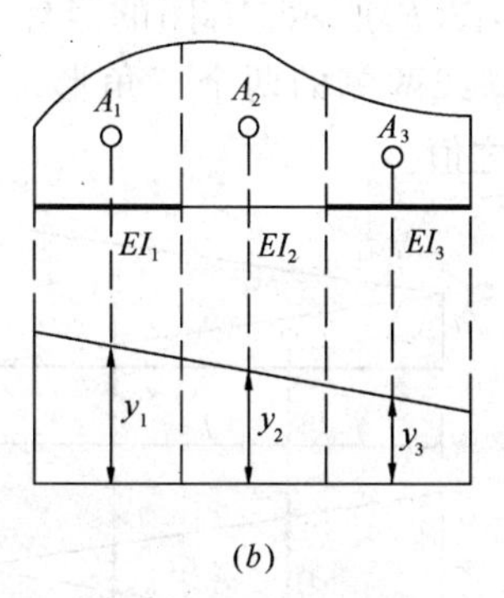

(b)

图 4-15

2. 熟悉常用简单图形的面积计算和形心位置的确定

图 4-16 给出几种常见图形的面积与形心位置。图中给出的二次和三次抛物线均为标准抛物线，即顶点在抛物线的端点或中点。所谓顶点，是指抛物线在该点处的切线与底边平行的点。

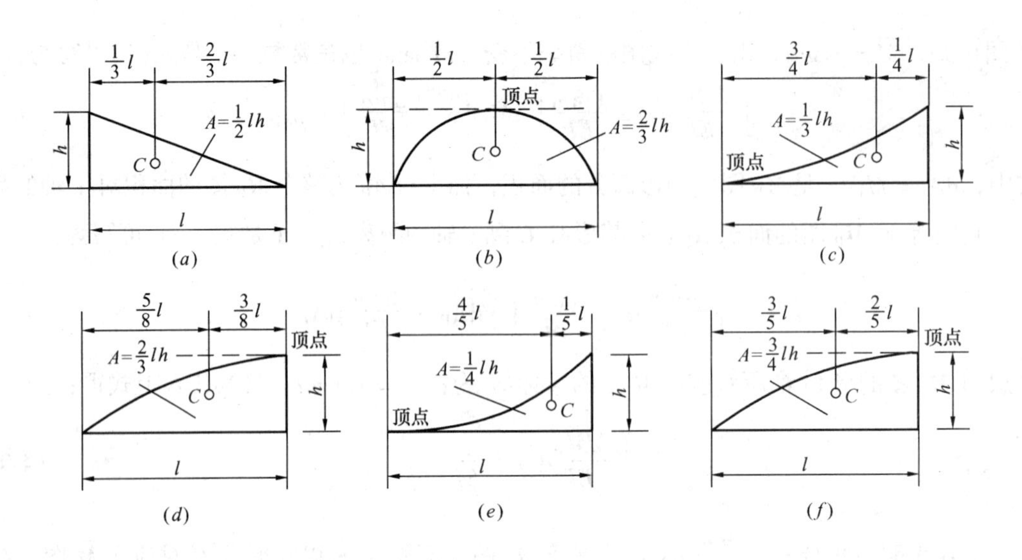

图 4-16

（*a*）直角三角形；（*b*）标准二次抛物线；（*c*）标准二次抛物线；（*d*）标准二次抛物线；（*e*）标准三次抛物线；（*f*）标准三次抛物线

3．掌握较复杂图形的分解

当遇到图形面积或形心位置难以确定时，可将它们分解为几个简单图形，每个简单图形再分别与另一图形相乘，然后把所得结果叠加。例如图 4-17(*a*)所示两个梯形图乘时，可将其分解为两个三角形(或一个矩形一个三角形)分别图乘。由图可知，分解后，$M_P = M_{P1} + M_{P2}$，此时积分式为：

$$\frac{1}{EI}\int \overline{M}M_P dx = \frac{1}{EI}\int \overline{M}(M_{P1} + M_{P2})dx = \frac{1}{EI}(A_{P1}y_1 + A_{P2}y_2)$$

式中，$A_{P1} = al/2$ $\quad A_{P2} = bl/2$ $\quad y_1 = 2c/3 + d/3$ $\quad y_2 = c/3 + 2d/3$

又如图4-17(*b*)所示，M_P图的竖标不在基线的同一侧，此时仍可与上面的作法类似，将其分解为基线两侧的两个三角形，分别图乘后再将结果叠加。读者可练习计算 A_{P1}、A_{P2}、y_1、y_2之值。

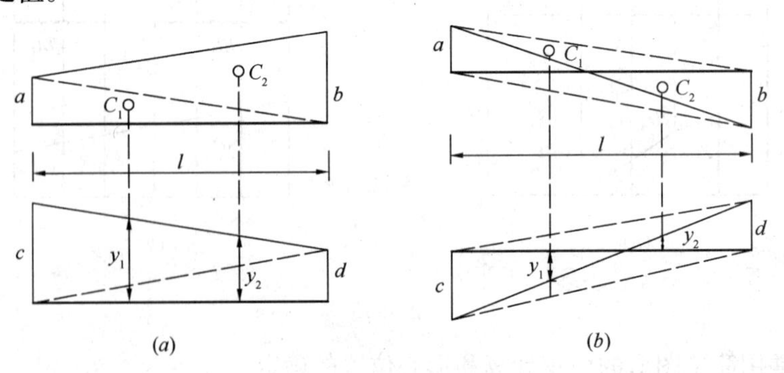

图 4-17

对于图 4-18 所示均布荷载作用下的任一段直杆，其弯矩图均可看作一个梯形与一个标准二次抛物线图形的叠加（因为这段直杆的弯矩图，与相应简支梁在两端弯矩 M_A、M_B

和均布荷载 q 作用下的弯矩图完全相同)，再将梯形和抛物线图形分别与 $\overline{M}$ 图相乘，然后将图乘结果代数相加。

其他复杂图形，均可使用上述方法处理。

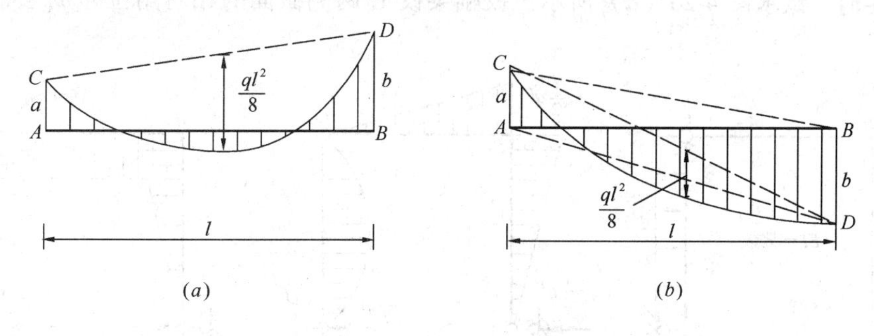

图 4-18

【例 4-4】 试求图4-19(a)所示简支梁截面 A 的转角 φ_A 和中点 C 的挠度 Δ_{CV}，设 $EI=$ 常数。

【解】 (1) 求 φ_A 画出实际状态的 M_P图，如图 4-19(b)所示，在截面 A 加单位力偶为虚拟状态，$\overline{M}$ 图如图 4-19(c)所示。M_P图为一标准二次抛物线，作为面积图计算 A_P，$\overline{M}$ 图为直线图，竖标 y_c 由 $\overline{M}$ 图求出。由图乘法可得：

$$\varphi_A = \Sigma \frac{1}{EI} A_P y_c = \frac{1}{EI}\left(\frac{2}{3}\cdot l \cdot \frac{1}{8}ql^2\right)\times\frac{1}{2} = \frac{ql^3}{24EI} (\curvearrowright)$$

正值表明截面实际转向与单位力偶转向一致。

(2) 求 Δ_{CV} 在梁跨中加单位力得虚拟状态的 $\overline{M}$ 图如图 4-19(d)所示。$\overline{M}$图为折线，图乘时，AC 段与 CB 段需分别计算，M_P 图中 AC、CB 段均为标准二次抛物线(因 C 处的切线平行于基线)，作为面积图，且 $A_{P1}=A_{P2}=\frac{2}{3}\cdot\frac{l}{2}\cdot\frac{1}{8}ql^2$；在 $\overline{M}$ 图上取竖标 $y_{C1}=y_{C2}=5l/32$，于是有：

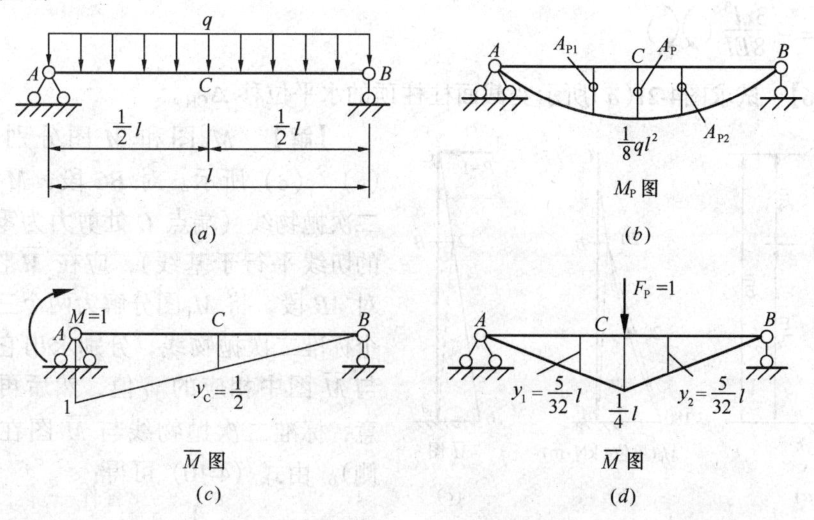

图 4-19

$$\Delta_{CV}=\Sigma\frac{1}{EI}A_P y_C=\frac{1}{EI}\left[\left(\frac{2}{3}\cdot\frac{l}{2}\cdot\frac{1}{8}ql^2\times\frac{5}{32}l\right)\right]\times 2=\frac{5ql^4}{384EI}(\downarrow)$$

【例 4-5】 试求图 4-20（a）所示三铰刚架铰 C 两侧截面的相对角位移 φ_{C-C}。EI = 常数。

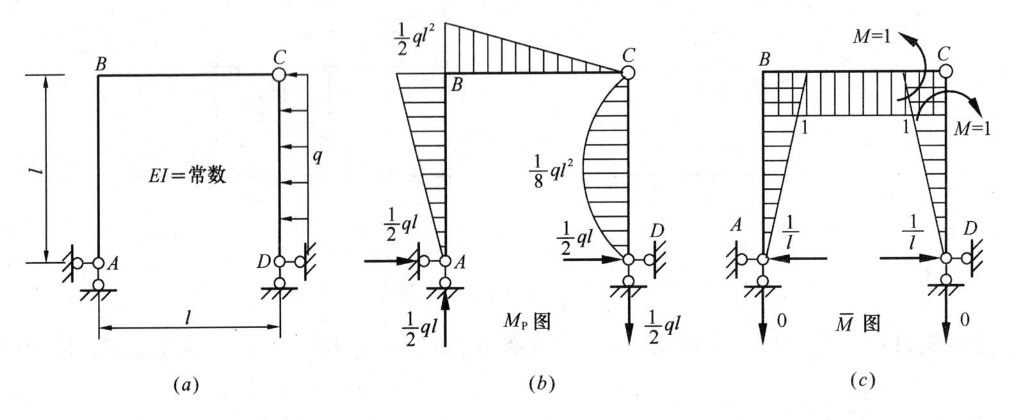

图 4-20

【解】 实际状态的 M_P图如图 4-20(b)所示，在 C 截面两侧加一对转向相反的单位力偶，所得虚拟状态的 $\overline{M}$ 图如图 4-20(c)所示。图乘时需分三段计算，其中 CD 段 y_C只能从 $\overline{M}$ 图取，其余两段可由 M_P图或 $\overline{M}$ 图取。由式(4-10)可得：

$$\begin{aligned}\varphi_{C-C}&=\Sigma\frac{1}{EI}A_P y_C\\&=-\frac{1}{EI}\left(\frac{1}{2}\cdot l\cdot\frac{1}{2}ql^2\times\frac{2}{3}\cdot 1\right)-\frac{1}{EI}\left(\frac{1}{2}\cdot l\cdot\frac{1}{2}ql^2\times 1\right)\\&\quad+\frac{1}{EI}\left(\frac{2}{3}\cdot l\cdot\frac{1}{8}ql^2\times\frac{1}{2}\cdot 1\right)\\&=-\frac{3ql^3}{8EI}\ (\curvearrowright\curvearrowleft)\end{aligned}$$

【例 4-6】 试求图4-21(a)所示变截面柱柱顶的水平位移 Δ_{CH}。

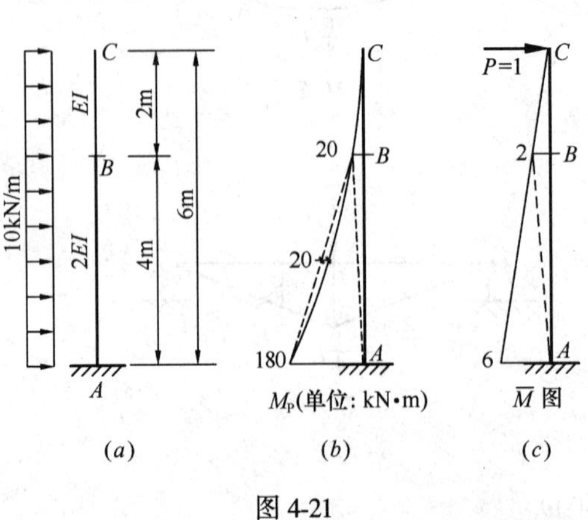

图 4-21

【解】 M_P图和 $\overline{M}$ 图分别如图 4-21（b）、（c）所示。对 BC 段，M_P图为标准二次抛物线（端点 C 处剪力为零，故该点的切线平行于基线），应在 $\overline{M}$ 图上取 y_c；对 AB 段，将 M_P图分解为两个三角形和一个标准二次抛物线，分别求出它们的面积与 $\overline{M}$ 图中相应的 y_C值，然后再图乘（注意，标准二次抛物线与 $\overline{M}$ 图在基线的两侧）。由式（4-10）可得：

$$\Delta_{CH}=\Sigma\frac{1}{EI}A_P y_C$$

$$= \frac{1}{EI}\left(\frac{1}{3} \times 2 \times 20 \times \frac{3}{4} \times 2\right) + \frac{1}{2EI}\left[\frac{1}{2} \times 4 \times 20 \times \left(\frac{1}{3} \times 6 + \frac{2}{3} \times 2\right)\right.$$
$$\left. + \frac{1}{2} \times 4 \times 180 \times \left(\frac{1}{3} \times 2 + \frac{2}{3} \times 6\right) - \frac{2}{3} \times 4 \times 20 \times \frac{6+2}{2}\right]$$
$$= \frac{820}{EI}\ (\rightarrow)$$

【例 4-7】 试求图 4-22(a)所示组合结构截面 K 的转角 φ_K。已知 $E = 210\text{GPa}$,横梁 BD 惯性矩 $I = 4 \times 10^{-5}\text{m}^4$,杆件 AB、AC 截面面积 $A = 2 \times 10^{-4}\text{m}^2$。

【解】 对链杆 AB、AC 只考虑轴向变形，按式(4-6)计算，对横梁只考虑弯曲变形，按式(4-10)计算。实际状态的 M_P图、F_{NP}值和虚拟状态的 $\overline{M}$ 图、$\overline{F}_N$ 值如图4-22(b)、(c)所示。横梁分 BC、CK、KD 三段图乘，但 KD 段 $\overline{M} = 0$，图乘结果为零，不必计算。BC 段 M_P图分解为一个三角形和一个标准二次抛物线，CK 段 M_P图分解为两个三角形和一个标准二次抛物线，求出各图形的面积 A_P和相应的 y_C值，于是由式(4-6)、式(4-10)可得：

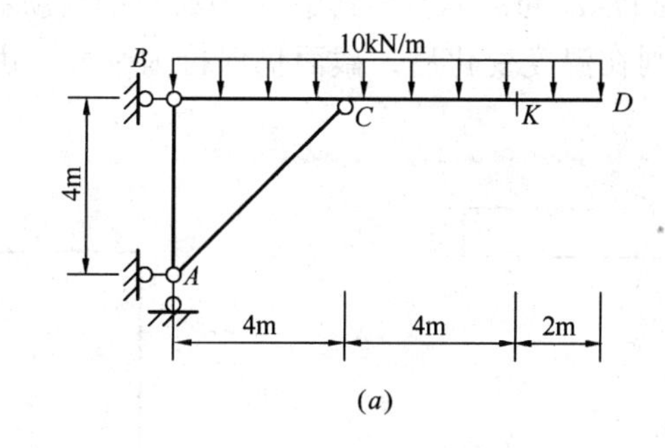

(a)

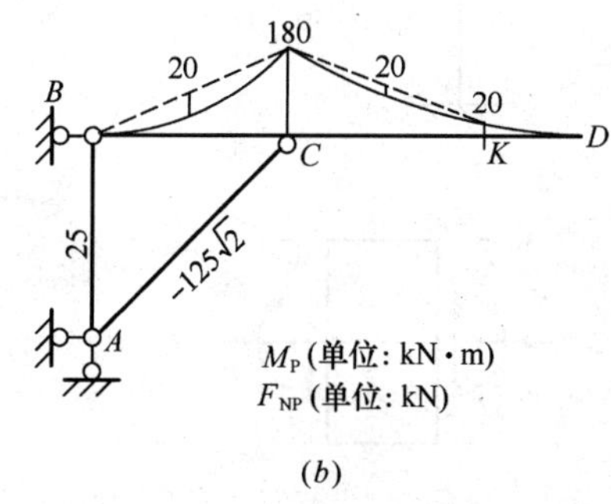

(b)

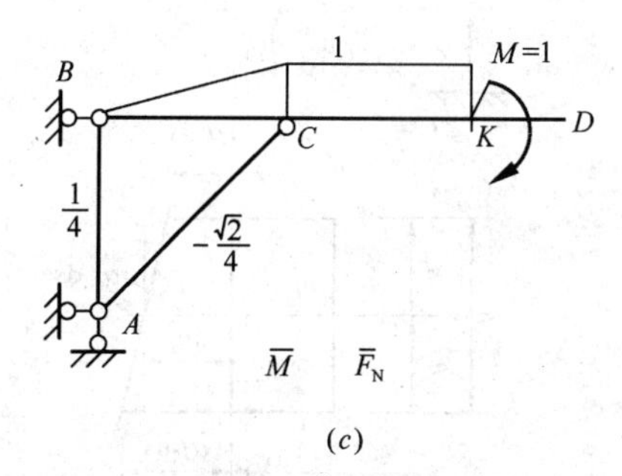

(c)

图 4-22

$$\varphi_K = \Sigma \frac{1}{EI} A_P y_C + \Sigma \frac{\overline{F}_N F_{NP}}{EA} l$$
$$= \frac{1}{EI}\left(\frac{1}{2} \times 4 \times 180 \times \frac{2}{3} \times 1 - \frac{2}{3} \times 4 \times 20 \times \frac{1}{2} \times 1\right)$$
$$+ \frac{1}{EI}\left(\frac{1}{2} \times 4 \times 180 + \frac{1}{2} \times 4 \times 20 - \frac{2}{3} \times 4 \times 20\right) \times 1$$
$$+ \frac{1}{EA} \times \left[\frac{1}{4} \times 25 \times 4 + \left(-\frac{\sqrt{2}}{4}\right)(-125\sqrt{2}) \times 4\sqrt{2}\right]$$
$$= \frac{560}{EI} + \frac{25 + 250\sqrt{2}}{EA} = 0.076(\text{red})\ (\curvearrowright)$$

4.6 静定结构在温度变化时的位移计算

静定结构在温度变化时不会产生内力，但是由于材料的热胀冷缩将会发生变形，从而引起位移。温度变化时结构任一截面沿任一方向的位移同样可由位移计算的一般公式(4-3)推导出，由于只有温度变化的影响，用 Δ_{Kt}代换 Δ_K，则式（4-3）可写为：

$$\Delta_{Kt} = \Sigma\int \overline{F}_N du_t + \Sigma\int \overline{F}_Q\gamma_t ds + \Sigma\int \overline{M}d\varphi_t \qquad (a)$$

式中，$\overline{F}_N$、$\overline{F}_Q$、$\overline{M}$ 为虚拟状态微段上的内力，du_t、$\gamma_t ds$、$d\varphi_t$ 为温度变化时杆件微段的变形。

如图 4-23（a）所示结构，外侧温度升高 t_1度，内侧升高 t_2度，现拟求截面 K 的竖向位移 Δ_{Kt}。虚拟状态如图 4-23（b）所示。在实际状态（图 4-23a）中任取一微段 ds，上下边缘纤维的伸长分别为 $\alpha\cdot t_1 ds$ 和 $\alpha\cdot t_2 ds$，其中 α 为材料的线膨胀系数。设温度沿截面高度 h 按直线规律变化，则在温度变化后，截面仍保持为平面。由几何关系不难求得微段的变形如下：

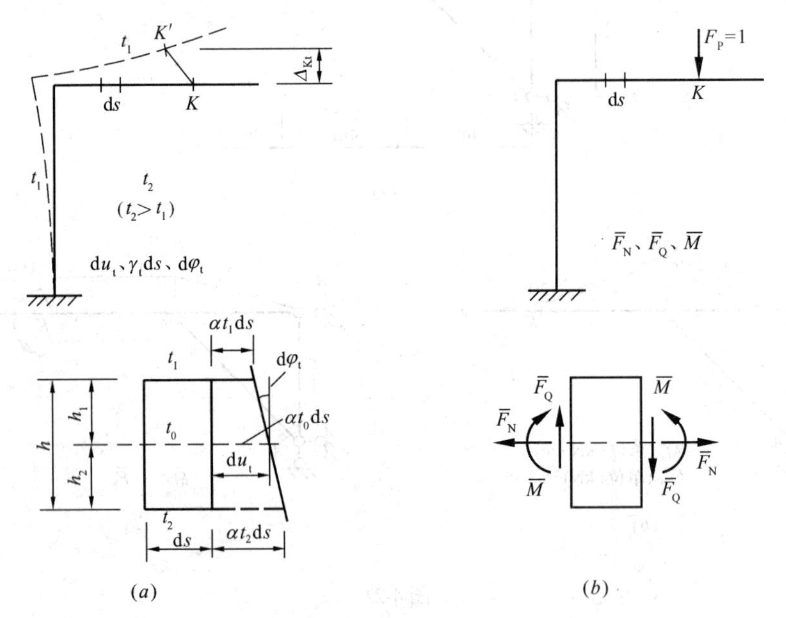

图 4-23

（a）实际状态；（b）虚设状态

在杆轴线处的伸长为：

$$du_t = \alpha t_1 ds + (\alpha t_2 ds - \alpha t_1 ds)\frac{h_1}{h} = \alpha\left(\frac{h_2}{h}t_1 + \frac{h_1}{h}t_2\right)ds = \alpha t_0 ds \qquad (b)$$

式中 $t_0 = \frac{h_2}{h}t_1 + \frac{h_1}{h}t_2$ 为杆件轴线处的温度变化，若杆件截面对称于中性轴，即 $h_1 = h_2 = \frac{h}{2}$，则 $t_0 = \frac{t_1 + t_2}{2}$。

微段两端截面的相对转角为：

$$d\varphi_t = \frac{\alpha t_2 ds - \alpha t_1 ds}{h} = \frac{\alpha(t_2 - t_1)ds}{h} = \frac{\alpha\Delta t ds}{h} \qquad (c)$$

式中 $\Delta t = t_2 - t_1$ 为两侧温度变化之差。

由于温度变化并不引起微段的剪切变形，故

$$\gamma_t ds = 0 \qquad (d)$$

将式(b)、式(c)、式(d)代入式(a)则有

$$\begin{aligned}\Delta_{Kt} &= \Sigma\int \overline{F}_N \alpha t_0 ds + \Sigma\int \overline{M}\frac{\alpha\Delta t ds}{h} \\ &= \Sigma\alpha t_0\int \overline{F}_N ds + \Sigma\alpha\Delta t\int \frac{\overline{M}}{h}ds \end{aligned} \qquad (4\text{-}11)$$

当各杆均为等截面杆时，上式又可写为：

$$\begin{aligned}\Delta_{Kt} &= \Sigma\alpha t_0\int \overline{F}_N ds + \Sigma\frac{\alpha\Delta t}{h}\int \overline{M}ds \\ &= \Sigma\alpha t_0 A_{\overline{F}_N} + \Sigma\frac{\alpha\Delta t}{h}A_{\overline{M}} \end{aligned} \qquad (4\text{-}12)$$

式中 $A_{\overline{F}_N}$ 和 $A_{\overline{M}}$ 分别为杆段 $\overline{F}_N$ 图和 $\overline{M}$ 图的面积。

以上两式就是静定结构在温度变化时的位移计算公式。在式（4-11）和式（4-12）中，等号右边第 1 项表示$\overline{F}_N$ 沿杆件轴向变形所作虚功；第 2 项表示 $\overline{M}$ 在杆件弯曲变形时所作虚功。当温度引起的实际变形与虚拟状态的内力方向一致时，虚功为正，取正号；反之，虚功为负，取负号。具体计算时，可按以下办法确定：在式（4-11）或式（4-12）的第 1 项中，若杆件轴线处温度升高，则$\overline{F}_N$ 为拉力时该项取正号，压力时取负号；若杆轴处温度下降，则 $\overline{F}_N$ 为压力时该项为正，拉力时为负。在第 2 项中，若杆件外侧温度高于内侧，则 $\overline{M}$ 以使杆件外侧纤维受拉时该项为正，反之为负；若内侧温度高于外侧，则 $\overline{M}$ 使杆内侧受拉时该项为正，反之为负。

对于梁和刚架，在计算时，一般不能略去轴向变形的影响。

【例 4-8】 试求图 4-24（a）所示刚架 C 截面的水平位移 Δ_{Ct}，已知刚架内侧温度无变化，外侧升高 20℃，各杆截面为矩形，截面高度 $h = l/8$，线膨胀系数为 α。

【解】 在 C 点加水平单位力 $F_P = 1$ 作为虚拟状态，画出相应的$\overline{F}_N$、$\overline{M}$ 图，如图 4-24（b）、（c）所示。

$t_1 = 20℃$　　　　$t_2 = 0℃$　　　　$h = l/8$

$t_0 = \frac{1}{2}(t_1 + t_2) = \frac{1}{2}(20 + 0) = 10℃$　　　　$\Delta t = t_1 - t_2 = 20 - 0 = 20℃$

$A_{\overline{F}_N} = 2 \times l \times 1 = 2l$　　　　$A_{\overline{M}} = 2 \times \frac{1}{2} \times l \times l = l^2$

应用式（4-12）计算时，因各杆轴线处温度升高 $t_0 = 10℃$，$\overline{F}_N$ 均为拉力，故第一项取正号；又外侧温度高于内侧，则因温度改变产生的弯曲变形将使外侧纤维伸长，如图 4-24（a）虚线所示，但 $\overline{M}$ 产生的变形使杆件内侧纤维伸长，如图 4-24(c)虚线所示，故第二项取负号。于是，由式(4-12)可得：

$$\Delta_{Ct} = \Sigma \alpha t_0 A_{\overline{F}_N} + \Sigma \frac{\alpha \Delta t}{h} A_{\overline{M}} = \alpha \times 10 \times 2l - \frac{\alpha \times 20}{h} \times l^2$$

$$= 20\alpha l - \frac{20}{h}\alpha l^2 = -140\alpha l \ (\leftarrow)$$

所得结果为负，说明实际位移方向与虚设单位力方向相反，即方向向左。

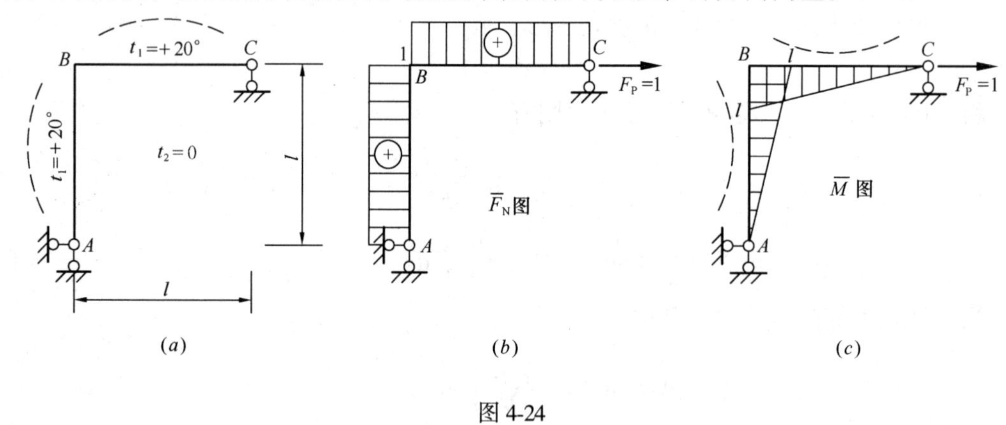

图 4-24

4.7 静定结构在支座移动时的位移计算

静定结构由于没有多余联系，因而在支座移动时，结构将整体产生移动，同时因没有荷载作用和温度改变等因素影响，也不会产生内力与变形，故支座移动时结构的位移纯属刚体位移。此时，在位移计算的一般公式（4-3）中，取 $du = \gamma ds = d\varphi = 0$，并用 Δ_{KC}代替 Δ_K可得：

$$\Delta_{KC} = -\Sigma \overline{F}_R c \tag{4-13}$$

这就是静定结构在支座移动时的位移计算公式。式中$\overline{F}_R$ 为虚拟状态下的支座反力（图 4-25b），c 为实际状态下的支座位移（图 4-25a），而 $\Sigma \overline{F}_R c$ 则为虚拟状态的反力所作的虚功。应用式（4-13）计算时，若$\overline{F}_R$ 与 c 方向一致，则乘积取正号，若相反，则取负号。

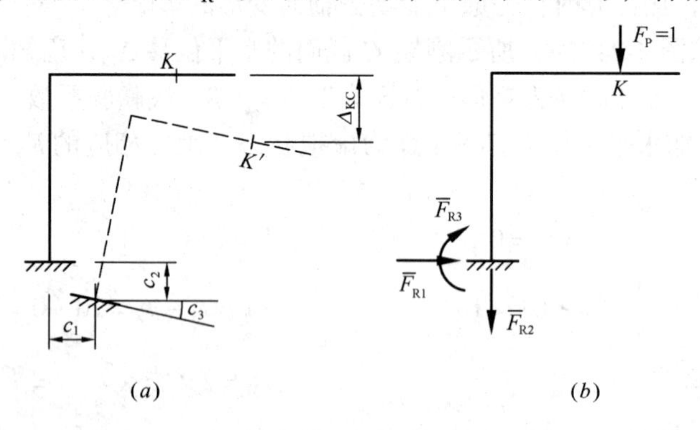

图 4-25

【例 4-9】 图 4-26(a)所示刚架支座 D 向右水平位移 5cm，向下沉陷 6cm，试求截面 A 的转角 φ_A。

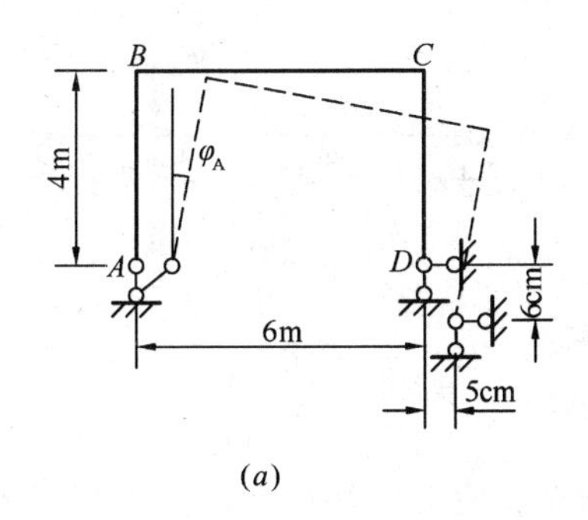

(*a*)

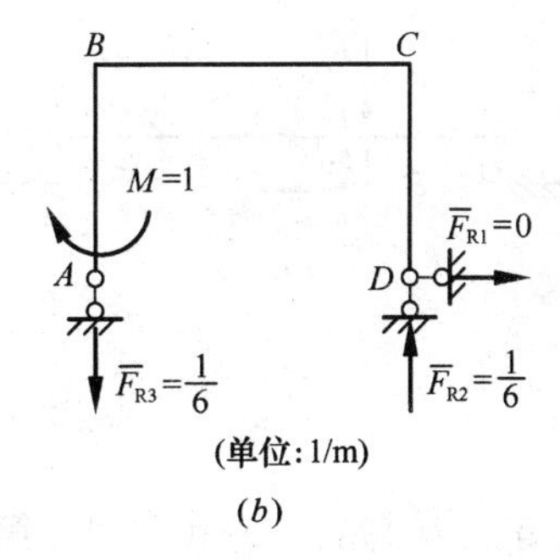

(*b*)

图 4-26

【解】 在截面 A 加单位力偶作为虚拟状态，如图 4-26(*b*)所示，并求出各支座反力为：$\overline{F}_{R1}=0$，$\overline{F}_{R2}=\frac{1}{6m}$，$\overline{F}_{R3}=\frac{1}{6m}$；

位移状态相应的支座位移为：$c_1=0.05\text{m}$，$c_2=0.06\text{m}$，$c_3=0$。

将以上各值代入式（4-13）可得（注意，$\overline{F}_{R2}$与 c_2 方向相反，乘积为负）：

$$\varphi_A = -\Sigma \overline{F}_R c = -(\overline{F}_{R1}c_1+\overline{F}_{R2}c_2+\overline{F}_{R3}c_3)$$

$$= -(0\times 0.05-\frac{1}{6}\times 0.06+\frac{1}{6}\times 0)=0.01\text{rad}(\curvearrowright)$$

所得结果为正,说明实际位移方向与虚设单位力方向相同,即为顺时针转动。

4.8 线性弹性体系的互等定理

利用虚功原理可以推导出线性弹性体系的四个互等定理，即功的互等定理、位移互等定理、反力互等定理和反力位移互等定理。其中，功的互等定理是最基本的定理，其他三个定理都可以由此推导出来，这些定理是以后的讨论中经常需要引用的。四个互等定理仅适用于线性弹性体系，即材料处于弹性阶段，应力与应变成正比，结构变形是微小的，不影响力的作用。

一、功的互等定理

功的互等定理是说明同一结构两种状态虚功的互等关系的。如图 4-27(*a*)、(*b*)所示同一线性弹性体系，分别承受两组外力 F_{P1}和 F_{P2}的作用，设以 F_{P1}及其引起的内力、位移为第一状态，以 F_{P2}及其引起的内力、位移为第二状态。现在计算第一状态的外力和内力在第二状态相应的位移和变形上所作的外力虚功 W_{12}和变形虚功 W_{V12}。其中

$$W_{12}=F_{P1}\Delta_{12}$$

$$W_{V12} = \Sigma\int F_{N1}\frac{F_{N2}}{EA}ds+\Sigma\int F_{Q1}k\frac{F_{Q2}}{GA}ds+\Sigma\int M_1\frac{M_2}{EI}ds$$

式中，Δ_{12}表示第二状态中 F_{P2}引起的 F_{P1}作用点及其方向的位移；F_{N1}、F_{Q1}、M_1为第一状态的内力；F_{N2}、F_{Q2}、M_2为第二状态的内力。

根据虚功原理可有 $W_{12}=W_{V12}$，即

$$F_{P1}\Delta_{12} = \Sigma\int F_{N1}\frac{F_{N2}}{EA}ds+\Sigma\int F_{Q1}k\frac{F_{Q2}}{GA}ds+\Sigma\int M_1\frac{M_2}{EI}ds \qquad (a)$$

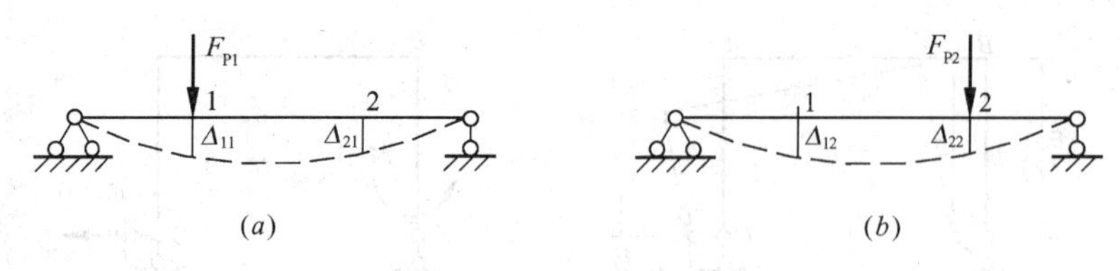

图 4-27
(a) 第一状态；(b) 第二状态

再来计算第二状态的外力和内力在第一状态相应的位移和变形上所作的外力虚功 W_{21} 和变形虚功 W_{V21}。其中

$$W_{21} = F_{P2}\Delta_{21}$$

$$W_{V21} = \Sigma\int F_{N2}\frac{F_{N1}}{EA}ds + \Sigma\int F_{Q2}k\frac{F_{Q1}}{GA}ds + \Sigma\int M_2\frac{M_1}{EI}ds$$

根据虚功原理同样可有 $W_{21} = W_{V21}$，即

$$F_{P2}\Delta_{21} = \Sigma\int F_{N2}\frac{F_{N1}}{EA}ds + \Sigma\int F_{Q2}k\frac{F_{Q1}}{GA}ds + \Sigma\int M_2\frac{M_1}{EI}ds \tag{b}$$

比较(a)、(b)两式的右边可知：

$$F_{P1}\Delta_{12} = F_{P2}\Delta_{21} \tag{4-14}$$

或一般地写为：

$$W_{12} = W_{21} \tag{4-15}$$

上式就是功的互等定理，它表明：第一状态的外力在第二状态的位移上所作的虚功，等于第二状态的外力在第一状态的位移上所作的虚功。

二、位移互等定理

位移互等定理是功的互等定理的一种特殊情况，当上述两种状态中的外力都是一个单位力，即 $F_{P1} = F_{P2} = 1$，此时功的互等定理就成了位移互等定理，现推导如下。

如图 4-28 所示，设单位力 F_{P1}、F_{P2}作用下的位移分别用 δ_{21}、δ_{12}表示，则由功的互等定理可得：

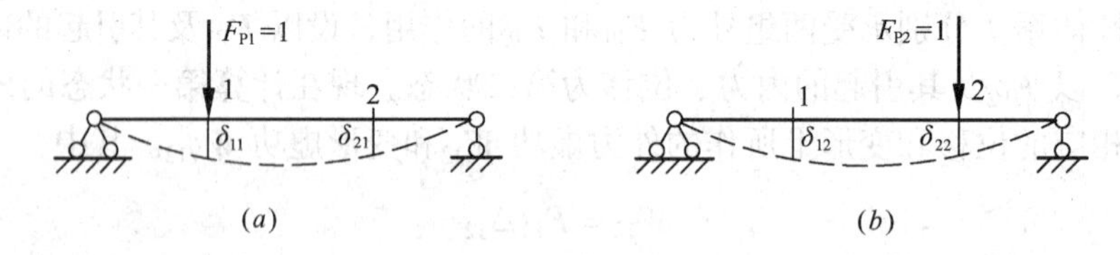

图 4-28

$$F_{P1}\delta_{12} = F_{P2}\delta_{21}$$

因为 $F_{P1} = F_{P2} = 1$，故：

$$\delta_{12} = \delta_{21} \tag{4-16}$$

这就是位移互等定理，它表明：第一个单位力引起的第二个单位力作用点沿其方向的位移，等于第二个单位力引起的第一个单位力作用点沿其方向的位移。

这里的单位力 F_{P1}、F_{P2}可以是广义力，这时 δ_{12}、δ_{21}就是相应的广义位移。图 4-29 所示为应用位移互等定理的一个例子，它反映角位移与线位移在数值上的互等情况。在图 4-29(a)所示简支梁跨中截面 1 受集中力 F_P作用时，支座截面 2 产生的转角为：

$$\theta_2 = \frac{F_P l^2}{16EI} \tag{c}$$

在图 4-29(b)所示简支梁支座 2 作用一集中力偶 M 时，跨中截面 1 产生的线位移为：

$$\Delta_1 = \frac{Ml^2}{16EI} \tag{d}$$

若 $F_P = 1$ 为无量纲的单位值，这相当于在式(c)两侧都除以 F_P，所得 $\delta_{21} = \theta_2/F_P = l^2/16EI$ 具有[1/力]的量纲；而若 $M = 1$ 也为无量纲的单位值时，这相当于在式(d)两侧都除以 M，所得 $\delta_{12} = \Delta_1/M = l^2/16EI$ 也具有[1/力]的量纲。总之，δ_{12}和 δ_{21}都是由力所引起的位移与力本身的比值，虽然含义不同，但二者在数值上是相等的，量纲也相同。

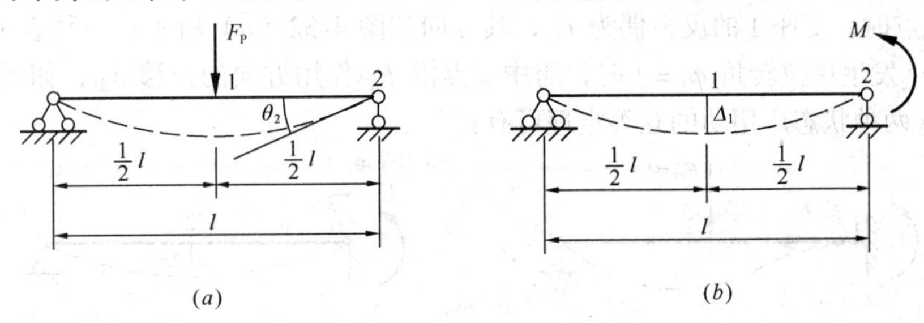

图 4-29

三、反力互等定理

反力互等定理也是功的互等定理的一种特殊情况，它说明同一超静定结构在两个支座处分别产生单位位移时，这两种状态中反力的互等关系。图 4-30（a）表示支座 1 发生单位位移 $\Delta_1 = 1$ 的状态，此时使支座 2 产生的反力为 r_{21}；图 4-30（b）表示支座 2 发生单位位移 $\Delta_2 = 1$ 的状态，此时使支座 1 产生的反力为 r_{12}。根据功的互等定理，有

$$r_{21} \cdot \Delta_2 = r_{12} \cdot \Delta_1$$

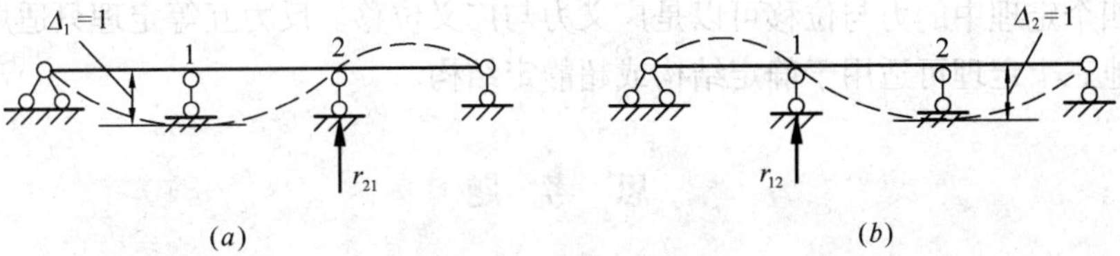

图 4-30

因为 $\Delta_1 = \Delta_2 = 1$，故：

$$r_{12} = r_{21} \tag{4-17}$$

这就是反力互等定理，它表明：支座 1 产生单位位移所引起的支座 2 的反力，等于支座 2 产生单位位移所引起的支座 1 的反力。

这里的支座反力与支座位移在作功的关系上是对应的，即集中力对应于线位移，力偶对应于角位移。例如图 4-31 所示同一超静定梁的两个状态，虽然一个是单位线位移引起

的反力矩 r_{12}（图 4-31a），一个是单位角位移引起的反力 r_{21}（图 4-31b），含义不同，但由表 6-1 知，二者在数值上相等，而且量纲也相同。

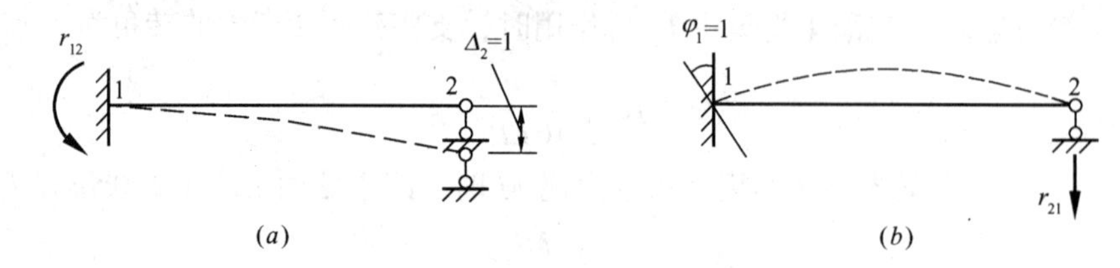

图 4-31

四、反力位移互等定理

反力位移互等定理是功的互等定理的又一特殊情况，它说明一种状态中的反力与另一种状态中的位移具有的互等关系。以图 4-32 所示两种状态为例，一种表示单位荷载 $F_{P2}=1$ 作用于 2 点时，支座 1 的反力偶为 r_{12}，其方向如图 4-32（a）所示；一种表示当支座 1 顺着力偶 r_{12}发生单位转角 $\varphi_1=1$ 时，跨中 2 点沿 F_{P2}作用方向的位移 δ_{21}，如图 4-32（b）所示。对这两种状态应用功的互等定理可有：

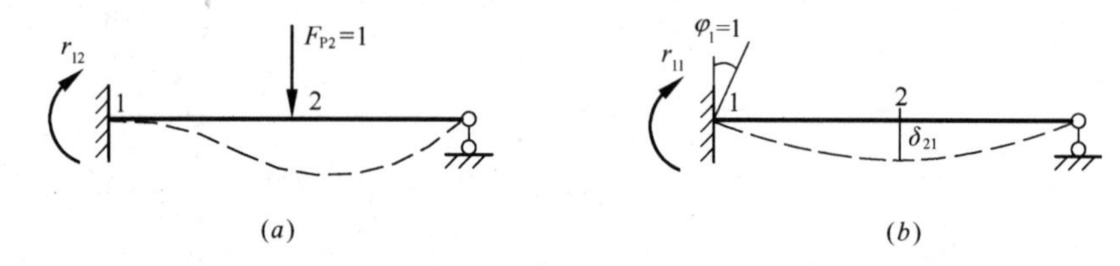

图 4-32

$$r_{12}\cdot\varphi_1+F_{P2}\cdot\delta_{21}=r_{11}\cdot O$$

注意到 $\varphi_1=1$ 和 $F_{P2}=1$，故：

$$r_{12}=-\delta_{21} \tag{4-18}$$

这就是反力位移互等定理，它表明：单位荷载所引起的结构某支座反力，等于该支座发生与反力相应的单位位移时在单位荷载作用点沿其方向的位移，但符号相反。

上述四个定理中的力与位移可以是广义力与广义位移。反力互等定理只适用于超静定结构，其他三个定理可适用于静定结构或超静定结构。

思 考 题

4-1 什么是广义力？什么是广义位移？什么是虚功？虚功与实功有何区别？

4-2 何谓线性弹性结构？它必须满足哪些条件？

4-3 虚功方程有哪两种应用？试说出它们的区别。

4-4 用单位荷载法求位移，所加的虚拟单位力与所求的实际位移有什么对应关系？

4-5 结构在荷载作用下的位移计算公式为什么仅限于线性弹性体系？

4-6 应用图乘法的三个前提条件是什么？为什么要满足这三个条件？变截面杆及曲杆是否可用图乘法计算？

4-7 试解释温度改变引起的位移计算式中各项的物理意义。如何确定各项的正负号？

4-8 试叙述线性弹性体系的四个互等定理。它们适用于什么结构？

习　题

4-1～4-3　试用积分法求图示结构指定截面的位移。

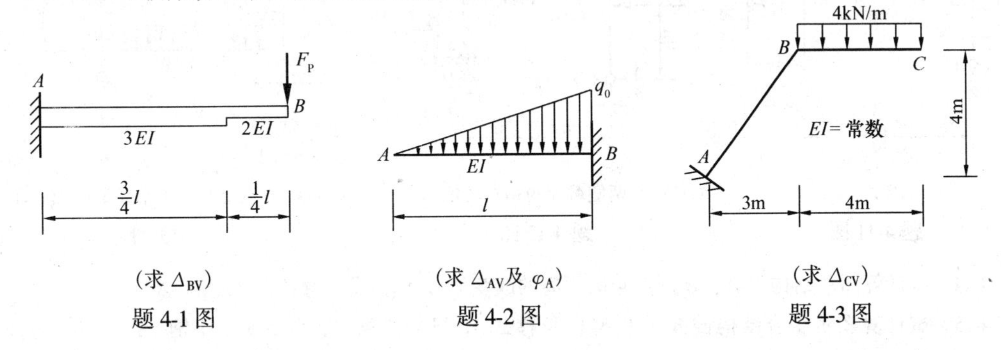

（求 Δ_{BV}）　　题 4-1 图

（求 Δ_{AV} 及 φ_A）　　题 4-2 图

（求 Δ_{CV}）　　题 4-3 图

4-4～4-5　试用积分法求图示圆弧梁 B 端的水平位移 Δ_{BH}，不考虑剪力、轴力和曲率的影响。EI = 常数。

4-6　图示抛物线曲梁，抛物线方程为 $y=\dfrac{4f}{l^2}x\ (l-x)$。不考虑剪力、轴力的影响，因曲梁扁平可近似取 $\mathrm{d}s=\mathrm{d}x$。试求 B 端水平位移 Δ_{BH}。

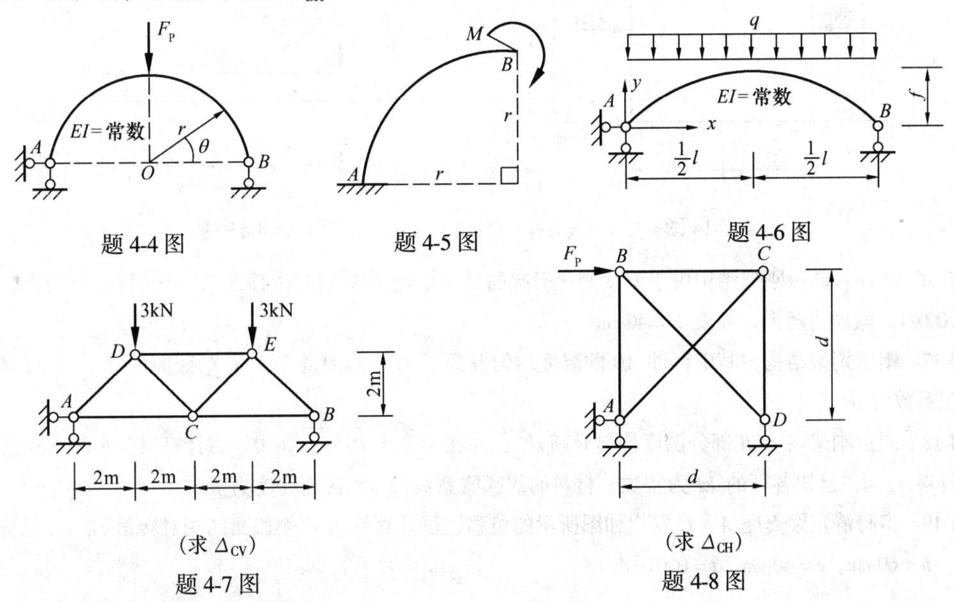

题 4-4 图　　题 4-5 图　　题 4-6 图

（求 Δ_{CV}）　　题 4-7 图

（求 Δ_{CH}）　　题 4-8 图

4-7～4-8　试求图示桁架节点 C 的指定位移，设各杆 EA 相等。

4-9～4-13　试用图乘法求图示结构的指定位移。

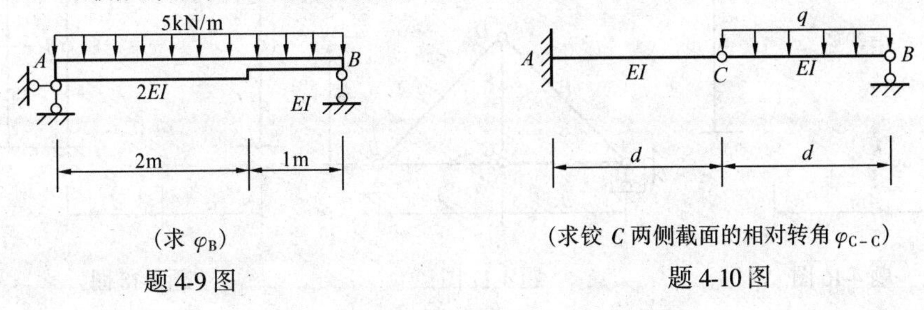

（求 φ_B）　　题 4-9 图

（求铰 C 两侧截面的相对转角 φ_{C-C}）　　题 4-10 图

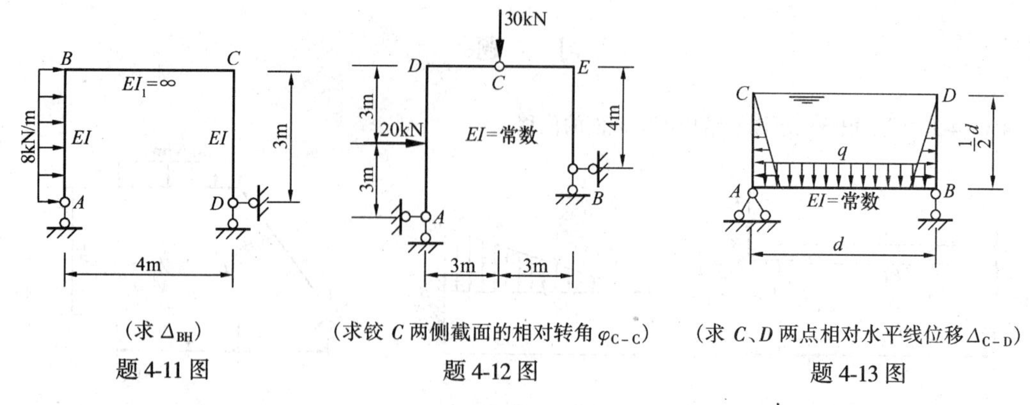

（求 Δ_{BH}）　　（求铰 C 两侧截面的相对转角 φ_{C-C}）　　（求 C、D 两点相对水平线位移 Δ_{C-D}）

题 4-11 图　　题 4-12 图　　题 4-13 图

4-14　试计算图示结构中 A、B 两点竖向距离的改变值 Δ_{A-B}，设受弯各杆 EI 相同。

4-15　试计算图示组合结构截面 D 的竖向位移 Δ_{DV}，已知横梁 AD 为 20b 工字钢，拉杆 BC 为直径 20mm 的圆钢，材料的 $E=210\text{GPa}$。

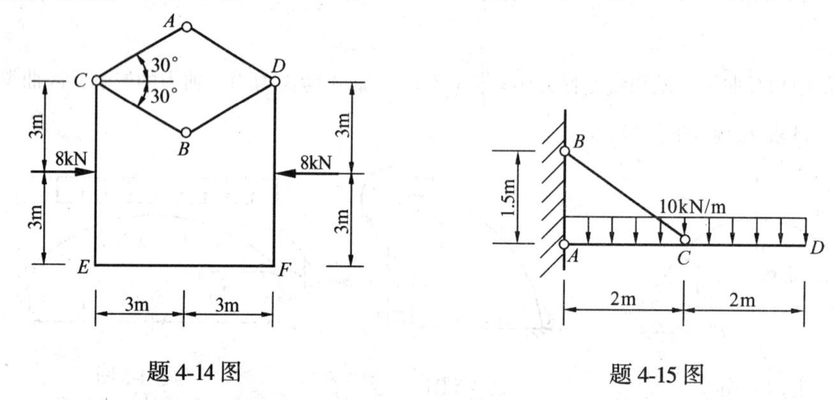

题 4-14 图　　题 4-15 图

4-16　试计算图示刚架结构由于温度变化引起的横梁中点 D 的竖向位移 Δ_{DV}。已知材料的线膨胀系数 $\alpha=0.00001$，截面为矩形，高度 $h=40\text{cm}$。

4-17　图示桁架结构，其中杆件 AD 的温度均匀升高了 t℃，试计算节点 C 的竖向位移 Δ_{CV}，设材料的线膨胀系数为 α。

4-18　图示刚架在 ACB 部分温度均匀升高 t℃，并在 D 处作用外力偶 M，试计算 A、B 两点间水平相对线位移 Δ_{A-B}，已知各杆的 EI 为常数、材料的线膨胀系数为 α、截面高度为 h。

4-19　多跨静定梁支座 A、C 发生如图所示的位移，试计算铰 B 两侧截面的相对转角 φ_{B-B}。已知 $a=20\text{mm}$，$b=60\text{mm}$，$c=40\text{mm}$，$\theta=0.01\text{rad}$。

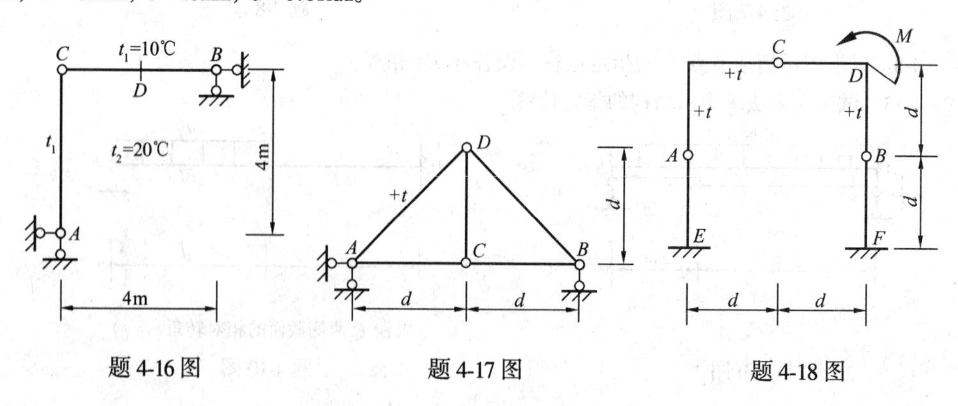

题 4-16 图　　题 4-17 图　　题 4-18 图

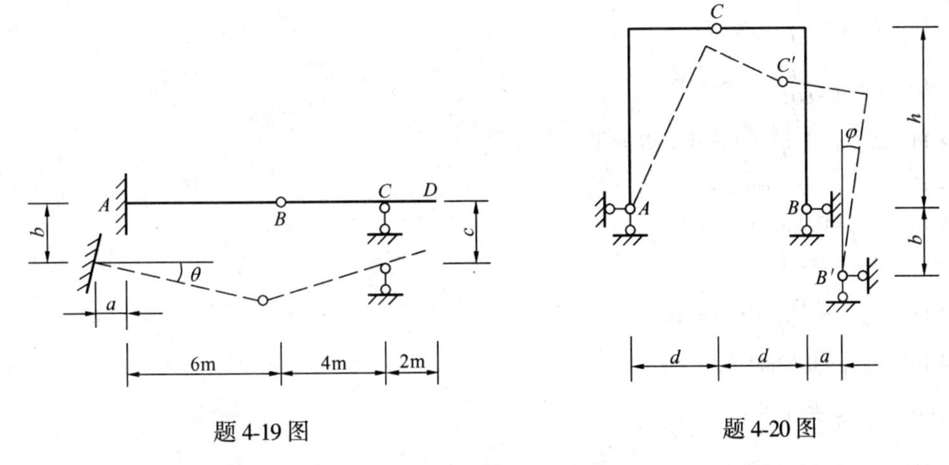

题 4-19 图　　　　　　　　题 4-20 图

4-20　图示三铰刚架，支座 B 发生水平位移 a 和竖向位移 b，试计算右半部刚架的倾角 φ。

4-21　图示桁架结构，支座 B 发生沉陷 c，试计算杆件 BC 的转角 φ_{BC}。

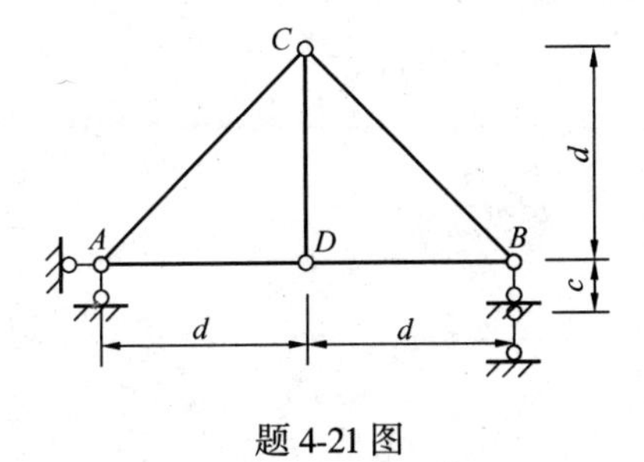

题 4-21 图

答　　案

4-1　$\Delta_{BV}=\dfrac{43F_Pl^3}{384EI}$（↓）；

4-2　$\Delta_{AV}=\dfrac{q_0l^4}{30EI}$（↓）；$\varphi_A=\dfrac{q_0l^3}{24EI}$（↶）；

4-3　$\Delta_{CV}=\dfrac{1728}{EI}$（↓）；

4-4　$\Delta_{BH}=\dfrac{F_Pr^3}{2EI}$（→）；

4-5　$\Delta_{BH}=\dfrac{Mr^2}{EI}\left(\dfrac{\pi}{2}-1\right)$（→）；

4-6　$\Delta_{BH}=\dfrac{ql^3f}{15EI}$（→）；

4-7　$\Delta_{CV}=\dfrac{40.968}{EA}$（↓）；

4-8　$\Delta_{CH}=\dfrac{3.828F_P\cdot d}{EA}$（→）；

4-9　$\varphi_B=\dfrac{85}{12EI}$（↶）；

4-10　$\varphi_{C-C}=\dfrac{3qd^2}{8EI}$（)(）；

4-11　$\Delta_{BH}=\dfrac{216}{EI}$（→）；

4-12 $\varphi_{C-C}=\dfrac{211}{EI}$ （)(）;

4-13 $\Delta_{C-D}=\dfrac{ql^4}{60EI}$ （→ ←）;

4-14 $\Delta_{A-B}=\dfrac{2119}{EI}$ （A 向上；B 向下）;

4-15 $\Delta_{DV}=16.04\text{mm}$ （↓）;

4-16 $\Delta_{DV}=0.2\text{mm}$ （↓）;

4-17 $\Delta_{CV}=\alpha td$ （↑）

4-18 $\Delta_{A-B}=\dfrac{Md^2}{3EI}$ （← →）;

4-19 $\varphi_{B-B}=0.03\text{rad}$ （)(）;

4-20 $\varphi=-\dfrac{a}{2h}+\dfrac{b}{2d}$;

4-21 $\varphi_{BC}=\dfrac{c}{2d}$ （↷）。

第5章 力 法

5.1 超静定结构概述

5.1.1 超静定结构的概念

在第3章、第4章讨论了各种类型的静定结构计算，它们的共同特点是：在几何组成方面，结构是无多余联系的几何不变体系；在静力分析方面，结构的全部反力和内力只靠静力平衡条件便可以确定。而在实际工程中，应用更多的是这样一类结构：在几何构造上，结构是具有多余联系的几何不变体系；在受力分析时，仅用静力平衡条件不能求出全部的反力和内力，这类结构称为超静定结构。例如，图5-1(*a*)所示梁，比静定梁多了一个约束，其竖向反力及内力仅靠平衡条件就无法确定。又如图5-1(*b*)所示桁架，与静定桁架相比，其结构内部多了两根链杆，也无法仅由平衡条件求出全部内力。因此，这两个结构都是超静定结构。由上可知，正是由于超静定结构具有多余联系，从而导致其反力和内力不能完全由静力平衡条件求出，这就是超静定结构区别于静定结构的基本特征。

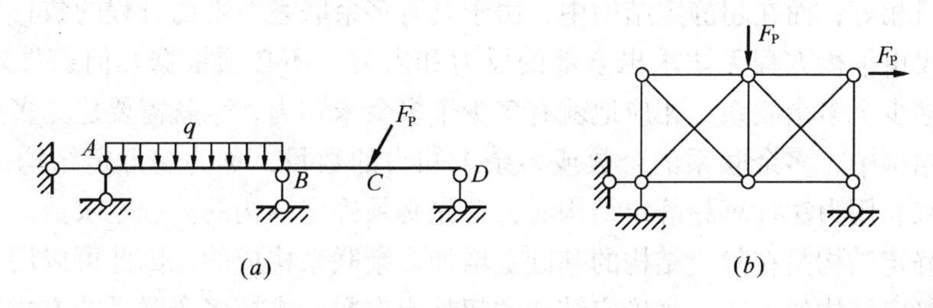

图5-1

工程中常见的超静定结构类型有：超静定梁(图5-1*a*)、超静定桁架(图5-1*b*)、超静定刚架(图5-2*a*)、超静定拱(图5-2*b*)、超静定组合结构(图5-2*c*)。显而易见，超静定结构就是在静定结构的基础上增加若干多余联系而构成的结构。

应当指出，超静定结构中的多余联系，是指这些联系仅就保持结构的几何不变性来说是不必要的。多余联系可以是结构外部的(例如，图5-1*a*所示梁，可把任一根竖向链杆作为多余联系)，也可以是结构内部的(例如，图5-1*b*所示桁架，可把两个节间各任取一根弦杆或斜杆作为多余联系)，还可以是结构外部、内部兼有的(例如，图5-2*c*所示组合结构，可把任一个固定支座和两根斜杆作为多余联系)。

对超静定结构进行受力分析，必须综合考虑以下三方面的条件：

(1) 平衡条件　即结构的整体及任一部分的受力状态都必须满足静力平衡条件。

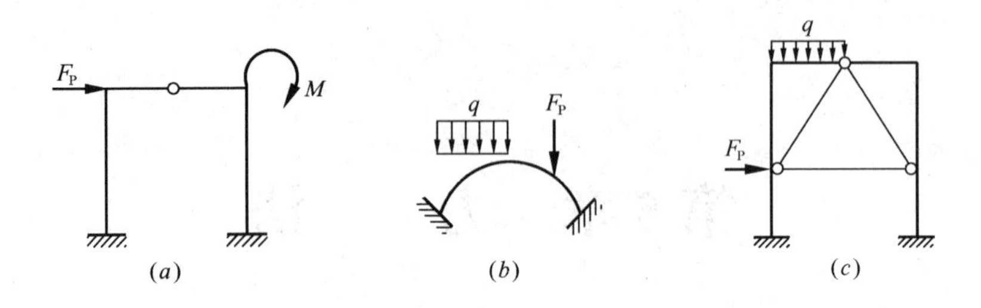

图 5-2

(2) 几何条件　即结构各部分的变形和位移都必须符合支承约束条件和变形连续条件。几何条件也称为变形协调条件或位移条件。

(3) 物理条件　即结构各部分必须满足变形或位移与力之间的物理关系。这里所说的结构仅限于线性弹性结构，即结构的位移与荷载是成正比的，应力与应变关系符合虎克定律。

超静定结构的计算方法有多种，其中力法（又称柔度法）和位移法（又称刚度法）是两种基本方法。除此之外，还有在上述两种方法基础上演变而来的力矩分配法、联合法、混合法等等，以及由于计算机的应用而发展的结构矩阵分析方法。

本章介绍超静定结构分析中使用最早、应用范围最广的计算方法——力法。

5.1.2　结构超静定次数的确定

超静定结构是具有多余联系的几何不变体系。多余联系中产生的力称为多余力。从静力分析的观点来看，在静定结构中，由于没有多余联系，所以需要求出的未知力数目与平衡方程的数目相等；而在超静定结构中，由于具有多余联系，平衡方程的数目少于未知力数目，因而仅由平衡方程无法求出全部的反力和内力，还必须根据几何条件建立补充方程，而且有多少个多余联系，相应地就有多少个多余未知力，也就需要建立多少个补充方程。超静定结构中，多余联系的个数或多余未知力的数目，称为超静定结构的超静定次数。由此看来，用力法计算超静定结构时，首先必须确定结构的超静定次数。

既然超静定结构是在静定结构的基础上增加多余联系构成的，因此可以用去掉多余联系使其成为静定结构的方法，来确定结构的超静定次数。去掉多余联系的方式通常有如下几种：

(1) 去掉一根支座链杆或切断一根链杆，相当于去掉一个联系（图 5-3*a*、*b*）。

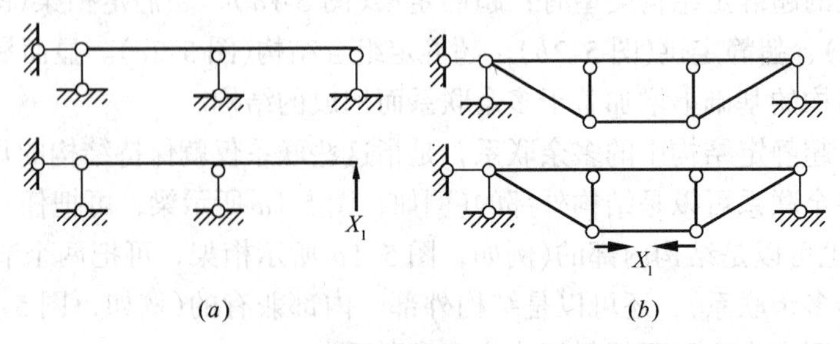

图 5-3

(2) 去掉一个固定铰支座或拆开一个单铰，相当于去掉两个联系（图 5-4*a*、*b*）。

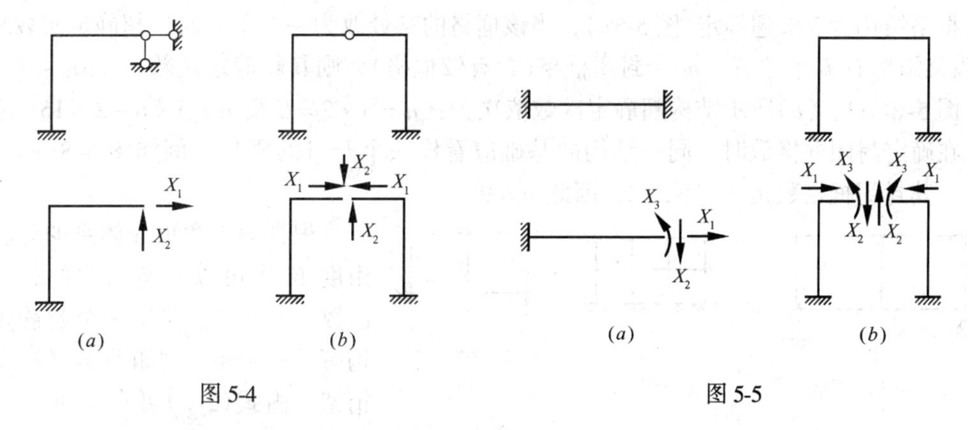

图 5-4　　　　图 5-5

(3) 去掉一个固定支座或切断一根梁式杆，相当于去掉三个联系（图 5-5a、b）。

(4) 将固定支座改为固定铰支座或将梁式杆某处改为单铰，相当于去掉一个联系（图 5-6a、b）。

将一个超静定结构变成静定结构，需要去掉的多余联系数就是该超静定结构的超静定次数。例如，图 5-7(a)所示刚架，去掉一根水平支座链杆和切断顶部链杆后，将变成一个静定刚架(图 5-7b)，因此原结构的超静定次数为 2，或者说为 2 次超静定。又如图 5-5(a)所示梁，去掉一个固定支座后，变成悬臂梁(静定结构)，可知原结构为 3 次超静定。

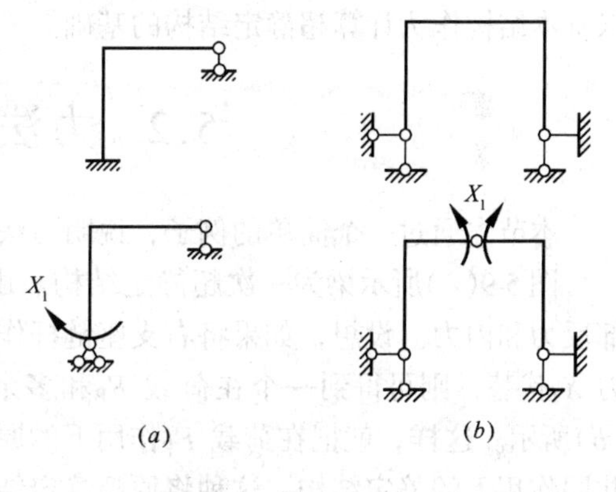

图 5-6

需要指出，对于同一个超静定结构，通过解除不同的多余联系，可以得到不同的静定结构。但不论采用哪种方式，原结构的超静定次数总是相同的。例如，对图 5-7(a)所示结构，也可按图 5-7(c)、(d)等方式去掉多余联系使之成为静定结构，但去掉多余联系的个数都是 2。同样对图 5-5(a)所示结构，无论用哪种方式解除多余联系(读者可自行练习)，都是 3 次超静定的。此外，应注意不要把原结构拆成几何可变体系或瞬变体系，如图 5-3(a)的水平支座链杆、图 5-7(a)的竖向支座链杆，都不能作为多余联系去掉。这种不能去掉的联系称为绝对需要联系或绝对需要约束。

对于具有多个框格的结构，按框格的数目确定结构的超静定次数将更方便。一个封闭

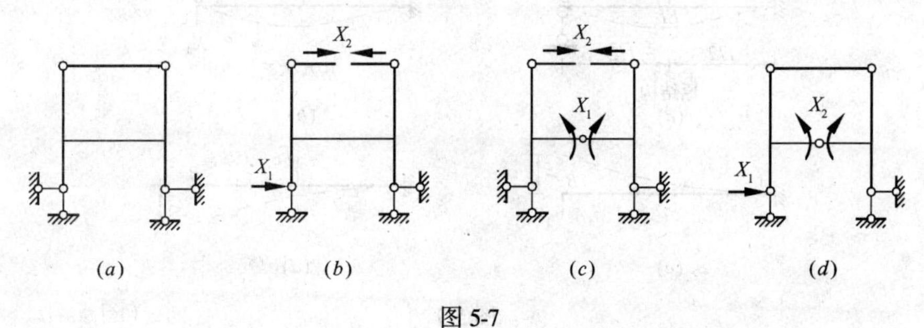

图 5-7

无铰框格结构为3次超静定(图5-5b)，当该框格的某处改为一个单铰时，超静定次数减少1。设某结构有 k 个单铰、m 个封闭框格(含有铰框格)，则其超静定次数 $n=3m-k$。例如，图5-8(a)、(b)所示结构超静定次数依次为：$n=3\times2=6$ 及 $n=3\times6-2=16$。应注意，在确定封闭框格数时，同一结构的基础应看作一个开口的刚片。例如图5-8(c)所示结构，其封闭框格数是3，不是4，因此 $n=9$。

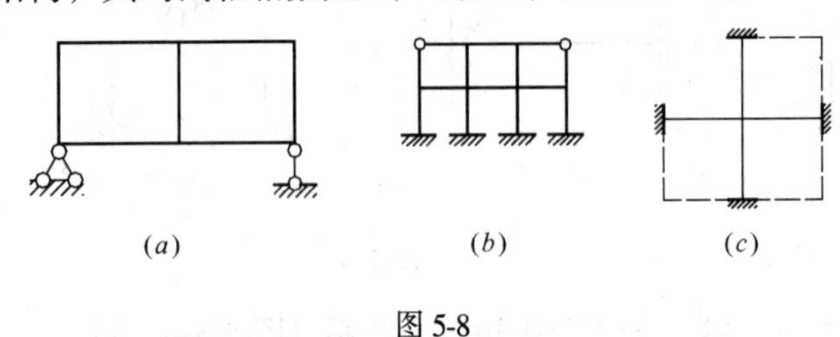

图5-8

根据第2章平面体系的计算自由度 W 也可以确定结构的超静定次数 n。显然，对于一个超静定结构有 $n=-W$。例如图5-1(b)所示桁架，由式(2-2)可求得 $W=2\times6-11-3=-2$，故 $n=2$。又如图5-7(a)所示刚架，由式(2-1)得 $W=2\times3-2\times2-4=-2$,故为2次超静定。

将超静定结构解除多余联系后所得到的静定结构称为力法的基本结构。在力法中，是以基本结构作为计算超静定结构的基础。

5.2 力法的基本概念

本节先通过一个简单的例子，说明力法求解超静定结构的基本思路。

图5-9(a)所示梁为一次超静定结构。由于多余联系的存在，无法由平衡条件求出全部反力和内力。设想，如果将右支座链杆作为多余联系去掉，用与其作用相同的多余未知力 X_1代替，则可得到一个在荷载 F_P和多余未知力 X_1共同作用下的静定结构，如图5-9(b)所示。这样，就把在荷载 F_P作用下的原超静定结构转化为在荷载 F_P和多余未知力 X_1共同作用下的静定结构。这种将原超静定结构的多余联系去掉后得到的基本结构，在原有外因(荷载、温度改变、支座移动等)和多余未知力共同作用下的体系，称为力法的基本体系。显然，如果 X_1能设法求出，其余的反力和内力计算就与静定结构完全相同。因此，问题的关键是确定多余未知力 X_1。基本体系中的多余未知力称为力法的基本未知量。所谓基本未知量是指，一旦这些未知量被求出，结构其他的未知量便可以随之求出。因此，力法是以多余未知力作为基本未知量，来分析超静定结构的计算方法。

为了求得 X_1，先来比较基本体系与原结构的受力和变形。可以看出，基本体系(图5-9b)除在 B 处用与原结构支座链杆作用相同的未知力 X_1代替之外，其余部分的受力、约束

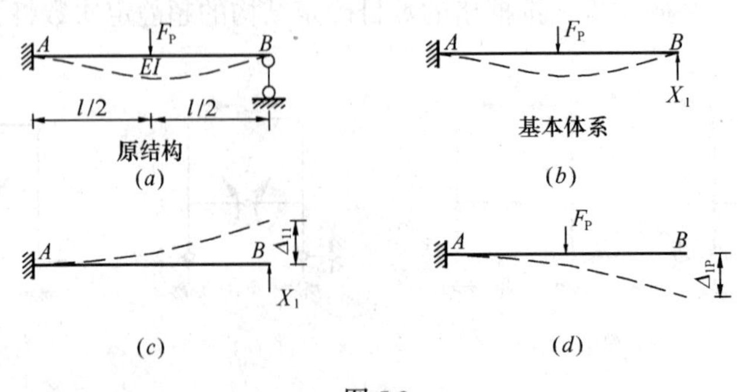

图5-9

均与原结构相同，因此各部分的内力、变形与原结构也必然相同。由于原结构在 B 处有多余联系，不可能有竖向位移。那么，为了保证与原结构的受力、变形状态完全相同，基本体系在荷载 F_P和多余未知力 X_1共同作用下，在 B 点沿 X_1方向的位移 Δ_1也应等于零，即

$$\Delta_1 = 0 \tag{a}$$

式（a）就是 B 点的变形协调条件，又称为位移条件。

现以 Δ_{11}及 Δ_{1P}分别表示多余未知力 X_1和外力 F_P单独作用时，基本结构在 B 点沿 X_1方向的位移（图 5-9c、d）。各位移符号的两个下标，第一个表示位移的地点和方向，第二个表示产生位移的原因，并规定与 X_1假定的指向相同者为正。根据叠加原理，式（a）可写为：

$$\Delta_1 = \Delta_{11} + \Delta_{1P} = 0 \tag{b}$$

再以 δ_{11}表示 X_1为单位力（即$\overline{X}_1 = 1$）作用下，B 点沿 X_1方向的位移。在弹性范围内，力与位移呈线性关系，因此可有：$\Delta_{11} = \delta_{11} X_1$，于是式（$b$）可写为：

$$\delta_{11} X_1 + \Delta_{1P} = 0 \tag{c}$$

式中，δ_{11}、Δ_{1P}都是静定结构在已知力（$\overline{X}_1 = 1$ 及荷载）作用下的位移，可按第 4 章所述方法求出，于是可由式（c）求出 X_1。方程（c）称为一次超静定结构的力法典型方程，而 δ_{11}、Δ_{1P}分别称为力法方程的系数和自由项。

为求得 δ_{11}和 Δ_{1P}，需先绘出$\overline{X}_1 = 1$ 及荷载 F_P分别作用于基本结构时的弯矩图（$\overline{M}_1$ 图和 M_P 图），如图 5-10(a)、(b)所示，然后由图乘法计算。求 δ_{11}时，是$\overline{M}_1$ 图与$\overline{M}_1$ 图相乘，即由$\overline{M}_1$ 图的面积与其形心处的竖标相乘，因而称为$\overline{M}_1$ 图“自乘”；求 Δ_{1P}时，是 M_P 图（一般作为面积图求 A_P）与$\overline{M}_1$ 图（一般是求 y_C）相乘。于是有

$$\delta_{11} = \frac{1}{EI} \cdot \frac{l^2}{2} \cdot \frac{2l}{3} = \frac{l^3}{3EI}$$

$$\Delta_{1P} = -\frac{1}{EI}\left(\frac{1}{2} \cdot \frac{F_P l}{2} \cdot \frac{l}{2}\right)\frac{5l}{6} = -\frac{5F_P l^3}{48EI}$$

将 δ_{11}、Δ_{1P}之值代入式（c）得：

$$X_1 = -\frac{\Delta_{1P}}{\delta_{11}} = \frac{5}{16} F_P \ (\uparrow)$$

X_1为正值，表明 X_1的实际方向与原假定方向相同。

X_1求出后，就可以利用截面法求出基本体系其余各反力、内力并绘制内力图，这些都与第 3 章所述静定结构的计算相同，无需赘述。基本体系的最后弯矩图（图 5-10c）也可以利用$\overline{M}_1$ 图乘以 X_1再与 M_P 图叠加而得，即：

$$M = X_1 \overline{M}_1 + M_P \tag{d}$$

由于基本体系的受力、变形和位移均与原结构相同，因此图 5-10（c）所示的 M 图也就是原结构的最后弯矩图，二者是完全等价的。

用力法计算超静定结构，可以有多种形式的基本结构，对图 5-9（a）所示结构，如果将 A 处的固定端改为固定铰支座，并用多余未知力 X_1表示固定支座对梁端的约束弯矩，则可得到图 5-11（a）所示的基本体系。根据基本体系在 X_1和荷载 F_P共同作用下，A 截

面的角位移应与原结构的相应位移相同的条件，仍然可得到 $\Delta_1=0$ 的位移条件。若以 δ_{11}、Δ_{1P}分别表示单位多余力$\overline{X}_1=1$ 和力 F_P单独作用于基本结构时 A 截面的转角，由叠加原理同样可得到力法典型方程为：

$$\delta_{11}X_1+\Delta_{1P}=0 \tag{e}$$

式(e)与式(c)形式完全相同，但所表示的位移条件却不同。绘出基本结构在$\overline{X}_1=1$ 和 F_P单独作用下的$\overline{M}_1$ 图及 M_P 图(图 5-11b、c)，可求得：

$$\delta_{11}=\frac{l}{3EI} \qquad \Delta_{1P}=\frac{F_Pl^2}{16EI}$$

将 δ_{11}、Δ_{1P}代入式（e）求解得：

$$X_1=-\frac{3}{16}F_Pl \quad (\curvearrowleft)$$

X_1为负值，表明约束力矩实际转向与假定相反。X_1求出后，进而可绘出结构的最后弯矩图，它与图 5-10（c）完全相同（读者可自行验证）。

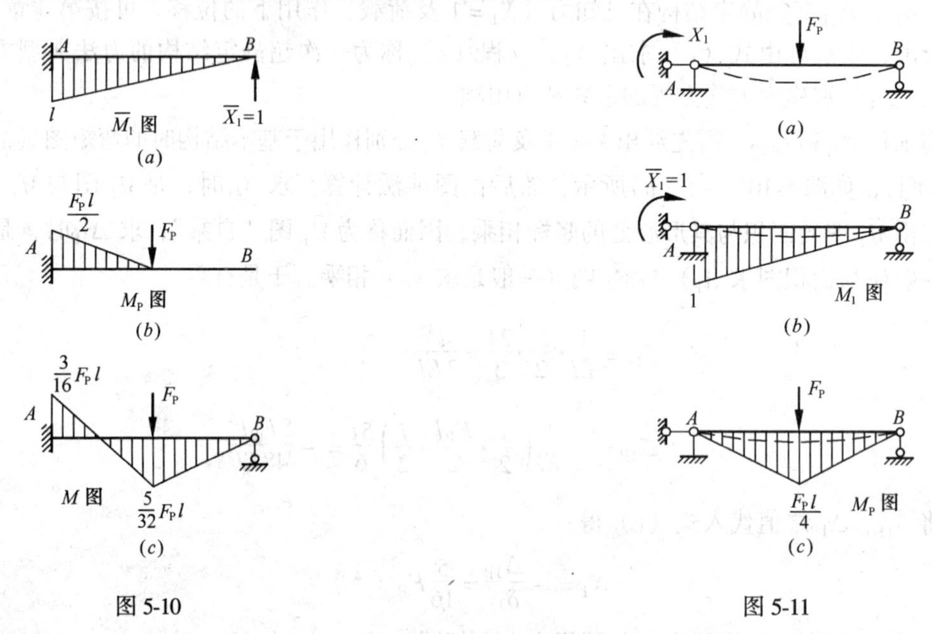

图 5-10　　　　图 5-11

以上分析表明：(1) 对于同一个超静定结构，可以采用不同的基本结构，而不会影响计算的最后结果。(2) 不同的基本结构，其相应的计算工作量会有不同，有时相差很大。因此，应注意选用计算量较少的静定结构作为基本结构。(3) 结构的超静定次数、多余未知力数（即基本未知量数目）和力法方程数均相等，它们之间一一对应。

综上所述，力法求解超静定结构的基本作法是：去掉原结构的多余联系得到静定的基本结构；以多余未知力为基本未知量，根据基本结构在多余未知力处的变形应与原结构相同的条件，建立求解基本未知量的力法方程；计算方程的系数、自由项；解方程求出多余未知力；由静力平衡条件计算其余的反力和内力，绘出最后内力图。不难看出，用力法计算超静定结构，整个过程自始至终都是在静定的基本结构上进行的，从而，把超静定结构的求解问题，转化为已熟悉的静定结构的内力、位移的计算问题。

5.3 力法典型方程

上节通过对一次超静定结构的计算可知，力法典型方程就是根据位移条件建立的求解多余未知力的补充方程。因此，建立并求解力法典型方程则是计算超静定结构的关键。为便于在多次超静定结构中推广应用，本节以三次超静定结构为例，说明力法典型方程的建立及其性质。

图5-12(a)所示三次超静定刚架，用力法计算时，基本结构可有多种选择。设去掉固定支座 B 处的三个多余联系，并以相应的多余未知力 X_1、X_2、X_3 代替，可得如图5-12(b)所示的基本结构。由于原结构支座 B 为固定端，该处的水平位移、竖向位移和角位移都为零。因此，基本结构在荷载 F_P、q 和多余未知力共同作用下，B 点沿 X_1、X_2 方向的线位移 Δ_1、Δ_2 和沿 X_3 方向的角位移 Δ_3 也应为零，即

$$\Delta_1=0 \qquad \Delta_2=0 \qquad \Delta_3=0$$

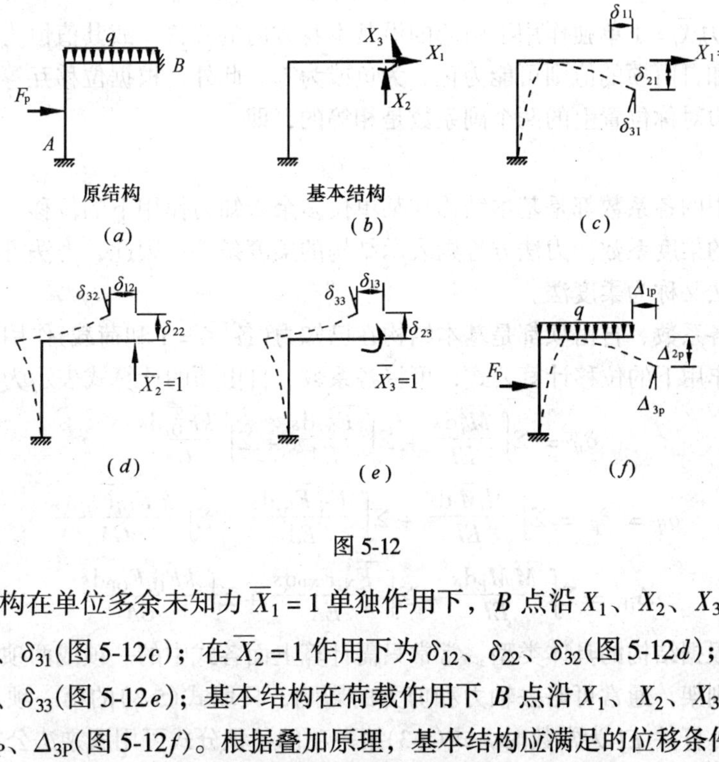

原结构 (a)　基本结构 (b)　(c)

(d)　(e)　(f)

图5-12

设基本结构在单位多余未知力 $\overline{X}_1=1$ 单独作用下，B 点沿 X_1、X_2、X_3 方向的位移分别为 δ_{11}、δ_{21}、δ_{31}(图5-12c)；在 $\overline{X}_2=1$ 作用下为 δ_{12}、δ_{22}、δ_{32}(图5-12d)；在 $\overline{X}_3=1$ 作用下为 δ_{13}、δ_{23}、δ_{33}(图5-12e)；基本结构在荷载作用下 B 点沿 X_1、X_2、X_3 方向的位移分别为 Δ_{1P}、Δ_{2P}、Δ_{3P}(图5-12f)。根据叠加原理，基本结构应满足的位移条件可写为：

$$\begin{aligned}\Delta_1 &= \delta_{11}X_1+\delta_{12}X_2+\delta_{13}X_3+\Delta_{1P}=0\\ \Delta_2 &= \delta_{21}X_1+\delta_{22}X_2+\delta_{23}X_3+\Delta_{2P}=0\\ \Delta_3 &= \delta_{31}X_1+\delta_{32}X_2+\delta_{33}X_3+\Delta_{3P}=0\end{aligned} \tag{5-1}$$

式(5-1)就是三次超静定结构的力法典型方程，求解此方程组可求出多余未知力 X_1、X_2、X_3。

类似地，对于 n 次超静定结构，有 n 个多余未知力，每个多余未知力都对应着一个多余联系，相应地就有一个已知位移条件。根据原结构在每个多余未知力处的已知位移条件，可建立 n 个方程。当原结构相应于各多余未知力处的位移均为零时，这 n 个方程可写为：

$$
\begin{aligned}
&\delta_{11}X_1+\delta_{12}X_2+\cdots+\delta_{1i}X_i+\cdots+\delta_{1n}X_n+\Delta_{1P}=0\\
&\cdots\ \cdots\ \cdots\ \cdots\ \cdots\ \cdots\ \cdots\ \cdots\\
&\delta_{i1}X_1+\delta_{i2}X_2+\cdots+\delta_{ii}X_i+\cdots+\delta_{in}X_n+\Delta_{iP}=0\\
&\cdots\ \cdots\ \cdots\ \cdots\ \cdots\ \cdots\ \cdots\ \cdots\\
&\delta_{n1}X_1+\delta_{n2}X_2+\cdots+\delta_{ni}X_i+\cdots+\delta_{nn}X_n+\Delta_{nP}=0
\end{aligned}
\tag{5-2}
$$

上式就是 n 次超静定结构的力法方程。不论超静定结构的超静定次数、结构类型、所选取的基本结构如何，它在荷载作用下的力法方程，都具有式(5-2)的形式，故称为力法典型方程。力法典型方程的物理意义是：基本结构在全部多余未知力和荷载共同作用下，每个多余联系处沿多余未知力方向的位移，与原结构该处相应的位移相等。

在方程(5-2)中，系数 δ_{ij} 表示基本结构在 $\overline{X}_j=1$ 单独作用下产生的沿 X_i 方向的位移，且与 X_i 方向一致时为正；Δ_{iP} 称为自由项，表示基本结构在荷载作用下产生的沿 X_i 方向的位移，且与 X_i 方向一致时为正。方程中，自左上方的 δ_{11} 至右下方的 δ_{nn} 的对角线称为主对角线，主对角线上的各系数 δ_{ii} 称为主系数，其他系数 $\delta_{ij}(i\neq j)$ 称为副系数。由于主系数 δ_{ii} 是单位力 $\overline{X}_i=1$ 单独作用下引起的沿其本身方向的位移，故其值恒为正，且不会为零；而副系数和自由项的值则可能为正、为负或为零。此外，根据位移互等定理可知，位于主对角线两边对称位置上的两个副系数是相等的，即

$$\delta_{ij}=\delta_{ji}$$

力法方程中的各系数都是基本结构在某单位多余未知力作用下的位移，反映结构的柔度，称为结构的柔度系数。力法方程则表示结构的柔度条件，因此，力法方程也称为柔度方程，从而力法又称为柔度法。

既然上述各系数、自由项都是基本结构在已知力(各 $\overline{X}_i=1$ 和荷载)作用下的位移，按照第 4 章荷载作用下的位移计算公式，可将各系数、自由项的计算式表示为：

$$\delta_{ii}=\Sigma\int\frac{\overline{M}_i^2\mathrm{d}s}{EI}+\Sigma\int\frac{\overline{F}_{Ni}^2\mathrm{d}s}{EA}+\Sigma\int\frac{k\overline{F}_{Qi}^2\mathrm{d}s}{GA}\tag{5-3a}$$

$$\delta_{ij}=\delta_{ji}=\Sigma\int\frac{\overline{M}_i\overline{M}_j\mathrm{d}s}{EI}+\Sigma\int\frac{\overline{F}_{Ni}\overline{F}_{Nj}\mathrm{d}s}{EA}+\Sigma\int\frac{k\overline{F}_{Qi}\overline{F}_{Qj}\mathrm{d}s}{GA}\tag{5-3b}$$

$$\Delta_{iP}=\Sigma\int\frac{\overline{M}_iM_P\mathrm{d}s}{EI}+\Sigma\int\frac{\overline{F}_{Ni}F_{NP}\mathrm{d}s}{EA}+\Sigma\int\frac{k\overline{F}_{Qi}F_{QP}\mathrm{d}s}{GA}\tag{5-3c}$$

计算时，根据结构的具体类型，常常只需计算上面各式中的一项或两项。

对于梁和刚架，通常可略去轴力和剪力的影响，只取式(5-3)的第一项。当结构各杆为等截面直杆，杆件 EI 为常数时，式(5-3)第一项的各积分式可用图乘法公式计算。

对于桁架，各杆只有轴力，因而只需计算式(5-3)的第二项。当杆件均为等截面直杆时，各计算式可进一步表示为：

$$\delta_{ii}=\Sigma\frac{\overline{F}_{Ni}^2l}{EA}\tag{5-4a}$$

$$\delta_{ij}=\Sigma\frac{\overline{F}_{Ni}\overline{F}_{Nj}l}{EA}\tag{5-4b}$$

$$\Delta_{iP}=\Sigma\frac{\overline{F}_{Ni}F_{NP}l}{EA}\tag{5-4c}$$

对于组合结构，各受弯杆件，取式(5-3)第一项；各轴力杆，取第二项。于是，可将各系数、自由项的计算公式表示为：

$$\delta_{ii} = \Sigma\int \frac{\overline{M}_i^2 \mathrm{d}s}{EI} + \Sigma \frac{\overline{F}_{\mathrm{N}i}^2 l}{EA} \tag{5-5a}$$

$$\delta_{ij} = \Sigma\int \frac{\overline{M}_i \overline{M}_j \mathrm{d}s}{EI} + \Sigma \frac{\overline{F}_{\mathrm{N}i} \overline{F}_{\mathrm{N}j} l}{EA} \tag{5-5b}$$

$$\Delta_{i\mathrm{P}} = \Sigma\int \frac{\overline{M}_i M_{\mathrm{P}} \mathrm{d}s}{EI} + \Sigma \frac{\overline{F}_{\mathrm{N}i} F_{\mathrm{NP}} l}{EA} \tag{5-5c}$$

系数和自由项求出后，便可解方程组求出多余未知力，然后由平衡条件求出其余反力和内力。也可按下述叠加公式求出最后内力。

$$M = \overline{M}_1 X_1 + \overline{M}_2 X_2 + \cdots + \overline{M}_n X_n + M_{\mathrm{P}} \tag{5-6a}$$

$$F_{\mathrm{Q}} = \overline{F}_{\mathrm{Q1}} X_1 + \overline{F}_{\mathrm{Q2}} X_2 + \cdots + \overline{F}_{\mathrm{Q}n} X_n + F_{\mathrm{QP}} \tag{5-6b}$$

$$F_{\mathrm{N}} = \overline{F}_{\mathrm{N1}} X_1 + \overline{F}_{\mathrm{N2}} X_2 + \cdots + \overline{F}_{\mathrm{N}n} X_n + F_{\mathrm{NP}} \tag{5-6c}$$

至此，可归纳出力法求解超静定结构的计算步骤如下：

(1) 选基本结构　去掉原结构的多余联系，得到一个静定的基本结构，并用多余未知力代替多余联系的作用；

(2) 列力法方程　根据基本结构在多余未知力和荷载共同作用下，在去掉多余联系处与原结构相应位移相等的条件，列出力法典型方程；

(3) 求系数、自由项　作出基本结构在各单位力和荷载分别作用下的内力图或内力表达式，按求位移的方法求出各系数、自由项；

(4) 求未知力　解力法典型方程，求出各多余未知力；

(5) 求最后内力、作最后内力图　按静定结构分析方法由平衡条件或由式(5-6)求出原结构的最后内力、绘出最后内力图。

5.4 力法计算示例

在5.2节已通过示例阐述了力法分析超静定梁，本节将继续用例题说明力法求解在荷载作用下的超静定刚架、超静定桁架、超静定组合结构。至于超静定拱将在5.8节专门讨论。

【例 5-1】 试作图5-13(a)所示刚架的内力图。

【解】 (1) 选取基本结构

此刚架为2次超静定，将固定端改为竖向支座链杆，并以多余未知力 X_1、X_2 代替支座 A 的水平反力和反力偶矩，可得图5-13(b)所示的基本体系。

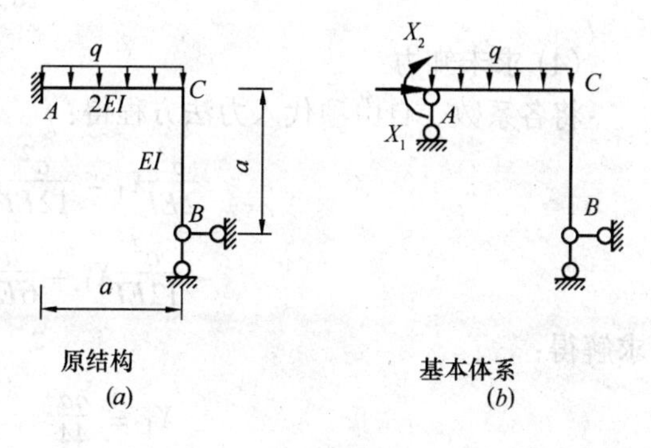

图 5-13

(2) 列力法方程

根据基本体系在支座 A 处沿 X_1、X_2 方向的位移为零的条件，可建立力法典型方程如下：

$$\delta_{11}X_1 + \delta_{12}X_2 + \Delta_{1P} = 0$$

$$\delta_{21}X_1 + \delta_{22}X_2 + \Delta_{2P} = 0$$

(3) 求系数、自由项

绘出基本结构在 $\overline{X}_1 = 1$、$\overline{X}_2 = 1$ 及荷载 q 分别作用下的弯矩图，如图 5-14(a)、(b)、(c)所示。各系数、自由项由图乘法计算如下：

$$\delta_{11} = \frac{1}{2EI} \cdot \frac{a^2}{2} \cdot \frac{2a}{3} + \frac{1}{EI} \cdot \frac{a^2}{2} \cdot \frac{2a}{3} = \frac{a^3}{2EI}$$

$$\delta_{12} = \delta_{21} = -\frac{1}{2EI} \cdot \frac{a^2}{2} \cdot \frac{1}{3} = -\frac{a^2}{12EI}$$

$$\delta_{22} = \frac{1}{2EI} \cdot \frac{a}{2} \cdot \frac{2}{3} = \frac{a}{6EI}$$

$$\Delta_{1P} = -\frac{1}{2EI} \cdot \frac{2a}{3} \cdot \frac{qa^2}{8} \cdot \frac{a}{2} = -qa^4/(48EI)$$

$$\Delta_{2P} = \frac{1}{2EI} \cdot \frac{2a}{3} \cdot \frac{qa^2}{8} \cdot \frac{1}{2} = qa^3/(48EI)$$

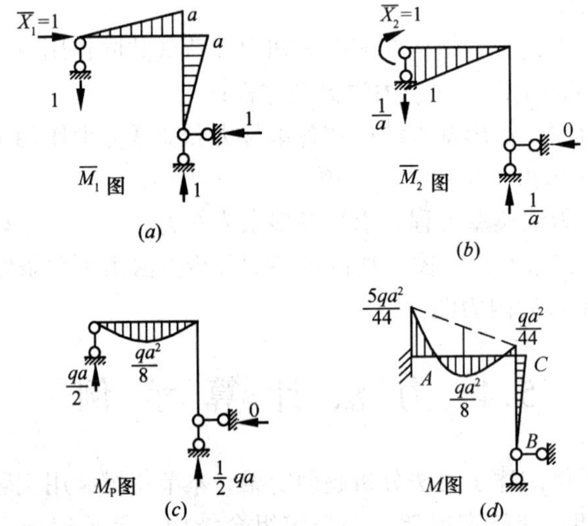

$\overline{X}_1=1$　a　a　1　1　1

$\overline{M}_1$ 图

(a)

$\overline{X}_2=1$　1　$\frac{1}{a}$　0　$\frac{1}{a}$

$\overline{M}_2$ 图

(b)

$\frac{qa}{2}$　$\frac{qa^2}{8}$　0　$\frac{1}{2}qa$

M_P图

(c)

$\frac{5qa^2}{44}$　$\frac{qa^2}{44}$　C　A　$\frac{qa^2}{8}$　B

M图

(d)

图 5-14

(4) 求未知力

将各系数、自由项代入力法方程得：

$$\frac{a^3}{2EI}X_1 - \frac{a^2}{12EI}X_2 - \frac{qa^4}{48EI} = 0$$

$$-\frac{a^2}{12EI}X_1 + \frac{a}{6EI}X_2 + \frac{qa^3}{48EI} = 0$$

求解得：

$$X_1 = \frac{qa}{44} \qquad X_2 = -\frac{5qa^2}{44}$$

(5) 绘制最后 M 图

多余未知力求出后，可按式(5-6a)叠加得到结构最后弯矩，计算结果如图 5-14(d)所示。

【例 5-2】 试用力法计算图 5-15(a)所示超静定桁架。设各杆 EA 相同。

【解】 (1) 本例所示桁架是一次超静定结构，将上弦杆 CD 切断，并代以相应的多余未知力 X_1 作用于切口处，得到如图 5-15(b)所示的基本体系。

(2) 列力法方程：根据切口两侧截面的相对位移应等于零的条件，可建立力法典型方程如下：

$$\delta_{11}X_1 + \Delta_{1P} = 0$$

(3) 求系数、自由项：在节点荷载作用下，桁架各杆只有轴力。求出基本结构分别在 $\overline{X}_1 = 1$ 和荷载 F_P 单独作用下各杆轴力，如图 5-15c、d 所示。需要注意的是，X_1 是加在杆件 CD 的切口处，因此，在 $\overline{X}_1 = 1$ 作用下切断杆的 $\overline{F}_{N1} = 1$，相应的计算 δ_{11}时要包括该杆。按公式(5-4a、c)计算系数、自由项如下：

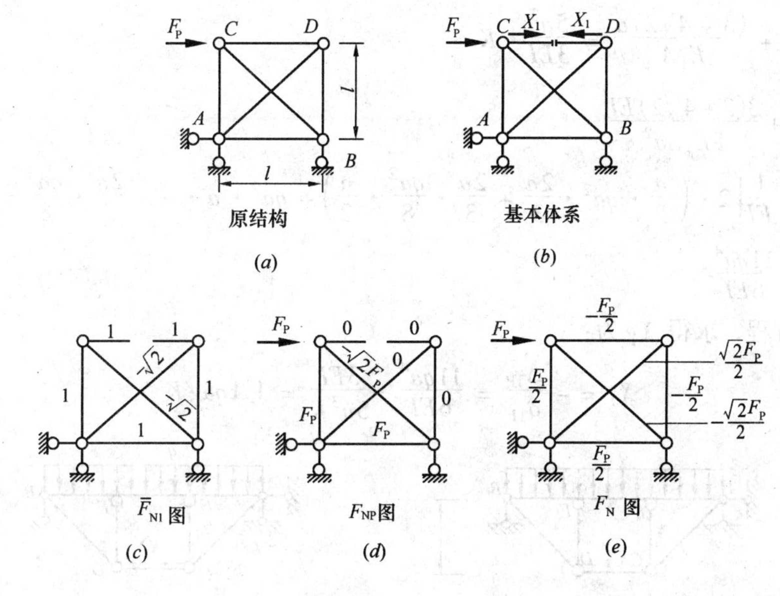

图 5-15

$$\delta_{11} = \Sigma\frac{\overline{F}_{N1}^2 l}{EA} = \frac{1}{EA}[4\times 1^2\times l + 2\times(-\sqrt{2})^2\times\sqrt{2}l] = \frac{4l}{EA}(1+\sqrt{2})$$

$$\Delta_{1P} = \Sigma\frac{\overline{F}_{N1}F_{NP}l}{EA} = \frac{1}{EA}[2\times 1\times F_P\times l + (-\sqrt{2})\times(-\sqrt{2}F_P)\times\sqrt{2}l]$$

$$= \frac{2F_Pl}{EA}(1+\sqrt{2})$$

(4) 求 X_1：将系数、自由项代入力法方程求解得：

$$X_1 = -\frac{\Delta_{1P}}{\delta_{11}} = -\frac{F_P}{2}(\text{压力})$$

当桁架杆件较多时，以上计算通常列表进行。

(5) 求最后内力：各杆最后内力可按式(5-6c)计算。计算结果如图 5-15(e)所示。

【例 5-3】 试用力法计算图 5-16(a)所示超静定组合结构，绘制内力图。横梁抗弯刚度为 EI，各链杆抗拉刚度为 E_1A。

【解】 (1)该结构为一次超静定，切断链杆 CD，在切口处用 X_1 代替，基本体系如图 5-16(b)所示。

(2) 根据切口处两侧截面沿 X_1 方向的相对位移为零的条件，可建立力法方程为：

$$\delta_{11}X_1 + \Delta_{1P} = 0$$

(3) 计算系数、自由项：该结构中，杆件 AB 属梁式杆，以受弯为主，主要考虑弯矩的影响，其余各链杆为二力杆，只有轴力。各系数、自由项按公式(5-5a、c)计算。

绘出 $\overline{M}_1$ 图、M_P 图并求出各链杆的 $\overline{F}_{N1}$ 及 F_{NP}值，如图 5-16(c)、(d)所示。按式(5-5)可求得：

$$\delta_{11} = \frac{1}{EI}\left(2 \cdot \frac{1}{2}a^2 \cdot \frac{2}{3}a + a^2 \cdot a\right) + \frac{1}{E_1A}\left[2 \cdot (\sqrt{2})^2 \cdot \sqrt{2}a + 2 \cdot (-1)^2 \cdot a + 1^2 \cdot a\right]$$

$$= \frac{5a^3}{3EI} + \frac{(3+4\sqrt{2})a}{E_1A} = \frac{5a^3}{3EI} \cdot K$$

式中，$K = 1 + \dfrac{3(3+4\sqrt{2})EI}{5E_1Aa^2}$

$$\Delta_{1P} = -\frac{1}{EI}\left[2 \cdot \left(\frac{a}{2} \cdot qa^2 \cdot \frac{2a}{3} + \frac{2a}{3} \cdot \frac{qa^2}{8} \cdot \frac{a}{2}\right) + qa^2 \cdot a \cdot a + \frac{2a}{3} \cdot \frac{qa^2}{8} \cdot a\right] + 0$$

$$= -\frac{11qa^4}{6EI}$$

(4) 解方程，求得 X_1 为：

$$X_1 = -\frac{\Delta_{1P}}{\delta_{11}} = \frac{11qa^4}{6EI} \cdot \frac{3EI}{5a^3K} = 1.1qa/K$$

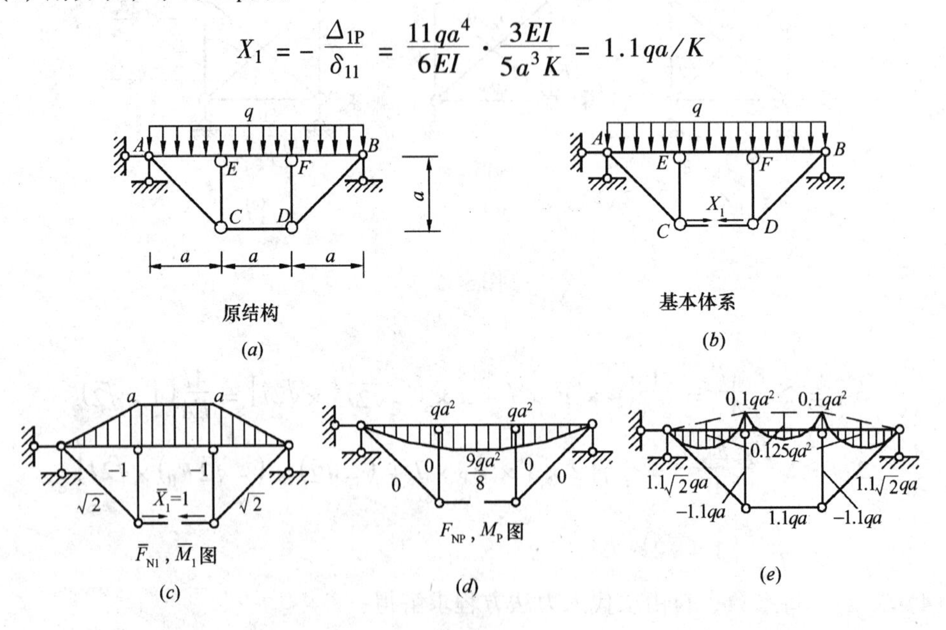

图 5-16

(5) 求最后内力值：本例在给定 q、a、E、I、E_1、A 之值后，即可按照式(5-6)求出最后内力，无须赘述。需要说明的是，在 q、a 确定后，X_1 还与 E_1A 和 EI 之值的相对大小有关。由 K 和 X_1 的计算式可以看出，当链杆的抗拉刚度很小，即 $E_1A \to 0$ 时，则 $K \to$

∞，$X_1=0$，梁的最后弯矩图将成为图 5-16(*d*)所示简支梁的弯矩图；当 $E_1A\to\infty$ 时，则 $K\to 1$，$X_1=1.1qa$，此时梁 *E*、*F* 处相当于各有一个刚性支座，其弯矩图将与三跨连续梁的相同，如图 5-16(*e*)所示。

【例 5-4】 试计算图 5-17(*a*)所示两跨不等高铰接排架。

【解】 排架属于组合结构，它由屋架、柱和基础所组成，在单层厂房中应用非常广泛。通常屋架的刚度比柱的刚度大得多，因此，可将屋架视作轴向刚度无限大的杆件，称为横梁。计算时，柱与基础为刚接，横梁与柱为铰接，并忽略横梁轴向变形的影响。此类单层多跨铰接排架的超静定次数等于跨数。

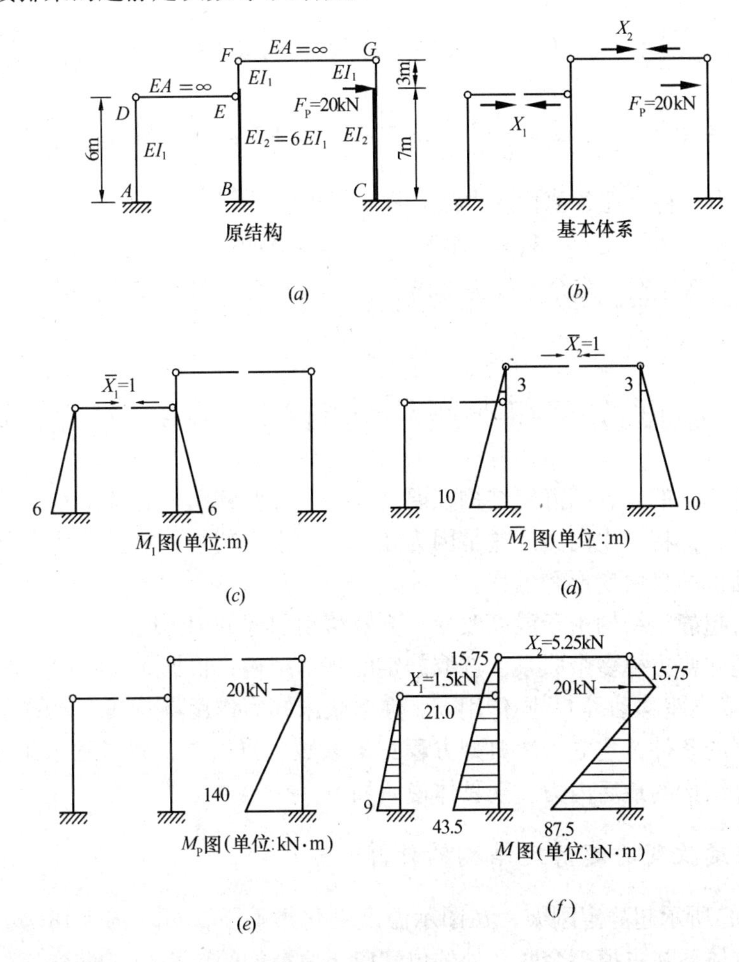

图 5-17

(1) 选取基本结构 此排架是两次超静定结构，横梁只受轴力。切断两根横梁，并以 X_1、X_2 代替，可得如图 5-17(*b*)所示的基本体系。

(2) 列力法方程 根据两横梁切口处两侧截面相对位移为零的条件，可建立力法典型方程为：

$$\delta_{11}X_1+\delta_{12}X_2+\Delta_{1P}=0$$
$$\delta_{21}X_1+\delta_{22}X_2+\Delta_{2P}=0$$

(3) 求系数、自由项　绘出 $\overline{M}_1$ 图、$\overline{M}_2$ 图及 M_P 图，如图 5-17(c)、(d)、(e)所示。由图乘法求得各系数、自由项如下：

$$\delta_{11} = \frac{1}{EI_1}\left(\frac{1}{2} \times 6 \times 6 \times \frac{2}{3} \times 6\right) + \frac{1}{EI_2}\left(\frac{1}{2} \times 6 \times 6 \times \frac{2}{3} \times 6\right) = \frac{84}{EI_1}$$

$$\delta_{12} = \delta_{21} = -\frac{1}{EI_2} \times \frac{1}{2} \times 6 \times 6 \times \left(4 + \frac{2}{3} \times 6\right) = -\frac{24}{EI_1}$$

$$\delta_{22} = \frac{2}{EI_1}\left(\frac{1}{2} \times 3 \times 3 \times \frac{2}{3} \times 3\right) + \frac{2}{EI_2}\left[3 \times 7 \times \left(3 + \frac{1}{2} \times 7\right) + \frac{1}{2} \times 7 \times 7 \times \left(3 + \frac{2}{3} \times 7\right)\right] = \frac{1135}{9EI_1}$$

$$\Delta_{1P} = 0 \qquad \Delta_{2P} = -\frac{1}{EI_2}\left[\frac{1}{2} \times 7 \times 140 \times \left(3 + \frac{2}{3} \times 7\right)\right] = -\frac{5635}{9EI_1}$$

(4) 求未知力　将上述各值代入力法方程求解得：

$$X_1 = 1.5\text{kN} \qquad X_2 = 5.25\text{kN}$$

(5) 绘制最后弯矩图　多余未知力求出后，各柱的弯矩图可按悬臂梁直接绘出，如图 5-17(f)所示。

5.5　温度改变和支座移动时超静定结构的计算

与静定结构不同的是，超静定结构在温度改变、支座移动、制造误差、材料收缩等非荷载因素作用下，都将产生内力。这是因为在上述因素影响下，超静定结构中存在有多余联系，限制了结构的自由变形和位移。

用力法分析超静定结构由于温度改变、支座移动引起的内力时，与荷载作用下的计算步骤一样，也是先要去掉多余联系，选取静定的基本结构；根据基本结构在多余未知力和外因(温度改变或支座移动等)共同作用下，在多余未知力作用点及其方向的位移与原结构该处的位移相同的条件，建立力法典型方程；求系数、自由项；解方程求出多余未知力；由平衡条件计算结构的最后内力。现具体说明如下。

5.5.1　温度改变时超静定结构的计算

如图 5-18(a)所示超静定刚架，在图示温度变化影响下，可取图 5-18(b)所示的基本体系。根据基本体系在去掉多余联系处的位移应与原结构的位移相同的条件，可列出力法典型方程如下：

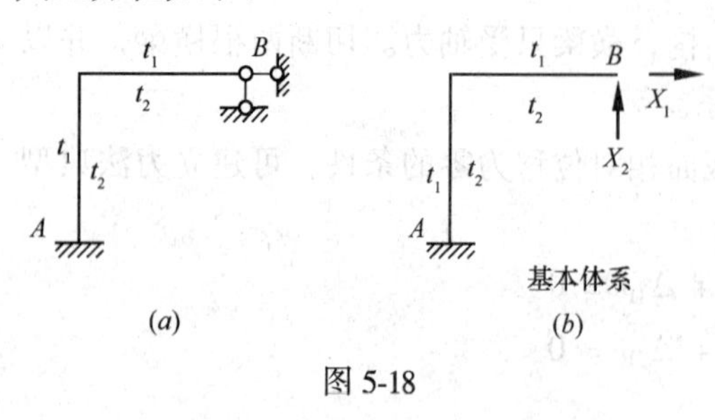

图 5-18

$$\delta_{11} X_1 + \delta_{12} X_2 + \Delta_{1t} = 0$$

$$\delta_{21} X_1 + \delta_{22} X_2 + \Delta_{2t} = 0$$

方程中各系数与外因无关，其含义和计算与以前相同。自由项 Δ_{1t}、Δ_{2t}分别表示基本结构由于温度变化引起的沿 X_1、X_2 方向的位移，可按4.6节有关公式计算，对于温度变化沿各杆全长相同的等截面直杆结构，由式(4-12)知，自由项 Δ_{it}可写为：

$$\Delta_{it} = \Sigma \overline{F}_{Ni}\alpha t l + \Sigma \frac{\alpha \Delta_t}{h}\int \overline{M}_i \mathrm{d}s \tag{5-7}$$

系数、自由项确定后，即可由力法方程求出多余未知力。由于基本结构是静定的，温度改变时并不产生内力，故结构的最后内力只由多余未知力产生，其弯矩值可由下式计算：

$$M = \overline{M}_1 X_1 + \overline{M}_2 X_2 + \cdots = \Sigma \overline{M}_i X_i \tag{5-8}$$

【例5-5】 图5-19(*a*)所示刚架，内侧温度升高35℃，外侧温度升高25℃，试绘制结构的弯矩图。刚架各杆 EI = 常数，截面高度 $h = l/10$，材料的线膨胀系数为 α。

【解】 (1) 选取基本结构　去掉 B 处两根支座链杆并以 X_1、X_2 代替，可得如图5-19(*b*)所示的基本体系。

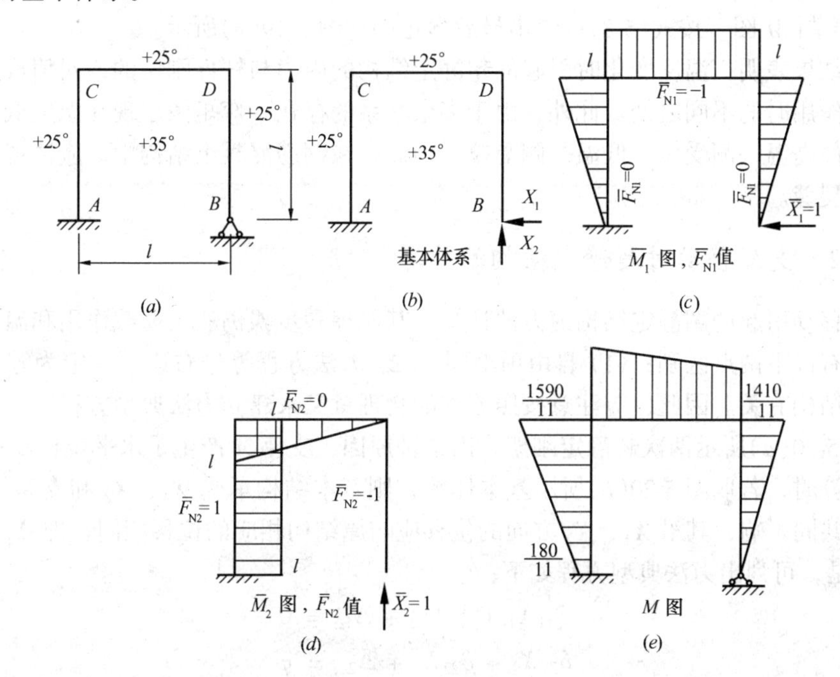

图5-19 （M 图各值乘 $\alpha EI/l$）

(2) 列力法方程　根据基本体系在去掉多余联系处的位移为零的条件，可建立温度变化时的力法典型方程如下：

$$\delta_{11}X_1 + \delta_{12}X_2 + \Delta_{1t} = 0$$
$$\delta_{21}X_1 + \delta_{22}X_2 + \Delta_{2t} = 0$$

(3) 求系数、自由项　$\overline{X}_1 = 1$、$\overline{X}_2 = 1$ 单独作用下的弯矩图及轴力值分别如图5-19(*c*)、(*d*)所示。各系数、自由项计算如下：

$$\delta_{11} = \frac{1}{EI}\left(\frac{1}{2}\cdot l\cdot l\cdot\frac{2}{3}l\times 2 + l^2\cdot l\right) = \frac{5l^3}{3EI}$$

$$\delta_{22} = \frac{1}{EI}\left(\frac{1}{2}\cdot l^2\cdot\frac{2}{3}l + l^2\cdot l\right) = \frac{4l^3}{3EI}$$

$$\delta_{12} = \delta_{21} = -\frac{1}{EI}\cdot\frac{1}{2}\cdot l^2\cdot l\times 2 = -\frac{l^3}{EI}$$

$$\Delta_{1t} = -1 \cdot \alpha \cdot \frac{25+35}{2} \cdot l - \alpha \cdot \frac{35-25}{h}\left(2 \cdot \frac{1}{2} \cdot l^2 + l^2\right) = -230\alpha l$$

$$\Delta_{2t} = 0 + \alpha \cdot \frac{35-25}{h}\left(\frac{1}{2}l^2 + l^2\right) = 150\alpha l$$

(4) 求未知力　将以上各系数、自由项代入力法方程得：

$$\frac{5l^3}{3EI}X_1 - \frac{l^3}{EI}X_2 - 230\alpha l = 0$$

$$-\frac{l^3}{EI}X_1 + \frac{4l^3}{3EI}X_2 + 150\alpha l = 0$$

解方程得：

$$X_1 = \frac{1410}{11} \cdot \frac{\alpha EI}{l^2};\quad X_2 = -\frac{180}{11} \cdot \frac{\alpha EI}{l^2}$$

(5) 绘制 M 图　按式(5-8)可绘出最后弯矩图如图 5-19(e)所示。

计算结果表明，温度变化时引起的超静定结构的内力与杆件刚度的绝对值成正比，这是与荷载作用时的不同之处。此外，由于多余联系的存在，弯矩图出现在温度低的杆件一侧，即杆件高温一侧受压，低温一侧受拉。因此，在钢筋混凝土结构中，应注意因降温可能出现的裂缝。

5.5.2　支座移动时超静定结构的计算

支座移动引起的超静定结构内力的计算，其原理和步骤仍然与荷载作用和温度变化时相同，但有以下两点区别：(1) 自由项不同；(2) 力法方程等号右边不一定为零，它与选取的基本结构有关。因此，应注意按照方程的物理意义来建立力法典型方程。

如图 5-20(a)所示两次超静定刚架，因某种原因，支座 A 产生了水平位移 a 及转角 φ。用力法计算时，若取图 5-20(b)所示基本体系，则基本结构承受 X_1、X_2 和支座 A 处水平位移 a 的共同影响，其沿 X_1、X_2 方向的位移应与原结构相应的位移相同，即 $\Delta_1 = 0$ 和 $\Delta_2 = \varphi$。于是，可列出力法典型方程如下：

$$\delta_{11}X_1 + \delta_{12}X_2 + \Delta_{1\Delta} = 0$$

$$\delta_{21}X_1 + \delta_{22}X_2 + \Delta_{2\Delta} = \varphi$$

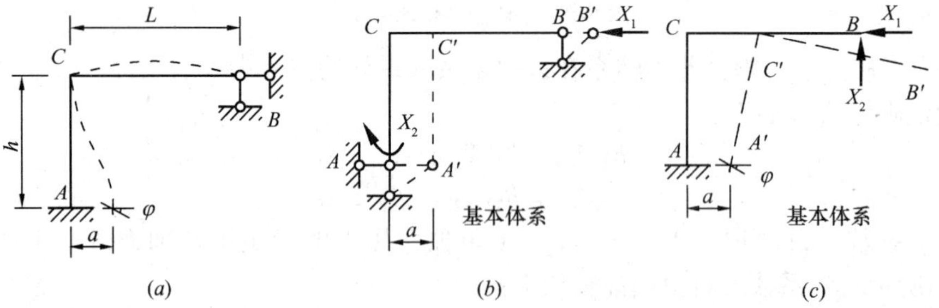

(a)　(b) 基本体系　(c) 基本体系

图 5-20

而若取图 5-20(c)所示基本体系，则基本结构受 X_1、X_2 和支座 A 处水平位移 a、转角 φ 的共同影响。根据其沿 X_1、X_2 方向的位移与原结构相应位移相同的条件($\Delta_1 = 0$，$\Delta_2 = 0$)，可列出力法典型方程为：

$$\delta_{11}X_1 + \delta_{12}X_2 + \Delta_{1\Delta} = 0$$

$$\delta_{21}X_1 + \delta_{22}X_2 + \Delta_{2\Delta} = 0$$

无论哪种情况，力法方程的右端项都是原结构对应于基本结构多余未知力处沿其方向的位移；而方程中各系数的计算均与以前相同，它和外因无关；自由项 $\Delta_{1\Delta}$、$\Delta_{2\Delta}$则分别表示对应于所选的基本结构，由于支座位移引起的 X_1、X_2 方向的位移，按照公式(4-13)，可计算如下：

$$\Delta_{i\Delta} = -\Sigma\overline{F}_{Ri}c \tag{5-9}$$

各系数、自由项求出后，即可解力法方程求出多余未知力。结构最后内力也是只由多余未知力引起的，故最后弯矩图可按式(5-8)绘出。

【例 5-6】 图 5-21(*a*)所示刚架，因地基沉陷，支座 A 发生转角 θ，支座 B 下沉距离 a，试作刚架的弯矩图。各杆 EI 为常数。

【解】 选取基本体系如图 5-21(*b*)所示。根据基本结构在 X_1 和支座 A 转角 θ 共同影响下，沿 X_1 方向的位移应与原结构相应位移相同的条件(即 $\Delta_1 = -a$)，可列出力法方程：

$$\delta_{11}X_1 + \Delta_{1\Delta} = -a$$

绘出 $\overline{M}_1$ 图，如图 5-21(*c*)所示。系数、自由项计算如下：

$$\delta_{11} = \frac{1}{EI}\left(\frac{1}{2}\cdot l\cdot l\cdot\frac{2}{3}l + l\cdot l\cdot l\right) = \frac{4l^3}{3EI}$$

$$\Delta_{1\Delta} = -(-l\cdot\theta) = l\theta$$

代入力法方程求解得：

$$X_1 = -\frac{\Delta_{1\Delta} + a}{\delta_{11}} = -\frac{3EI(l\theta + a)}{4l^3}$$

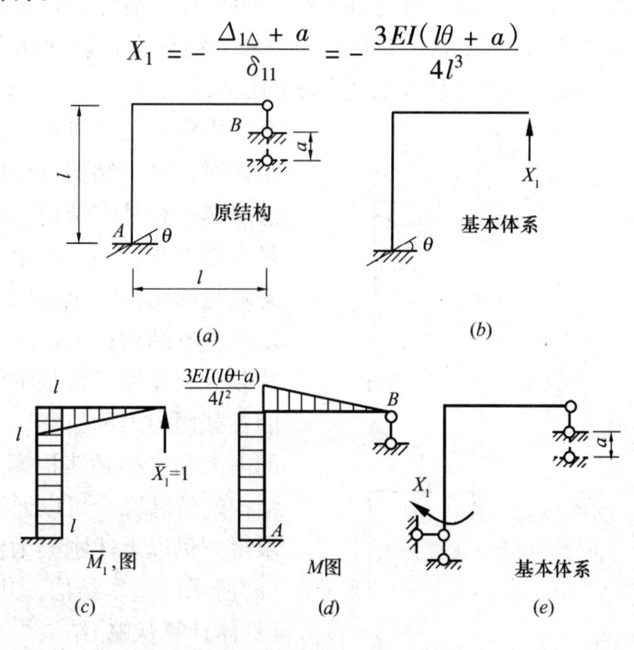

图 5-21

由 $M = \overline{M}_1X_1$ 绘出最后弯矩图，如图 5-21(*d*)所示。

本例若取图 5-21(*e*)所示的简支刚架为基本结构，力法方程为：

$$\delta_{11}X_1 + \Delta_{1\Delta} = -\theta$$

但最后弯矩图仍与图 5-21(d)相同，请读者自行验证并解释上述两个力法方程的物理意义。

与温度变化时的情况一样，支座移动时引起的超静定结构的内力，也是与各杆的 EI 绝对值成正比。

5.6 超静定结构的位移计算及最后弯矩图的校核

5.6.1 超静定结构的位移计算

第 4 章关于结构位移计算的一般公式，对超静定结构同样是适用的。现以超静定梁和刚架仅受荷载作用的情况进行说明，若忽略轴力和剪力的影响，其位移计算公式由式(4-5)得出为

$$\Delta_{KP} = \Sigma\int\frac{\overline{M}M_{P}ds}{EI} \tag{5-10}$$

式中，M_P为实际状态中荷载作用下的弯矩；$\overline{M}$ 为虚拟状态中单位力作用下的弯矩。例如，图 5-13(a)所示超静定刚架，其最后弯矩图已在例 5-1 求出(图 5-14d)，现重绘于图 5-22(a)，若拟求 AC 杆中点 D 的竖向位移 Δ_{DV}，则应在 D 点加上竖向单位力作为虚拟状态，并作出 $\overline{M}$ 图(图 5-22b)，然后根据 M、$\overline{M}$ 图由图乘法可求得(计算过程从略)：

$$\Delta_{DV} = \frac{19qa^4}{8448EI}(\downarrow)$$

但是为了得到 $\overline{M}$ 图，又要作力法求解超静定结构的计算。显然，这是比较烦琐的。下面要说明的是：也可以将单位力加在原结构的任一基本结构上，以此作为虚拟状态并作出 $\overline{M}$ 图，然后与 M 图相乘，同样可计算出所要求的位移。

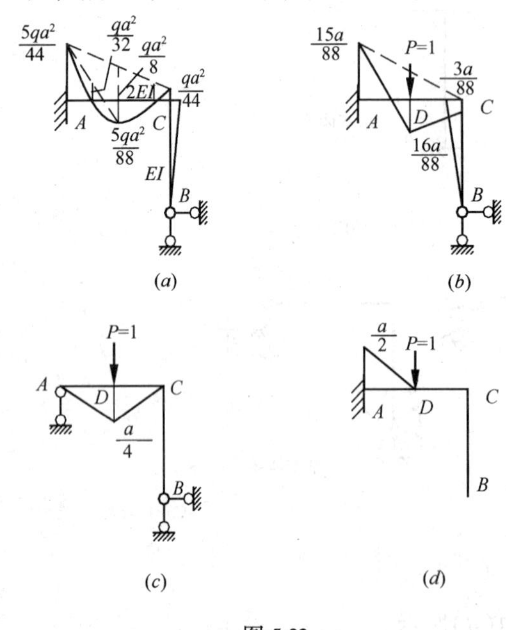

图 5-22

(a)实际状态；(b)虚拟状态；(c)虚拟状态；(d)虚拟状态

由前面几节可知，用力法求解超静定结构时，基本结构可以任意选取，但不论选取哪一种基本结构，只要多余未知力满足力法方程，则基本结构的受力和变形状态就与原结构完全相同。换言之，对于选定的基本结构，求出多余未知力后，再与荷载一起作用于该基本结构上，由此产生的各截面内力和位移，与原结构对应截面的内力和位移必然相等。因此，求超静定结构的位移完全可以通过其任一基本结构求得。仍以上述刚架为例，可选如图 5-22(c)所示的基本结构，其 $\overline{M}$ 图与 M 图相乘(具体计算从略)结果为

$$\Delta_{DV} = \frac{19qa^4}{8448EI}(\downarrow)$$

也可选如图 5-22(d)所示的基本结构，其 $\overline{M}$ 图与 M 图相乘，结果为

$$\Delta_{DV}=\frac{1}{2EI}\left[\frac{1}{2}\cdot\frac{a}{2}\cdot\frac{5qa^2}{44}\cdot\frac{2}{3}\cdot\frac{a}{2}+\frac{1}{2}\cdot\frac{a}{2}\cdot\frac{1}{2}\left(\frac{5qa^2}{44}+\frac{qa^2}{44}\right)\cdot\frac{1}{3}\cdot\frac{a}{2}\right.$$
$$\left.-\frac{2}{3}\cdot\frac{a}{2}\cdot\frac{qa^2}{8}\cdot\frac{3}{8}\cdot\frac{a}{2}\right]=\frac{19qa^4}{8448EI}(\downarrow)$$

基本结构不同，但结果是相同的。由于基本结构的 $\overline{M}$ 图容易得到，因而计算大为简化。具体计算时，应选取虚拟内力图尽量简单的基本结构，还会使图乘更简便，例如选图 5-22(d)所示基本结构要比图 5-22(c)所示结构计算量少。

计算超静定结构在温度改变和支座移动时的位移，同样可选任一基本结构为虚拟状态，但与荷载作用下不同的是，$\overline{M}$ 图与 M 图相乘所得结果并不等于原结构的相应位移，还必须加上温度改变和支座移动引起的基本结构的位移。

按照单位荷载法，超静定结构任一截面 K 位移计算的一般公式可写为：

$$\Delta_K=\Sigma\int\frac{\overline{M}M_P\mathrm{d}s}{EI}+\Sigma\int\frac{\overline{F}_N F_{NP}\mathrm{d}s}{EA}+\Sigma\int\frac{k\overline{F}_Q F_{QP}\mathrm{d}s}{GA}$$
$$+\Sigma\alpha t_0\int\overline{F}_N\mathrm{d}s+\Sigma\alpha\Delta_t\int\frac{\overline{M}\mathrm{d}s}{h}-\Sigma\overline{F}_R c \tag{5-11}$$

式中，M_P、F_{NP}、F_{QP}是原超静定结构的最后内力；$\overline{M}$、$\overline{F}_N$、$\overline{F}_Q$ 为基本结构在虚拟单位力作用下的内力；t_0、Δt、c 分别为原超静定结构的温度改变和支座移动。

具体计算时，可根据结构的类型和外因，选取式(5-11)等号右边若干项：

1. 对超静定刚架、超静定梁：荷载作用时，取第一项；温度改变影响时，取第一、四、五项；支座移动时，取第一、六项。

2. 对超静定桁架：荷载作用时，取第二项；温度改变影响时，取第二、四、五项；支座移动时，取第二、六项。

3. 对超静定组合结构：荷载作用时，取第一、二项；温度改变影响时，取第一、二、四、五项；支座移动时，取第一、二、六项。

综上所述，超静定结构的位移计算步骤如下：

(1) 用力法计算超静定结构，求出最后内力，以此为实际状态；

(2) 任选一种基本结构，在欲求位移的点沿所求位移方向上加相应的单位力，求出虚拟状态的内力；

(3) 由位移计算公式(5-11)相关项求出位移。

【例 5-7】 试计算图 5-23(a)所示超静定刚架 E 截面的竖向位移 Δ_{EV}。已知刚架的 M 图已由力法求出，如图 5-23(b)所示，各杆 EI 为常数。

【解】 以图 5-23(b)为实际状态。选取基本结构，作出 E 截面在单位力作用下的 $\overline{M}$ 图(图 5-23c)，以此为虚拟状态。取公式(5-11)等号右边第一项计算，将 EC 段 M 图看作两个三角形($A_1=\frac{1}{2}\times\frac{5qa^2}{32}\cdot a$ 及 $A_2=\frac{1}{2}\times\frac{5qa^2}{16}\cdot a$)和二次抛物线图形($A_3=\frac{2}{3}\times\frac{qa^2}{2}\cdot a$)的叠加，由图乘法得：

$$\Delta_{EV}=\frac{1}{EI}\left(\frac{1}{2}\times\frac{5qa^2}{32}\cdot a\cdot\frac{a}{3}+\frac{1}{2}\times\frac{5qa^2}{16}\cdot a\cdot\frac{2a}{3}-\frac{2}{3}\cdot\frac{qa^2}{2}\cdot a\cdot\frac{3a}{8}+\frac{qa^2}{8}\cdot a\cdot a\right)$$
$$=\frac{25qa^4}{192EI}(\downarrow)$$

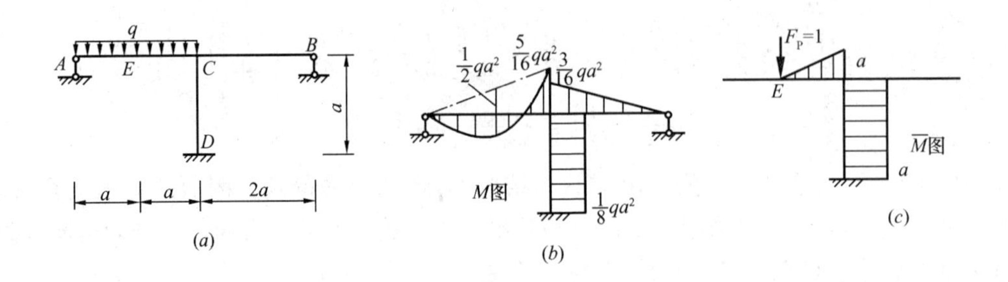

图 5-23

【例 5-8】 试计算图 5-24(*a*)所示超静定梁由于支座位移引起的跨中 *C* 截面的挠度 Δ_{CV}。梁的 *EI* 为常数。

【解】 用力法求出支座位移时超静定梁的 *M* 图，如图 5-24(*b*)所示。取简支梁为基本结构，在 *C* 点加竖向单位荷载，作出 $\overline{M}$ 图如图 5-24(*c*)所示。由公式(5-11)等号右边第一、六项计算得：

$$\Delta_{CV}=\Sigma\int\frac{\overline{M}M_P\mathrm{d}s}{EI}-\Sigma\overline{F}_Rc=\frac{1}{EI}\cdot\frac{1}{2}\cdot l\cdot\frac{l}{4}\cdot\frac{1}{2}\cdot\frac{3EI}{l}\left(\theta-\frac{a}{l}\right)-\frac{1}{2}(-a)$$

$$=3\theta l/16+5a/16(\downarrow)$$

本例若取图 5-24(*d*)所示悬臂梁为基本结构，同样可得到与上面相同的结果，读者可自行验证。

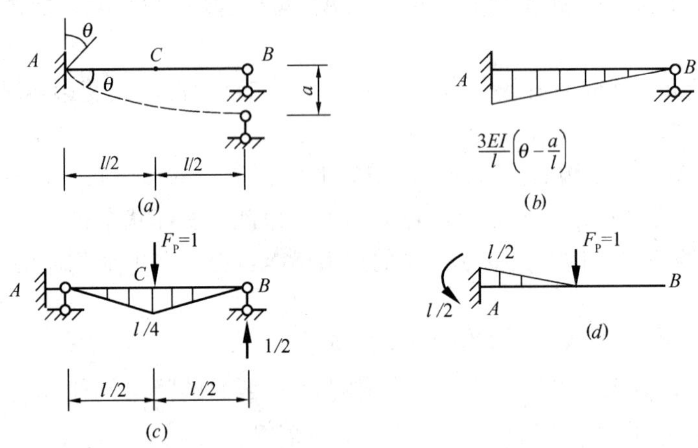

图 5-24

5.6.2 最后内力图的校核

最后内力图是结构设计的依据，为了保证它的正确性，应该加以校核。由于超静定结构的多余未知力是根据位移条件建立的力法方程求出的，而最后内力图又是在此基础上根据平衡条件绘出的。因此，如果上述计算正确，则基本结构任一截面的位移应与原结构的相应位移相同，同时结构的任一部分都应满足静力平衡条件。故最后内力图亦应从平衡条件和位移条件两个方面进行校核。

一、平衡条件校核

平衡条件校核，可以从结构中任意截取一部分(一个节点、一根杆件、某一部分或整体)，验算其是否满足平衡条件，如不满足，则表明内力计算有错。

对于最后弯矩图，可检查是否满足 $\Sigma M=0$。对各刚节点一般由直接观察或简单心算即可；对各根杆件或某一部分或整体，可检查 M 图是否满足与荷载的微分关系(例如集中力偶作用处 M 图有无突变，均布荷载作用区段是否抛物线等等)。对于 F_N 图、F_Q 图，则可由 $\Sigma F_x=0$ 及 $\Sigma F_y=0$ 验算。第 3 章关于校核内力图的各种作法对上述验算都是适用的，不再详述。

二、位移条件校核

仅仅满足静力平衡条件，并不能说明最后内力图一定正确。因为，最后内力图是在多余未知力求出后，按平衡条件绘出的。而多余未知力的数值是否正确，则必须要由位移条件校核。所谓位移条件校核，就是检查各多余联系处的位移是否与已知的实际位移相等，即以基本结构在某个单位多余未知力 $\overline{X}_i=1$ 作用下的内力为虚拟状态，以原结构最后内力为实际状态，计算出基本结构沿多余未知力 X_i 方向的位移 Δ_i，看其是否与原结构相应截面的已知位移相等。只要位移条件满足，则其余截面的位移也一定与原结构的位移相等。严格来说，为了保证全部多余未知力的正确，一个 n 次超静定结构，有 n 个多余未知力，应进行 n 次位移条件校核。不过，一般只任意验算少数几个位移即可，而且也不限于在原来解算时所用的基本结构上进行。

对于具有封闭无铰框格的刚架，由变形连续性可知，框格上任一点两侧截面相对转角必然为零，利用这一条件校核弯矩图是很方便的。例如，为了校核图 5-25(a)所示的 M 图，可取图 5-25(b)所示的基本结构在 $M=1$ 作用下的 $\overline{M}$ 图与 M 图相乘。由于 $\overline{M}$ 只在这一框格上不为零，且其竖标处处为 1，故任一点 K 两侧截面的相对转角应为：

$$\varphi_K=\Sigma\int\frac{\overline{M}M\mathrm{d}x}{EI}=\Sigma\int\frac{M\mathrm{d}x}{EI}=\Sigma\frac{A_M}{EI}=0$$

上式表明，任何封闭无铰框格，最后弯矩图的面积除以相应刚度的代数和应等于零。因此，具有封闭无铰框格的弯矩图，只要能使上式成立，就说明是正确的。现对图 5-25(a)所示 M 图校核如下(假定弯矩使刚架内侧受拉为正)：

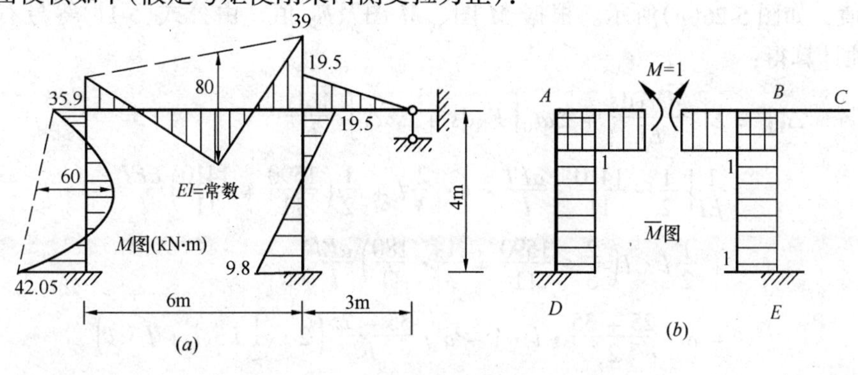

图 5-25

$$\Sigma \frac{A_M}{EI} = \frac{1}{EI}\Big[-\frac{1}{2}(35.9+42.05)\times 4 + \frac{2}{3}\times 60\times 4 - \frac{1}{2}(35.9+39)\times 6 + \frac{1}{2}\times 6\times 80 - \frac{19.5\times 4}{2} + \frac{9.8\times 4}{2}\Big] = 0$$

说明 *ABDE* 部分弯矩图正确。

【例 5-9】 图 5-26(a)所示刚架在温度变化时的内力已在例 5-5 求出，现重绘于图 5-26(b)中。试用位移条件校核 M 图是否正确。已知各杆 EI = 常数，截面高度 $h = l/10$，材料的线膨胀系数为 α。

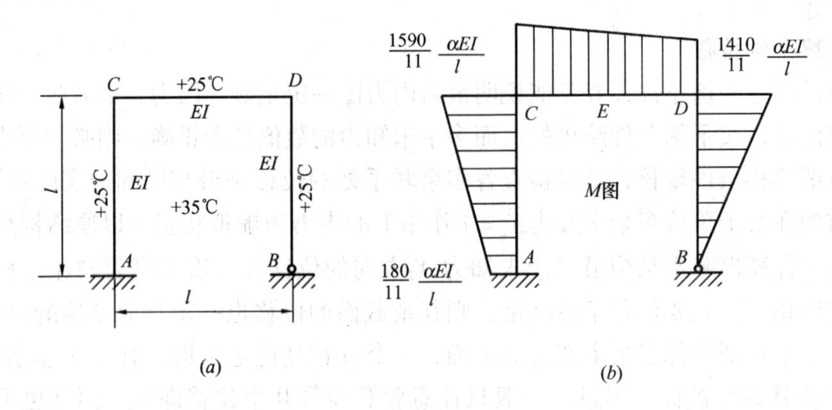

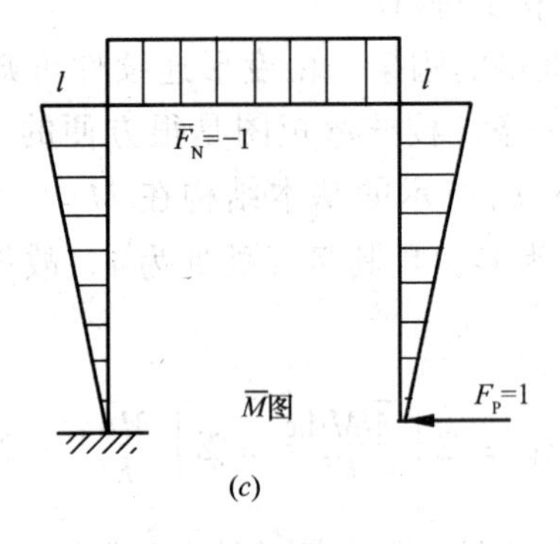

图 5-26

【解】 验算支座 B 的水平位移 Δ_{BH} 是否为零。取基本结构并求出单位力作用下的 $\overline{M}$ 图及 $\overline{F}_N$ 值，如图 5-26(c)所示。根据 M 图、$\overline{M}$ 图及 $\overline{F}_N$ 值，由公式(5-11)等号右边第一、四、五项计算得：

$$\begin{aligned}\Delta_{BH} &= \Sigma\int \frac{\overline{M}M_P ds}{EI} + \Sigma\alpha t_0\int \overline{F}_N ds + \Sigma\alpha\Delta_t\int \frac{\overline{M}ds}{h} \\ &= \frac{1}{EI}\Big[\frac{1}{2}\cdot\frac{1410}{11}\cdot\frac{\alpha EI}{l}\cdot l\cdot\frac{2}{3}l + \frac{1}{2}\Big(\frac{1590}{11}+\frac{1410}{11}\Big)\frac{\alpha EI}{l}\cdot l\cdot l \\ &\quad + \frac{1}{2}l\cdot l\Big(\frac{2}{3}\cdot\frac{1590}{11}+\frac{1}{3}\cdot\frac{180}{11}\Big)\frac{\alpha EI}{l}\Big] \\ &\quad - \alpha\cdot\frac{25+35}{2}\cdot l\cdot 1 - \alpha\cdot\frac{35-25}{h}\Big(2\cdot\frac{1}{2}l\cdot l + l\cdot l\Big)\end{aligned}$$

$$= \frac{470 + 1500 + 560}{11} \cdot \alpha l - 30\alpha l - 200\alpha l = 0$$

与原结构变形相同，表明 M 图是正确的。

5.7 对称性的利用

随着结构超静定次数的增加，用力法求解时，计算系数、自由项和解方程组的工作量将大大增加。从力法方程来看，由于方程中的主系数恒为正且不为零，因此，若能够使尽可能多的副系数、自由项为零，便能达到简化计算的目的。本节介绍利用结构的对称性实现简化计算的作法。

工程实际中，对称结构的应用十分普遍。所谓对称结构是指结构计算简图至少具有一个对称轴且同时满足下列条件的结构：

(1) 结构的几何形状和支承情况均对称于此轴；

(2) 杆件的截面尺寸和材料也对称于此轴。

图 5-27(a)所示三次超静定刚架就是一个符合上述条件的对称结构。而对称性的利用，则是在对称结构上进行的简化计算。

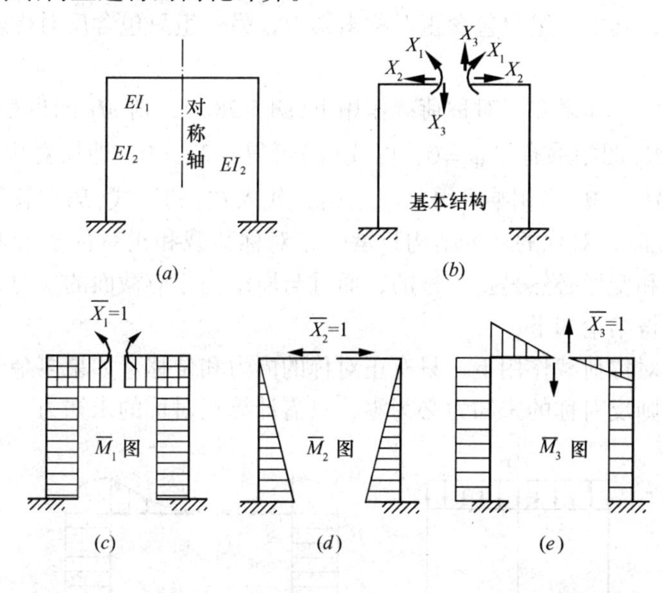

图 5-27

将对称结构沿对称轴对折后，对称轴两侧对称位置上的力或位移，如果作用点重合、数值相等、方向(转向)相同，则称该力或位移为正对称的；如果作用点重合、数值相等、方向(转向)相反，则称该力或位移为反对称的。这里的力可以是作用于结构上的荷载、约束反力，也可以是内力；这里的位移则可以是外因引起结构某截面的线位移和角位移。

5.7.1 选取对称的基本结构

用力法计算图 5-27(a)所示对称结构时，若沿对称轴切断横梁截面，并用相应的多余未知力代替，可得到一个对称的基本结构，如图 5-27(b)所示。三对多余未知力(弯矩 X_1、轴力 X_2、剪力 X_3)代表原结构对称轴截面上的内力，因而各自大小相等、方向相反，其中，两个 X_1(或 X_2)绕对称轴对折后，作用点和作用线重合且方向相同，为正对称的力；两个 X_3绕对称轴对折后，作用点和作用线重合但方向相反，为反对称的力。绘出各单位力作用下的弯矩图，如图 5-27(c)、(d)、(e)所示。可以看出，正对称的单位力$\overline{X}_1=1$、$\overline{X}_2=1$ 产生的$\overline{M}_1$ 图、$\overline{M}_2$ 图也是正对称的，而反对称的单位力$\overline{X}_3=1$ 引起的$\overline{M}_3$ 图也是反对称的。显然，正、反对称的两个弯矩图相乘时，由于正、负项抵消而使结果为零。于是有

$$\delta_{13}=\delta_{31}=0; \qquad \delta_{23}=\delta_{32}=0$$

从而，力法典型方程简化为：

$$\delta_{11}X_1+\delta_{12}X_2+\Delta_{1P}=0 \tag{a}$$

$$\delta_{21}X_1+\delta_{22}X_2+\Delta_{2P}=0 \tag{b}$$

$$\delta_{33}X_3+\Delta_{3P}=0 \tag{c}$$

以上分析表明：计算对称结构时，若选取对称的基本结构，使多余未知力分为正对称的和反对称的两组，则正、反对称的单位内力图相乘得到的副系数为零，力法方程成为两组互相独立的方程，其中一组只包含正对称未知力，另一组只包含反对称未知力，从而使计算简化。

上述对称结构中，如果在正对称荷载作用下(图 5-28a)，则 M_P 图也是正对称的(图 5-28b)，由 M_P 图与$\overline{M}_3$ 图相乘有 $\Delta_{3P}=0$，由式(c)可得：$X_3=0$，即反对称的未知力为零；再由 M_P 图分别与$\overline{M}_1$、$\overline{M}_2$ 图相乘可得 Δ_{1P}、Δ_{2P}，代入式(a)、式(b)求解可得到正对称的未知力 X_1、X_2。此时，对称的基本结构只承受正对称荷载和正对称多余未知力的共同作用，其反力、内力和变形必然是正对称的，而且与原结构相应截面的反力、内力、变形完全相同。因此，可得结论如下：

对称结构在正对称荷载作用下，只有正对称的内力和位移。如果多余未知力都是正对称的和反对称的，则反对称的未知力必为零，只需计算正对称的未知力。

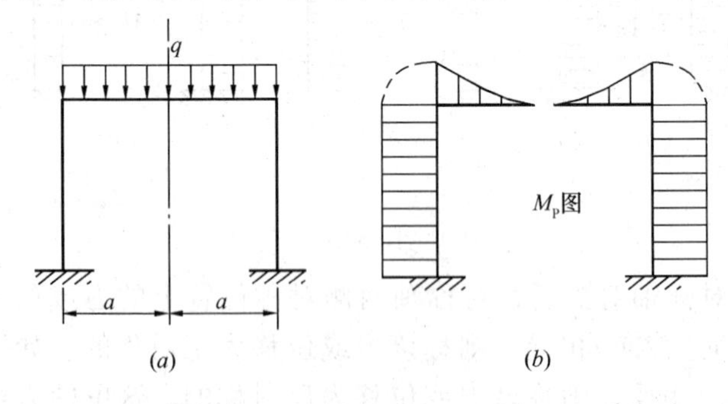

图 5-28

如果作用于结构上的荷载为反对称的(图 5-29a)，则 M_P 图也是反对称的(图 5-29b)，此时有 $\Delta_{1P}=0$ 及 $\Delta_{2P}=0$，由式(a)、式(b)得 $X_1=0$、$X_2=0$。再由式(c)求出 X_3，则基本结构在反对称多余未知力和反对称荷载共同作用下的反力、内力、变形必然是反对称的，

而且与原结构相应截面的反力、内力、变形完全相同。因此，可得如下结论：

对称结构在反对称荷载作用下，只有反对称的内力和位移。如果多余未知力都是正对称的和反对称的，则正对称的未知力必为零，只需计算反对称的未知力。

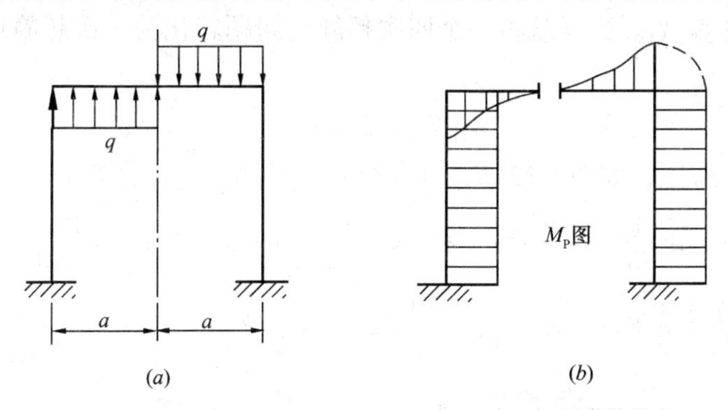

图 5-29

当对称结构受到非对称荷载作用时(图 5-30a)，可将荷载分解为正对称和反对称的两组(图 5-30b、c)，然后分别应用上述结论进行计算，并将计算结果叠加即得原结构的最后内力。

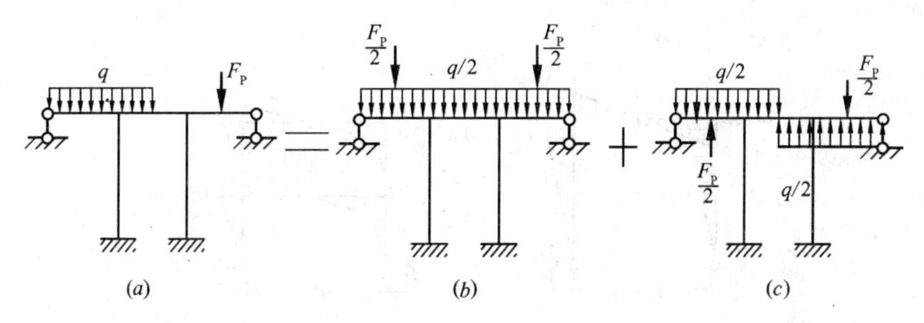

图 5-30

【例 5-10】 试分析图 5-31(a)所示刚架，绘出 M 图。各杆 EI = 常数。

【解】 此刚架是四次超静定对称结构，承受非对称荷载作用。将荷载分解成正对称荷载(图 5-31b)和反对称荷载(图 5-31c)两种情况，分别进行计算，然后将两种情况的弯矩图叠加。

(1) 正对称荷载作用　在图 5-31(b)所示一对大小为 $F_P/2$ 的平衡力系作用下，杆件 EF 只有轴力。在忽略杆件轴向变形的情况下，截面 E、F 不产生任何位移，因此其余各

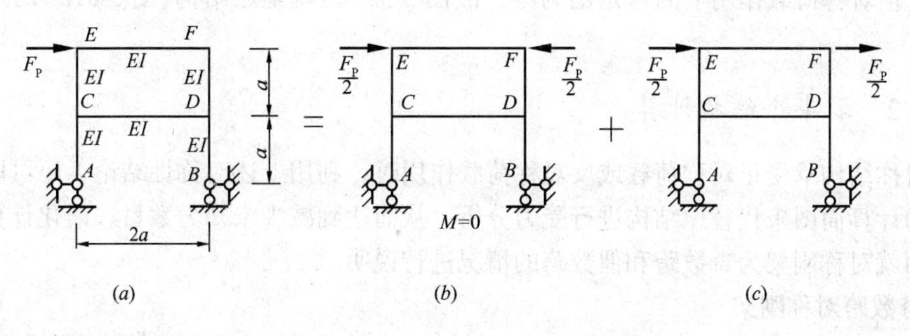

图 5-31

杆均不会有位移发生，内力为零。故可知，正对称荷载作用下刚架的弯矩为零。

(2) 反对称荷载作用　取对称的基本结构，如图 5-32(a)所示。根据对称结构在反对称荷载作用下，只有反对称的内力和位移这一结论，可知正对称的多于未知力 X_2、X_3、X_4 均为零，只需计算 X_1。这样就将一个四次超静定问题转化为一次超静定，从而力法方程简化为：

$$\delta_{11}X_1 + \Delta_{1P} = 0$$

分别绘出$\overline{M}_1$ 图及 M_P 图，如图 5-32(b)、(c)所示。δ_{11}和 Δ_{1P}计算如下：

$$\delta_{11} = \frac{1}{EI}\left(2 \cdot a \cdot a \cdot a + 4 \times \frac{1}{2} \cdot a \cdot a \cdot \frac{2}{3}a\right) = \frac{10a^3}{3EI}$$

$$\Delta_{1P} = \frac{2}{EI}\left[\frac{1}{2}F_Pa \cdot a \cdot \frac{2}{3}a + \frac{1}{2}(F_Pa + \frac{1}{2}F_Pa) \cdot a \cdot a\right] = \frac{13F_Pa^3}{6EI}$$

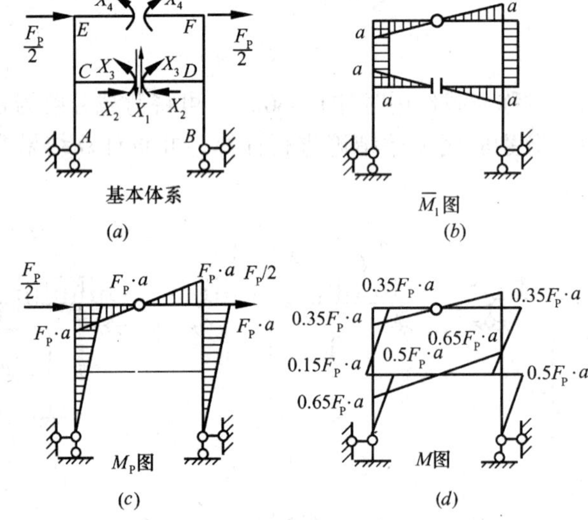

图 5-32

将以上系数、自由项代入力法方程求解得：

$$X_1 = -\frac{\Delta_{1P}}{\delta_{11}} = -\frac{13F_P}{20}$$

按式(5-6a)可叠加出 M 图，如图 5-32(d)所示。

由于正对称荷载作用下的弯矩图为零，故图 5-32(d)就是原结构(图 5-31a)的最后弯矩图。

5.7.2　取半个结构计算

当对称结构承受正对称荷载或反对称荷载作用时，利用上述对称性结论，还可以取半个结构的计算简图来代替原结构进行受力分析，从而达到减少未知力数目、简化计算的目的。下面就对称刚架为奇数跨和偶数跨的情况进行说明。

1. 奇数跨对称刚架

图 5-33(a)所示单跨对称刚架(奇数跨)，承受正对称荷载作用，根据上述结论可知，

在对称轴截面 C 处只能有正对称的内力(弯矩和轴力)，而反对称的内力(剪力)为零；同时，该截面也只能产生正对称的位移(竖向线位移)，而无反对称的位移(转角和水平线位移)。若将结构在对称轴处截开取其一半，并用滑动支座代替对截面 C 的约束(无转角和水平线位移)，可得到如图 5-33(b)所示的结构，它与原结构对称轴一侧的受力、变形完全相同，但超静定次数却比原结构减少了一次。求出这一结构的内力即为原结构对称轴一侧的内力，而原结构对称轴另一侧，则可由内力正对称的条件得出。

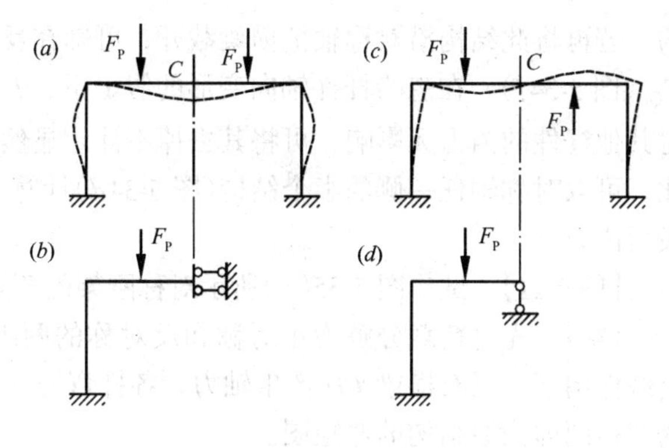

图 5-33

当单跨对称刚架承受反对称荷载作用时(图 5-33c)，只有反对称的内力和位移。这时，对称轴截面 C 的两侧可产生转角和水平线位移(反对称的)，但不会发生竖向线位移(正对称的)；C 截面上的弯矩和轴力均为零，而只有剪力(反对称)。因此，从对称轴截面处截开取其一半，并用竖向链杆支座代替原有联系，所得结构如图 5-33(d)所示，它与原结构对称轴一侧的受力、变形完全相同，但却将三次超静定结构转化为一次超静定。求出这一结构的内力并由内力反对称的条件可得出原结构的最后内力。

2. 偶数跨对称刚架

图 5-34(a)所示双跨对称刚架(偶数跨)，在正对称荷载作用下，只有正对称的内力和位移。如果忽略柱的轴向变形，则在对称轴截面 C 处将无任何位移，而横梁在 C 端除有弯矩和轴力外，还有剪力。故取一半结构计算时，可用固定支座代替截面 C 的原有联系，由此所得结构与原结构对称轴一侧的受力、变形完全相同，但超静定次数却由原结构的六次降为三次，见图 5-34(b)。求出该结构的内力，并根据内力正对称的条件可得到原结构的最后内力。

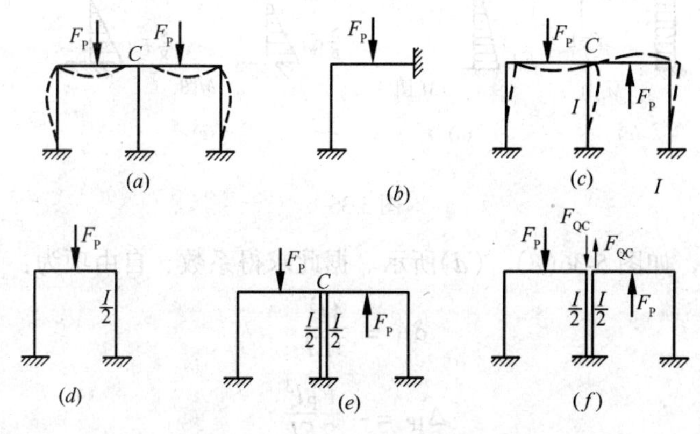

图 5-34

双跨对称结构承受反对称荷载作用时(图 5-34c)，在对称轴上的截面 C 处无竖向线位移，设想沿对称轴将中间柱截开为两根刚度各 $I/2$ 的竖柱，但在顶端处的横梁不截开，可得如图 5-34(e)所示的结构，它与原结构所受荷载、约束和杆件情况均相同，因而是等效的。若再将此结构沿对称轴把横梁截开，可知在反对称荷载作用下，切口处只有一对剪力 F_{QC}(图 5-34*f*)，在忽略杆件轴向变形的假定下，F_{QC}只使两根竖柱产生等值反号的轴力而对其他杆件的内力无影响，可将其去掉不计。显然它与原结构的受力、变形是相同的。因此，可取对称轴任一侧的半个结构(图 5-34*d*)计算，并利用内力反对称条件得到原结构的最后内力。

【例 5-11】 试作图 5-35(*a*)所示对称刚架的弯矩图。各杆 EI = 常数。

【解】 先将荷载分解为正对称和反对称的两组，如图 5-35(*b*)、(*c*)所示。在正对称荷载作用下，只有横梁 CD 产生轴力，各杆弯矩均为零。因此，结构在反对称荷载作用下的弯矩图即为原结构的弯矩图。

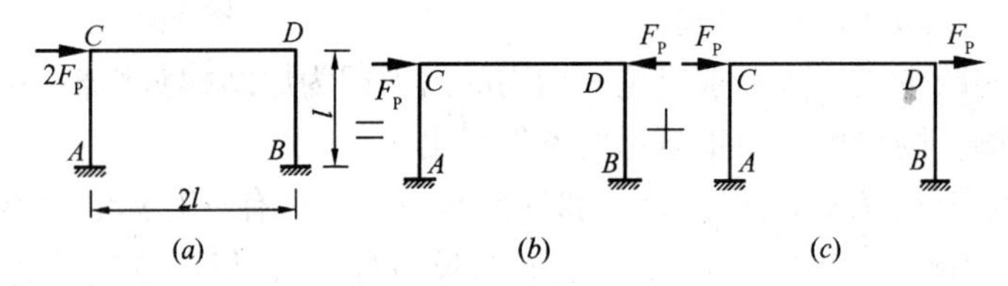

图 5-35

对图 5-35(*c*)所示单跨刚架在反对称荷载作用下的情况，取结构的一半计算，计算简图如图 5-36(*a*)所示，超静定次数仅为一次。取基本结构如图 5-36(*b*)所示。力法方程为：

$$\delta_{11}X_1 + \Delta_{1P} = 0$$

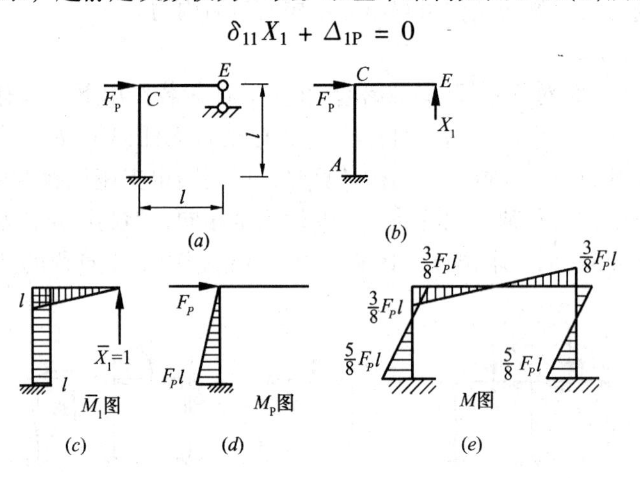

图 5-36

绘出$\overline{M}_1$ 图、M_P图，如图 5-36(*c*)、(*d*)所示。据此求得系数、自由项为：

$$\delta_{11} = \frac{4l^3}{3EI}$$

$$\Delta_{1P} = -\frac{F_P l^3}{2EI}$$

将它们代入力法方程求解得：

$$X_1 = -\frac{\Delta_{1P}}{\delta_{11}} = \frac{3F_P}{8}$$

最后弯矩图按 $M = \overline{M}_1 X_1 + M_P$ 叠加绘出，如图 5-36(*e*)所示。

5.8 超静定拱的内力计算

超静定拱的内力与三铰拱一样，也是以轴向压力为主，从而可利用抗压性能强而抗拉性能差的砖、石、混凝土等材料建造，故在工程中应用很广，例如钢筋混凝土拱桥、石拱桥，隧道中的混凝土拱圈，房屋建筑中的拱形屋架、门窗中的拱形过梁等等。超静定拱的常用型式有两铰拱和无铰拱两种，计算简图如图 5-37(a)、(b)所示。

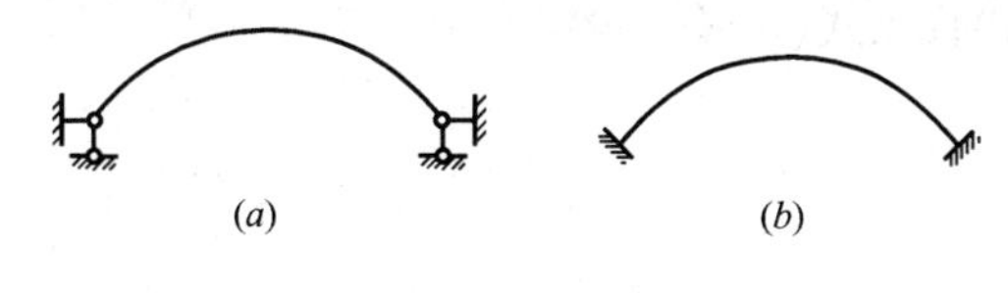

图 5-37

在超静定拱的计算中，由于拱轴为曲线，严格说，应考虑曲率对变形的影响。但拱的截面高度与拱轴的曲率半径相比小得多，曲率对变形的影响很小，可略去不计。因此，用力法计算时，超静定拱的系数和自由项仍可采用第 4 章推导的不考虑曲率影响的位移计算公式。

5.8.1 两铰拱及系杆两铰拱的计算

两铰拱是一次超静定结构，如图 5-38(a)所示。用力法计算时，通常采用简支曲梁为基本结构(图 5-38b)。根据基本结构在多余未知力 X_1 和荷载共同作用下，支座 B 处沿 X_1 方向的位移与原结构相等的条件，可得力法方程如下：

$$\delta_{11}X_1 + \Delta_{1P} = 0 \qquad (a)$$

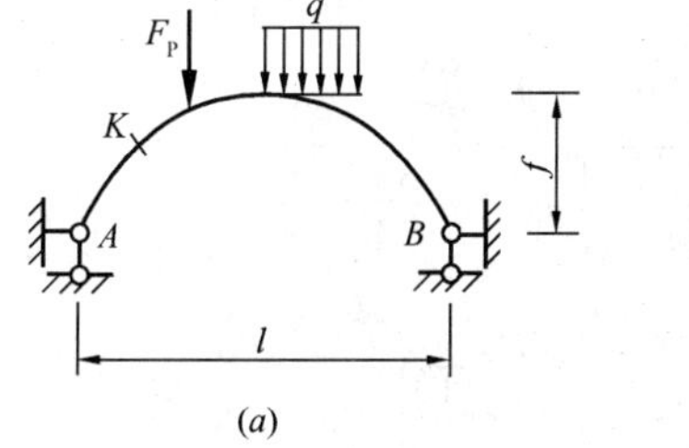

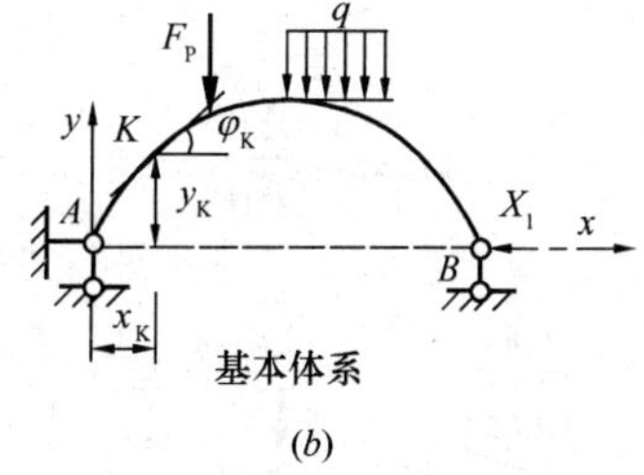

图 5-38

经验表明，在系数和自由项的计算中，对剪力的影响可略去不计，而轴力的影响只是 $f < l/3$ 的情况下在 δ_{11} 的计算中需要考虑。于是可有：

$$\delta_{11} = \int \frac{\overline{M}_1^2 ds}{EI} + \int \frac{\overline{F}_{N1}^2 ds}{EA} \qquad (b)$$

$$\Delta_{1P} = \int \frac{\overline{M}_1 M_P ds}{EI} \qquad (c)$$

设弯矩以使拱内侧受拉为正，轴力以受压为正，则基本结构在 $\overline{X}_1 = 1$ 作用下的弯矩、轴力为：

$$\overline{M}_1 = -y \quad \overline{F}_{N1} = \cos\varphi \qquad (d)$$

将式(d)代入式(b)、式(c)得：

$$\delta_{11} = \int \frac{y^2 \mathrm{d}s}{EI} + \int \cos^2\varphi \frac{\mathrm{d}s}{EA} \tag{e}$$

$$\Delta_{1\mathrm{P}} = -\int \frac{yM_{\mathrm{P}} \mathrm{d}s}{EI} \tag{f}$$

由于拱轴为曲线，δ_{11} 和 $\Delta_{1\mathrm{P}}$ 不能用图乘法计算，只能采用积分的方法。将式(e)、式(f)代入式(a)有：

$$X_1 = -\frac{\Delta_{1\mathrm{P}}}{\delta_{11}} = \frac{\int yM_{\mathrm{P}} \frac{\mathrm{d}s}{I}}{\int y^2 \frac{\mathrm{d}s}{I} + \int \cos^2\varphi \frac{\mathrm{d}s}{A}} \tag{5-12}$$

求出 X_1后，其余支座反力和任一截面的内力可由平衡条件求得。对于承受竖向荷载且两拱趾同高的两铰拱，任一截面的内力计算公式为：

$$M = M^0 - X_1 y \tag{5-13a}$$

$$F_{\mathrm{Q}} = F_{\mathrm{Q}}^0 \cos\varphi - X_1 \sin\varphi \tag{5-13b}$$

$$F_{\mathrm{N}} = F_{\mathrm{Q}}^0 \sin\varphi + X_1 \cos\varphi \tag{5-13c}$$

可见，它们与三铰拱任一截面的内力计算公式相似。

当基础比较弱时，为避免支座承受推力，常在两铰拱底部设置拉杆，将支座改为简支，称为系杆两铰拱，计算简图如图 5-39(a)所示。用力法计算时，通常取如图 5-39(b)所示的基本体系，以拉杆内力 X_1为多余未知力，建立力法典型方程。其计算方法和步骤与两铰拱相同，但系数 δ_{11}的计算式多了拉杆轴向变形的项 $\frac{l}{E_1A_1}$，所以有：

$$X_1 = -\frac{\Delta_{1\mathrm{P}}}{\delta_{11}} = \frac{\int yM_{\mathrm{P}} \frac{\mathrm{d}s}{EI}}{\int y^2 \frac{\mathrm{d}s}{EI} + \int \cos^2\varphi \frac{\mathrm{d}s}{EA} + \frac{l}{E_1A_1}} \tag{5-14}$$

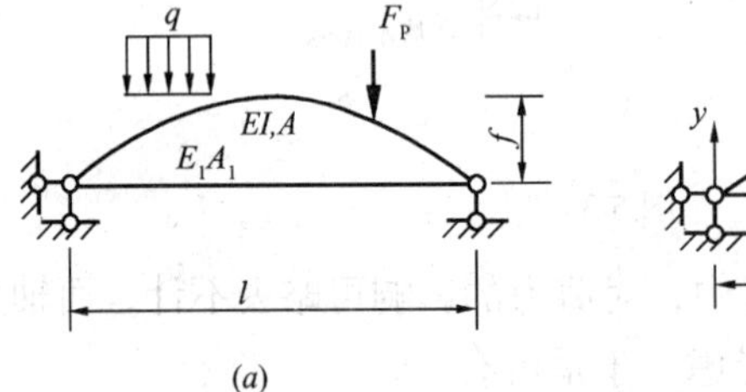

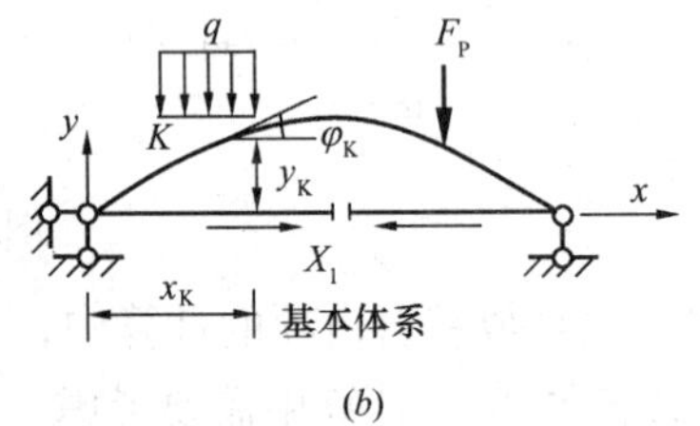

图 5-39

X_1求出后，反力和任一截面的内力可由平衡条件求得。当拱仅承受竖向荷载时，任一截面的内力可按式(5-13)计算。

由上述可知，当系杆的抗拉刚度 $E_1A_1 \to \infty$ 时，系杆的轴力及由此求出的拱的内力均与两铰拱相同；而当 $E_1A_1 \to 0$ 时，系杆将失去作用，结构成为简支曲梁。因此，适当加大系杆的 E_1A_1 值，能够减少拱内的弯矩。

【例 5-12】 用力法计算图 5-40(a)所示等截面两铰拱。已知 $l = 18\mathrm{m}$，$f = 3.6\mathrm{m}$，拱轴方程为 $y = \frac{4f}{l^2}x(l - x)$，拱截面面积 $A = 400 \times 10^{-3}\mathrm{m}^2$，惯性矩 $I = 2000 \times 10^{-6}\mathrm{m}^4$。

【解】 取基本体系如图 5-40(b)所示。因 $f/l=3.6/18=1/5<1/3$，故 δ_{11}的计算中需要考虑轴力的影响。由于拱身较平，为便于计算，近似地取 $ds=dx$，$\cos\varphi=1$，注意到 I、A 为常数，于是，式(5-12)简化为：

$$X_1=\int_0^l yM_P dx\Big/\left(\int_0^l y^2 dx+Il/A\right)$$

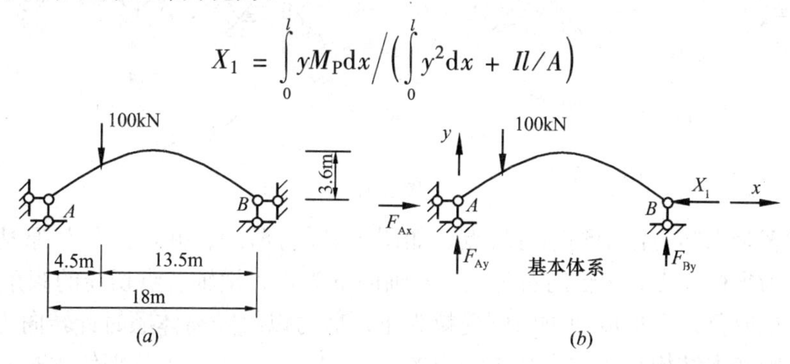

图 5-40

基本结构在荷载作用下 $F_{Ay}=75$kN，于是 M_P的表达式为：

$$M_P=F_{Ay}x=75x \qquad (0\leqslant x\leqslant 4.5)$$

$$M_P=F_{Ay}x-100\times(x-4.5)=75x-100\times(x-4.5) \qquad (4.5<x\leqslant 18)$$

将各值代入 X_1 的计算式可得：

$$X_1=\left\{\int_0^{4.5}\frac{4\times3.6}{18^2}x(18-x)\times75x dx+\int_{4.5}^{18}\frac{4\times3.6}{18^2}x(18-x)\times[75x-100\times(x-4.5)]dx\right\}$$

$$\div\left[\int_0^{18}\left(\frac{4\times3.6}{18^2}\right)^2x^2(18-x)^2dx+2000\times10^{-6}\times18/400\times10^{-3}\right]$$

$$=8656.87/124.51=69.53\text{kN}$$

多余未知力 X_1求出后，即可按式(5-13)计算拱各截面的内力，并绘制内力图，请读者自行练习。

5.8.2 无铰拱的计算

无铰拱是三次超静定结构。如图 5-41(a)所示对称无铰拱，利用对称性，从拱顶处截开，取对称的基本结构(图 5-41b)，由于 X_1、X_2 为正对称的未知力，X_3 为反对称的未知力，故有：

$$\delta_{13}=\delta_{31}=0 \qquad \delta_{23}=\delta_{32}=0$$

因此，力法方程成为：

$$\delta_{11}X_1+\delta_{12}X_2+\Delta_{1P}=0$$

$$\delta_{21}X_1+\delta_{22}X_2+\Delta_{2P}=0$$

$$\delta_{33}X_3+\Delta_{3P}=0$$

若能再使 $\delta_{12}=\delta_{21}=0$，则上述方程组将简化为三个独立的方程，计算将更加简化。为此，可采用下面介绍的弹性中心法。

弹性中心法的思路是，设想在拱顶切口处两边各加一个刚度无限大、长度为 y_s的刚臂，上端与拱顶切口处刚接。由于刚臂本身不变形，因此，刚臂端点与拱顶切口处变形相

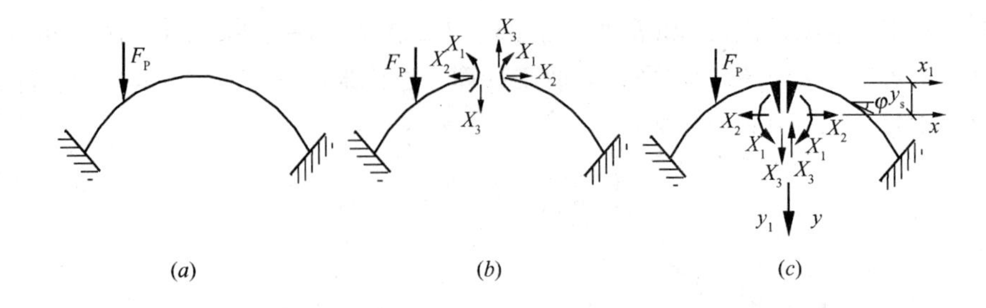

图 5-41

同。将三对多余未知力作用到刚臂端点，如图 5-41(c)所示，并以此代替原基本结构。现以刚臂端点为坐标原点，x 轴向右为正，y 轴向下为正，拱轴各点切线的倾角 φ 在右半拱取正，左半拱取负；弯矩以使拱内侧受拉为正，剪力以绕隔离体顺时针转向为正，轴力以压力为正。则基本结构在单位多余未知力 $\overline{X}_1=1$、$\overline{X}_2=1$、$\overline{X}_3=1$ 分别作用时的内力计算式为：

$$\overline{M}_1 = 1 \quad \overline{F}_{N1} = 0 \quad \overline{F}_{Q1} = 0$$
$$\overline{M}_2 = y \quad \overline{F}_{N2} = \cos\varphi \quad \overline{F}_{Q2} = \sin\varphi$$
$$\overline{M}_3 = x \quad \overline{F}_{N3} = -\sin\varphi \quad \overline{F}_{Q3} = \cos\varphi$$

于是副系数 δ_{12}、δ_{21} 为：

$$\delta_{12} = \delta_{21} = \int \frac{\overline{M}_1\overline{M}_2 ds}{EI} + \int \frac{\overline{F}_{N1}\overline{F}_{N2} ds}{EA} + \int k\frac{\overline{F}_{Q1}\overline{F}_{Q2} ds}{GA}$$
$$= \int y\frac{ds}{EI} = \int (y_1 - y_s)\frac{ds}{EI} = \int y_1\frac{ds}{EI} - y_s\int\frac{ds}{EI}$$

令 $\delta_{12}=\delta_{21}=0$，由上式可得刚臂长度的计算公式：

$$y_s = \frac{\int y_1 \frac{ds}{EI}}{\int \frac{ds}{EI}} \tag{5-15}$$

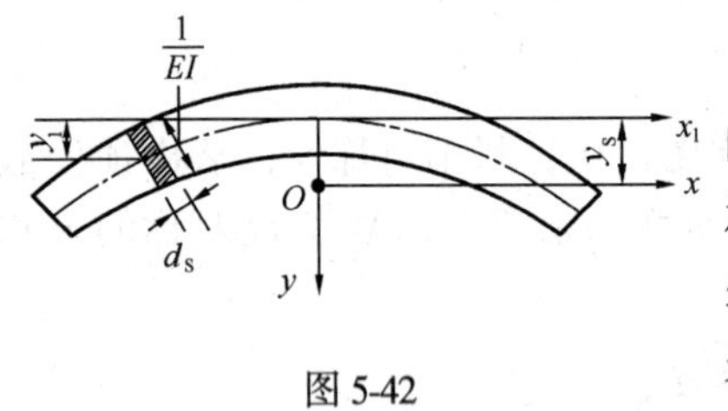

图 5-42

观察 y_s的计算式可知，若沿拱轴作一宽度为 $\frac{1}{EI}$ 的图形(图 5-42)，则分母就是图形的面积，分子则表示图形对 x_1 轴的静矩，y_s 则为该图形的形心 O 至 x_1 坐标轴的距离。由于此图形与结构的弹性性质 EI 有关，故称为弹性面积，其形心称为弹性中心。可见，将多余未知力置于弹性中心，并以此为坐标原点，力法方程的副系数就都为零，从而使计算简化，这一方法称为弹性中心法。此时，力法典型方程为：

$$\begin{aligned}\delta_{11}X_1 + \Delta_{1P} &= 0\\ \delta_{22}X_2 + \Delta_{2P} &= 0\\ \delta_{33}X_3 + \Delta_{3P} &= 0\end{aligned} \tag{5-16}$$

与两铰拱类似，计算系数、自由项时，同样可以略去曲率对变形的影响，而用下面的位移计算公式，即：

$$\delta_{ii}=\int\frac{\overline{M}_i^2\mathrm{d}s}{EI}+\int\frac{\overline{F}_{Ni}^2\mathrm{d}s}{EA}+\int k\frac{\overline{F}_{Qi}^2\mathrm{d}s}{GA} \tag{5-17}$$

$$\Delta_{iP}=\int\frac{\overline{M}_iM_P\mathrm{d}s}{EI}+\int\frac{\overline{F}_{Ni}F_{NP}\mathrm{d}s}{EA}+\int k\frac{\overline{F}_{Qi}F_{QP}\mathrm{d}s}{GA} \tag{5-18}$$

对于大多数拱桥，轴向变形和剪切变形的影响可以忽略不计。但当拱高 $f<\frac{l}{5}$时，δ_{22}的计算中应考虑轴力的影响；当 $f>\frac{l}{5}$，且拱顶截面高度 $h_c>\frac{l}{10}$时，δ_{22}中应考虑轴力和剪力的影响，δ_{33}中应考虑剪力的影响。

工程实际中，拱截面沿拱轴常常是变化的，拱轴方程也比较复杂，因此，用积分法计算将很困难。实用上常采用数值积分法(又称总和法)，即把拱轴沿跨度等分为若干段；每段的积分图形用简单、近似的图形代替，求出积分结果；然后把各段的计算结果总和起来，作为上述积分的近似值。常用的作法有梯形法和辛卜生法(又称抛物线法)。

用梯形法计算定积分 $\int_a^b F\mathrm{d}s$ 时(图 5-43a)，是先将区间[a，b]划分为 n 个等分，各等分长度为 $\Delta s=\frac{b-a}{n}$。设各等分点处的被积函数值 F_0、F_1、F_2、…、F_n 已知，则将各相邻竖标的顶点用直线相连，可得 n 个梯形，求出各梯形面积之和便是上述定积分的近似值，即

$$\int_a^b F\mathrm{d}s=\Delta s\left(\frac{1}{2}F_0+F_1+F_2+\cdots+F_{n-1}+\frac{1}{2}F_n\right) \tag{5-19}$$

上式就是梯形法的计算公式。

用辛卜生法计算定积分 $\int_a^b F\mathrm{d}s$ 时(图 5-43b)，是将区间[a，b]划分为 n 等分(n 为偶数)，每等分长度为 $\Delta s=\frac{b-a}{n}$，将各相邻三个被积函数值竖标的顶点用抛物线相连，则原积分曲线可用 $n/2$ 个抛物线近似代替，求出每个抛物线弧下的面积并求和即为上述定积分的近似值。据此，可得辛卜生法计算公式如下：

$$\int_a^b F\mathrm{d}s=\frac{\Delta s}{3}[F_0+4(F_1+F_3+\cdots+F_{n-1})+2(F_2+F_4+\cdots+F_{n-2})+F_n] \tag{5-20}$$

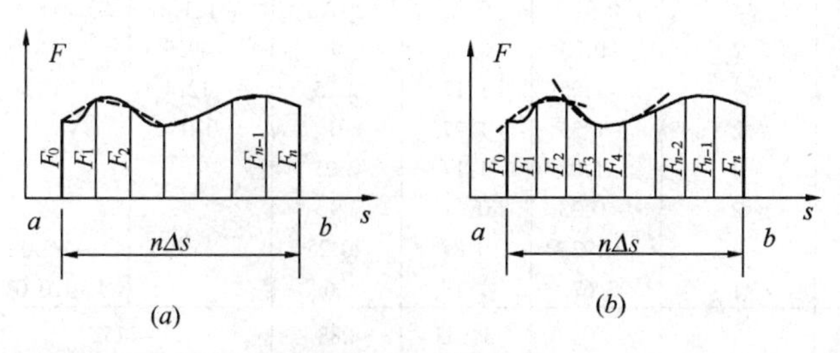

图 5-43

在上述数值积分法的计算中，一般取 $n=8\sim12$，即可得到满意的结果。显然，等分的区段数目越多，就越接近积分值，但计算工作量也就越大。

系数、自由项求出后，即可由式(5-16)求出多余未知力 X_1、X_2、X_3。于是，拱任一

截面的内力可由如图 5-41(c)所示的基本体系，分别在荷载和多余未知力作用下的内力叠加求得：

$$M = X_1 + X_2 y + X_3 x + M_P \tag{5-21a}$$

$$F_Q = X_2 \sin\varphi + X_3 \cos\varphi + F_{QP} \tag{5-21b}$$

$$F_N = X_2 \cos\varphi - X_3 \sin\varphi + F_{NP} \tag{5-21c}$$

【例 5-13】 试用弹性中心法计算图 5-44(a)所示对称无铰拱。已知拱截面为矩形，拱顶截面高度 $h_c = 0.6\text{m}$，拱轴方程为 $y_1 = \dfrac{4f}{l^2}x^2$。计算时取宽度 $b = 1\text{m}$，$I = I_c/\cos\varphi$，并取 $A = A_c/\cos\varphi$。

【解】 本例拱轴变化不复杂，可直接积分计算。但作为示例，现按辛卜生公式(5-20)代替积分运算。

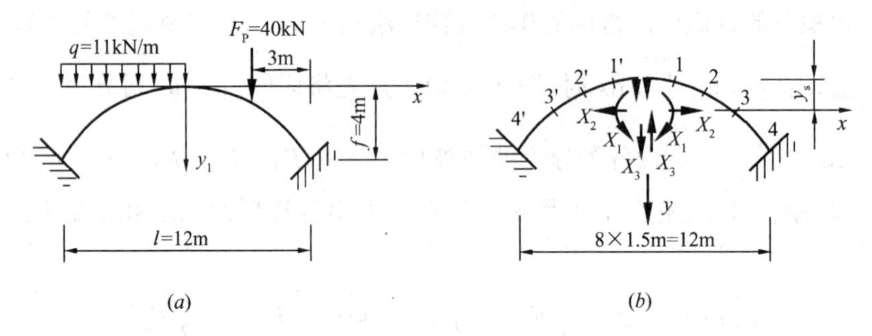

图 5-44

(1) 求弹性中心　采用如图 5-44(b)所示对称的基本结构，将拱轴沿跨度等分为 8 份，$\triangle x = 1.5\text{m}$，拱轴方程为：$y_1 = \dfrac{4f}{l^2}x^2 = \dfrac{4\times4}{12^2}x^2 = \dfrac{x^2}{9}$。各等分点的 y_1值列于表 5-1 中。注意到 $\mathrm{d}s/I = \mathrm{d}x/I_c$，按辛卜生公式计算式(5-15)的积分有：

几何数据及主系数、自由项的计算　　　　**表 5-1**

分点	x	y_1	辛卜生公式的系数	y	y^2	x^2	M_P		xM_P	yM_P
							$-5.5x^2$	$-40(x-3)$		
4′	−6.0	4.00	1	2.67	7.13	36	−198.0		1188.0	−528.7
3′	−4.5	2.25	4	0.92	0.85	20.25	−111.4		501.2	−102.5
2′	−3.0	1.00	2	−0.33	0.11	9	−49.5		148.5	16.3
1′	−1.5	0.25	4	−1.08	1.17	2.25	−12.4		18.6	13.4
0	0.0	0.00	2	−1.33	1.77	0	0.0		0.0	0.0
1	1.5	0.25	4	−1.08	1.17	2.25			0.0	0.0
2	3.0	1.00	2	−0.33	0.11	9			0.0	0.0
3	4.5	2.25	4	0.92	0.85	20.25		−60.0	−270	−55.2
4	6.0	4.00	1	2.67	7.13	36		−120.0	−720	−320.4
Σ		32.00			34.33	288	−1152		1764	−1393.6

$$\int_{-6}^{6} y_1 \frac{\mathrm{d}s}{I} = \frac{1}{I_c}\int_{-6}^{6} y_1 \mathrm{d}x = \frac{1}{I_c}\cdot\frac{1.5}{3}\times[32.0]$$

$$\int_{-6}^{6} \frac{\mathrm{d}s}{I} = \frac{1}{I_c}\int_{-6}^{6} \mathrm{d}x = \frac{12}{I_c}$$

式中方括号内之值的计算见表 5-1。

由式(5-15)可得：

$$y_s = \int_{-6}^{6} y_1 \frac{ds}{I} \Big/ \int_{-6}^{6} \frac{ds}{I} = \frac{1}{I_c} \cdot \frac{1.5}{3} \times 32.0 \Big/ \frac{12}{I_c} = 1.33\text{m}$$

以弹性中心为坐标原点建立 x-y 坐标系，$y = y_1 - y_s = y_1 - 1.33$，各等分点的 y 值见表 5-1。

(2) 计算系数和自由项　本例 $f/l = 1/3 > 1/5$，$h_C/l = 1/20 < 1/10$，在各系数计算中，可以忽略轴向变形和剪切变形的影响。$\overline{M}_1 = 1$、$\overline{M}_2 = y$、$\overline{M}_3 = x$，并且 $ds/I = dx/I_C$，于是由式(5-17)可得：

$$EI_c\delta_{11} = \int dx = l; \quad EI_c\delta_{22} = \int y^2 dx; \quad EI_c\delta_{33} = \int x^2 dx$$

按辛卜生公式求和可得系数 δ_{22}、δ_{33} 为：

$$EI_c\delta_{22} = \frac{1.5}{3} \times [34.33] = 17.2; \quad EI_c\delta_{33} = \frac{1.5}{3} \times [288.0] = 144$$

上两式方括号内之值的计算见表 5-1。

为了计算自由项，需写出基本结构在荷载作用下 M_P 的表达式：

$$M_P = -\frac{1}{2}qx^2 = -5.5x^2 \qquad (-6 \leqslant x \leqslant 0)$$

$$M_P = 0 \qquad (0 \leqslant x \leqslant 3)$$

$$M_P = -F_P(x-3) = -40(x-3) \qquad (3 \leqslant x \leqslant 6)$$

根据式(5-18)，各自由项的表达式为：

$$EI_c\Delta_{1P} = \int M_P dx; \quad EI_c\Delta_{2P} = \int yM_P dx; \quad EI_c\Delta_{3P} = \int xM_P dx$$

将各积分区段的 M_P 代入，由辛卜生公式可求得：

$$EI_c\Delta_{1P} = \frac{1.5}{3} \times [-1152] = -576$$

$$EI_c\Delta_{2P} = \frac{1.5}{3} \times [-1393.6] = -696.8$$

$$EI_c\Delta_{3P} = \frac{1.5}{3} \times [1764] = 882$$

各式方括号内之值的计算见表 5-1。

(3) 求多余未知力　由式(5-16)得：

$$X_1 = -\Delta_{1P}/\delta_{11} = 576/12 = 48.0\text{kN} \cdot \text{m}$$

$$X_2 = -\Delta_{2P}/\delta_{22} = 696.8/17.2 = 40.5\text{kN}$$

$$X_3 = -\Delta_{3P}/\delta_{33} = -882/144 = -6.13\text{kN}$$

(4) 绘制内力图　多余未知力求出后，即可按式(5-21)逐一计算各等分点截面的内力，如表 5-2 所示。表中，$\tan\varphi = y'_1 = \frac{2}{9}x$；$F_{QP}$、$F_{NP}$ 的计算式为：

当 $-6 \leqslant x \leqslant 0$ 时，

$$F_{QP} = -qx\cos\varphi = -11x\cos\varphi$$

$$F_{NP} = qx\sin\varphi = 11x\sin\varphi$$

当 $0 \leqslant x < 3$ 时

$$F_{QP} = 0 \quad F_{NP} = 0$$

当 $3 < x \leqslant 6$ 时，

$$F_{QP} = -F_P\cos\varphi = -40\cos\varphi$$

$$F_{NP} = F_P\sin\varphi = 40\sin\varphi$$

表 5-2

分段	x	y	$\tan\varphi$	$\sin\varphi$	$\cos\varphi$	M_P	F_{QP}	F_{NP}	M	F_Q	F_N
4′	-6.0	2.67	-1.333	-0.800	0.600	-198.0	39.6	52.8	-5.1	3.5	72.2
3′	-4.5	0.92	-1.000	-0.707	0.707	-111.4	35.0	35.0	1.5	2.1	59.3
2′	-3.0	-0.33	-0.667	-0.555	0.832	-49.5	27.5	18.3	3.5	-0.1	48.6
1′	-1.5	-1.08	-0.333	-0.316	0.949	-12.4	15.7	5.2	1.1	-3.0	41.7
0	0.0	-1.33	0.0	0.0	1.0	0.0	0.0	0.0	-5.9	-6.1	40.5
1	1.5	-1.08	0.333	0.316	0.949	0.0	0.0	0.0	-4.9	7.0	40.4
$2_{左}$	3.0	-0.33	0.667	0.555	0.832	0.0	0.0	0.0	16.2	17.4	37.1
$2_{右}$	3.0	-0.33	0.667	0.555	0.832	0.0	-33.3	22.2	16.2	-15.9	59.3
3	4.5	0.92	1.000	0.707	0.707	-60.0	-28.3	28.3	-2.3	-4.0	61.2
4	6.0	2.67	1.333	0.800	0.600	-120.0	-24.0	32.0	-0.6	4.7	61.2

最后，以拱的跨度为基线，将表中各分段点截面的 M、F_Q、F_N值分别用竖标标出，并将各竖标顶点用光滑的曲线相连即得各内力图，如图 5-45 所示。

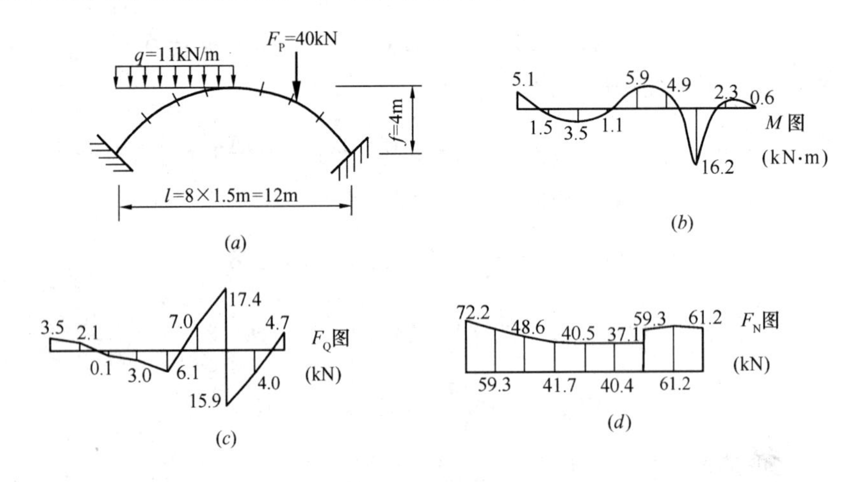

图 5-45

5.9 超静定结构的特性

与静定结构相比，超静定结构具有以下一些重要特性：

1. 在几何组成上，静定结构是无多余联系的几何不变体系，结构的任一联系遭破坏后，即成为几何可变体系而不能承受荷载；而超静定结构由于具有多余联系，在多余联系被破坏后，仍能维持几何不变性，继续承受荷载。因此，在军事、抗震等突发事故方面，超静定结构比静定结构具有更强的防御能力。

2. 在静力分析上，静定结构的所有反力和内力仅凭静力平衡条件就能唯一地确定，其值与组成结构的材料性质和截面尺寸无关；而超静定结构的内力不仅要满足静力平衡条件，还必须同时满足位移条件，才能得到唯一的解答。位移的计算要用到结构的刚度（EI、EA 等），因此超静定结构的内力与结构的材料性质和截面尺寸有关。根据这一特性，在设计超静定结构时，须事先确定结构的材料和截面尺寸。但材料和截面尺寸是根据内力确定的，而内力大小又与截面尺寸有关。因而，开始设计时无法给出确切的截面尺寸。通常，先选定材料并用较简单的方法估算各杆截面尺寸，据此进行内力计算。然后再按算出的内力选择所需截面。当与事先拟定的截面相差较大时，应重新调整截面再行计算。如此反复进行，直到满意为止。因此，超静定结构的设计要比静定结构复杂。

3. 在内力产生的原因上，静定结构除了荷载以外，其他任何因素，如温度改变、支座移动、制造误差、材料收缩等都不会引起结构的内力；而对于超静定结构，由于多余联系的存在，在上述任何因素作用于结构时，都将受到多余联系的限制，因而相应的要产生内力。由于超静定结构的这一特性，在设计结构时，对可能产生的不利内力，应采取适当措施，减轻甚至消除其影响。另一方面，利用这一特性，又可调整结构的整体内力状态，使内力分布更合理。

4. 在内力分布上，当静定结构的某一几何不变部分能与荷载平衡时，其余部分不受影响。或者说，静定结构在局部荷载作用下，内力分布范围小，但峰值较大；而超静定结构由于具有多余联系，任何部分受力，都将影响整个结构。或者说，超静定结构在局部荷载作用下，内力分布范围广，但较均匀。这一特性可用图 5-46(*a*)、(*b*)所示的三跨连续梁与三跨简支梁的对比说明。在跨度、材料、截面相同的情况下，显然前者的最大挠度、最大弯矩值都较后者为小，但内力、变形分布范围广。连续梁的较平滑的变形曲线，在桥梁中可以减少行车时的冲击作用。

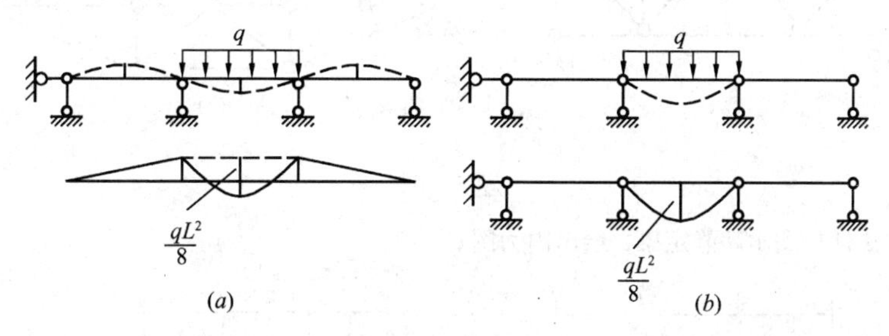

图 5-46

思 考 题

5-1 对超静定结构进行受力分析，要综合考虑哪几方面的条件？

5-2 力法求解超静定结构的思路是什么？试简述力法的解题步骤。

5-3 力法方程中各系数、自由项的含义是什么？为什么主系数恒大于零，而副系数、自由项则可正、可负、可为零？

5-4 力法典型方程的物理意义是什么？力法方程的右端是否一定为零？在什么情况下不为零？

5-5 试比较力法求解超静定梁和刚架、桁架、组合结构及排架的异同。

5-6　试比较力法求解超静定结构在荷载作用、温度改变、支座移动时的异同。

5-7　如何计算超静定结构的位移？为什么 $\overline{M}$ 图可以由不同的基本结构得到？

5-8　为什么最后内力图要从静力平衡条件和位移条件两方面校核？如何校核超静定结构在温度改变、支座移动时的最后内力图？

5-9　何谓对称结构？对称结构在正、反对称荷载作用下的内力和变形有何特点？

5-10　何谓弹性中心？如何确定弹性中心的位置？

5-11　两铰拱与系杆拱的计算有何异同？

5-12　静定结构中，改换部分杆件的材料，其他条件不变，对内力有无影响？若是超静定结构将会怎样？

习　题

5-1　试确定图示各结构的超静定次数。

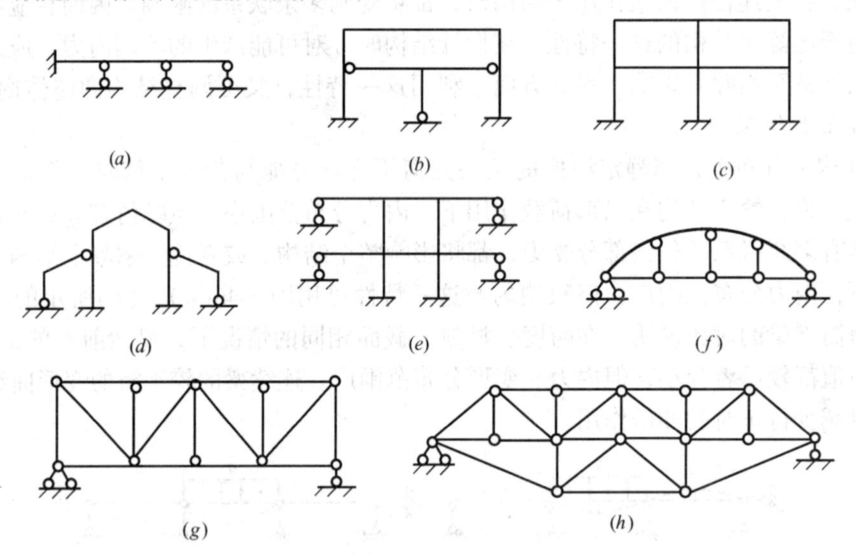

题 5-1 图

5-2　试用力法计算图示超静定梁，绘出内力图。

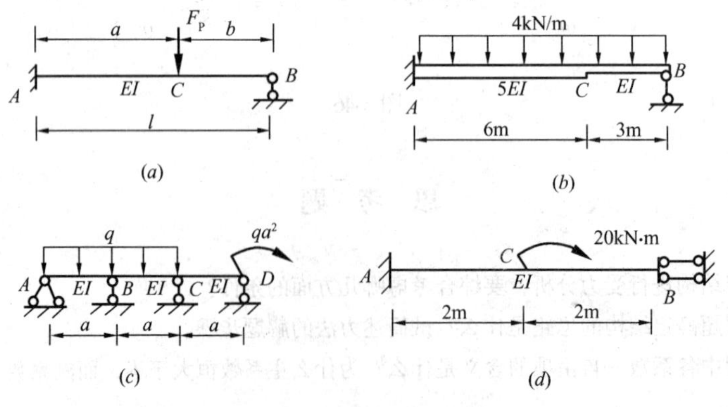

题 5-2 图

5-3　试用力法计算图示超静定刚架，绘出其弯矩图。

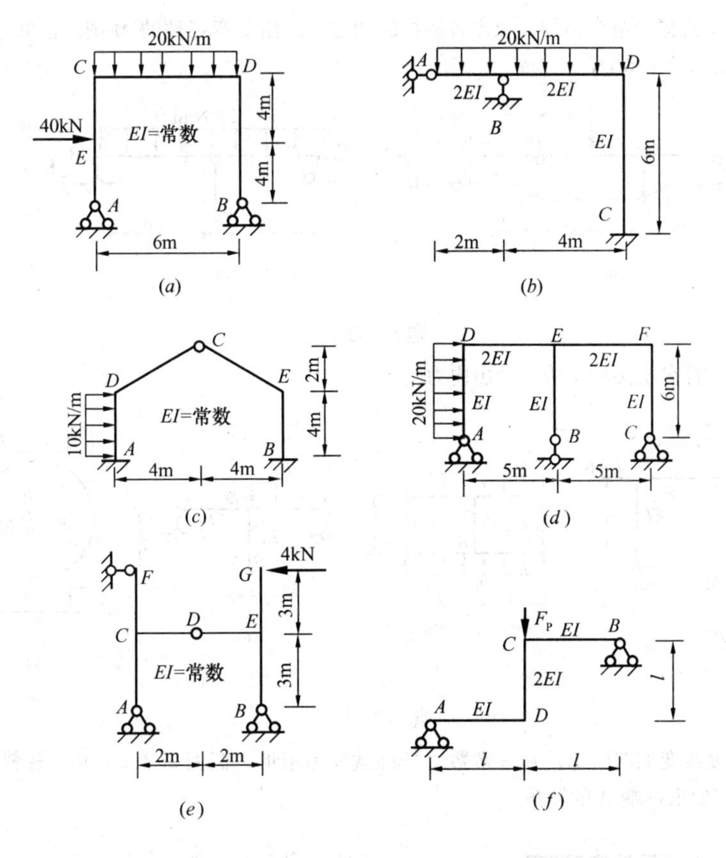

题 5-3 图

5-4　试用力法计算图示超静定桁架各杆轴力，各杆 *EA* 相同。

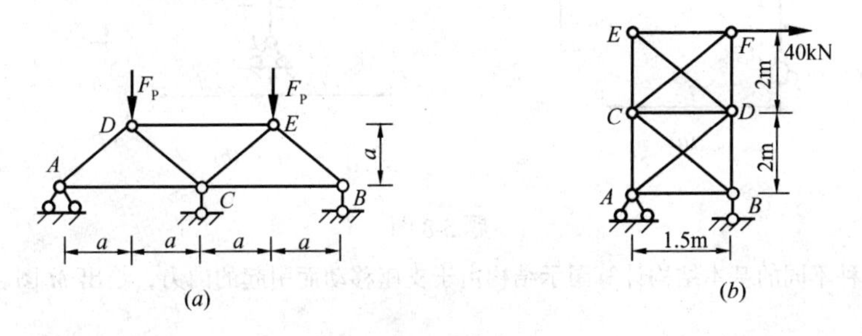

题 5-4 图

5-5　试用力法计算图示排架，绘出 *M* 图。

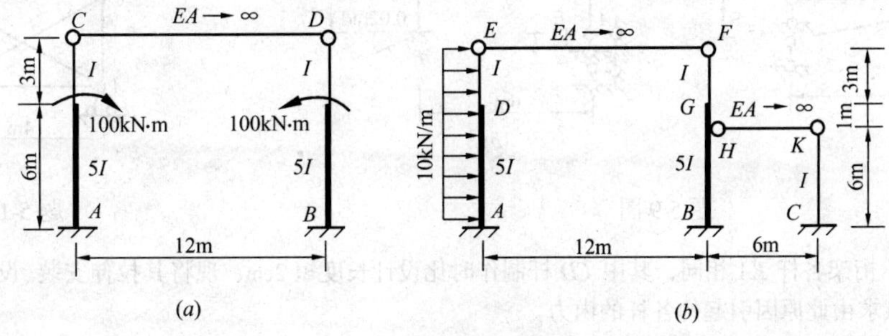

题 5-5 图

5-6 试用力法分析图示组合结构，求出各链杆的轴力，绘出受弯杆件的 M 图。已知各横梁 $EI=1\times10^4\text{kN}\cdot\text{m}^2$，各链杆 $EA=2\times10^5\text{kN}$。

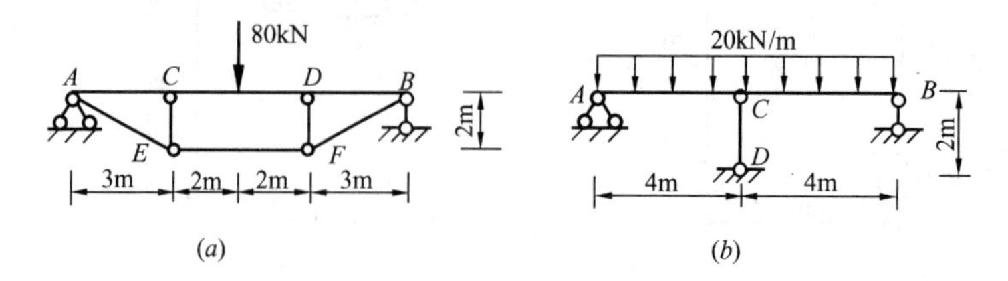

题 5-6 图

5-7 试利用对称性分析图示结构，绘出内力图。

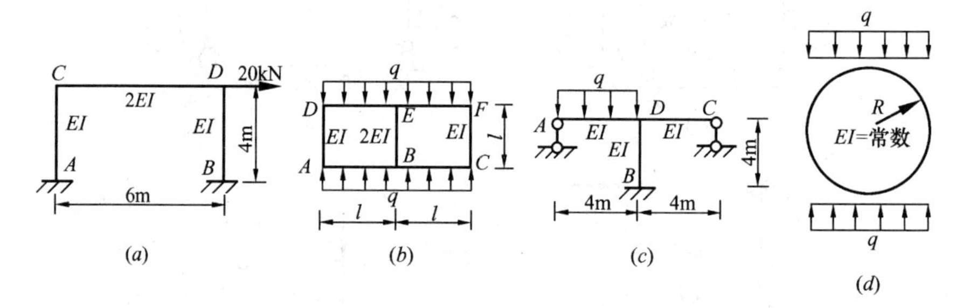

题 5-7 图

5-8 结构的温度改变如图所示，$EI=$ 常数，杆件截面为矩形，截面高 $h=l/10$，材料线膨胀系数为 α。(1)试作 M 图；(2)求杆端 A 的转角。

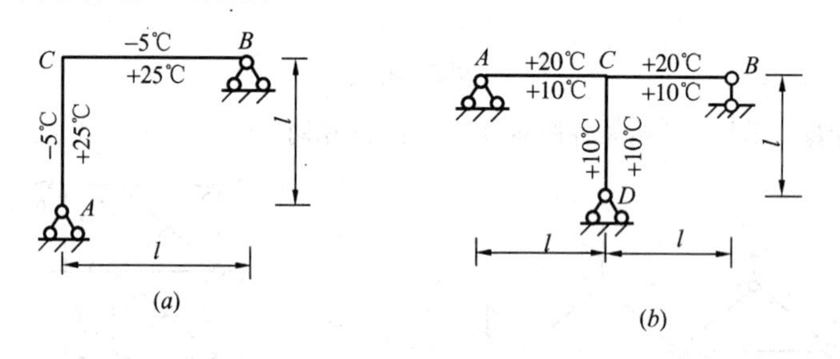

题 5-8 图

5-9 试以两种不同的基本结构计算图示结构由于支座移动而引起的内力，绘出 M 图。

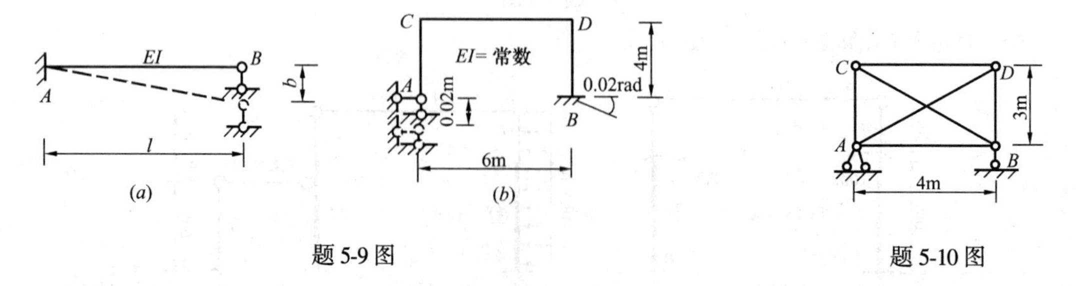

题 5-9 图

题 5-10 图

5-10 图示桁架各杆 EA 相同，其中 CD 杆制作时比设计长度短 2cm，现将其拉伸安装(设受力在线弹性范围内)，试求由此原因引起的各杆的内力。

5-11 试在题 5-2～题 5-4 中任选三个结构，进行最后内力图的校核。

5-12　试判断图示各结构 M 图是否正确？

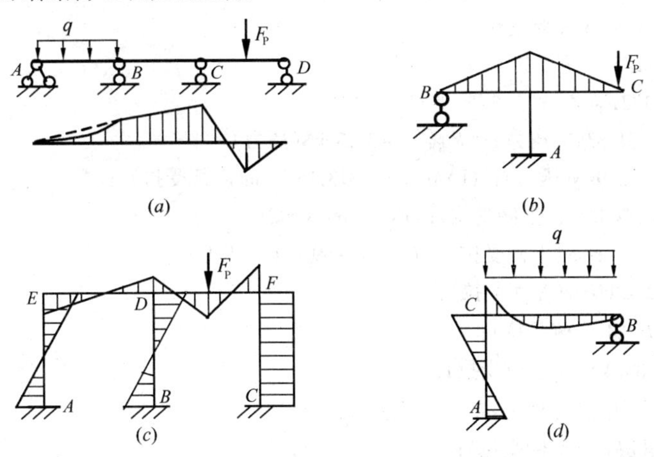

题 5-12 图

5-13　试用总和法或积分法计算图示抛物线无铰拱的内力。已知拱轴线方程为 $y=\frac{4f}{l^2}x^2$，拱截面为矩形拱顶截面高 $h_c=0.8\text{m}$，$I=I_c/\cos\varphi$，$A=A_c/\cos\varphi$。计算时取宽度 $b=1\text{m}$，系数和自由项可略去轴力和剪力的影响。

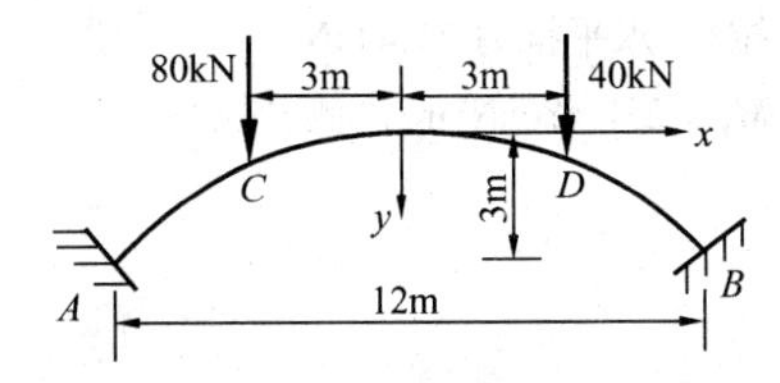

题 5-13 图

5-14　试求图示抛物线两铰拱 K 截面及拉杆 AB 的内力。$y=4fx(l-x)/l^2$，$EI=5\times10^3\text{kN}\cdot\text{m}^2$，$EA=3.6\times10^6\text{kN}$，$E_1A_1=2\times10^5\text{kN}$。

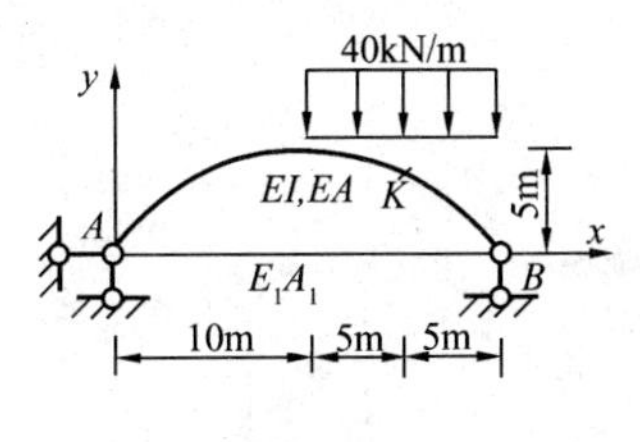

题 5-14 图

答　　案

5-1　(a) 3 次；(b) 6 次；(c) 12 次；(d) 5 次；(e) 10 次；(f) 1 次；(g) 6 次；(h) 3 次

5-2　(a) $M_A=F_Aab(l+b)/(2l^2)$(上面受拉)；(b) $M_A=50.94\text{kN}\cdot\text{m}$(上面受拉)；
(c) $M_{BA}=0.183qa^2$(上面受拉)；(d) $M_A=10\text{kN}\cdot\text{m}$(上面受拉)

5-3　(a) $M_{CE}=34.12\text{kN}\cdot\text{m}$(右侧受拉)；$M_{DB}=125.88\text{kN}\cdot\text{m}$(右侧受拉)；
(b) $M_{BD}=40\text{kN}\cdot\text{m}$(上面受拉)；$M_{DC}=6.15\text{kN}\cdot\text{m}$(右侧受拉)
(c) $M_{AD}=49.04\text{kN}\cdot\text{m}$(左侧受拉)；$M_{BE}=11.52\text{kN}\cdot\text{m}$(左侧受拉)

(d) $M_{DA}=145.71$kN·m(右侧受拉)；$M_{FC}=214.29$kN·m(右侧受拉)

(e) $M_{CF}=4.8$kN·m(左侧受拉)

(f) $M_{CB}=F_P l/2$(下侧受拉)

5-4 (a) $F_{Cy}=1.172F_P$(↑)；

(b) $F_{NBC}=-31.33$kN(压力)；$F_{NDE}=-31.33$kN(压力)

5-5 (a) $F_{NCD}=-12.9$kN(压力)；(b) $M_{AD}=-313.15$kN·m(左侧受拉)

5-6 (a) $M_{CA}=18.877$kN·m(上侧受拉)；$F_{NEF}=69.438$kN(拉力)；

(b) $M_{CA}=38.14$kN·m(上侧受拉)；$F_{NCD}=-99.07$kN(压力)

5-7 (a) $M_{AC}=22.22$kN·m(左侧受拉)；

(b) $M_{DA}=ql^2/24$(左侧受拉)；

(c) $M_{DA}=1.33q$kN·m(上侧受拉)；

(d)圆环的上下中点处弯矩 $qR^2/4$(内侧受拉)

5-8 (a) $M_{CB}=480\alpha EI/l$(上侧受拉)；

(b) $M_{CD}=30\alpha EIb/l$(右侧受拉)；

5-9 (a) $M_A=3EIb/l^2$(上侧受拉)；

(b) $F_{Ax}=0.0011EI$(→)；$F_{Ay}=0.00125EI$(↓)

5-10 $F_{NAD}=-750$kN(压力)

5-12 (a)、(b)不满足位移条件；(c)节点 D 不平衡；(d) AC 杆不满足平衡条件

5-13 $M_A=10.62$kN·m(外侧受拉)；水平推力 73.44kN

5-14 $F_{NAB}=199.6$kN(拉力)；$M_K=251.486$kN·m(内侧受拉)

第6章　位　移　法

6.1　概　　述

力法和位移法是分析超静定结构的两种基本方法。早在19世纪末力法就已应用于各种超静定结构的分析中。20世纪初，随着钢筋混凝土结构的应用，出现了大量的高次超静定刚架，如果仍采用力法计算将十分麻烦。于是，人们在力法的基础上又提出了位移法。

力法是以多余未知力作为基本未知量，并通过位移条件先求出多余未知力，然后再计算结构的其他反力、内力和位移。然而，在一定的外因作用下，结构的内力和位移之间恒具有一定的关系，确定的内力与确定的位移相对应。因此，也可以把结构的某些节点位移(角位移、线位移)作为基本未知量，首先求出这些位移，然后再计算结构的内力，这种方法便是位移法。由此可见，力法与位移法的一个基本区别就在于基本未知量选取的不同。对于一些超静定次数较高的结构，位移法的基本未知量个数常常比超静定次数要少，此时用位移法解题要比用力法简单得多。

用位移法计算超静定结构，通常采用以下变形假定：

(1) 对于受弯杆件，只考虑弯曲变形，忽略轴向变形和剪切变形的影响；

(2) 由于杆件的弯曲变形与其尺寸相比非常小，因此可以认为在变形前后直杆两端之间的距离保持不变。

现以图6-1(*a*)所示超静定刚架为例，说明位移法的基本概念。

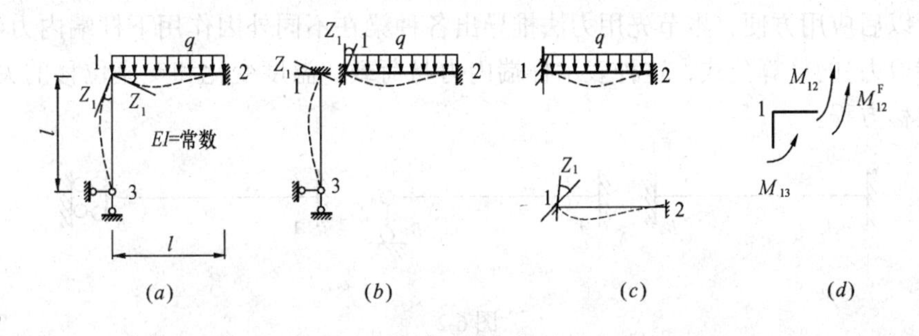

图6-1

在均布荷载 q 作用下刚架将会发生变形，由于支座2、3处无线位移，根据本节的变形假定，节点1也无线位移，而只有转角。考虑到刚架是由12、13杆在1点刚接而成，故各杆在节点1的转角相同，设为 Z_1。于是，刚架12杆的受力和变形与1、2端均为固定的梁受均布荷载 q 作用并在1端发生转角 Z_1 的情况完全相同，而13杆，则与1端固定3端铰支的梁，在固定端1处发生转角 Z_1 的情况完全相同，如图6-1(*b*)所示。对12杆的受力与变形还可分解为图6-1(*c*)所示两种情况的叠加。如果能设法求出 Z_1，则上述两种单跨超静定梁的内力便不难由力法求出。可见，问题的关键是如何求出 Z_1。

设由力法求得杆件 12(两端固支)在荷载作用下 1 端的弯矩为 M_{12}^F、12 杆因转角 Z_1 引起的 1 端弯矩为 M_{12}、杆件 13(一端固支、一端铰支)在 1 端由于转角 Z_1 引起的弯矩为 M_{13}。由于两杆在节点 1 刚接，于是根据节点 1 的平衡条件可有(图 6-1d)：$\Sigma M_1 = M_{12} + M_{13} + M_{12}^F = 0$ 式中 M_{12}、M_{13}均与 Z_1 有关，因此该式就是含有未知量 Z_1 的静力平衡方程，由此可求解 Z_1，进而可求得各杆其余截面的内力。这就是位移法的基本思路。在上述求解过程中，由于要先求出节点位移 Z_1，然后才能计算各杆的内力，因此 Z_1 称为位移法的基本未知量。

综上所述，用位移法计算超静定结构的基本作法是，把超静定结构的某些节点位移(角位移和线位移)作为基本未知量，以单跨超静定梁作为计算单元，根据节点位移的平衡条件列出求基本未知量的方程并求解，最后求得结构的所有内力。

可见，用位移法求解超静定结构需要解决以下问题：

(1) 用力法计算出单跨超静定梁因支座或节点位移(角位移、线位移)以及荷载等因素作用下的杆端内力。

(2) 确定结构用位移法计算的基本未知量。

(3) 建立求基本未知量的位移法方程。

下面依次讨论这些问题。

6.2 等截面直杆的转角位移方程

用位移法计算超静定结构，是以单跨超静定梁作为计算单元。在计算过程中，要用到这种梁在杆端发生转动或移动时以及荷载等外因作用下的杆端弯矩和剪力。常见的单跨超静定梁有两端固定、一端固定一端铰支、一端固定一端定向支承三种，如图 6-2 所示。作用于梁上的外因可以是支座移动(杆端支座处的角位移和线位移)、荷载作用、温度变化等。为了以后应用方便，本节先用力法推导出各种梁在不同外因作用下杆端内力(杆端弯矩、杆端剪力)的计算公式，这种表示杆端内力与荷载、温度变化和支座位移的关系式称为转角位移方程。

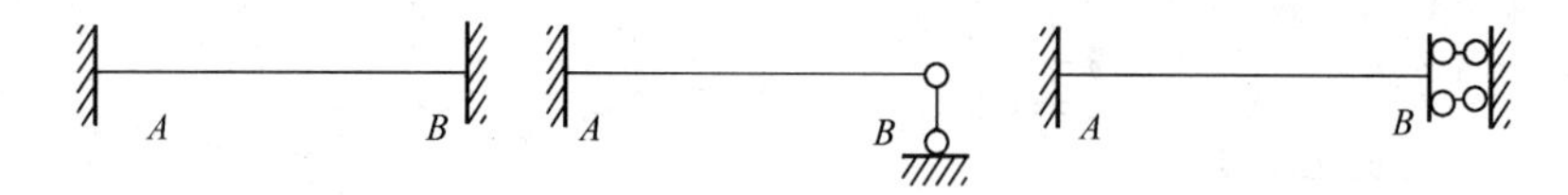

图 6-2

在推导转角位移方程之前，先说明有关的符号规定。

(1) 内力符号的规定

在转角位移方程中，杆端内力用 S_{ik}表示，其中第一个下标表示内力所在的截面，第二个下标表示该截面所属杆段的另一端。如 M_{ik}表示 ik 杆 i 端的弯矩，F_{Qki}表示 ik 杆 k 端的剪力。对单跨超静定梁 ik 由荷载及温度变化等引起的杆端弯矩和杆端剪力，分别称为固端弯矩和固端剪力，用 M_{ik}^F、M_{ki}^F及 F_{Qik}^F、F_{Qki}^F表示。

(2) 杆端内力及杆端位移的正负号规定

杆端弯矩对杆端而言以顺时针转为正(对支座或节点而言，则以逆时针转为正)；杆端剪力，以绕隔离体顺时针转为正；杆端转角，以顺时针转为正；杆件 ik 两端在垂直于杆轴方向上的相对线位移Δ_{ik}，以使杆件顺时针转为正。在图 6-3 中，所给出的杆端位移 φ_i，φ_k，Δ_{ik}均为正值，M_{ki}为正，M_{ik}为负。

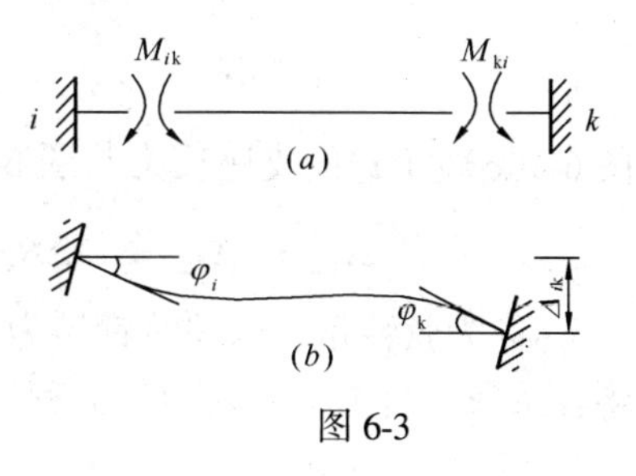

图 6-3

一、两端固定梁的转角位移方程

如图 6-4(a)所示两端固定的等截面梁，在 A 端发生角位移φ_A，B 端发生角位移φ_B，A、B 两端在垂直于杆轴方向上的相对线位移为Δ_{AB}，现用力法计算这一支座位移时的杆端内力。

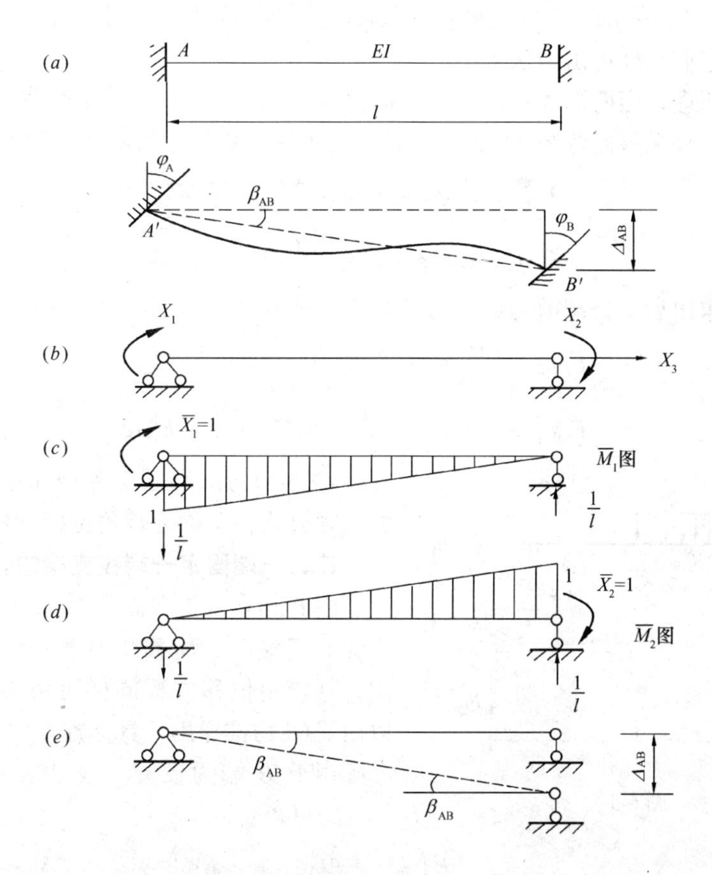

图 6-4

选取基本结构如图 6-4(b)所示，多余未知力为杆端弯矩 X_1、X_2 和轴力 X_3，由于忽略轴力对变形的影响，故 X_3 可不考虑，而只需求解 X_1 和 X_2，于是力法方程为：

$$\delta_{11}X_1+\delta_{12}X_2+\Delta_{1\Delta}=\varphi_A$$

$$\delta_{21}X_1+\delta_{22}X_2+\Delta_{2\Delta}=\varphi_B$$

绘出$\overline{M}_1$、$\overline{M}_2$图如图 6-4(c)、(d)所示。由图乘法求得各系数如下：

$$\delta_{11}=\frac{l}{3EI},\delta_{22}=\frac{l}{3EI},\delta_{12}=\delta_{21}=-\frac{l}{6EI}$$

根据图 6-4(c)、(d)的支座反力与图 6-4(e)的支座位移可得自由项：

$$\Delta_{1\Delta}=\Delta_{2\Delta}=-\Sigma\overline{R}_i c_i=-\left(-\frac{1}{l}\cdot\Delta_{AB}\right)=\frac{\Delta_{AB}}{l}=\beta_{AB}$$

式中，β_{AB}称为弦转角，以顺时针转为正。

将各系数、自由项代入力法方程可求得：

$$X_1=4i\varphi_A+2i\varphi_B-\frac{6i}{l}\Delta_{AB}$$

$$X_2=2i\varphi_A+4i\varphi_B-\frac{6i}{l}\Delta_{AB}$$

式中，$i=\frac{EI}{l}$，称为杆件的线刚度。X_1、X_2 就是梁 A、B 端在支座移动时的杆端弯矩。

设以 M_{AB}^F、M_{BA}^F表示两端固定梁在荷载及温度变化等外因作用下 A、B 端的弯矩，称为固端弯矩，它们同样可由力法求出。

根据叠加原理，当两端固定梁在支座移动(φ_A、φ_B、Δ_{AB})和跨中荷载及温度变化等外因共同作用时，杆端最后弯矩 M_{AB}、M_{BA}等于各外因分别作用时的代数和，即

$$M_{AB}=4i\varphi_A+2i\varphi_B-\frac{6i}{l}\Delta_{AB}+M_{AB}^F \qquad (6\text{-}1a)$$

$$M_{BA}=2i\varphi_A+4i\varphi_B-\frac{6i}{l}\Delta_{AB}+M_{BA}^F \qquad (6\text{-}1b)$$

杆端弯矩求出后，杆端剪力即可由平衡条件求得：

$$F_{QAB}=-\frac{6i}{l}\varphi_A-\frac{6i}{l}\varphi_B+\frac{12i}{l^2}\Delta_{AB}+F_{QAB}^F \qquad (6\text{-}1c)$$

$$F_{QBA}=-\frac{6i}{l}\varphi_A-\frac{6i}{l}\varphi_B+\frac{12i}{l^2}\Delta_{AB}+F_{QBA}^F \qquad (6\text{-}1d)$$

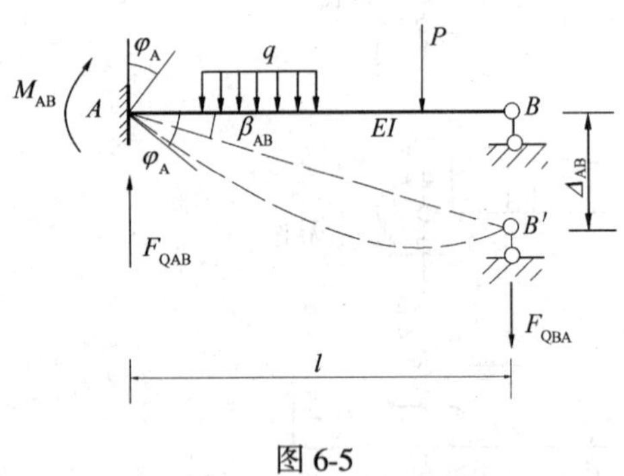

图 6-5

式(6-1)为两端固定等截面梁杆端内力的一般计算公式，又称为转角位移方程。

二、一端固定一端铰支梁的转角位移方程

图 6-5 所示 A 端固定 B 端铰支的等截面梁，承受支座移动、荷载及温度变化等外因共同作用，其转角位移方程同样可由力法求出，也可以由式(6-1)推导出，具体推导如下：

由于 B 端为铰支，故 $M_{BA}=0$，于是由式(6-1b)可得：

$$\varphi_B=-\frac{1}{2}\left(\varphi_A-\frac{3}{l}\Delta_{AB}+\frac{1}{2i}M_{BA}^F\right)$$

上式说明 φ_B 是 φ_A 和 Δ_{AB}的函数，它不是独立的。将上式代入式(6-1a)可得一端固定一端铰支等截面梁的杆端弯矩为：

$$M_{AB}=3i\left(\varphi_A-\frac{\Delta_{AB}}{l}\right)+M_{AB}^{F'} \qquad (6\text{-}2a)$$

$$M_{BA}=0 \qquad (6\text{-}2b)$$

式中，$M_{AB}^{F'}=M_{AB}^F-\frac{1}{2}M_{BA}^F$，是一端固定一端铰支梁的固端弯矩。

由平衡条件求得杆端剪力为：

$$F_{\mathrm{QAB}} = -\frac{3i}{l}\varphi_{\mathrm{A}} + \frac{3i}{l^2}\Delta_{\mathrm{AB}} + F_{\mathrm{QAB}}^{\mathrm{F}} \tag{6-2c}$$

$$F_{\mathrm{QBA}} = -\frac{3i}{l}\varphi_{\mathrm{A}} + \frac{3i}{l^2}\Delta_{\mathrm{AB}} + F_{\mathrm{QBA}}^{\mathrm{F}} \tag{6-2d}$$

三、一端固定一端定向支承梁的转角位移方程

对于图 6-6 所示 A 端固定 B 端定向支承的等截面梁，在支座移动和荷载及温度变化等外因共同作用下，杆端内力同样可由力法求出如下：

$$M_{\mathrm{AB}} = i(\varphi_{\mathrm{A}} - \varphi_{\mathrm{B}}) + M_{\mathrm{AB}}^{\mathrm{F}'} \tag{6-3a}$$

$$M_{\mathrm{BA}} = i(\varphi_{\mathrm{B}} - \varphi_{\mathrm{A}}) + M_{\mathrm{BA}}^{\mathrm{F}'} \tag{6-3b}$$

$$F_{\mathrm{QAB}} = F_{\mathrm{QAB}}^{\mathrm{F}'} \tag{6-3c}$$

$$F_{\mathrm{QBA}} = 0 \tag{6-3d}$$

式中，$M_{\mathrm{AB}}^{\mathrm{F}'}$、$M_{\mathrm{BA}}^{\mathrm{F}'}$、$F_{\mathrm{QAB}}^{\mathrm{F}'}$是一端固定一端定向支承梁的固端弯矩和剪力。

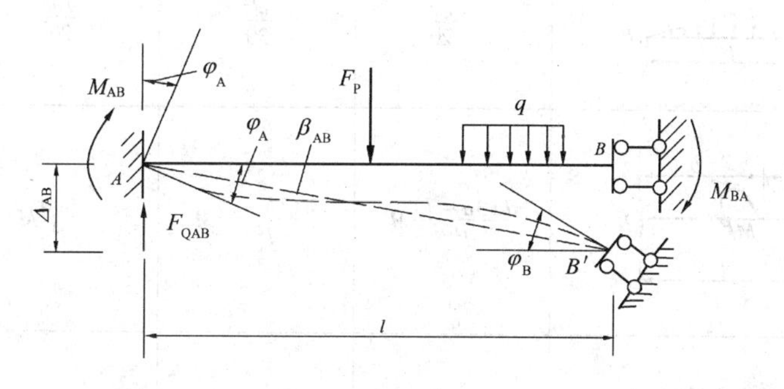

图 6-6

上述单跨超静定梁的转角位移方程，反映了等截面直杆的杆端内力与杆端位移和荷载、温度等外因之间的关系。为方便以后应用，现将三种等截面单跨超静定梁在各种不同外因下的杆端弯矩和剪力列于表 6-1 中。

等截面直杆的杆端弯矩和剪力$\left(i = \frac{EI}{l}\right)$ **表 6-1**

编号	梁 的 简 图	杆 端 弯 矩		杆 端 剪 力	
		M_{AB}	M_{BA}	F_{QAB}	F_{QBA}
1	$\varphi=1$, A, EI, B, l	$4i$	$2i$	$-\frac{6i}{l}$	$-\frac{6i}{l}$
2	A, B, 1, l	$-\frac{6i}{l}$	$-\frac{6i}{l}$	$\frac{12i}{l^2}$	$\frac{12i}{l^2}$

续表

编号	梁的简图	杆端弯矩		杆端剪力	
		M_{AB}	M_{BA}	F_{QAB}	F_{QBA}
3	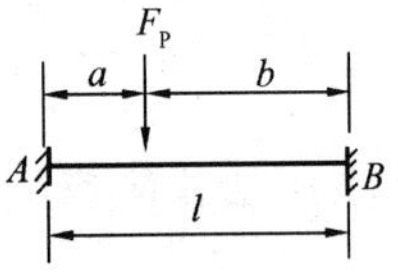	$-\frac{F_p ab^2}{l^2}$	$\frac{F_p a^2 b}{l^2}$	$\frac{F_p b^2(l+2a)}{l^3}$	$-\frac{F_p a^2(l+2b)}{l^3}$
		$a=b=l/2$ 时，$-\frac{F_p l}{8}$	$\frac{F_p l}{8}$	$\frac{F_p}{2}$	$-\frac{F_p}{2}$
4	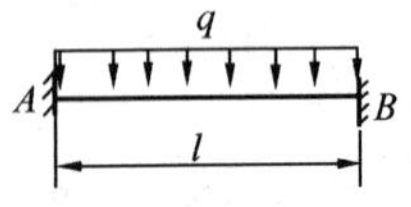	$-\frac{ql^2}{12}$	$\frac{ql^2}{12}$	$\frac{ql}{2}$	$-\frac{ql}{2}$
5	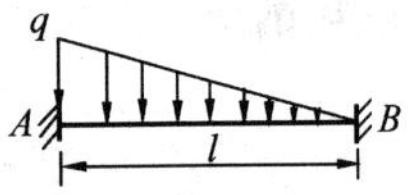	$-\frac{ql^2}{20}$	$\frac{ql^2}{30}$	$\frac{7ql}{20}$	$-\frac{3ql}{20}$
6	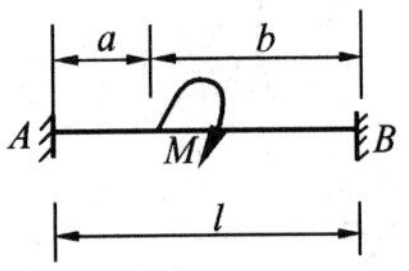	$\frac{b(3a-l)}{l^2}M$	$\frac{a(3b-l)}{l^2}M$	$-\frac{6ab}{l^3}M$	$-\frac{6ab}{l^3}M$
7	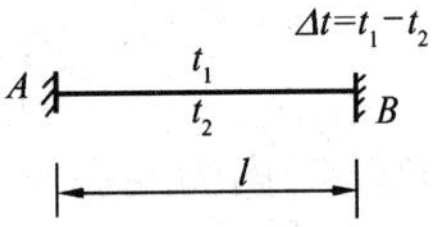	$\frac{EI\alpha\Delta t}{h}$	$-\frac{EI\alpha\Delta t}{h}$	0	0
8	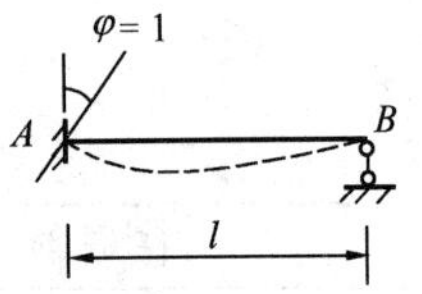	$3i$	0	$-\frac{3i}{l}$	$-\frac{3i}{l}$
9	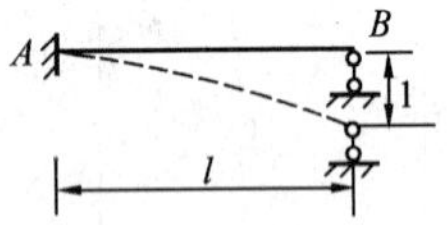	$-\frac{3i}{l}$	0	$\frac{3i}{l^2}$	$\frac{3i}{l^2}$
10	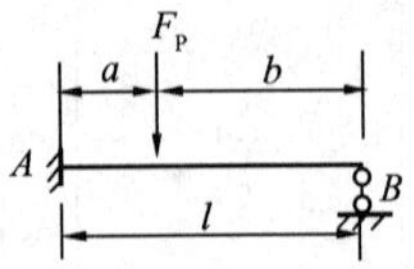	$-\frac{F_p ab(l+b)}{2l^2}$	0	$\frac{F_p b(3l^2-b^2)}{2l^3}$	$-\frac{F_p a^2(2l+b)}{2l^3}$
		$a=b=l/2$ 时，$-\frac{3F_p l}{16}$	0	$\frac{11F_p}{16}$	$-\frac{5F_p}{16}$

续表

编号	梁的简图	杆端弯矩		杆端剪力	
		M_{AB}	M_{BA}	F_{QAB}	F_{QBA}
11	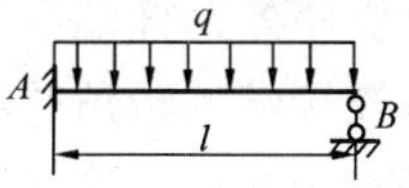	$-\frac{ql^2}{8}$	0	$\frac{5ql}{8}$	$-\frac{3ql}{8}$
12	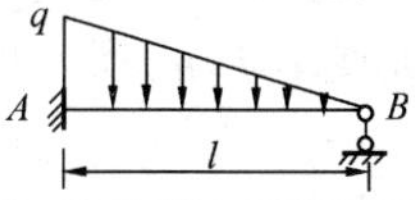	$-\frac{ql^2}{15}$	0	$\frac{4ql}{10}$	$-\frac{ql}{10}$
13	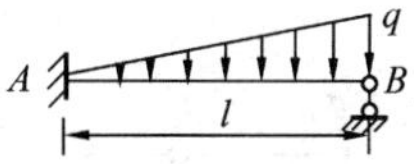	$-\frac{7ql^2}{120}$	0	$\frac{9ql}{40}$	$-\frac{11ql}{40}$
14	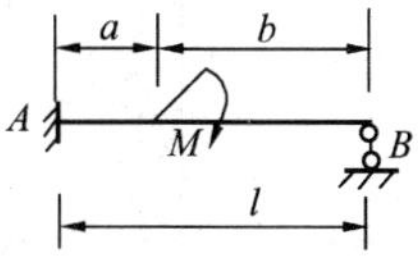	$\frac{l^2-3b^2}{2l^2}M$	0	$-\frac{3(l^2-b^2)}{2l^3}M$	$-\frac{3(l^2-b^2)}{2l^3}M$
		$a=l$ 时，$\frac{M}{2}$	$M_B^L=M$	$-\frac{3}{2l}M$	$-\frac{3}{2l}M$
15	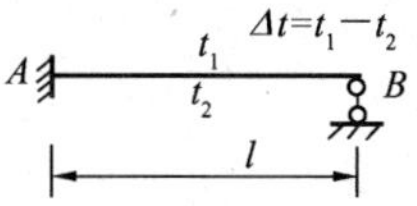	$\frac{3EI\alpha\Delta t}{2h}$	0	$-\frac{3EI\alpha\Delta t}{2hl}$	$-\frac{3EI\alpha\Delta t}{2hl}$
16	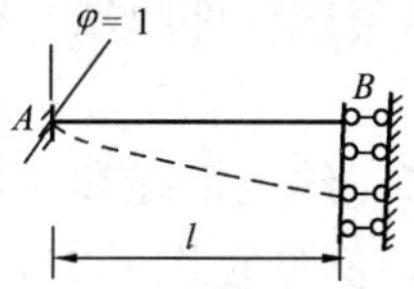	i	$-i$	0	0
17	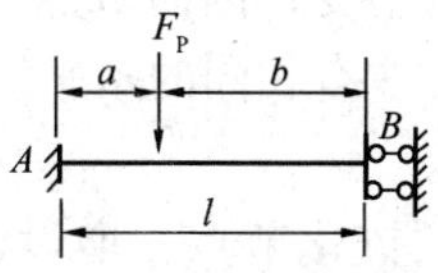	$-\frac{F_Pa(2l-a)}{2l}$	$-\frac{F_Pa^2}{2l}$	F_P	0 ($a=l$ 时，$F_{QB}^L=F_P$)
		$a=l/2$ 时， $-\frac{3F_Pl}{8}$	$-\frac{F_Pl}{8}$	F_P	0
18	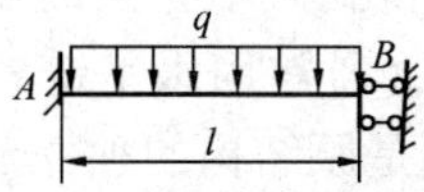	$-\frac{ql^2}{3}$	$-\frac{ql^2}{6}$	ql	0
19	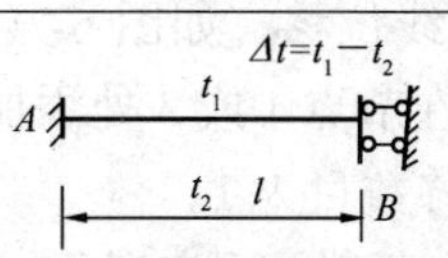	$\frac{EI\alpha\Delta t}{h}$	$-\frac{EI\alpha\Delta t}{h}$	0	0

6.3 位移法的基本未知量和基本结构

6.3.1 位移法的基本未知量

位移法是以独立的节点位移(角位移和线位移)作为基本未知量的。因此，用位移法分析结构时，首先应确定独立的节点位移及其数目。

(1) 节点角位移

汇交于同一刚节点的各杆端转角都是相等的，因此每个刚节点只有一个独立角位移。在固定支座处，其角位移等于零或是已知值；而在铰节点或铰支座处，杆端虽然可自由转动，但由上一节可知，一端固定另一端铰支的等截面直杆，其铰接端的转角并不独立。因此，固定支座处、铰节点或铰支座处的角位移一般均不作为基本未知量。这样，在确定结构独立的节点角位移数目时，只要数结构的刚节点数即可。如图 6-7(a)所示刚架，有两个刚节点，故独立的节点角位移数目为 2(Z_1、Z_2)。

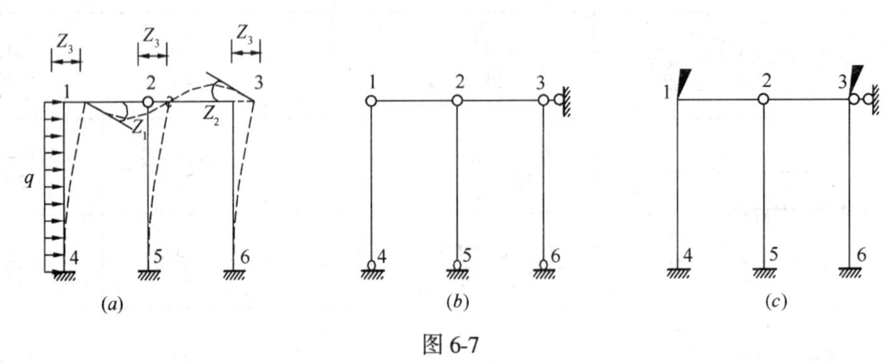

图 6-7

(a)原结构；(b)铰结体系；(c)基本结构

(2) 节点线位移

在忽略杆件轴向变形的情况下，确定节点线位移时，只需考虑杆件两端与杆轴垂直方向的线位移。

对于简单刚架，其独立的节点线位移数目，可根据杆件端点约束情况和受弯直杆两端之间的距离在变形前后保持不变的假定，通过直接观察确定。例如在图 6-7(a)所示刚架中，4、5、6 三个固定端都是不动点，三根竖杆的长度又保持不变，因而节点 1、2、3 均无竖向位移，又由于两根横梁亦保持长度不变，故节点 1、2、3 有相同的水平线位移，因此该刚架只有一个独立的节点线位移(Z_3)，如图 6-7(a)所示。

对于较复杂的刚架，直观判断比较困难。此时，可采用“铰化节点，增设链杆”的方法，即将结构中所有的刚节点、固定端都换成铰节点，从而得到一个完全的铰结链杆体系。若该体系为几何常变或几何瞬变，则用添加链杆的方法(通常用水平链杆或竖向链杆)，使其成为几何不变体系，则所需添加的最少链杆数目就是原结构的独立节点线位移数目；若该体系为几何不变，则说明原结构没有独立的节点线位移。如图 6-7(a)所示刚架，将其变为铰接体系(图 6-7b)后，它是几何可变的，必须在节点 1 或 3 处添加一根水平支座链杆才能成为几何不变体系，故原结构独立的节点线位移数目为 1。

对刚架中有与定向支承连接的杆件,则由上一节可知,在横向荷载及固定端角位移作用下,定向支承端虽有线位移,但该位移对杆端内力的计算并不是必需的,因此可不作为基本未知量。

位移法的基本未知量数目等于独立节点角位移和独立节点线位移数目之和。在图 6-7(a)所示结构中，位移法的基本未知量数目为 3，其中两个角位移一个线位移。

6.3.2 位移法的基本结构

用位移法计算超静定结构，是以单跨超静定梁作为计算单元的，这就需要把结构每一根杆件都暂时变为单跨超静定梁。为此，可以采取在每一个刚节点处加上一个附加刚臂(用“▼”表示)，以阻止刚节点的转动，但不能阻止节点移动；同时，在每个产生独立节点线位移的节点上，沿可能产生位移的方向加上一根附加支座链杆(用“○—∤”表示)，简称附加链杆，以阻止节点的线位移，但不能阻止其转动。附加刚臂和附加链杆统称为附加约束(或称附加联系)。这样，就得到一个由若干单跨超静定梁组成的组合体，称为原结构位移法的基本结构。仍以图6-7(a)所示刚架为例，在刚节点1、3处分别加上附加刚臂，并在节点3处加一根水平支座链杆，则杆件14、36就成为两端固定梁，杆件12、32、52都成为一端固定一端铰支的梁，整个结构就是一个单跨超静定梁的组合体，这就是位移法的基本结构，如图6-7(c)所示。

由上可见，在结构每个刚节点上加入一个附加刚臂，在每个独立节点线位移上加入一根附加链杆，即可得到位移法的基本结构。这样在确定基本结构的同时，根据加入的附加约束也就确定了基本未知量及其数目。例如对图6-8(a)所示刚架，在刚节点1、2上加入附加刚臂，另外由观察可判断出节点3可能产生竖向位移，还要加一根竖向附加链杆，由此便得到如图6-8(b)所示的基本结构，其基本未知量数为3(两个角位移、一个线位移)。又如图6-9(a)所示排架，节点3是一个组合节点，即杆件23和3B在该处刚接，加入一个附加刚臂，在节点2、4各加一根附加链杆，可得到如图6-9(b)所示的基本结构，共有3个基本未知量：一个角位移，两个线位移。

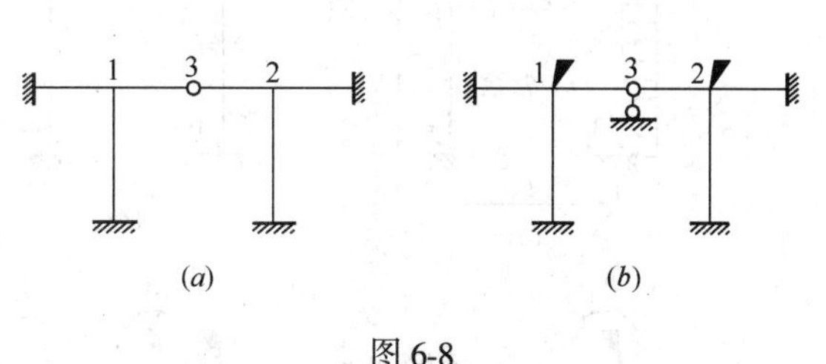

图6-8
(a)原结构；(b)基本结构

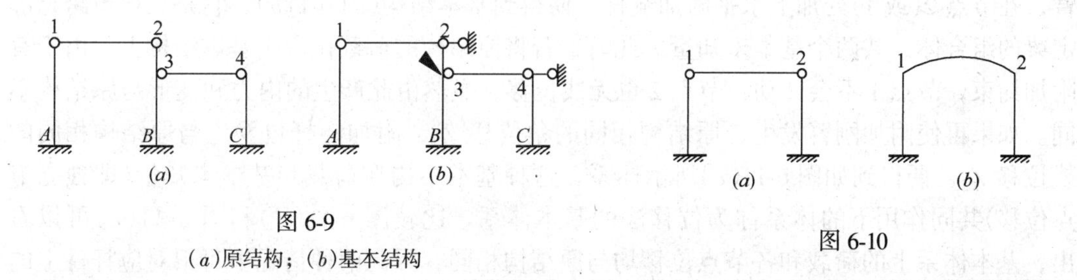

图6-9
(a)原结构；(b)基本结构

图6-10

需要指出的是，上述关于独立节点线位移数目的确定，是以受弯直杆变形后两端距离保持不变的假设为依据的。对于需要考虑轴向变形的二力杆或受弯曲杆，则其变形后杆的两端距离不能看作不变。例如，图6-10(a)所示结构，考虑横梁轴向变形时，节点1、2的水平线位移不相等，其独立的节点线位移数目是2而不是1。又如图6-10(b)所示结构，曲杆12在节点1、2点水平位移也不相同，故节点线位移数目也是2。

6.4 位移法的典型方程及计算步骤

用位移法计算超静定结构，关键是求解节点位移，具体计算方法有两种。一种是根据转角位移方程写出各杆杆端的内力表达式，然后直接利用节点或截面的平衡条件求解基本未知量，此种方法称为直接平衡法；另一种是将原结构与基本结构比较，列出位移法典型方程，然后求出节点位移及结构的内力，这种方程称为典型方程法，两种方法的基本原理相同，本节介绍后一种方法，前一种方法将在6.6节介绍。

6.4.1 位移法典型方程

如图6-11(a)所示刚架，在荷载 q 作用下，结构将产生图中虚线所示变形，其中节点1发生角位移 Z_1，节点1、2发生水平线位移 Z_2。由上一节可知，在节点1处加上附加刚

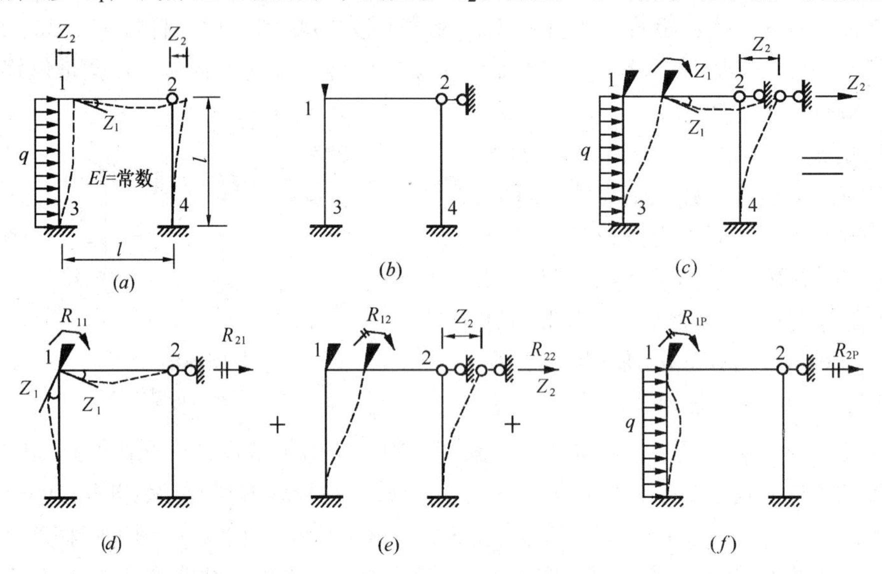

图 6-11

臂，在节点2(或1)处加上水平附加链杆，便得到基本结构(图6-11b)，它是三根单跨超静定梁的组合体，共两个基本未知量。此时，若将原结构的荷载作用于基本结构上，由于有附加约束，节点1不会转动，节点2也无线位移，显然由此产生的内力和变形与原结构不同。如果再使附加刚臂发生与原结构相同的角位移 Z_1，附加链杆也发生与原结构相同的线位移 Z_2，便得到如图6-11(c)所示体系，这种基本结构在荷载和基本未知量(即独立节点位移)共同作用下的体系称为位移法的基本体系。比较图6-11(a)和图6-11(c)可以看出，基本体系上的荷载和各节点位移均与原结构相同，因此两种情况下每根对应杆件上的内力、变形也必然完全相同，即二者是等价的。

由上可见，基本体系就是基本结构在节点位移 Z_1、Z_2 和荷载 q 共同作用下的受力体系。基本结构分别由 Z_1、Z_2 和 q 单独作用时引起附加刚臂上的反力矩和附加链杆上的反力，依次如图6-11(d)、(e)、(f)所示。各反力、反力矩符号的第一个下标表示反力或反力矩的地点，第二个下标表示引起反力或反力矩的原因，如 R_{12} 则为附加链杆产生位移 Z_2 时，附加刚臂上的反力矩，余类推。为确切表达各附加约束的位移，我们以“↷”、“→”表示产生角位移和节点线位移，以“⫽↷”、“+→”表示不产生角位移、线位移。根据叠加原理，在上述外因共同作用下，附加刚臂上总的反力矩 R_1 和附加链杆上总的反力 R_2 为：

$$R_1 = R_{11} + R_{12} + R_{1P}$$

$$R_2 = R_{21} + R_{22} + R_{2P}$$

既然基本体系与原结构的受力与变形完全相同，而原结构并没有附加刚臂和附加链杆，当

然也就不存在它们的反力矩和反力。所以基本结构在节点位移 Z_1、Z_2 和荷载 q 共同作用下，附加刚臂上的总反力矩和附加链杆上的总反力都应等于零，即 $R_1=0$，$R_2=0$。于是上式又可写为：

$$R_{11}+R_{12}+R_{1P}=0 \tag{a}$$

$$R_{21}+R_{22}+R_{2P}=0 \tag{b}$$

设以 r_{11}、r_{12}表示基本结构分别由单位位移$\overline{Z}_1=1$ 和$\overline{Z}_2=1$ 单独作用时附加刚臂上的反力矩，以 r_{21}、r_{22}表示基本结构分别由单位位移$\overline{Z}_1=1$ 和$\overline{Z}_2=1$ 单独作用时附加链杆上的反力。则由 Z_1、Z_2 引起附加刚臂上的反力矩分别为 $R_{11}=r_{11}Z_1$，$R_{12}=r_{12}Z_2$；由 Z_1、Z_2 引起附加链杆上的反力分别为 $R_{21}=r_{21}Z_1$，$R_{22}=r_{22}Z_2$。将它们代入式(a)、(b)可得

$$r_{11}Z_1+r_{12}Z_2+R_{1P}=0 \tag{6-4a}$$

$$r_{21}Z_1+r_{22}Z_2+R_{2P}=0 \tag{6-4b}$$

上式即为求解节点位移的方程，称为位移法典型方程。其物理意义是：基本结构在各节点位移和荷载等因素共同作用下，每一个附加约束中的反力或反力矩都应等于零。可见位移法典型方程的实质是静力平衡条件。

对于具有 n 个独立节点位移的结构，相应地必须加入 n 个附加约束。根据每个附加约束处的反力或反力矩均应为零的条件，可建立 n 个方程，这时位移法典型方程可写为：

$$\begin{aligned} & r_{11}Z_1+\cdots+r_{1i}Z_i+\cdots+r_{1n}Z_n+R_{1P}=0 \\ & \cdots\cdots\cdots\cdots\cdots\cdots\cdots\cdots\cdots\cdots \\ & r_{i1}Z_1+\cdots+r_{ii}Z_i+\cdots+r_{in}Z_n+R_{iP}=0 \\ & \cdots\cdots\cdots\cdots\cdots\cdots\cdots\cdots\cdots\cdots \\ & r_{n1}Z_1+\cdots+r_{ni}Z_i+\cdots+r_{nn}Z_n+R_{nP}=0 \end{aligned} \tag{6-5}$$

式中 Z_i 为广义位移，可以是线位移，也可以是角位移，R_{iP}则是基本结构在荷载作用下第 i 个附加约束上的反力或反力矩。在方程(6-5)中，主对角线上的系数 r_{ii}称为主系数，它们代表基本结构上第 i 个附加约束发生单位位移$\overline{Z}_i=1$ 时引起的第 i 个附加约束上的反力(反力矩)，其方向与 Z_i 所设的方向一致，故 r_{ii}恒为正值，且不为零；其他系数 $r_{ij}(i\neq j)$称为副系数，它们代表基本结构上第 j 个附加约束发生单位位移 $\overline{Z}_j=1$ 时引起的第 i 个附加约束上的反力(反力矩)，当它与 Z_i 所设的方向一致时，其值为正，反之为负。此外，根据反力互等定理可知，主对角线两边处于对称位置的两个副系数 r_{ij}与 r_{ji}数值是相等的，即 $r_{ij}=r_{ji}$；R_{iP}称为自由项，它表示基本结构在荷载单独作用时，第 i 个附加约束上产生的反力(反力矩)，当它与 Z_i 所设的方向一致时，取正值，反之取负值。虽然位移法方程是根据平衡条件建立的，但也同时满足了变形条件。因为位移法是建立在用力法先计算单跨超静定梁的基础上的，在力法求解单跨超静定梁时已用到变形条件，而且在确定位移法基本未知量和建立典型方程时，也考虑了铰支座沿支承方向的线位移及固定端位移为零的情况，因而保证了变形协调。

将方程(6-5)写为矩阵形式，得：

$$\begin{bmatrix} r_{11} & r_{12} & \cdots & r_{1n} \\ r_{21} & r_{22} & \cdots & r_{2n} \\ \vdots & \vdots & \vdots & \vdots \\ r_{n1} & r_{n2} & \cdots & r_{nn} \end{bmatrix} \begin{Bmatrix} Z_1 \\ Z_2 \\ \vdots \\ Z_n \end{Bmatrix} = \begin{Bmatrix} R_{1P} \\ R_{2P} \\ \vdots \\ R_{nP} \end{Bmatrix} \tag{6-6}$$

在位移法典型方程中，各系数是单位位移引起的反力(反力矩)，它与结构的刚度成正比。故这些系数又称为刚度系数，方程的系数矩阵称为刚度矩阵，式(6-6)则称为刚度方程，位移法也因此称为刚度法。

下面仍以图6-11为例，说明位移法典型方程的具体计算。为了求出方程(6-4)中的系数及自由项，可借助表6-1，绘出基本结构在$\overline{Z}_1=1$、$\overline{Z}_2=1$以及荷载分别作用下的弯矩图$\overline{M}_1$、$\overline{M}_2$和M_P图，如图6-12(a)、(b)、(c)所示，然后根据平衡条件求出各系数和自由项。具体作法是，将典型方程中的系数和自由项分为两类：一类是附加刚臂上的反力矩

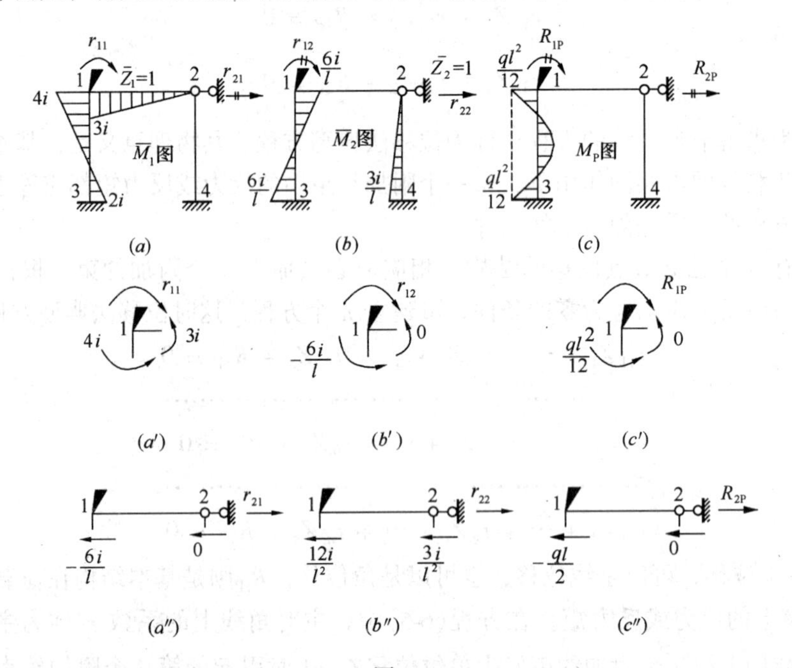

图 6-12

r_{11}、r_{12}和R_{1P}；一类是附加链杆上的反力r_{21}、r_{22}和R_{2P}。对于附加刚臂上的反力矩，可取节点1为隔离体，分别如图6-12(a')、(b')、(c')所示，由力矩平衡方程$\Sigma M_1=0$可求得：

$$r_{11}=7i \qquad r_{12}=-\frac{6i}{l} \qquad R_{1P}=\frac{ql^2}{12}$$

对于附加链杆上的反力，可切断两柱顶端，取横梁12为隔离体，分别如图6-12(a'')、(b'')、(c'')所示，柱顶剪力可由表6-1查出，于是，由投影方程$\Sigma F_x=0$可求得：

$$r_{21}=-\frac{6i}{l} \qquad r_{22}=\frac{15i}{l^2} \qquad R_{2P}=-\frac{ql}{2}$$

以上各系数中，$i=EI/l$。由于$r_{ij}=r_{ji}$，故计算副系数时，只要前面求出r_{ij}，后面的r_{ji}便无需计算。

将以上各系数和自由项代入典型方程(6-4)，有

$$7iZ_1 - \frac{6i}{l}Z_2 + \frac{ql^2}{12} = 0$$

$$-\frac{6i}{l}Z_1 + \frac{15i}{l^2}Z_2 - \frac{ql}{2} = 0$$

解方程组可得：

$$Z_1 = \frac{7ql^2}{276i} \qquad Z_2 = \frac{ql^3}{23i}$$

Z_1、Z_2 均为正值，说明各节点位移的实际方向与所设方向一致。

结构最后弯矩图可按下式绘出：

$$M = \overline{M}_1 Z_1 + \overline{M}_2 Z_2 + M_P$$

例如杆端弯矩 M_{31}之值为：

$$M_{31} = 2i \times \frac{7ql^2}{276i} - \frac{6i}{l} \times \frac{1}{23}\frac{ql^3}{i} - \frac{ql^2}{12} = -\frac{27}{92}ql^2$$

其他各杆端弯矩可类似算出，M 图如图 6-13(a)所示。求出 M 图后，对每根杆件即可根据杆端弯矩和杆件上的荷载由力矩方程求出杆端剪力，绘出 F_Q 图(图 6-13b)，再取各节点为隔离体，由投影方程求出各杆轴力，绘出 F_N 图(图 6-13c)。

对最后内力图进行校核是必要的。由于选取基本未知量时已考虑了变形连续条件，因此，在位移法中主要是进行平衡条件的校核，做法与力法中所述相同，不再重复。

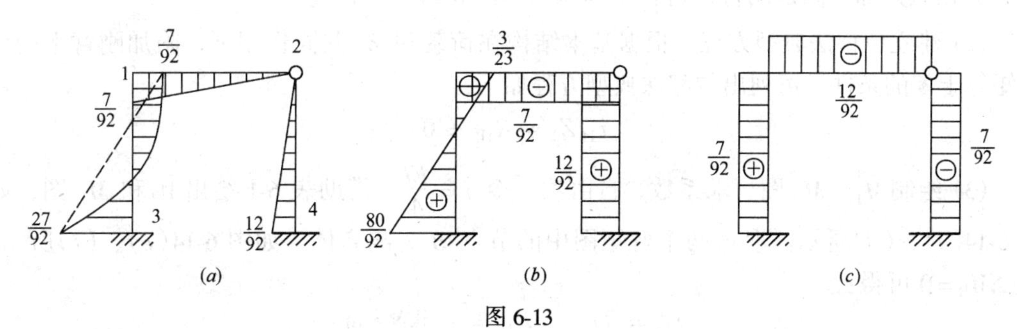

图 6-13

(a)M 图(ql^2)；(b)F_Q 图(ql)；(c)F_N 图(ql)

6.4.2 位移法的计算步骤

综上所述，可归纳出位移法求解超静定结构的步骤如下：

(1) 确定基本未知量和基本结构。基本未知量即为原结构独立的节点角位移和线位移，在各独立的节点位移处加入相应的附加约束即得基本结构。

(2) 建立位移法典型方程。根据基本结构在各节点位移和荷载等外因共同作用下，各附加约束上引起的反力矩或反力等于零的条件，列出位移法典型方程。

(3) 绘出$\overline{M}_i$和 M_P 图，进而由平衡条件求出各系数、自由项。

(4) 解方程，求出未知位移 Z_i。

(5) 按叠加法绘制最后弯矩图，并作出剪力图和轴力图。

(6) 对最后内力图进行校核。

将位移法与力法进行比较可知，两种方法在解题步骤和典型方程的形式上都很相似，但又有区别：力法的基本未知量是多余未知力，其数目等于结构的超静定次数，而位移法的基本未知量是独立的节点位移，其数目与超静定次数无关；力法的基本结构是原结构去掉多余联系后得到的静定结构，位移法的基本结构则是在原结构上加入附加约束得到的单跨超静定梁的组合体；力法的系数、自由项表示各单位力和荷载沿多余未知力方向的位移，位移法的系数、自由项表示各单位位移和荷载在附加约束上引起的反力或反力矩；力法典型方程的实质是位移协调方程，位移法典型方程的实质是静力平衡方程。了解这些联系与区别，能加深对两种方法的理解。

6.5 位移法计算示例

6.5.1 连续梁及无侧移刚架

只有节点角位移而无节点线位移的结构，称为无侧移结构，连续梁和无侧移刚架均属于此类。对于连续梁及无侧移刚架，位移法方程中的系数及自由项均为附加刚臂上的反力矩，计算时只需在$\overline{M}_i$及M_P图中取节点为隔离体，便可由力矩平衡方程求出。

【例 6-1】 试用位移法绘制图 6-14(*a*)所示连续梁的内力图。各杆 EI = 常数。

【解】 (1) 确定基本未知量和基本结构　该连续梁只有一个刚节点 B，设其角位移为 Z_1，并在该处加入附加刚臂，可得基本体系如图 6-14(*b*)所示。

(2) 建立位移法典型方程　根据基本结构在荷载和 Z_1 共同作用下，附加刚臂上的反力矩等于零的条件，可列出位移法典型方程如下：

$$r_{11}Z_1 + R_{1P} = 0$$

(3) 绘制$\overline{M}_1$、M_P图，求系数、自由项　令 $i=\dfrac{EI}{4}$，借助表 6-1 绘出$\overline{M}_1$和 M_P 图，如图 6-14(*c*)、(*d*)所示。取这两个弯矩图中的节点 B 为隔离体，如图 6-14(*e*)、(*f*)所示，由 $\Sigma M_B=0$ 可得：

$$r_{11} = 7i \qquad R_{1P} = -6\text{kN}\cdot\text{m}$$

(4) 解方程求 Z_1　将 r_{11}、R_{1P}代入典型方程，有

$$7iZ_1 - 6 = 0$$

求解可得：

$$Z_1 = \frac{6}{7i}$$

(5) 绘制内力图　用叠加法按 $M=Z_1\overline{M}_1+M_P$ 绘出结构的最后弯矩图如图 6-14(*g*)所示。对各跨梁，根据两端 M 值和跨中荷载由力矩方程可求出各杆端剪力。例如 AB 跨 B 端剪力为

$$F_{QBA} = -(5.43 - 0.29 + 4\times 2)\div 4 = -3.28\text{kN}$$

(6) 根据各杆端剪力和梁上荷载绘出的 F_Q 图，如图 6-14(*h*)所示。若需求 B 支座反力，可由 F_Q 图 B 截面的剪力突变量直接求得：$F_{By}=3.28+9.36=12.64\text{kN}$。

(7) 校核　由观察可知，M 图 B 节点弯矩满足 $\Sigma M_B=0$，可知计算无误。

【例 6-2】 试用位移法作图 6-15(*a*)所示刚架的弯矩图。

【解】 (1) 确定基本未知量和基本结构　该刚架只有一个刚节点，基本未知量数为 1，在节点 B 加上附加刚臂，得图 6-15(*b*)所示基本结构。

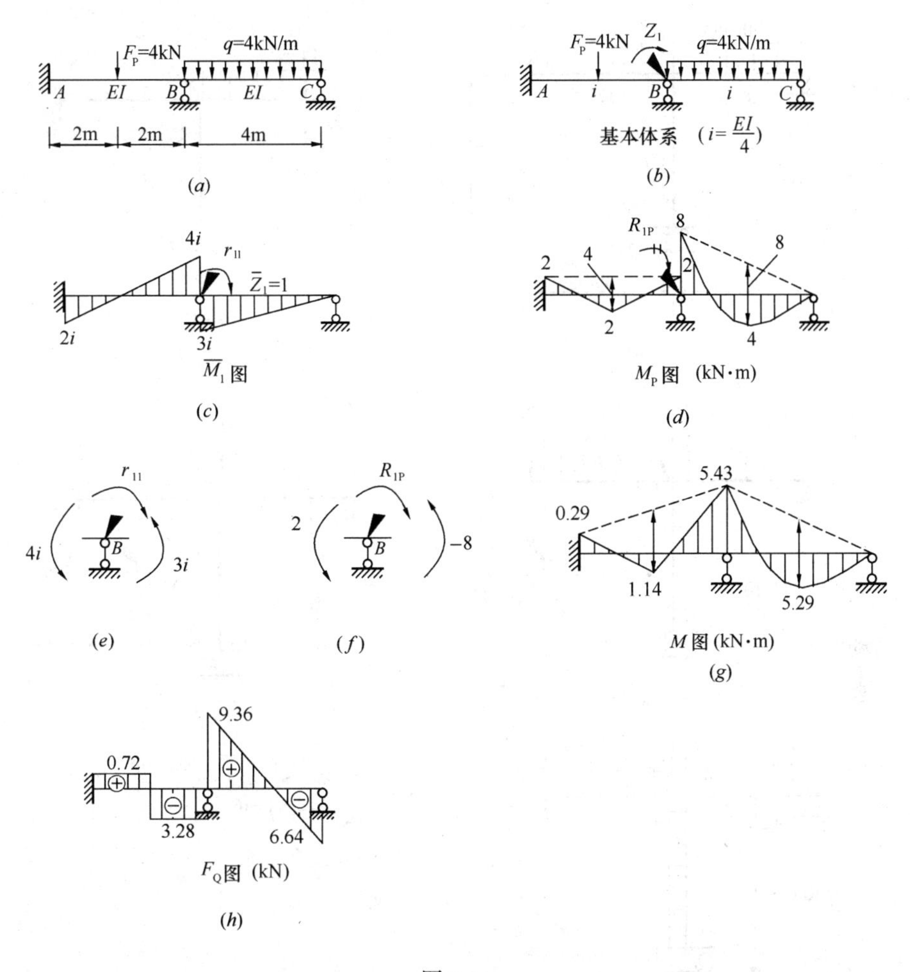

图 6-14

(2) 建立位移法典型方程　根据基本结构在荷载和 Z_1 共同作用下，附加刚臂上的反力矩为零的条件，可建立位移法方程：

$$r_{11}Z_1 + R_{1P} = 0$$

(3) 作$\overline{M}_1$、M_P 图，求系数和自由项　荷载作用下结构内力的大小只与杆件的相对线刚度有关，故设 $i_0 = 4EI/4 = 1$，则

$$i_{AB} = \frac{8EI}{4} = 2i_0 = 2 \qquad i_{BC} = i_{BD} = \frac{12EI}{4} = 3i_0 = 3$$

由表 6-1 查得各杆端弯矩，绘出$\overline{M}_1$和 M_P 图如图 6-15(c)、(d)所示。取节点 B 为隔离体，由 $\Sigma M_B = 0$ 可得：

$$r_{11} = 21 \qquad R_{1P} = 28\text{kN}\cdot\text{m}$$

(4) 解方程求 Z_1　将以上系数和自由项代入典型方程，得：

$$Z_1 = -\frac{4}{3}$$

所得结果为负，表明 Z_1 的转向与所设方向相反，即 Z_1 的实际转向为逆时针。

(5) 绘制 M 图　由 $M = Z_1\overline{M}_1 + \overline{M}_P$，可作最后 M 图，如图 6-15(e)所示。

(6) 校核　取节点 B 为隔离体，如图 6-15(f)所示，由 $\Sigma M_B = 0$ 可得

$$\Sigma M_B = 20 - 16 - 4 = 0$$

计算无误。

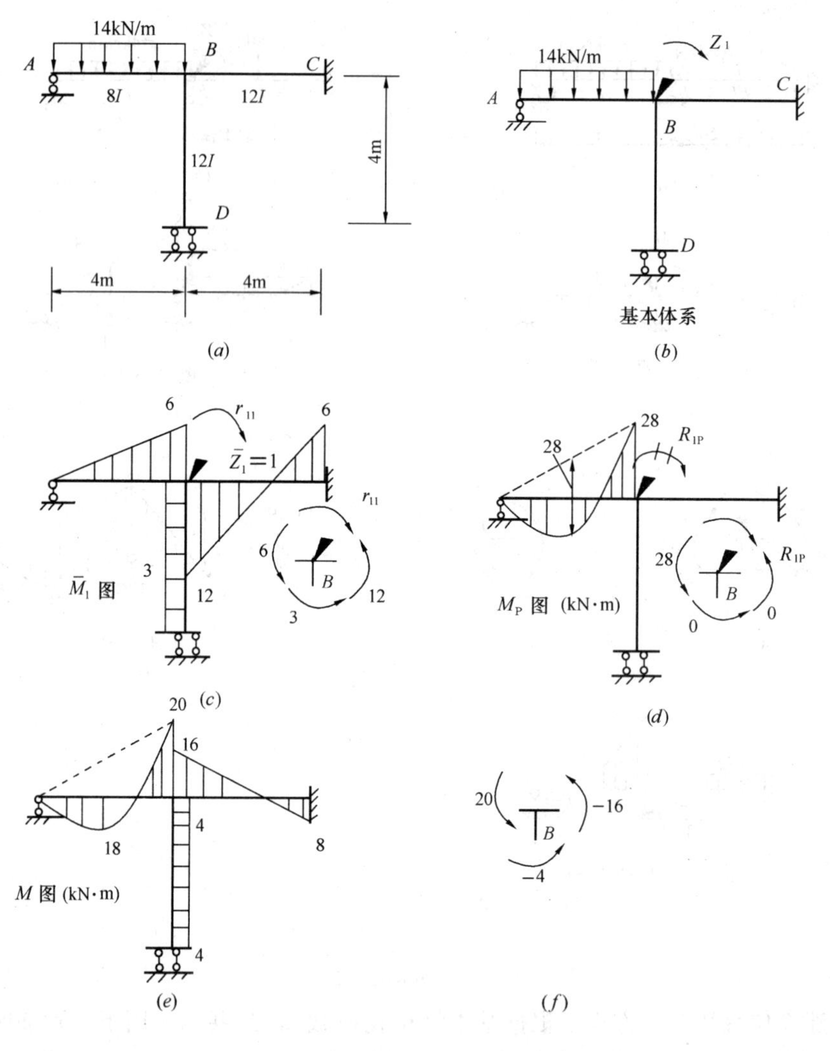

图 6-15

6.5.2 有侧移刚架

具有节点线位移的刚架，称为有侧移刚架，图 6-11(*a*)所示刚架便是其中一例。有侧移刚架和无侧移刚架相比，计算方法并无区别，只是在确定基本结构、建立位移法方程、计算系数和自由项时都要考虑有节点线位移的情况。

【例 6-3】 试用位移法计算图 6-16(*a*)所示有侧移刚架，绘出 *M* 图。

【解】 (1) 确定基本未知量和基本结构　此刚架有 2 个基本未知量，即刚节点 *C* 的转角 Z_1 和节点 *D*(或 *B*、或 *C*)的水平线位移 Z_2。在节点 *C*、*D* 处加上相应的附加约束，所得基本体系如图 6-16(*b*)所示。令 $i = EI/4 = 1$，各杆线刚度如图 6-16(*a*)所示。

(2) 建立位移法典型方程　根据附加刚臂和附加链杆上的总反力矩和总反力等于零的条件，可建立位移法典型方程如下：

$$r_{11}Z_1 + r_{12}Z_2 + R_{1P} = 0$$
$$r_{21}Z_1 + r_{22}Z_2 + R_{2P} = 0$$

(3) 作$\overline{M}_1$、$\overline{M}_2$和 M_P 图，求系数和自由项　利用表 6-1，分别作出$\overline{M}_1$、$\overline{M}_2$和 M_P 图，分别如图 6-16(c)、(d)、(e)所示。

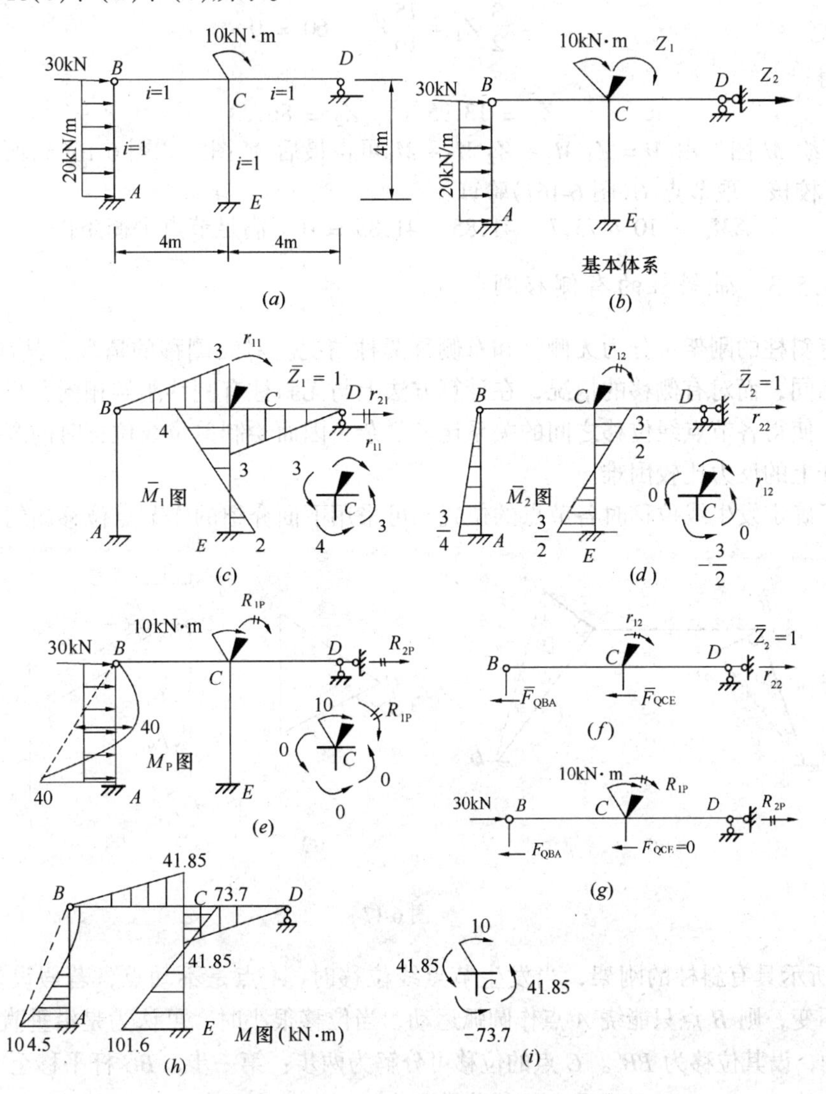

图 6-16

分别在 $\overline{M}_1$、$\overline{M}_2$和 M_P 图中取节点 C 为隔离体，由 $\Sigma M_C = 0$ 可得：$r_{11} = 10$，$r_{12} = -3/2$，$R_{1P} = -10$。由反力互等定理 $r_{21} = r_{12} = -3/2$。

对图 6-16(d)截取柱顶横梁为隔离体(图 6-16f)，由表 6-1 查得：

$$\overline{F}_{QBA} = \frac{3}{16}, \overline{F}_{QCE} = \frac{3}{4}$$

于是由 $\Sigma F_x = 0$ 有

$$r_{22} = \overline{F}_{QBA} + \overline{F}_{QCE} = \frac{3}{16} + \frac{3}{4} = \frac{15}{16}$$

对图 6-16(e)取图 6-16(g)所示隔离体，从表 6-1 查得 F_{QBA}、F_{QCE}，由 $\Sigma F_x = 0$ 可得：

$$R_{2P} = -60$$

(4) 解方程求 Z_i　将以上系数、自由项代入典型方程，得：

$$10Z_1 - \frac{3}{2}Z_2 - 10 = 0$$

$$-\frac{3}{2}Z_1 + \frac{15}{16}Z_2 - 60 = 0$$

求解可得：

$$Z_1 = 13.95 \qquad Z_2 = 86.33$$

(5) 绘 M 图　由 $M = Z_1\overline{M}_1 + Z_2\overline{M}_2 + M_P$ 可得最后 M 图，如图 6-16(h)所示。

(6) 校核　取节点 C(图 6-16i)验算：

$$\Sigma M_C = 10 + 73.7 - 41.85 - 41.85 = 0 \quad \text{满足节点平衡条件。}$$

*6.5.3 带斜柱的有侧移刚架

具有斜柱的刚架可分为无侧移和有侧移两种情况。对无侧移的情况，其计算与 6.5.1 节做法相同，而对有侧移的情况，在计算方法上与无斜柱有侧移刚架相同，只是由于斜柱的存在，使得各节点线位移之间的关系比较复杂，因而绘制单位线位移时的弯矩图和计算附加链杆上的反力比较困难。

为了确定发生线位移时各节点的位置，可采用下面介绍的作节点位移图的方法。如图

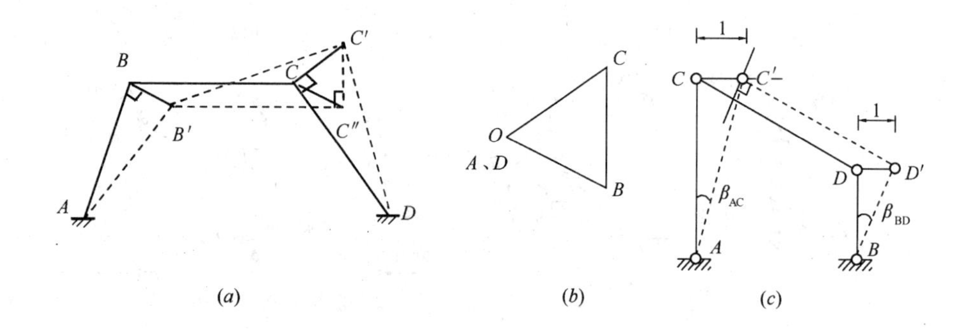

图 6-17

6-17(a)所示具有斜柱的刚架，当发生节点线位移时，A 点是不动点，若假设受弯直杆两端距离不变，则 B 点只能绕 A 点作圆弧运动，当位移很小时，可认为是沿垂直于 AB 方向上的运动，设其位移为 BB'。C 点的位移可分解为两步：第一步，BC 杆平移至 $B'C''$，此时 C 点的位移 $CC'' = BB'$；第二步，由于位移很小，C'' 只能在垂直于 $B'C''$ 的方向上运动，于是可作 $C''C'$ 垂直于 $B'C''$。然而，D 点也是不动点，因而 C 点的最终位置还必须垂直于 CD 杆。于是，可作 CC' 垂直于 DC。这样，CC' 与 $C''C'$ 的交点 C' 就是 C 点位移后的位置。

在上述三角形 $CC'C''$ 中，C 点为位移前的位置，C' 为位移后的位置，由于 CC'' 与 BB' 平行且等长，因此若以 C'' 代表 B'，则 C 点同时又表示 B 点位移前的位置，而 $C'C''$ 便是 C、B 两点的相对线位移了，此三角形称为节点位移图。可见，只要直接画出节点位移图，便可确定各节点位移后的位置。画节点位移图的步骤如下：任选一点 O(它代表所有各节点位移前的位置)，过 O 点作线段 OB(设长度为 1)垂直于杆 AB，再过 B 点作线段 BC 与杆件 BC 垂直；最后过 O 点作杆件 CD 的垂线与线段 BC 交于点 C，三角形 OBC 即为所求的节点位移图，如图 6-17(b)所示。当然，也可以先画 OC，再画 CB，最后画 OB。图中，向量 OB、OC 分别代表 B、C 点的位移，三根线段中，只有一个是独立的，给出其

中任一个值(图中给出 $OB=1$)，其余二者便可由几何关系确定。按以上做法画出的图形若为一条直线段(即 B、C 重合)，表明杆件 BC 为平移，即 B、C 两点无相对线位移，如图 6-17(c)所示的斜杆；若绘出的图形为一个点，表明结构无节点线位移。各节点位移确定后，其余计算与 6.5.2 节做法相同。下面通过算例说明。

【例 6-4】 用位移法计算图 6-18(a)所示带斜柱且有侧移的刚架，并作 M 图。

【解】 (1) 确定基本未知量和基本结构　该刚架有 2 个基本未知量，在节点 B 加入附加刚臂，节点 C 加上水平附加链杆。基本体系如图 6-18(b)所示。令 $EI/l=1$，各杆线刚

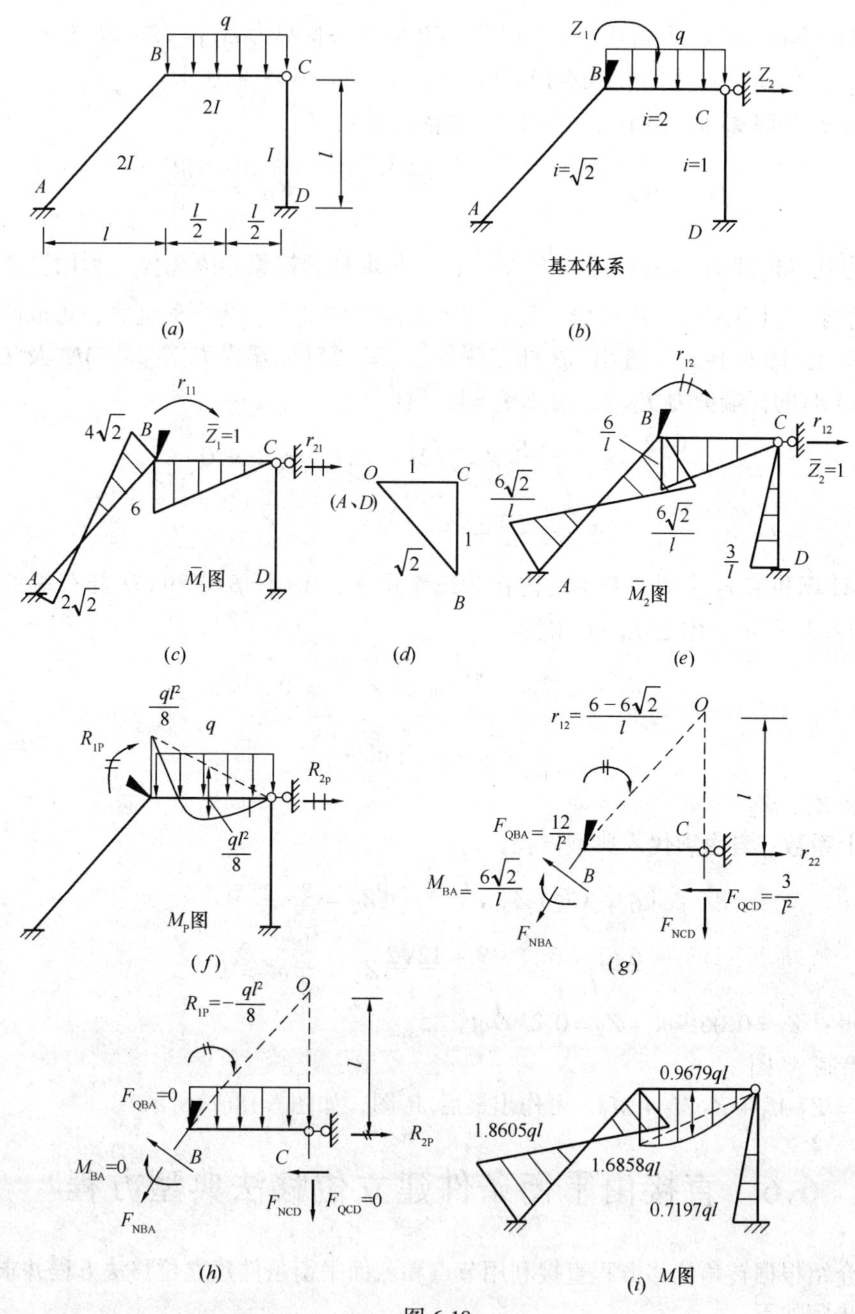

图 6-18

度相对值见图 6-18(*b*)所示。

(2) 建立位移法典型方程　根据附加刚臂上的总反力矩和附加链杆上的总反力应等于零的条件可有：

$$r_{11}Z_1 + r_{12}Z_2 + R_{1P} = 0$$
$$r_{21}Z_1 + r_{22}Z_2 + R_{2P} = 0$$

(3) 作$\overline{M}_1$、$\overline{M}_2$和 M_P 图，求系数和自由项　利用表 6-1，绘出 $\overline{M}_1$ 图和 M_P 图(作法与前相同)，如图 6-18(*c*)、(*f*)所示。绘$\overline{M}_2$图需先确定各节点的线位移，为此令$\overline{Z}_2=1$，按上述方法作出节点位移图(图 6-18*d*)，并由几何关系求得：*AB* 杆 *B* 点侧移为 $\Delta_{AB}=\sqrt{2}$；*BC* 杆 *C* 点对 *B* 点的相对侧移为 $\Delta_{BC}=-1$。据此由表 6-1 可绘出 $\overline{M}_2$ 图，如图 6-18(*e*)所示。

取节点 *B* 为隔离体，由$\overline{M}_1$、$\overline{M}_2$和 M_P 图依次可求得：

$$r_{11} = 6+4\sqrt{2},\quad r_{12} = -\frac{6\sqrt{2}-6}{l},\quad R_{1P} = -\frac{ql^2}{8}$$

由反力互等定理知 $r_{21}=r_{12}=-\dfrac{6\sqrt{2}-6}{l}$；$r_{22}$可取柱顶横梁为隔离体，利用投影方程求得。但由于刚架具有斜柱，用投影方程，将涉及两柱的轴力，为方便计算，可取两柱轴线交点 *O* 为矩心(图 6-18*g*)，查出 *AB* 杆在侧移 $\Delta_{AB}=\sqrt{2}$时杆端内力 F_{QBA}、M_{BA}及 *CD* 杆在侧移 $\Delta_{CD}=1$ 时的杆端剪力 F_{QCD}，由 $\Sigma M_0=0$ 可有

$$\frac{6\sqrt{2}}{l} - \frac{6\sqrt{2}-6}{l} + \frac{12}{l^2}\sqrt{2}l + \frac{3}{l^2}l - r_{22}l = 0$$

得
$$r_{22} = \frac{9+12\sqrt{2}}{l^2}$$

R_{2P}的计算和求 r_{22}类似，基本结构在荷载作用下，*AB* 杆 *B* 端和 *CD* 杆 *C* 端的杆端内力如图 6-18(*h*)所示，由 $\Sigma M_O=0$ 求得：

$$l\times R_{2P} + \frac{ql^2}{8} + ql\times\frac{l}{2} = 0$$
$$R_{2P} = -\frac{5}{8}ql$$

(4) 求 Z_1、Z_2

将以上系数、自由项代入典型方程，得：

$$(6+4\sqrt{2})Z_1 - \frac{6\sqrt{2}-6}{l}Z_2 - \frac{ql^2}{8} = 0$$
$$-\frac{6\sqrt{2}-6}{l}Z_1 + \frac{9+12\sqrt{2}}{l^2}Z_2 - \frac{5}{8}ql = 0$$

联立求解得：$Z_1=0.0619ql$　$Z_2=0.2399ql^2$

(5) 绘制 *M* 图

由 $M=Z_1\overline{M}_1+Z_2\overline{M}_2+M_P$，可作出最后 *M* 图，如图 6-18(*i*)所示。

6.6　直接由平衡条件建立位移法典型方程

本节介绍根据转角位移方程直接利用节点和截面平衡条件建立位移法方程并求解的方法，具体步骤如下：

1. 确定基本未知量。

2. 根据转角位移方程，写出用基本未知量表示的各杆端内力表达式。

3. 利用刚节点的力矩平衡条件和结构某一部分的投影平衡条件，建立求解基本未知量的位移法方程，并求出基本未知量。

4. 将求得的基本未知量代回各杆端弯矩表达式，求出各杆端弯矩。

5. 根据各杆端弯矩绘出结构的最后弯矩图。

6. 校核。

在步骤 3 中，对应于每一个独立的节点角位移都有一个相应的节点力矩平衡方程，对应于每一个独立的节点线位移都有一个相应的截面平衡方程。因而，建立的方程数与基本未知量数目相同，可求得唯一的独立节点位移解答。下面通过例题说明上述计算。

【例 6-5】 试用节点及截面平衡方程计算图 6-19(a)所示刚架，并作 M 图。

【解】 此结构在例 6-3 已计算过，为了对位移法的两种算法进行对比，用本节方法计算如下。

(1) 确定基本未知量　该刚架有 2 个基本未知量：节点 C 的角位移 φ_C 和横梁水平线位移 Δ。

(2) 写出杆端内力表达式　设 $EI=4$，则各杆的线刚度均为 $i=1$。利用转角位移方程和表 6-1 写出各杆端在节点位移 φ_C、Δ 及荷载作用下的内力表达式：

杆端弯矩　$M_{AB}=-3i\dfrac{\Delta}{l}-\dfrac{1}{8}ql^2$，　$M_{BA}=0$，　$M_{BC}=0$，　$M_{CB}=3i\varphi_C$

$$M_{CE}=4i\varphi_C-6i\frac{\Delta}{l},\quad M_{EC}=2i\varphi_C-6i\frac{\Delta}{l},\quad M_{CD}=3i\varphi_C,\quad M_{DC}=0$$

杆端剪力　F_{QBA}、F_{QCE}可由表 6-1 第 9、11 栏及第 1、2 栏查得

$$F_{QBA}=\frac{3i}{l^2}\Delta-\frac{3}{8}ql,\ F_{QCE}=-\frac{6i}{l}\varphi_C+\frac{12i}{l^2}\Delta$$

(3) 列位移法方程，求基本未知量。　取节点 C 为隔离体(图 6-19b)，由力矩平衡条件 $\Sigma M_C=0$ 有

$$M_{CB}+M_{CE}+M_{CD}-10=0 \quad (a)$$

再取横梁为隔离体(图 6-19c)，由投影平衡条件 $\Sigma F_x=0$ 有

$$F_{QBA}+F_{QCE}-30=0 \quad (b)$$

将有关杆端弯矩、杆端剪力表达式代入式(a)、式(b)，注意到 $i=1$、$l=4\text{m}$、$q=20\text{kN/m}$，整理可得：

$$10\varphi_C-\frac{3}{2}\Delta-10=0 \quad (c)$$

$$-\frac{3}{2}\varphi_C+\frac{15}{16}\Delta-60=0 \quad (d)$$

联立求解式(c)、式(d)可得：

$$\varphi_C=13.95 \qquad \Delta=86.33$$

(4) 求各杆端弯矩值　将求得的 φ_C、Δ 代回各杆端弯矩表达式得：

$$M_{AB}=-104.5\text{kN·m};\quad M_{BA}=0;\quad M_{BC}=0;\quad M_{CB}=41.85\text{kN·m}$$

$$M_{CE}=-73.7\text{kN·m};\quad M_{EC}=-101.6\text{kN·m};\quad M_{CD}=41.85\text{kN·m};\quad M_{DC}=0$$

(5) 作最后弯矩图　根据杆端弯矩值及杆件上的荷载逐杆叠加绘出结构的 M 图，如图 6-19(d)所示。

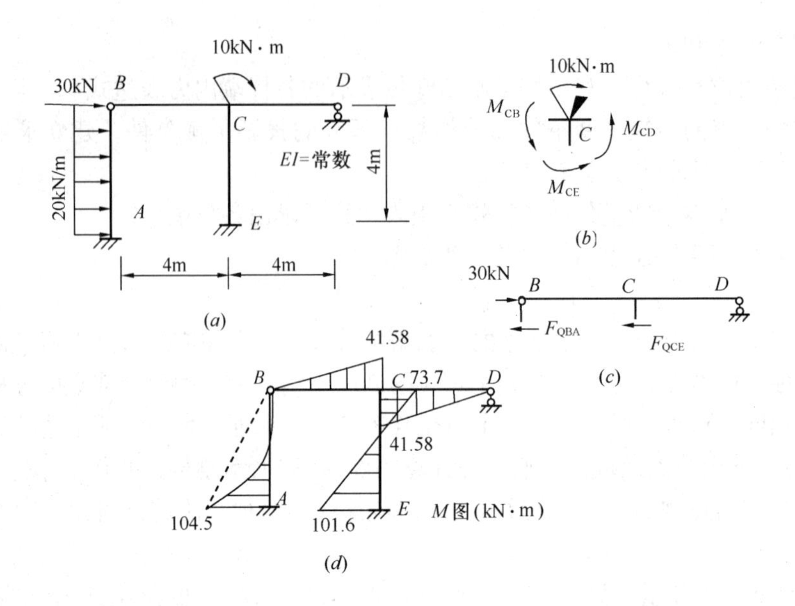

图 6-19

本例与例 6-3 建立的方程和计算结果完全一样。可见，两种方法的本质相同，都是以平衡条件来建立位移法的基本方程，只是在建立方程的途径上稍有差别。直接平衡法的物理概念较为明确，但典型方程法的计算比较规则，便于编制计算机程序。

6.7 对称性的利用

工程中对称结构的应用很多。在第 5 章用力法计算超静定对称结构时，曾经讨论过对称性的利用，并指出：对称结构在正对称荷载作用下，其内力和位移都是正对称的；对称结构在反对称荷载作用下，其内力和位移都是反对称的；当对称结构承受一般非对称荷载作用时，可将荷载分解为正对称和反对称的两组分别加于结构上求解，然后再将结果叠加。

利用上述结论，在未计算时就能知道某些节点位移之值或彼此的关系，从而可使未知节点位移数目减少。例如，图 6-20(*a*)所示刚架，用位移法计算时，有 3 个未知节点位移

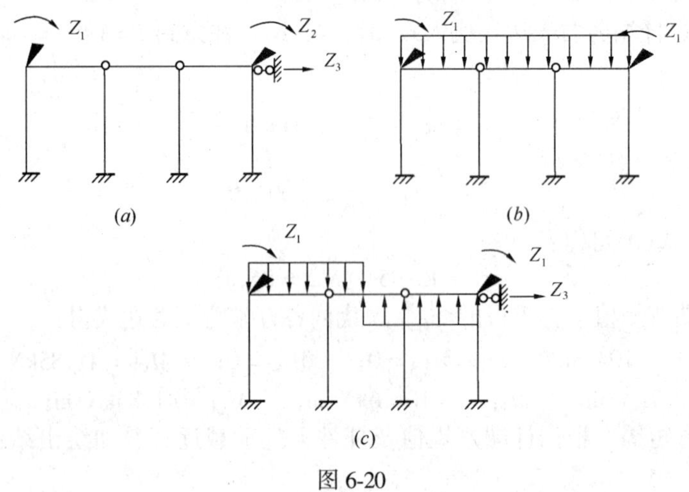

图 6-20

Z_1、Z_2、Z_3，在正对称荷载作用时(图 6-20b)，Z_1、Z_2 大小相等转向相反，$Z_3=0$，只有一个基本未知量；在反对称荷载作用时(图 6-20c)，Z_1、Z_2 大小相等转向相同，$Z_3\neq 0$，只有两个基本未知量。可见在位移法中，同样可利用结构的对称性使计算简化。

利用对称性，用位移法计算对称连续梁和刚架时，通常取半个结构进行。在 5.7 节关于奇数跨或偶数跨对称结构，在正对称荷载或反对称荷载作用下，可取对应的等值半个结构计算的结论，是对称结构的特性确定的，与所用的计算方法无关。因此，在位移法中，同样可利用这些结论使计算简化。例如，对图 6-21(a)所示单跨刚架(奇数跨)，在正对称荷载作用下，可取图 6-21(b)所示半个结构计算；在反对称荷载作用下，可取图 6-21(c)所示半个结构计算。又如，对图 6-22(a)所示两跨刚架(偶数跨)，在正对称荷载作用下，可取图 6-22(b)所示半个结构计算；在反对称荷载作用下，可取图 6-22(c)所示半个结构计算。

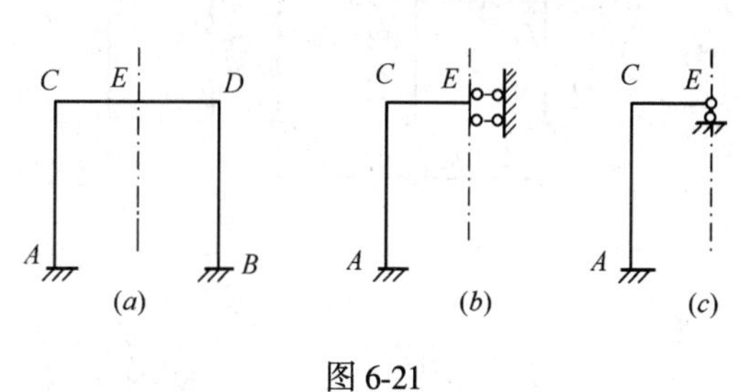

图 6-21

用位移法计算图 6-21(b)所示半刚架时，将遇到一端固定一端定向支承的梁，显然，这种梁的杆端弯矩不难用力法求解或直接由表 6-1 第 16～19 栏查取。此时，由于 CE 杆长度为 CD 杆之半，故其线刚度要比 CD 杆增加一倍，即 $i_{CE}=2i_{CD}$。用位移法计算图 6-21(c)所示半刚架，同样有 $i_{CE}=2i_{CD}$。

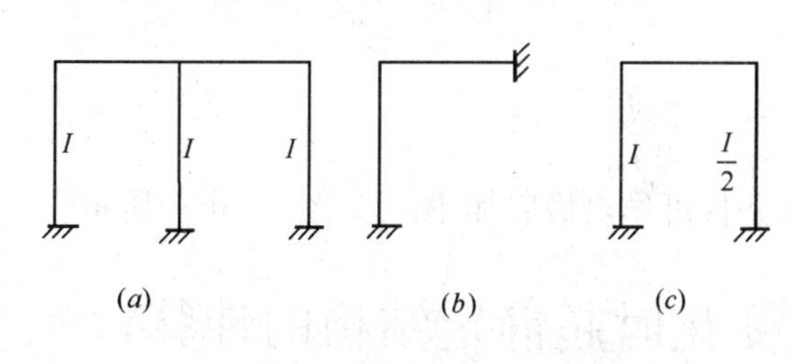

图 6-22

此外，分析可知，对图 6-21(b)的结构，若用位移法求解只有一个基本未知量，而用力法则有两个基本未知数；对图 6-21(c)的结构，若用位移法有两个基本未知量，而用力法只有一个基本未知数。同样对图 6-22(b)的结构，用位移法只有一个未知量，用力法为 3 个未知量；而对图 6-22(c)的结构，位移法和力法的基本未知量数目相同。这表明，对称结构在正对称荷载作用时，宜采用位移法；对称结构在反对称荷载作用时，宜采用力法，这比单纯采用一种方法计算要简便。这种利用对称性，联合使用两种方法求得结构最后内力的作法称为联合法。但也不是所有的对称结构，用联合法都会使计算简化，对具体结构，还要根据其对应的半个结构采用哪种方法的基本未知量数目少来决定。

【例 6-6】 试计算图 6-23(a)所示刚架，作出弯矩图。

【解】 此结构为两跨对称刚架承受正对称荷载作用，可取半个结构(图 6-23b)计算，然而，图 6-23(b)所示情况仍为对称结构，因此，可再次利用对称性，取图 6-23(c)所示半刚架计算，然后将求得的弯矩利用内力正对称条件可绘出整个结构的 M 图。此时，结构只有一个基本未知量，在 D 点加入附加刚臂，基本体系如图 6-23(d)所示。典型方程为：

$$r_{11}Z_1+R_{1P}=0$$

$\overline{M}_1$图、M_P 图，如图 6-23(e)、(f)所示，令 $i=\dfrac{EI}{l}$(注意，DG 杆线刚度为 $2i$)，则系数和自由项为：

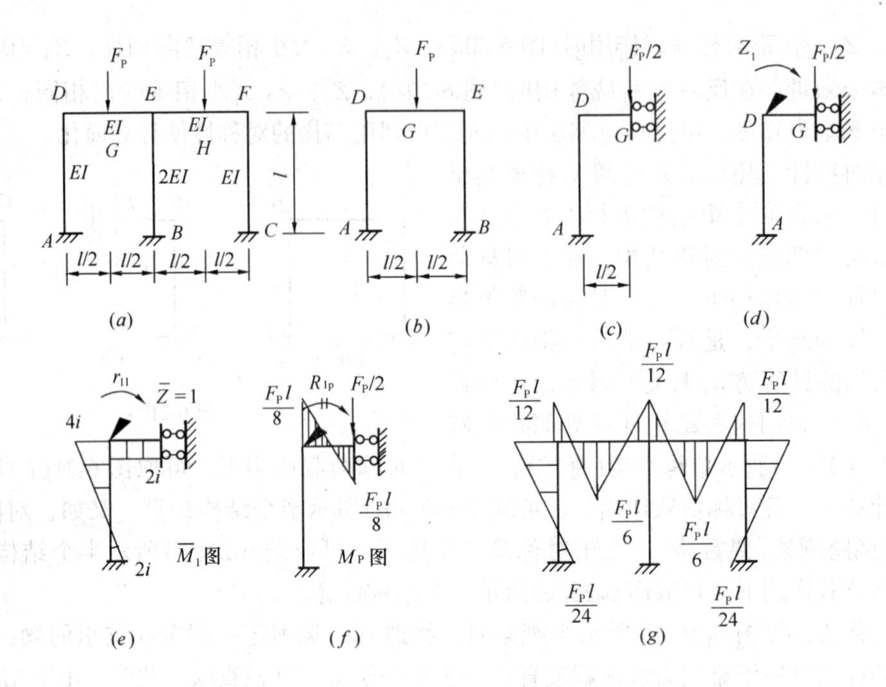

图 6-23

$$r_{11} = 4i + 2i = 6i \qquad R_{1\text{P}} = -\frac{F_{\text{P}}}{8}l$$

于是可得：

$$z_1 = -\frac{R_{1\text{P}}}{r_{11}} = \frac{F_{\text{P}}l}{48i}$$

由 $M = Z_1\overline{M}_1 + M_{\text{P}}$，并利用内力正对称条件可作出最后 M 图，如图 6-23(g)所示。

*6.8 支座位移和温度变化时超静定结构的计算

6.8.1 支座位移时的内力计算

用位移法计算超静定结构由于支座位移产生的内力时，同样是根据基本体系附加约束上的总反力或总反力矩等于零的条件建立位移法典型方程。此时方程(6-5)中的自由项 $R_{i\text{P}}$ 改用 $R_{i\Delta}$，它们表示基本结构由于已知的支座位移在附加约束上产生的附加反力或反力矩，可借助表 6-1 有关栏目查出。至于各系数的计算则与荷载作用时相同，不再重复。下面通过例题具体说明。

【例 6-7】 图 6-24(a)所示刚架的支座 D 产生转角 φ，支座 C 产生竖向位移 $\Delta = l\varphi$。试用位移法计算并绘出弯矩图。已知 EI = 常数。

【解】 此刚架的基本未知量只有节点 B 的角位移 Z_1，支座 C 的线位移和支座 D 的转角均为已知，不是未知量。在节点 B 加入附加刚臂所得基本体系如图 6-24(b)所示，位移法典型方程为：

$$r_{11}Z_1 + R_{1\Delta} = 0$$

设 $\dfrac{EI}{l} = i$，则：$i_{\text{BD}} = i$，$i_{\text{AB}} = i_{\text{BC}} = 2i$

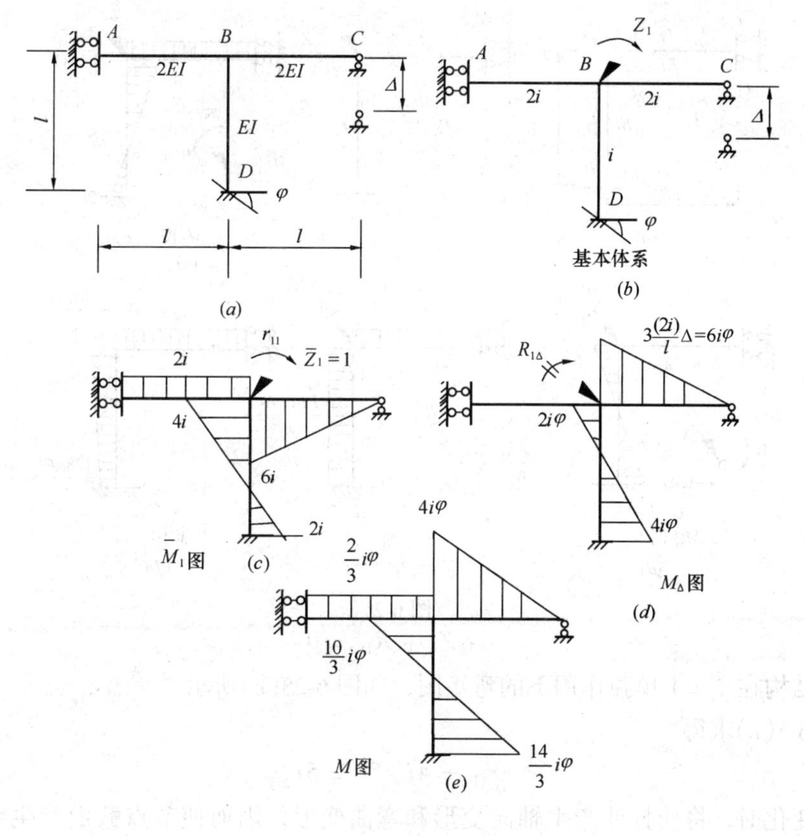

图 6-24

绘出$\overline{M}_1$、M_Δ图（图 6-24c、d），可求得

$$r_{11}=2i+4i+6i=12i,\quad R_{1\Delta}=2i\varphi-\frac{3\times 2i}{l}l\varphi=-4i\varphi$$

于是可得

$$Z_1=-\frac{R_{1\Delta}}{r_{11}}=\frac{\varphi}{3}$$

刚架的最后弯矩图可由 $M=Z_1\overline{M}_1+M_\Delta$ 绘出，如图 6-24(e)所示。

6.8.2 温度变化时的内力计算

用位移法计算温度变化引起的超静定结构的内力时，与荷载作用或支座位移时的计算原理是相同的，其物理意义是，基本结构在温度变化和各节点位移共同作用下，每一个附加约束上的总反力或总反力矩都应等于零。但应注意以下两点区别：(1)典型方程中的自由项不同，此时，方程(6-5)中的自由项 R_{iP}用 R_{it}代替。R_{it}表示基本结构由于温度变化在第 i 个附加约束上产生的附加反力或反力矩。(2)在温度变化时将引起杆件的轴向变形和弯曲变形，因此前述关于受弯直杆两端距离不变的假设在这里不再适用，计算 R_{it}时应按轴向变形和弯曲变形两种情况考虑。下面通过示例进行说明。

图 6-25(a)所示刚架，外侧温度升高 $t_1=10$℃，内侧温度升高 $t_2=30$℃，各杆为对称等截面直杆，截面高度 $h=\dfrac{l}{10}$。用位移法计算时，基本体系如图 6-25(b)所示。位移法方程为：

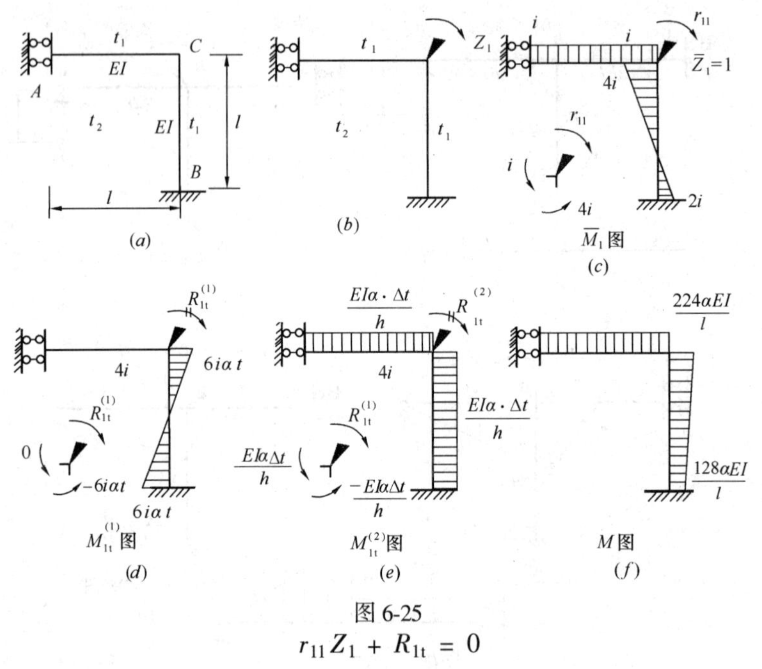

图 6-25

$$r_{11}Z_1 + R_{1t} = 0$$

绘出基本结构在$\overline{Z}_1 = 1$单独作用下的弯矩图，如图 6-25(c)所示。

由图 6-5(c)求得

$$r_{11} = 4i + i = 5i$$

温度变化时，将使杆件产生轴向变形和弯曲变形，因而使节点截面产生线位移和转角。所以 R_{1t}可按上述两种情况分别计算。

(1) 当只考虑杆件轴向变形时，杆轴处温度均升高为 $t = \frac{1}{2}(t_1 + t_2)$，由于 AC 杆伸长，使 BC 杆的 C 端侧移为$\Delta = \alpha tl$，其杆端弯矩：$M_{CB} = M_{BC} = -\frac{6i}{l}\Delta = -6i\alpha t$；由于 BC 杆伸长，使 AC 杆 C 端也有侧移αtl，但不会使 AC 杆产生内力，据此可绘出基本结构只考虑杆件轴向变形时的弯矩图($M_{1t}^{(1)}$图)，如图 6-25(d)所示。由平衡条件可求得附加刚臂上的反力矩为：

$$R_{1t}^{(1)} = -6i\alpha t$$

(2) 当只考虑杆件弯曲变形时，杆件内外温度差为 $\Delta t = t_2 - t_1$，由表 6-1 第 7、19 栏可查得：

$$M_{CA} = -M_{AC} = EI\alpha\Delta t/h$$
$$M_{CB} = -M_{BC} = -EI\alpha\Delta t/h$$

据此可绘出基本结构只考虑杆件弯曲变形时的弯矩图($M_{1t}^{(2)}$图)，如图 6-25(e)所示。由平衡条件可求得附加刚臂上的反力矩为：

$$R_{1t}^{(2)} = 0$$

显然温度改变引起附加刚臂上的反力矩是上述两种情况之和，即

$$R_{1t} = R_{1t}^{(1)} + R_{1t}^{(2)} = -6i\alpha t$$

将 r_{11}、R_{1t}代入位移法方程得：$5iZ_1 - 6i\alpha t = 0$ 即 $Z_1 = -\frac{R_{1t}}{r_{11}} = \frac{6\alpha t}{5}$

由 $M=\overline{M}_1 Z_1+M_{1t}^{(1)}+M_{1t}^{(2)}$ 并计入 $t=\dfrac{10+30}{2}=20℃$，$\Delta t=30-10=20℃$，$h=\dfrac{l}{10}$ 可得刚架最后弯矩图，如图 6-25(f)所示。

思 考 题

6-1 位移法的基本思路是什么？为什么说位移法是建立在力法的基础上的？

6-2 在位移法中，一般角位移的数目等于刚节点数，那么铰节点或铰支座处的角位移可否也作为基本未知量？

6-3 位移法的典型方程是平衡条件，是否只用平衡条件就可以求出超静定结构的内力？为什么说位移法也满足结构的位移条件？

6-4 定向支承处的线位移为什么不是独立的节点线位移？

6-5 在支座位移影响下的位移法方程与荷载作用下的位移法方程有何不同？其自由项应如何计算？

6-6 在温度变化影响下的位移法方程与荷载作用下的位移法方程有何不同？其系数、自由项应如何计算？

6-7 建立位移法方程有哪两种不同途径？这两种方法各有什么优缺点？

6-8 结构对称但荷载不对称时，可否取一半结构计算？

6-9 力法和位移法在计算原理和步骤上有何异同？

习 题

6-1 对于图示结构，试确定在位移法计算中的基本未知量数目。

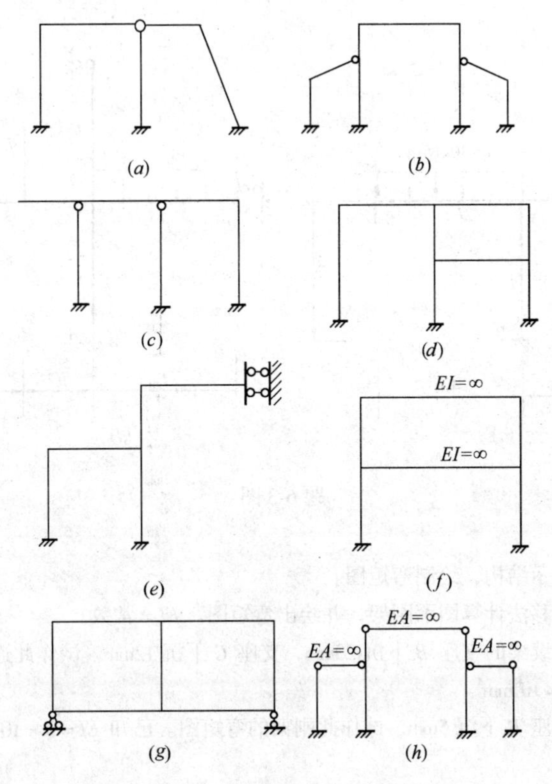

题 6-1 图

6-2 用位移法计算图示连续梁，并绘制弯矩图。

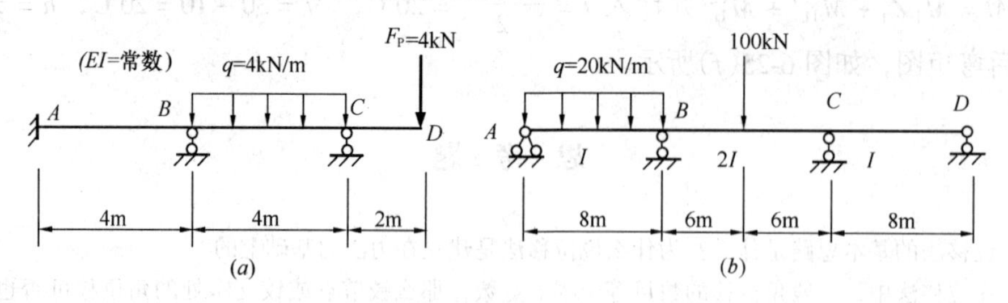

题 6-2 图

6-3 用位移法计算图示结构，并绘出弯矩图、剪力图和轴力图。EI = 常数。

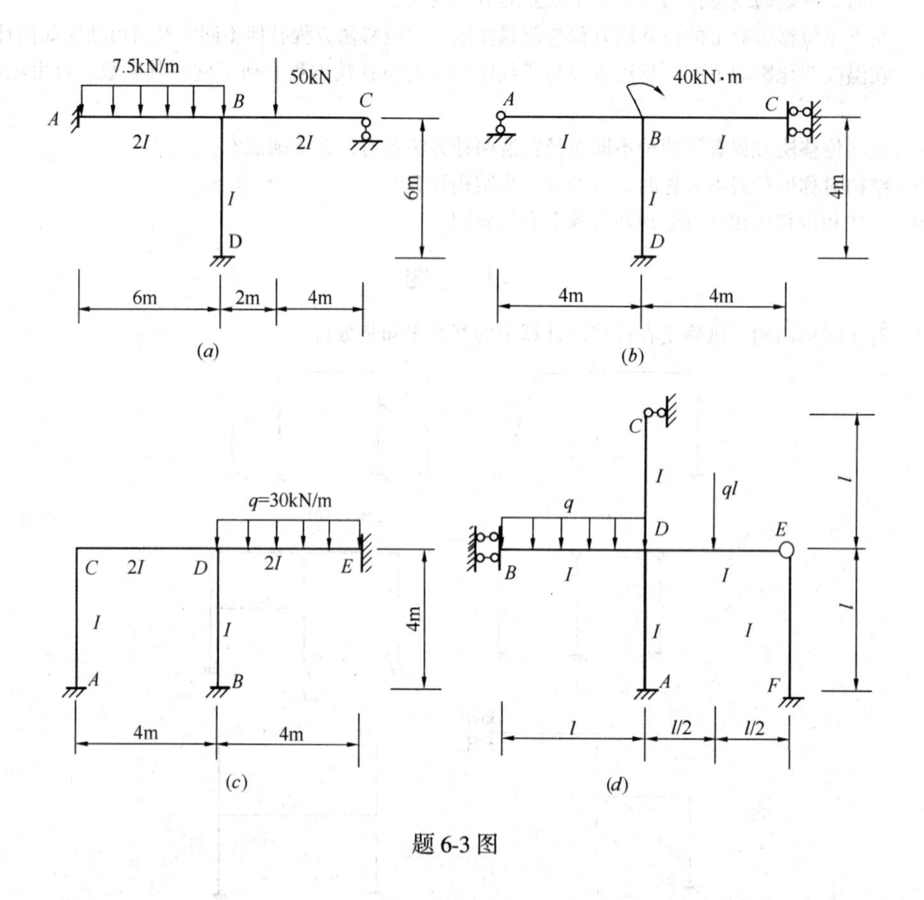

题 6-3 图

6-4 用位移法计算图示结构，绘制弯矩图。

6-5 利用对称性按位移法计算图示刚架，并绘出弯矩图。EI = 常数。

6-6 设图示等截面连续梁的支座 B 下沉 20mm，支座 C 下沉 12mm，试作此连续梁的弯矩图。已知 $E = 2.1\times10^2\text{kN/mm}^2$，$I = 2\times10^8\text{mm}^4$。

6-7 设图示刚架的支座 B 下沉 5mm，试作此刚架的弯矩图。已知 $EI = 3\times10^5\text{kN}\cdot\text{m}^2$。

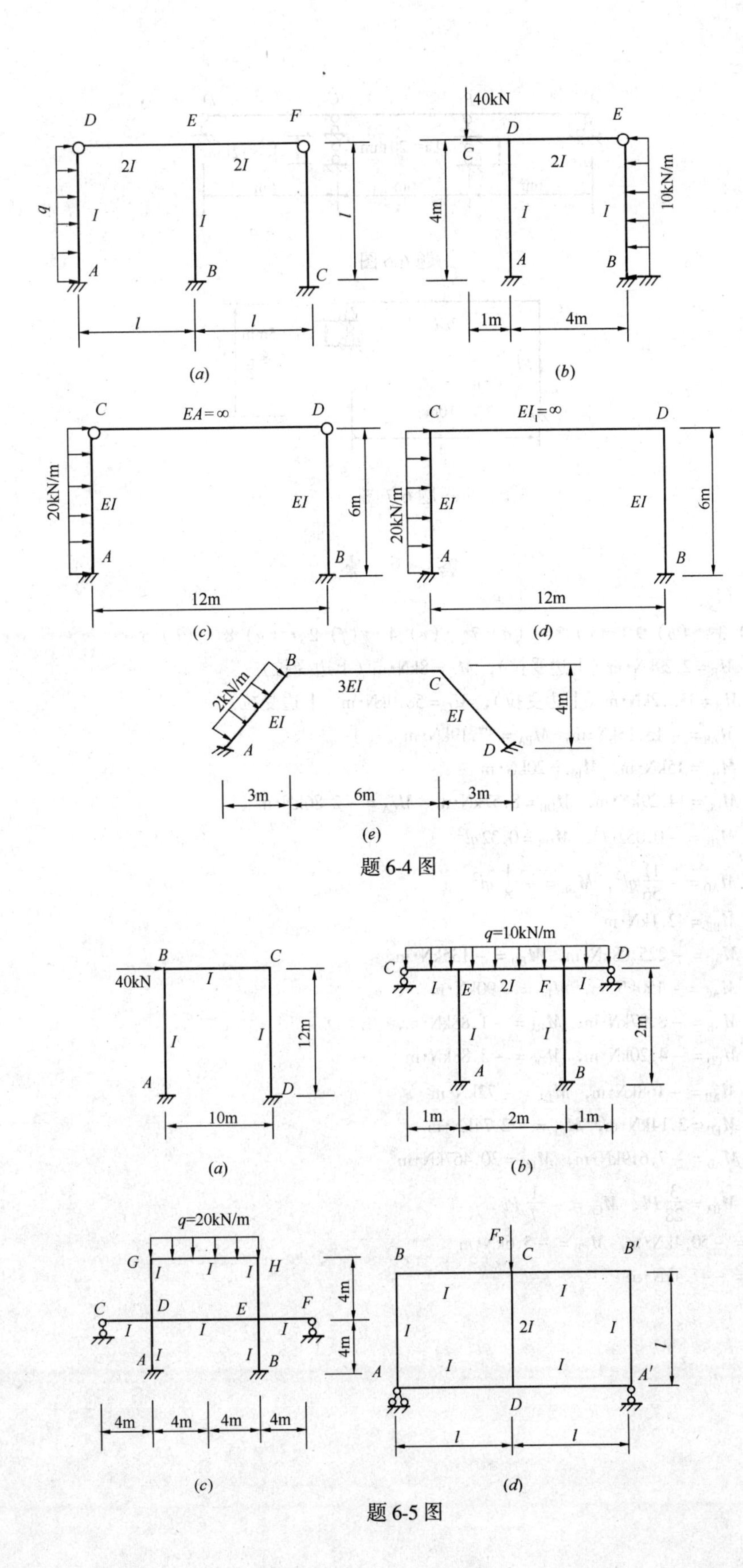

D
E
F
2I
2I
q
I
I
l
A
B
C
l
l
(a)
40kN
D
E
C
2I
4m
I
I
10kN/m
A
B
1m
4m
(b)
C
EA=∞
D
20kN/m
EI
EI
6m
A
B
12m
(c)
C
D
20kN/m
EI
EI
6m
A
B
12m
(d)
B
2kN/m
3EI
C
EI
EI
4m
A
D
3m
6m
3m
(e)

题 6-4 图

B
C
40kN
I
I
I
12m
A
D
10m
(a)
q=10kN/m
C
D
I
E
2I
F
I
I
I
2m
A
B
1m
2m
1m
(b)
q=20kN/m
G
I
I
I
H
4m
C
D
E
F
I
I
I
4m
A
I
I
B
4m
4m
4m
4m
(c)
B
C
B′
I
I
I
2I
I
l
I
I
A
A′
D
l
l
(d)

题 6-5 图

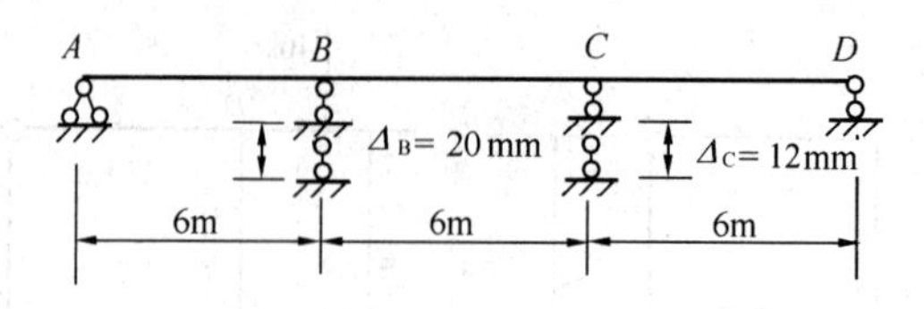

题 6-6 图

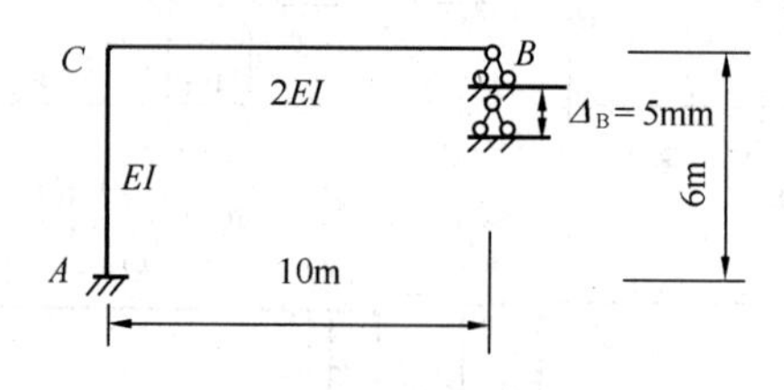

题 6-7 图

答　　案

6-1　(a) 3　(b) 9　(c) 3　(d) 7　(e) 4　(f) 2　(g) 8　(h) 5

6-2　(a) $M_B = 2.29\text{kN}\cdot\text{m}$（上边受拉），$M_C = 8\text{kN}\cdot\text{m}$（上边受拉）

　　(b) $M_B = 175.2\text{kN}\cdot\text{m}$（上边受拉），$M_C = 58.9\text{kN}\cdot\text{m}$（上边受拉）

6-3　(a) $M_{AB} = -15.15\text{kN}\cdot\text{m}$，$M_{BA} = 37.19\text{kN}\cdot\text{m}$

　　(b) $M_{BA} = 15\text{kN}\cdot\text{m}$，$M_{BD} = 20\text{kN}\cdot\text{m}$

　　(c) $M_{DC} = 14.29\text{kN}\cdot\text{m}$，$M_{DB} = 8.57\text{kN}\cdot\text{m}$，$M_{CA} = -2.86\text{kN}\cdot\text{m}$

　　(d) $M_{DA} = -0.053ql^2$，$M_{DB} = 0.32ql^2$

6-4　(a) $M_{AD} = -\frac{11}{56}ql^2$，$M_{BE} = -\frac{1}{8}ql^2$

　　(b) $M_{BE} = 42.1\text{kN}\cdot\text{m}$

　　(c) $M_{AC} = -225.08\text{kN}\cdot\text{m}$，$M_{BD} = -135\text{kN}\cdot\text{m}$

　　(d) $M_{AC} = -150\text{kN}\cdot\text{m}$，$M_{BD} = -90\text{kN}\cdot\text{m}$

　　(e) $M_{AB} = -8.97\text{kN}\cdot\text{m}$，$M_{BA} = -1.88\text{kN}\cdot\text{m}$，

　　　$M_{CD} = -4.20\text{kN}\cdot\text{m}$，$M_{DC} = -3.88\text{kN}\cdot\text{m}$

6-5　(a) $M_{AB} = -168\text{kN}\cdot\text{m}$，$M_{BA} = -72\text{kN}\cdot\text{m}$

　　(b) $M_{EC} = 2.14\text{kN}\cdot\text{m}$，$M_{EF} = -2.74\text{kN}\cdot\text{m}$

　　(c) $M_{AD} = -7.619\text{kN}\cdot\text{m}$，$M_{DG} = 30.467\text{kN}\cdot\text{m}$

　　(d) $M_{BA} = \frac{3}{28}Pl$，$M_{CB} = -\frac{1}{7}Pl$

6-6　$M_{BC} = -50.4\text{kN}\cdot\text{m}$，$M_{CB} = -5.6\text{kN}\cdot\text{m}$

6-7　$M_{CB} = -47.4\text{kN}\cdot\text{m}$

第7章　渐　近　法

7.1　概　　述

前面两章介绍了超静定结构的两种基本计算方法——力法和位移法，它们都需要求解线性代数方程组，当未知量数目较多时，计算非常繁冗。为了寻求更简捷的计算途径，人们提出了求解超静定刚架的许多实用计算方法，例如力矩分配法、迭代法、无剪力分配法等。它们都是以位移法为基础的渐近解法，即计算中通过采用逐次修正或逐步逼近的作法来计算结构各杆端弯矩，最后收敛于精确解，从而避免了建立和求解联立方程组。这些方法物理概念明确，计算过程又能遵循一定的机械步骤循环进行，容易掌握，适合手算，在工程中得到广泛应用。

随着计算机的普及和矩阵位移法的推广，上述手算方法的应用也在逐渐减少，但在未知量较少的结构计算和提高力学分析能力方面，仍有其应用价值。

力矩分配法适用于计算连续梁和无节点线位移刚架，而无剪力分配法则适用于刚架虽有线位移，但各柱剪力却可以由平衡条件直接求出的情况。本章除阐述这两种方法外，还将介绍剪力分配法。

7.2　力矩分配法的基本原理

力矩分配法是位移法演变而来的一种结构计算方法，因此，位移法中的变形假定在这里仍然适用，关于杆端弯矩和节点角位移的正负号规定也与位移法相同，不再重复。为了说明力矩分配法的基本原理，下面先介绍几个有关的名词。

7.2.1　转动刚度、传递系数和分配系数

(1) 转动刚度

转动刚度又称劲度系数，它表示杆端对于转动的抵抗能力。例如图 7-1(a)所示 A 端铰支、B 端固定的梁，使 A 端产生单位转角 $\varphi=1$ 时，在 A 端所需要施加的力矩，称为

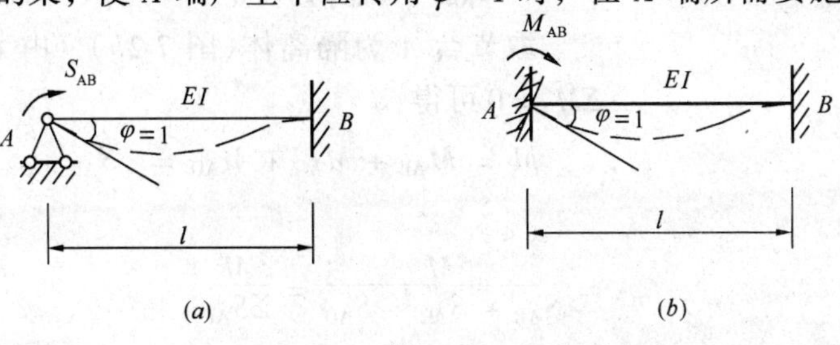

图 7-1

AB 杆在 A 端的转动刚度，用 S_{AB}表示。S_{AB}的下标，A 表示施力端，称为近端，B 表示杆件的另一端，称为远端。由于 AB 杆的受力、变形情况与图 7-1(b)所示的两端固定梁的受力、变形情况完全相同，因此 $S_{AB}=M_{AB}$。当 AB 杆为等截面直杆时，其值可由第 6 章表 6-1 第 1 栏查出，即

$$S_{AB} = M_{AB} = \frac{4EI}{l} = 4i$$

对于等截面直杆在远端(B 端)分别为铰支和定向支承时的转动刚度，同样可由表 6-1 的第 8、16 栏查出，现将它们一并列入表 7-1。由表 7-1 可知，转动刚度的大小不仅与杆件的线刚度 $i=\dfrac{EI}{l}$有关，而且与远端的支承情况有关。

等截面直杆的转动刚度和传递系数 　　表 7-1

编　号	计算简图	转动刚度 S	传递系数 C
1	A　EI　B；l	$S_{AB}=\dfrac{4EI}{l}$	$C_{AB}=\dfrac{1}{2}$
2	A　EI　B；l	$S_{AB}=\dfrac{3EI}{l}$	$C_{AB}=0$
3	A　EI　B；l	$S_{AB}=\dfrac{EI}{l}$	$C_{AB}=-1$

(2) 传递系数

由表 6-1 第 1、8、16 栏还可以看出，当杆件 AB 的 A 端施加力矩 M_{AB}时，在 B 端也产生一定的弯矩 M_{BA}，好比是近端的弯矩按一定的比例传递到了远端一样，故远端弯矩又称为传递弯矩，而将传递弯矩与近端弯矩的比值称为传递系数，用 C_{AB}表示，即

$$C_{AB} = M_{BA}/M_{AB} \quad 或 \quad M_{BA} = C_{AB}M_{AB} \tag{7-1}$$

等截面直杆远端为固定、铰支、定向支承时的传递系数见表 7-1。

(3) 分配系数

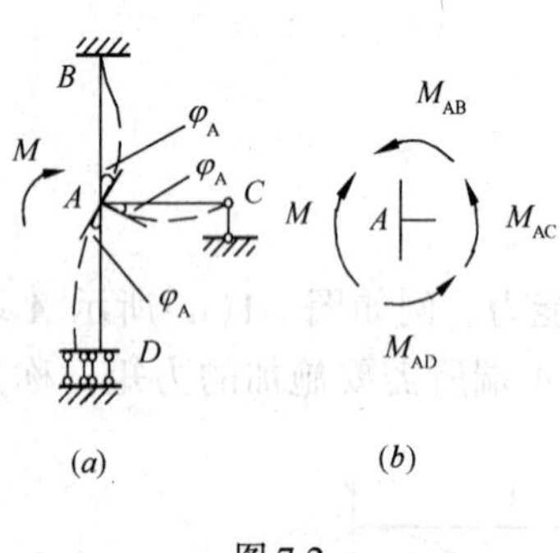

图 7-2

图 7-2(a)所示刚架，在节点 A 作用有力矩 M，使结构在 A 处产生角位移 φ_A。因为 A 为刚节点，故各杆在 A 端产生的转角亦均为 φ_A。由于有角位移，各杆在 A 端也必然有对节点的抵抗力矩。根据转动刚度的定义，各抵抗力矩分别为：

$$M_{AB} = S_{AB}\varphi_A, M_{AC} = S_{AC}\varphi_A, M_{AD} = S_{AD}\varphi_A \tag{7-2}$$

取节点 A 为隔离体(图 7-2b)，由节点的平衡条件 $\Sigma M_A=0$ 可得：

$$M = M_{AB} + M_{AC} + M_{AD} = (S_{AB} + S_{AC} + S_{AD})\varphi_A$$

由此得：

$$\varphi_A = \frac{M}{S_{AB} + S_{AC} + S_{AD}} = \frac{M}{\Sigma S_{Ai}} \tag{7-3}$$

式中，ΣS_{Ai}为汇交于节点 A 的各杆转动刚度之和。将式(7-3)代入式(7-2)，可得各杆 A 端

弯矩为：

$$M_{\mathrm{AB}}=\frac{S_{\mathrm{AB}}}{\Sigma S_{\mathrm{A}i}}M=\mu_{\mathrm{AB}}M,\quad M_{\mathrm{AC}}=\frac{S_{\mathrm{AC}}}{\Sigma S_{\mathrm{A}i}}M=\mu_{\mathrm{AC}}M,\quad M_{\mathrm{AD}}=\frac{S_{\mathrm{AD}}}{\Sigma S_{\mathrm{A}i}}M=\mu_{\mathrm{AD}}M \tag{7-4}$$

式(7-4)表明，汇交于节点 A 处的各杆 A 端弯矩，好比是由作用于节点 A 的力矩 M 按比例分配给各近端的，故称为分配弯矩。而 μ_{AB}、μ_{AC}、μ_{AD}则为相应杆件的分配系数，式(7-4)可统一表示为：

$$M_{\mathrm{A}j}=\mu_{\mathrm{A}j}M \tag{7-5}$$

其中

$$\mu_{\mathrm{A}j}=\frac{S_{\mathrm{A}j}}{\Sigma S_{\mathrm{A}i}} \tag{7-6}$$

式(7-6)表明，节点 A 处某一杆件的分配系数，等于该杆 A 端的转动刚度与节点 A 所有各杆 A 端转动刚度总和之比。显然，汇交于同一节点各杆分配系数之和等于 1，即

$$\Sigma\mu_{\mathrm{A}j}=1 \tag{7-7}$$

7.2.2 力矩分配法的基本概念

对图 7-3(a)所示结构，在荷载作用下，仅节点 1 的转角是位移法的基本未知量。计算时，先用附加刚臂将节点 1 固定不动，此时，附加刚臂上必然作用有阻止节点 1 转动的反力矩(以绕节点顺时针转为正)，记为 M_1^{F}，如图 7-3(b)所示。由于原结构节点 1 处并无刚臂，更无相应的反力矩。为了与原结构的受力、变形相同，再在附加刚臂上施加等值、反向的力矩 $-M_1^{\mathrm{F}}$，如图 7-3(c)所示。显然，图 7-3(b)和图 7-3(c)的叠加，就是图 7-3(a)的实际情况。

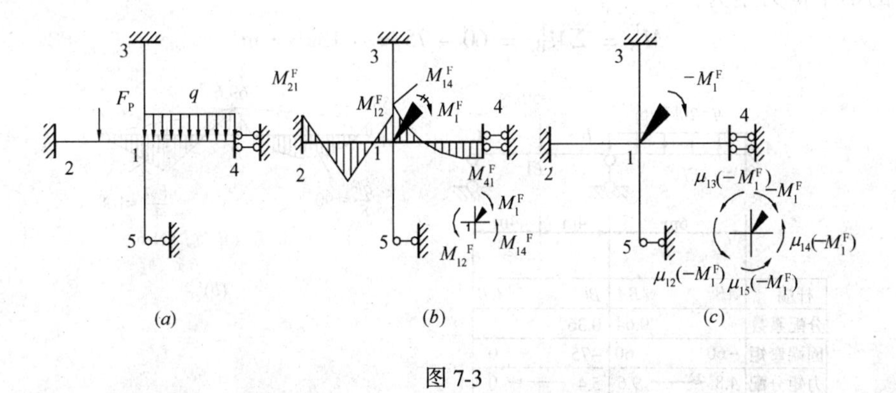

图 7-3

在图 7-3(b)中，由于节点 1 固定，各杆成为单跨超静定梁，其杆端弯矩可由表 6-1 查出。再取节点 1 为隔离体，由平衡条件可求得 M_1^{F} 为：

$$M_1^{\mathrm{F}}=\Sigma M_{1i}^{\mathrm{F}} \tag{7-8}$$

式中，M_{1i}^{F}为杆件 $1i$ 在 1 端(近端)的杆端弯矩(又称为固端弯矩)，以绕节点逆时针转为正；M_1^{F}为节点 1 附加刚臂上的反力矩，它等于节点 1 各杆固端弯矩的代数和，即各固端弯矩所不能平衡的差额，故又称为节点不平衡力矩。

在图 7-3(c)中，由于节点 1 受 $-M_1^{\mathrm{F}}$作用，则在节点 1 各杆端将得到分配弯矩，由式(7-5)知，其值等于该杆的分配系数与节点不平衡力矩反号的乘积；在远端将得到传递弯矩，可由式(7-1)求出。将以上两种情况求得的杆端弯矩相加，即为原结构各杆端的最后

弯矩，这就是力矩分配法的基本作法。它与位移法的区别就是无需建立和求解关于未知角位移的方程。上述计算过程可概括如下：

(1) 计算各杆的分配系数；

(2) 固定节点，即在刚节点处加入附加刚臂，求出各杆固端弯矩及节点不平衡力矩；

(3) 放松节点，即将不平衡力矩反号施加于节点，按分配系数求出各杆近端的分配弯矩；

(4) 将分配弯矩向远端传递，求出各杆的传递弯矩；

(5) 将同一杆端的固端弯矩、分配弯矩、传递弯矩叠加即得最后弯矩，绘出弯矩图。

【例 7-1】 试用力矩分配法作图 7-4(a)所示连续梁的弯矩图。

【解】 (1) 计算节点 B 各杆端分配系数　为方便计算，令 $EI/6=1$，则 $i_{BA}=\dfrac{EI}{6}=1$；$i_{BC}=\dfrac{EI}{8}=0.75$。由式(7-6)得：

$$\mu_{BA}=\frac{4\times1}{4\times1+3\times0.75}=0.64\quad \mu_{BC}=\frac{3\times0.75}{4\times1+3\times0.75}=0.36$$

$\mu_{BA}+\mu_{BC}=1$，计算无误。

(2) 固定节点 B　计算各杆固端弯矩和节点不平衡力矩　由表 6-1 第 4、10 栏查得：

$$M_{AB}^{F}=-M_{BA}^{F}=-\frac{ql^2}{12}=-\frac{20\times6^2}{12}=-60\text{kN}\cdot\text{m}$$

$$M_{BC}^{F}=-\frac{3F_{P}l}{16}=-\frac{3\times50\times8}{16}=-75\text{kN}\cdot\text{m}$$

节点 B 的不平衡力矩为：

$$M_{B}^{F}=\Sigma M_{Bj}^{F}=60-75=-15\text{kN}\cdot\text{m}$$

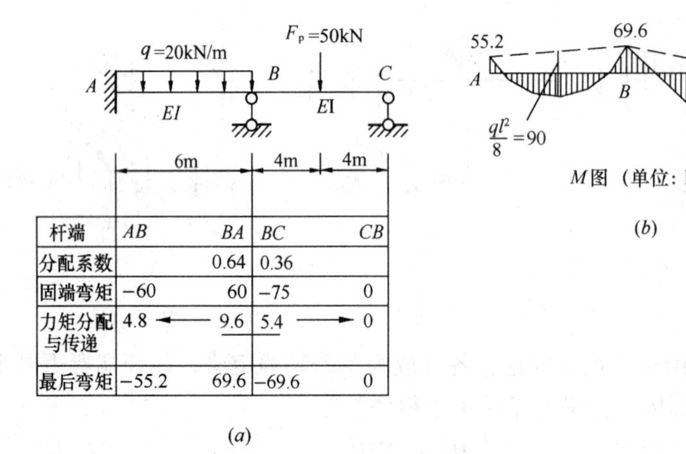

杆端	AB	BA	BC	CB
分配系数		0.64	0.36	
固端弯矩	−60	60	−75	0
力矩分配与传递	4.8 ←	9.6	5.4	→ 0
最后弯矩	−55.2	69.6	−69.6	0

(a)

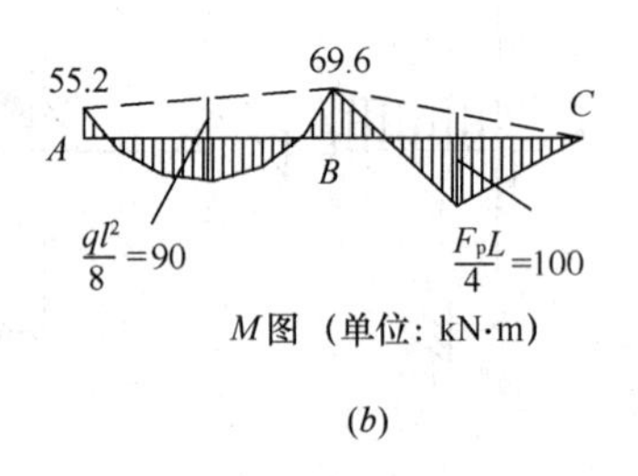

(b)

图 7-4

(3) 放松节点 B，进行力矩分配和传递　将 M_{B}^{F} 反号并乘以分配系数即得各杆近端分配弯矩，各分配弯矩再乘以传递系数即得各杆远端传递弯矩。为使计算过程紧凑、直观，这一计算可直接在图下列表进行，如图 7-4(a)下面表中所示。

(4) 计算杆端最后弯矩、绘制弯矩图　将各杆端的固端弯矩、分配弯矩和传递弯矩代数相加，便得到杆端最后弯矩，据此可绘出 M 图，如图 7-4(b)所示。

7.3 力矩分配法计算连续梁和无节点线位移刚架

以上通过只有一个刚节点角位移的结构介绍了力矩分配法的基本概念。对于具有多个刚节点的连续梁和无节点线位移刚架，可以利用这一概念，轮流反复地对每个刚节点进行力矩分配和传递的运算，直至满足精度要求为止，最后再将同一杆端的固端弯矩、分配弯矩、传递弯矩代数相加求得最后弯矩。现结合下面的例子作具体说明。

对图 7-5(a)所示三跨连续梁，首先将节点 B、C 都固定起来，使其不能转动，则在荷载作用下各杆端固端弯矩由表 6-1 可得：

$$M_{AB}^{F}=-\frac{320\times5\times3^{2}}{8^{2}}=-225\text{kN}\cdot\text{m};\qquad M_{BA}^{F}=\frac{320\times5^{2}\times3}{8^{2}}=375\text{kN}\cdot\text{m}$$

$$M_{BC}^{F}=-\frac{200\times10}{8}=-250\text{kN}\cdot\text{m};\qquad M_{CB}^{F}=\frac{200\times10}{8}=250\text{kN}\cdot\text{m}$$

$$M_{CD}^{F}=-\frac{30\times6^{2}}{8}=-135\text{kN}\cdot\text{m};\qquad M_{DC}^{F}=0$$

节点 B、C 的不平衡力矩可由式(7-8)计算如下：

$$M_{B}^{F}=M_{BA}^{F}+M_{BC}^{F}=125\text{kN}\cdot\text{m}$$

$$M_{C}^{F}=M_{CB}^{F}+M_{CD}^{F}=115\text{kN}\cdot\text{m}$$

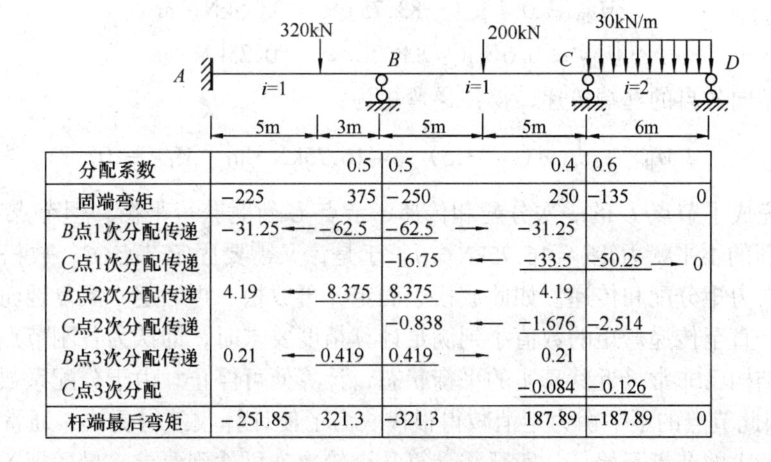

分配系数		0.5	0.5		0.4	0.6	
固端弯矩	−225	375	−250	250	−135	0
B点1次分配传递	−31.25	−62.5	−62.5	−31.25		
C点1次分配传递			−16.75	−33.5	−50.25	0
B点2次分配传递	4.19	8.375	8.375	4.19		
C点2次分配传递			−0.838	−1.676	−2.514	
B点3次分配传递	0.21	0.419	0.419	0.21		
C点3次分配				−0.084	−0.126	
杆端最后弯矩	−251.85	321.3	−321.3	187.89	−187.89	0

(a)

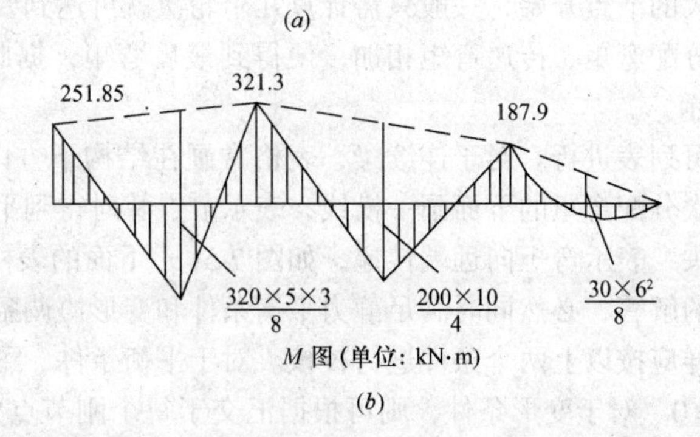

M 图(单位：kN·m)

(b)

图 7-5

为了消除这两个不平衡力矩，在力矩分配法中，采取逐次地将各节点轮流放松进行力矩分配、传递的办法。例如，首先放松节点 B，让节点 C 仍处于固定状态，进行力矩分配、传递。这与上节放松单节点的情况完全相同。即，先求出汇交于节点 B 的各杆端分配系数，由式(7-6)得

$$\mu_{BA}=\frac{4\times1}{4\times1+4\times1}=0.5\qquad\mu_{BC}=\frac{4\times1}{4\times1+4\times1}=0.5$$

再将节点 B 的不平衡力矩(125kN·m)反号施加于节点 B，由式(7-5)得分配弯矩为：

$$M_{BA}=\mu_{BA}(-M_B^F)=-62.5\text{kN}\cdot\text{m}$$

$$M_{BC}=\mu_{BC}(-M_B^F)=-62.5\text{kN}\cdot\text{m}$$

与此同时，分配弯矩将向各自的远端进行传递，由式(7-1)得传递弯矩为：

$$M_{AB}=C_{AB}M_{BA}=-31.25\text{kN}\cdot\text{m}$$

$$M_{CB}=C_{BC}M_{BC}=-31.25\text{kN}\cdot\text{m}$$

以上完成了节点 B 的一次分配和传递，节点 B 暂时获得平衡。

再来考察节点 C。它原有不平衡力矩 115kN·m，又有节点 B 传来的 -31.25kN·m，共为 83.75kN·m。为消除这一不平衡力矩，需要重新固定节点 B，并放松节点 C，对节点 C 进行力矩分配与传递。为此，求出节点 C 各杆端分配系数：

$$\mu_{CB}=\frac{4\times1}{4\times1+3\times2}=0.4\qquad\mu_{CD}=\frac{3\times2}{4\times1+3\times2}=0.6$$

将 83.75kN·m 反号施加于节点 C，由式(7-5)求得分配弯矩为：

$$M_{CB}=0.4\times(-83.75)=-33.5\text{kN}\cdot\text{m}$$

$$M_{CD}=0.6\times(-83.75)=-50.25\text{kN}\cdot\text{m}$$

再将分配弯矩向各自的远端传递，得传递弯矩为：

$$M_{BC}=\frac{1}{2}\times(-33.5)=-16.75\text{kN}\cdot\text{m}\quad M_{DC}=0$$

以上也完成了节点 C 的一次分配和传递，节点 C 暂时获得平衡，但节点 B 又有了节点 C 传来的新的不平衡力矩(-16.75kN·m)。于是，又需要固定节点 C，放松节点 B，对其进行第二次力矩分配和传递。如此放松、固定，再放松、再固定，反复地轮流进行力矩分配、传递，直至传递弯矩的数值小到满足计算精度要求时，即认为各刚节点已消除了刚臂的作用，结构已非常接近其真实的平衡状态，计算便可停止。由于分配系数和传递系数均小于 1，因此节点的不平衡力矩消减得很快。为了使计算收敛得更快，通常是从不平衡力矩绝对值较大的节点开始，一般只需计算几个轮次就可达到要求。最后把各杆端的固端弯矩和历次的分配弯矩、传递弯矩相加，便得到最后弯矩，据此可绘出结构最后弯矩图，如图 7-5(b)所示。

上述计算可列表进行。对于连续梁，表格常画在结构下方以方便对照。为便于检查，可在各节点每次分配弯矩的下面画一横线，表示节点暂时得到平衡。在分配弯矩和传递弯矩之间画一箭头，表示弯矩向远端传递，如图 7-5(a)下面的表格所示。

凡是正确的解答，必然同时满足静力平衡条件和变形协调条件。对力矩分配法求得的杆端弯矩，同样应按以上两个条件进行校核。对于平衡条件，可验算每一节点各杆端弯矩是否满足 $\Sigma M=0$。对于变形条件，则可根据汇交于每个刚节点处的各杆端转角 φ 应相等的条件验算，设汇交于节点 A 有 n 个杆件，则各杆端在 A 端的转角应满足：

$$\varphi_A = \frac{\Sigma M_{A1}^{\mu}}{S_{A1}} = \frac{\Sigma M_{A2}^{\mu}}{S_{A2}} = \cdots = \frac{\Sigma M_{Aj}^{\mu}}{S_{Aj}} = \cdots = \frac{\Sigma M_{An}^{\mu}}{S_{An}} \tag{7-9}$$

式中，$j = 1、2、\cdots、n$，n 为汇交于刚节点 A 处的杆件数；ΣM_{Aj}^{μ}为节点 A 处杆件 Aj 在 A 端历次分配弯矩之和；S_{Aj}为 Aj 杆在 A 端的转动刚度。在本例中，由观察可知，节点 C 各杆端弯矩均满足 $\Sigma M = 0$。在节点 C 处各杆转角为

$$\frac{\Sigma M_{CB}^{\mu}}{S_{CB}} = \frac{-33.5 - 1.676 - 0.084}{4 \times 1} = -8.815$$

$$\frac{\Sigma M_{CD}^{\mu}}{S_{CD}} = \frac{-50.25 - 2.514 - 0.126}{3 \times 2} = -8.815$$

满足式(7-9)的要求；类似地计算可知，汇交于节点 B 的两杆端也满足平衡条件和变形条件。表明计算无误。

以上虽然是以连续梁为例说明的，但所述方法同样适用于无节点线位移刚架。

由上可见，具有多个刚节点角位移的力矩分配法，实际上就是重复进行单节点力矩分配、传递的基本运算。现将力矩分配法计算连续梁和无节点线位移刚架的步骤归纳如下：

(1) 计算各刚节点每一杆端的分配系数并确定传递系数；

(2) 在刚节点上加上刚臂，计算各杆的固端弯矩，求出各刚节点的不平衡力矩；

(3) 轮流放松、固定各节点，每放松一个节点时，就将该节点不平衡力矩反号乘以分配系数，求出各杆近端的分配弯矩；再将分配弯矩乘以传递系数，求出各杆远端的传递弯矩；然后再将该节点固定，进行下一个节点的力矩分配与传递运算。将此步骤循环运用至各节点，直到传递弯矩小到可以忽略时为止；

(4) 将各杆端的固端弯矩、历次的分配弯矩和传递弯矩相加，求出各杆端最后弯矩，绘出 M 图；

(5) 对计算结果进行校核。

【例 7-2】 试用力矩分配法作图 7-6(a)所示连续梁的弯矩图。

【解】 (1) 此梁的外伸部分 EF 的内力是静定的，可直接画出，若将其去掉，以相应的弯矩和剪力作为外力作用于节点 E，则节点 E 可化为铰支座处理，如图 7-6(b)所示。

(2) 求分配系数

$$\mu_{BA} = \frac{3 \times 4.5}{3 \times 4.5 + 4 \times 3} = 0.529, \quad \mu_{BC} = \frac{4 \times 3}{3 \times 4.5 + 4 \times 3} = 0.471$$

$$\mu_{CB} = \frac{4 \times 3}{4 \times 3 + 4 \times 3} = 0.5, \quad \mu_{CD} = \frac{4 \times 3}{4 \times 3 + 4 \times 3} = 0.5$$

$$\mu_{DC} = \frac{4 \times 3}{4 \times 3 + 3 \times 4.5} = 0.471, \quad \mu_{DE} = \frac{3 \times 4.5}{4 \times 3 + 3 \times 4.5} = 0.529$$

(3) 计算固端弯矩　由表 6-1 可计算出各杆的固端弯矩如下：

$$M_{AB}^{F} = 0 \qquad M_{BA}^{F} = \frac{3 \times 60 \times 4}{16} = 45.0\text{kN} \cdot \text{m}$$

$$M_{BC}^{F} = -\frac{18 \times 6^2}{12} = -54.0\text{kN} \cdot \text{m}, \quad M_{CB}^{F} = \frac{18 \times 6^2}{12} = 54.0\text{kN} \cdot \text{m}$$

$$M_{CD}^{F}=-\frac{80\times 6}{8}=-60.0\text{kN}\cdot\text{m},\quad M_{DC}^{F}=\frac{80\times 6}{8}=60.0\text{kN}\cdot\text{m}$$

$$M_{DE}^{F}=-\frac{3\times 40\times 4}{16}+20=-10.0\text{kN}\cdot\text{m},\quad M_{ED}^{F}=40.0\text{kN}\cdot\text{m}$$

(4) 计算最后杆端弯矩

求出分配系数和固端弯矩后，即可进行力矩分配和传递，计算最后杆端弯矩。为了加快收敛速度，采取 B、D 点先分配、传递，再进行 C 点的分配传递，如此反复进行。运算过程见图 7-6(b)下面的表格，据此绘出的 M 图如图 7-6(c)所示。

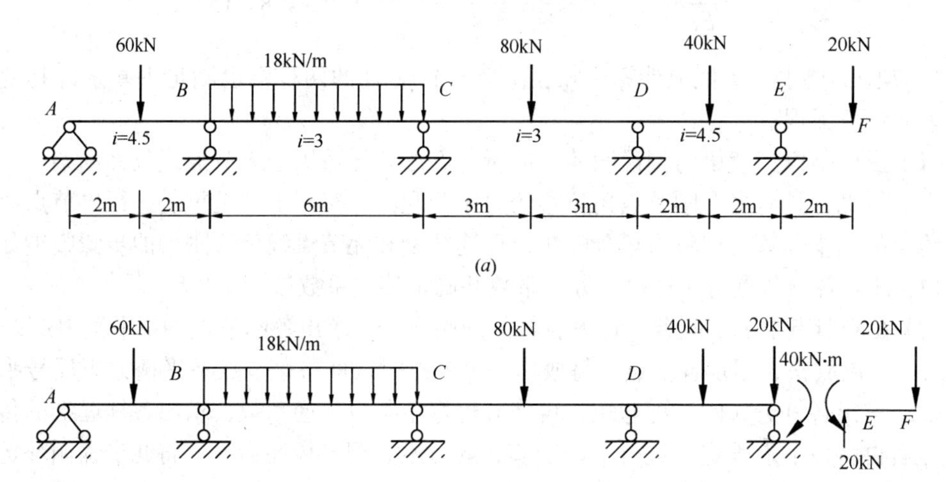

分配系数		0.529	0.471	0.500	0.500	0.471	0.529		
固端弯矩	0	45.00	-54.00	54.00	-60.00	60.00	-10.00	40.00	-40.00
B、D点1次分配传递	0 ←	4.76	4.24 →	2.12	-11.78 ←	-23.55	-26.45 →	0	
C点1次分配传递			3.92 ←	7.83	7.83 →	3.92			
B、D点2次分配传递		-2.07	-1.85 →	-0.93	-0.93 ←	-1.85	-2.07		
C点2次分配传递			0.47 ←	0.93	0.93 →	0.47			
B、D点3次分配传递		-0.25	-0.22 →	-0.11	-0.11 ←	-0.22	-0.25		
C点3次分配				0.11	0.11				
杆端最后弯矩	0	47.44	-47.44	63.95	-63.95	38.77	-38.77	40.00	-40.00
校核 $\varphi_i=\frac{\sum M_{ij}^{\mu}}{S_{ij}}$		0.18	+0.18	0.74	0.74	-2.13	-2.13		

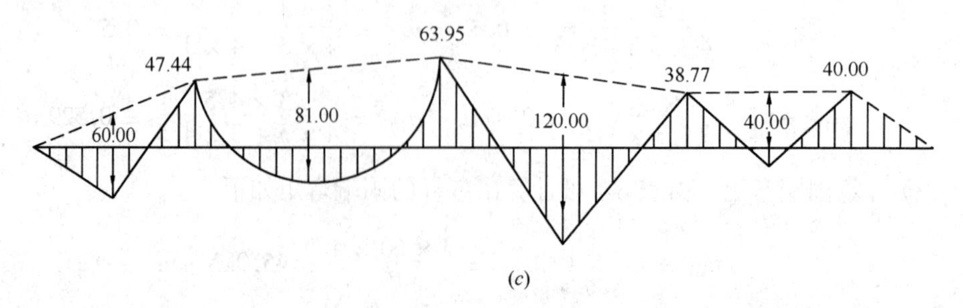

图 7-6 M 图(单位：kN·m)

本例也可以把 E 点作为一个节点，按力矩分配法计算 DE 杆的固端弯矩。取 DF 段如图 7-7 所示，由于 EF 为一悬臂，可知各杆在 E 端的转动刚度为：

$$S_{ED} = 4i_{ED} = 4 \times 4.5 = 18$$

$$S_{EF} = 0$$

分配系数为

$$\mu_{ED} = 1 \qquad \mu_{EF} = 0$$

先将节点 E 固定，则节点 D、E 的固端弯矩为：

$$M_{DE}^{F} = - M_{ED}^{F} = - 20.0\text{kN} \cdot \text{m}$$

$$M_{EF}^{F} = - 40.0\text{kN} \cdot \text{m}$$

再将节点 E 放松，并将不平衡力矩分配传递，见图 7-7 下面的计算表格，结果与前面相同。在此后结构的计算中，节点 E 不再固定，仅作为铰支端处理。

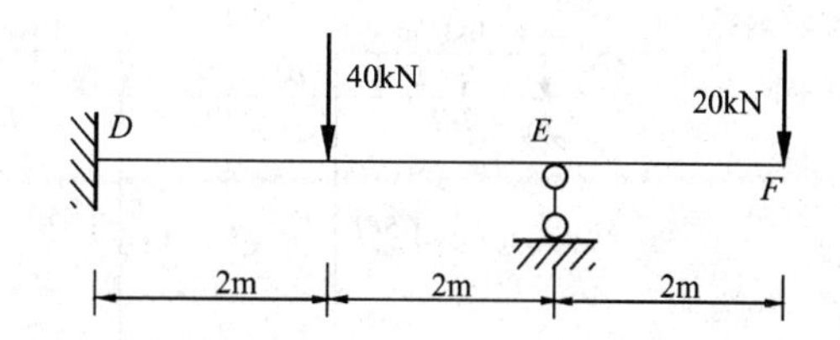

μ			1	0
M^{F}	−20.00		20.00	−40.00
分配与传递	10.00	←	20.00	
M	−10.00		40.00	−40.00

图 7-7

【例 7-3】 试用力矩分配法作图 7-8(a)所示刚架的弯矩图。

【解】 此刚架只有两个刚节点，无节点线位移，计算步骤与连续梁完全相同。求分配系数时，为计算方便，可令 $EI/6 = 1$，据此求得各杆线刚度之相对值示于图 7-8(a)的小圆圈中。其余计算列于表 7-2。根据杆端最后弯矩绘出的 M 图见图 7-8(b)。

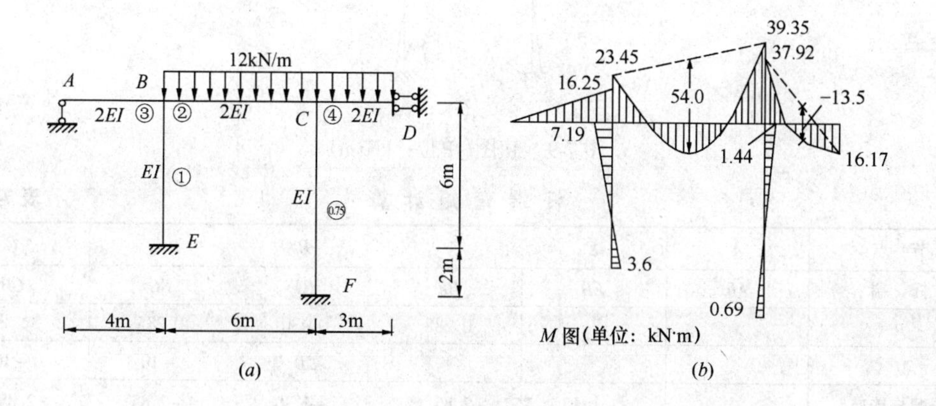

图 7-8

杆 端 弯 矩 计 算 **表 7-2**

节 点	E	A	B			C			D	F
杆 端	EB	AB	BA	BE	BC	CB	CF	CD	DC	FC
分配系数			0.43	0.19	0.38	0.533	0.200	0.267		
固端弯矩					-36.00	36.00		-36.00	-18.00	
B 分配传递	3.42 ←		15.48	6.84	13.68 →	6.84				
C 分配传递					-1.83 ←	-3.65	-1.368	-1.83 →	1.83 →	-0.68
B 分配传递	0.18 ←		0.77	0.35	0.70 →	0.35				
C 分配						-0.19	-0.07	-0.09		
最后弯矩	3.6	0	16.25	7.19	-23.45	39.35	-1.44	-37.92	-16.17	-0.69

【例 7-4】 试用力矩分配法作图 7-9(*a*)所示刚架的弯矩图。

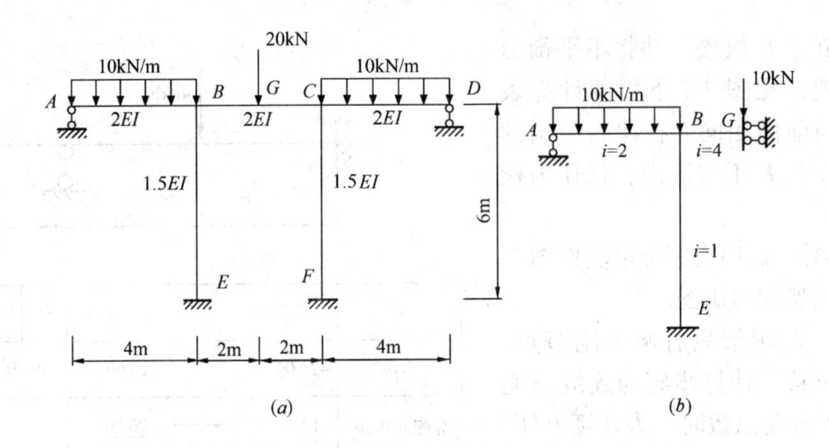

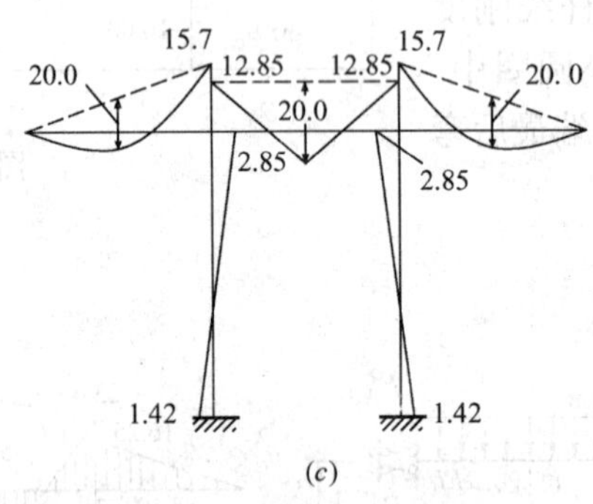

图 7-9 *M* 图(单位：kN·m)

杆 端 弯 矩 计 算 **表 7-3**

节 点	A	E	B			G
杆 端	AB	EB	BE	BA	BG	GB
μ			0.285	0.430	0.285	
M^F				20	-10	-10
分配与传递		-1.42 ←	-2.85	-4.30	-2.85 →	2.85
M		-1.42	-2.85	15.7	-12.85	-7.15

【解】 这是一个受对称荷载作用的对称结构，利用对称性取一半结构计算，如图 7-9(b)所示。令 $EI/4=1$，由此求得 $i_{AB}=2, i_{BE}=1, i_{BG}=4$。分配系数、固端弯矩及力矩分配传递的计算见表 7-3。结构最后弯矩图如图 7-9(c)所示。

【例 7-5】 图 7-10(a)所示连续梁，由于地基不均匀沉陷，A 支座发生角位移 $\varphi_A=0.02\text{rad}$，C 支座下沉 $\Delta_C=3\text{cm}$。已知 $E=2\times10^8\text{kPa}$，$I=4\times10^{-5}\text{m}^4$。试用力矩分配法计算此梁，并绘制弯矩图。

【解】 用力矩分配法计算时，支座移动影响下与荷载作用下的区别，仅在于固端弯矩是由于杆件两端的支座位移引起的，其余计算均相同。

(1) 计算分配系数

$$\mu_{BA}=\mu_{BC}=\frac{4\times EI/5}{4\times EI/5+4\times EI/5}=0.5$$

$$\mu_{CB}=\frac{4\times EI/5}{4\times EI/5+3\times EI/4}=0.516$$

$$\mu_{CD}=\frac{3\times EI/4}{4\times EI/5+3\times EI/4}=0.484$$

(2) 计算固端弯矩 将节点 B、C 固定，此时，φ_A 将使 AB 杆产生固端弯矩，Δ_C 则使 BC、CD 杆引起固端弯矩。查表 6-1，可得

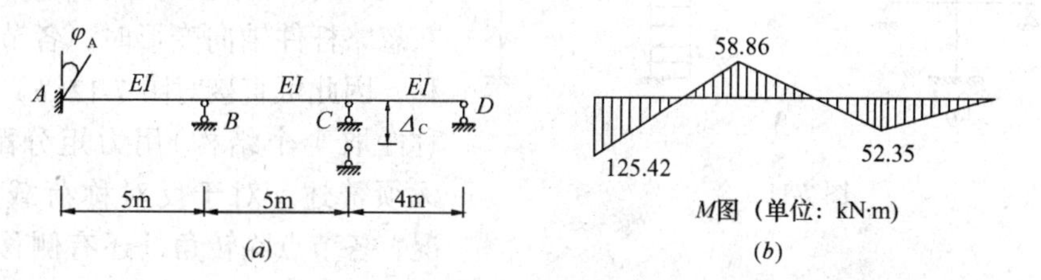

图 7-10

杆 端 弯 矩 计 算 **表 7-4**

节 点	A	B		C		D
杆 端	AB	BA	BC	CB	CD	DC
分配系数		0.5	0.5	0.516	0.484	
固端弯矩	128.00	64.00	−57.60	−57.60	45.00	0
C 一次分配			3.25	6.50	6.10	
B 一次分配	−2.42	−4.83	−4.83	−2.42		
C 二次分配			0.62	1.25	1.17	
B 二次分配	−0.16	−0.31	−0.31	−0.16		
C 三次分配				0.08	0.08	
M	125.42	58.86	−58.86	−52.35	52.35	0

$$M_{AB}^F=4\times\frac{2\times10^8\times4\times10^{-5}}{5}\times0.02=128\text{kN}\cdot\text{m}$$

$$M_{BA}^F=2\times\frac{2\times10^8\times4\times10^{-5}}{5}\times0.02=64\text{kN}\cdot\text{m}$$

$$M_{BC}^{F} = M_{CB}^{F} = -6 \times \frac{2 \times 10^{8} \times 4 \times 10^{-5}}{5^{2}} \times 0.03 = -57.6\text{kN} \cdot \text{m}$$

$$M_{CD}^{F} = 3 \times \frac{2 \times 10^{8} \times 4 \times 10^{-5}}{4^{2}} \times 0.03 = 45\text{kN} \cdot \text{m}$$

(3) 计算最后杆端弯矩、绘制 M 图　各杆端弯矩的计算见表 7-4。最后弯矩图如图 7-10(b)所示。

7.4　无 剪 力 分 配 法

力矩分配法只适用于连续梁和无节点线位移刚架的计算，然而对符合某些特定条件的有侧移刚架，例如图 7-11(a)、(b)所示多层单柱刚架和单跨对称刚架，在水平荷载作用下各节点将产生水平线位移，但是柱中的剪力可根据平衡条件直接确定，这时各杆的弯矩仍可以方便地按力矩分配法的步骤进行计算，这就是下面要介绍的无剪力分配法。

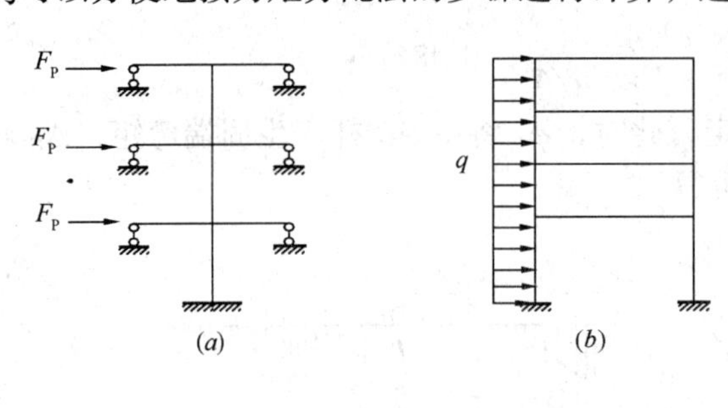

图 7-11

对图 7-12(a)所示对称刚架，计算内力时，常利用对称性，将荷载分解为正对称和反对称两组，如图 7-12(b)、(c)所示。对于正对称荷载作用的情况，在忽略杆件轴向变形时，各节点无线位移，因此可直接对图 7-12(b)(或利用对称性取半个结构)用力矩分配法计算，无须赘述。对于反对称荷载作用的情况，各节点除转角外还有侧移，其内力计算，可取图 7-13(a)所示的半个刚架进行。

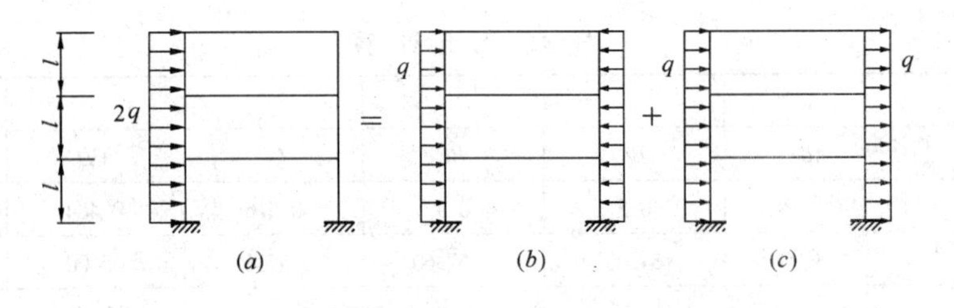

图 7-12

考察图 7-13(a)所示结构，其受力、变形具有以下特点：各横梁两端无相对线位移，称之为无侧移杆件；各柱两端在外力作用下将产生水平线位移，而且各柱的剪力可以根据静力平衡条件直接确定，与节点位移无关，这称为剪力静定柱。若用附加刚臂阻止各刚节点的转动，则在各附加刚臂上必然作用有节点不平衡力矩，如图 7-13(b)所示；再将各节点不平衡力矩反号施加于刚臂上，轮流地进行力矩分配和传递，如图 7-13(c)所示。那么，图 7-13(a)所示结构的受力和变形，就是图 7-13(b)与图 7-13(c)所示两种情况的叠加，因此，便可以像力矩分配法那样计算杆件的内力。

在图 7-13(b)中，各节点只加阻止节点转动的刚臂，但并不阻止节点线位移。此时，结构在水平荷载作用下，自下而上每层的侧移均由两部分组成：一是本层随下层顶端的整

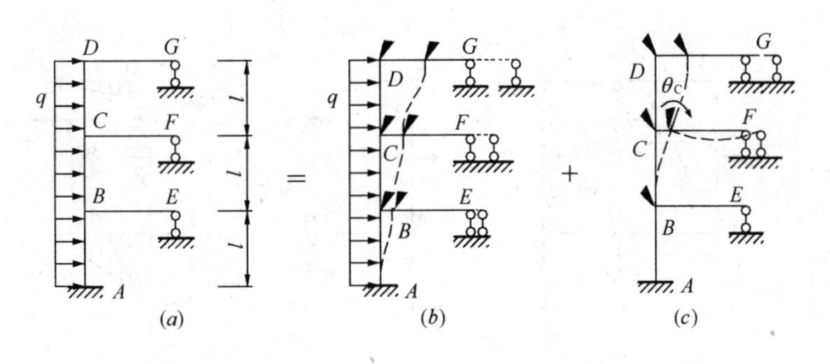

图 7-13

体刚体移动，它不会使杆件产生内力；另一是本层上端对下端有相对侧移，它将使柱子产生内力，横梁只作水平方向刚体移动，不产生内力，如图 7-13(*b*)中虚线所示。现以二层柱 *BC* 为例，说明柱子上端对下端的相对侧移。以 *B* 点为基准点，由于刚臂阻止节点转动，可看作固定端；*C* 点也不能转动，但水平方向无约束，可看作定向支承。因此柱子的约束和变形与一端固定一端定向支承的情况完全相同。由静力平衡条件可知，每一层柱的上端承受的剪力，等于柱顶以上各层所有水平荷载的代数和。于是 *C* 端的剪力值为 $F_Q=ql$。由表 6-1 可查出二层柱在 F_Q 作用下柱端弯矩为：$M_{CB}^{F_1}=M_{BC}^{F_1}=-\dfrac{F_Q l}{2}=-\dfrac{ql^2}{2}$。此外，*BC* 柱上还有均布荷载 *q*，因此还要叠加由柱上荷载引起的杆端弯矩 $\left(M_{BC}^{F_2}=-\dfrac{ql^2}{3},M_{CB}^{F_2}=-\dfrac{ql^2}{6}\right)$，才是二层柱的固端弯矩。按此作法，可求出所有柱的固端弯矩，进而可计算出各节点的不平衡力矩。

在图 7-13(*c*)中，表示轮流地放松、固定节点，进行力矩分配和传递。图中所示为放松节点 *C* 的情形，即将节点 *C* 的不平衡力矩反号作用于节点上，这将使节点 *C* 产生转角 θ_C。由于各层柱均相当于下端固定上端滑动的等截面柱，因此，对 *BC* 柱而言，则为滑动支座有转角 θ_C，固定端无转动；对 *CD* 柱而言，则是固定端有转角 θ_C，滑动支座无转动。由表 6-1 第 16 栏可知，不论哪端转动，柱两端剪力都为零。在求转动刚度和传递系数时，各柱均可按一端固定一端滑动的杆件计算，即转动刚度都等于各自的线刚度 *i*，传递系数均取(-1)。各层横梁，则按一端固定、一端铰支的杆件计算。至于力矩分配、传递的具体计算则与一般力矩分配法的作法完全相同。由于在力矩分配与传递过程中，柱内不会产生新的剪力，故称为无剪力分配法。下面通过算例说明具体计算。

【例 7-6】 试用无剪力分配法计算图 7-14(*a*)所示刚架，绘出弯矩图。

【解】 在节点 *B*、*C* 加上附加刚臂(图 7-14*b*)，各横梁按一端固定、一端铰支的杆考虑，各柱按一端固定、一端定向支承的杆考虑。

(1) 分配系数

各柱转动刚度为 $S_{AB}=S_{BC}=i$，各梁转动刚度为 $S_{BD}=S_{CE}=3\times 2i=6i$，据此求得分配系数如下：

$$\mu_{BA}=\mu_{BC}=\frac{i}{i+i+6i}=0.125 \qquad \mu_{BD}=\frac{6i}{i+i+6i}=0.75$$

$$\mu_{CB}=\frac{i}{i+6i}=0.143 \qquad \mu_{CE}=\frac{6i}{i+6i}=0.857$$

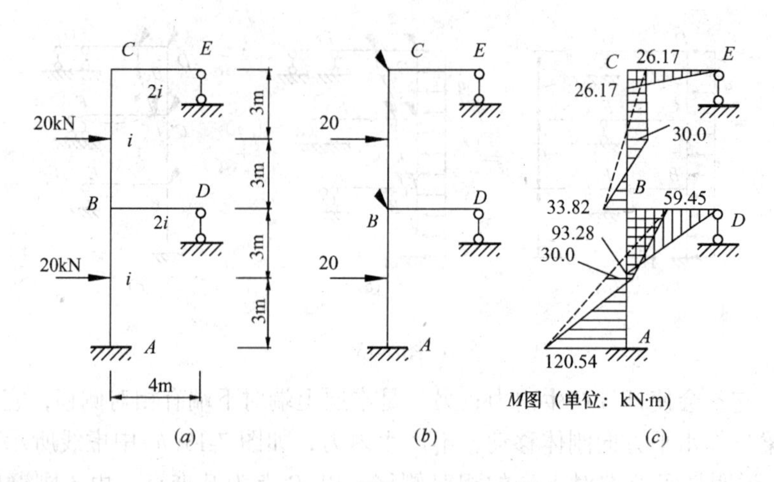

图 7-14

杆 端 弯 矩 计 算 表 7-5

节 点	D	A	B			C		E
杆 端	DB	AB	BA	BD	BC	CB	CE	EC
分配系数			0.125	0.75	0.125	0.143	0.857	
固端弯矩		-105.0	-75.0		-45.0	-15.0		
分配与传递	0	-15.0 ←	-15.0	90.0	15.0 →	-15.0		
					-4.29 ←	4.29	25.71 →	0
	0	-0.54 ←	0.54	3.22	0.54 →	-0.54		
					-0.08 ←	0.08	0.46 →	0
			0.01	0.06	0.01			
最后弯矩	0.0	-120.54	-59.45	93.28	-33.82	-26.17	26.17	0.0

(2) 固端弯矩

按表 6-1 第 17 栏计算固端弯矩，对 BC 柱有

$$M_{BC}^{F}=-\frac{3\times20\times6}{8}=-45\text{kN}\cdot\text{m}$$

$$M_{CB}^{F}=-\frac{20\times6}{8}=-15\text{kN}\cdot\text{m}$$

对 AB 柱，除本层柱中集中力外，还有柱顶剪力 20kN，故有

$$M_{AB}^{F}=-\frac{3\times20\times6}{8}-\frac{20\times6}{2}=-105\text{kN}\cdot\text{m};$$

$$M_{BA}^{F}=-\frac{20\times6}{8}-\frac{20\times6}{2}=-75\text{kN}\cdot\text{m}$$

(3) 计算杆端弯矩、绘制最后弯矩图

杆端弯矩的计算与一般力矩分配法相同。计算时需注意各柱的传递系数为(-1)。计算过程见表 7-5。根据计算结果，可作出最后弯矩图，如图 7-14(c)所示。

*7.5 剪力分配法

7.5.1 剪力分配法的基本概念

如图 7-15(a)所示单层多跨刚架，其横梁刚度无限大，各柱线刚度和柱高依次为 i_1、h_1，i_2、h_2，i_3、h_3，在柱顶受集中力 F_P 作用。用位移法计算时，各柱顶只有一个水平线位移未知量 Δ。现从柱顶将各柱截断，取横梁为隔离体，如图 7-15(b)所示，图中未示出弯矩和轴力，因为它们与横梁的水平投影平衡条件无关。由 $\Sigma F_x = 0$ 有：

$$F_{Q1} + F_{Q2} + F_{Q3} - F_P = 0 \qquad (a)$$

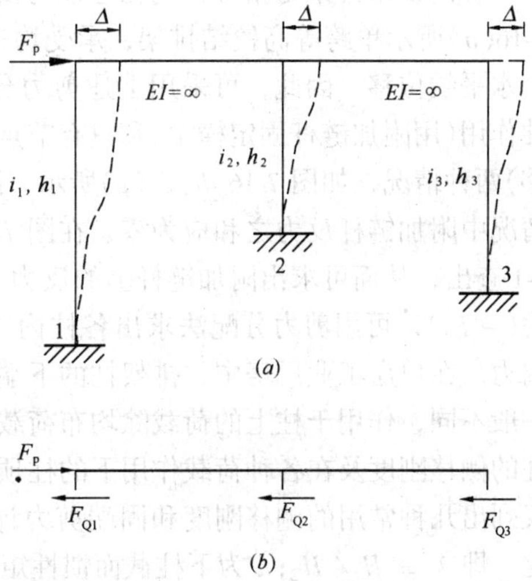

图 7-15

令 D_1、D_2、D_3 依次表示各柱柱顶发生单位侧移时所产生的杆端剪力，称为柱的侧移刚度，其值由表 6-1 第 2 栏可查得：

$$D_1 = \frac{12i_1}{h_1^2}, \quad D_2 = \frac{12i_2}{h_2^2}, \quad D_3 = \frac{12i_3}{h_3^2}$$

于是各柱顶剪力可用侧移刚度表示为：

$$F_{Q1} = D_1\Delta = \frac{12i_1}{h_1^2}\Delta, \quad F_{Q2} = D_2\Delta = \frac{12i_2}{h_2^2}\Delta, \quad F_{Q3} = D_3\Delta = \frac{12i_3}{h_3^2}\Delta \qquad (b)$$

将各剪力代入式(a)，可求得线位移 Δ 为：

$$\Delta = \frac{1}{D_1 + D_2 + D_3}F_P = \frac{1}{\Sigma D_i}F_P \qquad (c)$$

将式(c)代入式(b)可得各柱剪力为：

$$F_{Q1} = \frac{D_1}{\Sigma D_i}F_P = v_1 F_P, \quad F_{Q2} = \frac{D_2}{\Sigma D_i}F_P = v_2 F_P, \quad F_{Q3} = \frac{D_3}{\Sigma D_i}F_P = v_3 F_P \qquad (d)$$

式(d)可写成一般形式

$$F_{Qj}^{v} = \frac{D_j}{\Sigma D_i}F_P = v_j F_P \qquad (7\text{-}10)$$

其中

$$v_j = \frac{D_j}{\Sigma D_i} \qquad (7\text{-}11)$$

式中，ΣD_i 为各柱的侧移刚度之和，v_j 称为第 j 根柱的剪力分配系数，F_{Qj}^{v} 称为第 j 根柱的分配剪力。与力矩分配法类似，同层各柱剪力分配系数之和也等于 1，即 $\Sigma v_j = 1$。

由上可知，对于只有一个水平节点线位移的刚架，柱中的剪力可按以下步骤计算：首先由式(7-11)求出各柱的剪力分配系数，再将水平节点荷载 F_P 和各剪力分配系数代入式(7-10)即可求出各柱顶的分配剪力。这种利用剪力分配系数求柱顶剪力的作法称为剪力分配法，它与力矩分配法的作法十分相似。

下面讨论剪力分配法在等高铰结排架和多层多跨刚架中的应用。

7.5.2 用剪力分配法计算等高铰结排架

等高铰结排架是指各柱均在柱顶与横梁铰结的排架，其各柱柱顶水平位移相同。如图7-16(a)所示单跨等高铰结排架，承受均布荷载 q 作用，用位移法计算时，未知量只有一个水平线位移，因此，可采用上述剪力分配法计算。首先，将结构分解为只有荷载 q 单独作用(用附加链杆固定横梁)和只有节点线位移(放松链杆使横梁发生与原结构相同的侧移)两种情况，如图 7-16(b)、(c)所示。因为原结构并无附加链杆的作用，所以上述两种情况中附加链杆反力之和应为零。在图 7-16(b)的情况中，各柱内力(称为固端力)可由表6-1 查出，从而可求出附加链杆上的反力 F_1。在图 7-16(c)的情况中，附加链杆中的反力为($-F_1$)，可用剪力分配法求出各柱内力。这两种情况的内力叠加，即得原结构的最后内力。在单层工业厂房中，排架柱的下端是固定端，上端为铰接，且上柱截面和下柱截面一般不同，作用于柱上的荷载除均布荷载外，还可能有集中力和力矩。实际计算时，排架柱的侧移刚度及在各种荷载作用下的柱顶固端剪力均可由排架计算手册直接查出。表 7-6仅列出几种常用的侧移刚度和固端剪力计算式，表中 λ 为上柱高度 H_1 与柱总高度 H_2 之比，即 $\lambda = H_1/H_2$；n 为下柱截面惯性矩 I_2 与上柱截面惯性矩 I_1 之比，即 $n = I_2/I_1$。下面通过例题说明剪力分配法的具体计算。

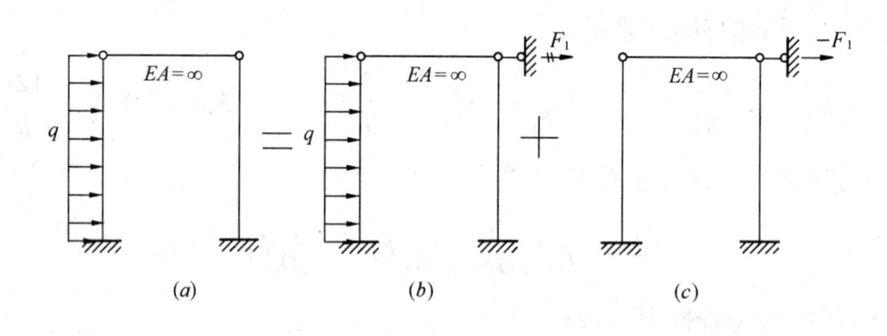

图 7-16

排架柱的侧移刚度与固端剪力 **表 7-6**

$\lambda = H_1/H_2$ $n = I_2/I_1$	$D = \dfrac{3EI_2}{H_2^3[1+(n-1)\lambda^3]}$

续表

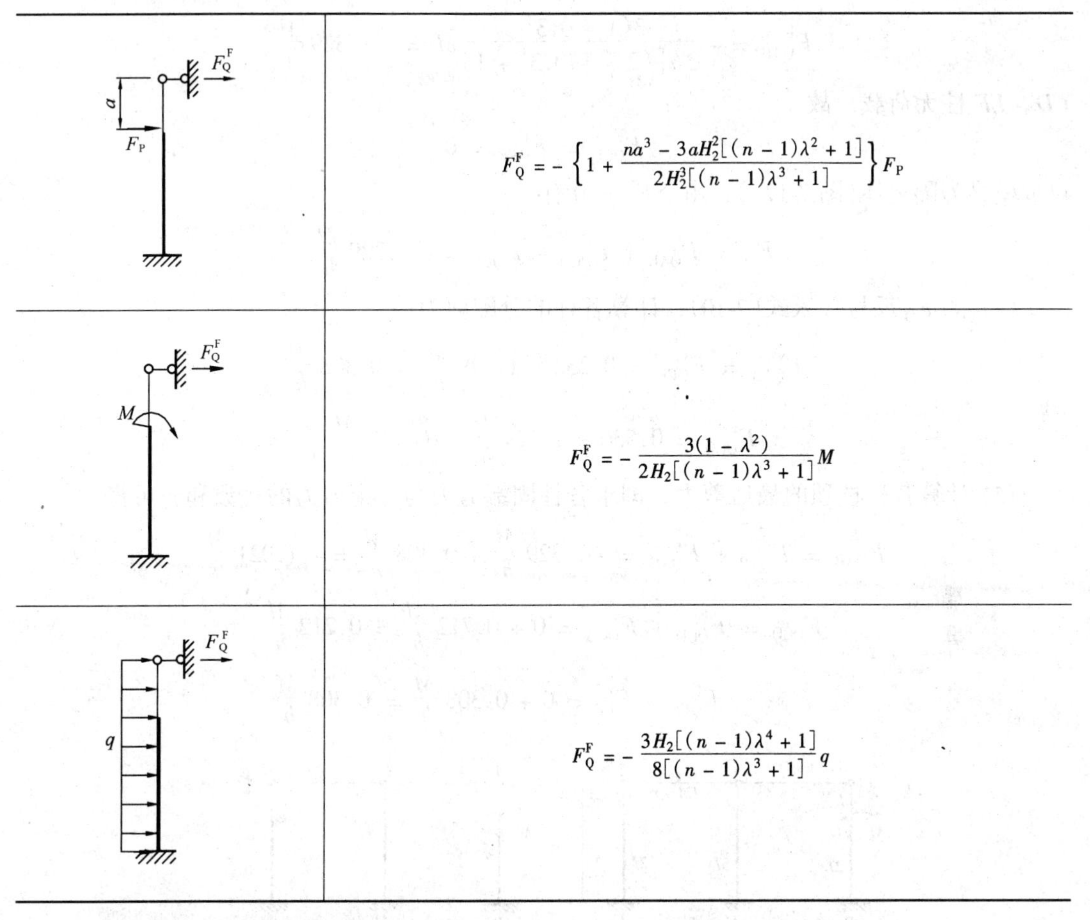

	$F_Q^F = -\left\{1 + \dfrac{na^3 - 3aH_2^2[(n-1)\lambda^2 + 1]}{2H_2^3[(n-1)\lambda^3 + 1]}\right\}F_P$
	$F_Q^F = -\dfrac{3(1-\lambda^2)}{2H_2[(n-1)\lambda^3 + 1]}M$
	$F_Q^F = -\dfrac{3H_2[(n-1)\lambda^4 + 1]}{8[(n-1)\lambda^3 + 1]}q$

【例 7-7】 试用剪力分配法计算图 7-17(a)所示铰结排架，绘出弯矩图。

【解】 (1) 求各柱的侧移刚度

柱 AB 及 EF: $\lambda = 0.3, n = 2, H_2 = h$; 柱 CD: $\lambda = 0.3, n = 5, H_2 = h$。

由表 7-6 第 1 栏可求得各柱侧移刚度如下:

$$D_{AB} = D_{EF} = \frac{3E \cdot 2I}{h^3[1 + (2-1) \times 0.3^3]} = 5.842\frac{EI}{h^3}$$

$$D_{CD} = \frac{3E \cdot 5I}{h^3[1 + (5-1) \times 0.3^3]} = 13.538\frac{EI}{h^3}$$

(2) 按式(7-11)求各柱的剪力分配系数

$$v_{AB} = v_{EF} = \frac{5.842\dfrac{EI}{h^3}}{(5.842 \times 2 + 13.538)\dfrac{EI}{h^3}} = 0.232$$

$$v_{CD} = \frac{13.538\dfrac{EI}{h^3}}{(5.842 \times 2 + 13.538)\dfrac{EI}{h^3}} = 0.536$$

(3) 求附加链杆上的反力 F_Q

首先计算各柱的固端剪力，由表 7-6 第 3 栏得

$$F^{F}_{QAB} = -\frac{3(1-0.3^2)}{2h[(2-1)0.3^3+1]}M = -1.329\frac{M}{h}$$

CD、EF 柱无荷载，故

$$F^{F}_{QCD} = F^{F}_{QEF} = 0$$

再取横梁为隔离体(图 7-17c)，由 $\Sigma F_x = 0$ 有

$$F_Q = F^{F}_{QAB} + F^{F}_{QCD} + F^{F}_{QEF} = -1.329\frac{M}{h}$$

(4) 将 F_Q 反号代入式(7-10)，计算各柱的分配剪力为：

$$F^{v}_{QAB} = F^{v}_{QEF} = 0.232\times1.329\frac{M}{h} = 0.308\frac{M}{h}$$

$$F^{v}_{QCD} = 0.536\times1.329\frac{M}{h} = 0.712\frac{M}{h}$$

(5) 计算各柱柱顶的最后剪力，即求各柱固端剪力与分配剪力的代数和，可得：

$$F_{QAB} = F^{F}_{QAB} + F^{v}_{QAB} = -1.329\frac{M}{h} + 0.308\frac{M}{h} = -1.021\frac{M}{h}$$

$$F_{QCD} = F^{F}_{QCD} + F^{v}_{QCD} = 0 + 0.712\frac{M}{h} = 0.712\frac{M}{h}$$

$$F_{QEF} = F^{F}_{QEF} + F^{v}_{EF} = 0 + 0.308\frac{M}{h} = 0.308\frac{M}{h}$$

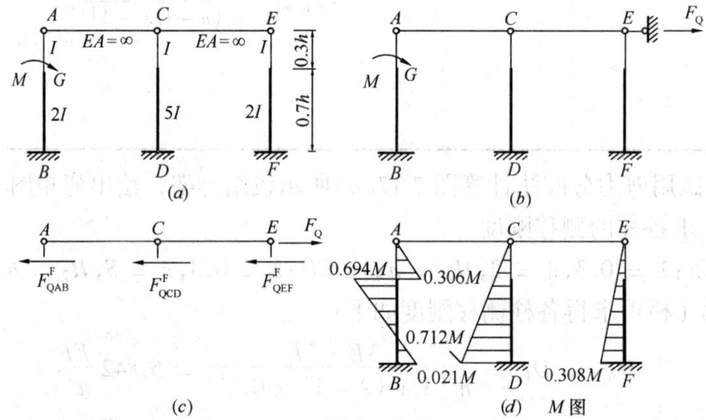

图 7-17

(6)绘制最后弯矩图

求得柱顶最后剪力后，各柱按悬臂柱在柱顶最后剪力和柱上荷载作用下，可由平衡条件绘出最后 M 图。各柱底端的最后弯矩为：

$$M_{BA} = -M - F_{QAB}h = -M - (-1.021M/h) = 0.021\ M(\text{右侧受拉})$$

$$M_{DC} = -F_{QCD}h = -0.712\ M(\text{左侧受拉})$$

$$M_{FE} = -F_{QEF}h = -0.308\ M(\text{左侧受拉})$$

排架最后弯矩图如图 7-17(d)所示。

7.5.3 用剪力分配法计算多层多跨刚架

图 7-18(a)所示多层多跨刚架，承受节点水平荷载 F_{P1}、F_{P2}、F_{P3}作用，底层柱下端为固定端，其余各层柱上下端均与横梁刚接，其横梁刚度都为无限大，侧移时柱上下端均无转角发生，故每层只有一个独立的节点线位移(柱顶的水平线位移)，因此，同样可用剪力分配法逐层求出各柱顶剪力。

取任一层柱顶以上部分为隔离体(图 7-18b)，由水平投影平衡条件可知，各层总剪力等于该层及以上各层所有水平荷载的代数和。于是按式(7-11)求出各柱的剪力分配系数后，即可由式(7-10)求得各柱顶的分配剪力。由于柱上无荷载作用，所以各柱的剪力为常量。又因各柱只有上、下端的相对侧移，所以各柱弯矩为零的截面(又称反弯点)在柱子的中点处。因此可将求得的各柱剪力乘以柱高的 1/2，就得到柱上、下端的弯矩。

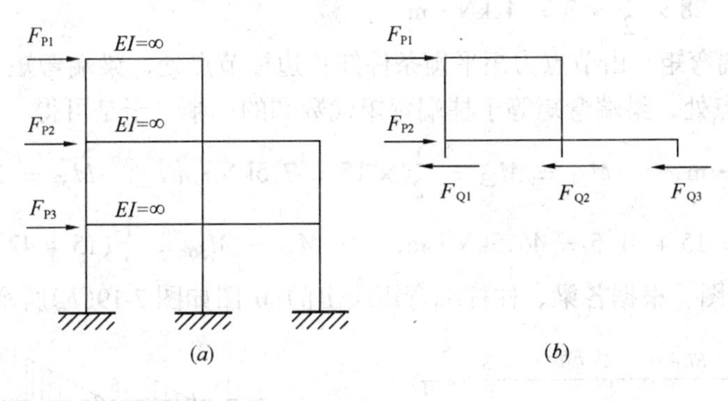

图 7-18

求出各柱端弯矩后，还可按以下方法确定刚性横梁的杆端弯矩：若节点只连接一根刚性横梁，则可由节点的力矩平衡条件求出横梁在该节点的杆端弯矩；若节点连接了两根刚性横梁，则可近似认为各横梁的转动刚度相同，从而分配到相同的杆端弯矩。

用剪力分配法计算多层多跨刚架，由于采用了横梁刚度为无限大的基本假定，各刚节点均无转角，因而各柱的反弯点在柱的中点，从而使计算大为简化。实际结构的横梁刚度并非无限大，但经验表明，当梁与柱的线刚度比大于 5 时，上述结果仍足够精确。随着梁柱线刚度比的减小，节点转动的影响将逐渐增加，此时，底层柱的反弯点位置将逐渐升高，顶部少数几层柱反弯点将逐渐降低，其余各层反弯点仍在柱中点附近。对有两根横梁的节点，先由节点力矩平衡条件求出两梁端弯矩之和，再按各梁的刚度大小按比例分配给各梁端。

【例 7-8】 试用剪力分配法计算图 7-19(a)所示刚架，绘出弯矩图。

【解】 (1) 求各柱的侧移刚度　为方便起见，设 $\dfrac{12EI}{h^3}=\dfrac{12EI}{3^3}=1$，由表 6-1 第 2 栏查得上层各柱(从左至右)侧移刚度为：$D_1=D_2=D_3=1$

下层各柱(从左至右)侧移刚度为：$D_4=1.5$，$D_5=2$，$D_6=1.5$

(2) 求各柱的剪力分配系数　由式(7-11)求得各柱的剪力分配系数为：

上层：$v_1=v_2=v_3=\dfrac{1}{1+1+1}=\dfrac{1}{3}$，

下层：$v_4 = v_6 = \dfrac{1.5}{1.5 + 1.5 + 2} = 0.3, v_5 = \dfrac{2}{1.5 + 1.5 + 2} = 0.4$

(3) 求各柱的剪力　上、下层的总剪力分别为 30kN 和 70kN，由式(7-10)可求得各柱顶的分配剪力为：

上层：$F^{\mu}_{Q14} = F^{\mu}_{Q25} = F^{\mu}_{Q36} = \dfrac{1}{3} \times 30 = 10\text{kN}$

下层：$F^{\mu}_{Q47} = F^{\mu}_{Q69} = 0.3 \times 70 = 21\text{kN}, F^{\mu}_{Q58} = 0.4 \times 70 = 28\text{kN}$

(4) 求各柱的柱端弯矩　将上述各柱剪力乘以柱高的一半，可得各柱端弯矩为：

$$M_{14} = M_{41} = M_{25} = M_{52} = M_{36} = M_{63} = 10 \times \frac{1}{2} \times 3 = 15\text{kN} \cdot \text{m}$$

$$M_{47} = M_{74} = M_{69} = M_{96} = 21 \times \frac{1}{2} \times 3 = 31.5\text{kN} \cdot \text{m}$$

$$M_{58} = M_{85} = 28 \times \frac{1}{2} \times 3 = 42\text{kN} \cdot \text{m}$$

(5) 求各梁端弯矩　由节点力矩平衡条件知：边柱节点处，梁端弯矩等于柱端弯矩的代数和；中柱节点处，梁端弯矩等于柱端弯矩代数和的一半。于是可得：

$$M_{12} = 15\text{kN} \cdot \text{m}, \quad M_{21} = M_{23} = \frac{1}{2} \times 15 = 7.5\text{kN} \cdot \text{m}, \quad M_{32} = 15\text{kN} \cdot \text{m}$$

$$M_{45} = M_{65} = 15 + 31.5 = 46.5\text{kN} \cdot \text{m}, \quad M_{54} = M_{56} = \frac{1}{2}(15 + 42) = 28.5\text{kN} \cdot \text{m}$$

(6)绘制弯矩图　根据各梁、柱杆端弯矩绘出的 M 图如图 7-19(b)所示。

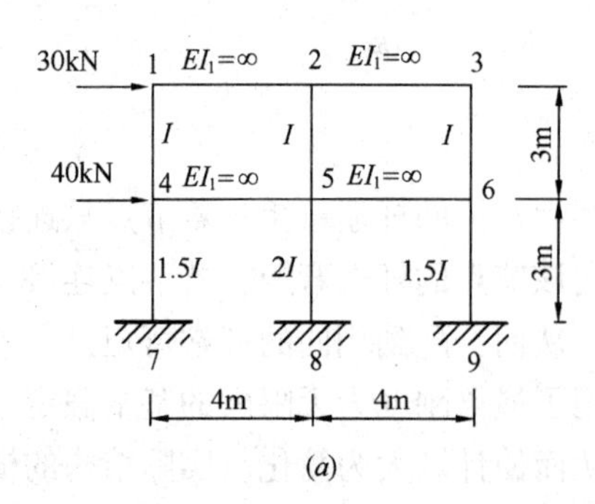

(a)

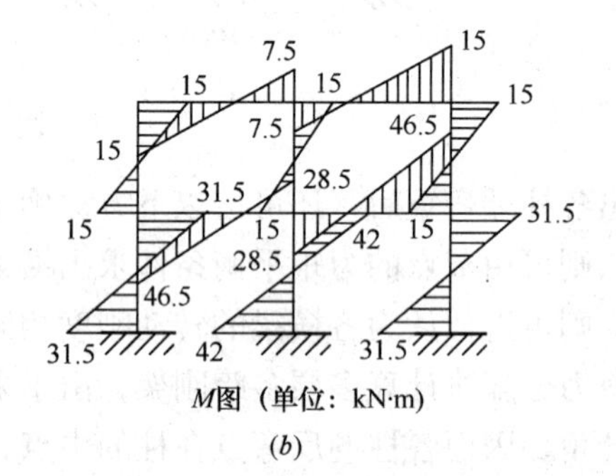

(b)

图 7-19

思 考 题

7-1　试比较力矩分配法与位移法的异同点。

7-2　何谓节点不平衡力矩？固端弯矩、分配弯矩、传递弯矩、杆端最后弯矩的含义各是什么？

7-3　试说明力矩分配、传递的物理意义。力矩分配、传递的计算为什么是收敛的？可否采用将所有节点同时分配，再同时传递的计算过程？

7-4　力矩分配法只适用于无节点线位移的结构，但为什么这类结构发生已知支座位移时还可以用力矩分配法计算？

7-5　无剪力分配法的适用条件是什么？它的基本结构是什么形式？

7-6　剪力分配法的适用条件是什么？它与力矩分配法有何异同？

习　题

7-1　试用力矩分配法计算图示连续梁，并绘出 M 图。

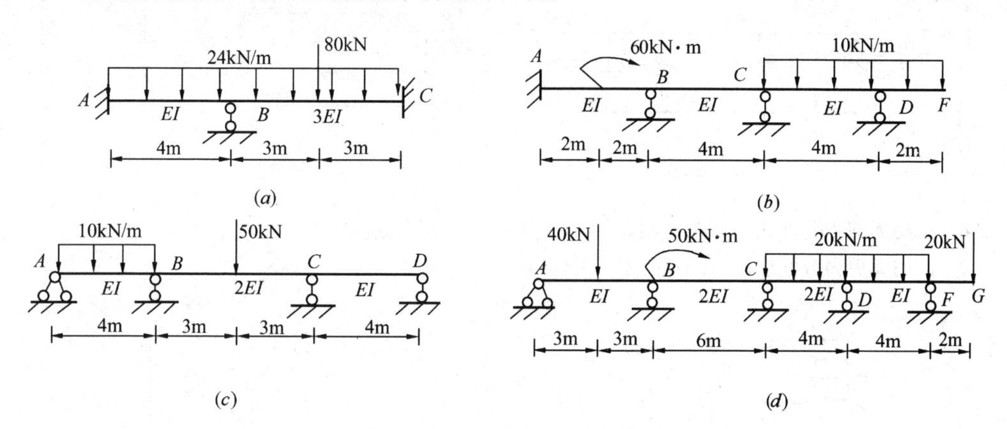

题 7-1 图

7-2　试用力矩分配法计算图示刚架，并绘出 M 图。E = 常数。

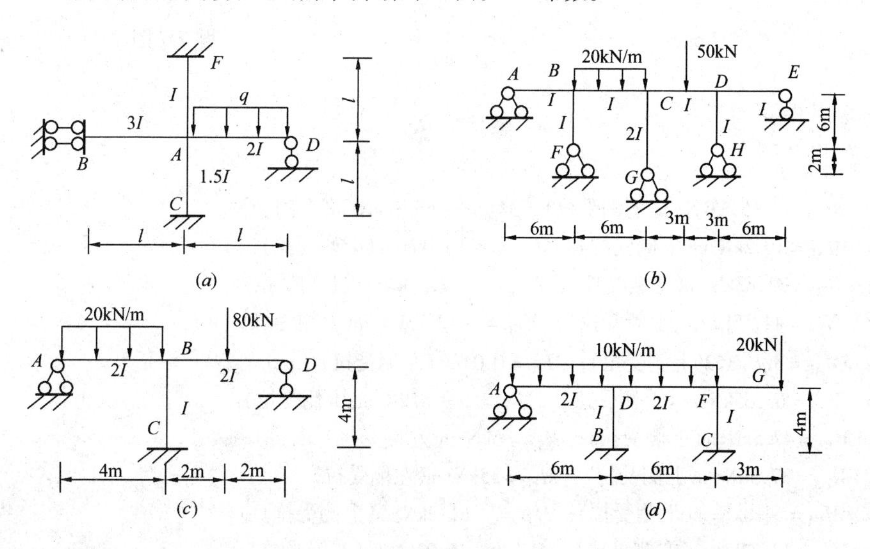

题 7-2 图

7-3　试用力矩分配法计算图示对称刚架，绘出 M 图。E = 常数。

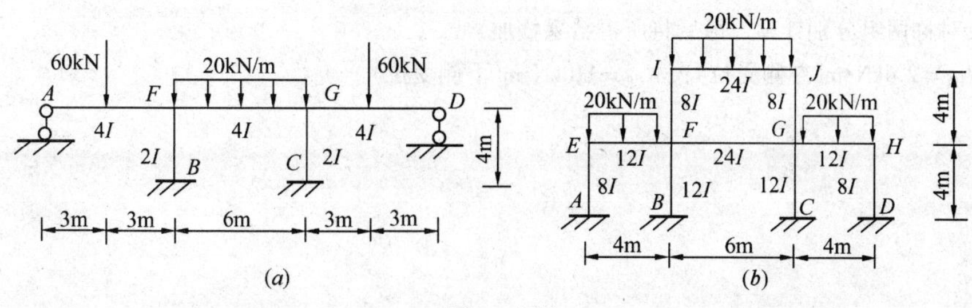

题 7-3 图

7-4　试用力矩分配法计算图示连续梁，绘出 M 图。已知连续梁支座 C 下沉 3cm，梁 $EI=8\times10^3\text{kN}\cdot\text{m}^2$。

7-5　试用力矩分配法计算图示刚架，绘出 M 图。已知刚架支座 C 转动 $\varphi=0.03\text{rad}$，各杆 $EI=$ 常数。

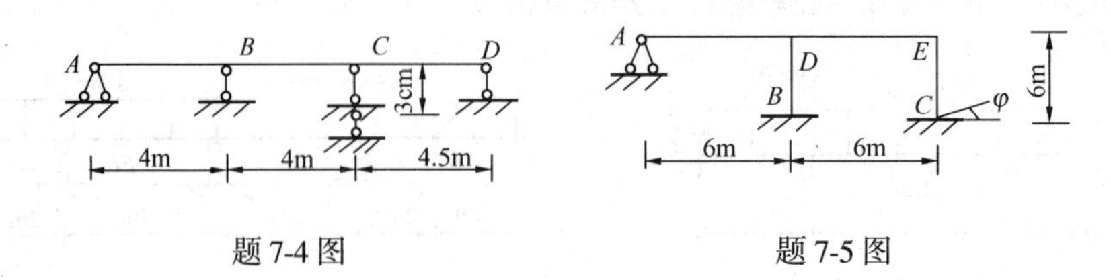

题 7-4 图　　　　题 7-5 图

7-6　试用无剪力分配法计算图示刚架，绘出 M 图。$EI=$ 常数。

7-7　试用无剪力分配法计算图示刚架，并绘 M 图。

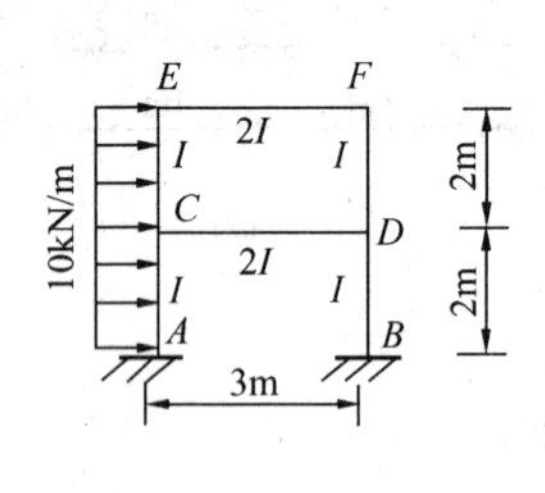

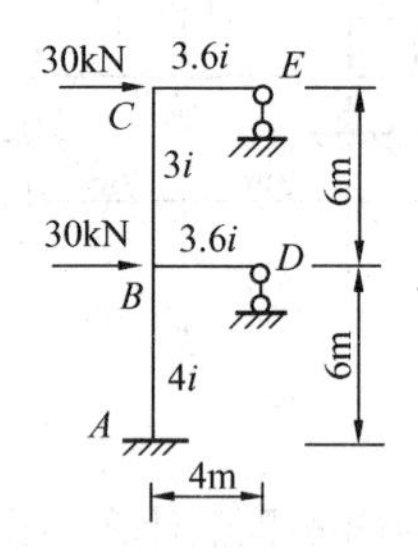

题 7-6 图　　　　题 7-7 图

答　　案

7-1　（a）$M_{AB}=-15.33\text{kN}\cdot\text{m}$(上侧受拉)；$M_{BC}=-65.33\text{kN}\cdot\text{m}$(上侧受拉)

（b）$M_{AB}=10.2\text{kN}\cdot\text{m}$(下侧受拉)；$M_{CD}=-3.64\text{kN}\cdot\text{m}$(上侧受拉)

（c）$M_{BA}=31.83\text{kN}\cdot\text{m}$(上侧受拉)；$M_{CD}=-17.27\text{kN}\cdot\text{m}$(上侧受拉)

（d）$M_{BA}=44.55\text{kN}\cdot\text{m}$(上侧受拉)；$M_{CD}=-12.73\text{kN}\cdot\text{m}$(上侧受拉)

7-2　（a）$M_{AB}=3ql^2/152$(上侧受拉)；$M_{AC}=0.04ql^2$(左侧受拉)

（b）$M_{CB}=63.65\text{kN}\cdot\text{m}$ (上侧受拉)；$M_{DE}=-9.87\text{kN}\cdot\text{m}$(上侧受拉)

（c）$M_{BA}=47.5\text{kN}\cdot\text{m}$(上侧受拉)；$M_{BC}=5\text{kN}\cdot\text{m}$(左侧受拉)

（d）$M_{DA}=37.5\text{kN}\cdot\text{m}$(上侧受拉)；$M_{FC}=15\text{kN}\cdot\text{m}$(左侧受拉)

7-3　（a）$M_{FA}=64.8\text{kN}\cdot\text{m}$(上侧受拉)；$M_{FG}=-61.9\text{kN}\cdot\text{m}$(上侧受拉)

（b）$M_{EA}=13.87\text{kN}\cdot\text{m}$(左侧受拉)，$M_{FB}=-16.03\text{kN}\cdot\text{m}$(右侧受拉)

7-4　$M_{CD}=48.14\text{kN}\cdot\text{m}$(下侧受拉)；$M_{BA}=34.53\text{kN}\cdot\text{m}$(上侧受拉)

7-5　$M_{CE}=0.017EI$(左侧受拉)；$M_{DE}=-0.002EI$(下侧受拉)

7-6　$M_{AC}=-20.276\text{kN}\cdot\text{m}$(左侧受拉)；$M_{CD}=16.593\text{kN}\cdot\text{m}$(下侧受拉)(提示：将荷载分解为正对称和反对称两组分别计算，最后将所得结果叠加)

7-7　$M_{BA}=2.4\text{kN}\cdot\text{m}$(左侧受拉)；$M_{CE}=110\text{kN}\cdot\text{m}$(下侧受拉)

第 8 章　影响线及其应用

8.1　影响线的概念

前面各章所讨论的静定结构计算中，荷载的位置是固定不变的。但在实际工程中，有些结构除了承受固定荷载外，还要受到移动荷载的作用，例如桥梁要承受汽车、列车等移动荷载，工业厂房中的吊车梁要承受吊车移动荷载等。所谓移动荷载是指荷载的大小、方向不变，仅作用位置在结构上移动的荷载。严格说来，移动荷载是一种动力荷载。但为了简化计算，在工程设计中常把它作为一种位置在变化的静力荷载来处理，而对其动力效应则用一个相应的动力系数来表示。这样，结构在移动荷载作用下的计算，从原理上讲与静力计算无异，只是荷载位置不是固定的。

在移动荷载作用下，结构的支座反力和截面内力等量值将随着荷载位置的移动而变化。为了进行结构设计，需要知道移动荷载作用下反力和内力的最大值。为此，就需要研究结构在移动荷载作用下各量值(例如支座反力，某一截面的弯矩、剪力、轴力等)的变化规律，以便求出它们的最大值。但是不同的量值变化规律各不相同，即使是同一截面，不同的内力变化规律也不相同。例如图 8-1 所示简支梁，当有一汽车自左向右移动时，支座 A 的反力 F_{Ay}将逐渐减小，而支座 B 的反力 F_{By}却逐渐增大，可见两者的变化规律是不同的。因此，一次只宜研究一个反力或某一个截面某一内力的变化规律。移动荷载使结构某一反力或某一截面的某一内力产生最大值的作用位置，称为该量值的最不利荷载位置。

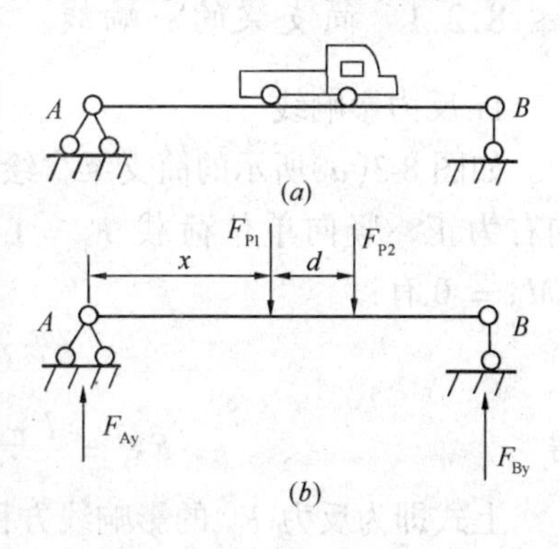

图 8-1

实际工程中，移动荷载通常是一组相互平行并且间距不变的竖向荷载，其形式是多种多样的，但它们都具有大小和方向保持不变的共同特性。根据这一特性，在研究这一类荷载引起结构某一指定量值的变化规律时，可先只研究一种最简单的荷载，即一个竖向单位集中荷载 $F_p=1$ 沿结构移动时，某一截面某一量值的变化规律，然后根据叠加原理就可确定实际移动荷载作用下该量值的变化规律，进而确定它的最不利荷载位置，求出最大值。例如图 8-2(a)所示简支梁，竖向单位荷载 $F_p=1$ 在梁上移动时，引起支座 B 的反力如下：当 $F_p=1$ 位于支座 A 时，$F_{By}=0$；当 $F_p=1$ 位于支座 B 时，$F_{By}=1$；当 $F_p=1$ 从 A 向 B 移动时，F_{By}则由零逐渐增大。若以 x 表示荷载 $F_p=1$ 到 A 点的距离，由平衡条件可求得 $F_{By}=x/l$，它是 x 的一次函数，反映了 $F_p=1$ 从 A 移动到 B 时，反力 F_{By}的变化规律。这一函数图形称为反力 F_{By}的影响线(图 8-2b)，而函数 $F_{By}=x/l$ 称为反力 F_{By}的影响线方程。由 F_{By}影响线可以看出，当 $F_p=1$ 作用于 B

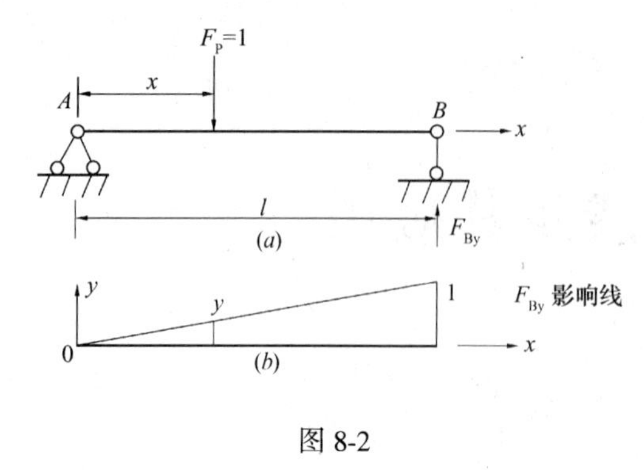

图 8-2

点时，F_{By}有最大值，表明 B 点是反力 F_{By}的最不利荷载位置。因此，利用影响线可以确定某量值的最不利荷载位置。

由上所述，可得出影响线的定义如下：当一个方向不变的竖向单位集中荷载($F_p=1$)沿结构移动时，表示结构某一指定量值变化规律的图形，称为该量值的影响线。

影响线是研究移动荷载作用下结构计算的基本工具。某一量值的影响线一经绘出，就可以利用它来确定最不利荷载位置，从而求出该量值的最大值。

下面先讨论影响线的绘制，然后再讨论影响线的应用。

8.2 静力法作单跨静定梁的影响线

绘制影响线的方法有静力法和机动法，本节介绍静力法。

静力法是应用静力平衡条件，列出所求量值的影响线方程，然后绘图的方法。具体绘制步骤如下：

(1) 将单位移动荷载 $F_p=1$ 放在结构的任意位置，适当选择坐标原点，建立坐标系，用 x 表示坐标原点到单位荷载的距离；

(2) 根据静力平衡条件列出所求量值与荷载位置 x 之间的函数关系式，即影响线方程；

(3) 根据影响线方程，绘出影响线。

8.2.1 简支梁的影响线

1. 反力影响线

如图 8-3(a)所示的简支梁，绘制 A 支座反力 F_{Ay}的影响线时，取 A 为坐标原点，x 轴向右为正，竖向单位荷载 $F_p=1$ 至 A 点为 x，设支座反力向上为正，则由平衡条件 $\Sigma M_B=0$ 有：

$$F_{Ay}l-F_P(l-x)=0$$

得

$$F_{Ay}=\frac{l-x}{l}F_P=\frac{l-x}{l}\qquad(0\leqslant x\leqslant l)\tag{a}$$

上式即为反力 F_{Ay}的影响线方程。它是 x 的一次函数，其图形是一条直线，只需定出两点的竖标便可绘图。在 A 点，$x=0$，$F_{Ay}=1$；在 B 点，$x=l$，$F_{Ay}=0$。连接这两个竖标的顶点可得 F_{Ay}影响线，如图 8-3(b)所示。

同理由平衡条件 $\Sigma M_A=0$，可得 F_{By}的影响线方程为：

$$F_{By}=\frac{x}{l}\qquad(0\leqslant x\leqslant l)\tag{b}$$

F_{By}影响线也是一条直线，如图 8-3(c)所示。

标明正负号。由于假定荷载 $F_P=1$ 为量纲一的量，因此反力影响线的竖标也是量纲一的量。以后利用影响线研究实际荷载对某一量值的影响时，需乘以实际荷载相应的单位。

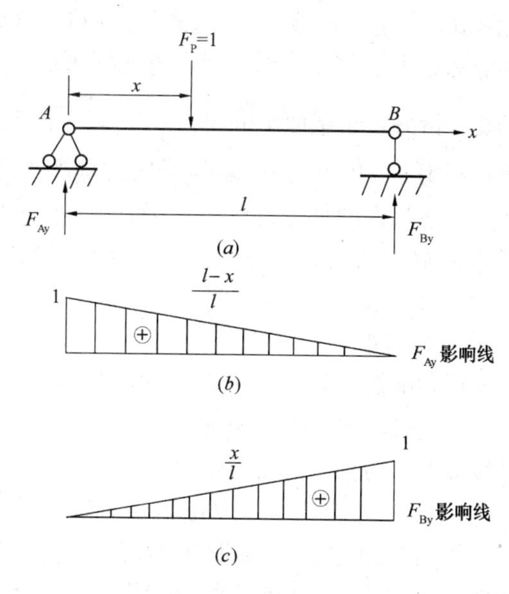

图 8-3

2. 弯矩影响线

作弯矩影响线，首先应指定截面位置，即明确作哪个截面的影响线。设要绘制截面 C 的弯矩影响线，仍取 A 为坐标原点，以 x 表示单位移动荷载 $F_P=1$ 的位置(图 8-4a)。当 $F_P=1$ 在截面 C 以左和以右移动时，截面 C 的弯矩表达式不同，故应分别考虑。

当 $F_P=1$ 在截面 C 以左移动时，取截面 C 以右的梁段 CB 为隔离体(取外力较少的部分为隔离体，可使计算简便)，设弯矩使梁下边纤维受拉为正，则由 $\Sigma M_C=0$，得

$$M_C = F_{By}b = \frac{x}{l}b \quad (0 \leqslant x \leqslant a) \tag{c}$$

上式表明，截面 C 以左部分 M_C 影响线为一直线。当 $x=0$ 时，$M_C=0$；当 $x=a$ 时，$M_C=\frac{ab}{l}$。于是可绘出截面 C 以左梁段的 M_C 影响线(图 8-4b)。

当 $F_P=1$ 在截面 C 以右移动时，取截面 C 以左梁段 AC 为隔离体，由 $\Sigma M_C=0$，得

$$M_C = F_{Ay}a = \frac{l-x}{l}a \quad (a \leqslant x \leqslant l) \tag{d}$$

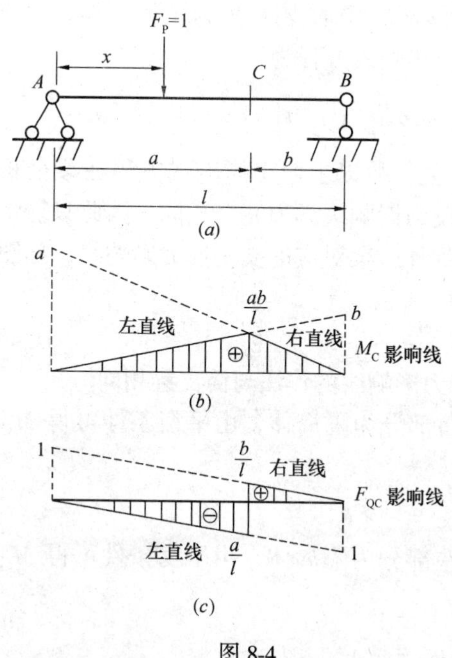

图 8-4

显然，M_C 影响线在截面 C 以右部分也是一直线。当 $x=a$ 时，$M_C=\frac{ab}{l}$；当 $x=l$ 时，$M_C=0$。据此可绘出 $F_P=1$ 在截面 C 以右梁段上移动时的 M_C 影响线(图 8-4b)。

由此可见，当 $F_P=1$ 在整个梁上移动时，M_C 影响线由两段直线组成，其交点恰好位于截面 C 的正上方，竖标为 $\frac{ab}{l}$。通常称截面以左的直线为左直线，以右的直线为右直线。在作弯矩影响线时，同样是将正号竖标绘在基线之上，负号竖标绘在基线之下，标明正负号。弯矩影响线竖标的量纲为长度。

比较式(a)与式(d)及式(b)与式(c)可知，弯矩 M_C 影响线，其左直线可由反力 F_{By} 影响线的竖标放大 b 倍而得到，而右直线则可由反力 F_{Ay} 影响线的竖标放大 a 倍而得到，两直线的交点恰好位于截面 C 的正上方，其竖标为 $\frac{ab}{l}$，在两支座处竖标为零。因此，M_C 影响线也可利用 F_{Ay} 和 F_{By} 的影响线绘出，具体作法是：将 F_{By} 影响线竖标乘以 b 所得的直线保留其 C 点以左的部分，再将 F_{Ay} 影响线竖标乘以 a 所得直线保留 C 点以右的部分，所得图形即为 M_C 影响线。这种利用已知量值的影响线来作未知量值影响线的方法简便迅速，以后可借鉴采用。

3. 剪力影响线

与弯矩影响线类似，建立 C 截面剪力 F_{QC} 的影响线方程时，也需分段考虑。当 $F_P=1$ 在截面 C 以左部分移动时，取截面 C 以右的梁段 CB 为隔离体，并规定：使隔离体产生顺时针转的剪力为正，反之为负。由 $\Sigma F_y=0$，得

$$F_{QC} = -F_{By} \qquad (0 \leqslant x \leqslant a) \tag{e}$$

可见，将 F_{By} 的影响线反号并取其 AC 段，即可得到 F_{QC} 影响线的左直线(图 8-4c)。

同理，当 $F_P=1$ 在截面 C 以右移动时，取截面 C 以左部分为隔离体，可得

$$F_{QC} = F_{Ay} \qquad (a \leqslant x \leqslant l) \tag{f}$$

于是，直接利用 F_{Ay} 影响线并取其 CB 段，即得 F_{QC} 影响线的右直线(图 8-4c)。

由图 8-4(c)可知，F_{QC} 影响线由两段互相平行的直线组成，其竖标在支座处为零，在 C 点有突变，即当 $F_P=1$ 从截面 C 左侧移动到右侧时，截面 C 的剪力值将发生突变，突变值等于 1。

8.2.2 伸臂梁的影响线

1. 反力影响线

如图 8-5(a)所示伸臂梁，绘制支座反力影响线时，仍取支座 A 为坐标原点，x 轴向右为正，由整体平衡条件可求得 A、B 支座的反力影响线方程为：

$$F_{Ay} = \frac{l-x}{l}, \quad F_{By} = \frac{x}{l} \quad (-d \leqslant x \leqslant l+e)$$

注意到当 $F_P=1$ 位于支座 A 以左时，x 取负值，故以上两个影响线方程在梁全长范围内都是适用的。由于上面两个方程与简支梁的反力影响线方程完全相同，因此只需将简支梁的反力影响线向两个伸臂部分延长，即可得到伸臂梁对应的支座反力影响线，如图 8-5(b)、(c)所示。

2. 跨内部分的截面内力影响线

绘制两支座之间任一指定截面 C 的弯矩和剪力影响线的作法与简支梁相同。

当 $F_P=1$ 位于截面 C 左边时，取截面 C 以右部分为隔离体，由平衡条件可得 M_C 和 F_{QC} 的影响线方程为：

$$M_C = F_{By}b, \quad F_{QC} = -F_{By}$$

当 $F_P=1$ 位于截面 C 右边时，取截面 C 以左部分为隔离体，由平衡条件可得 M_C 和 F_{QC} 的影响线方程为：

$$M_C = F_{Ay}a, \quad F_{QC} = F_{Ay}$$

可见，M_C 和 F_{QC}的影响线方程和简支梁也是相同的，因此将简支梁相应截面的弯矩和剪力影响线向伸臂部分延长，即得伸臂梁的 M_C、F_{QC}影响线，如图 8-5(d)、(e)所示。

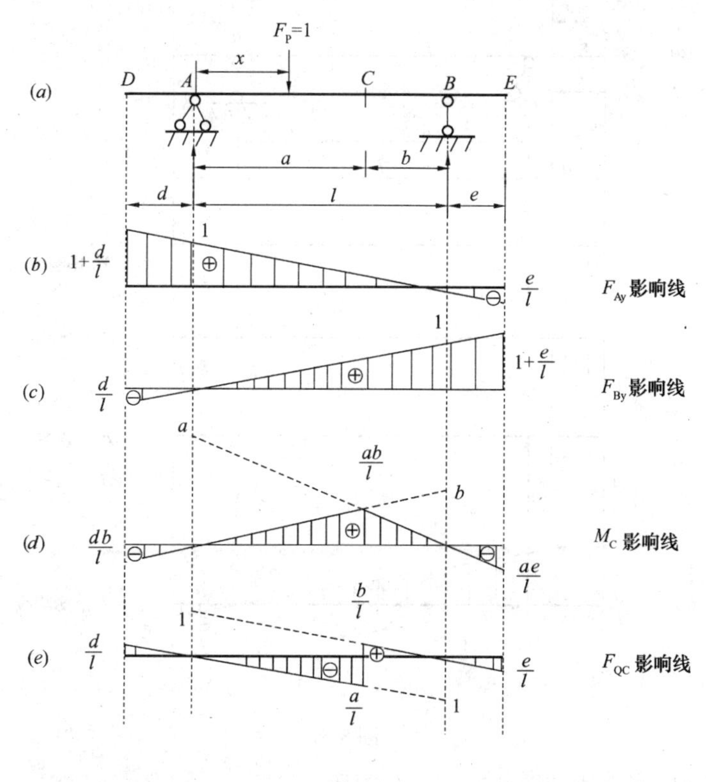

图 8-5

3. 伸臂部分截面内力影响线

为了求得伸臂部分任一指定截面 F 的弯矩、剪力影响线，可取 F 为坐标原点，x 轴以指向截面 F 所属伸臂部分的自由端(本例为由截面 F 指向左)为正，如图 8-6(a)所示。

当 $F_P=1$ 在 DF 段移动时，取截面 F 以左部分为隔离体，有

$$M_F = -x, \quad F_{QF} = -1$$

当 $F_P=1$ 在 FE 段移动时，仍取截面 F 以左部分为隔离体，则有

$$M_F = 0, \quad F_{QF} = 0$$

据此可作出 M_F、F_{QF}影响线，如图 8-6(b)、(c)所示。

需要指出的是，由于支座两侧截面分别属于伸臂部分和跨内部分，因此剪力影响线需按支座左、右两侧截面分别绘制。以支座 A 为例，其左侧截面的剪力影响线，只与 $F_P=1$ 在 AD 部分的移动位置有关，其图形可由 F_{QF}影响线使截面 F 趋于截面 A 左而得到，如图 8-6(d)所示；而支座 A 右侧截面的剪力影响线，则与 $F_P=1$ 在整个梁上的移动位置有关，其值可由 F_{QC}影响线(图 8-5e)使截面 C 趋于截面 A 右而得到，如图 8-6(e)所示。

【例 8-1】 试作图 8-7(a)所示悬臂梁的反力影响线及 C 截面的弯矩、剪力影响线。

【解】 1. 反力 F_{Ay}、M_A 影响线

以 A 为坐标原点，x 轴向右为正。由整体平衡条件可得 F_{Ay}、M_A 的影响线方程为：

$$F_{Ay} = 1, \quad M_A = -x \quad (0 \leqslant x \leqslant l)$$

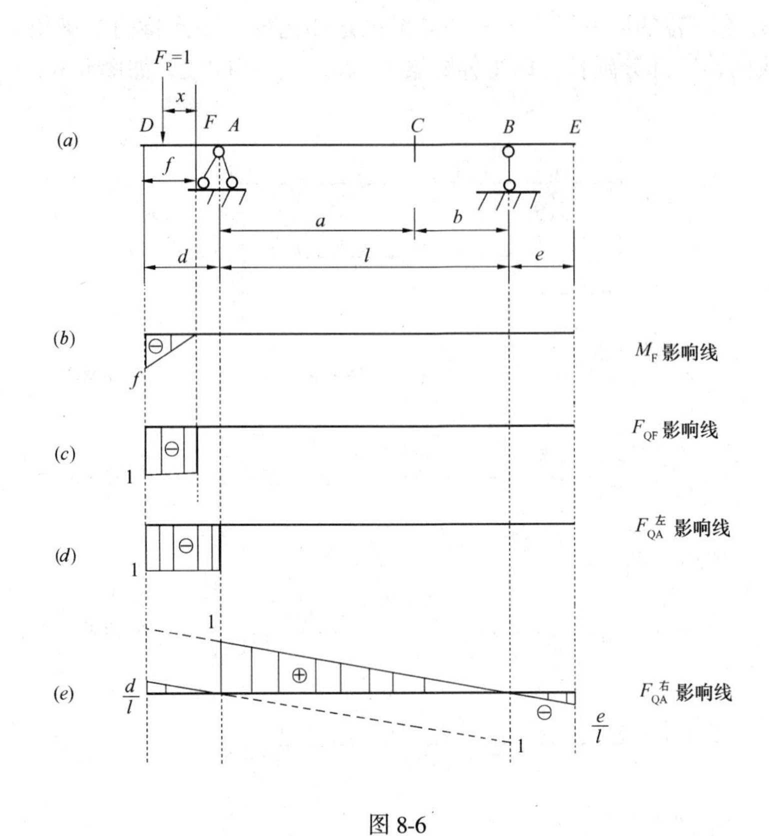

图 8-6

据此绘出 F_{Ay}、M_A 影响线如图 8-7(*b*)、(*c*)所示。

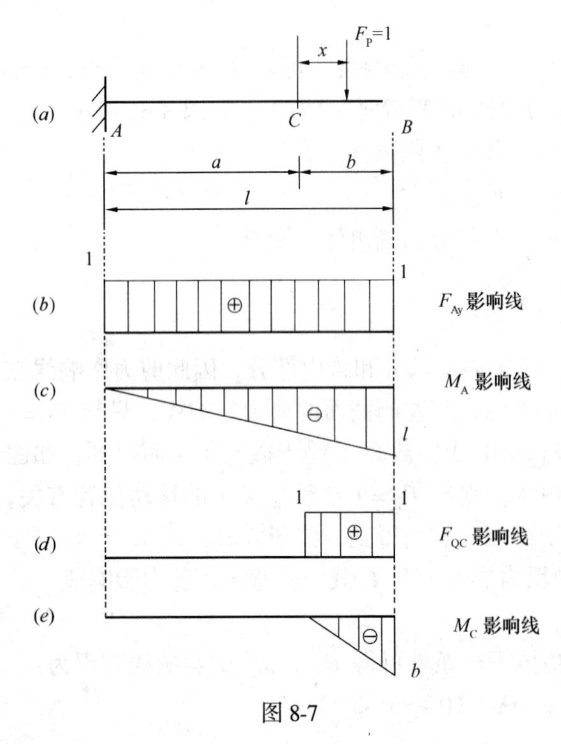

图 8-7

2. 弯矩 M_C 和剪力 F_{QC}影响线

取 C 为坐标原点，x 轴向右为正(图 8-7*a*)。当 $F_P=1$ 在 C 截面以左时，$M_C=F_{QC}=0$；当 $F_P=1$ 在 C 截面以右时，取 C 截面以右部分为隔离体，由平衡条件有：

$$F_{QC}=1,\quad M_C=-x\quad (0\leqslant x\leqslant b)$$

按以上影响线方程绘出的 F_{QC}和 M_C 影响线如图 8-7(*d*)、(*e*)所示。

可见，悬臂梁任一截面某一内力影响线与伸臂梁相应量值影响线相同。

综上所述，用静力法绘制某一反力或某一截面内力的影响线，与绘制固定荷载作用下的内力图的方法相同，即都是取隔离体由平衡条件求该反力或内力表达式，再由表达式绘图。但影响线和内力图两者是不相同的：影响线是根据量纲一的竖向单位移动荷载作用的情况绘制的，而内力图是根据实际固定荷载作用下绘制的；影响线只表示某一截面的某一内力或反力的变化规律，而内力图则反映所有截面同一内力的变化规律；影响线的横坐标表示竖向单位荷载的作用位置，相应的纵坐标表示某一不变截面的内力或反力值，而内力图的横坐标表示截面位置，相应的纵坐标表示该截面的内力值。

8.3 间接荷载作用下的影响线

上节讨论的是移动荷载直接作用在梁上的情况，但在实际工程中，有些结构承受的是节点传递的荷载。例如图 8-8(a)所示桥梁结构的计算简图中，荷载直接作用在纵梁上。纵梁两端简支在横梁上，而横梁又简支在主梁上。于是，作用在纵梁上的荷载通过横梁传到主梁，主梁只在各横梁支承处(即节点处)受到集中力作用。对主梁来说，这种荷载称为间接荷载或节点荷载。下面以主梁上截面 C 的弯矩影响线为例，说明间接荷载作用下影响线的绘制方法。

为方便讨论，现将竖向单位荷载在纵梁上的移动分为两种情形：一种是 $F_P=1$ 移动到各节点上；另一种是 $F_P=1$ 在任意两相邻节点间移动。

1. 当 $F_P=1$ 移动到各节点时，主梁的受力显然与 $F_P=1$ 直接作用在主梁上完全一样。因此，主梁在间接荷载作用下 M_C 影响线在各节点处的竖标，与直接荷载作用下 C 截面弯矩影响线在相应点的竖标完全相同。于是，可先作出直接荷载作用下主梁 C 截面的弯矩影响线，此影响线在各节点处的竖标就是间接荷载作用下主梁 M_C 影响线的竖标(图 8-8b)。

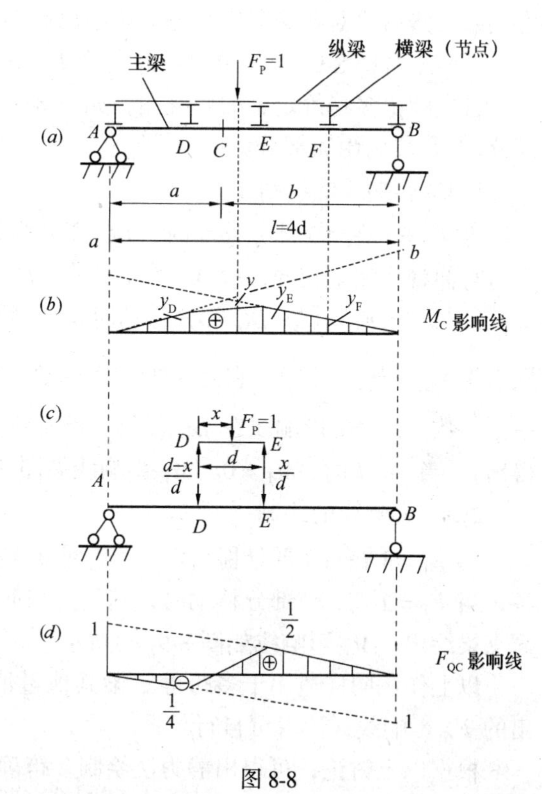

图 8-8

2. 当 $F_P=1$ 在任意两相邻节点 D、E 之间的纵梁上移动时，此时，主梁将在 D、E 处分别受到节点 D、E 传来的力 $\frac{d-x}{d}$ 和 $\frac{x}{d}$ 的作用(图 8-8c)。设直接荷载作用下 M_C 影响线在 D、E 处的竖标分别为 y_D 和 y_E，则根据影响线的定义和叠加原理可知，在上述两节点力共同作用下的 M_C 值应为：

$$y = \frac{d-x}{d}y_D + \frac{x}{d}y_E$$

它是 x 的一次函数，说明在 DE 段内 M_C 为一条直线，且在 D 点($x=0$)，$y=y_D$；在 E 点($x=d$)，$y=y_E$。由此可见，直接连接竖标 y_D 和 y_E 的顶点所得的直线即为间接荷载作用下 DE 段的 M_C 影响线(图 8-8b)。

由以上分析可得出这样的结论：单位力 $F_P=1$ 在某相邻两节点间的纵梁上移动时，

主梁某截面的弯矩影响线，就是主梁在直接荷载作用下该截面弯矩影响线在对应相邻两节点竖标顶点相连后得到的直线图形。同样可以证明，上述结论对于间接荷载作用下主梁其他量值的影响线也是适用的。由此，可将间接荷载作用下某一截面某一量值影响线的绘制方法归纳如下：

①按上节方法先作出直接荷载作用下所求量值的影响线；

②取各节点处的竖标，并将各相邻节点影响线的竖标顶点用直线相连，即得间接荷载作用下所求量值的影响线。

依照上述方法，可绘出主梁 F_{QC}影响线，如图 8-8(*d*)所示。支座反力 F_{Ay}、F_{By}影响线，与直接荷载作用下的影响线完全相同，读者可自行验证。

8.4　多跨静定梁的影响线

作多跨静定梁某一量值影响线时，先要分清基本部分和附属部分，明确各梁之间的传力关系，然后再对各跨梁应用静力法绘出影响线。

下面结合图 8-9(*a*)所示多跨静定梁 E、F 截面弯矩影响线的绘制，说明具体作法。

首先画出多跨静定梁的层叠图，如图 8-9(*b*)所示。由图可清楚地看出，AD 段为基本部分，DC 段为附属部分。

1. M_E 影响线的绘制

当 $F_P=1$ 在 AD 部分移动时，DC 部分为附属部分不受力，可将其撤去，此时 AD 段受力与伸臂梁完全相同，故 M_E 影响线在 AD 段可按伸臂梁绘出。在伸臂端 M_E 的竖标 $y_D=-a/2$。当 $F_P=1$ 在 DC 部分移动时，此时 AD 梁在伸臂端受到 DC 段通过铰 D 传来的压力为 $F_{Dy}=\dfrac{l-x}{l}(\downarrow)$，它是 x 的一次函数，由此引起 M_E 的竖标为$\dfrac{l-x}{l}\times y_D$，也是 x 的一次函数。故 M_E 影响线在 DC 段是一条直线，且当 $x=0$ 时，$M_E=y_D$(已由 AD 段影响线得出)；当 $x=l$ 时，$M_E=0$。M_E 影响线如图 8-9(*c*)所示。

2. M_F 影响线的绘制

当 $F_P=1$ 在 AD 部分移动时，DC 部分不受力，故 M_F 影响线在 AD 段的竖标处处为零；当 $F_P=1$ 在 DC 部分移动时，其受力与简支梁完全相同，故 M_F 影响线在 DC 段可按简支梁绘出。M_F 影响线如图 8-9(*d*)所示。

以上作法同样适用于多跨静定梁其他量值影响线的绘制，图 8-9(*e*)为按上述作法绘出的 F_{Ay}影响线，读者可自行校核。

根据以上讨论，可得出静力法绘制多跨静定梁某量值影响线的方法如下：

(1) 绘出多跨静定梁的层叠图，分清各梁段之间的传力关系。

(2) 根据拟求影响线的截面位置，按以下情况绘制 $F_P=1$ 所在梁段的影响线：

当 $F_P=1$ 与拟求影响线的截面在同一梁段时，该梁段的影响线与相应单跨静定梁相同；当 $F_P=1$ 所在的梁段是拟求影响线的截面所在梁段的基本部分时，该梁段的影响线竖标为零；当 $F_P=1$ 所在的梁段是拟求影响线的截面所在梁段的附属部分时，该梁段的影响线为直线，它可根据两个梁段铰接处影响线竖标为已知和附属部分另一支座处竖标为零的条件绘出。

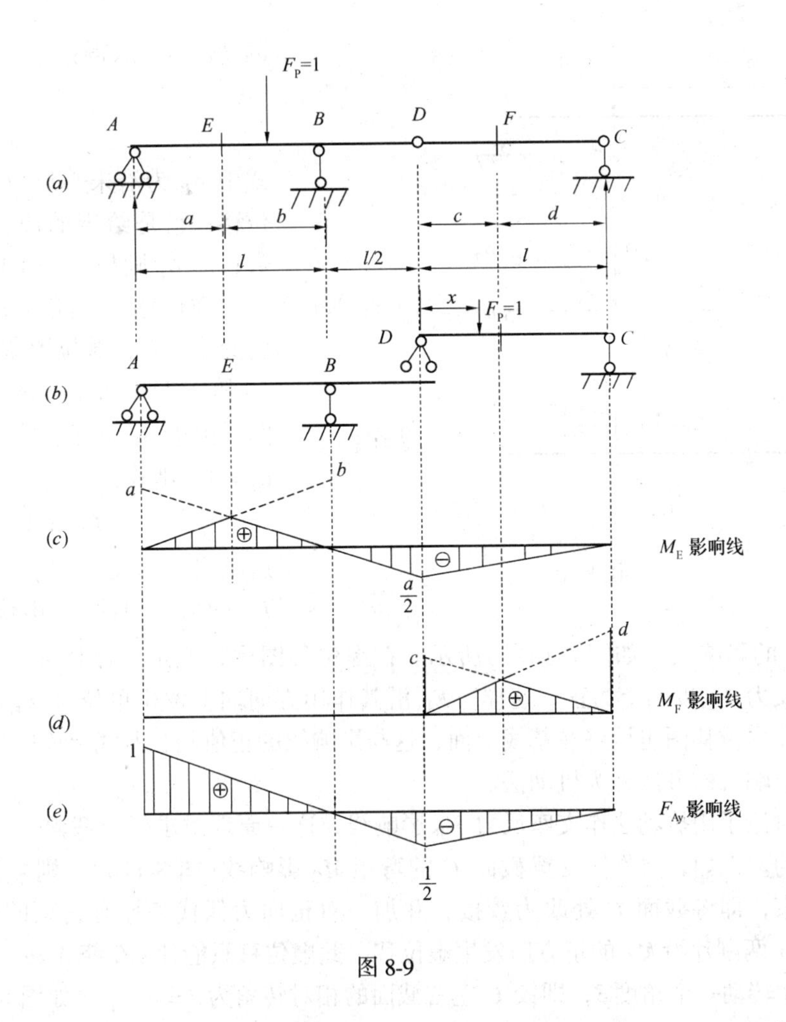

图 8-9

8.5 机动法作影响线

机动法作影响线的依据是虚位移原理，即刚体体系在力系作用下处于平衡的必要和充分条件是：在任何微小的虚位移中，力系所作的虚功总和为零。用机动法作影响线，实际上就是将静力问题转化为作竖向虚位移图的几何问题。下面分别以简支梁和多跨静定梁为例，说明机动法作影响线的原理和步骤。

8.5.1 单跨静定梁的影响线

如图 8-10(a)所示简支梁，为求 B 支座反力 F_{By}影响线，可去掉与此反力相应的约束，即 B 处的支座链杆，再以反力 F_{By}代之，此时结构变成具有一个自由度而仍处于平衡状态的几何可变体系(图 8-10b)。然后对此体系施加微小虚位移，即使刚片 AB 绕 A 点作微小转动(逆时针)，并以 δ_B 和 δ_P 分别表示 F_{By}和 F_P 作用点沿力作用方向的虚位移。此时反力 F_{By}在 δ_B 上作正功，单位荷载 $F_P=1$ 在 δ_P 上作负功，根据虚位移原理，各力所作的虚功总和应等于零，即

$$F_{By}\delta_B+(-F_P\delta_P)=0$$

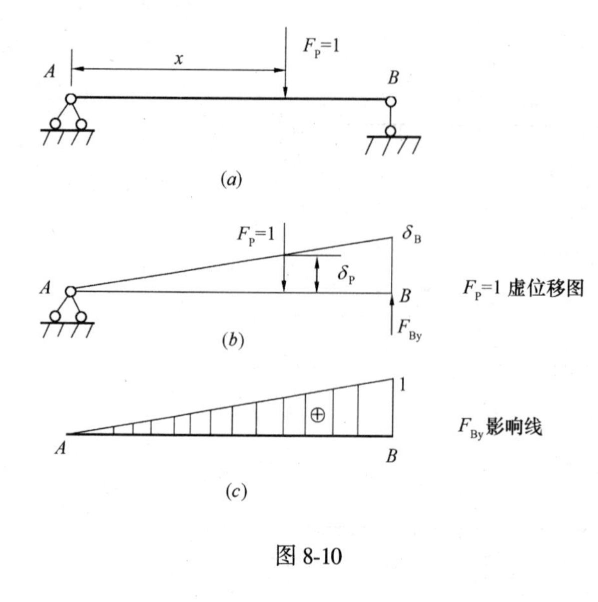

图 8-10

因 $F_P=1$，故得：

$$F_{By}=\frac{\delta_P}{\delta_B} \qquad (a)$$

式中 δ_B 为沿未知反力 F_{By}方向的虚位移，它是给定的虚位移，为一常数；而 δ_P 则是 $F_P=1$ 作用点沿其方向的虚位移，它随着 $F_P=1$ 的移动而变化，是荷载位置参数 x 的函数。δ_P 随 x 变化的图形称为竖向虚位移图。由于 δ_B 是任意给定的，故可令 $\delta_B=1$，则式(a)成为：

$$F_{By}=\delta_P \qquad (b)$$

这说明，δ_P 能反映出 $F_P=1$ 移动时 F_{By}的值，因此 δ_P 虚位移图就代表了反力 F_{By}的影响线，如图 8-10(c)所示。在虚位移图中，规定虚位移 δ_P 在基线上面为正，支座反力 F_{By}以向上为正。这样，F_{By}沿其作用方向向上发生单位位移时，δ_B 在基线上面，因此虚位移图也恰好在基线上面，这与影响线的正值画在基线上面的规定一致。上述这种作影响线的方法称为机动法。

上面讨论了用机动法作支座反力 F_{By}影响线，这一原理对求任一截面某量值的影响线也是适用的。例如，要作简支梁截面 C 的弯矩 M_C 影响线(图 8-11a)，则可先去掉与 M_C 相应的约束，即将截面 C 处改为铰接，并加一对正向力偶代替原有约束的作用。然后，使 AC、CB 两刚片沿 M_C 的正方向发生虚位移，此虚位移只能使 AC 绕 A 转动一个角度 α，使 BC 绕 B 转动一个角度 β，即铰 C 左右截面的相对转角为 $\theta=\alpha+\beta$，如图 8-11(b)所示。由虚功方程可有：

$$M_C(\alpha+\beta)+(-F_P\delta_P)=0$$

注意到，$F_P=1$，并令 $\theta=\alpha+\beta=1$。于是上式可写为：

$$M_C=\delta_P \qquad (c)$$

式(c)表明，$F_P=1$ 在某一点引起截面 C 的弯矩 M_C，在数值上等于它在该点的虚位移 δ_P。因此，δ_P 竖向虚位移图即为 M_C 影响线(图 8-11c)。

类似地，若要作截面 C 的剪力 F_{QC}影响线，则应去掉与 F_{QC}相应的约束，而将截面 C 处改为用两根水平链杆相联，这样 C 处便不能抵抗剪力但仍能承受弯矩和轴力，再加上一对正向剪力 F_{QC}代替原有约束的作用，如图 8-11(d)所示。然后，使此体系沿 F_{QC}正向发生虚位移，即令截面 C 左右两侧沿 F_{QC}正方向分别产生竖向虚位移 CC_1、CC_2(图 8-11d)，由于在 C 处连接 AC、CB 两刚片的是两根平行的链杆，它们只能作相对的平行移动，所以虚位移后 AC_1 平行于 C_2B。由虚位移原理有：

$$F_{QC}(CC_1+CC_2)+(-F_P\delta_P)=0$$

注意到，$F_P=1$，并令 $CC_1+CC_2=1$。于是上式可写为：

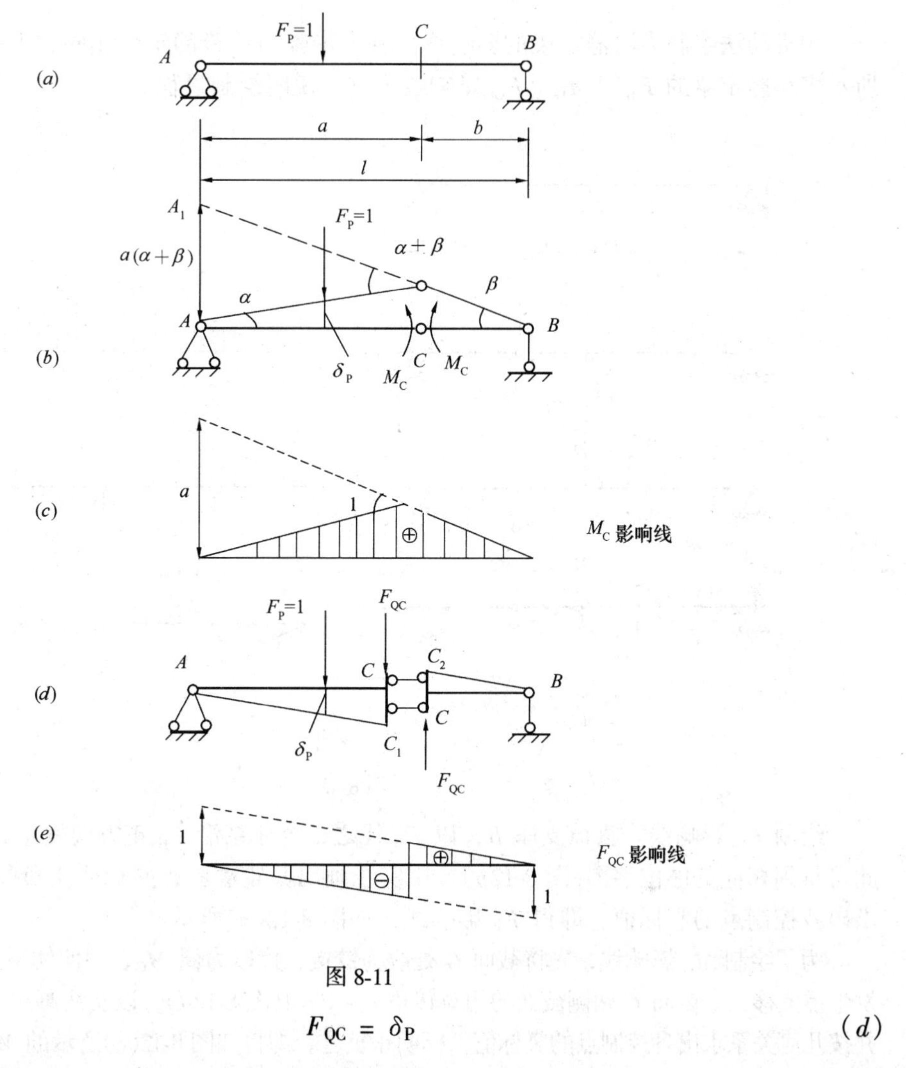

图 8-11

$$F_{QC} = \delta_P \tag{d}$$

同样可知，δ_P 竖向虚位移图即为 F_{QC}影响线(图 8-11e)。

将图 8-11 各影响线与图 8-4(b)、(c)对比可知，两种方法绘制的影响线完全相同。

综上所述，可得用机动法作影响线的步骤如下：

(1) 要作某量值 S(支座反力或某截面内力)的影响线时，则去掉与量值 S 相应的约束，并以未知量 S 代之，得到一个处于平衡状态的几何可变体系；

(2) 使体系沿量值 S 的正方向发生单位虚位移，由此得到的 $F_P=1$ 作用点的竖向虚位移图即为量值 S 的影响线；

(3) 基线以上的影响线取正号，基线以下的取负号。

机动法的优点在于不必经过具体计算就能很快绘出影响线的轮廓，既可以快速提供结构设计和移动荷载最不利布局的参数，又可以对静力法所作影响线形状迅速进行校核，这对设计工作来说是很方便的。

8.5.2 多跨静定梁的影响线

用机动法绘制多跨静定梁的影响线，基本步骤与单跨静定梁相同，下面以图 8-12(*a*)所示多跨静定梁的 F_{By}、M_G、F_{QG}影响线为例，说明绘制过程。

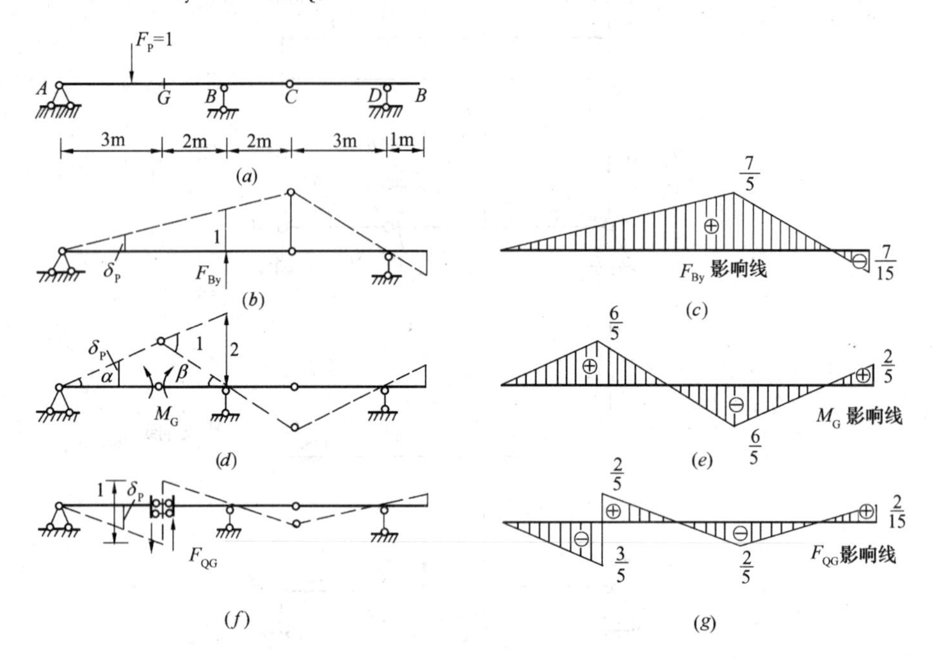

图 8-12

绘制 F_{By}影响线。去掉支座 *B*，以 F_{By}代之，令体系沿 F_{By}正方向发生虚单位位移，由此可得到相应的虚位移图(图 8-12*b*)。用实线画出其轮廓图，并标明正负号，按几何关系求出各控制点的竖标值，即得 F_{By}影响线，如图 8-12(*c*)所示。

为了绘制 M_G 影响线，先将截面 *G* 处改为铰接，代以力偶 M_G，并使体系沿 M_G 的正方向发生虚位移，令截面 *G* 两侧截面的相对转角 $\alpha+\beta=1$(图 8-12*d*)，以实线画出 δ_P 竖向位移图，并按几何关系求出各控制点的竖标值，标明正负号，即得如图 8-12(*e*)所示的 M_G 影响线。

绘制剪力 F_{QG}影响线时，将截面 *G* 处改为用两根水平链杆相联，并使 *G* 两侧截面沿 F_{QG}正方向发生竖向单位相对位移(图 8-12*f*)。用实线画出虚位移图，求出控制点的竖标值，标明正负号，即得 F_{QG}影响线，如图 8-12(*g*)所示。

8.6 桁架的影响线

桁架影响线包括支座反力影响线和各杆件内力影响线，绘制影响线的基本方法仍然是静力法。用静力法作影响线也是根据单位荷载 $F_p=1$ 移动到某一位置时，列出某支座反力或某杆件内力的影响线方程，然后根据方程绘出影响线。本节仅以梁式桁架为例，说明影响线的绘制。

一、桁架支座反力影响线

当移动荷载 $F_P=1$ 在某一位置时，单跨梁式桁架的支座反力表达式与相应单跨梁完全相同，因此支座反力影响线与单跨梁的也就完全一样，具体绘制不再重述。需要指出的是，为了简化计算，在绘制桁架杆件内力影响线时，常常要用到桁架支座反力的影响线。

二、桁架杆件影响线

建立桁架某杆件的内力影响线方程，就是 $F_P = 1$ 在某一位置时求出的该杆件内力的表达式。因此在 3.4 节所述的桁架内力计算方法即节点法和截面法，同样可用来建立影响线方程。此外，桁架承受的移动荷载一般是节点荷载，例如列车通过梁式桁架桥就是由纵梁和横梁传递到桁架节点上的，因此，8.3 节介绍的关于间接荷载作用下影响线的性质对桁架杆件内力影响线仍然适用。

下面结合图 8-13(a)所示简支桁架，说明杆件内力影响线的具体作法。设荷载 $F_P = 1$ 沿下弦 AB 移动，其给桁架下弦各节点的传力方式与图 8-13(b)所示的梁相同，即桁架承受间接荷载的作用。

1. 弦杆的内力影响线

下弦杆 1-2 的内力 F_{N1-2} 影响线，可取截面Ⅰ—Ⅰ之任一侧，以节点 4 为矩心，由力矩平衡方程求之。当 $F_P = 1$ 在杆件 1-2 所在节间以左移动，即在节点 A、1 之间移动时，取Ⅰ—Ⅰ截面以右部分为隔离体列影响线方程较简便，此时由 $\Sigma M_4 = 0$ 有

$$F_{N1-2}h - F_{By} \cdot 3d = 0$$

即

$$F_{N1-2} = \frac{3d}{h}F_{By} \tag{a}$$

根据式(a)可绘出 F_{N1-2} 在节点 1 之左部分的影响线，它是反力 F_{By}影响线乘以常数 $\frac{3d}{h}$ 后的一段直线，称为 F_{N1-2} 的左直线。

当 $F_P = 1$ 在杆件 1-2 所在节间以右移动，即在 2、B 之间移动时，取Ⅰ—Ⅰ截面以左部分为隔离体，由 $\Sigma M_4 = 0$ 可得

$$F_{N1-2}h - F_{Ay} \cdot d = 0$$

即

$$F_{N1-2} = \frac{d}{h}F_{Ay} \tag{b}$$

按式(b)绘出的影响线为 F_{N1-2} 的右直线，它是支座反力 F_{Ay}影响线，乘以 $\frac{d}{h}$ 后在节点 2、B 之间的一段直线。

当 $F_P = 1$ 在节点 1、2 之间移动时，根据间接荷载作用下影响线的性质，可知 F_{N1-2} 影响线为连接节点 1、2 处影响线竖标顶点的直线，它恰好与右直线的延长线重合。杆件 1-2 影响线如图 8-13(c)所示。

式(a)与式(b)可统一表示为

$$F_{N1-2} = \frac{M_4^0}{r} \tag{c}$$

式中 M_4^0 为相应简支梁(图 8-13b)与矩心节点 4 对应截面的弯矩影响线；r 为力臂，对杆件 1-2 有 $r = h$，它是节点 4 到杆件 1-2 的距离。式(c)表明杆件 1-2 内力影响线的左、右直线可由相应简支梁与矩心对应截面的弯矩影响线除以力臂得到，而节点 1、2 之间的影响线则由左、右直线对应点的影响线用直线连接即可。

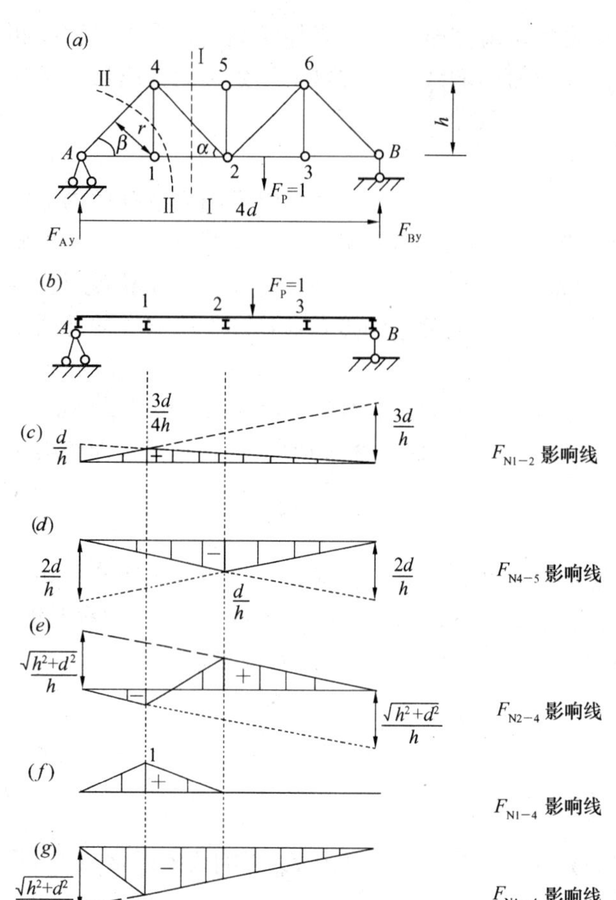

图 8-13

上弦杆 4-5 的 F_{N4-5} 影响线，同样可取 I－I 截面之左（或之右）为隔离体，以节点 2 为矩心，由 $\Sigma M_2=0$ 得到

$$F_{N4-5}=-\frac{M_2^0}{r} \qquad (d)$$

式中 M_2^0 为相应简支梁（图 8-13b）与矩心节点 2 对应截面的弯矩影响线；力臂 $r=h$，为矩心节点 2 到杆件 4-5 的距离。按此画出影响线的左、右直线，再将节点 4、5 对应的影响线竖标顶点用直线相连（它恰与左直线的延长线重合），再将图形翻转 180°，即得 F_{N4-5} 影响线，如图 8-13(d)所示。

式(c)和式(d)与 3.4 节式(3-5)含义相同，因此可知，对于单跨梁式桁架，无论三角形桁架、平行弦桁架还是折弦形桁架，其某弦杆内力影响线的左、右直线均可利用相应静定梁对应截面的弯矩影响线除以力臂 r 绘出。

2. 腹杆的内力影响线

(1) 斜杆 2-4 的影响线　用截面法，取截面Ⅰ—Ⅰ之任一侧为隔离体，由隔离体上各力沿竖向投影的代数和为零的条件可求出影响线方程。当 $F_P=1$ 在 A、1 之间移动时，取 2－B 部分研究，由 $\Sigma F_y=0$ 有

$$F_{N2-4}\sin\alpha=-F_{By}$$

得

$$F_{N2-4}=-\frac{F_{By}}{\sin\alpha}=-\frac{\sqrt{h^2+d^2}}{h}F_{By} \qquad (e)$$

当 $F_P=1$ 在 2、B 之间移动时，取 A、1 之间部分为隔离体，由 $\Sigma F_y=0$ 有

$$F_{N2-4}=\frac{F_{Ay}}{\sin\alpha}=\frac{\sqrt{h^2+d^2}}{h}F_{Ay} \qquad (f)$$

上述两式中，F_{Ay}、F_{By}为支座 A、B 的反力。当 $F_P=1$ 在节点 1、2 之间移动时，可将节点 1、2 影响线竖标顶点连以直线。F_{N2-4}的影响线如图 8-13(e)所示。

(2) 竖杆 1-4、2-5 的影响线

用节点法作 F_{N1-4} 影响线是简便的，取节点 1 为隔离体，由 $\Sigma F_y=0$ 可知，当 $F_P=1$ 位于节点 1 时，$F_{N1-4}=1$；当 $F_P=1$ 位于其他节点时，$F_{N1-4}=0$，因此 F_{N1-4} 影响线为一个三角形，如图 8-13(f)所示。

杆件 2-5 的影响线同样可由节点法作出，取节点 5 为隔离体，由 $\Sigma F_y=0$ 可知无论

$F_P = 1$ 位于哪个节点都有 $F_{N2-5} = 0$，即 F_{N2-5} 的影响线与基线重合。

3. 端斜杆 A-4 的影响线

杆件 A-4 为上弦杆，因此可按上述绘制弦杆影响线的作法用截面法作图，但也可以用节点法绘出影响线。若用节点法，则可取节点 A 为隔离体，当 $F_P = 1$ 位于节点 A 时 $F_{NA-4} = 0$，当 $F_P = 1$ 位于其他节点时，$F_{NA-4} = -\dfrac{F_{Ay}}{\sin\beta} = -\dfrac{\sqrt{h^2 + d^2}}{h}F_{Ay}$，当 $F_p = 1$ 在节点 A、1 之间，为连接该两点影响线竖标顶点的直线，影响线如图 8-13(g)所示。若用截面法，则以节点 1 为矩心，当 $F_P = 1$ 在节点 A、1 之间移动时，取截面Ⅱ—Ⅱ以右部分为隔离体，由 $\Sigma M_1 = 0$ 可列出影响线方程；当 $F_P = 1$ 在节点 2、B 之间移动时取截面Ⅱ—Ⅱ之左为隔离体，可由 $\Sigma M_1 = 0$ 列出影响线方程。影响线的左、右直线方程可表示为 $F_{NA-4} = -\dfrac{M_1^0}{r}$，$r$ 为杆件 A-4 的力臂，按此绘出的影响线与图 8-13(g)相同，请读者自行验证。

以上讨论的是 $F_p = 1$ 沿下弦移动(下承桁架)的情况，对于 $F_p = 1$ 沿上弦移动(上承桁架)的情况，各杆件影响线的绘制方法与下承桁架时完全相同，无需赘述。

由上述可知，梁式桁架支座反力影响线与相应单跨静定梁的反力影响线相同；桁架各杆件内力影响线在各节点之间均为直线段，其中弦杆的影响线还可利用相应简支梁对应截面弯矩影响线方程，使计算简化；腹杆影响线可用节点法或截面法列出影响线方程来绘制。

8.7 利用影响线求影响量

前面介绍了影响线的绘制，从本节起讨论影响线的应用。绘制影响线是为了利用它计算移动荷载对结构产生的某一量值的最大值，以便进行结构设计。对此问题，可以按以下两步来考虑：一是当移动荷载的位置已知时，如何利用影响线计算某量值，即该量值的影响量。二是如何利用影响线确定该量值的最不利荷载位置，只要这一位置能够确定，便可作为荷载位置已知的情况求得该量值的最大值。本节讨论前一个问题。

1. 集中荷载作用

如图 8-14(a)所示简支梁，承受一组位置已知的竖向集中荷载 F_{P1}、F_{P2}、F_{P3}的作用，现在利用影响线求截面 C 剪力的影响量。

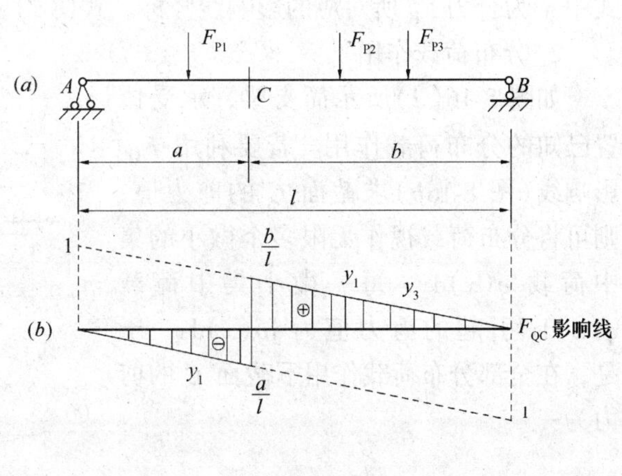

图 8-14

首先，作出 F_{QC}影响线，如图 8-14(b)所示。设以 y_1、y_2、y_3 分别代表荷载 F_{P1}、F_{P2}、F_{P3}所对应的作用点处 F_{QC} 影响线竖标。由影响线的定义知，y_1 表示 $F_P = 1$ 作用于该处时截面 C 的剪力，若荷载不是 1，而是 F_{P1}时，截面 C 的剪力应为 $F_{P1}y_1$。同理，由 F_{P2}、F_{P3}产生的截面 C 的剪力为 $F_{P2}y_2$、$F_{P3}y_3$。于是，根据叠加原理，可求得该组荷载作用下 C 截

面的剪力为:

$$F_{QC} = F_{P1}y_1 + F_{P2}y_2 + F_{P3}y_3$$

上述方法同样适用于计算其他量值影响量。一般地，设结构承受一组位置已知的竖向集中荷载 F_{P1}、F_{P2}、…、F_{Pn} 的作用，而与各荷载作用点对应的结构某量值 S 的影响线竖标分别为 y_1、y_2、…、y_n，则在该组荷载作用下，量值 S 的数值为:

$$S = F_{P1}y_1 + F_{P2}y_2 + \cdots + F_{Pn}y_n$$
$$= \Sigma F_{Pi}y_i \tag{8-1}$$

应用上式时，需注意影响线竖标 y_i 在基线之上为正，在基线之下为负。

当一组竖向集中荷载作用于影响线的某一直线段时，用它们的合力代替各力，不会改变所求量值的最后结果。这一结论可由合力矩定理来证明:

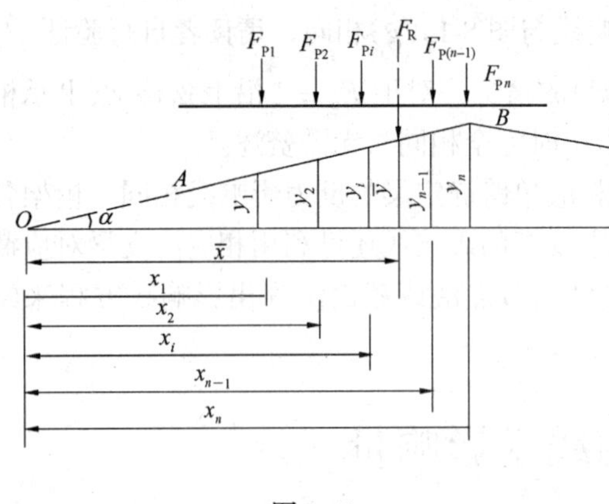

图 8-15

如图 8-15 所示，设有 n 个竖向集中荷载 F_{P1}、F_{P2}、…、F_{Pn} 作用在影响线的 AB 直线段上，直线的倾角为 α。延长此段直线与基线交于 O 点，则由式(8-1)可有

$$S = F_{P1}y_1 + F_{P2}y_2 + \cdots + F_{Pn}y_n$$
$$= (F_{P1}x_1 + F_{P2}x_2 + \cdots + F_{Pn}x_n)\tan\alpha$$
$$= \tan\alpha\Sigma F_{Pi}x_i \tag{a}$$

上式中 $\Sigma F_{Pi}x_i$ 为各力对 O 点的力矩之和，根据合力矩定理，它应等于合力 F_R 对 O 点之矩，即

$$\Sigma F_{Pi}x_i = F_R\bar{x} \tag{b}$$

将式(b)代入式(a)可得

$$S = F_R\bar{x}\tan\alpha = F_R\bar{y} \tag{8-2}$$

式中 $\bar{y}$ 为合力 F_R 所对应的影响线竖标。式(8-2)就是上述性质的证明。

2. 分布荷载作用

如图 8-16(a)所示简支梁，承受位置已知的分布荷载作用。若要利用 F_{QC} 影响线(图 8-16b)求截面 C 的剪力值，则可将分布荷载视作无限多个微小的集中荷载 $q(x)\mathrm{d}x$，每一微小集中荷载 $q(x)\mathrm{d}x$ 引起的剪力值为 $yq(x)\mathrm{d}x$，于是，在全部分布荷载作用下截面 C 的剪力为:

$$F_{QC} = \int_c^d yq(x)\mathrm{d}x \tag{c}$$

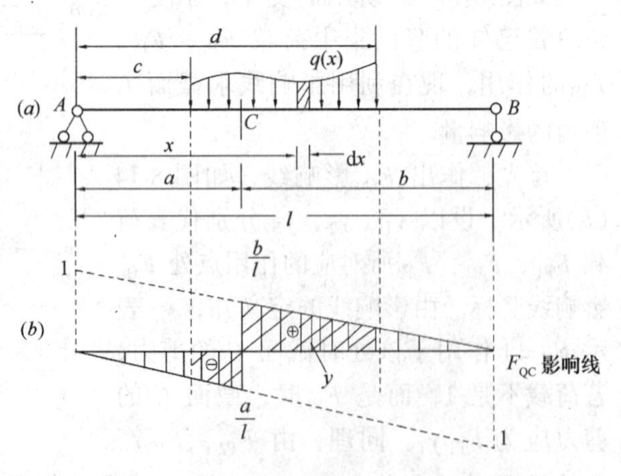

图 8-16

当分布荷载为均布荷载时，$q(x)$ =

q，则上式变为：

$$F_{QC} = q\int_c^d y\mathrm{d}x = q\omega \tag{8-3}$$

式中，ω 表示影响线在荷载分布范围内的面积(如图 8-16b 斜线所示部分)，计算该面积时同样要考虑正负号。位于影响线正号部分的面积为正，反之为负。

【例 8-2】 试利用影响线求图 8-17(a)所示伸臂梁在给定荷载作用下 M_C 和 F_{QC}的影响量。

【解】 先分别作出 F_{QC}和 M_C 影响线，并求出有关的影响线竖标值，如图 8-17(b)、(c)所示。

(1) 计算截面 C 的弯矩 M_C

$$M_C = q\omega + F_P y = 10\times\left[\frac{1}{2}\times2\times4+\frac{1}{2}\times(2+1)\times2\right]-20\times1 = 50\text{kN}\cdot\text{m}$$

(2) 计算截面 C 的剪力 F_{QC}

$$F_{QC} = q\omega + F_P y = 10\times\left[-\frac{1}{2}\times\frac{1}{2}\times4+\frac{1}{2}\times\left(\frac{1}{2}+\frac{1}{4}\right)\times2\right]-20\times\frac{1}{4} = -7.5\text{kN}$$

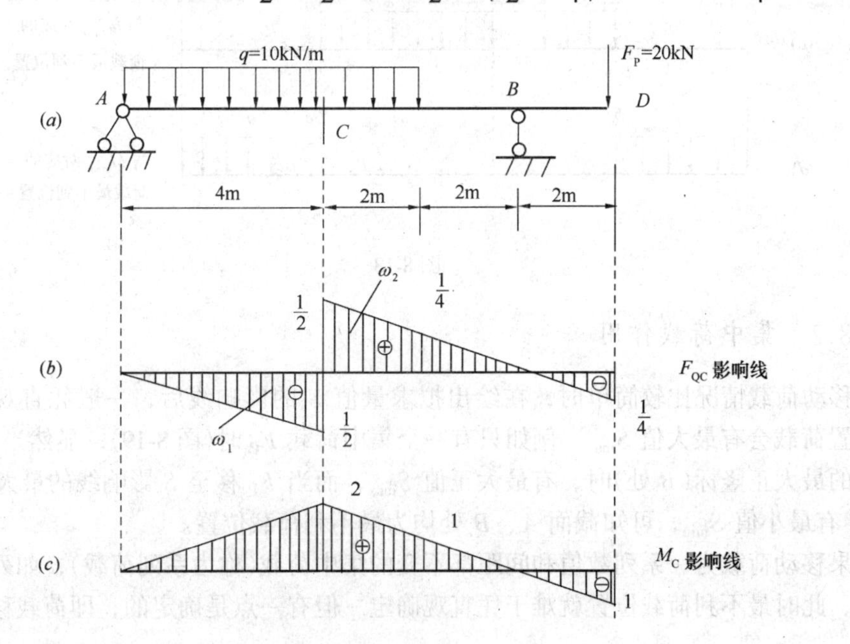

图 8-17

8.8 最不利荷载位置

在移动荷载作用下结构上的各种量值(反力或内力)都将随着荷载位置的变化而变化，为了求出各种量值的最大值(包括最大正值 S_{max}和最大负值 S_{min}，最大负值也称为最小值)，就必须先确定使某一量值产生最大(或最小)值时的荷载位置，此时的荷载位置称为该量值的最不利荷载位置。这一位置一旦确定，则其最大(最小)值便可按照上一节介绍的方法求出。下面讨论如何利用影响线确定最不利荷载位置。

8.8.1 可动均布荷载作用

所谓可动均布荷载是指可以任意断续布置的均布荷载，如人群、货物等。可动均布荷载作用下，某一量值 S 的最不利荷载位置可由观察确定。根据均布荷载 q 作用下某量值 S 的计算式 $S = q\omega$ 可知，当均布荷载布满影响线的正号部分时，S 有最大值 S_{max}；当均布荷载布满影响线的负号部分时，则 S 有最小值 S_{min}(或称最大负值)，如图 8-18 所示。

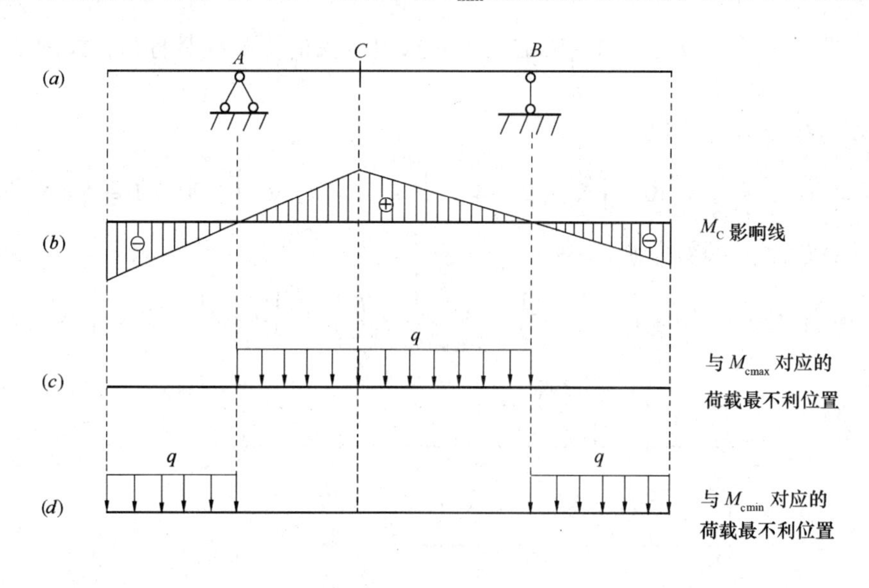

图 8-18

8.8.2 集中荷载作用

当移动荷载情况比较简单时，在绘出拟求量值 S 的影响线后，一般凭直观即可看出如何布置荷载会有最大值 S_{max}。例如只有一个集中荷载 F_P 时(图 8-19)，显然当 F_P 移至 S 影响线的最大正竖标(B 处)时，有最大正值 S_{max}，而当 F_P 移至 S 影响线的最大负竖标(A 处)时，有最小值 S_{min}，可知截面 A、B 处均为最不利荷载位置。

如果移动荷载为一系列数值和间距都不变的集中荷载(称为系列荷载)，如列车、汽车车队等，此时最不利荷载位置就难于凭直观确定。但有一点是确定的，即荷载移动到最不

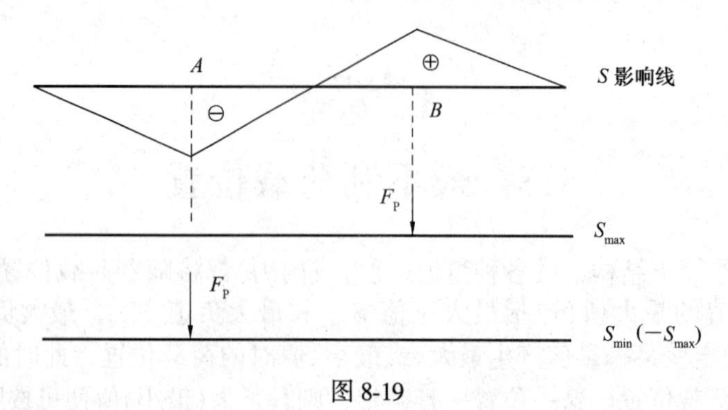

图 8-19

利荷载位置时，产生的量值 S 为最大，因而系列荷载由该位置不论向左或向右移动，S 值都会减小，即增量 $\Delta S<0$。因此，可以从当荷载移动时分析量值 S 的增量入手来确定最不利荷载位置。

如图 8-20(a)所示，某量值的影响线为一折线，其中各段直线的倾角分别为 α_1、α_2、…、α_n。取坐标轴 x 向右为正，y 向上为正，倾角 α 以逆时针转为正。现有一组集中荷载处于图 8-20(b)所示位置，所产生的量值以 S_1 表示，每段直线范围内荷载的合力分别以 F_{R1}、F_{R2}、…、F_{Rn}表示，则有

$$S_1=F_{R1}y_1+F_{R2}y_2+\cdots+F_{Rn}y_n$$

当整个荷载组向右(或向左)移动一微小距离 Δx 时，相应的量值 S_2 为：

$$S_2=F_{R1}(y_1+\Delta y_1)+F_{R2}(y_2+\Delta y_2)+\cdots+F_{Rn}(y_n+\Delta y_n)$$

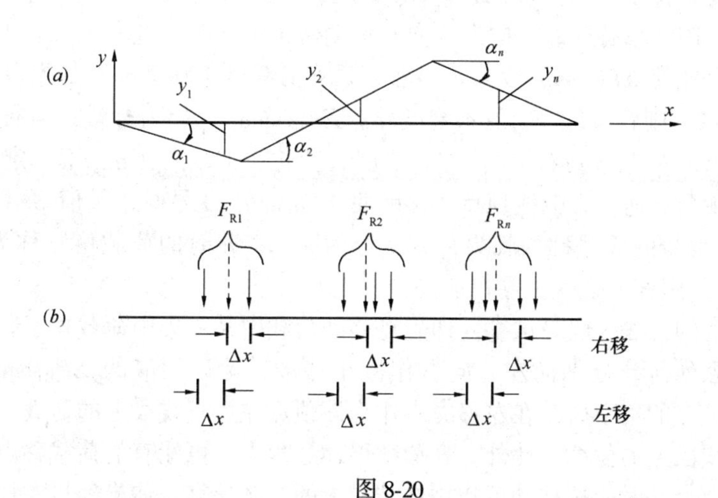

图 8-20

则 S 的增量为：

$$\Delta S=S_2-S_1=F_{R1}\Delta y_1+F_{R2}\Delta y_2+\cdots+F_{Rn}\Delta y_n=\Sigma F_{Ri}\Delta y_i$$

由于 $\Delta y_i=\Delta x\tan\alpha_i$，且 Δx 为常量，因此增量 ΔS 又可写为：

$$\Delta S=\Delta x\Sigma F_{Ri}\tan\alpha_i \tag{a}$$

或写为变化率的形式

$$\frac{\Delta S}{\Delta x}=\sum_{i=1}^{n}F_{Ri}\tan\alpha_i \tag{b}$$

系列荷载在某一位置时，量值 S 有三种情况：①极大值；②极小值；③不是极大值，也不是极小值。下面从分析增量 ΔS 的变化入手，讨论量值 S 与荷载位置的关系。

当 S 为极大值时，则荷载自该位置无论向左或向右移动微小距离，S 值均将减小，即 $\Delta S<0$。由于荷载左移时，$\Delta x<0$，而右移时，$\Delta x>0$，于是由式(a)可以看出，满足 S 为极大值的条件是：

$$荷载左移，\Sigma F_{Ri}\tan\alpha_i\geqslant 0 \tag{8-4a}$$

$$荷载右移，\Sigma F_{Ri}\tan\alpha_i\leqslant 0 \tag{8-4b}$$

也就是当荷载自该位置的左侧到右侧的微小移动中，$\Sigma F_{Ri}\tan\alpha_i$ 由正变负(或由正变为零，

亦或由零变为负)时，量值 S 为极大值。

当 S 为极小值时，作与上面类似的分析可知，$\Sigma F_{Ri}\tan\alpha_i$ 应满足：

$$荷载左移，\Sigma F_{Ri}\tan\alpha_i \leqslant 0 \tag{8-5a}$$

$$荷载右移，\Sigma F_{Ri}\tan\alpha_i \geqslant 0 \tag{8-5b}$$

即当荷载自该位置的左侧到右侧的微小移动中，$\Sigma F_{Ri}\tan\alpha_i$ 由负变正(或由负变为零，亦或由零变为正)时，量值 S 为极小值。

当 S 不是极大值也不是极小值时，荷载由该位置发生向左或向右的微小移动时，增量 ΔS 不是始终在增加 ($\Delta S > 0$) 就是始终在减小 ($\Delta S < 0$)，因此 $\Sigma F_{Ri}\tan\alpha_i$ 不会改变正负号。

总之，荷载向左、向右移动微小距离时，$\Sigma F_{Ri}\tan\alpha_i$ 必须变号，S 才有可能取得极值。

现在来分析荷载位于什么位置，$\Sigma F_{Ri}\tan\alpha_i$ 才会变号。由于 $\tan\alpha_i$ 为影响线各段直线的斜率，是一常数。因此只有荷载在向左、向右移动微小距离时，各段上的合力 F_{Ri}的数值发生变化时，才可能使 $\Sigma F_{Ri}\tan\alpha_i$ 变号。显然，系列荷载微小移动时，如果没有任何荷载通过影响线的顶点，则各段的 F_{Ri}值不会变化，$\Sigma F_{Ri}\tan\alpha_i$ 保持为常量；当有某个集中荷载通过影响线顶点由左边移到右边时，F_{Ri}值就会变化，但 $\Sigma F_{Ri}\tan\alpha_i$ 不一定会改变正负号；只有某一集中荷载通过影响线顶点，又能使 $\Sigma F_{Ri}\tan\alpha_i$ 变号时，量值 S 才有极值。这个能使 $\Sigma F_{Ri}\tan\alpha_i$ 变号的荷载称为临界荷载，记为 F_{Pcr}，此时的荷载位置称为临界位置，而式(8-4)、式(8-5)则称为临界位置判别式。

确定临界位置的方法一般是试算，即先将移动荷载中某一集中荷载置于影响线的某一个顶点，然后令系列荷载分别向左、向右作微小移动，计算相应的 $\Sigma F_{Ri}\tan\alpha_i$ 值。计算时，置于影响线顶点的集中荷载在左移时应作为该顶点左边直线段上的荷载，右移时应作为该顶点右边直线段上的荷载。此外，在荷载移动过程中，可能有的荷载移出结构或有新的荷载移到结构上，此时应按移动后作用在结构上的荷载计算。如果经过左移、右移的计算，$\Sigma F_{Ri}\tan\alpha_i$ 不变号，则说明此荷载位置不是临界位置，需要再换一个荷载置于影响线顶点，进行上述计算。直至找到一个能使 $\Sigma F_{Ri}\tan\alpha_i$ 变号(包括由正、负变为零，或由零变为正、负)的荷载，也就找出了一个临界位置，算出该荷载位置时的 S 值，即得该临界位置对应的极值。在一般情况下，临界位置可能不止一个，这就需要将各临界位置对应的极值一一算出，再通过对比，从中找出最大值(或最小值)，而其对应的荷载位置即为最不利荷载位置。

为了减少试算次数，宜将系列荷载中数值较大且较为密集的部分置于影响线的最大竖标附近，同时布置在影响线同符号范围内的荷载应尽量多一些。

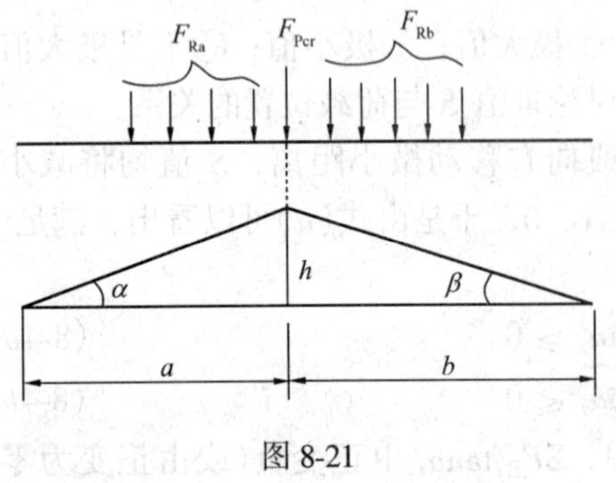

图 8-21

当影响线为三角形(图 8-21)时，可得到更为简化的临界位置判别式，现说明如下。

设系列荷载中的某个集中荷载为临界荷载 F_{Pcr}，将其置于三角形影响线顶点，以 F_{Ra}、F_{Rb} 分别表示临界荷载 F_{Pcr}以左和以右各荷载的总和。由于影响线只有两个直线段，且倾角 α 为正，β 为负。因此荷载左移时，增量 ΔS 为 $\Delta x[(F_{Ra}+$

$F_{Pcr})\tan\alpha - F_{Rb}\tan\beta]$，右移时为$\Delta x[F_{Ra}\tan\alpha-(F_{Pcr}+F_{Rb})\tan\beta]$。根据 S 为极大值的条件，即荷载向左、向右移动时，ΔS 均应小于零，可有

$$\text{荷载左移：}(F_{Ra}+F_{Pcr})\tan\alpha - F_{Rb}\tan\beta \geqslant 0$$

$$\text{荷载右移：}F_{Ra}\tan\alpha - (F_{Pcr}+F_{Rb})\tan\beta \leqslant 0$$

将 $\tan\alpha = h/a$ 和 $\tan\beta = h/b$ 代入，得

$$\frac{F_{Ra}+F_{Pcr}}{a} \geqslant \frac{F_{Rb}}{b} \tag{8-6a}$$

$$\frac{F_{Ra}}{a} \leqslant \frac{F_{Pcr}+F_{Rb}}{b} \tag{8-6b}$$

式(8-6)称为三角形影响线确定临界位置的判别式，它表明：临界位置的特点是必有一集中荷载 F_{Pcr}位于影响线的顶点，将 F_{Pcr}计入哪一边(左边或右边)，则哪一边的平均荷载就大些。同理可推导出影响线为三角形时，量值 S 为极小值的临界位置判别式。

应注意的是，应用式(8-6)求出的临界位置可能不止一个，因此必须经过试算比较，才能确定最不利荷载位置。

8.8.3 移动均布荷载作用

荷载分布长度一定，且其长度小于影响线范围的均布荷载，如履带车辆荷载等，称为移动均布荷载。当移动均布荷载跨过三角形影响线顶点时(图 8-22)，量值 S 是荷载位置 x 的二次函数，根据高等数学的知识，S 的极值发生在增量变化率 $\frac{\mathrm{d}s}{\mathrm{d}x}=0$ 处。于是可由 $\frac{\mathrm{d}s}{\mathrm{d}x}=\Sigma F_{Ri}\tan\alpha_i=0$ 的条件确定临界位置。此时有

$$\Sigma F_{Ri}\tan\alpha_i = F_{Ra}\frac{h}{a} - F_{Rb}\frac{h}{b} = 0$$

即

$$\frac{F_{Ra}}{a} = \frac{F_{Rb}}{b} \tag{8-7}$$

上式表明，移动均布荷载位于临界位置的条件是：三角形影响线顶点左、右两边的平均荷载应相等。

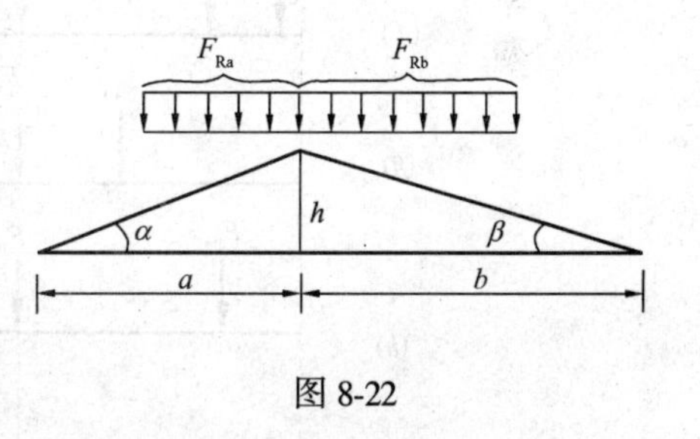

图 8-22

对于直角三角形影响线以及竖标有突变的影响线，判别式(8-4)~式(8-7)均不再适用。此时，当荷载较简单时，一般可由直观判断来确定最不利荷载位置。而当荷载较复杂时，可按前述估计最不利荷载位置的原则，布置几种荷载位置，直接算出相应的 S 值，而其中最大者所对应的荷载位置即为最不利荷载位置。

【例 8-3】 试求图 8-23(a)所示简支梁在图示移动荷载作用下截面 C 的最大弯矩、最大正剪力和最大负剪力。已知 $F_{P1}=F_{P2}=76\text{kN}, F_{P3}=F_{P4}=108.5\text{kN}$。

【解】 (1) 求截面 C 的最大弯矩

作出 M_C 影响线，如图 8-23(b)所示。分别计算出以 F_{P1}、F_{P2}、F_{P3}、F_{P4}为临界荷载时，影响线顶点左、右边的合力 F_{Ra}及 F_{Rb}，然后将它们代入式(8-6)判断。为了清晰起见，上述计算列表进行，如表 8.1 所示。由表可知，F_{P2}和 F_{P3}是临界荷载，于是，将它们分别放在 M_C 影响线顶点(图 8-23c、d)，可求得相应的影响量为：

$M_{C2} = \Sigma F_{Pi}y_i = 76 \times 1.46 + 76 \times 2.92 + 108.5 \times 2.25 = 577.01\text{kN}\cdot\text{m}$

$M_{C3} = \Sigma F_{Pi}y_i = 76 \times 0.98 + 76 \times 2.44 + 108.5 \times 2.92 + 108.5 \times 0.35 = 614.72\text{kN}\cdot\text{m}$

比较可知 M_{C3} 为最大值，故 F_{P3}作为 F_{Pcr}时为 M_C 的最不利荷载位置。

(2) 求截面 C 的最大正剪力和最大负剪力

作出剪力 F_{QC}影响线，如图 8-23(e)所示。

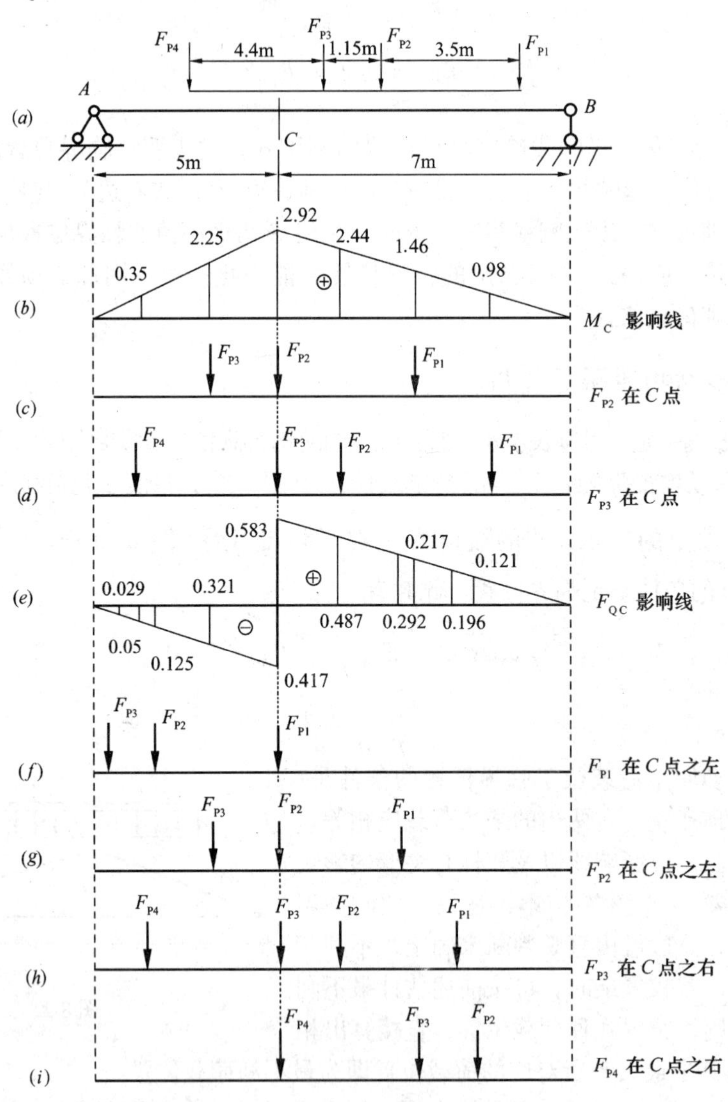

图 8-23

由于截面 C 剪力 F_{QC}影响线的竖标有突变，临界位置判别式不再适用。为此，可将各荷载分别布置在影响线的顶点位置进行试算。其中，求最大正剪力时，各荷载应依次布置在截面 C 稍右处，而求最大负剪力时，各荷载应布置在 C 截面稍左处，试算所得最大值对应的荷载位置即为最不利荷载位置。

F_{P1}或 F_{P2}位于截面 C 稍右，都不可能产生 $+F_{QC(max)}$。于是将 F_{P3}和 F_{P4}分别置于截面

C 偏右(图 8-23h、i)，算得：

F_{P3}在 C 稍右：$F_{QC} = 108.5\times(-0.05)+108.5\times0.583+76\times0.487+76\times0.196=109.74\text{kN}$

F_{P4}在 C 稍右：$F_{QC} = 108.5\times0.583+108.5\times0.217+76\times0.121=96.0\text{kN}$

可见，F_{P3}在截面 C 时为最不利荷载位置，此时最大正剪力为 109.74kN。

F_{P3}或 F_{P4}位于截面 C 稍左都不可能产生负的最大剪力，而 F_{P1}和 F_{P2}分别位于截面 C 偏左时(图 8-23f、g)，算得：

F_{P1}在 C 稍左：$F_{QC} = 1085\times(-0.029)+76\times(-0.125)+76\times(-0.417)=-44.34\text{kN}$

F_{P2}在 C 稍左：$F_{QC} = 1085\times(-0.32)+76\times(-0.417)+76\times0.292=-44.33\text{kN}$

可见，F_{P1}在截面 C 时为最不利荷载位置，此时最大负剪力为 44.34kN。

F_{Pcr} 判 别 表 **表 8-1**

F_{pcr}	F_{Ra}	F_{Rb}	$\frac{F_{Ra}+F_{pcr}}{5}\geqslant\frac{F_{Rb}}{7}$ $\frac{F_{Ra}}{5}\leqslant\frac{F_{pcr}+F_{Rb}}{7}$	结 论
$F_{P1}=76$	$F_{P2}+F_{P3}$ $=76+108.5$	0	$\frac{76+108.5+76}{5}>\frac{0}{7}$ $\frac{76+108.5}{5}>\frac{76}{7}$	不满足，F_{P1}不是 F_{pcr}
$F_{P2}=76$	$F_{P3}=108.5$	$F_{P1}=76$	$\frac{108.5+76}{5}>\frac{76}{7}$ $\frac{108.5}{5}<\frac{76+76}{7}$	满足，F_{P2}是 F_{pcr}
$F_{P3}=108.5$	$F_{P4}=108.5$	$F_{P1}+F_{P2}=76+76$	$\frac{108.5+108.5}{5}>\frac{76+76}{7}$ $\frac{108.5}{5}<\frac{76+76+108.5}{7}$	满足，F_{P3}是 F_{pcr}
$F_{P4}=108.5$	0	$F_{P2}+F_{P3}=76+108.5$	$\frac{0+108.5}{5}<\frac{76+108.5}{7}$ $\frac{0}{5}<\frac{108.5+76+108.5}{7}$	不满足，F_{P4}不是 F_{pcr}

8.9 简支梁的内力包络图和绝对最大弯矩

8.9.1 简支梁的内力包络图

利用确定最不利荷载位置的方法，可以求出梁中任一指定截面的最大内力值。但是，在结构设计中，只算出某一指定截面的内力最大值是不够的，还需要知道全梁各截面的内力最大值。连接各截面内力最大值的曲线称为内力包络图，它反映了梁中各截面内力变化的极值范围，是结构设计或验算的依据。下面以简支梁为例说明内力包络图的绘制。

简支梁的内力包络图有弯矩包络图和剪力包络图两种。实际工程中的梁，同时承受恒载和活载的作用，因此绘制内力包络图时，必须考虑两者的共同影响。简支梁在恒载作用下各截面的内力可由平衡条件求出，在活载作用下各截面的最大内力值(包括最大正值和最大负值)可按上一节的方法求出。

简支梁的弯矩包络图作法如下：①将梁分成若干等分；②绘出恒载作用下的弯矩图，并求出各等分点的弯矩值；③对每个等分点截面，绘出弯矩影响线，并计算活载最不利布置时的最大弯矩值；④将同一截面恒载和活载引起的弯矩叠加，按比例用竖标标出，并连成曲线，即得弯矩包络图。

剪力包络图的绘制步骤与弯矩包络图相同，不再重述。

【例 8-4】 试绘制图 8-24(a)所示简支梁在恒载和可动均布荷载作用下的弯矩包络图和剪力包络图。已知恒载 $q=20\text{kN/m}$，可动均布荷载 $p=40\text{kN/m}$，$l=16\text{m}$。

【解】 将梁分为 8 等分。利用对称性，可只计算半跨的截面内力。为了清楚起见，各等分点截面弯矩和剪力的最大、最小值可列表计算。

(1) 绘制弯矩包络图　在恒载作用下，距左支座 x 处截面的弯矩为：

$$M_{\mathrm{q}} = \frac{1}{2}qx(l-x)$$

各截面的弯矩值见表 8-2。恒载作用下的弯矩图如图 8-24(c)中靠近基线的曲线所示。

绘出各等分截面的弯矩影响线，如图 8-24(b)所示。各影响线只有正值而无负值，因此可动均布荷载 p 满跨布置在梁上时，各截面弯矩值最大，其值按下式求出：

$$M_{\mathrm{pmax}} = pA_{\omega}$$

计算结果见表 8-2。当梁上无可动均布荷载 p 作用时，各截面弯矩值最小，其值均为零，即 $M_{\mathrm{pmin}}=0$。

于是，梁各截面的最大、最小弯矩为：

$$M_{\max} = M_{\mathrm{q}} + M_{\mathrm{pmax}} \quad M_{\min} = M_{\mathrm{q}} + M_{\mathrm{pmin}} = M_{\mathrm{q}}$$

按上式计算的结果见表 8-2。据此绘出的弯矩包络图如图 8-24(c)所示。

(2) 绘制剪力包络图　在恒载作用下，各截面的剪力计算式为：$F_{\mathrm{Qq}} = q\left(\frac{l}{2}-x\right)$ 按上式求得的各截面剪力见表 8-3。

绘出各等分截面的剪力影响线，如图 8-24(d)所示。显然，将可动均布荷载 p 布置在影响线的正值部分时，可得剪力最大值，计算式为：$F_{\mathrm{Qp(max)}} = pA_{\omega}^{+}$；而将 p 布置在影响线的负值部分时，可得剪力最小值(最大负剪力)，计算式为：$F_{\mathrm{Qp(min)}} = pA_{\omega}^{-}$；按以上计算式求得的剪力见表 8-3。梁各截面最大、最小剪力的计算式为：

$$F_{\mathrm{Qmax}} = F_{\mathrm{Qq}} + pA_{\omega}^{+} \quad F_{\mathrm{Qmin}} = F_{\mathrm{Qq}} + pA_{\omega}^{-}$$

计算结果见表 8-3，由此绘出的剪力包络图如图 8-24(e)所示。由图可知，它与直线很接近。因此，实际设计中，通常取两端和跨中的最大、最小剪力值，并连以直线，以此作为近似的剪力包络图。

由弯矩包络图(图 8-24c)可以很方便地了解各截面的最大弯矩，其中简支梁跨中截面 4 的最大弯矩是所有截面最大弯矩中的最大者，称为绝对最大弯矩。由于本例中恒载 q、可移动荷载 p 均为均布荷载，跨中点截面 4 的弯矩影响线的面积与任一截面弯矩影响线的面积相比，又是最大的，因此绝对最大弯矩发生在跨中点截面。如果移动荷载是一组间距不变的集中荷载，其绝对最大弯矩将不在简支梁跨中截面。下面将讨论移动荷载为集中荷载时绝对最大弯矩的确定。

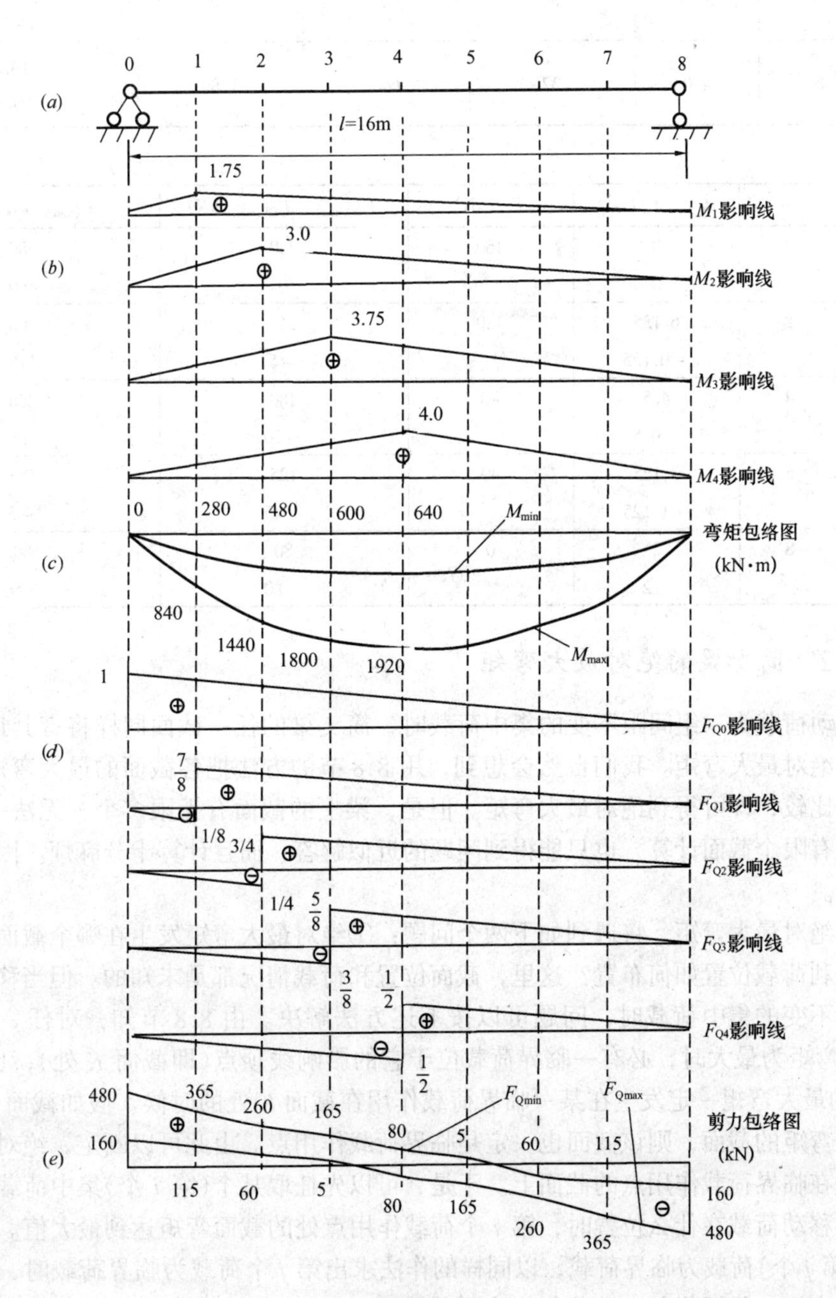

图 8-24

表 8-2

截面	x(m)	y_i	A_w(m^2)	M_q(kN·m)	M_{pmax}(kN·m)	M_{max}、M_{min}(kN·m)
1	2	1.75	14	280	560	840 280
2	4	3.0	24	480	960	1440 480
3	6	3.75	30	600	1200	1800 600
4	8	4.0	32	640	1280	1920 640

表 8-3

截面	x(m)	A_ω^+、A_ω^-(m^2)	F_{Qq}(kN)	$F_{QP(max)}$、$F_{QP(min)}$(kN)	F_{Qmax}、F_{Qmin}(kN)
0	0	8 0	160	320 0	480 160
1	2	6.125 −0.125	120	245 −5	365 115
2	4	4.5 −0.5	80	180 −20	260 60
3	6	3.125 −1.125	40	125 −45	165 −5
4	8	2 −2	0	80 −80	80 −80

8.9.2 简支梁的绝对最大弯矩

当移动荷载为一组间距不变的集中荷载时，简支梁的任一截面同样将有其最大弯矩，为了求得绝对最大弯矩。我们自然会想到，用 8.8 节的方法把各截面的最大弯矩求出来，然后进行比较，即可得到绝对最大弯矩。但是，梁上的截面有无限多个，无法一一计算，如果只取有限个截面计算，也只能得到问题的近似解答，而且计算十分麻烦。因此，只能另寻它法。

确定绝对最大弯矩，将遇到如下两个问题：①绝对最大弯矩发生在哪个截面？②此截面的最不利荷载位置如何布置？这里，截面位置和荷载情况都是未知的。但当移动荷载为一组间距不变的集中荷载时，问题可以按下述方法解决。由 8.8 节知，对任一指定截面 K，当其弯矩为最大时，必有一临界荷载位于它的影响线顶点(即截面 K 处)，也就是说，截面 K 的最大弯矩一定发生在某一临界荷载作用在截面 K 处的时候。假如截面 K 是发生绝对最大弯矩的截面，则该截面也一定是临界荷载作用点。由此可以断定，绝对最大弯矩必然发生在临界荷载作用点的截面上。于是，可以先任取某个(第 i 个)集中荷载为临界荷载，考察移动荷载在什么位置时，第 i 个荷载作用点处的截面弯矩达到最大值。然后再以另一个(第 j 个)荷载为临界荷载，以同样的作法求出第 j 个荷载为临界荷载时，其作用点处的最大弯矩。最后将各个荷载作为临界荷载时的最大弯矩加以比较，即可得到绝对最大弯矩。

如图 8-25 所示简支梁上作用有一组移动荷载 F_{P1}、F_{P2}、…、F_{Pn}。设以某一集中荷载 F_{Pi}为临界荷载，以 x 表示 F_{Pi}至左支座 A 的距离，以 a 表示梁上全部荷载的合力 F_R与 F_{Pi}的距离，由 $\Sigma M_B=0$ 可得左支座反力为：

$$F_{Ay} = \frac{F_R}{l}(l - x - a) \tag{a}$$

以 M_x表示梁上 F_{Pi}作用点截面的弯矩，即

$$M_x = F_{Ay}x - M_i = \frac{F_R}{l}(l - x - a)x - M_i \tag{b}$$

式中，M_i表示梁上 F_{Pi}以左各荷载对 F_{Pi}作用点的力矩之和，它与 x 无关，是一个常数。根据 M_x有极值的条件是$\frac{dM_x}{dx}=0$，即

$$\frac{dM_x}{dx} = \frac{F_R}{l}(l - 2x - a) = 0 \tag{c}$$

得

$$x = \frac{l}{2} - \frac{a}{2} \tag{8-8}$$

式(8-8)表明，当 F_{Pi}与合力 F_R分别位于梁中点两侧的对称位置时，F_{Pi}作用点截面的弯矩达到最大，其值为：

$$M_{max} = \frac{F_R}{l}\left(\frac{l}{2} - \frac{a}{2}\right)^2 - M_i \tag{8-9}$$

当合力 F_R位于 F_{Pi}的左边时，式(8-8)、式(8-9)中 $a/2$ 前面的减号改为加号。

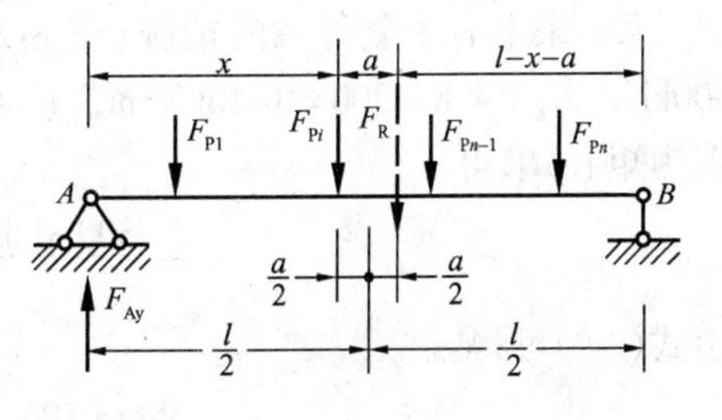

图 8-25

利用式(8-9)可以求得将每一个荷载作为临界荷载时，其作用点截面处的最大弯矩，然后将它们比较，即可得到绝对最大弯矩及相应的荷载位置。实际计算中，常利用判断方法事先估计出可能发生绝对最大弯矩的临界荷载。由于简支梁的绝对最大弯矩总是发生在梁的中点附近，故可以认为，使梁中点截面发生最大弯矩的临界荷载，很可能也是发生绝对最大弯矩的临界荷载。因此，计算时应选择可能满足上述条件的那些荷载作为临界荷载，以减少试算工作量。

值得注意的是，合力 F_R为梁上实有荷载的合力。当安排不同的荷载为临界荷载时，梁上荷载的个数可能有增减，此时应重新计算合力的大小和位置。

【例 8-5】 试求图 8-26(a)所示吊车梁的绝对最大弯矩。

【解】 首先判断使梁跨中截面 C 发生最大弯矩的临界荷载。不难看出，F_{P2}或 F_{P3}在截面 C 时，才可能使跨中截面产生最大弯矩。因此，可认为绝对最大弯矩将发生在临界荷载 F_{P2}或 F_{P3}作用点的截面上。利用对称性，只需选择其中一个荷载(例如 F_{P2})作为临界荷载进行试算。将 F_{P2}与梁上荷载的合力 F_R对称地置于梁的中点，此时出现梁上有 4 个荷载和 3 个荷载两种情况。

(1) 梁上有 4 个荷载的情况(图 8-26b)。此时 F_{P2}在合力 F_R的左边，$F_R=4\times300=1200\text{kN}$；$a=1.4/2=0.7\text{m}$；$M_i=4.8\times300=1440\text{kN·m}$。由式(8-9)可得：

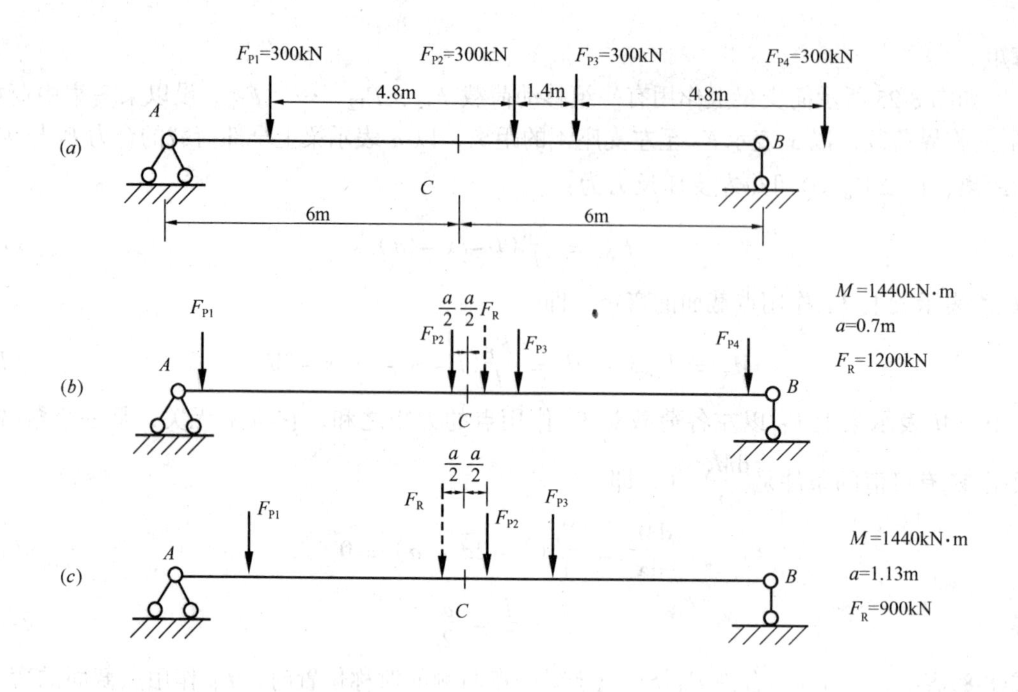

图 8-26

$$M_{\max} = \frac{1200}{12}\left(\frac{12}{2} - \frac{0.7}{2}\right)^2 - 1440 = 1752 \text{ kN} \cdot \text{m}$$

(2) 梁上有3个荷载的情况(图 8-26c)。此时 F_{P2}在合力 F_R的右边，$F_R = 3 \times 300 = 900\text{kN}$；$M_i = 4.8 \times 300 = 1440\text{kN·m}$；$F_R$至临界荷载 F_{P2}的距离 a 由合力矩定理(以 F_{P2}作用点为矩心)求得

$$a = \frac{300 \times 4.8 - 300 \times 1.4}{900} = 1.13\text{m}$$

由式(8-9)可得：

$$M_{\max} = \frac{900}{12}\left(\frac{12}{2} + \frac{1.13}{2}\right)^2 - 1440 = 1792\text{kN} \cdot \text{m}$$

比较(1)、(2)两种计算结果知，简支梁的绝对最大弯矩为1792kN·m。相应的荷载位置如图 8-26(c)所示。

*8.10 超静定梁影响线的概念

以上各节介绍了绘制静定结构影响线的静力法、机动法及应用。对于超静定梁，在移动荷载作用下某一截面某量值的最不利荷载位置，同样需要利用影响线确定。绘制超静定梁的影响线也有两种方法：一种是用超静定结构的计算方法求出所求量值的影响线方程，再根据方程绘出影响线，这种方法称为静力法。另一种方法与绘制静定梁影响线的机动法类似，也是先从原结构中去掉与所求量值相应的约束，并以该量值代替约束的作用，然后使所得体系(仍为几何不变体系)沿所求量值的正方向发生单位位移，由此所得体系的弹性曲线即为该量值的影响线，习惯上这一方法也称为机动法。现对这两种方法介绍如下。

1. 静力法

如图 8-27(a)所示单跨超静定梁，欲绘制支座 B 的反力影响线。为此，可将 $F_P=1$ 置于距支座 A 为 x 处，求出支座 B 的反力表达式(即影响线方程)，然后根据表达式绘出影响线。具体作法是，先将 $F_P=1$ 视作作用位置已知的固定荷载，其到 A 点的距离为 a，如图 8-27(b)所示。由表 6-1 第 10 栏可查得：

$$F_{By}=\frac{a^2(3l-a)}{2l^3}(\uparrow) \qquad (a)$$

当 a 的大小改变时，也就是 $F_P=1$ 在 AB 梁上移动的情况，因此可用 x 代替上式中的 a，所得的反力表达式即为 F_{By}影响线方程：

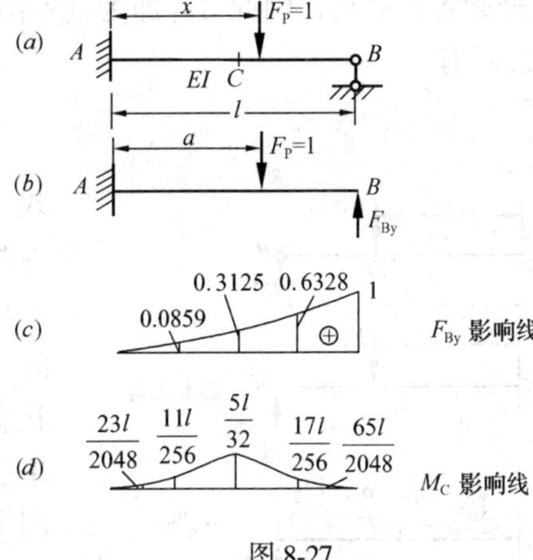

图 8-27

$$F_{By}=\frac{x^2(3l-x)}{2l^3} \qquad (b)$$

由上式可见 F_{By}是 x 的三次函数，因此其影响线是一条曲线。给 x 以不同的值，可求得对应点处影响线的竖标值，然后将各值顶点连线即得 F_{By}影响线，如图 8-27(c)所示。

有了 F_{By}影响线方程，其余反力和某指定截面某内力的影响线方程可由平衡条件求出。例如跨中截面 M_C影响线方程，当 $F_P=1$ 在 C 截面左侧移动时，取截面之右部分为隔离体，由平衡条件可得影响线方程为：

$$M_C=F_{By}\cdot\frac{l}{2}=\frac{x^2(3l-x)}{4l^2} \qquad \left(0\leqslant x\leqslant\frac{l}{2}\right) \qquad (c)$$

当 $F_P=1$ 在截面右侧移动时，仍取截面之右部分为隔离体，由平衡条件可得影响线方程为：

$$M_C=F_{By}\cdot\frac{l}{2}-\left(x-\frac{l}{2}\right)=\frac{-x^3+3lx^2-4l^2x+2l^3}{4l^2} \qquad \left(\frac{l}{2}\leqslant x\leqslant l\right) \qquad (d)$$

给 x 以不同的值可以绘出 M_C影响线，如图 8-27(d)所示。它也是 x 的三次曲线。随着超静定次数的增多，超静定梁的影响线绘制将要繁杂得多。

2. 机动法

现将图 8-27(a)所示梁重绘于图 8-28(a)，说明用机动法绘制支座 B 的反力影响线。去掉支座链杆并用未知力 X_B代之，令 B 支座沿 X_B方向产生单位位移，由此得到的结构竖向位移图，即为 B 支座反力影响线。具体说明如下。

图 8-28(a)是一次超静定梁，去掉支座 B 的约束，用 X_B代替，所得基本体系如图 8-28(b)所示。根据原结构在支座 B 的约束条件，可建立力法方程：$\delta_{BB}X_B+\delta_{BP}=0$

即
$$X_B=-\frac{\delta_{BP}}{\delta_{BB}} \qquad (e)$$

式中 δ_{BB}、δ_{BP} 分别为基本结构在 $\bar{X}_B=1$ 及单位移动荷载 $F_P=1$ 作用下沿 X_B 方向的位移，其中系数 δ_{BB} 是一个恒为正值的常数；δ_{BP} 则随 $F_P=1$ 的作用位置不同而不同，它是 x 的函数。式(e)即为 B 支座反力影响线方程。

根据位移互等定理有：

$$\delta_{BP}=\delta_{PB} \qquad (f)$$

δ_{PB} 则为基本结构在 $\bar{X}_B=1$ 作用下引起的 $F_P=1$ 作用点沿 $F_P=1$ 方向的位移，由于 $F_P=$

1沿全梁各点移动，因此 δ_{PB} 即为基本结构的竖向位移图，如图 8-28(c)所示。将式(f)代入式(e)有

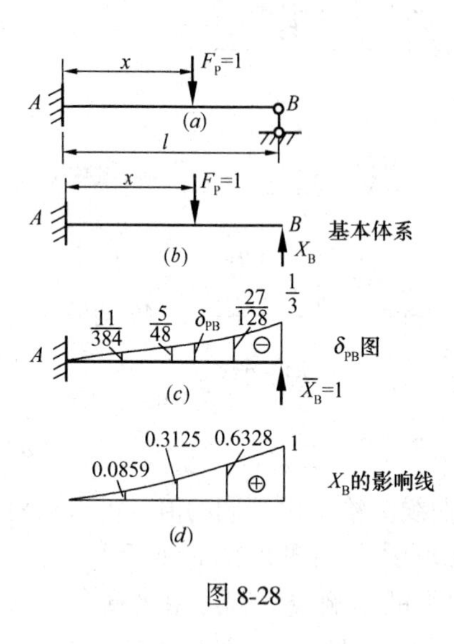

图 8-28

$$X_B = -\frac{\delta_{PB}}{\delta_{BB}} \qquad (g)$$

式中负号表明任一点的位移 δ_{PB} 与 $F_P = 1$ 指向相反。因此只要绘出 δ_{PB} 图，再将各截面的位移值除以 δ_{BB} 并将图形反号即得 B 支座反力 X_B影响线。绘 δ_{PB} 图时，可先以基本结构在 $\bar{X}_B = 1$ 作用下的状态为位移状态，再取基本结构某等分点(如四等分点)处受竖向单位力的状态为力状态，绘出两个状态的弯矩图，由图乘法可得该点的竖向位移，如此求出各等分点的竖向位移，将各值竖标顶点以光滑曲线相连即得 δ_{PB} 图(图 8-28c)；δ_{BB} 为力法方程的主系数，其计算无需赘述，在本例 $\delta_{BB} = \frac{l^3}{3EI}$。$\delta_{PB}$ 除以 δ_{BB} 并反号后的图形如图 8-28(d)所示，它与图 8-27(c)完全相同。由上可见，超静定结构用机动法绘影响线也是繁杂的。

3. 连续梁的影响线形状

绘制超静定结构某量值的影响线是相当麻烦的，然而对于连续梁，按照上述机动法的原理，无需进行具体计算，即可凭直观描绘出影响线的大致形状。这给连续梁在可动均布荷载作用下，某支座的最大、最小反力或某截面的最大、最小内力的计算带来很大的方便。因为有了某量值影响线的轮廓后，将均布荷载满布在影响线正号面积上，就是该量值最大值的最不利荷载位置；而将均布荷载满布在影响线负号面积上，就是该量值最小值的最不利荷载位置。当某量值的最不利荷载位置确定之后，其最大、最小值便容易求出。

描绘连续梁某量值影响线形状的作法如下：欲绘制连续梁某量值影响线的形状时，

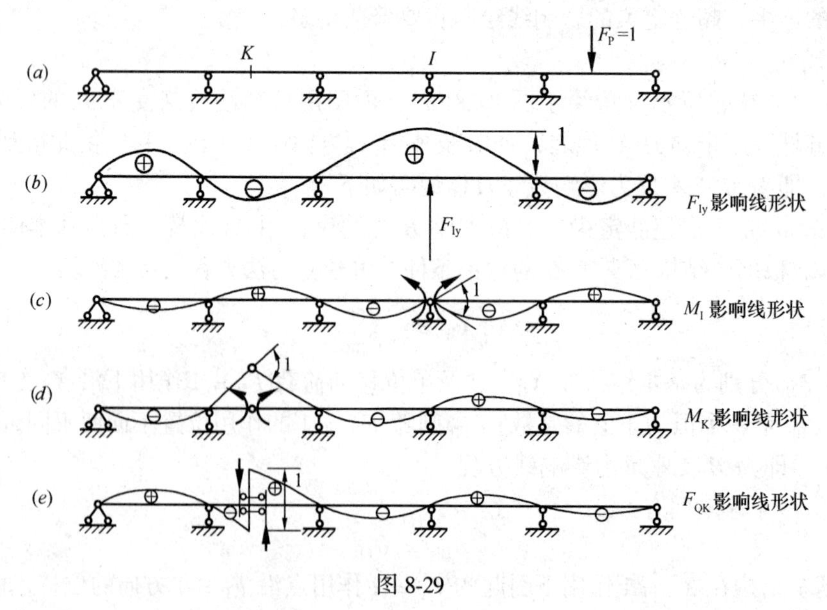

图 8-29

可先去掉与该量值相应的约束，并以该未知量值代替其作用，然后令结构沿该量值的正方向产生单位位移，再根据未解除约束的各支座竖向位移为零、支座截面两侧转角相同和变形连续条件，可得到结构的一条光滑连续变形曲线，这就是所求量值影响线的形状。图 8-29 给出了连续梁支座 I 反力 F_{Iy}、支座 I 弯矩 M_{I}以及截面 K 弯矩 M_{K}、剪力 F_{QK}的影响线形状。

*8.11 连续梁的内力包络图

连续梁是工程中常见的结构形式，作用在连续梁上的荷载有恒载和活载两种。在进行结构计算时，需要求出各个截面在恒载和活载共同作用下的最大内力和最小内力作为设计的依据。将连续梁各截面最大、最小内力按同一比例绘在基线上并分别连成曲线，就得到连续梁的内力包络图。连续梁的内力包络图有弯矩包络图和剪力包络图。为了绘制连续梁的内力包络图，就需要计算出活载作用下各截面的最大、最小内力，然后再与同一截面恒载作用下的内力进行叠加。其中，恒载产生的内力是固定不变的，可用力矩分配法求出。而活载是可变的，它所产生的内力则随荷载分布位置的不同而变化，计算时，需要先确定最不利荷载位置。

当活载仅为可动均布荷载(如人群、货物等)时，只需描绘出某些相关截面的影响线形状，即可确定最不利荷载位置。图 8-30 给出五跨连续梁某些量值的影响线形状及其相应的最不利荷载位置。

由图 8-30 可以看出，连续梁各截面弯矩的最不利荷载位置，都是在若干跨内布满荷载。例如跨中截面最大弯矩的最不利荷载位置为：本跨有活载，然后每隔一跨有活载(图

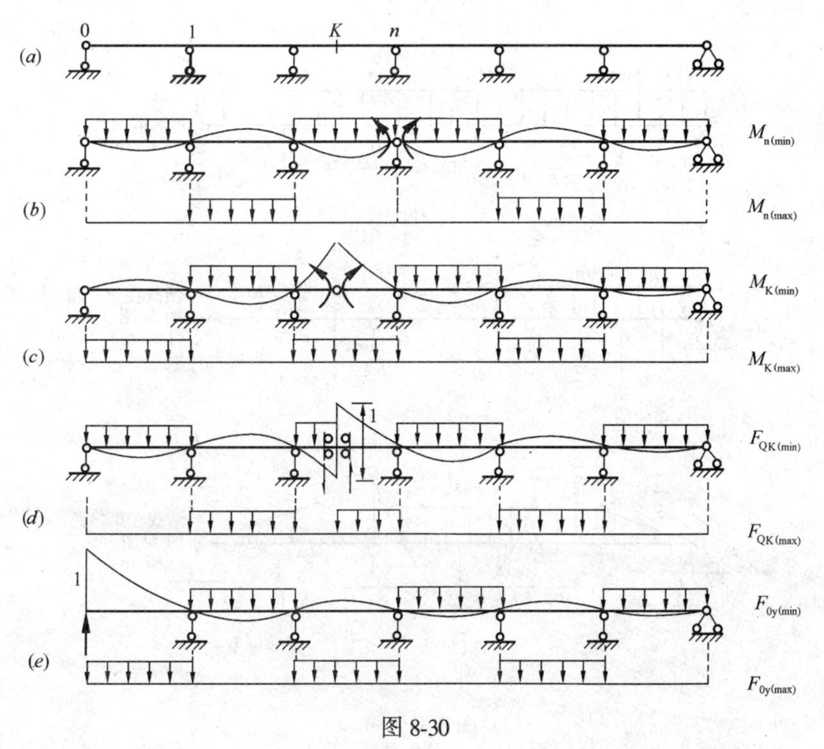

图 8-30

8-30c)。又如某支座截面的最小弯矩为：该支座相邻两跨有活载，然后每隔一跨有活载(图 8-30b)。这样，各截面的最大、最小弯矩均可由各跨单独布满荷载时的弯矩叠加得到。而连续梁某一跨布满活载时的内力，可看作是固定荷载作用的情况，用力矩分配法求出。于是，连续梁的弯矩包络图可按以下做法绘出：

用力矩分配法绘出连续梁在恒载和各跨单独布满均布活载时的弯矩图；将每一跨分为若干等分，并计算出各弯矩图中每个等分截面的弯矩值；对于任一截面，将各弯矩图中相应的正值相加，便得到该截面的最大弯矩。若将各弯矩图中相应的负值相加，便得到该截面的最小弯矩；最后将各截面的最大、最小弯矩用曲线相连，即为所求的弯矩包络图。

用类似的方法可绘制剪力包络图。通常只需要各支座两侧截面的最大、最小剪力值，而其最不利荷载位置，也是在若干跨内布满荷载(图 8-30d、e)。所以可先分别绘出连续梁在恒载和各跨单独布满均布活载时的剪力图，然后对同一截面符号相同的剪力值相加，计算出各支座两侧截面的最大、最小剪力值，最后将它们分别以直线相连，即得近似的剪力包络图。按此进行设计比按实际的剪力包络图设计偏于安全。

【例 8-6】 试绘制图 8-31(a)所示三跨等截面连续梁的弯矩包络图和剪力包络图。已知恒载 $g=25\text{kN/m}$，均布活载 $p=45\text{kN/m}$。

【解】(1)弯矩包络图　首先用力矩分配法计算并绘出连续梁分别在恒载和各跨单独布满均布活载时的弯矩图，如图 8-31(b)、(c)、(d)、(e)所示。将各跨分为四等份，并计算出各等分点截面的弯矩值。然后将图 8-31(b)中的竖标与图 8-31(c)、(d)、(e)中对应

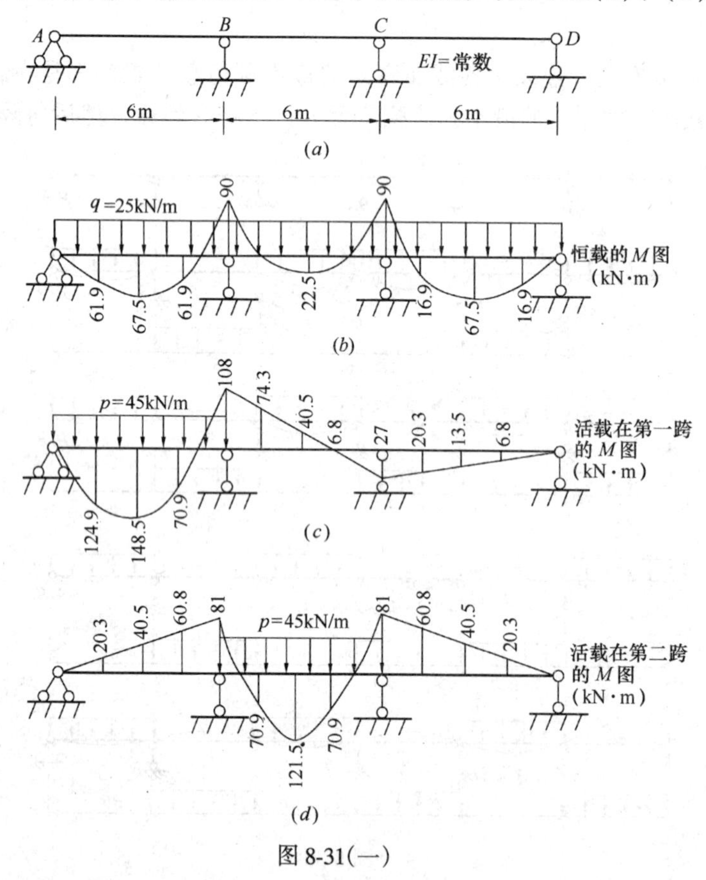

图 8-31(一)

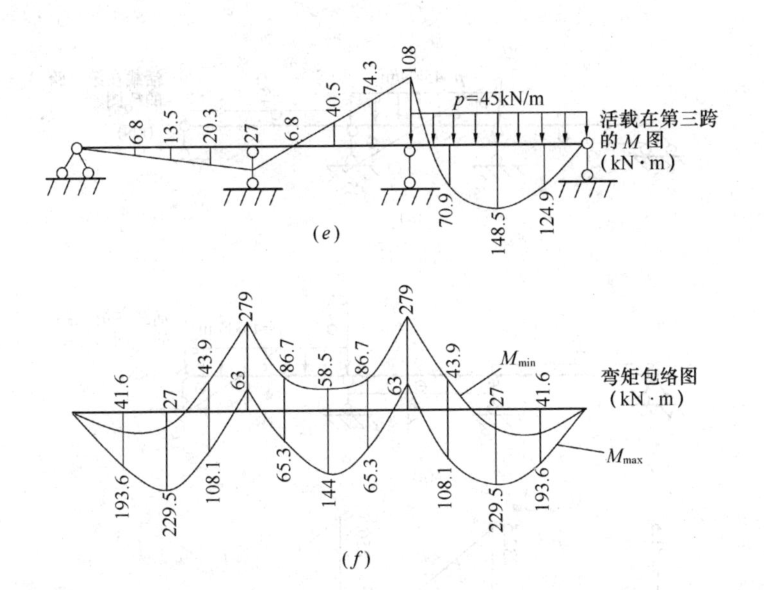

图 8-31(二)

的正(负)值竖标叠加，即得最大(最小)弯矩值。例如支座 C 截面的最大、最小弯矩为：

$$M_{\mathrm{Cmax}} = -90 + 27 = -63\mathrm{kN\cdot m}$$

$$M_{\mathrm{Cmin}} = -90 - 81 - 108 = -279\mathrm{kN\cdot m}$$

最后将各截面的最大、最小值以曲线相连，即得弯矩包络图，如图 8-31(f)所示。

(2) 剪力包络图　根据图 8-31(b)、(c)、(d)、(e)中各支座截面的弯矩和跨中荷载，由平衡条件分别求出各支座两侧截面的最大、最小剪力值，依次如图 8-32(b)、(c)、(d)、(e)所示。然后将图 8-32(b)中的竖标与图 8-32(c)、(d)、(e)中对应的正(负)值竖标相加，即得最大(最小)剪力值。例如支座 C 左侧截面的最大、最小剪力为：

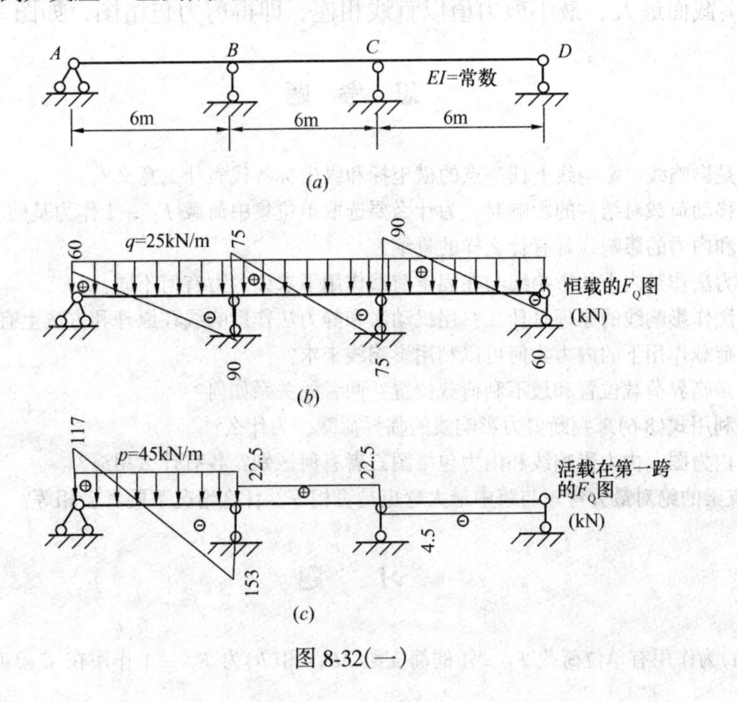

图 8-32(一)

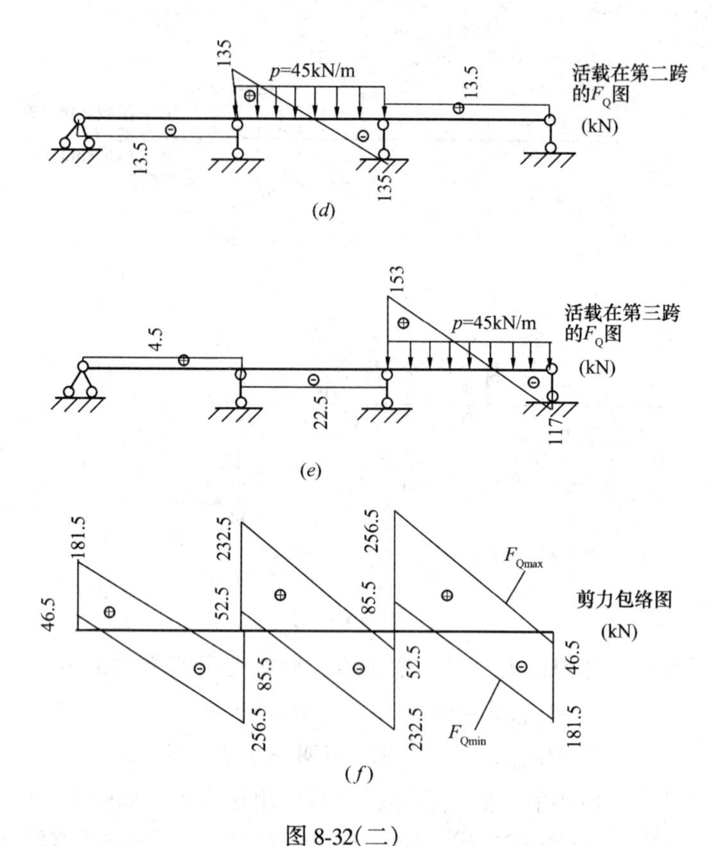

图 8-32(二)

$$F_{QCmax}^{L} = -75 + 22.5 = -52.5\text{kN}$$

$$F_{QCmin}^{L} = -75 - 135 - 22.5 = -232.5\text{kN}$$

最后将各支座截面最大、最小剪力值以直线相连，即得剪力包络图，如图 8-32(*f*)所示。

思 考 题

8-1 什么是影响线？影响线上任一点的横坐标和纵坐标各代表什么意义？

8-2 研究移动荷载对结构的影响时，为什么要选取单位集中荷载 $F_P = 1$ 作为基础？

8-3 反力和内力的影响线各有什么样的量纲？

8-4 用静力法作某内力的影响线与在固定荷载作用下求该内力有何不同？

8-5 机动法作影响线的原理是什么？用机动法和静力法作影响线在原理和方法上有何不同？

8-6 固定荷载作用下的内力为何可以利用影响线来求？

8-7 什么是临界荷载位置和最不利荷载位置？两者的关系如何？

8-8 能否利用式(8-6)来判断剪力影响线的临界荷载，为什么？

8-9 梁的内力图、内力影响线和内力包络图三者有何区别？各有什么用途？

8-10 简支梁的绝对最大弯矩与跨中最大弯矩是否相等？什么情况下两者会相等？

习 题

8-1 图(*a*)为作用有单位荷载 $F_P = 1$ 的简支梁 *AB*，图(*b*)为 $F_P = 1$ 作用在 *C* 点时 *AB* 梁的弯矩图，

图(c)为截面 C 的弯矩影响线，图(b)和图(c)的形状及竖标完全相同，试说明图中 y_1 和 y_2 各代表什么意义。

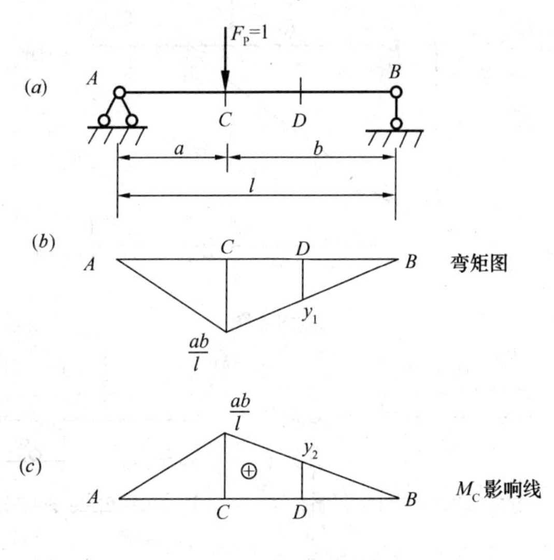

题 8-1 图

8-2　试作图示伸臂梁中 F_{Ay}、F_{By}、M_C、F_{QC}、M_B、F_{QB}^L、F_{QB}^R 影响线。

8-3　试用静力法作图示斜梁 F_{Ay}、F_{Ax}、F_{By}、M_C、F_{QC}、F_{NC} 影响线。

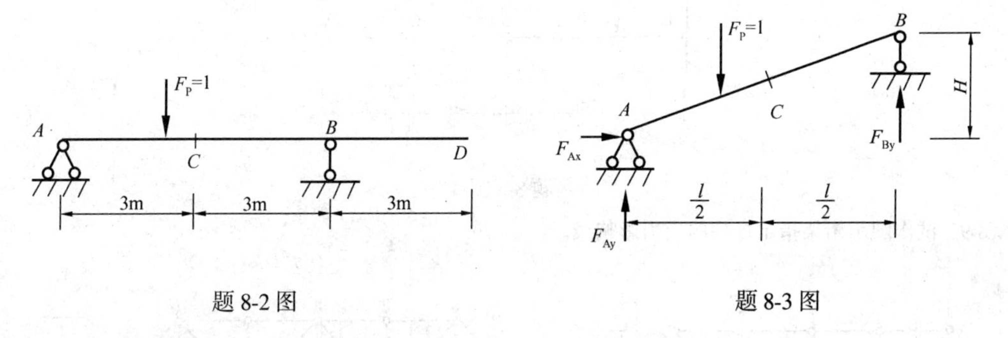

题 8-2 图　　　　　　题 8-3 图

8-4　试用静力法作图示梁的 M_A、M_C、M_B、F_{QB}^L、F_{QB}^R 影响线。

8-5　试作图示刚架 F_{QC}、M_C影响线。已知 $F_P=1$ 在 DE 部分移动。

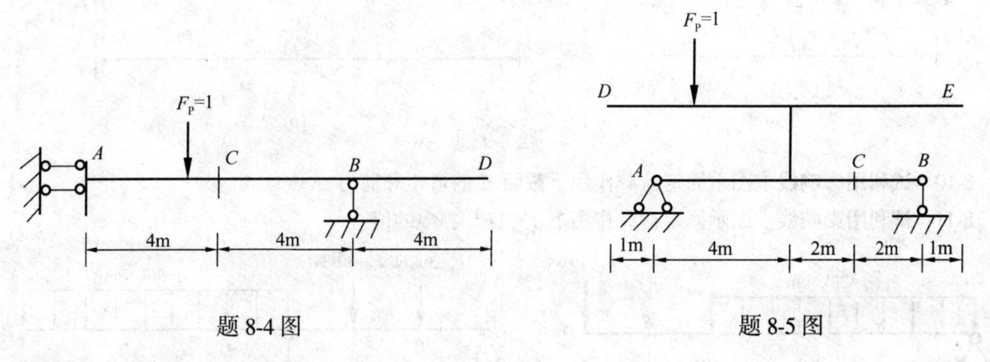

题 8-4 图　　　　　　题 8-5 图

8-6　试用静力法作出图示结构下列量值的影响线：F_{NBC}、M_D、F_{QD}、F_{ND}。设单位荷载 $F_P=1$ 在 AE 之间移动。

8-7　试作图示主梁 AB 的 F_{Ay}、F_{By}、M_D、F_{QD}、F_{QC}^L、F_{QC}^R 影响线。

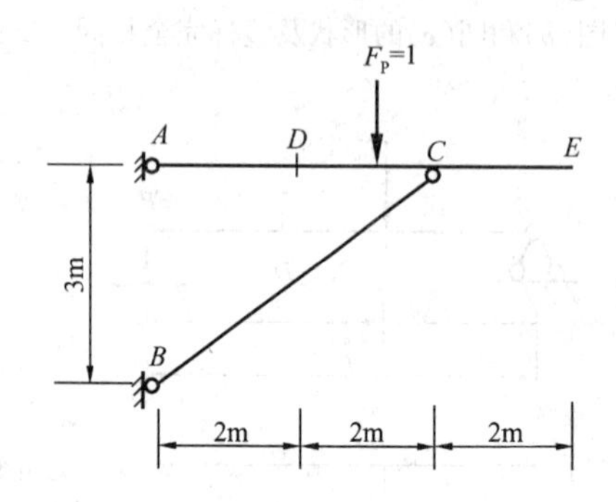

题 8-6 图

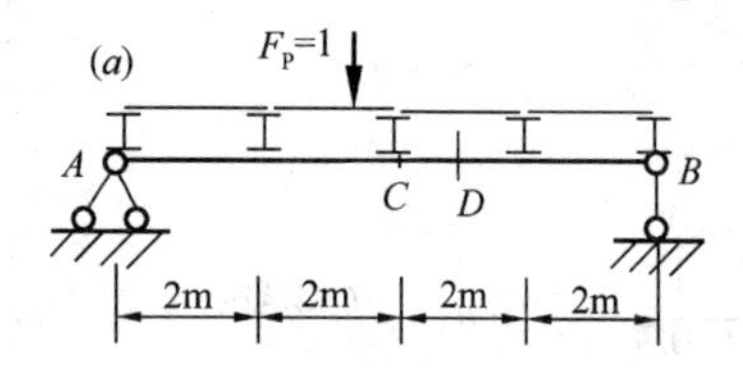

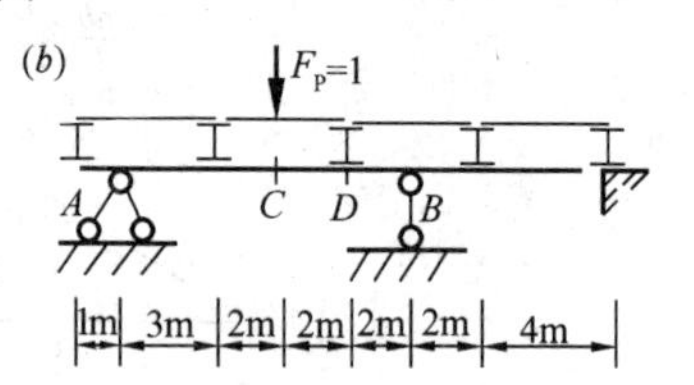

题 8-7 图

8-8 试作图示结构 M_A、F_{Ay}、M_C、F_{QC}^L、F_{QC}^R 影响线。

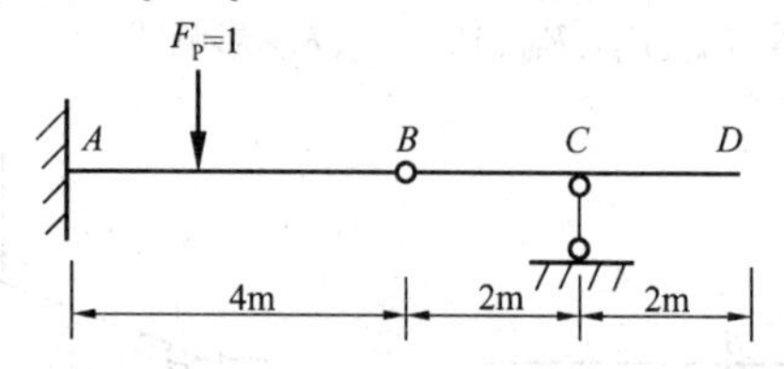

题 8-8 图

8-9 试作图示桁架指定杆件的内力影响线。

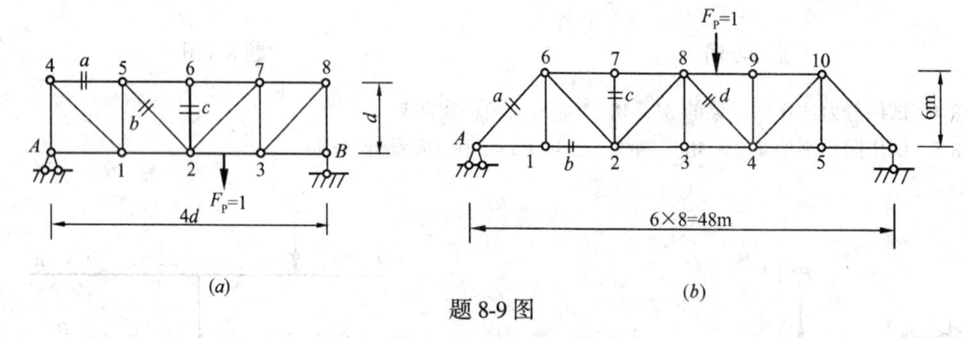

题 8-9 图

8-10 试利用影响线求图示固定荷载作用下截面 C 的弯矩和剪力。

8-11 试利用影响线求图示固定荷载作用下 F_{Cy}、F_{QC}^L、M_E 的值。

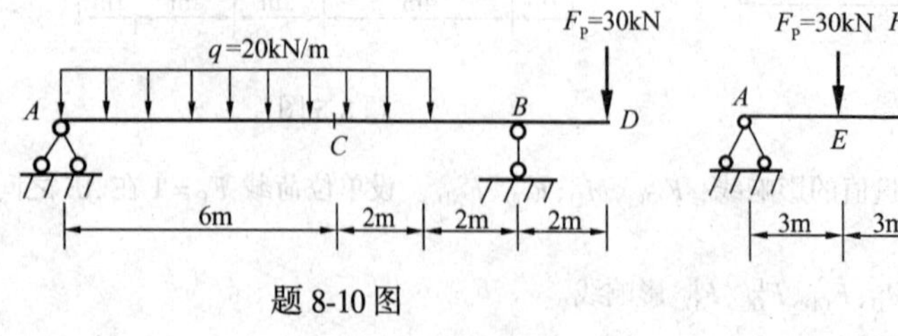

题 8-10 图

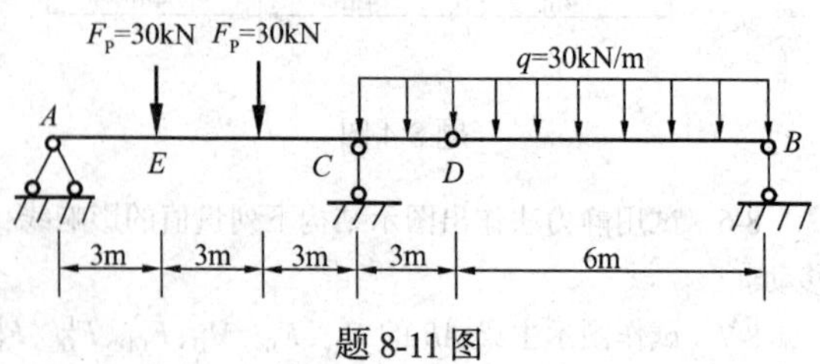

题 8-11 图

8-12　试求图示简支梁在两台吊车轮压作用下截面 C 的最大弯矩、最大正剪力和最大负剪力。

8-13　试求图示简支梁在两台吊车轮压作用下截面 C 的最大弯矩、最大正剪力和最大负剪力。已知第一台吊车轮压力 $F_{p1}=F_{p2}=478.5\text{kN}$，第二台吊车轮压力 $F_{p3}=F_{p4}=324.5\text{kN}$。

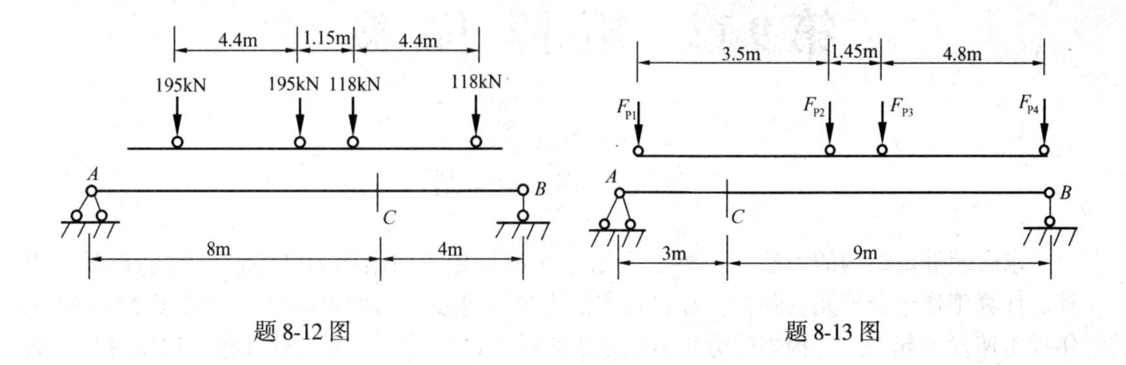

题 8-12 图　　　　　　　　题 8-13 图

答　案

8-10　$M_C = 180\text{kN}\cdot\text{m}$(下边受拉)；$F_{Qc} = -30\text{kN}$

8-11　$F_{Cy} = 255\text{kN}(\uparrow)$；$F^L_{QC} = -75\text{kN}$；$M_E = -45\text{kN}\cdot\text{m}$(上边受拉)

8-12　$M_{C(max)} = 978.2\text{kN}\cdot\text{m}$；$F_{QC(max)} = 65\text{kN}$；$F_{QC(min)} = -229.8\text{kN}$

8-13　$M_{C(max)} = 1912.21\text{kN}\cdot\text{m}$；$F_{QC(max)} = 687.55\text{kN}$；$F_{QC(min)} = -81.13\text{kN}$

第9章 矩阵位移法

9.1 概 述

求解超静定结构的力法、位移法及渐近法都是传统的结构力学方法，它们都需要手算，计算工作十分繁冗。随着计算机技术的发展与进步，结构矩阵分析方法于20世纪60年代迅速发展起来。结构矩阵分析方法是以传统的结构力学作为理论基础、以矩阵作为数学表述形式、以计算机作为计算工具的三位一体的方法，矩阵位移法就是其中的一种。由于矩阵位移法具有矩阵表达式结构紧凑、形式统一，易于编写程序和通用性强的优点，所以得到广泛应用。

矩阵位移法与传统位移法在基本原理上是相同的，它们都是以节点位移(角位移、线位移)作为基本未知量，根据节点荷载与用节点位移和结构刚度系数表示的杆端力之间的平衡条件，建立求解节点位移的方程式，求出节点位移，进而求出结构的内力。只是在计算过程中矩阵位移法的具体作法与位移法有所不同。从“电算”的角度考虑，矩阵位移法采用了矩阵运算来处理位移法的计算，有些作法从“手算”的角度看是“笨”的，但却是适合于计算机进行大规模计算的方法。注意到两种方法的异同将有助于对本章的理解。

矩阵位移法的基本思路是：先将结构离散成有限个杆件(称为单元)，进而对单元进行分析，建立单元杆端力与杆端位移之间的关系；然后再根据变形协调条件和静力平衡条件，把这些离散的单元组合成原来的结构，建立整个结构的刚度方程，据此求解原结构的位移和内力。这样，就把一个复杂结构的计算问题转化为简单单元的分析和集合问题。矩阵位移法主要包括以下两部分内容：

一是进行单元分析。即研究单元的力学特性，建立单元刚度方程。

二是进行整体分析。就是进行单元的集合，研究结构整体刚度方程的组成和求解。

9.2 单元及单元刚度矩阵

9.2.1 单元

在位移法中是以单跨超静定梁作为计算单元，类似地，在矩阵位移法中也是先将结构划分成若干单元，再进行单元分析。所谓单元分析，就是建立描述单元杆端力与杆端位移之间的关系式，即单元刚度方程。在进行单元分析之前，需要先将单元的划分及单元杆端力和杆端位移的有关规定作一说明。

在杆件结构中，一般是以一根杆件或杆件的一段作为一个单元，并规定荷载只作用于节点处(即单元上无荷载)。为方便讨论，只考虑等截面直杆这种形式的单元。根据上述要求，划分的单元其始端和末端应是结构的刚节点、铰节点、集中力(力偶)作用点、支承点或截面突变点，这些点统称为节点，相邻两节点间的杆段即为一个单元。对于单元上有荷载(如均布荷载)的情况，将用等效的节点荷载来代替，这将在9.6节讨论。由此得到的单元可以仅由给定的杆端位移写出杆端力表达式。

为了描述各单元的量，如杆端力、杆端位移等，需要对每个单元建立一个局部坐标系$\bar{o}\bar{x}\bar{y}$。局部坐标系也称单元坐标系，它是专属于某一单元的坐标系。如图9-1所示等截面直杆单元，设其在整个结构中的编号为e，以单元起始端i为坐标原点，以杆轴为$\bar{x}$轴，从i到j为$\bar{x}$轴正向，并以$\bar{x}$轴的正向逆时针旋转90°为$\bar{y}$轴的正向，便得到该单元的局部坐标系。

一、刚架单元

用矩阵位移法计算平面刚架时，通常不再忽略杆件的轴向变形，因而单元的每个杆端有三个杆端力和三个杆端位移(图9-1)。于是平面刚架的单元中，当不考虑单元两端的约束情况时，一个单元共有六个杆端力分量和六个杆端位移分量，即i端的轴力$\bar{F}^e_{Ni}$、剪力$\bar{F}^e_{Qi}$、弯矩$\bar{M}^e_i$和相应的杆端位移$\bar{u}^e_i$、$\bar{v}^e_i$、$\bar{\varphi}^e_i$以及j端的轴力$\bar{F}^e_{Nj}$、剪力$\bar{F}^e_{Qj}$、弯矩$\bar{M}^e_j$和相应的杆端位移$\bar{u}^e_j$、$\bar{v}^e_j$、$\bar{\varphi}^e_j$(在上述各量的符号上面加一横线，表示它们是局部坐标系中的量，而上标e则表示它们属于单元e，下同)。上述这种两端不受约束的单元称为一般单元或自由单元。在局部坐标系中，杆端轴力$\bar{F}^e_N$、杆端剪力$\bar{F}^e_Q$和相应的杆端位移$\bar{u}^e$、$\bar{v}^e$均规定与坐标轴的正方向一致时为正；杆端弯矩$\bar{M}^e$和相应的杆端转角$\bar{\varphi}^e$均以逆时针转向为正。六个杆端力分量和杆端位移分量按照先i端后j端的顺序排列，形成杆端力列向量$\bar{\boldsymbol{F}}^e$和杆端位移列向量$\bar{\boldsymbol{\delta}}^e$如下：

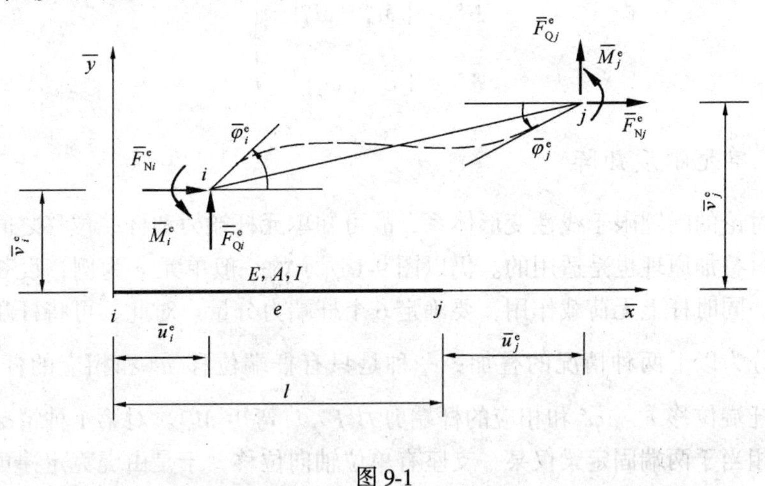

图9-1

$$
\left.
\begin{aligned}
\bar{\boldsymbol{F}}^e &= [\,\bar{F}^e_{Ni} \quad \bar{F}^e_{Qi} \quad \bar{M}^e_i \quad \bar{F}^e_{Nj} \quad \bar{F}^e_{Qj} \quad \bar{M}^e_j\,]^T \\
\bar{\boldsymbol{\delta}}^e &= [\,\bar{u}^e_i \quad \bar{v}^e_i \quad \bar{\varphi}^e_i \quad \bar{u}^e_j \quad \bar{v}^e_j \quad \bar{\varphi}^e_j\,]^T
\end{aligned}
\right\} \tag{9-1a}
$$

显然，在同一单元中，$\bar{\boldsymbol{F}}^e$和$\bar{\boldsymbol{\delta}}^e$有相同数目的分量。

二、桁架单元

对于平面桁架，以每根杆件作为一个单元，如图 9-2(a)所示。由于桁架各杆只有轴力，杆件变形只有轴向变形；因此在局部坐标系中 i、j 两端的杆端力为 $\overline{F}_{Ni}^{e}$、$\overline{F}_{Nj}^{e}$，相应的杆端位移为 $\overline{u}_i^e$、$\overline{u}_j^e$，杆端力和杆端位移也是与坐标轴正向一致时为正。按照先 i 端后 j 端的顺序，桁架单元杆端力列向量 $\overline{\boldsymbol{F}}^e$ 和杆端位移列向量 $\overline{\boldsymbol{\delta}}^e$ 分别为：

$$\overline{\boldsymbol{F}}^{\mathbf{e}} = [\overline{F}_{Ni}^{e} \quad \overline{F}_{Nj}^{e}]^{\mathrm{T}}, \quad \overline{\boldsymbol{\delta}}^{\mathbf{e}} = [\overline{u}_i^e \quad \overline{u}_j^e]^{\mathrm{T}} \tag{9-1b}$$

同样，在同一单元中，杆端力与杆端位移也存在一一对应的关系。

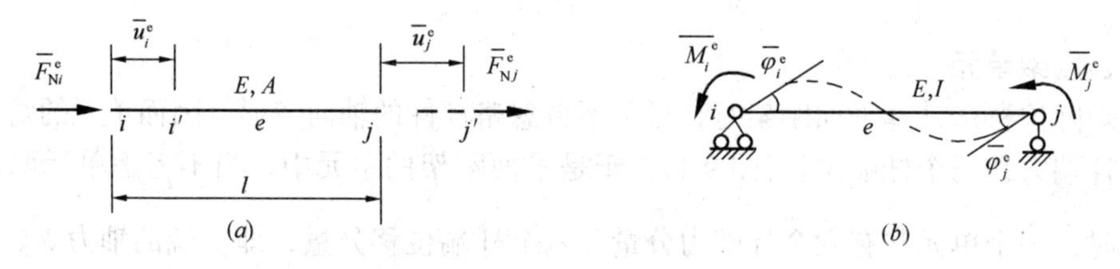

图 9-2

三、连续梁单元

在连续梁的计算中，不计梁的轴力和轴向变形，通常取梁的一跨作为一个单元，这种单元两端只有角位移，而无线位移，称为连续梁单元，如图 9-2(b)所示。在连续梁和无节点线位移的刚架中就可采用这种单元。连续梁单元 i、j 两端的杆端力为 $\overline{M}_i^e$、$\overline{M}_j^e$，相应的杆端位移为 $\overline{\varphi}_i^e$ 和 $\overline{\varphi}_j^e$，它们的正负号规定与平面刚架单元相应量的规定相同。于是可得连续梁单元杆端力列向量 $\overline{\boldsymbol{F}}^e$ 和杆端位移列向量 $\overline{\boldsymbol{\delta}}^e$ 为：

$$\left.\begin{aligned} \overline{\boldsymbol{F}}^{\mathbf{e}} &= [\overline{M}_i^e \quad \overline{M}_j^e]^{\mathrm{T}} \\ \overline{\boldsymbol{\delta}}^{\mathbf{e}} &= [\overline{\varphi}_i^e \quad \overline{\varphi}_j^e]^{\mathrm{T}} \end{aligned}\right\} \tag{9-1c}$$

9.2.2 单元刚度矩阵

我们所讨论的问题限于线性变形体系，故可知单元杆端力和杆端位移之间必然服从虎克定律，同时叠加原理也是适用的。仍以图 9-1 所示的一般单元 e 为例，设 6 个杆端位移分量已给出，同时杆上无荷载作用，要确定 6 个杆端力分量。对此，可将杆端位移与其相应的杆端力分为以下两种情况的叠加：一种是只有杆端位移 $\overline{u}^e$ 和相应的杆端轴力 $\overline{F}_N^e$；一种是只有杆端位移 $\overline{v}^e$、$\overline{\varphi}^e$ 和相应的杆端剪力 $\overline{F}_Q^e$、弯矩 $\overline{M}^e$。对第 1 种情况，杆件单元的受力状态相当于两端固定梁仅某一支座有单位轴向位移，于是由虎克定律可求出仅一端有单位位移，另一端位移为零时的各杆端轴力(图 9-3a、b)。对第 2 种情况，杆件单元的受力状态与两端固定梁仅发生某一单位支座位移时的情况相同，因此；根据表 6-1 第 1、2 栏(注意现在的正负号规定与该表不同)，同样可得到仅当某一杆端位移分量等于 1，其余各杆端位移均为零时的各杆端力分量(图 9-3c ~ f)。然后，将两种情况叠加，可得各杆端力如下：

$$\overline{F}_{Ni}=\frac{EA}{l}\bar{u}_i^e-\frac{EA}{l}\bar{u}_j^e$$

$$\overline{F}_{Qi}=\frac{12EI}{l^3}\bar{v}_i^e+\frac{6EI}{l^2}\bar{\varphi}_i^e-\frac{12EI}{l^3}\bar{v}_j^e+\frac{6EI}{l^2}\bar{\varphi}_j^e$$

$$\overline{M}_i=\frac{6EI}{l^2}\bar{v}_i^e+\frac{4EI}{l}\bar{\varphi}_i^e-\frac{6EI}{l^2}\bar{v}_j^e+\frac{2EI}{l}\bar{\varphi}_j^e$$

$$\overline{F}_{Nj}=-\frac{EA}{l}\bar{u}_i^e+\frac{EA}{l}\bar{u}_j^e$$

$$\overline{F}_{Qj}=-\frac{12EI}{l^3}\bar{v}_i^e-\frac{6EI}{l^2}\bar{\varphi}_i^e+\frac{12EI}{l^3}\bar{v}_j^e-\frac{6EI}{l^2}\bar{\varphi}_j^e$$

$$\overline{M}_j=\frac{6EI}{l^2}\bar{v}_i^e+\frac{2EI}{l}\bar{\varphi}_i^e-\frac{6EI}{l^2}\bar{v}_j^e+\frac{4EI}{l}\bar{\varphi}_j^e$$

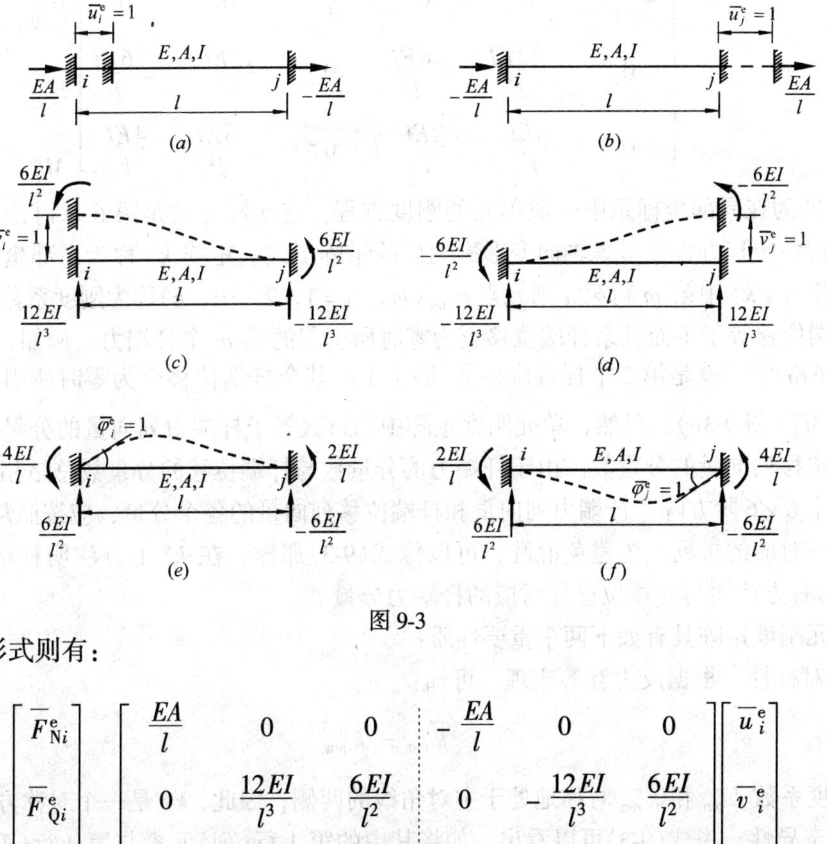

图 9-3

写成矩阵形式则有：

$$\begin{bmatrix}\overline{F}_{Ni}^e\\ \overline{F}_{Qi}^e\\ \overline{M}_i^e\\ \hline \overline{F}_{Nj}^e\\ \overline{F}_{Qj}^e\\ \overline{M}_j^e\end{bmatrix}=\left[\begin{array}{ccc|ccc}\frac{EA}{l} & 0 & 0 & -\frac{EA}{l} & 0 & 0\\ 0 & \frac{12EI}{l^3} & \frac{6EI}{l^2} & 0 & -\frac{12EI}{l^3} & \frac{6EI}{l^2}\\ 0 & \frac{6EI}{l^2} & \frac{4EI}{l} & 0 & -\frac{6EI}{l^2} & \frac{2EI}{l}\\ \hline -\frac{EA}{l} & 0 & 0 & \frac{EA}{l} & 0 & 0\\ 0 & -\frac{12EI}{l^3} & -\frac{6EI}{l^2} & 0 & \frac{12EI}{l^3} & -\frac{6EI}{l^2}\\ 0 & \frac{6EI}{l^2} & \frac{2EI}{l} & 0 & -\frac{6EI}{l^2} & \frac{4EI}{l}\end{array}\right]\begin{bmatrix}\bar{u}_i^e\\ \bar{v}_i^e\\ \bar{\varphi}_i^e\\ \hline \bar{u}_j^e\\ \bar{v}_j^e\\ \bar{\varphi}_j^e\end{bmatrix} \tag{9-2a}$$

或简写为：

$$\overline{\boldsymbol{F}}^{\mathrm{e}}=\overline{\boldsymbol{k}}^{\mathrm{e}}\,\overline{\boldsymbol{\delta}}^{\mathrm{e}} \tag{9-2b}$$

其中

$$\overline{\boldsymbol{k}}^{\mathrm{e}}=\begin{array}{c} \begin{matrix} \bar{u}_i^{\mathrm{e}}=1 & \bar{v}_i^{\mathrm{e}}=1 & \bar{\varphi}_i^{\mathrm{e}}=1 & \bar{u}_j^{\mathrm{e}}=1 & \bar{v}_j^{\mathrm{e}}=1 & \bar{\varphi}_j^{\mathrm{e}}=1 \\ \downarrow & \downarrow & \downarrow & \downarrow & \downarrow & \downarrow \end{matrix} \\ \left[\begin{array}{ccc|ccc} \frac{EA}{l} & 0 & 0 & -\frac{EA}{l} & 0 & 0 \\ 0 & \frac{12EI}{l^3} & \frac{6EI}{l^2} & 0 & -\frac{12EI}{l^3} & \frac{6EI}{l^2} \\ 0 & \frac{6EI}{l^2} & \frac{4EI}{l} & 0 & -\frac{6EI}{l^2} & \frac{2EI}{l} \\ \hline -\frac{EA}{l} & 0 & 0 & \frac{EA}{l} & 0 & 0 \\ 0 & -\frac{12EI}{l^3} & -\frac{6EI}{l^2} & 0 & \frac{12EI}{l^3} & -\frac{6EI}{l^2} \\ 0 & \frac{6EI}{l^2} & \frac{2EI}{l} & 0 & -\frac{6EI}{l^2} & \frac{4EI}{l} \end{array}\right] \end{array} \begin{array}{l} \\ \\ \overline{F}_{\mathrm{N}i}^{\mathrm{e}} \\ \overline{F}_{\mathrm{Q}i}^{\mathrm{e}} \\ \overline{M}_i^{\mathrm{e}} \\ \overline{F}_{\mathrm{N}j}^{\mathrm{e}} \\ \overline{F}_{\mathrm{Q}j}^{\mathrm{e}} \\ \overline{M}_j^{\mathrm{e}} \end{array} \tag{9-3}$$

式(9-2)即为在局部坐标系中一般单元的刚度方程，它实际上就是第 6 章讨论过的两端固定梁的转角位移方程在考虑轴向变形影响后的矩阵形式。矩阵 $\overline{\boldsymbol{k}}^{\mathrm{e}}$ 称为局部坐标系中的单元刚度矩阵。$\overline{\boldsymbol{k}}^{\mathrm{e}}$ 中第 m 行第 n 列元素 $\bar{k}_{\mathrm{mn}}^{\mathrm{e}}$（$m$，$n=1$，2，…，6)称为刚度系数，它表示第 n 个杆端位移等于 1 而其余杆端位移全为零时所引起的第 m 个杆端力。例如，第 3 行第 2 列元素 $6EI/l^2$，就是第 2 个杆端位移 $\bar{v}_i^{\mathrm{e}}$ 等于 1 而其余杆端位移全为零时所引起的第 3 个杆端力 $\overline{M}_i^{\mathrm{e}}$（图 9-3$c$）。显然，单元刚度矩阵中的行数等于杆端力列向量的分量数，列数等于杆端位移列向量的分量数。由于杆端力的分量数与杆端位移的分量数总是相同的，所以它是一个 6×6 阶方阵。杆端力列向量和杆端位移列向量的各个分量，应按照从 i 到 j 的顺序，一一对应的排列。为避免混乱，可以像式(9-3)那样，在 $\overline{\boldsymbol{k}}^{\mathrm{e}}$ 上方注明杆端位移分量，在 $\overline{\boldsymbol{k}}^{\mathrm{e}}$ 的右方注明与杆端位移相对应的杆端力分量。

单元刚度矩阵具有如下两个重要性质：

1. 对称性。根据反力互等定理，可知：

$$\bar{k}_{\mathrm{mn}}^{\mathrm{e}}=\bar{k}_{\mathrm{nm}}^{\mathrm{e}} \tag{9-4}$$

由于刚度系数 $\bar{k}_{\mathrm{mn}}^{\mathrm{e}}$ 和 $\bar{k}_{\mathrm{nm}}^{\mathrm{e}}$ 对称地处于主对角线的两侧，因此，$\overline{\boldsymbol{k}}^{\mathrm{e}}$ 是一个对称方阵。

2. 奇异性。由式(9-3)可以看出，如将其中的第 1 行(列)元素与第 4 行(列)的对应元素相加，则有一行(或列)的各元素都变为零，故它们的行列式也等于零，即

$$\left|\overline{\boldsymbol{k}}^{\mathrm{e}}\right|=0 \tag{9-5}$$

由此可知，它的逆矩阵不存在，无法从方程 $\overline{\boldsymbol{F}}^{\mathrm{e}}=\overline{\boldsymbol{k}}^{\mathrm{e}}\overline{\boldsymbol{\delta}}^{\mathrm{e}}$ 中由杆端力列向量反求出杆端位移列向量。因此 $\overline{\boldsymbol{k}}^{\mathrm{e}}$ 是一个奇异矩阵。也就是说，根据单元刚度方程(9-2)，可以由杆端位移 $\overline{\boldsymbol{\delta}}^{\mathrm{e}}$ 唯一地确定相应的杆端力 $\overline{\boldsymbol{F}}^{\mathrm{e}}$，但不能由杆端力 $\overline{\boldsymbol{F}}^{\mathrm{e}}$ 唯一地确定杆端位移 $\overline{\boldsymbol{\delta}}^{\mathrm{e}}$。奇异性是由于杆件单元完全没有外加约束，允许有刚体位移而产生的特性。

对于桁架单元，其两端只有轴力作用(图 9-2a)，剪力和弯矩均为零，其单元刚度方程可以由式(9-2)中删去与杆端剪力和杆端弯矩对应的行及与杆端横向位移和转角对应的列而得到：

$$\begin{bmatrix} \overline{F}^{e}_{Ni} \\ \overline{F}^{e}_{Nj} \end{bmatrix} = \begin{bmatrix} \dfrac{EA}{l} & -\dfrac{EA}{l} \\ -\dfrac{EA}{l} & \dfrac{EA}{l} \end{bmatrix} \begin{bmatrix} \overline{u}^{e}_{i} \\ \overline{u}^{e}_{j} \end{bmatrix} \tag{9-6}$$

相应的单元刚度矩阵为：

$$\overline{\boldsymbol{k}}^{e} = \begin{bmatrix} \dfrac{EA}{l} & -\dfrac{EA}{l} \\ -\dfrac{EA}{l} & \dfrac{EA}{l} \end{bmatrix} \tag{9-7}$$

式(9-7)也是一个对称方阵和奇异矩阵。

桁架中的每个节点有两个位移分量(水平、竖向线位移)和两个对应的力分量。为了便于以后进行整体分析，可将式(9-1b)改写为：

$$\left.\begin{aligned} \overline{\boldsymbol{F}}^{e} &= [\,\overline{F}^{e}_{Ni} \quad 0 \quad \overline{F}^{e}_{Nj} \quad 0\,]^{T} \\ \overline{\boldsymbol{\delta}}^{e} &= [\,\overline{u}^{e}_{i} \quad \overline{v}^{e}_{i} \quad \overline{u}^{e}_{j} \quad \overline{v}^{e}_{j}\,]^{T} \end{aligned}\right\} \tag{9-8}$$

而式(9-7)可写成

$$\overline{\boldsymbol{k}}^{e} = \left[\begin{array}{cc:cc} \dfrac{EA}{l} & 0 & -\dfrac{EA}{l} & 0 \\ 0 & 0 & 0 & 0 \\ \hdashline -\dfrac{EA}{l} & 0 & \dfrac{EA}{l} & 0 \\ 0 & 0 & 0 & 0 \end{array}\right] \tag{9-9}$$

类似地，连续梁单元的刚度方程也可由式(9-2)删去与杆端轴力、杆端剪力对应的行及与杆端在 $\overline{x}$、$\overline{y}$方向位移对应的列而得到：

$$\begin{bmatrix} \overline{M}^{e}_{i} \\ \overline{M}^{e}_{j} \end{bmatrix} = \begin{bmatrix} \dfrac{4EI}{l} & \dfrac{2EI}{l} \\ \dfrac{2EI}{l} & \dfrac{4EI}{l} \end{bmatrix} \begin{bmatrix} \overline{\varphi}^{e}_{i} \\ \overline{\varphi}^{e}_{j} \end{bmatrix} \tag{9-10}$$

连续梁单元的刚度矩阵为：

$$\overline{\boldsymbol{k}}^{e} = \begin{bmatrix} \dfrac{4EI}{l} & \dfrac{2EI}{l} \\ \dfrac{2EI}{l} & \dfrac{4EI}{l} \end{bmatrix} \tag{9-11}$$

9.3 单元刚度矩阵的坐标变换

上一节建立的单元刚度矩阵，是以杆轴为 $\bar{x}$ 轴的局部坐标系 $\bar{O}\bar{x}\bar{y}$ 为依据的。然而，在大多数情况下，平面杆件结构中各杆轴方向并不完全相同，即它们各有自己的局部坐标系。而在进行整体分析时，要考虑节点平衡条件及位移连续条件，则需要有一个统一的坐标系，称为整体坐标系或结构坐标系。因此，在进行结构的整体分析之前，应首先将局部坐标系中的单元刚度矩阵 $\bar{\boldsymbol{k}}^{\mathrm{e}}$ 转换成整体坐标系中的单元刚度矩阵 $\boldsymbol{k}^{\mathrm{e}}$ 。本节将讨论单元刚度矩阵的坐标变换。

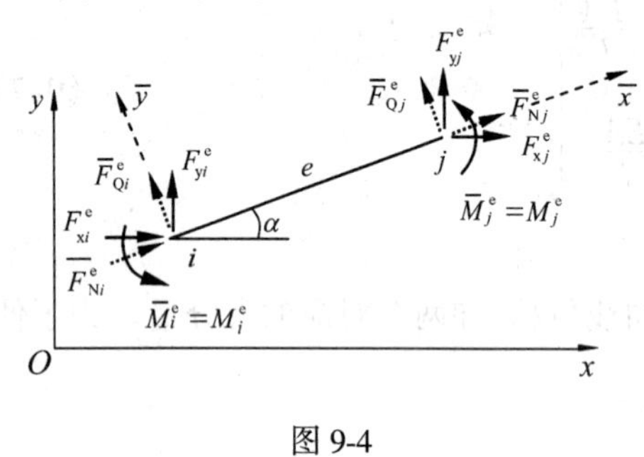

图 9-4

图 9-4 所示为某一杆件单元 e ，其局部坐标系为 $\bar{O}\bar{x}\bar{y}$，结构整体坐标系为 Oxy。$\boldsymbol{F}^{\mathrm{e}}$ 和 $\boldsymbol{\delta}^{\mathrm{e}}$ 分别表示在整体坐标系中单元 e 的杆端力列向量和杆端位移列向量，即：

$$\left.\begin{aligned}\boldsymbol{F}^{\mathrm{e}} &= [\,F^{\mathrm{e}}_{\mathrm{x}i}\quad F^{\mathrm{e}}_{\mathrm{y}i}\quad M^{\mathrm{e}}_{i}\quad F^{\mathrm{e}}_{\mathrm{x}j}\quad F^{\mathrm{e}}_{\mathrm{y}j}\quad M^{\mathrm{e}}_{j}\,]^{\mathrm{T}}\\ \boldsymbol{\delta}^{\mathrm{e}} &= [\,u^{\mathrm{e}}_{i}\quad v^{\mathrm{e}}_{i}\quad \varphi^{\mathrm{e}}_{i}\quad u^{\mathrm{e}}_{j}\quad v^{\mathrm{e}}_{j}\quad \varphi^{\mathrm{e}}_{j}\,]^{\mathrm{T}}\end{aligned}\right\} \tag{9-12}$$

其中，杆端力 $F_{\mathrm{x}}{}^{\mathrm{e}}$、$F_{\mathrm{y}}{}^{\mathrm{e}}$ 和杆端位移 u^{e}、v^{e} 以与整体坐标系的正方向一致时为正，杆端弯矩 M^{e} 和杆端转角 φ^{e} 以逆时针方向转动为正。

先考察两种坐标系中杆端力之间的变换关系。在两种坐标系中，弯矩都作用在同一平面上，是垂直于坐标平面的力偶矢量，故不受平面内坐标变换的影响。因此，杆端弯矩 $\bar{M}^{\mathrm{e}}_{i}$ 、$\bar{M}^{\mathrm{e}}_{j}$ 从局部坐标转换到整体坐标时，只需改写为 M^{e}_{i} 、M^{e}_{j} ，数值和方向都不变，即

$$\left.\begin{aligned}\bar{M}^{\mathrm{e}}_{i} &= M^{\mathrm{e}}_{i}\\ \bar{M}^{\mathrm{e}}_{j} &= M^{\mathrm{e}}_{j}\end{aligned}\right\} \tag{a}$$

杆端轴力 $\bar{F}^{\mathrm{e}}_{\mathrm{N}}$ 和杆端剪力 $\bar{F}^{\mathrm{e}}_{\mathrm{Q}}$ 则将随坐标转换而重新组合为沿整体坐标系方向(通常是水平和竖直方向)的分力 $F^{\mathrm{e}}_{\mathrm{x}}$ 和 $F^{\mathrm{e}}_{\mathrm{y}}$。设整体坐标系的 x 轴转到局部坐标系的 $\bar{x}$ 轴之间的夹角为 α ，以逆时针转动为正。根据力的投影关系由图 9-4 可得：

$$\left.\begin{aligned}\bar{F}^{\mathrm{e}}_{\mathrm{N}i} &= F^{\mathrm{e}}_{\mathrm{x}i}\cos\alpha + F^{\mathrm{e}}_{\mathrm{y}i}\sin\alpha\\ \bar{F}^{\mathrm{e}}_{\mathrm{Q}i} &= -F^{\mathrm{e}}_{\mathrm{x}i}\sin\alpha + F^{\mathrm{e}}_{\mathrm{y}i}\cos\alpha\\ \bar{F}^{\mathrm{e}}_{\mathrm{N}j} &= F^{\mathrm{e}}_{\mathrm{x}j}\cos\alpha + F^{\mathrm{e}}_{\mathrm{y}j}\sin\alpha\\ \bar{F}^{\mathrm{e}}_{\mathrm{Q}j} &= -F^{\mathrm{e}}_{\mathrm{x}j}\sin\alpha + F^{\mathrm{e}}_{\mathrm{y}j}\cos\alpha\end{aligned}\right\} \tag{b}$$

将式(a)、式(b)按从 i 到 j 的顺序排列，并写成矩阵形式，则有

$$\begin{bmatrix} \overline{F}_{Ni}^{e} \\ \overline{F}_{Qi}^{e} \\ \overline{M}_{i}^{e} \\ \cdots \\ \overline{F}_{Nj}^{e} \\ \overline{F}_{Qj}^{e} \\ \overline{M}_{j}^{e} \end{bmatrix} = \left[\begin{array}{ccc:ccc} \cos\alpha & \sin\alpha & 0 & 0 & 0 & 0 \\ -\sin\alpha & \cos\alpha & 0 & 0 & 0 & 0 \\ 0 & 0 & 1 & 0 & 0 & 0 \\ \hdashline 0 & 0 & 0 & \cos\alpha & \sin\alpha & 0 \\ 0 & 0 & 0 & -\sin\alpha & \cos\alpha & 0 \\ 0 & 0 & 0 & 0 & 0 & 1 \end{array}\right] \begin{bmatrix} F_{xi}^{e} \\ F_{yi}^{e} \\ M_{i}^{e} \\ \cdots \\ F_{xj}^{e} \\ F_{yj}^{e} \\ M_{j}^{e} \end{bmatrix} \tag{9-13}$$

或简写为

$$\overline{\boldsymbol{F}}^{e} = \boldsymbol{T}\boldsymbol{F}^{e} \tag{9-14}$$

式(9-14)即为两种坐标系中杆端力之间的转换关系。式中 $\boldsymbol{T}$ 为:

$$\boldsymbol{T} = \left[\begin{array}{ccc:ccc} \cos\alpha & \sin\alpha & 0 & 0 & 0 & 0 \\ -\sin\alpha & \cos\alpha & 0 & 0 & 0 & 0 \\ 0 & 0 & 1 & 0 & 0 & 0 \\ \hdashline 0 & 0 & 0 & \cos\alpha & \sin\alpha & 0 \\ 0 & 0 & 0 & -\sin\alpha & \cos\alpha & 0 \\ 0 & 0 & 0 & 0 & 0 & 1 \end{array}\right] \tag{9-15}$$

它是一个方阵，称为单元坐标转换矩阵。由式(9-15)可以看出，$\boldsymbol{T}$ 的任一列元素的平方之和等于 1，且任一列元素与另一列对应元素乘积之和等于零，符合正交矩阵的判别定理，故单元坐标转换矩阵 $\boldsymbol{T}$ 是一正交矩阵。由正交矩阵的特性可知，$\boldsymbol{T}$ 的逆矩阵等于 $\boldsymbol{T}$ 的转置矩阵，即

$$\boldsymbol{T}^{-1} = \boldsymbol{T}^{\mathrm{T}} \tag{9-16}$$

或

$$\boldsymbol{T}^{-1}\boldsymbol{T} = \boldsymbol{T}^{\mathrm{T}}\boldsymbol{T} = \boldsymbol{I} \tag{9-17}$$

式中 $\boldsymbol{I}$ 为与 $\boldsymbol{T}$ 同阶的单位矩阵。

类似地推导，同样可得到两种坐标系中杆端位移之间的转换关系，即

$$\overline{\boldsymbol{\delta}}^{e} = \boldsymbol{T}\boldsymbol{\delta}^{e} \tag{9-18}$$

再来讨论单元刚度矩阵由局部坐标系向整体坐标系的转换。由式(9-2b)有

$$\overline{\boldsymbol{F}}^{e} = \overline{\boldsymbol{k}}^{e}\overline{\boldsymbol{\delta}}^{e}$$

将式(9-14)和式(9-18)代入上式，有

$$\boldsymbol{T}\boldsymbol{F}^{e} = \overline{\boldsymbol{k}}^{e}\boldsymbol{T}\boldsymbol{\delta}^{e}$$

两边同时左乘 $\boldsymbol{T}^{-1}$，得

$$\boldsymbol{F}^{e} = \boldsymbol{T}^{-1}\overline{\boldsymbol{k}}^{e}\boldsymbol{T}\boldsymbol{\delta}^{e} \tag{9-19}$$

或写为

$$\boldsymbol{F}^{e} = \boldsymbol{k}^{e}\boldsymbol{\delta}^{e} \tag{9-20}$$

其中

$$\boldsymbol{k}^{e}=\boldsymbol{T}^{T}\overline{\boldsymbol{k}}^{e}\boldsymbol{T} \tag{9-21}$$

上式就是整体坐标系中的单元刚度矩阵。按照式(9-21)就可以将杆件在局部坐标系的单元刚度矩阵 $\overline{\boldsymbol{k}}^{e}$ 转换为在整体坐标系的单元刚度矩阵 $\boldsymbol{k}^{e}$ 。坐标变换并不改变单元刚度矩阵原来的性质，即 $\boldsymbol{k}^{e}$ 仍然具有奇异性和对称性。

由于在以后的整体分析中，是对结构的每个节点分别建立平衡方程。为了便于讨论，把式(9-20)按单元始端节点 i 和末端节点 j 进行分块，写成如下形式：

$$\begin{bmatrix}\boldsymbol{F}_{i}^{e}\\ \boldsymbol{F}_{j}^{e}\end{bmatrix}=\begin{bmatrix}\boldsymbol{k}_{ii}^{e} & \boldsymbol{k}_{ij}^{e}\\ \boldsymbol{k}_{ji}^{e} & \boldsymbol{k}_{jj}^{e}\end{bmatrix}\begin{bmatrix}\boldsymbol{\delta}_{i}^{e}\\ \boldsymbol{\delta}_{j}^{e}\end{bmatrix} \tag{9-22}$$

由杆端力和杆端位移列阵可知，上式中

$$\boldsymbol{F}_{i}^{e}=\begin{bmatrix}F_{xi}^{e}\\ F_{yi}^{e}\\ M_{i}^{e}\end{bmatrix},\boldsymbol{F}_{j}^{e}=\begin{bmatrix}F_{xj}^{e}\\ F_{yj}^{e}\\ M_{j}^{e}\end{bmatrix},\boldsymbol{\delta}_{i}^{e}=\begin{bmatrix}u_{i}^{e}\\ v_{i}^{e}\\ \varphi_{i}^{e}\end{bmatrix},\boldsymbol{\delta}_{j}^{e}=\begin{bmatrix}u_{j}^{e}\\ v_{j}^{e}\\ \varphi_{j}^{e}\end{bmatrix} \tag{9-23}$$

分别为始端 i 和末端 j 的杆端力和杆端位移列向量。$\boldsymbol{k}_{ii}^{e}$、$\boldsymbol{k}_{ij}^{e}$、$\boldsymbol{k}_{ji}^{e}$、$\boldsymbol{k}_{jj}^{e}$ 为单元刚度矩阵 $\boldsymbol{k}^{e}$ 的四个子块(又称子矩阵)，即

$$\boldsymbol{k}^{e}=\begin{array}{c}\begin{array}{cc} i & j\end{array}\\ \begin{bmatrix}\boldsymbol{k}_{ii}^{e} & \boldsymbol{k}_{ij}^{e}\\ \boldsymbol{k}_{ji}^{e} & \boldsymbol{k}_{jj}^{e}\end{bmatrix}\begin{array}{c} i\\ j\end{array}\end{array} \tag{9-24}$$

式中，主对角线上的子块称为主子块，主对角线两侧的子块称为副子块，每个子块都是 3 × 3 阶方阵。展开式(9-22)可有

$$\left.\begin{aligned}\boldsymbol{F}_{i}^{e}&=\boldsymbol{k}_{ii}^{e}\boldsymbol{\delta}_{i}^{e}+\boldsymbol{k}_{ij}^{e}\boldsymbol{\delta}_{j}^{e}\\ \boldsymbol{F}_{j}^{e}&=\boldsymbol{k}_{ji}^{e}\boldsymbol{\delta}_{i}^{e}+\boldsymbol{k}_{jj}^{e}\boldsymbol{\delta}_{j}^{e}\end{aligned}\right\} \tag{9-25}$$

将式(9-3)的 $\overline{\boldsymbol{k}}^{e}$ 和式(9-15)的 $\boldsymbol{T}$ (再由 $\boldsymbol{T}$ 求出 $\boldsymbol{T}^{T}$)一并代入式(9-21)，进行矩阵乘法运算，可得一般单元整体坐标系中的单元刚度矩阵 $\boldsymbol{k}^{e}$ 如下(为方便书写，式中用 c 和 s 分别表示 $\cos\alpha$ 和 $\sin\alpha$)：

$$\boldsymbol{k}^{e}=\begin{bmatrix}\boldsymbol{k}_{ii}^{e} & \boldsymbol{k}_{ij}^{e}\\ \boldsymbol{k}_{ji}^{e} & \boldsymbol{k}_{jj}^{e}\end{bmatrix}$$

$$\begin{bmatrix}
\left(\frac{EA}{l}c^{2}+\frac{12EI}{l^{3}}s^{2}\right) & \left(\frac{EA}{l}-\frac{12EI}{l^{3}}\right)cs & -\frac{6EI}{l^{2}}s & \left(-\frac{EA}{l}c^{2}-\frac{12EI}{l^{3}}s^{2}\right) & \left(-\frac{EA}{l}+\frac{12EI}{l^{3}}\right)cs & -\frac{6EI}{l^{2}}s\\
\left(\frac{EA}{l}-\frac{12EI}{l^{3}}\right)cs & \left(\frac{EA}{l}s^{2}+\frac{12EI}{l^{3}}c^{2}\right) & \frac{6EI}{l^{2}}c & \left(-\frac{EA}{l}+\frac{12EI}{l^{3}}\right)cs & \left(-\frac{EA}{l}s^{2}-\frac{12EI}{l^{3}}c^{2}\right) & \frac{6EI}{l^{2}}c\\
-\frac{6EI}{l^{2}}s & \frac{6EI}{l^{2}}c & \frac{4EI}{l} & \frac{6EI}{l^{2}}s & -\frac{6EI}{l^{2}}c & \frac{2EI}{l}\\
\left(-\frac{EA}{l}c^{2}-\frac{12EI}{l^{3}}s^{2}\right) & \left(-\frac{EA}{l}+\frac{12EI}{l^{3}}\right)cs & \frac{6EI}{l^{2}}s & \left(\frac{EA}{l}c^{2}+\frac{12EI}{l^{3}}s^{2}\right) & \left(\frac{EA}{l}-\frac{12EI}{l^{3}}\right)cs & \frac{6EI}{l^{2}}s\\
\left(-\frac{EA}{l}+\frac{12EI}{l^{3}}\right)cs & \left(-\frac{EA}{l}s^{2}-\frac{12EI}{l^{3}}c^{2}\right) & -\frac{6EI}{l^{2}}c & \left(\frac{EA}{l}-\frac{12EI}{l^{3}}\right)cs & \left(\frac{EA}{l}s^{2}+\frac{12EI}{l^{3}}c^{2}\right) & -\frac{6EI}{l^{2}}c\\
-\frac{6EI}{l^{2}}s & \frac{6EI}{l^{2}}c & \frac{2EI}{l} & \frac{6EI}{l^{2}}s & -\frac{6EI}{l^{2}}c & \frac{4EI}{l}
\end{bmatrix} \tag{9-26}$$

$\boldsymbol{k}^{\mathrm{e}}$ 的四个子块则为：

$$\boldsymbol{k}_{ii}^{\mathrm{e}}=\begin{bmatrix}\frac{EA}{l}c^2+\frac{12EI}{l^3}s^2 & \left(\frac{EA}{l}-\frac{12EI}{l^3}\right)cs & -\frac{6EI}{l^2}s\\ \left(\frac{EA}{l}-\frac{12EI}{l^3}\right)cs & \frac{EA}{l}s^2+\frac{12EI}{l^3}c^2 & \frac{6EI}{l^2}c\\ -\frac{6EI}{l^2}s & \frac{6EI}{l^2}c & \frac{4EI}{l}\end{bmatrix}$$

$$\boldsymbol{k}_{ij}^{\mathrm{e}}=\begin{bmatrix}-\frac{EA}{l}c^2-\frac{12EI}{l^3}s^2 & \left(-\frac{EA}{l}+\frac{12EI}{l^3}\right)cs & -\frac{6EI}{l^2}s\\ \left(-\frac{EA}{l}+\frac{12EI}{l^3}\right)cs & -\frac{EA}{l}s^2-\frac{12EI}{l^3}c^2 & \frac{6EI}{l^2}c\\ \frac{6EI}{l^2}s & -\frac{6EI}{l^2}c & \frac{2EI}{l}\end{bmatrix}$$

$$\boldsymbol{k}_{ji}^{\mathrm{e}}=\begin{bmatrix}-\frac{EA}{l}c^2-\frac{12EI}{l^3}s^2 & \left(-\frac{EA}{l}+\frac{12EI}{l^3}\right)cs & \frac{6EI}{l^2}s\\ \left(-\frac{EA}{l}+\frac{12EI}{l^3}\right)cs & -\frac{EA}{l}s^2-\frac{12EI}{l^3}c^2 & -\frac{6EI}{l^2}c\\ -\frac{6EI}{l^2}s & \frac{6EI}{l^2}c & \frac{2EI}{l}\end{bmatrix}$$

$$\boldsymbol{k}_{jj}^{\mathrm{e}}=\begin{bmatrix}\frac{EA}{l}c^2+\frac{12EI}{l^3}s^2 & \left(\frac{EA}{l}-\frac{12EI}{l^3}\right)cs & \frac{6EI}{l^2}s\\ \left(\frac{EA}{l}-\frac{12EI}{l^3}\right)cs & \frac{EA}{l}s^2+\frac{12EI}{l^3}c^2 & -\frac{6EI}{l^2}c\\ \frac{6EI}{l^2}s & -\frac{6EI}{l^2}c & \frac{4EI}{l}\end{bmatrix}$$

对于平面桁架杆件，两端只承受轴力(图 9-5)，在整体坐标系中的杆端力和相应的杆端位移列向量分别为：

$$\boldsymbol{F}^{\mathrm{e}}=\begin{Bmatrix}\boldsymbol{F}_i^{\mathrm{e}}\\ \hdashline \boldsymbol{F}_j^{\mathrm{e}}\end{Bmatrix}=\begin{bmatrix}F_{xi}^{\mathrm{e}}\\ F_{yi}^{\mathrm{e}}\\ \hdashline F_{xj}^{\mathrm{e}}\\ F_{yj}^{\mathrm{e}}\end{bmatrix},\boldsymbol{\delta}^{\mathrm{e}}=\begin{Bmatrix}\boldsymbol{\delta}_i^{\mathrm{e}}\\ \hdashline \boldsymbol{\delta}_j^{\mathrm{e}}\end{Bmatrix}=\begin{bmatrix}u_i^{\mathrm{e}}\\ v_i^{\mathrm{e}}\\ \hdashline u_j^{\mathrm{e}}\\ v_j^{\mathrm{e}}\end{bmatrix} \tag{9-27}$$

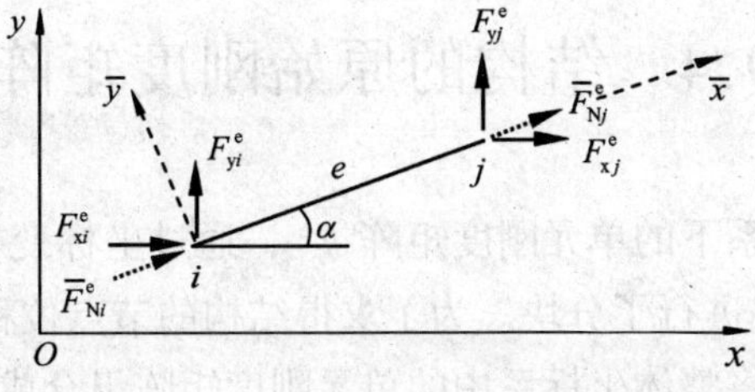

图 9-5

杆件在局部坐标系中的单元刚度矩阵 $\overline{\boldsymbol{k}}^{\mathrm{e}}$ 如式(9-9)所示，而坐标转换矩阵 $\boldsymbol{T}$ 为：

$$
\boldsymbol{T}=\begin{bmatrix} c & s & 0 & 0 \\ -s & c & 0 & 0 \\ 0 & 0 & c & s \\ 0 & 0 & -s & c \end{bmatrix} \tag{9-28}
$$

将式(9-9)和式(9-28)的 $\boldsymbol{T}$ 及其 $\boldsymbol{T}^{\mathrm{T}}$ 代入式(9-21)经矩阵乘法运算，可得整体坐标系中桁架单元刚度矩阵为：

$$
\boldsymbol{k}^{\mathrm{e}}=\begin{bmatrix} \boldsymbol{k}_{ii}^{\mathrm{e}} & \boldsymbol{k}_{ij}^{\mathrm{e}} \\ \boldsymbol{k}_{ji}^{\mathrm{e}} & \boldsymbol{k}_{jj}^{\mathrm{e}} \end{bmatrix}=\frac{EA}{l}\begin{bmatrix} c^2 & cs & -c^2 & -cs \\ cs & s^2 & -cs & -s^2 \\ -c^2 & -cs & c^2 & cs \\ -cs & -s^2 & cs & s^2 \end{bmatrix}. \tag{9-29}
$$

式(9-29)也可由式(9-26)删去与两端弯矩有关的第3、6行与列，再去掉与 EI 有关的项而得到。同样，如在式(9-26)中删去与 EA 有关的各项，则可得到不考虑轴向变形影响时刚架单元的刚度矩阵 $\boldsymbol{k}^{\mathrm{e}}$：

$$
\boldsymbol{k}^{\mathrm{e}}=\begin{bmatrix} \boldsymbol{k}_{ii}^{\mathrm{e}} & \boldsymbol{k}_{ij}^{\mathrm{e}} \\ \boldsymbol{k}_{ji}^{\mathrm{e}} & \boldsymbol{k}_{jj}^{\mathrm{e}} \end{bmatrix}
$$

$$
=\begin{bmatrix}
\frac{12EI}{l^3}s^2 & -\frac{12EI}{l^3}cs & -\frac{6EI}{l^2}s & -\frac{12EI}{l^3}s^2 & \frac{12EI}{l^3}cs & -\frac{6EI}{l^2}s \\
-\frac{12EI}{l^3}cs & \frac{12EI}{l^3}c^2 & \frac{6EI}{l^2}c & \frac{12EI}{l^3}cs & -\frac{12EI}{l^3}c^2 & \frac{6EI}{l^2}c \\
-\frac{6EI}{l^2}s & \frac{6EI}{l^2}c & \frac{4EI}{l} & \frac{6EI}{l^2}s & -\frac{6EI}{l^2}c & \frac{2EI}{l} \\
-\frac{12EI}{l^3}s^2 & \frac{12EI}{l^3}cs & \frac{6EI}{l^2}s & \frac{12EI}{l^3}s^2 & -\frac{12EI}{l^3}cs & \frac{6EI}{l^2}s \\
\frac{12EI}{l^3}cs & -\frac{12EI}{l^3}c^2 & -\frac{6EI}{l^2}c & -\frac{12EI}{l^3}cs & \frac{12EI}{l^3}c^2 & -\frac{6EI}{l^2}c \\
-\frac{6EI}{l^2}s & \frac{6EI}{l^2}c & \frac{2EI}{l} & \frac{6EI}{l^2}s & -\frac{6EI}{l^2}c & \frac{4EI}{l}
\end{bmatrix}
$$

连续梁单元的局部坐标 $\bar{x}$ 轴与结构整体坐标 x 方向是一致的，因而有 $\boldsymbol{k}^{\mathrm{e}}=\bar{\boldsymbol{k}}^{\mathrm{e}}$。可见，式(9-26)是平面杆件结构中整体坐标下最一般形式的单元刚度矩阵。

9.4 结构的原始刚度矩阵

前面讨论了局部坐标系下的单元刚度矩阵 $\bar{k}^{\mathrm{e}}$，通过坐标变换得到了整体坐标系中的单元刚度矩阵 $\boldsymbol{k}^{\mathrm{e}}$ 并按节点进行了分块。为了求得结构的节点位移，在单元分析的基础上，还需要进行整体分析，即将整体坐标系中的单元刚度矩阵组合成整体刚度矩阵，建立结构刚度方程并求解。下面以图9-6(a)所示承受节点荷载的平面刚架为例，说明组成结构整体刚度矩阵的方法。

首先，对结构划分单元并对单元和节点进行编号。在结构中，每个单元有两个杆端，

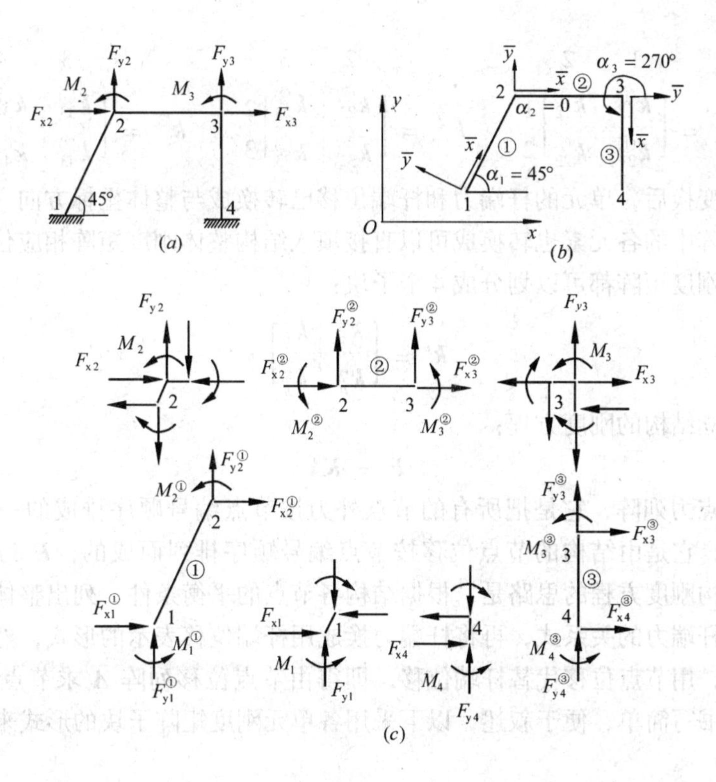

图 9-6

任何一个杆端都与一个节点对应。单元的编号用①、②、…表示，节点编号用 1、2、…表示，其中支座也视为节点。单元和节点编号可以是任意的，并不影响最后计算结果，但为了避免混乱，应按一定的顺序编号。根据 9.2 节划分单元的规定，图 9-6(a)所示刚架中有 3 个单元，分别记为①、②、③；结构的节点有 4 个(两个支座、两个刚节点)，依次记为 1、2、3、4，称为结构整体节点编码。每个单元的两端记为 i、j，称为单元局部编码。每个局部编码都对应一个结构整体节点编码。各单元和节点编号如图 9-6(b)所示。然后选取各单元局部坐标系和结构整体坐标系(图 9-6b)。由于局部坐标系的 $\bar{x}$ 轴是由 i 端指向 j 端，因此各单元杆端编码与对应的结构整体节点号一定要按单元始、末端顺序写出，因为这同时也就确定了各单元的 α 角，例如单元②，当 i 端对应节点号 2、j 端对应节点号 3 时，$\alpha_2 = 0°$，而若以 i 端对应节点号 3、j 端对应节点号 2，则 $\alpha_2 = 180°$。计算时，各单元杆端局部编码与结构整体节点号的对应关系及 α 角可列成表，如表 9-1 所示。将各单元的 α 角代入式(9-26)即可得到它们在整体坐标系中的单元刚度矩阵。根据表 9-1 和式(9-24)，各单元刚度矩阵及其四个子块为

单元局部编码与结构整体节点编码的对应关系 **表 9-1**

单　元	①	②	③
局部编码	结构整体节点编码		
i	1	2	3
j	2	3	4
α	45°	0°	270°

$$
\boldsymbol{k}^{①} = \begin{bmatrix} \boldsymbol{k}_{11}^{①} & \boldsymbol{k}_{12}^{①} \\ \boldsymbol{k}_{21}^{①} & \boldsymbol{k}_{22}^{①} \end{bmatrix}\begin{matrix}1\\2\end{matrix} \quad \boldsymbol{k}^{②} = \begin{bmatrix} \boldsymbol{k}_{22}^{②} & \boldsymbol{k}_{23}^{②} \\ \boldsymbol{k}_{32}^{②} & \boldsymbol{k}_{33}^{②} \end{bmatrix}\begin{matrix}2\\3\end{matrix} \quad \boldsymbol{k}^{③} = \begin{bmatrix} \boldsymbol{k}_{33}^{③} & \boldsymbol{k}_{34}^{③} \\ \boldsymbol{k}_{43}^{③} & \boldsymbol{k}_{44}^{③} \end{bmatrix}\begin{matrix}3\\4\end{matrix} \tag{a}
$$

(column labels: 1 2; 2 3; 3 4)

经过坐标变换后，单元的杆端力和杆端位移已转换成与整体坐标方向一致的量，相应的单元刚度矩阵中的各元素也转换成可以直接填入结构整体刚度矩阵相应位置的元素，任何杆件单元的刚度矩阵都可以划分成4个子块：

$$
\boldsymbol{k}^{e} = \begin{bmatrix} \boldsymbol{k}_{ii}^{e} & \boldsymbol{k}_{ij}^{e} \\ \boldsymbol{k}_{ji}^{e} & \boldsymbol{k}_{jj}^{e} \end{bmatrix}
$$

其次是建立结构的刚度方程：

$$
\boldsymbol{F} = \boldsymbol{K\Delta} \tag{9-30}
$$

式中，$\boldsymbol{F}$ 为节点力列阵，它是把所有的节点外力按节点编号顺序排成的一列矩阵；$\boldsymbol{\Delta}$ 为节点位移列阵，它是由结构的节点位移按节点编号顺序排列而成的；$\boldsymbol{K}$ 为结构的总刚度矩阵。建立结构刚度方程的思路是，根据结构各节点的平衡条件，列出整体坐标系中各节点力与各单元杆端力的关系式，再将杆端力换成用杆端位移表示的形式，然后根据节点的变形连续条件，用节点位移代替杆端位移，即得由节点位移列阵 $\boldsymbol{\Delta}$ 求节点力列阵 $\boldsymbol{F}$ 的刚度方程。为了书写简单，便于叙述，以下采用各单元刚度矩阵子块的形式来组成结构的总刚度矩阵。

由于考虑单元的轴向变形，及支座也暂视为有三个位移，故对本例所示的平面刚架，每个节点有3个位移(两个线位移、一个角位移)，4个节点，共12个节点位移分量。将它们按一定的顺序排列起来，可得节点位移列阵为：

$$
\boldsymbol{\Delta} = [\boldsymbol{\Delta}_1 \quad \boldsymbol{\Delta}_2 \quad \boldsymbol{\Delta}_3 \quad \boldsymbol{\Delta}_4]^{T} \tag{b}
$$

其中

$$
\boldsymbol{\Delta}_1 = \begin{bmatrix} u_1 \\ v_1 \\ \varphi_1 \end{bmatrix}, \boldsymbol{\Delta}_2 = \begin{bmatrix} u_2 \\ v_2 \\ \varphi_2 \end{bmatrix}, \boldsymbol{\Delta}_3 = \begin{bmatrix} u_3 \\ v_3 \\ \varphi_3 \end{bmatrix}, \boldsymbol{\Delta}_4 = \begin{bmatrix} u_4 \\ v_4 \\ \varphi_4 \end{bmatrix}
$$

这里，$\boldsymbol{\Delta}_i$ 表示节点 i 的位移列向量，u_i 、v_i 和 φ_i 分别表示节点 i 沿整体坐标系 x 、y 轴的线位移和角位移，它们分别以沿坐标轴正向和逆时针方向为正。

由于刚架上只作用节点荷载(非节点荷载的处理见9.6节)，所以，与节点位移列阵相对应的节点力(包括支座反力)列阵为：

$$
\boldsymbol{F} = [\boldsymbol{F}_1 \quad \boldsymbol{F}_2 \quad \boldsymbol{F}_3 \quad \boldsymbol{F}_4]^{T} \tag{c}
$$

其中

$$
\boldsymbol{F}_1 = \begin{bmatrix} F_{x1} \\ F_{y1} \\ M_1 \end{bmatrix}, \boldsymbol{F}_2 = \begin{bmatrix} F_{x2} \\ F_{y2} \\ M_2 \end{bmatrix}, \boldsymbol{F}_3 = \begin{bmatrix} F_{x3} \\ F_{y3} \\ M_3 \end{bmatrix}, \boldsymbol{F}_4 = \begin{bmatrix} F_{x4} \\ F_{y4} \\ M_4 \end{bmatrix}
$$

这里，$\boldsymbol{F}_i$表示节点 i 的节点力列向量，F_{xi}、F_{yi}和 F_{Mi}分别表示作用在节点 i 且沿整体坐标 x、y 方向的集中力和集中力偶，正负号规定与相应的节点位移相同。在节点2、3处，节点力 $\boldsymbol{F}_2$、$\boldsymbol{F}_3$就是作用于节点的荷载，通常是已知的。而在节点1、4处，当没有荷载作用于支座时，$\boldsymbol{F}_1$、$\boldsymbol{F}_4$就是支座反力；当支座处还有荷载作用时，则 $\boldsymbol{F}_1$、$\boldsymbol{F}_4$应为给定的荷载与支座反力的代数和。

现在来考察各节点的平衡条件。以节点 2 为例(图 9-6c)，由节点平衡条件 $\Sigma F_x=0$、$\Sigma F_y=0$ 和 $\Sigma M=0$ 有：

$$\left.\begin{aligned}F_{x2}&=F_{x2}^{①}+F_{x2}^{②}\\F_{y2}&=F_{y2}^{①}+F_{y2}^{②}\\M_2&=M_2^{①}+M_2^{②}\end{aligned}\right\}$$

写成矩阵形式有：

$$\begin{bmatrix}F_{x2}\\F_{y2}\\M_2\end{bmatrix}=\begin{bmatrix}F_{x2}^{①}\\F_{y2}^{①}\\M_2^{①}\end{bmatrix}+\begin{bmatrix}F_{x2}^{②}\\F_{y2}^{②}\\M_2^{②}\end{bmatrix}$$

上式等号左边为节点 2 的节点力列向量 $\boldsymbol{F}_2$，等号右边则分别为单元①、②在 2 端的杆端力列向量 $\boldsymbol{F}_2{}^{①}$和 $\boldsymbol{F}_2{}^{②}$，故上式又可简写为：

$$\boldsymbol{F}_2=\boldsymbol{F}_2{}^{①}+\boldsymbol{F}_2{}^{②}\tag{d}$$

根据式(9-25)，上述杆端力列向量可用杆端位移列向量来表示：

$$\left.\begin{aligned}\boldsymbol{F}_2^{①}&=\boldsymbol{k}_{21}^{①}\boldsymbol{\delta}_1^{①}+\boldsymbol{k}_{22}^{①}\boldsymbol{\delta}_2^{①}\\\boldsymbol{F}_2^{②}&=\boldsymbol{k}_{22}^{②}\boldsymbol{\delta}_2^{②}+\boldsymbol{k}_{23}^{②}\boldsymbol{\delta}_3^{②}\end{aligned}\right\}\tag{e}$$

再根据节点处的变形连续条件，应该有 $\boldsymbol{\delta}_i^{e}=\boldsymbol{\Delta}_i$，即

$$\left.\begin{aligned}\boldsymbol{\delta}_2^{①}=\boldsymbol{\delta}_2^{②}&=\boldsymbol{\Delta}_2\\\boldsymbol{\delta}_1^{①}&=\boldsymbol{\Delta}_1\\\boldsymbol{\delta}_3^{②}&=\boldsymbol{\Delta}_3\end{aligned}\right\}\tag{f}$$

将式(e)和式(f)代入式(d)，即得到以节点位移表示的节点 2 的杆端力和节点力之间的平衡方程：

$$\boldsymbol{F}_2=\boldsymbol{k}_{21}{}^{①}\boldsymbol{\Delta}_1+(\boldsymbol{k}_{22}{}^{①}+\boldsymbol{k}_{22}{}^{②})\boldsymbol{\Delta}_2+\boldsymbol{k}_{23}{}^{②}\boldsymbol{\Delta}_3\tag{g}$$

同样的做法可得到用节点位移表示的节点 1、3、4 的杆端力和节点力的平衡方程。将各节点的方程汇集在一起，就有

$$\left.\begin{aligned}\boldsymbol{F}_1&=\boldsymbol{k}_{11}^{①}\boldsymbol{\Delta}_1+\boldsymbol{k}_{12}^{①}\boldsymbol{\Delta}_2\\\boldsymbol{F}_2&=\boldsymbol{k}_{21}^{①}\boldsymbol{\Delta}_1+(\boldsymbol{k}_{22}^{①}+\boldsymbol{k}_{22}^{②})\boldsymbol{\Delta}_2+\boldsymbol{k}_{23}^{②}\boldsymbol{\Delta}_3\\\boldsymbol{F}_3&=\boldsymbol{k}_{32}^{②}\boldsymbol{\Delta}_2+(\boldsymbol{k}_{33}^{②}+\boldsymbol{k}_{33}^{③})\boldsymbol{\Delta}_3+\boldsymbol{k}_{34}^{③}\boldsymbol{\Delta}_4\\\boldsymbol{F}_4&=\boldsymbol{k}_{43}^{③}\boldsymbol{\Delta}_3+\boldsymbol{k}_{44}^{③}\boldsymbol{\Delta}_4\end{aligned}\right\}\tag{9-31}$$

写成矩阵形式即为：

$$\begin{bmatrix}\boldsymbol{F}_1\\\boldsymbol{F}_2\\\boldsymbol{F}_3\\\boldsymbol{F}_4\end{bmatrix}=\begin{bmatrix}\boldsymbol{k}_{11}^{①}&\boldsymbol{k}_{12}^{①}&0&0\\\boldsymbol{k}_{21}^{①}&\boldsymbol{k}_{22}^{①}+\boldsymbol{k}_{22}^{②}&\boldsymbol{k}_{23}^{②}&0\\0&\boldsymbol{k}_{32}^{②}&\boldsymbol{k}_{33}^{②}+\boldsymbol{k}_{33}^{③}&\boldsymbol{k}_{34}^{③}\\0&0&\boldsymbol{k}_{43}^{③}&\boldsymbol{k}_{44}^{③}\end{bmatrix}\begin{Bmatrix}\boldsymbol{\Delta}_1\\\boldsymbol{\Delta}_2\\\boldsymbol{\Delta}_3\\\boldsymbol{\Delta}_4\end{Bmatrix}\tag{9-32}$$

式(9-32)就是用节点位移表示的结构所有节点的平衡方程，它表明了节点力与节点位移之间的关系，称为结构的原始刚度方程。所谓“原始”是指尚未引入各支座的支承条件。上式又可简写为式(9-30)的形式，即

$$\boldsymbol{F} = \boldsymbol{K\Delta}$$

其中 $\boldsymbol{\Delta}$ 、$\boldsymbol{F}$ 就是式(b)和式(c)表示的各量，而 $\boldsymbol{K}$ 为：

$$\boldsymbol{K} = \begin{bmatrix} \boldsymbol{K}_{11} & \boldsymbol{K}_{12} & \boldsymbol{K}_{13} & \boldsymbol{K}_{14} \\ \boldsymbol{K}_{21} & \boldsymbol{K}_{22} & \boldsymbol{K}_{23} & \boldsymbol{K}_{24} \\ \boldsymbol{K}_{31} & \boldsymbol{K}_{32} & \boldsymbol{K}_{33} & \boldsymbol{K}_{34} \\ \boldsymbol{K}_{41} & \boldsymbol{K}_{42} & \boldsymbol{K}_{43} & \boldsymbol{K}_{44} \end{bmatrix} = \begin{bmatrix} \boldsymbol{k}_{11}^{①} & \boldsymbol{k}_{12}^{①} & \boldsymbol{0} & \boldsymbol{0} \\ \boldsymbol{k}_{21}^{①} & \boldsymbol{k}_{22}^{①} + \boldsymbol{k}_{22}^{②} & \boldsymbol{k}_{23}^{②} & \boldsymbol{0} \\ \boldsymbol{0} & \boldsymbol{k}_{32}^{②} & \boldsymbol{k}_{33}^{②} + \boldsymbol{k}_{33}^{③} & \boldsymbol{k}_{34}^{③} \\ \boldsymbol{0} & \boldsymbol{0} & \boldsymbol{k}_{43}^{③} & \boldsymbol{k}_{44}^{③} \end{bmatrix} \tag{9-33}$$

称为结构的原始刚度矩阵，又称结构的总刚度矩阵(简称总刚)。它的每个子块都是 3×3 阶方阵，故 $\boldsymbol{K}$ 为 12×12 阶方阵，其中每一个元素的物理意义就是当其所在列对应的节点位移分量等于1(其余节点位移分量均为零)时，其所在行对应的节点力分量所应有的数值。

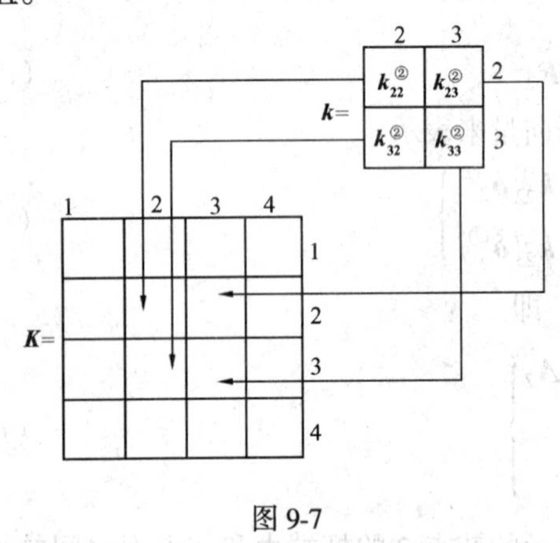

图 9-7

对照式(a)和式(9-33)不难看出，只要把每个单元刚度矩阵的四个子块按其两个下标号码逐一送到结构原始刚度矩阵中相应的行和列的位置上去，就可得到结构的原始刚度矩阵。通俗地说，就是各单元刚度矩阵“子块搬家，对号入座”即可形成总刚度矩阵。例如单元②的四个子块，在总刚中的“入座”位置即为图 9-7 所示的情况。考察式(9-33)还可以看出，总刚中位于主对角线上的子块(称为主子块)$\boldsymbol{K}_{ii}$，是由同交于节点 i 的各杆件单元(称为节点 i 的相关单元)刚度矩阵中的相关主子块叠加而成；位于总刚主对角线两侧的子块(称为副子块)$\boldsymbol{K}_{im}$，当 i、m 两个节点之间有杆件直接相连时，$\boldsymbol{K}_{im}$为连结 i、m 的单元刚度矩阵中相应的副子块，节点 i、m 称为相关节点；当 i、m 两个节点之间无杆件直接相连时，$\boldsymbol{K}_{im}$为零，节点 i、m 称为非相关节点。

综上所述，可得出组成结构总刚度矩阵的一般规律如下：

(1) 总刚度矩阵中的子块 $\boldsymbol{K}_{ij}$是由单元刚度矩阵中的子块 $\boldsymbol{k}_{ij}^{e}$ “对号入座”集合而成，即将 $\boldsymbol{k}_{ij}^{e}$ 按它的两个下标的数字 i、j，送到总刚的第 i 行第 j 列。

(2) 总刚中的主子块 $\boldsymbol{K}_{ii}$，是由节点 i 的相关单元刚度矩阵中的相关主子块叠加而成，即 $\boldsymbol{K}_{ii} = \sum \boldsymbol{k}_{ii}^{e}$ 。

(3) 当节点 i、m 为相关节点时，总刚中的副子块 $\boldsymbol{K}_{im}$为连接 i、m 的单元刚度矩阵中相应的副子块，即 $\boldsymbol{K}_{im} = \boldsymbol{K}_{im}^{e}$；当节点 i、m 为非相关节点时，$\boldsymbol{K}_{im} = 0$

上述这种直接利用整体坐标系中的单元刚度矩阵通过对号入座而形成总刚度矩阵的方法，称为直接刚度法，它是目前编制计算机程序最常用的方法。用上述“子块搬家，对号入座”而集成结构总刚度矩阵的做法，不但适用于平面刚架，也适用于其他形式的杆件结构。

结构的原始刚度矩阵 $\boldsymbol{K}$ 具有以下性质：(1)对称性，刚度矩阵中的各元素有 $\boldsymbol{K}_{mn} =$

$\boldsymbol{K}_{nm}$的关系；(2)$\boldsymbol{K}$ 是稀疏矩阵，结构的节点较多时，非零元素在主对角线两侧一定宽度的带状区域内；(3)奇异性，这是由于在建立方程式(9-32)时，没有考虑结构的支承条件，结构还可以有任意的刚体位移，故其节点位移的解答不是唯一的，表明 $\boldsymbol{K}$ 的逆矩阵不存在。这只有在引入支承条件，并修改原始刚度方程之后，才能求解未知的节点位移。

【例 9-1】 试求图 9-8 所示刚架的原始刚度矩阵。各杆材料及截面均相同，$E = 200\text{GPa}$，$A = 1.5 \times 10^{-2}\text{m}^2$，$I = 30 \times 10^{-5}\text{m}^4$。

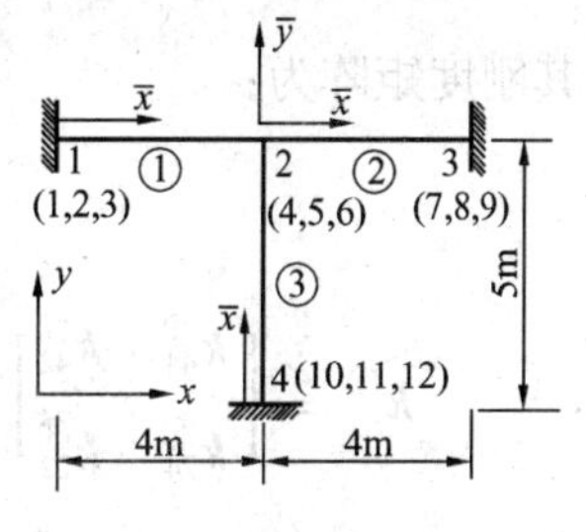

图 9-8

【解】(1) 对各单元、节点进行编号。选取整体坐标系和各单元局部坐标系，如图 9-8 所示。各单元节点局部编号 i、j 与整体节点编号的对应关系如表 9-2 所示。

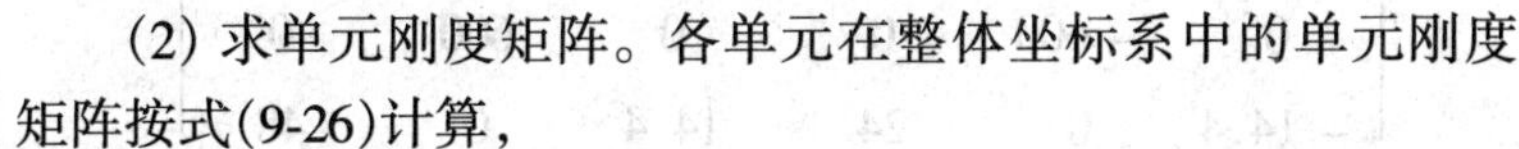

(2) 求单元刚度矩阵。各单元在整体坐标系中的单元刚度矩阵按式(9-26)计算，

单位节点局部编码与结构整体节点编码的对应关系 **表 9-2**

单　元	①	②	③
局部编码		结构整体节点编码	
i	1	2	4
j	2	3	2
α	0°	0°	90°

其中：对于单元①和②，$\alpha = 0°$，$l = 4\text{m}$，$\cos\alpha = 1$，$\sin\alpha = 0$

$$\frac{EA}{l} = \frac{200 \times 10^9 \times 10^{-3} \times 1.5 \times 10^{-2}}{4} = 750 \times 10^3\ \text{kN/m}$$

$$\frac{12EI}{l^3} = \frac{12 \times 200 \times 10^9 \times 10^{-3} \times 30 \times 10^{-5}}{4^3} = 11.25 \times 10^3\ \text{kN/m}$$

$$\frac{6EI}{l^2} = \frac{6 \times 200 \times 10^9 \times 10^{-3} \times 30 \times 10^{-5}}{4^2} = 22.5 \times 10^3\text{kN}$$

$$\frac{4EI}{l} = \frac{4 \times 200 \times 10^9 \times 10^{-3} \times 30 \times 10^{-5}}{4} = 60 \times 10^3\text{kN} \cdot \text{m}$$

$$\frac{2EI}{l} = \frac{2 \times 200 \times 10^9 \times 10^{-3} \times 30 \times 10^{-5}}{4} = 30 \times 10^3\text{kN} \cdot \text{m}$$

其刚度矩阵为：

$$\boldsymbol{k}^{①} = \left[\begin{array}{c:c} \boldsymbol{k}_{11}^{①} & \boldsymbol{k}_{12}^{①} \\ \hdashline \boldsymbol{k}_{21}^{①} & \boldsymbol{k}_{22}^{①} \end{array}\right] = \boldsymbol{k}^{②} = \left[\begin{array}{c:c} \boldsymbol{k}_{22}^{②} & \boldsymbol{k}_{23}^{②} \\ \hdashline \boldsymbol{k}_{32}^{②} & \boldsymbol{k}_{33}^{②} \end{array}\right]$$

$$= 10^3 \left[\begin{array}{ccc:ccc} 750 & 0 & 0 & -750 & 0 & 0 \\ 0 & 11.25 & 22.5 & 0 & -11.25 & 22.5 \\ 0 & 22.5 & 60 & 0 & -22.5 & 30 \\ \hdashline -750 & 0 & 0 & 750 & 0 & 0 \\ 0 & -11.25 & -22.5 & 0 & 11.25 & -22.5 \\ 0 & 22.5 & 30 & 0 & -22.5 & 60 \end{array}\right]$$

对于单元③，$\alpha = 90^\circ$，$l = 5\text{m}$，$\cos\alpha = 0$，$\sin\alpha = 1$

$$\frac{EA}{l} = 600 \times 10^3 \text{ kN/m}, \quad \frac{12EI}{l^3} = 5.76 \times 10^3 \text{ kN/m}, \quad \frac{6EI}{l^2} = 14.4 \times 10^3 \text{kN}$$

$$\frac{4EI}{l} = 48 \times 10^3 \text{kN} \cdot \text{m}, \quad \frac{2EI}{l} = 24 \times 10^3 \text{kN} \cdot \text{m}$$

其刚度矩阵为：

$$\boldsymbol{k}^{③} = \begin{bmatrix} \boldsymbol{k}_{44}^{③} & \boldsymbol{k}_{42}^{③} \\ \boldsymbol{k}_{24}^{③} & \boldsymbol{k}_{22}^{③} \end{bmatrix} = 10^3 \left[\begin{array}{ccc:ccc} 5.76 & 0 & -14.4 & -5.76 & 0 & -14.4 \\ 0 & 600 & 0 & 0 & -600 & 0 \\ -14.4 & 0 & 48 & 14.4 & 0 & 24 \\ \hdashline -5.76 & 0 & 14.4 & 5.76 & 0 & 14.4 \\ 0 & -600 & 0 & 0 & 600 & 0 \\ -14.4 & 0 & 24 & 14.4 & 0 & 48 \end{array}\right]$$

(3) 求结构总刚度矩阵(原始刚度矩阵)。按照对号入座的方法组装总刚度矩阵：

$$\boldsymbol{K} = \left[\begin{array}{c:c:c:c} \boldsymbol{K}_{11} & \boldsymbol{K}_{12} & \boldsymbol{K}_{13} & \boldsymbol{K}_{14} \\ \hdashline \boldsymbol{K}_{21} & \boldsymbol{K}_{22} & \boldsymbol{K}_{23} & \boldsymbol{K}_{24} \\ \hdashline \boldsymbol{K}_{31} & \boldsymbol{K}_{32} & \boldsymbol{K}_{33} & \boldsymbol{K}_{34} \\ \hdashline \boldsymbol{K}_{41} & \boldsymbol{K}_{42} & \boldsymbol{K}_{43} & \boldsymbol{K}_{44} \end{array}\right] = \left[\begin{array}{c:c:c:c} \boldsymbol{k}_{11}^{①} & \boldsymbol{k}_{12}^{①} & \mathbf{0} & \mathbf{0} \\ \hdashline \boldsymbol{k}_{21}^{①} & \boldsymbol{k}_{22}^{①} + \boldsymbol{k}_{22}^{②} + \boldsymbol{k}_{22}^{③} & \boldsymbol{k}_{23}^{②} & \boldsymbol{k}_{24}^{③} \\ \hdashline \mathbf{0} & \boldsymbol{k}_{32}^{②} & \boldsymbol{k}_{33}^{②} & \mathbf{0} \\ \hdashline \mathbf{0} & \boldsymbol{k}_{42}^{③} & \mathbf{0} & \boldsymbol{k}_{44}^{③} \end{array}\right]$$

$$= 10^3 \left[\begin{array}{ccc:ccc:ccc:ccc} 750 & 0 & 0 & -750 & 0 & 0 & & & & & & \\ 0 & 11.25 & 22.5 & 0 & -11.25 & 22.5 & & \mathbf{0} & & & \mathbf{0} & \\ 0 & 22.5 & 60 & 0 & -22.5 & 30 & & & & & & \\ \hdashline -750 & 0 & 0 & 1505.76 & 0 & 14.4 & -750 & 0 & 0 & -5.76 & 0 & 14.4 \\ 0 & -11.25 & -22.5 & 0 & 622.5 & 0 & 0 & -11.25 & 22.5 & 0 & -600 & 0 \\ 0 & 22.5 & 30 & 14.4 & 0 & 168 & 0 & -22.5 & 30 & -14.4 & 0 & 24 \\ \hdashline & & & -750 & 0 & 0 & 750 & 0 & 0 & & & \\ & \mathbf{0} & & 0 & -11.25 & -22.5 & 0 & 11.25 & -22.5 & & \mathbf{0} & \\ & & & 0 & 22.5 & 30 & 0 & -22.5 & 60 & & & \\ \hdashline & & & -5.76 & 0 & -14.4 & & & & 5.76 & 0 & -14.4 \\ & \mathbf{0} & & 0 & -600 & 0 & & \mathbf{0} & & 0 & 600 & 0 \\ & & & 14.4 & 0 & 24 & & & & -14.4 & 0 & 48 \end{array}\right]$$

9.5 支承条件的引入

方程(9-32)是在整个结构无支座约束的情况下建立的，因此，结构在外力作用下，除弹性变形外，还可以发生刚体位移，各节点位移不能唯一地确定。为了求得未知节点位移，就必须考虑支承约束条件，并据此对整体刚度方程进行修改。这种在形成结构原始刚度方程之后，再引入支承条件对方程进行修改，进而求解未知节点位移的方法，称为后处理法。而如果在形成结构总刚度矩阵之前，先考虑支承条件，将已知的节点位移分量均编号为0，并将单元刚度矩阵中凡是与编号为0的位移分量所对应的行和列均不送入结构总刚度矩阵，这样形成的总刚度矩阵为非奇异矩阵，由此得到的刚度方程可直接求解未知的节点位移，这种方法称为先处理法。后处理法程序简单，适应性广，而先处理法形成的总刚度矩阵占用计算机存储量较小，两种处理法各有所长。本章讨论后处理法，对于先处理法，可参阅其他教材。

现以图 9-8 所示刚架为例，说明结构原始刚度方程的修改方法。

首先，将结构原始刚度方程按节点的支承条件重新排列，即在节点位移列向量和节点力列向量中，将无支座约束的节点位移和相应的节点力排在前面，而将有支座约束的节点位移和相应的节点力排在后面，同一节点的节点位移与节点力的排列次序在两个列向量中必须相同。与此同时对原始刚度矩阵中的对应元素也要作相应的调整。在例 9-1 中，节点 2 无支座约束，节点位移 $\boldsymbol{\Delta}_2$未知，排为节点位移列向量的第一个元素，相应的节点力 $\boldsymbol{F}_2$为已知，排为节点力列向量的第一个元素；而节点 1、3、4 为固定端，节点位移 $\boldsymbol{\Delta}_1$、$\boldsymbol{\Delta}_3$、$\boldsymbol{\Delta}_4$已知，相应的节点力 $\boldsymbol{F}_1$、$\boldsymbol{F}_3$、$\boldsymbol{F}_4$为未知，将它们依次排在 $\boldsymbol{\Delta}_2$和 $\boldsymbol{F}_2$的后面。同时将例 9-1 的总刚度矩阵 $\boldsymbol{K}$ 中与 $\boldsymbol{F}_2$、$\boldsymbol{\Delta}_2$对应的第 2 行和第 2 列变换到第 1 行、第 1 列。调整后的刚度方程如下：

$$\begin{matrix}\text{已知}\\ \text{未知}\\ \text{未知}\\ \text{未知}\end{matrix}\begin{bmatrix}\boldsymbol{F}_2\\ \boldsymbol{F}_1\\ \boldsymbol{F}_3\\ \boldsymbol{F}_4\end{bmatrix}=\left[\begin{array}{c|ccc}\boldsymbol{k}_{22}^{①}+\boldsymbol{k}_{22}^{②}+\boldsymbol{k}_{22}^{③} & \boldsymbol{k}_{21}^{①} & \boldsymbol{k}_{23}^{②} & \boldsymbol{k}_{24}^{③}\\ \hline \boldsymbol{k}_{12}^{①} & \boldsymbol{k}_{11}^{①} & \mathbf{0} & \mathbf{0}\\ \boldsymbol{k}_{32}^{②} & \mathbf{0} & \boldsymbol{k}_{33}^{②} & \mathbf{0}\\ \boldsymbol{k}_{42}^{③} & \mathbf{0} & \mathbf{0} & \boldsymbol{k}_{44}^{③}\end{array}\right]\begin{bmatrix}\boldsymbol{\Delta}_2\\ \boldsymbol{\Delta}_1\\ \boldsymbol{\Delta}_3\\ \boldsymbol{\Delta}_4\end{bmatrix}\begin{matrix}\text{未知}\\ \text{已知}\\ \text{已知}\\ \text{已知}\end{matrix} \tag{9-34}$$

其次，用 $\boldsymbol{F}_{\mathrm{A}}$、$\boldsymbol{F}_{\mathrm{B}}$分别表示已知节点力列向量和未知节点力列向量；$\boldsymbol{\Delta}_{\mathrm{A}}$、$\boldsymbol{\Delta}_{\mathrm{B}}$分别表示未知节点位移列向量和已知节点位移列向量。与此相应，$\boldsymbol{K}$ 也分为 $\boldsymbol{K}_{\mathrm{AA}}$、$\boldsymbol{K}_{\mathrm{AB}}$、$\boldsymbol{K}_{\mathrm{BA}}$、$\boldsymbol{K}_{\mathrm{BB}}$四个子块。于是式(9-34)可写为：

$$\begin{bmatrix}\boldsymbol{F}_{\mathrm{A}}\\ \boldsymbol{F}_{\mathrm{B}}\end{bmatrix}=\left[\begin{array}{c|c}\boldsymbol{K}_{\mathrm{AA}} & \boldsymbol{K}_{\mathrm{AB}}\\ \hline \boldsymbol{K}_{\mathrm{BA}} & \boldsymbol{K}_{\mathrm{BB}}\end{array}\right]\begin{bmatrix}\boldsymbol{\Delta}_{\mathrm{A}}\\ \boldsymbol{\Delta}_{\mathrm{B}}\end{bmatrix} \tag{9-35}$$

展开上式得：

$$\boldsymbol{F}_{\mathrm{A}}=\boldsymbol{K}_{\mathrm{AA}}\boldsymbol{\Delta}_{\mathrm{A}}+\boldsymbol{K}_{\mathrm{AB}}\boldsymbol{\Delta}_{\mathrm{B}} \tag{9-36}$$

$$\boldsymbol{F}_{\mathrm{B}}=\boldsymbol{K}_{\mathrm{BA}}\boldsymbol{\Delta}_{\mathrm{A}}+\boldsymbol{K}_{\mathrm{BB}}\boldsymbol{\Delta}_{\mathrm{B}} \tag{9-37}$$

对于式(9-34)可有：$\boldsymbol{\Delta}_{\mathrm{A}}=\boldsymbol{\Delta}_2$ 为未知，$\boldsymbol{\Delta}_{\mathrm{B}}$ 中的 $\boldsymbol{\Delta}_1=0$，$\boldsymbol{\Delta}_3=0$，$\boldsymbol{\Delta}_4=0$ 为已知，于是由式(9-36)得：

$$\boldsymbol{F}_A=\boldsymbol{K}_{\mathrm{AA}}\boldsymbol{\Delta}_{\mathrm{A}} \tag{9-38}$$

它可简写为：

$$\boldsymbol{F}=\boldsymbol{K}\boldsymbol{\Delta} \tag{9-39}$$

其中

$$\boldsymbol{K}=\boldsymbol{K}_{\mathrm{AA}}=K_{22}=[\boldsymbol{k}_{22}^{①}+\boldsymbol{k}_{22}^{②}+\boldsymbol{k}_{22}^{③}] \tag{9-40}$$

式(9-39)就是引入支承条件后图 9-8 的结构刚度方程。此时 $\boldsymbol{F}$ 只包括已知节点荷载，$\boldsymbol{\Delta}$ 只包括未知节点位移。刚度矩阵 $\boldsymbol{K}$ 则为经过边界条件处理后的缩减刚度矩阵，它由结构原始刚度矩阵删去与已知为零的节点位移对应的行和列(称为划行划列法)而得到，称为结构的最后刚度矩阵。当结构为几何不变体系时，引入支承条件后即消除了任意刚体位移，因而结构最后刚度矩阵为非奇异矩阵，于是由式(9-39)可求得未知节点位移，即

$$\boldsymbol{\Delta}=\boldsymbol{K}^{-1}\boldsymbol{F} \tag{9-41}$$

节点位移一旦求出，便可由单元刚度方程计算各单元的杆端力，注意到 $\boldsymbol{\Delta}_i=\boldsymbol{\delta}_i^{\mathrm{e}}$，由

式(9-20)有

$$\boldsymbol{F}^{e} = \boldsymbol{k}^{e}\boldsymbol{\delta}^{e} \tag{9-42}$$

再由式(9-14)可求得局部坐标系中的杆端力(即单元杆端的轴力、剪力、弯矩)

$$\overline{\boldsymbol{F}}^{e} = \boldsymbol{T}\boldsymbol{F}^{e} = \boldsymbol{T}\boldsymbol{k}^{e}\boldsymbol{\delta}^{e} \tag{9-43}$$

或者由式(9-18)求得局部坐标系中的杆端节点位移

$$\overline{\boldsymbol{\delta}}^{e} = \boldsymbol{T}\boldsymbol{\delta}^{e}$$

再由式(9-2b)求得局部坐标系中的杆端力

$$\overline{\boldsymbol{F}}^{e} = \overline{\boldsymbol{k}}^{e}\overline{\boldsymbol{\delta}}^{e} = \overline{\boldsymbol{k}}^{e}\boldsymbol{T}\boldsymbol{\delta}^{e} \tag{9-44}$$

方程(9-37)称为反力方程，在求出未知的节点位移后，可利用它来计算支座反力。但是在全部杆件内力求出后，若需要求支座反力，由节点平衡条件就可很快求得，故通常不用式(9-37)求反力。

为了讨论和书写简便，上面以节点位移和节点力子块的形式介绍了支承条件的处理过程。具体计算时，必须落实到每个节点位移分量和节点力分量。因此，在对节点进行编号的同时，还要对节点位移和节点力的每个分量进行编号。节点位移分量和节点力分量的编号是一一对应的。对于所有节点都是刚节点的刚架，每个节点的位移分量数均为3，则节点 i 的3个位移分量 u_i、v_i、φ_i 依次编号为 $3i-2, 3i-1, 3i$。例如在例9-1中，节点2的角位移 φ_2 编号为 $3\times2=6$，节点3的水平力分量 F_{x3}编号为 $3\times3-2=7$，总刚中与它们对应的元素则为 k_{76}，图9-8括号内的数字即为节点位移分量编号。按节点位移分量和节点力分量进行编号，并不影响按划行划列法对原始刚度矩阵的修改。

矩阵位移法是用计算机完成的，用上述划行划列法修改原始刚度矩阵，在计算机上不易实现。实际编写程序时，引入支承条件则是采用另外的方法，下面介绍常用的两种。

1. 乘大数法

设结构的原始刚度方程按节点位移分量和节点力分量表示的形式如式(9-45)所示：

$$\begin{bmatrix} F_1 \\ F_2 \\ \vdots \\ F_j \\ \vdots \\ F_n \end{bmatrix} = \begin{bmatrix} k_{11} & k_{12} & \cdots & k_{1j} & \cdots & k_{1n} \\ k_{21} & k_{22} & \cdots & k_{2j} & \cdots & k_{2n} \\ \vdots & \vdots & \vdots & \vdots & \vdots & \vdots \\ k_{j1} & k_{j2} & \cdots & k_{jj} & \cdots & k_{jn} \\ \vdots & \vdots & \vdots & \vdots & \vdots & \vdots \\ k_{n1} & k_{n2} & \cdots & k_{nj} & \cdots & k_{nn} \end{bmatrix} \begin{bmatrix} \delta_1 \\ \delta_2 \\ \vdots \\ \delta_j \\ \vdots \\ \delta_n \end{bmatrix} \tag{9-45}$$

其中节点位移分量 δ_j 为已知值 C_j(给定的位移值，也可以是零)。对此，可用一个充分大的数 N(以不使计算机产生溢出为原则)去乘总刚中的主元素 k_{jj}，同时将节点力列向量中的对应分量 F_j改为 $Nk_{jj}C_j$。于是，式(9-45)的第 j 个方程变为：

$$Nk_{jj}C_j = k_{j1}\delta_1 + k_{j2}\delta_2 + \cdots + Nk_{jj}\delta_j + \cdots + k_{jn}\delta_n$$

上式中，与包含 N 的两项相比，其余各项都充分地小，可以忽略不计，因此由上式可以精确地解出 $\delta_j = C_j$。这样，就引入了给定的支承条件，同时保持了原方程各矩阵的阶数和编号不变。由于 C_j可以是已知的支座位移，因此，可用这一办法处理支座移动问题。

2. 划零置一法

设结构的原始刚度方程仍如式(9-45)所示，节点位移分量 $\delta_j = C_j$（C_j 为已知位移值，包括0)，则可将总刚中的主元素 k_{jj}换为1，而将 j 行 j 列的其他元素均改为零，同时将节点力列向量中的对应分量 F_j改为 C_j。于是，修改后的第 j 个方程变为：

$$C_j = 0 \times \delta_1 + 0 \times \delta_2 + \cdots + 1 \times \delta_j + \cdots + 0 \times \delta_n$$

上式即为给定的支承条件 $\delta_j = C_j$，而其余方程并未改变。经过上述修改后的刚度矩阵仍保持原矩阵的阶数和顺序，并且保留了矩阵的对称性，有利于计算。

经过上述支承条件处理后的刚度方程，便是矩阵位移法的基本方程，由它可求出全部未知节点位移。

9.6 非节点荷载的处理

前面讨论的都是节点荷载作用的情况，但在实际问题中，不可避免地会遇到非节点荷载，对于这种情况，常采用所谓等效节点荷载的处理方法。

如图9-9(a)所示刚架，为了将各单元上的非节点荷载转换为等效节点荷载，首先在各节点加上附加链杆和刚臂，阻止节点的线位移和角位移，此时附加链杆和刚臂由于原荷载作用，将有附加反力和反力矩。由节点平衡可知，各节点附加反力和反力矩之值等于汇交于该节点各杆相应端固端力的代数和，如图9-9(b)所示。然后，取消附加链杆和刚臂，亦即将上述附加反力和反力矩反号后作为荷载施加于节点上(图9-9c)。显然，图9-9(a)所示刚架的内力和变形，等于图9-9(b)和图9-9(c)两种情况下内力和变形的叠加。然而，在附加约束限制下，图9-9(b)的所有节点位移都等于零。因此，图9-9(c)中各节点位移就等于图9-9(a)对应节点的位移。可见图9-9(c)的节点荷载与原非节点荷载引起的节点位移是相同的，因此称为原非节点荷载的等效节点荷载。有了等效节点荷载，便可按照前面讨论的刚度方程求解。最后，将以上两种情况的内力叠加，即为原结构在非节点荷载作用下的内力解答。

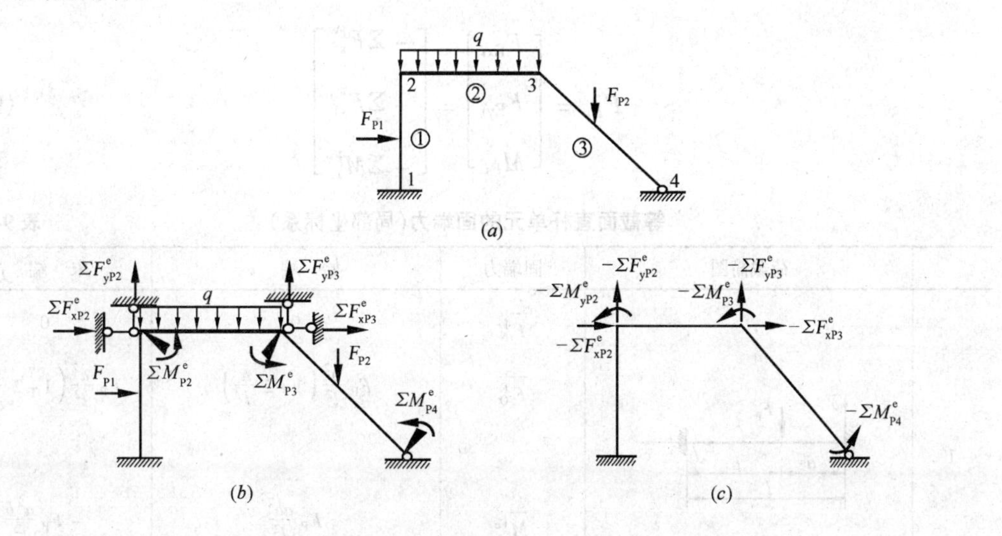

图9-9

综上所述，可归纳出将非节点荷载进行等效转换的步骤如下：

1. 求单元 e 在局部坐标系下的固端力 $\overline{\boldsymbol{F}}^{\mathrm{Fe}}$，即

$$\overline{\boldsymbol{F}}^{\mathrm{Fe}}=\begin{bmatrix}\overline{\boldsymbol{F}}_i^{\mathrm{Fe}}\\ \cdots\\ \overline{\boldsymbol{F}}_j^{\mathrm{Fe}}\end{bmatrix}=\begin{bmatrix}\overline{F}_{\mathrm{N}i}^{\mathrm{Fe}}\\ \overline{F}_{\mathrm{Q}i}^{\mathrm{Fe}}\\ \overline{M}_i^{\mathrm{Fe}}\\ \cdots\\ \overline{F}_{\mathrm{N}j}^{\mathrm{Fe}}\\ \overline{F}_{\mathrm{Q}j}^{\mathrm{Fe}}\\ \overline{M}_j^{\mathrm{Fe}}\end{bmatrix}\tag{9-46}$$

各固端力可由表 6-1 并按本章规定的正负号求得或由表 9-3 直接查得。

2. 求单元 e 在整体坐标系下的固端力 $\boldsymbol{F}^{\mathrm{Fe}}$，即由式(9-46)两边左乘 $\boldsymbol{T}^{\mathrm{T}}$可得

$$\boldsymbol{F}^{\mathrm{Fe}}=\boldsymbol{T}^{\mathrm{T}}\overline{\boldsymbol{F}}^{\mathrm{Fe}}=\begin{bmatrix}\boldsymbol{F}_i^{\mathrm{Fe}}\\ \cdots\\ \boldsymbol{F}_j^{\mathrm{Fe}}\end{bmatrix}=\begin{bmatrix}F_{\mathrm{x}i}^{\mathrm{Fe}}\\ F_{\mathrm{y}i}^{\mathrm{Fe}}\\ M_i^{\mathrm{Fe}}\\ \cdots\\ F_{\mathrm{x}j}^{\mathrm{Fe}}\\ F_{\mathrm{y}j}^{\mathrm{Fe}}\\ M_j^{\mathrm{Fe}}\end{bmatrix}\tag{9-47}$$

3. 求等效节点荷载 $\boldsymbol{F}_{\mathrm{E}}$。刚架结构任一节点 i 的等效节点荷载$\boldsymbol{F}_{\mathrm{E}i}$(下标“$E$”表示等效)是由汇交于该节点各单元整体坐标系中的 i 端固端力反号后集合而成。因此，可将 $\boldsymbol{F}^{\mathrm{Fe}}$中的两个子块乘以($-1$)并按对号入座的方法送到节点 i 荷载列阵中的相应位置求和，便得到等效节点荷载，即

$$\boldsymbol{F}_{\mathrm{E}i}=\begin{bmatrix}F_{\mathrm{Ex}i}\\ F_{\mathrm{Ey}i}\\ M_{\mathrm{E}i}\end{bmatrix}=\begin{bmatrix}-\Sigma F_{\mathrm{x}i}^{\mathrm{Fe}}\\ -\Sigma F_{\mathrm{y}i}^{\mathrm{Fe}}\\ -\Sigma M_i^{\mathrm{Fe}}\end{bmatrix}\tag{9-48}$$

等截面直杆单元的固端力(局部坐标系) **表 9-3**

	荷载简图	固端力	始　端　i	末　端　j
1	$\overline{y}$, F_{P}, i, a, e, b, j, $\overline{x}$, l	$\overline{F}_{\mathrm{N}}^{\mathrm{Fe}}$	0	0
		$\overline{F}_{\mathrm{Q}}^{\mathrm{Fe}}$	$F_{\mathrm{P}}\dfrac{b^2}{l^2}\left(1+2\dfrac{a}{l}\right)$	$F_{\mathrm{P}}\dfrac{a^2}{l^2}\left(1+2\dfrac{b}{l}\right)$
		$\overline{M}^{\mathrm{Fe}}$	$F_{\mathrm{P}}\dfrac{ab^2}{l^2}$	$-F_{\mathrm{P}}\dfrac{a^2b}{l^2}$

续表

	荷载简图	固端力	始端 i	末端 j
2		$\overline{F}_N^{Fe}$	$-F_P\frac{b}{l}$	$-F_P\frac{a}{l}$
		$\overline{F}_Q^{Fe}$	0	0
		$\overline{M}^{Fe}$	0	0
3		$\overline{F}_N^{Fe}$	0	0
		$\overline{F}_Q^{Fe}$	$qa\left(1-\frac{a^2}{l^2}+\frac{a^3}{2l^3}\right)$	$q\frac{a^3}{l^2}\left(1-\frac{a}{2l}\right)$
		$\overline{M}^{Fe}$	$\frac{qa^2}{12}\left(6-8\frac{a}{l}+3\frac{a^2}{l^2}\right)$	$-\frac{qa^3}{12}\left(\frac{4}{l}-3\frac{a}{l^2}\right)$
4		$\overline{F}_N^{Fe}$	0	0
		$\overline{F}_Q^{Fe}$	$\frac{3ql}{20}$	$\frac{7}{20}ql$
		$\overline{M}^{Fe}$	$\frac{1}{30}ql^2$	$-\frac{1}{20}ql^2$
5		$\overline{F}_N^{Fe}$	0	0
		$\overline{F}_Q^{Fe}$	$-\frac{6Mab}{l^3}$	$\frac{6Mab}{l^3}$
		$\overline{M}^{Fe}$	$-M\frac{b}{l}\left(2-3\frac{b}{l}\right)$	$-M\frac{a}{l}\left(2-3\frac{a}{l}\right)$

如果节点 i 除了非节点荷载之外，还有直接作用在节点 i 上的荷载 $\boldsymbol{F}_{Di}$(下标“D”表示直接)，则在节点 i 上总的节点荷载为：

$$\boldsymbol{F}_i = \boldsymbol{F}_{Di} + \boldsymbol{F}_{Ei} \tag{9-49}$$

$\boldsymbol{F}_i$称为节点 i 的综合节点荷载。整个结构的综合节点荷载列阵即为：

$$\boldsymbol{F} = \boldsymbol{F}_D + \boldsymbol{F}_E \tag{9-50}$$

式中，$\boldsymbol{F}_D$为结构的直接节点荷载列阵；$\boldsymbol{F}_E$为结构的等效节点荷载列阵。

需要指出的是，各单元的最后杆端力将是综合节点荷载作用下产生的杆端力与该单元固端力之和。对于非节点荷载作用的单元，固端力按本节上述方法确定；对于无非节点荷载作用的单元，固端力为零。于是，结构坐标下单元最后杆端力可写为：

$$\boldsymbol{F}^e = \boldsymbol{F}^{Fe} + \boldsymbol{k}^e\boldsymbol{\Delta}^e \tag{9-51}$$

用 $\boldsymbol{T}$ 左乘式(9-51)等号两边可得局部坐标下单元最后杆端力为：

$$\overline{\boldsymbol{F}}^e = \overline{\boldsymbol{F}}^{Fe} + \boldsymbol{T}\boldsymbol{k}^e\boldsymbol{\Delta}^e \tag{9-52}$$

或

$$\overline{\boldsymbol{F}}^e = \overline{\boldsymbol{F}}^{Fe} + \overline{\boldsymbol{k}}^e\boldsymbol{T}\boldsymbol{\Delta}^e \tag{9-53}$$

【例 9-2】 试求图 9-10 所示刚架在给定荷载作用下节点 2、3 的等效节点荷载 $\boldsymbol{F}_{E2}$、$\boldsymbol{F}_{E3}$。

【解】 (1) 求各单元在局部坐标系中的固端力 $\overline{\boldsymbol{F}}^{Fe}$

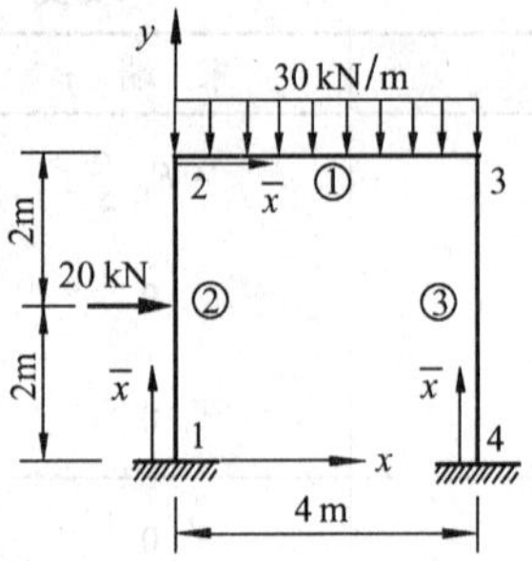

单元①：由表9-3第3栏，$q=30\text{kN/m}$，$a=l=4\text{m}$，可求得：

$$\overline{F}_{Ni}^{F①}=0,\overline{F}_{Qi}^{F①}=60\text{kN},\overline{M}_{i}^{F①}=40\text{kN}\cdot\text{m}$$

$$\overline{F}_{Nj}^{F①}=0,\overline{F}_{Qj}^{F①}=60\text{kN},\overline{M}_{j}^{F①}=-40\text{kN}\cdot\text{m}$$

$$\overline{\boldsymbol{F}}^{F①}=[\overline{\boldsymbol{F}}_{2}^{F①}\quad\overline{\boldsymbol{F}}_{3}^{F①}]^{T}=[0\quad 60\quad 40\quad 0\quad 60\quad -40]^{T}$$

单元②：由表9-3第1栏，$F_P=20\text{kN}$，$a=b=l/2=2\text{m}$，可求得：

图9-10

$$\overline{F}_{Ni}^{F②}=0,\overline{F}_{Qi}^{F②}=10\text{kN},\overline{M}_{i}^{F②}=10\text{kN}\cdot\text{m}$$

$$\overline{F}_{Nj}^{F②}=0,\overline{F}_{Qj}^{F②}=10\text{kN},\overline{M}_{j}^{F②}=-10\text{kN}\cdot\text{m}$$

$$\overline{\boldsymbol{F}}^{F②}=[\overline{\boldsymbol{F}}_{1}^{F②}\quad\overline{\boldsymbol{F}}_{2}^{F②}]^{T}=[0\quad 10\quad 10\quad 0\quad 10\quad -10]^{T}$$

单元③：无非节点荷载作用。因此

$$\overline{\boldsymbol{F}}^{F③}=\boldsymbol{0}$$

(2)求各单元在整体坐标系中的固端力 $\boldsymbol{F}^{Fe}$　单元①、②局部坐标与整体坐标的夹角为 $\alpha_1=0°$和 $\alpha_2=90°$，由式(9-47)可得：

$$\boldsymbol{F}^{F①}=\begin{bmatrix}\boldsymbol{F}_2^{F①}\\ \boldsymbol{F}_3^{F①}\end{bmatrix}=\begin{bmatrix}1&0&0&&&\\0&1&0&&\boldsymbol{0}&\\0&0&1&&&\\&&&1&0&0\\&\boldsymbol{0}&&0&1&0\\&&&0&0&1\end{bmatrix}\begin{bmatrix}0\\60\\40\\0\\60\\-40\end{bmatrix}=\begin{bmatrix}0\\60\\40\\0\\60\\-40\end{bmatrix}$$

$$\boldsymbol{F}^{F②}=\begin{bmatrix}\boldsymbol{F}_1^{F②}\\ \boldsymbol{F}_2^{F②}\end{bmatrix}=\begin{bmatrix}0&-1&0&&&\\1&0&0&&\boldsymbol{0}&\\0&0&1&&&\\&&&0&-1&0\\&\boldsymbol{0}&&1&0&0\\&&&0&0&1\end{bmatrix}\begin{bmatrix}0\\10\\10\\0\\10\\-10\end{bmatrix}=\begin{bmatrix}-10\\0\\10\\-10\\0\\-10\end{bmatrix}$$

$$\boldsymbol{F}^{F③}=\boldsymbol{0}$$

(3)求等效节点荷载 $\boldsymbol{F}_{Ei}$　由式(9-48)可求出 $\boldsymbol{F}_{E2}$、$\boldsymbol{F}_{E3}$为：

$$\boldsymbol{F}_{E2}=-[\boldsymbol{F}_2^{F①}+\boldsymbol{F}_2^{F②}]=\begin{bmatrix}F_{Ex2}\\F_{Ey2}\\M_{E2}\end{bmatrix}=-\begin{bmatrix}0\\60\\40\end{bmatrix}-\begin{bmatrix}-10\\0\\-10\end{bmatrix}=\begin{bmatrix}10\text{kN}\\-60\text{kN}\\-30\text{kN}\cdot\text{m}\end{bmatrix}$$

$$\boldsymbol{F}_{E3}=-[\boldsymbol{F}_3^{F①}+\boldsymbol{F}_3^{F③}]=\begin{bmatrix}F_{Ex3}\\F_{Ey3}\\M_{E3}\end{bmatrix}=-\begin{bmatrix}0\\60\\-40\end{bmatrix}-\begin{bmatrix}0\\0\\0\end{bmatrix}=\begin{bmatrix}0\\-60\text{kN}\\40\text{kN}\cdot\text{m}\end{bmatrix}$$

9.7 矩阵位移法的解题步骤及示例

通过前面的讨论，可得矩阵位移法的解题步骤如下：

(1) 对各单元和节点进行编号，选定各单元局部坐标系和结构整体坐标系；

(2) 计算整体坐标系中各单元的刚度矩阵，并分块；

(3) 将各单元刚度矩阵的子块“对号入座”形成结构原始刚度矩阵；

(4) 计算单元固端力、等效节点荷载和综合节点荷载；

(5) 建立节点位移列向量和相应的节点力列向量；

(6) 引入支承条件，修改结构原始刚度矩阵和原始刚度方程；

(7) 解整体刚度方程，求出各节点位移；

(8) 计算各单元的杆端力。

以下通过两个例题具体说明计算过程。

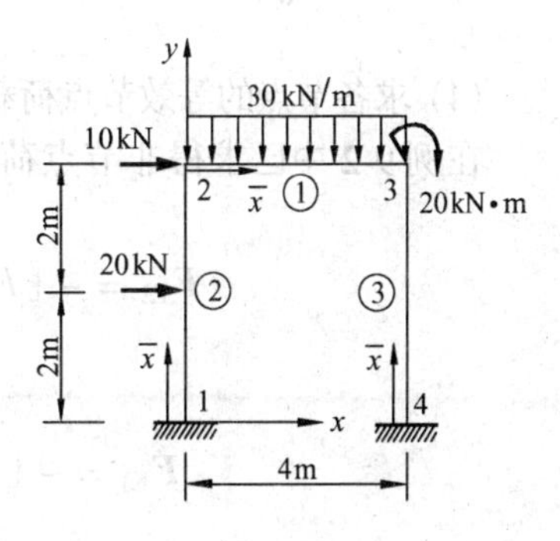

图 9-11

【例 9-3】 试求图 9-11 所示刚架的内力。已知各杆材料及截面相同，$E = 200\text{GPa}$，$A = 1.0 \times 10^{-2}\text{m}^2$，$I = 32 \times 10^{-5}\text{m}^4$。

【解】 (1) 各单元、节点编号及各单元局部坐标系和结构整体坐标系如图 9-11 所示。

(2) 按式(9-26)求出各单元在整体坐标系中的刚度矩阵及子块如下：

$$\boldsymbol{k}^{①} = \left[\begin{array}{c|c} \boldsymbol{k}_{22}^{①} & \boldsymbol{k}_{23}^{①} \\ \hline \boldsymbol{k}_{32}^{①} & \boldsymbol{k}_{33}^{①} \end{array}\right] = 10^3 \left[\begin{array}{ccc|ccc} 500 & 0 & 0 & -500 & 0 & 0 \\ 0 & 12 & 24 & 0 & -12 & 24 \\ 0 & 24 & 64 & 0 & -24 & 32 \\ \hline -500 & 0 & 0 & 500 & 0 & 0 \\ 0 & -12 & -24 & 0 & 12 & -24 \\ 0 & 24 & 32 & 0 & -24 & 64 \end{array}\right]$$

$$\boldsymbol{k}^{②} = \left[\begin{array}{c|c} \boldsymbol{k}_{11}^{②} & \boldsymbol{k}_{12}^{②} \\ \hline \boldsymbol{k}_{21}^{②} & \boldsymbol{k}_{22}^{②} \end{array}\right] = \boldsymbol{k}^{③} = \left[\begin{array}{c|c} \boldsymbol{k}_{44}^{③} & \boldsymbol{k}_{43}^{③} \\ \hline \boldsymbol{k}_{34}^{③} & \boldsymbol{k}_{33}^{③} \end{array}\right] = 10^3 \left[\begin{array}{ccc|ccc} 12 & 0 & -24 & -12 & 0 & -24 \\ 0 & 500 & 0 & 0 & -500 & 0 \\ -24 & 0 & 64 & 24 & 0 & 32 \\ \hline -12 & 0 & 24 & 12 & 0 & 24 \\ 0 & -500 & 0 & 0 & 500 & 0 \\ -24 & 0 & 32 & 24 & 0 & 64 \end{array}\right]$$

(3)按式(9-33)将各单元刚度矩阵的子块“对号入座”，形成结构的原始刚度矩阵：

$$\boldsymbol{K} = \left[\begin{array}{c|c|c|c} \boldsymbol{K}_{11} & \boldsymbol{K}_{12} & \boldsymbol{K}_{13} & \boldsymbol{K}_{14} \\ \hline \boldsymbol{K}_{21} & \boldsymbol{K}_{22} & \boldsymbol{K}_{23} & \boldsymbol{K}_{24} \\ \hline \boldsymbol{K}_{31} & \boldsymbol{K}_{32} & \boldsymbol{K}_{33} & \boldsymbol{K}_{34} \\ \hline \boldsymbol{K}_{41} & \boldsymbol{K}_{42} & \boldsymbol{K}_{43} & \boldsymbol{K}_{44} \end{array}\right] = \left[\begin{array}{c|c|c|c} \boldsymbol{k}_{11}^{②} & \boldsymbol{k}_{12}^{②} & \boldsymbol{0} & \boldsymbol{0} \\ \hline \boldsymbol{k}_{21}^{②} & \boldsymbol{k}_{22}^{①} + \boldsymbol{k}_{22}^{②} & \boldsymbol{k}_{23}^{①} & \boldsymbol{0} \\ \hline \boldsymbol{0} & \boldsymbol{k}_{32}^{①} & \boldsymbol{k}_{33}^{①} + \boldsymbol{k}_{33}^{③} & \boldsymbol{k}_{34}^{③} \\ \hline \boldsymbol{0} & \boldsymbol{0} & \boldsymbol{k}_{43}^{③} & \boldsymbol{k}_{44}^{③} \end{array}\right]$$

$$
=10^3\left[\begin{array}{ccc:ccc:ccc:ccc}
12 & 0 & -24 & -12 & 0 & -24 & & & & & & \\
0 & 500 & 0 & 0 & -500 & 0 & & \mathbf{0} & & & \mathbf{0} & \\
-24 & 0 & 64 & 24 & 0 & 32 & & & & & & \\
\hdashline
-12 & 0 & 24 & 512 & 0 & 24 & -500 & 0 & 0 & & & \\
0 & -500 & 0 & 0 & 512 & 24 & 0 & -12 & 24 & & \mathbf{0} & \\
-24 & 0 & 32 & 24 & 24 & 128 & 0 & -24 & 32 & & & \\
\hdashline
 & & & -500 & 0 & 0 & 512 & 0 & 24 & -12 & 0 & 24 \\
 & \mathbf{0} & & 0 & -12 & -24 & 0 & 512 & -24 & 0 & -500 & 0 \\
 & & & 0 & 24 & 32 & 24 & -24 & 128 & -24 & 0 & 32 \\
\hdashline
 & & & & & & -12 & 0 & -24 & 12 & 0 & -24 \\
 & \mathbf{0} & & & \mathbf{0} & & 0 & -500 & 0 & 0 & 500 & 0 \\
 & & & & & & 24 & 0 & 32 & -24 & 0 & 64
\end{array}\right]
$$

(4) 求各节点的等效节点荷载 $\boldsymbol{F}_{Ei}$、综合节点荷载 $\boldsymbol{F}_i$，并求出结构的节点荷载列向量 $\boldsymbol{F}$。

在例 9-2 中已求得非节点荷载作用下节点 2、3 的等效节点荷载 $\boldsymbol{F}_{E2}$、$\boldsymbol{F}_{E3}$为：

$$
\boldsymbol{F}_{E2}=-\left[F_2^{F①}+F_2^{F②}\right]=\begin{bmatrix}F_{Ex2}\\F_{Ey2}\\M_{E2}\end{bmatrix}=\begin{bmatrix}10\text{kN}\\-60\text{kN}\\-30\text{kN}\cdot\text{m}\end{bmatrix}
$$

$$
\boldsymbol{F}_{E3}=-\left[F_3^{F①}+\boldsymbol{F}_3^{F③}\right]=\begin{bmatrix}F_{Ex3}\\F_{Ey3}\\M_{E3}\end{bmatrix}=\begin{bmatrix}0\\-60\text{kN}\\40\text{kN}\cdot\text{m}\end{bmatrix}
$$

再由式(9-49)求得节点 2、3 的综合节点荷载为：

$$
\boldsymbol{F}_2=\boldsymbol{F}_{D2}+\boldsymbol{F}_{E2}=\begin{bmatrix}F_{x2}\\F_{y2}\\M_2\end{bmatrix}=\begin{bmatrix}10\text{kN}\\0\\0\end{bmatrix}+\begin{bmatrix}10\text{kN}\\-60\text{kN}\\-30\text{kN}\cdot\text{m}\end{bmatrix}=\begin{bmatrix}20\\-60\\-30\end{bmatrix}
$$

$$
\boldsymbol{F}_3=\boldsymbol{F}_{D3}+\boldsymbol{F}_{E3}=\begin{bmatrix}F_{x3}\\F_{y3}\\M_3\end{bmatrix}=\begin{bmatrix}0\\0\\-20\text{kN}\cdot\text{m}\end{bmatrix}+\begin{bmatrix}0\\-60\text{kN}\\40\text{kN}\cdot\text{m}\end{bmatrix}=\begin{bmatrix}0\\-60\\20\end{bmatrix}
$$

于是，结构的节点荷载列向量 $\boldsymbol{F}$ 为：

$$
\boldsymbol{F}=\begin{bmatrix}\boldsymbol{F}_1\\ \hdashline \boldsymbol{F}_2\\ \hdashline \boldsymbol{F}_3\\ \hdashline \boldsymbol{F}_4\end{bmatrix}=\begin{bmatrix}F_{x1}\\F_{y1}\\M_1\\ \hdashline F_{x2}\\F_{y2}\\M_2\\ \hdashline F_{x3}\\F_{y3}\\M_3\\ \hdashline F_{x4}\\F_{y4}\\M_4\end{bmatrix}=\begin{bmatrix}F_{x1}\\F_{y1}\\M_1\\ \hdashline 20\\-60\\-30\\ \hdashline 0\\-60\\20\\ \hdashline F_{x4}\\F_{y4}\\M_4\end{bmatrix}
$$

需要说明的是，上式中 $\boldsymbol{F}_1$、$\boldsymbol{F}_4$ 是综合节点荷载与支座反力的代数和，而其中支座反力仍为未知量，又由于在引入支承条件时，$\boldsymbol{F}_1$、$\boldsymbol{F}_4$ 将被删去或被修改，故无须计算支座1、4处的等效节点荷载和综合节点荷载。

(5) 引入支承条件，修改原始刚度方程。因为节点1、4为固定端，所以有

$$\boldsymbol{\Delta}_1=\begin{bmatrix}u_1\\v_1\\\varphi_1\end{bmatrix}=\begin{bmatrix}0\\0\\0\end{bmatrix}\qquad \boldsymbol{\Delta}_4=\begin{bmatrix}u_4\\v_4\\\varphi_4\end{bmatrix}=\begin{bmatrix}0\\0\\0\end{bmatrix}$$

用划行划列法，在原始刚度矩阵中删去与上述零位移对应的行和列，同时在节点位移列向量和节点荷载列向量中删去相应的行，便得到修改后的结构刚度方程：

$$\begin{bmatrix}20\\-60\\-30\\0\\-60\\20\end{bmatrix}=\begin{bmatrix}512&0&24&-500&0&0\\0&512&24&0&-12&24\\24&24&128&0&-24&32\\-500&0&0&512&0&24\\0&-12&-24&0&512&-24\\0&24&32&24&-24&128\end{bmatrix}\begin{bmatrix}u_2\\v_2\\\varphi_2\\u_3\\v_3\\\varphi_3\end{bmatrix}$$

(6) 解方程，求得节点2、3的位移为：

$$\boldsymbol{\Delta}=\begin{bmatrix}\boldsymbol{\Delta}_2\\\boldsymbol{\Delta}_3\end{bmatrix}=\begin{bmatrix}u_2\\v_2\\\varphi_2\\u_3\\v_3\\\varphi_3\end{bmatrix}=10^{-6}\begin{bmatrix}1314.0\text{m}\\-98.7\text{m}\\-496.8\text{rad}\\1282.0\text{m}\\-141.3\text{m}\\32.1\text{rad}\end{bmatrix}$$

(7) 计算各单元杆端力。按式(9-52)计算，其中各单元的 $\overline{\boldsymbol{F}}^{\mathrm{Fe}}$ 见例9-2中的(1)，$\boldsymbol{K}^{\mathrm{e}}$ 见本例中的(2)，$\boldsymbol{T}$ 按式(9-15)计算。

单元①：$\overline{\boldsymbol{F}}^{①}=\overline{\boldsymbol{F}}^{\mathrm{F}①}+\boldsymbol{Tk}^{①}\boldsymbol{\Delta}^{①}=\overline{\boldsymbol{F}}^{\mathrm{F}①}+\boldsymbol{Tk}^{①}\begin{bmatrix}\boldsymbol{\Delta}_2\\\boldsymbol{\Delta}_3\end{bmatrix}$

$$=\begin{bmatrix}0\\60\\40\\0\\60\\-40\end{bmatrix}+\boldsymbol{T}\times10^3\begin{bmatrix}500&0&0&-500&0&0\\0&12&24&0&-12&24\\0&24&64&0&-24&32\\-500&0&0&500&0&0\\0&-12&-24&0&12&-24\\0&24&32&0&-24&64\end{bmatrix}\times10^{-6}\begin{bmatrix}1314.0\\-98.7\\-496.8\\1282.0\\-141.3\\32.1\end{bmatrix}$$

$$=\begin{bmatrix}0\\60\\40\\0\\60\\-40\end{bmatrix}+\begin{bmatrix}1&0&0&&&\\0&1&0&&\mathbf{0}&\\0&0&1&&&\\&&&1&0&0\\&\mathbf{0}&&0&1&0\\&&&0&0&1\end{bmatrix}\begin{bmatrix}16\\-10.6\\-29.7\\-16\\10.6\\-12.8\end{bmatrix}=\begin{bmatrix}16\text{kN}\\49.4\text{kN}\\10.3\text{kN}\cdot\text{m}\\-16\text{kN}\\70.6\text{kN}\\-52.8\text{kN}\cdot\text{m}\end{bmatrix}$$

单元②：$\overline{\boldsymbol{F}}^{②}=\overline{\boldsymbol{F}}^{\mathrm{F}②}+\boldsymbol{Tk}^{②}\boldsymbol{\Delta}^{②}=\overline{\boldsymbol{F}}^{\mathrm{F}②}+\boldsymbol{Tk}^{②}\begin{bmatrix}\boldsymbol{\Delta}_1\\\boldsymbol{\Delta}_2\end{bmatrix}$

$$
=\begin{bmatrix}0\\10\\10\\0\\10\\-10\end{bmatrix}+T\times10^3\begin{bmatrix}12&0&-24&-12&0&-24\\0&500&0&0&-500&0\\-24&0&64&24&0&32\\-12&0&24&12&0&24\\0&-500&0&0&500&0\\-24&0&32&24&0&64\end{bmatrix}\times10^{-6}\begin{bmatrix}0.0\\0.0\\0.0\\1314.0\\-98.7\\-496.8\end{bmatrix}
$$

$$
=\begin{bmatrix}0\\10\\10\\0\\10\\-10\end{bmatrix}+\begin{bmatrix}0&1&0&&&\\-1&0&0&&\mathbf{0}&\\0&0&1&&&\\&&&0&1&0\\&\mathbf{0}&&-1&0&0\\&&&0&0&1\end{bmatrix}\begin{bmatrix}-3.8\\49.4\\15.6\\3.8\\-49.4\\-0.3\end{bmatrix}=\begin{bmatrix}49.4\text{kN}\\13.8\text{kN}\\25.6\text{kN}\cdot\text{m}\\-49.4\text{kN}\\6.2\text{kN}\\-10.3\text{kN}\cdot\text{m}\end{bmatrix}
$$

单元③：$F^{③}=\overline{F}^{F③}+Tk^{③}\Delta^{③}=\overline{F}^{F③}+Tk^{③}\begin{bmatrix}\Delta_4\\\Delta_3\end{bmatrix}$

$$
=\begin{bmatrix}0\\0\\0\\0\\0\\0\end{bmatrix}+T\times10^3\begin{bmatrix}12&0&-24&-12&0&-24\\0&500&0&0&-500&0\\-24&0&64&24&0&32\\-12&0&24&12&0&24\\0&-500&0&0&500&0\\-24&0&32&24&0&64\end{bmatrix}\times10^{-6}\begin{bmatrix}0.0\\0.0\\0.0\\1282.0\\-141.3\\32.1\end{bmatrix}
$$

$$
=\begin{bmatrix}0\\0\\0\\0\\0\\0\end{bmatrix}+\begin{bmatrix}0&1&0&&&\\-1&0&0&&\mathbf{0}&\\0&0&1&&&\\&&&0&1&0\\&\mathbf{0}&&-1&0&0\\&&&0&0&1\end{bmatrix}\begin{bmatrix}-16.2\\70.7\\31.8\\16.2\\-70.7\\32.8\end{bmatrix}=\begin{bmatrix}70.7\text{kN}\\16.2\text{kN}\\31.8\text{kN}\cdot\text{m}\\-70.7\text{kN}\\-16.2\text{kN}\\32.8\text{kN}\cdot\text{m}\end{bmatrix}
$$

按以上计算结果绘出的弯矩图如图 9-12 所示。

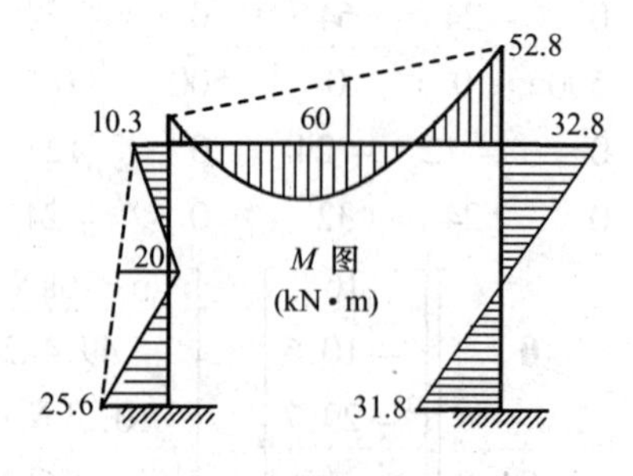

图 9-12

【例 9-4】 试用矩阵位移法计算图 9-13 所示桁架的内力，各杆 EA 相同。

【解】 (1) 对各节点和单元进行编号，并选定整体坐标系，如图 9-13 所示。表 9-4 给出了各单元的基本数据。

(2) 计算整体坐标系中各杆的单元刚度矩阵。

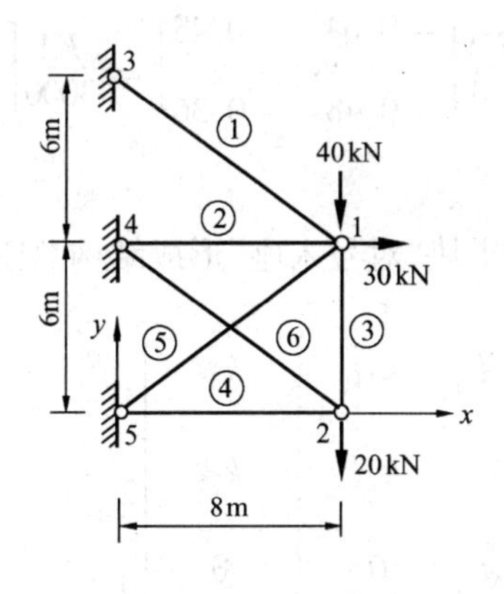

图 9-13

根据式(9-29)和表 9-4 中的数据，可求得各单元刚度矩阵的各子块为：

各单元始末端节点号及其几何参数 **表 9-4**

单元	$i \to j$	l_{ij}	$\cos\alpha$	$\sin\alpha$	$\cos^2\alpha$	$\cos\alpha\sin\alpha$	$\sin^2\alpha$
①	1→3	10m	−4/5	3/5	0.64	−0.48	0.36
②	1→4	8m	−1	0	1	0	0
③	1→2	6m	0	−1	0	0	1
④	2→5	8m	−1	0	1	0	0
⑤	1→5	10m	−4/5	−3/5	0.64	0.48	0.36
⑥	2→4	10m	−4/5	3/5	0.64	−0.48	0.36

$$\boldsymbol{k}_{11}^{①} = \boldsymbol{k}_{33}^{①} = \boldsymbol{k}_{22}^{⑥} = \boldsymbol{k}_{44}^{⑥} = \frac{EA}{10}\begin{bmatrix} 0.64 & -0.48 \\ -0.48 & 0.36 \end{bmatrix} = \frac{EA}{3000}\begin{bmatrix} 192 & -144 \\ -144 & 108 \end{bmatrix}$$

$$\boldsymbol{k}_{13}^{①} = \boldsymbol{k}_{31}^{①} = \boldsymbol{k}_{24}^{⑥} = \boldsymbol{k}_{42}^{⑥} = \frac{EA}{10}\begin{bmatrix} -0.64 & 0.48 \\ 0.48 & -0.36 \end{bmatrix} = \frac{EA}{3000}\begin{bmatrix} -192 & 144 \\ 144 & -108 \end{bmatrix}$$

$$\boldsymbol{k}_{11}^{②} = \boldsymbol{k}_{44}^{②} = \boldsymbol{k}_{22}^{④} = \boldsymbol{k}_{55}^{④} = \frac{EA}{8}\begin{bmatrix} 1 & 0 \\ 0 & 0 \end{bmatrix} = \frac{EA}{3000}\begin{bmatrix} 375 & 0 \\ 0 & 0 \end{bmatrix}$$

$$\boldsymbol{k}_{14}^{②} = \boldsymbol{k}_{41}^{②} = \boldsymbol{k}_{25}^{④} = \boldsymbol{k}_{52}^{④} = \frac{EA}{8}\begin{bmatrix} -1 & 0 \\ 0 & 0 \end{bmatrix} = \frac{EA}{3000}\begin{bmatrix} -375 & 0 \\ 0 & 0 \end{bmatrix}$$

$$\boldsymbol{k}_{11}^{③} = \boldsymbol{k}_{22}^{③} = \frac{EA}{6}\begin{bmatrix} 0 & 0 \\ 0 & 1 \end{bmatrix} = \frac{EA}{3000}\begin{bmatrix} 0 & 0 \\ 0 & 500 \end{bmatrix} \quad \boldsymbol{k}_{12}^{③} = \boldsymbol{k}_{21}^{③} = \frac{EA}{6}\begin{bmatrix} 0 & 0 \\ 0 & -1 \end{bmatrix} = \frac{EA}{3000}\begin{bmatrix} 0 & 0 \\ 0 & -500 \end{bmatrix}$$

$$\boldsymbol{k}_{11}^{⑤} = \boldsymbol{k}_{55}^{⑤} = \frac{EA}{10}\begin{bmatrix} 0.64 & 0.48 \\ 0.48 & 0.36 \end{bmatrix} = \frac{EA}{3000}\begin{bmatrix} 192 & 144 \\ 144 & 108 \end{bmatrix}$$

$$\boldsymbol{k}_{15}^{⑤} = \boldsymbol{k}_{51}^{⑤} = \frac{EA}{10}\begin{bmatrix} -0.64 & -0.48 \\ -0.48 & -0.36 \end{bmatrix} = \frac{EA}{3000}\begin{bmatrix} -192 & -144 \\ -144 & -108 \end{bmatrix}$$

(3) 组装总刚度矩阵。

将以上各单元刚度矩阵的子块“对号入座”形成结构总刚度矩阵 $\boldsymbol{K}$。

$$\boldsymbol{K} = \begin{array}{c} \\ \\ \\ \\ \\ \end{array}\begin{array}{ccccc} 1 & 2 & 3 & 4 & 5 \\ \end{array}$$

$$\boldsymbol{K} = \left[\begin{array}{c:c:c:c:c} \sum\limits_{e=1,2,3,5} \boldsymbol{k}_{11}^{e} & \boldsymbol{k}_{12}^{③} & \boldsymbol{k}_{13}^{①} & \boldsymbol{k}_{14}^{②} & \boldsymbol{k}_{15}^{⑤} \\ \hdashline \boldsymbol{k}_{21}^{③} & \sum\limits_{e=3,4,6} \boldsymbol{k}_{22}^{e} & 0 & \boldsymbol{k}_{24}^{⑥} & \boldsymbol{k}_{25}^{④} \\ \hdashline \boldsymbol{k}_{31}^{①} & 0 & \boldsymbol{k}_{33}^{①} & 0 & 0 \\ \hdashline \boldsymbol{k}_{41}^{②} & \boldsymbol{k}_{42}^{⑥} & 0 & \sum\limits_{e=2,6} \boldsymbol{k}_{44}^{e} & 0 \\ \hdashline \boldsymbol{k}_{51}^{⑤} & \boldsymbol{k}_{52}^{④} & 0 & 0 & \sum\limits_{e=4,5} \boldsymbol{k}_{55}^{e} \end{array}\right]\begin{array}{c} 1 \\ 2 \\ 3 \\ 4 \\ 5 \end{array}$$

$$= \frac{EA}{3000}\left[\begin{array}{cc:cc:cc:cc:cc} 759 & 0 & 0 & 0 & -192 & 144 & -375 & 0 & -192 & -144 \\ 0 & 716 & 0 & -500 & 144 & -108 & 0 & 0 & -144 & -108 \\ \hdashline 0 & 0 & 567 & -144 & 0 & 0 & -192 & 144 & -375 & 0 \\ 0 & -500 & -144 & 608 & 0 & 0 & 144 & -108 & 0 & 0 \\ \hdashline -192 & 144 & 0 & 0 & 192 & -144 & 0 & 0 & 0 & 0 \\ 144 & -108 & 0 & 0 & -144 & 108 & 0 & 0 & 0 & 0 \\ \hdashline -375 & 0 & -192 & 144 & 0 & 0 & 567 & -144 & 0 & 0 \\ 0 & 0 & 144 & -108 & 0 & 0 & -144 & 108 & 0 & 0 \\ \hdashline -192 & -144 & -375 & 0 & 0 & 0 & 0 & 0 & 567 & 144 \\ -144 & -108 & 0 & 0 & 0 & 0 & 0 & 0 & 144 & 108 \end{array}\right]\begin{array}{c} 1 \\ \\ 2 \\ \\ 3 \\ \\ 4 \\ \\ 5 \\ \\ \end{array}$$

(列号：1, 2, 3, 4, 5)

(4) 求节点荷载列向量。

$$\boldsymbol{F} = \begin{bmatrix} \boldsymbol{F}_1 \\ \hdashline \boldsymbol{F}_2 \\ \hdashline \boldsymbol{F}_3 \\ \hdashline \boldsymbol{F}_4 \\ \hdashline \boldsymbol{F}_5 \end{bmatrix} = \begin{bmatrix} F_{x1} \\ F_{y1} \\ \hdashline F_{x2} \\ F_{y2} \\ \hdashline F_{x3} \\ F_{y3} \\ \hdashline F_{x4} \\ F_{y4} \\ \hdashline F_{x5} \\ F_{y5} \end{bmatrix} = \begin{bmatrix} 30\text{kN} \\ -40\text{kN} \\ \hdashline 0 \\ -20\text{kN} \\ \hdashline F_{x3} \\ F_{y3} \\ \hdashline F_{x4} \\ F_{y4} \\ \hdashline F_{x5} \\ F_{y5} \end{bmatrix}$$

(5) 引入支承条件，修改原始刚度方程。结构的原始刚度方程为：

$$
\begin{bmatrix} 30 \\ -40 \\ 0 \\ -20 \\ F_{x3} \\ F_{y3} \\ F_{x4} \\ F_{y4} \\ F_{x5} \\ F_{y5} \end{bmatrix} = \frac{EA}{3000}
\begin{bmatrix}
759 & 0 & 0 & 0 & -192 & 144 & -375 & 0 & -192 & -144 \\
0 & 716 & 0 & -500 & 144 & -108 & 0 & 0 & -144 & -108 \\
0 & 0 & 567 & -144 & 0 & 0 & -192 & 144 & -375 & 0 \\
0 & -500 & -144 & 608 & 0 & 0 & 144 & -108 & 0 & 0 \\
-192 & 144 & 0 & 0 & 192 & -144 & 0 & 0 & 0 & 0 \\
144 & -108 & 0 & 0 & -144 & 108 & 0 & 0 & 0 & 0 \\
-375 & 0 & -192 & 144 & 0 & 0 & 567 & -144 & 0 & 0 \\
0 & 0 & 144 & -108 & 0 & 0 & -144 & 108 & 0 & 0 \\
-192 & -144 & -375 & 0 & 0 & 0 & 0 & 0 & 567 & 144 \\
-144 & -108 & 0 & 0 & 0 & 0 & 0 & 0 & 144 & 108
\end{bmatrix}
\begin{bmatrix} u_1 \\ v_1 \\ u_2 \\ v_2 \\ u_3 \\ v_3 \\ u_4 \\ v_4 \\ u_5 \\ v_5 \end{bmatrix}
$$

节点 3、4、5 均为固定铰支座，所以有：

$$
\boldsymbol{\Delta}_3 = \begin{bmatrix} u_3 \\ v_3 \end{bmatrix} = \begin{bmatrix} 0 \\ 0 \end{bmatrix}, \boldsymbol{\Delta}_4 = \begin{bmatrix} u_4 \\ v_4 \end{bmatrix} = \begin{bmatrix} 0 \\ 0 \end{bmatrix}, \boldsymbol{\Delta}_5 = \begin{bmatrix} u_5 \\ v_5 \end{bmatrix} = \begin{bmatrix} 0 \\ 0 \end{bmatrix}
$$

在原始刚度矩阵中删去与上述零位移对应的行和列，同时在节点位移列向量和节点荷载列向量中删去相应的行，即得到修改后的结构的刚度方程为：

$$
\begin{bmatrix} 30 \\ -40 \\ 0 \\ -20 \end{bmatrix} = \frac{EA}{3000}
\begin{bmatrix}
759 & 0 & 0 & 0 \\
0 & 716 & 0 & -500 \\
0 & 0 & 567 & -144 \\
0 & -500 & -144 & 608
\end{bmatrix}
\begin{bmatrix} u_1 \\ v_1 \\ u_2 \\ v_2 \end{bmatrix}
$$

(6) 解方程。求得未知节点位移为：

$$
\begin{bmatrix} u_1 \\ v_1 \\ u_2 \\ v_2 \end{bmatrix} = \frac{3000}{EA} \begin{bmatrix} 0.04 \\ -0.206 \\ -0.055 \\ -0.216 \end{bmatrix}
$$

(7) 求各单元内力。各单元先按式(9-42)求出 $\boldsymbol{F}^{e}$，再按式(9-43)计算轴力 $\overline{\boldsymbol{F}}^{e}$。

单元①：

$$
\boldsymbol{F}^{①} = \begin{bmatrix} F_{x1}^{①} \\ F_{y1}^{①} \\ F_{x3}^{①} \\ F_{y3}^{①} \end{bmatrix} = \begin{bmatrix} \boldsymbol{k}_{11}^{①} & \boldsymbol{k}_{13}^{①} \\ \boldsymbol{k}_{31}^{①} & \boldsymbol{k}_{33}^{①} \end{bmatrix} \begin{bmatrix} u_1 \\ v_1 \\ u_3 \\ v_3 \end{bmatrix}
$$

$$
= \frac{EA}{3000} \begin{bmatrix}
192 & -144 & -192 & 144 \\
-144 & 108 & 144 & -108 \\
-192 & 144 & 192 & -144 \\
144 & -108 & -144 & 108
\end{bmatrix} \times \frac{3000}{EA} \begin{bmatrix} 0.04 \\ -0.206 \\ 0 \\ 0 \end{bmatrix} = \begin{bmatrix} 37.344 \\ -28.008 \\ -37.344 \\ 28.008 \end{bmatrix}
$$

$$\overline{\boldsymbol{F}}^{①}=\begin{bmatrix}\overline{F}_{x1}^{①}\\\overline{F}_{y1}^{①}\\\overline{F}_{x3}^{①}\\\overline{F}_{y3}^{①}\end{bmatrix}=\boldsymbol{TF}^{①}=\begin{bmatrix}-0.8&0.6&0&0\\-0.6&-0.8&0&0\\0&0&-0.8&0.6\\0&0&-0.6&-0.8\end{bmatrix}\begin{bmatrix}37.344\\-28.008\\-37.344\\28.008\end{bmatrix}=\begin{bmatrix}-46.68\\0\\46.68\\0\end{bmatrix}\text{kN}$$

单元②：

$$\boldsymbol{F}^{②}=\begin{bmatrix}F_{x1}^{②}\\F_{y1}^{②}\\F_{x4}^{②}\\F_{y4}^{②}\end{bmatrix}=\begin{bmatrix}\boldsymbol{k}_{11}^{②}&\boldsymbol{k}_{14}^{②}\\\boldsymbol{k}_{41}^{②}&\boldsymbol{k}_{44}^{②}\end{bmatrix}\begin{bmatrix}u_1\\v_1\\u_4\\v_4\end{bmatrix}$$

$$=\frac{EA}{3000}\begin{bmatrix}375&0&-375&0\\0&0&0&0\\-375&0&375&0\\0&0&0&0\end{bmatrix}\times\frac{3000}{EA}\begin{bmatrix}0.04\\-0.206\\0\\0\end{bmatrix}=\begin{bmatrix}15\\0\\-15\\0\end{bmatrix}$$

$$\overline{\boldsymbol{F}}^{②}=\begin{bmatrix}\overline{F}_{x1}^{②}\\\overline{F}_{y1}^{②}\\\overline{F}_{x4}^{②}\\\overline{F}_{y4}^{②}\end{bmatrix}=\boldsymbol{TF}^{②}=\begin{bmatrix}-1&0&0&0\\0&-1&0&0\\0&0&-1&0\\0&0&0&-1\end{bmatrix}\begin{bmatrix}15\\0\\-15\\0\end{bmatrix}=\begin{bmatrix}-15\\0\\15\\0\end{bmatrix}\text{kN}$$

单元③：

$$\boldsymbol{F}^{③}=\begin{bmatrix}F_{x1}^{③}\\F_{y1}^{③}\\F_{x2}^{③}\\F_{y2}^{③}\end{bmatrix}=\begin{bmatrix}\boldsymbol{k}_{11}^{③}&\boldsymbol{k}_{12}^{③}\\\boldsymbol{k}_{21}^{③}&\boldsymbol{k}_{22}^{③}\end{bmatrix}\begin{bmatrix}u_1\\v_1\\u_2\\v_2\end{bmatrix}$$

$$=\frac{EA}{3000}\begin{bmatrix}0&0&0&0\\0&500&0&-500\\0&0&0&0\\0&-500&0&500\end{bmatrix}\times\frac{3000}{EA}\begin{bmatrix}0.04\\-0.206\\-0.055\\-0.216\end{bmatrix}=\begin{bmatrix}0\\5\\0\\-5\end{bmatrix}$$

$$\overline{\boldsymbol{F}}^{③}=\begin{bmatrix}\overline{F}_{x1}^{③}\\\overline{F}_{y1}^{③}\\\overline{F}_{x2}^{③}\\\overline{F}_{y2}^{③}\end{bmatrix}=\boldsymbol{TF}^{③}=\begin{bmatrix}0&-1&0&0\\1&0&0&0\\0&0&0&-1\\0&0&1&0\end{bmatrix}\begin{bmatrix}0\\5\\0\\-5\end{bmatrix}=\begin{bmatrix}-5\\0\\5\\0\end{bmatrix}\text{kN}$$

单元④：

$$\boldsymbol{F}^{④}=\begin{bmatrix}F_{x2}^{④}\\F_{y2}^{④}\\F_{x5}^{④}\\F_{y5}^{④}\end{bmatrix}=\begin{bmatrix}\boldsymbol{k}_{22}^{④} & \boldsymbol{k}_{25}^{④}\\\boldsymbol{k}_{52}^{④} & \boldsymbol{k}_{55}^{④}\end{bmatrix}\begin{bmatrix}u_2\\v_2\\u_5\\v_5\end{bmatrix}$$

$$=\frac{EA}{3000}\begin{bmatrix}375 & 0 & -375 & 0\\0 & 0 & 0 & 0\\-375 & 0 & 375 & 0\\0 & 0 & 0 & 0\end{bmatrix}\times\frac{3000}{EA}\begin{bmatrix}-0.055\\-0.216\\0\\0\end{bmatrix}=\begin{bmatrix}-20.625\\0\\20.625\\0\end{bmatrix}$$

$$\overline{\boldsymbol{F}}^{④}=\begin{bmatrix}\overline{F}_{x2}^{④}\\\overline{F}_{y2}^{④}\\\overline{F}_{x5}^{④}\\\overline{F}_{y5}^{④}\end{bmatrix}=\boldsymbol{TF}^{④}=\begin{bmatrix}-1 & 0 & 0 & 0\\0 & -1 & 0 & 0\\0 & 0 & -1 & 0\\0 & 0 & 0 & -1\end{bmatrix}\begin{bmatrix}-20.625\\0\\20.625\\0\end{bmatrix}=\begin{bmatrix}20.625\\0\\-20.625\\0\end{bmatrix}\text{kN}$$

单元⑤：

$$\boldsymbol{F}^{⑤}=\begin{bmatrix}F_{x1}^{⑤}\\F_{y1}^{⑤}\\F_{x5}^{⑤}\\F_{y5}^{⑤}\end{bmatrix}=\begin{bmatrix}\boldsymbol{k}_{11}^{⑤} & \boldsymbol{k}_{15}^{⑤}\\\boldsymbol{k}_{51}^{⑤} & \boldsymbol{k}_{55}^{⑤}\end{bmatrix}\begin{bmatrix}u_1\\v_1\\u_5\\v_5\end{bmatrix}$$

$$=\frac{EA}{3000}\begin{bmatrix}192 & 144 & -192 & -144\\144 & 108 & -144 & -108\\-192 & -144 & 192 & 144\\-144 & -108 & 144 & 108\end{bmatrix}\times\frac{3000}{EA}\begin{bmatrix}0.04\\-0.206\\0\\0\end{bmatrix}=\begin{bmatrix}-21.984\\-16.488\\21.984\\16.488\end{bmatrix}$$

$$\overline{\boldsymbol{F}}^{⑤}=\begin{bmatrix}\overline{F}_{x1}^{⑤}\\\overline{F}_{y1}^{⑤}\\\overline{F}_{x5}^{⑤}\\\overline{F}_{y5}^{⑤}\end{bmatrix}=\boldsymbol{TF}^{⑤}=\begin{bmatrix}-0.8 & -0.6 & 0 & 0\\0.6 & -0.8 & 0 & 0\\0 & 0 & -0.8 & -0.6\\0 & 0 & 0.6 & -0.8\end{bmatrix}\begin{bmatrix}-21.984\\-16.488\\21.984\\16.488\end{bmatrix}=\begin{bmatrix}27.48\\0\\-27.48\\0\end{bmatrix}\text{kN}$$

单元⑥：

$$\boldsymbol{F}^{⑥}=\begin{bmatrix}F_{x2}^{⑥}\\F_{y2}^{⑥}\\F_{x4}^{⑥}\\F_{y4}^{⑥}\end{bmatrix}=\begin{bmatrix}\boldsymbol{k}_{22}^{⑥} & \boldsymbol{k}_{24}^{⑥}\\\boldsymbol{k}_{42}^{⑥} & \boldsymbol{k}_{44}^{⑥}\end{bmatrix}\begin{bmatrix}u_2\\v_2\\u_4\\v_4\end{bmatrix}$$

$$
= \frac{EA}{3000}\left[\begin{array}{cc:cc} 192 & -144 & -192 & 144 \\ -144 & 108 & 144 & -108 \\ \hdashline -192 & 144 & 192 & -144 \\ 144 & -108 & -144 & 108 \end{array}\right] \times \frac{3000}{EA}\left[\begin{array}{c} -0.055 \\ -0.216 \\ \hdashline 0 \\ 0 \end{array}\right] = \left[\begin{array}{c} 20.544 \\ -15.408 \\ \hdashline -20.544 \\ 15.408 \end{array}\right]
$$

$$
\overline{\boldsymbol{F}}^{⑥} = \left[\begin{array}{c} \overline{F}_{x2}^{⑥} \\ \overline{F}_{y2}^{⑥} \\ \hdashline \overline{F}_{x4}^{⑥} \\ \overline{F}_{y4}^{⑥} \end{array}\right] = \boldsymbol{TF}^{⑥} = \left[\begin{array}{cc:cc} -0.8 & 0.6 & 0 & 0 \\ -0.6 & -0.8 & 0 & 0 \\ \hdashline 0 & 0 & -0.8 & 0.6 \\ 0 & 0 & -0.6 & -0.8 \end{array}\right]\left[\begin{array}{c} 20.544 \\ -15.408 \\ \hdashline -20.544 \\ 15.408 \end{array}\right] = \left[\begin{array}{c} -25.68 \\ 0 \\ \hdashline 25.68 \\ 0 \end{array}\right]\text{kN}
$$

各杆轴力如图 9-14 所示。

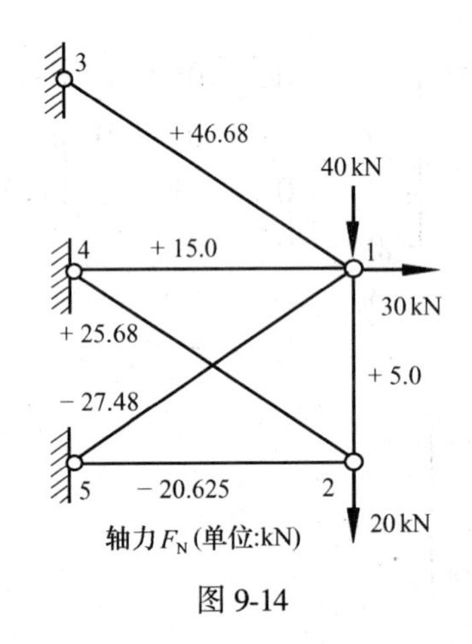

图 9-14

9.8 平面刚架矩阵位移法 Visual Basic 程序

一、程序说明

本程序采用 VB6.0 编写，适用于固定支座和铰支座、考虑轴向变形的平面刚架在静力荷载作用下的节点位移和内力(F_N、F_Q和 M)的计算，荷载可以是节点荷载以及杆件上的均布荷载、集中力、集中力偶。

本程序采用数据文件格式输入和输出，使用时应根据具体问题参照例 9-5 给定的模板文件格式填写输入文件并保存。运行本程序时按照程序提示打开输入文件，计算完毕后按程序提示将计算结果保存在给定的输出文件中。为了便于阅读，程序组成和步骤均在源程序的相应位置进行了注释。

二、变量说明

NmbofNodes、NmbofEle、NmbofNode0、WZL：节点数、单元数、支座数和节点位移数

Node(e，j)、EA(e)、EI(e)、Lnth(e)、Si(e)、Co(e)：e 单元节点码、抗拉刚度、抗弯刚度、单元长度、正弦和余弦

Withq(e)、Withp(e)：e 单元上作用的分布荷载数和集中荷载数

$A(i,\ j)$、$B(i,\ j)$：整体坐标、局部坐标下单元刚度矩阵

$K(i,\ j)$、$V(i)$、$P(i)$：结构刚度矩阵、节点位移向量以及节点荷载向量

$FN(e, j)$、$FQ(e, j)$、$M(e, j)$：单元 e 杆端轴力、剪力及弯矩

三、源程序

```
Option Explicit
Private Sub Form_Load()
    Form1.Visible = False: PlaneFrame
End Sub

Private Sub PlaneFrame()
Dim i As Integer, j As Integer, jj As Integer
Dim N1 As Integer, N2 As Integer
Dim V1 As Single, V2 As Single, M1 As Single, M2 As Single
Dim F1 As Single, F2 As Single, F3 As Single, F4 As Single
Dim A(1 To 6, 1 To 6) As Single, B(1 To 6, 1 To 6) As Single '整体坐标、局部坐标下单元刚度矩阵
Dim Withq() As Integer, Withp() As Integer        '单元荷载信息
Dim qc As Single, Pc As Single, L1 As Single
Dim NmbofEle As Integer, NmbofNodes As Integer, NmbofNode0 As Integer, WZL As Integer
Dim Node() As Integer, EA() As Single, EI() As Single, Lnth() As Single, Si() As Single, Co() As Single
Dim K() As Single, V() As Single, P() As Single     '刚度矩阵、节点位移向量和节点荷载向量
Dim Fn() As Single, Fq() As Single, M() As Single     '杆端轴力、剪力及弯矩
Dim tmp As Single, tmp1 As Single, tmp2 As Single, tmp3 As Single, tmp4 As Single
Dim Ctxt As String, Filename As String
'----------------输入计算参数----------------
dlgFile.Filter = "Text Files| *.txt": dlgFile.ShowOpen: Filename = dlgFile.Filename
If Filename = "" Then
        MsgBox "No filename was given, TRY again!": Exit Sub
End If
Open Filename For Input As 1
Input #1, Ctxt: Input #1, NmbofNodes, NmbofEle, NmbofNode0 '输入节点数,单元数、支座数
ReDim Node(1 To NmbofEle, 1 To 2)
ReDim EA(1 To NmbofEle), EI(1 To NmbofEle), Lnth(1 To NmbofEle), Si(1 To NmbofEle), Co(1 To NmbofEle)
ReDim Withq(1 To NmbofEle), Withp(1 To NmbofEle)
WZL = 3 * NmbofNodes
ReDim K(1 To WZL, 1 To WZL), V(1 To WZL), P(1 To WZL)
ReDim Fn(1 To NmbofEle, 1 To 2), Fq(1 To NmbofEle, 1 To 2), M(1 To NmbofEle, 1 To 2)
Input #1, Ctxt          '输入各单元几何参数、荷载信息
For i = 1 To NmbofEle
      Input #1, Node(i, 1), Node(i, 2), EA(i), EI(i), Lnth(i), Si(i), Co(i), Withq(i), Withp(i)
Next i
'----------------计算节点荷载向量----------------
Input #1, Ctxt
For i = 1 To WZL
      Input #1, i, P(i)      '输入节点荷载
Next i
Input #1, Ctxt        '计算单元杆端力向量
For i = 1 To NmbofEle
  F1 = 0: F2 = 0: F3 = 0: F4 = 0
```

```
If Withq(i) < > 0 Then          '1、均布荷载产生的固端力
  For jj = 1 To Withq(i)
      Input #1, qc, L1
      V1 = qc * L1 / 2 * (2 - 2 * (L1 / Lnth(i)) ^ 2 + (L1 / Lnth(i)) ^ 3)
      V2 = qc * L1 - V1
      M1 = (qc * L1 ^ 2 / 12) * (6 - 8 * (L1 / Lnth(i)) + 3 * (L1 / Lnth(i)) ^ 2)
      M2 = -(qc * L1 ^ 2 / 12) * (L1 / Lnth(i)) * (4 - 3 * (L1 / Lnth(i)))
      F1 = F1 + V1: F2 = F2 + V2
      F3 = F3 + M1: F4 = F4 + M2
  Next j
End If
If Withp(i) < > 0 Then          '2、集中荷载产生的固端力
  For jj = 1 To Withp(i)
      Input #1, Pc, L1
      V1 = Pc * (Lnth(i) + 2 * L1) * (Lnth(i) - L1) ^ 2 / Lnth(i) ^ 3
      V2 = Pc * (Lnth(i) + 2 * (Lnth(i) - L1)) * L1 ^ 2 / Lnth(i) ^ 3
      M1 = Pc * L1 * (Lnth(i) - L1) ^ 2 / Lnth(i) ^ 2
      M2 = -Pc * L1 ^ 2 * (Lnth(i) - L1) / Lnth(i) ^ 2
      F1 = F1 + V1: F2 = F2 + V2
      F3 = F3 + M1: F4 = F4 + M2
  Next jj
End If
Fq(i, 1) = F1: Fq(i, 2) = F2: M(i, 1) = F3: M(i, 2) = F4
Next i
For i = 1 To NmbofNodes          '求等效节点荷载向量
  N1 = 3 * (i - 1) + 1
  For j = 1 To NmbofEle
    If Node(j, 1) = i Then
        P(N1) = P(N1) - (Fn(j, 1) * Co(j) - Fq(j, 1) * Si(j))
        P(N1 + 1) = P(N1 + 1) - (Fn(j, 1) * Si(j) + Fq(j, 1) * Co(j))
        P(N1 + 2) = P(N1 + 2) - M(j, 1)
    End If
    If Node(j, 2) = i Then
        P(N1) = P(N1) - (Fn(j, 2) * Co(j) - Fq(j, 2) * Si(j))
        P(N1 + 1) = P(N1 + 1) - (Fn(j, 2) * Si(j) + Fq(j, 2) * Co(j))
        P(N1 + 2) = P(N1 + 2) - M(j, 2)
    End If
  Next j
Next i
'---将单元刚度矩阵 A(i,j)组装到总刚度矩阵 K(i,j) 中---
For i = 1 To NmbofEle
  Erase A: MatrK EI(i), EA(i), Lnth(i), Si(i), Co(i), A, B, 1 '整体坐标下的单元刚度矩阵
  '将单元刚度矩阵放入到总刚度矩阵中
  N1 = 3 * (Node(i,1) - 1) + 1: N2 = 3 * (Node(i,2) - 1) + 1
  K(N1,N1) = K(N1,N1) + A(1,1):              K(N1,N1 + 1) = K(N1,N1 + 1) + A(1,2)
  K(N1,N1 + 2) = K(N1,N1 + 2) + A(1,3):      K(N1,N2) = K(N1,N2) + A(1,4)
```

```
    K(N1,N2+1) = K(N1,N2+1) + A(1,5):        K(N1,N2+2) = K(N1,N2+2) + A(1,6)
    K(N1+1,N1) = K(N1+1,N1) + A(2,1):        K(N1+1,N1+1) = K(N1+1,N1+1) + A(2,2)
    K(N1+1,N1+2) = K(N1+1,N1+2) + A(2,3):    K(N1+1,N2) = K(N1+1,N2) + A(2,4)
    K(N1+1,N2+1) = K(N1+1,N2+1) + A(2,5):    K(N1+1,N2+2) = K(N1+1,N2+2) + A(2,6)
    K(N1+2,N1) = K(N1+2,N1) + A(3,1):        K(N1+2,N1+1) = K(N1+2,N1+1) + A(3,2)
    K(N1+2,N1+2) = K(N1+2,N1+2) + A(3,3):    K(N1+2,N2) = K(N1+2,N2) + A(3,4)
    K(N1+2,N2+1) = K(N1+2,N2+1) + A(3,5):    K(N1+2,N2+2) = K(N1+2,N2+2) + A(3,6)
    K(N2,N1) = K(N2,N1) + A(4,1):            K(N2,N1+1) = K(N2,N1+1) + A(4,2)
    K(N2,N1+2) = K(N2,N1+2) + A(4,3):        K(N2,N2) = K(N2,N2) + A(4,4)
    K(N2,N2+1) = K(N2,N2+1) + A(4,5):        K(N2,N2+2) = K(N2,N2+2) + A(4,6)
    K(N2+1,N1) = K(N2+1,N1) + A(5,1):        K(N2+1,N1+1) = K(N2+1,N1+1) + A(5,2)
    K(N2+1,N1+2) = K(N2+1,N1+2) + A(5,3):    K(N2+1,N2) = K(N2+1,N2) + A(5,4)
    K(N2+1,N2+1) = K(N2+1,N2+1) + A(5,5):    K(N2+1,N2+2) = K(N2+1,N2+2) + A(5,6)
    K(N2+2,N1) = K(N2+2,N1) + A(6,1):        K(N2+2,N1+1) = K(N2+2,N1+1) + A(6,2)
    K(N2+2,N1+2) = K(N2+2,N1+2) + A(6,3):    K(N2+2,N2) = K(N2+2,N2) + A(6,4)
    K(N2+2,N2+1) = K(N2+2,N2+1) + A(6,5):    K(N2+2,N2+2) = K(N2+2,N2+2) + A(6,6)
Nexti
'----------------用乘大数法处理边界条件-------------
Dim Node0 As Integer, spptType As String, BNmb As Single '边界条件
BNmb = 1E+32
Input #1, Ctxt
For i = 1 To NmbofNode0
    Input #1, Node0, spptType
    N1 = 3 * (Node0 - 1) + 1
    If spptType = "固定支座" Then
        K(N1, N1) = BNmb: P(N1) = 0
        K(N1 + 1, N1 + 1) = BNmb: P(N1 + 1) = 0
        K(N1 + 2, N1 + 2) = BNmb: P(N1 + 2) = 0
    ElseIf spptType = "铰支座" Then
        K(N1, N1) = BNmb: P(N1) = 0
        K(N1 + 1, N1 + 1) = BNmb: P(N1 + 1) = 0
    End If
Next i
Close #1
'------------解方程,求未知节点位移向量 V(i)----------
ReDim KI(1 To WZL, 1 To WZL + 1) As Single, CO(1 To WZL) As Integer
Dim Row As Integer, Col As Integer
For i = 1 To WZL
    For j = 1 To WZL: KI(i, j) = K(i, j): Next j
    KI(i, WZL + 1) = P(i)
Next i
For i = 1 To WZL
    Row = i: Col = 1: tmp = KI(i, 1)
        For j = 1 To WZL
        If Abs(KI(i, j)) > Abs(tmp) Then
            tmp = KI(i, j): Row = i: Col = j
```

```
            End If
        Next j
        If Abs(tmp) > 1E-30 Then
            For j = 1 To WZL + 1
                tmp = KI(i, j): KI(i, j) = KI(Row, j): KI(Row, j) = tmp
            Next j
            Else
              MsgBox "主系数为零,方程线性相关,无解!", 0 + vbExclamation, "警告!": End
            End If
            For j = 1 To WZL
              If j <> i And Abs(KI(j, Col)) > 0 Then
                  tmp = KI(j, Col) / KI(i, Col)
                  For jj = 1 To WZL + 1
                      KI(j, jj) = KI(j, jj) - KI(i, jj) * tmp
                  Next jj
              End If
            Next j
            CO(i) = Col
    Next i
    For i = 1 To WZL
      Col = CO(i): V(Col) = KI(i, WZL + 1) / KI(i, Col)
    Next i
    '------------------单元内力计算------------------
    Dim Ve(1 To 6) As Single
    For i = 1 To NmbofEle
      MatrK EI(i), EA(i), Lnth(i), Si(i), Co(i), A, B, 0 '局部坐标下的单元刚度矩阵
      N1 = 3 * (Node(i, 1) - 1) + 1: N2 = 3 * (Node(i, 2) - 1) + 1
      Ve(1) = V(N1) * Co(i) + V(N1 + 1) * Si(i): Ve(2) = -V(N1) * Si(i) + V(N1 + 1) * Co(i): Ve(3) = V(N1 + 2)
      Ve(4) = V(N2) * Co(i) + V(N2 + 1) * Si(i): Ve(5) = -V(N2) * Si(i) + V(N2 + 1) * Co(i): Ve(6) = V(N2 + 2)
      For j = 1 To 6
        Fn(i, 1) = Fn(i, 1) + B(1, j) * Ve(j): Fq(i, 1) = Fq(i, 1) + B(2, j) * Ve(j): M(i, 1) = M(i, 1) + B(3, j) * Ve(j)
        Fn(i, 2) = Fn(i, 2) + B(4, j) * Ve(j): Fq(i, 2) = Fq(i, 2) + B(5, j) * Ve(j): M(i, 2) = M(i, 2) + B(6, j) * Ve(j)
      Next j
    Next i
    '------------------输出计算结果------------------
    dlgFile.Filter = "Text Files|*.txt": dlgFile.ShowSave: Filename = dlgFile.Filename
    If Filename = "" Then
            MsgBox "No filename was Given, TRY again!": Exit Sub
    End If
    Open Filename For Output As #2
      For i = 1 To NmbofEle
        Print #2, "Fn("; i; ","; 1; ")="; Format(Fn(i, 1), "0.00"), "Fq("; i; ","; 1; ")="; Format(Fq(i, 1), "0.00"), _
              "M("; i; ","; 1; ")="; Format(M(i, 1), "0.00"), "Fn("; i; ","; 2; ")="; Format(Fn(i, 2), "0.00"), _
              "Fq("; i; ","; 2; ")="; Format(Fq(i, 2), "0.00"), "M("; i; ","; 2; ")="; Format(M(i, 2), "0.00")
      Next i
      Close #2
```

```
End Sub

Private Sub MatrK(EI As Single, EA As Single, L As Single, Si As Single, Co As Single,_
                  A() As Single, B() As Single, Para As Integer)
Dim i As Integer, j As Integer, jj As Integer, t1 As Single, t2 As Single
Dim T(1 To 6, 1 To 6) As Single, C(1 To 6, 1 To 6) As Single
'局部坐标下的单元刚度矩阵
t1 = EA / L: t2 = EI / L ^ 3
B(1, 1) = t1: B(1, 2) = 0: B(1, 3) = 0: B(1, 4) = -t1: B(1, 5) = 0: B(1, 6) = 0
B(2, 1) = 0: B(2, 2) = 12 * t2: B(2, 3) = 6 * t2 * L: B(2, 4) = 0: B(2, 5) = -12 * t2: B(2, 6) = 6 * t2 * L
B(3, 1) = 0: B(3, 2) = 6 * t2 * L: B(3, 3) = 4 * t2 * L ^ 2: B(3, 4) = 0: B(3, 5) = -6 * t2 * L:
B(3, 6) = 2 * t2 * L ^ 2
B(4, 1) = -t1: B(4, 2) = 0: B(4, 3) = 0: B(4, 4) = t1: B(4, 5) = 0: B(4, 6) = 0
B(5, 1) = 0: B(5, 2) = -12 * t2: B(5, 3) = -6 * t2 * L: B(5, 4) = 0: B(5, 5) = 12 * t2: B(5, 6) = -6 * t2 * L
B(6, 1) = 0: B(6, 2) = 6 * t2 * L: B(6, 3) = 2 * t2 * L ^ 2: B(6, 4) = 0: B(6, 5) = -6 * t2 * L:
B(6, 6) = 4 * t2 * L ^ 2
If Para = 0 Then Exit Sub
'整体坐标下的单元刚度矩阵: A = Trans(T) * B * T
T(1, 1) = Co:   T(1, 2) = Si:   T(1, 3) = 0:   T(1, 4) = 0:    T(1, 5) = 0:   T(1, 6) = 0
T(2, 1) = -Si:  T(2, 2) = Co:   T(2, 3) = 0:   T(2, 4) = 0:    T(2, 5) = 0:   T(2, 6) = 0
T(3, 1) = 0:    T(3, 2) = 0:    T(3, 3) = 1:   T(3, 4) = 0:    T(3, 5) = 0:   T(3, 6) = 0
T(4, 1) = 0:    T(4, 2) = 0:    T(4, 3) = 0:   T(4, 4) = Co:   T(4, 5) = Si:  T(4, 6) = 0
T(5, 1) = 0:    T(5, 2) = 0:    T(5, 3) = 0:   T(5, 4) = -Si:  T(5, 5) = Co:  T(5, 6) = 0
T(6, 1) = 0:    T(6, 2) = 0:    T(6, 3) = 0:   T(6, 4) = 0:    T(6, 5) = 0:   T(6, 6) = 1
For i = 1 To 6: For j = 1 To 6: For jj = 1 To 6
    C(i, j) = C(i, j) + T(jj, i) * B(jj, j)
Next jj: Next j: Next i
For i = 1 To 6: For j = 1 To 6: For jj = 1 To 6
    A(i, j) = A(i, j) + C(i, jj) * T(jj, j)
Next jj: Next j: Next i
End Sub
```

【例 9-5】 试用平面刚架计算机程序计算图 9-15(a)所示结构的内力。

输入文件:

```
"输入总信息:节点数,单元数,支座数"
4,3,2
"按单元顺序输入:i节点码、j节点码、EA、EI、杆长、正弦、余弦、分布荷载数、集中荷载数"
2,3,2e6,64e3,4,0,1,0,1
1,2,2e6,64e3,4,1,0,1,0
4,3,2e6,64e3,4,1,0,0,0
"输入节点荷载信息:节点位移分量编码、对应的节点荷载分量"
1,0
2,0
3,0
4,50
5,0
```

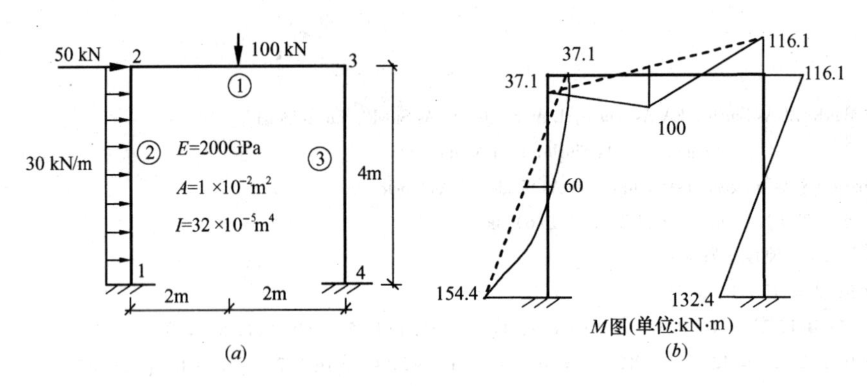

图 9-15

6,0

7,0

8,0

9,0

10,0

11,0

12,0

"单元上的均布/集中荷载,距杆端 i 的距离"

100,2

30,4

"边界条件"

1,"固定支座"

4,"固定支座"

计算结果:

Fn(1,1) = 62.13　　Fq(1,1) = 11.69　　M(1,1) = −37.11

Fn(1,2) = −62.13　　Fq(1,2) = 88.31　　M(1,2) = −116.12

Fn(2,1) = 11.69　　Fq(2,1) = 107.87　　M(2,1) = 154.38

Fn(2,2) = −11.69　　Fq(2,2) = 12.13　　M(2,2) = 37.11

Fn(3,1) = 88.31　　Fq(3,1) = 62.13　　M(3,1) = 132.39

Fn(3,2) = −88.31　　Fq(3,2) = −62.13　　M(3,2) = 116.12

M 图如图 9-15(*b*)所示。

【例 9-6】 试用平面刚架计算机程序计算图 9-16(*a*)所示结构的内力。

输入文件:

"输入总信息:节点数,单元数,支座数"

4,3,4

"按单元顺序输入:i 节点码、j 节点码、EA、EI、杆长、正弦、余弦、分布荷载数、集中荷载数"

1,2,1,6,6,0,1,1,0

2,3,1,16,8,0,1,0,1

3,4,1,6,6,0,1,0,0

"输入节点荷载信息:节点位移分量编码、对应节点荷载分量"

1,0

2,0

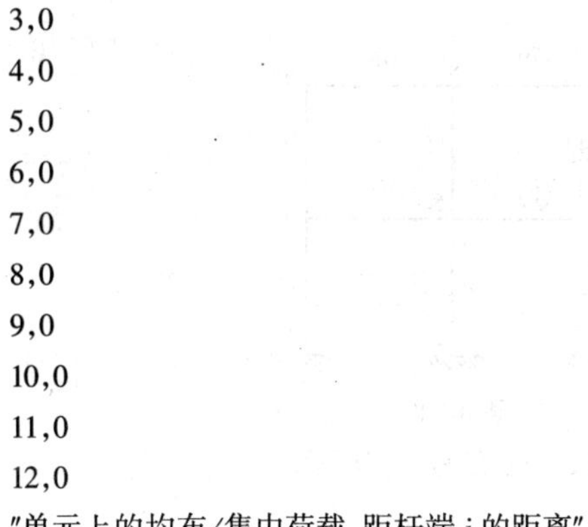
3,0
4,0
5,0
6,0
7,0
8,0
9,0
10,0
11,0
12,0

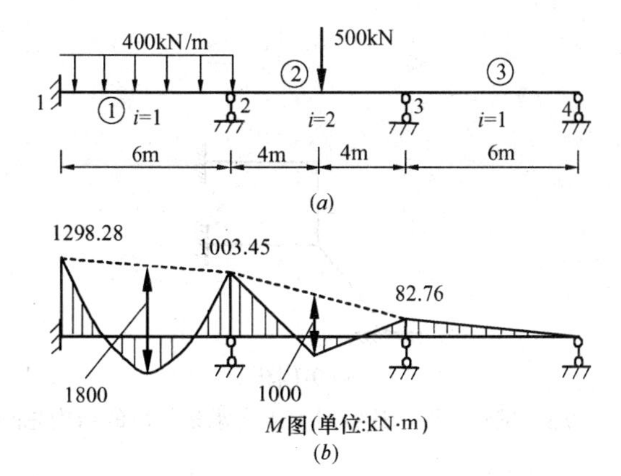

图 9-16

"单元上的均布/集中荷载,距杆端 i 的距离"
400,6
500,4
"边界条件"
1,"固定支座"
2,"活动支座"
3,"活动支座"
4,"活动支座"
计算结果:

FN(1,1) = 0.00	FQ(1,1) = 1249.14	M(1,1) = 1298.28
FN(1,2) = 0.00	FQ(1,2) = 1150.86	M(1,2) = −1003.45
FN(2,1) = 0.00	FQ(2,1) = 365.09	M(2,1) = 1003.45
FN(2,2) = 0.00	FQ(2,2) = 134.91	M(2,2) = −82.76
FN(3,1) = 0.00	FQ(3,1) = 13.79	M(3,1) = 82.76
FN(3,2) = 0.00	FQ(3,2) = −13.79	M(3,2) = 0.00

结构最后弯矩图如图 9-16(*b*)所示。

思 考 题

9-1 矩阵位移法与传统位移法有何异同?

9-2 单元刚度矩阵各元素的物理意义是什么?单元刚度矩阵有哪些性质?

9-3 什么是坐标变换?为什么要进行坐标变换?如何进行坐标变换?

9-4 如何由单元刚度矩阵集合成结构整体刚度矩阵?总刚度矩阵元素的物理意义是什么?结构整体刚度矩阵有哪些性质?

9-5 什么是等效节点荷载?"等效"的含义是什么?如何把非节点荷载转换为等效节点荷载?

9-6 什么是节点力向量?什么是节点荷载向量?两者有何区别?

9-7 求出未知节点位移后,如何求各单元杆端力?

9-8 试叙述矩阵位移法的解题过程。

习 题

9-1 对图示刚架的节点和单元进行编号,并以子矩阵的形式写出结构的原始刚度矩阵。

9-2 以子块的形式写出图示刚架原始总刚度矩阵中的下列子块:$\boldsymbol{K}_{55}$,$\boldsymbol{K}_{52}$,$\boldsymbol{K}_{53}$,$\boldsymbol{K}_{54}$,$\boldsymbol{K}_{58}$和$\boldsymbol{K}_{88}$。

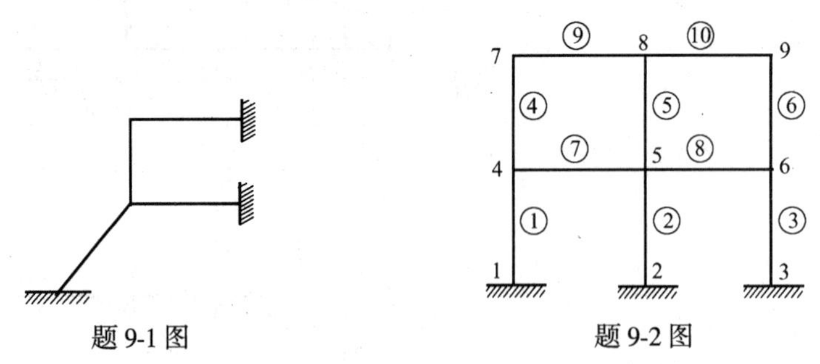

题 9-1 图　　　　题 9-2 图

9-3 试建立图示连续梁引入支承条件后的结构总刚度矩阵，节点编号如图所示。

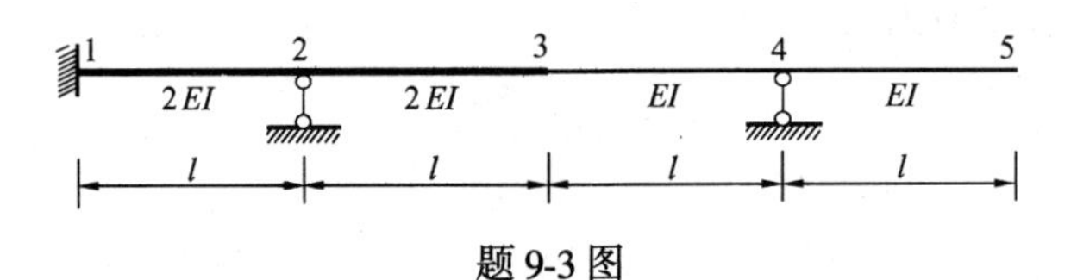

题 9-3 图

9-4 试建立图示刚架引入支承条件后的结构总刚度矩阵。已知各杆材料和截面相同，其中 $E=2.1\times10^4\ \text{kN/cm}^2$，$I=6400\text{cm}^4$，$A=20\text{cm}^2$。

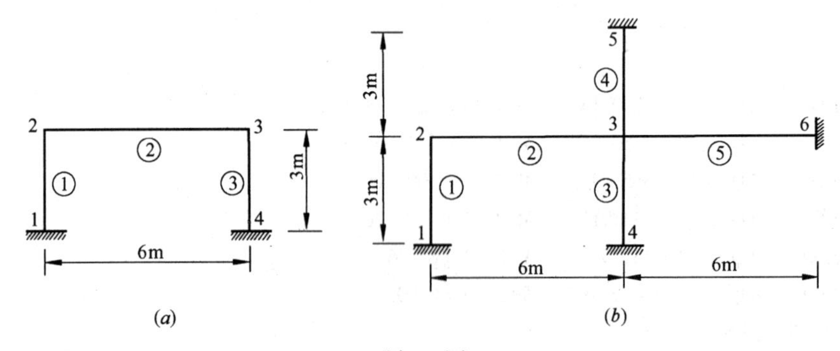

题 9-4 图

9-5 试用矩阵位移法计算图示连续梁，画出弯矩图。

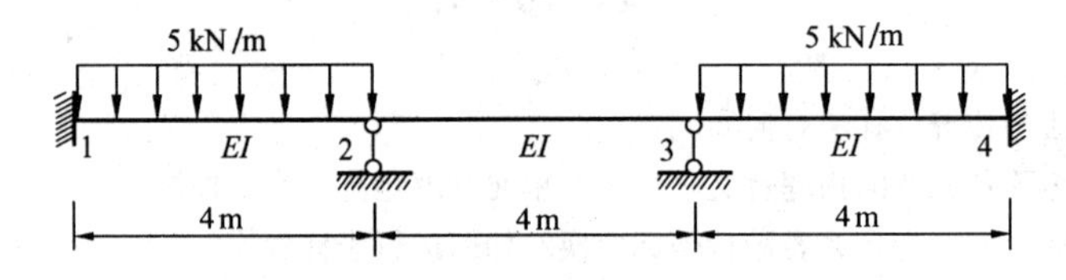

题 9-5 图

9-6 试用矩阵位移法计算图示桁架各杆的轴力。已知 EA 为常数。

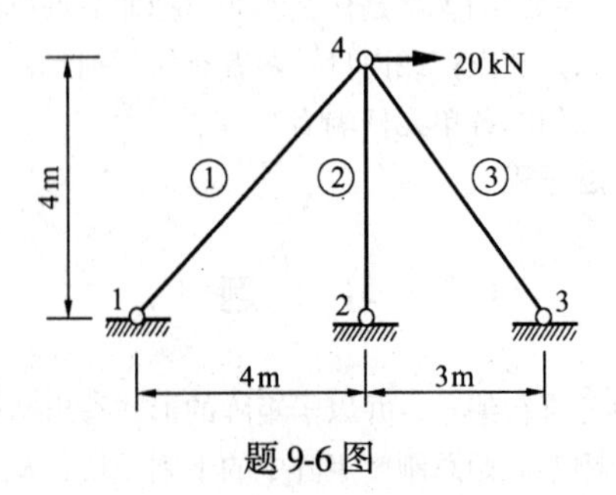

题 9-6 图

9-7 试用矩阵位移法计算图示刚架并作出 M 图(只考虑弯曲变形)。EI = 常数。

9-8 试用矩阵位移法计算图示刚架并作出 M 图(只考虑弯曲变形)。

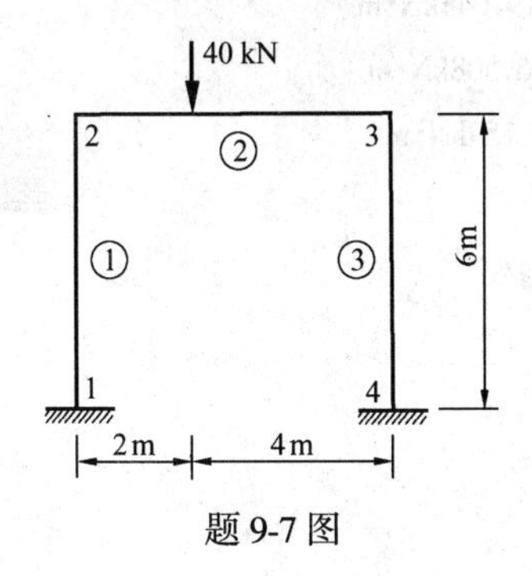

题 9-7 图

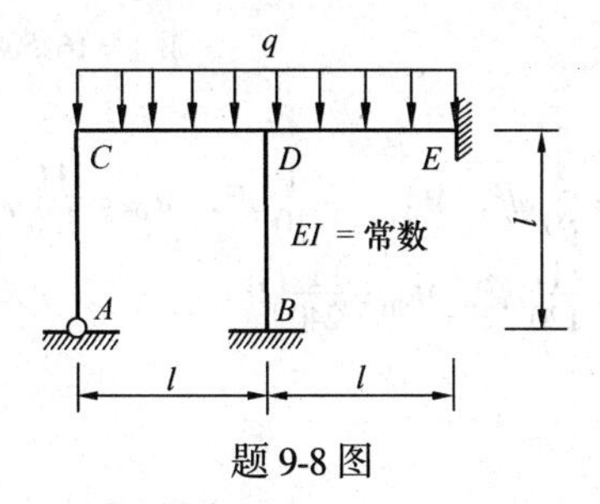

题 9-8 图

答　案

9-2 $\boldsymbol{K}_{55}=\boldsymbol{k}_{55}^{②}+\boldsymbol{k}_{55}^{⑤}+\boldsymbol{k}_{55}^{⑦}+\boldsymbol{k}_{55}^{⑧}$，$\boldsymbol{K}_{52}=\boldsymbol{k}_{52}^{②}$，$\boldsymbol{K}_{53}=\boldsymbol{0}$，$\boldsymbol{K}_{54}=\boldsymbol{k}_{54}^{⑦}$，$\boldsymbol{K}_{58}=\boldsymbol{k}_{58}^{⑤}$，$\boldsymbol{K}_{88}=\boldsymbol{k}_{88}^{⑤}+\boldsymbol{k}_{88}^{⑨}+\boldsymbol{k}_{88}^{⑩}$

9-3
$$\boldsymbol{K}=\frac{EI}{l}\begin{bmatrix} 16 & -\frac{12}{l} & 4 & 0 & 0 & 0 \\ -\frac{12}{l} & \frac{36}{l^2} & -\frac{6}{l} & \frac{6}{l} & 0 & 0 \\ 4 & -\frac{6}{l} & 12 & 2 & 0 & 0 \\ 0 & \frac{6}{l} & 2 & 8 & -\frac{6}{l} & 2 \\ 0 & 0 & 0 & -\frac{6}{l} & \frac{12}{l^2} & -\frac{6}{l} \\ 0 & 0 & 0 & 2 & -\frac{6}{l} & 4 \end{bmatrix}$$

9-4

(a)
$$\boldsymbol{K}=\begin{bmatrix} 75973 & 0 & 8960 & -70000 & 0 & 0 \\ 0 & 140747 & 2240 & 0 & -747 & 2240 \\ 8960 & 2240 & 26880 & 0 & -2240 & 4480 \\ -70000 & 0 & 0 & 75973 & 0 & 8960 \\ 0 & -747 & -2240 & 0 & 140747 & -2240 \\ 0 & 2240 & 4480 & 8960 & -2240 & 26880 \end{bmatrix}$$

(b)
$$\boldsymbol{K}=\begin{bmatrix} 75973 & 0 & 8960 & -70000 & 0 & 0 \\ 0 & 140747 & 2240 & 0 & -747 & 2240 \\ 8960 & 2240 & 26880 & 0 & -2240 & 4480 \\ -70000 & 0 & 0 & 151946 & 0 & 0 \\ 0 & -747 & -2240 & 0 & 281494 & 0 \\ 0 & 2240 & 4480 & 0 & 0 & 53760 \end{bmatrix}$$

9-5

$M_{12}=8.89\text{kN·m}$，$M_{21}=-2.22\text{kN·m}$

$M_{23}=2.22\text{kN·m}$，$M_{32}=-2.22\text{kN·m}$

$M_{34}=2.22\text{kN·m}$，$M_{43}=-8.89\text{kN·m}$

9-6 $F_N^{①} = 15.85\text{kN}$，$F_N^{②} = 0.509\text{kN}$，$F_N^{③} = -14.65\text{kN}$

9-7

$$M_{12} = -7.619\text{kN·m},\ M_{21} = -19.048\text{kN·m}$$
$$M_{23} = 19.048\text{kN·m},\ M_{32} = -16.508\text{kN·m}$$
$$M_{34} = 16.508\text{kN·m},\ M_{43} = 10.159\text{kN·m}$$

9-8

$M_{CD} = \frac{3}{80}ql^2$，$M_{DC} = -\frac{1}{10}ql^2$，$M_{DE} = \frac{11}{120}ql^2$，$M_{ED} = -\frac{19}{240}ql^2$

$M_{DB} = \frac{1}{120}ql^2$，$M_{BD} = \frac{1}{240}ql^2$

第10章 结构的极限荷载

10.1 概 述

前面各章，我们把结构当作理想弹性体来分析，在结构的内力、位移计算中假定材料服从虎克定律，应力和应变成正比，在使结构产生变形的荷载全部卸掉以后，结构会恢复原来的形状，没有残余变形，这种分析方法称为弹性分析方法。根据弹性计算的结果，再按容许应力来确定结构构件的截面尺寸，或者根据已知的杆件截面尺寸进行强度验算，就是容许应力法。这种方法要求结构的最大应力 σ_{max}满足下式的强度条件，否则结构将会破坏。

$$\sigma_{max} \leqslant [\sigma] = \frac{\sigma_u}{k} \tag{10-1}$$

式中，$[\sigma]$为材料的容许应力；σ_u 为材料的极限应力，对塑性材料为屈服极限，对脆性材料为强度极限；k 是一个大于1的常数，称为安全系数。

上述结构设计方法至今在工程中广为应用。但是，按容许应力设计结构存在一些缺点。首先，当结构个别构件的某一局部应力达到极限应力时，其它构件并没有破坏，尤其是超静定结构，还能承受更大的荷载。可见，所设计的结构是不够经济合理的。其次，结构临近破坏以前早已超出弹性阶段，而容许应力法却只按弹性假定进行计算。因而与实际结构的破坏状态不符。再次，安全系数 k 只是针对某一截面的，也不能如实反映整个结构的强度储备。

为了弥补上述方法的不足，在结构分析领域中，又建立和发展了按极限荷载计算结构承载力的方法。这种方法不是以结构在弹性阶段的最大应力达到极限应力作为破坏的标志，而是以结构进入塑性阶段并最后丧失承载能力时的极限状态作为破坏标志，故又称为塑性分析方法。按照塑性分析方法，计算中不是局限于考虑材料的弹性工作阶段，而是进一步考虑材料的塑性性质。此时，前述强度条件 $\sigma_{max} \leqslant [\sigma]$，改为整个结构的强度条件：

$$F_P \leqslant [F_P] = \frac{F_{Pu}}{K} \tag{10-2}$$

式中 F_P——结构实际承受的荷载；

$[F_P]$——许用荷载；

F_{Pu}——极限荷载；

K——安全系数。这里，安全系数 K 是从整个结构所能承受的荷载来考虑的，所以它比式(10-1)中的 k 更能正确地反映结构的强度储备。

显然，按塑性分析设计结构要比按弹性分析将更为经济合理。不过，塑性分析方法也有其局限性：(1)它只能反映结构的最后状态，而不能反映结构由弹性阶段到弹塑性阶段，再到极限状态的过程。(2)给定安全系数 K 后，结构在实际荷载作用下处于什么工作状态无法确定。(3)塑性分析只适用于延性较好的弹塑性材料，而不适用于脆性材料，对变形条件控制较严的结构也不宜采用。(4)叠加原理不再适用，每种荷载组合都需要单独计算。事实上，结构在设计荷载作用下，大多处于弹性阶段，仍需采用弹性分析研究其工作状态。所以，在结构设计中，塑性计算与弹性计算是互相补充的。

为了简化计算，在结构的塑性分析中，仍然应用小变形时的平面假设，并采用简化的应力-应变关系，如图 10-1 所示。图中：

① OA 段为弹性阶段，应力-应变关系为单值线性函数，$\sigma = E\varepsilon$；

② 当应力达到屈服极限 σ_s、应变达到 ε_s 时，材料进入塑性流动阶段，如图中 AC 段所示。此时，应变无限增加，而应力不变；

③ 若塑性变形到 B 处后进行卸载，则应变的减小值与应力的减小值成正比，其比值仍为 E，如图中 BF 段所示。当应力减至零时，材料有残余应变 OF。

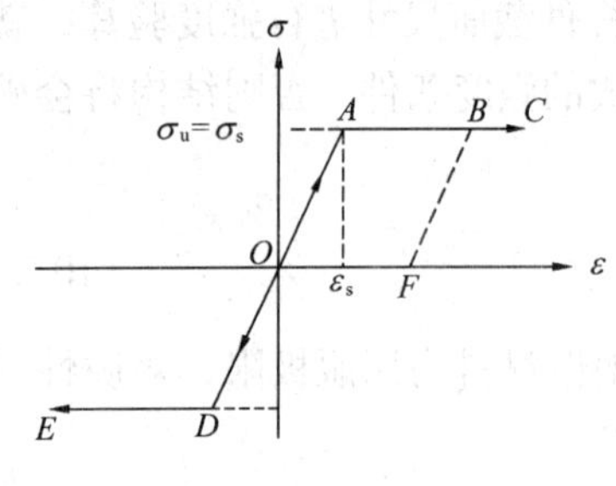

图 10-1

当为压应力时，假定材料的受拉、受压性质相同，则应力-应变关系按 ODE 变化。

符合上述应力与应变关系的材料，称为理想弹塑性材料。钢的应力-应变曲线有很长的屈服阶段，所以图 10-1 所示的应力-应变关系可以应用于一般的钢结构计算中。钢筋混凝土受弯构件，在混凝土受拉区出现裂缝后，拉力完全由钢筋承受，故也可以采用上述简化图形。

由图 10-1 可知，材料在加载与卸载时情形不同。加载时(应力增加)，材料是理想弹塑性的；而卸载时(应力减小)，材料是弹性的。还可以看到，在经历塑性变形之后，应力与应变之间不再存在单值对应关系。同一个应力值可对应于不同的应变值，同一个应变值也可对应于不同的应力值。因此，在结构的塑性分析中，叠加原理不再适用，而对于任何一种荷载组合都必须单独进行计算。

本章我们不介绍从结构的弹性工作阶段开始，通过逐渐增加荷载使结构进入弹塑性工作阶段，最后达到极限状态来求极限荷载的逐渐加载法(又称增量法)。而是讨论直接从结构的极限状态出发，将荷载一次加于结构，且各荷载按同一比例增加(即所谓比例加载)的方法计算极限荷载。分析结果表明，按上述两种途经求得的极限荷载完全相同，而且后者比前者简便得多。

10.2　极限弯矩、塑性铰和破坏机构

本节以理想弹塑性材料的静定梁为例，说明塑性分析方法中的几个基本概念。

如图 10-2(a)所示为矩形截面简支梁受荷载 F_P 的作用。随着荷载的增大，梁将会经历一个由弹性阶段到弹塑性阶段，最后达到塑性阶段的过程。试验表明，无论在哪个阶段，梁弯曲变形时的平面截面假定都是成立的。图 10-2(b)、(c)、(d)分别表示当荷载不断增大时，截面 C 在几个不同阶段的应力状态。

(1) 弹性阶段　当荷载较小时，整个截面的应力都小于屈服极限 σ_s。当荷载增加到一定值时，截面 C 最外边缘处的正应力将首先达到屈服极限 σ_s(图 10-2b)。此时作用于梁上

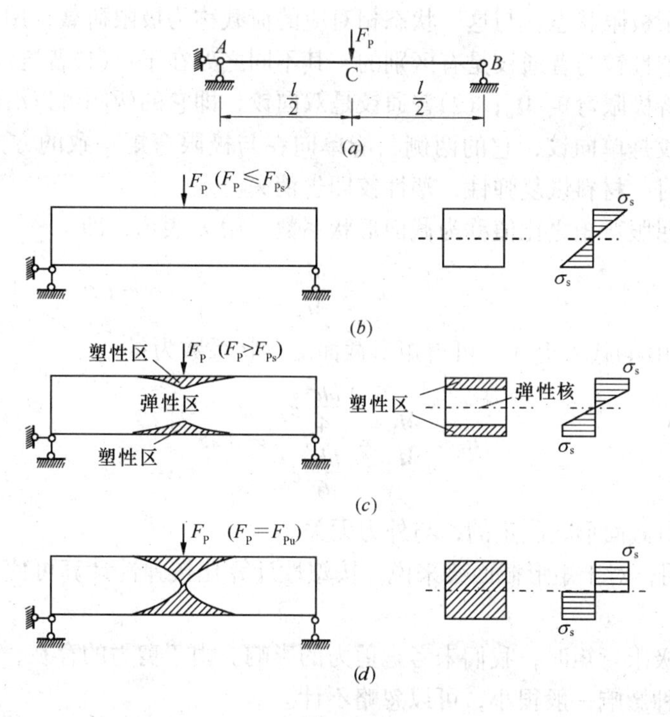

图 10-2

的荷载称为屈服荷载，记为 F_{Ps}，而截面 C 的弯矩则称为屈服弯矩或弹性极限弯矩，用 M_s 表示。由图 10-2(*b*)的应力分布可得：

$$M_s = 2 \times \frac{bh}{4}\sigma_s \times \frac{2}{3} \times \frac{h}{2} = \frac{bh^2}{6}\sigma_s \tag{10-3}$$

(2) 弹塑性阶段　当荷载再增大($F_P > F_{Ps}$)时，在靠近截面的上、下边缘部分将有更多的纤维应力达到 σ_s 并保持不变，应变则可继续增加，从而形成塑性区，但截面其余部分的纤维仍处于弹性阶段，我们把截面仍处于弹性阶段的区域称为弹性核。这时截面的受力状态称为弹塑性受力状态，截面应力分布如图 10-2(*c*)所示。随着荷载的继续增加，塑性区域将由外向内逐渐扩展，弹性核在逐渐缩小。同时，紧靠截面 C 的一些截面，其外侧纤维也开始屈服，形成图 10-2(*c*)左图中阴影所示的塑性区。

(3) 塑性流动阶段　当荷载增加到整个截面 C 的应力都达到屈服极限 σ_s 时，正应力分布图便形成两个矩形(图 10-2*d*)，截面达到塑性流动阶段。这时的截面弯矩达到了该截面所能承受的极限值，称为极限弯矩，用 M_u 表示。梁受竖向荷载作用时，截面上的轴力为零，于是由图 10-2(*d*)可得：

$$M_u = 2 \times \frac{bh}{2}\sigma_s \times \frac{1}{2} \times \frac{h}{2} = \frac{bh^2}{4}\sigma_s \tag{10-4}$$

它表明极限弯矩只与截面的形状尺寸和屈服极限 σ_s 有关。

在极限弯矩值保持不变的情况下，截面 C 所有纤维均已达到塑性阶段，弯曲变形可以任意增大，截面 C 两侧的截面沿 M_u 的方向可作有限的相对转动，这就相当于在该截面处出现了一个铰，因此称之为塑性铰。对于图 10-2(*a*)所示的静定梁来说，截面 C 形成塑性铰时，结构已变为几何可变体系，称为破坏机构(简称机构)。此时，梁的承载力已无法再增加，即达到了极限状态，与这一状态相对应的荷载称为极限荷载，用 F_{Pu}表示。

必须注意，塑性铰与普通铰是有区别的，其不同之处在于：(1)普通铰不能承受弯矩，而塑性铰则承受着极限弯矩 M_u；(2)普通铰是双向铰，即它的两侧可以沿两个方向发生相对转动，而塑性铰是单向铰，它的两侧只能单向在与极限弯矩一致的方向上发生相对转动。当弯矩减少时，材料恢复弹性，塑性铰即告消失。

极限弯矩与屈服弯矩之比值称为截面形状系数，用 α 表示，即

$$\alpha = \frac{M_u}{M_s} \tag{10-5}$$

将式(10-3)与式(10-4)代入上式，可得矩形截面的形状系数为：

$$\alpha = \frac{M_u}{M_s} = \frac{\frac{bh^2}{4}\sigma_s}{\frac{bh^2}{6}\sigma_s} = 1.5 \tag{10-6}$$

可见，α 是由截面形状决定的，与外力无关。

式(10-6)表明，对于矩形截面梁来说，按塑性计算比按弹性计算可使截面的承载能力提高 50%。

在推导梁的极限弯矩时，我们未考虑剪力的影响。由于剪力的存在，截面的极限弯矩值会降低，但这种影响一般很小，可以忽略不计。

上述关于矩形截面梁弹塑性分析的结论，同样适用于梁的横截面只有一根对称轴的情况。图 10-3(a)表示具有一个对称轴并在对称平面内作用有横向荷载的梁上的一个截面，它在弹性阶段、弹塑性阶段和塑性阶段的正应力分布图分别如图 10-3(b)、(c)、(d)所示。

在弹性阶段(图 10-3b)，随着荷载的增加，当最外侧边缘处正应力达到屈服极限 σ_s 时，按照弹性计算理论，应力沿截面高度线性分布，中性轴通过截面形心轴，可求得屈服弯矩 M_s 为：

$$M_s = \sigma_s W$$

式中 W——弹性截面系数。

在弹塑性阶段(图 10-3c)，中性轴的位置将随弯矩 M 的大小而变化。若 M 为已知，则由截面轴力为零和截面应力对中性轴力矩的和为 M 的条件，可以确定中性轴的位置和弹性核的高度。

在塑性流动阶段(图 10-3d)，受压区和受拉区全部纤维的应力均为屈服极限 σ_s。设以 A_1 表示受拉区面积，A_2 表示受压区面积，则由截面轴力为零的条件有：

$$\sigma_s A_1 = \sigma_s A_2$$

因而得

$$A_1 = A_2 = \frac{A}{2}$$

式中 A——梁截面面积。这说明在极限状态下，中性轴将截面分为面积相等的两个部分，即这时中性轴与等分截面轴重合。此时的极限弯矩为：

$$M_u = \sigma_s A_1 a_1 + \sigma_s A_2 a_2 = \sigma_s (S_1 + S_2) = \sigma_s W_u$$

式中 a_1、a_2——分别为面积 A_1 和 A_2 的形心至等分截面轴的距离；

S_1、S_2——分别为 A_1 和 A_2 对中性轴(等分截面轴)的静矩；

$W_u = S_1 + S_2$，称为塑性截面系数。

于是，由极限弯矩与屈服弯矩之比可得：

$$\alpha = \frac{M_u}{M_s} = \frac{W_u}{W}$$

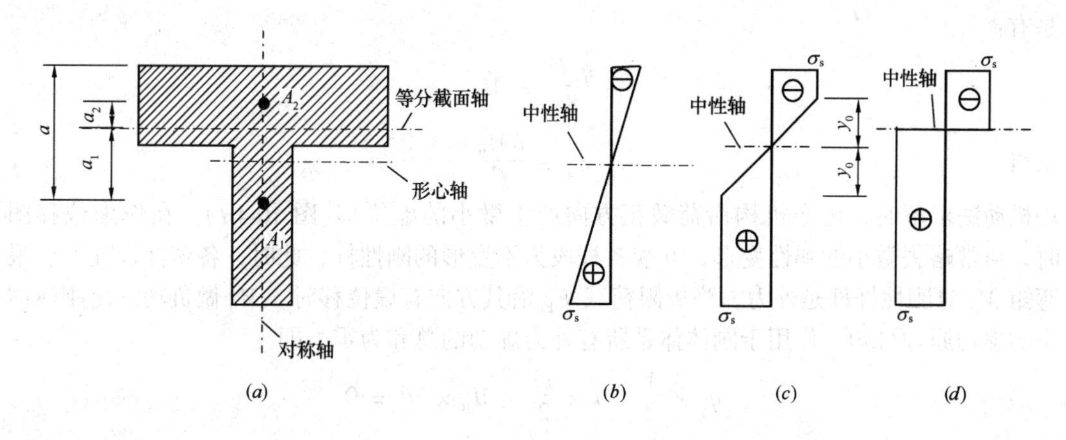

图 10-3

上述讨论再次说明，极限弯矩 M_u 只取决于截面的形状和尺寸以及材料的屈服应力，而与荷载无关。截面形状系数 α 只与截面形状有关，它表示按塑性计算时截面承载能力提高的程度。对于几种常用截面，α 值如下：矩形截面 $\alpha = 1.5$；圆形截面 $\alpha = 1.70$；工字形截面 $\alpha = 1.10 \sim 1.20$(一般取 1.15)；薄壁圆环形截面 $\alpha = 1.27 \sim 1.40$(一般取 1.3)。

10.3　梁的极限荷载

由上一节的讨论可知，当结构出现若干塑性铰而成为几何可变(常变或瞬变)体系时，便成为破坏机构，从而丧失承载能力，即达到极限状态，而与这一状态相对应的荷载就是极限荷载。为了求得梁的极限荷载，需要解决两个问题：一是破坏机构的确定，即结构成为机构需要有几个塑性铰，每个塑性铰又可能出现在哪个截面；二是极限荷载的计算。通常求极限荷载的方法有两种：一种是由静力平衡条件作出荷载作用下的极限状态弯矩图(即破坏机构中塑性铰处的弯矩等于极限弯矩时的弯矩图)，据此确定极限荷载，这一方法称为静力法；一种是使破坏机构产生一微小的可能位移(虚位移)，利用虚功原理求极限荷载，这一方法称为机动法。本节将结合静定梁、单跨超静定梁和连续梁作具体说明。

10.3.1　静定梁的极限荷载

静定梁没有多余约束，因此只要有一个截面出现塑性铰，梁就成为破坏机构。若梁为等截面梁，塑性铰必定首先出现在弯矩绝对值最大的截面，即 $|M|_{max}$处；若梁为变截面梁，塑性铰可能出现在弯矩最大的截面，也可能出现在截面改变处截面较小的一侧，但首先出现的截面一定是所受弯矩 M 与其极限弯矩 M_u 之比绝对值最大的截面，即 $\left|\frac{M}{M_u}\right|_{max}$ 处。按照这一原则确定破坏机构后，再用静力法或机动法便可很容易地求出梁的极限荷

载 F_{Pu}。

例如图 10-4(a)所示均布荷载 q 作用下的等截面简支梁，跨中截面 C 处弯矩最大。截面 C 处出现塑性铰时，弯矩达到极限弯矩 M_u，梁将成为破坏机构(图 10-4b，图中黑小圆表示塑性铰，以下同)。用静力法求解时，作出极限状态弯矩图，如图 10-4(c)所示，于是有：

$$\frac{q_u l^2}{8} = M_u$$

求得
$$q_u = \frac{8M_u}{l^2}$$

用机动法求解时，可令机构沿荷载正方向产生微小的虚位移(图 10-4d)，在作虚位移图时，通常略去微小的弹性变形，并视各杆段为不变形的刚性杆，此时，各塑性铰处的极限弯矩 M_u 对刚性杆件是外力，当极限荷载 F_{Pu}沿其方向有虚位移时，M_u 做负功。由刚体体系的虚功原理可知，作用于刚体体系所有外力虚功的总和为零，即

$$q_u \times \frac{1}{2} \times l \times \frac{l\theta}{2} - M_u \times 2\theta = 0$$

所以
$$q_u = \frac{8M_u}{l^2}$$

两种方法计算结果相同。

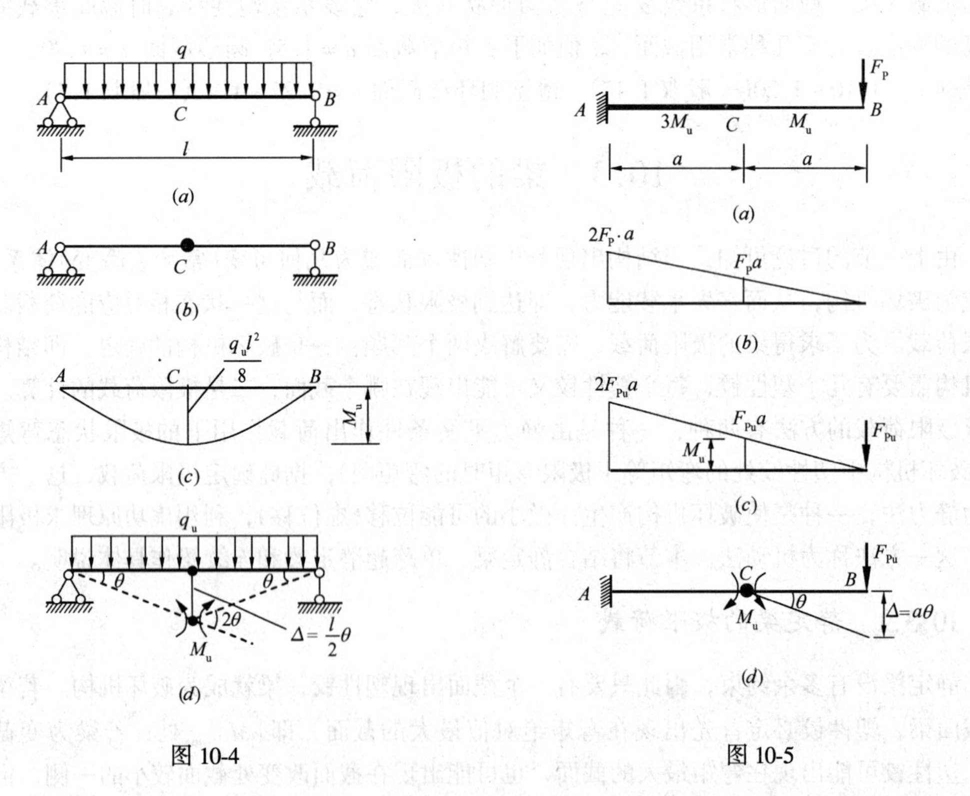

图 10-4　　　　图 10-5

又如图 10-5(a)所示受集中力 F_P 作用的变截面悬臂梁，A、$C_{右}$ 截面都有可能出现塑性铰，但由 F_P 作用下的弯矩图(图 10-5b)知，C 截面弯矩与其极限弯矩之比$\frac{F_P \cdot a}{M_u}$大于 A

截面弯矩与其极限弯矩之比$\frac{2F_P \cdot a}{3M_u}$，因此塑性铰首先在 $C_{右}$ 截面出现，并成为破坏机构。用静力法：作出如图 10-5(c)所示的极限状态弯矩图，由 C 截面弯矩 $F_{Pu} \cdot a = M_u$，可得：

$$F_{Pu} = \frac{M_u}{a}$$

用机动法：作出破坏机构的虚位移图(图 10-5d)，由虚功原理可有 $F_{Pu} \cdot a\theta - M_u \cdot \theta = 0$。于是，求得极限荷载为：

$$F_{Pu} = \frac{M_u}{a}$$

10.3.2 单跨超静定梁的极限荷载

超静定梁由于具有多余约束，当出现一个塑性铰时，梁仍是几何不变的，并不会破坏，还能承受更大的荷载。因此，只有出现足够数目的塑性铰才能使梁变成几何可变或瞬变体系，亦即成为破坏机构，从而丧失承载能力，这是与静定梁的不同之处。

例如图 10-6(a)所示等截面超静定梁，承受集中荷载 F_P 的作用。假设荷载一次加于结构上且成比例地增加，梁的正、负弯矩极限值都是 M_u。

当 $F_P \leqslant F_{Ps}$时，梁处于弹性阶段，弯矩图可按力法或位移法求得(图 10-6b)，其中截面 A 的弯矩最大。

当荷载超过 F_{Ps}时，首先在截面 A 形成塑性区并扩大，随后在跨中截面也将形成塑性区。随着荷载的继续增加，塑性区向中性轴延伸，在截面 A 首先出现塑性铰，弯矩达到极限值 M_u，弯矩图如图 10-6(c)所示。此时，在加载条件下，梁已转化为静定梁。由图 10-6(c)可见，它与 A 端作用已知弯矩 M_u 并在跨中承受集中荷载 F_P($F_{Ps} < F_P < F_{Pu}$)的简支梁的弯矩图完全相同。因此梁并没有破坏，它的承载能力尚未达到极限值。

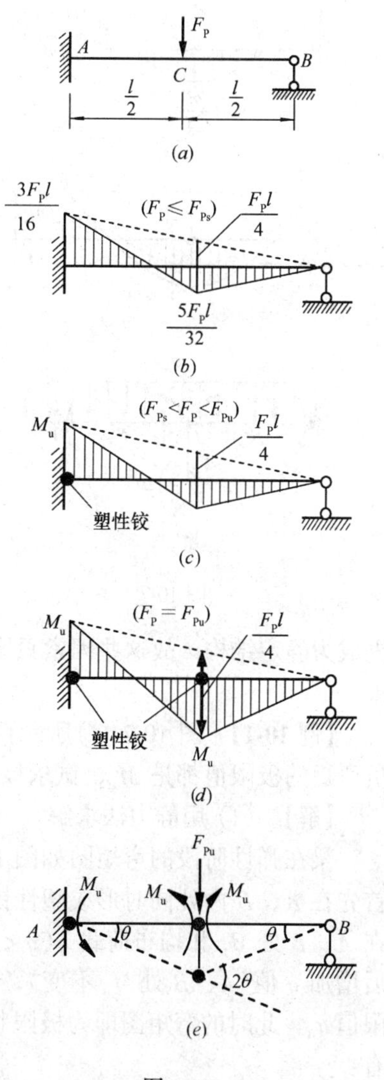

图 10-6

若荷载继续增大，A 端弯矩将保持不变，最后跨中截面 C 的弯矩也达到极限值 M_u，从而在该截面形成梁的第二个塑性铰。这时，梁就变成几何可变体系，也就是达到了极限状态，此时的荷载就是极限荷载 F_{Pu}，相应的极限状态弯矩图如图 10-6(d)所示。

由上可知，极限状态弯矩图可由简支梁在 A 端 M_u 和跨中荷载 F_{Pu}作用下根据静力平衡条件绘出，其中截面 C 的弯矩为：

$$\frac{F_{Pu}l}{4} - \frac{M_u}{2} = M_u$$

所以极限荷载为：
$$F_{Pu}=\frac{6M_u}{l}$$
这就是求极限荷载的静力法。

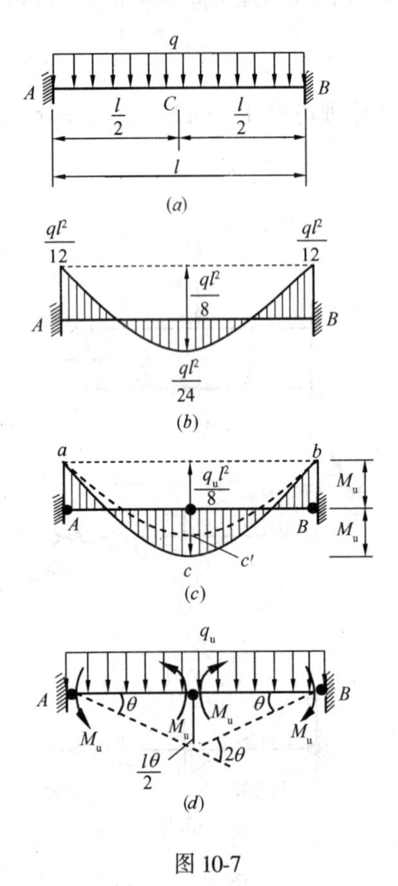

图 10-7

如果绘出破坏机构（图 10-6e）并令其沿 F_{Pu}正方向产生微小虚位移，则外力虚功为：

$$W=F_{Pu}\times\frac{l\theta}{2}-M_u\cdot\theta-M_u\cdot 2\theta=0$$

可得：
$$F_{Pu}=\frac{6M_u}{l}$$
这就是求极限荷载的机动法。

综上所述，可概括出超静定结构极限荷载计算的一些特点：

(1) 随着荷载的不断增加，超静定梁经历了由超静定结构转化为静定结构，再到破坏机构的过程。其极限荷载可以直接根据极限状态弯矩图用静力法求出，也可以根据破坏机构由机动法求出，而无需考虑结构弹塑性的发展过程。

(2) 超静定结构的极限状态弯矩图，可由超静定梁转化后的静定梁在已出现塑性铰处的极限弯矩和极限荷载作用下，用静力平衡条件绘出，然后求出该极限荷载值。即计算极限荷载只需考虑静力平衡条件，而无需考虑变形协调条件，因而使计算简便。

(3) 超静定结构的极限荷载不受温度变化、支座移动等因素的影响。因为超静定结构变为机构以前，先成为静定结构。故这些因素只影响结构变形的发展过程，而不会影响极限荷载的最后结果。

【例 10-1】 图 10-7(a)所示两端固定的等截面梁 AB，受均布荷载 q 作用，设其正、负弯矩的极限值都是 M_u，试求极限荷载 q_u。

【解】 (1) 用静力法求解

梁在弹性阶段的弯矩图如图 10-7(b)所示，A、B 两端的弯矩最大。随着 q 逐渐增大，首先在 A、B 两处同时形成塑性铰。此时，在不计轴力的情况下，梁转化为静定梁。绘出在 A、B 处 M_u 和均布荷载 $q(q<q_u)$作用下的弯矩图，如图 10-7(c)中虚线 $ac'b$ 所示，然后增加 q 值(A、B 处 M_u 不变)，当截面 C 出现塑性铰时，结构达到极限状态，q 达到极限值 q_u。此时的弯矩图即为极限状态弯矩图，如图 10-7(c)中实线 acb 所示。由平衡条件有：

$$\frac{q_u l^2}{8}=M_u+M_u=2M_u$$

所以
$$q_u=\frac{16M_u}{l^2}$$

(2) 用机动法求解

作出机构沿荷载正方向产生任意微小虚位移的图形(即虚位移图)，如图 10-7(d)所示。则根据虚功原理有：

$$q_u \times \frac{l}{2} \times \frac{l\theta}{2} - M_u \cdot \theta - M_u \cdot \theta - M_u \cdot 2\theta = 0$$

由此得
$$q_u = \frac{16M_u}{l^2}$$

两种方法所得结果相同。

【例 10-2】 如图 10-8(a)所示等截面梁 AB，其正、负弯矩的极限值都是 M_u，承受逐渐增加的均布荷载 q 作用。试求极限荷载 q_u。

【解】 梁处于弹性阶段($q \leqslant q_s$)的弯矩图如图 10-8(b)所示。随着荷载的增加，A 截面首先出现塑性铰，梁变为静定梁，此时弯矩图(图 10-8c)与简支梁 A 端作用 M_u、跨间作用均布荷载 q($q_s < q < q_u$)时的弯矩图完全相同。

荷载继续增加到 q_u 时，梁将出现第二个塑性铰，梁变为机构。

设第二个塑性铰在距 B 端为 x 的 C 截面处(图 10-8d)，则支座 B 的反力 F_{By}，可由整体对支座 A 取矩求得：$F_{By} = \frac{q_u l}{2} - \frac{M_u}{l}$。于是，取 CB 段为隔离体，由 $\Sigma M_C = 0$ 可得：

$$M_x = M_u = F_{By}x - \frac{1}{2}q_u x^2$$

$$= \left(\frac{q_u l}{2} - \frac{M_u}{l}\right)x - \frac{1}{2}q_u x^2 \qquad (a)$$

既然 C 截面弯矩达到极限值，则有：

$$\frac{dM_x}{dx} = \frac{q_u l}{2} - \frac{M_u}{l} - q_u x = 0$$

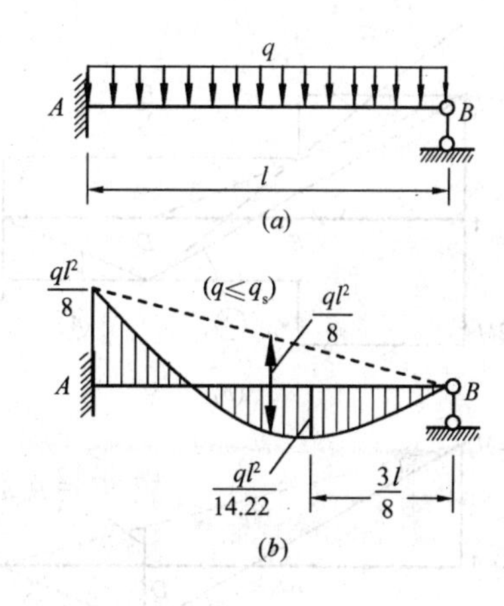

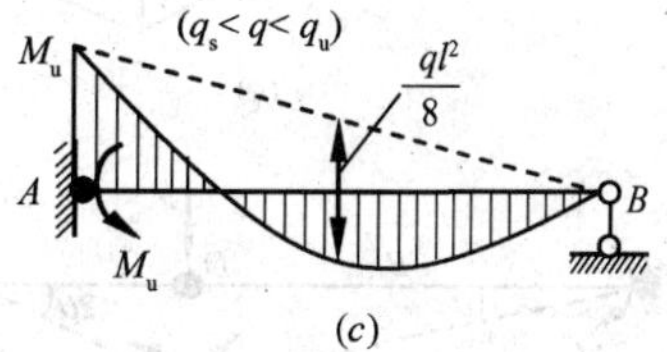

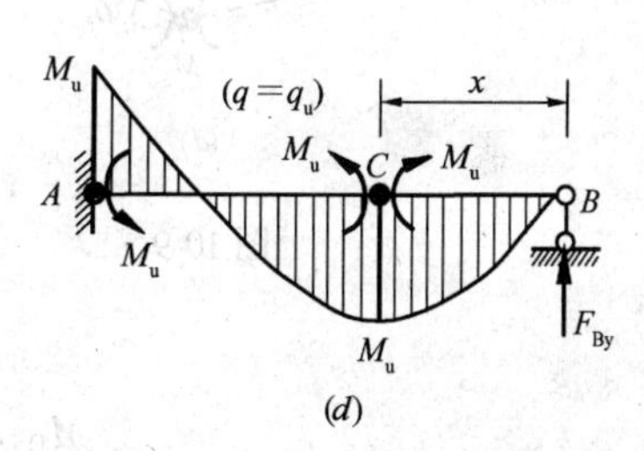

图 10-8

可得

$$q_u = \frac{2M_u}{l(l-2x)} \qquad (b)$$

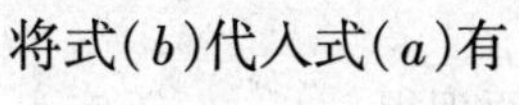

将式(b)代入式(a)有

$$M_u = \frac{M_u}{l-2x}x - \frac{M_u}{l}x - \frac{1}{2}\frac{2M_u}{l(l-2x)}x^2$$

整理后得：
$$x^2 + 2lx - l^2 = 0$$

解方程得：
$$x = (\sqrt{2} - 1) \cdot l = 0.4142l$$

再将 x 代入式(b)得：

$$q_u = \frac{11.66M_u}{l^2}$$

本例用机动法求 q_u 的计算见例 10-6。

【例 10-3】 图 10-9(a)所示变截面梁，AB 段极限弯矩为 $2M_u$，BC 段为 M_u，试求极限荷载。

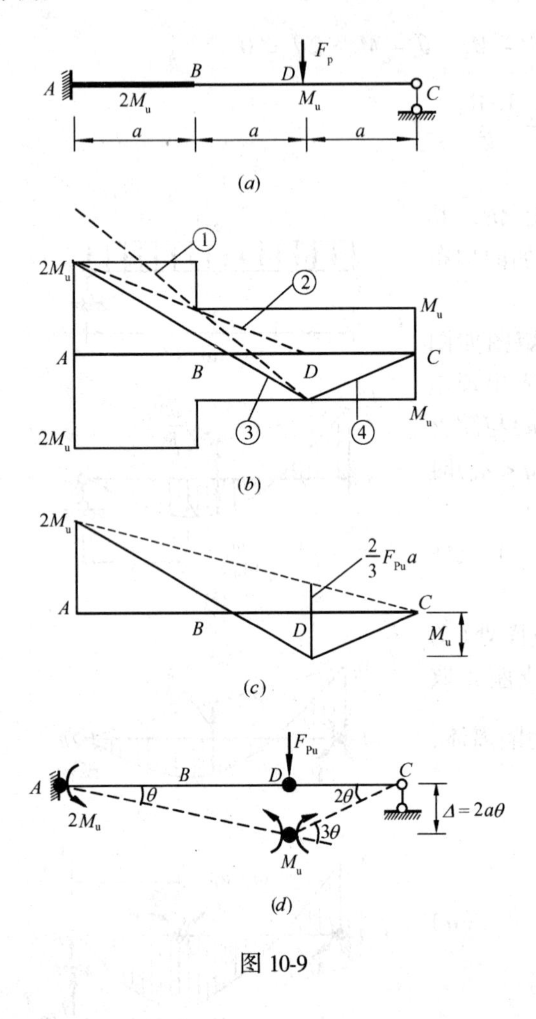

图 10-9

【解】 (1) 静力法

该梁为一次超静定结构，只要出现两个塑性铰就形成破坏机构。然而可能出现塑性铰的有 A、$B_{右}$、D 三个截面，两两组合则有三种可能的极限状态。为了尽快求出真实的极限状态弯矩图，可应用下述作图的办法确定。做法是，先作出梁的阶梯形极限弯矩图(图 10-9b 所示的阶形线)，上面的阶形线表示负极限弯矩图，下面的阶形线表示正极限弯矩图。在荷载 F_{Pu}作用下，弯矩图 AD、DC 段均为直线图形。若 $B_{右}$、D 截面的弯矩先达到 M_u，则 AD 段极限状态弯矩图如图 10-9(b)的虚线①所示，在 A 截面弯矩已超过 $2M_u$。显然，这个弯矩图不可能出现；若 A、B 截面先出现塑性铰，则 AD 段极限状态弯矩图如图 10-9(b)的虚线②所示，在 DC 段弯矩为零，这也是不可能的；若 A、D 截面先达到极限状态，则 AD 段极限状态弯矩图如图 10-9(b)的斜实线③所示，此时 B 截面尚未出现塑性铰，但梁已变成机构。因此斜直线③、④与梁轴围成的图形就是极限状态弯矩图(图 10-9c)，D 截面的弯矩为：

$$M_D = M_u = 2F_{Pu} \times \frac{a}{3} - \frac{2M_u}{3}$$

于是可得：

$$F_{Pu} = \frac{5M_u}{2a}$$

(2) 机动法

绘出破坏机构沿 F_{Pu}正方向的微小虚位移图(图 10-9d)，由虚功原理得：

$$F_{Pu} \times 2a\theta - 2M_u\theta - M_u \times 3\theta = 0$$

即

$$F_{Pu} = \frac{5M_u}{2a}$$

两种算法结果相同。

10.3.3 连续梁的极限荷载

一个 n 次超静定的连续梁，当出现 $n+1$ 个塑性铰时，梁就会破坏，但是也可能在某一跨的两端和跨中某截面出现三个塑性铰而成为破坏机构，还有可能由相邻几跨联合形成破坏机构。对于每跨都为等截面，且各跨截面可不相同的连续梁，在受到方向相同(通常向下)、按比例增加的荷载作用时，其破坏机构则只可能在某一跨单独出现。因为在这种情况下，每跨内的负弯矩在跨端为最大，对应的塑性铰也只能在跨端出现，从而形成各跨独立的破坏机构(图 10-10b、c)，而几跨联合破坏的形式(图 10-10d)是不可能出现的。因此，对于这种连续梁，只需分别求出每跨破坏时的荷载，然后选其中最小的一个，便是所求连续梁的极限荷载。

【例 10-4】 如图 10-10(a)所示为等截面梁，比例加载为 $F_{P1}:F_{P2}=F_P:1.2F_P=1:1.2$，试求极限荷载 F_{Pu}。

【解】 (1) 机动法

本例有两种可能的破坏机构，分别如图 10-10(b)、(c)所示。在图 10-10(b)中，根据虚功原理得：

$$F_P \times \Delta_D - M_u \times \theta - M_u \times 2\theta = 0$$

因为：$\Delta_D = \dfrac{l}{2}\cdot\theta$，代入上式，得：$F_P\cdot\dfrac{l}{2}\theta = 3M_u\theta$

所以
$$F_P = \frac{6M_u}{l} \tag{a}$$

在图 10-10(c)中，根据虚功原理得：

$$1.2F_P\cdot\Delta_E - M_u\cdot\theta_B - M_u\cdot(\theta_B+\theta_C) = 0$$

式中 $\theta_B = \dfrac{3}{l}\cdot\Delta_E$，$\theta_C = \dfrac{3}{2l}\cdot\Delta_E$，代入上式，得：

$$1.2F_P\cdot\Delta_E = M_u\cdot\frac{3}{l}\Delta_E + M_u\cdot\left(\frac{3}{l}+\frac{3}{2l}\right)\Delta_E$$

所以
$$F_P = \frac{6.25M_u}{l} \tag{b}$$

比较式(a)和式(b)可见，极限荷载为：

$$F_{Pu} = \frac{6M_u}{l}$$

破坏机构为 AB 跨形成的机构

(2) 静力法

在 AB 跨和 BC 跨分别单独成为破坏机构时的弯矩图如图 10-10(e)、(f)所示。在图 10-10(e)中，根据平衡条件可得：

$$\frac{F_Pl}{4} - \frac{M_u}{2} = M_u$$

所以
$$F_P = \frac{6M_u}{l} \tag{c}$$

在图 10-10(f)中，根据平衡条件可得：

$$\frac{1}{l}\left(1.2F_P\cdot\frac{l}{3}\cdot\frac{2l}{3}\right) - \frac{2}{3}M_u = M_u$$

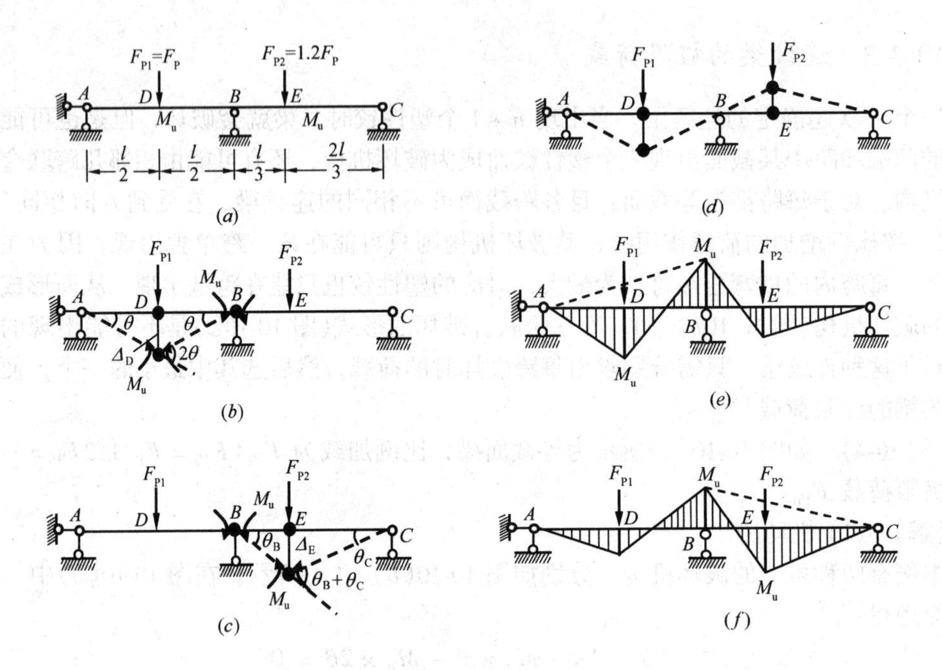

图 10-10

所以
$$F_P=\frac{6.25M_u}{l} \tag{d}$$

比较式(c)和式(d)可见，极限荷载为：

$$F_{Pu}=\frac{6M_u}{l}$$

两种方法计算结果相同。

【例 10-5】 图 10-11(a)所示三跨连续梁，AB 和 BC 跨极限弯矩为 $1.5M_u$，CD 跨为 M_u，试用机动法求极限荷载 F_{Pu}。

【解】 本题共有四种可能的破坏机构，分别如图 10-11(b)、(c)、(d)、(e)所示。在图 10-11(b)中，根据虚功原理有

$$1.2F_P\times a\theta-1.5M_u\times\theta-1.5M_u\times 2\theta-1.5M_u\times\theta=0$$

所以
$$F_P=\frac{5M_u}{a}$$

在图 10-11(c)中，BC 与 CD 两跨截面不等，若在截面 C 改变处形成塑性铰，这个铰必然在极限弯矩较小的截面上，根据虚功原理有：

$$\frac{1}{2}\times 2a\times a\theta\times\frac{2F_P}{a}-1.5M_u\times\theta-1.5M_u\times 2\theta-M_u\times\theta=0$$

所以
$$F_P=\frac{2.75M_u}{a}$$

在图 10-11(d)中，根据虚功原理有：

$$F_P\times 2a\theta+F_P\times a\theta-M_u\times 2\theta-M_u\times 3\theta=0$$

所以
$$F_P = \frac{5M_u}{3a}$$

在图 10-11(*e*)中，根据虚功原理有：

$$F_P \times a\theta + F_P \times 2a\theta - M_u \times \theta - M_u \times 3\theta = 0$$

所以
$$F_P = \frac{4M_u}{3a}$$

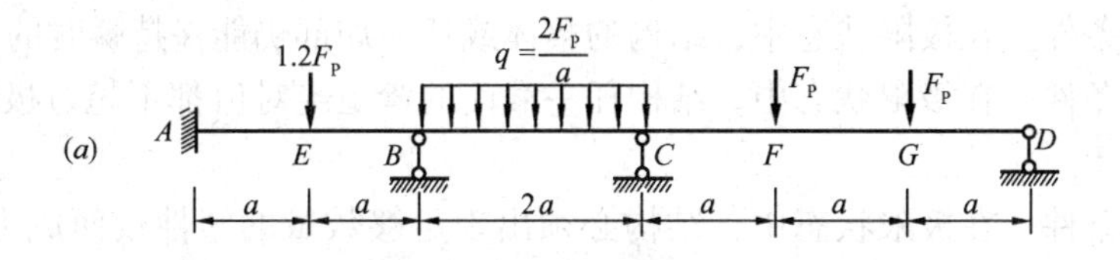

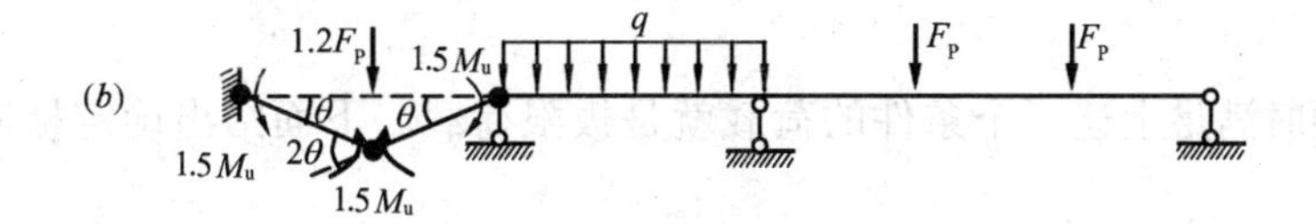

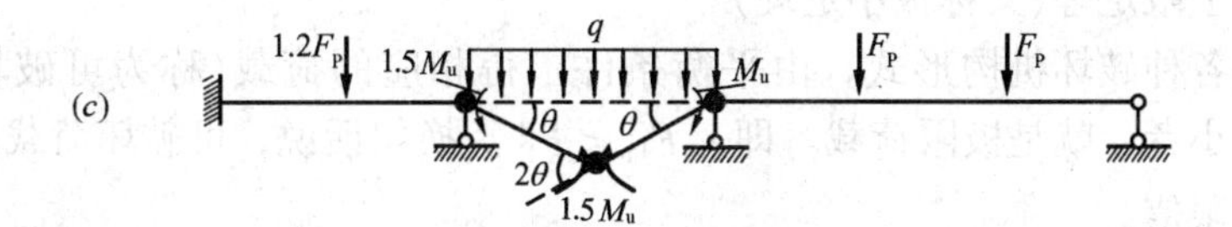

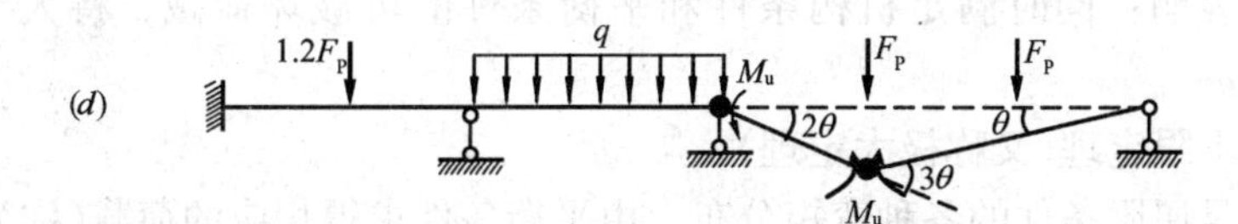

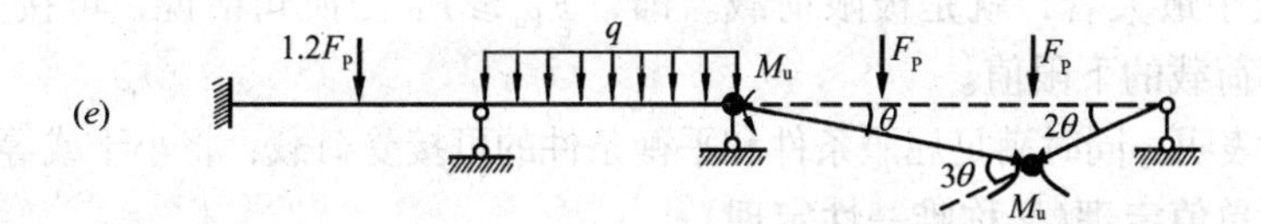

图 10-11

比较各破坏机构相应的荷载可知，在其他各跨达到极限状态之前 *CD* 跨就形成如图 10-11(*e*)所示的破坏机构而丧失承载能力，因此极限荷载为：

$$F_{Pu} = \frac{4M_u}{3a}$$

它是各种破坏形式相应荷载中的最小值。

10.4 比例加载判定定理

上一节所讨论的结构和荷载都比较简单，因而其破坏机构比较容易确定，极限荷载的计算也不困难。但是当结构和荷载较复杂，尤其在刚架结构中，可能出现的破坏形式较多，确定其真实的破坏机构形式将较为困难。此时，可借助本节所述的几个比例加载判定定理来计算极限荷载。

所谓比例加载是指作用于结构上的所有荷载都是按同一比例增加的，而且不出现卸载现象。这时各荷载之间有一个公共因子，称为荷载参数，用 F_P 表示。例如例 10-4、例 10-5 中的荷载就是比例加载的两个例子，它们的荷载参数就是 F_P。于是，寻求极限荷载的问题，也就归结为求荷载参数 F_P 的极限值 F_{Pu}。

由前述梁的极限荷载计算可以看出，结构的极限状态应同时满足如下三个条件：

(1) 平衡条件　在极限状态中，结构的整体或任一局部仍能保持瞬时的平衡状态。

(2) 屈服条件　在极限状态中，结构任一截面的弯矩绝对值都不超过极限弯矩值，即 $|M| \leqslant M_u$。

(3) 机构条件　在极限状态中，结构必须出现足够数量的塑性铰而成为机构(几何常变或几何瞬变体系)。在机构运动时，可沿荷载做正功的方向发生单向移动，这种机构称为单向机构。

显然，同时满足上述三个条件的荷载就是极限荷载。下面给出确定极限荷载的三个定理。

定理一：上限定理(又称极小定理)

取结构的各种破坏机构形式，由平衡条件求得相应的荷载(称为可破坏荷载，记为 F_P^+)，其中最小者，就是极限荷载。即，$F_{Pu} \leqslant F_P^+$。换句话说，可破坏荷载的最小值就是极限荷载的上限值。

这个定理表明：同时满足机构条件和平衡条件的可破坏荷载，将大于或等于极限荷载。

定理二：下限定理(又称极大定理)

取结构满足屈服条件的各种弯矩分布，由平衡条件求得相应的荷载(称为可接受荷载，记为 F_P^-)，其中最大者，就是极限荷载。即，$F_{Pu} \geqslant F_P^-$。换句话说，可接受荷载中的最大值就是极限荷载的下限值。

这个定理表明：同时满足屈服条件和平衡条件的可接受荷载，将小于或等于极限荷载。

定理三：单值定理(又称唯一性定理)

如果荷载既是可破坏荷载，同时又是可接受荷载，则该荷载就是极限荷载。

这个定理表明：对于比例加载作用下的给定结构，同时满足平衡条件、屈服条件及机构条件的荷载就是极限荷载，而且是唯一确定的解答。

上限定理和下限定理，给出了极限荷载的上下限范围。如果完备地列出结构的各种破坏机构形式，求出各自相应的可破坏荷载，则其中最小者便是极限荷载；或者一一作出结构满足屈服条件的各种弯矩分布，求出各自相应的可接受荷载，则其中最大者便是极限荷载。这种通过列举所有破坏机构或弯矩分布，求极限荷载的方法称为穷举法。例 10-5 就是穷举法利用上限定理求极限荷载的例子。

单值定理给出了极限荷载必须满足的全部条件。一般来说，求结构的可破坏荷载要比求可接受荷载较为简便。因此，可任选一种破坏机构，由虚功原理求出可破坏荷载，再由平衡条件作出其弯矩图，若满足屈服条件，则该荷载即为极限荷载；若不满足，则另选一种破坏机构再行试算，直至满足。这种方法称为试算法。

【例 10-6】 试利用上限定理求图 10-8（a）所示单跨超静定梁的极限荷载 q_u。

【解】 由图 10-8（a）可知，该梁为一次超静定结构，出现两个塑性铰时，将形成破坏机构，其中一个塑性铰出现在固定端截面（负弯矩最大的截面），设另一个塑性铰出现在距离 B 端为 x 的截面处，如图 10-12 所示。则由虚功原理有

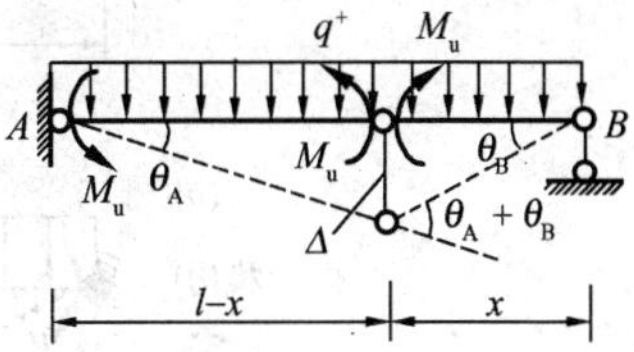

$$q^+ \times \frac{l}{2} \times \Delta - M_u \times \theta_A - M_u \times (\theta_A + \theta_B) = 0 \qquad (a)$$

式中，$\theta_A = \dfrac{\Delta}{l-x}$；$\theta_B = \dfrac{\Delta}{x}$，将它们代入式（$a$）得

$$q^+ = 2M_u \times \frac{l+x}{l \cdot x(l-x)} \qquad (b)$$

图 10-12

根据上限定理，极限荷载 q_u 是 q^+ 中的最小值，故令 $\dfrac{dq^+}{dx}=0$，可得：

$$x^2 + 2lx - l^2 = 0$$

由此解得

$$x = (\sqrt{2}-1) \cdot l = 0.4142l \qquad (c)$$

将式（c）代入式（b），得极限荷载 q_u 为：

$$q_u = 11.66\frac{M_u}{l^2}$$

与例 10-2 按静力法求得的结果相同。

【例 10-7】 试求图 10-13（a）所示连续梁的极限荷载，各跨梁截面的极限弯矩均为 M_u。

【解】 1. 用穷举法求极限荷载

该连续梁共有 4 种可能的破坏机构，分别如图 10-13（b）、（c）、（d）、（e）所示。

（1）机构 1 由虚位移原理得：

$$q_1^+ \times \frac{1}{2} \times 4 \times \Delta = M_u \cdot (\theta + \theta) + M_u \cdot 2\theta$$

因为 $\theta = \dfrac{\Delta}{2}$，代入上式得：

$$q_1^+ \times \frac{1}{2} \times 4 \times \Delta = 2M_u \cdot \Delta$$

整理后可得

$$q_1^+ = M_u \qquad (a)$$

（2）机构 2 由虚位移原理得：

$$4q_2^+ \times \Delta = M_u \cdot \theta + M_u \cdot 3\theta + M_u \cdot 4\theta$$

因为 $\theta = \dfrac{\Delta}{3}$，代入上式得：$4q_2^+ \cdot \Delta = M_u \cdot \dfrac{\Delta}{3} + M_u \cdot 3 \times \dfrac{\Delta}{3} + M_u \cdot 4 \times \dfrac{\Delta}{3}$

整理后可得

$$q_2^+ = \frac{2}{3}M_u \qquad (b)$$

（3）机构 3 由虚位移原理得：$q_3^+ \cdot \Delta + q_3^+ \cdot \dfrac{\Delta}{2} = M_u \cdot 2\theta + M_u \cdot 3\theta$

将 $\theta = \dfrac{\Delta}{2}$ 代入上式得：$q_3^+ \cdot \Delta + q_3^+ \cdot \dfrac{\Delta}{2} = M_u \cdot 2 \times \dfrac{\Delta}{2} + M_u \cdot 3 \times \dfrac{\Delta}{2}$

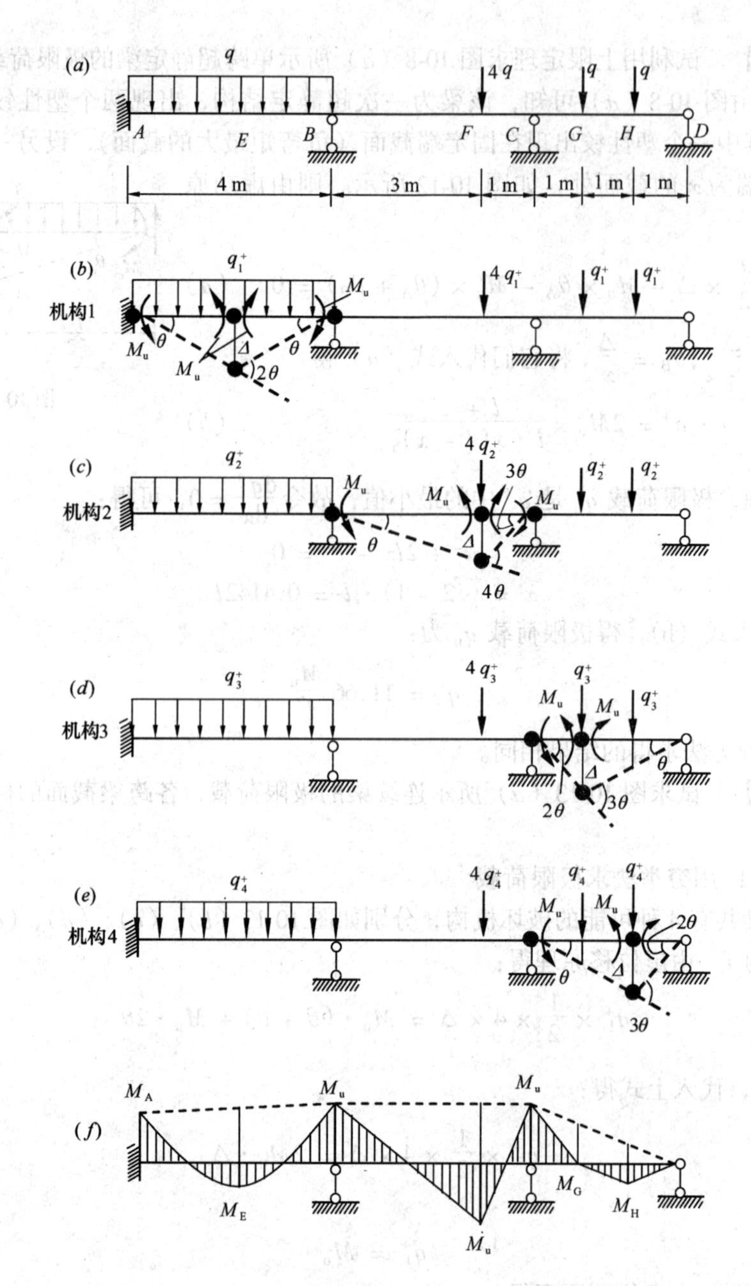

图 10-13

整理后可得

$$q_3^+ = \frac{5}{3}M_u \tag{c}$$

（4）机构 4　由虚位移原理得：$q_4^+ \cdot \Delta + q_4^+ \cdot \frac{\Delta}{2} = M_u \cdot \theta + M_u \cdot 3\theta$

将 $\theta = \frac{\Delta}{2}$ 代入上式得：$q_4^+ \cdot \Delta + q_4^+ \cdot \frac{\Delta}{2} = M_u \cdot \frac{\Delta}{2} + M_u \cdot 3 \times \frac{\Delta}{2}$

整理后可得

$$q_4^+ = \frac{4}{3}M_u \tag{d}$$

比较式（a）、式（b）、式（c）、式（d），可得极限荷载为 $q_u = q_2^+ = \frac{2}{3}M_u$，破坏机构如图 10-13（$c$）。

2. 用试算法求极限荷载

任选一种破坏机构，例如图 10-13（c）所示的机构 2，由虚功原理求得可破坏荷载为 $q_2^+ = \frac{2}{3}M_u$（作法同上）。然后画出与机构 2 相对应的弯矩分布图，如图 10-13（f）所示。在截面 B、F、C 处弯矩分别为 $-M_u$、M_u 和 $-M_u$。还需验算截面 A、E、H 的弯矩是否也满足屈服条件。

计算 M_A 和 M_E 时，可将 AB 跨视为 A 端固定、B 端简支的单跨超静定梁，承受全跨均布荷载 $q_2^+ = \frac{2}{3}M_u$ 和 B 端力矩 M_u 的作用，由力法或位移法求得：

$$M_A = -\frac{1}{8} \times \frac{2}{3}M_u \times 4^2 + \frac{1}{2} \times M_u = -\frac{5}{6}M_u$$

再由平衡条件求得

$$M_E = \frac{1}{8} \times \frac{2}{3}M_u \times 4^2 - \frac{1}{2} \times \left(\frac{5}{6}M_u + M_u\right) = \frac{5}{12}M_u$$

CD 跨可视为简支梁，受两个集中力 $q_2^+ = \frac{2}{3}M_u$ 和 C 端力矩 M_u 的作用，由平衡条件得

$$M_H = \frac{2}{3}M_u \times 1 - \frac{1}{3} \times M_u = \frac{1}{3}M_u$$

$$M_G = \frac{2}{3}M_u \times 1 - \frac{2}{3} \times M_u = 0$$

可见均满足屈服条件，因此 $q_2^+ = \frac{2}{3}M_u$ 也是可接受荷载。故极限荷载为：

$$q_u = q_2^+ = \frac{2}{3}M_u$$

10.5 刚架的极限荷载

在刚架中，塑性铰的形成与梁有所不同，因为它不仅与弯矩有关，而且还受到轴力的影响。因此在一般情况下，确定刚架的极限荷载较为复杂。前面曾指出，剪力对极限弯矩的影响很小，可以忽略不计。计算表明，当轴力较小时，它对极限弯矩的影响同样可以略去不计。这样将使极限荷载的计算大大简化，便于手算。本节仅讨论简单刚架极限荷载的计算，所用方法仍然是穷举法或试算法。对于更复杂刚架极限荷载的计算，可应用矩阵位移法由计算机完成，这一方法的详细内容，可参阅有关著作。

计算刚架的极限荷载，需要先确定破坏机构可能出现的各种形式。以图 10-14（a）所示刚架为例，各杆分别为等截面直杆，横梁的极限弯矩比竖柱大一倍。该刚架为一次超静定结构，只要有两个塑性铰，即可变成机构。在图示荷载作用下，其弯矩图由直线段组成，塑性铰可能在 A、C 以及柱顶 B 截面三处出现。其中，当横梁出现两个塑性铰时（图 10-14b），便会形成局部破坏，如同梁的破坏形式，称为梁机构；而在竖柱上下端出现两个塑性铰时（图 10-14c），刚架会出现较大侧移的破坏形式，称为侧移机构。上述两种机

构都分别为独立的破坏形式，故称为基本机构。在图 10-14（d）所示破坏机构中，既有横梁转折，又有刚架侧移，它综合了两种基本机构的情况，称为联合机构。一般说来，设刚架的超静定次数为 n，其上可能出现的塑性铰数为 h，则刚架的基本机构数 m 为：

$$m = h - n$$

这样，我们只需先定出 m 个基本机构，然后加以适当的组合，就可得到任何可能的破坏机构。例如，图 10-14（a）所示刚架，基本机构数、超静定次数和塑性铰数就符合上式的关系，即 $m = 3 - 1 = 2$。因此可知破坏机构的可能形式共有三种（两个基本机构和一个联合机构），如图 10-14（b）、（c）、（d）所示。应该注意，在确定联合机构时，基本机构中的塑性铰可能闭合，如此例中，横梁与立柱之间的夹角，在梁机构中是减小的，而在侧移机构中是增大的。因此，在联合机构中 B 处的塑性铰闭合，即组合后截面 B 处塑性铰消失。

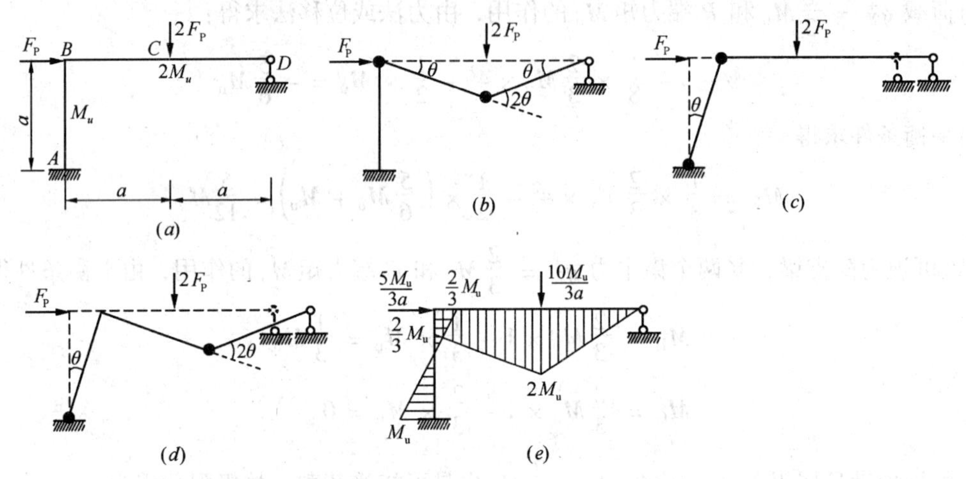

图 10-14

用穷举法求极限荷载时，可分别对各破坏机构逐一应用虚功原理计算。对图 10-14（a）所示刚架，在梁机构（图 10-14b）中，有

$$2F_{\mathrm{P}}^{+} \times a\theta - 2M_{\mathrm{u}} \times 2\theta - M_{\mathrm{u}} \times \theta = 0$$

所以
$$F_{\mathrm{P}}^{+} = \frac{5M_{\mathrm{u}}}{2a}$$

在侧移机构（图 10-14c）中，有

$$F_{\mathrm{P}}^{+} \times a\theta - M_{\mathrm{u}} \times \theta - M_{\mathrm{u}} \times \theta = 0$$

所以
$$F_{\mathrm{P}}^{+} = \frac{2M_{\mathrm{u}}}{a}$$

在联合机构（图 10-14d）中，有

$$F_{\mathrm{P}}^{+} \times a\theta + 2F_{\mathrm{P}}^{+} \times a\theta - M_{\mathrm{u}} \times \theta - 2M_{\mathrm{u}} \times 2\theta = 0$$

所以
$$F_{\mathrm{P}}^{+} = \frac{5M_{\mathrm{u}}}{3a}$$

根据上限定理，由上述各 F_{P}^{+} 值中选取最小者，得极限荷载为：

$$F_{\mathrm{Pu}} = \frac{5M_{\mathrm{u}}}{3a}$$

本例若用试算法求解，则可任选一破坏机构（如选联合机构），先由虚功原理求出相

应的可破坏荷载 $F_P^+ = \dfrac{5M_u}{3a}$（计算同上）。然后将此荷载作用于图 10-14（d）所示机构上（塑性铰处的弯矩已知），由平衡条件绘出弯矩图，验算 $F_P^+ = \dfrac{5M_u}{3a}$ 是否也是可接受荷载。作弯矩图时，先求出 A 支座的水平反力（由整体平衡得大小为 $\dfrac{5M_u}{3a}$，指向左）和 D 支座竖向反力（取 CD 段为隔离体，C 点为矩心，得大小为 $\dfrac{2M_u}{a}$，指向上），再逐段绘出弯矩分布图，如图 10-14（e）所示。由图可知，各截面弯矩均小于给定的极限弯矩，满足屈服条件。根据单值定理，此机构即为极限状态，极限荷载为 $F_{Pu} = \dfrac{5M_u}{3a}$。

【例 10-8】 试用穷举法和试算法求图 10-15（a）所示刚架的极限荷载。

【解】 1. 穷举法

（1）确定可能的破坏机构。

可能出现塑性铰的截面是 A、B、C、D、E 共 5 处。结构为 3 次超静定，所以，只要出现 4 个塑性铰或在一直杆上出现 3 个塑性铰即成为破坏机构。基本机构 $m = 5 - 3 = 2$，可能的破坏形式共四个，如图 10-15（b）、（c）、（d）、（e）所示。

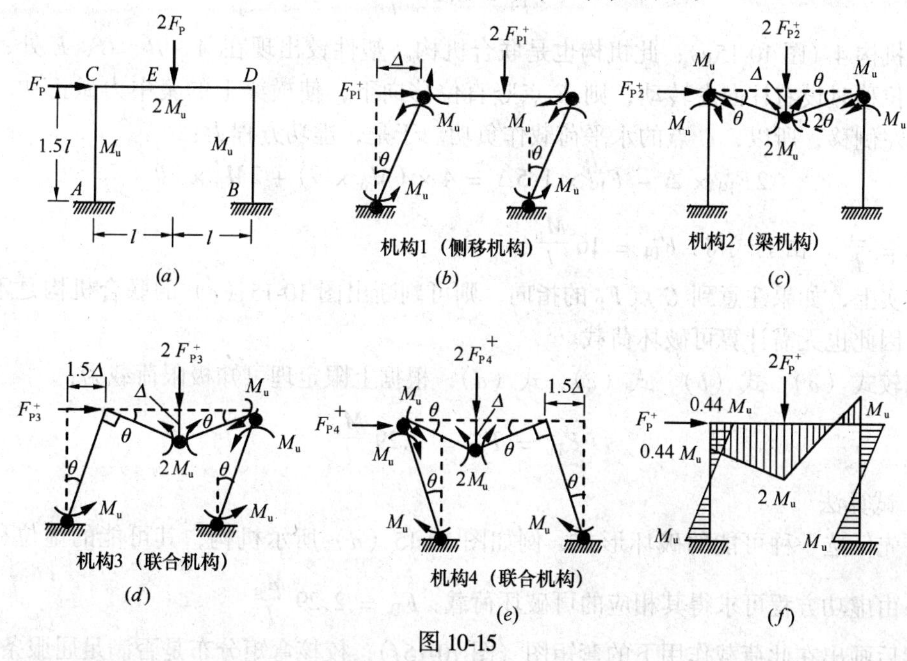

图 10-15

（2）计算各破坏机构相应的可破坏荷载。

由于梁的极限弯矩比柱子的极限弯矩大，所以，梁与柱连接处的塑性铰发生在柱的上端。

①机构 1（图 10-15b）：4 个塑性铰出现在 A、B、C、D 处，整个刚架成为侧移机构，由虚功方程得：

$$F_{P1}^+ \times \Delta = M_u \times \theta + M_u \times \theta + M_u \times \theta + M_u \times \theta$$

因为，$\theta = \dfrac{\Delta}{1.5l}$，代入上式得：

$$F_{P1}^{+} = 2.67\frac{M_u}{l} \qquad (a)$$

②机构2（图10-15c）：横梁上出现3个塑性铰（其余部分仍几何不变），局部破坏成为梁机构，由虚功方程得：

$$2F_{P2}^{+} \times \Delta = M_u \times \theta + M_u \times \theta + 2M_u \times 2\theta$$

因为$\theta = \frac{\Delta}{l}$，由上式可得：

$$F_{P2}^{+} = 3.0\frac{M_u}{l} \qquad (b)$$

③机构3（图10-15d）：塑性铰出现在A、B、E、D处，横梁转折，刚架也侧移，成为联合机构。此时刚节点C处两杆夹角仍保持直角，又因为位移微小，所以C点和D点的水平位移相等，由虚功方程可得：

$$2F_{P3}^{+} \times \Delta + F_{P3}^{+} \times 1.5\Delta = 4 \times (M_u \times \theta) + 2M_u \times 2\theta$$

将$\theta = \frac{\Delta}{l}$代入上式得：

$$F_{P3}^{+} = 2.29\frac{M_u}{l} \qquad (c)$$

④机构4（图10-15e）：此机构也是联合机构。塑性铰出现在A、B、C、E处，机构发生虚位移时设右柱向左转动，则E点竖直位移向下，使横梁上的集中力做正功。此时刚架向左侧移，所以，C点的水平荷载作负功。于是，虚功方程为：

$$2F_{P4}^{+} \times \Delta - F_{P4}^{+} \times 1.5\Delta = 4 \times (M_u \times \theta) + 2M_u \times 2\theta$$

因为$\theta = \frac{\Delta}{l}$，由上式得：$F_{P4}^{+} = 16\frac{M_u}{l}$ $\qquad (d)$

事实上，如果注意到C点F_P的指向，则可判断出图10-15（e）的联合机构是不会出现的，因此也无需计算可破坏荷载。

比较式（a）、式（b）、式（c）、式（d），根据上限定理可知极限荷载为：

$$F_{Pu} = F_{P3}^{+} = 2.29\frac{M_u}{l}$$

2. 试算法

首先任选一种可能的破坏形式，例如图10-15（d）所示机构，其可能的虚位移示于图中，由虚功方程可求得其相应的可破坏荷载：$F_P^{+} = 2.29\frac{M_u}{l}$

然后画出在此荷载作用下的弯矩图（图10-15f），校核弯矩分布是否满足屈服条件。

由DB杆平衡求出：$F_{QBD} = \frac{M_u + M_u}{1.5l} = \frac{4M_u}{3l}$

由整体投影方程求出：$F_{QAC} = F_P^{+} - \frac{4M_u}{3l} = \frac{0.96M_u}{l}$

由AC杆平衡求出：$M_{CA} = \frac{0.96M_u}{l} \times 1.5l - M_u = 0.44M_u < M_u$

该极限内力状态满足屈服条件，$F_P^{+} = 2.29\frac{M_u}{l}$既是可破坏荷载，又是可接受荷载，由唯一性定理，判定极限荷载为：

$$F_{Pu} = 2.29\frac{M_u}{l}$$

思 考 题

10-1 结构的弹性分析和塑性分析各具有哪些特点？

10-2 计算结构的极限荷载为什么可以不考虑结构弹塑性分析的全过程？

10-3 什么是杆件截面的形心轴、中性轴、等分截面轴？它们之间有何关系？

10-4 何谓塑性铰？它与普通铰有何区别？

10-5 结构处于极限状态时应满足哪些条件？

10-6 结构极限荷载的判别定理是什么？可破坏荷载、可接受荷载与极限荷载的关系是什么？

习 题

10-1 求下列截面的极限弯矩，已知材料的屈服极限为 σ_s。

10-2 试求图示实心圆截面和空心圆截面（圆环形截面）的极限弯矩，设材料的屈服极限为 σ_s。

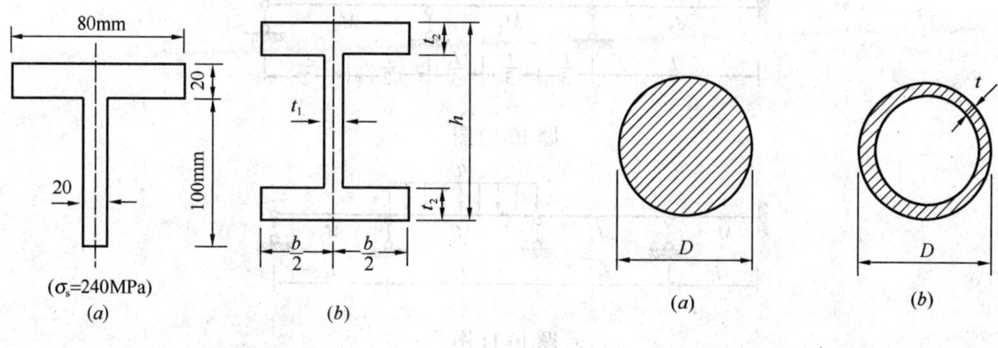

题 10-1 图　　　　题 10-2 图

10-3 试求图示等截面静定梁的极限荷载，已知 $a = 2\text{m}$，$M_u = 300\text{kN·m}$。

10-4 图示等截面伸臂梁，受均布荷载 q 作用，已知截面的极限弯矩为 M_u，试求极限荷载 q_u。

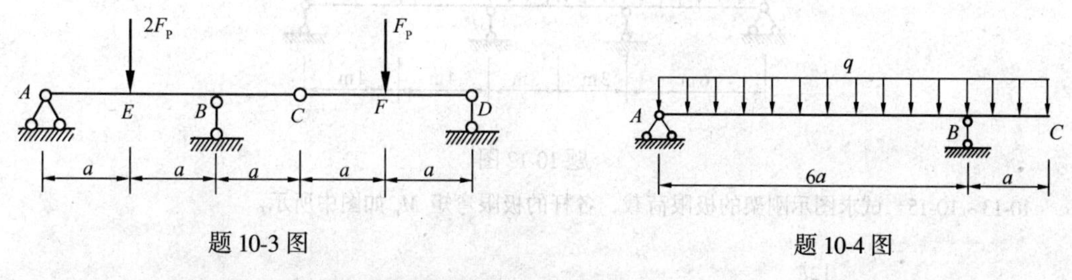

题 10-3 图　　　　题 10-4 图

10-5 试求图示阶梯形变截面梁的极限荷载 q_u。

10-6 ~ 10-7 试求图示等截面单跨超静定梁的极限荷载。

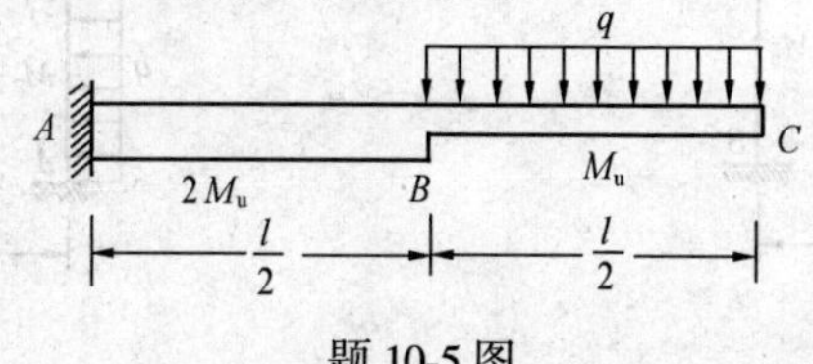

题 10-5 图

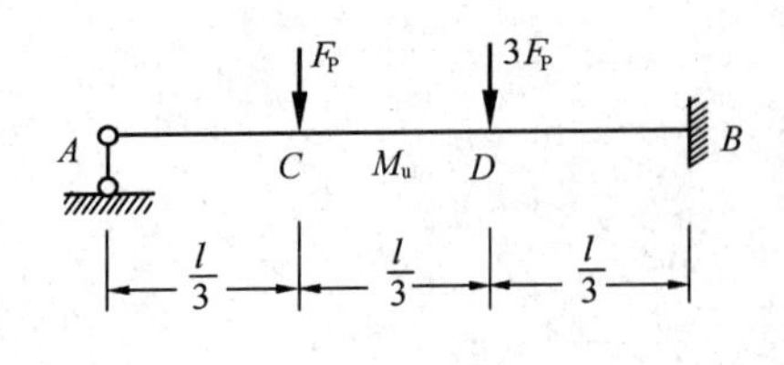

题 10-6 图

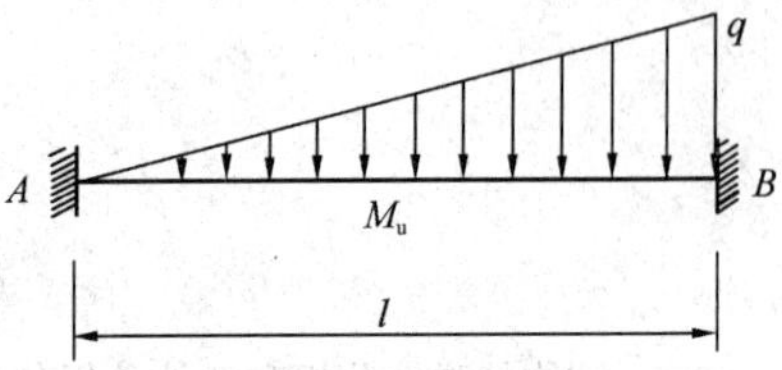

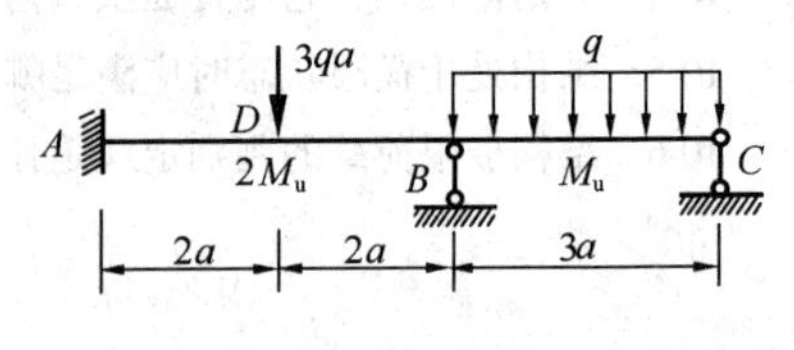

题 10-7 图

10-8　已知等截面梁的极限弯矩为 M_u，求极限荷载 m_u。

10-9～10-11　求图示连续梁的极限荷载。

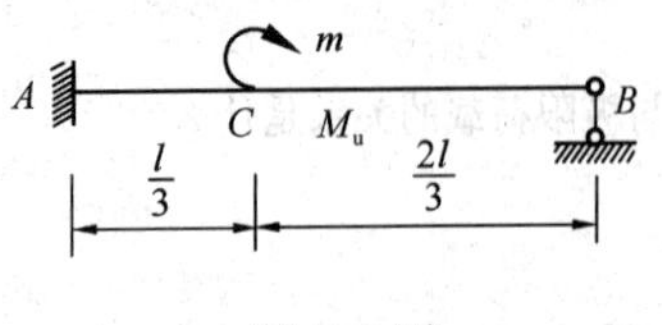

题 10-8 图

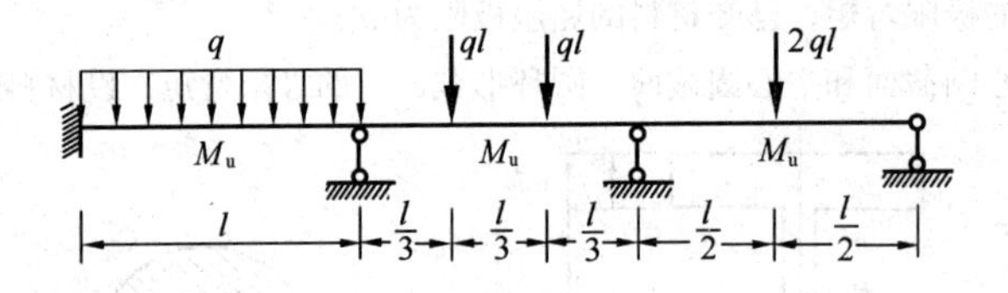

题 10-9 图

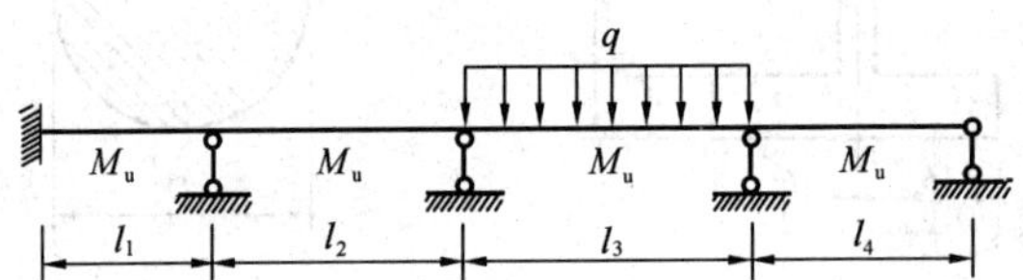

题 10-10 图

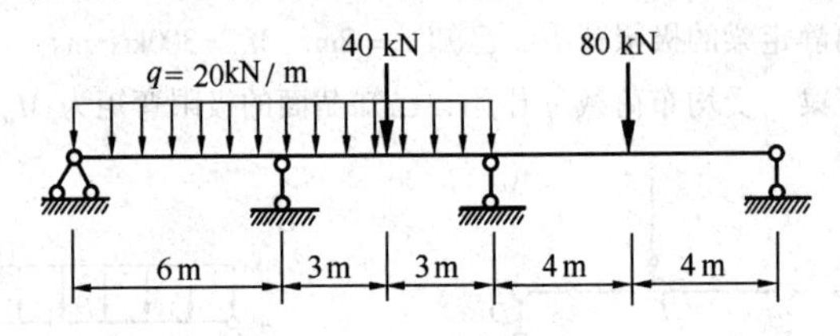

题 10-11 图

10-12　试求图示等截面连续梁所需的截面极限弯矩值。已知安全系数 $K=1.7$。

题 10-12 图

10-13～10-15　试求图示刚架的极限荷载，各杆的极限弯矩 M_u 如图中所示。

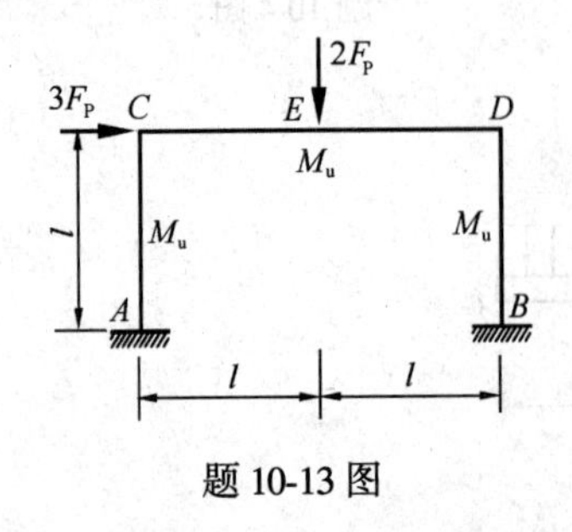

题 10-13 图

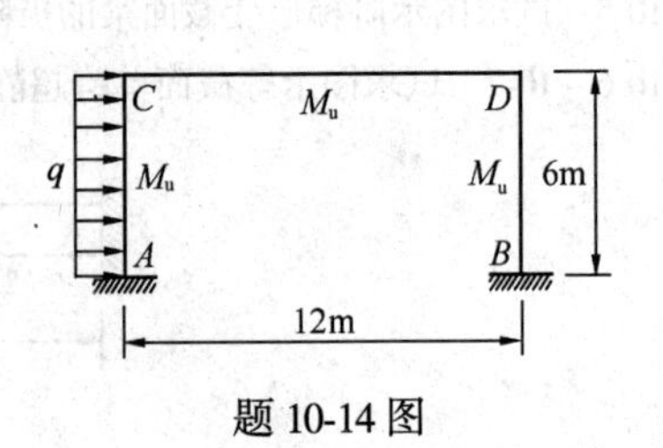

题 10-14 图

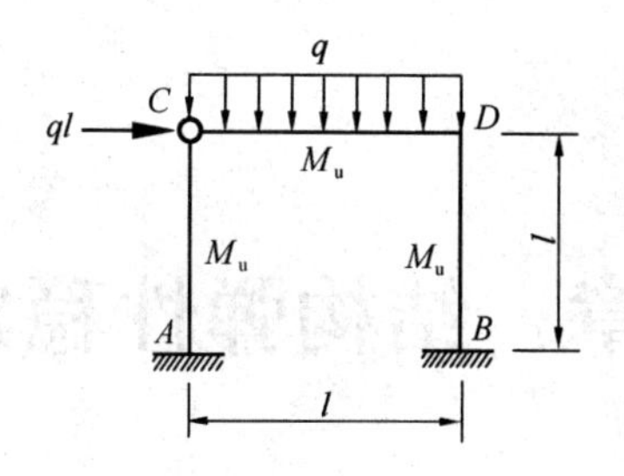

题 10-15 图

答　案

10-1　（a）27.4kN·m;　（b）$\frac{(h-2t_2)^2 t_1}{4}\sigma_s + bt_2(h-t_2)\sigma_s$

10-2　（a）$\frac{D^3}{6}\sigma_s$;　（b）$\frac{t}{3}(3D^2-6Dt+4t^2)\sigma_s$

10-3　$F_{Pu}=200\text{kN}$;　10-4　$q_u=0.235\frac{M_u}{a^2}$

10-5　$q_u=\frac{16}{3}\frac{M_u}{l^2}$;　10-6　$F_{Pu}=\frac{15}{7}\frac{M_u}{l}$

10-7　$q_u=18\sqrt{3}\frac{M_u}{l^2}$;　10-8　$m_u=2M_u$

10-9　$q_u=1.167\frac{M_u}{a^2}$;　10-10　$q_u=\frac{3M_u}{l^2}$

10-11　各无荷载跨不可能单独破坏，$q_u=\frac{16M_u}{l_3^2}$

10-12　$M_u=181.3\text{kN·m}$;　10-13　$F_{Pu}=\frac{1.2M_u}{l}$

10-14　$q_u=0.22553M_u$;　10-15　$q_u=2.337\frac{M_u}{l^2}$

第 11 章　结构弹性稳定计算

11.1　概　　述

为了保证结构安全有效地承受荷载，在结构设计中，除进行强度和刚度计算外，还应进行稳定性验算。近年来，尤其是随着大跨度结构及高层建筑日益广泛地采用高强度材料和薄壁结构，稳定问题就更加突出，往往成为控制设计的因素。

稳定问题不同于强度问题，它有其特殊性。这可以通过下面的简单实验来说明。现取两根直径为 10mm、材料的屈服极限为 $\sigma_s = 240$MPa 的圆截面直杆，一根长 20 mm，另一根长 1000mm，分别对其施加轴向压力，如图 11-1 所示。对于短杆，当压力达到 $5^2 \times \pi \times 240 \times 10^{-3} = 18.8$kN 时而发生塑性流动。而对于长杆，压力只有 1kN 时就发生了弯曲变形，并随着压力的增加，弯曲变形迅速增大，从而丧失承载能力。杆件这种因不能保持原有直线形式的稳定性而丧失工作能力的现象，称为丧失稳定，简称失稳。对于细长杆件失稳时的压力比因为强度不足而破坏的压力小得多，因此，对受压杆件必须进行稳定性计算。

按照结构失稳时材料应力所处阶段，可分为弹性失稳、弹塑性失稳和塑性失稳三种。我们仅讨论结构的弹性失稳。

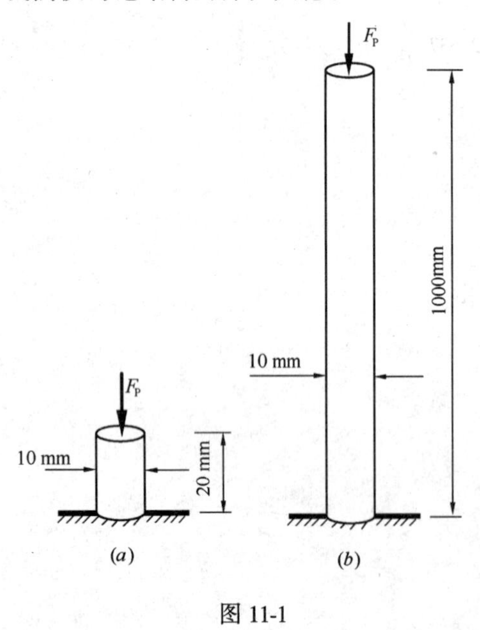

图 11-1

结构弹性失稳有两种基本形式，即第一类失稳（又称分支点失稳）和第二类失稳（又称极值点失稳）。第一类失稳可用图 11-2（*a*）所示理想中心受压直杆来说明。由材料力学可知，当压力 F_P 小于欧拉临界值 $F_{Pcr} = \frac{\pi^2 EI}{l^2}$ 时，杆件保持直线平衡状态，是稳定的。这时若受某种外因的干扰（例如微小水平力的作用）而使杆件弯曲，则在干扰取消后，杆件将回到原来的直线平衡位置。当压力 F_P 增大到 F_{Pcr}时，若因某种外因干扰使杆件发生微小弯曲，则在干扰消失后，杆件将不能回到原来的直线位置，而是停留在弯曲位置上维持新的平衡形式，称为随遇平衡或中性平衡，如图 11-2（*b*）所示。此时，压杆处于由稳定平衡过渡到不稳定平衡的临界状态，与此状态相应的荷载 F_{Pcr}称为临界荷载。如果压力继续增加，杆件将迅速弯曲因失稳而导致破坏。由上述可知，压杆处于临界状态时，既具有原来的直线平衡形式，又具有新的弯曲平衡形式，即压杆从稳定平衡到随遇平衡的临界点开始出现了平衡形式的分支，所以第一类失稳又称为分支点失稳。总之，当 $F_P < F_{Pcr}$时，压杆是稳定的；当 $F_P \geqslant F_{Pcr}$时，压杆是不稳定的，故 F_{Pcr}既是稳定平衡形式的最大荷载，也是不稳定平衡形式的最小荷载。

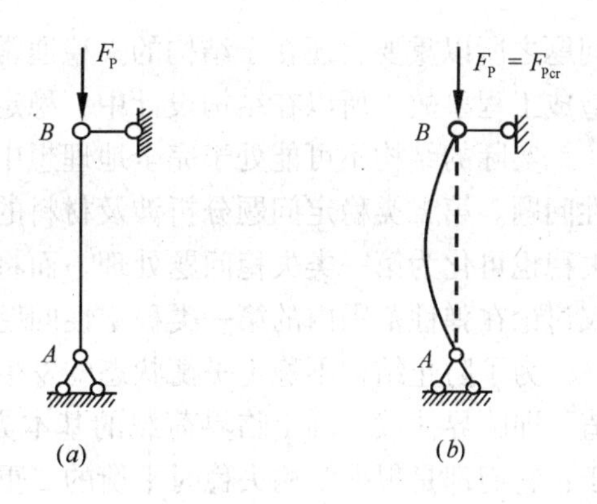

图 11-2

除中心受压直杆外，第一类失稳也可能在其他结构中发生。如图 11-3（a）所示承受均布水压力的圆环，图 11-3（b）所示承受均布荷载的抛物线拱，图 11-3（c）所示承受节点集中力的刚架，在荷载达到临界值之前，都处于稳定平衡状态；而当荷载达到临界值时，将出现同时具有压缩和弯曲变形的新的平衡形式。又如图 11-3（d）所示工字梁，当荷载达到临界值时，原有的平面弯曲形式不再是稳定的，此时，梁还可能从腹板平面内偏离出来，发生斜弯曲和扭转。

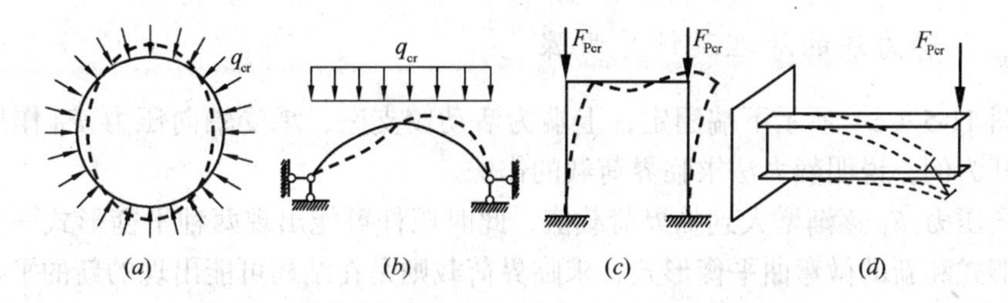

图 11-3

可见，第一类失稳的特征是：原有的平衡形式成为不稳定的，而同时出现新的有质的区别的平衡形式。

结构第二类失稳可用图 11-4（a）所示的偏心受压直杆说明。在这种情况中，杆件从一开始就处于同时受压和受弯的状态。随着荷载 F_P 的增大，结构的平衡形式并不发生质的变化，荷载 F_P 与挠度 Δ 的关系为非线性关系，如图 11-4（b）所示。当荷载 F_P 小于临界值 F_{Pcr}（此值比第一类失稳的临界荷载小）时，若不再加大荷载，杆件挠度就不会自动增加。而当荷载达到极限值 F_{Pcr}，即图 11-4（b）中 A 点对应的荷载值（A 点称为极值点），此时即使荷载不增加甚至减小，挠度仍继续增加。因此第二类失稳又称为极值点失稳。丧失第二类稳定性的特征是：平衡形式并不发生质的变化，变形按原有形式迅速增长，以致使结构丧失承载能力。

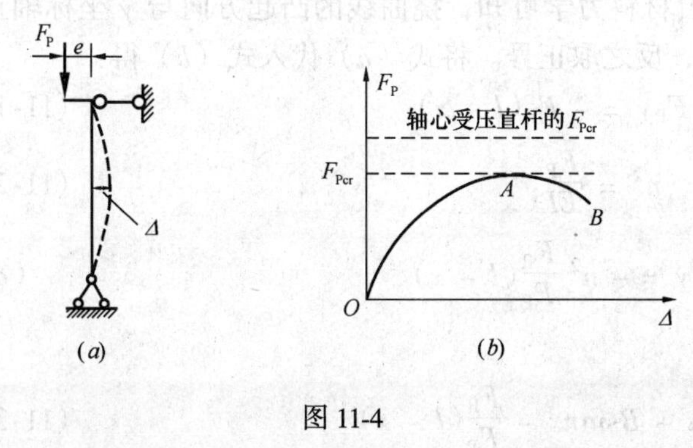

图 11-4

上述两类失稳现象虽然在形式上有所不同，但其结果都将使结构不能维持原有的工作状态，或者丧失承载能力。无论发生何种失稳，对工程结构来说，都是不允许的。稳定性问题之所以重要，还在于结构的失稳通常总是突然发生，事先不会引起人们的戒备，从而造成工程事故。所以在结构设计中，稳定问题不容忽视。

实际的结构不可能处于完全地理想中心受压状态，因此工程中的失稳属于第二类稳定性问题。第二类稳定问题分析涉及材料的塑性变形、偏心受压等，比较复杂。有时第二类失稳也可化为第一类失稳问题处理，而将其偏心等影响用相应的系数来反映。为此，本章仅讨论在弹性范围内的第一类稳定性问题。

为了防止结构不稳定平衡状态的发生，就必须寻求结构具有新的平衡形式的最小荷载值，即临界荷载。确定临界荷载的基本方法是静力法和能量法。这两种方法的共同点在于：它们都是根据结构失稳时平衡的二重性（即具有原来的和新的两种平衡形式），寻求结构能维持新的平衡形式的荷载，即临界荷载值；不同的是：静力法是应用静力平衡条件求解，能量法则是应用能量形式表示的平衡条件求解。

11.2 用静力法确定临界荷载

11.2.1 静力法的原理及计算步骤

现以图 11-5（*a*）所示下端固定，上端为活动铰支座，承受轴向压力 F_P 作用的等截面弹性直杆为例，说明静力法求临界荷载的作法。

设轴向压力 F_P 逐渐增大到临界荷载值，此时压杆可能出现两种平衡形式——原有的直线平衡形式和新的微弯曲平衡形式，求临界荷载则是在结构可能出现的新的平衡形式的基础上进行的。现考虑图 11-5（*a*）直杆在新的曲线平衡形式下杆件任一截面的弯矩，取 x 截面以上部分为隔离体（图 11-5*b*），利用平衡条件可得：

$$M = F_P \cdot y + F_R(l - x) \tag{a}$$

式中 $y = y(x)$——杆件处于新的平衡形式下的挠曲线方程；

F_R——上端支座反力。

在弹性小变形范围内，挠曲线的近似微分方程可表示为：

$$EIy'' = \pm M \tag{b}$$

式中 EI = 常数，为杆件的抗弯刚度。由材料力学可知，挠曲线的凸起方向与 y 坐标轴正方向一致时，式（*b*）等号右端取负号，反之取正号。将式（*a*）代入式（*b*）得：

$$EIy'' + F_P y = - F_R(l - x) \tag{11-1}$$

令

$$n^2 = \frac{F_P}{EI} \tag{11-2}$$

则有

$$y'' + n^2 y = - n^2 \frac{F_R}{F_P}(l - x) \tag{c}$$

此微分方程的通解为：

$$y = A\cos nx + B\sin nx - \frac{F_R}{F_P}(l - x) \tag{11-3}$$

式中 A、B 为待定的积分常数，反力 F_R 也是未知的，它们可由边界条件确定。对图 11-5（*a*）所示压杆，其边界条件为：当 $x = 0$ 时，$y = 0$ 和 $y' = 0$

当 $x=l$ 时，$y=0$

将它们分别代入式（11-3），可得：

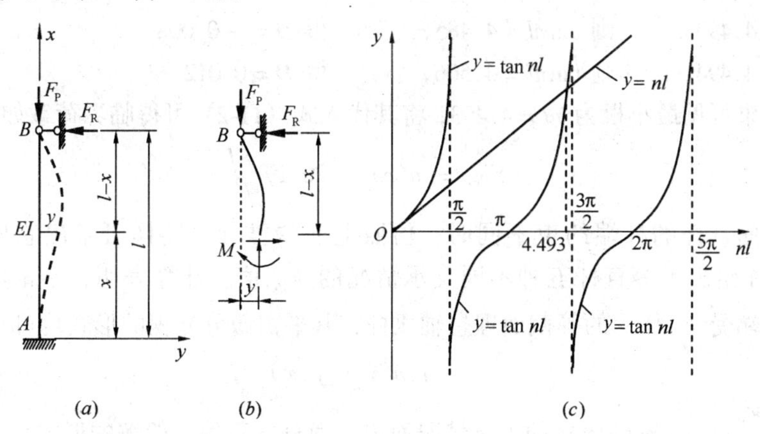

图 11-5

$$\left.\begin{aligned} A-\frac{F_R}{F_P}l&=0\\ Bn+\frac{F_R}{F_P}&=0\\ A\cos nl+B\sin nl&=0 \end{aligned}\right\} \qquad (d)$$

当 $A=B=\dfrac{F_R}{F_P}=0$ 时，式（11-3）是满足的，此时各点的位移 y 均等于零，它对应于原有的直线平衡形式；对于新的弯曲平衡形式，要求 A、B、$\dfrac{F_R}{F_P}$ 不全为零，于是式（d）的系数行列式应等于零，即

$$D=\begin{vmatrix} 1 & 0 & -l \\ 0 & n & 1 \\ \cos nl & \sin nl & 0 \end{vmatrix}=0 \qquad (11\text{-}4)$$

上式就是计算临界荷载的特征方程，又称稳定方程。将该式展开，得到如下的超越方程：

$$\tan nl = nl \qquad (e)$$

上述方程可用试算法配合图解法求解，做法是：（1）绘出 $y=nl$ 和 $y=\tan nl$ 两组函数图线，其交点的横坐标即为方程的根。由图 11-5（c）可知，两组图线交点有无穷多个，即方程有无穷多个根，因而有无穷多个特征荷载值，其中最小者即为临界荷载 F_{Pcr}。（2）最小正根 nl 在 $\dfrac{3\pi}{2}\approx 4.7$ 的左侧附近，为求得较准确的 nl 值，可将上述超越方程表示为：

$$D=\tan nl-nl=0$$

然后任取 $nl<4.7$ 的值代入上式试算，其中，使 D 接近于零的 nl 即为所求。试算如下：

取 $nl=4.5$，　　则 $\tan nl=4.673$，　　得 $D=0.173$

取 $nl=4.4$，　　则 $\tan nl=3.069$，　　得 $D=-1.331$

取 $nl=4.49$，　　则 $\tan nl=4.422$，　　得 $D=-0.068$

取 $nl=4.491$，　　则 $\tan nl=4.443$，　　得 $D=-0.048$

取 $nl=4.492$，　　则 $\tan nl=4.464$，　　得 $D=-0.028$

取 $nl=4.493$，　　则 $\tan nl=4.485$，　　得 $D=-0.008$

取 $nl=4.494$，　　则 $\tan nl=4.506$，　　得 $D=0.012$

比较试算结果可见最小根为 $nl=4.493$，将其代入式（11-2）可得临界荷载如下：

$$F_{Pcr} = n^2 EI = 20.19\frac{EI}{l^2}$$

当等截面直杆的杆端约束不同时，仿照上面的推导，同样可求出它们的临界荷载 F_{Pcr}。表 11-1 给出了等直杆五种不同支承情况的 F_{Pcr}值。计算表明，不论两端为何种支承，对于杆端受 F_P 作用的等截面理想轴压杆，其平衡微分方程的形式均可写成：

$$y'' + n^2 y = f(x) \tag{11-5}$$

式中 $n^2 = \dfrac{F_P}{EI}$；$f(x)$ 则随压杆的支承情况而定。微分方程的一般解的形式为：

$$y = A\cos nx + B\sin nx + y^* \tag{11-6}$$

若 $f(x)$ 为一次多项式，则有

$$y^* = \frac{EI}{F_P}f(x) \tag{11-7}$$

综上所述，可归纳出静力法的主要计算步骤如下：

（1）从丧失稳定时平衡形式将发生质变这一特征出发，假定杆件已处于新的平衡形式，列出式（11-5）形式的平衡微分方程。

（2）求出方程的一般解。

（3）利用边界条件导出稳定方程。

（4）解稳定方程，求出最小根，进而求出临界荷载。

等截面直杆不同支承情况的临界荷载 F_{Pcr}　　　　**表 11-1**

杆端支承	两端铰支	一端自由一端固定	一端铰支一端固定	两端固定	一端可水平移动但不能转动，一端固定
挠曲线图形	F_{Pcr}	F_{Pcr}	F_{Pcr}	F_{Pcr}	F_{Pcr}
F_{Pcr}	$\dfrac{\pi^2 EI}{l^2}$	$\dfrac{\pi^2 EI}{4l^2}$	$\dfrac{20.19EI}{l^2}$	$\dfrac{4\pi^2 EI}{l^2}$	$\dfrac{\pi^2 EI}{l^2}$

【例 11-1】　试求图 11-6（a）所示结构的临界荷载。

【解】　设压杆已处于图 11-6（b）虚线所示的新的平衡形式，上端支座反力为 F_R。取 BC 段为研究对象（图 11-6c），由 $\Sigma M_{B'}=0$，有：

$$F_P\Delta + F_R l = 0$$

得

$$F_R = -F_P\Delta/l$$

再取 x 截面以上部分为研究对象（图 11-6d），由 $\Sigma M_x=0$，有：

$$M_x = F_P \cdot y + F_R(2l - x) = F_P \cdot y - F_P\frac{\Delta}{l}(2l - x)$$

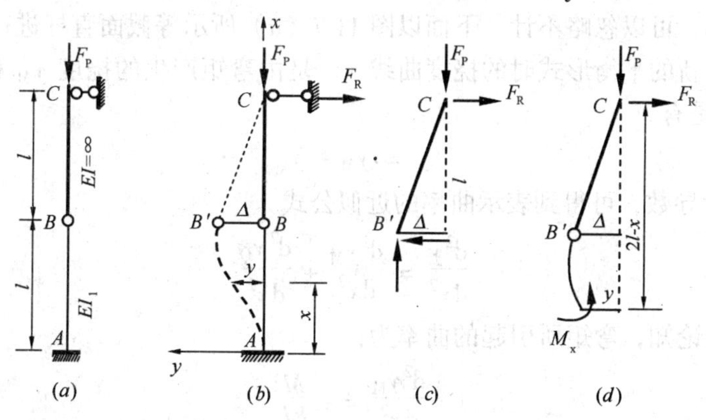

图 11-6

弹性曲线微分方程可表示为：

$$EI_1y'' = -M_x = -F_P \cdot y + F_P\frac{\Delta}{l}(2l - x) \tag{a}$$

令

$$n^2 = \frac{F_P}{EI_1} \tag{b}$$

则微分方程可写为 $\quad y'' + n^2y = n^2\left(2\Delta - \frac{\Delta x}{l}\right)$

方程解的一般形式为 $\quad y = A\cos nx + B\sin nx + 2\Delta - \frac{\Delta x}{l}$

根据边界条件确定未知量：当 $x=0$ 时，$y=0$，可得：$A+2\Delta=0$

当 $x=0$ 时，$y'=0$，可得：$nlB-\Delta=0$

当 $x=l$ 时，$y=\Delta$，可得：$A\cos nl+B\sin nl=0$

因此，确定积分常数 A、B 和未知位移 Δ 的齐次方程为：

$$\left.\begin{aligned} A + 2\Delta &= 0 \\ nlB - \Delta &= 0 \\ A\cos nl + B\sin nl &= 0 \end{aligned}\right\}$$

于是，得稳定方程：

$$\begin{vmatrix} 1 & 0 & 2 \\ 0 & nl & -1 \\ \cos nl & \sin nl & 0 \end{vmatrix} = 0$$

展开得

$$\tan nl = 2nl \tag{c}$$

将上述超越方程表示为如下形式：

$$D = \tan nl - 2nl = 0$$

用试算法配合图解法可求得： $\quad nl = 1.165$

由式（b）可得临界荷载：　　　$F_{Pcr} = n^2 EI_1 = 1.36 \dfrac{EI_1}{l^2}$

*11.2.2　剪力对临界荷载的影响

前面确定临界荷载时，未计入剪力的影响。事实上，对于实体杆件，剪力对临界荷载的影响通常很小，可以忽略不计。下面以图 11-7（a）所示等截面直杆进行说明。

设杆件处于新的平衡形式时的挠度曲线 y，是由弯矩产生的挠度 y_M 和剪力产生的挠度 y_Q 组成，于是有

$$y = y_M + y_Q$$

上式对 x 求二阶导数，可得到表示曲率的近似公式

$$\frac{d^2y}{dx^2} = \frac{d^2y_M}{dx^2} + \frac{d^2y_Q}{dx^2} \tag{a}$$

由上面的讨论知，弯矩所引起的曲率为：

$$\frac{d^2y_M}{dx^2} = -\frac{M}{EI} \tag{b}$$

至于曲率 $\dfrac{d^2y_Q}{dx^2}$，可从剪力引起的杆轴切线的附加转角 $\dfrac{dy_Q}{dx}$ 入手进行推导。由图 11-7（b）可知，$\dfrac{dy_Q}{dx}$ 在数值上等于剪切角 γ，即

$$\frac{dy_Q}{dx} = \tan\gamma = \gamma \tag{c}$$

对于图 11-7（a）所示坐标系，当剪力 F_Q 为正值时，微段 dx 两端的相对位移 dy_Q 也是正值，故 dy_Q 与 F_Q 同号。

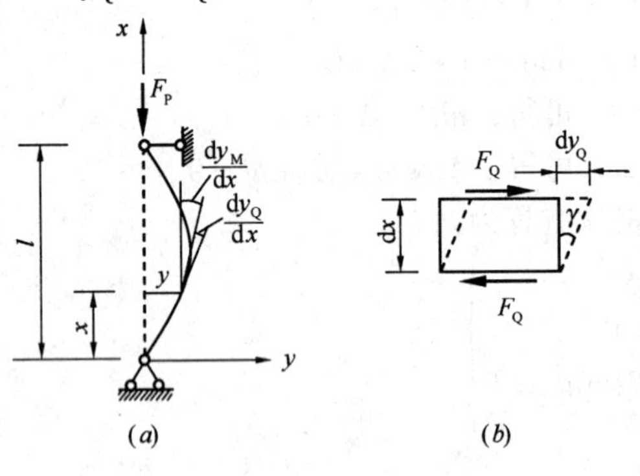

图 11-7

由第 4 章知：

$$\gamma = k\frac{F_Q}{GA} \tag{d}$$

式中 k 为切应力沿截面分布不均匀系数。将式（d）代入式（c），并注意到剪力 F_Q 在数值上是弯矩 M 的一阶导数，于是可得

$$\frac{dy_Q}{dx} = k\frac{F_Q}{GA} = \frac{k}{GA}\frac{dM}{dx}$$

再对 x 求导一次可有：

$$\frac{d^2y_Q}{dx^2} = \frac{k}{GA}\frac{d^2M}{dx^2} \tag{e}$$

将式（b）、式（e）代入式（a），即得同时考虑弯矩和剪力影响时的挠曲线微分方程：

$$\frac{d^2y}{dx^2} = -\frac{M}{EI} + \frac{k}{GA}\frac{d^2M}{dx^2} \tag{11-8}$$

再取图 11-7（a）中 x 截面以上部分研究，由平衡条件可得 x 截面弯矩为：

$$M = F_P \cdot y \tag{f}$$

上式对 x 求二阶导数有

$$\frac{d^2M}{dx^2} = F_P \cdot \frac{d^2y}{dx^2} \tag{g}$$

将式（f）、式（g）代入式（11-8）得

$$\frac{d^2y}{dx^2} = -\frac{F_P \cdot y}{EI} + \frac{kF_P}{GA}\frac{d^2y}{dx^2}$$

或写成

$$EI\left(1 - \frac{kF_P}{GA}\right)y'' + F_P \cdot y = 0$$

令

$$m^2 = \frac{F_P}{EI\left(1 - \frac{kF_P}{GA}\right)} \tag{11-9}$$

则微分方程的通解为：

$$y = A\cos mx + B\sin mx \tag{11-10}$$

利用边界条件（当 $x=0$ 和 $x=l$ 时，$y=0$），可得出下列稳定方程

$$\sin ml = 0$$

对给定结构，l、m 均不会为零，可见使上式成立的 ml 值为 π、2π、3π、…，其中最小值 $ml=\pi$ 即为所求，将它代入式（11-9）得：

$$\left(\frac{\pi}{l}\right)^2 = \frac{F_P}{EI\left(1 - \frac{kF_P}{GA}\right)}$$

由上式可求得临界荷载

$$F_{Pcr} = \frac{1}{1 + \frac{k}{GA}\frac{\pi^2EI}{l^2}} \cdot \frac{\pi^2EI}{l^2} = \alpha F_{Pe} \tag{11-11}$$

式中 $F_{Pe} = \frac{\pi^2EI}{l^2}$ 为只考虑弯矩时的临界荷载；$\alpha = \frac{1}{1 + \frac{k}{GA}\frac{\pi^2EI}{l^2}}$ 为考虑剪力影响的修正系数，显然，$\alpha<1$。F_{Pe}与杆件截面积 A 之比代表临界应力 σ_e，即

$$\sigma_e = \frac{F_{Pe}}{A} = \frac{\pi^2EI}{(l^2A)}$$

于是 α 又可写为：

$$\alpha = \frac{1}{1 + k\frac{\sigma_e}{G}}$$

当杆件的材料和截面形状给定后，即可由上式求出 α。例如设压杆截面为矩形，材料为 3 号钢，取比例极限为临界应力，则有 $\sigma_e=200$MPa，剪切弹性模量 $G=80$GPa，$k=1.2$，由此求得 $\alpha=0.997$。这说明在实体杆件中，考虑剪力影响后的临界荷载将变小，但这种影响甚微，可忽略不计。

11.2.3 具有弹性支承压杆的稳定

在工程结构中，受压杆件的杆端常常受到结构其余部分的弹性约束。例如，刚架柱端

会受到梁端的弹性转动约束；排架横梁对立柱也有侧移弹性约束等。对这种情况，可将压杆单独取出，以弹性支座代替其余部分对它的弹性约束作用（例如用抗转弹簧支座代替弹性转动约束，用抗移弹簧支座代替侧移弹性约束），然后便可用静力法求其临界荷载。

【例 11-2】 试求图 11-8（*a*）所示铰接排架的临界荷载。

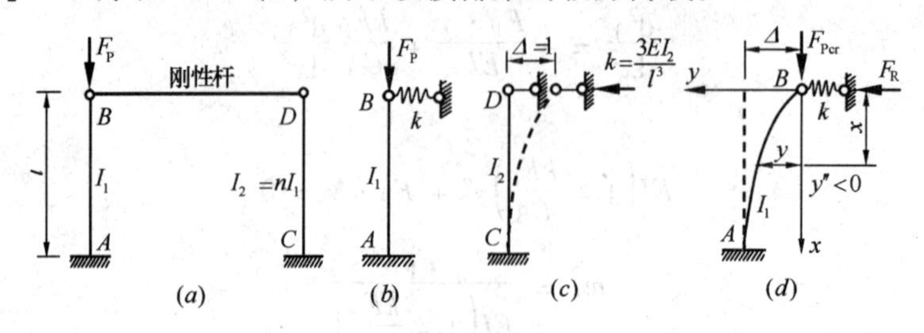

图 11-8

【解】 受压柱 *AB* 下端固定，其上端侧移受到 *BD* 杆与 *CD* 柱部分对 *B* 点的弹性约束可用抗移弹簧支座代替，如图 11-8（*b*）所示，如此，对原排架的稳定分析就可用具有弹性支座的压杆来代替。抗移弹簧的刚度 *k* 可由 *CD* 柱的 *D* 端产生单位线位移 $\Delta=1$ 时（图 11-8*c*）所需的杆端力来确定，由表 6－1 第 9 栏查得：

$$k = \frac{3EI_2}{l^3} \tag{a}$$

设 *AB* 杆在临界状态下处于新的平衡形式，如图 11-8（*d*）所示。此时，柱 *B* 端有未知水平反力 $F_R = k\Delta$。将坐标原点设于 *B* 点，则弯矩方程为：

$$M(x) = F_P \cdot y - F_R \cdot x = F_P \cdot y - k\Delta x \tag{b}$$

弹性曲线的微分方程为：

$$EI_1 y'' = -(F_P \cdot y - k\Delta x)$$

可改写为：

$$y'' + n^2 y = \frac{k\Delta \cdot x}{EI_1} \tag{c}$$

其中

$$n^2 = \frac{F_P}{EI_1} \tag{d}$$

上述微分方程的解为：

$$y = A\cos nx + B\sin nx + k\frac{\Delta}{F_P}x \tag{e}$$

积分常数 *A*、*B* 和 Δ 由边界条件确定：

当 $x=0$ 时，$y=0$；求得：$A=0$

当 $x=l$ 时，$y=\Delta$ 和 $y'=0$；求得：

$$B\sin nl + \frac{kl}{F_P}\Delta = \Delta$$

$$Bn\cos nl + \frac{k}{F_P}\Delta = 0$$

因为 $y(x)$ 不恒等于零，故 *B*、Δ 不全为零。由此可知，它们的系数行列式应等于零，即

$$\begin{vmatrix} \sin nl & \dfrac{kl}{F_P} - 1 \\ n\cos nl & \dfrac{k}{F_P} \end{vmatrix} = 0$$

展开上式，并利用关系式 $F_P = n^2 EI_1$，简化后，得以下超越方程：

$$\tan nl = nl - (nl)^3 \frac{EI_1}{kl^3} \qquad (f)$$

为了求解这一方程，需要事先给定 k 值。下面讨论 k 为 0、∞以及 0～∞之间三种情形的解：

（1）$k=0$，这对应于 $I_2=0$，即无 CD 柱。这时 AB 柱与无侧移约束的情况相同，式（f）变为：

$$nl - \tan nl = \infty$$

当 EI_1 为有限值时，$nl \neq \infty$，所以有

$$\tan nl = -\infty$$

这个方程的最小根为 $nl = \frac{\pi}{2}$，因此临界荷载为：

$$F_{Pcr} = n^2 EI_1 = \frac{\pi^2 EI_1}{(2l)^2}$$

这正是表 11-1 给出的悬臂压杆的临界荷载值。

（2）$k=\infty$，这对应于 $I_2=\infty$，即 AB 柱上端为水平链杆支承，它与图 11-5（a）所示压杆的情况相同。这时式（f）变为：

$$\tan nl = nl$$

由对图 11-5（a）所示压杆的分析知，$nl = 4.493$，临界荷载为：

$$F_{Pcr} = n^2 EI_1 = \frac{20.19 EI_1}{l^2}$$

（3）k 在 0～∞之间，即 I_2 也在 0～∞之间，则 nl 在 $\frac{\pi}{2}$～4.493 范围内变化。此时可根据 I_2 与 I_1 的比值，由式（a）求出 k，再由式（f）得到只含 nl 的超越方程，然后由试算法求出 nl。例如当 $I_2 = I_1$ 时，则由式（a）有 $k = \frac{3EI_1}{l^3}$。这时方程（f）变为：

$$\tan nl = nl - \frac{1}{3}(nl)^3$$

将上式表示为如下形式：

$$D = \frac{1}{3}(nl)^3 + \tan nl - nl = 0$$

用试算法求解知，当 $nl = 2.21$ 时，$D \approx 0$。因此可得 $I_2 = I_1$ 时的临界荷载为：

$$F_{Pcr} = n^2 EI_1 = 4.88 \frac{EI_1}{l^2}$$

【例 11-3】 试求图 11-9（a）所示刚架的临界荷载。

【解】 压杆 AB 下端为固定铰支座不能移动，而且其转动要受到 BC 杆的弹性约束，这一约束可用抗转弹簧来代替，如图 11-9（b）所示。抗转弹簧刚度 k_1 等于使梁 BC 的 B 端发生单位转角时在该端所需的力矩（图 11-9c），由表 6－1 第 8 栏知：

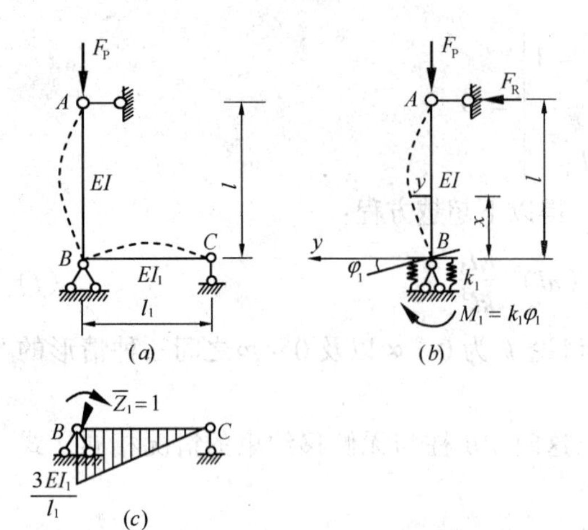

图 11-9

$$k_1 = \frac{3EI_1}{l_1} \quad (a)$$

设压杆失稳时 B 端转角为 φ_1（图 11-9b），则抗转弹簧支座的反力矩为 $M_1 = k_1\varphi_1$，设 A 端支座反力为 F_R，由平衡条件 $\Sigma M_B = 0$ 可得

$$F_R \cdot l = M_1 = k_1\varphi_1 \quad (b)$$

截面 x 处的弯矩$M(x)$为：

$$M(x) = F_P \cdot y - F_R(l - x)$$

将其代入挠曲线近似微分方程 $EIy'' = -M(x)$ 可得

$$EIy'' = -F_P \cdot y + F_R(l - x) \quad (c)$$

令

$$n^2 = \frac{F_P}{EI} \quad (d)$$

将式（b）、式（d）代入式（c）可得

$$y'' + n^2 y = k_1\varphi_1 \frac{l - x}{EIl}$$

上式的通解为：

$$y = A\cos nx + B\sin nx + k_1\varphi_1 \frac{l - x}{F_P l} \quad (e)$$

根据边界条件：当 $x = 0$ 有 $y = 0$ 和 $y' = \varphi_1$；当 $x = l$ 有 $y = 0$，由式（e）可得到 A、B、φ_1 的如下齐次方程：

$$\left.\begin{aligned} A + \frac{k_1\varphi_1}{F_P} &= 0 \\ Bn - \left(\frac{k_1}{F_P l} + 1\right)\varphi_1 &= 0 \\ A\cos nl + B\sin nl &= 0 \end{aligned}\right\} \quad (f)$$

A、B、φ_1 不能全为零，因而稳定方程为：

$$\begin{vmatrix} 1 & 0 & \dfrac{k_1}{F_P} \\ 0 & n & -\left(\dfrac{k_1}{F_P l} + 1\right) \\ \cos nl & \sin nl & 0 \end{vmatrix} = 0 \quad (g)$$

将上式展开，并注意到 $F_P = n^2 EI$，整理后得

$$\tan nl = \frac{nl}{1 + \dfrac{(nl)^2 EI}{k_1 l}} \quad (h)$$

当给定抗转弹簧刚度 k_1 之值后，便可由式（h）求出 nl 的最小正根，进而可求出临界荷载 F_{Pcr}。对于极端情况，当 $k_1 = 0$ 时，式（h）便成为：

$$\sin nl = 0$$

此时便是两端铰支的情形；而当 $k_1 = \infty$ 时，式（h）变成：

$$\tan nl = nl$$

此时便是一端铰支一端固定的情况。

11.3 用能量法确定临界荷载

压杆情况较复杂时，用静力法确定临界荷载常会遇到困难，例如所建立的微分方程可能具有变系数而不能积分为有限形式，或者边界条件较复杂以致导出的稳定方程为高阶行列式而不易展开及求解等。在这种情况下用能量法就较为方便。

用能量法确定临界荷载，是以结构失稳时的能量特征为依据的。因此，本节首先介绍结构不同平衡形式的能量特征，然后推导出按能量法计算临界荷载的基本公式，最后给出求临界荷载的具体作法。

图 11-10（a）所示两端铰支的弹性杆件，受荷载 F_P 的作用。当杆件处于图中虚直线所示的位置时，杆内有轴向压缩应变能。这时，若压杆受某种干扰发生微小的弯曲变形（例如用一水平力推压杆，使其到达实曲线的位置），B 点将下降 Δ，压力 F_P 则做虚功，其值为 $\Delta W = F_P\Delta$。从能量的角度看，杆件由直线变成曲线，其应变能将会增加，即在原来的轴向压缩应变能的基础上又增加了弯曲应变能，其增量用 δV 表示；同时荷载势能也将增加（它等于荷载所做虚功的负值，即 $-\Delta W$），其增量用 δE_P^* 表示。于是整个体系的势能（或称结构的总势能）增量 δE_P 可表示为：

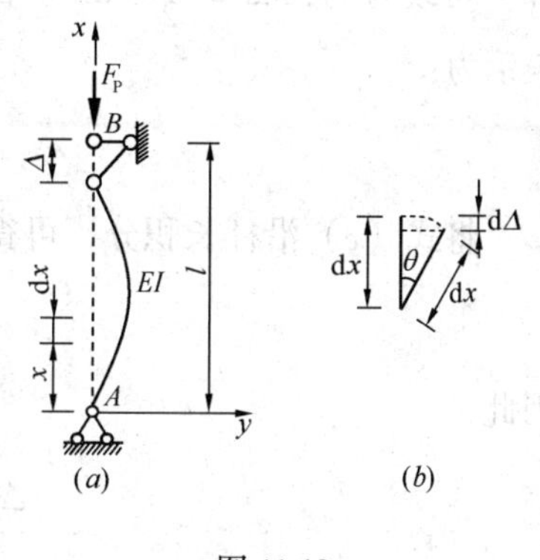

图 11-10

$$\delta E_P = \delta V + \delta E_P^* = \delta V - \Delta W$$

如果这时撤去水平干扰力，根据 F_P 的大小，压杆将会出现如下三种情况：

（1）当 $F_P < F_{Pcr}$，压杆回复到原来的直线平衡位置。说明原平衡状态是稳定的，其能量特征是：弯曲应变能增量 δV 大于荷载势能增量 δE_P^*，即总势能增量 $\delta E_P > 0$。

（2）当 $F_P > F_{Pcr}$，压杆不能回到原来的直线平衡位置，还会继续弯曲，甚至破坏。说明原平衡状态是不稳定的，其能量特征是：弯曲应变能增量 δV 小于荷载势能增量 δE_P^*，即总势能增量 $\delta E_P < 0$。

（3）当 $F_P = F_{Pcr}$，压杆不会回到原来的直线平衡位置，也不会继续弯曲。说明结构处于由稳定平衡向不稳定平衡过渡的随遇平衡状态，其能量特征是：弯曲应变能增量 δV 等于荷载势能增量 δE_P^*，即总势能增量为：

$$\delta E_P = \delta V + \delta E_P^* = \delta V - \Delta W = 0 \tag{11-12}$$

能量法确定临界荷载，就是以结构处于随遇平衡状态的这一能量特征为理论依据的。

下面推导用能量法计算临界荷载的基本公式。

压杆由直线平衡形式过渡到曲线平衡形式时的弯曲应变能增量，可由材料力学求出：

$$\delta V = \frac{1}{2}\int_0^l \frac{M^2}{EI}\mathrm{d}x \tag{11-13}$$

将关系式 $M = -EIy''$ 代入，得

$$\delta V = \frac{1}{2}\int_0^l EI\,(y'')^2\mathrm{d}x \tag{11-14}$$

此时荷载 F_P 所做虚功为

$$\Delta W = F_P\Delta \tag{a}$$

式中，位移 Δ 应为杆长 l 与弹性曲线在原来直杆轴线上投影之差。现任取微段 $\mathrm{d}x$ 研究，假定杆件弯曲前后长度不变，则由图 11-10（b）知，微段 $\mathrm{d}x$ 与其变形后在直杆轴线上投影的差值为

$$\mathrm{d}\Delta = (1-\cos\theta)\mathrm{d}x \tag{b}$$

$\cos\theta$ 展开为 θ 的幂级数为：$\cos\theta = 1 - \frac{1}{2!}\theta^2 + \frac{1}{4!}\theta^4 - \cdots$，略去展开式中的高阶小量，式（$b$）可改写为：$\mathrm{d}\Delta = \frac{1}{2}\theta^2\mathrm{d}x$。由于微弯曲时 θ 很小，可取 $\theta = \tan\theta = y'$，于是 $\mathrm{d}\Delta$ 又可表示为：

$$\mathrm{d}\Delta = \frac{1}{2}(y')^2\mathrm{d}x \tag{c}$$

将式（c）沿杆长积分，可得

$$\Delta = \frac{1}{2}\int_0^l (y')^2\mathrm{d}x \tag{11-15}$$

因此

$$\Delta W = F_P\Delta = \frac{F_P}{2}\int_0^l (y')^2\mathrm{d}x \tag{11-16}$$

将式（11-14）和式（11-16）代入式（11-12），即得按能量法确定直杆临界荷载的基本关系式

$$\frac{1}{2}F_P\int_0^l (y')^2\mathrm{d}x = \frac{1}{2}\int_0^l EI(y'')^2\mathrm{d}x \tag{11-17}$$

或

$$F_P = \frac{\int_0^l EI\,(y'')^2\mathrm{d}x}{\int_0^l (y')^2\mathrm{d}x} \tag{11-18}$$

应用式（11-18）求临界荷载时，必须知道压杆真实的弹性曲线 $y(x)$，但事先这是未知的。为此只能先假设一个满足实际结构边界条件的弹性曲线，代入式（11-18）计算，由此可得到比真实临界荷载大一些的近似值。因为真实的弹性曲线必须同时满足平衡微分方程和变形协调条件，而把假设的弹性曲线作为杆件的实际变形曲线，就相当于在原结构上增加了某些约束，因此真实的临界荷载是以上述近似值为上限的。所以，在利用式(11-18)计算时，可选择若干可能的位移函数 $y(x)$，并求出相应的 F_P 值，取其中最小者作为临界荷载的近似值。

上述求解稳定问题的方法称为铁摩辛柯能量法。

【例 11-4】 试用铁摩辛柯能量法求图 11-11（a）所示压杆的临界荷载。

【解】　本例取两种变形曲线（它们都是满足实际结构边界条件的弹性曲线）作为近似的位移函数曲线计算。

(1) 取均布荷载作用下的弹性曲线，如图 11-11（b）所示。由材料力学可知，y（x）的表达式为：

$$y(x)=\frac{q}{EI}\left(\frac{x^4}{24}-\frac{lx^3}{12}+\frac{l^3x}{24}\right)$$

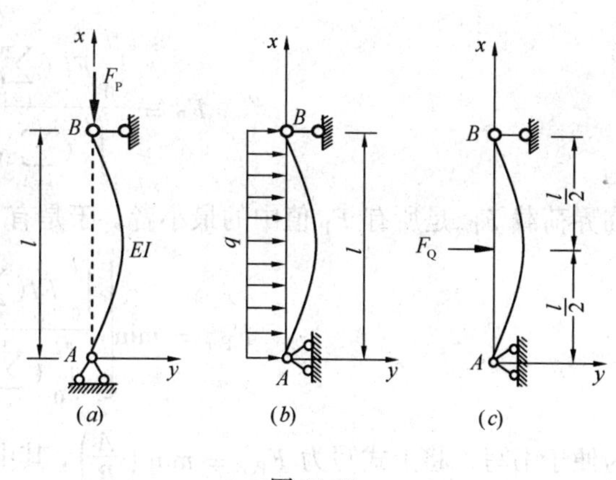

图 11-11

由此得 $y'(x)=\dfrac{q}{24EI}(4x^3-6lx^2+l^3)$

$$y''(x)=\frac{q}{2EI}(x^2-lx)$$

将 $y'(x)$ 和 $y''(x)$ 代入式（11-18）并进行积分运算可求得：

$$F_P=9.882\frac{EI}{l^2}$$

(2) 取图 11-11（c）所示在跨中受水平集中力 F_Q 作用时的变形曲线，由材料力学知：

$$y(x)=-\frac{F_Q}{EI}\left(\frac{x^3}{12}-\frac{l^2x}{16}\right)\quad\left(0\leqslant x\leqslant\frac{l}{2}\right)$$

由此得

$$y'(x)=-\frac{F_Q}{EI}\left(\frac{x^2}{4}-\frac{l^2}{16}\right)$$

$$y''=-\frac{F_Qx}{2EI}$$

将 $y'(x)$ 和 $y''(x)$ 代入式（11-18），算得

$$F_P=10\frac{EI}{l^2}$$

比较两种弹性曲线所得结果，可知应以其中较小者作为临界荷载的近似值，即

$$F_{Pcr}=9.882\frac{EI}{l^2}$$

它比表 11-1 给出的精确解 $\dfrac{\pi^2EI}{l^2}$ 仅大 0.12%。

在求解比较复杂的问题时，所假设的弹性曲线方程式常常难于满足全部边界条件，其形状也很难与实际情况完全一致，因此，常采用级数形式的位移函数 $y(x)$ 逼近真实的位移曲线。设 $\varphi_i(x)$ 是能满足位移边界条件的已知连续函数，则 $y(x)$ 可表示为：

$$y=\sum_{i=1}^{n}a_i\varphi_i(x)\qquad(i=1、2、3、\cdots、n)\tag{11-19}$$

式中　a_i——任意参数。

将式（11-19）代入式（11-18）可得：

$$F_P = \frac{\int_0^l EI\left(\sum_{i=1}^{n} a_i\varphi''_i\right)^2 dx}{\int_0^l \left(\sum_{i=1}^{n} a_i\varphi'_i\right)^2 dx} \tag{11-20}$$

临界荷载 F_{Pcr}是所有 F_P 值中的最小者，于是有

$$F_{Pcr} = \min\left[\frac{\int_0^l EI\left(\sum_{i=1}^{n} a_i\varphi''_i\right)^2 dx}{\int_0^l \left(\sum_{i=1}^{n} a_i\varphi'_i\right)^2 dx}\right] \tag{11-21}$$

为便于书写，将上式写为 $F_{Pcr} = \min\left(\frac{A}{B}\right)$，其中 A、B 分别为式（11-21）的分子和分母，它们都是参数 a_i 的二次式。若用 F_P 表示$\left(\frac{A}{B}\right)$，则 F_P 满足以下极值条件：

$$\frac{\partial F_P}{\partial a_i} = 0 \qquad (i = 1,2,\cdots,n) \tag{d}$$

将 $F_P = \frac{A}{B}$ 代入并注意到$B \neq 0$，则由式（d）可得

$$\frac{\partial A}{\partial a_i} - F_P\frac{\partial B}{\partial a_i} = 0 \qquad (i = 1,2,\cdots,n) \tag{11-22}$$

其中 $\frac{\partial A}{\partial a_i}$、$\frac{\partial B}{\partial a_i}$ 分别为：

$$\frac{\partial A}{\partial a_i} = \int_0^l EI\left[\sum_{j=1}^{n} a_j\varphi''_j(x)\right]\varphi''_i(x)dx = \sum_{j=1}^{n} a_j\int_0^l EI\varphi''_i(x)\varphi''_j(x)dx \tag{e}$$

$$\frac{\partial B}{\partial a_i} = \int_0^l \left[\sum_{j=1}^{n} a_j\varphi'_j(x)\right]\varphi'_i(x)dx = \sum_{j=1}^{n} a_j\int_0^l \varphi'_i(x)\varphi'_j(x)dx \tag{f}$$

将式（e）、式（f）代入式（11-22），并令 C_{ij}为：

$$C_{ij} = \int_0^l \left[EI\varphi''_i(x)\varphi''_j(x) - F_P\varphi'_i(x)\varphi'_j(x)\right]dx \tag{g}$$

则式（11-22）可改写为：

$$\sum_{j=1}^{n} a_j C_{ij} = 0 \qquad (i = 1,2,\cdots,n) \tag{11-23}$$

式（11-23）是关于 a_j（$j=1$，2，…，n）的线性齐次方程组，使 a_j 不全为零的条件是方程组的系数行列式等于零，即

$$D = \begin{vmatrix} C_{11} & C_{12} & \cdots & C_{1n} \\ C_{21} & C_{22} & \cdots & C_{2n} \\ \vdots & \vdots & \ddots & \vdots \\ C_{n1} & C_{n2} & \cdots & C_{nn} \end{vmatrix} = 0 \tag{11-24}$$

式（11-24）即为求临界荷载的稳定方程。将其展开并求解，可得关于 F_P 的 n 个根，其中最小值即为临界荷载 F_{Pcr}，这种求临界荷载的方法称为瑞利—里兹法。计算时，一般仅取级数的前几项（2～3 项），便能达到工程精度要求。为了方便计算，表 11-2 给出等截面直杆的几种常用位移函数的级数表达式。

满足位移边界条件的几种常用的级数形式　　表 11-2

简图	级数形式
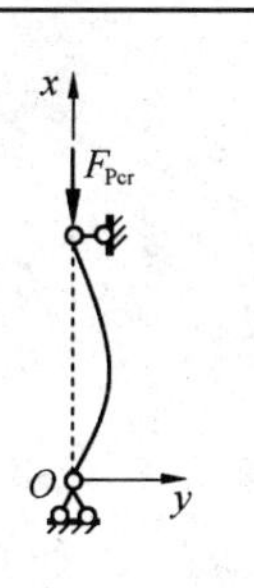	(a) $y = a_1\sin\frac{\pi x}{l} + a_2\sin\frac{2\pi x}{l} + a_3\sin\frac{3\pi x}{l} + \cdots$ (b) $y = a_1x(l-x) + a_2x^2(l-x) + a_3x(l-x)^2 + a_4x^2(l-x)^2 + \cdots$
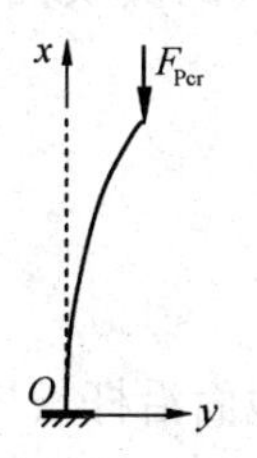	(a) $y = a_1\left(1-\cos\frac{\pi x}{2l}\right) + a_2\left(1-\cos\frac{3\pi x}{2l}\right) + a_3\left(1-\cos\frac{5\pi x}{2l}\right) + \cdots$ (b) $y = a_1\left(x^2 - \frac{1}{6l^2}x^4\right) + a_2\left(x^6 - \frac{15}{28l^2}x^8\right) + \cdots$
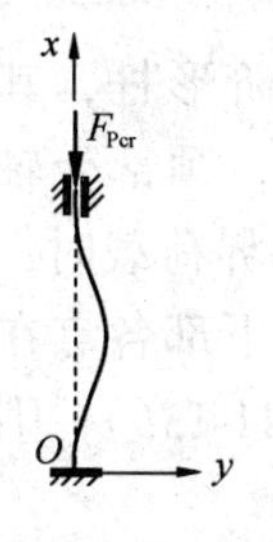	(a) $y = a_1\left(1-\cos\frac{2\pi x}{l}\right) + a_2\left(1-\cos\frac{6\pi x}{l}\right) + a_3\left(1-\cos\frac{10\pi x}{l}\right) + \cdots$ (b) $y = a_1x^2(l-x)^2 + a_2x^3(l-x)^3 + \cdots$
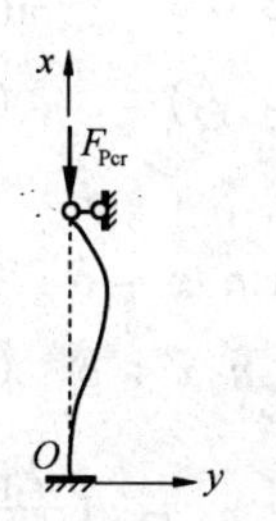	$y = a_1x^2(l-x) + a_2x^3(l-x) + \cdots$

【例 11-5】　试用能量法计算图 11-12 所示压杆的临界荷载。

【解】　由表 11-2 只取级数的第 1 项作为位移函数曲线，即

$$y = a_1\left(1 - \cos\frac{\pi}{2l}x\right)$$

其中 a_1 为未知参数。上式显然满足压杆两端的位移边界条件，则

$$y' = \frac{\pi a_1}{2l}\sin\frac{\pi}{2l}x$$

$$y'' = \frac{\pi^2 a_1}{4l^2}\cos\frac{\pi}{2l}x$$

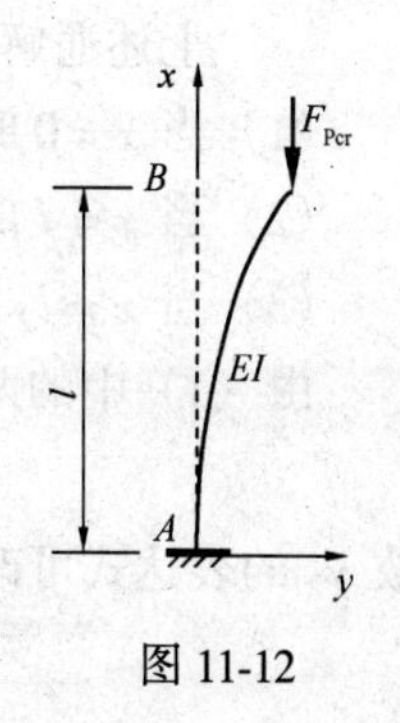

图 11-12

于是可有：

$$\int_0^l EI(y'')^2\mathrm{d}x = \frac{EI\pi^4 a_1^2}{16l^4}\int_0^l \cos^2\frac{\pi x}{2l}\mathrm{d}x = \frac{\pi^4 EI}{32l^3}a_1^2$$

$$\int_0^l (y')^2\mathrm{d}x = \frac{\pi^2 a_1^2}{4l^2}\int_0^l \sin^2\frac{\pi x}{2l}\mathrm{d}x = \frac{\pi^2}{8l}a_1^2$$

将上述两项积分值代入式（11-21）可求得：

$$F_{\mathrm{Pcr}} = \frac{\pi^2 EI}{4l^2}$$

结果与表 11-1 给出的精确解相同，这是因为所设弹性曲线恰好就是失稳时的真实曲线，这种情形一般是很少见的。

11.4 变截面直杆的稳定

变截面压杆较等截面的经济，工程中常见的变截面压杆有阶形压杆和截面沿杆长连续变化的压杆两类，在一般情况下，求后一类压杆稳定的精确解是困难的。本节仅讨论阶形压杆的稳定问题。

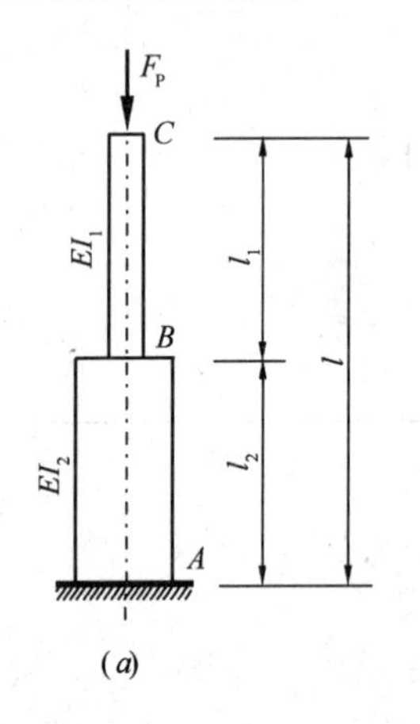

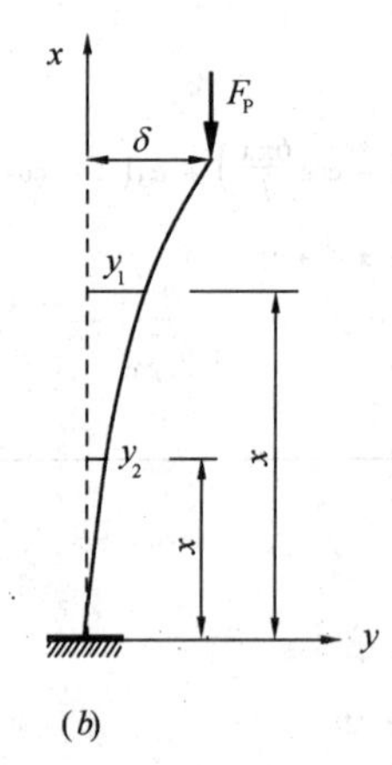

图 11-13

如图 11-13（a）所示阶形杆，其刚度上部为 EI_1，下部为 EI_2，顶部受轴向力 F_P 作用。用静力法求临界荷载时，可以 y_1、y_2 分别表示上部和下部各点在新的平衡形式下的挠度（图 11-13b），则这两部分的微分方程分别为：

$$EI_1 y''_1 = F_P(\delta - y_1) \quad (a)$$

$$EI_2 y''_2 = F_P(\delta - y_2) \quad (b)$$

它们的通解分别为：

$$y_1 = A_1\cos n_1 x + B_1\sin n_1 x + \delta \quad (c)$$

$$y_2 = A_2\cos n_2 x + B_2\sin n_2 x + \delta \quad (d)$$

式中：$n_1 = \sqrt{\dfrac{F_P}{EI_1}}$　　　$n_2 = \sqrt{\dfrac{F_P}{EI_2}}$　　（e）

上述通解中 A_1、B_1、A_2、B_2 为积分常数，δ 为未知量。已知边界条件为：

（1）当 $x=0$ 时，$y_2=0$，$y'_2=0$；

（2）当 $x=l$ 时，$y_1=\delta$；

（3）当 $x=l_2$ 时，$y_1=y_2$，$y'_1=y'_2$

由（1）中的两个边界条件可求得：

$$A_2 = -\delta, \quad B_2 = 0$$

故 y_2 的表达式可改写为：

$$y_2 = \delta(1-\cos n_2 x) \quad (f)$$

由式（c）、式（f）并利用边界条件（2）和（3），可得如下齐次方程组：

$$\left.\begin{aligned} &A_1\cos n_1 l + B_1\sin n_1 l = 0 \\ &A_1\cos n_1 l_2 + B_1\sin n_1 l_2 + \delta\cos n_2 l_2 = 0 \\ &A_1 n_1\sin n_1 l_2 - B_1 n_1\cos n_1 l_2 + \delta n_2\sin n_2 l_2 = 0 \end{aligned}\right\}$$

因此，稳定方程为：

$$\begin{vmatrix} \cos n_1 l & \sin n_1 l & 0 \\ \cos n_1 l_2 & \sin n_1 l_2 & \cos n_2 l_2 \\ \sin n_1 l_2 & -\cos n_1 l_2 & \dfrac{n_2}{n_1}\sin n_2 l_2 \end{vmatrix} = 0$$

将上面的行列式展开并整理可得：

$$\tan n_1 l_1 \cdot \tan n_2 l_2 = \frac{n_1}{n_2} \tag{11-25}$$

给出比值$\dfrac{I_1}{I_2}$和$\dfrac{l_1}{l_2}$后，即可由式（11-25）求出临界荷载。例如当 $EI_2 = 10EI_1$，$l_2 = l_1 = 0.5l$ 时，$n_1 = \sqrt{\dfrac{F_P}{EI_1}}$，$n_2 = \sqrt{\dfrac{F_P}{10EI_1}} = 0.316n_1$，式（11-25）变为：

$$\tan n_1 l_1 \cdot \tan(0.316 n_1 l_1) = 3.165$$

由试算法可求得最小根为：

$$n_1 l_1 = 3.955$$

从而可求得临界荷载

$$F_{Pcr} = \left(\frac{3.955}{l_1^2}\right)^2 \cdot EI_1 = 25.33\,\frac{\pi^2 EI_1}{4l^2}$$

对于在柱顶承受 F_{P1}，同时在截面突变处承受 F_{P2}作用的情况（图 11-14），用上述类似地推导过程可得出稳定方程（具体推导从略）：

$$\tan n_1 l_1 \cdot \tan n_2 l_2 = \frac{n_1}{n_2}\cdot\frac{F_{P1}+F_{P2}}{F_{P1}} \tag{11-26a}$$

式中

$$n_1 = \sqrt{\frac{F_{P1}}{EI_1}},\quad n_2 = \sqrt{\frac{F_{P1}+F_{P2}}{EI_2}} \tag{11-26b}$$

同样在给出比值$\dfrac{I_1}{I_2}$、$\dfrac{l_1}{l_2}$和$\dfrac{F_{P1}}{F_{P2}}$后，即可由式（11-26）求出临界荷载。例如在图 11-14 所示压杆中，当 $EI_2 = 2EI_1$，$l_1 = l_2 = 0.5l$，$F_{P2} = 3F_{P1}$时，由式（11-26b）可得

$$n_1 = \sqrt{\frac{F_{P1}}{EI_1}},\quad n_2 = \sqrt{\frac{F_{P1}+F_{P2}}{2EI_1}} = \sqrt{2}\,n_1$$

设 $n_1 l_1 = u$，则 $n_2 l_2 = \sqrt{2}u$，于是稳定方程（11-26a）变为：

$$\tan u \tan\sqrt{2}u = 2.8284$$

用试算法可求得

$$u \approx 0.8434$$

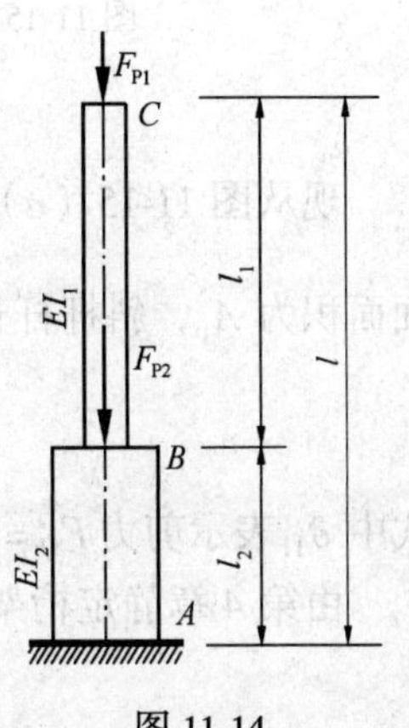

图 11-14

从而可求得临界荷载为：

$$F_{\mathrm{Pcr}} = n_1^2 EI_1 = \frac{u^2\pi^2}{(0.5l)^2\pi^2} \cdot EI_1 = 1.153\frac{\pi^2 EI_1}{4l^2}$$

11.5 组合压杆的稳定

为了增强杆件的稳定性，工程中有时采用组合压杆的形式，例如厂房的双肢柱、起重机塔身和电视发射塔架等。组合压杆通常由两个型钢用若干附属杆件相连而成，其中作为承受荷载的主要部分的型钢（一般为槽钢或工字钢）称为主要杆件，用以连接主要杆件的附属杆件称为连接件。组合压杆根据连接件的形式分成缀条式（图 11-15a）和缀板式（图 11-15b）两种。缀条由斜杆和横杆组成，一般采用单根角钢，与主要杆件相比，其截面较小，两端可视为铰接。采用缀板连接时，没有斜杆存在，缀板的刚度比缀条大得多，计算时缀板与主要杆件的连接通常看成刚接。

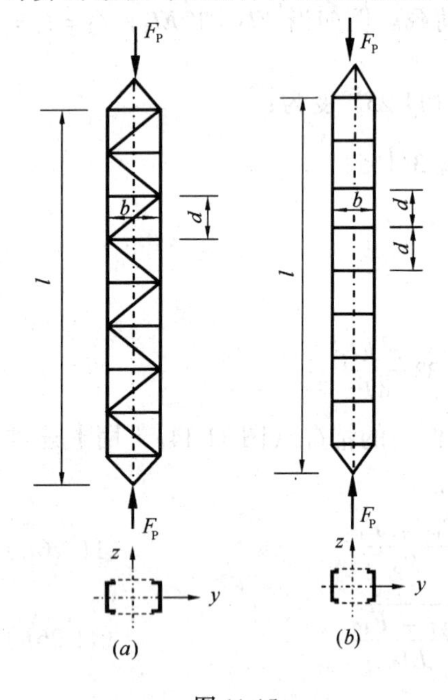

图 11-15

组合压杆的临界荷载比截面和柔度（长细比）相同的实体压杆的临界荷载要小，这主要是在组合压杆中剪力影响远比实体杆件大。但是根据组合杆件的主要受力性质，组合压杆的稳定可以看作是由两个主要杆件组成的中心受压杆件的稳定问题。实验证明，只要缀条或缀板之间的距离 d 比整个杆长 l 小得多，而且组合压杆的节间数目也比较多（例如节间数大于6)，其临界荷载就可近似采用实体压杆的临界荷载计算公式（11-11）计算，并且能得到相当满意的结果。由 11.2.2 节所述可知，$\frac{k}{GA}$是代表单位剪力作用下的剪切角 $\overline{\gamma}$，所以只要求出组合压杆在单位剪力作用下的剪切角 $\overline{\gamma}$，用它代替式（11-11）中的$\frac{k}{GA}$，即可计算组合压杆的临界荷载。下面分别就缀条式和缀板式两种情况进行讨论。

11.5.1 缀条式

现从图 11-15（a）中取出一个节间，如图 11-16 所示。其中，横杆杆长 $b=\frac{d}{\tan\alpha}$，截面面积为 A_{p}，斜杆杆长为$\frac{d}{\sin\alpha}$，截面面积为 A_{q}，在单位剪力$F_{\mathrm{Q}}=1$作用下的剪切角为：

$$\overline{\gamma} \approx \tan\overline{\gamma} = \frac{\delta_{11}}{d} \qquad (a)$$

式中 δ_{11}表示剪力$F_{\mathrm{Q}}=1$引起的沿其本身方向的位移。

由第 4 章静定桁架的位移计算公式有：

$$\delta_{11} = \Sigma\frac{\overline{F}_{\mathrm{N1}}^2 l}{EA} \qquad (b)$$

其中$\overline{F}_{N1}$表示各杆在$F_Q=1$作用下的轴力；l、EA分别表示各杆的杆长和抗拉刚度。由于主要杆件的截面比缀条的大得多，故在上式中可只考虑联结件的影响。由节点平衡条件求得上面横杆$\overline{F}_{N1}=0$，下面横杆$\overline{F}_{N1}=-1$；斜杆轴力为$\overline{F}_{N1}=\dfrac{1}{\cos\alpha}$。将这些数值代入式（$b$）可得：

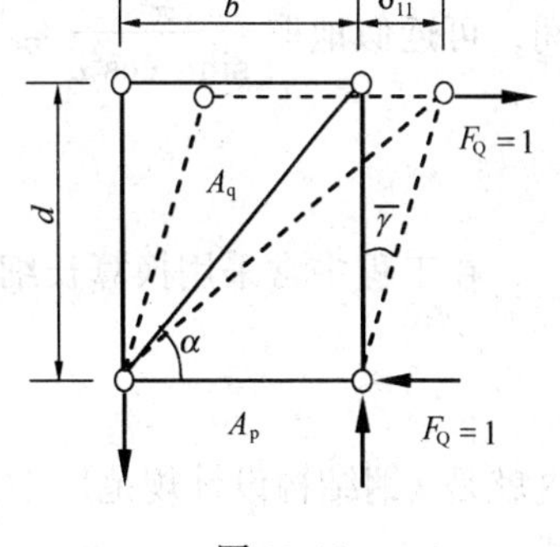

图 11-16

$$\delta_{11}=\frac{d}{E}\left(\frac{1}{A_q\sin\alpha\cos^2\alpha}+\frac{1}{A_p\tan\alpha}\right)$$

于是式（a）可写成

$$\overline{\gamma}=\frac{1}{E}\left(\frac{1}{A_q\sin\alpha\cos^2\alpha}+\frac{1}{A_p\tan\alpha}\right)\qquad(c)$$

将上式的$\overline{\gamma}$代替式（11-11）中的$\dfrac{k}{GA}$，可得

$$F_{Pcr}=\frac{F_{Pe}}{1+\dfrac{F_{Pe}}{E}\left(\dfrac{1}{A_q\sin\alpha\cos^2\alpha}+\dfrac{1}{A_p\tan\alpha}\right)}=\alpha_1F_{Pe}\qquad(11\text{-}27)$$

式中，$F_{Pe}=\dfrac{\pi^2EI}{l^2}$为欧拉临界荷载，计算$F_{Pe}$所用的惯性矩$I$，在组合压杆中为两根主要杆件的横截面对整个截面的形心轴z的惯性矩。若用A_d表示一根主要杆件的截面积，I_d表示一根主要杆件的横截面对其自身形心轴的惯性矩，并略去其形心与其腹板之间的距离(亦即近似地认为其形心到z轴的距离等于$b/2$)，则有

$$I\approx2I_d+\frac{1}{2}A_db^2\qquad(d)$$

由式（11-27）可知，斜杆比横杆对临界荷载的影响更大。例如，当斜杆和横杆具有相同的EA值，而且$\alpha=45°$时，则有

$$\alpha_1=\frac{1}{1+\dfrac{F_{Pe}}{EA}(2.83+1)}\qquad(e)$$

上式分母的括号中，第一项代表斜杆的影响，第二项代表横杆的影响。

如不计横杆的影响，并考虑到在一般情况下，型钢两侧平面内都设有缀条，则式（11-27）变成

$$F_{Pcr}=\frac{F_{Pe}}{1+\dfrac{F_{Pe}}{E}\cdot\dfrac{1}{2A_q\sin\alpha\cos^2\alpha}}\qquad(11\text{-}28)$$

令

$$\mu=\sqrt{1+\frac{\pi^2I}{l^2}\cdot\frac{1}{2A_q\sin\alpha\cos^2\alpha}}\qquad(11\text{-}29)$$

则式（11-28）可写成欧拉问题的基本形式：

$$F_{Pcr}=\frac{\pi^2EI}{(\mu l)^2}\qquad(11\text{-}30)$$

式中　μ——长度系数。

若用r代表两根主要杆件的横截面对z轴的回转半径，则有

$$I=2A_dr^2$$

将上述关系式代入公式（11-29），并引入长细比$\lambda=\dfrac{l}{r}$，同时考虑到α一般在30°~60°之

间，可近似地取 $\frac{\pi^2}{\sin\alpha\cos^2\alpha}\approx 27$，则式（11-29）变为：

$$\mu=\sqrt{1+\frac{27A_d}{A_q\lambda^2}} \tag{11-31}$$

在工程中常采用换算长细比 λ_h，其表达式为：

$$\lambda_h=\mu\lambda=\frac{\mu l}{r}=\sqrt{\lambda^2+27\frac{A_d}{A_q}} \tag{11-32}$$

这就是《钢结构设计规范》（GB 50017—2003）中推荐的缀条式组合压杆换算长细比的公式。

11.5.2 缀板式

由于缀板与主要杆件之间的连接当作刚接，因此，可把组合压杆当作单跨多层刚架，并近似认为主要杆件的反弯点在节间中点，且剪力是平均分配于两根主要杆件。于是可取图 11-17（*a*）所示部分来计算其剪切角 $\overline{\gamma}$。单位剪力作用下的弯矩图如图 11-17（*b*）所示，由图乘法可得：

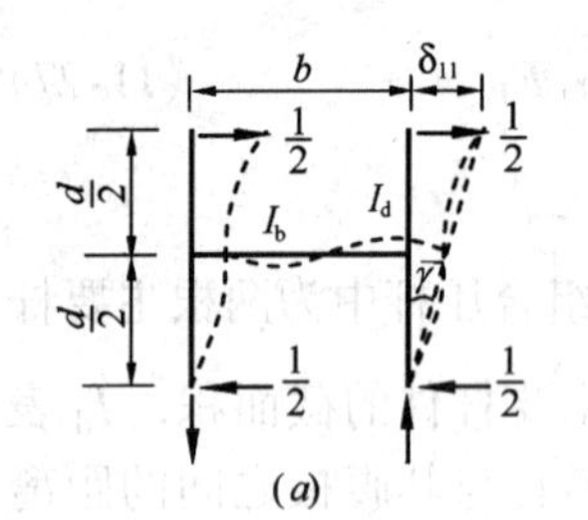

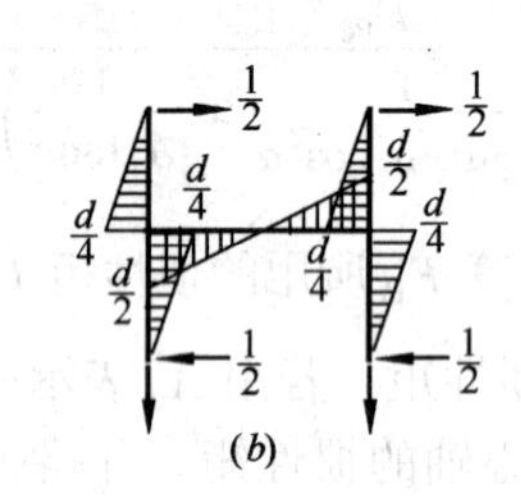

图 11-17

$$\delta_{11}=\Sigma\frac{A_p}{EI}\cdot y_c=\frac{d^3}{24EI_d}+\frac{bd^2}{12EI_b} \tag{a}$$

于是剪切角为

$$\overline{\gamma}=\frac{\delta_{11}}{d}=\frac{d^2}{24EI_d}+\frac{bd}{12EI_b} \tag{b}$$

用上式代替式（11-11）中的 $\frac{k}{GA}$，即得

$$F_{Pcr}=\frac{F_{Pe}}{1+\left(\frac{d^2}{24EI_d}+\frac{bd}{12EI_b}\right)F_{Pe}}=\alpha_2F_{Pe} \tag{11-33}$$

由上式可见，修正系数 α_2 的数值随着节间间距 d 的增加而减小。

在一般情况下，缀板的刚度要比主要杆件的刚度大得多，因此，可近似地取 $EI_b=\infty$。于是式（11-33）变为：

$$F_{Pcr}=\frac{F_{Pe}}{1+\frac{d^2}{24EI_d}F_{Pe}}=\frac{F_{Pe}}{1+\frac{\pi^2d^2}{24l^2}\frac{I}{I_d}} \tag{11-34}$$

式中 I 与前述相同，它表示整个组合杆件的截面惯性矩，即

$$I=2I_d+\frac{1}{2}A_db^2 \tag{c}$$

整个组合杆件的截面惯性矩 I、长细比 λ 与回转半径 r 的关系为：

$$I=2A_dr^2,\qquad \lambda=\frac{l}{r} \tag{d}$$

式中 l——组合杆件的总长度。

在一个节间中，一根主要杆件对其横截面形心轴的惯性矩 I_d、长细比 λ_d 与回转半径 r_d 的关系为：

$$I_d = A_d r_d^2, \quad \lambda_d = \frac{d}{r_d} \tag{e}$$

将式（d）、式（e）所示关系代入式（11-34），即得

$$F_{Pcr} = \frac{F_{Pe}}{1 + \dfrac{\pi^2 2 d^2 r^2 A_d}{24 l^2 r_d^2 A_d}} = \frac{F_{Pe}}{1 + 0.82\dfrac{\lambda_d^2}{\lambda^2}} \tag{f}$$

若近似地用 1 代替 0.82，则式（f）可写为：

$$F_{Pcr} = \frac{\lambda^2}{\lambda^2 + \lambda_d^2} F_{Pe} \tag{11-35}$$

相应的长度系数可写成 $\mu = \sqrt{\dfrac{\lambda^2 + \lambda_d^2}{\lambda^2}}$

因而组合杆件的换算长细比为：

$$\lambda_h = \mu\lambda = \frac{\mu l}{r} = \sqrt{\lambda^2 + \lambda_d^2} \tag{11-36}$$

这就是规范中用以确定缀板式组合压杆换算长细比的公式。

11.6 用矩阵位移法计算刚架的临界荷载

刚架的稳定计算可采用力法、位移法和矩阵位移法等，其中矩阵位移法便于编制计算程序，受到工程界的欢迎。本节将介绍这一方法。

首先，对刚架的受力和变形情况作如下假定：

(1) 刚架只在节点承受集中荷载，刚架失稳前各杆只受轴力作用且无弯曲变形，即只讨论刚架的第一类失稳问题。对于刚架横梁受竖向荷载作用，而且当荷载达到临界荷载时，柱子将丧失第二类稳定性，实用上可将横梁荷载分解为作用于两端节点的集中荷载，将原来的第二类失稳问题简化为第一类失稳问题，这里不作进一步讨论。

(2) 刚架失稳时，变形是微小的且不计轴向变形，因而仍可采用近似的曲率公式 $EIy'' = -M$。

(3) 各荷载按比例同时增加，直至平衡分支出现。

与第 9 章用矩阵位移法计算刚架的内力相似，用矩阵位移法计算刚架临界荷载时的步骤也是将结构划分为若干杆单元；进行单元分析，建立单元刚度方程；进行整体分析，建立结构的总刚度方程。然后再根据总刚度矩阵相应的行列式等于零的条件，建立稳定方程，求出临界荷载。需要指出的是，第 9 章计算内力时，由于轴向力对刚架弯曲变形的影响很小，因而在单元分析中不考虑轴力对弯曲变形的影响，这种单元称为普通单元；而在稳定问题中，对于不承受压力的杆件，自然也是普通单元，其单元分析与第 9 章完全相同，但是对于承受压力的杆件，由于轴力是使杆件失稳变弯的决定因素，因此在单元分析中必须考虑轴力对弯曲变形的影响，这种单元称为压杆单元。下面先来建立压杆单元的刚度方程。

图 11-18 所示为刚架某等截面直杆 ij 受轴向压力 F_P 作用，当 F_P 增大到 F_{Pcr}时，杆件处于过渡平衡状态新的微弯位置，杆端将有沿杆轴方向的位移 Δ 和两端的侧移及转角。杆端位移列阵 $\overline{\boldsymbol{\delta}}^e$ 为：

$$\overline{\boldsymbol{\delta}}^e = [\,\overline{\nu_i} \quad \overline{\varphi_i} \quad \overline{\nu_j} \quad \overline{\varphi_j}\,]^T$$

相应地，杆端力除轴力 F_P 外还有杆端弯矩和剪力，杆端力列阵为 $\overline{\boldsymbol{F}}^e$：

$$\overline{\boldsymbol{F}}^e = [\,\overline{F}_{Qi} \quad \overline{M}_i \quad \overline{F}_{Qj} \quad \overline{M}_j\,]^T$$

为了求出杆端力与杆端位移之间的关系，可以引用能量原理，即杆件外力功的增量 ΔW 等于杆件弯曲应变能的增量 δV：

$$\delta V = \Delta W \tag{a}$$

由式（11-14）知：

$$\delta V = \frac{1}{2}\int_0^l EI(y'')^2 \mathrm{d}x \tag{11-37}$$

在压杆单元中，ΔW 由两部分组成：一是杆端力在弯曲变形上做的功，一是压力 F_P 在杆件弯曲引起的轴向位移上做的功，即：

$$\Delta W = \frac{1}{2}\overline{\boldsymbol{\delta}}^{eT}\overline{\boldsymbol{F}}^e + F_P\Delta \tag{11-38}$$

式中，Δ 由式（11-15）知：

$$\Delta = \frac{1}{2}\int_0^l (y')^2 \mathrm{d}x \tag{11-39}$$

故公式（a）可写成：

$$\frac{1}{2}\overline{\boldsymbol{\delta}}^{eT}\overline{\boldsymbol{F}}^e + \frac{F_P}{2}\int_0^l (y')^2 \mathrm{d}x = \frac{EI}{2}\int_0^l (y'')^2 \mathrm{d}x \tag{b}$$

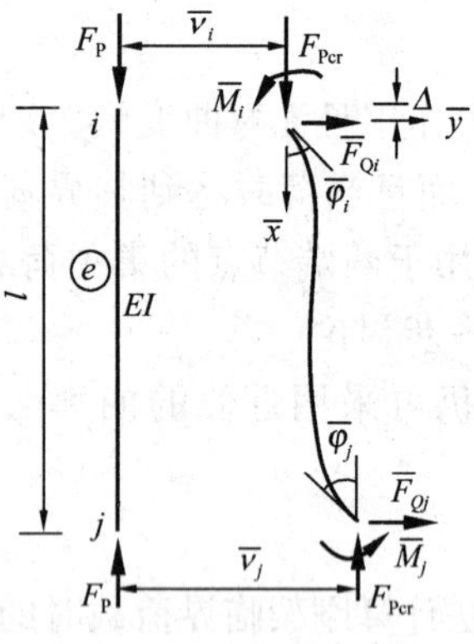

设单元的刚度矩阵为 $\overline{\boldsymbol{k}}^e$，则有 $\overline{\boldsymbol{F}}^e = \overline{\boldsymbol{k}}^e\overline{\boldsymbol{\delta}}^e$，于是式（$b$）可写为：

$$\overline{\boldsymbol{\delta}}^{eT}\overline{\boldsymbol{k}}^e\overline{\boldsymbol{\delta}}^e = EI\int_0^l (y'')^2 \mathrm{d}x - F_P\int_0^l (y')^2 \mathrm{d}x \tag{11-40}$$

为了能从式（11-40）中求出 $\overline{\boldsymbol{k}}^e$，需要先知道压杆单元失稳时的位移函数 y（x）。考虑到杆件两端共有 4 个位移边界条件，故假设近似位移函数为三次曲线：

$$y(x) = a_1 + a_2x + a_3x^2 + a_4x^3 \tag{c}$$

图 11-18

根据边界条件 $x = 0$ 时，$y = \bar{\nu}_i$，$y' = \bar{\varphi}_i$；$x = l$ 时，$y = \bar{\nu}_j$，$y' = \bar{\varphi}_j$，可求出 a_1、a_2、a_3、a_4，再将它们代入式（c）得到

$$y(x) = \left[\left(1 - \frac{3x^2}{l^2} + \frac{2x^3}{l^3}\right) \quad \left(x - \frac{2x^2}{l} + \frac{x^3}{l^2}\right) \quad \left(\frac{3x^2}{l^2} - \frac{2x^3}{l^3}\right) \quad \left(-\frac{x^2}{l} + \frac{x^3}{l^2}\right)\right] \times [\,\bar{\nu}_i \quad \bar{\varphi}_i \quad \bar{\nu}_j \quad \bar{\varphi}_j\,]^T = \boldsymbol{A}\overline{\boldsymbol{\delta}}^e \tag{11-41}$$

式中

$$\boldsymbol{A} = \left[\left(1 - \frac{3x^2}{l^2} + \frac{2x^3}{l^3}\right) \quad \left(x - \frac{2x^2}{l} + \frac{x^3}{l^2}\right) \quad \left(\frac{3x^2}{l^2} - \frac{2x^3}{l^3}\right) \quad \left(-\frac{x^2}{l} + \frac{x^3}{l^2}\right)\right] \tag{d}$$

其中每一项表示当 $\bar{\delta}_i^e = 1$ 时所引起的挠曲线。

将式（11-41）对 x 求导，得

$$y'(x) = \boldsymbol{A}'\overline{\boldsymbol{\delta}}^{\mathrm{e}} = \boldsymbol{B}\,\overline{\boldsymbol{\delta}}^{\mathrm{e}} \tag{11-42}$$

$$y''(x) = \boldsymbol{A}''\overline{\boldsymbol{\delta}}^{\mathrm{e}} = \boldsymbol{C}\overline{\boldsymbol{\delta}}^{\mathrm{e}} \tag{11-43}$$

其中

$$\boldsymbol{B} = \left[\left(-\frac{6x}{l^2}+\frac{6x^2}{l^3}\right)\quad\left(1-\frac{4x}{l}+\frac{3x^2}{l^2}\right)\quad\left(\frac{6x}{l^2}-\frac{6x^2}{l^3}\right)\quad\left(-\frac{2x}{l}+\frac{3x^2}{l^2}\right)\right] \tag{e}$$

$$\boldsymbol{C} = \left[\left(-\frac{6}{l^2}+\frac{12x}{l^3}\right)\quad\left(-\frac{4}{l}+\frac{6x}{l^2}\right)\quad\left(\frac{6}{l^2}-\frac{12x}{l^3}\right)\quad\left(-\frac{2}{l}+\frac{6x}{l^2}\right)\right] \tag{f}$$

将式（11-42）、式（11-43）代入式（11-40）则有

$$\overline{\boldsymbol{\delta}}^{\mathrm{eT}}\overline{\boldsymbol{k}}^{\mathrm{e}}\overline{\boldsymbol{\delta}}^{\mathrm{e}} = EI\int_0^l \boldsymbol{C}\overline{\boldsymbol{\delta}}^{\mathrm{e}}\boldsymbol{C}\overline{\boldsymbol{\delta}}^{\mathrm{e}}\mathrm{d}x - F_{\mathrm{P}}\int_0^l \boldsymbol{B}\overline{\boldsymbol{\delta}}^{\mathrm{e}}\boldsymbol{B}\overline{\boldsymbol{\delta}}^{\mathrm{e}}\mathrm{d}x$$

由线性代数知识知 $\boldsymbol{C}\overline{\boldsymbol{\delta}}^{\mathrm{e}} = \overline{\boldsymbol{\delta}}^{\mathrm{e}T}\boldsymbol{C}^T, \boldsymbol{B}\overline{\boldsymbol{\delta}}^{\mathrm{e}} = \overline{\boldsymbol{\delta}}^{\mathrm{eT}}\boldsymbol{B}^{\mathrm{T}}$，故上式又可改写为：

$$\overline{\boldsymbol{\delta}}^{\mathrm{eT}}\overline{\boldsymbol{k}}^{\mathrm{e}}\overline{\boldsymbol{\delta}}^{\mathrm{e}} = \overline{\boldsymbol{\delta}}^{\mathrm{eT}}\left[EI\int_0^l \boldsymbol{C}^{\mathrm{T}}\boldsymbol{C}\mathrm{d}x - F_{\mathrm{P}}\int_0^l \boldsymbol{B}^{\mathrm{T}}\boldsymbol{B}\mathrm{d}x\right]\overline{\boldsymbol{\delta}}^{\mathrm{e}} \tag{g}$$

考虑到 $\overline{\boldsymbol{\delta}}^{\mathrm{e}}$ 的任意性，故由式（g）可得

$$\overline{\boldsymbol{k}}^{\mathrm{e}} = \left[EI\int_0^l \boldsymbol{C}^T\boldsymbol{C}\mathrm{d}x - F_{\mathrm{P}}\int_0^l \boldsymbol{B}^T\boldsymbol{B}\mathrm{d}x\right] \tag{11-44}$$

再将式（e）、式（f）代入上式进行积分，可得有轴向力作用的单元刚度矩阵为：

$$\overline{\boldsymbol{k}}^{\mathrm{e}} = EI\begin{bmatrix} \frac{12}{l^3} & \frac{6}{l^2} & -\frac{12}{l^3} & \frac{6}{l^2} \\ \frac{6}{l^2} & \frac{4}{l} & -\frac{6}{l^2} & \frac{2}{l} \\ -\frac{12}{l^3} & -\frac{6}{l^2} & \frac{12}{l^3} & -\frac{6}{l^2} \\ \frac{6}{l^2} & \frac{2}{l} & -\frac{6}{l^2} & \frac{4}{l} \end{bmatrix} - F_{\mathrm{P}}\begin{bmatrix} \frac{6}{5l} & \frac{1}{10} & -\frac{6}{5l} & \frac{1}{10} \\ \frac{1}{10} & \frac{2l}{15} & -\frac{1}{10} & -\frac{l}{30} \\ -\frac{6}{5l} & -\frac{1}{10} & \frac{6}{5l} & -\frac{1}{10} \\ \frac{1}{10} & -\frac{l}{30} & -\frac{1}{10} & \frac{2l}{15} \end{bmatrix} \tag{11-45}$$

上式就是压杆单元的刚度矩阵，它由两部分组成：前一部分为普通单元（即不考虑单元的轴向力作用）的刚度矩阵；后一部分为考虑轴力影响的附加刚度矩阵，称为单元几何刚度矩阵。

若式（11-45）等号右边的第 1 项再补充轴向力和轴向位移之间的刚度关系，并以 $\overline{\boldsymbol{k}}_{\mathrm{e}}^{\mathrm{e}}$ 表示；第 2 项在轴向力和轴向位移刚度关系的相应位置处填零，并以 $\overline{\boldsymbol{s}}^{\mathrm{e}}$ 表示，则压杆单元刚度方程可表示为：

$$\overline{\boldsymbol{F}}^{\mathrm{e}} = [\overline{\boldsymbol{k}}_{\mathrm{e}}^{\mathrm{e}} - \overline{\boldsymbol{s}}^{\mathrm{e}}]\overline{\boldsymbol{\delta}}^{\mathrm{e}} \tag{11-46}$$

其中，$\overline{\boldsymbol{F}}^{\mathrm{e}} = [\overline{F}_{\mathrm{N}i}\quad \overline{F}_{\mathrm{Q}i}\quad \overline{M}_i\quad \overline{F}_{\mathrm{N}j}\quad \overline{F}_{\mathrm{Q}j}\quad \overline{M}_j]^{\mathrm{T}}$

$\overline{\boldsymbol{\delta}}^{\mathrm{e}} = [\overline{u}_i\quad \overline{\nu}_i\quad \overline{\varphi}_i\quad \overline{u}_j\quad \overline{\nu}_j\quad \overline{\varphi}_j]^{\mathrm{T}}$

$$
\overline{\boldsymbol{k}}_{\mathrm{e}}^{\mathrm{e}}=\left[\begin{array}{ccc:ccc}
\frac{EA}{l} & 0 & 0 & -\frac{EA}{l} & 0 & 0 \\
0 & \frac{12EI}{l^3} & \frac{6EI}{l^2} & 0 & -\frac{12EI}{l^3} & \frac{6EI}{l^2} \\
0 & \frac{6EI}{l^2} & \frac{4EI}{l} & 0 & -\frac{6EI}{l^2} & \frac{2EI}{l} \\
\hdashline
-\frac{EA}{l} & 0 & 0 & \frac{EA}{l} & 0 & 0 \\
0 & -\frac{12EI}{l^3} & -\frac{6EI}{l^2} & 0 & \frac{12EI}{l^3} & -\frac{6EI}{l^2} \\
0 & \frac{6EI}{l^2} & \frac{2EI}{l} & 0 & -\frac{6EI}{l^2} & \frac{4EI}{l}
\end{array}\right] \tag{11-47}
$$

$$
\overline{\boldsymbol{s}}^{\mathrm{e}}=F_{\mathrm{p}}\left[\begin{array}{ccc:ccc}
0 & 0 & 0 & 0 & 0 & 0 \\
0 & \frac{6}{5l} & \frac{1}{10} & 0 & -\frac{6}{5l} & \frac{1}{10} \\
0 & \frac{1}{10} & \frac{2l}{15} & 0 & -\frac{1}{10} & -\frac{l}{30} \\
\hdashline
0 & 0 & 0 & 0 & 0 & 0 \\
0 & -\frac{6}{5l} & -\frac{1}{10} & 0 & \frac{6}{5l} & -\frac{1}{10} \\
0 & \frac{1}{10} & -\frac{l}{30} & 0 & -\frac{1}{10} & \frac{2l}{15}
\end{array}\right] \tag{11-48}
$$

通过坐标转换，即可由式（11-46）得到整体坐标系下的压杆单元刚度方程：

$$
\boldsymbol{F}^{\mathrm{e}}=[\boldsymbol{k}_{\mathrm{e}}^{\mathrm{e}}-\boldsymbol{s}^{\mathrm{e}}]\boldsymbol{\delta}^{\mathrm{e}} \tag{11-49}
$$

式中杆端力和杆端位移列向量为

$$
\boldsymbol{F}^{\mathrm{e}}=[F_{xi}\quad F_{yi}\quad M_i\quad F_{xj}\quad F_{yj}\quad M_j]^{\mathrm{T}}
$$

$$
\boldsymbol{\delta}^{\mathrm{e}}=[u_i\quad \nu_i\quad \varphi_i\quad u_j\quad \nu_j\quad \varphi_j]^{\mathrm{T}}
$$

整体坐标系中的单元刚度矩阵 $\boldsymbol{k}_{\mathrm{e}}^{\mathrm{e}}$ 和 $\boldsymbol{s}^{\mathrm{e}}$ 分别为：

$$
\boldsymbol{k}_{\mathrm{e}}^{\mathrm{e}}=\boldsymbol{T}^{\mathrm{T}}\overline{\boldsymbol{k}}_{\mathrm{e}}^{\mathrm{e}}\boldsymbol{T},\quad \boldsymbol{s}^{\mathrm{e}}=\boldsymbol{T}^{\mathrm{T}}\overline{\boldsymbol{s}}^{\mathrm{e}}\boldsymbol{T} \tag{11-50}
$$

式中 $\boldsymbol{T}$ 为坐标转换矩阵，与第 9 章式（9-15）相同。

普通单元刚度方程由单元坐标系向结构整体坐标系转换的做法与第 9 章相同，无须赘述。

下面讨论刚架稳定计算的整体分析。在求得整体坐标系中的单元刚度矩阵后，即可按第 9 章所述的对号入座的方法形成结构的原始总刚度矩阵，然后根据支承条件及忽略轴向变形的假定进行修改，从而得到结构的总刚度方程为：

$$
[\boldsymbol{K}_{\mathrm{e}}-\boldsymbol{s}]\boldsymbol{\Delta}=\boldsymbol{F} \tag{11-51}
$$

式中 $\boldsymbol{\Delta}$——节点位移列向量；

$[\boldsymbol{K}_{\mathrm{e}}-\boldsymbol{s}]$——修改后的总刚度矩阵；

$\boldsymbol{F}$——修改后的节点外力列向量。在稳定计算中，节点荷载只有压力，而各杆所受的压力已包括在压杆单元刚度矩阵之中，因此有 $\boldsymbol{F}=\boldsymbol{0}$。故总刚度方程为：

$$[\boldsymbol{K}_{\mathrm{e}} - \boldsymbol{s}]\boldsymbol{\Delta} = \boldsymbol{0} \tag{11-52}$$

上式是关于 $\boldsymbol{\Delta}$ 的齐次方程。若令

$$\boldsymbol{K} = \boldsymbol{K}_{\mathrm{e}} - \boldsymbol{s}$$

则式（11-52）可进一步写为：

$$\boldsymbol{K\Delta} = \boldsymbol{0} \tag{11-53}$$

结构处于新的弯曲平衡状态的特点是 $\boldsymbol{\Delta}$ 不全为零，故必有 $\boldsymbol{\Delta}$ 所对应的行列式为零，即

$$|\boldsymbol{K}| = 0 \tag{11-54}$$

上式就是结构的稳定方程。展开行列式，求解并取其最小根即为临界荷载。

需要指出，在利用能量法建立单元刚度方程时，采用了近似的弹性曲线，所以求得的结果是近似的。对此可采取把受压杆件划分成若干单元的办法，单元划分的越多，产生的误差也就越小。

【例 11-6】 试用矩阵位移法计算图 11-19（a）所示刚架的临界荷载。

【解】 （1）划分单元，将单元、节点编号。若按杆件划分单元，所得结果误差较大，为提高精度，将竖柱中点作为一个节点，竖柱划分为两个单元。各单元、节点编号及选取的整体坐标系和各单元坐标系如图 11-19（b）所示。图中括号内为各节点位移分量在原始总刚度方程中的编号。

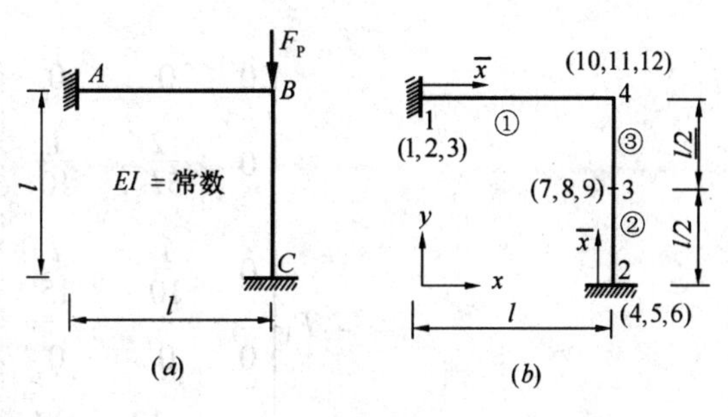

图 11-19

（2）求各单元刚度矩阵。

单元①为普通单元，且 $\alpha = 0°$，故两种坐标系下的单元刚度矩阵相同，即

$$\overline{\boldsymbol{k}}_{\mathrm{e}}^{①} = \boldsymbol{k}_{\mathrm{e}}^{①} = \left[\begin{array}{ccc|ccc}
\frac{EA}{l} & 0 & 0 & -\frac{EA}{l} & 0 & 0 \\
0 & \frac{12EI}{l^3} & \frac{6EI}{l^2} & 0 & -\frac{12EI}{l^3} & \frac{6EI}{l^2} \\
0 & \frac{6EI}{l^2} & \frac{4EI}{l} & 0 & -\frac{6EI}{l^2} & \frac{2EI}{l} \\
\hline
-\frac{EA}{l} & 0 & 0 & \frac{EA}{l} & 0 & 0 \\
0 & -\frac{12EI}{l^3} & -\frac{6EI}{l^2} & 0 & \frac{12EI}{l^3} & -\frac{6EI}{l^2} \\
0 & \frac{6EI}{l^2} & \frac{2EI}{l} & 0 & -\frac{6EI}{l^2} & \frac{4EI}{l}
\end{array}\right]$$

单元②和单元③为压杆单元，杆长均为 $l/2$，且 EI 相同，因此它们在局部坐标系下的单元刚度矩阵相同，即

$$
\overline{\boldsymbol{k}}_{\mathrm{e}}^{②}-\overline{\boldsymbol{s}}^{②}=\overline{\boldsymbol{k}}_{\mathrm{e}}^{③}-\overline{\boldsymbol{s}}^{③}=\left[\begin{array}{ccc:ccc}
\frac{2EA}{l} & 0 & 0 & -\frac{2EA}{l} & 0 & 0 \\
0 & \frac{96EI}{l^3} & \frac{24EI}{l^2} & 0 & -\frac{96EI}{l^3} & \frac{24EI}{l^2} \\
0 & \frac{24EI}{l^2} & \frac{8EI}{l} & 0 & -\frac{24EI}{l^2} & \frac{4EI}{l} \\
\hdashline
-\frac{2EA}{l} & 0 & 0 & \frac{2EA}{l} & 0 & 0 \\
0 & -\frac{96EI}{l^3} & -\frac{24EI}{l^2} & 0 & \frac{96EI}{l^3} & -\frac{24EI}{l^2} \\
0 & \frac{24EI}{l^2} & \frac{4EI}{l} & 0 & -\frac{24EI}{l^2} & \frac{8EI}{l}
\end{array}\right]
$$

$$
-F_{\mathrm{P}}\left[\begin{array}{ccc:ccc}
0 & 0 & 0 & 0 & 0 & 0 \\
0 & \frac{12}{5l} & \frac{1}{10} & 0 & -\frac{12}{5l} & \frac{1}{10} \\
0 & \frac{1}{10} & \frac{l}{15} & 0 & -\frac{1}{10} & -\frac{l}{60} \\
\hdashline
0 & 0 & 0 & 0 & 0 & 0 \\
0 & -\frac{12}{5l} & -\frac{1}{10} & 0 & \frac{12}{5l} & -\frac{1}{10} \\
0 & \frac{1}{10} & -\frac{l}{60} & 0 & -\frac{1}{10} & \frac{l}{15}
\end{array}\right]
$$

单元②、③均为 $\alpha=90^{\circ}$，按式（11-50）进行坐标转换后，可得整体坐标系中的单元刚度矩阵为：

$$
\boldsymbol{k}_{\mathrm{e}}^{②}-\boldsymbol{s}^{②}=\boldsymbol{k}_{\mathrm{e}}^{③}-\boldsymbol{s}^{③}=\left[\begin{array}{ccc:ccc}
\frac{96EI}{l^3} & 0 & -\frac{24EI}{l^2} & -\frac{96EI}{l^3} & 0 & -\frac{24EI}{l^2} \\
0 & \frac{2EA}{l} & 0 & 0 & -\frac{2EA}{l} & 0 \\
-\frac{24EI}{l^2} & 0 & \frac{8EI}{l} & \frac{24EI}{l^2} & 0 & \frac{4EI}{l} \\
\hdashline
-\frac{96EI}{l^3} & 0 & \frac{24EI}{l^2} & \frac{96EI}{l^3} & 0 & \frac{24EI}{l^2} \\
0 & -\frac{2EA}{l} & 0 & 0 & \frac{2EA}{l} & 0 \\
-\frac{24EI}{l^2} & 0 & \frac{4EI}{l} & \frac{24EI}{l^2} & 0 & \frac{8EI}{l}
\end{array}\right]
$$

$$
-F_P\begin{bmatrix}\frac{12}{5l} & 0 & -\frac{1}{10} & -\frac{12}{5l} & 0 & -\frac{1}{10}\\ 0 & 0 & 0 & 0 & 0 & 0\\ -\frac{1}{10} & 0 & \frac{l}{15} & \frac{1}{10} & 0 & -\frac{l}{60}\\ -\frac{12}{5l} & 0 & \frac{1}{10} & \frac{12}{5l} & 0 & \frac{1}{10}\\ 0 & 0 & 0 & 0 & 0 & 0\\ -\frac{1}{10} & 0 & -\frac{l}{60} & \frac{1}{10} & 0 & \frac{l}{15}\end{bmatrix}
$$

（3）形成并修改总刚度矩阵。将以上各单元在整体坐标系中的单元刚度矩阵，按图 11－19（b）中括号内编号对号入座，可得到 12×12 阶的原始总刚度矩阵。引入支承条件：

$$
u_1=v_1=\varphi_1=0,u_2=v_2=\varphi_2=0,v_3=0,u_4=v_4=0
$$

即在总刚度矩阵中删去与上述位移相对应的第 1、2、3、4、5、6、8、10、11 行和列，则只剩下第 7、9、12 行和列，需求解的独立未知位移为 u_3、φ_3、φ_4 三个。修改后的结构总刚度矩阵为：

$$
\boldsymbol{K}=\begin{bmatrix}2\left(\frac{96EI}{l^3}-\frac{12}{5l}F_P\right) & 0 & -\frac{24EI}{l^2}+\frac{1}{10}F_P\\ 0 & 2\left(\frac{8EI}{l}-\frac{l}{15}F_P\right) & \frac{4EI}{l}+\frac{l}{60}F_P\\ -\frac{24EI}{l^2}+\frac{1}{10}F_P & \frac{4EI}{l}+\frac{l}{60}F_P & \frac{12EI}{l}-\frac{l}{15}F_P\end{bmatrix}
$$

（4）求临界荷载。$|\boldsymbol{K}|=0$ 即为稳定方程。将 $\boldsymbol{K}$ 的行列式展开并令其等于零，则有

$$
F_P^3-375.333\frac{EI}{l^2}F_P^2+30720\left(\frac{EI}{l^2}\right)^2F_P-614400\left(\frac{EI}{l^2}\right)^3=0
$$

解此三次方程，其最小根（即临界荷载）为：

$$
F_{Pcr}=28.972\frac{EI}{l^2}
$$

与精确值相比，误差为 2.03%。

思 考 题

11-1 结构弹性失稳有哪两种基本形式？它们失稳形式的特征有何不同？

11-2 静力法和能量法有何异同？

11-3 试述静力法求解临界荷载的计算步骤。

11-4 简要说明能量法求解临界荷载的解题思路。

11-5 缀条式和缀板式组合压杆的剪切角 $\bar{\gamma}$ 是如何计算的？

11-6 简述矩阵位移法计算刚架稳定问题的解题步骤。

习　题

11-1　试用静力法求题图所示压杆的稳定方程，并计算其临界荷载。

11-2　试用能量法求题 11-1 图（c）所示压杆的临界荷载。设失稳时压杆弹性部分的曲线近似地采用简支梁在杆端受一力偶作用时的挠曲线，即 $y = \alpha x\left(1 - \frac{x^2}{l^2}\right)$。

11-3　试用能量法求题 11-1 图（d）所示压杆的临界荷载。设失稳时压杆弹性部分的曲线近似地取为抛物线 $y = \frac{\alpha}{l^2}x^2$。

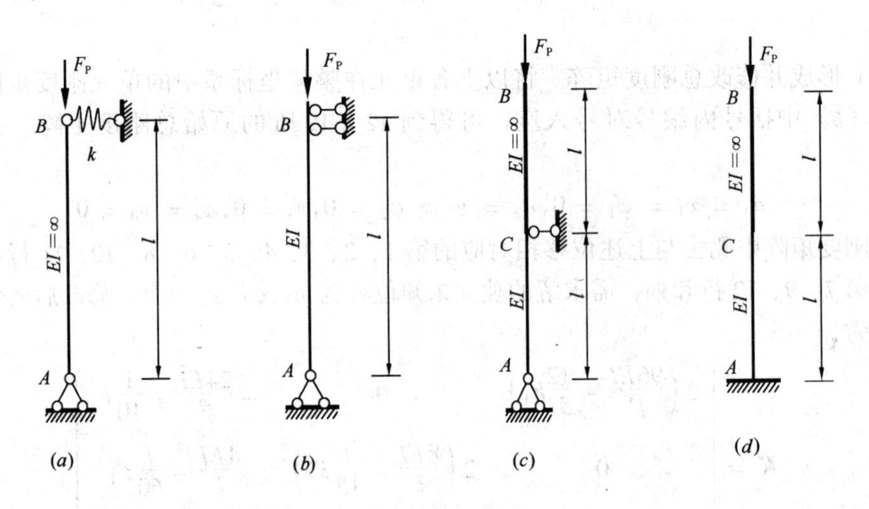

题 11-1 图

11-4　图示结构失稳时有如虚线所示的形状，试分别按静力法和能量法求其临界荷载。

11-5　试用静力法求图示结构的临界荷载。

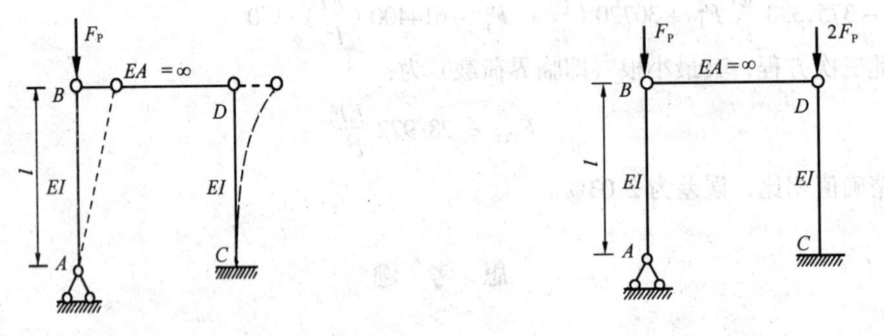

题 11-4 图　　　　题 11-5 图

11-6　将图示刚架的竖杆视为弹性支座上的压杆。试用静力法求其稳定方程，并计算临界荷载。设各杆 EI = 常数。

11-7　试用能量法求图示压杆的临界荷载。设取相应的等截面压杆失稳形式作为近似变形曲线。

11-8　试确定图示组合杆件的临界荷载。

11-9　试用矩阵位移法求图示结构的临界荷载。

11-10　试用矩阵位移法计算图示刚架的临界荷载。

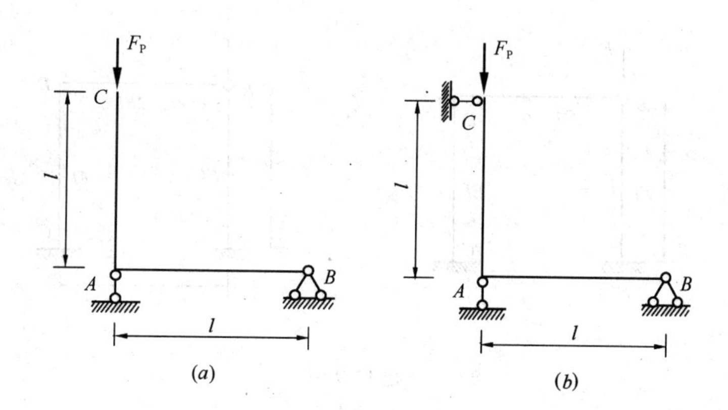

题 11-6 图

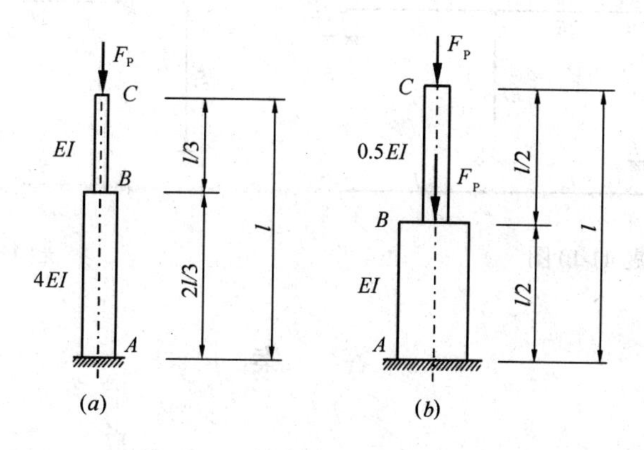

题 11-7 图

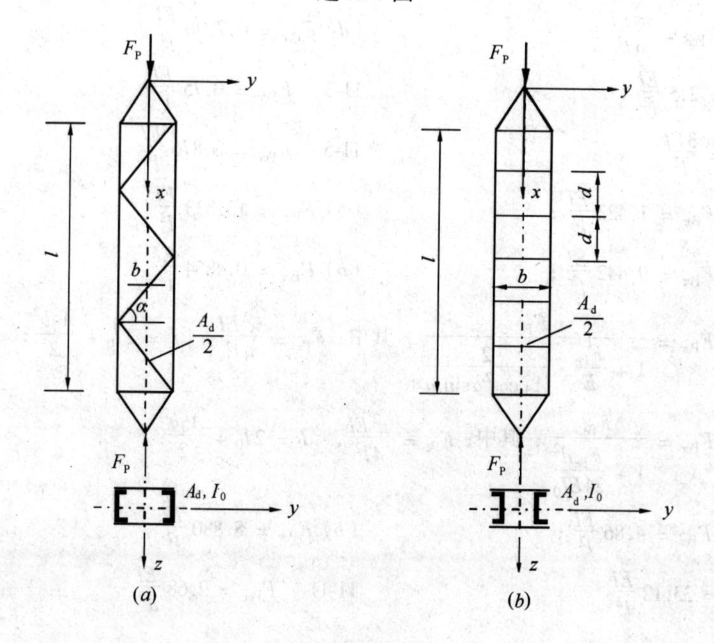

题 11-8 图

11-11 试用矩阵位移法计算图示刚架的临界荷载。

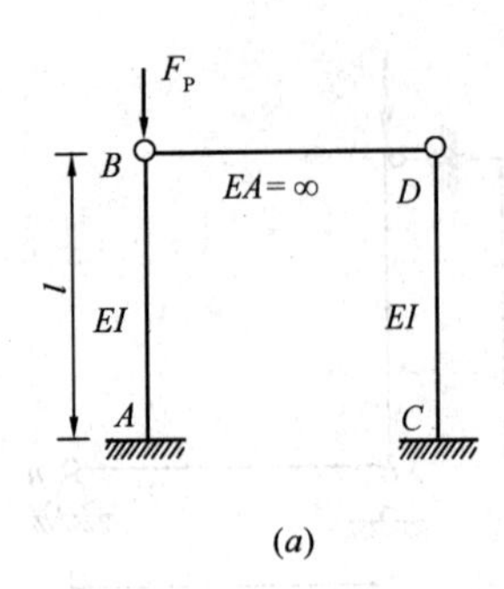

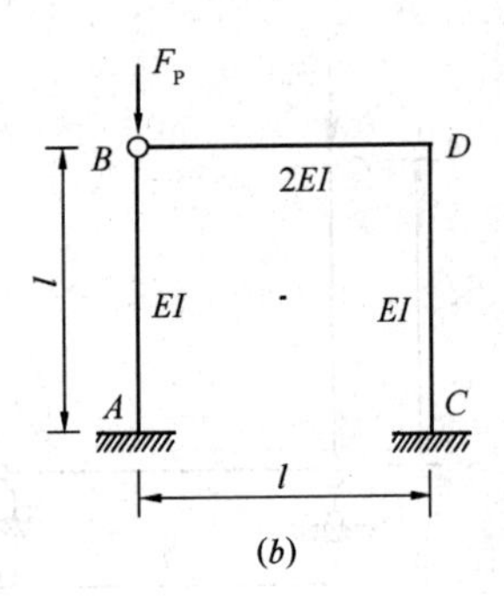

题 11-9 图

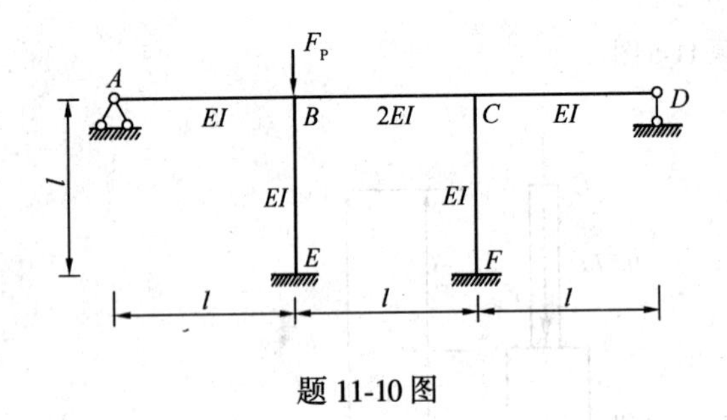

题 11-10 图

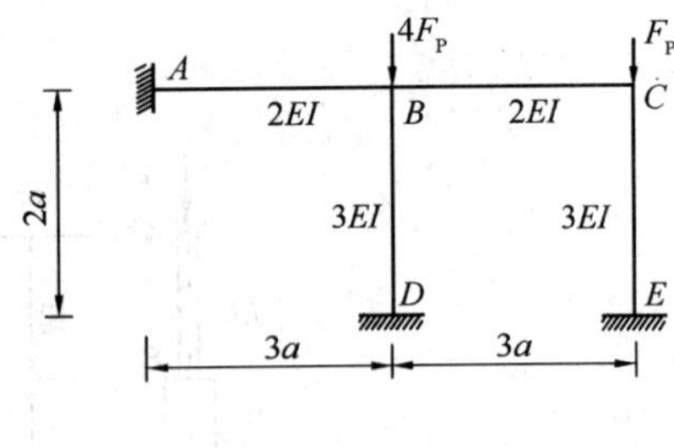

题 11-11 图

答　案

11-1　(a) $F_{Pcr} = kl$；　(b) $F_{Pcr} = 20.16\dfrac{EI}{l^2}$；

　(c) $F_{Pcr} = \dfrac{\pi^2 EI}{4l^2}$；　(d) $F_{Pcr} = 0.7396\dfrac{EI}{l^2}$

11-2　$F_{Pcr} = 2.5\dfrac{EI}{l^2}$　11-3　$F_{Pcr} = 0.75\dfrac{EI}{l^2}$

11-4　$F_{Pcr} = \dfrac{3EI}{l^2}$　11-5　$F_{Pcr} = 0.876\dfrac{EI}{l^2}$

11-6　(a) $F_{Pcr} = 1.422\dfrac{EI}{l^2}$；　(b) $F_{Pcr} = 13.833\dfrac{EI}{l^2}$

11-7　(a) $F_{Pcr} = 9.442\dfrac{EI}{l^2}$；　(b) $F_{Pcr} = 0.4854\dfrac{EI}{l^2}$

11-8　(a) $F_{Pcr} = \dfrac{F_{Pe}}{1 + \dfrac{F_{Pe}}{E}\cdot\dfrac{2}{A_d\cos^2\alpha\sin\alpha}}$，其中：$F_{Pe} = \dfrac{\pi^2 EI}{4l^2}$，　$I = 2I_0 + \dfrac{A_d b^2}{2}$；

　(b) $F_{Pcr} = \dfrac{F_{Pe}}{1 + \dfrac{F_{Pe}d^2}{24EI_0}}$，其中：$F_{Pe} = \dfrac{\pi^2 EI}{4l^2}$，　$I = 2I_0 + \dfrac{A_d b^2}{2}$

11-9　(a) $F_{Pcr} = 4.86\dfrac{EI}{l^2}$；　(b) $F_{Pcr} = 8.880\dfrac{EI}{l^2}$

11-10　$F_{Pcr} = 33.12\dfrac{EI}{l^2}$　11-11　$F_{Pcr} = 2.68\dfrac{EI}{a^2}$

第12章 结构动力学

12.1 概 述

一、动力荷载的概念

前面各章讨论了结构在静力荷载作用下的计算，本章将介绍动力荷载对结构的影响。

静力荷载是指缓慢地施加到结构上，不致使结构产生显著的冲击或振动，因而惯性力的影响可以略去不计的荷载。而动力荷载则是指其大小、方向和作用点随时间迅速变化，致使结构产生显著的加速度，因而必须考虑惯性力影响的荷载。

工程实际中，除了结构自重及一些永久荷载外，绝大多数荷载都是随时间变化的，因而或多或少地具有一定的动力作用。但是对那些随时间变化很慢，其动力作用比较小的荷载，为了简化计算，可以将它们看作静力荷载。而对那些随时间变化激烈、对结构产生的影响与静力荷载相比相差甚远的荷载，例如高大建筑上的风荷载、高速通过桥梁的列车、地震对建筑物的激振等，则应按动力荷载考虑。

作用在结构上的动力荷载，按其变化规律主要有以下几类：

(1) 周期荷载

周期荷载是指随时间按周期性变化的荷载。当荷载随时间按正弦函数或余弦函数规律变化（图 12-1）时称为简谐荷载，它是工程中最常见的周期荷载。例如结构上有旋转机件的设备时，因旋转部分质量具有偏心而产生的离心力，就是作用于结构的简谐荷载。

(2) 冲击、突加荷载

冲击荷载是指在很短的时间内骤然增大或减小的荷载，例如爆炸对建筑物的冲击以及落锤、打桩机工作时所产生的冲击等都是冲击荷载的例子。突加荷载是指在一瞬间施加并停留在结构上的荷载，例如往粮仓卸落的粮袋就是作用于粮仓地板上的突加荷载。

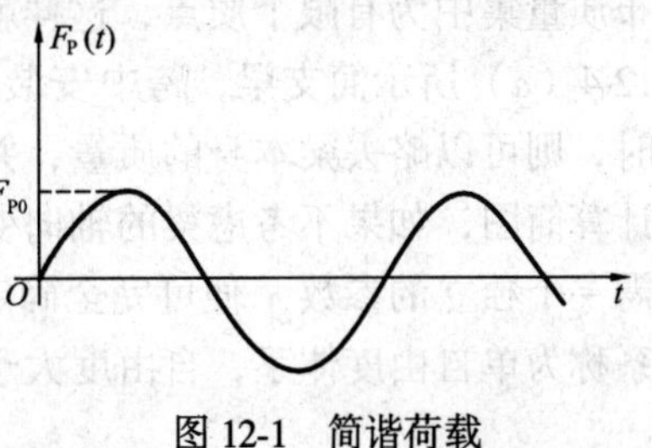

图 12-1 简谐荷载

(3) 随机荷载

凡是无法表达为确定的时间函数的荷载称为随机荷载。这种荷载任一时刻的数值事先无法知道，变化极不规则，例如脉动风压（图 12-2）和地震作用（图 12-3）均属于随机荷载。对随机荷载只能用概率和数理统计的方法，寻求其规律，作为动力计算的依据。

二、动力计算的特点和内容

与静力计算不同的是，在动力荷载作用下，结构的质量具有加速度，计算中必须考虑惯性力的作用。因此，是否考虑惯性力的影响是动力计算与静力计算的主要区别。

当结构受到某种外界干扰后发生振动，并在以后的振动过程中不再受外界干扰的作用，这种振动称为自由振动；若在以后的振动过程中还不断受到外界干扰力的作用，则称

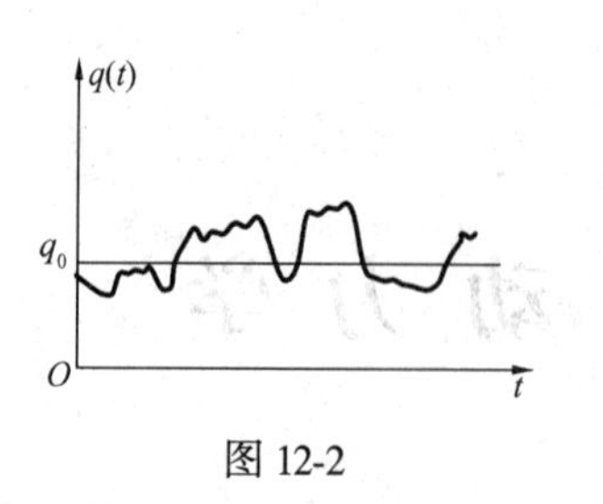

图 12-2

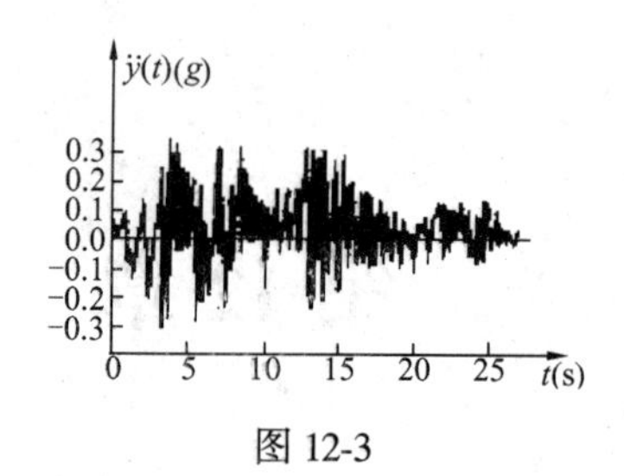

图 12-3

为强迫振动。结构在动力荷载作用下产生的位移和内力，称为动位移和动内力，它们既是位置的函数又是时间的函数。动位移、动内力统称为动力反应。结构动力计算的目的，就是要确定动力荷载作用下，结构的动力反应随时间而变化的规律，从而找出其最大值，以作为结构设计和验算的依据。因此，研究强迫振动就成为结构动力计算的一项根本任务。

由于结构的动力反应不仅与动力荷载的变化规律有关，而且与结构本身的动力特性密切相关。而研究自由振动可以得到结构的自振频率、振型和阻尼等反映结构本身动力特性的指标。因此，进行结构动力计算，需要分析结构的自由振动和动力荷载作用下的强迫振动两种情况，前者计算结构本身的动力特性，后者进一步计算结构的动力反应。

12.2 体系振动的自由度

根据牛顿第二定律，惯性力大小等于质量与加速度的乘积，方向与加速度的方向相反。在动力计算中，为了考虑惯性力的影响，就需要确定体系的质量在运动中的位置。我们把体系在振动过程中确定其全部质量位置所需要的独立参变数的数目称为该体系振动的自由度。

工程中的结构，其质量是连续分布的，严格说来都是无限自由度体系，但是在计算中这样考虑不仅困难，而且往往也不必要。实用中通常是略去次要因素而使问题简化，将分布质量集中为有限个质点，这样就将无限自由度体系简化为有限自由度问题。例如对于图12-4（a）所示简支梁，跨中安装一台机器，当梁本身的分布质量远小于机器的质量 m 时，则可以略去梁本身的质量，并将机器简化为一个质点，便得到如图12-4（b）所示的计算简图，如果不考虑梁的轴向变形和机器的转动惯性，则梁在小变形振动的情况下，仅需一个独立的参数 y 便可完全确定质点的位置。像图12-4（b）这种具有一个自由度的体系称为单自由度体系，自由度大于1的体系称为多自由度体系。

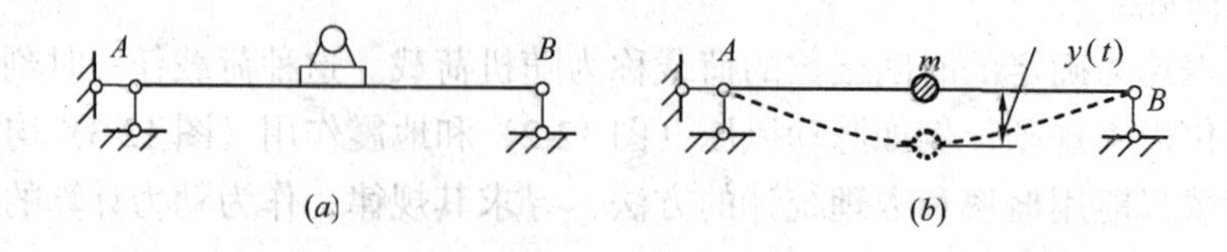

图 12-4

将实际结构简化为有限个自由度体系的方法很多，最常用的方法是集中质量法。此法是把体系的分布质量在一些适当的位置集中起来而化为若干集中质量，从而把无限自由度体系简化为有限自由度体系。质量集中位置宜选择在集中后质点振动时位移较大的地方，对于均质等截面直杆可根据结构实际情况，将杆件划分为若干段，并将各段的质量集中于该段的两端。集中质量的数目越多，计算结果越精确，但工作量就越大。例如图 12-5（a）所示的三层刚架，当只考虑结构在水平力作用下的横向振动时，则可将梁和柱的轴向变形略去不计，并假定梁和柱的质量分别集中在各自杆件的两端（即集中在节点上），于是可简化为图 12-5（b）所示的三个自由度的计算简图。又如图 12-6（a）所示分布质量集度为 $\overline{m}$ 的简支梁，计算时当需要将梁简化为一个、两个或三个自由度体系时，则可将质量按图 12-6（b）、（c）、（d）所示的方案集中，当计算需要考虑连续分布的质量时，可将其看作无穷多个 $\overline{m}\mathrm{d}x$ 的集中质量（图 12-6e），此时梁是无限自由度体系。

应当注意：(1) 体系振动的自由度，应根据确定质点位置所需的独立参变数的数目来判定，因为有时振动自由度数目与集中质量的个数并不相等。例如图 12-7（a）所示体系只有一个集中质量，在不考虑质点的转动惯性时，其位置需由两个独立参变数（水平位移和竖向位移）来确定，因而自由度为 2；而图 12-7（b）所示结构虽然有三个质点，但在绝对刚性的杆件上振动时，只要一个独立的参数（转角 α）便能确定各质点的位置，因此为单自由度体系。(2) 体系的自由度数与计算精度有关。如图 12-5（a）所示刚架，若考虑梁和立柱的轴向变形，则体系的自由度数将增加；又如图 12-7（a）所示体系，若考虑质点的转动惯性，则还要增加确定质点转动的独立参数。(3) 体系的自由度与结构是静定还是超静定无关。

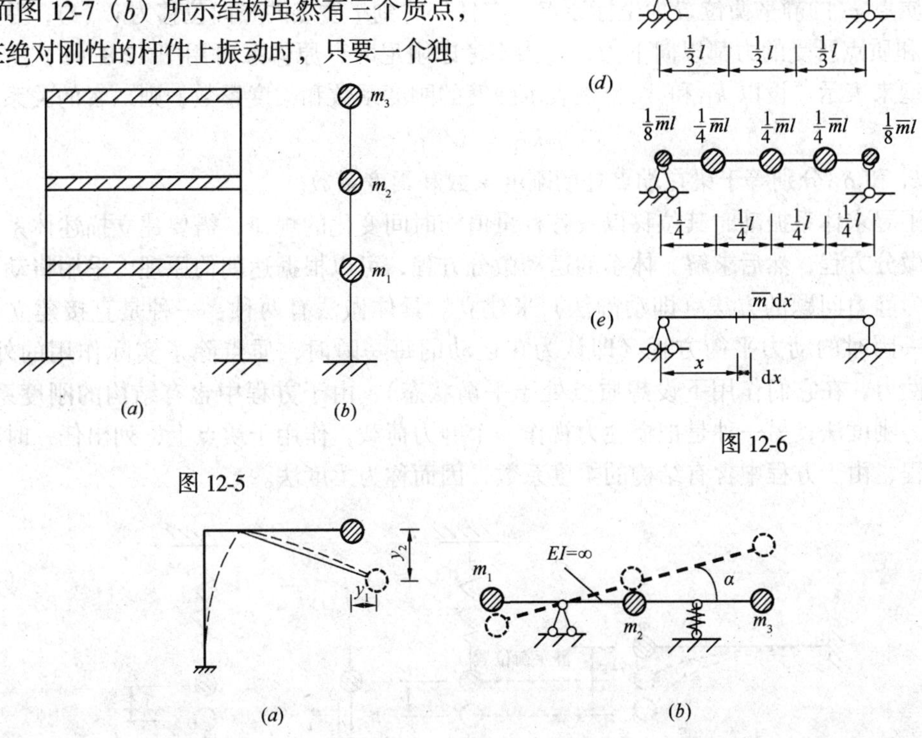

图 12-5

图 12-6

图 12-7

12.3 单自由度体系的自由振动

单自由度体系的动力分析是多自由度体系动力分析的基础，同时，工程中的许多动力问题常常可以简化为单自由度体系进行近似计算，因此单自由度体系在结构动力计算中占有重要的地位。按照单自由度体系在振动过程中是否受外部干扰力作用，可分为自由振动和强迫振动。本节讨论单自由度体系的自由振动。

12.3.1 不考虑阻尼时的自由振动

12.3.1.1 运动微分方程的建立

图 12-8（a）所示悬臂梁在自由端有一集中质量 m，梁本身的质量与 m 相比可忽略不计。未受到外界干扰时，梁在质量 m 的重力 W 作用下处于图 12-8（a）中间虚线所示的静力平衡位置。如果质点 m 在外界干扰下，离开了静力平衡位置，当干扰消失后，由于梁的弹性作用，质点 m 将沿竖直方向在静平衡位置附近作往返运动。这种在运动过程中不受干扰力作用，而只由初始位移或初始速度或者两者共同影响下产生的振动称为自由振动。以质点 m 的静平衡位置为坐标原点，在任一时刻 t 质点的竖向位移为 $y(t)$，并规定位移 y 和质点所受的力都以向下为正。当不考虑阻尼时，原体系可用图 12-8（b）所示的弹簧模型来表示。设以 k_{11} 和 δ_{11} 分别表示弹簧的刚度系数和柔度系数，则二者的关系为：

$$k_{11} = 1/\delta_{11} \tag{a}$$

显然，k_{11} 和 δ_{11} 分别等于梁在端点处的刚度系数和柔度系数。

为了寻求体系振动时其位移以及各种量值随时间变化的规律，需要建立描述体系质点运动的微分方程，然后求解。体系的运动微分方程，可以根据达朗伯原理，采用将动力问题转化为静力问题的方法（即动静法）来建立。具体做法有两种：一种是直接建立质点 m 在任一瞬时的动力平衡方程（即认为在运动的每一瞬时，质点除了实际作用的外力，还有惯性力，在它们作用下设想质点处于平衡状态），由于方程中含有结构的刚度系数，所以称为刚度法；另一种是把惯性力视作一个静力荷载，作用于质点上，列出任一时刻的位移方程，由于方程中含有结构的柔度系数，因而称为柔度法。

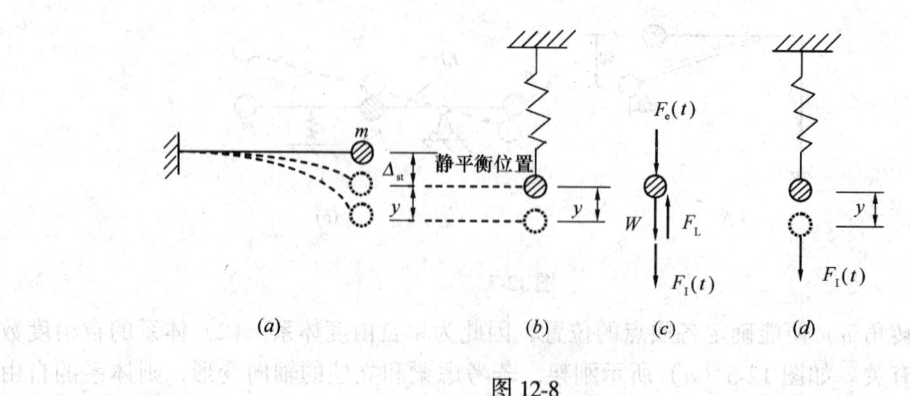

图 12-8

1. 刚度法

取质量 m 为隔离体，如图 12-8（c）所示。在任一时刻 t 作用于质点上的力有：

(1) 重力 W，方向恒指向下。

(2) 弹簧拉力 F_L 和 $F_e(t)$。其中 F_L 表示质点 m 位于静力平衡位置时的弹簧拉力，它与重力 W 大小相等方向相反；$F_e(t)$ 表示质点 m 离开静力平衡位置为 y 时的弹簧拉力，大小为 $F_e(t) = -k_{11}y$，方向恒与位移 y 的方向相反。由于 $F_e(t)$ 总是有将质点 m 拉回到静力平衡位置的趋势，故称为恢复力或弹性力。

(3) 惯性力 $F_I(t)$，它始终与质点的加速度 $\ddot{y}$ 的方向相反，大小为 $F_I(t) = -m\ddot{y}$。

根据达朗伯原理，质点 m 在重力 W、弹簧拉力 F_L 和 $F_e(t)$、惯性力 $F_I(t)$ 作用下处于动力平衡状态，于是有：

$$W - F_L + F_e(t) + F_I(t) = 0$$

将各值代入上式可得：

$$m\ddot{y} + k_{11}y = 0 \tag{12-1}$$

上式表明，若以静平衡位置作为坐标 y 的起点，则体系的运动微分方程与质点的重力无关，这一结论对其他体系的振动（包括强迫振动）同样适用。

2. 柔度法

当体系的刚度系数不便于计算时，可改用柔度系数建立结构的运动方程。此时把惯性力 $F_I = -m\ddot{y}$ 看作静力荷载，认为在 F_I 作用下，质点 m 的位移为 y（图 12-8d），于是可有：

$$y = \delta_{11}F_I = -\delta_{11}m\ddot{y} \tag{b}$$

式（b）表明质点在运动过程中任一时刻的位移，等于此时惯性力作用下的静位移。

利用式（a）的关系，式（b）又可写为：

$$m\ddot{y} + k_{11}y = 0$$

可见两种方法所得的运动微分方程是相同的。

式（12-1）即为单自由度体系不考虑阻尼时自由振动的微分方程。

12.3.1.2 自由振动微分方程的解

方程（12-1）可改写为：

$$\ddot{y} + \omega^2 y = 0 \tag{12-2}$$

式中

$$\omega = \sqrt{\frac{k_{11}}{m}} \tag{12-3}$$

式（12-2）是一个二阶常系数线性齐次微分方程，其通解的形式为：

$$y(t) = C_1\cos\omega t + C_2\sin\omega t \tag{c}$$

取 $y(t)$ 对时间 t 的一阶导数，则得质点在任一时刻的速度

$$v(t) = \dot{y}(t) = -\omega C_1\sin\omega t + \omega C_2\cos\omega t \tag{d}$$

以上两式中 C_1 和 C_2 为积分常数，可以由初始条件来确定。设在初始时刻 $t = 0$ 时，质点 m 有初位移 $y(0) = y_0$ 和初速度 $v(0) = \dot{y}(0) = v_0$，则由式（c）和式（d）可得

$$C_1 = y_0 \qquad C_2 = \frac{v_0}{\omega}$$

于是，式（c）可写为：

$$y(t) = y_0\cos\omega t + \frac{v_0}{\omega}\sin\omega t \tag{12-4}$$

可见，自由振动时质点的动位移由两部分组成：一部分是由初位移 y_0 引起的，并以 y_0 为幅值按余弦规律变化；另一部分是由初速度 v_0 引起的，并以 $\frac{v_0}{\omega}$ 为幅值按正弦规律变化，两者之间的相位差为 $\frac{\pi}{2}$。

利用三角函数公式，式（12-4）可改写为：

$$y(t) = A\sin(\omega t + \varphi) \tag{12-5}$$

式中

$$\left.\begin{aligned} A &= \sqrt{y_0^2 + \left(\frac{v_0}{\omega}\right)^2} \\ \varphi &= \tan^{-1}\frac{y_0\omega}{v_0} \end{aligned}\right\} \tag{12-6}$$

其中 A 表示质点 m 的最大动位移，称为振幅；φ 为初相角。

式（12-5）表明无阻尼自由振动是一种周期性的简谐振动。将式（12-5）对 t 求二阶导数可得：

$$\ddot{y}(t) = -A\omega^2\sin(\omega t + \varphi)$$

据此可知惯性力为：

$$F_{\mathrm{I}}(t) = -m\ddot{y}(t) = mA\omega^2\sin(\omega t + \varphi) = k_{11}y(t) \text{ 或 } \delta_{11}F_{\mathrm{I}}(t) = y(t)$$

由以上各式可见在无阻尼自由振动中，位移 $y(t)$、加速度 $\ddot{y}(t)$ 和惯性力 $F_{\mathrm{I}}(t)$ 都是按正弦规律变化且相位角相同的同步运动，它们将同时达到各自的最大值（即幅值），因此体系在任意瞬时的位移就等于惯性力所产生的静力位移。

12.3.1.3 体系的自振周期和自振频率

由式（12-5）可知，质点 m 完成一周简谐运动所需的时间为：

$$T = \frac{2\pi}{\omega} \tag{12-7}$$

即若给时间 t 一个增量 T，则位移 y 和速度 $\dot{y}$ 的数值都不变，故 T 称为自振周期，T 的常用单位为 s。

自振周期的倒数称为工程频率，用 f 表示，即

$$f = \frac{1}{T} = \frac{\omega}{2\pi} \tag{12-8}$$

它表示体系在每秒钟内振动的次数，其单位为 s^{-1} 或赫兹（Hz）。

由式（12-8）、式（12-3）可得 ω 的计算公式为：

$$\omega = 2\pi f = \frac{2\pi}{T} \tag{12-9}$$

$$\omega = \sqrt{\frac{k_{11}}{m}} = \sqrt{\frac{1}{m\delta_{11}}} = \sqrt{\frac{g}{W\delta_{11}}} = \sqrt{\frac{g}{\Delta_{\mathrm{st}}}} \tag{12-10}$$

式中，$W = mg$ 为质点的重力；Δ_{st} 表示质点在 W 作用下沿质点运动方向产生的静位移。

可以看出，ω 就是体系在 2π 秒内振动的次数，称为体系自由振动的圆频率，简称为自振频率或频率，其单位为 rad/s。

自振周期和自振频率是结构动力特性的重要数量标志。由 T 和 ω 计算式可以看出：

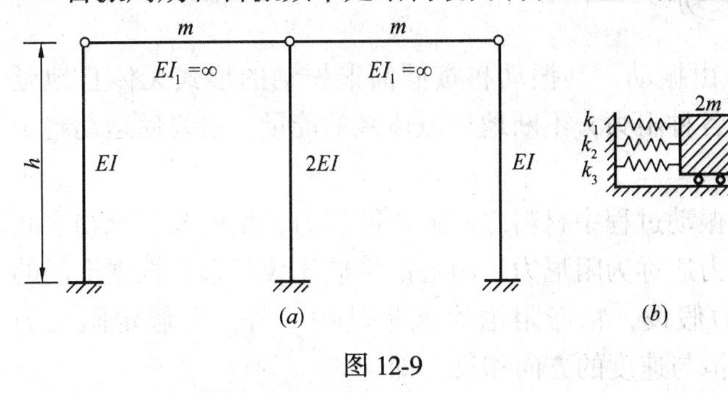

图 12-9

（1）T 和 ω 仅取决于体系本身的质量和刚度，是体系本身所固有的属性，与外界的干扰因素无关。

（2）随着体系刚度的增大或者质量的减小，ω 在增大而 T 在减小。因而在结构设计时可以利用这一特点控制自振频率（或周期），以达到减振的目的。

【例 12-1】 试求图 12-9（a）所示排架的自振频率。设两横梁刚度 $EI_1=\infty$，质量都为 m，各柱质量忽略不计。

【解】 横梁刚度无限大，故各柱顶侧移相同。振动时横梁所受的惯性力等于各柱恢复力之和，因此可将两横梁质量（$2m$）视为在三个并联弹簧作用下的振动，振动模型如图 12-9（b）所示。

各柱侧移刚度：边柱 $k_1=k_3=\dfrac{3EI}{h^3}$，中柱 $k_2=\dfrac{6EI}{h^3}$。三弹簧并联后刚度系数为：

$$k=k_1+k_2+k_3=\frac{12EI}{h^3}$$

由式（12-10）可得

$$\omega=\sqrt{\frac{k}{2m}}=\sqrt{\frac{6EI}{mh^3}}$$

【例 12-2】 试求图 12-10（a）所示体系的自振频率，杆件轴向变形忽略不计。

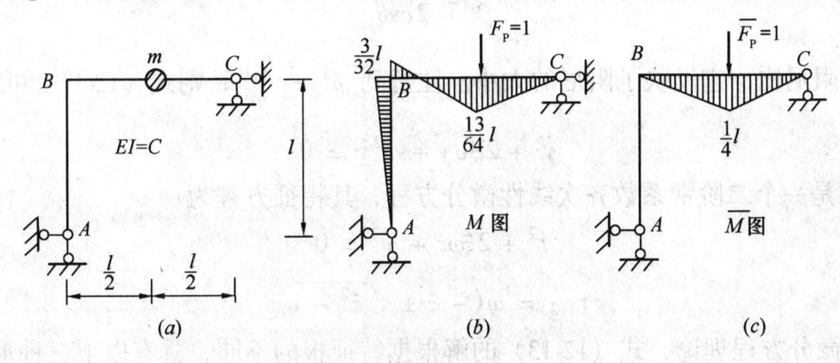

图 12-10

【解】 质点 m 只有竖向位移，该体系是单自由度体系。刚架为一次超静定结构，为求质点 m 在单位力作用下的竖向位移 δ_{11}，需先用力法求出 M 图（图 12-10b），再选图 12-10（c）所示的虚力状态，绘出 $\overline{M}$ 图，由图乘法求得 $\delta_{11}=\dfrac{23l^3}{1536EI}$。于是由式（12-10）可得

$$\omega = \sqrt{\frac{1}{m\delta_{11}}} = \sqrt{\frac{1536EI}{23ml^3}} = 16\sqrt{\frac{6EI}{23ml^3}}$$

12.3.2 考虑阻尼时的自由振动

以上讨论了体系没有阻力时的自由振动，其振动将按照简谐振动的形式无休止地延续。但是实际结构的振动总是存在着各种阻力，不断地耗散体系的能量，最终使运动趋于停止，这种物理现象称为阻尼作用。

振动中的阻力有多种来源，例如振动过程中材料之间的内摩擦力，结构与支承物之间的摩擦力，周围介质的阻力等，这些力通称为阻尼力。阻尼的性质比较复杂，根据不同的阻尼因素，目前有几种不同的阻尼力假设，粘滞阻尼力就是其中一种，它假定阻尼力 $F_R(t)$ 与质点运动的速度成正比，但恒与速度的方向相反，即

$$F_R(t) = -c\dot{y}$$

式中，c 称为粘滞阻尼系数。由于按粘滞阻尼力建立的运动微分方程仍为线性的，有利于振动问题的解算，而且其他种类的阻尼力也可化为等效粘滞阻尼力来分析，因而应用较为广泛。

仍以图 12-8（a）所示体系为例，坐标原点以质点 m 的静平衡位置为起点，当考虑阻尼力时，任一时刻 t 作用于质点 m 上的力有：恢复力 $F_e(t) = -k_{11}y$，惯性力 $F_I(t) = -m\ddot{y}$ 和阻尼力 $F_R(t) = -c\dot{y}$，如图 12-11 所示。于是，可列出动力平衡方程：

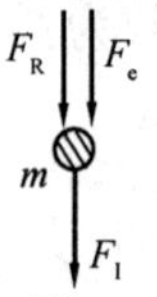

F_R F_e m F_I

图 12-11

$$F_I + F_R + F_e = 0 \tag{a}$$

将各值代入上式可得：

$$m\ddot{y} + c\dot{y} + k_{11}y = 0 \tag{12-11}$$

令

$$\xi = \frac{c}{2m\omega} \tag{12-12}$$

式中 ξ 称为阻尼比，它反映了阻尼的大小。注意到 $\omega^2 = \dfrac{k_{11}}{m}$，则式（12-11）可写为：

$$\ddot{y} + 2\xi\omega\dot{y} + \omega^2 y = 0 \tag{12-13}$$

式（12-13）是一个二阶常系数齐次线性微分方程，其特征方程为：

$$r^2 + 2\xi\omega r + \omega^2 = 0 \tag{b}$$

特征根为：

$$r_{1,2} = \omega(-\xi \pm \sqrt{\xi^2 - 1}) \tag{c}$$

按照常微分方程理论，式（12-13）的解根据特征根的不同，具有以下三种形式：

1. $\xi < 1$，即小阻尼情况　　此时特征根 r_1、r_2 是两个复数。式（12-13）的通解为：

$$y(t) = e^{-\xi\omega t}(C_1\cos\omega' t + C_2\sin\omega' t) \tag{d}$$

式中

$$\omega' = \omega\sqrt{1 - \xi^2} \tag{12-14}$$

为有阻尼自振频率。式（d）中的积分常数 C_1 和 C_2 仍可由初始条件确定。设 $t = 0$ 时，$y(0) = y_0$，$\dot{y}(0) = v_0$，由此求得 $C_1 = y_0, C_2 = (v_0 + \xi\omega y_0)/\omega'$。于是式（$d$）可写为：

$$y(t) = e^{-\xi\omega t}\left(y_0\cos\omega' t + \frac{v_0 + \xi\omega y_0}{\omega'}\sin\omega' t\right) \tag{12-15}$$

式（12-15）也可表达为：

$$y(t) = e^{-\xi\omega t}A\sin(\omega' t + \varphi) \tag{12-16}$$

其中常数

$$\left.\begin{aligned} A &= \sqrt{y_0^2 + \left(\frac{v_0 + \xi\omega y_0}{\omega'}\right)^2} \\ \varphi &= \tan^{-1}\frac{y_0\omega'}{v_0 + \xi\omega y_0} \end{aligned}\right\} \tag{12-17}$$

由式（12-16）可以作出有阻尼自由振动的 $y - t$ 曲线，是一条逐渐衰减的波动曲线（图12-12）。

从上述分析可知，小阻尼自由振动具有以下特点：

（1）体系的运动含有简谐振动的因子，其频率 ω' 或质点两次通过平衡位置的时间间隔 $T' = \frac{2\pi}{\omega'}$ 仍为常数，但振幅按 $e^{-\xi\omega t}$ 的规律减小。阻尼比愈大，振幅的衰减愈快。严格地讲，此时运动已没有周期性，习惯上称为衰减振动。

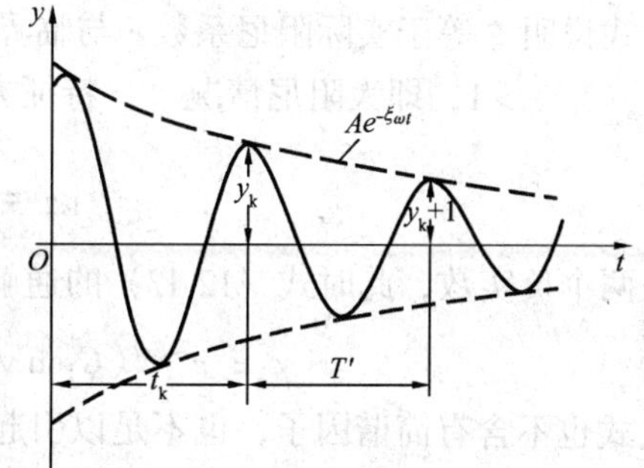

图 12-12

（2）通常阻尼比 ξ 很小，约在 0.01 ~ 0.1 之间。由式（12-14）可知，ω' 与 ω 十分接近，计算时可近似取

$$\omega' \approx \omega, T' \approx T$$

（3）若在某时刻 t_k 的振幅为 y_k，经过一个时间间隔 T' 后的振幅为 y_{k+1}，则有：

$$\frac{y_k}{y_{k+1}} = \frac{Ae^{-\xi\omega t_k}}{Ae^{-\xi\omega(t_k + T')}} = e^{\xi\omega T'}$$

可见振幅是按等比数列规律递减的。将上式等号两边取对数，有：

$$\ln\frac{y_k}{y_{k+1}} = \xi\omega T' = \xi\omega\frac{2\pi}{\omega'} \approx 2\pi\xi$$

这里，$\ln\frac{y_k}{y_{k+1}}$ 称为振幅的对数递减率。在经过 n 次波动后有：

$$\ln\frac{y_k}{y_{k+n}} \approx 2n\pi\xi \tag{12-18}$$

于是，阻尼比 ξ 可表达为：

$$\xi \approx \frac{1}{2n\pi}\ln\frac{y_k}{y_{k+n}} \tag{12-19}$$

这样，只要从试验中测得振幅 y_k 和 y_{k+n}，即可按式（12-19）确定阻尼比 ξ。对各种材料的结构，通过大量实测得到其阻尼比如下：钢筋混凝土和砌体结构 $\xi = 0.04 \sim 0.05$；钢结构 $\xi = 0.02 \sim 0.03$；拱坝 $\xi = 0.03 \sim 0.05$；重力坝 $\xi = 0.05 \sim 0.1$；土坝、堆石坝 $\xi = 0.1 \sim 0.2$。

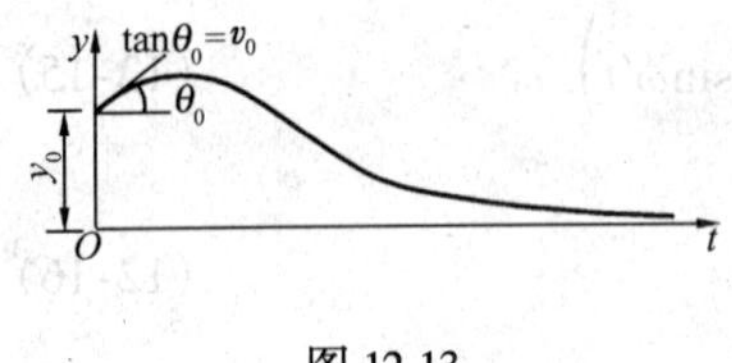

图 12-13

2. $\xi=1$，即临界阻尼　此时特征根是一对重根，即 $r_{1,2}=-\omega$，方程（12-13）的通解为

$$y=(C_1+C_2t)e^{-\omega t}$$

其相应的 $y-t$ 曲线如图 12-13 所示。可见，此时体系的运动已不具有振动性质。$\xi=1$ 时的阻尼系数称为临界阻尼系数，记为 c_{cr}。由式（12-12）可得：

$$c_{cr}=2m\omega=2\sqrt{mk_{11}} \tag{12-20}$$

可见临界阻尼系数与体系的质量和刚度系数乘积的平方根成正比。此时阻尼比可表达为：

$$\xi=\frac{c}{c_{cr}} \tag{12-21}$$

上式说明 ξ 等于实际阻尼系数 c 与临界阻尼系数 c_{cr} 之比，故称为阻尼比。

3. $\xi>1$，即大阻尼情况　　特征方程的两个根：

$$r_{1,2}=-\omega\xi\pm\omega\sqrt{\xi^2-1}$$

是两个负实数，此时式（12-13）的通解为：

$$y=e^{-\xi\omega t}(C_1\mathrm{sh}\sqrt{\xi^2-1}\,\omega t+C_2\mathrm{ch}\sqrt{\xi^2-1}\,\omega t) \tag{12-22}$$

上式也不含有简谐因子，也不足以引起体系的振动。当 $y_0>0$ 且 $v_0>0$ 时，其 $y-t$ 曲线仍然与图 12-13 大体相似。

【例 12-3】　如图 12-14 所示刚架，横梁刚度无限大，质量 $m=5000\text{kg}$。为测得结构的阻尼系数，先使横梁产生 25mm 的水平位移，然后突然放开，使刚架自由振动。测得周期 $T'=0.22\text{s}$ 及 5 个周期后横梁的幅值为 7.12mm。试计算该刚架的阻尼系数。

【解】　该刚架为单自由度体系，将 $y_k=y_0=25\text{mm}$ 及 $y_{k+5}=7.12\text{mm}$ 代入式（12-19）得：

$$\xi=\frac{1}{2\times5\pi}\ln\frac{25}{7.12}=0.04$$

因阻尼对周期的影响很小，可近似取 $T=T'=0.22\text{s}$，于是 $\omega=\dfrac{2\pi}{T}=28.56/\text{s}$。

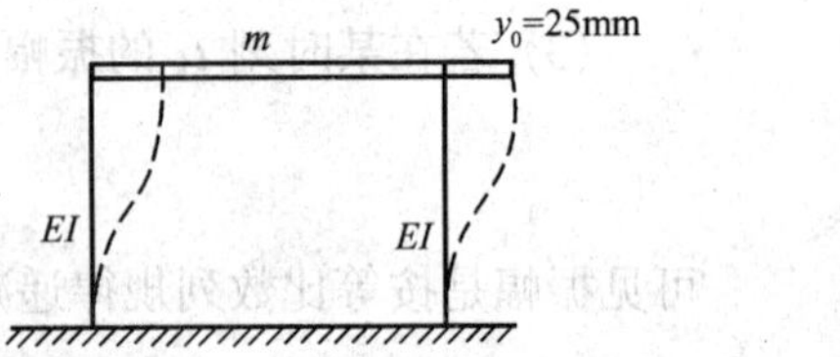

图 12-14

再将 m、ω、ξ 之值代入式（12-12）得：

$$c=2\xi m\omega=2\times0.04\times5000\times28.56=11424\text{kg/s}$$

12.4　单自由度体系的强迫振动

强迫振动又称为受迫振动，它是结构不断受到外部干扰力 $F_P(t)$ 作用下的振动。本节先讨论无阻尼强迫振动，然后再分析阻尼对强迫振动的影响。

12.4.1　无阻尼强迫振动

对图 12-8（b）所示单自由度体系的振动模型，若考虑有干扰力 $F_P(t)$ 作用的情况，则质点受力将如图12-15(a)所示。取质点 m 为隔离体(图12-15b),在不计阻尼条件下,由惯性力 $F_I(t)=-m\ddot{y}$、恢复力 $F_e(t)=-k_{11}y$ 和干扰力 $F_P(t)$之间的动力平衡条件可得:

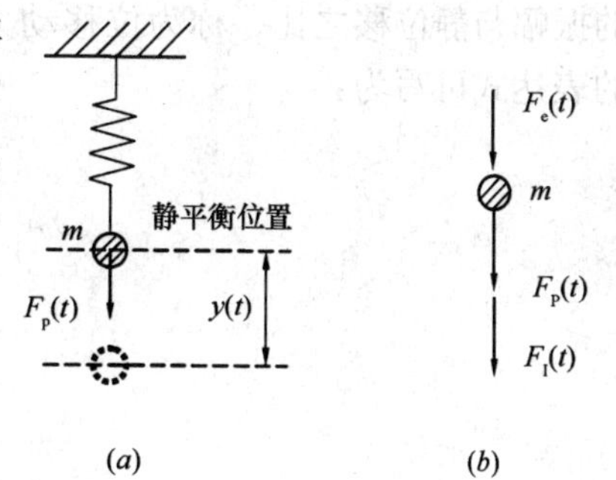

图12-15

$$m\ddot{y}+k_{11}y=F_P(t) \tag{12-23}$$

或

$$\ddot{y}+\omega^2 y=\frac{F_P(t)}{m} \tag{12-24}$$

式(12-24)是一个二阶常系数非齐次线性微分方程,它的解由两部分组成:一部分为相应齐次方程的通解,即式(12-5);另一部分则是与干扰力 $F_P(t)$相应的特解,它将随干扰力的不同而改变。下面分别对简谐荷载和一般动力荷载作用下结构的动力反应进行讨论。

12.4.1.1 简谐荷载

简谐荷载是一种常见的动力荷载,其表达式可写为:

$$F_P(t)=F_P\sin\theta t \tag{a}$$

其中 θ 为简谐荷载的圆频率,F_P 为荷载的最大值,称为干扰力幅值。将式(a)代入式(12-24),得运动方程为:

$$\ddot{y}+\omega^2 y=\frac{F_P}{m}\sin\theta t \tag{12-25}$$

设方程(12-25)的特解为:

$$y(t)=B\sin\theta t \tag{b}$$

代入式(12-25),并消去 $\sin\theta t$ 后得:

$$B=\frac{F_P}{m(\omega^2-\theta^2)} \tag{c}$$

故特解为:

$$y(t)=\frac{F_P}{m(\omega^2-\theta^2)}\sin\theta t \tag{12-26}$$

将齐次解式(12-5)和上式合并到一起,可得方程(12-25)的通解为:

$$y(t)=A\sin(\omega t+\varphi)+\frac{F_P}{m(\omega^2-\theta^2)}\sin\theta t \tag{12-27}$$

式(12-27)中的第一项是频率为 ω 的自由振动,它是伴随干扰力的作用而产生的,称为伴生自由振动。第二项则是由干扰力所引起的振动,称为纯强迫振动,这一振动的振幅和频率都是恒定的,因而又称为稳态强迫振动。由于振动过程中不可避免的存在阻尼力,自由振动将迅速衰减,最后只剩下纯强迫振动。

下面讨论纯强迫振动的性质。将式(12-26)改写为:

$$y(t)=\frac{F_P}{m(\omega^2-\theta^2)}\sin\theta t=\frac{1}{1-\dfrac{\theta^2}{\omega^2}}\cdot\frac{F_P}{m\omega^2}\sin\theta t=\mu y_{st}\sin\theta t \tag{12-28}$$

式中 y_{st} 为将动力荷载幅值 F_P 作为静力荷载作用于体系时所引起的静位移;μ 为强迫振动

的振幅与静位移之比，称为位移动力系数，它是描述强迫振动的一个重要指标。y_{st} 和 μ 的表达式可写为：

$$y_{st} = F_P\delta_{11} = \frac{F_P}{k_{11}} = \frac{F_P}{m\omega^2} \tag{12-29}$$

$$\mu = \frac{B}{y_{st}} = \frac{1}{1 - \dfrac{\theta^2}{\omega^2}} \tag{12-30}$$

式（12-28）表明在简谐荷载作用下，动力位移的幅值 B 等于静位移 y_{st} 乘上动力系数 μ。若将式（b）代入惯性力公式可得：

$$F_I(t) = -m\ddot{y} = m\theta^2 B\sin\theta t = F_I\sin\theta t \tag{d}$$

式中 $F_I = m\theta^2 B$ 为惯性力的幅值。比较式（a）与式（d）可知，惯性力与动力荷载同时增大，同时减小，同时达到幅值，即同步变化。

由式（12-30）可知，动力系数 μ 与比值 $\dfrac{\theta}{\omega}$ 有关，若以 $\dfrac{\theta}{\omega}$ 为横坐标，以 μ 的绝对值为纵坐标，可绘出两者之间的函数图形如图 12-16 所示，根据图形可以得出结构在简谐荷载作用下无阻尼稳态强迫振动的如下规律：

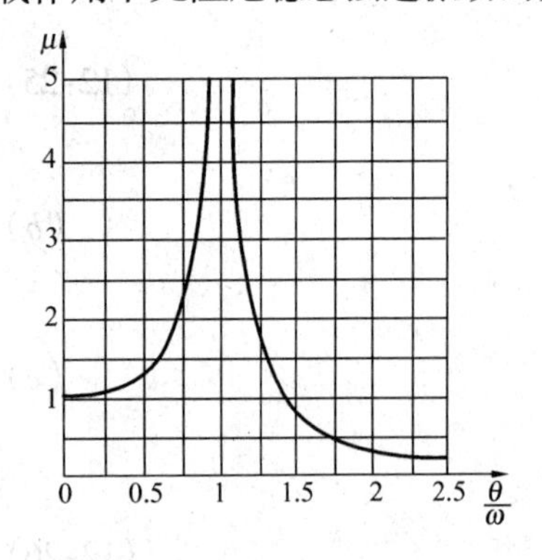

图 12-16

（1）$\theta/\omega \to 0$ 时，$\mu \to 1, B = y_{st}$，这说明当简谐荷载的频率与结构的自振频率相比很小时，可以当作静力荷载来处理。

（2）$\theta/\omega \to 1$ 时，$|\mu| \to \infty$，即振幅将趋于无穷大，这种现象称为共振。实际结构由于阻尼的存在，振幅不可能趋于无穷大，但它仍将远大于静位移，因此在工程设计中应避免共振现象的发生。

（3）当 $0 < \theta/\omega < 1$ 时，$\mu > 1$，μ 将随 θ/ω 的增大而增大。

（4）当 $\theta/\omega > 1$ 时，μ 为负值，$|\mu|$ 将随 θ/ω 的增大而减小。

值得指出，单自由度体系当动力荷载作用于质点 m 上，即当动力荷载与惯性力作用点相同时，体系各处的动位移以及动内力按同一规律变化，均可以看作是由质点位移所引起的，因此都具有相同的动力系数。否则，动力系数就会不同。

【例 12-4】 图 12-17 所示简支钢梁跨度 $l = 4$m，横截面惯性矩 $I = 4570\text{cm}^4$，抗弯截面系数 $W = 381\text{cm}^3$，弹性模量 $E = 2.1 \times 10^5$MPa。梁的跨中安装有一台电动机，重力 $G = 35$kN，转速 $n = 580$r/min。由于电动机转子的偏心产生的离心力 $F_P = 10$kN。忽略梁本身的质量和阻尼的影响，试验算电动机运行时梁的强度和变形。已知梁的容许应力 $[\sigma] = 200$MPa，容许挠度 $[\Delta] = \dfrac{l}{500}$。

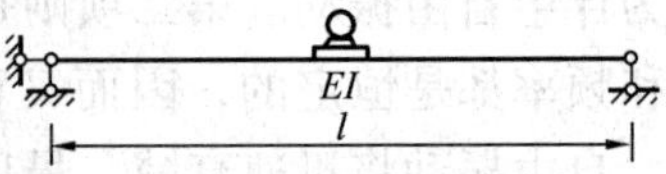

EI
l

图 12-17

【解】 简支梁的自振圆频率　　由式（12-10）可有

$$\omega = \sqrt{\frac{g}{G\delta_{11}}} = \sqrt{\frac{48EIg}{Gl^3}} = \sqrt{\frac{48 \times 2.1 \times 10^4 \times 4570 \times 980}{35 \times 400^3}} = 44.89\text{s}^{-1}$$

简谐荷载的圆频率为：

$$\theta = \frac{2\pi n}{60} = 2 \times 3.14 \times \frac{580}{60} = 60.73\text{s}^{-1}$$

由式（12-30）得动力系数

$$\mu = \frac{1}{1 - \frac{\theta^2}{\omega^2}} = \frac{1}{1 - \left(\frac{60.73}{44.89}\right)^2} = -1.20$$

取绝对值 $\mu = 1.20$。梁的内力、挠度由静力荷载和动力荷载共同引起，此时梁跨中点下缘有最大拉应力

$$\sigma = \frac{(G + \mu F_P)l}{4W} = \frac{(35 + 1.2 \times 10) \times 400}{4 \times 381} = 123.36\text{MPa} < [\sigma] = 200\text{MPa}$$

梁跨中最大挠度

$$\Delta = \frac{(G + \mu F_P)l^3}{48EI} = \frac{(35 + 1.2 \times 10) \times 400^3}{48 \times 2.1 \times 10^4 \times 4570} = 0.65\text{cm} < [\Delta] = \frac{400}{500} = 0.8\text{cm}$$

计算表明该梁具有足够的强度和刚度。

12.4.1.2 一般动力荷载

一般动力荷载 $F_P(t)$ 作用下强迫振动的计算公式，可利用瞬时冲量的动力反应推导出。

由理论力学知，冲量等于力与时间的乘积，它是用来表示力的作用效果。而瞬时冲量，则是荷载 $F_P(t)$ 在极短的时间内施加给振动物体的冲量。例如图 12-18（a）所示荷载，大小为 F_P，作用于质点 m，在极短的时间 dt 后消失，则其对质点 m 的冲量为 $ds = F_P dt$，如图中阴影部分面积。设体系原来处于静止状态，从 $t = 0$ 开始质点 m 在瞬时冲量作用下获得初速度 v_0，由此引起的振动可看作是初位移 $y_0 = 0$，初速度为 v_0 的自由振动。根据动量定律，质点 m 在时间 dt 内动量的变化等于施加于质点的冲量，即

$$mv_0 = F_P dt$$

由此可得

$$v_0 = \frac{F_P dt}{m}$$

将上式和 $y_0 = 0$ 代入式（12-4）可得质点 m 在任一时刻的位移（图 12-18c），其表达式为：

$$y(t) = \frac{F_P dt}{m\omega}\sin\omega t = \frac{ds}{m\omega}\sin\omega t \tag{e}$$

若在 $t = \tau(\tau > 0)$ 时作用一瞬时冲量 $ds = F_P \cdot d\tau$（图 12-18b），则在以后任一时刻 $t(t > \tau)$ 的位移（图 12-18d）为：

$$y(t) = \frac{F_P d\tau}{m\omega}\sin\omega(t - \tau) = \frac{ds}{m\omega}\sin\omega(t - \tau) \tag{f}$$

对于一般动力荷载（图 12-18e），$F_P(t)$ 随时间而变化，若将 $F_P(t)$ 的整个作用时间分成无数微小的时间间隔 dt，将每个 dt 时间内的 $F_P(t)$ 值当作常量，于是在时刻 τ 时 $d\tau$ 时间内的瞬时冲量为 $ds = F_P(\tau)d\tau$，该瞬时冲量所产生的任一时刻 t 的位移由式(f)可知为：

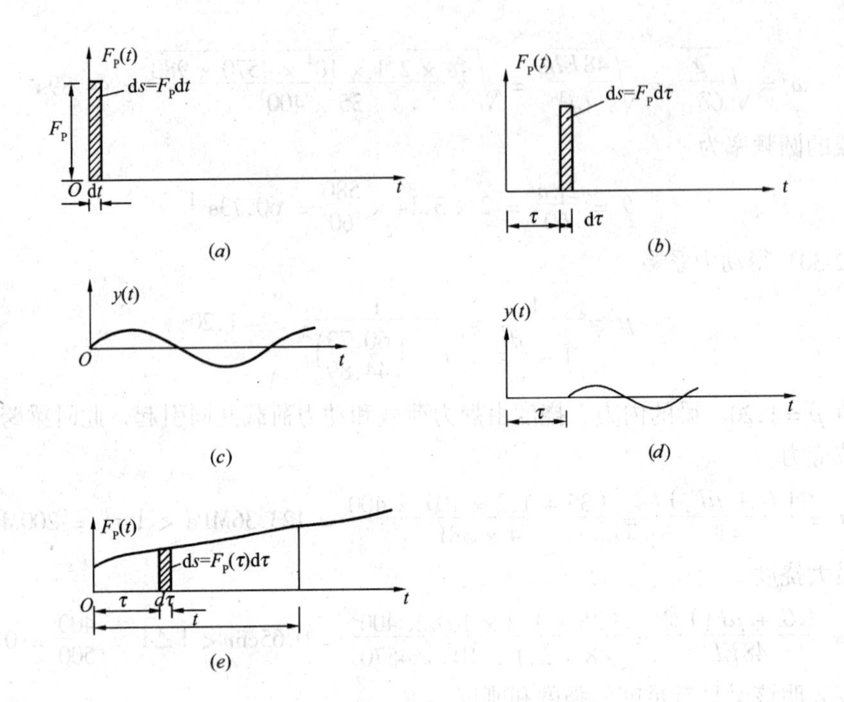

图 12-18

$$dy(t) = \frac{F_P(\tau)}{m\omega}\sin\omega(t-\tau)d\tau \tag{g}$$

根据线性微分方程的特性，可以运用叠加原理，这样整个加载过程可视作一系列连续瞬时冲量的总和，因此质点 m 在任一时刻 t 的总位移也就是将上式积分，即

$$y(t) = \frac{1}{m\omega}\int_0^t F_P(\tau)\sin\omega(t-\tau)d\tau \tag{12-31}$$

式（12-31）称为杜哈梅（Duhamel）积分。它是初始处于静止状态的单自由度体系在一般动力荷载 $F_P(t)$ 作用下的位移计算公式，因而也是方程（12-24）的特解。当初位移 y_0 和初速度 v_0 不为零时，则总位移为：

$$y(t) = y_0\cos\omega t + \frac{v_0}{\omega}\sin\omega t + \frac{1}{m\omega}\int_0^t F_P(\tau)\sin\omega(t-\tau)d\tau \tag{12-32}$$

这就是方程（12-24）的通解。

下面应用杜哈梅积分讨论几种常见动力荷载的动力反应。

(1) 突加荷载　突加荷载是指突然施加于结构且其值保持不变的荷载，如图 12-19 (a) 所示。若 $t=0$ 时体系处于静止状态，则将 $F_P(t) = F_{P0}$ 代入式（12-31）可得

$$y(t) = \frac{1}{m\omega}\int_0^t F_{P0}\sin\omega(t-\tau)d\tau = \frac{F_{P0}}{m\omega^2}(1-\cos\omega t) = y_{st}(1-\cos\omega t) \tag{12-33}$$

式中 $y_{st} = F_{P0}\delta_{11} = \dfrac{F_{P0}}{m\omega^2}$ 为常量荷载 F_{P0} 作用下的静位移。式（12-33）的位移曲线如图 12-19 (b)所示，由式（12-33）可知，$y_{max} = 2y_{st}$，即突加荷载所引起的最大动力位移是静位移的 2 倍。

(2) 短时荷载　短时荷载是指在短时间内停留于结构上的荷载，如图 12-20 所示。这种荷载可以视作如下两个阶段的叠加：(1) 当 $t=0$ 时，荷载突然加入并一直作用于结构

上，即上面所述的突加荷载；（2）到 $t=t_1$ 时，又有一个等值反向的突加荷载加入，从而抵消原有荷载的作用。这样便可以利用突加荷载作用下的计算公式求出短时荷载作用下的位移表达式。显然在第一阶段（$0\leqslant t\leqslant t_1$），荷载情况与突加荷载相同，故位移表达式与式（12-33）相同，即

$$y(t)=y_{\mathrm{st}}(1-\cos\omega t)\quad(0\leqslant t\leqslant t_1)\tag{12-34a}$$

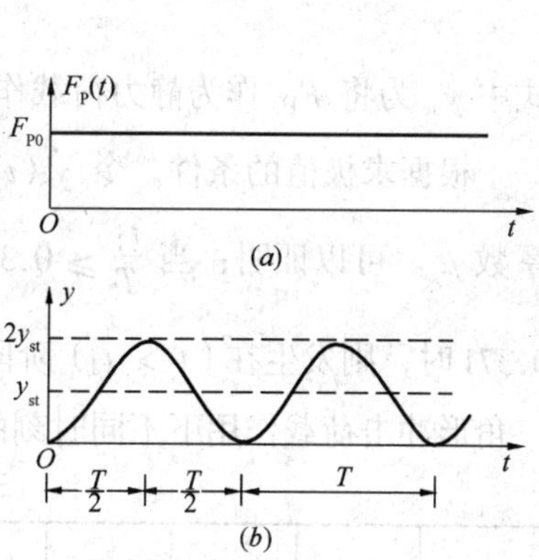

图 12-19

在第二阶段（$t\geqslant t_1$），其位移等于 $t=0$ 时的突加荷载与 $t=t_1$ 时的反向突加荷载引起的位移的代数和，即

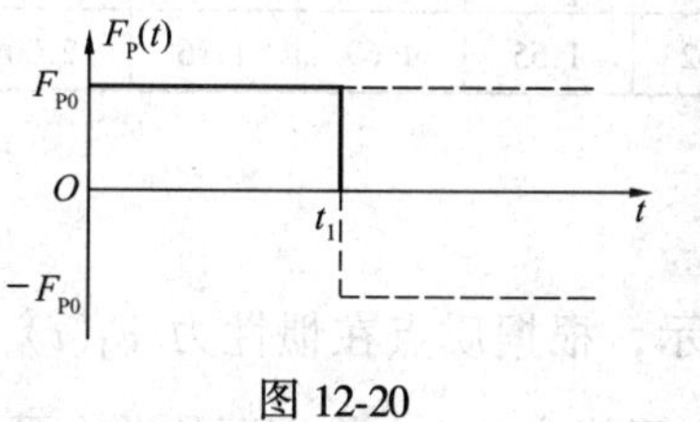

图 12-20

$$\begin{aligned}y(t)&=y_{\mathrm{st}}(1-\cos\omega t)-y_{\mathrm{st}}[1-\cos\omega(t-t_1)]\\&=2y_{\mathrm{st}}\sin\frac{\omega t_1}{2}\sin\omega\left(t-\frac{t_1}{2}\right)\quad(t\geqslant t_1)\end{aligned}\tag{12-34b}$$

由式（12-34）可知，动力系数 μ 与加载持续时间 t_1 相对于自振周期 T 的长短有关。当 $t\leqslant t_1$ 或虽 $t\geqslant t_1$ 但 $t_1\geqslant\frac{T}{2}$ 时，最大动位移发生在第一阶段，相应的动力系数为 $\mu=2$；当 $t\geqslant t_1$ 且 $t_1<\frac{T}{2}$ 时，最大动位移发生在第二阶段，由式（12-34b）知，$\left(t-\frac{t_1}{2}\right)=\frac{\pi}{2\omega}$ 时 可得最大动力位移为：

$$y_{\max}=2y_{\mathrm{st}}\sin\frac{\omega t_1}{2}\tag{12-35}$$

相应的动力系数为：

$$\mu=2\sin\frac{\omega t_1}{2}=2\sin\frac{\pi t_1}{T}\tag{12-36}$$

（3）三角形冲击荷载　若荷载 $F_P(t)$ 的作用时间较短（与基本周期 T 相比）而且荷载值较大，则称为冲击荷载。工程中有些冲击荷载（例如爆炸荷载）可以简化为三角形冲击荷载（图 12-21），其表达式为：

$$F_P(t)=\begin{cases}F_{P0}\left(1-\dfrac{t}{t_1}\right) & \text{当}\ 0\leqslant t\leqslant t_1\\ 0 & \text{当}\ t\geqslant t_1\end{cases}$$

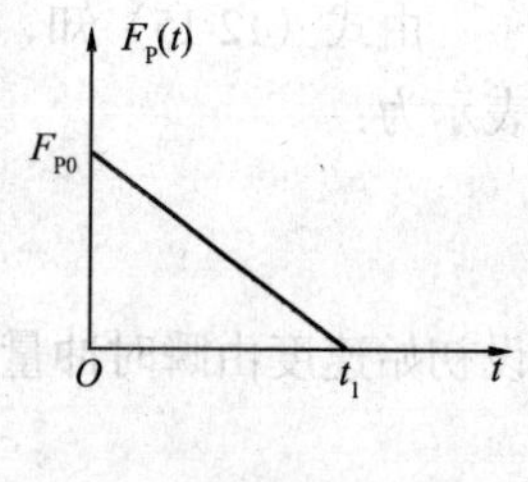

图 12-21

将 $F_P(t)$ 代入式（10-31）可求出三角形冲击荷载作用下任一时刻 t 的位移：

$$y(t)=y_{\mathrm{st}}\left[1-\cos\omega t+\frac{1}{t_1}\left(\frac{\sin\omega t}{\omega}-t\right)\right]\quad(t\leqslant t_1)\tag{12-37a}$$

$$y(t)=y_{\mathrm{st}}\left\{\frac{1}{\omega t_1}[\sin\omega t-\sin\omega(t-t_1)]-\cos\omega t\right\}\quad(t>t_1)\tag{12-37b}$$

式中 y_{st} 为将 F_{P0} 作为静力荷载作用时的静位移。

根据求极值的条件，令 $\dot{y}(t)=0$，由式（12-37）可得到 $y(t)$ 的极大值和结构的动力系数 μ。可以证明：当 $\frac{t_1}{T}\geqslant 0.371$ 时，最大动力位移发生在 $(0\leqslant t\leqslant t_1)$ 阶段；当 $\frac{t_1}{T}<0.371$ 时，则发生在 $(t>t_1)$ 阶段。μ 的大小与 $\frac{t_1}{T}$ 的值有关，为方便应用，表 12-1 给出了三角形冲击荷载作用下不同时刻的动力系数。

三角形冲击荷载下的动力系数 **表 12-1**

$\frac{t_1}{T}$	0.125	0.20	0.25	0.371	0.40	0.50	0.75	1.00	1.50	2.00	∞
μ	0.39	0.60	0.73	1.00	1.05	1.20	1.42	1.55	1.69	1.76	2.00

12.4.2 有阻尼强迫振动

有阻尼强迫振动时质点 m 的受力情况如图 12-22 所示，根据质点在惯性力 $F_I(t)=-m\ddot{y}$、阻尼力 $F_R(t)=-c\dot{y}$、恢复力 $F_e(t)=-k_{11}y$ 和干扰力 $F_P(t)$ 作用下的动力平衡条件，可列出振动微分方程：

$$m\ddot{y}+c\dot{y}+k_{11}y=F_P(t)$$

或写成

$$\ddot{y}+2\xi\omega\dot{y}+\omega^2y=\frac{F_P(t)}{m} \tag{12-38}$$

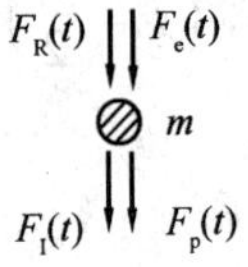

$F_R(t)$ $F_e(t)$ m $F_I(t)$ $F_P(t)$

图 12-22

上式的通解由相应齐次方程的通解与非齐次方程的特解两部分构成。其中相应齐次方程的通解对应于有阻尼的自由振动，在阻尼力作用下，这部分振动将随时间很快消失，最后只剩下按式（12-38）的特解描述的纯强迫振动，特解部分的振动不随时间衰减，是一个平稳振动。在实际问题中平稳振动比较重要，故一般只着重讨论纯强迫振动。

在一般动力荷载作用下，有阻尼体系（$\xi<1$）的动力位移也可以表示为杜哈梅积分形式，现说明如下。

由式（12-15）知，有阻尼体系只由初始速度 v_0（初始位移 y_0 为零）所引起的振动可表示为：

$$y(t)=e^{-\xi\omega t}\frac{v_0}{\omega'}\sin\omega' t \tag{a}$$

设初始速度由瞬时冲量 $\mathrm{d}s=F_P\mathrm{d}t$ 所引起，则有

$$v_0=\frac{F_P\mathrm{d}t}{m} \tag{b}$$

将式（b）代入式（a）可得到 $t=0$ 时有瞬时冲量作用的动力位移公式

$$y(t)=e^{-\xi\omega t}\frac{F_P}{m\omega'}\sin\omega' t\mathrm{d}t \tag{c}$$

如果在时刻 τ（$\tau>0$）有瞬时冲量 $F_P\mathrm{d}\tau$ 作用，则由此引起 $t(t>\tau)$ 时的位移为：

$$y(t)=e^{-\xi\omega(t-\tau)}\frac{F_P}{m\omega'}\sin\omega'(t-\tau)\mathrm{d}\tau \tag{d}$$

当体系受一般动力荷载作用时，可将整个加载过程视作无限多个瞬时冲量的总和，其中在时间 τ 的瞬时冲量 $ds=F_P(\tau)\,d\tau$，产生的任一时刻 $t(t>\tau)$ 的位移由式（d）可知为：

$$dy(t)=e^{-\xi\omega(t-\tau)}\frac{F_P(\tau)}{m\omega'}\sin\omega'(t-\tau)d\tau \tag{e}$$

将上式积分即得一般动力荷载作用下单自由度体系有阻尼的纯强迫振动方程：

$$y(t)=\frac{1}{m\omega'}\int_0^t F_P(\tau)e^{-\xi\omega(t-\tau)}\sin\omega'(t-\tau)d\tau \tag{12-39}$$

这就是考虑阻尼时的杜哈梅积分。

冲击荷载作用时间短，结构在很短的时间内即达到最大反应。此时，阻尼引起的能量耗散作用不明显，所以在计算动力位移时可以忽略阻尼的影响。以下仅讨论简谐荷载作用下阻尼对强迫振动的影响。

简谐荷载作用下有阻尼强迫振动的运动方程，可将动力荷载 $F_P(t)=F_P\sin\theta t$ 代入杜哈梅积分求出，也可以按以下作法求得：

设方程（12-38）的特解为：

$$y(t)=B_1\sin\theta t+B_2\cos\theta t \tag{f}$$

将上式代入式（12-38），经计算可得

$$\left.\begin{aligned}B_2&=-\frac{F_P}{m}\frac{2\xi\omega\theta}{(\omega^2-\theta^2)^2+4\xi^2\omega^2\theta^2}\\B_1&=\frac{F_P}{m}\frac{\omega^2-\theta^2}{(\omega^2-\theta^2)^2+4\xi^2\omega^2\theta^2}\end{aligned}\right\} \tag{g}$$

若令

$$B_2=-B\sin\varphi,B_1=B\cos\varphi \tag{h}$$

则可将特解写成单项形式

$$y(t)=B\sin(\theta t-\varphi) \tag{12-40}$$

其中 B 为有阻尼纯强迫振动的振幅，φ 为位移与动力荷载之间的相位差，它们可利用式（g）、式（h）求出如下：

$$B=\frac{1}{\sqrt{(\omega^2-\theta^2)^2+4\xi^2\omega^2\theta^2}}\cdot\frac{F_P}{m} \tag{12-41a}$$

$$\varphi=\tan^{-1}\frac{2\xi\omega\theta}{\omega^2-\theta^2} \tag{12-41b}$$

注意到 $y_{st}=\dfrac{F_P}{m\omega^2}$，振幅 B 可写为：

$$B=\frac{1}{\sqrt{\left(1-\frac{\theta^2}{\omega^2}\right)^2+4\xi^2\frac{\theta^2}{\omega^2}}}\cdot y_{st}=\mu y_{st} \tag{12-42}$$

式中 μ——动力系数，即

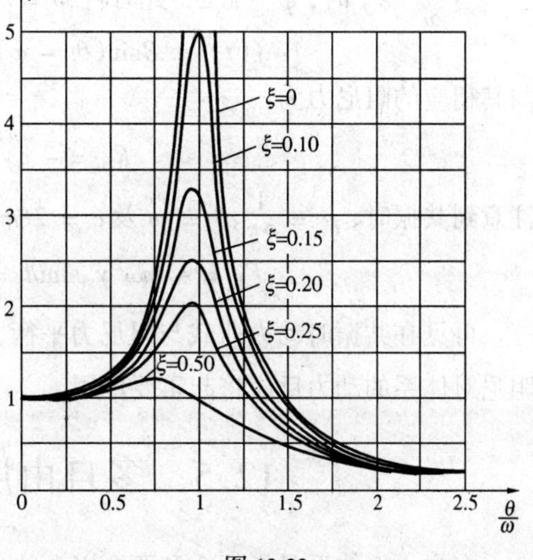

图 12-23

$$\mu = \frac{1}{\sqrt{\left(1 - \frac{\theta^2}{\omega^2}\right)^2 + 4\xi^2 \frac{\theta^2}{\omega^2}}} \tag{12-43}$$

式（12-43）表明动力系数 μ 不仅与频率比 $\frac{\theta}{\omega}$ 有关，而且还与阻尼比 ξ 有关。图12-23给出了对应不同 ξ 值时 μ 与 $\frac{\theta}{\omega}$ 之间的关系曲线。结合图 12-23，可得出简谐荷载作用下有阻尼稳态振动的如下特点：

（1）阻尼对简谐荷载作用下的动力系数 μ 影响较大。当 $\xi=0$ 时，$\mu - \frac{\theta}{\omega}$ 曲线与无阻尼时的曲线（图 12-16）相同；随着 $\xi(0 \leqslant \xi \leqslant 1)$ 的增大，图 12-23 中的 $\mu - \frac{\theta}{\omega}$ 曲线越来越平缓，表明 μ 随 ξ 的增大而迅速减小。特别是当 $\theta/\omega \approx 1$ 时，μ 值下降最为显著。

（2）在 $\theta/\omega=1$ 时，体系将发生共振，由式（12-43）可求得此时动力系数为：

$$\mu = \frac{1}{2\xi} \tag{12-44}$$

实际上，有阻尼时 μ 的最大值并不发生在 $\theta/\omega=1$ 处，而是发生在 θ/ω 的值接近于 1 处，它可由式（12-43）利用求极值的方法求出：

$$\mu_{\max} = \frac{1}{2\xi\sqrt{1-\xi^2}}$$

由于实际工程中 ξ 值很小，故可以近似地按式（12-44）计算共振时的 μ。

（3）由式（12-40）知，有阻尼时位移 $y(t)$ 比动力荷载 $F_P(t)$ 滞后一个相位角 φ，这是有阻尼与无阻尼强迫振动的一个重要区别。φ 可由式（12-41b）求得。

当 $\frac{\theta}{\omega} \to 0$ 时，$\varphi \to 0$，说明 $y(t)$ 与 $F_P(t)$ 趋于同向。此时惯性力和阻尼力均不明显，动力荷载主要由恢复力平衡，体系的动力反应与静力作用时情况接近。

当 $\frac{\theta}{\omega} \to \infty$ 时，$\varphi \to \pi$，说明 $y(t)$ 与 $F_P(t)$ 趋于反向。由式（12-43）知，此时 $\mu \to 0$，即体系的动位移趋向于零，动力荷载主要由惯性力平衡。

当 $\frac{\theta}{\omega} \to 1$ 时，$\varphi \to \pi/2$，此时将 $\varphi=\pi/2$ 代入式（12-40）可得

$$y(t) = B\sin(\theta t - \varphi) = -B\cos\theta t = -\mu y_{st}\cos\theta t$$

与其相应的阻尼力为：

$$F_R = -c\dot{y} = -c\mu y_{st}\theta\sin\theta t \tag{i}$$

注意到共振时，$\mu = \frac{1}{2\xi}$、$\theta = \omega$ 及 $c = 2\xi m\omega$，则式(i)可写为：

$$F_R = -m\omega^2 y_{st}\sin\theta t = -k_{11} y_{st}\sin\theta t = -F_P\sin\theta t$$

可见在共振时动力荷载与阻尼力平衡，因此在频率比 $0.75 < \frac{\theta}{\omega} < 1.25$ 的共振区内，阻尼对体系的动力反应将起重要作用。

12.5 多自由度体系的自由振动

多自由度体系是指两个和两个以上的自由度体系。多自由度体系的振动分析方法也有

柔度法和刚度法。由于阻尼对自振频率的影响很小，限于篇幅，在以后的讨论中将略去阻尼的影响。以下先说明两个自由度体系运动方程的建立、自振频率的计算以及体系的振动形式（简称振型），然后推广到两个以上自由度体系。

12.5.1 两个自由度体系的自由振动

12.5.1.1 振动微分方程及其解

1. 柔度法

如图 12-24（a）所示，$y_1(t)$、$y_2(t)$ 分别为质点 m_1、m_2 在自由振动过程中任一时刻的动位移，它们等于惯性力 $-m_1\ddot{y}_1(t)$ 和 $-m_2\ddot{y}_2(t)$ 共同作用下产生的静位移。其中 $-m_1\ddot{y}_1(t)$ 和 $-m_2\ddot{y}_2(t)$ 引起 m_1 的位移分别为 $-m_1\ddot{y}_1\delta_{11}$ 和 $-m_2\ddot{y}_2\delta_{12}$；引起 m_2 的位移分别为 $-m_1\ddot{y}_1\delta_{21}$ 和 $-m_2\ddot{y}_2\delta_{22}$。这里 δ_{ij} 为体系的柔度系数，其意义如图 12-24（b）、（c）所示。对于线性弹性体系，应用叠加原理可有：

$$\left.\begin{aligned} y_1(t) &= -m_1\ddot{y}_1\delta_{11} - m_2\ddot{y}_2\delta_{12} \\ y_2(t) &= -m_1\ddot{y}_1\delta_{21} - m_2\ddot{y}_2\delta_{22} \end{aligned}\right\} \tag{12-45a}$$

写成矩阵的形式为

$$\boldsymbol{Y} + \boldsymbol{\delta M \ddot{Y}} = \boldsymbol{0} \tag{12-45b}$$

其中 $\boldsymbol{Y} = \begin{bmatrix} y_1 \\ y_2 \end{bmatrix}, \boldsymbol{\delta} = \begin{bmatrix} \delta_{11} & \delta_{12} \\ \delta_{21} & \delta_{22} \end{bmatrix}, \boldsymbol{M} = \begin{bmatrix} m_1 & 0 \\ 0 & m_2 \end{bmatrix}, \boldsymbol{\ddot{Y}} = \begin{bmatrix} \ddot{y}_1 \\ \ddot{y}_2 \end{bmatrix}$

$\boldsymbol{Y}$ 为质点位移列向量，$\boldsymbol{\delta}$ 为系数矩阵，$\boldsymbol{M}$ 为质量矩阵，$\boldsymbol{\ddot{Y}}$ 为质点加速度列向量。式(12-45)就是按柔度法建立的两个自由度体系自由振动的微分方程。

为了求出 y_1 与 y_2，就必须联立求解。为此，设方程（12-45）的解的形式为：

$$\left.\begin{aligned} y_1(t) &= A_1\sin(\omega t + \varphi) \\ y_2(t) &= A_2\sin(\omega t + \varphi) \end{aligned}\right\} \tag{a}$$

式中 A_1、A_2——分别为 m_1 和 m_2 的位移幅值；

ω——体系的自振频率；

φ——初始相位角。

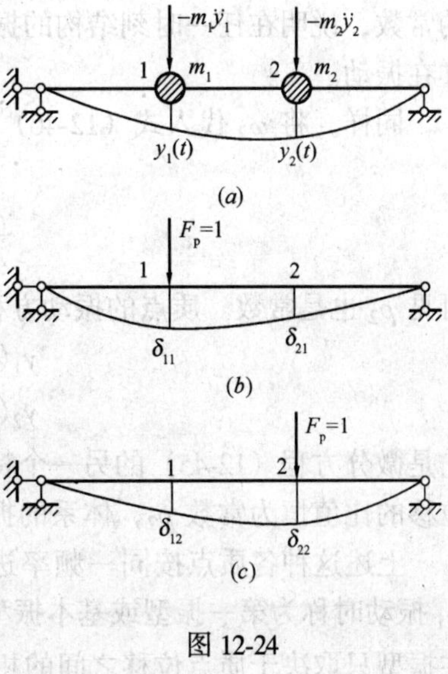

由式（a）求出 $\ddot{y}_1$、$\ddot{y}_2$ 再与式（a）一起代入式（12-45）可得：

$$\left.\begin{aligned} \left(\delta_{11}m_1 - \frac{1}{\omega^2}\right)A_1 + \delta_{12}m_2A_2 &= 0 \\ \delta_{21}m_1A_1 + \left(\delta_{22}m_2 - \frac{1}{\omega^2}\right)A_2 &= 0 \end{aligned}\right\} \tag{12-46}$$

图 12-24

式（12-46）是关于振幅 A_1 和 A_2 的齐次方程组，称为振幅方程。显然 $A_1 = A_2 = 0$ 是该方程的解，但它对应体系不振动的情况，而当体系发生振动时，A_1、A_2 不会都为零，此时式（12-46）的系数行列式必然为零，即

$$D = \begin{vmatrix} \left(\delta_{11} m_1 - \frac{1}{\omega^2}\right) & \delta_{12} m_2 \\ \delta_{21} m_1 & \left(\delta_{22} m_2 - \frac{1}{\omega^2}\right) \end{vmatrix} = 0 \tag{12-47}$$

由式（12-47）可求出体系的自振频率，故称为频率方程或特征方程。展开行列式可得

$$\left(\frac{1}{\omega^2}\right)^2 - (\delta_{11} m_1 + \delta_{22} m_2)\frac{1}{\omega^2} + (\delta_{11}\delta_{22} - \delta_{12}\delta_{21}) m_1 m_2 = 0$$

这是一个关于 $\frac{1}{\omega^2}$ 的一元二次方程，求解可得 $\frac{1}{\omega^2}$ 的两个正实根，从而可求得体系的两个自振频率，若将它们按数值由小到大表示为 ω_1、ω_2，则 ω_1 称为第一频率或基本频率，ω_2 称为第二频率。

将 ω_1、ω_2 分别代入式（12-46），即可求得质点 m_1 和 m_2 的位移幅值。由于式（12-46）的系数行列式等于零，方程组的两式不是独立的，故只能利用其中任一式求得振幅 A_1 与 A_2 之间的比值。例如将 ω_1 代入式（12-46）的第一式，相应的 m_1 和 m_2 的振幅分别记为 A_{11}和 A_{21}，则有

$$\frac{A_{21}}{A_{11}} = \frac{\frac{1}{\omega_1^2} - \delta_{11} m_1}{\delta_{12} m_2} = \rho_1 \tag{b}$$

式中 ρ_1 表示 A_{11}与 A_{21}的比值为一常数。此时，质点 m_1、m_2 的振动方程分别为：

$$\left.\begin{aligned} y_1(t) &= A_{11}\sin(\omega_1 t + \varphi_1) \\ y_2(t) &= A_{21}\sin(\omega_1 t + \varphi_1) \end{aligned}\right\} \tag{c}$$

这就是微分方程（12-45）的一个特解。由式（c）可见，在振动过程中两个质点按同一频率 ω_1 作同步简谐振动，它们位移的比值 $y_2(t)/y_1(t) = A_{21}/A_{11} = \rho_1$，是一个与时间无关的常数，说明在任一时刻结构的振动都保持同一形状，整个结构就像一个单自由度结构一样在振动。

同样，将 ω_2 代入式（12-46）的第一式，用 A_{12}与 A_{22}表示质点 m_1、m_2 的振幅可有

$$\frac{A_{22}}{A_{12}} = \frac{\frac{1}{\omega_2^2} - \delta_{11} m_1}{\delta_{12} m_2} = \rho_2 \tag{d}$$

可见 ρ_2 也是常数。质点的振动方程则为：

$$\left.\begin{aligned} y_1(t) &= A_{12}\sin(\omega_2 t + \varphi_2) \\ y_2(t) &= A_{22}\sin(\omega_2 t + \varphi_2) \end{aligned}\right\} \tag{e}$$

它是微分方程（12-45）的另一个特解。同样可知，m_1 和 m_2 按 ω_2 作同步简谐振动，它们位移的比值恒为常数 ρ_2，体系的振动形式也是不随时间而变化。

上述这种各质点按同一频率进行的简谐振动形式称为主振型，简称振型。当体系按 ω_1 振动时称为第一振型或基本振型，按 ω_2 振动时称为第二振型，如图 12-25 所示。由于主振型只取决于质点位移之间的相对值，故确定振型时，为简单起见，通常可将其中某一质点的位移值定为 1，由此得到的振型称为规准化振型。

方程（12-45）的通解是式（c）和式（e）的叠加，即

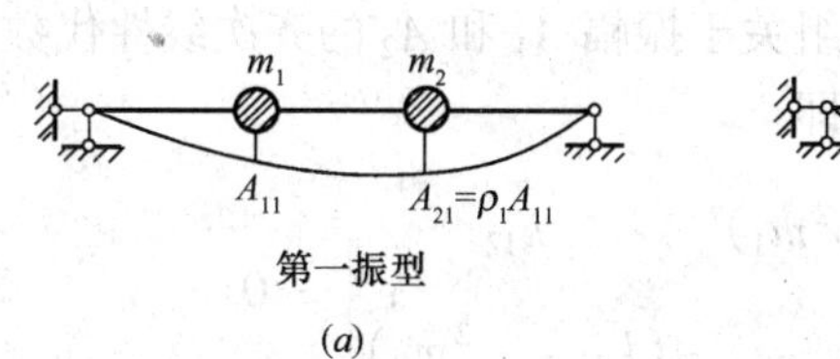

第一振型

(a)

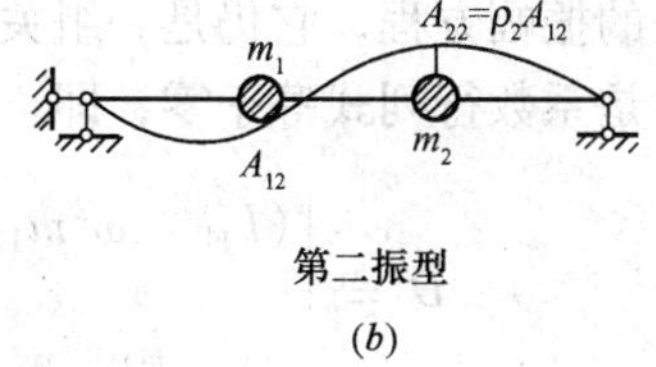

第二振型

(b)

图 12-25

$$\left.\begin{aligned} y_1(t) &= A_{11}\sin(\omega_1 t + \varphi_1) + A_{12}\sin(\omega_2 t + \varphi_2) \\ y_2(t) &= A_{21}\sin(\omega_1 t + \varphi_1) + A_{22}\sin(\omega_2 t + \varphi_2) \end{aligned}\right\} \tag{12-48}$$

式中四个独立的待定常数 A_{11}(或 A_{21})、A_{12}(或 A_{22}) 和 φ_1、φ_2 可由两个质点的初位移和初速度共四个初始条件确定。

2. 刚度法

如图 12-26（a）所示两个自由度体系，取各质点为隔离体（图 12-26b），根据达朗伯原理可列出动力平衡方程：

$$\left.\begin{aligned} -m_1\ddot{y}_1 + F_{e1} &= 0 \\ -m_2\ddot{y}_2 + F_{e2} &= 0 \end{aligned}\right\} \tag{f}$$

式中，F_{e1} 和 F_{e2} 分别为体系作用于质点 m_1 和 m_2 上的弹性力。对于线性振动体系，这种弹性力可按叠加原理表示为：

$$\left.\begin{aligned} F_{e1} &= -(k_{11}y_1 + k_{12}y_2) \\ F_{e2} &= -(k_{21}y_1 + k_{22}y_2) \end{aligned}\right\} \tag{g}$$

式中各 k_{ij} 为体系的刚度系数，其意义如图 12-26（c）、（d）所示。

图 12-26

将式（g）代入式（f）可得

$$\left.\begin{aligned} m_1\ddot{y}_1(t) + k_{11}y_1(t) + k_{12}y_2(t) &= 0 \\ m_2\ddot{y}_2(t) + k_{21}y_1(t) + k_{22}y_2(t) &= 0 \end{aligned}\right\} \tag{12-49a}$$

写成矩阵的形式为：

$$\boldsymbol{KY} + \boldsymbol{M\ddot{Y}} = \boldsymbol{0} \tag{12-49b}$$

其中 $\boldsymbol{K} = \begin{bmatrix} k_{11} & k_{12} \\ k_{21} & k_{22} \end{bmatrix}$，其余 $\boldsymbol{Y}$、$\boldsymbol{M}$、$\boldsymbol{\ddot{Y}}$ 与式（12-45）相同，上式即为按刚度法建立的运动微分方程。设方程（12-49）的特解形式仍为：

$$\left.\begin{aligned} y_1(t) &= A_1\sin(\omega t + \varphi) \\ y_2(t) &= A_2\sin(\omega t + \varphi) \end{aligned}\right\} \tag{h}$$

将式（h）代入方程（12-49），消去公因子 $\sin(\omega t + \varphi)$ 后得

$$\left.\begin{aligned} (k_{11} - \omega^2 m_1)A_1 + k_{12}A_2 &= 0 \\ k_{21}A_1 + (k_{22} - \omega^2 m_2)A_2 &= 0 \end{aligned}\right\} \tag{12-50}$$

上式即为刚度法的振幅方程，它仍是一组关于振幅 A_1 和 A_2 的齐次线性代数方程。方程取得非零解的条件是系数行列式等于零，即

$$D=\begin{vmatrix}(k_{11}-\omega^2 m_1) & k_{12}\\ k_{21} & (k_{22}-\omega^2 m_2)\end{vmatrix}=0 \tag{12-51}$$

式（12-51）即为刚度法的频率方程，由此可求得体系的两个自振频率 ω_1 和 ω_2。将它们分别代入式（h）即可求得方程（12-49）的两个特解，其结果与采用柔度法时相同，可见方程（12-49）的通解与式（12-45）的相同。这表明按柔度法和刚度法所建立的振动微分方程尽管形式不同，但实质是一样的。因此在确定结构的自振频率或振型时，当柔度系数容易求时就可采用柔度法，否则可采用刚度法。

若以 $\boldsymbol{\delta}^{-1}$ 左乘式（12-45b）可得 $\boldsymbol{\delta}^{-1}\boldsymbol{Y}+\boldsymbol{M}\ddot{\boldsymbol{Y}}=0$，将此式与式（12-49$b$）比较可有：$\boldsymbol{\delta}^{-1}=\boldsymbol{K}$，这表明柔度矩阵和刚度矩阵互为逆矩阵。

【例 12-5】 如图 12-27（a）所示对称刚架各杆 EI = 常数，假设将其质量集中于各杆中点，集中质量 $m_1=m_2=m$，试确定该体系的自振频率和振型。

【解】 两个质点分别沿与各自所在杆件垂直的方向振动。本例柔度系数容易求，故采用柔度法。此刚架为一次超静定结构，用力法分别作出在各质点作用单位力时的弯矩

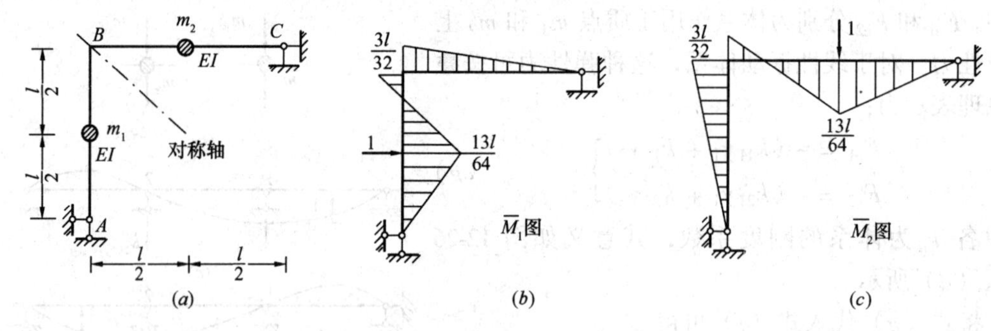

图 12-27

图，如图 12-27（b）、（c）所示。再由单位荷载法求出结构的柔度系数如下：

$$\delta_{11}=\delta_{22}=\frac{23l^3}{1536EI},\qquad \delta_{12}=\delta_{21}=-\frac{9l^3}{1536EI}$$

将各柔度系数代入式（12-46），经整理后得

$$\left.\begin{aligned}\left(23-\frac{1536EI}{ml^3\omega^2}\right)A_1-9A_2=0\\ -9A_1+\left(23-\frac{1536EI}{ml^3\omega^2}\right)A_2=0\end{aligned}\right\} \tag{a}$$

体系的频率方程为：

$$D=\begin{vmatrix}23-\dfrac{1536EI}{ml^3\omega^2} & -9\\ -9 & 23-\dfrac{1536EI}{ml^3\omega^2}\end{vmatrix}=0 \tag{b}$$

展开上式并求解，得

$$\frac{1}{\omega_1^2}=\frac{32ml^3}{1536EI},\quad \frac{1}{\omega_2^2}=\frac{14ml^3}{1536EI}$$

据此可得

$$\omega_1=\sqrt{\frac{1536EI}{32ml^3}}=6.928\sqrt{\frac{EI}{ml^3}},\qquad \omega_2=\sqrt{\frac{1536EI}{14ml^3}}=10.474\sqrt{\frac{EI}{ml^3}}$$

将 ω_1、ω_2 分别代入式（a）的第一个方程可得

$$\frac{A_{21}}{A_{11}}=1\qquad \frac{A_{22}}{A_{12}}=-1$$

体系的上述振型如图 12-28（a）、（b）所示。其中，第一振型是对称的；第二振型是反对称的。

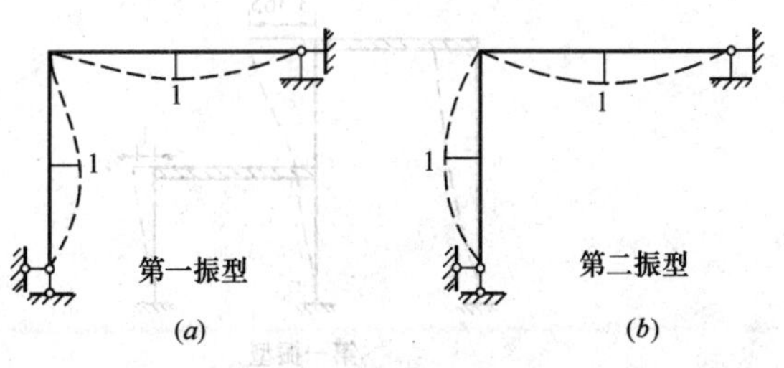

图 12-28

【例 12-6】 试求图 12-29（a）所示刚架的自振频率和振型。横梁为无限刚性，体系的质量全部集中在横梁上，各柱旁之值为其线刚度 $\left(i=\frac{EI}{l}\right)$。

【解】 忽略柱轴向变形后两横梁各有一水平方向的振动，其位移分别为 y_1 和 y_2（图 12-29b）。本例刚度系数易求，故按刚度法求解。分别作出下横梁发生单位位移（上横梁不动）和上横梁发生单位位移（下横梁不动）时刚架的位移示意图（图 12-29c、d），由此引起的各柱端剪力可从表 6-1 第 2 栏查出，取各横梁为隔离体，由静力平衡条件可得

$$k_{11}=\frac{48i}{l^2},\quad k_{22}=\frac{15i}{l^2},\quad k_{12}=k_{21}=-\frac{12i}{l^2}$$

将上述各值代入频率方程（12-51）并注意到 $m_1=m$，$m_2=1.5m$，经整理得：

$$\begin{vmatrix}48i-ml^2\omega^2 & -12i\\ -12i & 15i-1.5ml^2\omega^2\end{vmatrix}=0$$

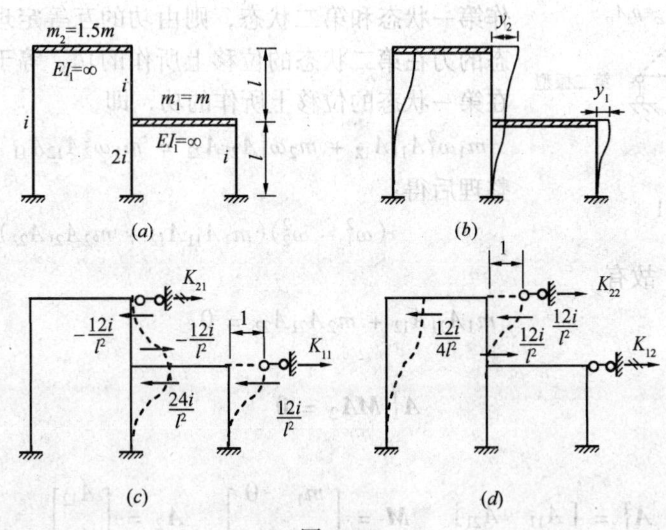

图 12-29

展开上式得到关于 ω^2 的一元二次方程

$$1.5m^2l^4(\omega^2)^2 - 87mil^2\omega^2 + 576i^2 = 0$$

由此可求得体系的自振频率：

$$\omega_1 = 2.761\sqrt{\frac{EI}{ml^3}} \quad \omega_2 = 7.098\sqrt{\frac{EI}{ml^3}}$$

将 ω_1、ω_2 分别代入式（12-50），可求得规准化主振型：

$$A_1 = \begin{bmatrix} A_{11} \\ A_{21} \end{bmatrix} = \begin{bmatrix} 1 \\ 3.365 \end{bmatrix} \qquad A_2 = \begin{bmatrix} A_{12} \\ A_{22} \end{bmatrix} = \begin{bmatrix} 1 \\ -0.198 \end{bmatrix}$$

其对应的振型如图 12-30（a）、（b）所示。

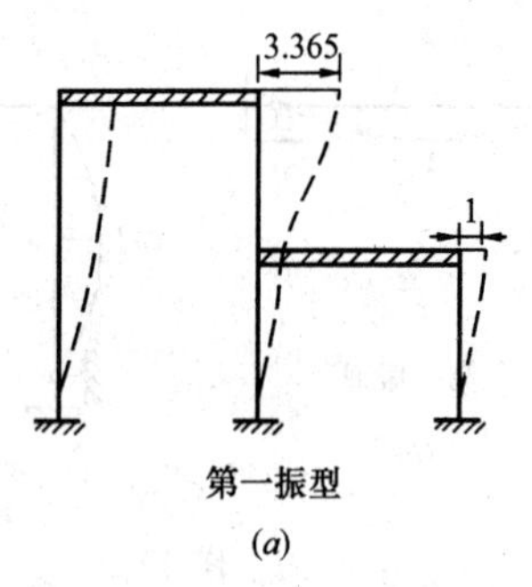

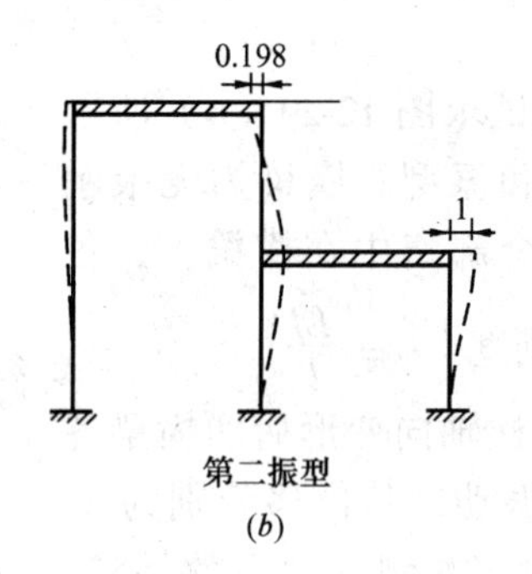

图 12-30

12.5.1.2 主振型正交性的概念

由 12.3.1.2 节可知，体系作简谐振动时，任一瞬时的位移等于惯性力所产生的静力位移。因此在两个自由度体系中，其两个主振型的变形曲线可视作由相应的惯性力所引起的静力变形曲线，即第一振型看作是由惯性力幅值 $\omega_1^2m_1A_{11}$ 和 $\omega_1^2m_2A_{21}$ 所产生的静力位移，第二振型看作是由惯性力幅值 $\omega_2^2m_1A_{12}$ 和 $\omega_2^2m_2A_{22}$ 所产生的静力位移，如图 12-31（a）、（b）所示。若将图 12-31（a）、（b）分别视作第一状态和第二状态，则由功的互等定理可知，第一状态的力在第二状态的位移上所作的功，等于第二状态的力在第一状态的位移上所作的功，即

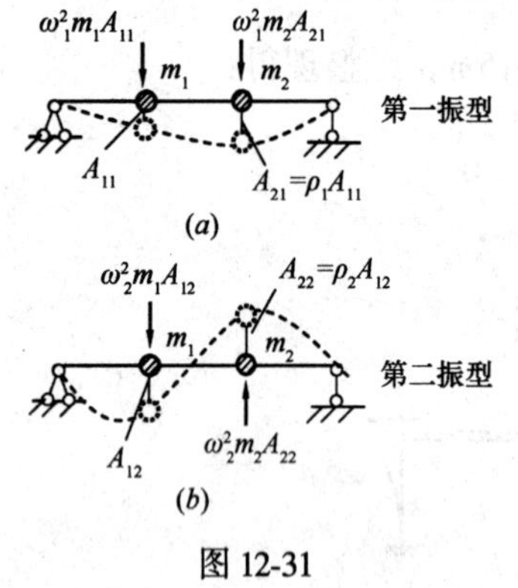

图 12-31

$$m_1\omega_1^2A_{11}A_{12} + m_2\omega_1^2A_{21}A_{22} = m_1\omega_2^2A_{12}A_{11} + m_2\omega_2^2A_{22}A_{21}$$

整理后得：

$$(\omega_1^2 - \omega_2^2)(m_1A_{11}A_{12} + m_2A_{21}A_{22}) = 0$$

一般地 $\omega_1 \neq \omega_2$，故有

$$m_1A_{11}A_{12} + m_2A_{21}A_{22} = 0 \tag{12-52a}$$

用矩阵表达时为：

$$\boldsymbol{A}_1^{\mathrm{T}}\boldsymbol{M}\boldsymbol{A}_2 = \boldsymbol{0} \tag{12-52b}$$

其中

$$\boldsymbol{A}_1^{\mathrm{T}} = [A_{11} \quad A_{21}] \quad \boldsymbol{M} = \begin{bmatrix} m_1 & 0 \\ 0 & m_2 \end{bmatrix} \quad \boldsymbol{A}_2 = \begin{bmatrix} A_{12} \\ A_{22} \end{bmatrix}$$

在线性代数中，若 n 维向量 $\boldsymbol{A}_1$ 、$\boldsymbol{A}_2$ 有如下关系

$$\boldsymbol{A}_1^{\mathrm{T}}\boldsymbol{A}_2 = 0$$

则称 $\boldsymbol{A}_1$ 和 $\boldsymbol{A}_2$ 正交；若存在一个 n 阶方阵$\boldsymbol{B}$，使得

$$\boldsymbol{A}_1^{\mathrm{T}}\boldsymbol{B}\boldsymbol{A}_2 = \boldsymbol{0}$$

则称向量 $\boldsymbol{A}_1$ 和 $\boldsymbol{A}_2$ 对矩阵$\boldsymbol{B}$正交。由式（12-52b）可见，两个主振型向量之间存在着对质量矩阵$\boldsymbol{M}$的正交关系，称为主振型对质量矩阵的正交性。

12.5.2 两个以上自由度体系的自由振动

以上关于两个自由度体系自由振动的分析，可以推广到两个以上自由度体系中。如图 12-32（a）所示 n 个自由度体系，用柔度法计算时，参照式（12-45a）可列出 n 个位移方程：

$$\left.\begin{aligned} y_1 &= -m_1\ddot{y}_1\delta_{11} - m_2\ddot{y}_2\delta_{12} - \cdots - m_n\ddot{y}_n\delta_{1n} \\ y_2 &= -m_1\ddot{y}_1\delta_{21} - m_2\ddot{y}_2\delta_{22} - \cdots - m_n\ddot{y}_n\delta_{2n} \\ &\cdots\cdots\cdots\cdots \\ y_n &= -m_1\ddot{y}_1\delta_{n1} - m_2\ddot{y}_2\delta_{n2} - \cdots - m_n\ddot{y}_n\delta_{nn} \end{aligned}\right\} \tag{12-53a}$$

式中 δ_{ij} 为柔度系数，其意义如图 12-32（b）、（c）所示。

式（12-53a）用矩阵形式表达为

$$\boldsymbol{Y} = -\boldsymbol{\delta}\boldsymbol{M}\ddot{\boldsymbol{Y}} \tag{12-53b}$$

式中

$$\boldsymbol{Y} = [y_1 \quad y_2 \quad \cdots \quad y_n]^T, \ddot{\boldsymbol{Y}} = [\ddot{y}_1 \quad \ddot{y}_2 \quad \cdots \quad \ddot{y}_n]^T \tag{a}$$

$$\boldsymbol{\delta} = \begin{bmatrix} \delta_{11} & \delta_{12} & \cdots & \delta_{1n} \\ \delta_{21} & \delta_{22} & \cdots & \delta_{2n} \\ \vdots & \vdots & \ddots & \vdots \\ \delta_{n1} & \delta_{n2} & \cdots & \delta_{nn} \end{bmatrix}, \boldsymbol{M} = \begin{bmatrix} m_1 & & & \boldsymbol{0} \\ & m_2 & & \\ & & \ddots & \\ \boldsymbol{0} & & & m_n \end{bmatrix} \tag{b}$$

其中柔度矩阵$\boldsymbol{\delta}$为 n 阶对称方阵；质量矩阵$\boldsymbol{M}$在集中质量体系中为对角矩阵。

若按刚度法求解，参照式（12-49a）可列出 n 个动力平衡方程：

$$\left.\begin{aligned} m_1\ddot{y}_1 + k_{11}y_1 + k_{12}y_2 + \cdots + k_{1n}y_n &= 0 \\ m_2\ddot{y}_2 + k_{21}y_1 + k_{22}y_2 + \cdots + k_{2n}y_n &= 0 \\ \cdots\cdots\cdots\cdots\cdots\cdots \\ m_n\ddot{y}_n + k_{n1}y_1 + k_{n2}y_2 + \cdots + k_{nn}y_n &= 0 \end{aligned}\right\} \tag{12-54a}$$

式中 k_{ij}为刚度系数，其意义如图 12-32（d）、（e）所示。上式写成矩阵的形式为：

$$\boldsymbol{M}\ddot{\boldsymbol{Y}} + \boldsymbol{K}\boldsymbol{Y} = \boldsymbol{0} \tag{12-54b}$$

其中 $\boldsymbol{M}$、$\boldsymbol{Y}$、$\ddot{\boldsymbol{Y}}$ 含义同上；$\boldsymbol{K}$ 为刚度矩阵，即

$$\boldsymbol{K} = \begin{bmatrix} k_{11} & k_{12} & \cdots & k_{1n} \\ k_{21} & k_{22} & \cdots & k_{2n} \\ \vdots & \vdots & \ddots & \vdots \\ k_{n1} & k_{n2} & \cdots & k_{nn} \end{bmatrix} \tag{c}$$

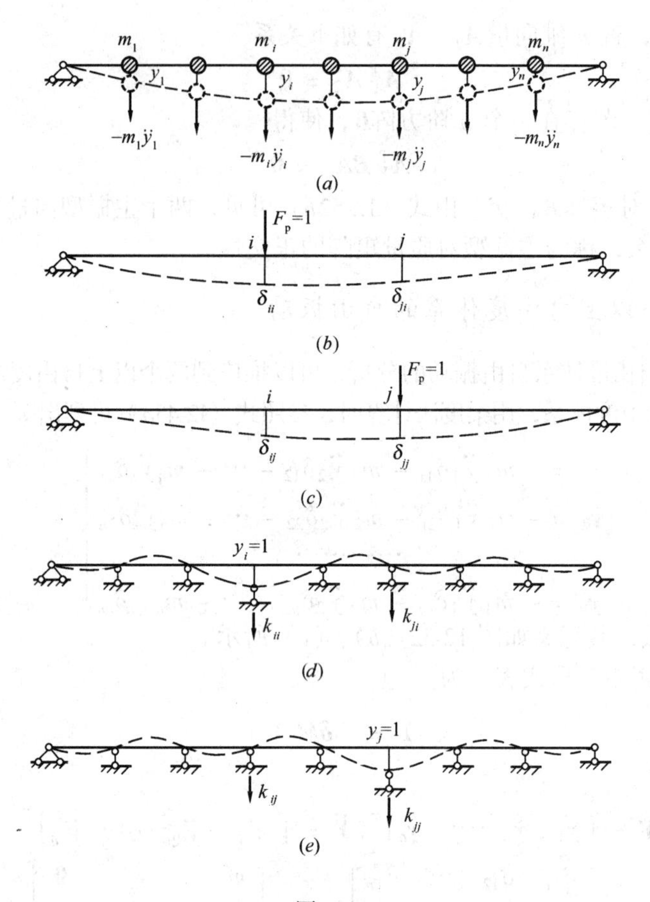

图 12-32

由于 $k_{ij}=k_{ji}$，故它是一个 n 阶对称方阵。若以 $\boldsymbol{\delta}^{-1}$ 左乘（12-53b）则有

$$\boldsymbol{\delta}^{-1}\boldsymbol{Y}+\boldsymbol{\delta}^{-1}\boldsymbol{\delta}\boldsymbol{M}\ddot{\boldsymbol{Y}}=\boldsymbol{\delta}^{-1}\boldsymbol{Y}+\boldsymbol{M}\ddot{\boldsymbol{Y}}=\boldsymbol{0} \tag{d}$$

比较式（d）与式（12-54b）再次证明 $\boldsymbol{K}=\boldsymbol{\delta}^{-1}$，即柔度矩阵和刚度矩阵互为逆矩阵。

式（12-53）和式（12-54）都是二阶线性常系数齐次方程组，这两组方程的解是一致的，设特解形式为

$$\boldsymbol{Y}=\boldsymbol{A}\sin(\omega t+\varphi) \tag{12-55}$$

其中 $\boldsymbol{A}=[A_1\quad A_2\quad\cdots\quad A_n]^T$ 为体系的位移幅值向量。

将式（12-55）代入式（12-53）并消去公因子 $\sin(\omega t+\varphi)$ 可以得到按柔度法求解的位移幅值方程：

$$\left.\begin{aligned}&\left(\delta_{11}m_1-\frac{1}{\omega^2}\right)A_1+\delta_{12}m_2A_2+\cdots+\delta_{1n}m_nA_n=0\\&\delta_{21}m_1A_1+\left(\delta_{22}m_2-\frac{1}{\omega^2}\right)A_2+\cdots+\delta_{2n}m_nA_n=0\\&\cdots\cdots\cdots\\&\delta_{n1}m_1A_1+\delta_{n2}m_2A_2+\cdots+\left(\delta_{nn}m_n-\frac{1}{\omega^2}\right)A_n=0\end{aligned}\right\} \tag{12-56a}$$

或写为：

$$\left(\boldsymbol{\delta M}-\frac{1}{\omega^{2}}\boldsymbol{I}\right)\boldsymbol{A}=\mathbf{0} \tag{12-56b}$$

其中$\boldsymbol{I}$为单位矩阵。式（12-56）有非零解的条件是系数行列式等于零，即

$$\begin{vmatrix} \left(\delta_{11}m_1-\frac{1}{\omega^2}\right) & \delta_{12}m_2 & \cdots & \delta_{1n}m_n \\ \delta_{21}m_1 & \left(\delta_{22}m_2-\frac{1}{\omega^2}\right) & \cdots & \delta_{2n}m_n \\ \vdots & \vdots & & \vdots \\ \delta_{n1}m_1 & \delta_{n2}m_2 & \cdots & \left(\delta_{nn}m_n-\frac{1}{\omega^2}\right) \end{vmatrix}=0 \tag{12-57a}$$

或简写为：

$$\left|\boldsymbol{\delta M}-\frac{1}{\omega^{2}}\boldsymbol{I}\right|=0 \tag{12-57b}$$

式（12-57）为 n 个自由度体系按柔度法求解的频率方程或特征方程。将行列式展开，可得到关于 $\frac{1}{\omega^2}$ 的 n 次代数方程。由此可解得 n 个正实根，进而求得 n 个自振频率，按照由小到大的顺序排列为 $\omega_1,\omega_2,\cdots,\omega_n$，依次称为第一、第二、…、第 n 频率。

类似地，将式（12-55）代入式（12-54），通过与柔度法相同的推导，可得到含有刚度系数的位移幅值方程

$$(\boldsymbol{K}-\omega^{2}\boldsymbol{M})\boldsymbol{A}=\mathbf{0} \tag{12-58}$$

和频率方程

$$|\boldsymbol{K}-\omega^{2}\boldsymbol{M}|=0 \tag{12-59}$$

并可求出 n 个自振频率 $\omega_1,\omega_2,\cdots,\omega_n$。

设以 $\boldsymbol{A}_j$ 表示与第 j 个频率 ω_j 相应的振型向量，即

$$\boldsymbol{A}_j=[A_{1j}\quad A_{2j}\quad\cdots\quad A_{nj}]^T$$

则把 ω_j 和 $\boldsymbol{A}_j$ 代入式（12-56）或式（12-58）可得到

$$\left(\boldsymbol{\delta M}-\frac{1}{\omega_j^{2}}\boldsymbol{I}\right)\boldsymbol{A}_j=\mathbf{0} \tag{12-60}$$

或

$$(\boldsymbol{K}-\omega_j^{2}\boldsymbol{M})\boldsymbol{A}_j=\mathbf{0} \tag{12-61}$$

这是关于 $A_{ij}(i=1、2、\cdots、n)$ 的 n 个线性齐次方程。由式（12-60）或式（12-61）只可唯一地确定主振型 $\boldsymbol{A}_j$ 的形状，但不能确定其幅值，也就是说，只能得到振型向量 $\boldsymbol{A}_j$ 中各元素的相对值。为了确定 $\boldsymbol{A}_j$ 各元素的幅值，常用的做法是规定振型向量中的某个元素为标准值，令其等于 1（例如令 $\boldsymbol{A}_{1j}=1$），由此求得的主振型叫规准化主振型。这样，对于具有 n 个自由度的结构体系来说，由于具有 n 个频率，那么，将振型规准化后，就有 n 个线性无关的主振型向量。

振动微分方程式（12-53）或式（12-54）的通解，可由上述 n 组按各自振频率作同步简谐振动的特解的线性组合得到，组合后的质点运动一般不再是简谐振动。

【例 12-7】 试求图 12-33（a）所示三层刚架的自振频率和振型。设横梁为无限刚性，各层质量全部集中在本层横梁上，各层间侧移刚度 $k_1=k_2=k_3=k$。

【解】 图 12-33(b)、(c)、(d)所示为各层横梁分别发生单位侧移时附加链杆上的反力，由此可求得体系各刚度系数为：

$$k_{11} = k_{22} = 2k, k_{33} = k, k_{12} = k_{21} = k_{23} = k_{32} = -k, k_{13} = k_{31} = 0$$

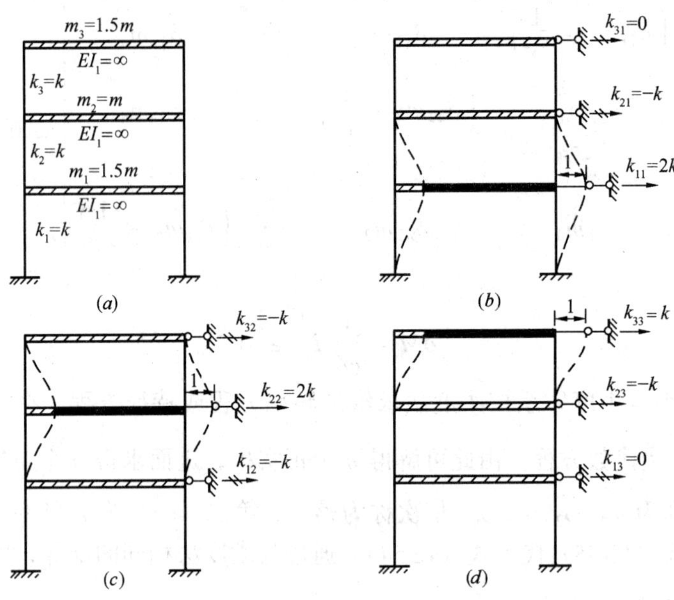

图 12-33

体系的刚度矩阵和质量矩阵分别为：

$$\boldsymbol{K} = \begin{bmatrix} 2k & -k & 0 \\ -k & 2k & -k \\ 0 & -k & k \end{bmatrix}, \boldsymbol{M} = \begin{bmatrix} 1.5m & 0 & 0 \\ 0 & m & 0 \\ 0 & 0 & 1.5m \end{bmatrix}$$

代入式（12-58）并记 $\lambda = \dfrac{m\omega^2}{k}$，可得体系的振型方程：

$$\begin{bmatrix} 4-3\lambda & -2 & 0 \\ -2 & 4-2\lambda & -2 \\ 0 & -2 & 2-3\lambda \end{bmatrix} \begin{Bmatrix} A_1 \\ A_2 \\ A_3 \end{Bmatrix} = \begin{Bmatrix} 0 \\ 0 \\ 0 \end{Bmatrix}$$

由体系的频率方程：

$$\begin{vmatrix} 4-3\lambda & -2 & 0 \\ -2 & 4-2\lambda & -2 \\ 0 & -2 & 2-3\lambda \end{vmatrix} = 0$$

求解得： $\lambda_1 = 0.149$， $\lambda_2 = 1.073$， $\lambda_3 = 2.777$

于是，可求得自振频率：

$$\omega_1 = \sqrt{\frac{\lambda_1 k}{m}} = 0.386\sqrt{\frac{k}{m}}, \quad \omega_2 = \sqrt{\frac{\lambda_2 k}{m}} = 1.036\sqrt{\frac{k}{m}}, \quad \omega_3 = \sqrt{\frac{\lambda_3 k}{m}} = 1.666\sqrt{\frac{k}{m}}$$

将以上 λ_1、λ_2 和 λ_3 分别代入振型方程的前两式，可求得规准化主振型如下：

$$\boldsymbol{A}_1=\begin{bmatrix}A_{11}\\A_{21}\\A_{31}\end{bmatrix}=\begin{bmatrix}1\\1.777\\2.288\end{bmatrix},\quad \boldsymbol{A}_2=\begin{bmatrix}A_{12}\\A_{22}\\A_{32}\end{bmatrix}=\begin{bmatrix}1\\0.391\\-0.638\end{bmatrix},\quad \boldsymbol{A}_3=\begin{bmatrix}A_{13}\\A_{23}\\A_{33}\end{bmatrix}=\begin{bmatrix}1\\-2.166\\0.683\end{bmatrix}$$

其相应的振型如图 12-34 所示。

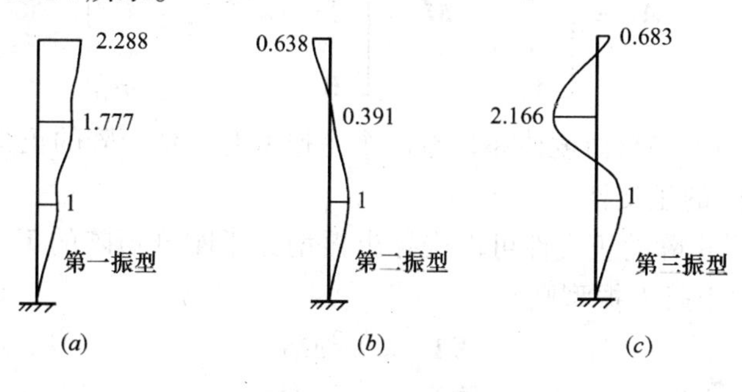

图 12-34

12.5.3 主振型的正交性

所谓主振型的正交性，是指在多自由度体系及无限自由度体系中，任意两个不同的主振型之间都存在着下述互相正交的性质，即关于质量矩阵的正交性和关于刚度矩阵的正交性。

1. 关于质量矩阵的正交性

在 12.5.1.2 节所述两个自由度体系关于质量矩阵正交的关系，同样适用于两个以上自由度体系，现证明如下：

图 12-35（a）所示为一般多自由度体系。任意两个主振型 j 与 k 的变形曲线及其相应惯性力如图 12-35（b）、（c）所示。将第 j 振型和第 k 振型分别视作体系的第一状态和第二状态。根据功的互等定理，第一状态的力在第二状态的位移上所作的功，等于第二状态的力在第一状态的位移上所作的功，据此可得：

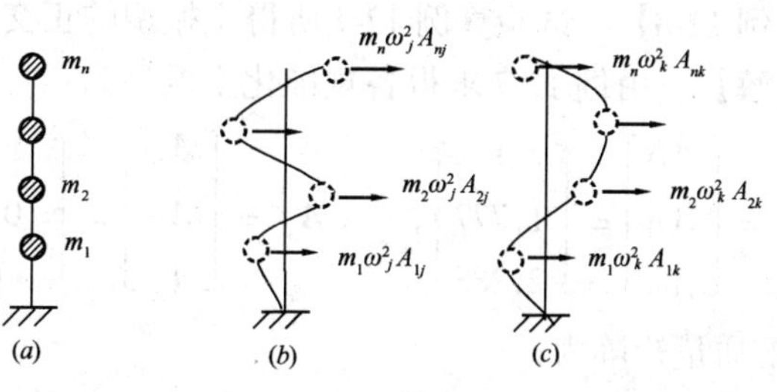

图 12-35

$$\begin{aligned}&m_1\omega_j^2A_{1j}A_{1k}+m_2\omega_j^2A_{2j}A_{2k}+\cdots+m_n\omega_j^2A_{nj}A_{nk}\\&=m_1\omega_k^2A_{1k}A_{1j}+m_2\omega_k^2A_{2k}A_{2j}+\cdots+m_n\omega_k^2A_{nk}A_{nj}\end{aligned}$$

整理得

$$(\omega_j^2-\omega_k^2)(m_1A_{1j}A_{1k}+m_2A_{2j}A_{2k}+\cdots+m_nA_{nj}A_{nk})=0$$

因 $\omega_j\neq\omega_k$，故有

$$m_1A_{1j}A_{1k}+m_2A_{2j}A_{2k}+\cdots+m_nA_{nj}A_{nk}=0 \tag{12-62a}$$

或

$$\sum_{i=1}^{n}m_iA_{ij}A_{ik}=0\quad(k\neq j) \tag{12-62b}$$

用矩阵表达时为：

$$A_j^T M A_k = 0 \quad (k \neq j) \tag{12-62c}$$

式中

$$A_j^T = [A_{1j} \quad A_{2j} \quad \cdots \quad A_{nj}]$$

$$A_k = \begin{bmatrix} A_{1k} \\ A_{2k} \\ \vdots \\ A_{nk} \end{bmatrix} \quad M = \begin{bmatrix} m_1 & & & \mathbf{0} \\ & m_2 & & \\ & & \vdots & \\ \mathbf{0} & & & m_n \end{bmatrix}$$

式（12-62）表明了多自由度体系任意两个主振型对质量矩阵的正交性。

2. 关于刚度矩阵的正交性

利用振型对质量矩阵的正交性可以推导出振型关于刚度矩阵的正交性，现说明如下：根据式（12-58），对于第 k 振型则有

$$KA_k = \omega_k^2 MA_k$$

上式等号两边左乘 A_j^T 得：

$$A_j^T KA_k = \omega_k^2 A_j^T MA_k$$

由式（12-62c）可知，$A_j^T MA_k = 0$ 故有

$$A_j^T KA_k = 0 \quad (j \neq k) \tag{12-63}$$

式（12-63）就是主振型对刚度矩阵正交性的数学表达形式。主振型的正交性是结构本身固有的特性，利用这一特性可以将多自由度体系的受迫振动转化为单自由度体系，从而使计算简化，同时也可以用来检验所求得的主振型是否正确。

【例 12-8】 试验算例 12-7 所得主振型的正交性。

【解】 由例 12-7 求得各规准化主振型为：

$$A_1 = \begin{bmatrix} A_{11} \\ A_{21} \\ A_{31} \end{bmatrix} = \begin{bmatrix} 1 \\ 1.777 \\ 2.288 \end{bmatrix}, \quad A_2 = \begin{bmatrix} A_{12} \\ A_{22} \\ A_{32} \end{bmatrix} = \begin{bmatrix} 1 \\ 0.391 \\ -0.638 \end{bmatrix}, \quad A_3 = \begin{bmatrix} A_{13} \\ A_{23} \\ A_{33} \end{bmatrix} = \begin{bmatrix} 1 \\ -2.166 \\ 0.683 \end{bmatrix}$$

体系的质量矩阵为：

$$M = \begin{bmatrix} 1.5m & 0 & 0 \\ 0 & m & 0 \\ 0 & 0 & 1.5m \end{bmatrix}$$

于是，

$$A_1^T MA_2 = [1 \quad 1.777 \quad 2.288] \begin{bmatrix} 1.5m & 0 & 0 \\ 0 & m & 0 \\ 0 & 0 & 1.5m \end{bmatrix} \begin{bmatrix} 1 \\ 0.391 \\ -0.638 \end{bmatrix} \approx 0$$

$$A_1^T MA_3 = [1 \quad 1.777 \quad 2.288] \begin{bmatrix} 1.5m & 0 & 0 \\ 0 & m & 0 \\ 0 & 0 & 1.5m \end{bmatrix} \begin{bmatrix} 1 \\ -2.166 \\ 0.683 \end{bmatrix} \approx 0$$

$$A_2^T MA_3 = [1 \quad 0.391 \quad -0.638] \begin{bmatrix} 1.5m & 0 & 0 \\ 0 & m & 0 \\ 0 & 0 & 1.5m \end{bmatrix} \begin{bmatrix} 1 \\ -2.166 \\ 0.683 \end{bmatrix} \approx 0$$

同样可验算振型对刚度矩阵的正交性（具体计算从略）。以上验算说明，例 12-7 求得的主振型满足正交性条件。

12.6 多自由度体系的强迫振动

与单自由度体系的强迫振动一样，多自由度体系在动力荷载作用下的强迫振动同样包括自由振动和强迫振动两部分。同样由于阻尼力的影响，使自由振动部分迅速衰减，振动很快由过渡阶段进入平稳阶段。通常过渡阶段比较短，对工程实际问题比较重要的是平稳阶段，因此本节只讨论不考虑阻尼的纯强迫振动。

12.6.1 简谐荷载作用下的强迫振动

我们只讨论作用于多自由度体系的各简谐荷载具有相同的频率和相位的情况。与多自由度体系的自由振动相比，强迫振动时各质点除受惯性力作用外，还受到简谐周期荷载的作用，当干扰力直接作用在各质点上时，振动微分方程可用柔度法或刚度法建立，当干扰力作用位置为任意布置时，建立振动微分方程用柔度法比较简便。

图 12-36（a）表示 n 个自由度体系受 k 个同步简谐荷载 $F_{P1}\sin\theta t$、$F_{P2}\sin\theta t$、…、$F_{Pk}\sin\theta t$ 的作用，质点 m_i 任意时刻的位移 y_i 就等于自由振动时的位移（式 12-53a）与干扰力引起的位移（$\Delta_{iP}\cdot\sin\theta t$）的叠加，据此可写出按柔度法建立的多自由度体系强迫振动微分方程：

$$\left.\begin{aligned} m_1\ddot{y}_1\delta_{11} + m_2\ddot{y}_2\delta_{12} + \cdots + m_n\ddot{y}_n\delta_{1n} + y_1 &= \Delta_{1p}\sin\theta t \\ m_1\ddot{y}_1\delta_{21} + m_2\ddot{y}_2\delta_{22} + \cdots + m_n\ddot{y}_n\delta_{2n} + y_2 &= \Delta_{2p}\sin\theta t \\ \cdots\cdots&\cdots\cdots \\ m_1\ddot{y}_1\delta_{n1} + m_2\ddot{y}_2\delta_{n2} + \cdots + m_n\ddot{y}_n\delta_{nn} + y_n &= \Delta_{np}\sin\theta t \end{aligned}\right\} \tag{12-64a}$$

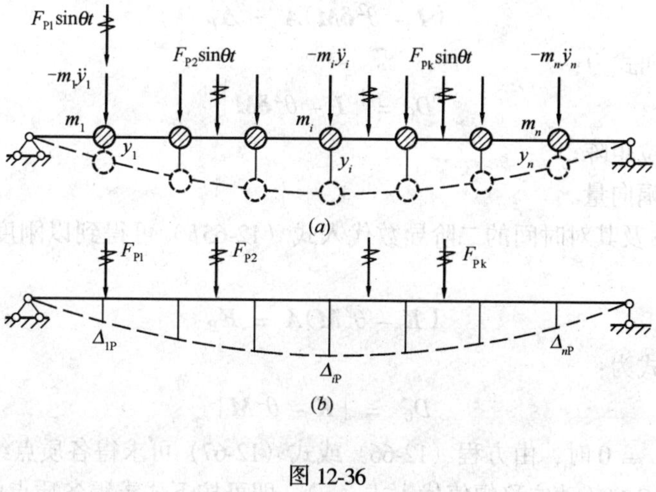

图 12-36

写成矩阵形式为：

$$\boldsymbol{\delta M\ddot{Y}} + \boldsymbol{Y} = \boldsymbol{\Delta}_{\mathbf{P}}\sin\theta t \tag{12-64b}$$

式中 Δ_{iP} 为荷载幅值引起的质点 m_i 的静位移（图 12-36b）；$\boldsymbol{\Delta}_{\mathbf{P}} = [\Delta_{1P} \quad \Delta_{2P} \quad \cdots \quad \Delta_{nP}]^{T}$ 为简谐荷载幅值引起的静位移向量，其余符号含义同前。

图 12-37 表示 n 个自由度体系各质点上作用有动力荷载 $\boldsymbol{F}_{P}(t) = \boldsymbol{F}_{P}\sin\theta t$，其中 $\boldsymbol{F}_{P}$ =

$[F_{P1} \quad F_{P2} \quad \cdots \quad F_{Pn}]^T$ 为动力荷载幅值向量。根据质点 m_i 在惯性力、恢复力和干扰力作用下的动力平衡条件，可得到按刚度法建立的体系振动微分方程：

$$\left.\begin{aligned} m_1\ddot{y}_1 + k_{11}y_1 + k_{12}y_2 + \cdots + k_{1n}y_n &= F_{P1}\sin\theta t \\ m_2\ddot{y}_2 + k_{21}y_1 + k_{22}y_2 + \cdots + k_{2n}y_n &= F_{P2}\sin\theta t \\ \cdots\cdots\cdots\cdots\cdots\cdots\cdots\cdots\cdots\cdots \\ m_n\ddot{y}_n + k_{n1}y_1 + k_{n2}y_2 + \cdots + k_{nn}y_n &= F_{Pn}\sin\theta t \end{aligned}\right\} \tag{12-65a}$$

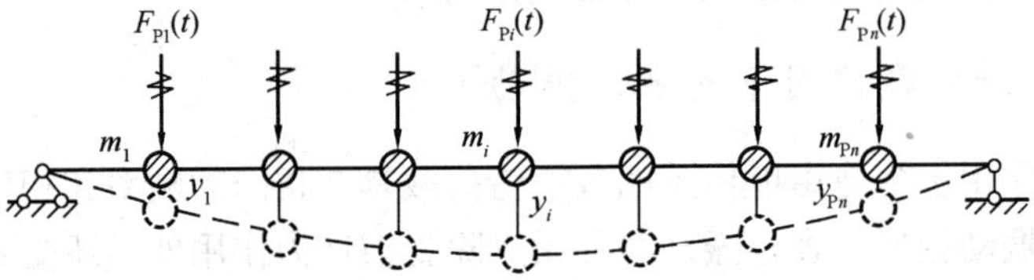

图 12-37

或写为矩阵形式

$$\boldsymbol{M}\ddot{\boldsymbol{Y}} + \boldsymbol{K}\boldsymbol{Y} = \boldsymbol{F}_{\mathbf{P}}(\sin\theta t) \tag{12-65b}$$

式（12-64）和式（12-65）都是无阻尼多自由度体系在简谐荷载作用下的振动微分方程，为 n 阶线性常系数非齐次方程组，它们的特解形式是一致的，设特解为：

$$\boldsymbol{Y} = \boldsymbol{A}\sin\theta t \tag{a}$$

式中 $\boldsymbol{Y} = [y_1 \quad y_2 \quad \cdots \quad y_n]^T$；$\boldsymbol{A}$ 为振幅向量，$\boldsymbol{A} = [A_1 \quad A_2 \quad \cdots \quad A_n]^T$。若将式（$a$）及其对时间的二阶导数代入式（12-64$b$），并消去公因子 $\sin\theta t$，可得以柔度系数表示的位移幅值方程，它是以 $\boldsymbol{A}$ 为未知量的线性代数方程组：

$$(\boldsymbol{I} - \theta^2\boldsymbol{\delta}\boldsymbol{M})\boldsymbol{A} = \boldsymbol{\Delta}_{\mathbf{P}} \tag{12-66}$$

其系数矩阵的行列式为：

$$D_0 = |\boldsymbol{I} - \theta^2\boldsymbol{\delta}\boldsymbol{M}| \tag{b}$$

式中　$\boldsymbol{I}$ ——单位矩阵；

　　　$\boldsymbol{A}$ ——振幅向量。

若将式（a）及其对时间的二阶导数代入式（12-65b）可得到以刚度系数表示的位移幅值方程：

$$(\boldsymbol{K} - \theta^2\boldsymbol{M})\boldsymbol{A} = \boldsymbol{F}_{\mathbf{P}} \tag{12-67}$$

其系数矩阵行列式为：

$$D_0^* = |\boldsymbol{K} - \theta^2\boldsymbol{M}| \tag{c}$$

当 $D_0 \neq 0$ 或 $D_0^* \neq 0$ 时，由方程（12-66）或式（12-67）可求得各质点纯强迫振动的动位移幅值。再将求得的各动位移幅值代入式（a），即可按下式求得各质点的惯性力，即

$$F_{Ii} = -m_i\ddot{y}_i = m_iA_i\theta^2\sin\theta t = F_{Ii}^0\sin\theta t \tag{d}$$

式中

$$F_{Ii}^0 = m_iA_i\theta^2 \quad (i = 1,2,\cdots,n) \tag{12-68}$$

F_{Ii}^0 为质点 m_i 的惯性力幅值。

由式(a)和式(d)可见，质点的动位移和惯性力与干扰力同时达到幅值。因此，可以

将惯性力和干扰力的最大值同时作用于体系上，按照静力方法求得结构的最大动位移和动内力。此外，当荷载频率 θ 与体系的任一自振频率 ω_i 相同时，对比式(b)与自由振动时的频率方程式(12-57b)或者对比式(c)与式(12-59)可知，$D_0 = 0$ 或者 $D_0^* = 0$，这时方程(12-66)或式(12-67)中振幅 A 都将趋于无限大，即体系发生共振现象。对于 n 个自由度体系有 n 个自振频率，所以将有 n 个共振的可能性，尽管由于阻尼力的存在，位移幅值不会无限大，但这对结构必竟是很不利的，故应避免共振现象出现。

【例 12-9】 试求图 12-38(a)所示体系质点的最大动位移，并绘制最大动力弯矩图。已知 $m_1 = m, m_2 = 2m$，横梁上作用有简谐均布荷载 $q(t) = q\sin\theta t$，其中 $\theta = 3\sqrt{\dfrac{EI}{ml^3}}$。

【解】 所给结构为静定，柔度系数容易求，动力荷载又不作用在质点上，故宜用柔度法求解。为求柔度系数需作出 $\overline{M}_1$、$\overline{M}_2$ 图，如图 12-38(b)、(c)所示。由图乘法求得柔度系数为：

$$\delta_{11} = \frac{l^3}{8EI}, \qquad \delta_{22} = \frac{l^3}{48EI}, \qquad \delta_{12} = \delta_{21} = \frac{l^3}{32EI}$$

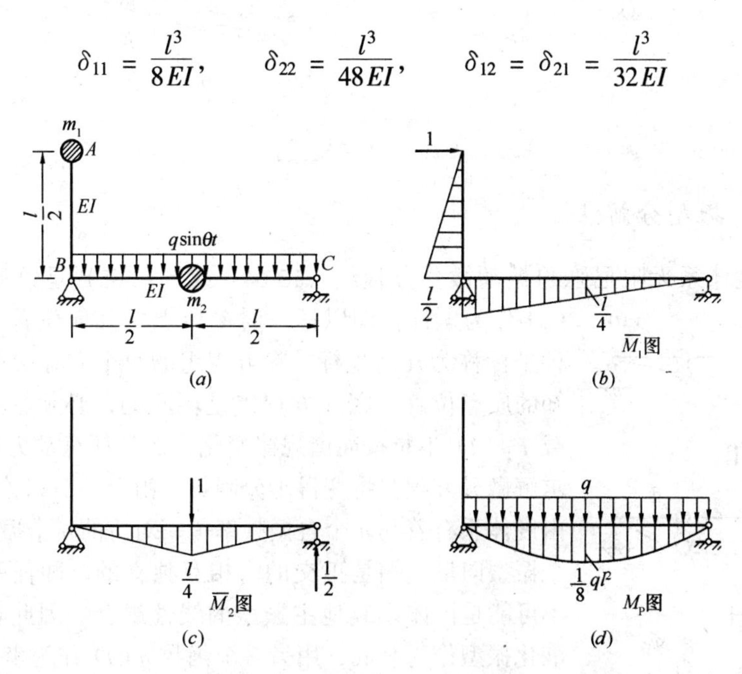

图 12-38

绘出 M_P 图（图 12-38d），荷载幅值引起的质点 m_1、m_2 处的静位移亦可用图乘法求得为：

$$\Delta_{1P} = \frac{ql^4}{48EI}, \qquad \Delta_{2P} = \frac{5ql^4}{384EI}$$

将以上各值及 m_1、m_2、θ 代入方程（12-66），并计及 $\theta = 3\sqrt{\dfrac{EI}{ml^3}}$，可得

$$\left.\begin{aligned} \left(1 - m\cdot\frac{l^3}{8EI}\cdot\frac{9EI}{ml^3}\right)A_1 - 2m\cdot\frac{l^3}{32EI}\cdot\frac{9EI}{ml^3}A_2 &= \frac{ql^4}{48EI} \\ -m\cdot\frac{l^3}{32EI}\cdot\frac{9EI}{ml^3}A_1 + \left(1 - 2m\cdot\frac{l^3}{48EI}\cdot\frac{9EI}{ml^3}\right)A_2 &= \frac{5ql^4}{384EI} \end{aligned}\right\}$$

解此方程组可得质点 m_1、m_2 处的最大动位移为：

$$A_1 = -\frac{0.0861ql^4}{EI}, \quad A_2 = -\frac{0.0179ql^4}{EI}$$

由式（12-68）可得各质点惯性力幅值为：

$$F_{11}^0 = m_1A_1\theta^2 = -0.7749ql, \quad F_{12}^0 = m_2A_2\theta^2 = -0.3222ql$$

将求得的惯性力幅值和荷载幅值 q 一起作用于结构上(图 12-39a)，按静力方法绘出 M 图即为所求的最大动力弯矩图，如图 12-39(b)所示。图 12-39(b)中实线图形表示动力荷载向下作用，虚线图形表示动力荷载向上作用。

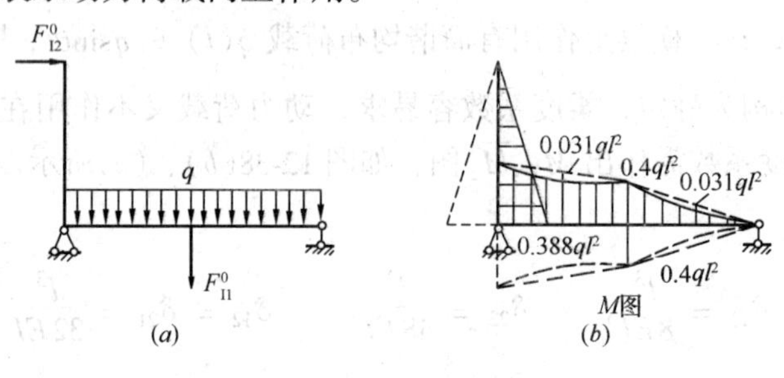

图 12-39

12.6.2 振型分解法

多自由度体系无阻尼强迫振动微分方程组（12-64）或（12-65）是以质点的位移 $y_i(t)$ 作为坐标，即以任一时刻质点的几何位置为坐标的，这种坐标称为几何坐标。在方程组的每个方程中都含有 n 个未知的质点位移，因此方程组是耦联的，必须联立求解。当荷载 $F_P(t)$ 不是按简谐规律变化，而是任意动力荷载时，联立求解微分方程组将变得十分困难。由上一节讨论可知，n 个自由度体系有着与 n 个自振频率一一对应的 n 个振型向量，这 n 个振型向量之间是正交的，相互独立的，即任一个主振型都不可能是该体系其他主振型的线性组合。因此若以体系已规准化振型作为基底，用另一个函数 $q(t)$ 作为坐标，称为广义坐标或正则坐标。就可以把联立方程组转换为 n 个独立的方程，使每个方程只含一个未知项，从而可以分别独立求解，使计算得到简化，这一方法称为振型分解法。

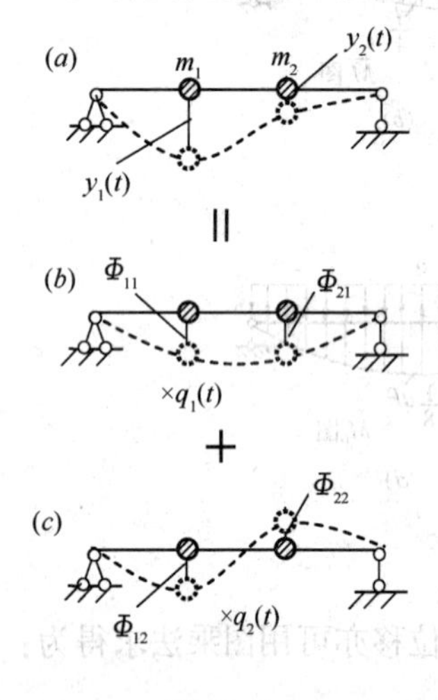

图 12-40

为简单起见，先考查两个自由度体系的情况。如图 12-40(a) 所示，质点 m_1、m_2 任一时刻的位移 $y_1(t)$ 、$y_2(t)$ 若用其两个振型的线性组合可表示为：

$$\begin{cases} y_1(t) = \Phi_{11}q_1(t) + \Phi_{12}q_2(t) \\ y_2(t) = \Phi_{21}q_1(t) + \Phi_{22}q_2(t) \end{cases} \tag{e}$$

式中 $\boldsymbol{\Phi}_1 = [\Phi_{11} \quad \Phi_{21}]^T$、$\boldsymbol{\Phi}_2 = [\Phi_{12} \quad \Phi_{22}]^T$ 分别为体系已规准化的第一、第二振型列向量；$q_1(t)$、$q_2(t)$ 为体系的广义坐标向量，它们表示在质点任一时刻的位移中第一、第二

振型所占的分量。若令

$$\boldsymbol{Y}=[y_1 \quad y_2]^{\mathrm{T}}, \qquad \boldsymbol{q}=[q_1 \quad q_2]^{\mathrm{T}}, \qquad \boldsymbol{\Phi}=[\boldsymbol{\Phi}_1 \quad \boldsymbol{\Phi}_2]=\begin{bmatrix}\Phi_{11} & \Phi_{12}\\ \Phi_{21} & \Phi_{22}\end{bmatrix}$$

则式（e）写成矩阵形式可为

$$\boldsymbol{Y}=\boldsymbol{\Phi q} \tag{f}$$

式中 $\boldsymbol{Y}$ 为体系位移列向量，即原几何坐标向量；$\boldsymbol{\Phi}$ 为振型矩阵，它是以第一、第二振型向量作为列向量构成的矩阵；$\boldsymbol{q}$ 称为广义坐标列向量。这样就把原来的几何坐标 $y_1(t)$、$y_2(t)$ 通过矩阵 $\boldsymbol{\Phi}$ 变换为用广义坐标 $q_1(t)$ 和 $q_2(t)$ 来表示，或者说体系的位移可以看作是由各固有振型分别乘以相应的组合系数 $q_1(t)$、$q_2(t)$ 后叠加而成。只要 $q_1(t)$ 与 $q_2(t)$ 能够确定，则 $y_1(t)$、$y_2(t)$ 也就可以确定。由于 $y_1(t)$、$y_2(t)$ 为时间的函数，故 $q_1(t)$、$q_2(t)$ 亦为时间的函数。

由上可见，利用结构体系振型矩阵作为变换矩阵就把两个自由度体系简化为与原体系的两个频率一一对应的两个单自由度体系，这一作法对两个以上自由度体系也适用。

多自由度体系无阻尼强迫振动微分方程按刚度法建立时为式（12-65b），即

$$\boldsymbol{M}\ddot{\boldsymbol{Y}}+\boldsymbol{KY}=\boldsymbol{F}_{\mathrm{P}}(t) \tag{g}$$

注意到式（f）表示的 $\boldsymbol{Y}$ 与 $\boldsymbol{q}$ 的关系，上式可写为：

$$\boldsymbol{M\Phi}\ddot{\boldsymbol{q}}+\boldsymbol{K\Phi q}=\boldsymbol{F}_{\mathrm{P}}(t) \tag{h}$$

以 $(\boldsymbol{\Phi}_i)^{\mathrm{T}}$ 左乘式（h）等号两边可得

$$(\boldsymbol{\Phi}_i)^{\mathrm{T}}\boldsymbol{M\Phi}\ddot{\boldsymbol{q}}+(\boldsymbol{\Phi}_i)^{\mathrm{T}}\boldsymbol{K\Phi q}=(\boldsymbol{\Phi}_i)^{\mathrm{T}}\boldsymbol{F}_{\mathrm{P}}(t) \tag{i}$$

其中

$$\begin{aligned}(\boldsymbol{\Phi}_i)^{\mathrm{T}}\boldsymbol{M\Phi}\ddot{\boldsymbol{q}}=&(\boldsymbol{\Phi}_i)^{\mathrm{T}}\boldsymbol{M\Phi}_1\ddot{q}_1+(\boldsymbol{\Phi}_i)^{\mathrm{T}}\boldsymbol{M\Phi}_2\ddot{q}_2+\cdots+(\boldsymbol{\Phi}_i)^{\mathrm{T}}\boldsymbol{M\Phi}_i\ddot{q}_i+\\&\cdots+(\boldsymbol{\Phi}_i)^{\mathrm{T}}\boldsymbol{M\Phi}_n\ddot{q}_n\end{aligned} \tag{j}$$

$$\begin{aligned}(\boldsymbol{\Phi}_i)^{\mathrm{T}}\boldsymbol{K\Phi q}=&(\boldsymbol{\Phi}_i)^{\mathrm{T}}\boldsymbol{K\Phi}_1q_1+(\boldsymbol{\Phi}_i)^{\mathrm{T}}\boldsymbol{K\Phi}_2q_2+\cdots+(\boldsymbol{\Phi}_i)^{\mathrm{T}}\boldsymbol{K\Phi}_iq_i+\\&\cdots+(\boldsymbol{\Phi}_i)^{\mathrm{T}}\boldsymbol{K\Phi}_nq_n\end{aligned} \tag{k}$$

根据主振型对质量矩阵和刚度矩阵的正交性可知，式（j）、式（k）等号右边除第 i 项外，其余各项都为零，因此式（i）可改写为：

$$(\boldsymbol{\Phi}_i)^{\mathrm{T}}\boldsymbol{M\Phi}_i\ddot{q}_i+(\boldsymbol{\Phi}_i)^{\mathrm{T}}\boldsymbol{K\Phi}_iq_i=(\boldsymbol{\Phi}_i)^{\mathrm{T}}\boldsymbol{F}_{\mathrm{P}}(t) \tag{l}$$

令

$$\overline{M}_i=(\boldsymbol{\Phi}_i)^{\mathrm{T}}\boldsymbol{M\Phi}_i, \qquad \overline{K}_i=(\boldsymbol{\Phi}_i)^{\mathrm{T}}\boldsymbol{K\Phi}_i, \qquad \overline{F}_{\mathrm{P}i}(t)=(\boldsymbol{\Phi}_i)^{\mathrm{T}}\boldsymbol{F}_{\mathrm{P}}(t) \tag{m}$$

它们依次称为对应于第 i 个主振型的广义质量、广义刚度和广义荷载，将它们代入式（l）可得

$$\overline{M}_i\ddot{q}_i+\overline{K}_iq_i=\overline{F}_{\mathrm{P}i}(t) \quad (i=1,2,\cdots,n) \tag{n}$$

式（n）实际相当于单自由度体系受迫振动的微分方程。这样，对于 n 个自由度体系的受迫振动，当按振型分解计算时，就相当于计算 n 个单自由度体系的受迫振动。根据振型向量方程式（12-61），并将 A 换为 Φ 可有：

$$\boldsymbol{K\Phi}_i=\omega_i^2\boldsymbol{M\Phi}_i$$

用 $(\boldsymbol{\Phi}_i)^{\mathrm{T}}$ 左乘上式等号两边并注意到式（m）的前两式可得：

$$\overline{K}_i = \omega_i^2 \overline{M}_i$$

故有
$$\omega_i^2 = \frac{\overline{K}_i}{\overline{M}_i} \tag{12-69}$$

式（12-69）可以认为是单自由度体系固有频率公式的推广。于是式（n）可改写为：

$$\ddot{q}_i + \omega_i^2 q_i = \frac{\overline{F}_{Pi}(t)}{\overline{M}_i} \quad (i = 1,2\cdots,n) \tag{12-70}$$

式（12-70）与单自由度体系无阻尼强迫振动方程式（12-24）的形式相同，因而可按同样的方法求解。参照式（12-31）可得式（12-70）满足初始条件为零的特解为：

$$q_i(t) = \frac{1}{\overline{M}_i \omega_i} \int_0^t \overline{F}_{Pi}(\tau) \sin \omega_i (t - \tau) d\tau \tag{12-71}$$

由上式分别求出广义坐标 q_1、q_2、…、q_n 的解答后，即可利用式（f）的关系求出原体系的动位移。上述方法求解的主要思路就是将位移 $\boldsymbol{Y}$ 分解为各主振型的线性叠加，因此称为振型叠加法又称振型分解法。

【例 12-10】 试求图 12-41（a）所示简支梁两质点的位移和弯矩，已知质点 $m_1 = m_2 = m$，在 1 点作用突加荷载 $F_P(t) = \begin{cases} F_P & (t \geqslant 0) \\ 0 & (t < 0) \end{cases}$，结构的两个自振频率及规准化振型为：

$$\omega_1 = 5.692\sqrt{\frac{EI}{ml^3}}, \quad \omega_2 = 22.045\sqrt{\frac{EI}{ml^3}}, \quad \boldsymbol{\Phi}_1 = \begin{bmatrix} 1 \\ 1 \end{bmatrix}, \quad \boldsymbol{\Phi}_2 = \begin{bmatrix} 1 \\ -1 \end{bmatrix}$$

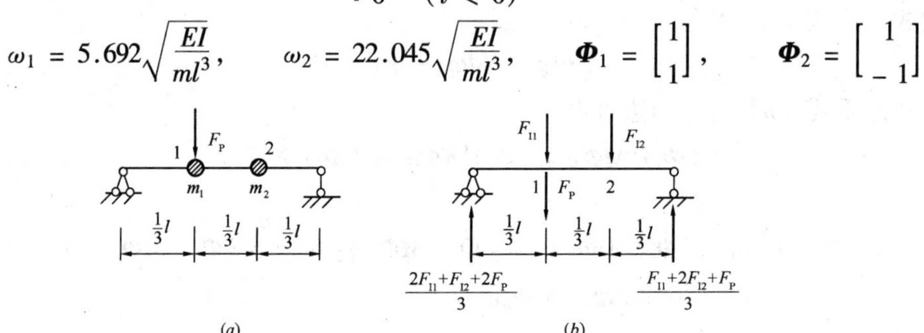

图 12-41

【解】 （1）建立坐标变换关系　坐标变换矩阵由各振型列向量组成，即

$$\boldsymbol{\Phi} = [\boldsymbol{\Phi}_1 \quad \boldsymbol{\Phi}_2] = \begin{bmatrix} 1 & 1 \\ 1 & -1 \end{bmatrix}$$

由式（f）得坐标变换式

$$\begin{bmatrix} y_1 \\ y_2 \end{bmatrix} = \begin{bmatrix} 1 & 1 \\ 1 & -1 \end{bmatrix} \begin{bmatrix} q_1 \\ q_2 \end{bmatrix}$$

（2）计算广义质量　由式（m）有

$$\overline{M}_1 = \boldsymbol{\Phi}_1^T \boldsymbol{M} \boldsymbol{\Phi}_1 = [1 \quad 1] \begin{bmatrix} m & 0 \\ 0 & m \end{bmatrix} \begin{bmatrix} 1 \\ 1 \end{bmatrix} = 2m$$

$$\overline{M}_2 = \boldsymbol{\Phi}_2^T \boldsymbol{M} \boldsymbol{\Phi}_2 = [1 \quad -1] \begin{bmatrix} m & 0 \\ 0 & m \end{bmatrix} \begin{bmatrix} 1 \\ -1 \end{bmatrix} = 2m$$

(3) 计算广义荷载　由式（m）有

$$\overline{F}_{P1}(t) = \boldsymbol{\Phi}_1^{T} F_P(t) = [1 \quad 1]\begin{bmatrix} F_P \\ 0 \end{bmatrix} = F_P$$

$$\overline{F}_{P2}(t) = \boldsymbol{\Phi}_2^{T} F_P(t) = [1 \quad -1]\begin{bmatrix} F_P \\ 0 \end{bmatrix} = F_p$$

(4) 求广义坐标　利用式（12-71），由于体系原是静止的［即 $y(0)=0, \dot{y}(0)=0$］因而有

$$q_1 = \frac{1}{\overline{M}_1\omega_1}\int_0^l F_P(\tau)\sin\omega_1(t-\tau)\mathrm{d}\tau$$

$$= \frac{1}{2m\omega_1}\int_0^l F_P\sin\omega_1(t-\tau)\mathrm{d}\tau = \frac{F_P}{2m\omega_1^2}(1-\cos\omega_1 t)$$

$$q_2 = \frac{1}{\overline{M}_2\omega_2}\int_0^l F_P(\tau)\sin\omega_2(t-\tau)\mathrm{d}\tau$$

$$= \frac{1}{2m\omega_2}\int_0^l F_P\sin\omega_2(t-\tau) = \frac{F_P}{2m\omega_2^2}(1-\cos\omega_2 t)$$

(5) 求位移　将求得的 q_1、q_2 代入变换坐标式得 $\begin{bmatrix} y_1 \\ y_2 \end{bmatrix} = \begin{bmatrix} 1 & 1 \\ 1 & -1 \end{bmatrix}\begin{bmatrix} q_1 \\ q_2 \end{bmatrix}$ 可得

$$y_1 = q_1 + q_2 = \frac{F_P}{2m\omega_1^2}\left[(1-\cos\omega_1 t) + \left(\frac{\omega_1}{\omega_2}\right)^2(1-\cos\omega_2 t)\right]$$

$$= \frac{F_P}{2m\omega_1^2}[(1-\cos\omega_1 t) + 0.0667(1-\cos\omega_2 t)]$$

$$y_2 = q_1 - q_2 = \frac{F_P}{2m\omega_1^2}[(1-\cos\omega_1 t) - 0.0667(1-\cos\omega_2 t)]$$

(6) 求质点 1、2 处的弯矩

$$F_{I1} = -m_1\ddot{y} = -\frac{F_P}{2}(\cos\omega_1 t + \cos\omega_2 t)$$

$$F_{I2} = -\frac{F_P}{2}(\cos\omega_1 t - \cos\omega_2 t)$$

图 12-41(b)给出了 F_{I1}、F_{I2}、F_P 作用下的支座反力，由此可求得截面 1、2 的弯矩如下：

$$M_1(t) = \frac{2F_{I1} + F_{I2} + 2F_P}{3}\cdot\frac{l}{3} = \frac{F_P l}{6}\left[(1-\cos\omega_1 t) + \frac{1}{3}(1-\cos\omega_2 t)\right]$$

$$M_2(t) = \frac{F_{I1} + 2F_{I2} + F_P}{3}\cdot\frac{l}{3} = \frac{F_P l}{6}\left[(1-\cos\omega_1 t) - \frac{1}{3}(1-\cos\omega_2 t)\right]$$

*12.7　无限自由度体系的自由振动

严格地说，实际结构都是质量连续分布的变形体，所以都属于无限自由度体系。此时，体系的运动方程既是时间的函数，同时也是位置的函数，于是就形成了偏微分方程。现以具有均布质量的等截面杆的弯曲振动为例，说明无限自由度体系自由振动的微分方程

及其特性。

由材料力学知，等截面水平直杆在横向分布荷载 q 作用下，若以 x 坐标向右为正，任一截面的位移 y 和荷载集度向下为正，则位移与荷载集度的微分关系为：

$$EI\frac{d^4y}{dx^4} = q \tag{a}$$

在自由振动时，不考虑阻尼作用，作用于杆件上的力只有连续分布的惯性力，它等于杆件单位长度上的质量 $\overline{m}$ 与加速度的乘积，即

$$q = -\overline{m}\frac{\partial^2 y}{\partial t^2} \tag{b}$$

式（b）代入式（a）可得等截面直杆自由振动的微分方程为：

$$EI\frac{d^4y}{dx^4} + \overline{m}\frac{\partial^2 y}{\partial t^2} = 0 \tag{12-72}$$

式中，$y(x,t)$ 同时是横坐标 x 和时间 t 的函数，它是一个偏微分方程。

方程（12-72）可采用分离变量法求解，设 $y(x,t)$ 可表达为以 x 为自变量的坐标位置函数 $Y(x)$ 和以 t 为自变量的时间函数 $T(t)$ 的乘积，即

$$y(x,t) = Y(x)T(t) \tag{c}$$

将式（c）代入方程（12-72），得

$$EIY^{(4)}(x)T(t) + \overline{m}Y(x)\ddot{T}(t) = 0$$

或写为

$$\frac{EIY^{(4)}(x)}{\overline{m}Y(x)} = -\frac{\ddot{T}(t)}{T(t)}$$

由于上式等号左边只与 x 有关，等号右边只与 t 有关，要维持恒等关系，两边必须等于同一个常数。设以 ω^2 代表这个常数，可得以下两个独立的常微分方程：

$$\ddot{T}(t) + \omega^2 T(t) = 0 \tag{d}$$

$$Y^{(4)}(x) - \lambda^4 Y(x) = 0 \tag{e}$$

其中

$$\lambda = \sqrt[4]{\frac{\omega^2\overline{m}}{EI}} \text{ 或 } \omega = \lambda^2\sqrt{\frac{EI}{\overline{m}}} \tag{f}$$

式（d）的形式与单自由度体系自由振动微分方程（12-2）相似，它的通解为：

$$T(t) = C_1\sin\omega t + C_2\cos\omega t$$

或

$$T(t) = B\sin(\omega t + \varphi)$$

于是由式（c），方程（12-72）的解可表示为：

$$y(x,t) = Y(x)\sin(\omega t + \varphi) \tag{g}$$

这里，常数 B 已并入到待定函数 $Y(x)$ 中。由式（g）可见，具有均布质量杆件的自由振动是以 ω 为频率的简谐振动，而 $Y(x)$ 即为其振幅曲线。

根据常微分方程的理论，式（e）的通解可表示为：

$$Y(x) = C_1\text{ch}\lambda x + C_2\text{sh}\lambda x + C_3\cos\lambda x + C_4\sin\lambda x \tag{12-73}$$

式中 $C_1 \sim C_4$ 为四个待定积分常数。根据杆件的边界条件可以写出包含 $C_1 \sim C_4$ 的四个齐次方程。然后，根据上述齐次方程系数行列式为零的非零解条件，得到用来确定 λ 的特

征方程，进而求出 λ。λ 确定后，便可由式（f）求得自振频率 ω。对于无限自由度体系，特征方程有无限多个根，因而可求得无限多个自振频率。对于每一个自振频率，由式（g）给出了方程（12-72）的一个特解，并可求得此时 C_1、C_2、C_3、C_4 的一组比值，再由式(12-73)得到其相应的一个主振型。

运动方程（12-72）的全解为各特解的线性组合，可表示为：

$$y(x,t) = \sum_{n=1}^{\infty} B_n Y_n(x)\sin(\omega_n t + \varphi_n) \tag{12-74}$$

其中待定常数 B_n 和 φ_n 需由初始条件确定。

【例 12-11】 试求图 12-42(a)所示等截面简支梁发生横向振动时的自振频率和振型。

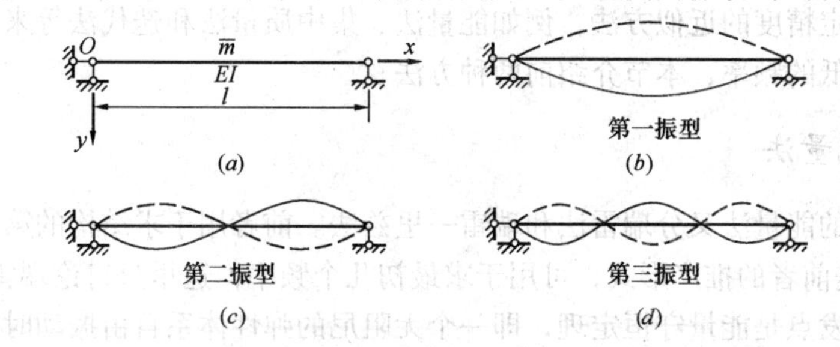

图 12-42

【解】 梁的左端侧移和弯矩均为零，即 $Y(0) = 0$ 和 $Y''(0) = 0$，将它们代入式(12-73)，可解得 $C_1 = C_3 = 0$。于是，振幅曲线便可简化为：

$$Y(x) = C_2\text{sh}\lambda x + C_4\sin\lambda x$$

梁右端的边界条件为 $Y(l) = 0$ 和 $Y''(l) = 0$，将它们代入上式即得一组关于 C_2、C_4 的齐次方程：

$$\left.\begin{aligned} C_2\text{sh}\lambda l + C_4\sin\lambda l = 0 \\ C_2\text{sh}\lambda l - C_4\sin\lambda l = 0 \end{aligned}\right\}$$

由上述方程取得 C_2、C_4 不全为零的条件是方程的系数行列式为零，即

$$\begin{vmatrix} \text{sh}\lambda l & \sin\lambda l \\ \text{sh}\lambda l & -\sin\lambda l \end{vmatrix} = 0$$

由此得

$$\text{sh}\lambda l \cdot \sin\lambda l = 0$$

因 $\text{sh}\lambda l = 0$ 将导致 $\lambda = 0$ 和 $Y(x) = 0$，故应舍去。于是上式只有

$$\sin\lambda l = 0$$

其特征根为

$$\lambda_n = \frac{n\pi}{l} \quad (n = 1,2,\cdots)$$

其相应的自振频率为：

$$\omega_n = \frac{n^2\pi^2}{l^2}\sqrt{\frac{EI}{\overline{m}}} \quad (n = 1,2,\cdots)$$

将 $\sin\lambda_n l = 0$ 代入上述齐次方程组中的任一式，因 $\text{sh}\lambda l \neq 0$，故有 $C_2 = 0$。于是，由振幅曲线的简化式可得

$$Y_n(x) = C_4 \sin \frac{n\pi x}{l} \quad (n = 1,2,\cdots)$$

设 $C_4 = 1$，由上式可画出其中前三个振型如图 12-42(b)、(c)、(d)所示。

12.8 计算频率的近似方法

由以上几节讨论可知，随着结构自由度的增多，自振频率的计算量也将增大。但在实际问题中，重要的是求出结构几个较低的自振频率。因为频率越高，说明振动的速度也就越快，因而阻尼的影响也就越大，相应于高频的振动形式也就愈难出现。工程中常采用一些简单又具有一定精度的近似方法，例如能量法、集中质量法和迭代法等来计算结构的基本频率和几个较低的频率，本节介绍前两种方法。

12.8.1 能量法

求自振频率的能量法又分瑞雷法和瑞雷—里兹法。前者用于求结构的第一频率（即基本频率）；后者是前者的推广形式，可用于求最初几个频率，这里只讨论瑞雷法。

瑞雷法的出发点是能量守恒定理，即一个无阻尼的弹性体系自由振动时，在任一时刻的总能量（应变能与动能之和）应当保持不变，即：动能（T）+ 应变能(U) = 常数。由以上各节可知，振动体系相应于每一频率的振型都是简谐振动。简谐振动具有如下特性：当体系处于静力平衡位置的瞬间，位移为零而速度最大，此时应变能 U 为零，动能 T 具有最大值 T_{max}；当体系处于最大振幅位置的瞬间，位移最大而速度为零，此时动能 T 为零，应变能 U 则具有最大值 U_{max}。体系在这两个瞬间的总能量相等，于是有

$$0 + T_{max} = U_{max} + 0$$

即

$$T_{max} = U_{max} \tag{a}$$

利用式（a）可以求得频率的计算公式。现以具有分布质量的梁的自由振动为例进行说明。

由 12.7 节式（g）知，具有分布质量杆件自由振动时的位移可表示为：

$$y(x,t) = y(x)\sin(\omega t + \varphi) \tag{b}$$

式（b）对 t 求导可得速度为：

$$\dot{y}(x,t) = \omega y(x)\cos(\omega t + \varphi) \tag{c}$$

体系的动能为：

$$T = \int_0^l \frac{1}{2}\overline{m}(x)\mathrm{d}x \cdot \dot{y}^2 = \frac{1}{2}\omega^2\cos^2(\omega t + \varphi)\int_0^l \overline{m}(x)y^2(x)\mathrm{d}x$$

当 $\cos(\omega t + \varphi) = 1$ 时，动能达到最大值 T_{max}，其值为：

$$T_{max} = \frac{1}{2}\omega^2\int_0^l \overline{m}(x)y^2(x)\mathrm{d}x \tag{d}$$

体系的弯矩与位移的关系为：

$$-M = EI\frac{\partial^2 y}{\partial^2 x} = EI\frac{\mathrm{d}^2 y(x)}{\mathrm{d}x^2}\sin(\omega t + \varphi) = EIy''(x)\sin(\omega t + \varphi)$$

若只考虑弯曲应变能时，体系的应变能为：

$$U = \frac{1}{2}\int_0^l \frac{M^2}{EI}\mathrm{d}x = \frac{1}{2}\sin^2(\omega t + \varphi)\int_0^l EI\,[\,y''(x)\,]^2\mathrm{d}x$$

当 $\sin(\omega t + \varphi) = 1$ 时，应变能达到最大值，其值为：

$$U_{\max} = \frac{1}{2}\int_0^l EI[\,y''(x)\,]^2\mathrm{d}x \tag{e}$$

将式(d)与式(e)代入式(a)可得：

$$\omega^2 = \frac{\int_0^l EI\,[\,y''(x)\,]^2\mathrm{d}x}{\int_0^l \overline{m}(x)y^2(x)\mathrm{d}x} \tag{12-75a}$$

如果体系上除分布质量 $\overline{m}(x)$ 外，还有 n 个集中质量 m_i，则式（12-75a）应改写为：

$$\omega^2 = \frac{\int_0^l EI\,[\,y''(x)\,]^2\mathrm{d}x}{\int_0^l \overline{m}(x)y^2(x)\mathrm{d}x + \sum_{i=1}^{n} m_i y_i^2} \tag{12-75b}$$

式（12-75）就是瑞雷法求自振频率的计算公式。

若能以真正的振幅曲线 $y(x)$ 代入式（12-75），则可得到 ω 的精确解，如以第一主振型的振幅曲线 $y_1(x)$ 代入，可得 ω_1 的精确值；以 $y_2(x)$ 代入，可得 ω_2 的精确值；等等。然而我们并不知道这些真正的振幅曲线，故无法用瑞雷法求得精确解。但若给定一个与所求振型近似的 $y(x)$ 的方程，并使其满足位移边界条件，便可能得到某个频率的近似解。由计算经验可知，单跨梁在某个静力荷载（如结构的自重）作用下的挠曲线，往往接近于第一振型曲线，因此用它代入式（12-75）便可得到 ω_1 的近似值，这就是瑞雷法的要点。由于假设高振型的振幅曲线较为困难，而且常造成很大误差，因此瑞雷法适合求第一频率。对其他结构类型，用瑞雷法求基本频率时，则要先判断其基本振型的大致形状，再确定一个与它接近的曲线方程 $y(x)$，代入式（12-75）即可求得该体系基本频率的近似解。

当以静力荷载作用下的挠曲线作为振幅曲线时，体系的应变能可用相应的外力功来代替，设梁上除分布重量 $q(x) = m(x)g$ 外，还有 k 个集中力 $F_{Pj}(j = 1,2,\cdots,k)$，其外力功为：

$$W = \frac{1}{2}\int_0^l q(x)y(x)\mathrm{d}x + \frac{1}{2}\sum_{j=1}^{k} F_{Pj}y_j$$

使它与 $U_{\max}$ 相等，则可得：

$$\omega^2 = \frac{\int_0^l q(x)y(x)\mathrm{d}x + \sum_{j=1}^{k} F_{Pj}y_j}{\int_0^l m(x)y^2(x)\mathrm{d}x + \sum_{i=1}^{n} m_i y_i^2} \tag{12-76}$$

当体系仅为 n 个集中质量体系，并采用 k 个集中力作用时，上式可写为：

$$\omega^2 = \frac{\sum_{j=1}^{k} F_{Pj}y_j}{\sum_{i=1}^{n} m_i y_i^2} \tag{12-77}$$

【例 12-12】 图 12-43(a)所示简支梁，有三个相等的质量 m，试用能量法求它的基本频率。

【解】 采用集中荷载 $F_P = mg$ 作用计算应变能（图 12-43b），由式（12-77）知，为求得 ω，需要先求 y_1、y_2、y_3，由于

$$y_i = \delta_{i1}F_P + \delta_{i2}F_P + \delta_{i3}F_P = F_P(\delta_{i1} + \delta_{i2} + \delta_{i3}) \qquad (a)$$

由对称性可知：$\delta_{11} = \delta_{33}$，$\delta_{12} = \delta_{21} = \delta_{32} = \delta_{23}$，$\delta_{13} = \delta_{31}$。其中

$$\delta_{11} = \delta_{33} = \frac{9l^3}{768EI} = 9l^3\xi \quad \delta_{12} = \delta_{21} = \delta_{32} = \delta_{23} = 11l^3\xi$$

$$\delta_{13} = \delta_{31} = 7l^3\xi;\ \delta_{22} = 16l^3\xi;\ \left(\xi = \frac{1}{768EI}\right)$$

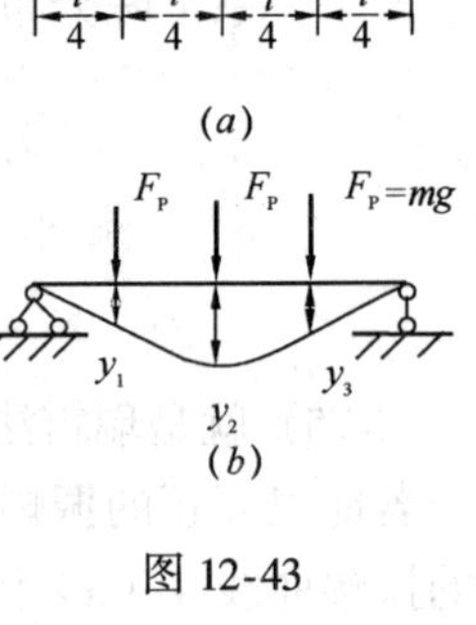

将各 δ_{ij} 代入式（a）可得

$$y_1 = \frac{27F_Pl^3}{768EI} = y_3; \qquad y_2 = \frac{38F_Pl^3}{768EI}$$

于是有

$$\sum_{j=1}^{k} F_{Pj}y_j = \frac{92F_P^2l^3}{768EI} \qquad (b)$$

$$\sum_{i=1}^{n} m_iy_i^2 = m(y_1^2 + y_2^2 + y_3^2) = 2902m\left(\frac{1}{768EI}\right)^2F_P^2l^6 \qquad (c)$$

图 12-43

将式（b）与式（c）代入式（12-77）可得

$$\omega_1 = 4.93\sqrt{\frac{EI}{ml^3}}$$

用精确法求得 $\omega_1 = 4.92\sqrt{\dfrac{EI}{ml^3}}$，两者相比误差仅为 0.2%。

12.8.2 集中质量法

集中质量法就是把体系中的分布质量换成若干集中质量，使体系由无限自由度转换成单自由度或多自由度，从而使自振频率的计算得到简化。集中质量的方法有多种，如静力等效集中质量法、动能等效集中质量法、转移质量法等。这里只介绍静力等效集中质量法。静力等效集中质量法是集中质量法中最简单的一种。其质量集中的原则是：①使集中后的重力与原来的重力互为静力等效（合力彼此相同）；②集中质量的位置一般根据结构的振动形式，选择在振幅较大的地方。这种方法简便灵活，可用于求梁、拱、刚架、桁架等各类结构。集中质量后用瑞雷法可很快求出基本频率。如用精确法计算，除求出基本频率外，还可求第二、第三…频率，也可用于确定主振型，故工程中常被采用。随着集中质量的数目越多，求得的结果精度越高，但计算工作量越大。这种近似方法求得的低频率精度较高，因此实用上只要求低频率时，集中质量体系的自由度数目毋须太多，只比所求低频率数目稍多即可。

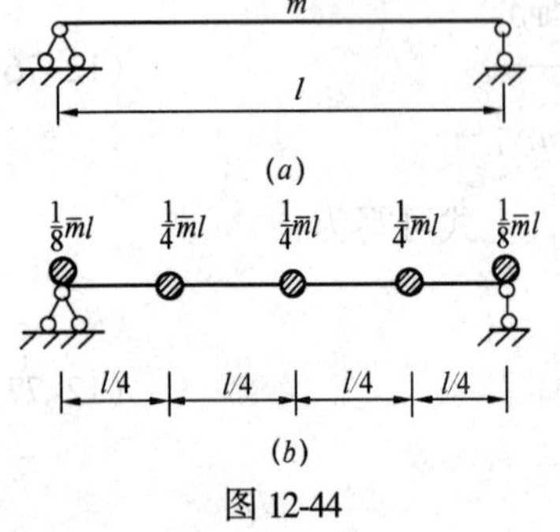

图 12-44

例如欲求图 12-44（a）等截面简支梁的第一、第二、第三频率，可将梁等分四段，并将各段分布质量分别集中于两

端，设单位长度的质量为 $\overline{m}$，则各质点的质量为 $\frac{1}{4}\overline{m}l$（图 12-44b）。这样就将原无限自由度体系化为三个自由度结构，因此可按 12.5.2 节所述方法求出结构前三个频率的近似值为：

$$\omega_1 = \frac{9.865}{l^2}\sqrt{\frac{EI}{\overline{m}}} \quad \omega_2 = \frac{39.2}{l^2}\sqrt{\frac{EI}{\overline{m}}} \quad \omega_3 = \frac{84.6}{l^2}\sqrt{\frac{EI}{\overline{m}}}$$

它们与精确解的误差依次为 0.05%、0.7% 和 4.8%。可见基本频率的精度是很高的。

思考题

12-1 动力计算与静力计算的主要区别是什么？

12-2 动力计算中如何确定体系的自由度？体系的自由度是否一定与质点数目相等？

12-3 试用刚度法、柔度法推导两个自由度自由振动的微分方程。

12-4 何为动力系数？其大小与哪些因素有关？

12-5 在杜哈梅积分中，时间 τ 与 t 有何区别？怎样用该积分求解一般动力荷载作用下的动力位移问题？

12-6 何为临界阻尼？何为阻尼比？阻尼数值变大时，振动的周期将如何变化？

12-7 求多自由度体系的自振频率时，什么情况下用刚度法好？什么情况下用柔度法好？

12-8 什么是主振型？为什么同一振型只能求得各质点振幅之间的相对比值？

12-9 什么是主振型的正交性？试证明主阵型关于质量矩阵的正交性。

12-10 什么叫广义坐标？你怎样理解坐标变换？

12-11 用能量法求自振频率的理论基础是什么？它有何优缺点？

习题

12-1 试判别图示各体系的振动自由度。各质点的转动惯量不计，忽略杆件的轴向变形。除注明外杆件均为弹性杆且质量略去不计。

12-2 试列出图示体系的动力平衡方程。

12-3 试列出图示体系的位移方程。

12-4 试计算图示体系的自振频率。各杆自重不计，忽略轴向变形。

12-5 试计算图示体系的自振频率。

12-6 图示刚架，跨中有集中质量 m，刚架质量不计，弹性模量为 E。试分别计算竖向振动和水平振动时的自振频率。$\left(\beta = \frac{I}{I_1}\right)$

12-7 图示排架，柱的质量已集中到顶部并与屋盖合在一起，已知重量 $mg = 20\text{kN}$，$E = 3 \times 10^4\text{MPa}$。上柱 $I_{c1} = 20 \times 10^4\text{cm}^4$，下柱 $I_{c2} = 10 \times 10^5\text{cm}^4$，试计算水平振动的自振频率。

12-8 图示体系的稳态阶段，试计算支座处动力弯矩的幅值，已知 $\theta = 0.5w$，EI = 常数，且不计阻尼。

12-9 图示体系，在支座 A 处受动力弯矩 $M\sin\theta t$ 作用，梁的质量不计，试求质点的动位移幅值，已知 $\theta = \sqrt{\frac{16EI}{ml^3}}$。

12-10 图示悬臂梁具有重量 $mg = 12\text{kN}$，其上有振动荷载 $F_P\sin\theta t$ 作用，其中 $F_P = 5\text{kN}$，若不考虑阻尼，试计算梁在振动荷载为 300r/min 时的最大竖向位移和最大弯矩值，已知：$E = 2.1 \times 10^4\text{kN/cm}^2$，$I = 3400\text{cm}^4$，梁自重不计。

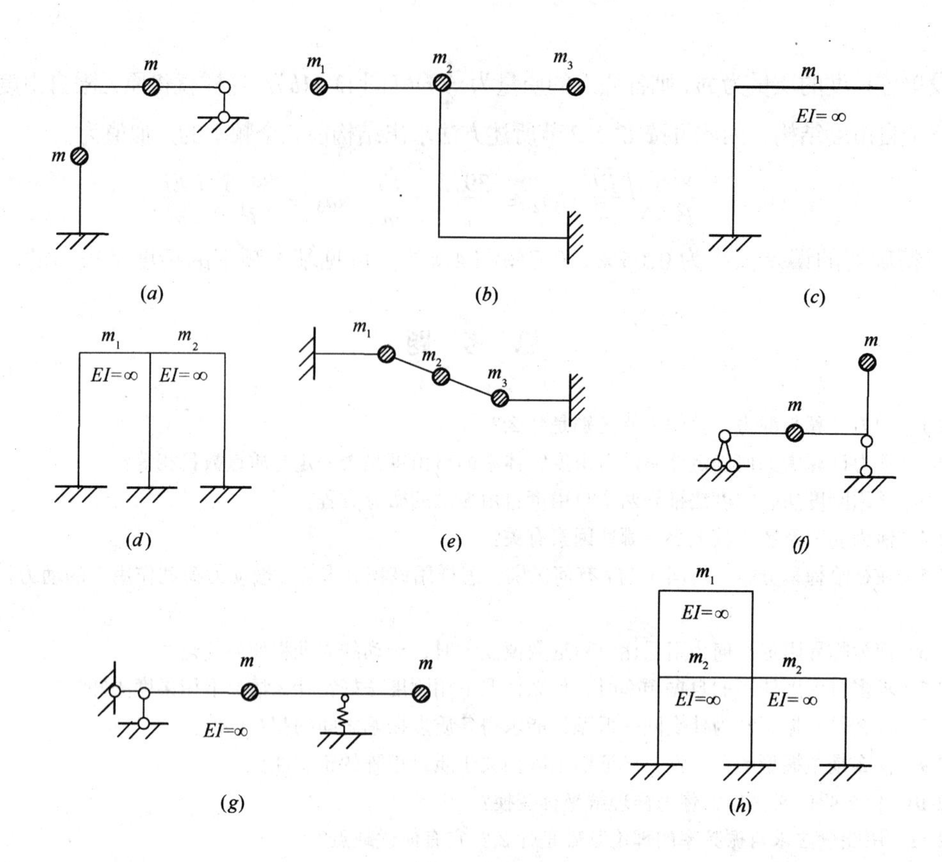

题 12-1 图

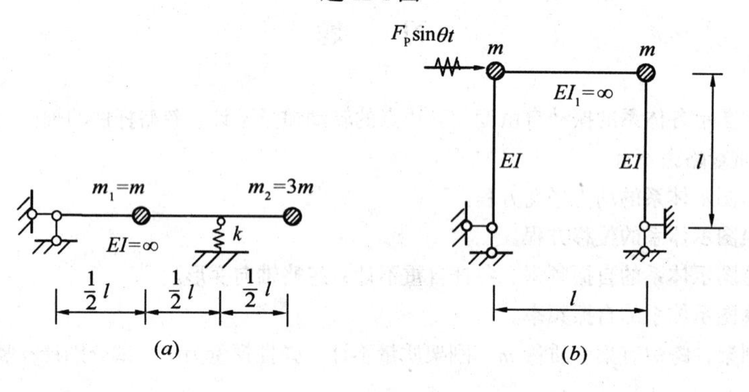

题 12-2 图

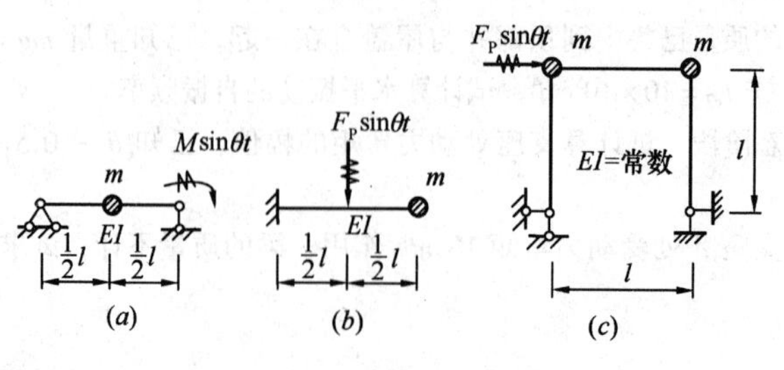

题 12-3 图

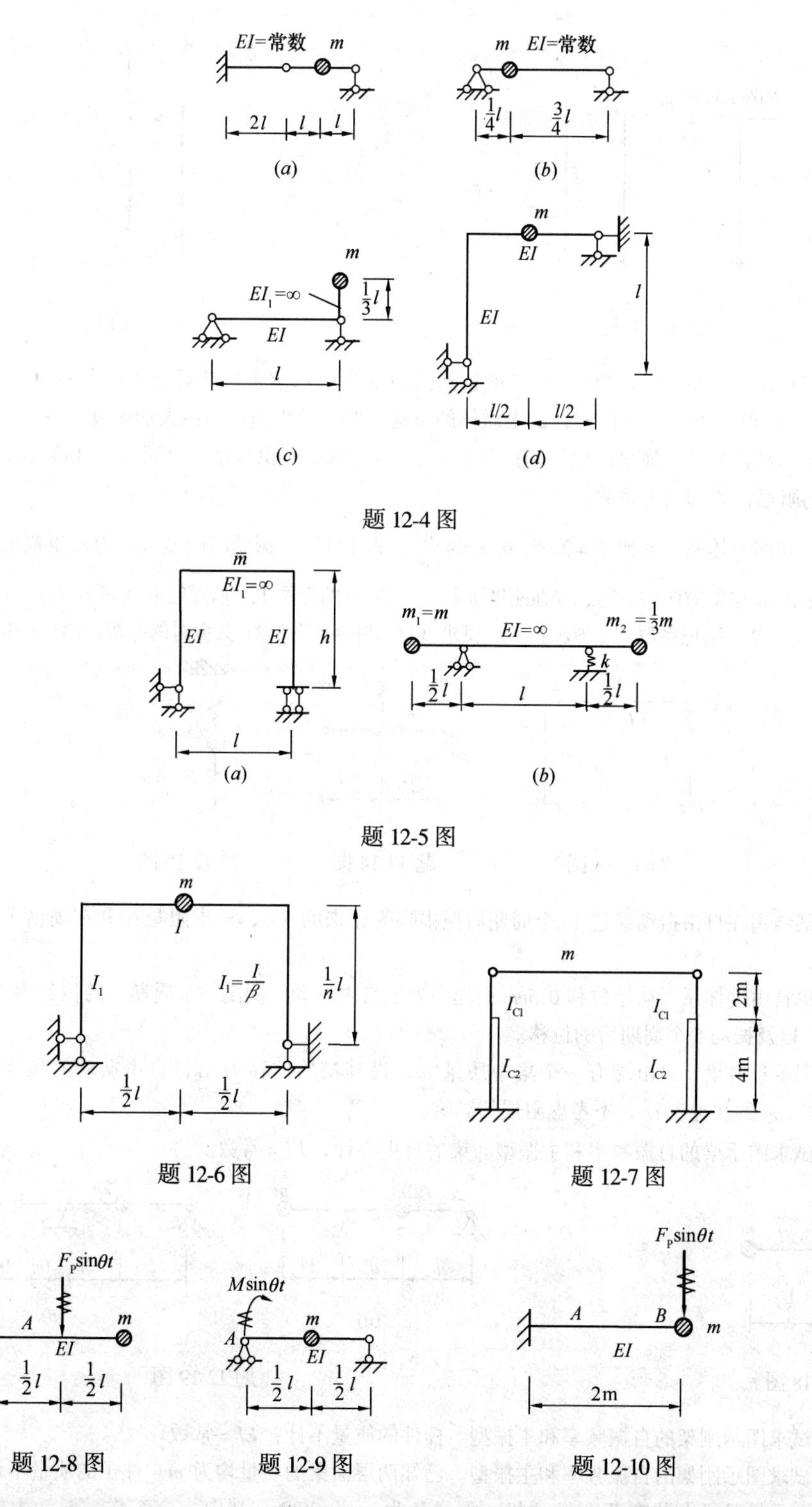

12-11　图示结构在柱顶有电动机，试求电动机转动时的最大水平位移和柱端弯矩的幅值，已知，电动机和结构的质量集中于柱顶，$mg=20\text{kN}$，电动机水平离心力的幅值 $F_P=250\text{N}$，电动机转速 $n=550\text{r/min}$，柱的线刚度 $i=\dfrac{EI_1}{h}=5.88\times10^8\text{N}\cdot\text{cm}$。

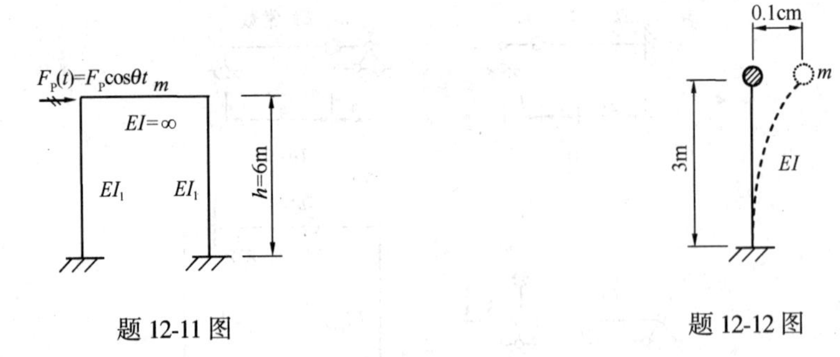

题 12-11 图　　　　　　　　　　题 12-12 图

12-12　图示柱顶端初始位移为 0.1cm（被拉到图中虚线所示位置，然后放松引起振动）。已知 $mg=20\text{kN}$，$E=2\times10^4\text{MPa}$，$I=16\times10^4\text{cm}^4$，试求质体的位移振幅，最大速度与最大加速度。

12-13　图示结构，设使横梁产生初始位移为 0.685cm，然后自由振动一个周期后其最大位移为 0.5cm，试计算体系的阻尼比 ξ 和动力系数 μ。

12-14　已知图示体系阻尼比 $\xi=0.05$，$\theta=64\dfrac{EI}{ml^3}$，试计算稳态振动时的最大动力弯矩幅值。

12-15　如图所示重 500N 的重物悬挂在刚度 $k=4\times10^3\text{N/m}$ 的弹簧上，假定它在简谐力 $F_P\sin\theta t$ 作用下竖向振动。已知 $F_P=50\text{N}$，阻尼系数 $c=50\text{N}\cdot\text{s/m}$，试求（1）共振频率；（2）共振时的振幅；（3）共振时的相角。

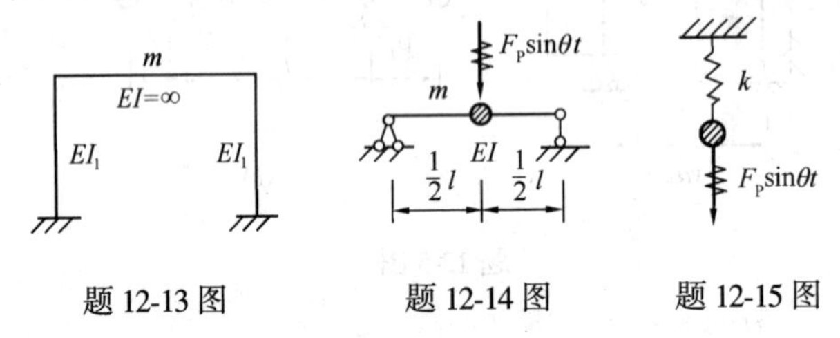

题 12-13 图　　　　题 12-14 图　　　　题 12-15 图

12-16　某结构在自由振动经过 10 个周期后振幅降为原来的 5%，试求阻尼比和在简谐干扰力作用下的动力系数。

12-17　单自由度体系因初始位移 0.5cm 而作小阻尼自由振动，测出一个周期后的位移为 0.4cm，试计算阻尼比 ξ，以及振动 5 个周期后的位移。

12-18　图示悬臂梁，自由端有一个集中质量 m，设其初始位移为 y_0，自由振动的最大竖向位移为 $5y_0$，试求质量 m 的初速度 v_0，不考虑阻尼的影响。

12-19　试求图示梁的自振频率和主振型。梁的自重不计，EI = 常数。

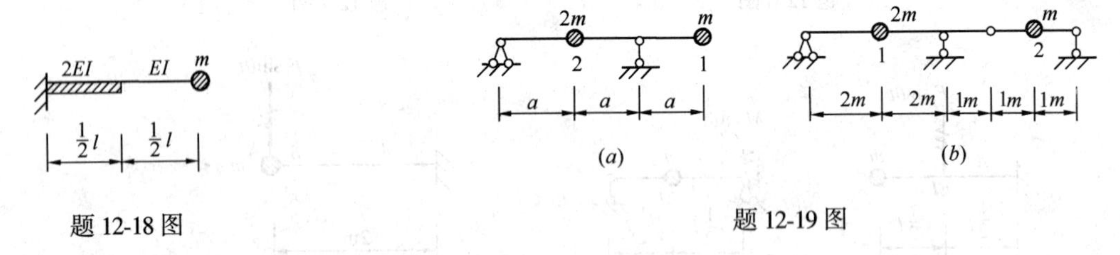

题 12-18 图　　　　　　　　　　题 12-19 图

12-20　试求图示刚架的自振频率和主振型。杆件的质量不计，EI = 常数。

12-21　试求图示刚架的自振频率和主振型。已知两层横梁的质量均为 m。柱子的质量不计。

12-22　图示悬臂梁上装有两个发动机，重量各为 $mg=30\text{kN}$，其中一个工作，振动力幅值为 $F_P=5\text{kN}$，发动机转速 $n=300\text{r/min}$，已知 $E=210\text{GPa}$，$I=2.4\times10^{-4}\text{m}^4$。梁重不计，试作动力弯矩图。

12-23　图示简支梁上有质点 m_1 及 m_2，重量均为 $mg=20\text{kN}$，设振动力幅值 $F_P=4.8\text{kN}$，频率 $\theta=30/\text{s}$，试求两质点处的最大竖向位移，已知 $E=210\text{GPa}$，$I=1.6\times10^{-4}\text{m}^4$。

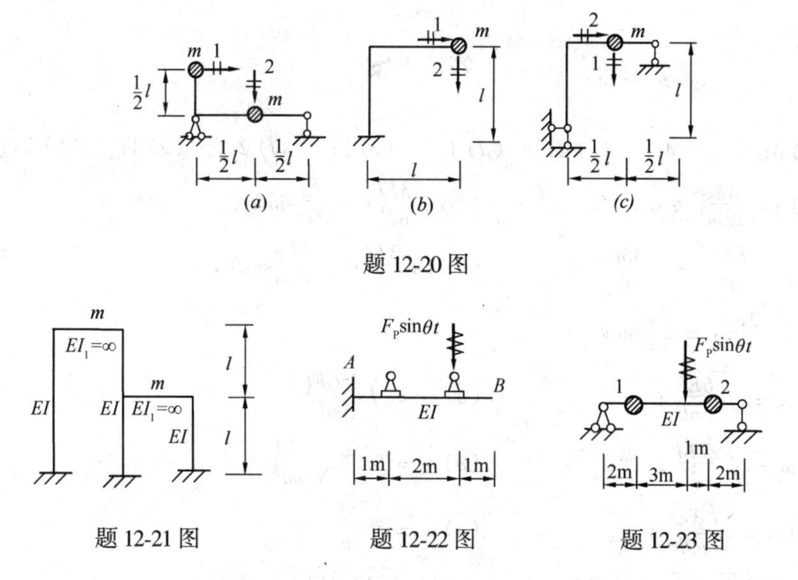

题 12-20 图

题 12-21 图　　题 12-22 图　　题 12-23 图

12-24　试求图示刚架的最大动力弯矩图，设 $\theta = 4\sqrt{\frac{EI}{ml^3}}$，刚架质量已集中于各自杆件的中点处，$EI$ = 常数。

12-25　试求图示刚架在结构质量处的最大水平位移，并绘制最大动力弯矩图，已知 $\theta = 3\cdot\sqrt{\frac{EI}{ml^3}}$。

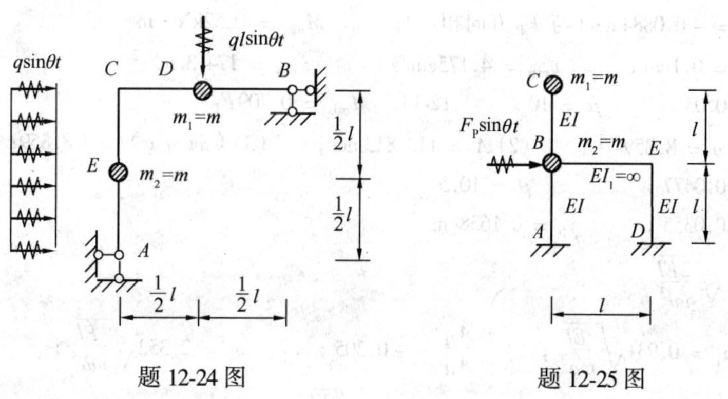

题 12-24 图　　题 12-25 图

12-26　试用振型分解法计算题 12-22。

12-27　试用振型分解法计算题 12-25。

12-28　试用集中质量法求图示梁的第一频率和第二频率。设 EI = 常数，均布质量为 $\overline{m}$。

12-29　试用能量法求梁的基本频率。集中质量为 m，分布质量为 $\overline{m}$，EI = 常数。提示：取自由端作用单位集中力产生的挠曲线为振型函数，即：$y(x) = \frac{l}{6EI}(3x^2l - x^3)$。

12-30　试用能量法求梁的基本频率。分布质量为 $\overline{m}$，EI = 常数。提示：取均布单位力 $q = 1$ 作用下的挠曲线作为振型函数，即 $y(x) = \frac{l^4}{24EI}\left(\frac{x^2}{l^2} - 2\frac{x^3}{l^3} + \frac{x^4}{l^4}\right)$。

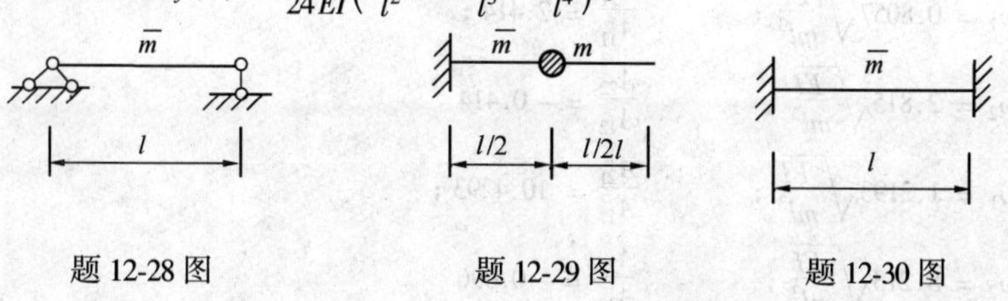

题 12-28 图　　题 12-29 图　　题 12-30 图

答　　案

12-1　(a) 3;　(b) 4;　(c) 2;　(d) 1;　(e) 3;　(f) 2;　(g) 1;　(h) 2

12-2　(a) $\ddot{y}+\frac{4k}{28m}y=0$;　(b) $\ddot{y}+\frac{3EI}{ml^3}y=\frac{F_P}{2m}\sin\theta t$

12-3　(a) $\ddot{y}+\frac{48EI}{ml^3}y=-\frac{3M}{ml}\sin\theta t$;　(b) $\ddot{y}+\frac{3EI}{ml^3}y=\frac{5F_P}{16m}\sin\theta t$;

(c) $\ddot{y}+\frac{2EI}{ml^3}y=\frac{F_P}{2m}\sin\theta t$

12-4　(a) $\omega=\sqrt{\frac{6EI}{5ml^3}}$;　(b) $\omega=\sqrt{\frac{256EI}{3ml^3}}$;

(c) $\omega=\sqrt{\frac{27EI}{ml^3}}$;　(d) $\omega=8.172\sqrt{\frac{EI}{ml^3}}$

12-5　(a) $\omega=\sqrt{\frac{3EI}{mlh^3}}$;　(b) $\omega=\sqrt{\frac{2k}{m}}$

12-6　$\omega=\sqrt{\frac{192(2\beta+3n)EI}{ml^3(8\beta+3n)}}$;　$\omega=\sqrt{\frac{12n^3EI}{ml^3(2\beta+n)}}$

12-7　$\omega=59.67S^{-1}$　12-8　$M_{max}=\frac{5}{48}F_Pl$　12-9　$y_{max}=\frac{3Ml^2}{32EI}$

12-10　$\Delta_{max}=7.88\text{mm}$;　$M_{max}=-42.2\text{kN}\cdot\text{m}$

12-11　$y_{max}=-0.0884\text{mm}$(与 F_P 方向相反);　$M_{max}=0.52\text{kN}\cdot\text{m}$

12-12　$y_{max}=0.1\text{cm}$;　$v_{max}=4.175\text{cm/s}$;　$\alpha_{max}=174.3\text{cm/s}^2$

12-13　$\xi=0.05$;　$\mu=10$;　12-14　$M_{max}=0.709F_Pl$

12-15　(1) $\omega=8.859\text{s}^{-1}$;　(2) $A=112.813\text{mm}$;　(3) $(\omega t-\varphi)=(8.859t-0.5\pi)$

12-16　$\xi=0.0477$;　$\mu=10.5$

12-17　$\xi=0.0355$;　$y_5=0.1638\text{cm}$

12-18　$v_0=\sqrt{\frac{2EI}{ml^3}}$

12-19　(a) $\omega_1=0.931\sqrt{\frac{EI}{ma^3}}$;　$\frac{A_{21}}{A_{11}}=-0.305$;　$\omega_2=2.352\sqrt{\frac{EI}{ma^3}}$;

$\frac{A_{22}}{A_{12}}=1.638$;　(b) $\omega_1=0.754\sqrt{\frac{EI}{m}}$;　$\frac{A_{21}}{A_{11}}=-0.85$;

$\omega_2=2.516\sqrt{\frac{EI}{m}}$;　$\frac{A_{22}}{A_{12}}=2.35$

12-20　(a) $\omega_1=2.7353\sqrt{\frac{EI}{ml^3}}$;　$\frac{A_{21}}{A_{11}}=0.277$;

$\omega_2=9.0619\sqrt{\frac{EI}{ml^3}}$;　$\frac{A_{22}}{A_{12}}=-3.610$

(b) $\omega_1=0.8057\sqrt{\frac{EI}{ml^3}}$;　$\frac{A_{21}}{A_{11}}=2.414$;

$\omega_2=2.815\sqrt{\frac{EI}{ml^3}}$;　$\frac{A_{22}}{A_{12}}=-0.414$

(c) $\omega_1=1.2193\sqrt{\frac{EI}{ml^3}}$;　$\frac{A_{21}}{A_{11}}=10.4293$;

$\omega_2=8.213\sqrt{\frac{EI}{ml^3}}$;　$\frac{A_{22}}{A_{12}}=-0.096$

12-21 $\omega_1 = 2.88\sqrt{\frac{EI}{ml^3}}$; $\frac{A_{21}}{A_{11}} = -2.308$;

$\omega_2 = 6.42\sqrt{\frac{EI}{ml^3}}$; $\frac{A_{22}}{A_{12}} = 0.433$

12-22 $M_A = 33.90\text{kN} \cdot \text{m}$; 12-23 $y_{1 \cdot \max} = 2.27\text{mm}$; $y_{2 \cdot \max} = 2.41\text{mm}$

12-24 $M_C = 0.181ql^2$; $M_D = 0.216ql^2$

12-25 $y_{1 \cdot \max} = -0.0256\frac{F_P l^3}{EI}$; $y_{2 \cdot \max} = 0.0513\frac{F_P l^3}{EI}$; $M_{AB} = M_{DE} = \frac{4}{13}F_P l$;

$M_{BA} = M_{ED} = \frac{4}{13}F_P l$; $M_{BC} = \frac{3}{13}F_P l$

12-28 $\omega_1 = \frac{9.86}{l^2}\sqrt{\frac{EI}{\overline{m}}}$; $\omega_2 = \frac{38.2}{l^2}\sqrt{\frac{EI}{\overline{m}}}$

12-29 $\omega = \sqrt{\frac{44.37EI}{2.41\overline{m}l^4 + ml^3}}$ 12-30 $\omega = \frac{22.45}{l^2}\sqrt{\frac{EI}{\overline{m}}}$

附录Ⅰ 静定结构内力的简捷计算

下面介绍静定结构内力计算的几个简便作法：①求支座反力、任一截面内力的“反正法”；②绘制剪力图、轴力图的“力矢移动法”；③绘制弯矩图的“单跨杆件法”。这些方法是对传统方法的总结提高，从概念到原理都与传统方法完全一致，学习时无需增加任何新知识，它们形象易记、容易掌握，能提高计算速度。

Ⅰ.1 求反力、任一截面内力的反正法

由平衡条件求静定结构的支座反力，对未知力数不超过3个的结构，可由3个独立的平衡方程求出；对三铰结构（三铰刚架、三铰拱等），可取两支座的连线为坐标轴，利用整体平衡和中间铰处弯矩为零的条件，能够使每个方程只含一个未知量；对于由基本部分和附属部分组成的结构，按照“先附属，后基本”的顺序，同样可以做到一个方程只含一个未知量。传统方法求反力的做法是：取隔离体、列出静力平衡方程（投影方程和力矩方程）即

$$\Sigma F_x = 0,\ \Sigma F_y = 0,\ \Sigma M = 0 \qquad (Ⅰ\text{-}1)$$

然后求解。在上述方程中，如果将未知力单独放在等号左边，则在投影方程中，等号右边就是隔离体上所有外力在未知力方向投影的代数和，且与未知力设定的指向相反者取正值(反向为正)；在力矩方程中，等号右边就是隔离体上所有外力对矩心的力矩代数和，且与未知力矩设定的转向相反者为正（反向为正)。用公式可表示为：

$$F_{\mathrm{A}} = \Sigma F_{\mathrm{P}i},\ F_{\mathrm{B}} l = \Sigma M_i \text{ 或 } F_{\mathrm{B}} = \frac{1}{l}\Sigma M_i,\ M_{\mathrm{C}} = \Sigma M_i \qquad (Ⅰ\text{-}2)$$

式中，F_{A}、F_{B}为支座 A、B 的反力；M_{C}为支座 C 的反力矩；l 为 F_{B}至矩心的距离；$F_{\mathrm{P}i}$为隔离体上沿 F_{A}方向的第 i 个外力；M_i为第 i 个外力对矩心的外力矩；“Σ”中各项符号符合反向为正的规律，简称反为正或反正。由式（Ⅰ-2）求出的结果为正，则表明未知力所设方向与实际相同，为负则相反，这就是反正法。

反正法同样可以求结构任一截面的内力（F_{N}、F_{Q}、M），现以图Ⅰ-1所示伸臂梁为例说明作法。例如，欲求 C 截面的弯矩M_{C}和剪力 F_{QC}，则可用手或纸遮住所求截面的任一侧，相当于截面法中去掉的部分（一般遮住外力较多的一侧，本例宜遮住右侧)；对留下部分（截面左侧)，假定所求截面内力为正（轴力使杆件受拉；剪力绕隔离体顺时针转；弯矩使水平杆、斜杆下侧受拉，使竖杆右侧受拉)，则按式（Ⅰ-2）可直接写出内力计算式如下：

$$F_{\mathrm{QC}} = F_{\mathrm{Ay}} - 5 \times 1 = 0$$

$$M_{\mathrm{C}} = F_{\mathrm{Ay}} \times 1 - 5 \times 1 \times 1/2 = 2.5\mathrm{kN \cdot m}$$

计算结果弯矩为正，说明 M_{C}使梁下侧受拉。

由上可见，反正法就是截面法的简化作法。采用反正法计算未知力有以下特点：

1. 好记　借助人们的日常口语：“反正、反正，反正就是对的”，使“反向为正”之规律容易记忆；

2. 统一　将求反力和求内力的作法统一；

3. 简便　不必建立坐标轴，无需画隔离体图，直接按式（Ⅰ-2）边写未知力表达式边计算，一般心算或简单手算即可完成。

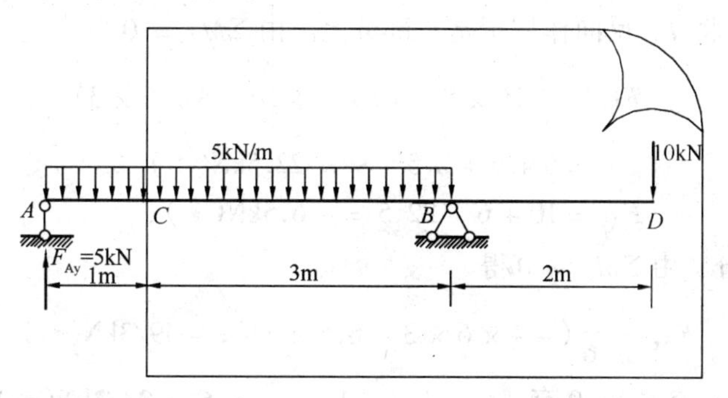

图Ⅰ-1

【例Ⅰ-1】　试用反正法计算图Ⅰ-2所示刚架的支座反力和 E 截面的内力。

【解】　本例只有三个反力。设定反力的指向如图Ⅰ-2所示，按式（Ⅰ-2）可直接写出计算式如下：

$$F_{Ax}=-20\text{kN}(\leftarrow)$$

$$F_{Ay}=\frac{1}{4}(-20\times2+10\times4\times2)=10\text{kN}(\uparrow)$$

$$F_{By}=10\times4-F_{Ay}=30\text{kN}(\uparrow)$$

求内力时，用手遮住 E 截面左侧，将欲求内力的正方向在心中想像出（轴力向左，剪力向上，弯矩顺针转），按式（Ⅰ-2）可直接写出：

$$F_{NE}=0$$

$$F_{QE}=10\times1-F_{By}=-20\text{kN}$$

$$M_E=-10\times1\times1/2+30\times1=25\text{kN}\cdot\text{m}(\text{下侧受拉})$$

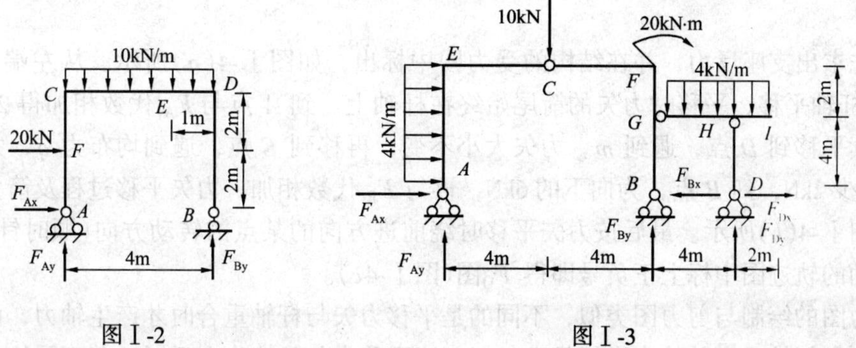

图Ⅰ-2　　　　　　　　　　图Ⅰ-3

【例Ⅰ-2】　试用反正法计算图Ⅰ-3所示结构的支座反力和弯矩 M_{EC}、M_F^L 及 M_{GB}。

【解】　（1）求反力　本例结构由基本部分 $AEFB$ 与附属部分 GID 组成，反力有6个，假定指向如图所示。按照先附属，后基本的顺序计算。

对附属部分 DH 为二力杆，故 $F_{Dx}=0$。由 $\Sigma M_G = 0$ 按式（Ⅰ-2）可直接写出：

$$F_{Dy} = \frac{1}{4}(4 \times 6 \times 3) = 18\text{kN}(\uparrow)$$

由 $\Sigma F_y = 0$ 有 $$F_{Gy} = 4 \times 6 - 18 = 6\text{kN}(\uparrow)$$

由 $\Sigma F_x = 0$ 有 $$F_{Gx} = 0$$

对基本部分 将 F_{Gy}反向作用于基本部分上。由 $\Sigma M_A = 0$ 得

$$F_{By} = \frac{1}{8}(6 \times 8 + 10 \times 4 + 20 + 4 \times 6 \times 3)$$

$$= 6 + 5 + 2.5 + 9 = 22.5\text{kN}(\uparrow)$$

由 $\Sigma F_y = 0$ 有 $$F_{Ay} = 10 + 6 - 22.5 = -6.5\text{kN}(\downarrow)$$

再取 AEC 部分，由 $\Sigma M_C = 0$ 得

$$F_{Ax} = \frac{1}{6}(-4 \times 6 \times 3 - 6.5 \times 4) = -49/3\text{kN}(\leftarrow)$$

取结构整体，由 $\Sigma F_x = 0$ 有 $F_{Bx} = F_{Ax} + 4 \times 6 = 23/3\text{kN}(\leftarrow)$

(2) 求弯矩 求 M_{EC}时，遮住 E 截面右侧，M_{EC}以逆针转为正，对留下部分按式（Ⅰ-2）可有

$M_{EC} = -F_{Ax} \times 6 - 4 \times 6 \times 3 = (49/3) \times 6 - 4 \times 6 \times 3 = 26\text{kN} \cdot \text{m}$（杆下侧受拉）

求 M_F^L 时，遮住 F 截面左侧及 GID 部分，M_F^L 以顺针转为正，因为 F_{By}、F_{Gy}对 F 截面之矩为零，由式（Ⅰ-2）可得：

$$M_F^L = -F_{Bx} \times 6 - 20 = -66\text{kN} \cdot \text{m}(\text{杆上侧受拉})$$

求 M_{GB}时，取 G 截面以下的竖杆部分，设 M_{GB}以逆针转为正，由式（Ⅰ-2）有：

$$M_{GB} = F_{Bx} \times 4 = 92/3\text{kN} \cdot \text{m}(\text{杆右侧受拉})$$

Ⅰ.2 绘制剪力图、轴力图的力矢移动法

力学中把用矢量表示的力称为力矢。力矢移动法就是通过将外力矢沿杆件轴线平移来获得 F_Q图、F_N图的绘图方法。下面通过图Ⅰ-4(a)所示梁，说明力矢移动法的绘图过程。

首先求出支座反力，并在结构的受力图中标出，如图Ⅰ-4(a)所示。从左端 C 开始，将 F_P沿杆轴平移，平移时力矢的箭尾始终在杆轴上。到 A 点与 F_{Ay}代数相加得 2kN(↑)，然后继续平移到 D 点，遇到 m，力矢大小不变，再移到 E 点，遇到均布力 q，力矢每平移 1m 减少 2kN，到 B 点，为向下的 6kN，再与 F_{By}代数相加。力矢平移过程及箭头移动的轨迹如图Ⅰ-4(b)所示。最后按力矢平移时绕前进方向的某点的转动方向(顺时针为正)在箭头移动的轨迹图中标上正负号即得 F_Q图(图Ⅰ-4c)。

轴力图的绘制与剪力图类似，不同的是平移力矢与杆轴重合时才产生轴力，而且平移中也只和与杆轴重合的外力进行代数相加。当平移力矢的箭头在后时，截面受拉，则轴力图标正号。

综上所述，可归纳出力矢移动法绘制轴力图、剪力图的作法如下：

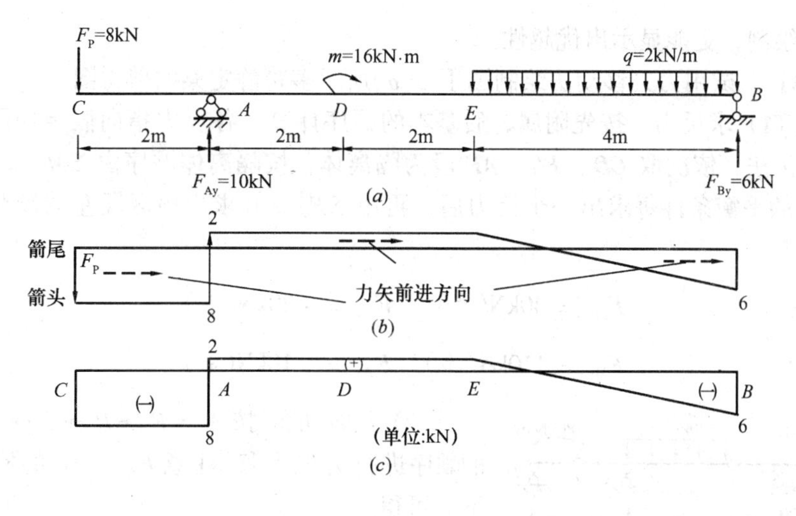

图Ⅰ-4

(1) 求出支座反力，将荷载和反力按大小和实际作用方向标于结构上。

(2) 从结构端点起，对遇到的第一个力矢沿杆轴进行平移，平移时力矢的箭尾不离开杆轴。平移力矢与杆轴垂直时产生剪力，重合时产生轴力。

(3) 平移中遇到与平移力矢重合的外力时，若为集中力，则代数相加；若为分布力(视作无限多个连续作用的小集中力)，则边代数相加边平移；若为力偶或与平移力矢垂直的外力，平移力矢无变化。

(4) 如此平移到结构最后一个截面，则与杆轴垂直的平移力矢，其箭头移动的轨迹就是平移区段的剪力图；而与杆轴重合的平移力矢其大小就是平移区段轴力图的值。

(5) 与杆轴垂直的平移力矢，其指向绕平移前进方向某一点为顺针转时，F_Q图为正，反之为负；与杆轴重合的平移力矢，若平移时箭头在箭尾之后，F_N图为正，反之为负。按此规定在所得 F_Q图或 F_N图中注明正负号。

需要说明的是，水平杆的剪力图习惯上绘在基线上方。为了与习惯作法一致，在绘制梁的剪力图时，若力矢为自右向左平移，则所得轨迹图要绕基线翻转180°。此外，由于杆轴方向改变后，外力矢与杆轴垂直和重合两个方向的分量也要改变。因此，在绘制刚架结构的剪力图、轴力图时，当杆件轴线方向改变时，平移力矢与杆轴垂直和平行方向的分量也要作相应的改变。

由上可知，平移力矢移到某一截面时，其值就是平移过的区段上与平移力矢同方向各外力的代数和。这与3.1节中由截面法得出的关于截面上轴力、剪力的结论完全一致，故力矢移动法的实质仍然是截面法。

实际绘图时不必画出图Ⅰ-4(b)，也不必写出力矢平移过程，而是边平移边绘图并写出内力值(一般心算即可完成)。但为了便于以后检查，宜写出力矢移动的顺序及部分控制截面的 F_Q值或 F_N值。例如对图Ⅰ-4的示例可写：平移顺序为 $C\rightarrow A\rightarrow D\rightarrow E\rightarrow B$，由平移知

$$F_{QC}^{R}=-8\text{kN}\quad F_{QA}^{R}=2\text{kN}$$

$$F_{QE}=2\text{kN}\quad F_{QB}^{L}=-6\text{kN}$$

力矢移动法形象、简便，尤其是对梁和由正交杆件组成的刚架，其轴力图、剪力图用

力矢移动法绘制，更能显示出优越性。

【例Ⅰ-3】 试用力矢移动法绘制图Ⅰ-5(a)所示多跨静定梁的剪力图。

【解】 (1) 求反力 按先附属、后基本的顺序计算，各反力指向假定如图Ⅰ-5（a）所示。用反正法，依次取 GD、FG、AF 段为隔离体，按隔离体顺序由 $\Sigma M_G = 0$、$\Sigma M_F = 0$、$\Sigma M_A = 0$ 的平衡条件每求出一个反力后，再由 $\Sigma F_y = 0$ 求出该区段左端铰节点的约束力。求得：

$$F_{Dy} = 40kN(\uparrow) \quad F_{Cy} = -20kN(\downarrow)$$

$$F_{By} = 110kN(\uparrow) \quad F_{Ay} = -10kN(\downarrow)$$

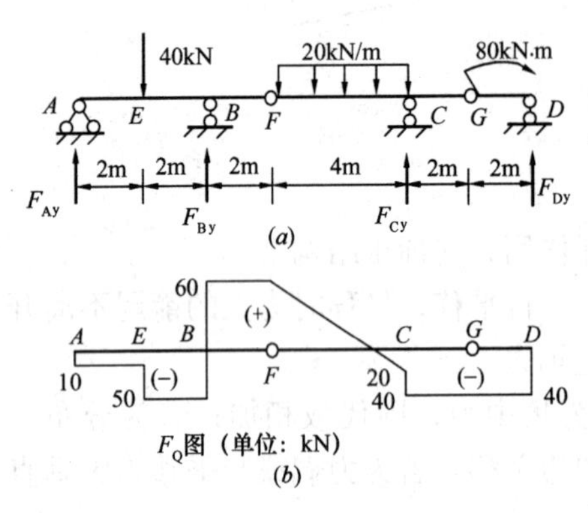

图Ⅰ-5

(2) 绘剪力图 按 $A\rightarrow E\rightarrow B\rightarrow F\rightarrow C\rightarrow G\rightarrow D$ 的顺序进行力矢平移，注意 F_{Ay}、F_{Cy} 的实际指向向下。可得：

$$F_{QA}^{R} = -10kN \qquad F_{QE}^{R} = -50kN$$

$$F_{QB}^{R} = 60kN \qquad F_{QF} = 60kN$$

$$F_{QC}^{R} = F_{QD}^{L} = -40kN$$

力矢平移得到的剪力图如图Ⅰ-5(b)所示。

【例Ⅰ-4】 试用力矢移动法绘制图Ⅰ-6(a)所示刚架的轴力图和剪力图。

【解】 (1) 求反力 各反力指向假定如图Ⅰ-6(a)所示。用反正法由整体平衡条件 $\Sigma F_y = 0$、$\Sigma M_B = 0$、$\Sigma F_x = 0$ 求得：

$$F_{Cy} = 60kN(\uparrow) \qquad F_{Ax} = 10kN(\leftarrow) \qquad F_{Bx} = -10kN(\rightarrow)$$

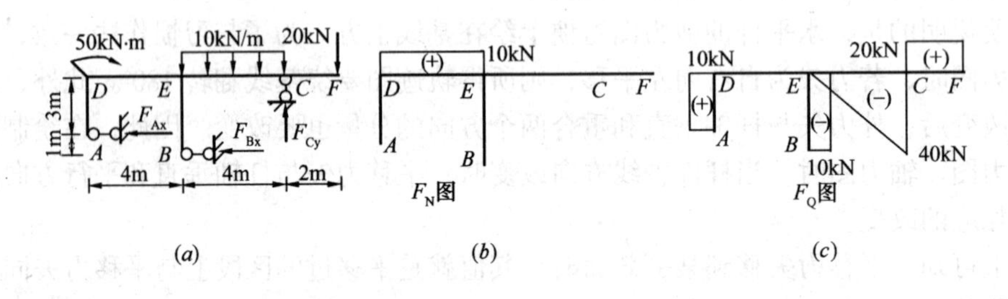

图Ⅰ-6

(2) 绘 F_N、F_Q图 对 ADE 部分，将 F_{Ax}沿 $A\rightarrow D\rightarrow E$ 平移可得该部分的 F_N、F_Q图。其中 AD 段：$F_N = 0$，$F_Q = 10kN$；DE 段：$F_N = 10kN$，$F_Q = 0$。

对 BE 部分，将 F_{Bx}（指向向右）沿 $B\rightarrow E$ 平移得 $F_N = 0$，$F_Q = -10kN$；

对 ECF 部分，在 E 点，$F_{Ax} + F_{Bx} = 0$，可知 EF 段 $F_N = 0$。又 $F_{QE} = 0$，将 EC 段均布力看作无限多小集中力，从 $E\rightarrow C\rightarrow F$ 进行力矢平移，其箭头移动轨迹即为 F_Q图，其中：

$$F_{QEC} = 0，F_{QC}^{L} = -40kN，F_{QC}^{R} = 20kN$$

由力矢平移得到的 F_N、F_Q图如图Ⅰ-6(b)、(c)所示。

【例Ⅰ-5】 试用力矢移动法绘制图Ⅰ-7(a)所示三铰刚架的轴力图和剪力图。

【解】 (1) 求反力　各反力指向假定如图Ⅰ-7(a)所示。由整体平衡条件及中间铰处弯矩为零的条件，用反正法求得

$$F_{By} = 25\text{kN}(\uparrow) \quad F_{Ay} = 35\text{kN}(\uparrow)$$

$$F_{Ax} = 15\text{kN}(\rightarrow) \quad F_{Bx} = 15\text{kN}(\leftarrow)$$

(2) 绘 F_N、F_Q图　先平移竖向力，将 F_{Ay}沿 $A\rightarrow D\rightarrow E\rightarrow B$ 的顺序平移，并在平移中和遇到的竖向荷载作代数相加。平移后可得 AD 段轴力图($F_N = -35\text{kN}$)、EB 段轴力图($F_N = -25\text{kN}$)及 DE 段剪力图；再平移水平力，将 F_{Ax}沿$A\rightarrow D\rightarrow E\rightarrow B$ 平移，可得 AD 段剪力图($F_Q = -15\text{kN}$)、EB 段剪力图($F_Q = 15\text{kN}$)及 DE 段轴力图($F_N = -15\text{kN}$)。

整个结构的轴力图、剪力图分别见图Ⅰ-7(b)、(c)所示，其中

$$F_{QC} = -5\text{kN},\ F_{QF}^{l} = -5\text{kN},\ F_{QF}^{R} = -25\text{kN}$$

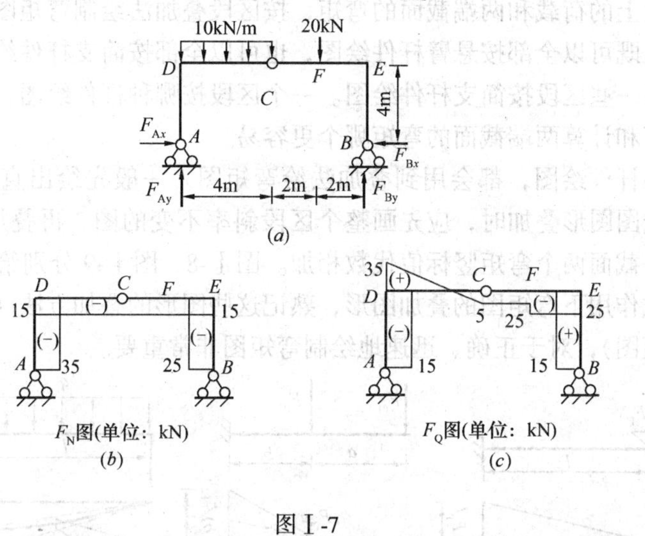

图Ⅰ-7

Ⅰ.3　绘制弯矩图的单跨杆件法

所谓单跨杆件法是将结构各直杆划分为若干区段，再将每个区段视作单跨杆件（悬臂杆件或简支杆件）分别应用叠加法或平衡方程绘制弯矩图的方法。

(1) 按悬臂杆件绘制弯矩图。此时，需要知道区段起始端截面的剪力和弯矩，然后由叠加法或平衡方程绘出弯矩图，具体作法是：

① 求出支座反力。

② 将结构划分区段。集中荷载（集中力、集中力偶）作用点、均布荷载集度突变点、节点（刚节点、铰节点）、支座处均作为分段点。

③各区段起始端截面的剪力。由力矢移动法求出各区段起始端剪力，并标记在相应的位置，通常这一计算由心算或简单的笔算即可完成。

④各区段起始端截面的弯矩。对于由两杆汇交的节点，当节点无外力偶时，就是前一区段末端的弯矩，当节点有外力偶时，可由节点平衡条件求出（这一计算也很简单）；对于两杆以上汇交的节点，当只有一个未知杆端弯矩时，由节点平衡条件求出，当未知杆端

弯矩多于一个时，由节点平衡条件无法计算起始端弯矩，这时需要另寻（或求出）一端截面剪力和弯矩已知的区段。

⑤按悬臂杆件在起始端截面剪力、弯矩和区段上分布荷载（均布荷载、三角形分布荷载）作用的情况绘出弯矩图。

(2) 按简支杆件绘制弯矩图。此时，需要知道区段两端截面的弯矩，然后再与区段上的荷载一起按区段叠加法绘出弯矩图，具体作法是：

① 求出支座反力。

② 将结构划分区段。通常，每个区段上可有一个集中力或一个集中力偶或满布的均布荷载。

③区段两端截面的弯矩应是已知的或容易求出的，如利用自由端、铰节点、刚节点的特点求弯矩，个别截面可由反正法求出。

④根据区段上的荷载和两端截面的弯矩，按区段叠加法绘制弯矩图。

同一结构，既可以全部按悬臂杆件绘图，也可以全部按简支杆件绘图，还可以一些区段按悬臂杆件另一些区段按简支杆件绘图。一个区段按哪种杆件绘图，主要看计算一端截面的剪力、弯矩和计算两端截面的弯矩哪个更容易。

无论按哪种杆件绘图，都会用到叠加法绘弯矩图。一般先绘出直线图，再叠加曲线图。当两个直线图图形叠加时，应先画整个区段斜率不变的图，再叠加有转折的直线图。叠加必须是同一截面两个弯矩竖标值代数相加。图Ⅰ-8、图Ⅰ-9分别给出悬臂梁、简支梁在几个简单荷载作用下弯矩图的叠加图形，熟记这些图形的叠加方法（包括图中各荷载方向改变后的弯矩图)，对于正确、迅速地绘制弯矩图非常重要。

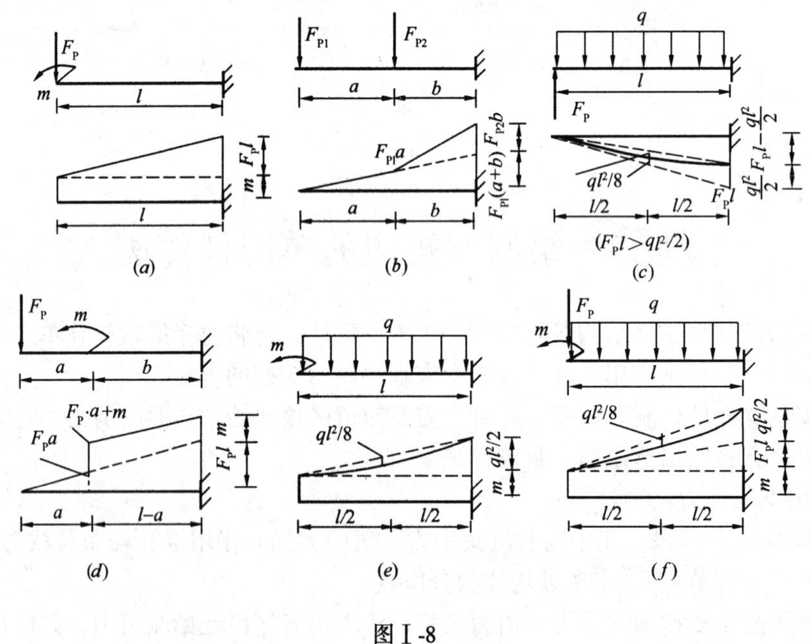

图Ⅰ-8

【例Ⅰ-6】 试按悬臂杆件绘制图Ⅰ-10(a)所示外伸梁的弯矩图。

【解】 (1) 求反力 用反正法求得

$$F_{By}=5\text{kN}(\uparrow),\ F_{Ay}=45\text{kN}(\uparrow),\ F_{Ax}=0$$

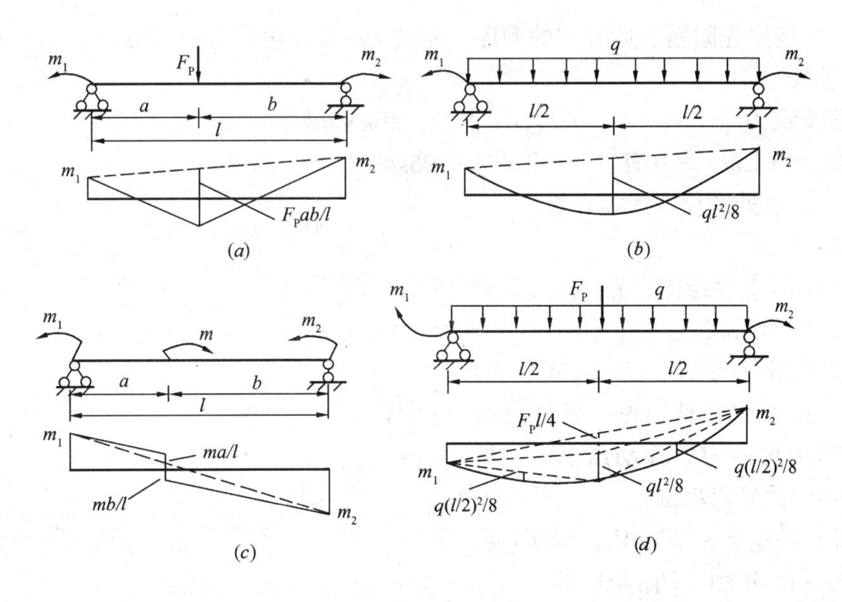

图Ⅰ-9

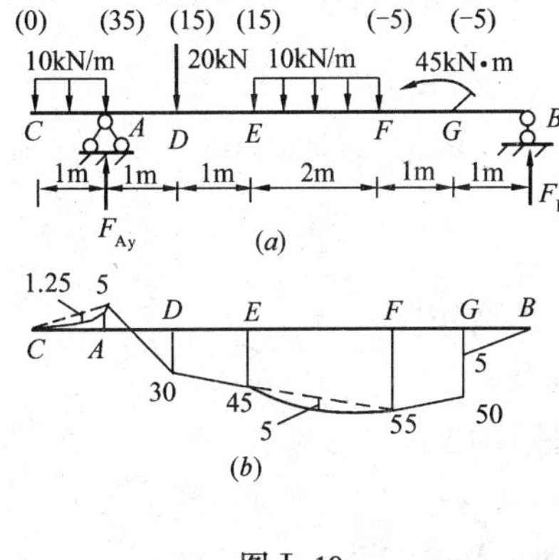

图Ⅰ-10

（2）绘 M 图　将结构划分为 CA、AD、DE、EF、FG、GB 六个区段，依次按悬臂杆件绘图。各区段起端截面的剪力由力矢移动法容易求出，已示于图Ⅰ-10（a）相应处括号内。此外，各区段交界点均为两杆汇交的刚节点，故除 GB 段外，前一个区段终末端的弯矩就是下一个区段起始端的弯矩。因此，按区段顺序绘制如下：

CA 段，$F_{QCA}=0$，$M_{CA}=0$，绘出悬臂杆件在均布荷载下的 M 图，$M_{AC}=-5\text{kN}\cdot\text{m}$；

AD 段，$F_{QAD}=35\text{kN}$，$M_{AD}=M_{AC}$，绘出悬臂杆件 AD 的 M 图，$M_{DA}=30\text{kN}\cdot\text{m}$；

DE 段，$F_{QDE}=15\text{kN}$，$M_{DE}=M_{DA}$，可得悬臂杆件 DE 的 E 端弯矩为 $M_{ED}=45\text{kN}\cdot\text{m}$；

EF 段，$F_{QEF}=15\text{kN}$，$M_{EF}=M_{ED}$，按悬臂杆件绘出 M 图，可得：

$$M_{FE}=45+15\times2-10\times2^2/2=55\text{kN}\cdot\text{m}$$

由于有均布荷载，M 图为抛物线，区段中点截面弯矩可由 M_{EF} 与 M_{FE} 连线的中点向下加 $10\times2^2/8=5\text{kN}\cdot\text{m}$ 求出；

FG 段，$F_{QFG}=-5\text{kN}$，$M_{FG}=M_{FE}$，按悬臂梁绘出 F_{QFG}、M_{FG} 共同作用下的 M 图，$M_{GF}=50\text{kN}\cdot\text{m}$；

GB 段，$F_{QGB}=-5\text{kN}$，$M_{GB}=M_{GF}-45=5\text{kN}\cdot\text{m}$，$M_{BG}=0$。

根据以上弯矩值不难绘出 M 图（图Ⅰ-10b）。注意，CA、EF 段 M 图凹凸方向应与均布荷载方向一致。

本例也可以用反正法求出 M_{EF}、M_{FE} 后将 AE、EF、FB 区段按简支杆件绘制，请读者自行练习。

【例Ⅰ-7】　试用单跨杆件法绘制图Ⅰ-11a 所示多跨静定梁的弯矩图。

【解】 按照先附属、后基本的顺序，先绘 CD 段，再绘 AC、DH 段。

(1) 求反力

CD 段支反力 $F_{Cy} = F_{Dy} = 10\text{kN}\ (\uparrow)$

DH 段，由 $\Sigma M_G = 0$ 有 $F_{Ey} = 25\text{kN}(\uparrow)$

支座 A、G 处的反力无需计算。

(2) 绘 M 图

CD 段按简支梁绘图，CA 段按悬臂杆件绘图，应无困难。

DH 段可划分为 DE、EF、FG、GH 四个区段，按悬臂杆件绘图。各区段起始点截面剪力可由力矢移动法求出，见图Ⅰ-11(a)中括号内数值。

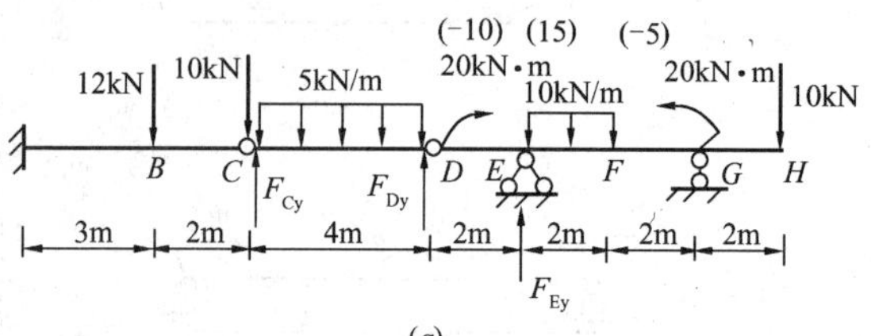

(a)

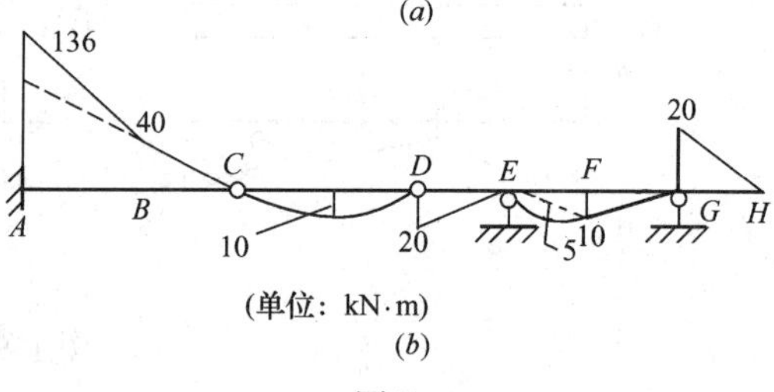

(b)

图Ⅰ-11

DE 段，$F_{QDE} = -10\text{kN}, M_{DE} = 20\text{kN·m}$，按悬臂杆件绘出 M 图，$M_{ED} = 0$；

EF 段，$F_{QEF} = 15\text{kN}$，$M_{EF} = M_{ED} = 0$，按悬臂杆件绘图得 $M_{FE} = 10\text{kN·m}$；

FG 段，$F_{QFG} = -5\text{kN}$，$M_{FG} = M_{FE}$，则有 $M_{GF} = M_{FG} - 5\times 2 = 0$；

GH 段，可看作 H 为自由端的悬臂梁，直接绘出 M 图，$M_{GH} = -20\text{kN·m}$。可以看到，G 点两侧截面的弯矩突变量正好等于外力偶矩之值。

整个结构的 M 图如图Ⅰ-11(b)所示。

【例Ⅰ-8】 试用单跨杆件法绘制图Ⅰ-12(a)所示刚架的弯矩图。

【解】 按照先附属、后基本的顺序计算。

(1) 由反正法依次求出各支座反力（假定的指向见图Ⅰ-12a）为：

$$F_{Cy} = 10\text{kN}(\uparrow) \quad F_{Ax} = -20\text{kN}(\leftarrow)$$

$$F_{Ay} = -15\text{kN}(\downarrow) \quad F_{By} = 25\text{kN}\ (\uparrow)$$

(2) 绘 M 图 CDE 部分：CD 段按悬臂杆件绘出，DE 段按简支杆件绘出。

基本部分：AE、EF、BH 依次按悬臂杆件绘出。再由 F 点的节点平衡条件求出 M_F^R，于是 FH 段可按简支杆件绘弯矩图。整个结构的 M 图见图Ⅰ-12(b)。

由示例可见，按悬臂杆件逐段绘制弯矩图，步骤按部就班，容易掌握；而按简支杆件绘图，则可减少分段数，提高绘图速度。

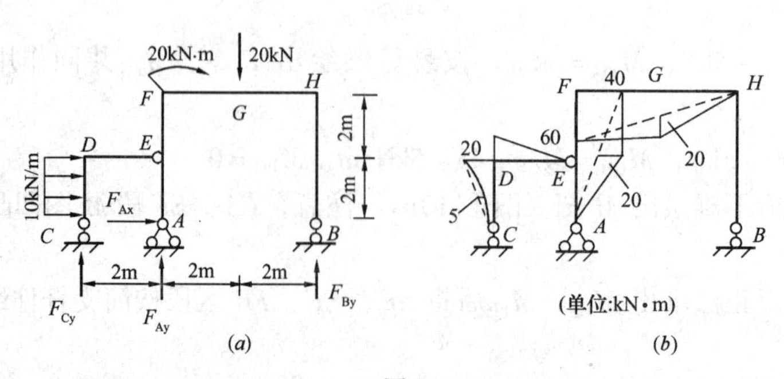

图Ⅰ-12

附录Ⅱ　结构位移计算的改进方法

在结构分析中，位移计算是非常重要、不可缺少的内容。附录Ⅱ将介绍在结构位移计算方面的一些改进方法，它们是求指定截面位移的代数法和绘制结构位移图的弯矩荷载法。

Ⅱ.1　求指定截面位移的代数法

Ⅱ.1.1　求指定截面位移的代数表达式

梁和刚架一类结构，轴力和剪力对位移的影响一般较小，通常只计算弯矩的影响。在传统方法中，对荷载作用下的结构位移计算公式则简化成：

$$\Delta = \Sigma \int \frac{M_P \overline{M}}{EI} \mathrm{d}s \tag{Ⅱ-1}$$

当结构各杆段符合：① 杆轴为直线；②EI 为常数；③ $\overline{M}$ 和 M_P两个弯矩图中至少有一个是直线图形。此时，可由上式推导出用图乘代替积分运算的位移计算式，这就是图乘法。然而，如果在式（Ⅱ-1）中，用各杆段两端截面的弯矩和分布荷载集度表示积分结果，则可以推导出位移计算的代数表达式，这就是求指定截面位移的代数法，现说明如下。

对于由 EI 为常数的等截面直杆组成的结构，在集中力、集中力偶、均布荷载、三角形荷载作用下，只要将各节点、集中荷载作用点、分布荷载不连续处作为分段点，则划分出的各区段上就只能是无荷载或满布的均布荷载或满布的三角形荷载或者它们的组合；$\overline{M}$ 图只能是直线图；M_P图则为相应简支梁在区段两端弯矩作用下的直线图 M_Z与满跨的均布荷载 q 作用下的标准二次抛物线图 M_q、满跨三角形荷载 p 作用下的标准三次抛物线图 M_p 的叠加，即：

$$M_P = M_Z + M_q + M_p \tag{Ⅱ-2}$$

于是，由积分的性质可知，式(Ⅱ-1)中各区段的积分可写成：

$$\int \frac{M_P \overline{M}}{EI} \mathrm{d}x = \int \frac{M_Z \overline{M}}{EI} \mathrm{d}x + \int \frac{M_q \overline{M}}{EI} \mathrm{d}x + \int \frac{M_p \overline{M}}{EI} \mathrm{d}x \tag{Ⅱ-3}$$

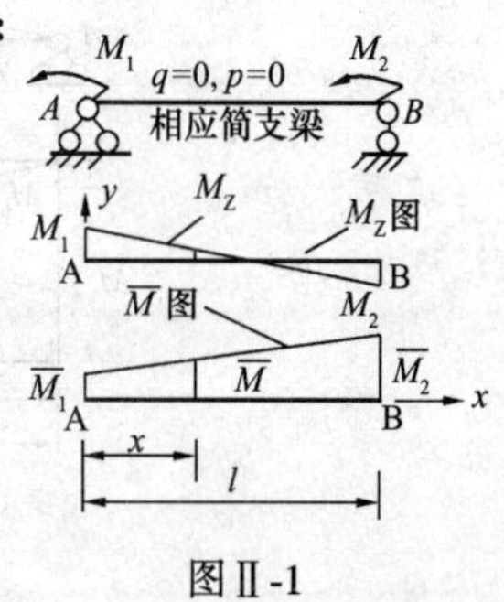

图Ⅱ-1

下面进一步说明式（Ⅱ-3）等号右边的各项积分。

如图Ⅱ-1所示，设等截面直杆 AB 段上的两个弯矩图都是斜率不变的直线图形。现以杆轴为 x 轴，A 为坐标原点。M_1、

M_2 和 $\overline{M}_1$、$\overline{M}_2$ 分别表示 M_Z和 $\overline{M}$ 图两端截面的弯矩，AB 段长为 l。在图Ⅱ-1 所示坐标下，各图形截面 x 处的弯矩为：

$$M_Z = \frac{M_2 - M_1}{l}x + M_1 \tag{a}$$

$$\overline{M} = \frac{\overline{M}_2 - \overline{M}_1}{l}x + \overline{M}_1 \tag{b}$$

将式(a)、式(b)代入式(Ⅱ-3)等号右边的第一项得：

$$\int_0^l \frac{M_Z\overline{M}}{EI}\mathrm{d}x = \frac{1}{EI}\int_0^l \left(\frac{M_2 - M_1}{l}x + M_1\right)\left(\frac{\overline{M}_2 - \overline{M}_1}{l}x + \overline{M}_1\right)\mathrm{d}x$$

$$= \frac{l}{6EI}(2M_1\overline{M_1} + 2M_2\overline{M_2} + M_1\overline{M_2} + M_2\overline{M_1}) \tag{Ⅱ-4a}$$

类似地，图Ⅱ-2 所示为 AB 段的 M_q图和 $\overline{M}$ 图。截面 x 处的 M_q值为：

$$M_q = \frac{ql}{2}x - \frac{q}{2}x^2 \tag{c}$$

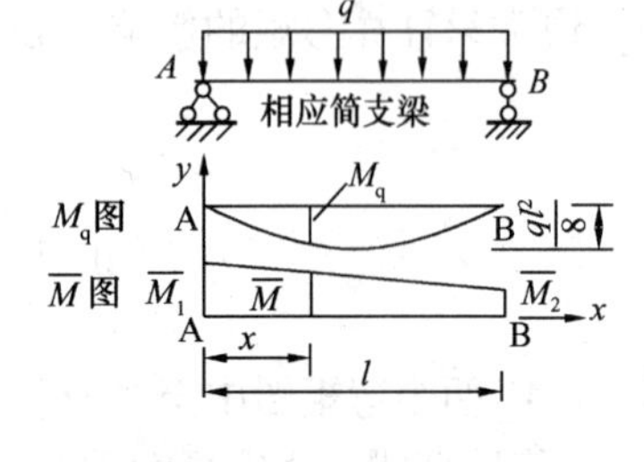

图Ⅱ-2

将式（b）、式（c）代入式（Ⅱ-3）等号右边的第二项得：

$$\int_0^l \frac{M_q\overline{M}}{EI}\mathrm{d}x = \frac{1}{EI}\int_0^l \left(\frac{ql}{2}x - \frac{q}{2}x^2\right)\left(\frac{\overline{M}_2 - \overline{M}_1}{l}x + \overline{M}_1\right)\mathrm{d}x$$

$$= \frac{l}{6EI} \times \frac{ql^2}{4}(\overline{M}_1 + \overline{M}_2) \tag{Ⅱ-4b}$$

对于 AB 段上有满布的三角形荷载的情况，只可能是三角形荷载最大值 p_Y 在右端(以下简称右三角荷载)如图Ⅱ-3(a)所示，或者三角形荷载最大值 p_Z 在左端(以下简称左三角荷载)如图Ⅱ-3(b)所示。此时在 x 截面处的 M_p值为：

在右三角中
$$M_{pY} = \frac{p_Y l}{6}x - \frac{p_Y}{6l}x^3 \tag{d}$$

在左三角中
$$M_{pZ} = \frac{p_Z l}{3}x - \frac{p_Z}{2}x^2 + \frac{p_Z}{6l}x^3 \tag{e}$$

这里，M_{pY}、M_{pZ}分别表示右三角荷载和左三角荷载 x 截面的弯矩。图Ⅱ-3(a)和图Ⅱ-3(b)的荷载不会同时出现，所以将式(b)、式(d)代入式(Ⅱ-3)等号右边第三项得右三角荷载的积分结果：

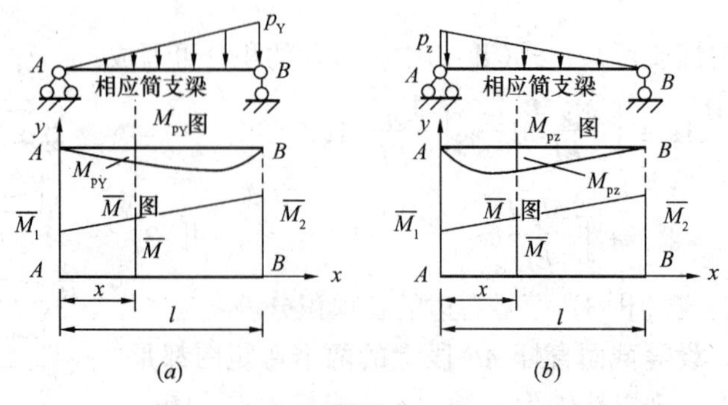

图Ⅱ-3

$$\int_0^l \frac{M_{pY}\overline{M}}{EI}\mathrm{d}x = \frac{1}{EI}\int_0^l \left(\frac{p_Y l}{6}x - \frac{p_Y}{6l}x^3\right)\left(\frac{\overline{M}_2 - \overline{M}_1}{l}x + \overline{M}_1\right)\mathrm{d}x$$

$$= \frac{l}{6EI} \times \frac{p_Y l^2}{60}(7\overline{M}_1 + 8\overline{M}_2) \qquad (\text{Ⅱ-}4c)$$

将式(b)、式(e)代入式(Ⅱ-3)等号右边第三项得左三角荷载作用下的积分结果：

$$\int_0^l \frac{M_{pZ}\overline{M}}{EI}\mathrm{d}x = \frac{1}{EI}\int_0^l \left(\frac{p_Z l}{3}x - \frac{p_Z}{2}x^2 + \frac{p_Z}{6l}x^3\right)\left(\frac{\overline{M}_2 - \overline{M}_1}{l}x + \overline{M}_1\right)\mathrm{d}x$$

$$= \frac{l}{6EI} \times \frac{p_Z l^2}{60}(8\overline{M}_1 + 7\overline{M}_2) \qquad (\text{Ⅱ-}4d)$$

将式(Ⅱ-4a、b、c、d)代入式(Ⅱ-1)可得：

$$\Delta = \Sigma\frac{l}{6EI}\Big[2M_1\overline{M_1} + 2M_2\overline{M_2} + M_1\overline{M_2} + M_2\overline{M_1} + \frac{ql^2}{4}(\overline{M_1} + \overline{M_2})$$

$$+ \frac{p_Y l^2}{60}(7\overline{M}_1 + 8\overline{M}_2) + \frac{p_Z l^2}{60}(8\overline{M}_1 + 7\overline{M}_2)\Big] \qquad (\text{Ⅱ-}5)$$

在同一区段计算中，式中方括号内的最后两项应根据右三角荷载还是左三角荷载而选相应的一项。

式(Ⅱ-5)就是荷载作用下求结构任一截面位移的代数表达式。事实上，用图乘法公式同样可推导出式(Ⅱ-5)中各项，从而证明式(Ⅱ-5)是正确的。例如，对图Ⅱ-2中两图形用图乘法计算时可有：

$$\frac{1}{EI} \times \frac{2}{3} \times l \times \frac{ql^2}{8} \times \frac{1}{2}(\overline{M}_1 + \overline{M}_2) = \frac{l}{6EI} \times \frac{ql^2}{4}(\overline{M}_1 + \overline{M}_2)$$

与式(Ⅱ-5)方括号内第5项完全相同。其余各项读者可自行验证。

应用式(Ⅱ-5)计算位移应注意以下几点：

(1) 弯矩乘积项正负的确定　当M_P图与$\overline{M}$图在杆件同一侧时，乘积为正，否则为负。计算时，式(Ⅱ-5)方括号内前4项各弯矩值先以正值代入，然后再判断各项乘积的正负；第五项与第六(或第七)项中的$\overline{M}_1$和$\overline{M}_2$当与相应简支梁在q、p作用下的弯矩图在杆件同一侧时取正，否则取负。这与图乘法的作法相同。

(2) 区段划分　为了作到同一区段$\overline{M}$图与M_Z图都是斜率不变的直线图，且区段上若有分布荷载时($q \neq 0$或$p \neq 0$)，都是满布的，应按本节的规定划分区段；

(3) 简化计算　当区段上$q = 0$，则式(Ⅱ-5)方括号内的第5项不计算；p_Y(或p_Z) = 0，第6(或7)项不必计算。式(Ⅱ-5)方括号内的前四项对应着区段上无分布荷载的情况，它们是两直线图同一端截面弯矩值相乘再乘2与两图形异端弯矩值相乘再乘1。计算时，将$\overline{M}$与M_Z图上下放置，便于对照。当有一个图形为直角三角形时，则与零值相关的两项不必计算，当两个图形均为直角三角形时，则与零值相关的三项不必计算。

应用式(Ⅱ-5)计算位移，可免去对弯矩图图形面积和形心位置的记忆。

Ⅱ.1.2 算例

【例Ⅱ-1】 试求图Ⅱ-4（a）所示外伸梁 C 点的竖向位移 Δ_{cv}。梁的 EI = 常数。

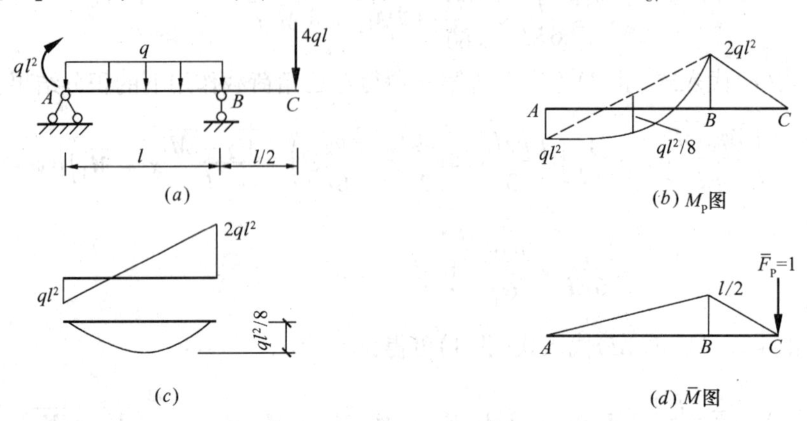

图Ⅱ-4

【解】 绘出 M_P与 $\overline{M}$ 图如图Ⅱ－4（b）、（d）所示。结构划分为 AB、BC 两段。

AB 段 M_P图可分解为直线图与标准二次抛物线图叠加（图Ⅱ-4c），$M_1 = ql^2$，$M_2 = 2ql^2$；$\overline{M}$ 图为三角形，$\overline{M}_1 = 0$、$\overline{M}_2 = l/2$；

BC 段两图形均为三角形，$M_1 = 2ql^2$，$M_2 = 0$，$\overline{M}_1 = l/2$，$\overline{M}_2 = 0$。

由式（Ⅱ-5）得（与零值有关的项不计算，并注意各项乘积前的正负号）：

$$\Delta_{cv} = \frac{l}{6EI}\left[2\times 2ql^2\times\frac{l}{2} - ql^2\times\frac{l}{2} - \frac{ql^2}{4}\times\frac{l}{2}\right] + \frac{\frac{l}{2}}{6EI}\times 2\times 2ql^2\times\frac{l}{2} = \frac{19ql^4}{48EI}(\downarrow)$$

【例Ⅱ-2】 试求图Ⅱ-5（a）所示刚架 C 点的水平位移 Δ_{CH}。各杆 EI = 常数。

【解】 绘出 M_P、$\overline{M}$ 图，见图Ⅱ-5（b）、（c）。将结构划分为 AC、CE、EB、CD 四

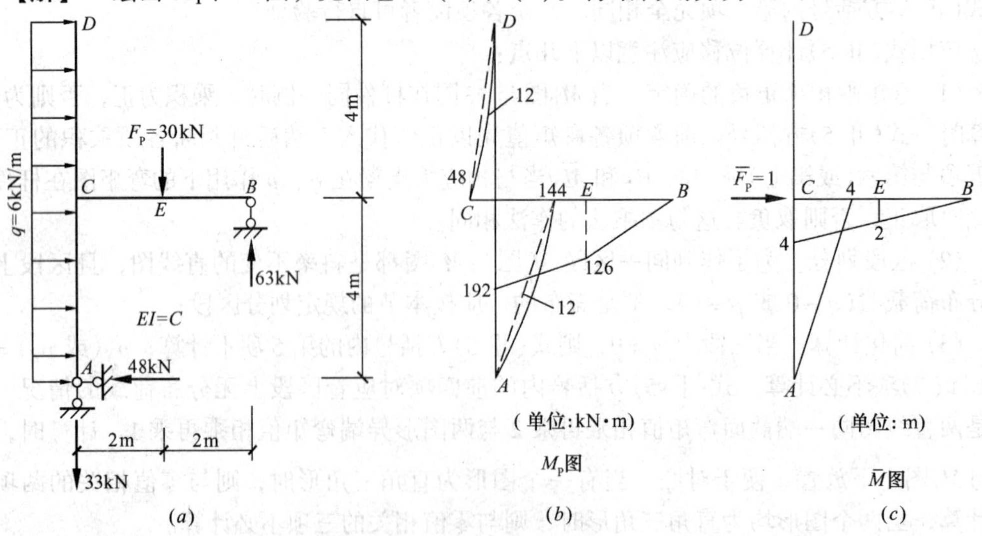

图Ⅱ-5

段，各区段荷载、长度及相应弯矩值如下：

AC 段　$q=6$　$l=4\text{m}$，　$M_1=0$，　$M_2=144$，　$\overline{M_1}=0$，　$\overline{M_2}=4$；

CE 段　$q=0$　$l=2\text{m}$，　$M_1=192$，　$M_2=126$，　$\overline{M_1}=4$，　$\overline{M_2}=2$；

EB 段　$q=0$　$l=2\text{m}$，　$M_1=126$，　$M_2=0$，　$\overline{M_1}=2$，　$\overline{M_2}=0$；

CD 段　$q=6$　$l=4\text{m}$，　$M_1=48$，　$M_2=0$，　$\overline{M_1}=0$，　$\overline{M_2}=0$；

将各值代入式（Ⅱ-5），与“0”有关的各项不计算。各项乘积前的正负号根据相乘的两个弯矩是否在杆件同侧确定。于是可得：

$$\Delta_{\text{CH}}=\frac{4}{6EI}\left(2\times144\times4+\frac{6\times4^2}{4}\times4\right)+\frac{2}{6EI}(2\times192\times4+2\times126\times2+192\times2+126\times4)$$
$$+\frac{2}{6EI}(2\times126\times2)=1976/EI\quad(\rightarrow)$$

【例Ⅱ-3】　试求图Ⅱ-6（a）所示刚架 A 截面的转角 φ_{A}。各杆 $EI=$常数。

【解】　绘出 M_{P}、$\overline{M}$ 图如图Ⅱ-6（b）、（c）所示。将结构划分为 AC、CD、BD 三段，其中 BD 段的两个弯矩图均为零，不必计算。AC、CD 段的长度、荷载及杆端弯矩为：

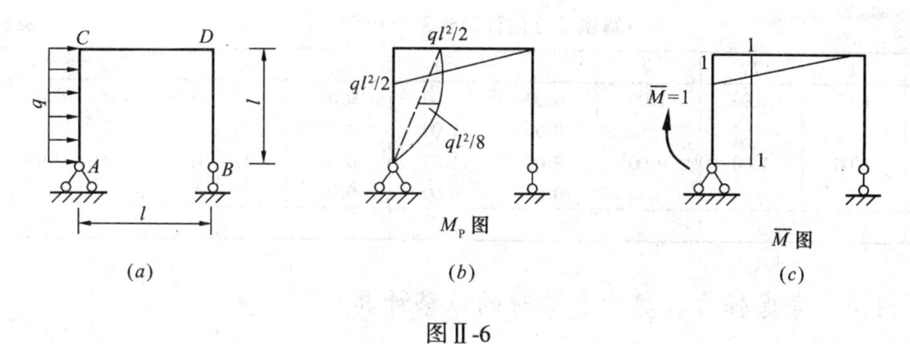

（a）　（b）　（c）

图Ⅱ-6

AC 段长为 l，　$q\neq0$，　$M_1=0$，　$M_2=ql^2/2$，　$\overline{M}_1=1$，　$\overline{M}_2=1$。

CD 段长为 l，　$q=0$，　$M_1=ql^2/2$，$M_2=0$，　$\overline{M}_1=1$，　$\overline{M}_2=0$。

将各值代入式（Ⅱ-5）可得：

$$\varphi_{\text{A}}=\frac{l}{6EI}\left[2\times\frac{ql^2}{2}\times1+\frac{ql^2}{2}\times1+\frac{ql^2}{4}\times2\right]+\frac{l}{6EI}\left[2\times\frac{ql^2}{2}\times1\right]=\frac{ql^3}{2EI}(\rightarrow)$$

Ⅱ.1.3　采用 EXCEL 计算位移

由算例可知，当杆段较多时用公式（Ⅱ-5）计算工作量仍然很大。对此，可将式（Ⅱ-5）编制成表Ⅱ-1 的格式，采用 EXCEL 计算。表中 Δ_{M}、Δ_{q}、Δ_{pY}、Δ_{pZ}的计算式依次为式（Ⅱ-4a、b、c、d）的右端项，分别表示相应简支梁在区段两端弯矩、满跨均布荷载、满跨三角形荷载作用下的弯矩对结构位移的贡献量；$\Delta_i=\Delta_{\text{M}}+\Delta_{\text{q}}+\Delta_{\text{pY}}+\Delta_{\text{pZ}}$。通过宏支持，能够方便迅速地生成给定结构所需要的计算表格。计算位移时，打开求指定截面位移的“EXCEL 工作表”，按表格提示输入结构“区段数”，点击“生成计算表格”，然后输入区段长度 l、EI 值、区段上的分布荷载 q、p_{Y}（或 p_{Z}）以及区段两端截面的 $\overline{M}$、M_{P} 值，即可由 EXCEL 表求出所需位移。当 l、EI、q、p_{Y}、p_{Z}、$\overline{M}$、M_{P} 中的某值用符号表示时，可用其相对值代入，然后在计算结果中再加上该符号。

按表Ⅱ-1 编制的 EXCEL 表收集在附录 V 中。

求指定截面位移的 EXCEL 格式表 **表Ⅱ-1**

区段	l	EI	q	p	$\overline{M}$	M_P	Δ_M	Δ_q	Δ_{pY}	Δ_{pZ}	Δ_i
1	l_1	EI_1	q_1	p_Y	$\overline{M}_1$	M_1					
				p_Z	$\overline{M}_2$	M_2					
2	l_2	EI_2	q_2	p_Y	$\overline{M}_1$	M_1					
				p_Z	$\overline{M}_2$	M_2					
											Σ

需要指出的是，采用 EXCEL 计算时仍然逐段判断各弯矩乘积项的正负是非常不方便的。为此，各弯矩在输入时要标明正、负号。我们规定：M_P 图、$\overline{M}$ 图的杆端弯矩以使水平杆、斜杆下方纤维受拉为正，使竖杆右侧受拉为正，分布荷载作用于水平、斜杆时，指向下为正，作用于竖杆时指向右为正。

表Ⅱ-2 是用 EXCEL 计算例Ⅱ-3 输入的计算参数及计算结果（BD 段各值不必输入）。计算结果为 0.5，即 A 截面转角为 $0.5ql^3/EI$（↷），与例Ⅱ-3 所得结果相同。

算例Ⅱ-3 的计算参数及计算结果 **表Ⅱ-2**

区段	l	EI	q	p	$\overline{M}$	M_P	Δ_M	Δ_q	Δ_{pY}	Δ_{pZ}	Δ_i
AC	1.00	1.00	1.00	0.00	1.00	0.00	0.25	0.08	0.00	0.00	0.33
				0.00	1.00	0.50					
CD	1.00	1.00	0.00	0.00	1.00	0.50	0.17	0.00	0.00	0.00	0.17
				0.00	0.00	0.00					
										Σ	0.50

Ⅱ.1.4 考虑轴力、剪力影响时的位移计算

有些情况下，轴力、剪力对结构位移的影响不能忽略。此时，与考虑弯矩产生的位移作法类似，同样可以由单位荷载法推导出用区段两端截面轴力、剪力表示的位移计算公式。

结构在常见荷载（集中力、集中力偶、均布荷载）作用下，各区段的 $\overline{F}_N$、$\overline{F}_Q$ 图及 F_N图均为常数，F_Q图为斜直线，将它们的代数式代入单位荷载法的积分公式可得：

$$\Delta_{FN} = \Sigma\int\frac{F_N\overline{F}_N}{EA}ds = \Sigma\frac{l}{EA}\overline{F}_N F_N \quad (Ⅱ\text{-}6)$$

$$\Delta_{FQ} = \Sigma\int\frac{\mu F_Q\overline{F}_Q}{GA}ds = \Sigma\frac{\mu l}{2GA}\overline{F}_Q(F_{Q1}+F_{Q2}) \quad (Ⅱ\text{-}7)$$

式中，EA、GA 为杆件的抗拉刚度和剪切刚度；μ 为切应力沿截面分布不均匀系数；F_N为荷载引起的区段轴力；F_{Q1}、F_{Q2}为荷载引起的区段起始端、终末端剪力；$\overline{F}_N$、$\overline{F}_Q$ 为虚拟单位力引起的区段轴力和剪力。

【例Ⅱ-4】 试求图Ⅱ-7（a）所示组合结构 D 端的竖向位移 Δ_{DV}。已知 $E=2.1\times10^4$kN/cm²，受弯杆件截面惯性矩 $I=3.2\times10^3$cm⁴，拉杆 BE 的截面积 $A=4.0$cm²。

【解】 绘出 M_P 图并求出 BE 杆的轴力，如图Ⅱ-7（b）所示。结构在 D 端竖向单位力作用下的 $\overline{M}$ 图和 BE 杆轴力示于图Ⅱ-7（c）。

将受弯杆件分为 AC、CB、CE、ED 四段，按式（Ⅱ-5）计算出弯矩引起的位移 Δ_M 为：

$$\Delta_M = \frac{3}{6\times 4EI}(2\times 90\times 3)\times 2+\frac{4}{6\times EI}(2\times 20\times 2-\frac{10\times 4^2}{4}\times 2)$$
$$+\frac{2}{6\times EI}(2\times 20\times 2-\frac{10\times 2^2}{4}\times 2)$$
$$=155/EI=0.0231\text{m}$$

将拉杆 F_N、$\overline{F}_N$ 值代入式（Ⅱ-6）可求得拉杆引起的 D 点的位移 Δ_{DV} 为：

$$\Delta_{FN}=\frac{5}{EA}\times 1.5\times 75=562.5/EA=0.0067\text{m}$$
$$\Delta_{DV}=0.0231+0.0067=0.0298\text{m}\quad(\downarrow)$$

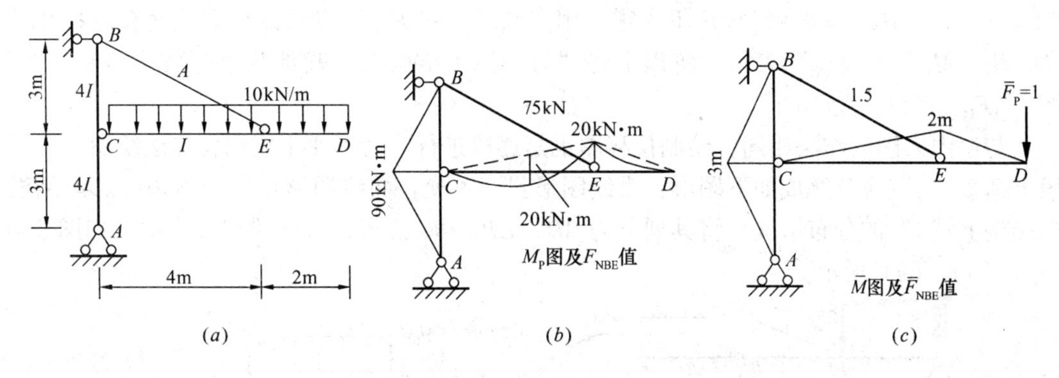

图Ⅱ-7

由计算结果可知，弯矩和轴力对位移的影响分别占 77.5% 和 22.5%。因此在组合结构的位移计算中，轴力的影响不可忽略。

Ⅱ.2 绘制位移图的弯矩荷载法

位移图能全面反映位移沿结构杆件的变化规律，能一目了然地知道最大位移及发生的截面。在结构分析中，位移图和内力图一样，具有十分重要的作用。目前求结构位移的方法很多，但都不便于绘制结构位移图。本节介绍的弯矩荷载法是一种方便实用的绘图方法。

Ⅱ.2.1 弯矩荷载法的理论依据和绘图步骤

由材料力学可知，根据梁的弹性理论，挠度 ω、转角 φ 与弯矩 M 的微分关系为：

$$\omega''=-\frac{M}{EI},\qquad \omega'=\varphi,\qquad \varphi'=-\frac{M}{EI}\tag{Ⅱ-8}$$

弯矩 M、剪力 F_Q 与分布荷载 q 的微分关系为：

$$M''=q\ ,\qquad M'=F_Q,\qquad F'_Q=q\tag{Ⅱ-9}$$

上述两式的微分关系完全相同。因此，若把 $(-\frac{M}{EI})$ 比拟为结构上的分布荷载“q”，则由此绘出的比拟弯矩“M”图、比拟剪力“F_Q”图便是结构的挠度图与转角图。于是可仿照由外力绘 M、F_Q 图的方法绘制 ω、φ 图，这就是弯矩荷载法的理论依据。

在弯矩荷载法中，“M”、“F_Q”代表结构任一截面的挠度（即侧移）和转角，“q”表示结构区段上与 M 图形状相同的分布荷载，注意它们与 M、F_Q、q 含意不同。由于“q”=

$-M/EI$，故其指向是背离杆件轴线的。绘图时，“M”绘在截面侧移的一侧，也就是与 M 图绘在杆件纤维受拉的同一侧，不必标明正负号；“F_Q”以截面顺时针转为正，这与 F_Q 绕隔离体顺时针转为正的规定相同。与 F_Q图一样，“F_Q”图也可以绘在杆件任一侧，但要注明正负号。

下面以图Ⅱ-8（a）所示外伸梁为例，说明弯矩荷载法的绘图过程。

首先绘出 M 图，如图Ⅱ-8（a）所示。将“$-M/EI$”看成梁上的“分布荷载”（Ⅱ-8b），即，AD 段无荷载，“q”$=0$；DB 段为“三角形荷载”，指向上，最大集度“q_0”$=F_Pl/EI$；BC 段为“均布荷载”，指向上，“q”$=F_Pl/EI$。此外，A、B 截面无侧移，即“M_A”$=0$，“M_B”$=0$，但转角不为零，用“F_{QA}”、“F_{QB}”表示；C 端截面有侧移和转角，用“M_C”、“F_{QC}”表示。将以上各“力”标于结构上，就是弯矩荷载法绘制“M”图、“F_Q”图的“受力图”。

与绘内力图的作法相同，绘制位移图也是逐段进行。为了便于应用叠加法绘图，各区段上荷载“q”应分解成如下图形：直线图形斜率不变，曲线图形是标准抛物线。本例根据结构上“q”的分布情况，将其划分为 AD、DB、BC 三段，各区段“受力图”如图Ⅱ-8（c）、（d）、（e）所示。

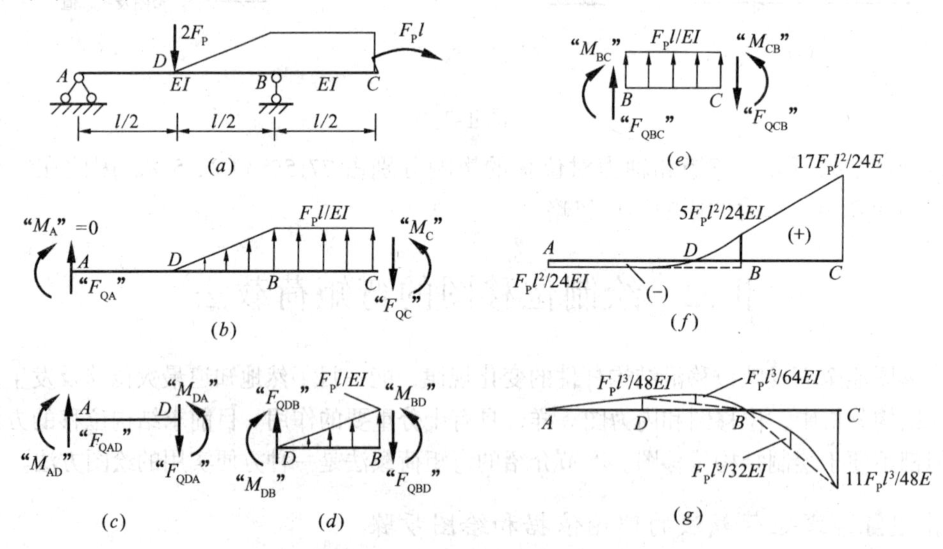

图Ⅱ-8

绘“F_Q”图要先知道一端截面的“剪力”，绘“M”图则要先知道两端截面的“弯矩”或一端的“弯矩”和“剪力”。本例中无论哪个区段，都无法直接绘图。因此必须利用约束条件，求出绘图所必须要知道的杆端“力”。为此，先取图Ⅱ-8（b）的 AB 部分为隔离体，因为 A、B 截面侧移均为零，即“M_{AB}”$=$“M_{BA}”$=0$，因此，可由两个独立的平衡方程求出“F_{QAB}”和“F_{QBA}”，用截面法计算如下：

由 $\Sigma M_B=0$，“F_{QAB}”$=\dfrac{1}{l}\times\left(-\dfrac{1}{2}\times\dfrac{l}{2}\times\dfrac{F_Pl}{EI}\times\dfrac{1}{3}\times\dfrac{l}{2}\right)=-\dfrac{F_Pl^2}{24EI}$（↶）

由 $\Sigma F_y=0$，“F_{QBA}”$=\dfrac{1}{2}\times\dfrac{l}{2}\times\dfrac{F_Pl}{EI}-\dfrac{F_Pl^2}{24EI}=\dfrac{5F_Pl^2}{24EI}$（↷）

此后再取各区段为隔离体，由平衡条件可求各区段杆端“力”。例如 BC 段，由 B 截面变形连续性知"M_{BC}" $=0$,"F_{QBC}" $=$ "F_{QBA}" $=5F_Pl^2/24EI$(↷),于是由 $\Sigma F_y=0$、$\Sigma M_C=0$ 可有

$$“F_{QCB}” = “F_{QBC}” + “q” \times \frac{l}{2} = \frac{5F_Pl^2}{24EI} + \frac{F_Pl}{EI} \times \frac{l}{2} = \frac{17F_Pl^2}{24EI}(↷)$$

$$“M_{CB}” = “F_{QBC}” \times \frac{l}{2} + \frac{1}{2} \times “q” \times \left(\frac{l}{2}\right)^2 = \frac{5F_Pl^3}{48EI} + \frac{F_Pl_3}{8EI} = \frac{11F_Pl^3}{48EI}(向下移)$$

按此作法同样可求出 AD、DB 段各端点截面的"剪力"、"弯矩",其值如下:

AD 段 "F_{QAD}" $=-F_Pl^2/24EI$(↶) "F_{QDA}" $=-F_Pl^2/24EI$(↶)

"M_{AD}" $=0$ "M_{DA}" $=-F_Pl^3/48EI$(向上移)

DB 段 "F_{QDB}" $=-F_Pl^2/24EI$(↶) "F_{QBD}" $=5F_Pl^2/24EI$(↷)

"M_{DB}" $=-F_Pl^3/48EI$(向上移) "M_{BD}" $=0$

与绘内力图的作法一样,绘制"F_Q"图时宜将区段看作悬臂梁,由已知的端点截面"剪力"和区段上的"分布荷载"进行叠加;绘制"M"图时,先将区段上的"荷载"分解成矩形、三角形、标准二次抛物线、标准三次抛物线,然后将区段两端截面的"弯矩"和分解后的"荷载"分别作用于相应简支梁,最后将得到的各弯矩图再叠加。具体到本例的做法是:

(1) 绘"F_Q"图

① AD 段,"q" $=0$,"F_Q"图是一条与杆轴平行的线,其值为

$$“F_Q” = “F_{QAD}” = -F_Pl^2/24EI$$

② DB 段,"F_{QDB}"与"q"叠加。先画"F_{QDB}",如图Ⅱ-8(f)所示 DB 段水平虚线,再以此虚线为基线画"q"引起的"剪力图",它是一条向上的二次曲线。叠加后"F_Q"图为二次抛物线,需标出三个控制点的值,"F_{QDB}"与"F_{QBD}"已知,区段中点"F_Q"为:

$$“F_Q” = -F_Pl^2/24EI + (1/2) \times (l/4) \times (F_Pl/2EI) = F_Pl^2/48EI(↷)$$

③ BC 段,"q"为常数,"F_{QBC}"与"q"叠加后"F_Q"图是一条向上的斜直线。故直接连接"F_{QBC}"、"F_{QCB}"值的坐标顶点即可。

在各段图中根据"F_Q"值标上正负号就是结构的 φ 图,如图Ⅱ-8(f)所示。

(2) 绘"M"图

① AD 段,"q" $=0$,"M"图为相应简支梁在"M_{AD}"、"M_{DA}"作用下的直线图;

② DB 段,"M"图为相应简支梁在"M_{DB}"、"M_{BD}"作用下的直线图与"三角形荷载"作用下的"M"图叠加而成,是一条三次曲线,除"M_{BD}"、"M_{DB}"外还要计算两个截面的控制值,然后将各控制值竖标顶点用光滑的曲线相连;

③ BC 段,"M"图为相应简支梁在"M_{BC}"、"M_{CB}"和集度为(F_Pl/EI)的"均布荷载"作用下的"弯矩"图叠加,是一条二次曲线。

整个结构的"M"图即 ω 图,如图Ⅱ-8(g)所示。

通过示例可以看出,由于"q"分布复杂,使得绘图繁琐。在常见均布力、集中力、集中力偶作用下,M 图总可以分解为矩形、三角形、标准二次抛物线等基本图形,每个基本图形可作为一个"基本荷载"。现将各"基本荷载"作用下的"F_Q"图和"M"图及其随截面坐标 x 变化的代数式编制成表,列于表Ⅱ-3、表Ⅱ-4,以备绘图时查用。

由上可知，弯矩荷载法的绘图步骤如下：

(1) 确定结构上的“荷载”。绘出 M 图，则结构上的分布荷载“q”与 M 图形状相同，方向垂直且背离杆件轴线，大小为 M/EI。

(2) 将结构分段。各支座处、铰节点、刚节点、“分布荷载”为直线时斜率改变处、“分布荷载”为曲线时集度突变处以及杆件轴线方向改变处作为各区段分段点。

(3) 画出区段“受力图”。将区段上的“分布荷载”以及两端截面的比拟“力”，即“M”(挠度) 和“F_Q”(转角) 标在各自区段上。

(4) 求区段端点“力”。一般先根据杆件变形前后长度不变的假定和结构的已知约束，确定出某些特殊截面的位移值。例如，刚架水平横梁两端截面侧移为零 (即“M” $=0$)，而梁两端相连的柱端侧移相同；又如杆端为固支时，“M” $=0$、“F_Q” $=0$；同一刚节点处各杆“F_Q”值相同等。对不能判断的“F_Q”、“M”，可由截面法求出，一般都可以作到一个方程只含一个未知量。

(5) 绘“F_Q”、“M”图。绘图时分段进行，将区段上的“q”分解为“基本荷载”，则“F_Q”图可由区段端截面的“剪力”与表Ⅱ-3 相应的“剪力图”叠加而成；“M”图可由区段两端截面“弯矩”竖标的连线与表Ⅱ-4 对应的“弯矩图”叠加而成。

通过以上讨论可以看出，弯矩荷载法是一个新概念、老方法。所谓新概念，是指弯矩荷载是一种与弯矩图形状相同、大小为 M/EI、指向垂直且背离杆件轴线的比拟荷载，由此求出的结构任一截面的比拟力是该截面的位移 (挠度和转角)，因此当区段杆端有约束时，杆端截面上的“力”可由约束条件先求出。所谓老方法，是指对于区段 EI 为常数的结构，当“荷载”和一端截面的“剪力”已知时，就可绘制角位移图；当“荷载”和两端截面的“弯矩”(或一端截面的“剪力”和“弯矩”) 已知时，就可绘制挠度图。绘图时，既可用截面法，也可用叠加法，与绘制内力图的作法完全相同。了解上述区别与相同点，对掌握弯矩荷载法很有帮助。

悬臂杆件在“基本荷载”作用下的“F_Q”图　　表Ⅱ-3

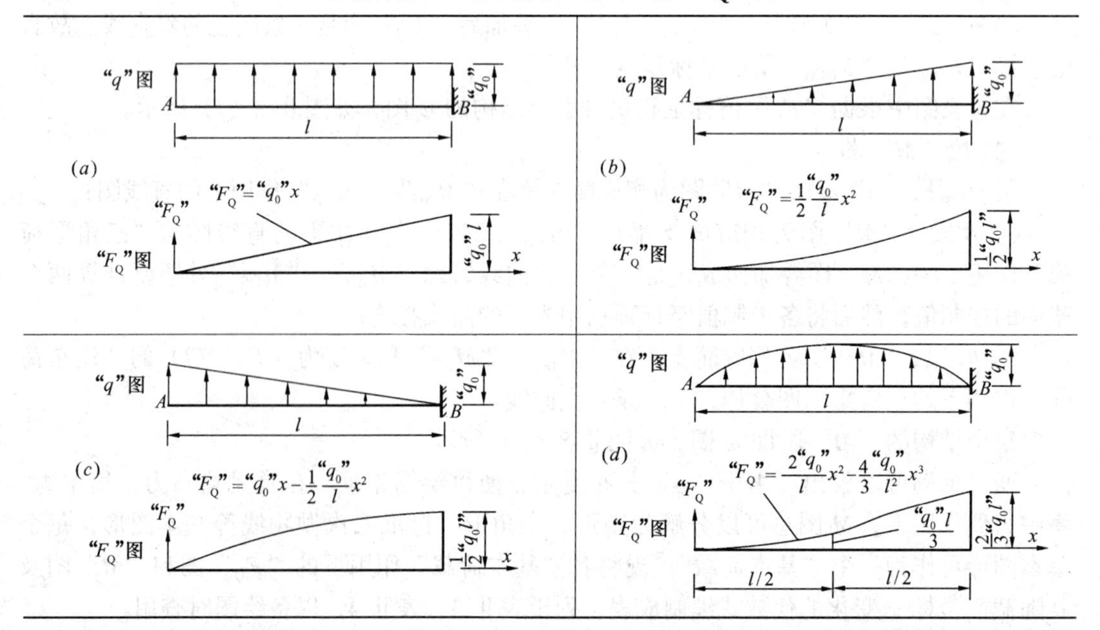

简支杆件在“基本荷载”作用下的“M”图 **表Ⅱ-4**

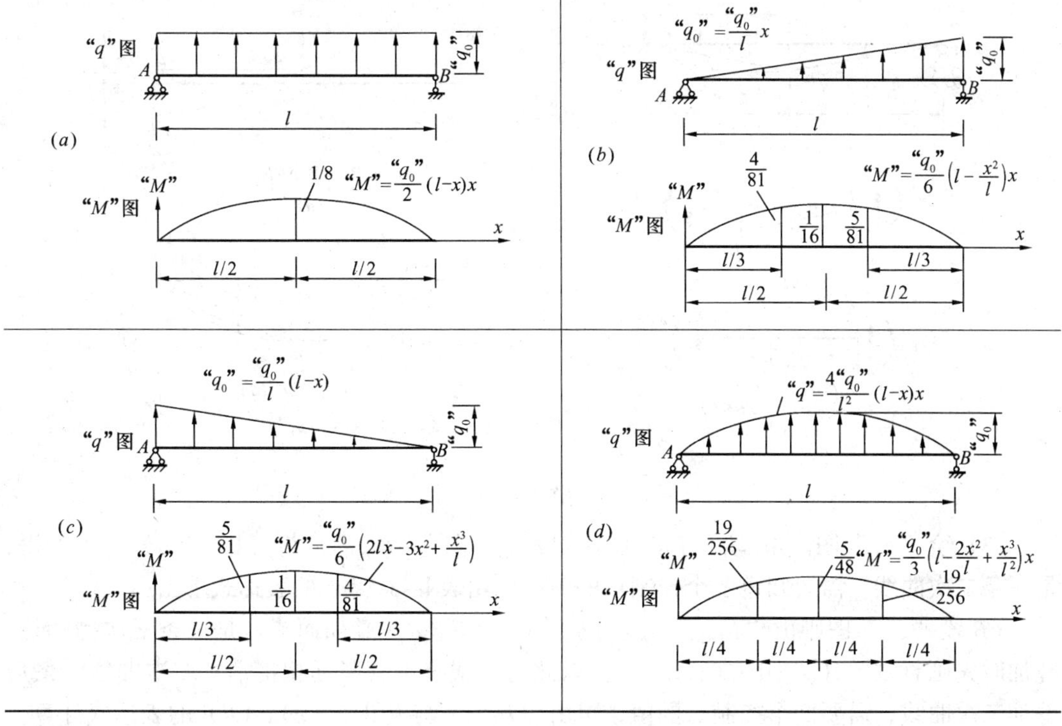

[注]：各“q”图中，最大值为“q_0”$=\dfrac{M}{EI}$，各“M”图中，各值均乘“q_0”l^2

Ⅱ.2.2　示例

下面给出弯矩荷载法绘制静定结构 φ 图、ω 图的两个例题。

【例Ⅱ-5】　试绘制图Ⅱ-9（a）所示简支梁的 φ、ω 图。梁的 $EI=$ 常数。

【解】　(1) 确定区段“受力图”。绘出结构的 M 图，如图Ⅱ-9（a）所示。“荷载”按弯矩图形分布，方向垂直且背离杆轴，大小为 M/EI。将结构分为 AC、CB 两段，并在端点标上截面“内力”，即得各区段“受力图”，如图Ⅱ-9（b）、（c）所示。

(2) 求区段端点截面“力”。取整体分析，由约束条件知，“M_{AB}” = “M_{BA}” $=0$，于是由

$$\Sigma M_{\mathrm{B}}=0\text{ 得 “}F_{\mathrm{QAB}}\text{”}=\frac{1}{2l}\times\left(\frac{1}{2}\times l\times\frac{ql^2}{4EI}\times\frac{4}{3}l+\frac{1}{2}\times l\times\frac{ql^2}{4EI}\times\frac{2}{3}l+\frac{2}{3}\times l\times\frac{ql^2}{8EI}\times\frac{l}{2}\right)$$

$$=\frac{7ql^3}{48EI}(\curvearrowright)$$

$$\text{由 }\Sigma F_{\mathrm{y}}=0\text{ 得 “}F_{\mathrm{QBA}}\text{”}=\frac{7ql^3}{48EI}-\frac{1}{2}\times l\times\frac{ql^2}{4EI}\times 2-\frac{2}{3}\times l\times\frac{ql^2}{8EI}$$

$$=-\frac{9ql^3}{48EI}(\curvearrowleft)$$

A、B 端截面“内力”求出后，其余杆端截面“内力”可由各区段平衡条件求出，其值为：

$$\text{“}F_{\mathrm{QCA}}\text{”}=\text{“}F_{\mathrm{QCB}}\text{”}=ql^3/48EI(\curvearrowright)$$

$$“M_{CA}” = “M_{CB}” = 5ql^4/48EI(向下移)$$

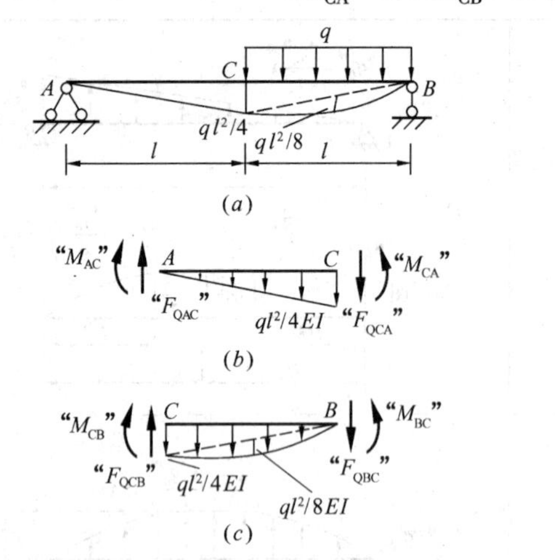

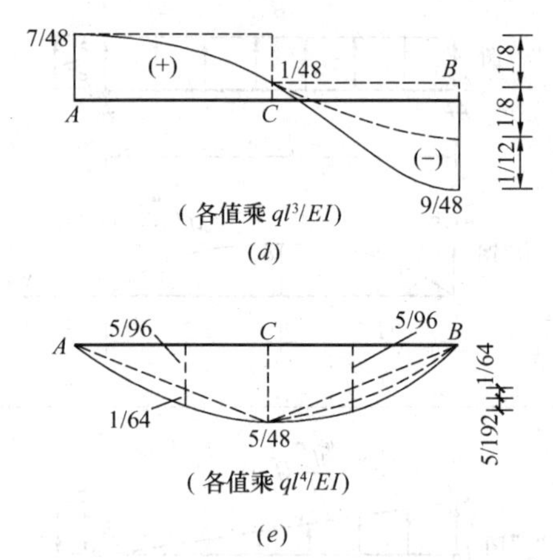

图Ⅱ-9

(3) 绘“F_Q”图。AC 段“F_Q”图由“F_{QAC}”(即“F_{QAB}”)与表Ⅱ-3 (b) 叠加可得，是一条二次曲线，需要知道三个控制点的值，可由表Ⅱ-3 (b) 的表达式求出；

CB 段“F_Q”图则由“F_{QCB}”与表Ⅱ-3 的 (c)、(d) 叠加而成，是一条三次抛物线。叠加时先画直线图（图中的虚直线），再以此为基线叠加（竖标相抵消）二次曲线，最后叠加三次曲线，需要四个控制点的值，可由“F_{QCB}”与表Ⅱ-3 (c)、(d) 的表达式计算。

在各区段“F_Q”图中标上正负号，即为 φ 图，如图Ⅱ-9 (d) 所示。

(4) 绘“M”图。AC 段，画出相应简支梁在“M_{AC}”(即“M_{AB}”)与“M_{CA}”作用下的“弯矩”图（图中的虚直线），再与表Ⅱ-4 (b) 叠加，是一条三次曲线；

CB 段，将相应简支梁在“M_{CB}”、“M_{BC}”(“M_{BA}”)作用下的直线图与表Ⅱ-4 (c)、(d) 叠加即得“M”图，它是一条四次曲线。

叠加各区段控制点的值时，可由两端“弯矩”的连线与表Ⅱ-4 相应图形的表达式计算。整个梁的“M”图（即 ω 图）示于图Ⅱ-9 (e)。

【例Ⅱ-6】 试绘制图Ⅱ-10 (a) 所示刚架的 φ、ω 图。各杆刚度 EI = 常数。

【解】 (1) 绘出 M 图，见图Ⅱ-10 (a) 所示。将结构分为 AB、BC、CD 三段，各区段“荷载”示于图Ⅱ-10 (b)。

(2) 求端点截面的“力”。AB 段：A 端固定，故“F_{QAB}” = 0、“M_{AB}” = 0，“F_{QBA}”、“M_{BA}”可由 $\Sigma F_x = 0$ 及 $\Sigma M_B = 0$ 求出。

BC 段：B 为刚节点，故“F_{QBC}” = “F_{QBA}”，又根据 AB 杆长不变的假定，有“M_{BC}” = 0，于是“F_{QCB}”、“M_{CB}”可由平衡方程求出。

CD 段：“M_{CD}” = “M_{CB}”，“M_{DC}” = 0，则“F_{QCD}”、“F_{QDC}”不难由平衡方程求出。

各区段的“受力图”如图Ⅱ-10 (b) 所示；

(3) 绘 φ 图　AB 段可按表Ⅱ-3 (a) 绘出；BC 段由“F_{QBC}”与表Ⅱ-3 (a)、(c) 叠加；CD 段由“F_{QCD}”与表Ⅱ-3 (c) 叠加。叠加时需要的控制截面值可由端点截面“剪力”与表Ⅱ-3 相应图形的表达式计算（求代数和）。整个结构的 φ 图见图Ⅱ-10 (c)。

(4) 绘 ω 图　将各区段两端截面“弯矩”值顶点用虚线相连；对 AB 段再与表Ⅱ-4

（a）图叠加，BC 段再与表Ⅱ-4（a）、（c）叠加，CD 段与表Ⅱ-4（c）叠加，各控制截面"弯矩"值由区段两端"弯矩"连线与表Ⅱ-4 相应图形的表达式计算，由此绘出的 ω 图见图Ⅱ-10（d）所示。

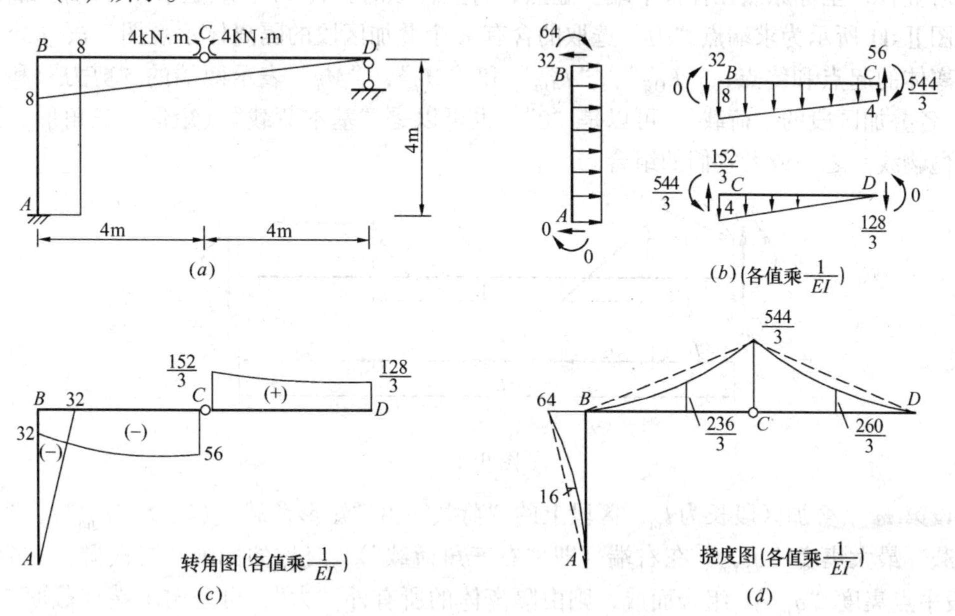

图Ⅱ-10

由于弯矩荷载复杂，绘图时应熟练掌握叠加的方法及各"基本荷载"对应的代数式和图形。"基本荷载"为矩形、三角形、标准二次曲线时，依次对应的"F_Q"图为直线、二次曲线、三次曲线，"M"图则为二次、三次、四次曲线。绘图时应充分利用表Ⅱ-3、Ⅱ-4 的图形和代数式进行叠加。

Ⅱ.2.3 采用 EXCEL 绘制位移图

用弯矩荷载法绘图，手算仍十分繁琐。若用 EXCEL 计算，则可以很好地解决这一问题。

弯矩荷载法的计算主要是求区段端点"力"和叠加区段"内力图"，按此编制的 EXCEL 表有杆端"力"计算表和区段"内力"叠加表。

一、杆端"力"计算表

为了便于用叠加法绘"F_Q"图、"M"图，区段上的"荷载"应是无荷载、"均布荷载"、"三角形荷载"、标准"二次抛物线荷载"等"基本荷载"或者它们的组合，满足上述"荷载"分布的区段称为叠加区段。当利用支承约束条件，不能确定各叠加区段绘图所需要的端点"力"时，就需要取结构某一部分为隔离体，由截面法求出。隔离体可以含有一个或几个叠加区段，例如例Ⅱ-5 求"F_{QAB}"、"F_{QBA}"时的隔离体就含有两个叠加区段。但隔离体必须是直杆段，即杆轴不能是折线，因为在杆轴方向改变处变形不连续，例如竖杆和水平杆相交点，两杆在交点处侧移一般不同。换言之，支座、节点处必须是隔离体分界点。

求杆端"力"可归纳为三种情况：①已知一端"剪力"求另一端"剪力"；②已知两端"弯矩"求任一端"剪力"；③已知一端"弯矩"和任一端"剪力"，求另一端"弯矩"。

它们均可用平衡方程（投影方程或力矩方程）求出。

为方便计算，建立如下坐标系：取 x 轴与杆轴重合，对水平杆，坐标原点在杆件左端；对竖杆，坐标原点在杆件下端。显然，将竖杆顺时针转90°，就是水平杆的情况。

图Ⅱ-11所示为求端点"力"选取的含有 n 个叠加区段的隔离体示意图。i、j 分别表示隔离体的起点和终点；"F_{Qij}"、"F_{Qji}" 和 "M_{ij}"、"M_{ji}" 表示两端的"剪力"和"弯矩"。各叠加区段的"荷载"，可以是"0"，也可以是"基本荷载"（矩形、三角形、标准二次抛物线）之一或者它们的组合。

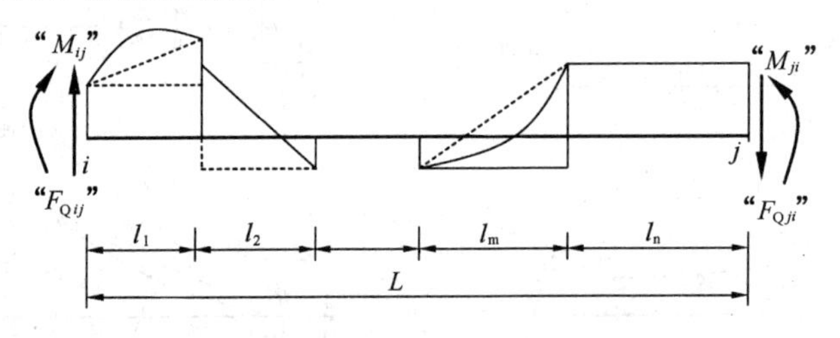

图Ⅱ-11

设第 m 个叠加区段长为 l_m，区段上的"荷载"由"矩形荷载"（集度"q_{Jm}"）、"三角形荷载"最大集度"q_{SYm}"在右端（即"右三角荷载"）、对称的标准"二次抛物线荷载"（区段中点集度"q_{Pm}"）组合而成，则由隔离体的所有外"力"，可列出求端点截面"力"的平衡方程。对于区段上有"三角形荷载"最大集度"q_{SZm}"在左端（即"左三角荷载"）的情况，在列方程时也作了考虑（当然也可以将它变换成"矩形荷载"与"右三角荷载"叠加的形式），但在同一叠加区段中，"q_{SYm}"与"q_{SZm}"不同时出现。现具体说明杆端力的计算：

（1）已知 i 端"剪力""F_{Qij}"，由 $\Sigma Fy=0$ 求 j 端"剪力""F_{Qji}"，可有

$$\text{“}F_{Qji}\text{”} = \text{“}F_{Qij}\text{”} + \Sigma(q_{Jm}l_m + q_{SYm}l_m/2 + q_{SZm}l_m/2 + 2\,q_{Pm}l_m/3) \qquad (\text{Ⅱ-10})$$

式中，下标 m（$m=1$、2、…、n）表示第 m 个叠加区段；"q"的下标 J、S、P 依次表示均布荷载、三角形荷载、二次抛物线荷载；"q_S"的下标 Z、Y 表示最大集度在区段左、右端。

类似地，若已知 j 端"剪力""F_{Qji}"求 i 端"剪力""F_{Qij}"，可得：

$$\text{“}F_{Qij}\text{”} = \text{“}F_{Qji}\text{”} + \Sigma(q_{Jm}l_m + q_{SYm}l_m/2 + q_{SZm}l_m/2 + 2q_{Pm}\,l_m/3) \qquad (\text{Ⅱ-11})$$

式（Ⅱ-10）、式（Ⅱ-11）中"Σ"内各项相同，因此，可用表Ⅱ-5所示的表格统一计算。计算时，填入各区段的 l_m、q_{Jm}、q_{SYm}、q_{SZm}、q_{Pm}，对"F_{Qij}"（"F_{Qji}"）只填已知值；当各"力"指向与所求"力"指向相反时取正号。表中 $F_{QJ}=q_{Jm}l_m$，$F_{QSY}=q_{SYm}l_m/2$，$F_{QSZ}=q_{SZm}l_m/2$，$F_{Qp}=2q_{pm}l_m/3$，最后一项 $F_{Qm}=F_{QJ}+F_{QSY}+F_{QSZ}+F_{Qp}$，代表第 m 区段"荷载"的合力值。

已知一端"剪力"求另一端"剪力"计算表 **表Ⅱ-5**

区段	l_m	"q_{Jm}"	"q_{SYm}"	"q_{SZm}"	"q_{Pm}"	"F_{Qij}"	"F_{Qji}"	"F_{QJ}"	"F_{QSY}"	"F_{QSZ}"	"F_{QP}"	"F_{Qm}"
1	1.00	0.00	−0.25	0.00	0.00	0.15	0.00	0.00	−0.13	0.00	0.00	0.02
2	1.00	0.00	0.00	−0.25	-0.13	0.00	0.00	0.00	0.00	−0.13	−0.08	−0.21
											杆端剪力：	−0.19

（2）已知两端“弯矩”“M_{ij}”和“M_{ji}”，求 j 端“剪力”“F_{Qji}”，则由 $\Sigma M_i=0$ 可得：

$$“F_{Qji}” = (“M_{ij}” + “M_{ji}” + \Sigma“M_{qim}”)/L \quad (Ⅱ\text{-}12)$$

式中，$“M_{qim}” = q_{Jm}l_m(l_m/2 + l_{0m}) + (q_{SZm}l_m/2)(l_m/3 + l_{0m}) + (q_{SYm}l_m/2)(2l_m/3 + l_{0m}) + (2q_{Pm}l_m/3)(l_m/2 + l_{0m}) \quad (Ⅱ\text{-}13)$

式（Ⅱ-12）、式（Ⅱ-13）中，“M_{qim}”表示第 m 个叠加区段上各“基本荷载”对 i 点力矩之和；L 为隔离体长度；l_{0m} 为第 m 个叠加区段的左端到坐标原点的距离；其余符号含义同前。按式（Ⅱ-12）计算“F_{Qji}”的表格如表Ⅱ-6所示。表中 $M_{qJ} = q_{Jm}l_m(l_m/2 + l_{0m})$，$M_{qSY} = (q_{SYm}l_m/2)(2l_m/3 + l_{0m})$，$M_{qSZ} = (q_{SZm}l_m/2)(l_m/3 + l_{0m})$，$M_{qp} = (2q_{Pm}l_m/3)(l_m/2 + l_{0m})$；$\Sigma“M” = M_{qJ} + M_{qSY} + M_{qSZ} + M_{qp}$。计算时，当输入的各“力”对矩心之“矩’，转向与所求“力”绕矩心转向相反时取正号。

求出“F_{Qji}”后，若需计算“F_{Qij}”，可由表Ⅱ-5求之。

已知两端“弯矩”，求右端“剪力”的计算表　　表Ⅱ-6

区段	l_m	l_{0m}	“q_{Jm}”	“q_{SYm}”	“q_{SZm}”	“q_{Pm}”	“M_{qJ}”	“M_{qSy}”	“M_{qSZ}”	“M_{qp}”	Σ“M”
1	1.00	0.00	0.00	-0.25	0.00	0.00	0.00	-0.08	0.00	0.00	-0.08
2	1.00	1.00	0.00	0.00	-0.25	-0.13	0.00	0.00	-0.17	-0.13	-0.29
杆件总长：	2.00	左端弯矩：		0.00		右端弯矩：	0.00			右端剪力：	-0.19

（3）已知 j 端“弯矩”“M_{ji}”、“剪力”“F_{Qji}”，可由 $\Sigma M_i=0$ 求 i 端“弯矩”“M_{ij}”：

$$“M_{ij}” = “M_{ji}” + \Sigma“M_{qim}” + “F_{Qji}”L \quad (Ⅱ\text{-}14)$$

式中各符号含义同前。

同样，已知 i 端“弯矩”“M_{ij}”、“剪力”“F_{Qij}”，由 $\Sigma M_j=0$ 求 j 端“弯矩”可有：

$$“M_{ji}” = “M_{ij}” + \Sigma“M_{qjm}” + “F_{Qij}”L \quad (Ⅱ\text{-}15)$$

式中 $“M_{qjm}” = q_{Jm}l_m[L-(l_m/2+l_{0m})] + (q_{SZm}l_m/2)[L-(l_m/3+l_{0m})] + (q_{SYm}l_m/2)[L-(2l_m/3+l_{0m})] + (2q_{Pm}l_m/3)[L-(l_m/2+l_{0m})]$

其余各符号含义同前。式（Ⅱ-14）、式（Ⅱ-15）的计算可列成表Ⅱ-7（1）、（2）进行。

已知右端“剪力”、“弯矩”，求左端“弯矩”的计算表　　表Ⅱ-7（1）

区段	l_m	l_{0m}	“q_{Jm}”	“q_{SYm}”	“q_{SZm}”	“q_{Pm}”	“M_{qJ}”	“M_{qSy}”	“M_{qSZ}”	“M_{qp}”	Σ“M”
1	1.00	0.00	0.00	-0.25	0.00	0.00	0.00	-0.08	0.00	0.00	-0.08
2	1.00	1.00	0.00	0.00	-0.25	-0.13	0.00	0.00	-0.17	-0.13	-0.29
杆件总长：	2.00	右端剪力：		0.19		右端弯矩：	0.00			左端弯矩：	0.00

已知左端“剪力”、“弯矩”，求右端“弯矩”的计算表　　表Ⅱ-7（2）

区段	l_m	l_{0m}	“q_{Jm}”	“q_{SYm}”	“q_{SZm}”	“q_{Pm}”	“M_{qJ}”	“M_{qSy}”	“M_{qSZ}”	“M_{qp}”	Σ“M”
1	1.00	0.00	0.00	-0.25	0.00	0.00	0.00	-0.17	0.00	0.00	-0.17
2	1.00	1.00	0.00	0.00	-0.25	-0.13	0.00	0.00	-0.08	-0.04	-0.13
杆件总长：	2.00	左端剪力：		0.15		左端弯矩：	0.00			右端弯矩：	-0.00

各“弯矩”、“剪力”、“分布荷载”的指向（转向）与拟求的“剪力”、“弯矩”指（转）向相反时，输入正值，否则输入负值。

按表Ⅱ-5、表Ⅱ-6、表Ⅱ-7的格式编制的EXCEL表详见附录Ⅴ。

各叠加区段“荷载”分解的正确与否，直接影响计算结果。图Ⅱ-12给出几种不同情况的区段“荷载”分解图。

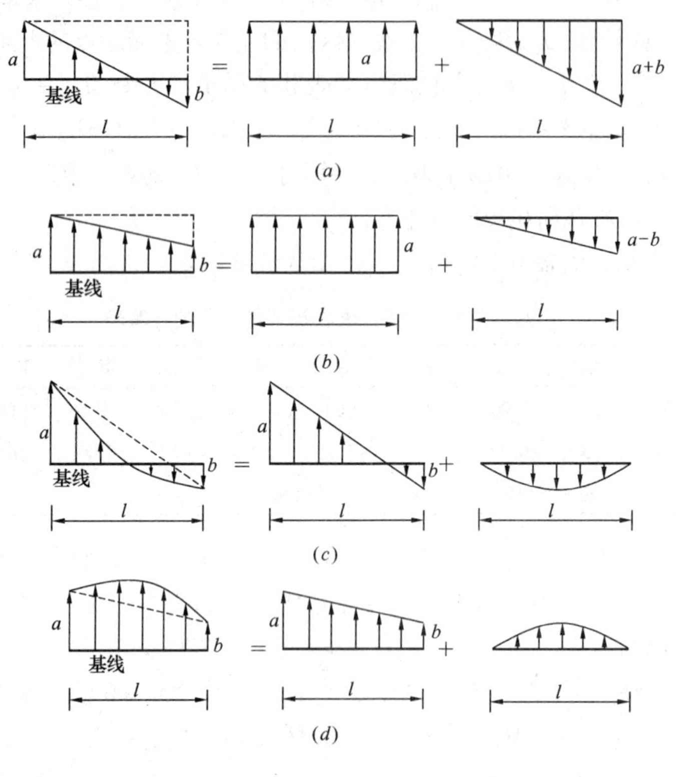

图Ⅱ-12

二、区段“内力”叠加表

绘制“内力图”（位移图），是在叠加区段上进行的。如图Ⅱ-13所示叠加区段 ij，受区段端点截面“内力”及区段上“分布荷载”的作用。由叠加原理知，任一截面的“内力”（“F_Q”或“M”）等于各“基本荷载”作用下该截面同一“内力”的代数和。

现取 x 轴与杆轴重合，坐标原点在 i 点（左端），“F_Q”以截面顺针转为正，“M”以截面向下方移动为正，“分布荷载”向上为正。由平衡条件可求得各“基本荷载”作用下的“内力”表达式如下：

1. 在“F_{Qij}”作用下 x 截面的剪力“F_{Qxi}”、弯矩“M_{xi}”为：

$$“F_{Qxi}” = “F_{Qij}” \tag{Ⅱ-16}$$

$$“M_{xi}” = “F_{Qij}”x \tag{Ⅱ-17}$$

2. 在“M_{ij}”作用下，x 截面的“F_{Qxi}”、“M_{xi}”为：

$$“F_{Qxi}” = 0 \tag{Ⅱ-18}$$

$$“M_{xi}” = “M_{ij}” \tag{Ⅱ-19}$$

3. 在“q_J”作用下，x 截面“q” = “q_J”，“F_{Qxi}”、“M_{xi}”的表达式为：

$$“F_{Qxi}” = “q_J” x \quad (Ⅱ\text{-}20)$$

$$“M_{xi}” = “q_J” x^2/2 \quad (Ⅱ\text{-}21)$$

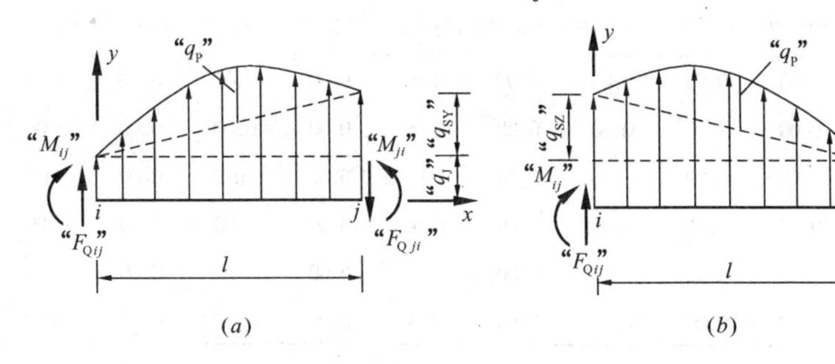

图Ⅱ-13

4. 在“q_{SY}”作用下，x 截面“q” = “q_{SY}” x/l，积分一次得“F_{Qxi}”，积分二次得“M_{xi}”：

$$“F_{Qxi}” = \frac{“q_{SY}”}{2l}x^2 \quad (Ⅱ\text{-}22)$$

$$“M_{xi}” = \frac{“q_{SY}”}{6l}x^3 \quad (Ⅱ\text{-}23)$$

5. 在“q_{SZ}”作用下，x 截面“q” = “q_{SZ}” $(l\text{-}x)/l$，积分一次得“F_{Qxi}”，积分二次得“M_{xi}”：

$$“F_{Qxi}” = \frac{“q_{SZ}”}{2l}(2l - x)x \quad (Ⅱ\text{-}24)$$

$$“M_{xi}” = \frac{“q_{SZ}”}{6l}(3l - x)x^2 \quad (Ⅱ\text{-}25)$$

6. 在“q_P”作用下，x 截面“q” =4“q_P” $(l\text{-}x)\ x/l^2$，积分可得“F_{Qxi}”、“M_{xi}”为：

$$“F_{Qxi}” = \frac{2“q_P”}{3l^2}(3l - 2x)x^2 \quad (Ⅱ\text{-}26)$$

$$“M_{xi}” = \frac{“q_P”}{3l^2}(2l - x)x^3 \quad (Ⅱ\text{-}27)$$

将以上同一“内力”性质的代数式相加，即得 x 截面的“F_Q”或“M”。

对于竖杆 ij，取 x 轴与杆轴重合，坐标原点（i 端）在杆件下端，“F_Q”以顺针转为正，“M”以截面向右移为正，“分布荷载”向左为正。则以上各式对竖杆也完全适用。

在“内力”表达式中，若 x 的指数最高为 n，则绘图需要计算的控制截面为 $n+1$ 个。按照上述公式计算“内力”的表格如表Ⅱ-8所示。表中“F_{Qxi}”列与“q_J”行对应的栏就是式（Ⅱ-20），“M_{Qxi}”列与“q_J”行对应的栏则为式（Ⅱ-21），余类推。计算时只需输入 l、“F_{Qij}”、“M_{ij}”、“q_J”、“q_{SY}”（或“q_{SZ}”）、“q_P”。其中，各“力”与图Ⅱ-13指向相同输入正值，否则输负值。表Ⅱ-8最后一行为各等分点的“F_Q”（即 φ）值和“M”（即 ω）值，据此可绘出该区段位移图。对每个区段都进行这样的运算，即可绘出结构的位移图。

按表Ⅱ-8编制的 EXCEL 表详见附录Ⅴ。

区段“F_Q”(转角)和“M”(挠度)计算表 **表Ⅱ-8**

区段长度(l):		0.50		“F_{Qij}”:	0.00		“M_{ij}”:	0.00			
计算点(x)		0.00		0.13		0.25		0.38		0.50	
		“F_{Qxi}”	“M_{xi}”	“F_{Qxi}”	“M_{xi}”	“F_{Qxi}”	“M_{xi}”	“F_{Qxi}”	“M_{xi}”	“F_{Qxi}”	“M_{xi}”
“q_J”	0.02	0.00	0.00	0.00	0.00	0.00	0.00	0.01	0.00	0.01	0.00
“q_{SY}”	0.00	0.00	0.00	0.00	0.00	0.00	0.00	0.00	0.00	0.00	0.00
“q_{SZ}”	-0.09	0.00	0.00	-0.01	0.00	-0.02	0.00	-0.02	0.00	-0.02	-0.01
“q_P”	0.00	0.00	0.00	0.00	0.00	0.00	0.00	0.00	0.00	0.00	0.00
“F_{Qij}”	0.00		0.00		0.00		0.00		0.00		0.00
“F_{Qx}”/“M_x”		0.00	0.00	0.00	0.00	-0.01	0.00	-0.01	0.00	-0.01	0.00

现以例Ⅱ-6为例,说明弯矩荷载法采用EXCEL表的计算。

1. 绘出结构在荷载作用下的M图,见图Ⅱ-10(a)。

2. 将结构分为AB、BC、CD三段,绘出各区段“受力图”,见图Ⅱ-10(b)。

3. 绘制“内力”图(求杆端“力”和计算各等分点的“内力”均由EXCEL完成)。

AB段,A端固支,故“F_{QAB}”$=0$,“M_{AB}”$=0$,将区段分为4等分,按表Ⅱ-8要求输入各参数,即可求出各点的“F_Q”、“M”值。

BC段,由刚节点特性知:“F_{QBC}”$=$“F_{QBA}”,又由杆长不变的假定有“M_{BC}”$=0$。将区段4等分,由表Ⅱ-8求出各点“内力”值。

CD段,由铰C知,“M_{CD}”$=$“M_{CB}”,又“M_{DC}”$=0$。于是可由表Ⅱ-6求出右端“剪力”“F_{QDC}”,再由表Ⅱ-5求出“F_{QCD}”,然后,可由表Ⅱ-8求出各等分点的“内力”。以CD段“M”值为例,求出的结果(从左向右)为:

$-544/3EI$; $-397.5/3EI$; $-260/3EI$; $-128.5/3EI$; 0

按以上各值连成的曲线与图Ⅱ-10(d)相同。

Ⅱ.2.4 弯矩荷载法在其他方面的应用

弯矩荷载法是根据梁的弹性理论建立的,因此,对于线性弹性体系无论静定结构还是超静定结构,无论是荷载作用还是支座移动等引起的位移计算都是适用的。下面仅以超静定结构在荷载作用下的位移图、结构在支座移动时的位移图以及静定结构位移影响线的绘制进行说明。

Ⅱ.2.4.1 超静定结构在荷载作用下的位移图

用力法或位移法求出超静定结构在荷载作用下的M图后,同样可用弯矩荷载法绘出结构的位移图。由于超静定结构有多余约束,从而区段端点“力”的确定更容易。

如图Ⅱ-14(a)所示,超静定刚架的M图已求出。将结构分为AD、DC、CB三个叠加区段,“受力图”如图Ⅱ-14(b)所示。

AD段:由A端约束条件知,“F_{QAD}”$=0$,“M_{AD}”$=0$,区段“荷载”分解为“左三角荷载”(“q_{sz}”$=28F_pa/176EI$)与“均布荷载”(“q_J”$=-13F_pa/176EI$),区段长度$a/2$。将杆段分为4等分,由表Ⅱ-8可求出各控制截面“内力”,计算结果见表Ⅱ-9。

DC段:在AD段计算后,由D点的变形连续条件有:“F_{QDC}”$=$“F_{QDA}”,“M_{DC}”$=$

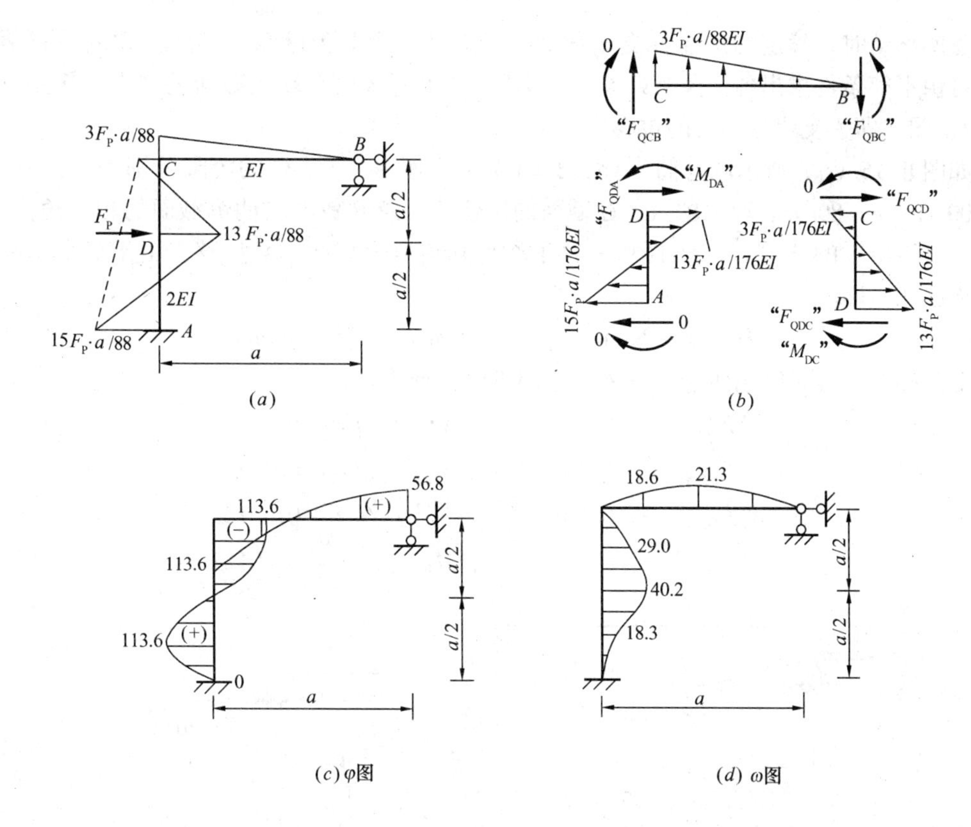

图Ⅱ-14

(a)；(b)；(c)（注：各值乘 $10^{-4}F_P\cdot a/EI$）；(d)（注：各值乘 $10^{-4}F_P\cdot a/EI$）

“M_{DA}”。将“F_{QDC}”、“M_{DC}”、“荷载”（“q_{sz}” $=-16F_Pa/176EI$，“q_J” $=3F_P\cdot a/176EI$）与区段长度 $a/2$ 输入表Ⅱ-8可求出各控制截面“内力”，见表Ⅱ-9。

CB 段：“F_{QCB}” = “F_{QCD}”，“M_{CB}” $=0$，“q_{sz}” $=3F_Pa/88EI$，区段长度 a，由表Ⅱ-8求出位移见表Ⅱ-9。

将各控制截面“内力”竖标的顶点用光滑的曲线相连，在 φ 图中标明正负号，ω 图绘在杆件侧移的一侧，即得所求的位移图（图Ⅱ-14c、d）。

各区段“F_Q”、“M”汇总表 **表Ⅱ-9**

区段	q_J	q_{SZ}	截面1		截面2		截面3		截面4		截面5	
			F_{Qi}	M_i	F_{Qi}	M_i	F_{Qi}	M_i	F_{Qi}	M_i	F_{Qi}	M_i
AD	−13/176	28/176	0.00	0.00	81.7	5.6	113.6	18.3	95.9	32.0	28.4	40.2
DC	3/176	−16/176	28.4	40.2	−49.7	38.6	−99.4	29.0	−120.7	14.9	−113.6	0.0
CB	0.0	3/88	−113.6	0.0	−39.1	−18.6	14.2	−21.3	46.2	−13.3	56.8	0.0

注：1. AD、DC 段长为 $a/2$，CB 段长为 a；

2. F_{Qi}各值乘 $10^{-4}F_Pa^2/EI$，M_i 各值乘 $10^{-4}F_Pa^3/EI$。

Ⅱ.2.4.2 结构在支座移动时的位移图

静定结构在支座移动时的内力为零，因此，在弯矩荷载法中，各区段上的“分布荷载”亦为零，这将使位移图的绘制更简便。

支座移动时，静定结构在各支座截面处相应的“力”为已知（零或已知的位移值），据此可由平衡条件求出各区段其余端点“力”，画出各区段在端点截面的“力”作用下的“内力”图，即为支座移动时的位移图。

如图Ⅱ-15（a）所示两跨简支梁，$l=16\text{m}$，支座 A、B、C 的沉降分别为 $a=40\text{mm}$，$b=100\text{mm}$，$c=80\text{mm}$。现欲求 A、C 截面的角位移以及 B 铰左右两侧截面的相对角位移。此时，可绘出梁的 φ 图，由 φ 图可一目了然地知道以上截面的角位移。由于三个支座的位移均已知，即

$$“M_{\text{A}}”=40\text{mm},“M_{\text{B}}”=100\text{mm},“M_{\text{C}}”=80\text{mm}$$

由平衡条件求出各区段在两端“弯矩”作用下的“剪力”：

$$“F_{\text{QAB}}”=(“M_{\text{B}}”-“M_{\text{A}}”)/l=0.00375$$

$$“F_{\text{QBA}}”=(“M_{\text{B}}”-“M_{\text{A}}”)/l=0.00375$$

$$“F_{\text{QBC}}”=(“M_{\text{C}}”-“M_{\text{B}}”)/l=-0.00125$$

$$“F_{\text{QCB}}”=(“M_{\text{C}}”-“M_{\text{B}}”)/l=-0.00125$$

(a) (b)

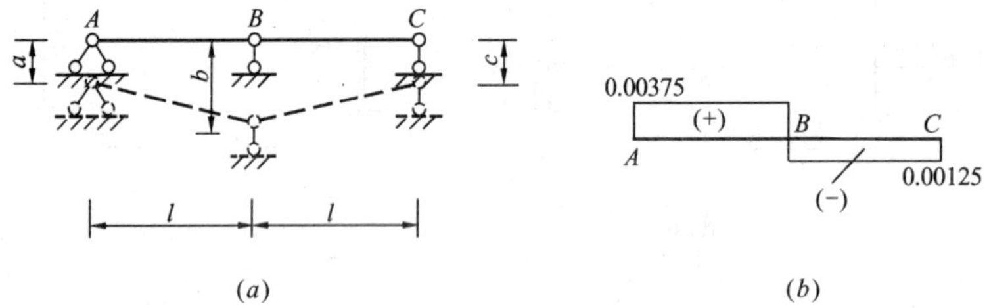

图Ⅱ-15

由于各区段“q”$=0$，故“剪力图”为水平线，如图Ⅱ-15（b）所示。由图知：

$$\varphi_{\text{A}}=0.00375\text{rad}(\curvearrowright),\ \varphi_{\text{C}}=-0.00125\text{rad}(\curvearrowleft)$$

B 铰左右两侧截面的相对角位移为：

$$\varphi_{\text{B}}=0.00375-(-0.00125)=0.005\text{rad}$$

又如图Ⅱ-16（a）所示简支刚架，支座 B 下沉 b，欲求各杆的侧移。于是可将结构分为 AC、CD、DB 三个区段。由杆长不变的假定和支座约束情况，可知 CD 段两端侧移为：

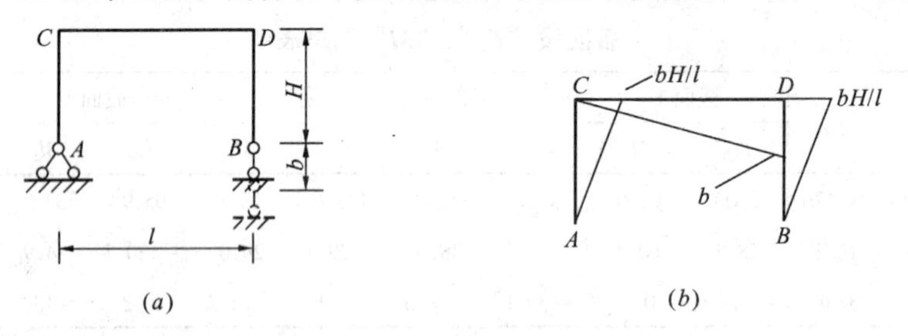

(a) (b)

图Ⅱ-16

$$“M_{\text{CD}}”=0\quad “M_{\text{DC}}”=b$$

由平衡条件可求出“F_{QCD}”$=$“F_{QDC}”$=b/l$；

对 AC 段，已知“M_{AC}” $=0$，“F_{QCA}” = “F_{QCD}” $=b/l$，可求得“M_{CA}” $=bH/l$；

对 DB 段，“M_{DB}” = “M_{CA}” $=bH/l$，“M_{BD}” $=0$。

根据各区段两端“弯矩”绘出“M”图（直线图），即为结构的侧移图，如图Ⅱ-16（b）所示。

Ⅱ.2.4.3 静定结构的位移影响线

如图Ⅱ-17（a）所示结构，当单位荷载 $F_{Pm}=1$ 在其上移动时，某一指定点 K 的竖向位移 δ_{Km}将随荷载的位置而变化。如将 K 点的位移 δ_{Km}与单位荷载的位置 x 的关系求出，并绘成图形，即得截面 K 的位移影响线（图Ⅱ-17b）。另一方面，若在 K 点作用一个单位力 $F_{PK}=1$，结构将发生如图Ⅱ-17（c）所示的变形，此图形即为 $F_{PK}=1$ 作用在 K 点时结构的位移图，图中 δ_{mK}则表示在 K 点单位力作用下引起的截面 m 的竖向位移。根据位移互等定理可有：

$$\delta_{Km} = \delta_{mK}$$

由此可知，当单位荷载 $F_{Pm}=1$ 移动时，K 点的位移 δ_{Km}影响线，与在 K 点作用一个单位力 $F_{PK}=1$ 时产生的结构位移图完全相同。这就将移动单位荷载下求位移影响线的问题转变成在指定位置 K 作用一单位荷载时求结构位移图的问题。

例如，图Ⅱ-18（a）所示多跨静定梁，为求 AB 跨中 E 截面的位移影响线，则绘出结构在 E 截面单位力 $F_{PE}=1$ 作用下的位移图就是所求的 E 截面位移影响线。为了绘制结构在 $F_{PE}=1$ 作用下的位移图，须先绘出 $F_{PE}=1$ 作用下的 M 图（图Ⅱ-18b），然后由本文方法绘出位移图，如图Ⅱ-18（c）所示。

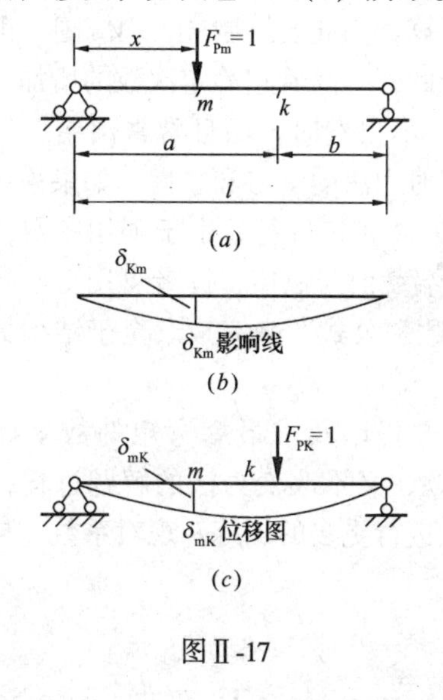

图Ⅱ-17

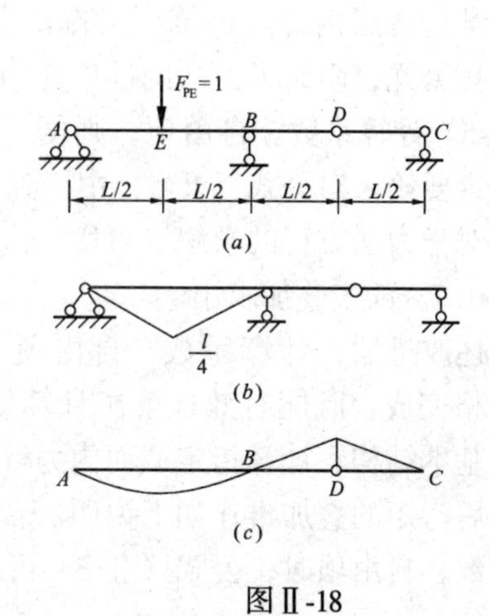

图Ⅱ-18

附录Ⅲ　超静定结构的 EXCEL 算法

力法、位移法、力矩分配法是求解超静定结构的基本分析方法，但计算重复繁琐，若将上述方法进行适当改进，在不改变原方法计算原理、计算步骤的同时，将大量的数字计算采用 Excel 完成，不仅能提高作题速度、节省时间，而且有利于对基本方法的学习和理解。采用 Excel 的原因，一是无须增加新知识，目前会使用 Excel 的人员很普遍；二是容易推广，随着计算机的普及应用和携带更加方便，可以预见不要多久，就会像计算器一样进入技术人员手中；三是能增加计算“透明度”，可以随时检查、及时修改；四是有助于对基本知识的学习。可以认为，传统方法采用 Excel 代替手算是科学发展的必然。

下面介绍以上方法采用 Excel 计算的作法。

Ⅲ.1　力法采用 EXCEL 计算的作法

Ⅲ.1.1　力法 EXCEL 表的编制

传统力法中，方程的系数、自由项采用图乘法计算，为此要绘制 $\overline{M}_i$、M_P 图。由于图乘法不便于编制成表格计算，绘弯矩图又相当繁琐。此外，随着超静定次数的增加，求解力法方程和结构最后内力的计算，工作量大大增加，不仅费时，而且常常出错。长期以来，由于手算繁冗，阻碍了力法的推广应用，影响了对力法的学习和掌握。如果采用附录Ⅱ公式（Ⅱ-5）计算系数、自由项，则便于编制成 Excel 表格进行，由于不用图乘，内力图也不是一定要绘。对公式（Ⅱ-5）中用到的区段两端截面弯矩值，读者可用自己熟练的方法求出，对于力法方程的求解，可用 Excel 的“函数和公式”来完成。至于结构最后弯矩，也容易由 Excel 表叠加求出。

经过上述改进后，计算系数、自由项、解力法方程以及求最后弯矩的数字计算由 Excel电子表格完成，既能有效地解决计算繁难的问题，又不改变力法的解题过程，从而可以对选取基本结构、计算指定截面内力等基本知识进行更多的训练。现对系数、自由项的计算和最后弯矩的叠加再作如下说明。

计算系数、自由项时，公式（Ⅱ-5）可改写为：

$$\delta_{ij}(\Delta_{iP}) = \Sigma\delta^{s}_{ij}(\Delta^{s}_{iP}) = \Sigma \frac{l}{6EI}\Big[2M_1\overline{M}_1 + 2M_2\overline{M}_2 + M_1\overline{M}_2 + M_2\overline{M}_1 + \frac{ql^2}{4}(\overline{M}_1 + \overline{M}_2) + \frac{p_{sy}l^2}{60}(7\overline{M}_1 + 8\overline{M}_2)\Big] + \frac{p_{sz}l^2}{60}(8\overline{M}_1 + 7\overline{M}_2)\Big] \quad (Ⅲ\text{-}1)$$

式中，δ^{s}_{ij}及Δ^{s}_{iP}为第 s 个区段对系数、自由项的贡献量，这里的区段与Ⅱ.1 节规定相同，即各节点、集中荷载作用点、分布荷载不连续处作为分段点，区段荷载为无分布荷载或者满跨的均布荷载、三角形荷载及它们的组合；q 为均布荷载集度；p_{sy}、p_{sz}分别表示右三角形荷载和左三角形荷载的最大集度，它们不会同时出现；各弯矩的下标 1、2 分别表示区段左端和右端，当计算 Δ_{iP}时，M_1、M_2 为荷载引起的弯矩，当计算 δ_{ij}时，M_1、M_2 为另一个单位力引起的弯矩，且 q、p_{sy}、p_{sz}均取零。

应用上式时，弯矩和分布荷载的正负号也与Ⅱ.1 节规定相同，即弯矩使水平杆、斜杆下侧纤维受拉为正，使竖杆右侧纤维受拉为正。区段上的分布荷载对水平杆、斜杆以指向下为正，对竖杆以指向右为正。

上式中各弯矩如用附录Ⅰ-3 的单跨杆件法计算，一般并不复杂，尤其是各单位力作用下的弯矩，由心算或简单手算即可完成，无需绘制弯矩图。求出各区段端点截面的弯矩，再与相关参数（EI、l、q、p_{sy}、p_{sz}）一起代入式（Ⅲ-1）即得系数、自由项。

结构最后弯矩可按下式编制成表格计算，即

$$M = \overline{M}_1 X_1 + \overline{M}_2 X_2 + \cdots + \overline{M}_n X_n + M_P = \Sigma X_i \overline{M}_i + M_P \qquad (Ⅲ\text{-}2)$$

按求得的最后弯矩绘制 M 图时，对有分布荷载作用的区段，还要叠加相应简支梁在分布荷载作用下的弯矩图。

尽管上述每一步骤都容易实现 Excel 计算，但由于力法各步骤之间的相对独立性，以及每个结构的超静定次数、计算区段、结构类型、荷载分布的多变性，要编制方便实用的力法 Excel 计算表格并非易事。本书通过将各步计算表格统一定位，用 VBA 程序控制计算过程，充分利用 Excel 已有功能等措施，使表格具有以下特点：

（1）生成所需的表格方便迅速。对给定结构，只需在表格上方的提示栏输入基本未知量数和计算区段数，点击“生成表格模板”，即可生成所需要的系数、自由项计算表格。

（2）各步运算、各单元格数据的相互引用由表格自动完成。按照系数、自由项计算表格的提示输入各区段计算参数后，点击“开始计算”，表格便显示出各区段的 δ_{ij}^s及Δ_{iP}^s，并自动求和求出 δ_{ij}及Δ_{iP}，然后将各值传递到力法方程进行求解，再将各 X_i 和各区段端点弯矩传递到最后弯矩计算表，求出最后弯矩值，使用者可据此绘出 M 图。

（3）能快速检查计算过程。点击“工具栏”的“跟踪检查”，选定表格中某一数字，就可显示该数字的计算过程，这对力法知识训练和检查计算错误十分有用。

按以上分析编制的力法 Excel 计算表格收集在附录Ⅴ中。

需要说明的是，用 Excel 计算时，当 EI、l、q、p_{sy}、p_{sz}以及区段两端截面弯矩值中，有用符号表示时，可用其相对值（一般取 1）代入，然后在计算结果中再加上该符号。

Ⅲ.1.2 算例

下面结合算例说明力法 Excel 表格的具体应用。

【例Ⅲ-1】 试采用力法 Excel 表计算图Ⅲ-1（a）所示刚架的内力，绘出 M 图。

【解】 （1）这是一个 3 次超静定结构。选取基本体系如图Ⅲ-1（b）所示。

（2）将结构划分为 BF、FD、ED、EC、AE 五个区段。打开力法 Excel 计算表格，在表格上方的“基本未知量数”和“计算区段数”后面输入“3”和“5”，点击“生成表格模板”即得系数、自由项计算表。按表格提示输入各区段基本参数（表Ⅲ-1.1 第 2 ~ 6 列）。

（3）计算各区段端点截面的弯矩。基本结构为悬臂刚架，可不求支座反力。现以荷载作用下的情况为例，说明各区段杆端弯矩的计算。观察基本体系（用手遮住三个多余未知力），对 BF、FD、EC 三个区段，可按悬臂梁算出各杆端弯矩。由于基本体系中，各荷载方向与杆 AD 平行，故可知 ED、AE 段剪力为零，弯矩为常量。于是，先后由节点 D、E 的平衡条件，可求出区段 ED、AE 两端截面的弯矩。将求出的各区段杆端弯矩填入表Ⅲ-1.1中 M_P 行的相应位置。类似地，求出 $\overline{X}_1=1$、$\overline{X}_2=1$、$\overline{X}_3=1$ 分别作用时各区段端点弯矩值，并输入表Ⅲ-1.1 第 8、9 列相应位置。

（4）点击“开始计算”，各区段的系数、自由项计算结果即显示在表Ⅲ-1.1 第 10～13 列；同时，表格自动求和得到 δ_{ij} 及 Δ_{iP}，并将它们传递到表Ⅲ-1.2，解方程求出 X_1、X_2、X_3（见表Ⅲ-1.3）；然后再将各 X_i 与各区段端点弯矩（表Ⅲ-1.1 第 8、9 列）传递到表Ⅲ-1.4叠加出各杆端最后弯矩，如表Ⅲ-1.4 最后一列所示。

根据计算结果可绘出 M 图（EC 段需叠加 q 作用下的弯矩图），如图Ⅲ-1（c）所示。

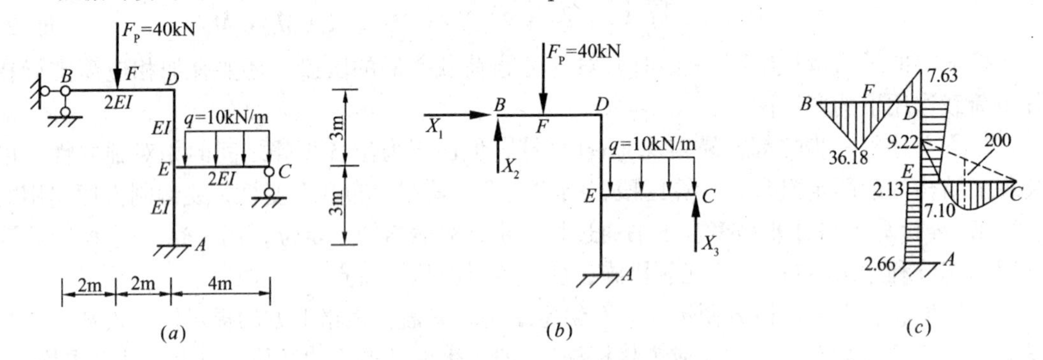

图Ⅲ-1

（a）原结构；（b）基本体系；（c）M 图（单位：kN·m）

例Ⅲ-1 计算表 **表Ⅲ-1**

力法 Excel 计算表格

输入：	基本未知量数	3
	计算区段数	5

生成表格模板　　填好下表中 $A \sim I$ 列后，按“开始计算”：　　开始计算

1. 系数、自由项计算表格：

区段	区段长度	EI 值	q_J	p_{sz}	p_{sy}	端截面	z 左	y（右）	δ_{i1}	δ_{i2}	δ_{i3}	Δ_{ip}
1（BF）	2	2	0	0	0	$\overline{M}_1$	0	0	0.00	0.00	0.00	0.00
						$\overline{M}_2$	0	2	0.00	1.33	0.00	0.00
						$\overline{M}_3$	0	0	0.00	0.00	0.00	0.00
						M_p	0	0				
2（FD）	2	2	0	0	0	$\overline{M}_1$	0	0	0.00	0.00	0.00	0.00
						$\overline{M}_2$	2	4	0.00	9.33	0.00	－133.33
						$\overline{M}_3$	0	0	0.00	0.00	0.00	0.00
						M_p	0	－80				
3（ED）	3	1	0	0	0	$\overline{M}_1$	－3	0	9.00	18.00	0.00	－360.00
						$\overline{M}_2$	－4	－4	18.00	48.00	0.00	－960.00
						$\overline{M}_3$	0	0	0.00	0.00	0.00	0.00
						M_p	80	80				

续表

区段	区段长度	EI 值	q_J	p_{sz}	p_{sy}	端截面	z 左	y（右）	δ_{i1}	δ_{i2}	δ_{i3}	Δ_{ip}
4（EC）	4	2	10	0	0	$\overline{M}_1$	0	0	0.00	0.00	0.00	0.00
						$\overline{M}_2$	0	0	0.00	0.00	0.00	0.00
						$\overline{M}_3$	4	0	0.00	0.00	10.67	-160.00
						M_p	-80	0				
5（AE）	3	1	0	0	0	$\overline{M}_1$	-6	-3	63.00	54.00	-54.00	0.00
						$\overline{M}_2$	-4	-4	54.00	48.00	-48.00	0.00
						$\overline{M}_3$	4	4	-54.00	-48.00	48.00	0.00
						M_p	0	0				

2. 力法方程 $[\delta_{ij}]\{X_i\} = -\{\Delta_{ip}\}$：

72.00	72.00	-54.00	X1		360
72.00	106.67	-48.00	X2	=	1093.333
-54.00	-48.00	58.67	X3		160

3. 力法方程解：

$$\{X_i\} = \begin{matrix} 0.179641 \\ 18.09132 \\ 17.69461 \end{matrix}$$

4. 最后弯矩：

区段	杆端	$\overline{M}_1$	$\overline{M}_2$	$\overline{M}_3$	M_p	X_1	X_2	X_3	M
1	z（左）	0.00	0.00	0.00	0.00	0.18	18.09	17.69	0.00
	y（右）	0.00	2.00	0.00	0.00				36.18
2	z（左）	0.00	2.00	0.00	0.00				36.18
	y（右）	0.00	4.00	0.00	-80.00				-7.63
3	z（左）	-3.00	-4.00	0.00	80.00				7.10
	y（右）	0.00	-4.00	0.00	80.00				7.63
4	z（左）	0.00	0.00	4.00	-80.00				-9.22
	y（右）	0.00	0.00	0.00	0.00				0.00
5	z（左）	-6.00	-4.00	4.00	0.00				-2.66
	y（右）	-3.00	-4.00	4.00	0.00				-2.13

【例Ⅲ-2】 试采用力法 Excel 表计算图Ⅲ-2（a）所示排架，绘出 M 图。

【解】 （1）此排架为 2 次超静定。切断两根横梁所得基本体系如图Ⅲ-2（b）所示。

（2）将结构划分为 HD、AH、FE、BF、CG 五个区段。打开力法 Excel 计算表格，在表格上方的“基本未知量数”和“计算区段数”后面输入“2”和“5”，点击“生成表格模板”即得到本例的计算表格，如表Ⅲ-2.1 所示。按表格提示输入各区段基本参数（表Ⅲ-2.1 第 2～6 列）。

（3）计算出各悬臂杆在荷载和各单位力单独作用下，各区段端点截面弯矩，并填入表Ⅲ-2.1 第 8、9 列。

（4）点击“开始计算”，各区段的系数、自由项计算结果即显示在表Ⅲ-2.1 第 10～12 列；同时，表格自动求出 δ_{ij} 及 Δ_{iP} 并传递到表Ⅲ-2.2 解方程求出 X_1、X_2（见表Ⅲ-2.3）；然后再将各 X_i 与各区段端点弯矩（表Ⅲ-2.1 第 8、9 列）传递到表Ⅲ-2.4 叠加出各杆端最后弯矩，如表Ⅲ-2.4 最后一列所示。

根据计算结果绘出 M 图（AH、HD 段需叠加 q 作用下的弯矩图），如图Ⅲ-2c 所示。

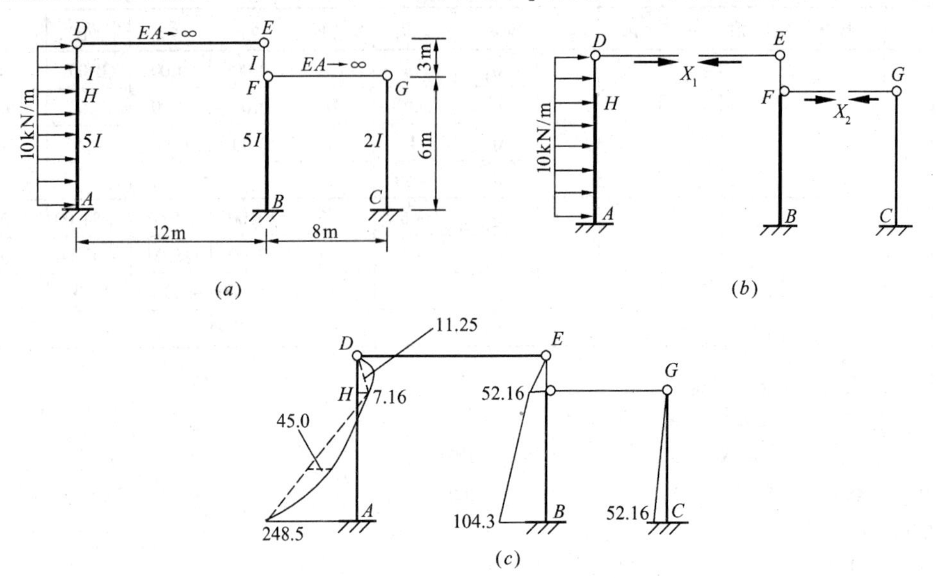

图Ⅲ-2

（a）原结构；（b）基本体系；（c）M 图（单位：kN·m）

例Ⅲ-2 计算表 **表Ⅲ-2**

力法 Excel 计算表格

输入：	基本未知量数	2
	计算区段数	5

生成表格模板　　填好下表中 $A\sim I$ 列后，按“开始计算”：　　开始计算

1. 系数、自由项计算表格：

区段	区段长度	EI 值	q_J	p_{sz}	p_{sy}	端截面	z 左	y（右）	δ_{i1}	δ_{i2}	Δ_{ip}
1（HD）	3	1	10	0	0	$\overline{M}_1$	-3	0	9.00	0.00	101.25
						$\overline{M}_2$	0	0	0.00	0.00	0.00
						M_p	-45	0			
2（AH）	6	5	10	0	0	$\overline{M}_1$	-9	-3	46.80	0.00	1620.00
						$\overline{M}_2$	0	0	0.00	0.00	0.00
						M_p	-405	-45			
3（FE）	3	1	0	0	0	$\overline{M}_1$	3	0	9.00	0.00	0.00
						$\overline{M}_2$	0	0	0.00	0.00	0.00
						M_p	0	0			
4（BF）	6	5	0	0	0	$\overline{M}_1$	9	3	46.80	-25.20	0.00
						$\overline{M}_2$	-6	0	-25.20	14.40	0.00
						M_p	0	0			
5（CG）	6	2	0	0	0	$\overline{M}_1$	0	0	0.00	0.00	0.00
						$\overline{M}_2$	6	0	0.00	36.00	0.00
						M_p	0	0			

2. 力法方程 $[\delta_{ij}]\{X_i\} = -\{\Delta_{ip}\}$:

$$\begin{bmatrix} 111.60 & -25.20 \\ -25.20 & 50.40 \end{bmatrix} \begin{Bmatrix} X_1 \\ X_2 \end{Bmatrix} = \begin{Bmatrix} -1721.25 \\ 0 \end{Bmatrix}$$

3. 力法方程解:

$$\{X_i\} = \begin{Bmatrix} -17.38636 \\ -8.693182 \end{Bmatrix}$$

4. 最后弯矩:

区段	杆端	$\overline{M}_1$	$\overline{M}_2$	M_p	X_1	X_2	M
1	z(左)	-3.00	0.00	-45.00	-17.39	-8.69	7.16
(HD)	y(右)	0.00	0.00	0.00			0.00
2	z(左)	-9.00	0.00	-405.00			-248.52
(AH)	y(右)	-3.00	0.00	-45.00			7.16
3	z(左)	3.00	0.00	0.00			-52.16
(FE)	y(右)	0.00	0.00	0.00			0.00
4	z(左)	9.00	-6.00	0.00			-104.32
(BF)	y(右)	3.00	0.00	0.00			-52.16
5	z(左)	0.00	6.00	0.00			-52.16
(CG)	y(右)	0.00	0.00	0.00			0.00

Ⅲ.2 位移法采用 EXCEL 计算的作法

随着计算机的推广普及，在结构分析中，对位移法采用矩阵运算，用计算机进行数字计算，形成了结构分析的矩阵位移法，在科研和工程设计中得到广泛应用。同时位移法的传统方法对于提高力学基本知识和结构分析能力也显得更加重要。为了提高位移法的作题速度、节省时间，采用 Excel 计算是必要的。

Ⅲ.2.1 位移法 EXCEL 表的编制

在传统方法中，位移法的解题步骤是:

(1) 确定基本结构，即将原结构通过增加附加约束得到各单跨超静定梁的组合体;

(2) 绘出基本结构在荷载作用下的 M_P 图和各附加约束发生单位位移时的 $\overline{M}_i$ 图;

(3) 利用平衡条件计算位移法方程中的系数、自由项;

(4) 解位移法方程，求出基本未知量;

(5) 按叠加法计算杆端最后弯矩，绘出 M 图。

为了便于使用 Excel 计算，对步骤(2)~(5)作以下改进:

①用表格计算位移法方程的系数、自由项;

②采用 Excel 的"函数和公式"，求解位移法方程;

③按以下公式编制的 Excel 表求结构最后弯矩:

$$M = \overline{M}_1 Z_1 + \overline{M}_2 Z_2 + \cdots + \overline{M}_n Z_n + M_p = \Sigma Z_i \overline{M}_i + M_P \tag{Ⅲ-3}$$

改进后，各步计算均可由 Excel 完成，节省计算时间，同时保持了传统位移法的解题过程，可以加强对选取基本结构、确定杆端力以及由平衡条件求系数、自由项等基本知识的练习。上述改进内容②、③的作法与Ⅲ.1 节相同，无需重述，现对改进内容①说明如下：

分析位移法方程可知，按作用外因和杆端力性质，其系数、自由项可分 3 种情况：

(1) 单位节点角位移引起的附加刚臂上的反力矩和附加链杆上的反力；

(2) 单位节点线位移引起的附加刚臂上的反力矩和附加链杆上的反力；

(3) 荷载引起的附加刚臂上的反力矩和附加链杆上的反力。

每个单位节点位移或荷载单独作用于基本结构时，引起的各杆端弯矩、杆端剪力可由表 6-1 查出，再由各附加约束的平衡条件可求得位移法方程中的一列系数或自由项（一列数)。于是可以将各单位节点角位移、线位移、荷载依次按列排列，各杆端按行排列，列成表格，逐个查出各杆端力（杆端弯矩、剪力)，然后根据未知角位移节点的力矩方程或未知线位移方向的投影方程求出系数、自由项。位移法中，系数、自由项的计算比较简单，一般心算或简单手算即可完成。考虑到叠加最后弯矩的需要，各单位位移和荷载引起的所有杆件的杆端弯矩均应查出。

编制位移法 Excel 计算表格时，采取了与编制力法表格同样的措施，因此，位移法 Excel 表同样具有生成计算表格方便迅速；解方程、叠加最后弯矩由表格自动完成；计算过程可随时检查等功能。为了减少杆端力查表的时间和错误，在表格上方前三行设置了帮助栏，给出等截面直杆的杆端弯矩和剪力。

按以上分析编制的位移法 Excel 计算表格收集在附录Ⅴ中。

下面通过算例说明位移法采用 Excel 表的具体操作。

Ⅲ.2.2 算例

【例Ⅲ-3】 试采用位移法 Excel 表计算图Ⅲ-3 (a)所示刚架，绘出 M 图。

【解】 (1) 此结构的基本未知量为节点 1 的角位移 Z_1 和横梁水平线位移 Z_2，基本体系如图Ⅲ-3(b)所示。

(2) 打开位移法 Excel 计算表格。在表格上方“基本未知量数”栏转角下面输入“1”，线位移下面输入“1”，杆件数下面输入“3”，点击“生成表格模板”，即可得到本例的计算表格，如表Ⅲ-3.1 所示。将各杆件、i、长度、杆端号按顺序(水平杆先左后右，竖直杆先下后上)填入表Ⅲ-3.1 的 1 ~ 4 列(i、l 均以 1 代入)。对照基本体系，查出 $\overline{Z}_1=1$、$\overline{Z}_2=1$、荷载引起的各杆端弯矩和与节点线位移相关的杆端剪力(取 $F_P=1$)，填入表Ⅲ-3.1 第 5 ~

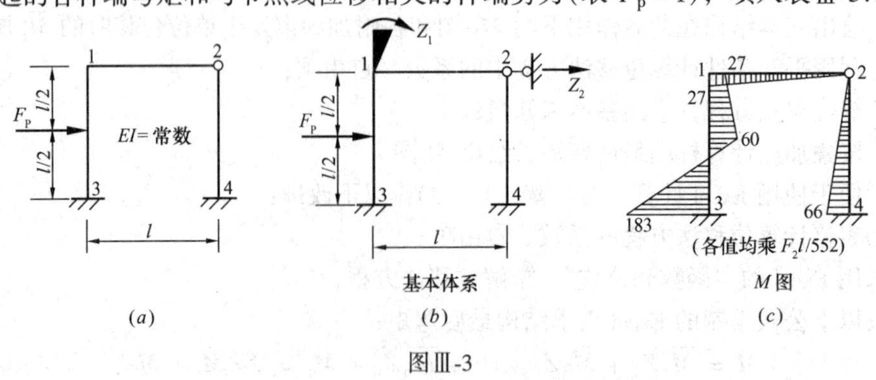

图Ⅲ-3

10 列。然后由节点 1 的力矩方程和 Z_2 方向的投影方程求出系数、自由项。例如，r_{11}即为 $\overline{Z}_1=1$ 所在列中对应于杆端 1 的两个弯矩(4、3)之和，r_{12}则为 $\overline{Z}_2=1$ 所在列对应的杆端 1 的力矩(- 6)，R_{1P}是荷载引起的杆端 1 的力矩(1/8)，余类推。

例Ⅲ-3 计算表 **表Ⅲ-3**

位移法 Excel 计算表格

输入：	基本未知量数		杆件数
	转角	线位移	
	1	1	3

生成表格模板 填好下表中绿色数据列后，按“开始计算”： 开始计算

1. 位移法系数、自由项计算表格

计算简图		弯矩				剪力			
支座情况	外因	M_{AB}		M_{BA}		F_{QAB}		F_{QBA}	
两端固支 ▼	单位转角 ▼	$4i$		$2i$		$-6i/1$		$-6i/1$	
杆件	i	长度	杆端	$\overline{Z}_1=1$(单位转角)		$\overline{Z}_2=1$(单位线位移)		荷载	
				$\overline{M}_1$	$\overline{F}_{Q1}$	$\overline{M}_2$	$\overline{F}_{Q2}$	M_P	F_{QP}
3-1	1	1	3	2.00		- 6.00		- 0.125	
			1	4.00	- 6.00	- 6.00	12.00	0.125	- 0.5
1-2	1	1	1	3.00		0	0		
			2	0.00		0	0		
4-2	1	1	4			- 3.00			
			2				3.00		
r_{1i}	R_{1P}			7		- 6		0.125	
r_{2i}	R_{2P}				- 6		15		- 0.5

2. 位移法方程$[r_{ij}]\{Z_i\}=-\{R_{iP}\}$：

7.00	- 6.00	Z_1	=	- 0.13
- 6.00	15.00	Z_2		0.50

3. 位移法方程解：

$$\{Z_i\}=\begin{matrix}0.016304\\0.039855\end{matrix}$$

4. 最后弯矩：

杆件	杆端	$\overline{M}_1$	$\overline{M}_2$	M_P	Z_1	Z_2	M
1	z(左)	2.000	- 6.000	- 0.125	0.016	0.040	- 0.332
(3-1)	y(右)	4.000	- 6.000	0.125			- 0.049
2	z(左)	3.000	0	0.000			0.049
(1-2)	y(右)	0.000	0	0.000			0.000
3	z(左)	0.000	- 3.000	0.000			- 0.120
(4-2)	y(右)	0.000	0.000	0.000			0.000

(3) 点击“开始计算”，表格自动将 r_{ij}及 R_{iP}传递到表Ⅲ-3.2 解方程求出 Z_1、Z_2(见表

Ⅲ-3.3)；然后再将各 Z_i 与各杆端弯矩(表Ⅲ-3.1 第 5、7、9 列)传递到表Ⅲ-3.4 叠加出各杆端最后弯矩，如表Ⅲ-3.4 最后一列所示。

(4) 绘制最后内力图。根据杆端最后弯矩绘出 M 图，如图Ⅲ-3(c)所示。

【例Ⅲ-4】 试采用位移法 Excel 表计算图Ⅲ-4(a)所示结构，绘出 M 图。

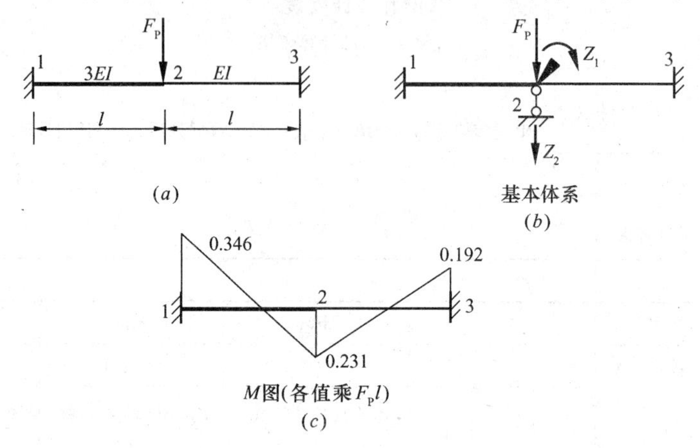

图Ⅲ-4

例Ⅲ-4 计算表 **表Ⅲ-4**

位移法 Excel 计算表格

输入：	基本未知量数		杆件数
	转角	线位移	
	1	1	2

生成表格模板　　填好下表中绿色数据列后，按"开始计算"：　　开始计算

1. 位移法系数、自由项计算表格

计算简图		弯　　矩				剪　　力			
支座情况	外因	M_{AB}		M_{BA}		F_{QAB}		F_{QBA}	
两端固支 ▼	单位转角 ▼	$4i$		$2i$		$-6i/l$		$-6i/l$	
杆　件	i	长度	杆端	$\bar{Z}_1=1$(单位转角)		$\bar{Z}_2=1$(单位线位移)		荷载	
				$\bar{M}_1$	$\bar{F}_{Q1}$	$\bar{M}_2$	$\bar{F}_{Q2}$	M_P	F_P
1-2	3	1	1	6.00		-18.00			
			2	12.00	-18.00	-18.00	36.00		
2-3	1	1	2	4.00	6.00	6.00	12.00		
			3	2.00		6.00			
r_{1i}	R_{1P}			16.00		-12.00		0.00	
r_{2i}	R_{2P}				-12.00		48.00		-1.00

2. 位移法方程$[r_{ij}]\{Z_i\}=-\{R_{iP}\}$：

$$\begin{matrix} 16.00 & -12.00 \\ -12.00 & 48.00 \end{matrix} \quad \begin{matrix} Z_1 \\ Z_2 \end{matrix} \quad = \quad \begin{matrix} 0.00 \\ 1.00 \end{matrix}$$

3. 位移法方程解：

$$\{Z_i\}=\begin{matrix} 0.019231 \\ 0.025641 \end{matrix}$$

4. 最后弯矩:

杆件	杆端	$\overline{M}_1$	$\overline{M}_2$	M_P	Z_1	Z_2	M
1	z(左)	6.000	-18.000	0.000	0.019	0.026	-0.346
	y(右)	12.000	-18.000	0.000			-0.231
2	z(左)	4.000	6.000	0.000			0.231
	y(右)	2.000	6.000	0.000			0.192

【解】 (1) 此结构的基本未知量为节点 2 的角位移 Z_1 和竖向线位移 Z_2，基本体系如图Ⅲ-4(b)所示。

(2) 打开位移法 Excel 计算表格。在表格上方"基本未知量数"栏转角下面输入"1"，线位移下面输入"1"，杆件数下面输入"2"，点击"生成表格模板"，即可得到本例的计算表格，如表Ⅲ-4.1 所示。将各杆件、i 值$\left(i=\frac{EI}{l}\right)$、长度($l=1$)、杆端号按顺序(先左端后右端)填入表Ⅲ-4.1 的 1~4 列。对照基本体系，查出 $\overline{Z}_1=1$、$\overline{Z}_2=1$、荷载引起的各杆端弯矩和与 Z_2 相关的杆端剪力，填入表Ⅲ-4.1 第 5~10 列。然后由节点 2 的力矩方程和 Z_2 方向的投影方程求出系数、自由项。例如由 $\overline{Z}_1=1$ 中 $\overline{M}_1$ 列杆端 2 的弯矩有 $r_{11}=16$，$\overline{F}_{Q1}$列杆端 2 的剪力有 $r_{21}=-12$，由 $\overline{Z}_2=1$ 中 $\overline{F}_{Q2}$列可求得 $r_{22}=48$，荷载列中 F_P(取 $F_P=1$)引起的杆端 2 的剪力均为零，由 Z_2 方向的投影方程 $R_{2P}+0+0+F_P=0$ 可得 $R_{2P}=-1$。各系数、自由项见表Ⅲ-4.1 最后两行。

(3) 点击"开始计算"，表格自动将 r_{ij}及 R_{iP}传递到表Ⅲ-4.2 解方程求出 Z_1、Z_2(见表Ⅲ-4.3)；然后再将各 Z_i与各杆端弯矩(表Ⅲ-4.1 第 5、7、9 列)传递到表Ⅲ-4.4 叠加出各杆端最后弯矩(表Ⅲ-4.4 最后一列)。据此可绘出最后弯矩图，如图Ⅲ-4(c)所示。

Ⅲ.3 力矩分配法采用 EXCEL 计算的作法

力矩分配法物理概念明确、便于理解，计算步骤规律、容易掌握，有利于提高使用者的力学分析能力。随着计算机的普及和矩阵位移法程序的推广，力矩分配法的应用大为减少。然而计算机运算结果的正确与否，需要与其他方法的计算结果对比，需要技术人员运用力学知识进行分析。此外，在方案设计阶段，也常常要求设计人员运用力学知识，进行简单的结构计算。尤其是连续梁、连续板、多层及高层框架结构计算，是工程设计中大量的基本设计内容。这些结构未知量多、计算量大，若用传统的力矩分配法计算，耗时多、易出错。因此，力矩分配法采用 Excel 计算仍具有实际意义。

Ⅲ.3.1 力矩分配法 Excel 表的编制

由第 7 章知，力矩分配法计算的步骤为:

(1) 求各节点每一杆端的分配系数和传递系数;

(2) 固定节点，即加入刚臂，计算各杆固端弯矩;

(3) 进行力矩分配、传递，即从某一节点开始，求结点不平衡力矩，放松节点(其他节点仍暂时固定)，进行力矩分配与传递，然后将该节点固定，对下一个节点进行同样的计算;

(4) 将步骤(3)在各节点逐次循环，直至计算精度满意为止;

(5) 将各杆端固端弯矩、历次分配弯矩、传递弯矩求和得到杆端最后弯矩。

分析力矩分配、传递的过程可知，某杆端在获得分配弯矩时，其所在的节点要放松(取消刚臂)，而杆端在获得传递弯矩时，其所在的节点为固定(加入刚臂)。或者说，某节点先放松，使汇交于该节点的各杆端得到分配弯矩；然后再固定，使汇交于该节点的各杆端得到传递弯矩。至于从哪个节点开始计算，力矩分配法并无特别规定。手算时，为了减少分配、传递的轮次，加快计算结果的收敛，一般从不平衡力矩大的节点开始。然而对计算机而言，计算轮次的多少已不是问题。

根据以上分析，用 Excel 计算时，可采取如下作法：

(1) 将所有节点同时放松(取消刚臂)，并将各节点不平衡力矩反号进行力矩分配；

(2) 将所有节点同时固定(加入刚臂)，计算各杆端的传递弯矩，同时将同一节点各杆端传递弯矩求和，得到各节点新的不平衡力矩。

可以看出，上述作法与传统作法仅仅是力矩的分配、传递次序不同，其余步骤则完全相同。然而，就是这一改变，使得力矩分配和传递变得规律、统一，所有节点同步进行相同的计算：固定节点，求固端弯矩、求节点不平衡力矩并反号；放松各节点，计算各杆端分配弯矩；再固定节点，求各杆端传递弯矩，求各节点新的不平衡力矩并反号；……。每个节点的不平衡力矩，除第一次是由各杆近端固端弯矩求和之外，以后均是由各杆远端传来的弯矩(传递弯矩)求和。于是，ij 杆 i 端最后弯矩可由下式求出：

$$M_{ij} = M_{ij}^{\mathrm{F}} + M_{ij}^{\mu 1} + M_{ij}^{\mathrm{C1}} + M_{ij}^{\mu 2} + M_{ij}^{\mathrm{C2}} + \cdots + M_{ij}^{\mu \mathrm{k}} + M_{ij}^{\mathrm{Ck}} \qquad (\text{Ⅲ-4})$$

式中，各 M 的上标 1、2、…、k 表示分配、传递的次数；F、μ、C 依次表示 i 端固端弯矩、分配弯矩和传递弯矩；$M_{ij}^{\mu \mathrm{k}}$为第 k 次分配弯矩，其值为节点 i 第 k 次不平衡力矩 M_i^{k} 反号乘分配系数，即

$$M_{ij}^{\mu \mathrm{k}} = -\mu_{ij} M_i^{\mathrm{k}} \qquad (\text{Ⅲ-5})$$

当 $k=1$ 时，M_i^{k} 为节点 i 各杆近端固端弯矩之和，即 $M_i^{1}=M_i^{\mathrm{F}}$，当 $k \geqslant 2$ 时，M_i^{k} 为节点 i 各杆近端第($k-1$)次传递弯矩之和，即 $M_i^{\mathrm{k}} = \Sigma M_{ij}^{\mathrm{c(k\text{-}1)}}$；$M_{ij}^{\mathrm{Ck}}$为第 k 次传递弯矩，它是 ij 杆 j 端第 k 次分配弯矩与传递系数的乘积，即

$$M_{ij}^{\mathrm{Ck}} = C_{ij} M_{ji}^{\mu \mathrm{k}} \qquad (\text{Ⅲ-6})$$

改进后的力矩分配法，保留了原来的计算步骤和优点，便于采用 Excel 计算。

按照上述作法，编制了“力矩分配法(连续梁)Excel 计算表格”和“力矩分配法(无侧移刚架)Excel 计算表格”，它们具有如下特点：(1)生成表格快速方便。计算连续梁时，在表格上方提示栏下输入给定结构的“跨数”和“分配传递次数”，点击“生成表格模板”，即可得到所需表格；计算无侧移刚架时，在表格上方提示栏下输入给定刚架的“层数”、“跨数”和“分配传递次数”，点击“生成表格模板”，即可得到所需要的刚架计算表格。其中“分配传递次数”由计算者根据计算精度要求和经验设定。(2)历次力矩分配、传递和杆端最后弯矩计算由表格自动完成。对生成的计算表格，只需逐点输入节点编号、杆端编号、分配系数、传递系数、固端弯矩等参数，表格便显示出各次力矩分配、传递和最后杆端弯矩的计算结果。若某个参数输入错误，只需改动该参数，表格便自动将计算结果修正。(3)方便检查。检查操作如下：点击“工具(T)”→“公式审核”→显示“公式审核”工具栏→选定要检查的单元格→“追踪引用单元格”，表格即可用箭头指出该单元格数据的来源。

力矩分配法(连续梁)Excel 计算表格和力矩分配法(无侧移刚架)Excel 计算表格收集在附录Ⅴ中。

Ⅲ.3.2 算例

下面通过算例说明力矩分配法采用 Excel 的具体计算。

【例Ⅲ-5】 试用力矩分配法 Excel 表计算图Ⅲ-5(a)所示等截面连续梁，绘出 M 图。各跨杆件 EI = 常数。

【解】 打开力矩分配法(连续梁)Excel 计算表格，在表格上方“跨数”和“分配传递次数”栏下面输入“3”和“7”，点击“生成表格模板”，即显示出所需要的计算表格，见表Ⅲ-5。令 $EI/12\text{m}=1$，将各节点编号、杆端号、分配系数、传递系数、固端弯矩依次输入表Ⅲ-5第 1～5 行。表格自动显示出各次力矩分配传递的计算结果和杆端最后弯矩。

根据计算结果绘出 M 图，如图Ⅲ-5(b)所示。

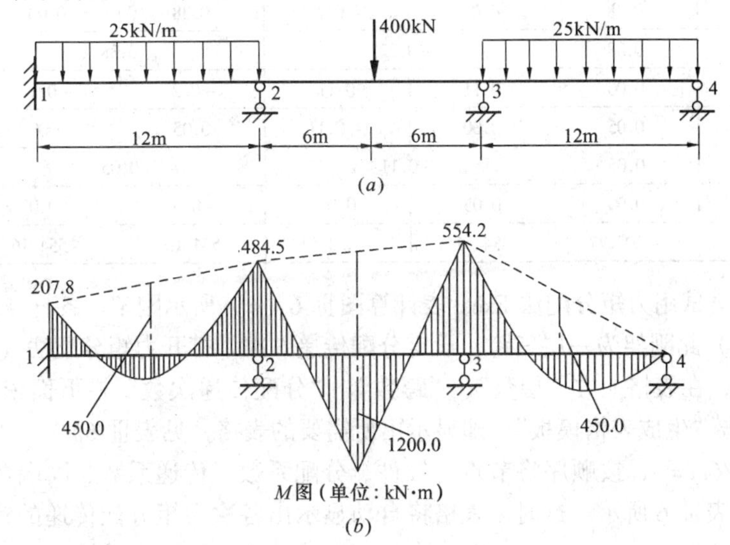

图Ⅲ-5

例Ⅲ-5 计算表 **表Ⅲ-5**

连续梁用力矩分配法计算表格

输入参数:	跨数	分配传递次数（≤10）	生成表格模板
	3	7	

结　点	1	2		3		4
杆端	1-2	2-1	2-3	3-2	3-4	4-3
分配系数		0.50	0.50	0.57	0.43	
传递系数		0.50	0.50	0.50	0.00	
固端弯矩	−300.00	300.00	−600.00	600.00	−450.00	0.00
不平衡力矩	−300.00	−300.00		150.00		0.00
分配	0.00	150.00	150.00	−85.50	−64.50	0.00
传递	75.00	0.00	−42.75	75.00	0.00	0.00
不平衡力矩	75.00	−42.75		75.00		0.00
分配	0.00	21.38	21.38	−42.75	−32.25	0.00
传递	10.69	0.00	−21.38	10.69	0.00	0.00
不平衡力矩	10.69	−21.38		10.69		0.00

续表

结　点	1	2		3		4
杆端	1-2	2-1	2-3	3-2	3-4	4-3
分配	0.00	10.69	10.69	-6.09	-4.60	0.00
传递	5.34	0.00	-3.05	5.34	0.00	0.00
不平衡力矩	5.34	-3.05		5.34		0.00
分配	0.00	1.52	1.52	-3.05	-2.30	0.00
传递	0.76	0.00	-1.52	0.76	0.00	0.00
不平衡力矩	0.76	-1.52		0.76		0.00
分配	0.00	0.76	0.76	-0.43	-0.33	0.00
传递	0.38	0.00	-0.22	0.38	0.00	0.00
不平衡力矩	0.38	-0.22		0.38		0.00
分配	0.00	0.11	0.11	-0.22	-0.16	0.00
传递	0.05	0.00	-0.11	0.05	0.00	0.00
不平衡力矩	0.05	-0.11		0.05		0.00
分配	0.00	0.05	0.05	-0.03	-0.02	0.00
最后弯矩	-207.77	484.51	-484.51	554.16	-554.16	0.00

【例Ⅲ-6】　试用力矩分配法 Excel 表计算图Ⅲ-6（a）所示刚架。各杆 EI = 常数。

【解】　(1) 此刚架为一层三跨，设定分配传递 6 次。打开力矩分配法（无侧移刚架）Excel 计算表格，在表格上方“层数”、“跨数”、“分配传递次数”栏下面依次输入“1”、“3”、“6”，点击“生成表格模板”，即显示出所需要的表格，见表Ⅲ-6。

(2) 令 $EI/6m = 1$，按顺序将节点、杆件、分配系数、传递系数、固端弯矩输入表格第 1～5 行，如表Ⅲ-6 所示。这时，表格将自动显示出各次力矩分配传递的计算结果和杆端最后弯矩。

(3) 根据计算结果可绘出 M 图，如图Ⅲ-6（b）所示。

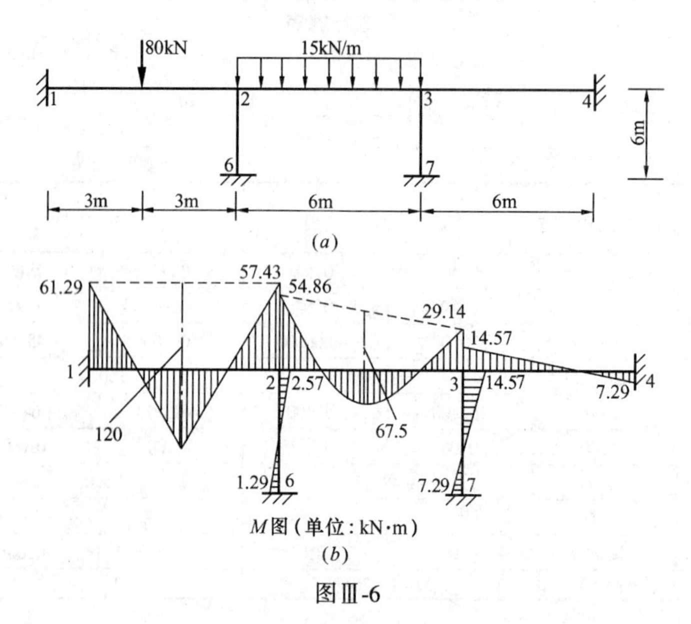

图Ⅲ-6

例Ⅲ-6 计算表

表Ⅲ-6

无侧移刚架用力矩分配法计算表格

输入参数:	层次	跨数（≤5）	分配传递次数
	1	3	6

生成表格模板

1层节点	1			2				3				
杆件		1-5	1-2	2-1		2-6	2-3	3-2		3-7	3-4	4-3
分配系数				0.33		0.33	0.33	0.33		0.33	0.33	
传递系数				0.50		0.50	0.50	0.50		0.50	0.50	
固端弯矩			-60.00	60.00			-45.00	45.00				
第1次分配		0	0	-5		-5	-5	-15		-15	-15	0
第1次传递		0	-2.5	0		0	-7.5	-2.5		0	0	-7.5
第2次分配		0	0	2.5		2.5	2.5	0.833333		0.833333	0.833333	0
第2次传递		0	1.25	0		0	0.416667	1.25		0	0	0.416667
第3次分配		0	0	-0.13889		-0.13889	-0.13889	-0.41667		-0.41667	-0.41667	0
第3次传递		0	-0.06944	0		0	-0.20833	-0.06944		0	0	-0.20833
第4次分配		0	0	0.069444		0.069444	0.069444	0.023148		0.023148	0.023148	0
第4次传递		0	0.034722	0		0	0.011574	0.034722		0	0	0.011574
第5次分配		0	0	-0.00386		-0.00386	-0.00386	-0.01157		-0.01157	-0.01157	0
第5次传递		0	-0.00193	0		0	-0.00579	-0.00193		0	0	-0.00579
第6次分配		0	0	0.001929		0.001929	0.001929	0.000643		0.000643	0.000643	0
最后弯矩		0.00	-61.29	57.43		-2.57	-54.86	29.14		-14.57	-14.57	-7.29
支座节点	5			6				7				
杆件	5-1				6-2				7-3			
分配系数												
传递系数												
固端弯矩												
第1次分配	0				0				0			
第1次传递	0				-2.5				-7.5			
第2次分配	0				0				0			
第2次传递	0				1.25				0.416667			
第3次分配	0				0				0			
第3次传递	0				-0.06944				-0.20833			
第4次分配	0				0				0			
第4次传递	0				0.034722				0.011574			
第5次分配	0				0				0			
第5次传递	0				-0.00193				-0.00579			
最后弯矩	0.00				-1.29				-7.29			

附录Ⅳ　力法计算机程序分析

Ⅳ.1　编制程序的理论分析

Ⅳ.1.1　概述

力法物理概念明确，全部运算都在静定结构中完成，解题步骤规律，求解结构类型广，是超静定结构最基本的分析方法。同时，力法中选基本结构、求内力以及求系数自由项的计算十分灵活，有利于力学基本知识的训练和提高。然而，正是这种灵活多变的计算形式使得力法程序编制较为困难。

按力法运算过程编制计算机程序，可以作到：①求解过程直观，方便验算；②便于计算工程中大量的、不系统的各种类型的中小结构；③无须增加新知识，容易掌握；④有利于力学分析能力的提高。因此，编制力法程序对教学、科研、工程设计都具有实用意义。

为了使力法程序简短易读又不失去力法简便灵活的特点，对力法计算步骤改进如下：采用人机对话或计算者直接选定基本结构；将结构分类求支座反力；将结构划分单元，寻找规律计算单元内力；用代数表达式计算系数、自由项；用高斯全主元消去法解力法方程；用叠加法求最后内力；由程序界面显示基本体系和最后内力图等，以上作法形成了力法计算机方法。

Ⅳ.1.2　编制程序的理论分析

一、人机对话选基本结构

力法解题的基本结构形式很多，但选基本结构却比较容易，编制程序时可以采用以下两种作法：一是由计算者自己选定。二是通过人机对话先由式（Ⅳ-1）求出结构体系的计算自由度 W、去掉多余约束使 $W=0$，再根据零载法[1] 判断结构是否静定，若不是则再选，直至成功。

由第2章知，结构体系计算自由度为：

$$W = 3m - 2h - r \tag{Ⅳ-1}$$

式中　W、m、h、r——分别为原超静定结构的计算自由度数、刚片数、单铰数、支座链杆数。

二、将基本结构分类计算支座反力

超静定结构的基本结构，其支座反力一般可分为以下情况：(1) 结构与基础符合两刚片规则，只有三个反力；(2) 三铰结构，有四个反力；(3) 以前两种情况为基本部分通过铰或链杆增加附属部分而成的结构，有四个以上反力。前两种情况，可按一定的步骤求反力；第

[1] 用零载法判断体系几何不变性的方法可参见李廉锟主编《结构力学》(第4版) 上册81~83。

三种情况则可按“先附属，后基本”的顺序，按（1）或（2）的步骤依次求出支座反力；（4）结构整体或某部分不能按以上方法计算时，可列出求约束反力的联立方程组求解。

三、寻找规律计算单元内力

用手算结构杆件的内力，方法灵活多变，为了便于编制程序，就必须寻找有利于计算机运行的规律。

规律一　将结构按以下规定划分单元，即：各节点、支座、集中力（力偶）作用处及分布荷载集度突变处为单元分界点。则单元端点只有节点力（集中力、集中力偶），单元上只有满布的分布荷载，从而使单元上荷载形式简化。

规律二　按以下步骤计算单元内力：由单元上的荷载和起始端节点力求单元内力，再由单元终末端内力和节点荷载计算下一个单元起始端节点力。

为了不失一般性，现以图Ⅳ-1所示单元说明内力计算。

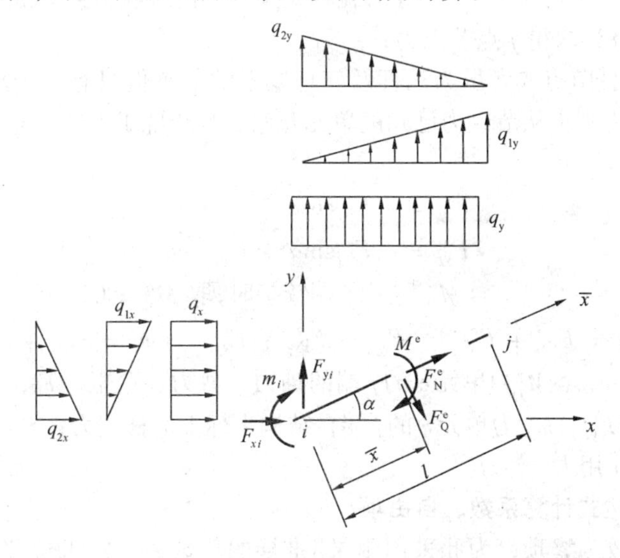

图Ⅳ-1

对图Ⅳ-1所示单元 e，建立如下单元坐标系，$\bar{x}$ 轴与杆轴重合，坐标原点在 i 点。结构坐标系 xoy 与单元坐标系之间的夹角为 α（由 x 轴到 $\bar{x}$ 轴逆时针转为正）。图中各荷载均为正值，各内力的正值规定与图Ⅳ-1所示相同。于是由平衡条件可写出单元 e 在荷载作用下距 i 端为 $\bar{x}$ 的截面上的轴力 F_N^e、剪力 F_Q^e、弯矩 M^e 的表达式为：

$$F_N^e = -F_{xi}\cos\alpha - \left[q_x\cdot\bar{x} + \frac{q_{1x}}{2l}\cdot\bar{x}^2 + \frac{q_{2x}}{2l}(2l-\bar{x})\bar{x}\right]|\sin\alpha|\cdot\cos\alpha$$

$$-F_{yi}\sin\alpha - \left[q_y\cdot\bar{x} + \frac{q_{1y}}{2l}\cdot\bar{x}^2 + \frac{q_{2y}}{2l}(2l-\bar{x})\bar{x}\right]\sin\alpha\cdot|\cos\alpha| \qquad (Ⅳ\text{-}2)$$

$$F_Q^e = -F_{xi}\sin\alpha - \left[q_x\cdot\bar{x} + \frac{q_{1x}}{2l}\cdot\bar{x}^2 + \frac{q_{2x}}{2l}(2l-\bar{x})\bar{x}\right]\sin\alpha\cdot|\sin\alpha|$$

$$+F_{yi}\cos\alpha + \left[q_y\cdot\bar{x} + \frac{q_{1y}}{2l}\cdot\bar{x}^2 + \frac{q_{2y}}{2l}(2l-\bar{x})\bar{x}\right]\cos\alpha\cdot|\cos\alpha| \qquad (Ⅳ\text{-}3)$$

$$M^{e} = -m_i + F_{xi}\cdot\bar{x}\sin\alpha + \left[\frac{q_x}{2}\cdot\bar{x}^2 + \frac{q_{1x}}{6l}\cdot\bar{x}^3 + \frac{q_{2x}}{6l}(3l-\bar{x})\bar{x}^2\right]\sin\alpha\cdot|\sin\alpha|$$

$$-F_{yi}\cdot\bar{x}\cos\alpha - \left[\frac{q_y}{2}\cdot\bar{x}^2 + \frac{q_{1y}}{6l}\cdot\bar{x}^3 + \frac{q_{2y}}{6l}(3l-\bar{x})\bar{x}^2\right]\cos\alpha\cdot|\cos\alpha| \qquad (Ⅳ\text{-}4)$$

式（Ⅳ-2)、式（Ⅳ-3)、式（Ⅳ-4）中，F_{xi}、F_{yi}、m_i 为节点 i 对单元 e 的 i 端作用力，其余符号含义如图Ⅳ-1 所示。当 i 端铰接时，式（Ⅳ-4）中 m_i 用单元 i 端的外力偶矩 m_{iW}代替。

同一结构有若干个单元，各单元内力的计算步骤如下：

① 从节点力已知的单元开始，将 $\bar{x}=0$ 及 $\bar{x}=l$ 分别代入式（Ⅳ-2）~式（Ⅳ-4）可得 i 、j 端内力；

② 按式（Ⅳ-5）~式（Ⅳ-7）将 j 端在单元坐标下的杆端力换算成结构坐标下的杆端力，再代入式（Ⅳ-8）求得 j 点节点力；

③ 若 j 点为两杆节点或者虽为三杆及三杆以上的节点但只有一个单元内力未知，则重复步骤①~②，否则再从节点力已知的单元开始重复步骤①~②，直至求出所有单元内力。

$$F_{xj}^{e} = -F_{Nj}^{e}\cos\alpha - F_{Qj}^{e}\sin\alpha \qquad (Ⅳ\text{-}5)$$

$$F_{yj}^{e} = -F_{Nj}^{e}\sin\alpha + F_{Qj}^{e}\cos\alpha \qquad (Ⅳ\text{-}6)$$

$$m_j^{e} = -M_j^{e} \qquad (j\text{ 端铰接时,取 } M_j^{e}=0) \qquad (Ⅳ\text{-}7)$$

$$F_{xj} = F_{Pxj} + F_{xj}^{e} \qquad F_{yj} = F_{Pyj} + F_{yj}^{e} \qquad m_j = m_{jW} + m_j^{e} \qquad (Ⅳ\text{-}8)$$

以上各式中，F_{Nj}^{e}、F_{Qj}^{e}、M_j^{e}为单元 e 的 j 端的轴力、剪力、弯矩；F_{Pxj}、F_{Pyj}、m_{jW}为 j 点的集中荷载；F_{xj}^{e}、F_{yj}^{e}、m_j^{e} 为单元 e 的 j 端在结构坐标下的杆端力；F_{xj}、F_{yj}、m_j 为节点 j 对下一个单元 j 端作用力。

四、用代数表达式计算系数、自由项

图乘法求位移较为繁琐，为此采用附录Ⅱ推导的代数表达式求位移。设以 $\overline{F}_{Nk}$、$\overline{F}_{Qk}$、$\overline{M}_{k}$及 $\overline{F}_{Ns}$、$\overline{F}_{Qs}$、$\overline{M}_{s}$分别表示第 k、第 s 个单位多余未知力引起的单元 e 上 $\bar{x}$ 截面的内力，这里 $\overline{F}_{Nk}$、$\overline{F}_{Qk}$、$\overline{F}_{Ns}$、$\overline{F}_{Qs}$为常数；$\overline{M}_{k}=\overline{M}_{ki}+(\overline{M}_{kj}-\overline{M}_{ki})\cdot\frac{\bar{x}}{l}$，$\overline{M}_{s}=\overline{M}_{si}+(\overline{M}_{sj}-\overline{M}_{si})\cdot\frac{\bar{x}}{l}$，其中，$\overline{M}_{ki}$、$\overline{M}_{si}$、$\overline{M}_{kj}$、$\overline{M}_{sj}$分别表示第 k、第 s 个单位多余未知力引起的单元 e 的 i、j 端弯矩。将它们代入式（Ⅱ-5）~式（Ⅱ-7）可得各系数为：

$$\delta_{ks} = \Sigma\frac{l}{EA}\overline{F}_{Nk}\overline{F}_{Ns} + \Sigma\frac{\mu l}{GA}\overline{F}_{Qk}\overline{F}_{Qs} +$$

$$\Sigma\frac{l}{6EI}(2\overline{M}_{ki}\overline{M}_{si} + 2\overline{M}_{kj}\overline{M}_{sj} + \overline{M}_{ki}\overline{M}_{sj} + \overline{M}_{si}\overline{M}_{kj}) \qquad (Ⅳ\text{-}9)$$

类似的作法可得自由项计算式如下：

$$\Delta_{kp} = \Sigma\frac{l}{EA}\overline{F}_{Nk}(F_{Ni} + \frac{1}{2}q_{P}l + \frac{1}{6}q_{1P}l + \frac{1}{3}q_{2P}l)$$

$$+\Sigma\frac{\mu l}{GA}\overline{F}_{Qk}(F_{Qi} + \frac{1}{2}q_{Z}l + \frac{1}{6}q_{1Z}l + \frac{1}{3}q_{2Z}l)$$

$$+\Sigma\frac{l}{6EI}[2M_i\overline{M}_{ki} + 2M_j\overline{M}_{kj} + M_i\overline{M}_{kj} + M_j\overline{M}_{ki} + \frac{1}{4}(\overline{M}_{ki} + \overline{M}_{kj})q_Z l^2$$

$$+ \left(\frac{7}{60}\overline{M_{ki}} + \frac{8}{60}\overline{M_{kj}}\right)q_{1Z}l^2 + \left(\frac{8}{60}\overline{M_{ki}} + \frac{7}{60}\overline{M_{kj}}\right)q_{2Z}l^2] \qquad (Ⅳ\text{-}10)$$

式中： $F_{Ni} = -F_{Px}\cos\alpha - F_{Py}\sin\alpha$； $q_P = -q_x \cdot R - q_y \cdot S$； $q_{1P} = -q_{1x} \cdot R - q_{1y} \cdot S$；

$q_{2P} = -q_{2x} \cdot R - q_{2y} \cdot S$； $F_{Qi} = -F_{Px}\sin\alpha + F_{Py}\cos\alpha$； $q_Z = -q_x \cdot T + q_y \cdot U$；

$q_{1Z} = -q_{1x} \cdot T + q_{1y} \cdot U$； $q_{2Z} = -q_{2x} \cdot T + q_{2y} \cdot U$； $R = |\sin\alpha|\cos\alpha$；

$S = \sin\alpha|\cos\alpha|$； $T = \sin\alpha|\sin\alpha|$； $U = \cos\alpha|\cos\alpha|$； M_i、M_j 分别为式（Ⅳ-4）中令 $\overline{x} = 0$ 及 $\overline{x} = l$ 之值。δ_{KS}、Δ_{KP}的下标 K、S 为变量，$K = 1$、2、…n，$S = 1$、2、…n，n 为多余未知力数。

五、力法方程的求解及最后内力计算

力法方程组的求解采用高斯全主元消去法。

依据叠加原理，结构杆件各截面最后内力可由式（Ⅳ-11）~式（Ⅳ-13）求出，并据此绘出内力图。

$$F_N = \Sigma \overline{F}_{Ni} X_i + F_{NP} \qquad (Ⅳ\text{-}11)$$

$$F_Q = \Sigma \overline{F}_{Qi} X_i + F_{QP} \qquad (Ⅳ\text{-}12)$$

$$M = \Sigma \overline{M}_i X_i + M_P \qquad (Ⅳ\text{-}13)$$

由于基本结构选取后的计算全部在静定结构中完成，因此上述理论分析对编制静定结构计算程序也是适用的。

Ⅳ.2 力法程序的实现

Ⅳ.2.1 程序框图

根据以上分析，编制的力法程序框图如图Ⅳ-2所示。

Ⅳ.2.2 程序应用说明

根据以上程序框图，采用VB6.0语言编制了力法计算机程序，源代码和执行程序收集在附录Ⅴ中。

程序分为“文件、建立计算模型、求解、显示内力图、帮助”5个主菜单。其中“文件、帮助”是文件操作及说明部分，其余主菜单是解题程序。

用力法程序求解结构的计算过程如下：①开始程序：点击信息界面窗口中“确定”，进入力法计算主窗口；②在力法计算主窗口的“建立计算模型”主菜单下，按计算者选定的基本结构，依次输入节点信息、单元信息、支座信息及荷载信息；每一步输入过程都可通过点击该子窗口中的“交互检查”，由图形显示确定输入是否正确；在确定与计算者选取的基本体系完全一致后，按“体系分析”选项，程序自动弹出对话框，计算者则按提示输入待解题是静定结构还是超静定结构，对于超静定结构则输入超静定次数，按“确定”回到主窗口；③进入“求解”主菜单，按“求解”选项，程序自动弹出该结构的计算子窗口，计算者通过依次选择子窗口中组合框项目，点击子窗口“计算”按键后，即在该子窗口列表中依次获得荷载作用下的支座反力和各杆内力，然后按组合框项目提示输入各单位未知力，循环求反

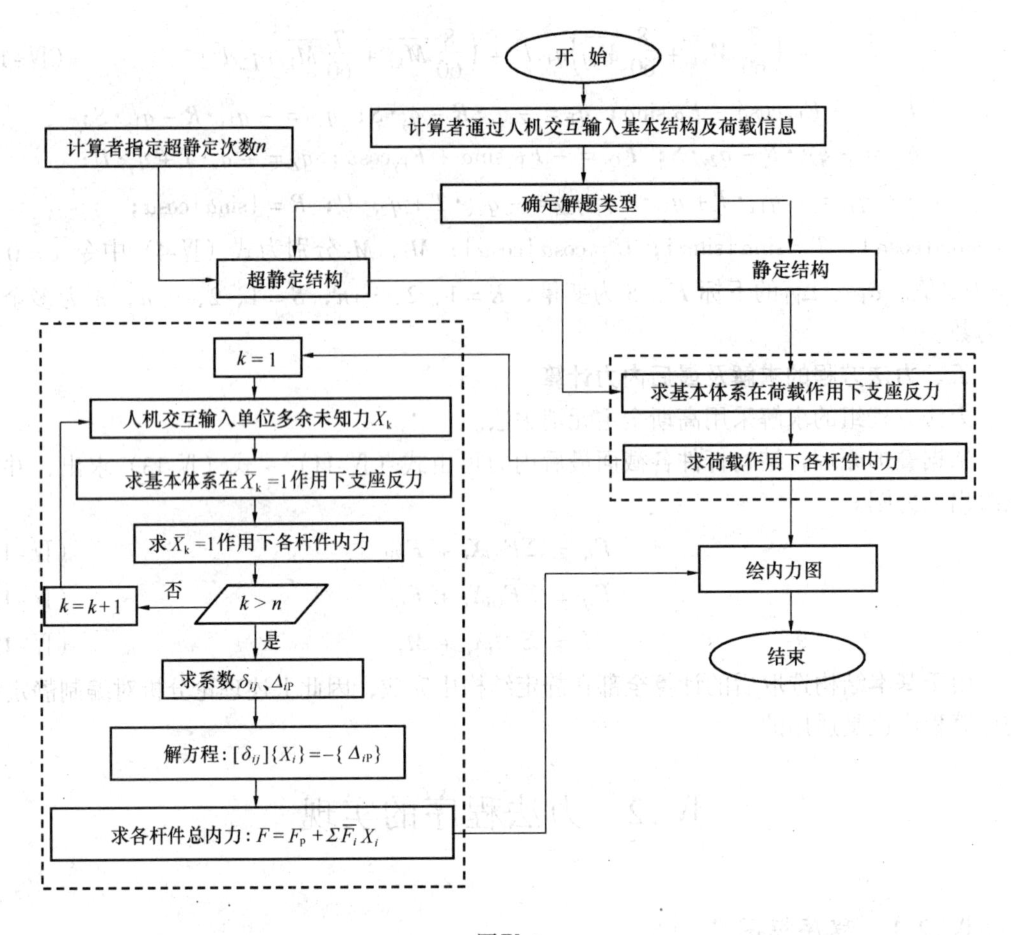

图Ⅳ-2

力、内力至所有单位未知力运算结束，再按组合框项目提示进行系数、自由项和力法方程组求解等计算；最后，按组合框项目提示计算各杆件的最后内力；④在"显示内力图"主菜单下，可根据计算者给定的比例显示出所希望的轴力图、剪力图、弯矩图。

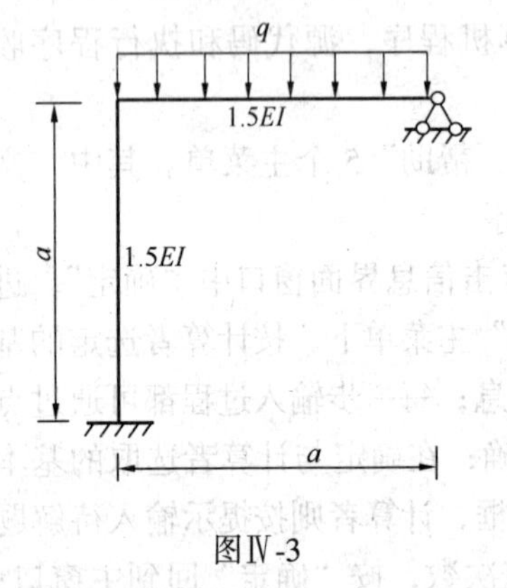

图Ⅳ-3

Ⅳ.2.3 算例

【例Ⅳ-1】 试用力法程序计算图Ⅳ-3所示超静定结构。

【解】 设计算者已选取图Ⅳ-4所示的基本结构，则用程序计算的步骤如下：

(1) 启动力法程序，进入主窗口。

(2) 在"建立计算模型"主菜单下，依次选择弹出子窗口中组合框的"节点"、"单元"、"支座"、"荷载"，输入上述各信息，确认无误后，可得基本结构计算简图，见图Ⅳ-4。按"体系分析"选项，在弹出对话框中输入超静定次数"2"。

(3) 点击"求解"主菜单，在弹出计算子窗口组合框中选择"荷载作用下支座反力"，点击子窗口"计算"按键后，即在该子窗口列表中获得基本体系在荷载作用下的支座反

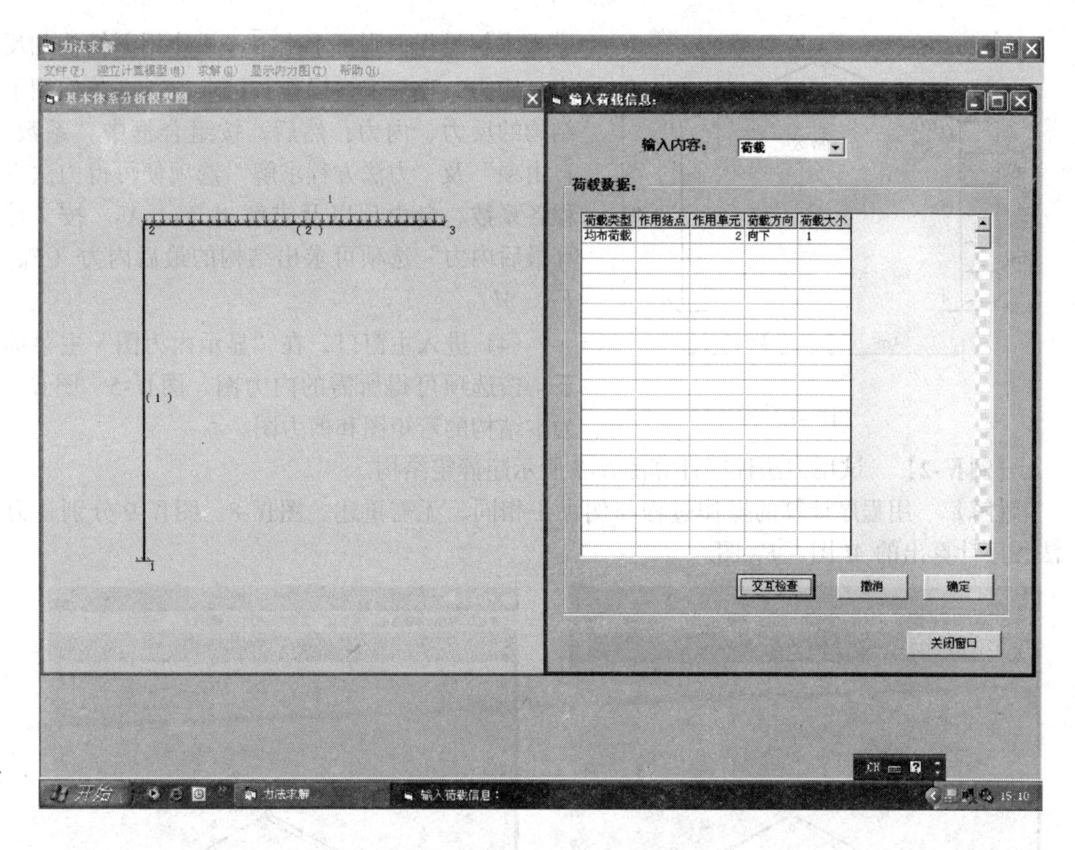

图Ⅳ-4

力；选择“荷载作用下各杆内力”，按同样步骤可得基本体系在荷载作用下各杆内力；因本程序已根据超静定次数自动生成了解题步骤，按组合框项目提示输入$\overline{X}_1=1$各信息，

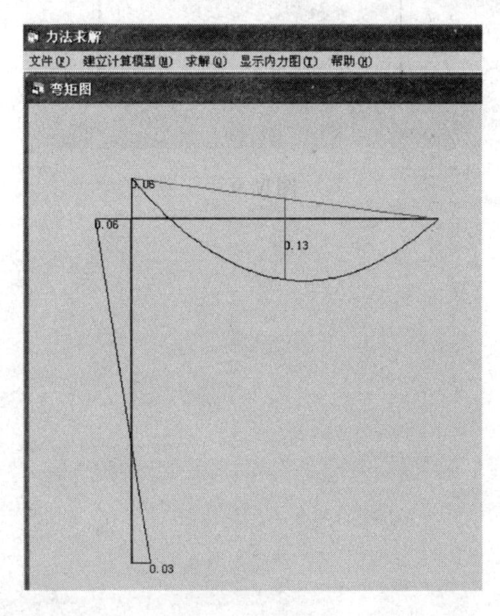

图Ⅳ-5

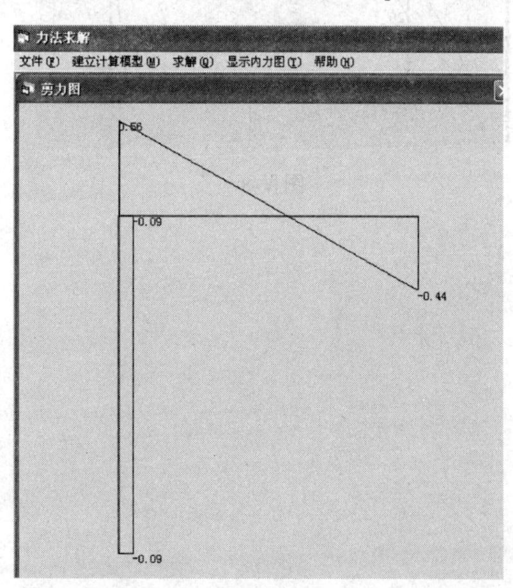

图Ⅳ-6

进入求解过程，则可求出 $\overline{X}_1=1$ 作用下结构的反力、内力，重复上述操作，可求出 $\overline{X}_2=1$ 作用下结构的反力、内力；然后，按组合框中“系数、自由项”及“力法方程求解”选项便可得力法方程各系数、自由项以及求解出 X_1、X_2。按“计算最后内力”选项可求出结构的最后内力（F_N、F_Q、M）。

（4）进入主窗口，在“显示内力图”主菜单下，按选项可得所需的内力图，图Ⅳ-5、图Ⅳ-6为本结构的弯矩图和剪力图。

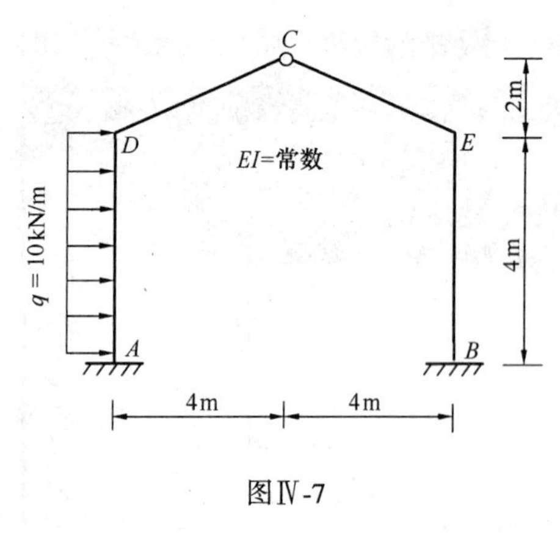

图Ⅳ-7

【例Ⅳ-2】 试用力法程序计算图Ⅳ-7所示超静定结构。

【解】 用程序计算的操作过程与例Ⅳ-1相同，无需重述。图Ⅳ-8、图Ⅳ-9分别是力法程序计算出的 M 图、F_Q 图。

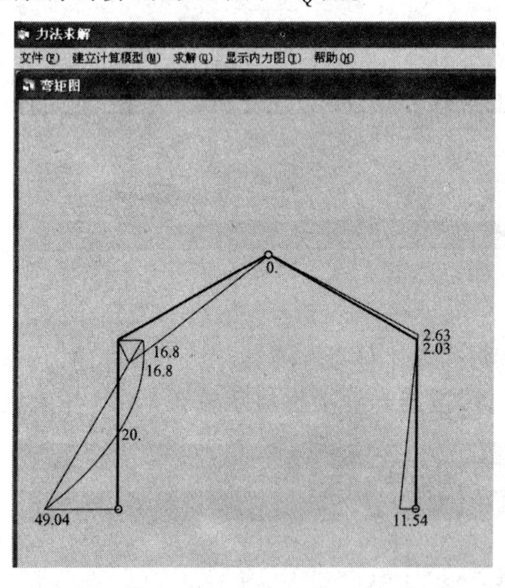

图Ⅳ-8

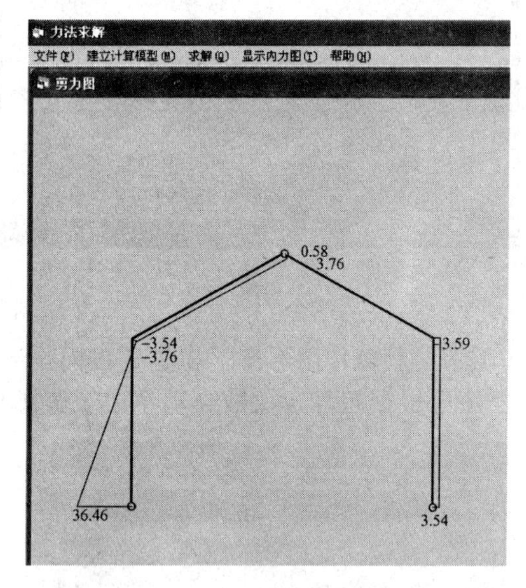

图Ⅳ-9

主 要 参 考 文 献

[1] 李廉锟主编．结构力学(第4版)(上、下册)．北京：高等教育出版社，2004.
[2] 龙驭球，包世华主编．结构力学(第二版)(上、下册)．北京：高等教育出版社，1996.
[3] 杨茀康，李家宝主编．结构力学(第四版)(上、下册)．北京：高等教育出版社，1998.
[4] 金宝桢主编．结构力学．北京：高等教育出版社，1986.
[5] 刘尔烈主编．结构力学．天津：天津大学出版社，1996.
[6] 阳日主编．结构力学(Ⅱ)．重庆：重庆大学出版社，2001.